Michael L. Cain・Carol Kaesuk Yoon・Anu Singh-Cundy

ケイン 基礎生物学
（原著第4版）

上村慎治 監訳

野口朋子・上村真理子 訳

東京化学同人

DISCOVER BIOLOGY
CORE TOPICS
Fourth Edition

Michael L. Cain
Bowdoin College

Carol Kaesuk Yoon
Bellingham, Washington

Anu Singh-Cundy
Western Washington University

Copyright © 2009, 2007 by W. W. Norton & Company, Inc.
Copyright © 2002, 2000 by Sinauer Associates, Inc.
All rights reserved.
Japanese translation rights arranged with W. W. Norton & Company, Inc. through Japan UNI Agency, Inc., Tokyo.
Japanese edition © 2012 by Tokyo Kagaku Dozin Co., Ltd.

新しい執筆者の紹介

　この第4版の執筆で大きく変わったのは，ウェスタンワシントン大学のAnu Singh-Cundyが加わったことである．彼女の研究上の背景，専門外学生への教育経験を生かして，細胞，遺伝学，形態学，生理学にかかわる章のすべての改訂作業をお願いした．Anuの執筆者への参加を心から歓迎したい．ここでは執筆にあたっての彼女のコメントを質疑に答える形式で寄稿してもらった．

■ **本書の執筆に協力された動機は何ですか？**

　科学を専門としない学生に教える経験は貴重なもので，まずは，"どうやって，科学の分野に対する不安をなくし，興味を喚起するか"，また"学ぶことで知識が増えると同時に，それがいかに日常の生活に関連性があるかということをどう伝えるか"，それが重要な課題です．これまでにもこの課題に取組んできましたし，他の研究者と討論したり，講義室で試したりもしました．この本の特徴は，"ニュースの中の生物学"や"生活の中の生物学"などの，斬新なアイデアだと思います．この特徴をより大きく広げ，私のアイデアを実行するよい機会と思い，本書への参加を決めました．

■ **新しい版のどの部分が担当ですか？**

　特にかかわった部分は細胞生物学，遺伝学，個体生物学の分野です．化学の分野は，多くの学生がなじめなかったり，退屈するところでもあるので，日常生活と関係する化学情報を取入れて，わかりやすくしました．たとえば脂質を説明する箇所で，飽和脂肪酸やトランス脂肪酸などの栄養についての話題を入れました．細胞分裂のところでは，iPS細胞の話題など，幹細胞研究の分野の素晴らしい発展の話を取入れました．遺伝学の箇所では，ヒトの病気の問題から，カエルの脚の奇形まで，明確な事例をあげて，遺伝的なもの，後天的なもの，両方の面を強調してあります．

　語句や考え方を正確に，また明瞭にすることには特に注意を払いました．学生が生命科学の勉強を始めた最初は，言葉の定義が曖昧だと不安になります．たとえば，塩とは何か，分子とは何が違うのか，有機化合物とは厳密には何か，遺伝子型と表現型とは何が違うのか，非常に明確に，学術的にも正確に記述しました．生物学を理解するうえで必須となる専門用語を絞り込む一方で，記述を簡略化するために科学的に不正確になることは避けています．本書に書かれているものには，変な簡略化，表面的な扱い，曖昧な事実の羅列は，まったくありません．こうした配慮や教え方が，本書をより良い講義教材としていると思います．

■ **学生には，本書からどのようなものを学びとってほしいですか？**

　この本は，学生に生物学に興味をもってもらい，科学的な知識がいかに大切かを理解させるのに，大いに役立つと確信しています．学生は，本書を学んだことで，どうすれば適切な批判的考え方ができるか，賢い消費者となれるか，見識のある選挙人となり，また，私たちの世界の良き住民となれるか，それにも気づいてくれると思います．

　また，私たち生物学者が抱くような，生き物に対する愛情，生涯にわたっての自然への興味，一種の喜びや信念を学生に啓発するきっかけにもなるのではと，期待しています．この本を読んだ学生が，科学を恐れることなく，現代の科学的課題を理解する能力を身につけ，自信をもってその社会的側面の議論に参加できるようになることを願っています．

著者の紹介

Michael L. Cain はコーネル大学で社会生態学と進化生態学の分野の研究で博士号を取得後，ワシントン大学で分子遺伝学のポスドク研究員として研究した．これまで13年の間，ニューメキシコ州立大学とローズハルマン工科大学で，基礎生物学をはじめとする他の広い分野の生命科学の教鞭をとり，現在，ボードイン大学に所属するが，おもに執筆活動を行っている．これまで，植物の種多様性，植食性昆虫の行動，長距離の種子散布，コオロギの種分化についての学術論文などを多数公表し，また，Pew Charitable Trust Teacher-Scholar Fellowship や米国国立科学財団をはじめ，数々の賞や研究補助金を授与されている．

Carol Kaesuk Yoon はコーネル大学で博士号を取得後，1992年から New York Times 紙の科学記事を担当している．最近の記事は，植物の感覚能や，EvoDevo という系統発生と個体発生の関係に着目した新分野の紹介である．彼女の書いた科学記事は，科学雑誌の *Science*，Washington Post 紙，Los Angeles Times 紙などにも掲載されている．コーネル大学では，John.S. Knight-Writing コースの客員研究員として文筆技術に関する講義をもち，また，生命科学コースの教授と協力して，生物学の分野での批判的な考え方について教えるプログラムにも参加している．Microsoft 社の科学教育コンサルタントでもある．

Anu Singh-Cundy はコーネル大学で博士号を取得し，ペンシルベニア大学で分子細胞生物学のポスドク研究員として研究した．現在，ウェスタンワシントン大学で准教授として，学部学生，大学院生を対象に，個体生物学，細胞生物学，植物発生学，植物生化学などの講義を担当している．12年以上，生命科学を専攻しない学生に基礎生物学を教えてきた経験があり，そのような学生にも生命科学に関心をもたせ，この分野がいかに実生活にかかわっているかを紹介している．アイデアに満ちた講義を行う教育者としての高い評価を受けている．研究は，植物細胞間の情報伝達，特に，花粉とめしべの自家不和合性のしくみをテーマにしていて，数十編の学術論文があり，米国国立科学財団の研究補助など複数の奨励金や賞を受けている．

はじめに

　生命科学の知識や技術を応用すれば，たとえば，幹細胞を使って具合の悪い臓器を取替えたり，修復したりできるだろう．生命の長い進化の歴史を理解して，その行き着く先の生き物を発見できるかもしれない．がんの治療方法も見つけられるかもしれない．生物学は魅力的な分野である．この本を書いた私たちが，なぜ，この分野に強く惹きつけられるのか，上にあげた例は，その理由のごく一部でしかない．この本の読者にも，そのような生命科学の分野のおもしろさが伝わることを願っている．こういった例は，大変興味深いものであるが，同時に，大変重要な課題でもある．現在の生命科学の発展はめざましい．驚くような速度で発展を遂げつつある．生命科学はどの分野も，本書のように教科書としてまとめ，学生にそれを伝える，あるいは学ぶには，面白い時期である．

　ヒトゲノムの解読が完了したばかりで，遺伝病に関しては，これまでにない詳細な解析が始まっているし，生態学の進歩によって，汚染物質の拡散や地球温暖化の問題など，世界の生態系に影響するような人間の活動についても理解が深まってきた．

　こういった進歩や発見もあって，生命科学は，毎日のようにニュースにも登場するような重大な関心事で，どんな抗生物質の攻撃にも打ち勝つような病原体の出現という不穏な話から，藻類を使ったバイオ燃料技術などの興奮するニュースまで，さまざまなものがある．つまり，生命科学は，私たち個人個人の問題ばかりではなく，より広い人間社会にもかかわっていることがわかる．日々の生活の問題でもあり，また，解明の始まったばかりの長期的な課題にも関係する．そういった幅広い学問分野である．

本書の目標は，興味をもって取組み，知識を学び，そして，それを応用する力をつけることである

　なぜ，生命科学はおもしろいか．それは，つぎつぎに大発見が生まれている点と，それが多様に人の社会に応用されている点であろう．しかしそれゆえに，生命科学は学ぶ側にも，教える側にも難しい面がある．あまり重要でない事柄が多く，背景が複雑で，多方面にわたるおもしろさが，かえって問題を複雑にしているからである．この第4版を書き始めるときに私たちが考慮したのは，あまりの情報の多さに学生が圧倒されないようにして，しかも，生命科学のおもしろさ，幅の広さ，そして，他との関連性を伝えるにはどうしたらよいかという点である．

　そこでまず，非常に多彩なテーマのうち，何を取入れるかについて，
・興味をひくような実社会にかかわるテーマを提供する．
・基本的で重要な考え方を強調する．
・その基本概念を応用する例を紹介する．
の3点に留意した．また，わかりやすい表現で，流れを考えて各章を配置し，学生の知識の有無や経験に関係なく，生命科学の分野になじんでもらうようにも工夫した．

　ixページからのガイドにあるように，各章のはじめに中心となるメインメッセージを一つ示し，基本的な考え方をまとめ，読者の興味をひく挿話を紹介するところから始める形式にした．本文では，その考え方を生命科学の応用例や明確な実験事実をあげて解説しながら，メインメッセージで伝えたいことを具体的に展開する．そして，最後にはじめの挿話に戻ることで，各章で学んだ知識が，より明確に現実の問題を把握するうえで，すぐに，また，おおいに役立つことがわかるだろう．

訳者まえがき

本書は，Discover Biology 第4版の抜粋版として改訂された Core Topics Discover Biology 第4版を和訳したものである．もとの本の第2版は，故石川統先生をはじめ，塩川光一郎先生，堂前雅史先生，廣野喜幸先生，三浦徹先生方の優れた翻訳があり，すでに"ケイン生物学"として出版されているので参照いただきたい．本書では，生命科学の分野の中で，生命の多様性，細胞と遺伝，生態学といった，人間にかかわる可能性の最も高い分野を取りあげているのが特徴といえる（親本にあたる"ケイン生物学"では，これらに加えて生理学，発生学，神経科学，免疫学まで，幅広く生物学全般の分野をカバーしている）．原著が抜粋版としてまとめられた理由は，生命科学の勉強を始めようとする学生ばかりではなく，自然科学とはまったく異なる専攻の学生にも，生命科学の分野を紹介し，理解してもらいたいという切望と，その必要性に駆られての原著者たちの責務に似たようなものがあったためと思われる．本書を読み進むにつれて，しだいにそのメッセージを深く感じ取れる箇所が頻繁に出てくる．こういった研究を進める意味は何か，私たちの生活にそれがどう結びつくのか，それを一般市民の目で見たときにどう評価すべきか，人や社会にとってそれはどのような意味があるのか，そういった問いかけは，非常に重要な視点ではあっても，日本の生命科学の教科書にはほとんどみられない面であろう．この点で，本書をぜひ推薦したい学生は，実は，生物学の分野の枠をはるかに超えている．もちろん，大学の生命科学系の導入本として，正確な記述とわかりやすい図版を多用していて，非常にできのよい構成と内容になっているのは旧版と共通する点である．しかしそれだけでなく，生物学の勉強をこれから始めるかもしれない高校生，自然科学とは縁のない分野の大学生，いや，一般に自然科学になじみのない社会人であっても，ぜひ読んでいただきたい内容である．教科書であり，専門書であり，啓発書である．

この本の翻訳を始めた2011年はじめ，日本国内でも，世界的にもさまざまな事件や災害の頻発した年になるとは，予測もしていなかった．被災された方々には，心からお見舞い申し上げたい．それにかかわる放射能や環境問題のテーマも本書中に多々見つけることができる．

本書を和訳するうえで，痛切に感じた感想を二つあげたい．一つは，生命科学分野の変貌ぶりである．生物学は，かつて，博物学と称した平和な時代があった．それは，人間が人間社会だけの存在で，その人間が観察し収集する対象として，他の生物が向こう側の世界にいた時代である．おそらく産業革命の時代からであろうか，人口が増え，人の活動は自然を呑み込むように膨張し，その結果が現在の地球規模の変貌ぶりをまねいた．人の影響は，地球上のすみずみまで及び，また，科学の力でその事実を改めて認識させられる時代となった．昔の生物学を学び，経験を積んだ年配の方々が本書を読まれたら，この点を痛切に感じ取っていただけるのかもしれない．この意味で，本書で紹介する生命科学は，人も含めて地球まるごとを総括して議論する生命圏の学問，いや，地球の教科書といってよいのかもしれない．二つ目は，人間を対象にした生命科学分野の躍進ぶりである．これも本書が強調している面で，この十数年の生命科学の進展は，かつてのコンピューターの性能の指数関数的な伸びにも似ていて，あっという間に，人間と他の生物の間隙を埋めてしまったようである．他の生物で可能なことは，原理的にはヒトの細胞でも可能であり，人間で確かめられない事実を他の生物を使って容易に試験することもできる．なぜか．それは，私たち人間が，地球上で進化してきた生命の一員にすぎないからである．他の生物の秘密を探る研究は，人間を探究することと同じである．人への問いかけは，生命への問いかけと同義である．それほど，この分野は進歩し，そのスピードはまだしばらくは衰えることはないであろう．この面で，現在の生命科学は人間の学問といってよいのかもしれない．本書は，生命科学の基礎教科書でありながら，地球学・人間学の専門書でもある．

記述は，翻訳者の能力の範囲で，可能な限り原著に忠実にしたつもりではあるが，一部，日本国内のデータに置き換えたり（栄養学的なデータや疾患関係の統計数値など），米国と日本の文化的な背景を考慮しての記述の簡素化（進化教育問題や薬物に関する記述）も一部行った．この点，ご了承いただきたい．本書の翻訳は，私一人の仕事ではない．まず，野口朋子氏，上村真理子氏が主要な部分を翻訳し，はじめの2章の翻訳と全体の監訳を上村が行った．細かな表現の手直しが多数箇所あり，東京化学同人編集部の井野未央子氏，平田悠美子氏のきめ細かいサポートのおかげでやっと完成した形になった．また，私の専門でない部分については，中央大学理工学部生命科学科の西田治文（第16〜25章），小池裕幸（第7, 8章）両先生の貴重なコメントで学術的な問題点も解決できたと思う．貴重なお時間をさいて，ご協力くださった方々に，ここで深く感謝申し上げたい．

現在，日本の理科教育界は，以前のゆとり教育からの大きな転換期に入って，別の方向へ試行錯誤の最中である．ややもすれば情報過多になりがちなこの分野であるが，このような形でまとめられた原著者チームのたゆまぬ努力と素晴らしい成果には，心からの敬意を払いたい．私たちは，こういった教科書が欲しかったのである．原著のメッセージを日本の若い方々に忠実に伝えるよい機会となることを願ってやまない．

2012年3月

上 村 慎 治

本書の使い方

生物学の分野をわかりやすく紹介する章構成

各章は，読者の興味をひきつける構成となるように工夫した．重要な基本概念に焦点を絞り込み，それをどのように展開・応用するかが本文で解説されている．

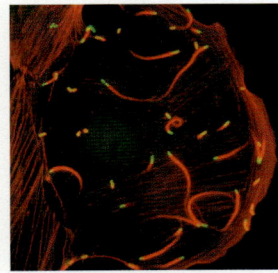

章のはじめに，"**Main Message**（各章で伝えたい中心テーマ）"とそれに関連した具体的な"**基本となる概念**（読者に伝えたい重要な情報）"が列挙してある．このメインメッセージと基本概念は，読み進むなかでいつでも参照しやすいように章頭に配置した．

つぎに，各章のテーマへの導入のために，短い最新の話題を紹介した．この挿話では，誰もが不思議に思う疑問，生物学の知識がなぜそこで必要になるのかという問いを提起してある．

この話題は，章の最後"**学習したことの応用**"で再び登場する．各章を読んで新しく得た知識を使うことで，非常に明確に問題点を理解できるようになる．

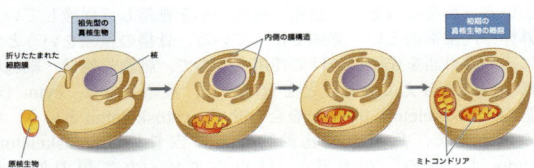

明解で適切な情報量の図版

明解な説明図を入れた．過度に複雑な図や説明は避け，主題に沿った図版にした．

また，図中に，吹き出しで簡単な説明を加えてあり，図のテーマに沿って理解できるようにした．

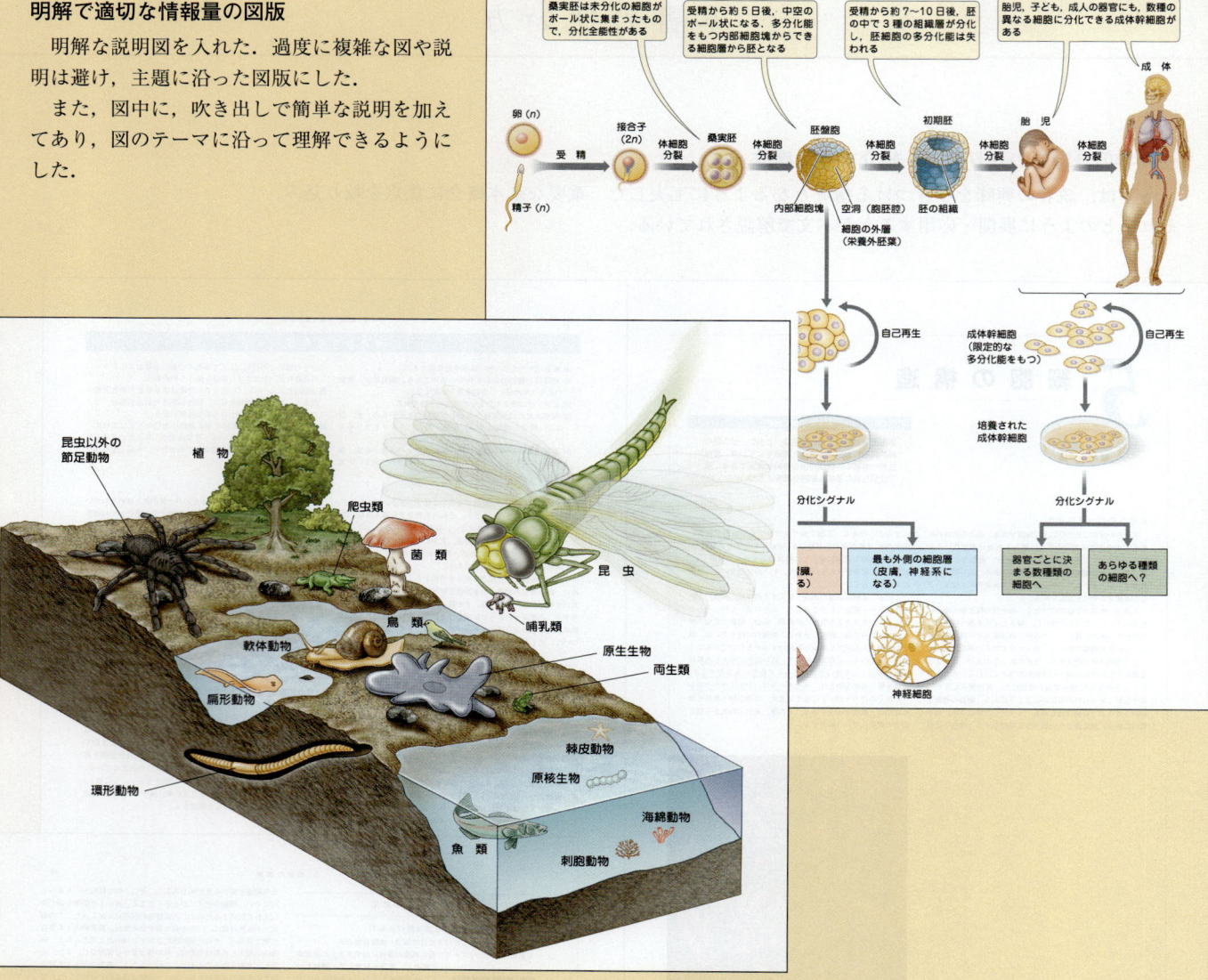

基本概念を覚えて，用語を深く理解する工夫

新しく"これまでの復習"を節の終わりにところどころ設けた．各章で扱うテーマをじっくりと読み進み，内容を記憶にとどめられるように工夫した．

専門用語を習得することは，科学リテラシーの重要な点である．注釈として，"役立つ知識"を加えた．このような知識や語彙の習得は，つぎの試験やさらなる学習に役立つ．

■ 役立つ知識 ■ 細胞には骨がないのに，骨格という言葉を細胞の構造に使うのは奇妙かもしれない．しかし，生物学者は骨格という言葉をもっと広い意味，細胞の形を維持し，保護している外枠や内部構造という意味で使っている．骨格の種類をいうときに，他の単語を先頭につけて使用するので，細胞骨格は，細胞に形や構造を与えていることを意味する．英語名では，cyto-（細胞の）と -skeleton（骨格）を合わせて，cytoskeleton という．他の例として，魚類や哺乳動物などの内骨格（endoskeleton, endo- は"内の"の意味），昆虫やエビ・カニ類の外骨格（exoskeleton, exo- は"外の"の意味）がある．

■ これまでの復習 ■
1. つぎの小胞体では，どのような巨大分子が合成されるか．
 (a) 滑面小胞体　(b) 粗面小胞体
2. ゴルジ体の役目は何か．
3. リソソームの重要な機能を一つ述べなさい．リソソームと似た機能をもつ植物細胞の細胞小器官は何か．
4. 葉緑体とミトコンドリアは両方とも ATP をつくる細胞小器官である．この二つの決定的な違いは何か．
5. 細胞骨格が果たす三つの重要な機能をあげなさい．

1. (a) 脂質，(b) タンパク質
2. 小胞体からくるタンパク質が修飾を受け，さらに特定の化学基を付加して，細胞目的地へ送り出すこと．
3. タンパク質や糖質などのような巨大分子の分解．液胞．
4. 葉緑体は光のエネルギーを用い ATP をつくり，二酸化炭素と水と酸素に変える．ミトコンドリアは有機物を分解し，酸素を利用して，二酸化炭素と水を放出することで ATP をつくる．
5. 細胞内の細胞小器官の配置をする，それらを輸送したりする．繊毛，鞭毛，あるいは，仮足を使い物体の上を這い回るアメーバー運動で，細胞を移動させるようにする．

学生が実生活の課題を判断する力をつける

"生活の中の生物学"では，章のテーマに沿って，実際の人の健康や環境の問題を取りあげた．これは，私たちの生活の中で厳しい選択を余儀なくされるようなケースが実際にあることを，読者に気づいてもらうためである．

生活の中の生物学

われらが元素

微量成分の元素を除くと，私たちの身体はおもに11種類の元素からできている．右の円グラフは，それぞれの元素が占める重さの比率（％）を示している．体内にある水素と酸素の大部分はH_2Oの形になっていて，体重の約70％が水である．体重の約0.01％が，他の微量に含まれる元素である．私たちは日々，食事を摂って，自然に失っていくこれらの元素を補充する必要があり，また，生命を維持するために，食物エネルギーも必要としている．

牛乳の箱のラベルには，含有するエネルギー量がカロリーで表記されているだろう．これは，1箱，あるいは100 mLなど，ある一定量飲んだときに，化学物質として体内に蓄えられるエネルギーを意味しているだろう．栄養表示のラベルには，牛乳に含まれる分子の種類が表示されている．脂肪や炭水化物には，炭素（C），水素（H），酸素（O）などの元素の原子が含まれている．コレステロールも，これと同じ三つの元素からなる．タンパク質は，C，H，Oに加えて，窒素（N）や硫黄（S）を含んでいる．さらに，ナトリウム（Na），カルシウム（Ca），鉄（Fe），リン（P）もラベルに表示されている．牛乳の中のビタミンもまた，炭素，水素，

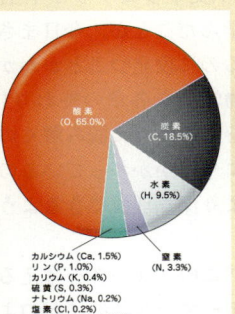

- 酸素（O，65.0％）
- 炭素（C，18.5％）
- 水素（H，9.5％）
- 窒素（N，3.3％）
- カルシウム（Ca，1.5％）
- リン（P，1.0％）
- カリウム（K，0.4％）
- 硫黄（S，0.3％）
- ナトリウム（Na，0.2％）
- 塩素（Cl，0.2％）
- マグネシウム（Mg，0.1％）

そして窒素を含んでいる．したがって，牛乳は，おもな11種の元素のうち，少なくとも9種類を含んでいることになる．このような元素がさまざまな形で互いに結合し，私たちの身体をつくっているのである．

食品の成分表示に注意を払うと，食事に含まれるエネルギーや栄養素の量がわかる．できるだけ多くの種類の食品を食べると，必要な元素を確実に摂取することができる．たとえば，ジャガイモやバナナは，神経の機能に必要な元素であるカリウム（K）を豊富に含んでいる．また，乳製品は，どの食品よりも，骨や歯の主成分となるカルシウム（Ca）を豊富に含んでいる．リンはリン酸としてDNAやRNA（リボ核酸）の基本要素をつなぐ重要な成分で，ヨーグルト，大豆，ナッツなどに多く含まれる．加工食品には，しばしば食塩が添加されているので，多量のNaが含まれる．Naが不足することはあまりなく，逆に摂取しすぎないように警告している専門家もいる．Naの過剰摂取が高血圧に結びつくからである．

科学の研究過程や日常の中の生物学の紹介

"科学のツール"では，研究者が使っている科学的な手法，装置，アイデアなどを紹介する．

"生物学にかかわる仕事"では，犯罪捜査やバイオテクノロジー企業への投資のように，生物と直接かかわらない職業であっても，生物学の知識がいかにに役立っているのかを紹介する．

生物学にかかわる仕事

バイオテクノロジー関連企業への投資

バイオテクノロジーとは，農産物，DNAフィンガープリント検査キット，医薬品など，さまざまな製品をつくるために生物学を応用することをいう．1960〜1970年代にDNAやタンパク質を使う技術が向上するにつれて，その技術を応用する新しい企業が世界中に出現した．ここでは，バイオテクノロジー関連企業のスペシャリストであり，投資会社HLM Venture Partnersの重役でもあるRussell T. Rayさんへのインタビューを掲載する．

■ 毎日，どのようなお仕事をされていますか？　会社に朝7:30頃に来て，それから数時間，同僚や投資先からの電子メールを読んで対応します．資金を調達しようとする企業の経営者にも頻繁に会います．また毎日，2〜3時間，研究論文に目を通し，ほとんど毎日発行される医療関連の新聞や報告書も読みます．投資会社の仲間に電話して，どのような投資に興味をもっているのか聞いたり，協同で仕事のできるプロジェクトについて情報交換したりします．
■ バイオテクノロジー企業に投資しようと考えた経緯は何でしょうか？　メリル・リンチ社の投資銀行部門で仕事を始めた年に，たまたま植物バイオテクノロジー企業の資金調達プロジェクトを任されました．その仕事に就く前，MBA（経営学修士）も習得していたんですが，同時に，コスタリカのハチドリの縄張り行動に関する研究で生物学の修士号も取得していたんです．科学教育を受けていたおかげで，新しく出現したバイオテクノロジーの分野も理解できました．この分野の仕事をもう23年もやっていますが，今でもこの仕事が大好きです．
■ 成功するビジネス企画，またはアイデアには何が必要ですか？　バイオテクノロジー関連企業，あるいは医療機器会社を評価する際，私は複数のポイントを重点的に調べます．
・まず，知的所有権です．その会社が，他の会社から保護すべき，技術や科学的な特許などをもっているかです．特許がない場合には，たいてい取引不成立になります．
・つぎに，どの開発段階にあるかという点です．すでに，初期の開発段階をクリアした薬剤があるかどうか．ない場合には，動物実験からヒトへの臨床テストまでのハイリスクや失敗を避けたいので，投資はしないでしょう．
・三つ目は市場分析です．市場規模は大きいか？　競合する製品は何かなどを分析します．
・四つ目は経営陣の質です．これまで仕事で成功してきたか，その科学技術を推進している人物は誰かなどです．
■ バイオ産業で興味をひく会社，あるいは奇抜なアイデアの会社など，例を紹介していただけますか？　CBR Systems社の例をあげましょう．この会社は新生児の臍帯（へその緒）から抽出した幹細胞を集めて処理し，保存している会社として，リーダー的存在です．細胞は将来の用途のために凍結保存されていますが，近い親戚や他の人へ，骨髄移植の代わりに幹細胞を注入するという形で提供します．この会社はすでに80,000以上の凍結試料を保有しています．保存した幹細胞の使用例が36件ありますが，その成功率は100％です．臍帯から幹細胞を集めたとき，会社は顧客から18年分のこの収益のビジで，彼らしてオテビジで，彼らしてオテ年間個々の期医療業界へ，いつなこえずRu

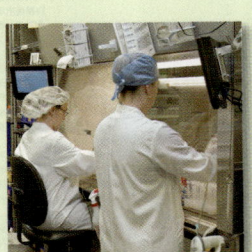

アリゾナ州ツーソンにあるCBR Systems社の技術者

科学のツール

枠にとらわれない発想: 原始のスープ

地球ができたのは46億年前である．そのとき，生物はまだいなかった．最古の生物の痕跡となる化石は，35億年前のものであるが，この11億年の間に何が起こったのだろう？　無生物の世界に，どうやって生物が生まれたのかは，科学の大きな未解決の謎である．

科学者は，そのような太古の昔のできごとである生命の起原について，どのような仮説を立てて，どのような実験でそれを確かめればよいのだろうか．枠にとらわれない発想が必要だ．多くの仮説がある．たとえば深海の熱水噴出口に生命の起原があるとの仮説もある．また，火山の火口にたまった水の中，あるいは，イエローストーン公園の間欠泉から生まれたとする仮説もある．また，上空はるか，外部の天体から，惑星や隕石に乗って，生物や，あるいは，そのもとになる化学物質がやってきたという仮説もある．これらの仮説にはいずれも，長所と短所があって，まだ，決着はついていない．

最も古く，よく知られている仮説は，生命が地球の原始の海の中から生まれたという"原始スープ"仮説である．この仮説をもとに，実験で確認できるような予測をどうやって組み立てたらよいのだろうか．1953年，当時まだ学生だったStanley L. Millerは一つの方法を考えついた．彼の予測は，原始の海を再現できれば，生物を構成する生体分子がつくられる過程も再現できるだろうということであった．そこで，Millerは，原始の地球の環境，高温の海と雷鳴とどろく大気を模倣して，この予測が正しいかどうかを実験することにした．

彼は"原始スープ"を水を沸騰させることから始めた．メタン，アンモニア，水素を含む疑似原始大気に水蒸気が上がっていく．これらの気体は，地上にあった成分や火山から噴出されたもので，太古の地上の空気の成分と考えられていた．稲妻を再現するために，Millerは電気の火花を発生させた．その後冷却すれば，雨水が海に戻るように，水蒸気は液体に戻る．この実験を物質が外とやり取りのできない完全に閉じた器の中で実施して，沸騰と放電を一週間繰返した．

太古の昔に地上に起こった反応として，単純な組成の成分と放電で模倣するという点で，この実験条件は馬鹿げた発想だったかもしれないが，Millerは"原始のスープ"の予測が正しいことを示せた．一週間後，Millerが器の中の液体を調べたところ，タンパク質の構成要素となるアミノ酸などの生体分子がつくられていることがわかったのである．その後，原始の地球大気が，厳密にはMillerの実験条件と同じでないことがわかったが，実際の大気組成を使って行った別の実験でも，一般的なアミノ酸のすべて，糖，脂質，DNAやRNAの構成成分など，重要な生体分子がつくられた．

この後は，ふつうの科学の展開と同じである．この新しい発見から，つぎの疑問が生じる．"原始のスープ"ができたあとで，生体分子はどうやって大きな分子へと組立てられたのであろうか？　そして最初の細胞はどうやってつくられ，エネルギーを獲得し，増殖できたのだろうか？　細胞は，スープの中に浮かんだ状態で生まれたのだろうか？　それともスープの中から分子が海底に沈殿し，そこで細胞ができたのだろうか？

不毛の地から，どのようにして原始の生物が生まれたのか，それは大きな難問であり，まだ答えはない．しかし，研究者が独創的な発想で挑むのにぴったりの大テーマである．

生命の原始スープ　Stanley Millerはこの装置で，生命をつくるのに必要な物質を含む液体を"調理"した．彼の実験は，原始の海と雷の放電に満たされた原始大気から生物が生まれるという仮説を支持した．

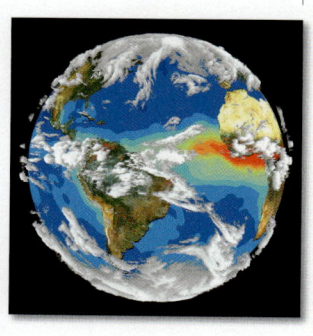

正しい科学知識でニュースを読み解く力

このコラムは,一般的な教科書にはない特徴である.本書で学んだ生物学の知識を,変化の速い実生活に応用する例を紹介する.本文やウェブサイト上で実際のニュース例を紹介し,学んだことが,今日まさに起こっている出来事を理解するのに役立つことがわかる.

"ニュースの中の生物学"を各章の終わりに加えた.実際のニュースの記事をどのように読み解くのか,それが各章のテーマとどのようにかかわっているのかがわかる.ニュースの記事をより深く理解できるように解説も加えた.

第4版では,新しく"このニュースを考える"という質問も加えた.各章のテーマを客観的にどのように理解しているかを問う設問である.また,各章で学んだ知識をもとに,紹介したニュースにかかわる倫理的,社会的,政治的に難しい問題にも言及した.

学生向けのウェブサイト(StudySpace, wwnorton.com/studyspace, 英語版のみ)では,他の新しいニュース例も多数紹介し,生物学が日常生活にいかにかかわっているかをさらに詳しく理解できる.

現代社会の重要な課題の紹介

各章は大きなテーマごとに部(第Ⅰ〜Ⅴ部)にまとめ,各部の最後に,インタールードを設けた.このインタールードの章は,各部で学習したことをさらに拡張して応用する,発展的な学習が目的である.

章末の復習と応用問題

章末には，各章の学習事項と考え方のポイントをまとめた．復習や理解度の確認に役立つ．

"章のまとめ"には，各章の主要なポイントを節ごとに整理した．

形式の異なる2種類の設問，"復習問題"と"章末問題"は，各章ではじめに掲げた基本概念が，どの程度理解できているかがわかるようになっている．各設問の解答は，本書の最後にまとめた．

復習のために"**重要な用語**"を列挙した．ページ数を記してあるので，本書の内容も参照できる．

謝　辞

本書を完成させるうえで貴重なコメントやアドバイスを多くの方々よりいただいた．以下の皆さまに感謝したい．

第4版の校閲

Laura Ambrose, University of Regina
Angelika M. Antoni,
　　　　　Kutztown University of Pennsylvania
Idelisa Ayala, Broward College
Neil R. Baker, Ohio State University
Christine Barrow,
　　　　　Prince George's Community College
Janice M. Bonner,
　　　　　College of Notre Dame of Maryland
Randy Brewton,
　　　　　University of Tennessee/Knoxville
Peggy Brickman, University of Georgia
Art Buikema, Virginia Tech University
Wilbert Butler, Jr.,
　　　　　Tallahassee Community College
Kelly Cartwright, College of Lake County
Francie Cuffney, Meredith College
Kathleen Curran, Wesley College
Garry Davies,
　　　　　University of Alaska/Anchorage
Kathleen DeCicco-Skinner,
　　　　　American University
Lisa J. Delissio, Salem State College
Christian d'Orgeix, Virginia State University
Jean Engohang-Ndong,
　　　　　Brigham Young University/Hawaii
Richard Farrar, Idaho State University
Tracy M. Felton, Union County College
Ryan Fisher, Salem Sate College
Susan Fisher, Ohio State University
Kathy Gallucci, Elon University
Gail Gasparich, Towson University
Beverly Glover,
　　　　　Western Oklahoma State College
Tamar Goulet, University of Mississippi
Nancy Holcroft-Benson,
　　　　　Johnson County Community College
Thomas Horvath, SUNY College at Oneonta
James L. Hulbert, Rollins College
Karel Jacobs, Chicago State University
Robert M. Jonas, Texas Lutheran University
Arnold Karpoff, University of Louisville
Will Kopachik, Michigan State University
Olga Kopp, Utah Valley University
Erica Kosal, North Carolina Wesleyan College
Shawn Lester, Montgomery College
Lee Likins,
　　　　　University of Missouri/Kansas City
Melanie Loo,
　　　　　California State University/Sacramento
David Loring,
　　　　　Johnson County Community College
Lisa Maranto,
　　　　　Prince George's Community College
Quintece Miel McCrary,
　　　　　University of Maryland/Eastern Shore
Dorian McMillan, College of Charleston

Alexie McNerthney,
　　　　　Portland Community College
Susan Meacham,
　　　　　University of Nevada, Las Vegas
Steven T. Mezik,
　　　　　Herkimer County Community College
Jonas Okeagu, Fayetteville State University
Alexander E. Olvido, Longwood University
Murali T. Panen,
　　　　　Luzerne County Community College
Brian Perkins, Texas A&M University
Jim Price, Utah Valley University
Barbara Rundell, College of DuPage
Jennifer Schramm,
　　　　　Chemeketa Community College
John Richard Schrock,
　　　　　Emporia State University
Tara A. Scully,
　　　　　The George Washington University
Marieken Shaner, University of New Mexico
William Shear, Hampden-Sydney College
Jennie Skillen, College of Southern Nevada
Julie Smit, University of Windsor
James Smith, Montgomery College
Ruth Sporer, Rutgers
Jim Stegge, Rochester Community
　　　　　and Technical College
Richard Stevens, Monroe Community College
Josephine Taylor,
　　　　　Stephen F. Austin State University
Doug Ure, Chemeketa Community College
Rani Vajravelu, University of Central Florida
Cindy White, University of Northern Colorado
Daniel Williams,
　　　　　Winston-Salem State University
Elizabeth Willott, University of Arizona
Silvia Wozniak, Winthrop University
Carolyn A. Zanta, Clarkson University

旧版の校閲

Michael Abruzzo,
　　　　　California State University/Chico
James Agee, University of Washington
Marjay Anderson, Howard University
Caryn Babaian, Bucks County College
Sarah Barlow,
　　　　　Middle Tennessee State University
Gregory Beaulieu, University of Victoria
Craig Benkman, New Mexico State University
Elizabeth Bennett,
　　　　　Georgia College and State University
Stewart Berlocher,
　　　　　University of Illinois/Urbana
Robert Bernatzky,
　　　　　University of Massachusetts/Amherst
Nancy Berner, University of the South
Juan Bouzat, University of Illinois/Urbana
Bryan Brendley, Gannon University

Sarah Bruce, Towson University
Neil Buckley,
　　　　　State University of New York/Plattsburgh
John Burk, Smith College
Kathleen Burt-Utley,
　　　　　University of New Orleans
David Byres, Florida Community College
　　　　　/Jacksonville—South Campus
Naomi Cappuccino, Carleton University
Heather Vance Chalcraft,
　　　　　East Carolina University
Van Christman, Ricks College
Jerry Cook, Sam Houston State University
Judith D'Aleo, Plymouth State University
Vern Damsteegt, Montgomery College
Paul da Silva, College of Marin
Sandra Davis, University of Louisiana/Monroe
Véronique Delesalle, Gettysburg College
Pablo Delis, Hillsborough Community College
Alan de Queiroz, University of Colorado
Jean de Saix,
　　　　　University of North Carolina/Chapel Hill
Joseph Dickinson, University of Utah
Gregg Dieringer,
　　　　　Northwest Missouri State University
Deborah Donovan,
　　　　　Western Washington University
Harold Dowse, University of Maine
John Edwards, University of Washington
Jonathon Evans, University of the South
William Ezell,
　　　　　University of North Carolina/Pemberton
Deborah Fahey, Wheaton College
Marion Fass, Beloit College
Richard Finnell, Texas A&M University
April Fong, Portland Community College
Wendy Garrison, University of Mississippi
Aiah A. Gbakima, Morgan State University
Dennis Gemmell,
　　　　　Kingsborough Community College
Alexandros Georgakilas,
　　　　　East Carolina University
Kajal Ghoshroy,
　　　　　Museum of Natural History/Las Cruces
Jack Goldberg, University of California/Davis
Andrew Goliszek, North Carolina Agricultural
　　　　　and Technological State University
Glenn Gorelick, Citrus College
Bill Grant, North Carolina State University
Harry W. Greene, Cornell University
Laura Haas, New Mexico State University
Barbara Hager, Cazenovia College
Blanche Haning,
　　　　　University of North Carolina/Chapel Hill
Robert Harms,
　　　　　St. Louis Community College/Meramec
Chris Haynes,
　　　　　Shelton State Community College

Thomas Hemmerly, Middle Tennessee State University
Tom Horvath, SUNY College at Oneonta
Daniel J. Howard, New Mexico State University
Laura F. Huenneke, New Mexico State University
Paul Kasello, Virginia State University
Laura Katz, Smith College
Andrew Keth, Clarion University of Pennsylvania
Tasneem Khaleel, Montana State University
John Knesel, University of Louisiana/Monroe
Hans Landel, North Seattle Community College
Allen Landwer, Hardin-Simmons University
Katherine C. Larson, University of Central Arkansas
Harvey Liftin, Broward County Community College
Craig Longtine, North Hennepin Community College
Kenneth Lopez, New Mexico State University
Ann S. Lumsden, Florida State University
Blasé Maffia, University of Miami
Patricia Mancini, Bridgewater State College
Roy Mason, Mount San Jacinto College
Joyce Maxwell, California State University/Northridge
Phillip McClean, North Dakota State University
Amy McCune, Cornell University
Bruce McKee, University of Tennessee
Bob McMaster, Holyoke Community College
Gretchen Meyer, Williams College
Brook Milligan, New Mexico State University
Ali Mohamed, Virginia State University
Daniela Monk, Washington State University
Brenda Moore, Truman State University
Ruth S. Moseley, S.D. Bishop Community College
Benjamin Normark, University of Massachusetts/Amherst
Jon Nickles, University of Alaska/Anchorage
Douglas Oba, University of Wisconsin/Marshfield
Mary O'Connell, New Mexico State University
Marcy Osgood, University of Michigan
Donald Padgett, Bridgewater State College
Penelope Padgett, University of North Carolina/Chapel Hill
Kevin Padian, University of California/Berkeley
Brian Palestis, Wagner College
John Palka, University of Washington
Anthony Palombella, Longwood College
Snehlata Pandey, Hampton University
Robert Patterson, North Carolina State University
Nancy Pelaez, California State University/Fullerton
Pat Pendarvis, Southeastern Louisiana University
Patrick Pfaffle, Carthage College
Massimo Pigliucci, University of Tennessee
Jeffrey Podos, University of Massachusetts/Amherst
Robert Pozos, San Diego State University
Ralph Preszler, New Mexico State University
Jerry Purcell, Alamo Community College
Richard Ring, University of Victoria
Ron Ruppert, Cuesta College
Lynette Rushton, South Puget Sound Community College
Shamili Sandiford, College of DuPage
Barbara Schaal, Washington University
Kurt Schwenk, University of Connecticut
Harlan Scott, Howard Payne University
Erik Scully, Towson University
David Secord, University of Washington
Cara Shillington, Eastern Michigan University
Barbara Shipes, Hampton University
Mark Shotwell, Slippery Rock University
Shaukat Siddiqi, Virginia State University
Donald Slish, State University of New York/Plattsburgh
Philip Snider, University of Houston
Julie Snyder, Hudson High School
Ruth Sporer, Rutgers University/Camden
Neal Stewart, University of North Carolina/Greensboro
Tim Stewart, Longwood College
Bethany Stone, University of Missouri
Nancy Stotz, New Mexico State University
Steven Strain, Slippery Rock University
Allan Strand, College of Charleston
Marshall Sundberg, Emporia State University
Alana Synhoff, Florida Community College
Joyce Tamashiro, University of Puget Sound
Steve Tanner, University of Missouri
John Trimble, Saint Francis College
Mary Tyler, University of Maine
Roy Van Driesche, University of Massachusetts/Amherst
Cheryl Vaughan, Harvard University
John Vaughan, St. Petersburg College
William Velhagen, Longwood College
Mary Vetter, Luther College
Alain Viel, Harvard Medical School
Carol Wake, South Dakota State University
Jerry Waldvogel, Clemson University
Elsbeth Walker, University of Massachusetts/Amherst
Daniel Wang, University of Miami
Stephen Warburton, New Mexico State University
Carol Weaver, Union University
Paul Webb, University of Michigan
Peter Wilkin, Purdue University North Central
Peter Wimberger, University of Puget Sound
Allan Wolfe, Lebanon Valley College
David Woodruff, University of California/San Diego
Louise Wootton, Georgian Court University
Robin Wright, University of Washington

Discover Biology（英語版原著）の製作チームにも感謝したい

本書のような生物学入門書をまとめあげる作業は，けっしてたやすいものではなく，第4版もその例外ではなかった．本書の本文や写真，図版の改訂に協力いただいた編集者，研究者，また，W.W.Norton 社のアシスタントの方々に，感謝申し上げたい．特に，編集主幹の Mike Wright 氏には，生物の教科書や一般的な教科書の出版に対する鋭い洞察力とそのリーダーシップに感謝したい．Wright 氏は，第4版改訂の全体を監督し，他の方々のコメントを集める作業から，図版の選別まで，作業の全過程を徹底的に指揮してくださった．見事なほど厳密に校正作業をしてくださった Stephanie Hiebert 氏と Philippa Solomon 氏にも感謝したい．編集者の Dick Morel 氏の協力で本書を非常に読みやすく，わかりやすい形に変えることができた．Kim Yi 氏の協力によって本書の多数の箇所をスムーズに調整することができた．彼女が辛抱強く厳密に，また，冷静に製作の締め切りを決めてくれたことに感謝したい．最終版の体裁を考慮してくださった Chris Granville 氏のおかげで，わかりやすく美しい教科書に仕上がった．本書の広告活動にかかわった Betsy Twitchell 氏の尽力で，多くの方々にこの本が読まれるようになると思う．Matthew Freeman 氏には最初から本書作成の手伝いをお願いし，特に章末問題や補助教材の完成に協力いただいた．Jennifer Cantelmi 氏は，多くの方々から送られたコメント，改訂，修正項目を整理してくれたので，原稿の作成にタイミングを合わせて反映させることができた．最後に，私たちの家族，Merrill Peterson, Emiko Peterson-Yoon, Erik Peterson-Yoon, June Ginoza Yoon, Don, Ryan, Erika Singh-Cundy にも，本書完成に向けての私たちの長い作業を支えてくれた点で感謝したい．

要約目次

第Ⅰ部　生命の多様性

- 第1章　生命と自然科学
- 第2章　生命の樹
- 第3章　生物の分類群
- インタールードA
    生物多様性と私たち人間

第Ⅱ部　細胞：生命の基本単位

- 第4章　生命体をつくる物質
- 第5章　細胞の構造
- 第6章　細胞膜のはたらき：
　　　　　　物質輸送とシグナル伝達
- 第7章　エネルギーと酵素
- 第8章　光合成と細胞呼吸
- 第9章　細胞分裂
- インタールードB
    がん：制御のできなくなった細胞分裂

第Ⅲ部　遺　伝

- 第10章　遺伝の様式
- 第11章　染色体とヒトの遺伝学
- 第12章　ＤＮＡ
- 第13章　遺伝子からタンパク質へ
- 第14章　遺伝子発現の制御
- 第15章　DNAテクノロジー
- インタールードC
    ヒトゲノム情報の利用

第Ⅳ部　進　化

- 第16章　進化のしくみ
- 第17章　集団の進化
- 第18章　適応と種分化
- 第19章　生物の進化の歴史
- インタールードD
    人類と進化

第Ⅴ部　環境との相互作用

- 第20章　生物圏
- 第21章　個体群の成長
- 第22章　生物間の相互作用
- 第23章　生物群集
- 第24章　生態系
- 第25章　地球規模の変化
- インタールードE
    持続可能な社会をつくる

目　次

第Ⅰ部　生命の多様性

第1章　生命と自然科学
- 生きものか？あるいは？……………………………1
- 1・1　科学的手法：問いかけから答えを得るまで……2
- 1・2　生物の特徴……………………………………5
- 1・3　ウイルスは生物か：悩ましい問題……………8
- 1・4　生物学的階層性………………………………9
- 1・5　生物とエネルギーの流れ……………………12
- ナノーブは，本当に一番小さな生物なのか？……13
- Box　枠にとらわれない発想：原始のスープ……10
- Box　夕食の中身は何？……………………………11
- News　ナノバクテリアは病原菌か？……………15

第2章　生命の樹
- アイスマンの登場…………………………………16
- 2・1　進化の関係を示す系統樹……………………17
- 2・2　系統樹から予測する…………………………20
- 2・3　リンネ式階層分類体系………………………21
- 2・4　生命の樹………………………………………23
- アイスマンの正体…………………………………25
- Box　有罪だった歯科医……………………………25
- News　ユーコンでサスクワッチの目撃情報……28

第3章　生物の分類群
- 不思議な，驚異の野生生物………………………29
- 3・1　生物分類群の体系……………………………31
- 3・2　細菌とアーキア：繁殖することに成功した小さな生物……33
- 3・3　原生生物：真核生物進化への通過点………35
- 3・4　植物界：陸上生物のパイオニア……………37
- 3・5　菌界：分解者の世界…………………………41
- 3・6　動物界：複雑性，多様性，運動能力………44
- 3・7　ウイルス：系統樹の各所から出現する芽か？……48
- 素晴らしい生命……………………………………49
- Box　生命への情熱…………………………………31
- Box　あなたの食べ物は？…………………………49
- News　ミツバチが消え，窮地に陥る養蜂家……52

インタールードA　生物多様性と私たち人間
- カエルはどこへ行った………………………………53
- 地球上には何種類の生物がいるか………………54
- 今日の大量絶滅の始まり…………………………56
- 生物多様性を脅かす脅威…………………………57
- 過去の大量絶滅……………………………………59
- 生物多様性の重要性………………………………60
- Box　私たちのどのような行為が問題か？………59

第Ⅱ部　細胞：生命の基本単位

第4章　生命体をつくる物質
- 地球外生命体の探索………………………………63
- 4・1　物質世界は原子でできている………………64
- 4・2　共有結合は自然界で最強の化学結合である……66
- 4・3　水素結合とイオン結合はどちらも弱いが，集まって強い力となる……67
- 4・4　溶液の酸・アルカリの度合いを示す指標，pH……69
- 4・5　生命体の化学構成単位………………………70
- 極限の生命化学……………………………………81
- Box　われらが元素…………………………………74
- News　ニューヨーク市の飲食店でのトランス脂肪酸使用が禁止される：市保健局によると健康を害する恐れあり……84

第5章　細胞の構造
- 人体へのヒッチハイク………………………………85
- 5・1　細胞は生命の最も小さい単位である………86
- 5・2　細胞膜は細胞を周囲から隔離する…………86
- 5・3　原核生物と真核生物の細胞…………………88
- 5・4　真核生物の細胞は特殊化した内部区画をもつ……90
- 5・5　細胞骨格は細胞の形をつくり，輸送を行う……95
- 真核生物が原核生物から譲り受けたもの………99
- Box　顕微鏡で細胞を調べる………………………87
- News　科学者が操るマウスの恐怖遺伝子………102

第6章　細胞膜のはたらき：物質輸送とシグナル伝達
- 食物と細胞膜の受容体，そして家系………………103
- 6・1　細胞膜は関門である．その関門の番人でもある……104
- 6・2　水の摂取・放出のコントロール………………107
- 6・3　小胞が仲介する物質輸送……………………109
- 6・4　細胞の間の多彩な結合………………………110
- 6・5　細胞へ情報を伝えるシグナル伝達分子と受容体……111
- さまざまな受容体…………………………………113
- Box　水ばかりなのに飲み水がない………………108
- Box　タンパク質に目印をつける…………………113
- News　ピリッとした助っ人が外科手術を変える……116

第7章　エネルギーと酵素
- "アスピリンを2錠飲んで，朝になったら電話してください"……117
- 7・1　生命系におけるエネルギー法則……………118
- 7・2　食物の燃焼によって得るエネルギー………121
- 7・3　細胞は酵素を使って化学反応をスピードアップする……123
- 7・4　代謝速度と寿命………………………………126
- 特効薬の改良………………………………………127

- ● Box　燃焼式ボンベ熱量計……………………121
- ● Box　身体のエネルギー問題…………………127
- ● News　非ステロイド性抗炎症薬（NSAID）は
  　　　　　　心臓発作・脳卒中の恐れあり……130

第8章　光合成と細胞呼吸
- ■ 考えるのに必要な食べ物………………………131
- 8・1　細胞活動の源，エネルギー担体…………132
- 8・2　光合成と細胞呼吸の概要…………………133
- 8・3　光合成：光のエネルギーを捕らえる……134
- 8・4　細胞呼吸：分子を分解してエネルギーを得る…139
- ■ 脳へのエネルギー供給…………………………144
- ● Box　われわれは発酵食品が好きである……139
- ● News　自動車を動かすバイオ燃料：
  　　　　　　植物油が排気ガスを減らす……146

第9章　細胞分裂
- ■ ひとすじの希望の光……………………………147
- 9・1　間期と分裂期からなる細胞周期…………149
- 9・2　間期：細胞周期のなかで最も長いステップ…150
- 9・3　体細胞分裂と細胞質分裂：
  　　　　二つのまったく同じ細胞をつくるしくみ…151
- 9・4　減数分裂：染色体セットを二つに分けて
  　　　　　　　　　　　配偶子をつくる……154
- ■ 幹細胞の生物学…………………………………159
- ● News　新たな幹細胞が心臓の再生に
  　　　　　　つながるかもしれない……164

インタールードB　がん：制御のできなくなった細胞分裂
- ■ 変異細胞との戦い………………………………165
- ■ 細胞分裂や細胞移動への抑制が効かなくなると，
  　　　　　　　　　　　　　　　　　　がんになる……166
- ■ がんの由来は遺伝子の突然変異………………167
- ■ ウイルスのがん原遺伝子から解明されたがんのしくみ…169
- ■ がん抑制遺伝子は細胞分裂を抑制する………171
- ● Box　若者の喫煙………………………………169

第III部　遺　伝

第10章　遺伝の様式
- ■ 失われた皇女……………………………………175
- 10・1　遺伝学の用語………………………………177
- 10・2　突然変異：新しい対立遺伝子の誕生……179
- 10・3　遺伝の基本様式……………………………180
- 10・4　メンデルの法則……………………………181
- 10・5　メンデルの法則の応用……………………185
- 10・6　まとめ：表現型は遺伝子と環境で決まる…188
- ■ 失われた皇女の謎を解く………………………189
- ● Box　血液型の話………………………………179
- ● Box　コイン投げの確率と科学実験の計画…184
- ● News　ネズミが教えてくれる夫婦円満の秘訣…192

第11章　染色体とヒトの遺伝学
- ■ 恐怖のダンス……………………………………193
- 11・1　遺伝における染色体の役割………………194
- 11・2　遺伝的連鎖と交差…………………………196
- 11・3　個体の遺伝的変異の由来…………………197
- 11・4　ヒトの遺伝病………………………………198
- 11・5　常染色体上にある遺伝子突然変異の遺伝…200
- 11・6　遺伝子突然変異の伴性遺伝………………201
- 11・7　遺伝する染色体異常………………………202
- ■ ハンチントン病の遺伝学………………………204
- ● Box　胎児の遺伝子検査………………………200
- ● Box　複雑なヒトの病気の遺伝学……………203
- ● News　遺伝子診断のもつ希望と問題点………208

第12章　DNA
- ■ 生命の書…………………………………………209
- 12・1　遺伝物質を探して…………………………210
- 12・2　DNAの三次元構造…………………………212
- 12・3　DNAはどのように複製されるのか………214
- 12・4　複製時のミスや損傷したDNAの修復……216
- ■ 生命の書の誤り…………………………………218
- ● Box　遺伝病と向き合う人々を助ける………215
- ● News　生物学者を困惑させるチェルノブイリの野生動物…221

第13章　遺伝子からタンパク質へ
- ■ 遺伝のメッセージ：誰が伝え，どう解読するか…222
- 13・1　遺伝子のはたらき…………………………223
- 13・2　遺伝子からタンパク質への概要…………224
- 13・3　転写：DNAからRNAへ……………………225
- 13・4　遺伝の暗号…………………………………227
- 13・5　翻訳：RNAからタンパク質へ……………229
- 13・6　突然変異がタンパク質合成に与える影響…230
- 13・7　まとめ：遺伝子から表現型へ……………231
- ■ 遺伝子からタンパク質へ：
  　　　　　　ハンチントン病を解決する望み……232
- ● Box　バイオテクノロジー関連企業への投資…234
- ● News　スピード遺伝子を探せ…………………236

第14章　遺伝子発現の制御
- ■ 一つ目ウシの神話………………………………237
- 14・1　DNAの構造と構成…………………………239
- 14・2　真核生物におけるDNAの凝縮……………240
- 14・3　遺伝子発現のパターン……………………241
- 14・4　遺伝子発現の制御…………………………243
- ■ 遺伝子発現からがん治療まで…………………247
- ● Box　DNAチップを使って遺伝子発現を調べる…246
- ● News　奇跡の治療法と数千億円市場の競争…249

第15章　DNAテクノロジー
- ■ 光るウサギから新たな治療法への期待………250
- 15・1　DNAテクノロジーの新しい世界…………251
- 15・2　DNA操作の基本技術………………………253
- 15・3　DNAテクノロジーの応用…………………257
- 15・4　DNAテクノロジーの倫理的・社会的側面…261
- ■ ヒトの遺伝子治療………………………………262
- ● Box　動物のクローニング……………………259

- ● Box 遺伝子組換え食品を食べたことはありますか？……261
- ● News 突然変異か？ それとも救済者か？ 遺伝子組換え樹木が毒を食べる：ウサギ遺伝子を使って化学物質を中和するポプラ……266

インタールードC　ヒトゲノム情報の利用
- ■ ゲノムプロジェクト：未来を占う水晶玉……267
- ■ ヒトゲノムの探究……268
- ■ 私たちの設計図とは……268
- ■ 個人にあった健康管理……273
- ■ 遺伝子検査が提起する倫理問題……275

第Ⅳ部　進　化

第16章　進化のしくみ
- ■ 旅の始まり……279
- 16・1 生物の進化：遺伝的変化の結果……280
- 16・2 進化のしくみ……281
- 16・3 生物のさまざまな特性は進化で説明できる……282
- 16・4 進化の証拠……284
- 16・5 進化の考え方……289
- ■ 進化の現場……289
- ● Box 人間と細菌の切っても切れない関係……286
- ● Box 進化の擁護者……290
- ● News 空腹と知能……294

第17章　集団の進化
- ■ 耐性の進化……295
- 17・1 対立遺伝子と遺伝子型……296
- 17・2 遺伝的多様性：進化のもと……296
- 17・3 生物集団を進化させる四つのしくみ……297
- 17・4 突然変異：遺伝的多様性の源……297
- 17・5 遺伝子流動：集団間での対立遺伝子の交換……298
- 17・6 遺伝的浮動：偶然の効果……299
- 17・7 有利な対立遺伝子の自然選択……301
- 17・8 性選択：性と自然選択の接点……303
- 17・9 まとめ：集団進化の原理……304
- ■ 抗生物質耐性の拡散を防ぐ……304
- ● Box 自然集団で進化が起こっているかどうかの検証……298
- ● Box 病気と闘う方法：辛抱すること……306
- ● News 抗生物質の流出……309

第18章　適応と種分化
- ■ カワスズメの謎……310
- 18・1 適応：環境の変化へ適合する課程……311
- 18・2 適応により完璧な生物が生まれることはない……313
- 18・3 種とは何か？……314
- 18・4 種分化：生物多様性を生み出すプロセス……315
- 18・5 種分化の速度……319
- 18・6 適応と種分化の意味……319
- ■ ビクトリア湖におけるカワスズメの急速な進化……319
- ● Box ドッグショーの審査……318
- ● News 極東で発見されたヒトの骨は別種であると発表された……322

第19章　生物の進化の歴史
- ■ 凍った荒野の不思議な化石……323
- 19・1 化石記録：過去へのガイド……324
- 19・2 地球の生命史……326
- 19・3 大陸移動の影響……329
- 19・4 大量絶滅：地球規模で起こる種の絶滅……331
- 19・5 適応放散：生物多様性の増える過程……333
- 19・6 哺乳類の起原と適応放散……334
- 19・7 生物の進化史……336
- ■ 緑あふれる南極大陸だったとき……337
- ● Box 大量絶滅は現在進行中なのか……332
- ● Box Geerat Vermeij：目を使わずに看破する……335
- ● News 海から陸へ移行した動物のミッシングリンクを解き明かす化石……339

インタールードD　人類と進化
- ■ 私たちは何者で，どこから来たのか……340
- ■ 私たちは類人猿である……341
- ■ ヒト科の進化：木登りから直立歩行へ……342
- ■ *Homo* 属の進化……344
- ■ 現代人の起原と拡大……345
- ■ ヒトの未来の進化……346
- ■ 人間が進化に及ぼす影響……347
- ● Box 人類：進化に最も大きな影響力をもつもの……350

第Ⅴ部　環境との相互作用

第20章　生物圏
- ■ 生命の絵模様……351
- 20・1 生態学の重要性……352
- 20・2 環境との相互作用……353
- 20・3 気候が生物圏に与える影響……355
- 20・4 陸上のバイオーム……357
- 20・5 水界のバイオーム……361
- ■ 生物圏に対する人間の影響……364
- ● News キューバアマガエルの侵入……366

第21章　個体群の成長
- ■ イースター島の悲劇……367
- 21・1 個体群とは何か……368
- 21・2 個体群サイズの変動……368
- 21・3 指数関数的増加……369
- 21・4 個体群成長の限界……371
- 21・5 個体群数変動のパターン……373
- 21・6 人口増加は限度を超えるか……375
- ■ どんな未来が待ち受けているのか……376
- ● Box 個体数計測で絶滅危惧種を救う……374
- ● News カによって媒介されるウエストナイルウイルス……379

第22章　生物間の相互作用
- ■ 自滅的カマキリと不気味な寄生虫……380
- 22・1 相利共生……381
- 22・2 消費者-犠牲者の関係……383

22・3　競　争………………………………………385
22・4　生物間の相互作用がつくる生物群集と生態系………388
■　宿主の行動を変える寄生者………………………………389
● Box　生態学の疑問に実験で答える………………………386
● News　川の寄生虫が子どもを蝕む：アフリカの元凶は放置されたままである．治療は簡単で安価で済むのに，わずかな資金さえ集まっていない………391

第23章　生物群集
■　新しい生物群集の形成……………………………………392
23・1　種間相互作用が生物群集へ及ぼす影響……………393
23・2　生物群集は時間とともに変化する…………………395
23・3　撹乱からの回復………………………………………398
■　導入種：島の生物群集を気づかれる前に破壊する………401
● Box　自然を考えたデザイン………………………………400
● News　魚数の減少は悪い前兆……………………………403

第24章　生　態　系
■　無料の昼食があるだろうか………………………………404
24・1　生態系の利用…………………………………………405
24・2　生態系へのエネルギーの獲得………………………406
24・3　生態系におけるエネルギーの流れ…………………408
24・4　栄養素循環……………………………………………410
24・5　人間活動が生態系を変える…………………………414
24・6　生態系をデザインする………………………………416
■　生態系サービスとその経済的価値………………………416
● Box　トウモロコシから燃料へ……………………………413
● News　イカを直撃：化学物質が深海のイカやタコを汚染している………420

第25章　地球規模の変化
■　荒海の中の惨状……………………………………………421
25・1　陸圏・水圏の変容……………………………………422
25・2　地球の化学的変容……………………………………424
25・3　地球規模の栄養循環の変化…………………………426
25・4　気候の変化……………………………………………427
■　生態学からのメッセージ…………………………………430
● Box　オゾン層の回復：科学と政策との連係……………429
● Box　あなたのフットプリントサイズはどのくらいだろうか………431
● News　緊急事態への対策が今こそ必要…………………433

インタールードE　持続可能な社会をつくる
■　今，世界は…………………………………………………434
■　人間の影響は"持続可能"なものではない………………435
■　未来への希望………………………………………………436

付　録（ハーディー・ワインベルグの式）……………………443
元素の周期表……………………………………………………444
本書で扱う単位…………………………………………………445
復習問題の解答…………………………………………………446
章末問題の解答…………………………………………………459
用語解説…………………………………………………………460
索　引……………………………………………………………477

1 生命と自然科学

> **Main Message**
>
> 自然科学者は，決まった手順の科学的手法を使って研究する．すべての生物は，共通した特徴をもつ．

生きものか？ あるいは？

西オーストラリア海岸の沖，海底地下5000mの深さの地層に，太古の昔から，その不思議な小さな物体は埋もれていたらしい．ある研究者チームが，油田試掘現場から回収した古い地層の鉱物を高倍率の電子顕微鏡を使って観察したとき，その小さく奇妙な物体を発見した．非常に小さく，10億分の1m（nm，ナノメーター）程度しかなかったので（ここに印刷されている点・の約100万分の1の大きさ），発見した研究者は"ナノーブ"と名づけた．彼らはこの物体が世界で一番小さな生物であると報告し，論争が巻き起こされた．

ナノーブは，形のうえでは，他の生物，たとえば，細い菌糸にも似ているし，実験室内で成長もする．成長は非常に速く，倍率の高い顕微鏡でないと見えなかったものが，2〜3週間のうちに肉眼でも見える大きさの，ほつれた糸のような塊になった．

この研究成果を，"重要かつ生命の起原に迫る大発見である"と評価する人もいた．"ナノーブは急速に世界中に広まり，もしかしたら地上で最も豊富にみられる生物となるかもしれない"．私たちの立っている足の下，つまり，地表を広く覆っている土壌は，岩石が分解して細かくなったものであるが，彼らは，ナノーブがもしかしたら土壌をつくるうえで重要な生物だったのではないかと考えているようである．最近になって，同じような小さな構造物が，卵の殻，血液中，落ち葉などにもあるという研究も報告されている．

ナノーブは，明らかに小さな物体ではある．しかし，世界で一番小さな生物かどうか，生きているのかどうかという点では，まだ生物学者が全員同意しているわけではない．

生きものとそうでないものを区別するのは簡単なことのように思える．石ころは非生物で，それを池の水面に投げて飛び跳ねさせる自分たちは生き物だと，どんな子どもでも知っているだろう．ナノーブは生物だろうか？ 研究者はなぜ，生物であることに，簡単に同意しないのだろうか？ 生物とは何だろうか？ 生命の特徴は何か，生命科学者はどのように生命を研究するのか？ この章では，まず，このような視点で話を進めよう．

ナノーブ：大論争をひき起こした小さな物体
ナノーブは最小の生物か？ あるいは？

基本となる概念

- 自然現象を対象とする分野では，つぎのような方法で研究を進める．1) 観察する，2) 観察結果を説明する仮説を立てる，3) 仮説をもとに新しい予測を行う，4) 予測を検証するための実験や観察を行う．もし，予測したことが実験や観察で確認できれば，仮説はより確かなものになる．もし，予測したことが確認できなかった場合，立てた仮説は間違いとして捨てるか，または，修正しなければならない．前の段階に立ち戻り，観察・予測・実験を，再検討することもある．
- すべての生物は同じ祖先に由来し，共通の特徴をもつ．たとえば，細胞が構成単位となり，DNAを使って繁殖し，発生・成長する．また，周囲からエネルギーを能動的に獲得する．外界の環境を感知して，それに応答し，体の内部の状態を一定に維持し，そして，進化する．
- ウイルスは，生物と非生物のちょうど中間的な存在である．生物と同じ特性もあるが，生物にあってウイルスにみられない性質もある．本書では，一般的な定義に従い，ウイルスを生物とはみなさないことにする．
- 生物の世界をスケールの異なる階層に分けると理解しやすい．小さいスケールから，分子，細胞，組織，器官，器官系，個体（生物個体），個体群，群落・群集，生態系，バイオーム，そして，生物圏となる．
- 生物どうしや，生物と取巻く環境との間には，絶えることのないエネルギーの流れがある．エネルギーは生態系の中を，まず，太陽から生産者（植物など）へ，その後，消費者から分解者（植物や他の生き物を消費する動物や菌類など）へと流れる．生物間の複雑な食べる，食べられるの関係を食物網とよぶ．

生命とはなんだろうか？ この単純な問いは，最も深遠な問いかけの一つではないだろうか．医学上の重要な問いでもある．胎児の生命はいつ始まって，人工的な中絶はいつまで許されるのか，命はいつ終わり，人の尊厳死は許されるのか．これらの問いはいずれも医学的な論争となっているが，本質的には"生命とは何か"という問いかけと同じである．また，地球上でいつ生命は誕生したのか，他の惑星にも生命はいるのかと考えるときにも，"生命とは何か"は深い意味をもつ．この問いの答えを追求する学問，生物を対象にして科学的に研究する分野が**生物学**（または生命科学）である．小さな細菌から，セコイアのような巨木，私たち人間も含めて，生命を理解することが，生物学の目的である．

この章ではまず，科学的な手法について紹介しよう．科学者が，生命について，どのような点を疑問に思い，その解答をどのように引き出すのか，例をあげながら紹介する．そのあとで生命とは何かという疑問に迫る．生命は多様である．しかし，どのように多様でも，すべての生物は共通する特徴をもち，生物独特の階層構造の一部を構成していることを学ぶ．また，生物どうしや生物とそれを取巻く環境との間には，エネルギーの流れがあり，そこで果たす役割についても解説する．この章の最後に，ナノーブが生物なのか，そうでないのか，という最初の疑問に戻って再検討する．

1・1 科学的手法：問いかけから答えを得るまで

自然科学とは，自然現象を探求し，その真実を発見する学問である．自然科学の手法は，自然現象を理解するうえで非常に強力で，現代社会の中でも重要な役割を果たしている．科学者であろうとなかろうと，自然のしくみを理解できれば興奮するだろうし，実際に実りも多い．現代人の生活は科学知識を応用したものに大きく依存している．薬を飲むとき，友達に短いメールを送るとき，ランニングマシンでトレーニングするときなど，どんなときでも科学の恩恵を受けている．

しかし，科学の役割は何か，どのように新しい知識を得るのか．何を目指していて，どのような制限があるのか，といったことを正しく理解している人は少ない．一方で，科学の役割は大きくなっている．私たちが何か社会的な決断をするときにも個人的な決断をするときにも，科学は重要な役割を担うであろう．たとえば，地球温暖化について決断するとき，DNA鑑定結果が裁判所の証拠として提出されたとき，私たちは，科学者の発見したものについて，何かしらの評価を下さなければならない．また，教育現場で進化についての最先端科学の知識を教えるべきかどうかを議論するときにも同じだろう．個人のレベルでは，科学研究の報道を毎日のように評価する場面もあるだろう．遺伝子を操作した作物を購入するのを避けるべきなのか，あるいは，安全上は問題ないと考えるべきか？ ワインを飲むことは心臓に本当によいのだろうか？ 何時間も携帯電話を使うことは体に害はないのだろうか（図1・1）？ このような疑問に最善の決断を下すためには，科学者だけではなく，私たち自身が，科学的な手続きとはどのようなものかを理解しておくことが大切である．

図1・1 もしもし，聞こえる？ 科学は，遠くにあるようにみえることもあるが，実は私たちの生活に大きく影響している．科学のおかげで，私たちはこの世界を深く理解できるし，新しいアイデアや新技術が生まれ，私たちを夢中にさせる新製品も生まれる．

科学的手法

　研究者が自然現象について研究するときには，**科学的手法**（図1・2）とよばれる一連の論理的手続きをとる．科学的手法は論理的であるがゆえに，決まりきった手順に従うだけであると考えがちだが，そうではない．これから紹介するように，科学には，幸運や独創性も重要な役割をもつ．

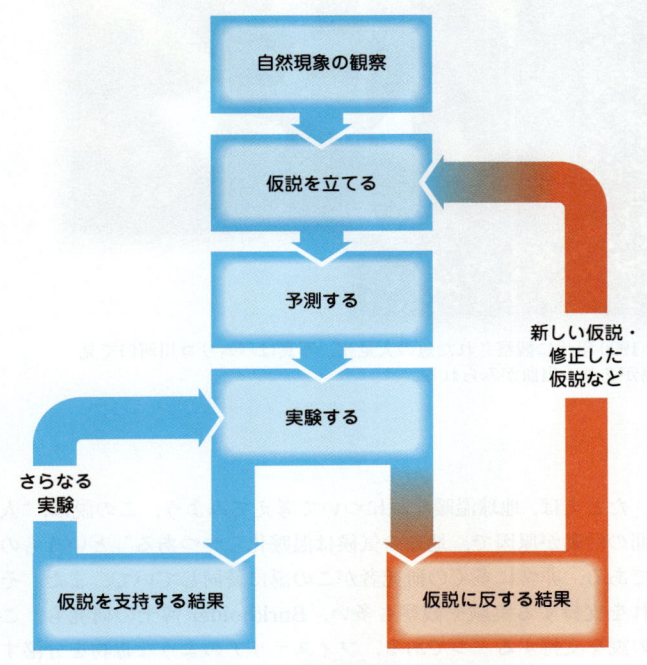

図 1・2　科学的手法

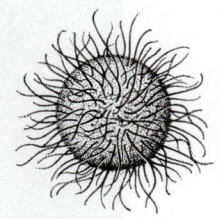

フィステリア
（*Pfiesteria*）

　科学的手法の第一歩は**観察**である．顕微鏡で調べる，海の底まで潜る，草原を歩いて探索するなど，方法はさまざまである．JoAnn M. Burkholder 博士が米国ノースカロライナ州で始めた観察も，1990年代当時のふつうの方法で，他の研究者と同じであった．彼女は，州立大学の生物学者で，定期的に発生する魚の集団死の謎を解こうとしていた．それは河口付近で何百万匹もの多量の魚が体表の傷から出血して突然死ぬという怪現象である（図1・3）．印象的な現象ではあるが，生物学者の好奇心を刺激して，なぜそのようなことが起こるのか，科学的手法で調べるきっかけとなったという意味では他の自然現象と何ら変わりはない．

　観察の次にくるのは，**仮説**を立てることである．仮説とは，なぜ観察したような現象が起こるのかの説明で，研究者の創造力や独創性が重要な比重を占める部分である．経験に基づいて仮説を立てる人もいる．観察した現象を説明できるような仮説を立てることは，そう容易ではない．ノースカロライナ州の怪現象に関しては，研究者は仮説を立てるのに行き詰まっていた．最初，Burkholder 博士たちは，研究室の水槽で飼育していた魚をその河川水にさらすと，直後に突然死ぬのを発見して驚いたという．詳しく調べると，原生生物の一種が魚が死ぬ前に水槽の中で急激に増え，その後，生きた魚が水槽にいないと減少することがわかった（原生生物については第3章で詳しく紹介する）．博士は，野外で魚が死ぬのも，研究室で起こった魚の死と同じで，フィステリアという原生生物が原因ではないかという仮説を立てた．

　そこで，この仮説に基づき，検証可能な**予測**を立てた．つまり彼女は"この仮説が正しく，自然環境下で魚が死ぬ原因がフィステリアならば，何が起こると予測できるか"を考え，"魚が多量に死ぬときは，フィステリアが河口で多くみられるはずである．逆に，魚が死なないときには，フィステリアはいないはずである"と予測した．また，"フィステリアを実験室の水槽に入れると，健康な魚が死滅するはずである"という予測も行った．

　仮説に基づいた予測が正しいかどうかをテストするのが，次の科学的な手順となる．予測を確認するために，装置や方法を工夫して，コントロールした条件下で自然の現象を再現させて観察する（**実験**）．あるいは，単に，さらに詳しい観察を行うこともあるかもしれない．

　結果はどうだっただろうか？ 魚が多量に死滅した河川でフィステリアが多数見つかった．逆に，魚の死んでいない河川には見つからなかった．これで，最初の予測は"正解"である．では，魚にさまざまな種類の原生生物を与えた実験の結果はどうなったであろうか？ フィステリアを水槽に入れたときも，魚は死んだ．つまり，二つ目の予測も"正解"であった．

　このように仮説に基づいて立てた予測が正解となった場合，これを"仮説を支持する結果を得た"という．仮説が，それだけ確かなものになったことになる．しかし，"仮説が正しいと証明された"とはいえない．他の試験や調査を行って仮説が否定される可能性があるので，仮説が正しいと"証明"することはできない．ただ，仮説を支持する証拠がたくさん得られれば，それだけ，より確固たる仮説となる．一つでも，予測と食い違う結果が得られた場合，仮説は再検討しなければならない．その仮説は捨て去るか，何らかの修正をしなければならなくなる．実験結果がうまく解釈できず，困惑するような難しい結果が得られた場合，仮説を考え直すだけでなく，実験や予測をやり直したり，最初の観察に立ち戻って吟味し直すこともある．Burkholder 博士の研究の場合，二つの観察は予測通りだったので，フィステリアが魚の多量死の犯人であるという仮説を強く支持している．

　多くの自然科学の研究と同様に，この Burkholder 博士の観察からも，次なる多くの疑問が生まれて，研究をさらに進める必要が生じた．フィステリアが，毒物で魚を殺すのか，魚を直接攻撃するのか，あるいは，他のしくみがあるのか，まだ解明されていない．現在，Burkholder 博士は，毒物が原因で死ぬという仮説を考えているが，フィステリアを使った他の研究者の報告では毒物は発見されていない．しかし彼女は，これらの結果は系統の違うフィステリアを使ったもので，この原生生物の取扱い方法も悪

JoAnn M. Burkholder 博士

図 1・3　魚の大量死の怪　(a) 米国ノースカロライナ州の河川で 1990 年代に観察された魚の大量死．写真はパムリコ川河口で見つかった魚．約百万匹が死滅した．(b) 死んだ魚の体表には，傷があり，出血がみられる．

かったのではないかと主張している．つまり，他の研究者の実験が正しく実施されていないのではないかという疑問である．このような意見の食い違いは，けっして珍しいことではない．こういった議論を経て，科学は進展してゆく．

では，つぎに何をすべきだろうか？　次のステップも，科学的な手法に従って，毒物なのか，直接の傷害なのか仮説を確かめる実験を行い，実験が予測に合致するかどうかを注意深くみていくことになる．その過程で，仮説は，支持されたり，修正されたり，あるいは，間違いであると捨て去られることもあるだろう．このように自己修正する過程を何度も繰返すことで，より正確に生命現象を理解できるようになる．

現時点では，フィステリアの議論はまだ決着していない．フィステリアの毒物がヒトにも有害ではないかという仮説で研究を進めている人もいる．また，大規模な工場や養豚場などからの排水が，毒性の強いフィステリアを増やす要因になっているのではないかという仮説を立てている研究者もいる．

科学者は，観察し，仮説を立て，予測の検証を繰返し，仮説を修正したり捨てたりする．この一連の作業が科学的手法である．Burkholder 博士たちの研究は，なぜ魚は死ぬのか，ヒトにどう影響するのか，それにどう対処すべきか，そういった数々の疑問への入口に立っているにすぎない．このような研究が積み重ねられて，科学的な知識がより深まることになる．

科学の分野では，"説"と"事実・真実"は異なる意味をもつ

一般には，"説"とは，まだ証明されていないことをさす．たとえば何かが起こったとき，"どうやって起こったかは，私の説では……だ"という表現をするかもしれない．この"説"は，当てずっぽうであれ，よくよく考えた末のものであれ，"見解"や"持論"といったものにすぎない．科学の分野では，"説"は非常に異なった意味で使う．可能性の高い説明の一つであるとき，その考え方を"仮説"という．仮説が，関連する他の多くの現象を説明できたり，それを支持する観察や実験結果が多く得られるようになったとき，"仮説"は"説"となる．

たとえば，地球温暖化説について考えてみよう．この説は，"人間の活動が原因で，地球の気候は温暖化しつつある"というものである．非常に多くの研究者がこの説に賛同していて，また，それを支持する実験や観察も多い．Burkholder 博士の研究も，この説を支持する一つである．フィステリアのような毒物を分泌する原生生物は，水温が上昇すると増加する傾向にある．そのため，魚の大量死の頻度が増えたという Burkholder 博士の観察は，海洋も含めて，世界中の多くの海水域・淡水域の水温が上昇していることを示す重要な証拠の一つでもあるからだ．

では，"事実"とは何だろうか．一般の会話では，"説（見解や持論）"と反対の意味で使うことが多いが，科学の分野では，"直接観察できること"，あるいは"繰返してみられる現象"のことを，"事実"という．リンゴが木から落ち，空中に浮遊しないのは"事実"である．1990 年代にノースカロライナ州の河口で大量の魚が死滅したのも"事実"である．では，科学のいう"説"と"事実"はどう結びついているのだろうか．科学のいう"説"，たとえば"地球温暖化説"の意味は，日常会話での"持論や見解"ではなく，何十年間も蓄積された確かな観察という"事実"，つまり，地球の気候が温暖化しつつあるという観察をもとに立てられたものである．

科学的手法の限界

科学的手法は有力ではあるが，自然のしくみを説明し，原理を探求するうえでの限界もある．科学の立ち入ることのできない分野もある．たとえば，倫理的に正しいか間違っているかの結論を，科学によって導くことはできない．科学は，ヒトの男性と女性が肉体的にどのように異なっているかを示すことができるが，その情報をどう使うのが倫理的に正しいのかは示せない．神の存在や超自然的な現象があることを科学で論じることはできないし，何が美しく，何が醜いのか，どのような詩句が叙情的で，どの絵画が創造的かもいえない．宗教，政治や私的なことなど，異なる信条を重んじる世界と科学は共存できるが，その疑問に答えることは一切できない．

1・2 生物の特徴

多くの人がチャレンジしてきたが，小さな細菌から巨大なセコイアまでのすべてを含む多種多様な生命を言い表すような，単純明快で，一言で表現できる，完璧な定義はない．しかし，生物はすべて，数十億年前に生まれた一つの共通祖先生物の子孫であると考えられている（p.10 "科学のツール" 参照）．とすれば，すべての生物がいくつかの特徴を共有することは当然であろう．表1・1は生命の共通項であり，生物学者が生物とみなすかどうかの重要な指標となるもので，以下に詳しく紹介しよう．

表1・1　生命に共通する特徴

- 細胞が基本的な構造単位である
- DNAを使って繁殖する
- 発生し，成長する
- 周囲の環境からエネルギーを取込む
- 周囲の環境変化を感知し，応答する
- 内的な状態を一定に維持するしくみがある
- 集団での進化を果たす

生物の構成単位：細胞

何十億年も前に生まれたと考えられる最初の生物は，単細胞であった．**細胞**は，生命の最小限の重要な成分をすべて含み，また，すべての生物の構成単位でもある．細胞と外界との境界線が細胞膜である．細菌など最も単純な生命体は，1個の細胞からなる**単細胞生物**である．

サルやカシの木など大型の生物は，異なるさまざまな種類の細胞が集まって構成されていて，**多細胞生物**とよばれる．たとえば私たちの体は，皮膚細胞，筋細胞，免疫細胞，脳細胞など，特殊な機能をもった何兆個もの細胞が集まってできている（図1・4）．

細胞は，基本単位であると同時に，統制のとれた一つの個体の構成要素という見方もできる．たとえば，ヒトの体では，細胞は集まって組織となり，それが集まって器官を構成する．一つの個体として正しく機能するには，胃は消化管の正しい場所に，脳は頭の中の正しい場所になど，各臓器は正しい位置に配置されていることが重要である．同じように，植物の花の構造を調べると，その組織も正確な位置に配置されている．生物は，細胞や組織が空間的に正しく構成されてはじめて正しく機能できるようになっている．最も基本的な構成単位が細胞である．

生物はDNAを使って増殖する

生物の大きな特徴は，自己複製して増殖することである．細菌のような単細胞の生物は，細胞が二つに分裂して，遺伝的に同一な二つの細胞になることで増殖する．多細胞生物の増殖はもっと複雑である．たとえば，ヒトなどの哺乳動物は，交配することで増殖する．交配とは，雄の個体がつくる特殊な生殖細胞（精子）が雌のつくる別の生殖細胞（卵）と受精する過程のことで，受精後しばらくして（ヒトの場合，約9カ月後）に新しい子どもが生まれる．植物の場合は，めしべの中の細胞（卵に相当する胚珠）が，花粉（精子と同じ機能をもつ）を受粉することで交配が成立する．受粉後の花は，種子をつくり，これが次の世代となる．交配を経ずに増殖する多細胞生物もいる．たとえば，ヒドラやある種の植物では，芽が出るように，単に親の体の一部から成長して

図1・4　生物を構成する基本単位：細胞　他の生物と同じようにヒトの体も細胞でできている．(a) 体内で酸素を運ぶ赤血球細胞．(b) 体に侵入した異物に対して体を守る免疫系の細胞．(c) 小腸の組織の断面．粘液の分泌や消化吸収に関係した細胞がある．(d) 脳の神経細胞．(e) 筋繊維（筋の細胞）．(f) 皮膚の細胞．

大きくなることもある（出芽という）．鉢植えでよく育つベンケイソウやオリヅルランなどは，親の植物から小さな植物体が生まれて分離し，別個体として根を生やして成長する（無性生殖という）．

　種子や受精卵を経て増殖する場合でも，単に二つに分かれて増殖する場合でも，**DNA**（デオキシリボ核酸）という生体分子を使って増殖を行うのが，生物の共通点である．DNAは，親から子へと情報を引き継ぐ，つまり，遺伝をつかさどる物質である．DNAは生物の設計図であり，一つの個体がつくり上げられるのに必要なすべての情報が書かれた指示書に相当する．DNA分子は，図1・5に示すように，二重らせんとよばれるひねったはしご型の構造をしている．

　この分子の中に，生物に必要なすべての情報，つまり，1個の細胞である受精卵から，複雑な個体をつくり上げ，最終的には次の世代を生み出すのに必要な全情報が書き込まれているのである．DNAはすべての生物，すべての細胞がもっている．その生き物が，どれだけ単純であっても，複雑なものであっても，親から子孫へと引き継ぐ設計図となっている．DNAについては，本書の第III部で詳しく紹介する．

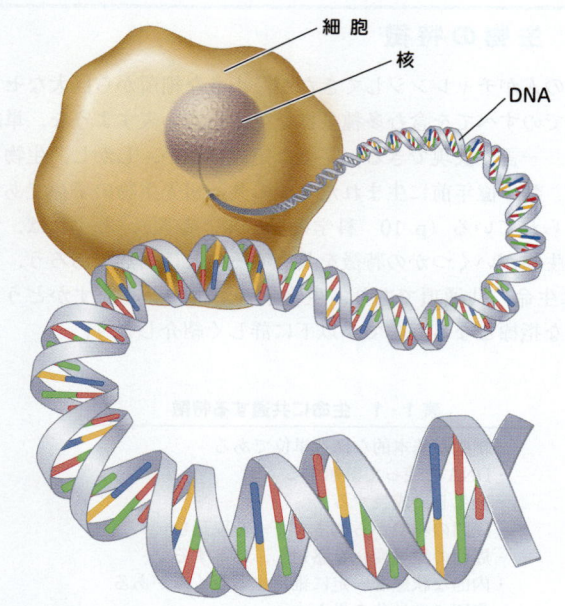

図 1・5　DNA：生命の設計図　DNAはすべての生物に共通する遺伝物質である．DNAの中には，一つの生物が発生し，成長するために必要な情報がすべて書き込まれている．その情報は，子孫へも引き継がれ，次世代が発生し成長するための設計図となる．

生物は，発生し，成長する

　DNAを設計図として，生物は，次の世代を新しく生み出す．この過程を**発生**という．たとえば，ヒトの卵と精子が融合して一つの新しい細胞となり，やがて，女性の子宮内で発生し，成長して，新しい一つの個体（新生児）となり，その子どもはさらに成長して大人となる（図1・6b）．このように，すべての生物は，別の個体から生じた細胞が，増殖し，発生することで，完成した複雑な新しい一つの個体となる．

生物は周囲の環境からエネルギーを取込む

　すべての生物は，エネルギーなしでは生きられない．生物は，周りの環境からエネルギーを獲得するためにさまざまな方法を使っている．

　植物は，太陽光のエネルギーを吸収して，光合成とよばれる方法で糖やデンプンをつくる生物である．（光合成の詳細について

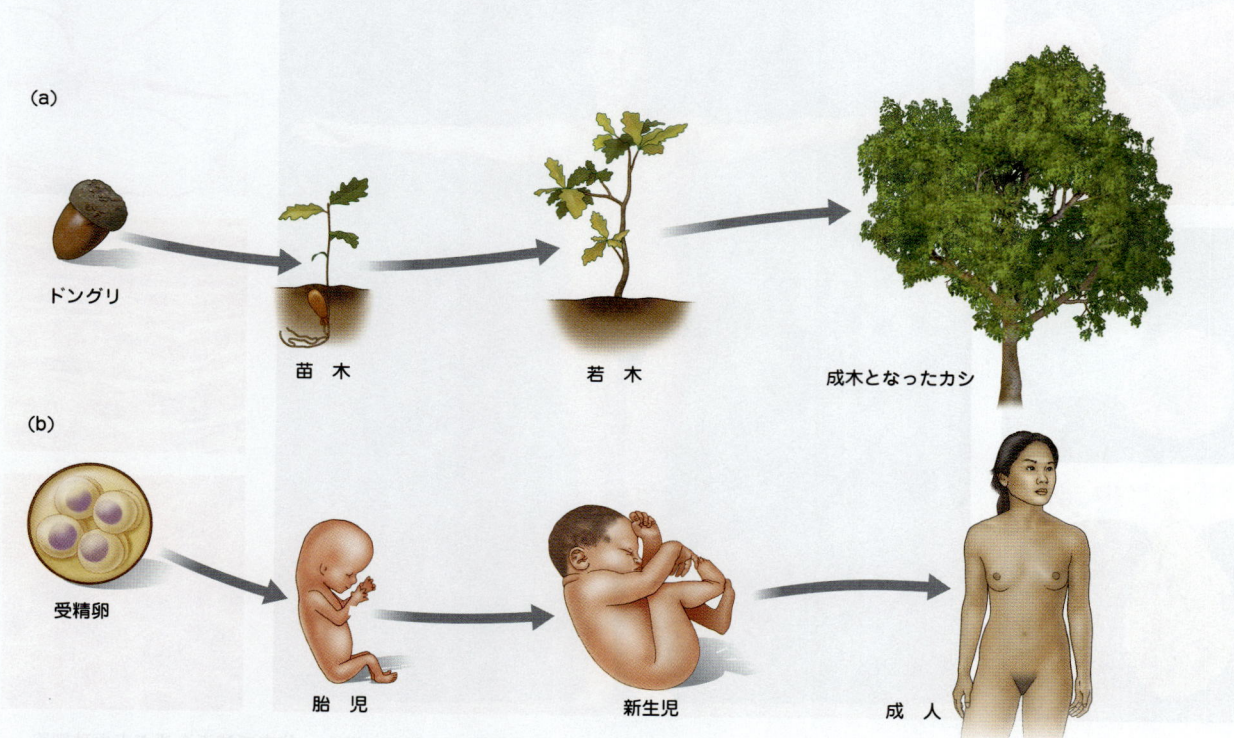

図 1・6　発生と成長　すべての生物は発生する．(a) カシの木は，ドングリから，苗木，若木，そして大きな成木へと成長する．(b) ヒトでは，精子が卵と融合し（受精し），生まれた受精卵が発生して成人になる．

1. 生命と自然科学

生物は周囲の環境変化を感知し，応答する

太陽光の照射する方向（図1・8）から，餌の場所や交配相手の存在まで，生物は，周辺の外部環境の情報をさまざまな方法で感知する．ヒトと同様，多くの動物は，嗅覚，聴覚，味覚，触覚，視覚などの感覚を使って外部の情報を収集する．紫外線や赤外線，電場や超音波など，ヒトが感知できない信号を使う動物もいる．細胞内の磁石を使って地磁気の方向を感知し，南北の方位や上下を感知する細菌もいる．すべての生物は，さまざまな感知システムを用い，内部・外部の環境の変化を察知し，それに正しく応答して生き延びている．

生物は内部の環境を一定に維持するしくみをもつ

生物が感知して応答するのは，外部の環境だけではない．内部の環境にも応答している．生物は，内部の環境をほぼ一定に維持するしくみをもっていて，これを **ホメオスタシス（恒常性）** という（図1・9）．たとえば，ヒトの体温は，36〜37℃のほぼ一定の温度に保たれているが，高温や低温にさらされて体温が変わると，体は素早く応答して汗をかいたり震えたりする．

生物のグループは進化する

個体は，その発生や成長の過程で物理的に外見が変貌することがある．たとえば，苗木は生育して巨木になるし，胎児は成長して大人になる．髪の毛を染め変えることもできるだろう．しかし，これは進化ではない．**進化** とは，生物の見かけが変わったり行動が変わったりすることではなく，時間の経過とともにあるグループの遺伝的な要素やDNAが変化することをいう．

すべての生物は，同じ種の中で互いに交配し，次の世代の子孫を残す．種が異なれば交配はしない．たとえば，すべてのピューマが一つの種であるように，オオカバマダラチョウやダグラスモミもそれぞれ一つの同種のグループである．ある地域に生息す

図1・7 **エネルギーを得る** 植物は光合成を使って太陽光からエネルギーを獲得する．動物は，他の生物を餌として食べることでエネルギーを獲得する．写真は，ネズミを食べてエネルギーを得るミドリニシキヘビ．

は第8章で詳しく紹介する．）細菌のなかには，植物と同じように光合成を行う生物がいるし，まったく異なる化学反応のしくみを駆使して，鉄やアンモニアなどの化学物質からエネルギーを獲得するものもいる．他の生物，私たち動物や菌類（キノコ，カビなどの仲間），単細胞生物の多くは，他の生物を取込んで消費することでエネルギーを獲得する（図1・7）．

図1・8 **太陽はこっちだ** すべての生物は，環境からの刺激を受取るしくみをもつ．ヒマワリの花は，太陽光の方を感知して，常に向きを変える．

図1・9 **いい汗をかこう** 生物は，内部の環境を一定に保つためにも，エネルギーを消費する．たとえばヒトは，体温を36〜37℃に保つために，汗を分泌して水の蒸発によって上昇した体温を下げようとする．

るピューマのように，互いに同種であり，一緒に生息し，あるいは，互いに交配したり交流する可能性のある個体の集まりを**個体群**という．種や個体群は進化する．（進化については第Ⅳ部で詳しく解説する）．

たとえばエダツノレイヨウは，北米大陸で最も俊足の動物である．長い時間の間に，足の遅いレイヨウは餌として食べられ，足の速いレイヨウだけが生き残って子孫を残したことで，最も俊足の動物として進化した．新しく生まれたレイヨウは，DNAの設計図を足の速い親から引き継いでいるので，俊足となりやすい．同じような方法で，一つの植物から，形の異なるものや花の数の異なるものなども進化してきた（図1・10）．

19世紀，進化生物学の父で，最も偉大な思想家の一人といわれている英国人 Charles Darwin は，著書『種の起原』の中で，進化についてはじめて説得力のある議論を行った．Darwin が説明したように，生き残って繁殖する戦いの過程で，種独特の特性，たとえば，レイヨウの俊足などが，時間とともに変化していく．生存と繁殖に有利となる特性を獲得することを**適応**という．レイヨウの俊足からサメの鋭い歯まで，生物の多くの特徴が，進化的な変化によってうまく説明できるので，進化は生物学の分野での中心的で重要なテーマとなっている．

Charles Darwin

1・3　ウイルスは生物か：悩ましい問題

冬場にインフルエンザウイルスに感染する人は多い．インフルエンザの症状は，咳，くしゃみ，発熱と体中の痛みである．これはインフルエンザウイルスが鼻やのど，肺の細胞の中に入り込み増殖したせいである．体の特殊な免疫細胞が応答してそれを食い止めようとしている．ウイルスに感染した細胞を攻撃し，破壊する．また，体温を高めることでウイルスの増殖を抑えようとするので高熱が出る．

ウイルスは細胞で繁殖する間（数日から数週間）に，急速に進化する．進化によって，体の防御機構や薬剤を免れるものもあるほどである．インフルエンザウイルスのほかにも，AIDS ウイルスや肝炎ウイルスなど，ヒトや他の生物種に感染するウイルスが多数知られている．

ウイルスはまるで，強力な敵生命体のように思える面もある．しかし，生物かどうかの判断は非常に難しい．他の生物と同じように，ウイルスは DNA をもち，繁殖し，そして進化する．しかし，インフルエンザウイルスをはじめ，他のウイルスも生物として重要なものを欠いている．一つは，ウイルスは細胞でできていないことである．細胞よりずっと簡単な構造をしていて，設計図となる遺伝物質（DNA など）を1分子だけもち，殻となるタンパク質でくるんだだけである．ほかにも，ホメオスタシス，繁殖，エネルギー獲得など，生物の活動に必要なしくみが欠落していて，この基本的な生命活動を行うには，他の細胞のしくみを借用するしかないために，インフルエンザウイルスのように細胞の内部に侵入する．また，遺伝物質が DNA に限られず，**RNA**（リボ核酸，第13章参照）をもつウイルスもいるという点でも，生物とは異なっている．

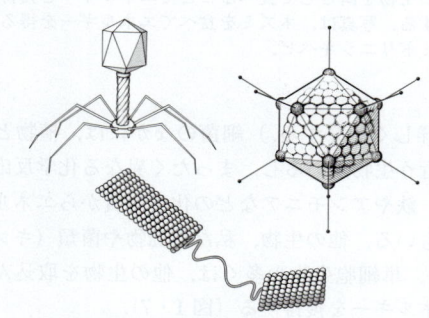
異なるタイプの三つのウイルス

ウイルスを簡単には定義できない．ウイルスは非常に簡略化された生物の姿であると定義する研究者もいれば，定義不可能という研究者もいる．本書では大多数の見解に従って，非生物と位置づける．

■ これまでの復習 ■

1. 科学における仮説とは何か．科学的手法のうえでどのような役割をもつか．
2. 一般会話では，"説"を単なる持論や見解の意味で使うが，科学の分野では"説"は何を意味するか．
3. 夏の暑い日でも，冬の寒い日でも，ヒトの体温は 36〜37 ℃ に保たれている．この現象を一般に何とよぶか．この例が示すのは，生物のどのような特性か．
4. ウイルスを生物ではないとみなす理由は何か．

Brassica oleracea
（ケール，キャベツの原種）　　ブロッコリー

図1・10　生物はグループとして進化する　生物はグループ，つまり種や個体群として，時間とともに変化する．私たちの好む食品（嫌いなものもあるかもしれないが）にも，人の手による選別によって進化的な変化を遂げたものが多い．たとえばブロッコリーは，アブラナ科の原種（ケールとよばれる野生のカラシナ）から，時間をかけて，人工的な選別（図16・9参照）によってつくったものである．

---

1. 仮説とは，観察した自然現象が起こった原因や理由の説明である．仮説から予測をたて，それを実験で検証するのが，科学的手法である．
2. 科学的な"説"とは，関連する多くの観察や実験で裏付けられた実証済みの仮説である．
3. ホメオスタシス．生物が，内部の環境を機能的に一定に保つ特性．
4. ウイルスは DNA をもち，増殖し，進化するが，細胞からできておらず，繁殖のしくみがない．DNA をもたないウイルスもある．

1・4 生物学的階層性

生物の世界を理解しやすくするためにスケールの異なる**階層**に分類することがある（図1・11）．最も小さなスケールは分子で，最も大きなスケールは生物圏である．大きさの単位でいえば，1mの1億分の1（10 nm，分子の大きさ）から12,000 km（地球の直径）までの幅がある．

階層に分けることで生物の全体像を理解できる

最も小さなスケールが生物の中にある**分子**である．たとえば，生物の設計図となる分子，DNAもこのnmのスケールである．数nm〜数十nmの大きさの生体分子が集合し，次の階層となる細胞を構築し，その部品としてはたらいている．前述したように，細菌や原生生物は，1個の細胞でできた生物である．筋や神経組織のように，多細胞の生物の体の中で，同種の特殊化した細胞が集合し，共通の役割を分担するようになったものが**組織**である．**器官**は，心臓や脳など，異なる組織が集まって構成されたもので，体の中で，特別な機能を果たす単位となる．器官が集まったものを**器官系**という．たとえば，胃，肝臓，小腸など消化機能を果たす器官が集まったものを消化器官系とよぶ．器官系が集まって統制された機能を果たし，生物単位である**個体**が維持されている．

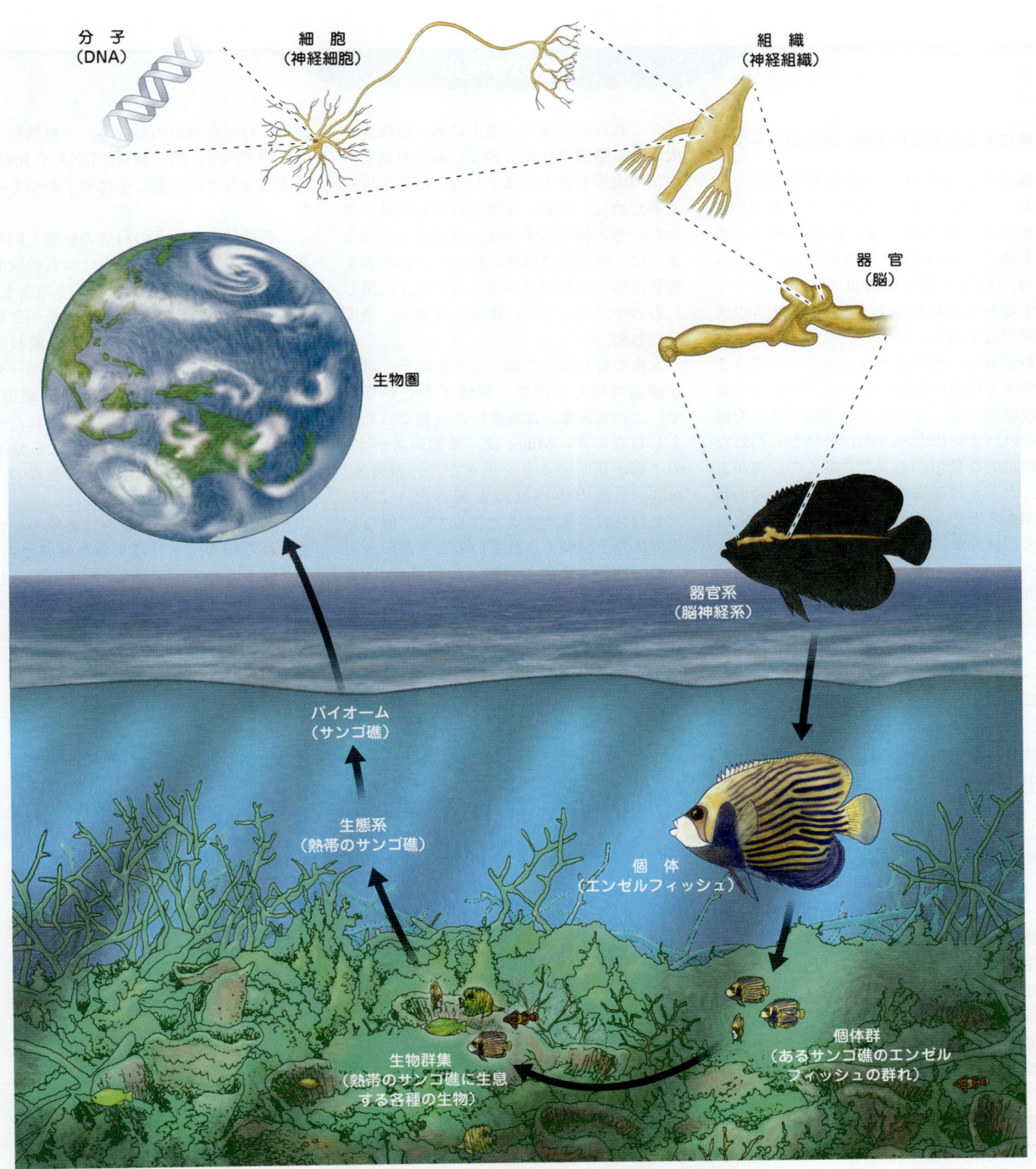

図1・11 生物学的階層性 生体分子（DNAなど）から，地球と全生物を含む生物圏まで，生物のかかわる世界は複数の階層に分けると理解しやすい．この図は，魚のエンゼルフィッシュを中心にして，その上下の方向へ階層構造を示したもの．

さらに，個体の上にも，複数の階層構造がある．同じ種類の個体が集まって，一定の地域で相互作用する関係にあるとき，この集団を**個体群**という．前に，ある山岳地域に生息するピューマのグループを例にあげたが，これが個体群である．別々の個体群に含まれていても，互いに交配可能なものを**種**とよぶ．たとえば，地球上のすべてのピューマは一つの種である．一つの地域に生息し，相互作用する種の集まりを**生物群集**または**群落**という．たとえば，ある森に生息する昆虫の群集，ある山岳地帯の植物群落という表現をする．

生物群集とその周囲の物理的な環境を合わせたものを**生態系**という．たとえば河川の生態系は，河川とそこに生息するすべての生物群集を含む．**バイオーム**は，複数の生態系を含み共通の特性をもった領域をいう．習慣的に，陸上の場合はツンドラや草原のように植生で分類し，水中の場合はサンゴ礁や河口域のように物理的環境の種類で分類している．最後の階層が**生物圏**（バイオスフィア）である．地上の全生命体とそれらがすむ全域を含む．

生物の階層構造の重要性

生物の階層性は，一般的なものではなく，生物学者だけに必要な概念のように思えるかもしれない．しかし，以下にあげるように，家庭で，職場で，食料を購入したり，医者にかかるときなども，生物の階層性という概念を日常的に使っている．

- 処方薬を飲むとき，ビタミン剤を飲むとき，その薬の分子が作用するのは，私たちの体の中の，ある決まった生体分子である．

科学のツール

枠にとらわれない発想：原始のスープ

地球ができたのは46億年前である．そのとき，生物はまだいなかった．最古の生物の痕跡となる化石は，35億年前のものであるが，この11億年の間に何が起こったのだろう？　無生物の世界に，どうやって生物が生まれたのかは，科学の大きな未解決の謎である．

科学者は，そのような太古の昔のできごとである生命の起原について，どのような仮説を立てて，どのような実験でそれを確かめればよいのだろうか．枠にとらわれない独創的な発想が必要だ．多くの仮説がある．たとえば深海の熱水噴出孔に生命の起原があるとの仮説がある．ほかにも，火山の火口にたまった水の中，あるいは，イエローストーン公園の間欠泉から生まれたという仮説もある．また，地上ではなく，外部の天体から，惑星や隕石に乗って，生物や，あるいは，そのもとになる化学物質がやってきたという仮説もある．これらの仮説にはいずれも，長所と短所があって，まだ，決着はついていない．

最も古く，よく知られている仮説は，生命が地球の原始の海の中から生まれたという"原始スープ"仮説である．この仮説をもとに，実験で確認できるような予測をどうやって組立てたらよいだろうか．1953年，当時まだ学生だったStanley L. Millerは一つの方法を考えついた．彼の予測は，原始の海を再現できれば，生物を構成する生体分子がつくられる過程も再現できるだろうということであった．そこで，Millerは，原始の地球の環境，高温の海と雷鳴とどろく大気を模倣して，この予測が正しいかどうかを実験することにした．

彼は"原始スープ"を水を沸騰させることから始めた．メタン，アンモニア，水素を含む疑似原始大気に水蒸気が上がっていく．これらの気体は，地上にあった成分や火山から噴出されたもので，太古の地上の空気の成分と考えられていた．稲妻を再現するために，Millerは電気の火花を発生させた．その後冷却すれば，雨水が海に戻るように，水蒸気は液体に戻る．この実験を物質が外とやり取りのできない完全に閉じた器の中で実施して，沸騰と放電を一週間繰返した．

太古の昔に地上で起こった反応を，単純な組成の成分と放電で模倣するという点で，この実験条件は馬鹿げた発想だったかもしれないが，Millerは"原始のスープ"の予測が正しいことを示せた．一週間後，Millerが器の中の液体を調べたところ，タンパク質の構成要素となるアミノ酸などの生体分子がつくられていることがわかったのである．その後，原始の地球大気が，厳密にはMillerの実験条件と同じでないことがわかったが，実際の大気組成を使って行った別の実験でも，一般的なアミノ酸のすべて，糖，脂質，DNAやRNAの構成成分など，重要な生体分子がつくられた．

この後は，ふつうの科学の展開と同じである．この新しい発見から，つぎの疑問が生じる．"原始のスープ"ができたあとで，生体分子はどうやって大きな分子へと組立てられたのであろうか？　そして最初の細胞はどうやってつくられ，エネルギーを獲得し，増殖できたのだろうか？　細胞は，スープの中に浮かんだ状態で生まれたのだろうか？　それともスープの中から分子が海底に沈殿し，そこで細胞ができたのだろうか？

不毛の地から，どのように原始の生物が生まれたのか．それは大きな難問であり，まだ答えはない．しかし，Millerが示したように，研究者が独創的な発想で挑むのにぴったりの大テーマである．

生命の原始スープ　Stanley Millerはこの装置で，生命をつくるのに必要な物質を含む液体を"調理"した．彼の実験は，原始の海と雷の放電に満たされた原始大気から生物が生まれるという仮説を支持した．

- 何気なくいつも飲む家庭の水道水も，毒をもった細菌や下痢をひき起こす原生生物などの細胞がいないか，水道局の厳しい水質検査を受けている．
- マッサージ治療を受ければ，体のどの部分が調子悪いのか，施術者が調べ，筋や腱といった組織をほぐす処理を施してくれるだろう．
- 腕のよい食料品店では，食べ物がどの器官由来でどう味が違うかを知り，レバーを，胃やタンなどと混ざらないように注意深く分けているだろう．
- 医師は，生物学的な階層構造について熟知しているはずである．私たちが病気になったときは，医者の専門とする器官系での分類，たとえば，脳神経科や産婦人科など専門医を調べて訪れるであろう．
- 個体は一番なじみのある階層の単位である．家族の誰か，ペット，鉢植えの植物などは，すべて個体である．レストランに到着して"何名様ですか"と聞かれれば，もちろんそれは個体の数を尋ねられていることを理解している．
- 世界の海で，魚の数が減少し，毎年の漁獲量を制限する国も多くなった．たとえば米国東海岸のタラ漁は，かつてその地域に豊富にいた個体群を守るために，制限を始めている（図1・12）．個体群の大きさと，漁獲量の制限は，市場でどのような

図1・12 魚が一匹，魚が二匹… 米国東北部の厳冬の海上で，漁師がタラの漁獲量を確認している．冬の味覚，タラの漁獲量は，個体群を守るために制限がある．漁師にとって個体は，匹数を数える重要な単位である．

魚が手に入るか，また，価格がどうなるかに影響してくる．

- ハチミツ好きの人は，ハチがいろいろな植物群落から花粉を集めることを知っているだろう．草原のクローバーの花，柑橘類の花，ソバの花など，群落の違いでハチミツの味はずいぶん

生活の中の生物学

夕食の中身は何？

すべての生物は，生き残り，発生し，成長するためにエネルギーを必要としている．ヒトも同じである．しかし，多くの動物は，肉だけ，牧草だけというように，同種の食べ物しか食べないものが多い．昆虫のなかには，一生を通じて，ただ一種の植物しか食べないものもいる．ヒトでいえば，生まれてから死ぬまでトウモロコシだけを食べているようなものである．そういった味気ない食事だけのためであっても，動物は，獲物を追いかけ，植物の樹液を吸い取るなど，食べ物を獲得するために多くのエネルギーを消費している．では，ヒトはどうであろうか．多様な種類の生物を食べ物として贅沢に摂り，しかも，そういった食べ物を包装を開くだけですぐ食べられる環境にもある．多くの先進国の国々で，不健康な肥満や体重オーバーの問題が噴出しているのも当然かもしれない．

近年の調査（米国）では，
- 20歳以上の64％が太りすぎ（BMI 25〜30の間），または肥満（BMI 30以上）
- 20歳以上の30％が肥満
- 12〜19歳の15％が太りすぎ
- 6〜11歳の15％が太りすぎ

という結果が出ている．

滑稽なのは，ヒトは，増えた体重を食事制限で減らそうとしていることである．それは，実は他の動物がふつうに毎日やっていることでもある．人気のダイエット法の一つに，グレープフルーツだけとかお米だけを食べるという一品だけのダイエット方法もあるようである．最近では，アトキンスダイエット（低炭水化物ダイエット）も人気がある．ケーキやパン，フルーツなどの炭水化物（第4章で詳しく解説）を多く含む食材を厳しく制限する方式である．この方式は，ステーキやチーズなど，他の食べ物は好きなだけ食べてよいというのが魅力である．

多くの人がこういったダイエット法を試しているが，栄養学の専門家は，そういった栄養を制限するダイエット方法では，体に必要な栄養やエネルギーが不足すると警告していて，これまでの栄養に関する考え方を見直すきっかけにもなっているようである．政府も，栄養学の考え方の再検討を始めており，これまでの一律の食品選択ガイドラインを取りやめて，生活スタイルに合わせた12通りの食事パターンを提案している．すべてのパターンで広い種類の品目をとること，また，多くの人に対して，緑黄色野菜，マメ類，果実，全粒穀物，低脂肪牛乳をとるように奨めている．

推奨食品品目（一日当たり）：
- 360 gの果実と450 gの野菜
- 90 g相当の全粒穀物製品
- 540 gの無脂肪または低脂肪牛乳

制限するのがよい食品：
- 脂肪分を全カロリー中20〜35％に制限し，魚，ナッツ類，植物油など不飽和脂肪酸の多い油脂類にする．
- 一日の塩分摂取量を2.3 g（スプーン1杯分）以下にする．
- 女性は缶ビール1本程度，男性は2本分程度にアルコール摂取量を抑える．

出典：2005年版，米政府食事ガイドライン

- 森林を歩けば、そこにいる生物種をすべて見ることはできないが、森の生態系を楽しむことができる。
- 水族館や動物園で、サンゴ礁やサバンナのバイオームを紹介しているところもあるだろう。バイオームの模型を展示した博物館もある。
- もちろんごく少数の人しか見たことはないだろうが、宇宙に行けば、全生物圏を見渡せる。私たちの青く白い地球、生き物に満ちあふれた生物圏の荘厳な景色を見て、人生が変わったと語る宇宙飛行士も多い。

1・5 生物とエネルギーの流れ

地球上のほとんどの生態系にとって、太陽が最大のエネルギー源である。エネルギーはまず、太陽から地上の植物や藻類などの光合成生物（**生産者**）へ流れる。光合成生物は、太陽光のエネルギーを糖やデンプンなどの化学物質に変える。このエネルギーが、生産者自身によっても使われるし、生産者や他の生物を餌にする**消費者**（動物など）の使うエネルギーとなる。このエネルギーは、元はといえば、生産者の獲得した太陽のエネルギーである。生物の死骸や残渣、廃棄物を餌としてエネルギーを得る**分解者**（菌類など）もいて、彼らは、栄養源を生物圏へ戻す役割をしている。生物圏のエネルギーの流れは、一方通行である。つまり、太陽から生産者へ、生産者から消費者や分解者へ流れ、逆に戻ることはない。すべての生物は、獲得したエネルギーを、次の生物に引き渡すもの以外は、熱として環境に放出する。生産者・消費者・分解者の関係、食べる・食べられるの関係を示したものを**食物網**という（図1・13）。

すべてではないが、地球上のほとんどの生き物にとって、太陽が最大のエネルギー源となっている。しかし、一部、深海の太陽光の届かない世界には、鉄、硫黄化合物、アンモニアなどから細菌がエネルギーを獲得し、それに依存する生態系もある。

■ これまでの復習 ■

1. つぎの生物の階層を示す言葉を、正しく並べ換えよ。群集・群落、器官系、生態系、組織、個体、生物圏、器官、細胞、バイオーム、個体群、分子。
2. 消費者が使うエネルギーの供給源は何か。

---

1. 分子、細胞、組織、器官、器官系、個体、個体群、群集・群落、生態系、バイオーム、生物圏。
2. 太陽光がエネルギー源を植物に運び、消費者は生産者を餌として食べることでエネルギーを獲得する。

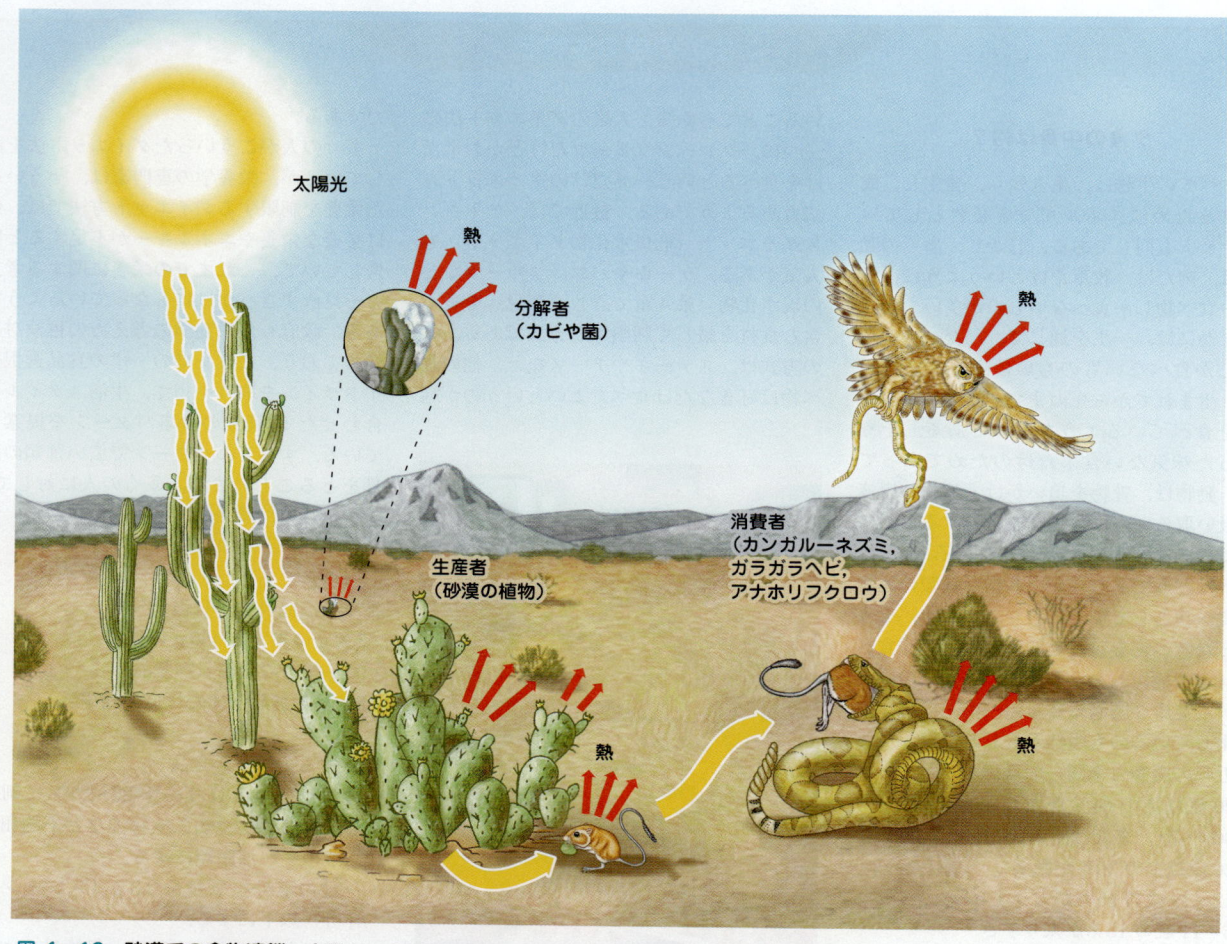

図1・13 砂漠での食物連鎖 太陽のエネルギーを、生産者（ここでは砂漠の植物）が獲得する。エネルギーはその後、消費者（カンガルーネズミ）に引き渡される。消費者は、別の消費者（ヘビなど）に餌として食べられる。朽ちて落ちたサボテンの葉などを分解するカビや菌は、エネルギーを生産者や消費者から得る。このエネルギーは、もとは、生産者が太陽光から獲得したものである。生産者、消費者、分解者は、エネルギーの一部を熱で放出する。生物圏を流れるエネルギーの方向は一方通行である。つまり、太陽から生産者へ、生産者から消費者や分解者へと流れ、逆に戻ることはない。生物が獲得したエネルギーは、次の生物に引き渡すもの以外は、熱として放出される。

学習したことの応用

ナノーブは，本当に一番小さな生物なのか？

本章では生物の特徴を列挙した．では，最初に紹介したナノーブは，どの点で生命体といえるだろうか．大きさ20〜150 nmという，これまでで最小の生物なのだろうか？

すべての生物の構成単位は細胞である．ナノーブの構造を調べている研究者によると，ナノーブは高度に構築され，生物のような"外見"をしているらしい．他の微生物のように，球形，ヒモでつながったビーズ型，マメ型，ソーセージ型など，さまざまな形があり，非生物の結晶構造や構造のない物体とは対照的であるという．細胞に似た外壁や膜など包み込む構造もあるという．ここまでは，生物らしい．

生物にはDNAがあるがナノーブはどうだろうか．最近の研究では，DNAを染色する色素を使って，ナノーブにもDNAがあることがわかった．現在，DNAを実際に抽出して取出し，詳しく分析しようとしているところである．

しかし，生物はDNAをもっているばかりでなく，DNAを使って増殖するのが特徴である．ナノーブが増殖するところを直接観察した研究者はいるのだろうか？まだ，いない．生物の特徴は，発生し成長することである．実験室でナノーブのコロニーが増えるのを目撃して，ナノーブは成長すると結論している研究者もいるが，この証拠だけでは不十分であるという人もいる．ナノーブは非生物の結晶のようなもので，条件さえ整えれば，塩水が乾いて塩の結晶が生まれるように増えるのではないかという懐疑的な人もいて，単に生物の成長のように見えるだけだと主張している．

生物は，外部の環境からエネルギーを獲得する．また，外部の信号を受けて，それに反応し，内部の環境を一定に保とうとする．生物は集団で進化する．では，ナノーブはどうだろうか？こういった特性を示すかどうかは，まだ科学的には確認されていない．

大多数の研究者が，まだナノーブが生物かどうか判断できない状況であると考えている．未解明のことが多く，もっと多くの仮説を立て，予測し，実験することが必要であろう．現時点では，ナノーブが生きているものであるという証明は終わっていない．生物か，非生物か，あるいは，その中間の物体なのか，科学者が素性を明らかにしようとしている．ナノーブもウイルスも，地上の生物がいかに多種多様であるか，それを改めて思い起こさせてくれる存在なのは確かである．

章のまとめ

1・1 科学的手法: 問いかけから答えを得るまで

■ 自然科学は，自然の真実を発見する合理的な手法である．
■ 自然科学の疑問に答えるために，科学者は4段階の科学的な手法をとる．(1) 観察する，(2) 観察した結果を説明できる仮説を立てる，(3) 立てた仮説をもとに予測する，(4) 予測したことが正しいか，実験や観察で確かめる．
■ 仮説は，さらなる観察や実験（決められた条件下で繰返して行う）を行うことで，予測の検証を行う．
■ 仮説が正しいかどうかは直接証明できない．観察や実験の結果が，仮説を支持するかどうかの判定を行うだけである．もし仮説による予測の通りでなければ，仮説を捨てるか修正しなければならない．もし仮説による予測の通りであれば，仮説は支持されたことになる．たとえある一つの予測が正しくても，同じ仮説から導かれる他の予測が，その通りになるという保証はない．
■ 科学的な"説"とは，多くの観察や実験で裏付けられた考え方をいう．
■ 科学的な手法は，試験可能な自然現象を探求するときにのみ有効である．検証できない疑問，たとえば，倫理的な問題や超常現象に関しては科学的手法は通用しない．

1・2 生物の特徴

■ 地球上の生物は多様でありながら，いくつかの共通点をもつ．
■ 生物は細胞でできている．細胞は生物を構成する単位である．生物には，1個の細胞でできた単細胞生物，複数の細胞で構成された多細胞生物がいる．
■ 生物はDNAを使って繁殖する．
■ 生物が成長し変化する過程を発生とよぶ．
■ 生物は周囲の環境からエネルギーを取込む．
■ 生物は周囲の環境変化を感知し，応答する．
■ 生物は内部の環境を能動的に一定に維持するしくみをもつ．
■ 生物はグループ，つまり種や個体群として，時間とともに変化する．これを進化とよぶ．進化は必ずしも目に見えるものばかりではなく，遺伝物質であるDNAの変化だけのこともある．生物がより高い確率で生き残り，子孫を残せるようになることを適応という．進化は，生物学の中心となる重要なテーマである．

1・3 ウイルスは生物か: 悩ましい問題

■ ウイルスは生物と同じように進化し，増殖する．
■ ウイルスに欠けている生物の特徴は，細胞が構成単位となっていないこと，外部のエネルギーの獲得や内部環境の維持などの生命活動に必須のしくみが欠けていることである．また，DNAをもたないウイルスもいる．
■ 生物としての特徴の一部しかもたないので，ウイルスを生物とみなさないのが一般的である．ウイルスの例を考えると，生物を単純な特徴で定義することは難しい．

1・4 生物学的階層性

■ 生物（個体）は生物学的階層の一つに相当する．
■ 最も小さなスケールの階層は，DNAなどの生体分子である．生体分子が組織的に集まって構築され，生物の単位となる細胞がつくられる．
■ 細胞の種類ごとに集合したものを組織という．複数種類の組織が集まって，機能を果たす一つの単位，器官となる．複数の器官が集合して器官系を構成する．器官系は，協同して機能を果たし，個体を支えている．
■ ある一つの種に含まれ，相互に作用するグループを個体群という．ある地域に生息する異なる個体群の集まりを，群集または群落という．群集と周囲の物理的環境を含めたものが生態系である．
■ バイオームは，複数の生態系を含む，共通の特性をもった広い領域をさし，習慣的に，陸上の場合は植生の種類で，水圏の場合は物理環境の特徴で分類される．地球は，種々のバイオームが集まって一つになったもので，生物圏（バイオスフィア）とよばれる．
■ 生物学的階層性は，私たちの日常生活でも意識される構成単

位である．

1・5 生物とエネルギーの流れ

■ 生物は，1) 生産者：太陽光のエネルギーを獲得して，糖やデンプンなどの化学的なエネルギーをつくる生物，2) 消費者：動物のように他の生物や生産者を餌として食べることでエネルギー（もとは太陽光に由来）を獲得する生物，3) 分解者：キノコやカビのように他の生物の死骸や排泄物を食べてエネルギーを得て，同時に栄養素を生物圏に戻す生物，に分けられる．

■ 大半の生物にとって，太陽が最大のエネルギー源となっている．生物系のエネルギーの流れは，生産者から消費者・分解者へと一方向である．鉄，アンモニアや硫黄化合物などの無機的な化合物からエネルギーを獲得する深海の生物もいる．

■ どの生物がどれを餌とするかの関係を線でつないで示したものを食物網という．

復習問題

1. Burkholder博士の研究から，観察・仮説・予測・実験の例を一つずつ示せ．
2. あなたが科学者で，これまでの報告は，ナノーブは生物であるという仮説とよく合致するという見解にあると仮定しよう．その場合に実験可能な予測を立てよ．"もし，ナノーブが生物であれば，…であると考えられるので…と予測できる"といった形の文章で記述せよ．
3. 感染性の分子であるプリオンが原因と考えられている狂牛病になるのを恐れて，牛肉を食べない人もいる．プリオンの詳細はまだ不明であるが，タンパク質で，神経系の細胞に感染して脳の組織の中に空胞をつくり，精神的・身体的な傷害の原因となって，死をまねくという．プリオンは，もともと神経細胞の中にある正常なプリオン分子に作用して，その形を変え，感染性の分子へとドミノ倒しのようにつぎつぎに変化させると考えられている．これが，ウイルスのようにプリオンの感染細胞が広がるしくみである．プリオンが，他のプリオン分子を変化させて増殖すること，体の他の部分へも広まっていくことを考えると，生物といえるか？いえないか？理由とともに説明せよ．
4. 生物学的階層性とは何か，説明せよ．最も小さなスケールのものから，階層を示す名称を順番にあげ，あなたの経験から知っている例をそれぞれ一つずつあげよ．
5. 生物どうし，および，生物と周りの環境との間のエネルギーの流れを，草原の草，ライオン，太陽光，シマウマ（ライオンの餌），ダニ（シマウマやライオンの体表に寄生）を例にとって示せ．
6. 前問の生物間の関係で，(a) どれが生産者と消費者か．(b) 食物網を図示せよ．
7. "I．ウイルスは生物である"または"II．ウイルスは生物ではない"，いずれかの仮説を選択し，その仮説に沿って，(a) あなたが知っている生物の特徴にかかわるもので，観察や実験の可能な予測を示せ．(b) その予測を検証できる観察や実験の方法を述べよ（例：仮説Iを選んだ場合，"ウイルスはエネルギーを外から獲得する"という予測がありうるだろう．そこで，"ウイルスを集めて，栄養豊富で熱や光を与えた条件と，そうでない条件のものを比較する"実験を実施して，"前者が後者よりも増殖した場合，予測した結果の通りになり，仮説Iは支持された"ことになる）．大胆な実験でよいので，アイデアをひねり出してほしい．科学の発展の源は，独創性である．

重要な用語

生物学 (p.2)	ウイルス (p.8)
自然科学 (p.2)	RNA（リボ核酸）(p.8)
科学的手法 (p.3)	階層 (p.9)
観察 (p.3)	分子 (p.9)
仮説 (p.3)	組織 (p.9)
予測 (p.3)	器官 (p.9)
実験 (p.3)	器官系 (p.9)
細胞 (p.5)	個体 (p.9)
単細胞生物 (p.5)	生物群集 (p.10)
多細胞生物 (p.5)	生態系 (p.10)
DNA（デオキシリボ核酸）(p.6)	バイオーム (p.10)
発生 (p.6)	生物圏（バイオスフィア）(p.10)
ホメオスタシス（恒常性）(p.7)	生産者 (p.12)
進化 (p.7)	消費者 (p.12)
種 (p.7, 10)	分解者 (p.12)
個体群 (p.8, 10)	食物網 (p.12)
適応 (p.8)	

章末問題

1. 科学的手法として不要のものはどれか．
   (a) 観察　　　　　(c) 実験
   (b) 宗教上の信念　(d) 仮説
2. 仮説とは何か．
   (a) 観察結果を説明する，経験に基づく推論．
   (b) 観察に基づいた予測を行うこと．
   (c) 予測を確かめること．
   (d) うまくデザインされた実験のこと．
3. 両方とも生物の特徴である組合わせは，どれか．
   (a) 運動する能力と繁殖する能力
   (b) RNAを使い増殖する能力，および太陽エネルギーを直接獲得する能力
   (c) 繁殖する能力，および外部環境を感知する能力
   (d) 外部環境を感知する能力，および，餌を食べることでエネルギーを獲得する能力
4. ウイルスについての正しい記述を選べ．
   (a) タンパク質だけでできている．
   (b) DNAなどの遺伝物質をもたない．
   (c) ヒトには感染しない．
   (d) 生物ではないとみなす科学者が多い．
5. 生物の基本構成単位は何か．
   (a) 植物　(b) DNA　(c) 細胞　(d) バイオーム
6. 自身のDNAがなくても増殖できるものはどれか．
   (a) ヒト　　　　　(c) 単細胞の生物
   (b) ウイルス　　　(d) a～cのどれでもない．
7. 多細胞の生物はどれか．
   (a) コガネムシ　(b) 脳　(c) 細菌　(d) 森
8. 生物のエネルギーの源になっているものを選べ．
   (a) 太陽と月　　　(c) 植物と藻類
   (b) 太陽のみ　　　(d) 太陽と，鉄などの無機物質

ニュースの中の生物学

Are Nanobacteria Making Us Ill?

BY AMIT ASARAVALA

ナノバクテリアは病原菌か？

Olavi Kajander 氏は，痛みや致死的な病の原因となり，地球で最も原始的な生物かもしれない謎の物体を見つけることになるとは想像もしていなかった．

ただ，彼の研究室で培養していた哺乳動物細胞が，どんなに気をつけて培養していても死滅する原因を知りたかっただけである．

1988 年のある日，彼らフィンランドの生化学者グループが，古い細胞培養の試料を電子顕微鏡で調べていて，その果粒状の構造を発見した．細菌のようであるが，その 1/100 ほどの大きさのものが死んだ培養細胞の中で繁殖しているように見えた．

新しいタイプの生物ではないかと思い，Kajander 氏は "ナノバクテリア" と名づけ，論文に発表したが，これが微生物学者にこれまでない大論争を巻き起こした．

議論の核心は，"ナノバクテリア" が新しいタイプの生物か否かである．…その後，ナノバクテリアが，腎臓結石，動脈瘤，卵巣がんなどの深刻な病気と関係しているという報告が出され，この疑問は，緊急検討課題となった．

NASA のジョンソン宇宙センターの天文学者，David McKay 氏は，"実に，興奮するおもしろい発見である" と語っている．

Kajander 氏がこの発見に至ったのは，哺乳類の組織から採取した細胞を培養して増やそうとしていたときである．細菌の細胞は実験室で生きた状態で飼い，繁殖させることができる．これが，培養という技術である．同様に，ヒトやマウスなどから採取した細胞も実験室で培養することができる．しかし，Kajander 氏の実験では，培養がうまくゆかず，ナノバクテリア（ナノーブやナノ生物ともよばれる）に感染して死滅したのである．

この発見は，他の研究者がヒトの病気に関係していることを発見しなければ，単に興味をひいただけで終わっていたかもしれない．ナノバクテリアが，腎臓に沈着した結石の中や，がん患者の組織の中で見つかったのである．

もしナノバクテリアが，こういった疾患の重要な要因となっているのであれば，ナノバクテリアはいったい何なのか，生物かそうでないのかを解明することは，病気を治したり，予防したりするうえで重要になってくるであろう．

では，これまで，ナノバクテリアを理解するために，どのような科学的な手法がとられてきたか，またつぎにどのような手段をとるべきか，考えてみよう．

"ナノバクテリアは生物である" が今の仮説であるとしよう．ならば，予測として，ナノバクテリアは生物としての特性を示すはずである．

生物としての一つの特性 "細胞でできている" かといえば，ナノバクテリアは，細胞のようなものに包まれている．では，なぜ，それで生物であると，多くの研究者が納得できないのであろうか．理由はたくさんある．まず，生物であるためには，内部に生命体としての機能に関係した生体分子，たとえば，タンパク質や炭水化物などがなければならない．生物は，成長し，繁殖し，内部の環境を維持するしくみをもつことを思い出してほしい．細胞内には，そういった活動を維持するためのさまざまなしくみがあるはずだ．たとえば，最も重要なしくみとして，タンパク質を合成するリボソームがある（第 5 章で紹介する）．一般の細胞内には，数十万個のリボソームがあるが，一つ一つのリボソームは，25〜30 nm の大きさの粒である．しかし，ナノバクテリアの大きさはこれとさほど変わらず直径が 20 nm 程度である．リボソームは，生物が機能するうえで必須となる部品の一つであるが，ナノバクテリアは小さすぎてリボソームを中に入れられない．そのため，ナノバクテリアを生物として考えるのは誤りであると主張する研究者もいる．

生命は，多様であり，複雑である．DNA やリボソームは必要最低限のことで，それ以上のしくみが，生命を維持し繁殖させるうえで必須なのである．

このニュースを考える

1. リボソームの大きさとナノバクテリアの大きさを比べよ．なぜ，大きさを比べる意味があるのか，説明せよ．

2. ニュースの中で NASA の研究者のコメントがある．なぜ宇宙の研究者が腎臓結石に興味をもっているのだろうか．ナノバクテリアが生物か否かの議論に，天文学者が関心を示すのはなぜか．

3. ナノバクテリア研究者の一部が，ナノバクテリアの検出サービスやナノバクテリアが原因の病気を治療するためのベンチャー企業，ナノバック社を創設した．こういった活動がますます議論を複雑にして，単にナノバクテリアがいることを信じさせて資金を集めることに興味をもっているだけであると批判的な人もいる．この会社が示す証拠，ナノバクテリアは生物であるという証拠を信じるか？理由とともに述べよ．

出典：Wired.com，2005 年 3 月 14 日

2 生命の樹

> **Main Message**
>
> 生物は，リンネ式階層分類体系に基づいて分類され，進化の歴史を反映する系統樹の中に配置される．

アイスマンの登場

　1991年9月のある日，オーストリアとイタリア国境付近のアルプス山中で，登山者がびっくりする光景を目にした．解け出した氷河の中にミイラ化した古代人の遺体があったのである．保存状態の良い遺体で，石器時代に遡る有史以前の登山者のようであった．おそらく羊飼いか旅人で，山腹で死亡し，5000年以上も遺体が氷に閉じ込められ保存されていたと思われる．彼は，アイスマンというニックネームでよばれるようになった．

　この別世界からの訪問者は，身長約1.5 m，体の皮膚も含めて保存状態が良く，私たちが知りたくてたまらなかった古い過去について語ってくれるかもしれない．体には入れ墨があり，腰巻きをし，革製のベルトと小袋，動物の皮でつくったすね当てと上着，織物のマントを着用し，ワラの裏地をつけた仔牛皮製の靴を履いていた．弓と矢，斧，ナイフを携行し，キノコであるサルノコシカケの塊を2個所持していた．これはおそらく薬用に使っていたのだろう．

　石器時代の世界初の遺体であり，保存状態が大変良く，科学の研究素材として最適で，登山道の真ん中で見つかったと，あまりに話ができすぎていた．そのため，アイスマンは手の込んだいたずらではないかと疑う研究者もいた．エジプトか，またはコロンブス以前のアメリカ大陸にあったミイラを運んできて置いたのではないかと憶測する人もいた．この道に迷った放浪者の身元を，研究者はどうやって調べたのであろうか．アイスマンの身元を知るには，まず，彼の最も近い親族が誰なのかを捜し出さなくてはならないと科学者は考えた．アメリカ大陸のインディアンと近縁なのだろうか，あるいは，エジプト人に近いのか，それとも北欧人だろうか？この謎を解くためには，ヒトの家系図をまず用意して，その中のどこかにアイスマンを配置しなければならない．生物の正体を突き止める作業も同じである．あらゆる生物を含む家系図，つまり，進化の系統樹をつくって，そのなかで，どの位置にいる生物なのかを決めなければならない．その作業はどのようなものだろうか．これが本章のテーマである．

石器時代のミイラ　アイスマンとよばれるこのミイラは，1991年アルプスで登山者によって，解け出した氷河の中から発見された．死後5000年くらい経った遺体である．

基本となる概念

- 生物の間の類縁関係を調べるときは，形態，行動，DNAなど，あらゆる生物学的な特徴を検討する．その情報をもとに，生物の進化上の関係について仮説を立て，進化の系統樹がつくられる．
- 類縁関係を決めるうえで最も重要なのは，直近の共通祖先に由来する共有派生形質である．
- 進化の系統樹を使い，行動や体のしくみなどの他の形質上の特徴を予測できる．
- リンネ式階層分類体系を用い，すべての生物を分類する．最も小さな分類グループから，種，属，科，目，綱，門，界がある．また，界の上に，より大きな分類群として三つのドメイン（超界）がある．
- 生物学は急速な進歩を遂げ，広い範囲で生物の進化上の関係を理解できるようになった．DNAの解析から驚くべき生物の類縁関係が明らかになることもある．

生物学者は，見たこともない謎めいた生物に遭遇することがある．わからない生物試料を見たとき，最初に発する問いは同じ"これは何だろう"である．アイスマンの場合と同様，生物の家系図に相当する系統樹の上に配置することでしか，この問いに答えることはできない．

本章ではまず，生物種間の進化上の関係をどのように決めるのか，また，それを進化系統樹の上でどのように配置するのか紹介しよう．つぎに，リンネ式階層分類とよばれる体系的分類法について解説する．生命進化の系統樹について，現在，研究者が解明しようと取組んでいる課題についても紹介しよう．最後に，アイスマンについて，ヒトの家系図のどこにいるのか，科学者が明らかにした新しい事実を紹介して本章を終えることにする．

2・1 進化の関係を示す系統樹

ヒトの系譜学者や，家系図をつくる趣味の人は，さまざま家族や民族がどのような類縁関係にあるのかを探るため，家族の情報を収集する．誰が誰の祖父母か？ その曾祖父母は誰か？ といった具合に，世代から次の世代へと調べ，また，同世代の人については，その関係（誰が誰の兄弟姉妹か）を調べる．グループの構成員の関係がわかると，それをもとに家系図をつくる（図 2・1a）．同じように**系統分類学者**は異なる生物集団の間の関係を調べ，進化上の類縁関係を解明する（図 2・1b）．さらに広くさまざまな生物種の系統関係を調べれば，家系図に相当する系統樹，最終的には，すべての生命体を含んだ"生命の樹"，**進化系統樹**を描くことができる．ただし，家系図は明らかな家族関

図 2・1　**家系図と進化の系統樹**　(a) この家系図は，エリザベス女王とフィリップ公，彼らの息子のチャールズ皇太子，彼の最初の妻であるダイアナ妃，そしてその息子たちであるウィリアムとハリーなど，英国王室の家族構成員の関係を示している．(b) 進化の系統樹は，研究観察に基づいた進化上の関係を推測した仮説である．ここに示したのは，アゲハチョウの仲間の進化上の関係を示す仮説である．この系統樹では，A群とB群のチョウが互いに最も近縁であると仮定している．この2種のチョウは直近の共通祖先から進化した子孫で，AとBの2本の枝が交わる点（白丸）は，その共通祖先から分かれた時点，A群とB群の二つに分岐して進化を始めた時点である．

係をもとにつくられるが，進化の系統樹はこれとは異質なものである．

進化系統樹は，事実関係の記録ではなく，科学的な仮説である．いろいろな研究から得られた知識に基づいて推測された，生物種間の関係を示す仮説なのである．他の仮説と同じように，進化の系統樹をもとに新しい予測も可能である．また，新しい研究が実施されるたびに，予測は支持されたり破棄されたりするので，新しい情報が追加されると進化の系統樹も変更されることがある．

新しく発見した生物を系統樹の上に配置するためには，生物学的な疑問を解かなければならない．最初の疑問は，その未知の生物が，すでに名前が付けられ系統樹上に配置済みの種の仲間かどうかという問いである．これはけっして小さな問題ではない．珍しく見える生物であっても，実はすでに知られている種で，別の形のもの，たとえば，異なる生活環にいるものや性の違う個体であるとわかることがある．逆に，外見上はまったく同じように見えても，DNAを調べて異なっていれば，異種の生物となるであろう．

もし，発見した生物が既知のものでないとしたら，その生物に最も近い親族は何だろうか？それが植物なら，ナラの木の近縁だろうか，それともスイセンの近縁だろうか？もし，それが動物なら，グッピーの近縁だろうか，それともワシに近いだろうか？

系統樹のどの位置に生物を置くかが決まれば，そこではじめて生物に名前を付けることができる．したがって，ミイラの謎を解いているときであろうと，熱帯雨林から新しい種を収集したときであろうと，最初の生物学者の問いは，常に同じである．"系統樹のどこに配置するのがふさわしいだろうか？"

同じ共通祖先から進化したものたち

進化の系統樹を構築する過程を詳しく見てゆこう．どの生物集団が互いにより近い関係なのか，または，より遠い関係なのか，どのように判断するのだろうか？

親戚の集まりに出席したことがあれば誰でも知っているだろう．最も近縁の人は見た目や，ときには笑い方や歩き方という行動までも似ていることがある．身体的な特徴も似ていることがあり，同じような体力で，同種の病気になりやすい．実際，遺伝物質であるDNAのレベルでも，非常によく似ている．

DNAが世代から世代へと引き継がれる遺伝物質で，個人の成長，発達の情報を記した設計図であることを思い出そう．私たちは，体の構造や行動を記した設計図を親から受け継ぎ，親はまたその親からと，繰返し受け継いできた．その結果，親戚は多くの特徴を共有している．同じように，近縁の生物集団（たとえば，同じ祖先をもついくつかの生物種）は互いに似ていることが多い．

進化については第Ⅳ部で詳しく紹介するので，この章では，"時が経つにつれて，ある集団の中のグループが非常に異なるものに変わり，新しい生物種となる過程"という理解でよい．祖先の生物種は，やがて，その子孫となる新しい種を誕生させる．系統樹の上では，子孫種は枝分かれした先端に描くことになる．逆に，二つの異なる枝を先端から根元の方へ，それらが出会う地点まで

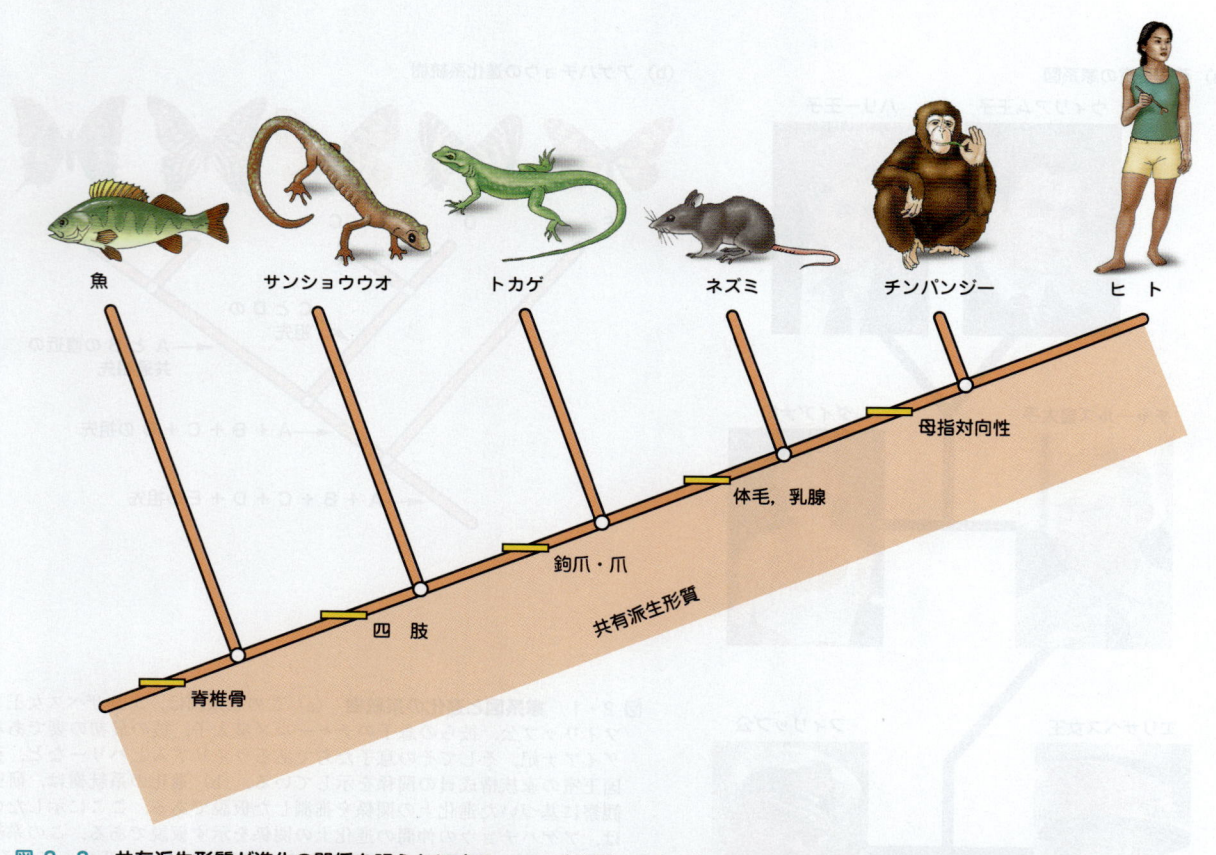

図 2・2　共有派生形質が進化の関係を明らかにする　この系統樹は，私たちになじみの深い動物グループの関係を示している．共有する形質によって動物のグループを分類し，系統樹で示してある．たとえば，チンパンジーとヒトは母指対向性（親指と他の指が反対向きでものをつかむのに都合がよい）を共有し，ヒト，チンパンジー，ネズミ，トカゲ，サンショウウオはどれも四肢をもっている．また，ここに描かれた動物はすべて，脊椎骨をもっている．

図 2・3 紛らわしい収れん形質 パンダの対向する指(a)は竹の葉や小枝をつかむのに便利である．このことから，ヒト(b)やチンパンジー(c)に非常に近い関係のように見えるかもしれない．しかし，実は，パンダの親指に見えるものは，大きく突起した手首の骨で，私たちの親指とは関係なく進化したものである．ヒトとチンパンジーは，4本の指をもち，それに向き合う形の母指（親指）をもつ．パンダは対向する5本の指をもち，それに向き合う形のものは指ではなく，手のひらの部分の突起が6本目の指に見える．

いくと，二つが異なる**系統**へと分かれた祖先種まで遡ることができる（図2・1b，図2・2の白丸の地点）．白丸に描かれている祖先は，ある二つの系統の最も近い**共通祖先**とよばれる．その子孫を誕生させた最も新しい祖先集団である．さらに系統樹を根元の方へと進むと，歴史を古い方へと遡ることになる．二つの生物集団の共通祖先はたくさんいるが，直近となる共通祖先は一つだけであることは重要なポイントである．

共有派生形質から推測する直近の共通祖先

子孫は，由来した祖先と同じ形質を共有している．ヒトの家族の場合，父親の鼻の特徴を子どもたちが皆，受け継いでいるかもしれない．同じように，たとえば図2・2の生物のグループを比べると，共通する多くの形質を発見できる．ここに示す動物はどれも，生存するために他の生物を餌として食べる消費者である．4本の脚をもつ動物もいれば，ヒレをもつもの，手をもっているものもいる．これらの動物はすべて，細胞からできている．また，すべて移動する運動能力がある．どの形質を比較するべきか，生物学者はどうやって決めるのだろうか？グループ間のすべての類似点が，関係を理解するのに，同じ程度に役立つわけではないし，実際に，進化上の関係を決定するのに役立たない類似点も多い．

グループの分類に最も役立つのは，直近の共通祖先に始まり，

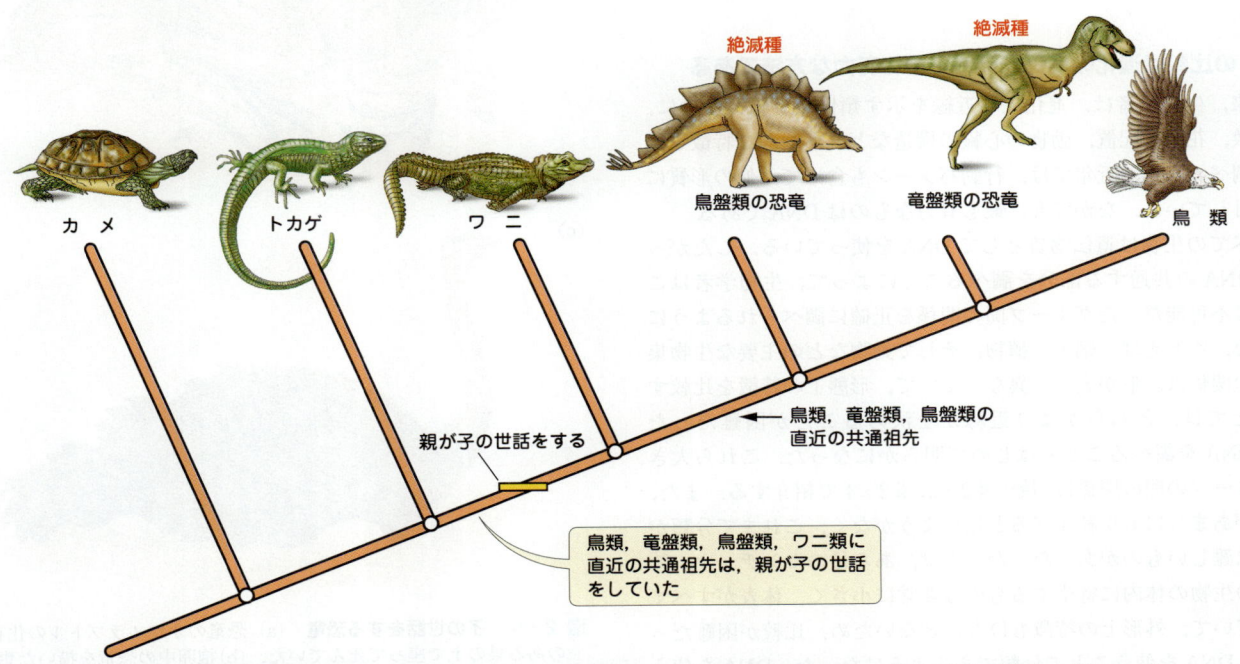

図 2・4 鳥と恐竜の近縁関係 この進化の系統樹で，鳥類と恐竜（竜盤類と鳥盤類）は，直近の共通祖先を共有している．このグループに最も近縁な分類群は，クロコダイル科やアリゲーター科のワニの仲間である．

その後，子孫に引き継がれて，共通するようになった形質，**共有派生形質**である．鍵となる形質があれば，2集団は一つの近縁の集団とみなせる．それほど近縁でない他のグループ，つまり，同じ直近の共通祖先をもっていない子孫には，その共有派生形質はない．代わりに，また別の近縁種に特有の形質がある．

図2・2は，私たちになじみの深い動物の関係と，それぞれをグループにまとめる目安となる共有派生形質を示している．たとえば，系統樹の右端にある2種の動物の共有派生形質は母指対向性である．これはチンパンジーやヒトを他の動物群と区別するときに使う重要な形質の一つである．ヒトとチンパンジーがこの形質を共有しているのは，ヒトとチンパンジーの直近の共通祖先が，親指が他の指と向かい合う特性をもっていたからである．そのことが，系統樹の上でヒトとチンパンジーが直近の共通祖先をもっていて，他の動物群よりも近い関係にあるという証拠の一つになっている．

収れん形質は系統関係によらない類似形質である

類似点のなかには，進化上の近縁関係によるものではないケースもあり，間違いを犯しやすい．非常に遠い関係の生物でも，偶然に同じ形質を進化させ同じような形質をもつことがあるのである．これを**収れん形質**という．たとえばパンダの手は，ヒトやチンパンジーの対向する親指に似た構造をもっている（図2・3）．だからといって，進化の系統樹で，パンダをヒトやチンパンジーの近くに配置すべきだろうか？ "No" である．ヒト，チンパンジー，パンダについての他のさまざまな知見に基づいて，近縁として配置すべきではないと結論されている．つまり，この対向する親指の構造は，パンダとヒト・チンパンジーが，互いには関係なく，別々に有用な形質として進化させた結果にすぎない．

真の共有派生形質と収れん形質を明確に見分けることは，簡単そうだが，実際は難しいことの方が多い．これを解決することが分類学者にとって今でも大きな課題となっている．

DNAの比較は進化の関係を調べるのに有力な方法である

従来，生物学者は，進化上の近縁を示す類似点を調べるのに，脚の数，花弁の配置，動物の心臓の構造など，形態的な特徴を詳しく調べてきた．近年では，行動パターンも含めて，他の形質にも着目している．なかでも，最も有力なものはDNAである．

すべての生物は遺伝物質としてDNAを使っている．したがって，DNAの共通する部分を調べることによって，生物学者はこれまで不可能だったグループ間の関係を正確に調べられるようになった．たとえば，細菌，植物，そして動物などの主要な生物集団間の関係は，形が大きく異なっていて，形態上の特徴を比較することでは，どちらがより近縁かを決めることが困難だったが，DNAを調べることではじめて明らかになった．これら大きなグループの間の関係は，後の§2・3，§2・4で紹介する．また，構造があまりにも単純すぎると比べようがなく，これまで分類が非常に難しいものがあった．たとえば，ある種のセンチュウ，特に他の生物の体内に寄生するものは非常に小さく，体表がすべすべしていて，外形上の特徴もほとんどないため，比較が困難だったが，DNAを使うことで分類できるようになった．DNAを使うことで犯罪の謎さえも解明できる（p.25，"科学のツール" 参照）．

2・2 系統樹から予測する

進化系統樹は生物の近縁関係についての仮説である．そこから，別の新しい予測も可能となる．なぜなら，近縁関係の生物は，直近の共通祖先から，他にも多くの形質を受け継いでいるはずと予測できるからである．

びっくりするかもしれないが，鳥類に最も近い関係なのは絶滅した恐竜である．その証拠が，化石の生物種，現存する生物種の両方から得られている．図2・4に示されている動物群のなかで，恐竜の次に鳥に近いのがワニの仲間（アリゲーター科とクロコダ

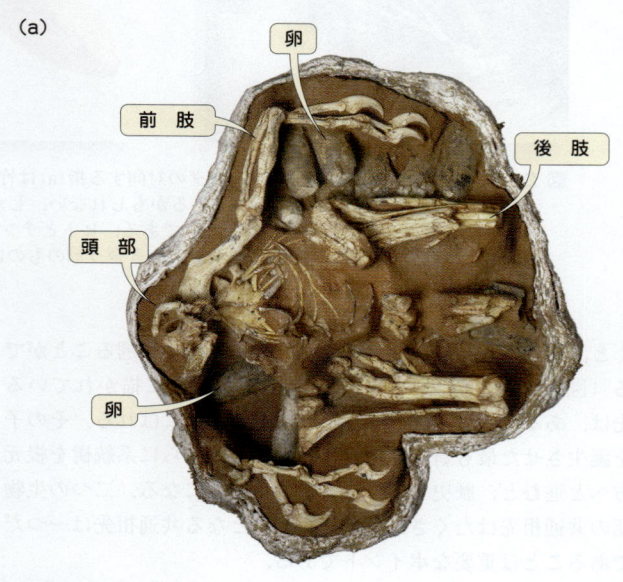

図2・5　子の世話をする恐竜　(a) 恐竜のオヴィラプトルの化石．卵のある巣の上で座って死んでいた．(b) 抱卵中の恐竜を描いた想像図．砂嵐が起こる直前の様子はこうだったのかもしれない．(c) 抱卵中のダチョウ．

イル科）である．これらの集団間の関係がわかれば，生物学者は絶滅してしまった恐竜の行動や生理的な特徴について予測することも可能であろう．

ワニ類と鳥類には，親としての子育て行動がみられる．巣を作り，卵や子を守る行動をする．ワニ類と鳥類がともに，そのような子育て行動をとるならば，直近の共通祖先もおそらく子育てをしていただろうと推測できる．恐竜もまた，この二つのグループと同じ共通祖先をもつので，遠い昔に絶滅し，もはや観察できない生物ではあるが，卵を守り，子の世話をしていたのではないかと推測できる．体が大きく，凶暴で，賢くないと思われてきた恐竜がそのような行動を示していたとは，衝撃的な見解であった．

実は，恐竜の親が子の世話をしていたことを確信させる証拠がある．モンゴルのゴビ砂漠で，卵のある巣の上に座ったまま死んでいる恐竜の化石（8000万年前）が発見されていたのである．この化石は1923年に発掘されていたが，当時は，恐竜が抱卵していたとは誰も想像していなかったので，恐竜が別の種の卵を襲撃して食べていたのだと解釈されていた．この化石を発見した人は *Oviraptor*（オヴィラプトル）と名づけたが，この名前は"卵泥棒"という不名誉な意味である．鳥類と恐竜が近縁だとは知られていなかったので，当時の生物学者たちはこの二つのグループが類似した行動を示すとは想像できなかったのである．しかし1994年，恐竜と鳥類，そしてワニ類の進化の関係についての仮説が見直され，図2・4のような新しい進化の系統樹がつくられた．

卵の上に座っていたオヴィラプトルの真意が明らかになったのである．卵を襲っていたのではなく，むしろ，オヴィラプトルは砂嵐の中，まだふ化していない子を抱きかかえるように四肢を伸ばし，鳥類と同じように巣を守る姿勢で，死んでいったようにも見える（図2・5）．

■ これまでの復習 ■
1．進化の系統樹とは何か？
2．生物のどのグループが互いに最も近縁であるかを決めるとき，どのような形質が最も有力な情報となるか？

1．進化の系統樹は，異なる種や動植物など，多様なグループ間の進化の関係を，樹木の枝のような形に描いて示した図である．
2．遺伝的な近縁性を決定し，子孫に受け継がれている有形または無形の痕跡情報を調べることが，生物の類縁関係を決めるうえに最も有力な情報となる．

2・3 リンネ式階層分類体系

生物を分類するときは，進化の関係を示す系統樹を用いると同時に，階層的な分類体系を使用する．この分類体系は1700年代，生物の命名法をつくったスウェーデンの生物学者 Carolus Linnaeus によって考案されたもので（図2・6），**リンネ式階層分類体系**とよばれる．分類グループの最小の単位が**種**である．近縁の種が一つのまとまったグループになっていて，これを**属**という．

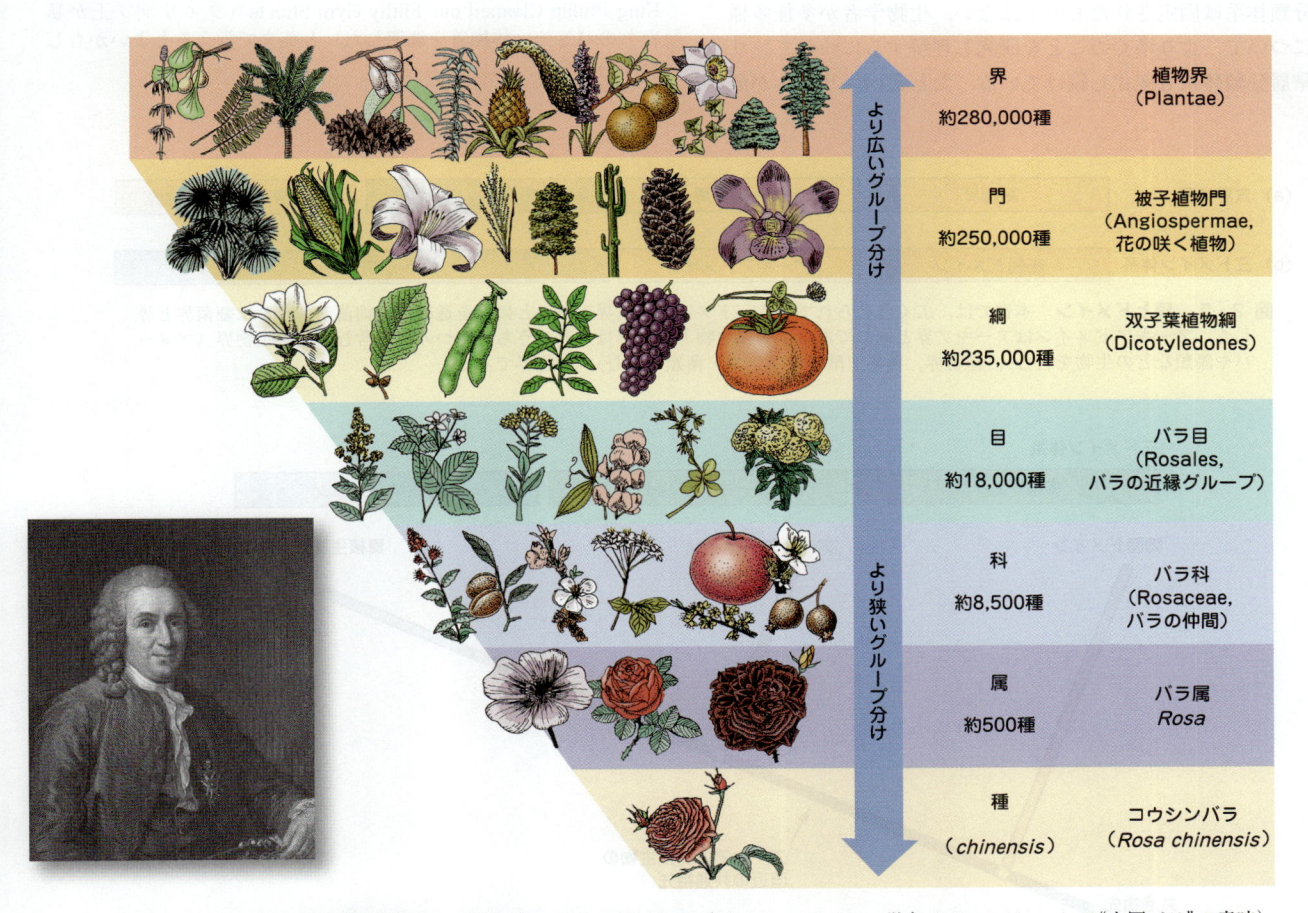

図2・6 リンネ式階層分類体系　分類の最小単位が種である（例：コウシンバラ，学名は *Rosa chinensis* で"中国バラ"の意味）．この種は，バラ属（*Rosa*）に属し，この属にはほかのバラも含まれる．バラ属はバラ科（Rosaceae）に，バラ科はバラ目（Rosales）に，バラ目は双子葉植物綱（Dicotyledones）に，双子葉植物綱は被子植物門（Angiospermae）に，被子植物門は植物界（Plantae）に属している．すべての生物を分類するのに，種から界まで，同じ分類単位を使うことになっている．この分類体系は，スウェーデンの植物学者 Carolus Linnaeus（左下）がはじめ考案した．

界　約280,000種	植物界（Plantae）
門　約250,000種	被子植物門（Angiospermae, 花の咲く植物）
綱　約235,000種	双子葉植物綱（Dicotyledones）
目　約18,000種	バラ目（Rosales, バラの近縁グループ）
科　約8,500種	バラ科（Rosaceae, バラの仲間）
属　約500種	バラ属 *Rosa*
種 (*chinensis*)	コウシンバラ（*Rosa chinensis*）

（より広いグループ分け ↑ ／ より狭いグループ分け ↓）

これら二つの分類単位を使って，どの生物種も**学名**とよばれる2語からなるラテン語の名前が付けられている．二つのうち最初の語は，その生物が属している属の名称（属名）で，後のものが種の名称（種名）である．これを**二語名法**という（イタリック体で，または下線をつけて表記する）．たとえば，ヒトの学名 *Homo sapience*（ホモ・サピエンス）は，ホモ（*Homo*, "人間"）が属名で，サピエンス（*sapience*, "賢い"）が種名である．ヒトは *Homo* 属のうち現存する唯一の種である．私たちの属には，*Homo erectus*（"直立する人"）や *Homo habilis*（"器用な人"）などがいたが，両方とも絶滅している．

Homo habilis
（ホモ・ハビリス）

学名には上位の階層の分類単位が示されていないが，生物は必ず上の階層のいずれかの分類グループに属している．近縁の属は，ひとまとまりになって**科**，近縁の科は**目**，目は**綱**，綱は**門**となる．最後に近縁の門が，ひとまとまりになって**界**となる．

これらのさまざまな分類単位，生物のグループを，**分類群**，または**タクソン**とよぶ．図2・6にバラの例を示す．*Rosa chinensis* が一つの分類群（属と種）で，さらにバラ科（Rosaceae），バラ目（Rosales），ずっと上の植物界（Plantae）という分類群に含まれる．ある分類群に含まれる生物種は，他の近縁グループとともに，共通性をもつものがまとまっていて，一つの分類群としてのグループに入れられている．

この分類体系は固定されたものではない．生物学者が多種多様な生物について，より多くのことを研究し理解するにつれて，リンネ式階層分類体系も変化し続けている．たとえば，リンネが最初に考案したとき，"界"は植物界と動物界の二つだけだった．現在，生物学者は，5～13界，あるいは，もっと多くの界があると考え始めていて，どのようにリンネ式階層分類体系に生物を正確に当てはめてゆくべきか，活発な議論が現在も続いている．本書では，最も広く使用されている六界説の分類体系を使うことにしよう（図2・7a）．各界については第3章で詳しく説明する．

さらに，現在の生物学では，リンネ式階層分類体系に示されている界の上に，より大きな分類グループである**ドメイン**（**超界**）を使うことが一般的になっている（図2・7b）．三つのドメイン，**細菌ドメイン**（一般的な細菌など），**アーキアドメイン**（細菌に似た生物で，苛酷な環境にも生息することで知られるグループ，古細菌ともよばれる），そして**真核生物ドメイン**（アメーバから植物，菌類，動物まで残りの全生物が含まれる）である．ドメインは，最も基本的で最も古い分類群である．かつてアーキアは細菌が少し変化した程度のグループと考えられていたが，最近のDNA解析から，この三ドメインの存在がわかり，アーキアは古代の地球からいた重要な分類群であったという事実が明らかになってきた．三ドメインが最初に提唱されたときには大きな論争となったが，今では，多くの生物学者に受入れられている．

■ **役立つ知識** ■　リンネの分類体系は，英語では，Kingdom（界），Phylum（門），Class（綱），Order（目），Family（科），Genus（属），Species（種）となる．英語で覚えるときには，King Phillip Cleaned our Filthy Gym Shorts（フィリップ王が私たちのバッチい体操着を洗濯した）と英文で覚えるとよいかもしれない．

(a) 六界体系　| 細菌界 | アーキア界 | 原生生物界 | 植物界 | 菌界 | 動物界 |

(b) 三ドメイン体系　| 細菌ドメイン | アーキアドメイン | 真核生物ドメイン |

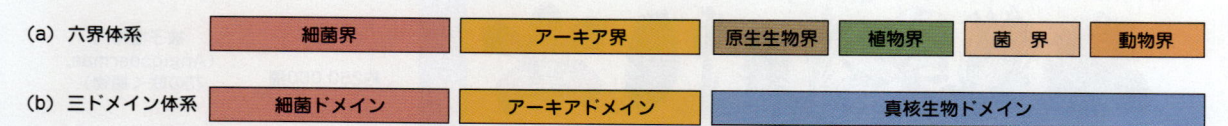

図2・7　**界とドメイン**　本書では，広く認められている三ドメイン・六界説をもとに話を進める．細菌ドメインは細菌界と等しく，アーキアドメインはアーキア界と同じである．真核生物ドメインは六界のうち，四つの界を含む．原生生物界（アメーバや藻類などの生物を含む），植物界，菌界（酵母やキノコ・菌類を含む），動物界である．

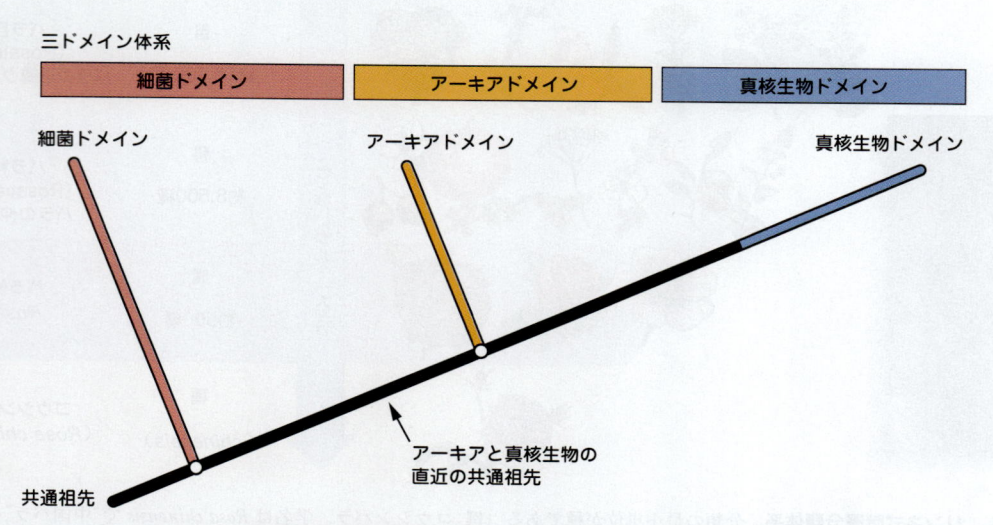

図2・8　**三つのドメインの関係を示す系統樹**　この系統樹は三つのドメインの関係を示した仮説である．系統樹の根元の部分は全生物の共通祖先である．現存する三つのドメインの最初の分岐は，細菌と，アーキア・真核生物を生んだ共通祖先の間で起こった．つぎに，アーキアと真核生物が分岐した．そのため，アーキアと真核生物の関係は細菌との間よりも近縁な関係にある．

2. 生命の樹

六つの界

| 細菌界 | アーキア界 | 原生生物界 | 植物界 | 菌界 | 動物界 |

細菌　アーキア　ディプロモナス類　繊毛虫類　ケイ藻類　植物　菌類　動物

ドメイン

真核生物ドメイン

真核生物の共通祖先

アーキアドメイン

細菌ドメイン

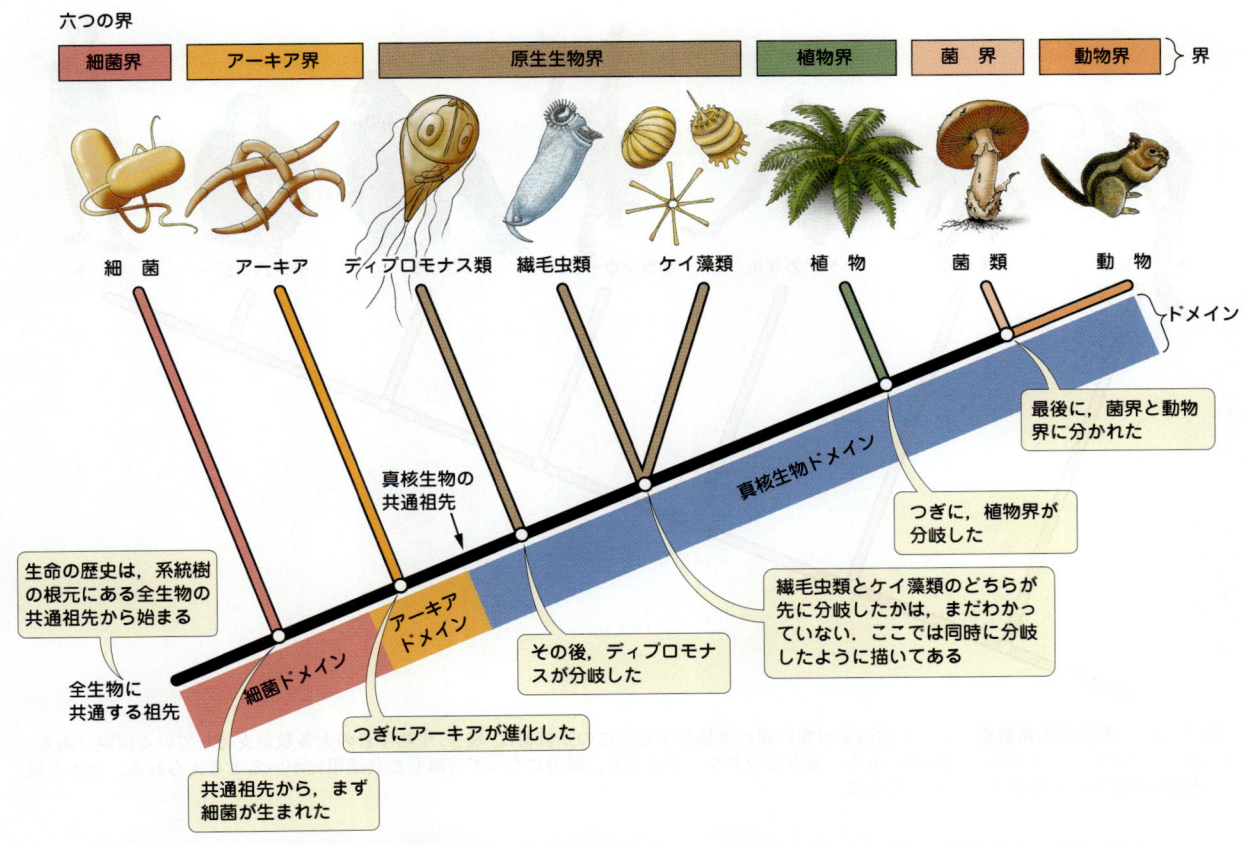

- 生命の歴史は，系統樹の根元にある全生物の共通祖先から始まる
- 全生物に共通する祖先
- 共通祖先から，まず細菌が生まれた
- つぎにアーキアが進化した
- その後，ディプロモナスが分岐した
- 繊毛虫類とケイ藻類のどちらが先に分岐したかは，まだわかっていない．ここでは同時に分岐したように描いてある
- つぎに，植物界が分岐した
- 最後に，菌界と動物界に分かれた

図2・9　六つの界の関係を示す系統樹　この系統樹は三つのドメイン，および，六つの界の関係を示した仮説である．人の家系図と同じで，分岐した先のグループは，近縁種のまとまりと考えることができる．

2・4　生命の樹

生物の進化と系統関係を探る研究は，急速な進歩を見せている分野である．その成果の大半はDNAの解析によるもので，予想をくつがえす驚きの発見もあった．

植物，菌類，動物の間の関係

すべての生物はDNAをもつので，共有派生形質を探す対象として最適である．ドメインや界のようにひどく遠い関係の分類群の間でも，DNAなら容易に比較でき，生命の系統樹の枝を構築できるようになった．

図2・8と図2・9は，あらゆる生物グループを含む系統樹である．図2・8は三ドメインの仮説を示す．図2・9は，その下の分類グループである界との関係を示す仮説である．この二つの系統樹は，現在進行中のDNA比較研究の結果であり，すべての研究結果がこれを支持しているわけではない．他の研究からは，異なる進化の系統樹（仮説）も提唱されている．

図2・9に示す界の関係のうち，植物界や菌界，動物界から最も遠い場所にあるのは，細菌界とアーキア界である．そう聞いても驚きはしないだろう．細菌とアーキアは単細胞生物であり，私たちからは非常に遠い親戚のように見えるからである．しかし，植物界，菌界と動物界の関係に注目すると，この三つの界の間で，最も近い関係にあるのは菌界と動物界となっている．何十年もの間，酵母やカビ，キノコをつくる生物などを含む菌類は，植物に最も近いものと思われてきた．動物のようには移動できず，あまり特徴のない生物で，草木やコケなどに似ているように見えたからである．最近のDNA解析から，菌類が実は植物よりもヒトなどの動物に近いとわかったことは，大きな驚きであった．菌類は植物ではなく動物と直近となる共通祖先をもっているのである．身近なもので比べてみよう．ピザの上に載っているマッシュルームの方が，その横にある緑色のピーマンやトマトよりも，私たちの近縁種ということである．

シャワー室に生えるカビの方が，鉢植え植物よりも私たちに近縁だなんて本当だろうか？ 私たちはどの程度，パン酵母や青カビと共通点があるのだろうか．実は，たくさんあった．菌類と動物が近縁であるという発見は，真菌の感染症，特に体内で菌類が繁殖する感染症を治療するのに，なぜ医者が苦労するのかという長年の謎を解いてくれた．菌類と動物は非常に近縁なので，それ

図2・10　天体物理学者，Stephen Hawking　Hawking博士は卓越した研究者であるが，40年以上もルー・ゲーリック病（筋萎縮性側索硬化症）を患っていた．彼は身体の一部が麻痺し，足を動かしたり声を出したりできなかったが，宇宙理論や量子重力理論の分野における大発見を行った功績をもつ．この症状と類似の弊害をもつ酵母を使った研究によって，ルー・ゲーリック病と診断されている年間推定5000人（米国）の患者に，希望がもたらされるかもしれない．

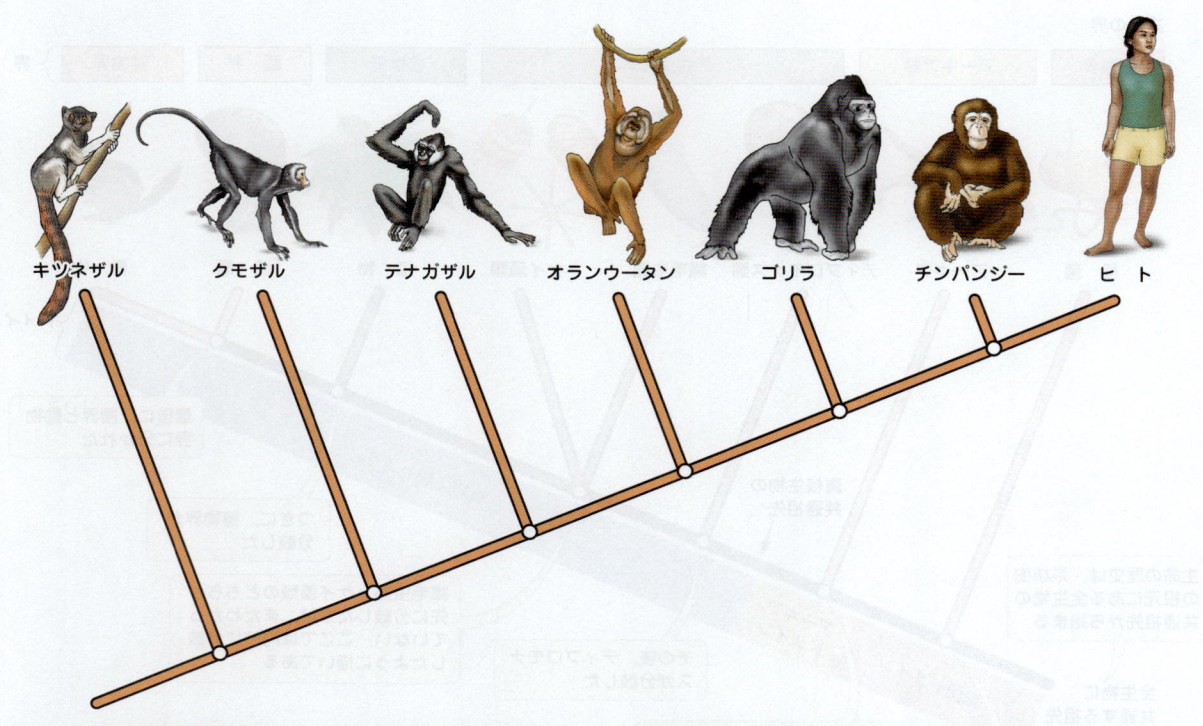

図2・11 霊長類の系統樹 ヒトと他の霊長類の間の関係を示したこの系統樹は，現在，生物学者の大多数が支持している仮説である．ヒトとチンパンジーが最も近縁種である．他のどのグループよりも，最近になって分離した共通祖先がいると考えられる．ヒトと最も遠い関係の霊長類はキツネザルである．

らの細胞のはたらきは非常によく似ている．そのため，菌類を殺そうとして強い薬剤を処方すると，ヒトの細胞にもダメージを与えてしまうのである．

ヒトと菌類は非常に似ているので，似た病気にかかることさえある．ルー・ゲーリック病は，神経系が急速に退化し，死に至るヒトの病であるが（図2・10），酵母にも似た"病気"がある．そこで，意外にも酵母は，この危険なヒトの病気を研究するための理想的なモデル生物となっている．

霊長類の系統樹からヒトの近縁種がわかった

動物園で類人猿のいる動物舎を訪れると，オリの外に立って中をのぞいている私たちと，オリの内側から私たちを眺めている動物には，大きな類似性があることに気づく．ヒトも類人猿もサルも，すべて霊長目に属することを考えれば類似性は当然のことだが，では，霊長類の親戚のうち，私たちに最も近いのは誰だろうか？ この疑問にも，人々は長年関心をもっていて，激しい論争も行われてきた．研究者は，どの霊長類が人間の最も近い親族なのかを決定するために，骨の構造から行動，DNAに至るまであらゆるものを調べてきている．

論争は今でも続いているが，DNA解析によると，最も近い近縁種は，道具をうまく使いこなすチンパンジーである．私たちと彼らのDNAは驚くほどよく似ている（図2・11，インタールードC参照）．チンパンジーの次に私たちに近いのはゴリラである．オランウータン，テナガザル，サル（クモザルなど）と続き，最も遠いのがキツネザルである．

生命の樹の根元近くのもつれた関係

近年，DNA解析から生命の系統樹の根元に近い部分では，系統樹というよりは複雑に絡まった網目に近いという新しい仮説が提唱され，研究者を少なからず驚かせている．このような考え方は，"迷い込んだDNA"が見つかったことがきっかけである．たとえば細菌のDNAの一部が，アーキアや真核生物のDNAの中でも見つかったのである．

もし，細菌，アーキア，真核生物が，大昔に三つに分かれて生じたのならば，なぜ，そのようなことが起こったのだろうか．三

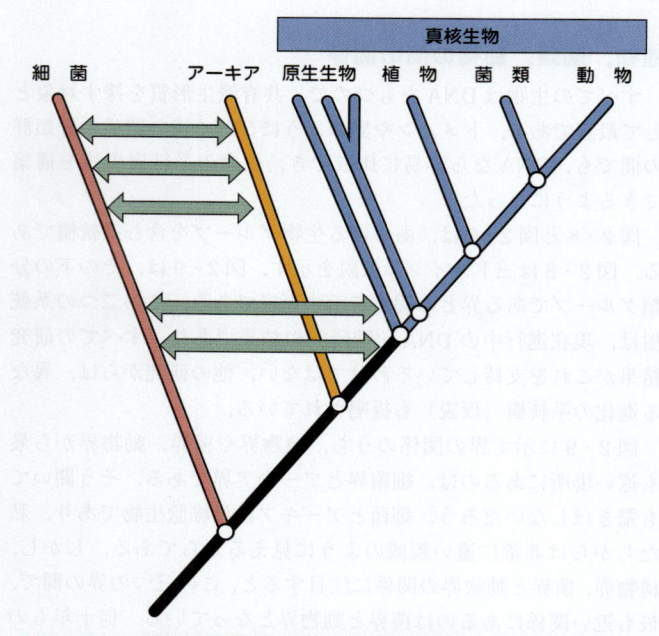

図2・12 系統樹の根元の部分は絡まった網目なのだろうか？ ここでは緑色の矢印は遺伝子の水平移動が起こった部分を示している．遺伝子は細菌，アーキア，真核生物のドメインが別の系統として確立した後でさえ，それらの系統間での移動が起こっている．

2. 生命の樹

つの系統は時間をかけて、ゆっくり進化し、非常に異なるものになったはずである。しかし、系統樹の別の枝の生物から、雑多にDNAを取ってきて集めたようなDNAをもつ生物がいることがわかったのである。

この寄せ集めDNAについて、カナダのW.Ford Doolittle博士は一つの仮説を提唱している。生命の歴史が始まって間もないころ、ドメインが三つに分かれる前後の時代は、それぞれが自由に遺伝物質を交換し合っていたという仮説である。つまり遺伝子を世代から世代へと"垂直方向"に引き継ぐだけでなく、"**水平伝達**"により系統の枠を越えて、遺伝子をやり取りしてきたのかもしれない（図2・12）。この仮説が正しければ、生命の系統樹は従来と同じ考え方でよいが、思ってもみなかった遺伝子の移動、水平方向の移動があることになる。Doolittleの仮説によると、生命の系統樹の根元部分は樹というよりも、荒く編まれた網目のようなものである。自由に遺伝情報を交換し合う原始的な細胞がいて、遺伝情報を雑多に集めた袋をつくり、それが現在も系統の枠を越えての名残として存在していることになる。この驚くべき仮説の決着は今もついておらず、活発な議論の的となっている。

■ **これまでの復習** ■

1. リンネ式階層分類体系とは何か。ドメインの体系とどのような関係があるか？
2. 菌類は、植物と動物のどちらにより近いか？

1. リンネ式階層分類体系は、種から界までの階層の連なるグループにして、すべての生物種をまとめるための階層体系である。ドメインは、もっと大きなグループを考えて、リンネの分類体系の界を三つのドメインに分類する。
2. 近年のDNA解析から菌類は動物に近いことがわかった。

学習したことの応用

アイスマンの正体

アルプスで凍っていたアイスマンに話を戻そう。アイスマンとは、誰だったのだろうか？

科学のツール

有罪だった歯科医

世界中の生物の系統樹を構築する目的で、生物学者は生物の間の関係を探求している。系統樹の考え方は、他にも幅広い利用が可能である。ここで紹介するのは、ある歯科医が患者にHIVを感染させたかどうかを調べた例である。HIVは、ヒトの後天性免疫不全症候群（AIDS）の原因となるウイルスである。

HIVに感染していたある歯科医は、いつものように患者を治療していた。すると、彼の患者のなかに、HIV陽性反応となる患者が現われ始めたのである。医療従事者がHIVに感染している場合、本当に患者に感染させる恐れがあるかどうかはまだ決着がついておらず、米国内でも大きな議論があった。そのため、この歯科医から患者に本当に感染したのか、多くの人が関心をもっていた。話が複雑なのは、感染患者のなかに、ほかからもHIV感染する可能性のある人がいたことである。歯科医には責任がないのか、あるいは、感染させた疑いがあるのか、両方の見解で激しい論争が起こったが、結論は出ていなかった。

この問題に答えを出すために、研究者はウイルスの遺伝物質（RNA）を調べることにした。他のウイルスと同じように、HIVは急速に進化し遺伝物質が変化するので、異なるタイプの近縁株HIVが多種多様あることを利用したのである。歯科医、感染した患者、歯科医の患者ではないがHIVに感染している地元の人からとった、HIVの遺伝情報を調べて系統樹をつくった。もし、歯科医が患者に感染させたのなら、患者のHIVは、歯科医のHIVと近縁であり、患者以外の他の感染者のウイルスとはあまり近くないはずである。

検査の結果、歯科医が感染させたと思われる患者もいれば、そうでない患者もいた。2人の患者XとYは、歯科医のHIVとは近縁ではないエイズウイルスに感染していたので、他の生活環境などが原因でHIVに感染したと考えられる。しかし、他の5人の患者A〜Eは、歯科医のHIVに非常に近縁のウイルスをもつことがわかった。また、この5人にはHIVに感染する他の危険性もなかったので、歯科医が少なくとも5人に感染させた可能性が高いと結論された。

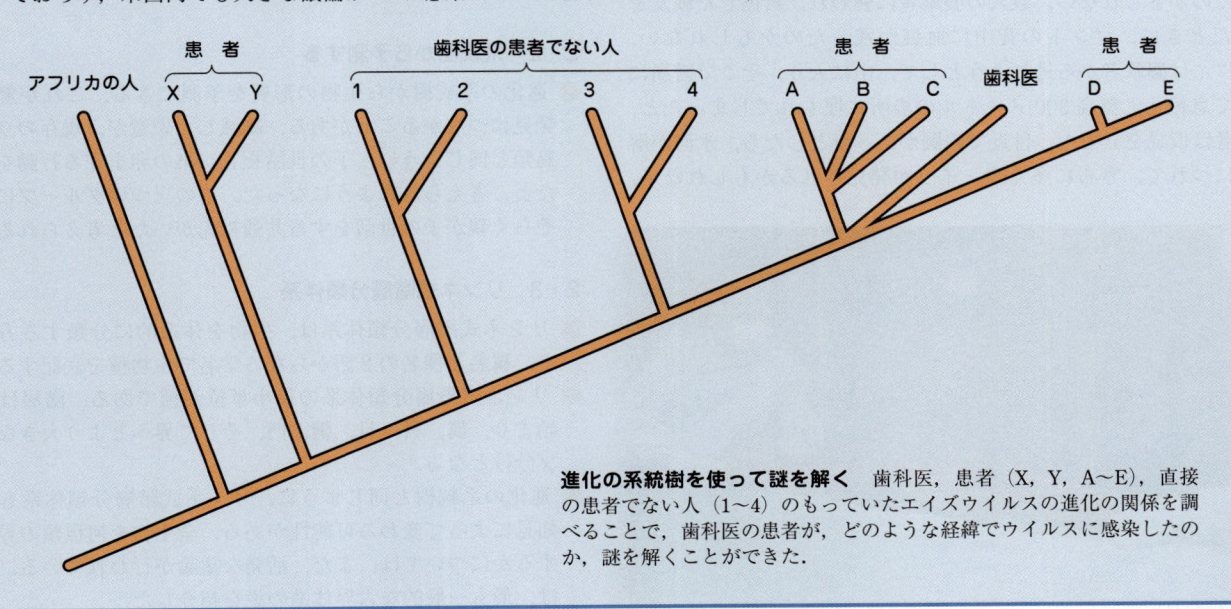

進化の系統樹を使って謎を解く 歯科医、患者（X, Y, A〜E）、直接の患者でない人（1〜4）のもっていたエイズウイルスの進化の関係を調べることで、歯科医の患者が、どのような経緯でウイルスに感染したのか、謎を解くことができた。

アイスマンの体内にはDNAが無事保存されていたので，科学者はDNAを調べて，彼の正体を明らかにできると考えた．アイスマンのDNAを解析して，世界中のさまざまな民族のものと比較した結果，アイスマンは北欧の現代人と大きな類似性，つまり遺伝的な共有派生形質があることが判明した．したがって，エジプト人や南米人とはほとんど関係がなく，盗まれたり運ばれてきたミイラでもない．科学者はアイスマンがヒトの系統樹の中のどこにいるかを決めることでアイスマンの謎を解いていった．オーストリアとイタリアの国境，Ötzi アルプスで発見されたことから，エッツィの愛称でよばれるようになった彼は，誰かのいたずらではなかったのである．

アイスマンについての研究は，発見された地方付近に住んでいたことを裏付けるために今も続いている．また，彼の人生最後の数時間についても詳細が明らかになった．エッツィの消化管からは古代のアサダの木の花粉が発見された．特定の季節に咲くアサダの花は，アルプスの南に位置するシュナール谷にしかみられない．このことから彼は初夏のある日，暖かな南の谷から出発し，山に入ったことがわかった．また，消化管に残っていたほんのわずかな内容物からは，死の間際にヒトツブ小麦から作ったちょっと噛みにくい未発酵のパンを食べていたこともわかった．

アサダの木

この小麦は当時，古代ヨーロッパ人が栽培品種化したことで知られる数少ない穀物の一つである．また，胃の中にわずかな骨と筋繊維があったことから，少量の肉も食べていたと，研究者は推測した．

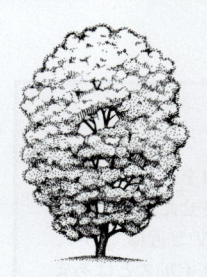

食事をしたあと，エッツィはなぜ，山に入り，死に至ったのか？最近の研究によると，彼の持ち物から4人の人物の血液が検出された．矢筒の矢から2人，ナイフから3人目の，そしてマントの背中に4人目の血痕が見つかったのである．科学者はまた，エッツィの背中に矢傷，左手に切り傷，右の前腕に深い傷，そして脇腹に3カ所の打撲傷を見つけた．彼はその一生を闘いに明け暮れていたのかもしれない．数人の襲撃者に襲われ，負傷した戦友を担いだときに，マントの背中に血痕が残ったのかもしれない．エッツィは襲撃者から逃げようとして，山に入り，そこで雪崩に遭って息絶え，標高300メートルの場所に埋もれてしまったと，科学者は仮説を立てた．付近で戦闘があったとしたら，氷河が解けるにつれて，さらに多くのミイラが発見されるかもしれない．

エッツィを襲った人物や友人のミイラも見つかるかもしれない．そのような可能性にかけて，さらなるミイラの探索が始まっている．もし，ミイラがもっと発見されれば，再びそれらをヒトの系統樹の上に配置して，"この人たちは誰だろう"という疑問を解くところから始めることになる．

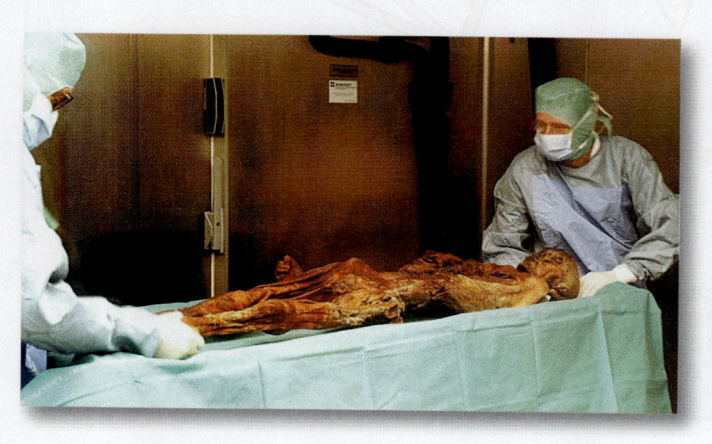

エッツィは特別なケースであるが，発見した生物種の系統樹上の正しい位置を見つけるこの方法は，生物学者が行う標準的な方法である．新しい未知の生物が発見された場合には，それがサルでもカエルでも，植物でも，あるいは危険な病原菌でも，その生物を系統樹のどこに配置するのがふさわしいか探ることは，他の生物学的課題を解決するための最初に実施すべき作業となる．

章のまとめ

2・1 進化の関係を示す系統樹

■ 分類学者の仮説に基づいて，異なった生物種の進化上の関係を示したものを系統樹という．多様な生物群の中での位置を理解するために，分類学者は生物間で共有する形質を調べ，近い親族を決め，その結果をもとに系統樹の中の配置を決める．

■ 他の仮説と同じように，系統樹によって予測されたことを調べる研究もある．新しい研究結果によって系統樹は修正されることもある．

■ 近縁種の生物は，直近の共通祖先に由来する形質を共有している．分類学者は，この共有派生形質を使い生物の近縁関係を決める．

■ 進化の系統樹は，生物グループの進化の関係を図示した仮説である．系統樹の分枝の先端が，現存の生物集団を意味する．系統樹の分岐点は，直近の共通祖先が二つの子孫グループに分かれた時点を示す．つまり，分枝点が，最も近い共通祖先となる生物種である．

■ 遠い関係の生物の間でも共通する形質を収れん形質という．直近の共通祖先から受け継いだ形質ではなく，それぞれ独立に進化した形質であり，収れん形質を使って進化の関係を決めることはできない．

■ DNAの比較は，進化の関係を調べるうえで，新しい有力な手段である．

2・2 系統樹から予測する

■ 進化の系統樹から生物の形質を予測できる．これが驚くべき発見につながることがある．絶滅した恐竜が，現存のワニ類や鳥類と同じように，子の世話をし，巣の卵を守る行動をしていたと，考えられるようになった．この三つのグループには，おそらく親が子の世話をする共通祖先がいたと考えられる．

2・3 リンネ式階層分類体系

■ リンネ式階層分類体系は，生物を体系的に分類する方法である．属名と種名の2語からなる学名で生物種を表記する．

■ リンネ式階層分類体系の最小単位が種である．階層は種から始まり，属，科，目，綱，門，そして界へとより大きなグループ分けとなる．

■ 進化の系統樹と同じように，リンネ式階層分類体系も新しい知見によって変わる可能性がある．全生物を何種類の界に分類するかについては，まだ，活発な議論が行われている．本書では，最も一般的な六界体系の説を紹介した．

■ ドメイン(超界)は界の上の大きな分類単位で，細菌ドメイン，アーキアドメイン，真核生物ドメインの三つがある．

2・4 生命の樹

■ DNAを使った解析で，私たちは系統樹をさらに正確に理解できるようになった．DNA解析が興味深い驚きの結果となることもある．

■ DNA解析から，菌界は植物界よりも動物界と直近の共通祖先を共有していることが明らかになった．この発見によって，菌類は植物と近縁であるという長年の仮説が修正された．

■ 霊長類の進化の系統樹も深く理解できるようになった．チンパンジーは霊長類のなかでヒトに最も近い近縁種であるという説は一般に支持されている．

■ ドメインを越えて寄せ集めたようなDNA情報をもつ生物がいるので，系統樹の幹の根元は，複雑に絡み合った網目のようなものであるかもしれない．生命の歴史の初期，界のグループ間で遺伝子の水平伝達があったためと説明する生物学者もいる．

復習問題

1. 生物学者はどのようにして未知の生物を同定し，系統樹の中に配置するか．
2. 家系図と進化の系統樹の類似点と相異点を述べよ．
3. 共有派生形質とは何か．生物の間に観察される他の類似性とどう異なるのか，説明せよ．パンダとヒトは手の指の使い方に共通点があるが，これを共有派生形質とよばないのはなぜか．
4. 進化の系統樹はどのような仮説か．
5. 生物学者が，恐竜の親が抱卵し子育てをしていたと考える理由は何か．図2・4の系統樹を使って説明せよ．
6. 鳥類は鳴くことができ，また，種によっては頻繁にさえずるものもいる．ワニ類も，声を出すことが知られている．図2・4の系統樹に基づいて，恐竜の鳴く能力について，どのような仮説が立てられるか．理由とともに述べよ．
7. リンネ式階層分類体系の分類単位とは何か．最小の分類単位は何か．最大の分類単位は何か．
8. なぜ，DNA解析によって，生物の進化系統樹について私たちの理解が急速に進んだのか．DNA解析によって何が変わったか，その見解の正当性を主張できる例を一つあげよ．

重要な用語

系統分類学者 (p.17)　　科 (p.22)
進化系統樹 (p.17)　　　目 (p.22)
系統 (p.19)　　　　　　綱 (p.22)
共通祖先 (p.19)　　　　門 (p.22)
共有派生形質 (p.20)　　界 (p.22)
収れん形質 (p.20)　　　分類群(タクソン) (p.22)
リンネ式階層分類体系 (p.21)　ドメイン(超界) (p.22)
種 (p.21)　　　　　　　細菌ドメイン (p.22)
属 (p.21)　　　　　　　アーキアドメイン (p.22)
学名 (p.22)　　　　　　真核生物ドメイン (p.22)
二語名法 (p.22)　　　　水平伝達 (p.25)

章末問題

1. 図2・1(b)で，どの二つが最も近縁か．
   (a) AとC　　(c) AとB
   (b) DとE　　(d) BとD
2. 現在，進化上の近縁関係を決めるのに，生物学者が用いている強力な新しい手法は何か．
   (a) 行動を調べる
   (b) 細胞を調べる
   (c) DNAを調べる
   (d) 器官を調べる
3. 図2・11から，ヒトに最も近縁な種はどれか．
   (a) チンパンジー
   (b) ゴリラ
   (c) オランウータン
   (d) キツネザル
4. 恐竜とワニ類は似た子育て行動を示すと考えられる．なぜか．
   (a) 危険な捕食者であるから．
   (b) 古代の動物であるから．
   (c) 鳥類の近縁であるから．
   (d) 子育て行動を見せる共通祖先を共有しているから．
5. 図2・9から結論できることを選べ．
   (a) アーキアと細菌の間は，それぞれリスとの間よりも近い関係にある．
   (b) 菌類，動物，植物は，互いに同じ程度近い関係にある．
   (c) 動物と菌類の間は，それぞれ植物との間よりも近い関係にある．
   (d) ディプロモナスは最も古い分類群である．
6. つぎのどの分類群がドメインとよばれるか．
   (a) 真核生物，細菌，動物
   (b) 植物，原生生物，アーキア
   (c) アーキア，細菌，真核生物
   (d) 細菌，アーキア，繊毛虫類
7. 細菌は，どの分類群の一つか．
   (a) 界
   (b) ドメイン
   (c) 真核生物の一部
   (d) 界とドメイン
8. リンネ式の階層分類体系のグループ名を順番に示すと，どれが正しいか．
   (a) 種，目，綱，属，門，界，綱
   (b) 種，属，科，目，門，綱，界
   (c) 種，綱，目，門，界，属，科
   (d) 種，属，科，目，綱，門，界
9. 枝分かれした二つの系統が出会うところ(図2・16の白丸部分)は，
   (a) 収れん形質である．
   (b) 系統である．
   (c) 祖先種が二つの子孫種に分かれた時点である．
   (d) 共有派生形質である．
10. 収れん形質は
    (a) 進化上の関係が近いことを示す類似性である．
    (b) 共有派生形質である．
    (c) 進化上の関係が近いことを示さない類似性である．
    (d) 二つの種間の明らかな相異である．

ニュースの中の生物学

Sasquatch Sighting Reported in Yukon

ユーコンでサスクワッチの目撃情報

"目撃されたのは，サスクワッチだったかもしれない．ユーコン州で，ヒトより大きな何者かが家の前を通り過ぎて行ったと語る人がいる．"

これはホワイトホース（カナダのユーコン州）から東へ約180 kmの町テスリンからの報告である．その町の9人の証言では，この週末に，大きく毛むくじゃらの人のような姿をしたものが，家の窓の外を通り過ぎて行ったそうだ．

すぐその後で，その人物が他の家付近で廃棄された車の横に立っているのを見た，と彼らは言っている．

2人の男性，Chuck Chouman氏とTrent Smarch氏の証言では，その謎めいた人物が通り過ぎるときに，木々がパチパチと音を立てて，きしむのを聞いたが，そのとき，風は吹いていなかったそうである．目撃されたサスクワッチは皆，身長が3 mあり，あまりにも動きが速くて，追いかけることはできなかったという．

また，これが単なる作り話ではない証拠に，人間の2倍くらいある巨大な足跡と少量の体毛が見つかった．

テスリン付近で，サスクワッチの目撃情報が得られたのは，これが初めてではない．

2004年6月，男女二人組が旅行中，全身毛で覆われた背の高い人影が高速道路沿いに立っているのを目撃したと，報告している．その人物は高速道路を二歩で横断し，森の中へ消えて行ったそうである．

永い間，北アメリカの北西部や，遠くはアジアまで，不可解な二足歩行する猿人や雪男などの目撃情報がある．こういった生き物は，オーストラリアのアボリジニの伝説にも登場している．

サスクワッチやビッグフット（北アメリカ大陸山中に生息するといわれている大きくて毛深い人間に似た動物）などというのは馬鹿げていると思う人もいるだろうが，こうした話はけっして途絶えることはないようである．実際，これまで科学の歴史を通して，信じ難い動物だと思われていたものが，幾度となく発見されてきたのも事実である．たとえば，サイ，ダイオウイカ，オランウータンなどはかつて架空の動物と考えられていた．

上のニュースの目撃情報は，この夏2度目であり，いくらか真実味がある．CBCニュースの報道によれば，フェリーボートを運転していた男性が，"背が高く，黒っぽい人間そっくりの姿をしたものが，川岸を移動している"のを目撃し，ビデオで録画していたとのことである．身長3 mほどで，毛で覆われていたらしい．

この最新目撃情報には，一握りの体毛という物的証拠が残されていたので，その毛からDNAを抽出して解析が可能である．科学者は抽出したDNAから，何を読み取れるのだろうか．この生物が，長らく探し求めてきたヒトの近縁種なのか，あるいはまったく異なる何かなのか，どうやってわかるのだろうか．エッツィの場合には，科学者は，彼がヒトの系統樹のどこに最も合うか見つけることから，謎を解くことができた．

エドモントンのアルバータ大学の研究者，Dave Coltman氏とCorey Davis氏も，同じ手法を採用した．もし，まったく新種の生物であればDNAに含まれている情報をもとに，系統樹のどこに最も当てはまるかを探すことになる．しかし今回はもっと単純な結果だった．そのDNAは，進化の系統樹にすでに存在する野牛，バイソンと完全に一致したのである．もちろん，DNAだけの証拠ではない．毛の外観，形状，手ざわりからも，それはバイソンの毛であると考えられた．

"サスクワッチが本当に霊長類なら，体毛の試料は，ヒトかチンパンジーかゴリラにより近いはず"とColtman氏は言う．ヒト，チンパンジー，ゴリラが，リンネ式階層分類体系内の同じグループ，霊長類とよばれる目に含まれ，リンネ式階層分類体系上で一つの分類単位にまとまっているからである．

発見された体毛は抜けたばかりの新しいものではなかったので，バイソンがずっと前にそこへ落としていったのではないか，あの夏の夜，窓の外を通り過ぎて行ったものが何だったのかは依然として謎のままであると，研究者はコメントを残している．

このニュースを考える

1. 調べた毛が本当に謎の生物のものだったと仮定しよう．研究者のDNA解析結果に基づくと，謎の生物とバイソン，または謎の生物とヒトのどちらがより近い関係にあるといえるか？バイソン，謎の生物，そしてヒトの関係を示す進化の系統樹を描いてみよ．

2. 系統分類学の生物学者は，どのような証拠があれば，サスクワッチが実在すると信じるだろうか．

3. 発見された毛がバイソンのものであったことによって，昔からある二足歩行動物の話は，説得力に欠けるものといえるか？あなたの考えを説明せよ．

出典：Canadian Broadcasting Corporation News紙，2005年7月13日

3 生物の分類群

Main Message

生命は単細胞生物として始まったが，さまざまに適応し，驚くほど多様な形態に進化し，多様な環境で繁殖できるようになった．

不思議な，驚異の野生生物

2006年12月，日本の研究者チームが引き上げたのは，7 m もある巨大な，のたうちまわる，筋肉質で吸盤をもった深紅の謎の生物である．この種の生物が生きた状態で引き上げられたのは，これが最初である．グロテスクで，悪夢のような長い触手をもち，海底の動物を恐怖に陥れるダイオウイカ．巨体にもかかわらず，獲物を捕らえるときも，また，危険を察知して逃げ去るときも，非常に速く泳ぐ．そのため，ダイオウイカの仲間は謎に包まれている．

この深海の怪物は，地球上に数多く生息する驚異の生物のほんの一例にすぎない．ラフレシアという名のインドネシアの植物は，直径1 m もの巨大な花を咲かせ，ハエを誘う強い腐敗臭を放つ．絶滅の危機にあったハヤブサは，高い飛行能力を進化させ，時速250 km もの猛スピードで空中を突進できる．ハヤブサほど派手ではないが，細菌に似た単細胞生物のアーキアも印象的である．この生物はグツグツ煮えたぎった熱水の中でも生息する能力を進化させた．

これらの生物の起原は，すべて，35億年前の昔，地球の原始スープの中で生まれた単純な単細胞生物である．すべての生物がその単細胞生物から始まり，子孫をつくり，有利な新しい形質を進化させて生き残り，海洋だけでなく，河川や湖に，山岳地帯から深い渓谷，砂漠，氷原などの土地に，また空中にさえもすみつく生物が生まれた．

<u>地球上には，そういった主要な生物群は何種類あるのだろうか？ 彼らは，どのような優れた形質を進化させ，成功して，広がり，繁殖できたのだろうか？</u>

巨大なイカ 2006年12月，7 m もの長さの巨大イカが，生きた状態で海底から引き上げられた．この驚異の巨大イカは，地球上で生き残るために驚くような適応を見せた多様な生物種の一例にすぎない．

第Ⅰ部　生命の多様性

基本となる概念

- 1)ドメイン，2)リンネ式階層分類体系，3)進化の系統樹の三つが，生物を分類するうえでの重要な基準となる．
- 生物は，細胞構造によって原核生物か真核生物かに分類できる．
- 細菌とアーキアは原核生物である．地上で個体数が最も多く，最も広い範囲で繁殖し，栄養の獲得方法も多様である．生産者であるとともに，消費者であり，分解者でもある．
- 原生生物には，多種多様な単細胞，多細胞のグループがあり，動物，植物，または菌類に類似したものもいる．有性生殖が，原生生物の重要な進化上の発明（進化的イノベーション）である．多細胞生物への進化の初期段階にある原生生物もいる．
- 植物は陸上に生息する生物の先駆けとなった．種子や花など，多くの進化上の発明を行った．植物は生産者で，ほとんどすべての陸上生物が消費する栄養を提供する．
- 菌類は独特の体の構造を進化させた．他の生物に侵入し，その組織を餌として細胞外で消化し，吸収できる．菌類は分解者として，生態系の重要な構成員である．植物や藻類と相利共生するもの，寄生性のものもある．
- 動物は多細胞生物であり，海綿動物から哺乳類まで，さまざまな体制をもつものがいる．動物の進化上の発明には，特殊化した組織，器官，器官系，体腔，幅広い種類の行動パターンがある．昆虫は，最も種数の多いグループである．動物は，おもに消費者で，一部，分解者としての役目も果たす．
- ウイルスは，どの界にもどのドメインにも属さない．

第1章で紹介したように，地上のあらゆる生物はある共通の基本形質をもつ．あらゆる生物に共通する普遍的な祖先生物がいて，その子孫となる生物は，すべてこの共通の形質を受け継いできたためである．

生物多様性とは，この地上の生物のすべて，あらゆる大きさ，外形，形態の生物すべてをさす言葉である．この生命の多様性が完全に明らかになるのは，まだまだ先だろう．種数もはっきりしておらず，名前すらない生物も数多くいる．現在の推測では300万～3000万種の生物が地球に存在するといわれ，この章でどんなにページを割いても，他のどのような書物であっても，世界中のすべての生物種について，書き記すことは不可能である．そこで，本書では生物の主要な分類群を紹介することにしよう．まず，生物学者が主要な分類グループをどのように体系づけて分類するかを解説し，つぎに，各分類群の特徴を紹介する．なかでも，その分類群を繁栄させた理由，どのように有利に**適応**してきたかをみてゆこう．各分類群から，重要な興味深いメンバーも例をあげて解説する．本章の最後で，地上の未知の空間，まだ調査が進んでおらず，未知の生物の生息環境となる可能性のある場所

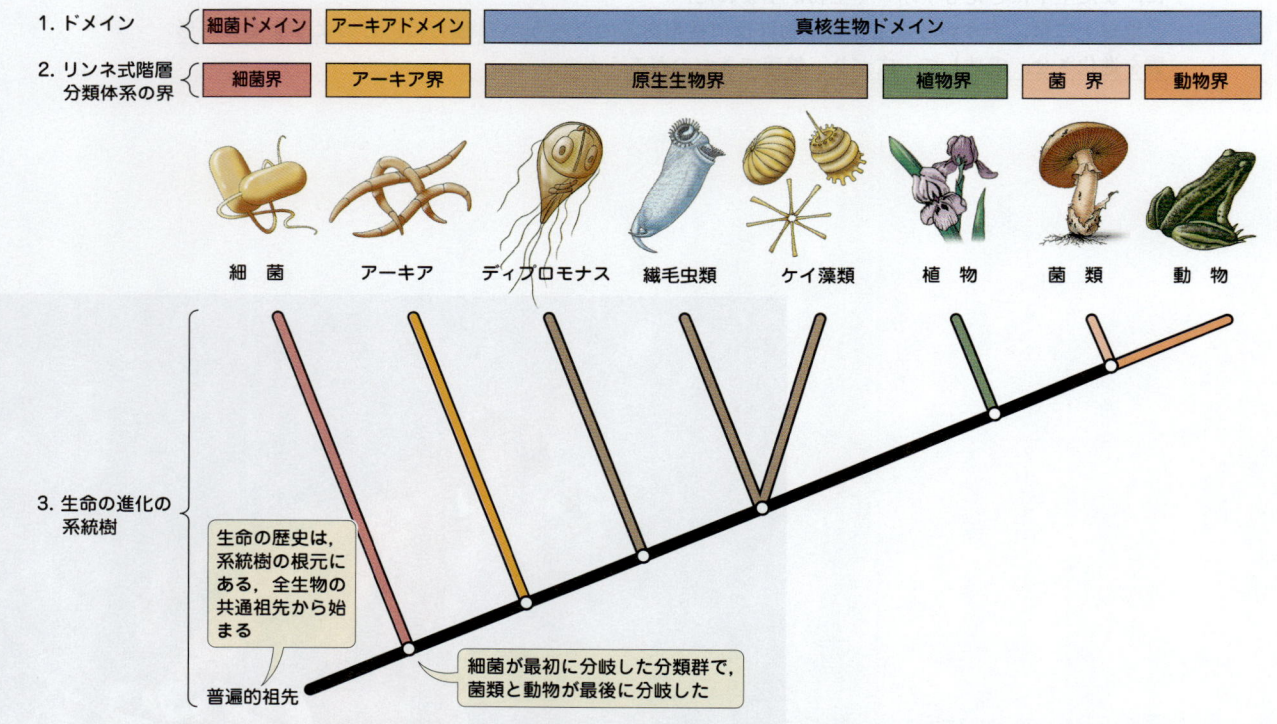

図 3・1　生命を体系づける三つの基礎　生命を体系的に分類するには，ドメイン，リンネ式階層分類体系，そして生命の進化の系統樹の三つが基本となる．系統樹は，各分類群の進化上の関係を示している．その系統樹の根元には，全生物の普遍的祖先生物がいたと考えられる．この系統樹が示すように，細菌が，他の生物に先立って進化し最初に枝分かれしたグループである．つぎに，アーキアドメインと真核生物ドメインが分枝した．真核生物ドメインでは，原生生物界が最初に現われた．次に現われたのが植物界，そして最後に菌界と動物界の二つが分枝した．原生生物界以外の各界は，ここで示す系統樹では一つの分類群を構成し，単一の界となっている．原生生物界は，複数の異なる系統の寄せ集めで，中でさらに分枝が起こっている．ここでは原生生物の系統のうち代表的な三つだけを示した．

についても簡単に紹介する．

3・1 生物分類群の体系

　生物を大きく分けると，細菌（コレラ，ボツリヌス，クラミジアなど，さまざまな感染性の病原菌も含まれる），アーキア（細菌に似た生物で，極限環境に生息できるものもいる），原生生物（アメーバや藻類などの多様なグループ），植物，菌類（キノコ，カビや酵母），そして動物に分けられる．

生物の分類基準

　生物を分類する基準となるのは，第2章で紹介したつぎの三つである．1) 三つのドメイン，2) リンネ式階層分類体系，そして 3) 生命の進化の系統樹である．図3・1は，この三つの基準をもとに，生物をどのように大きく分類するかを示した．細菌とアーキアは，それぞれが一つの界であり，一つのドメインでもあるが，真核生物は四つの界からなる一つのドメインである．

　以下の各節の冒頭には，簡略化した系統樹を図示した．それぞれの図を見れば，その節で説明している分類群が属している界や

生物学にかかわる仕事

生命への情熱

　Niles Eldredge 博士は，多くの子どもにとってあこがれの職業（世界最大の自然史博物館で一日中過ごす仕事）に就いている．人によっては，動物の死骸や押し花標本で一杯の物置に一日中閉じ込められて，悪夢のような職業と思うかもしれない．Eldredge 博士の仕事は毎日，まさに本章で紹介する生物の多様性のことだけに没頭して過ごすことである．研究者として生物多様性を研究し，また，博物館収蔵物の管理者としても生物多様性を取扱っている．世界有数の資料を誇る米国自然史博物館の展示品の間を歩くときには，彼は文字通り生物多様性に浸っている．

■ **正式なお肩書を教えてください．**
ニューヨーク市米国自然史博物館，古生物学部門の学芸員です．また，ここの生物多様性ホールを設計するときの主任で，何を収蔵・展示するかも私の責任で決めました．

■ **米国自然史博物館の生物多様性ホール開設の目的は何でしょうか？ あるいは，一般に生物多様性研究の目的は何だと思われますか？** 生命は，美しく，豊かで，力強いものであり，人類にとって今も重要な意味をもち，そして現在，破壊される危険性があることを来訪者に知ってほしいと考えています．博物館を訪れる人の多くは都会暮らしで，そういった生命の美しさには縁遠いかもしれないので．でも，本当は，都市にもまだまだ多くの生物多様性があるのですが．

■ **生物多様性はいつ独立した科学分野となったのですか？** ある意味では，生物多様性というのは絶えず生物学の中心研究課題でしたが，ここ15年ほどの間，世界の生態系は不安を抱かせるほどのスピードで衰退しています．世界中の絶滅危惧種の生物調査のために，研究者の間で共同研究を行うようになりました．

■ **博物館の仕事で，どのような技術，または個人的特性が重要でしょうか？** 生命史に対する深く果てしない好奇心と情熱です．

■ **仕事の楽しみは何ですか？** 生命についてあれこれと思いを巡らせることに尽きます．

ここで紹介した職業

　Eldredge 博士は，生物の歴史に対する果てしない好奇心と情熱が，生物多様性に関するこの仕事には重要であると話している．動物を眺めたり，植物を採集したり，化石を調べ，考えを巡らせ，戸外の自然の中を散策するといった，多少，古めかしい趣味も同じく重要かもしれない．この博物館の生物多様性ホールを見学して，私たちの心に一番印象に残るものは，単に科学進歩の成果だけでなく，生命の驚異，そして，かつて存在していて絶滅した数知れぬ多様な生き物の姿である．もちろん，それが本章で読者に紹介したいことでもある．

　博物館が，日々変化する活発な科学研究センターであると思う人は少ないかもしれないが，どこの博物館にも Eldredge 博士のような研究者がいて，地球上に現存する生物種，あるいは，かつていた興味深い生物種を日々探し求めたり，記録を残す仕事も行っている．また，本章で説明する進化系統樹を組立てたり，分類群ごとの種数の推定，界やドメインの分類に関する研究はすべて，Eldredge 博士のような研究者の業績である．また，彼が指摘するように，地球上の生物の記録を残すだけでなく，こうした生物種を保護する必要が生じたとき，公に警告を発する役割もある．

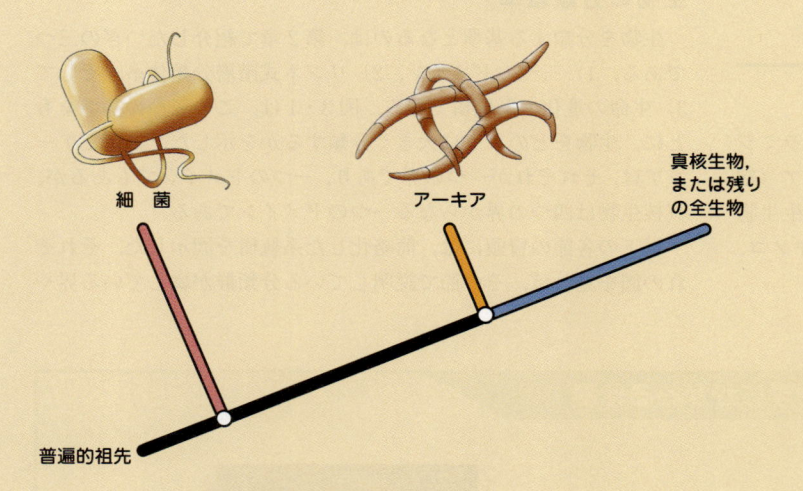

細菌　アーキア　真核生物，または残りの全生物

普遍的祖先

図 3・2　原核生物：細菌とアーキア　原核生物の細胞の構造は単純である．小型の単細胞生物であり，地上で最も古くからいる生物群である．祖先型の原始的な生物から細菌が最初に分枝して，つぎにアーキアと真核生物が分岐した．
・今日までに発見された種数：約 4800 種
・生態系での役割：生産者，消費者，分解者
・経済的価値：薬品，タンパク質，抗生物質の生産，廃油などの浄化，下水処理など
・生物学豆知識：君の消化管の中には膨大な数の細菌がすんでいる．人類誕生以降，地球上にいた全人類の数を優に超えるほどの数である．

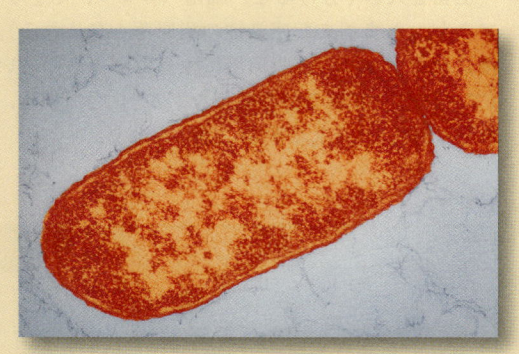

大腸菌（*Escherichia coli*）．通常，ヒトの消化管に生息する無害な細菌である．しかし，毒をつくる系統のものもいて，食品に混入して増殖すると，食べた人が病気になったり，命を落とすこともある．

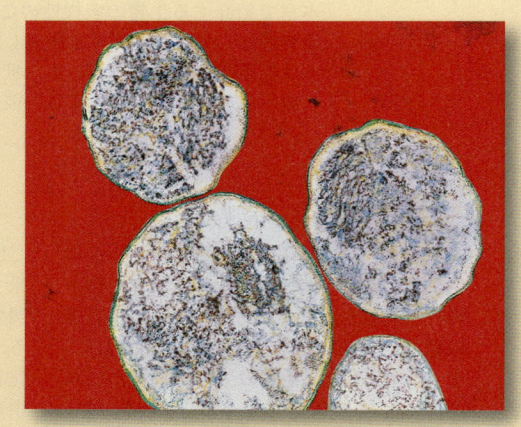

細菌の *Chlamydia trachomatis* は，最も一般的な性感染症，クラミジアをひき起こす．

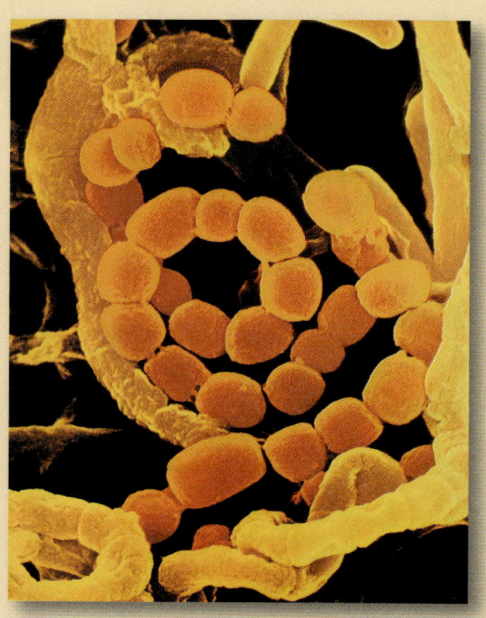

この細菌は，*Streptomyces* 属に属す．抗生物質のストレプトマイシン，エリスロマイシンやテトラサイクリンの製造に利用する．

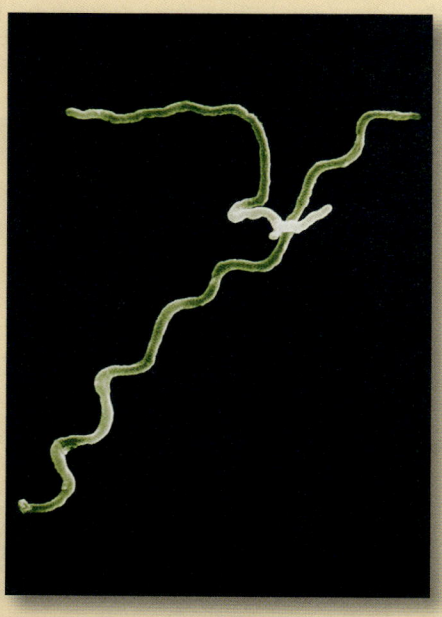

らせん状の細菌，*Borrelia burgdorferi*．スピロヘータともよばれている．ダニに噛まれると感染し，ライム病をひき起こすこともある．

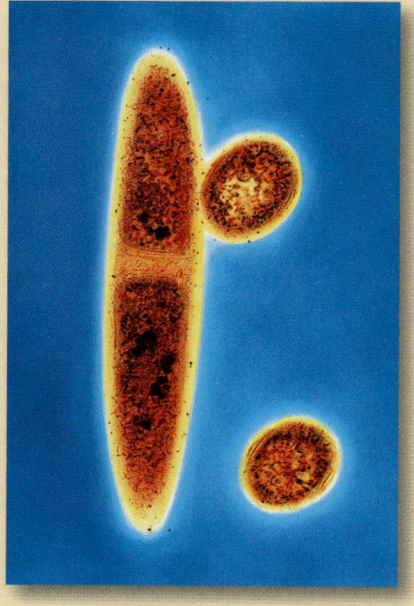

Methanospirillum hungatei という名のアーキア．右の円形の二つは横断面で，左の伸びた細胞は，二つに分裂しようとしている．

3. 生物の分類群

ドメインが一目でわかるようになっている．各節には，分類群の下位グループの系統樹も示し，どのような生物種が含まれるかも写真で紹介している．また，各グループでの主要な**進化上の発明**（進化的イノベーション），つまり彼らが，どのように適応し，生き延び，繁殖できるようになったのかも解説する．

原核生物と真核生物

前述の三つの分類基準のほかに，細胞の構造の違いから，生物を**真核生物**（真核生物ドメインの生物）と**原核生物**（細菌ドメインとアーキアドメインの生物）に分けることもある．真核生物の細胞には**細胞小器官**（オルガネラ）とよばれる特殊化した小区画があり，それぞれが特殊化した異なる役割を果たしている．たとえば，最も重要な区画は細胞核であるが，ここには遺伝物質であるDNAがすべて格納されている．"真核生物"と"原核生物"という用語は広く使用されているが，細胞構造の違いを示す名称であり，ドメインや界，進化の系統樹に相当する名称ではない．

3・2 細菌とアーキア：
繁殖することに成功した小さな生物

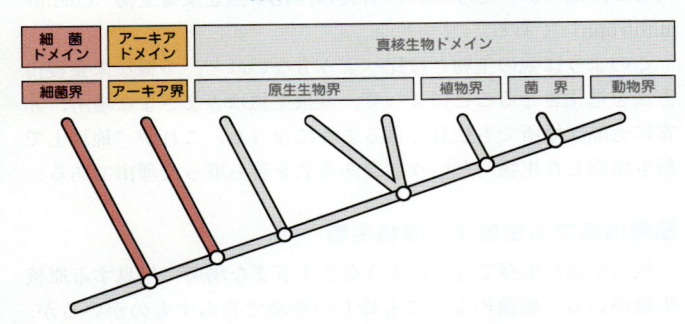

原核生物の二つのグループ，細菌（界またはドメイン）とアーキア（界またはドメイン）は，地球上で非常にうまく繁殖できるように進化した分類群である（図3・2）．細菌は，ヒトの肺炎をひき起こす肺炎双球菌（*Streptococcus pneumoniae*）や食中毒のボツリヌス菌（*Clostridium botulinum*）のような単細胞の病原菌としてよく知られているが，実際は，ヒトに害を及ぼさないものが大半である．アーキアは1970年代に発見されたもので，細菌によく似た単細胞の生物である．**極限環境微生物**として，たとえば，沸騰するほどの高温の間欠泉，強酸性の水の中，高濃度の塩を含んだ食物の中，また南極大陸沖の凍てつくような極寒の海などで繁殖するものも知られている．系統樹の最も根元に近いこの部分は，まだよくわかっていない．ここでは，細菌が最初に現われ，つぎにアーキアと真核生物に分かれたという仮説を紹介する．

細菌とアーキアは異なる分類群であるが，大きさや細胞の構造の点では類似している．ほかにも多くの類似点があるので，この二つの分類群を合わせて説明することから始める．

細菌とアーキアは，形が非常に多様で，球体状（球菌），棒状（桿菌），らせん状（スピロヘータ）などが知られている．形は違うが，基本的な構造は同じである（図3・3）．これら原核生物は単細胞の生物であり，サイズも小さい．一般に，もっているDNAの量は真核生物のものよりはるかに少ない．真核生物の遺伝物質には，ジャンクDNAという何の機能ももたない余分なDNAが山ほどあるが，原核生物の遺伝物質は，そのほとんどが，生命活動や細胞の複製のために活発に機能している．繁殖スタイルも単純で，一般に二つに分裂して増殖する．

原核生物は単純だからこそ成功した

生物というと，チョウやトラ，ランなどの生物を思い浮かべ，顕微鏡でしか見えないような小さい生物を気にとめることはないかもしれない．しかし，実のところ，地球上の生命の大多数が単細胞の原核生物である．多くの生物学者が，原核生物の種数を決めようと努力しているが，大変難しい．地球上の原核生物の個体数は，約 5,000,000,000,000,000,000,000,000,000,000（5×10^{30}）匹であるとの推定値がある．原核生物がこのように大成功を収め，増殖できた理由の一つは，その繁殖のスピードにある．たとえば，ヒトの腸内で特に害を与えずに生息する大腸菌（図3・2参照）は，1個の細胞からスタートして，一晩のうちに1600万個の新しい個体を生み出すことができる．

幅広い環境で繁殖できる生物でもある．光の届かない深海，沸騰している熱い間欠泉，数kmもの深さの地下など，他の生物がとても存在できないような場所にも生息する．体が小さいので，

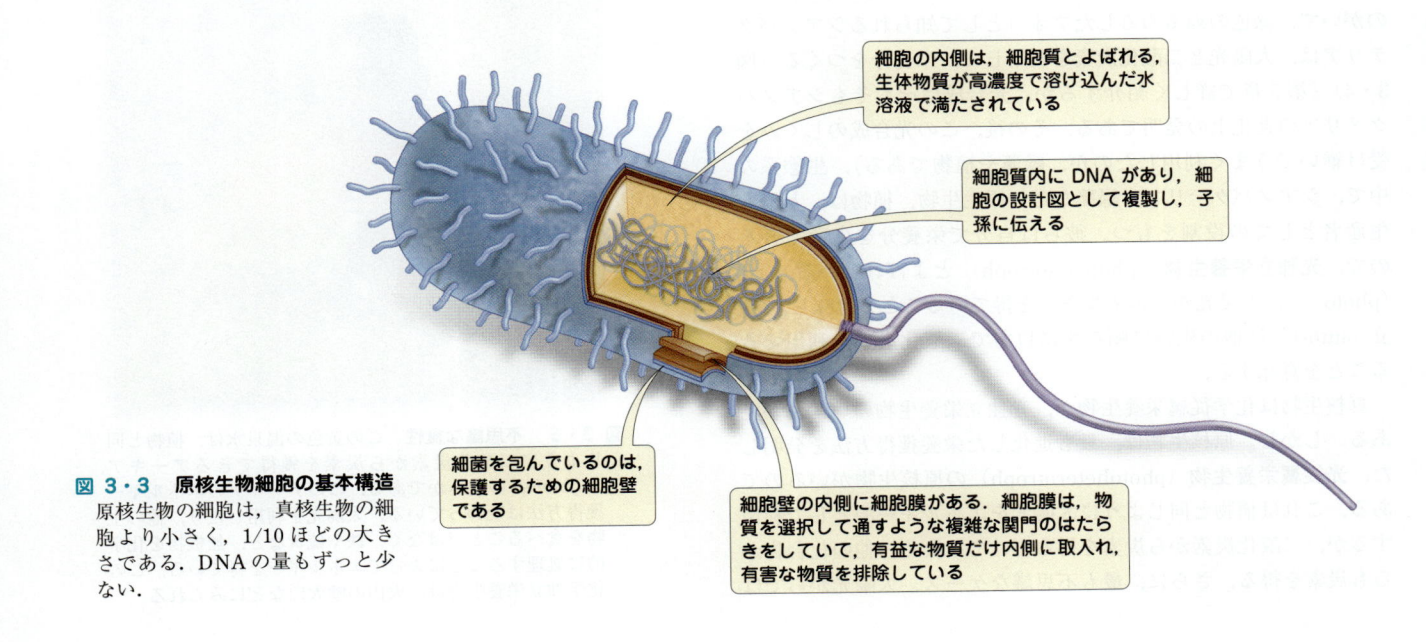

図 3・3　原核生物細胞の基本構造
原核生物の細胞は，真核生物の細胞より小さく，1/10ほどの大きさである．DNAの量もずっと少ない．

- 細胞の内側は，細胞質とよばれる，生体物質が高濃度で溶け込んだ水溶液で満たされている
- 細胞質内にDNAがあり，細胞の設計図として複製し，子孫に伝える
- 細菌を包んでいるのは，保護するための細胞壁である
- 細胞壁の内側に細胞膜がある．細胞膜は，物質を選択して通すような複雑な関門のはたらきをしていて，有益な物質だけ内側に取入れ，有害な物質を排除している

他の生物の表面や内部にも集団で生息でき，健康なヒトの皮膚 1 cm² には，1000〜10,000 個の細菌がいると推定されている．

さらに，生存のために酸素を必要とするもの，つまり**好気性生物**だけでなく，酸素がなくても生きていける**嫌気性生物**も多い．酸素が豊富にある環境でも酸素がない環境でも生きていける能力によって，原核生物はさまざまな環境下で繁殖できる．しかし，この分類群の生物が大成功した真の理由は，栄養分の獲得方法とその利用方法が多彩なことである．

原核生物の多様な栄養獲得方法

あらゆる生物は，生存し，成長し，繁殖するために栄養を必要とする．栄養分は生物のエネルギーとなり，また，炭素のような重要な化学元素の供給源となる．炭素は，タンパク質や DNA など，生命に不可欠な分子をつくるための重要な元素でもある（第 4 章参照）．

原核生物は，真核生物のどの分類群よりも，あるいは地球上の他のどんな生物よりも，はるかに多様な栄養獲得手段をもつのが特徴である．

ヒトや他の動物は，栄養を必要とするとき，他の生物を餌として食べる消費者である．食べた他の生物を体内で分解し，エネルギーと炭素（炭素を含む他の分子も）の両方を得ている．すべての動物，すべての菌類，また，原生生物の一部が，このように他の生物を消費する（餌として食べる）ことで栄養を摂取する．原核生物にも同じ方法をとるものがいる．ところが，石油や殺虫剤など，生物由来ではない他の化合物からでも炭素栄養分を摂取できる原核生物がいる．こうした生物はすべて，**化学従属栄養生物**（chemoheterotroph）とよばれている．この言葉の最初の部分"化学（chemo-）"は，生物がどこからエネルギーを得るかを示している．この場合，糖や炭水化物のような化学物質からであることを意味する．二つ目の部分"従属（-hetero-）"は，生物がどのように炭素を得ているかを示している．"従属"は，自前ではなく"他の生物から"得る意味となる．最後の"-troph"は，"栄養分"を意味する．

原生生物の一部や植物は，自前で栄養分を生産できる．彼らは太陽光のエネルギーを利用でき，ヒトや他の動物が大気中に吐き出す二酸化炭素を原料にして，光合成により二酸化炭素から栄養分となる糖を生産する．原核生物のなかにも光合成を行うものがいて，緑色のぬるぬるしたアオコとして知られるシアノバクテリアは，太陽光と二酸化炭素を利用して，栄養分をつくる（図 3・4）（第 5 章で詳しく紹介するが，光合成はそもそもシアノバクテリアの進化上の発明である．その後，この光合成のしくみを受け継いでうまく利用したのが，緑藻や植物である）．生態系の中で，シアノバクテリア，緑藻などの原生生物，植物は，どれも生産者としての役割をもつ．彼らは自分で栄養分を生産できるので，**光独立栄養生物**（photoautotroph）とよばれている．"光（photo-）"は太陽光からエネルギーを得ていることを意味し，"独立（-auto-）"は他の生物に頼らずに自力で二酸化炭素を利用できることを意味する．

真核生物は化学従属栄養生物か，光独立栄養生物のいずれかである．しかし，原核生物は，最も進化した栄養獲得方法を発明した．**光従属栄養生物**（photoheterotroph）の原核生物がいるのである．これは植物と同じように太陽光をエネルギー源として利用するが，二酸化炭素から炭素を得るだけではなく，他の化合物からも炭素を得る．さらに，最も不思議なケース，太陽光からではなく，無機的な岩石を食べて，鉄，アンモニア，硫黄化合物などからエネルギーを摂取するものさえいる（図 3・5）．これらの原核生物は，炭素源として大気中の二酸化炭素を利用しているが，これまで説明してきた名前のルールから考えると，この原核生物は何とよんだらよいだろうか？答えは，**化学独立栄養生物**（chemoautotroph）である．

このように他の生物とは比べようもないほど，多様な栄養獲得方法を進化させることによって，原核生物はさまざまな場所，非常に過酷な場所でも生息できるようになった．これが"地球上で最も繁栄した生物"という名誉ある名を勝ち取った理由である．

極限環境でも生息する原核生物

他の生物が生存できないようなさまざまな場所で生息する原核生物がいる．細菌のなかにも珍しい環境で暮らすものがいるが，アーキアには，極限のライフスタイルのもの，たとえば，間欠泉や温泉でも生きる極端な好熱性細菌もいる．ふつうの生物の細胞

図 3・4 アオコ：光合成を行う細菌 光合成できるシアノバクテリアはラン藻ともよばれる．淡水池の中で増殖し，ぬるぬるしたマットのようになる．

図 3・5 不思議な食性 この黄色の温泉水は，植物と同じように二酸化炭素から炭素を獲得できるアーキア *Sulfolobus* のすみかである．このアーキアのエネルギー獲得方法は変わっている．太陽光を利用したり，他の生物を食べることではなく，鉄や硫黄など，無機物を化学的に処理することによってエネルギーを得ている．この化学独立栄養生物は，火山の噴火口などにみられる．

図 3・6 **大好物は塩** 極端に高い塩濃度を好む好塩性アーキアにとって塩田は最高の場所である．写真は，タイの塩田．海水を蒸発させ，大量の乾燥した塩が積み上げられていて，アーキアだけが好むような環境ができている．右の写真は，*Halobacterium* 属の一種．

は，そのような高温では機能できない．タンパク質が破壊されるからである．好熱性細菌は，高温でも機能するタンパク質など進化上の発明によって，他の生物が生息できない場所で増殖できるようになった．極端な好塩性細菌もいて，他の生物が生きていけないような非常に濃い塩分環境でも繁殖する（図3・6）．

もちろん，すべてのアーキアが，私たちの日常生活からそんなにかけ離れた場所にいるわけではない．たとえばメタン細菌は，動物の腸管内に生息し，ヒトの腸内のガスやげっぷの中のメタンガスをつくっている．

原核生物の生物圏や人間社会での重要な役割

原核生物は，特に栄養獲得方法に関して幅広い進化上の発明品をもつので，生態系や人間社会で数多くの重要な役割を果たしている．たとえば，シアノバクテリアは生産者としてはたらき，太古の地球上で酸素を大量生産する重要な役割を果たした．私たちの食物を腐らせる細菌のように消費者となるものもいる．また，分解者としての細菌もいる．海洋に漏れた石油を浄化するために使われる油を餌にする細菌，下水道に暮らし，人間の排出物を分解し，安全に役立つ栄養源の形で環境に戻す細菌なども知られている．細菌は植物への直接の助けにもなる．植物は成長する過程で硝酸塩を必要とするが，自力では合成できない．彼らは，大気中の窒素ガスを取込んで，硝酸塩に転換する細菌に依存している．こうした細菌がいなければ，植物は存在しなかったかもしれない．植物が存在しなければ，他の陸上の生物も存在しなかったかもしれない．

もちろん，原核生物は有益なものばかりではない．病気をひき起こす細菌もいる．驚異的な速度で人間の筋肉を崩壊させる壊疽性筋膜炎の正体は"人食い細菌"である．原核生物はほとんど何でも食物として利用できるので，穀物，保存食品，家畜なども彼らの餌である．

細菌とアーキアの違い

細菌とアーキアはよく似てはいるが，異なる分類群である．アーキアのDNAの多くはアーキア特有のもので，細菌にはみられない．細胞の中で行われる化学反応（代謝反応）の違いも知られている．また，細胞の構造上の違いもある．ともに細胞壁と細胞膜の両方をもつが，構成している分子に違いがみられる．

■ これまでの復習 ■

1. 図3・1に描かれているリンネ式階層分類体系の六界のうち，一つの分岐グループとして扱われていないものはどれか．それはなぜか？
2. 原核生物が大繁殖し，うまく生き残ることができたのはどのような特性によるか．

1. 原生生物界は三つの異なる系統を含み，他の界と違い，単系統生物群は，複数の異なる進化の系統の寄せ集めな群（実際は，複数の群に分ける必要がある）となっているからである．
2. 高速に繁殖し，多様な栄養獲得方法があり，酵素があって熱くても生きている．

3・3 原生生物：真核生物進化への通過点

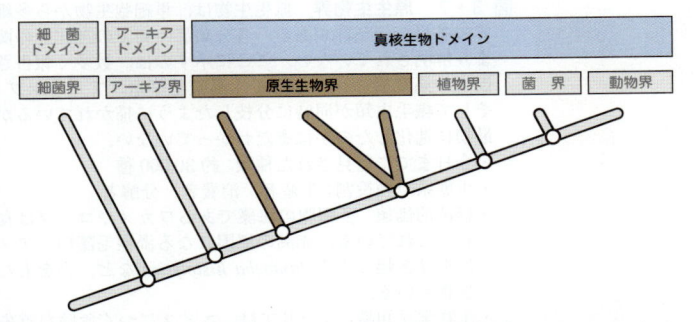

細菌ドメイン	アーキアドメイン	真核生物ドメイン			
細菌界	アーキア界	原生生物界	植物界	菌界	動物界

太古からいる真核生物のグループが **原生生物界** である．原生生物界の生物の多くが単細胞であるが，多細胞生物も含まれている．化学従属栄養生物と光独立栄養生物の両方がいる．原生生物には，単細胞のアメーバや緑藻（アオノリなど），海岸でみられるコンブなど，なじみ深い分類群もあるし，あまりなじみのない分類群もある．一言で定義するのが大変難しく，あえて特徴をあげるならば，形や大きさやライフスタイルが多様であるという点である．

原生生物どうしの，あるいは他の界の生物との進化上の関係については，まだほとんどわかっていない．その結果，多くの相反する仮説，異なる進化の系統樹がある．図3・7は，原生生物の主要分類群だけを示した系統樹の一つの仮説である．ディプロモナス類が最初に進化し枝分かれしている．つぎに，三つの主要分類群，1) 渦鞭毛藻類，アピコンプレクサ類，繊毛虫類を含む分

単細胞の渦鞭毛藻類は，急速に増殖し，魚の死をもたらす赤潮の原因となる．

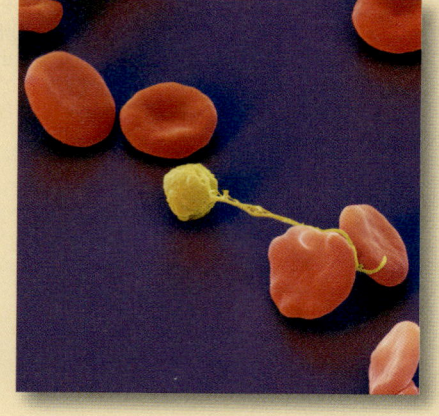

赤血球（赤色）と，アピコンプレクサ類でマラリアの原因となるマラリア原虫 *Plasmodium falciparum*（黄色）．

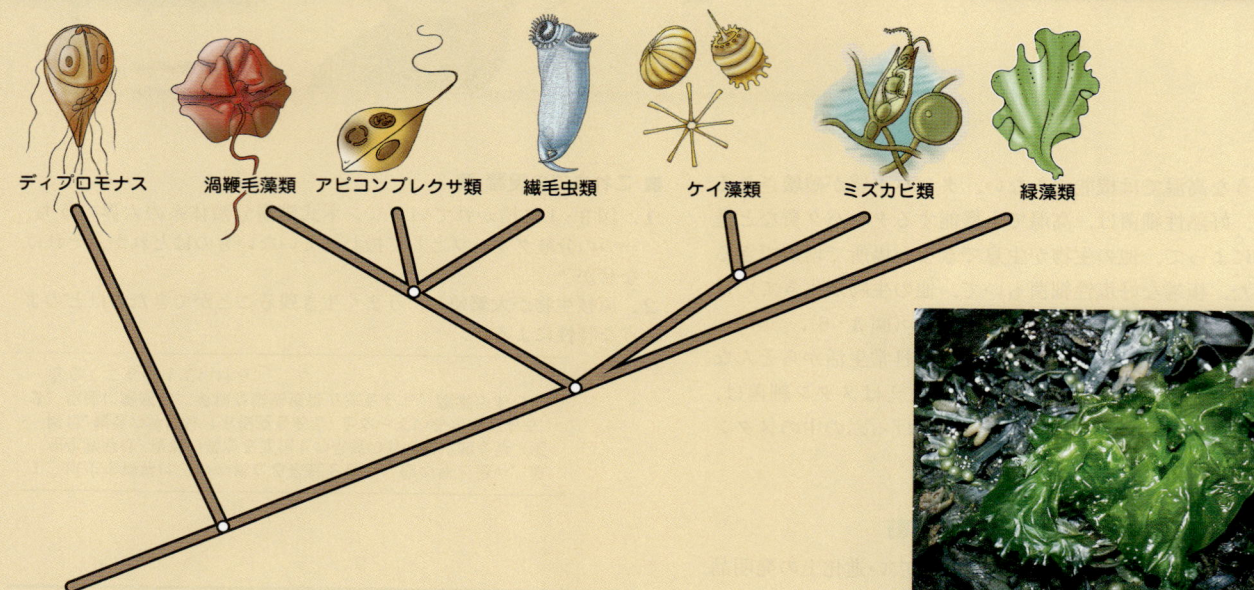

ディプロモナス　渦鞭毛藻類　アピコンプレクサ類　繊毛虫類　ケイ藻類　ミズカビ類　緑藻類

このアオサのような海藻は，私たちに最もなじみ深い原生生物の一つであり，海岸沿いにみられる緑藻である．

図 3・7　原生生物界　原生生物は，単細胞生物から多細胞生物までの多様な分類群がある．各分類群の間での進化上の関係は，あまり解明されていない．ここに示すのは，数多く報告されている仮説の系統樹の一つである．渦鞭毛藻類，アピコンプレクサ類，そして繊毛虫類が同時に分枝したように描かれているが，どれが最初に進化したのかはまだわかっていない．
- 今日までに発見された種数：約 30,000 種
- 生態系での役割：生産者，消費者，分解者
- 経済的価値：多細胞の海藻であるワカメやコンブは食用として育てられている．赤潮の原因になる渦鞭毛藻類，アメーバ性赤痢をひき起こす *Entamoeba histolytica* など，害をもたらす原生生物もいる．
- 生物学豆知識：マラリアは，エイズにつぐ危険な感染症で，原生生物 *Plasmodium* 属のマラリア原虫が原因である．

Paramecium 属（ゾウリムシ）の繊毛虫類の細胞．繊毛とよばれる細い毛を，オールのように使って泳ぐ．

ケイ藻類は，淡水や海の環境で重要な生産者である．美しい芸術品のようなケイ酸質の外殻．

類群，2) ケイ藻類とミズカビ類を含む分類群，そして3) 緑藻類，の三つが同時に枝分かれして進化したように描かれている．これら三つの分類群のどれが最初に分枝したのか，まだわからないからである．

一つ明確なのは，原生生物界の系統樹は1本の枝だけでは構成できないことである．つまり，原生生物は異なる進化上の系統を寄せ集めたようなもので，真の進化上の関係を示す明確な説はない．1本の進化の系統では表現できず，そのライフスタイルも実に多様だからである．たとえば，緑藻は光合成を行う原生生物で，植物はこのグループから派生したと考えられている．単細胞で，動物のように食物を求めて移動するアメーバもいれば，いわゆる粘菌類など，菌類によく似た原生生物もいる．

原生生物は多細胞生物に進化する前の段階か

原生生物には，生物学者にとって興味深い分類群が多数ある．単細胞生物から，さまざまな機能を果たす細胞群が形成され，やがて，複雑な多細胞の生物が進化したと考えられるからである．粘菌は，こうした多細胞化への進化として，興味深い生物の一つである．はじめ，粘菌は完全に他の界の生物（菌類）に属すと思われていた．一般に，朽ちた植物体に付着して繁殖し，細菌を食べる原生生物で，独立の単細胞生物と多細胞生物の一部の二つの生活相をもつ．そのため，粘菌は，進化上の鍵となる重要な発明，つまり，多細胞化という過程がいつどのようにして起こったのかを調べる格好の研究材料である．単細胞生物と多細胞生物の両方で生活できる他の原生生物（ボルボックスなどの緑藻類）もいて，同じように，多細胞化のしくみを調べる研究対象である．

原生生物は性をもった最初の生物である

原核生物は単に二つに分裂する無性生殖で増える．しかし，真核生物は通常有性生殖を行う．つまり，別々の個体が，雄と雌の配偶子とよばれる特殊化した生殖細胞をつくり出し，それらが融合することによって，新しい世代の個体が生まれる（たとえばヒトでは，精子と卵の2種類の生殖細胞がある）．この有性生殖によって，両親のDNAが混合されて，子孫へと受け継がれていく．原生生物は，この繁殖形態を最初に登場させた分類群であり，最も注目すべき進化上の発明，性を生み出した．

病気をひき起こす原生生物

原生生物は非常に多様であり，生産者，消費者，分解者の役割を果たしていることがわかっている．

無害なものが多いが，有名なのは，病気の原因となるものであろう．渦鞭毛藻類は植物に似た微細な原生生物で，ときに大発生して水が着色して見える"水の華"とよばれる現象をひき起こす．"赤潮"は有害な渦鞭毛藻類が大発生したもので，これを食べた魚介類や甲殻類が死んだり，その魚介類をさらにヒトが食べて食中毒を起こすこともある．第1章で紹介したフィステリアも，これに近い仲間と考えられている．動物に似たマラリア原虫（*Plasmodium*）は，マラリアをひき起こし，世界中で年間，何百万人もの人が命を落としている．最後に，原生生物が人類の歴史に名を刻んだ事件を紹介しよう．1845〜1846年，原生生物のある種（*Phytophthora infestans*，卵菌類とよばれるが，カビや菌の仲間ではない）が，アイルランドのジャガイモを襲って，ジャガイモ胴枯れ病とよばれる病気をもたらした．その結果，広範囲にわたってジャガイモの収穫ができなくなり，

悲惨な大飢饉をもたらした．これが1840年代，大勢のアイルランド人が米国へ移住する大きなきっかけとなった．多くのアイルランド人家庭の歴史が，原生生物によって変わってしまったのである．

3・4 植物界：陸上生物のパイオニア

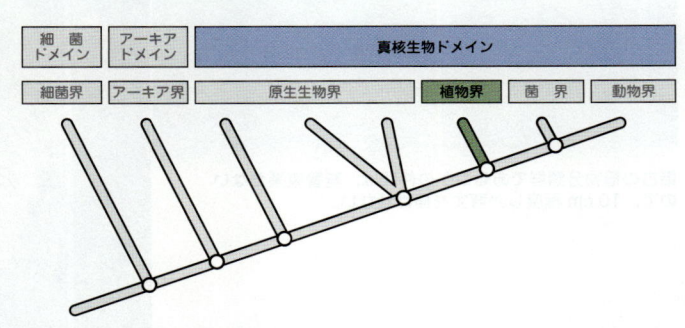

緑の葉といえば，サラダや観葉植物ぐらいしか思いつかない人もいるだろうが，植物は進化上の偉大な先駆者である．地球上の生命は，海の中で始まり，そこに30億年もとどまった．ところが，植物が陸上へ進出したのをきっかけにして，生命の陸上への進出が可能になり，大きな進化の歴史が始まったのである．陸上に進出することによって，植物は不毛の陸地を緑のパラダイスに変化させ，そのパラダイスで私たちヒトの祖先など，まったく新しい陸上生物の世界が展開したのである．植物はほとんどすべて光独立栄養生物である．

真核生物ドメインの**植物界**に属する生物は，最も古い系統であるコケの仲間から，次に進化したシダ類，裸子植物，そして最も新しい系統，被子植物に至るまで，非常に多様である（図3・8）．

陸上の生命に必要な構造

植物が陸上に適応して進出できたのは，彼らが葉緑体を使い光合成することで，太陽光と二酸化炭素から糖という形で食物を生産できたからである．植物の光合成はほとんど葉の中で行われるために，太陽光を最大限に確保できるように葉は広がって大きく成長する．光合成の副産物が酸素で，空中に放出される．植物は生産者として，実質的に，陸上のほとんどすべての食物網のもとになる．

陸上の生物は，水中生物が直面しなかった大きな課題を解決しなくてはならなかった．最も重要だったのは，どのように水を得て，保存するかであった．陸上生物が水を獲得し，保存できるようになった進化上の発明の一つは**根系**である．根は細く枝分かれして地中に伸び，土壌から水分や栄養分を吸収する．もう一つの発明は，**クチクラ**とよばれる茎や葉を覆うワックス層である．太陽光や大気にさらされていても，組織が乾燥しにくくなっている．もう一つの難題は，重力であった．水中なら浮力で浮かぶことができるが，大気中では浮かべない．そこで，植物はセルロースで固い細胞壁をつくり，植物体を頑丈な構造にして，空気中でも倒れずに成長できるようになった．

この形質に加えて，植物が陸上でうまく適応して暮らすには，さらに三つの，進化上の主要な発明があった．維管束系，種子と花である．これらの発明はそれぞれ，植物に新しい系統をもたらした．図3・9に植物の基本構造を示す．

最古の植物分類群であるコケの仲間は，維管束系がないので，10 cm 程度しか背丈を伸ばせない．

シダの仲間は，維管束系を進化させ，それによって大きく成長できるようになった．写真は，ハワイ固有種のアマウマウシダ．

巨大なセコイアの樹．裸子植物で，木材や紙をつくるのに重要な針葉樹．

コケ類　　シダ類　　裸子植物　　被子植物

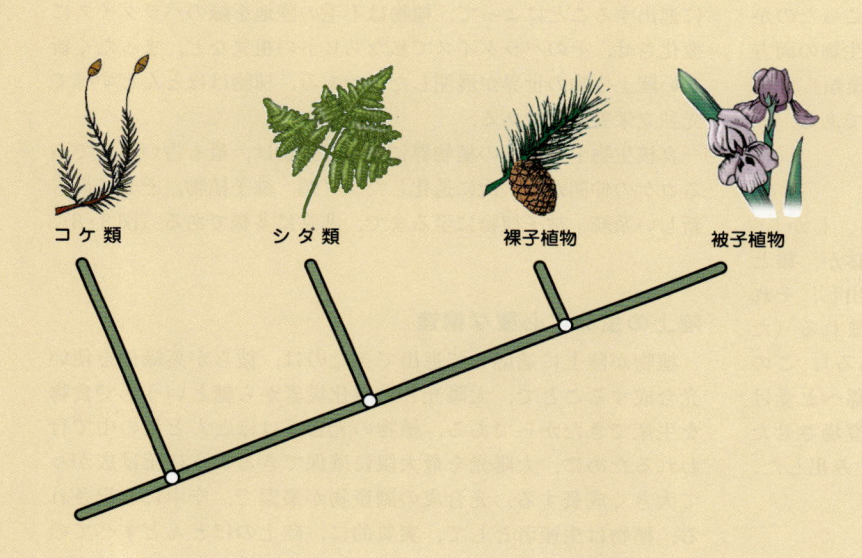

| 図 3・8　**植 物 界**　植物は光合成を行って栄養分を生産する多細胞生物である．陸上生物の先駆けとなった多様な生物群である．
- 今日までに発見された種数：約 250,000 種
- 生態系での役割：生産者
- 経済的価値：花の咲く植物は私たちに，トウモロコシ，トマト，米などの農作物をもたらす．樹木は木材として使われ，紙の材料ともなる．また，モルヒネ，カフェイン，メントールなどの特殊な化学物質を取出す原料にもなる．
- 生物学豆知識：250,000 種の植物のうち，少なくとも 30,000 種が食用となる．食べられる種が豊富であるにもかかわらず，トウモロコシ，小麦，米の3種だけが世界の人口を支える主要な食料となっている．

スマトラのサゴ山に生育する被子植物のラフレシア（*Rafflesia arnoldii*）は，直径1mもある世界最大の花を咲かせる．

世界で最も種数の多い被子植物であるラン．美しい花を咲かせる．

維管束系を発明してシダ類は大型化した

　植物は，進化の初期には地面を低く這って成長していた．古いタイプの分類群であるコケ類は，その初期の姿をとどめている．この植物体の細胞は，それぞれが別個に水を吸収する．つまり，内部の細胞には，植物体の表面から入り，他の細胞層を通り抜けてきた水が供給されるだけである．細胞から細胞へと水を受け渡すので，速度は遅いし，効率も悪い．コケ類は，結局，背丈を高く伸ばしたり，巨大化することはできなかった．

　コケ類の次に出現したのは，シダの仲間である．彼らは背丈を高く伸ばした．これは**維管束系**の発明があったからである．維管束系とは，根から伸び，植物全体に広がる特殊化した組織のネットワークである（図3・9）．動物の血管を使った循環器系と同じ程度の高い効率で，維管束組織は水と栄養分を運搬する．コケ以外の植物群は，すべて維管束をもつ．

裸子植物は子孫を保護する種子を進化させた

　シダの次に進化したのは**裸子植物**である．ソテツやイチョウ，また，マツなどの松ぼっくりをつくる球果植物（図3・8参照）が含まれる．

　裸子植物は，子孫を保護する手段として，最初に**種子**を進化させたグループで，種子には，植物の胚を防護する外皮があり，その中に種が育つための栄養分を貯蔵している（図3・10）．裸子植物の種子は，次に出現する植物の主要グループ，被子植物の種子に比べると，さほど守られていない．裸子植物は，約2億5000万年前に大繁栄した．その理由は，おそらく種子の進化であったと考えられている．植物の胚は，光合成によって自分で栄養を合成できるようになるまでは，種子の中に貯蔵されている栄養分を使って成長する．胚は種子の中にいることで乾燥や腐敗を防止し，捕食者の襲撃からも身を守ったのである．

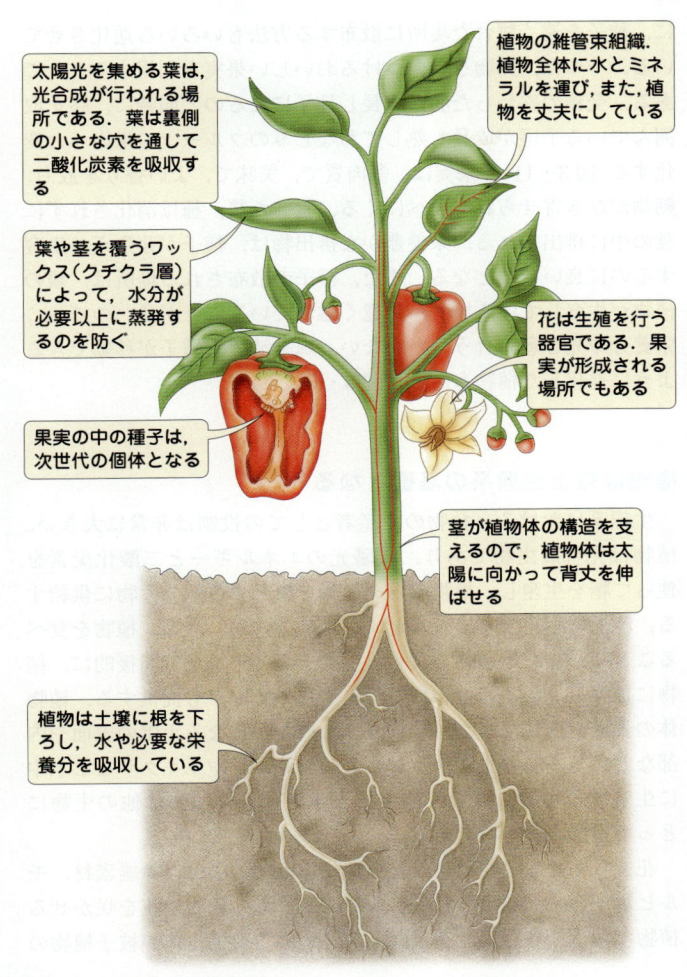

図3・9　植物の基本構造　家庭菜園などでもなじみの野菜，パプリカ．最後に進化した植物分類群の主要メンバー，被子植物である．植物の特徴や進化上の発明がわかる．

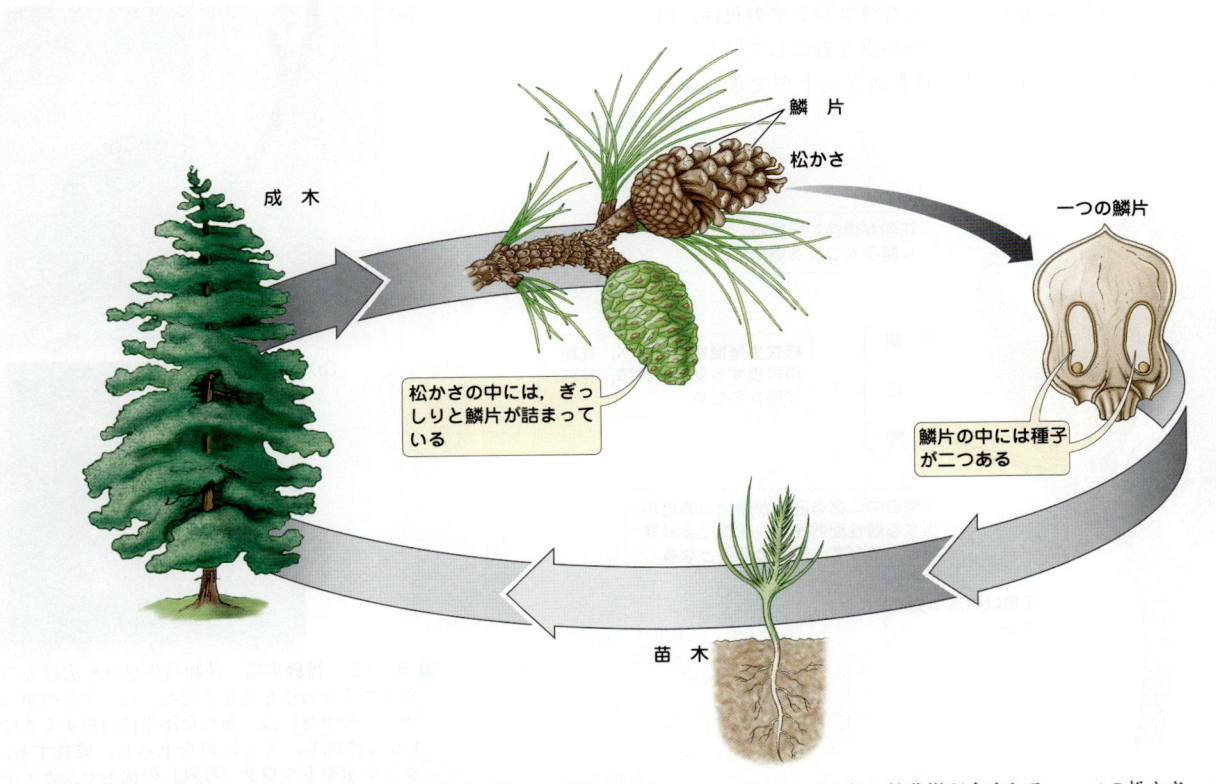

- 太陽光を集める葉は，光合成が行われる場所である．葉は裏側の小さな穴を通じて二酸化炭素を吸収する
- 植物の維管束組織．植物全体に水とミネラルを運び，また，植物を丈夫にしている
- 葉や茎を覆うワックス（クチクラ層）によって，水分が必要以上に蒸発するのを防ぐ
- 花は生殖を行う器官である．果実が形成される場所でもある
- 果実の中の種子は，次世代の個体となる
- 茎が植物体の構造を支えるので，植物体は太陽に向かって背丈を伸ばせる
- 植物は土壌に根を下ろし，水や必要な栄養分を吸収している

図3・10　種子　種子を進化させた最初の植物は裸子植物で，マツやセコイアなどの針葉樹が含まれる．マツの松かさを見れば，種子がどのようになっているかがわかる．

- 成木
- 鱗片
- 松かさ
- 一つの鱗片
- 松かさの中には，ぎっしりと鱗片が詰まっている
- 鱗片の中には種子が二つある
- 苗木

被子植物：花をもたらしたグループ

植物といえば，私たちはすぐ花を思い浮かべるが，生命の歴史では，花を咲かせる植物は比較的最近の進化によってもたらされたグループである．今日では，花を咲かせる植物，すなわち**被子植物**が最も繁栄し，ラン，芝草，ヒマワリ，トウモロコシ，リンゴやカエデなど，地球上でみられる多様な植物分類群となった．被子植物は，うまく防御された種子をつくるグループでもある．

被子植物は大きさや形が非常に多様である．高山山頂から砂漠，塩分の多い低湿地や淡水まで，広範な場所に生育している．私たちが即座に思い浮かべる植物も，コケ，シダや裸子植物ではなく，被子植物であることが多いだろう．被子植物の発展の鍵となる進化上の発明は，有性生殖のために特殊化した構造，**花**である．花は，雄性配偶子と雌性配偶子が出会う場所，つまり，受精の場となる．

花粉は，春や夏に植物から大気中に大量に放出され，ヒトのアレルギーの原因となることでもよく知られているが，もちろん鼻を刺激するだけのものではない．花のめしべの柱頭に到達すると（受粉），精子，つまり雄性配偶子を生み出し，植物の雌性配偶子と融合（受精とよばれる過程）する．植物のなかには，花粉が風によって花から花へと運ばれるものもある（裸子植物のスギ花粉も同じである．この種の花粉がアレルギーの原因となる）．風ではなく，ミツバチのような昆虫によって運ばれる花粉もある．風や動物のような花粉媒介者を使うことで，遠く離れた植物の個体間でも有性生殖が可能となった．

多くの被子植物の花は，自分の花粉を移動させたり，他の個体からの花粉を受取る確率を高めるように進化してきた．たとえば花蜜という甘い液体を提供する花は，ひき寄せられた動物に花粉を付着させ，別の花へ移動したときに受粉させる．ミツバチは花蜜を集めてハチミツをつくり，花粉も食料として集めるが，結局そのとき，彼らは多くの花に授粉していることになる．食物のような臭いを発するだけの花もある．巨大なラフレシアの花は，肉の腐敗臭を出し，ハエをひき寄せて花粉の媒介者にしている．

被子植物はまた，子孫が新天地で良きスタートができるように，種子を遠く離れた場所に散布する方法もいろいろ進化させている．一つは，動物をひきつけるおいしい果実を利用することである．受精の終わった胚が成長し種子になるのと同時に，胚を取囲んでいる子房が成長し熟しておなじみのフルーツの果肉へと変化する（図3・11）．果実は，多肉質で，美味で，よい香りを放ち，動物がひき寄せられて食べにくる．食べた後，種は消化されずに糞の中に排出される．栄養豊かな排出物は，種子が芽生え，生育するのに良い条件となる．また，種子が散布される場所は，親の植物が生育している場所から遠く離れていることが多いので，水，栄養分や光を奪い合うこともない．風や波で，種子が移動できるように進化した植物もある（図3・12）．

植物は陸上生態系の基礎となる

生態系における，植物の生産者としての役割は非常に大きい．植物は光合成生物であり，太陽光のエネルギーと二酸化炭素を使って糖を生産し，植物自身や植物を餌とする他の生物に供給する．陸上に生息するほとんどすべての生物が，直接，植物を食べることで，または植物を食べる生物を餌とする形で間接的に，植物に依存している．植物は多くの生物のすみかも提供する．植物体の表面や内部，また，分解された植物からなる土壌の表面や内部などには多くの生物が生息する．スイレンやウキクサなど水中に生育する植物も多い．陸上でも水中でも，植物は他の生物にとって重要な食物源である．

花を咲かせる植物は，衣服をつくる綿花のような繊維素材，モルヒネなどの医薬品の材料となる．すべての穀物は花を咲かせる植物である．さらに，花・園芸にかかわる産業全体が被子植物の

図3・11 花 花は配偶子が出会う場所で，表に露出した植物の生殖器官である．

- 花粉が雄性生殖細胞，つまり精子をつくる場所である
- 柱頭
- 花柱
- 子房
- 雌性生殖器官のめしべ，花粉の付着する部分の柱頭，花柱，子房からなる
- 子房の中にある胚珠が動物の卵に相当する雌性配偶子で，花粉により受精し，やがて，果実の種子となる
- 子房は果実の実になる

図3・12 世界中に 植物は生息域を広げるためにさまざまな方法を進化させた．(a) ヤシの実（ココナッツの中身）は，新たな海岸に到着するまで何千kmも漂流し，そこに根を下ろし，成長する．(b) タンポポやトウワタ（写真）の綿毛や，カエデの翼果のような風に乗って移動するのに適した構造をもつ種子は，遠く離れた場所まで散布される．

花に依存し，マツ，スギ，ヒノキなどの裸子植物は林業の基礎であり，木材や紙の重要な原材料である．

人にとって植物は貴重な収穫物であるが，自然の中で存在していること自体が，とても大事なことでもある．たとえば，植物の根や他の組織が雨水を吸い込むことで，雨水による土砂の流出や浸食を防ぐことができる．光合成によって二酸化炭素を再循環させ，私たちが呼吸する酸素をつくる（第8章参照）．

■ これまでの復習 ■
1. 原生生物が最初に性をもったと考えられる根拠は何か．
2. 原生生物が非常に多様な理由を述べよ．
3. 植物の三つの重要な進化上の発明をあげよ．
4. 植物が陸上で，生物の繁殖や食物網において重要である理由を述べよ．

1. 有性生殖する細胞，つまり，二つの特殊な生殖細胞である配偶子を融合させる複雑な生殖構造をあらわす化石がある．
2. 原生生物は真核生物の進化の基礎であり，基礎構造が分類群ごとの異なる進化を遂げたこと．
3. 維管束，種子，花．
4. 植物が陸上生物の食物網の基礎となる酸素をつくっていること．

3・5 菌界：分解者の世界

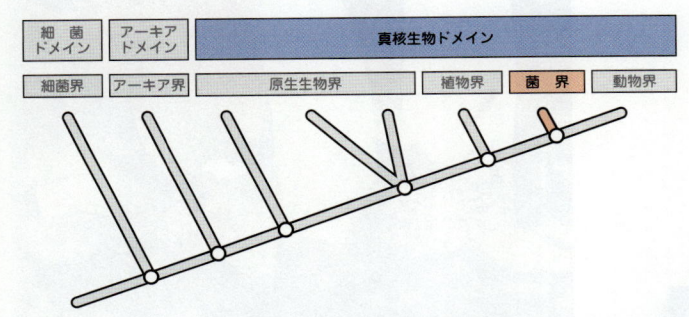

ピザの上のマッシュルームや朽ち木に生えるシイタケなどのキノコ類はよく知られている．しかし，このグループ，真核生物ドメインの**菌界**に，酵母菌（単細胞の菌類）や青カビなども含まれることを知っているだろうか．実は，なじみのあるキノコは，菌類の体の，目に見えるほんの一部分にしかすぎない．菌類の本体は，他の生物の組織内であれ，土壌中であれ，さまざまな物質の中に織り込まれるように隠れているものが多く，周りの物質を食用として消化し，成長する．動物と同じように，菌類は化学従属栄養生物である．多くが土壌や他の生物の中に隠れていて直接観察できないので，生物の主要な分類群ではあるが，最も理解の進んでいないグループの一つである．

菌類は，病気の原因となり，農作物に悪影響を及ぼし，食物を腐らせて経済的な損害を与えることもある．浴室やトイレなど湿気の多い場所で盛んに繁殖するので掃除も頻繁にしなければならない．反対に，ペニシリンのような抗生物質など，医薬品をもたらす有益な菌類もある．*Saccharomyces cerevisiae*などの酵母は，糖分を餌にし，アルコールと二酸化炭素という二つの重要な産物を生み出す．パンを膨らましたり，ビールを醸造したり，ワイン・日本酒の発酵にも不可欠である．また，マツタケやトリュフなど人気の珍味も菌類である．トリュフは地下でのみ生育するので，ブタや特殊な訓練を受けた犬でないと発見できない．

図3・13に示すように，菌類は3種類の大きなグループに分けられる．最初に分岐して生まれたのが接合菌類で，その後，子嚢菌類と担子菌類が派生した．各グループは，異なる独特の生殖構造をもっていて，その構造にちなんで命名されている*．

菌類は，陸上の生態系で複数の役割を果たしている．多くが分解者で，生物の死骸や残骸を分解処理し，リサイクルさせる役割を果たし，栄養分を生態系に戻すという重要なはたらきをする．また，**寄生**（他の生物の表面や内部に生息し，害を及ぼす）するものもいれば，**相利共生**（他の生物と相互に利益を与え合う関係）しているものもいる．

菌類は分解者としての機能を進化させた

菌類の進化上での重要な発明の一つに，その特殊な形態がある．菌類の本体は大部分が**菌糸体**であり，これは**菌糸**とよばれる糸状の構造が絡まり合ったものである．菌糸体は，土壌の中や，それらが分解する生物の組織内部で生育し，人の目に触れることはほとんどない（図3・14）．

菌糸は，細胞壁に包まれ仕切られた細胞が連結したものである．しかし，他の多細胞生物の細胞とは違って，菌類の細胞は，一つ一つ完全に細胞膜で取囲まれてはいない．隔壁とよばれる構造によって部分的に仕切られているだけである．細胞の核や他の構造物（細胞小器官など）は，隔壁の隙間を通って他の区画との間を自由に移動できる．

動物や他の化学従属栄養生物と同じように，菌類はエネルギーや栄養分を他の生物に頼っている．動物は一般に，食物を体の中に取込んで，それを胃が分泌する消化液と消化酵素を使って分解する．ところが菌類は，食物を細胞の外で消化する．特殊な消化酵素を細胞の外に分泌して，周りの植物や動物の組織などを分解するのである．その後，菌糸を使って栄養分を吸収する．

菌類は，効率の良い消費者や分解者として，他の生物の組織内で生育できるという能力を獲得した生物である．生態系では，最も重要な分解者グループの一つで，陸上の大量の生物の死骸（植物の死骸が多い）を生態系へと再循環させる重要な役割を果たす．

菌類特有の生殖様式

複雑な交配システムも，菌類の特徴である．単純な雌雄の性ではなく，複数の交配型をもっている．各交配型は，別の異なる交配型としか交配しない．菌類の繁殖について，私たちになじみのあるのは**胞子**である．胞子は菌類の生殖細胞で，乾燥や腐敗を防ぐ防御用の殻に包まれている．餅やパン，果実やチーズに付いた緑色の粉末状の胞子を見る機会は多いかもしれない．植物の種子と同じように，菌類の胞子も風，水や動物によって，広い範囲に（場合によっては世界中に）散布される（図3・15）．胞子が新たな場所へ運ばれると，新しい別の個体として生育し始める．

---

* 訳注：菌界も原生生物界と同じように分類が大変難しいグループで，DNAの詳しい解析が進むにつれて，このグループ分けの仮説も修正されることになるであろう．

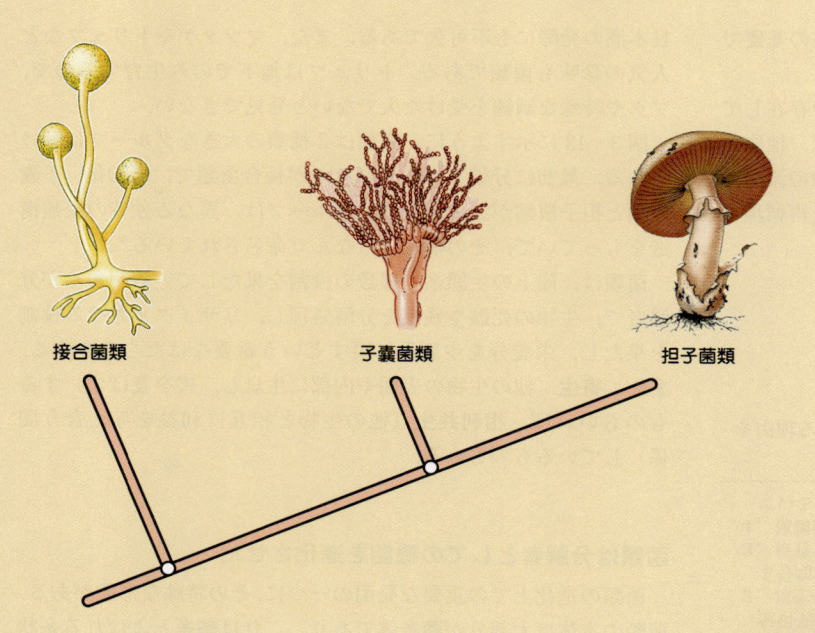

接合菌類　　　子嚢菌類　　　担子菌類

図 3・13　菌界　菌類で，私たちに最もなじみがあるのはキノコである．キノコは，菌の体全体のほんの一部で，大部分は地下や別の生物の組織の中に隠れている．菌類の多くが分解者である．生物の死骸や弱った生物の中で繁殖して分解する．寄生者の菌類もいる．他の生物の表面や内部に生息して，害を及ぼす．相利共生者の菌類もおり，他の生物と共生して，互いの利益となる．系統樹には，菌類の三つの主要グループを示した．
- 今日までに発見された種数：約 70,000 種
- 生態系での役割：分解者および消費者
- 経済的価値：キノコ類は食用として使われ，酵母はアルコール飲料やパンをつくるのに使われる．細菌感染症を治すのに役立つ医薬，抗生物質を産生する菌類としても利用されている．
- 生物学豆知識：トリュフは人気のあるキノコで，100 g が 1 万円ほどで販売される．

スッポンタケとよばれるキノコ（担子菌類）の一種．悪臭を放ち，ハエをひき寄せる．ハエの体に棒状の胞子がからみつき，ハエが他の場所へ飛んでいくときに，まき散らされる．

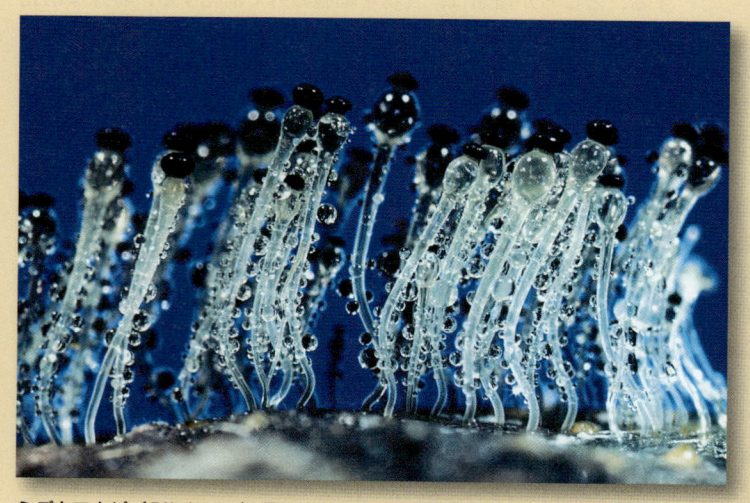

ミズタマカビ（*Pilobolus*）属の接合菌類は動物の糞の中で成長し，つくった胞子を時速 50 km もの速さで外へ発射する．

子嚢菌類の *Penicillium roqueforti*．青カビの一種で，フランスの有名なブルーチーズをつくるのに使われている．最初の抗生物質，ペニシリンをつくる材料となったカビの仲間でもある．ペニシリンは細菌感染症と闘い，数えきれないほどの人命を救った薬である．

図3・14　**菌類の基本構造**　菌糸体とよばれるマット状の構造が，菌類の主要な本体部分である．菌糸は，隔壁によって仕切られた細胞のような構造をしている．この隔壁には穴があって，細胞小器官などの構造物が自由に移動できるようになっている．菌糸を包んでいる細胞壁の成分は，植物の細胞壁とは異なり，セルロースではなく，昆虫の外骨格と同じキチン質でつくられている．

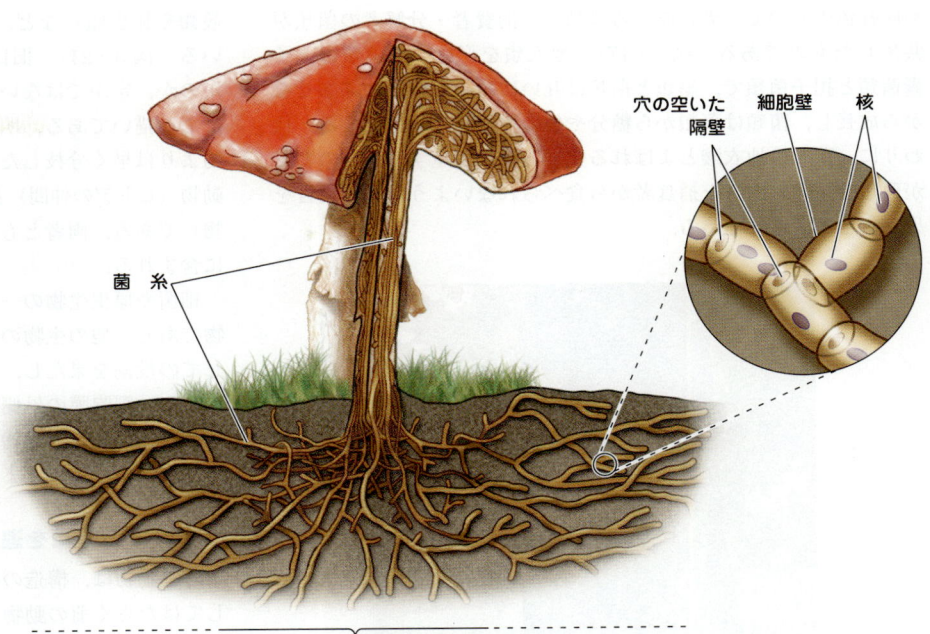

図3・15　**菌類は胞子によって広がる**　ホコリタケという菌類は，胞子の大群を大気中に吐き出す．

図3・16　**菌類の寄生者**　寄生性の菌類は，他の生物に寄生し組織内で成長する．この甲虫（ゾウムシの一種）は冬虫夏草の一種（*Cordyceps*）の菌に襲われ，命を落とした．菌類の柄がコクゾウムシの背中から外へ飛び出している．

菌類は優れた分解者であり，危険な寄生者でもある

　菌類のなかには寄生性のものもいる．寄生性の菌類は，生きている生物の組織内で菌糸を成長させ，動物や植物の病気をひき起こす．

　ヒトの場合，菌類は水虫などの原因となる．これは比較的軽症の皮膚病である．肺炎のように死に至る症状をひき起こすこともある．*Pneumocystis carinii*（カリニ肺炎菌）という菌類が原因の肺炎は，免疫力の低下したエイズ患者のおもな死因となる．植物に寄生する菌類もいる．*Ceratocystis ulmi* はニレ立枯病をひき起こす菌類で，この病気によって，かつて米国全土の通りにアーチ型の屋根をつくっていたニレの並木がほとんど消失した．さび病や黒穂病は，穀物を襲う菌類が原因である．さらに，昆虫を食べるように特殊化した菌類（図3・16）もあり，これらの菌類を使って，穀物の害虫駆除を試みている農学者もいる．

他の種にとって有益な菌類

　他の生物と共生し，互いに利益を与え合って暮らす相利共生者の菌類もいる．相利共生する菌類は，三つのグループ（接合菌類，子嚢菌類，担子菌類）のいずれにもみられ，**菌根菌**とよばれる．菌根菌は，植物と相互に有益な関係をもつ．菌根菌は，菌糸を使って，植物の根の表面や内部に肉厚のスポンジのようなマットを形成し，植物がより多くの水分や栄養を吸収するのに役立っている．互いに栄養素のやりとりも行い，多くの植物にとって不可欠な共生関係である．95％以上のシダ類，裸子植物や被子植物の根に，菌根菌との共生がみられる．香りの良いマツタケ（*Tricholoma matsutake*，アカマツと共生）や美食家が珍重するアミガサタケ（*Morchella esculenta*）は，菌根菌から生じるキノコである．

　菌類との共生関係で，もう一つよく知られているのが**地衣類**である．地衣類は木の幹や岩の表面によくみられるレース状の橙色

アミガサタケ

や灰緑色のもので，光合成する藻類と，消費者・分解者の菌類が共生したものである（図3・17）．地衣類を形成する菌類は，子嚢菌類と担子菌類で，藻類と菌類は互いに組織を密接に絡ませながら成長し，菌類は藻類から糖分や他の炭素化合物を受取る．代わりに，菌類は地衣酸とよばれる化学物質を生産する．この物質が菌類と藻類の両方を捕食者から食べられないように守る役目を果たすと考えられている．

図3・17 相利共生者の菌類 カエデの木の幹で成長する地衣類．地衣類は，藻類と菌類が密接に絡まって形成されたもので，互いの利益となる相利共生関係である．

3・6 動物界：複雑性，多様性，運動能力

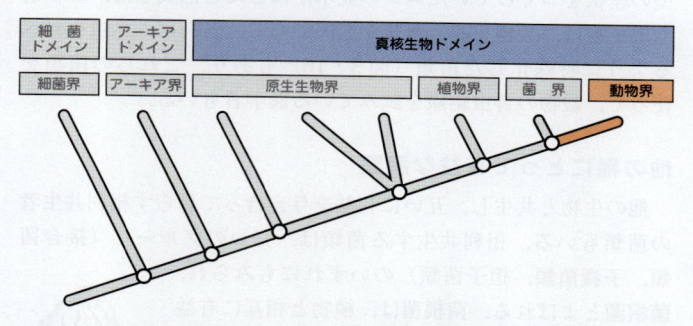

動物は，真核生物ドメインの中の**動物界**に含まれる（p.46〜47，図3・21）．ヒトも属し，最もなじみのある生物群である．動物界の生物は，すべて化学従属栄養生物である．ミミズ，ヒトデ，カタツムリ，昆虫，そして，トラやヒト，動物には見えないかもしれないが海のカイメンやサンゴなど，さまざまな種類の多細胞生物が含まれる．

カイメン（海綿動物）は，進化系統樹で最初に分枝した動物である．海綿動物の次に分岐したグループが，クラゲ，イソギンチャクやサンゴなどの刺胞動物であり，その次がプラナリアなどの扁形動物である．次に現れたグループが，旧口動物（前口動物）とよばれるもので，これは軟体動物（カタツムリや二枚貝），環形動物（ミミズなどの体節のある動物），そして節足動物（甲殻類や昆虫類）など，20門以上の大きな分類群から構成されている（図3・21）．旧口動物のグループは，どれが最初に分枝したのか，定かではない．そのため3群が一緒に分枝したようにここでは描いてある．明らかなのは，扁形動物よりは後で，棘皮動物よりは早く分枝したことである．次に分岐したグループが棘皮動物（ヒトデの仲間）と脊椎動物（魚，鳥，ヒトなど脊椎をもつ動物）である．両者とも新口動物（後口動物）とよばれるグループに含まれる．

細菌や原生生物の一部，菌類と同じで，動物は化学従属栄養生物である．他の生物の組織を食べることで，生態系では消費者としての役割を果たし，他の生物から炭素とエネルギーの両方を得ている．細胞膜の外側に細胞壁がないという点で，動物は菌類や植物とは異なる．動物は一般に，食物や交配相手を求めて動き回り，生存のためのさまざまなものを進化させてきた．

動物は真の組織を進化させた

海綿動物は，構造の最も単純な動物である．組織が発達し協調してはたらく前の動物の姿と考えられている．細胞が密には連結していないので（図3・18），海綿動物をすりつぶして，細かな網を通すと細胞がばらばらになる．それをしばらく放置すると，再び，元の一つの海綿動物として集合する．幅広い異なる環境でも繁殖できる．水中のアメーバや他の微生物などのプランクトンを餌にしており，十分な餌を取るために何百kgもの水を飲み込んではフィルターにかけて食べる．それでやっと数十gほどの大きさまで成長する．

動物の重要な進化上の発明は，真の組織を発達させたことである．最初に組織を進化させたグループが，刺胞動物である．名前

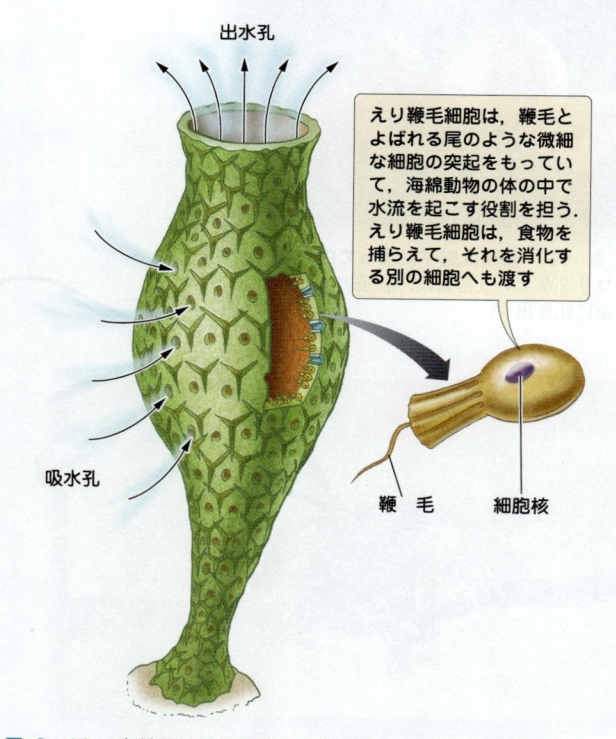

えり鞭毛細胞は，鞭毛とよばれる尾のような微細な細胞の突起をもっていて，海綿動物の体の中で水流を起こす役割を担う．えり鞭毛細胞は，食物を捕らえて，それを消化する別の細胞へも渡す

図3・18 海綿動物には特殊化した細胞はあるが，組織はない 細胞は互いに緩やかに集合しているだけである．これらの細胞には特殊化されたものもあるが，他の動物のように組織として体系化されたものはない．

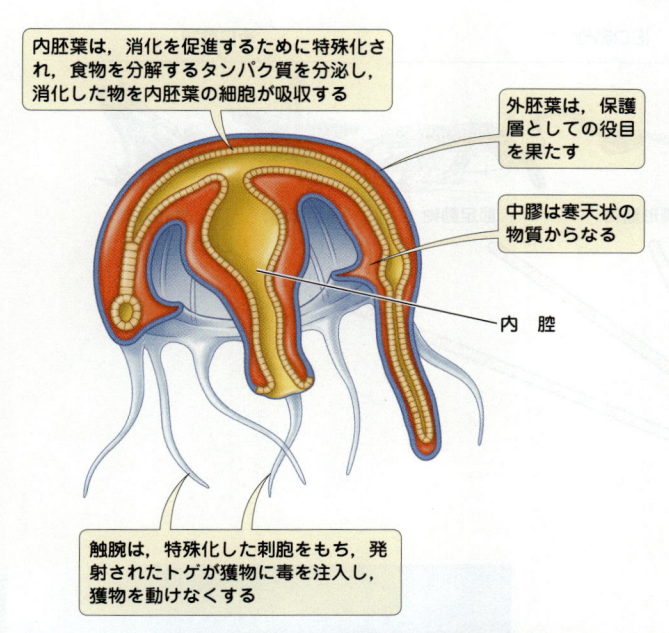

図 3・19　クラゲは真の組織をもった動物である　刺胞動物は，組織構造を進化させた最初の動物である．組織には，はっきり区別できる外胚葉と内胚葉の二層の細胞群がある．ここでは区別しやすいように，二つの層はそれぞれ，青色と黄色に色づけして示した．その二つの層の間には，寒天状の層（中膠とよばれる，赤色の部分）がある．外胚葉と内胚葉は，内部に収縮する細胞があり，連携して収縮運動する．開口部の周りの触手は，食物を内胚葉の消化管内へ運び入れるが，この開口部は，口であり，肛門でもある．

は，内臓を保護する役目を果たすとともに，内圧を高めて姿勢を支持する役割も果たす．体腔をもつ二つの異なる系統，旧口動物と新口動物が進化した（図3・21）．旧口動物には，昆虫（節足動物），ミミズ（環形動物）や貝類（軟体動物）などが含まれる．新口動物には，ヒトデ（棘皮動物）やヒト，魚類や鳥類など，背骨をもつすべての動物が含まれる．

この二つの系統の名称は，胚の初期段階でつくられる二つの消化管開口部のうち，どちらが口になるかの違いである．**旧口動物**では，先にできた開口部から口が形成され，後にできる開口部が肛門になる．**新口動物**では，先の開口部が肛門になり，後の開口部が口になる．

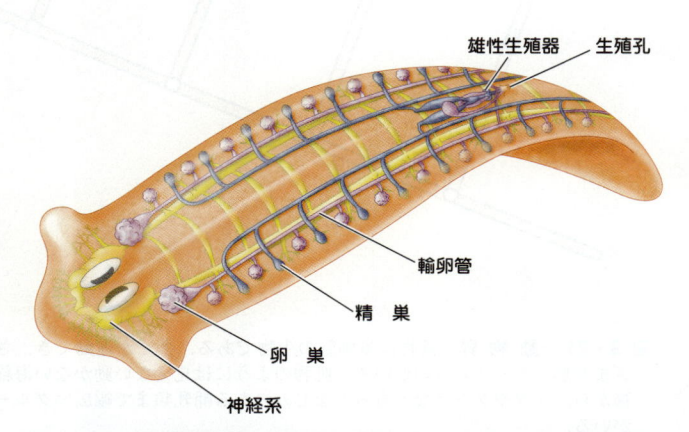

図 3・20　動物は器官と器官系を進化させた　扁形動物は雌雄同体，つまり，雄性生殖器と雌性生殖器の両方をもつ．雌性生殖器（卵巣，卵管と生殖孔）をピンクに，雄性生殖器を青色に色分けして示している．

は他の動物を刺す細胞（刺胞）をもつことに由来し，英語名のCnidariaもギリシャ語でイラクサ（陸上のトゲのある植物）の意味である．刺胞細胞から発射する小さなトゲを使って獲物を動けなくするとともに，捕食者から身を守るはたらきもある．図3・19にクラゲの体の構造を示す．刺胞動物は筋肉のような組織や消化組織など，特殊化した細胞が集まった組織をもつ．多くの細胞が協調的にはたらく組織ができたので，捕食者から素早く逃げるなどの行動が可能になった．

動物は器官と器官系を進化させた

動物の進化上の発明はほかに二つ，器官と器官系の進化である．これらの発明によって，動物はさらに効率的に活動できるようになった．器官は個別のはたらきを担うようになった体の構成単位で，複数の組織が集まってつくられ，明確な境界，一定のサイズや形をもつ．腎臓はその一例である．

器官系は，特殊な仕事をするために共にはたらく器官の集まりである（第1章参照）．たとえばヒトの消化器系は，胃のほかに，膵臓，肝臓，そして腸など他の消化器官も含む器官系である．扁形動物（図3・20のプラナリアや図3・21のヒラムシなど）は，単純で扁平な虫のような動物の分類群であるが，神経系や生殖系など，真の器官や器官系を進化させた最初の動物である（図3・20）．

動物は体腔を進化させた

さらに後になると，動物は別の進化を遂げた．内壁で囲み，中に内臓を配置させた，体腔という空間をつくった．体腔が進化すると，内臓を体壁から切り離して配置できるので，個々の器官は自由に発達し機能できるようになった．さらに体腔を満たす体液

基本構造が変化して動物の体がつくられる

動物の形や大きさは非常に多様であるが，それはいくつかの基本構造をもとに変形してできたものである．

節足動物は，体の外側に**外骨格**とよばれる硬い骨格をもつ．これは，菌類の細胞壁にみられるものと同じ物質，キチンでできている．

節足動物を進化させた要因の一つは，**体節**からなる**体制**（ボディープラン）である．体節ごとに異なった組合わせの特殊な脚や触角などの付属肢を進化させ，その結果，とてつもない数の異なる形の動物ができた．なかには非常にうまく進化したものもいる．最もよく知られている節足動物のグループが**昆虫**（バッタ，カブトムシ，チョウ，アリなど）である．頭部・胸部・腹部の三つの体節群，6本の脚がその基本構造である．個体数に関しては，原核生物が地球上では圧倒的に多数派であるが，種数に関しては，昆虫が生物の他のどの分類群よりも群を抜いて多い．

節足動物にはほかに，8本の脚をもつクモ類，10本の脚をもち，おもに水中にすむ甲殻類（ロブスター，小エビやカニ），またヤスデ類とムカデ類が含まれる．ヤスデ類とムカデ類は陸上に生息し，多くの体節と脚をもつが，甲殻類や昆虫ほど個々の体節は特殊化していない．節足動物は，基本となる体節の繰返し構造から，改良と変更を重ねて多様な形態を進化させるという典型的な進化過程を示したグループである（図3・22）．たとえば，体の後半の体節は，進化によって大きく変化し，実に多様な動物の形とライフスタイルを支えている．チョウの腹部は精巧な交尾器へ，寄生バチの腹部は針で突き刺して卵を産むための道具へ，また，

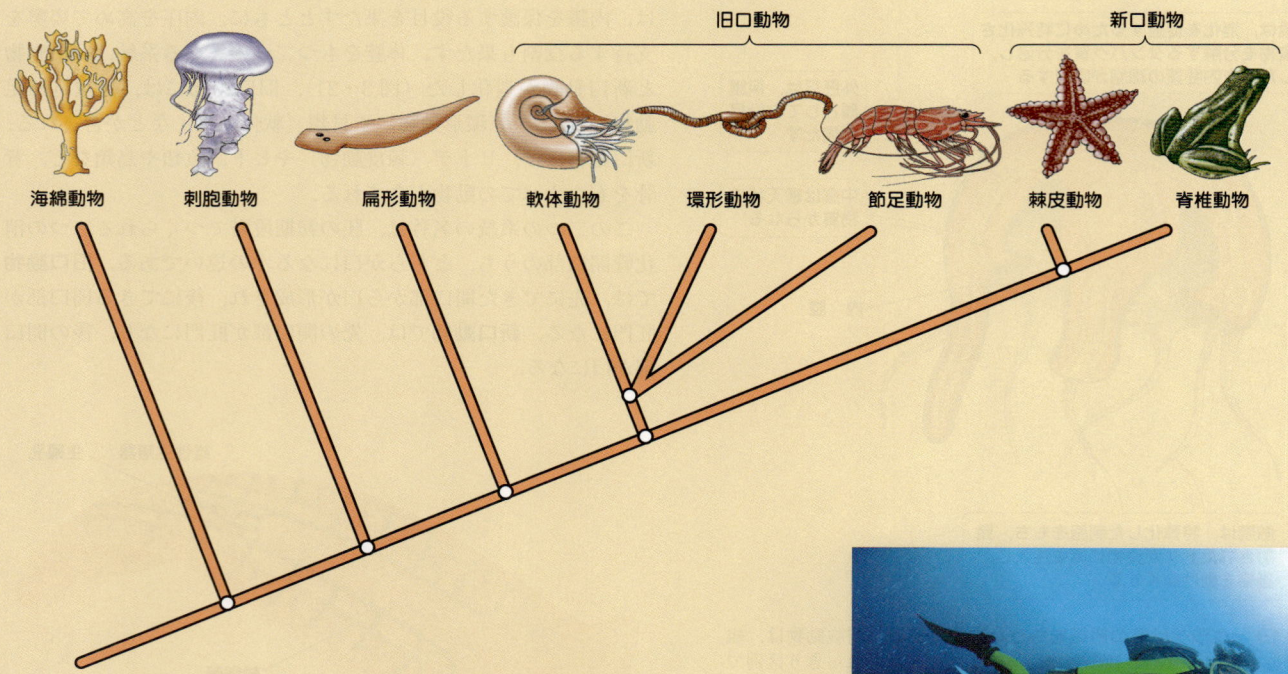

```
                                        旧口動物              新口動物
海綿動物  刺胞動物  扁形動物  軟体動物  環形動物  節足動物  棘皮動物  脊椎動物
```

図 3・21 動物界 動物は多細胞の生物である．多くが運動でき，さまざまな形やサイズのものがいる．動物のようには見えない動かない海綿動物から，ゾウやクジラなどもっとなじみのある哺乳類まで幅広いグループがいる．
- 今日までに発見された種数：約 1,000,000 種
- 生態系での役割：消費者および分解者
- 経済的価値：人間は他の動物を食料，家畜，原材料，研究用動物などとして利用する．
- 生物学豆知識：既知の動物種の 3/4 が，昆虫である．

軟体動物には，カタツムリ，ナメクジやタコ，また写真の例のような熱帯サンゴ礁にすむ巨大なシャコガイなどが含まれる．軟体動物は，このシャコガイのように保護用の固い外殻をもつものが多い．

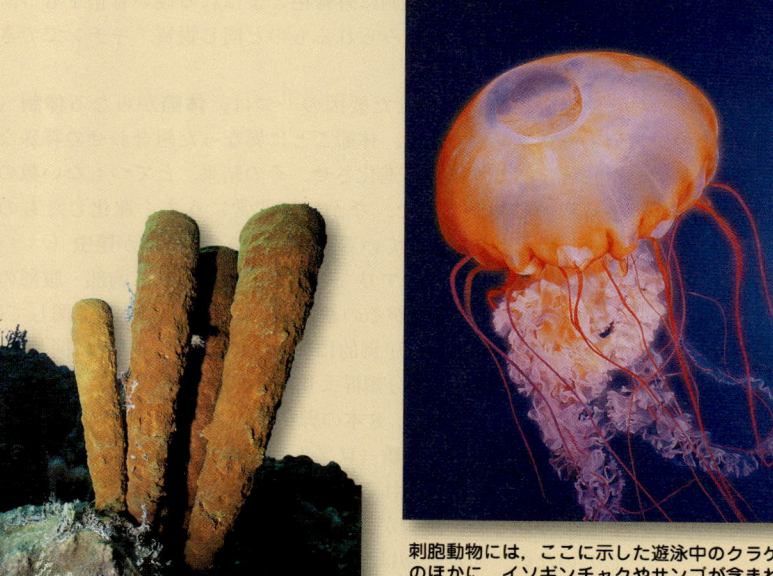

海綿動物は，最初に分岐して生まれた水生動物である．特殊化した細胞を進化させたが，真の組織ではなかった．

刺胞動物には，ここに示した遊泳中のクラゲのほかに，イソギンチャクやサンゴが含まれる．刺胞動物が，真の組織を最初に進化させた．分類群の名前は刺胞細胞をもつことによる．防御したり獲物を動けなくするために刺胞を使う．

扁形動物のヒラムシ（海産のツノヒラムシの仲間）．真の器官と器官系を最初に進化させた動物の一つである．

環形動物の特徴は、体が体節に分かれていることである。このウミケムシ（ゴカイの仲間）のように、同じような体節構造が繰返す体制をもつ。体節構造は節足動物や脊椎動物にもみられ、複雑な体制を進化させるうえで重要な役割を果たした。

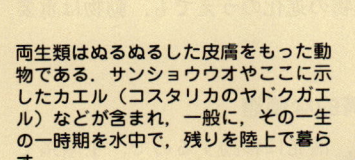

節足動物には、エビやカニのような甲殻類、ヤスデ類、クモ、そして全分類群のなかで最も種の多い昆虫などが含まれる。ここに示したモルフォチョウは、熱帯雨林にすみ、地球上で最も華やかな昆虫の一つである。

両生類はぬるぬるした皮膚をもった動物である。サンショウウオやここに示したカエル（コスタリカのヤドクガエル）などが含まれ、一般に、その一生の一時期を水中で、残りを陸上で暮らす。

棘皮動物には、ここに示したヒトデ（アカヒトデの仲間）やウニなどが含まれる。棘皮動物は脊椎動物の近縁である。

脊椎動物は背骨をもつ動物で、魚類、爬虫類、両生類、鳥類、哺乳類が含まれる。写真は、タイのサンゴ礁にすむ魚（ブダイの仲間）である。魚は最初に進化した脊椎動物である。

哺乳類の特徴は、雌に乳を分泌する乳腺があり、子は卵の状態ではなく母親から直接生まれる（例外はカモノハシの仲間の単孔類。子は卵の形で産まれ、その後、ふ化する）。カンガルーは、クマやイヌ、ライオンやヒトと同じように哺乳類である。

霊長類には、サル、類人猿、ヒトなどが含まれる。この分類群で、ヒトに最も近い動物は、ここに示したチンパンジーと、ゴリラである。

ロブスターの泳ぐための強靱な筋をもった尾部へと進化していった．

このような体節構造の原型をもつのが環形動物である（図3・21のゴカイ）．この分類群で最もなじみのある動物，ミミズの体制も，同じ構造の体節が多数繰返されてできている（図3・23 a）．体の中に背骨をもつ動物，**脊椎動物**の体制も，体節構造が基本になってつくられている（図3・23 b）．脊椎動物のグループには，魚類，両生類（カエルやサンショウウオ），爬虫類（ヘビ，トカゲ，カメやワニ），鳥類，そして哺乳類（ヒトやカンガルーなど）が含まれる．脊椎動物の前肢は，同じ基本構造を改良し変化させて新しいものを進化させた好例であろう．前肢から，ヒトの掌，コウモリや鳥の翼，クジラのヒレ，ヘビのほとんど存在しない結節，サンショウウオやトカゲの前脚，と多様に進化した．環形動物や節足動物と同じように，少ない基本形をもとに，非常に異なる多彩な形態が進化したことがわかる．

動物は多様な行動様式をもつ

動物のもう一つの魅力的な特徴で，重要な進化が，動く能力の獲得である．運動することで動物は幅広い活動が可能になった．獲物を捕らえ，食べ，獲物として捕らえられることから逃れ，交配相手を魅了し，子どもの世話をし，新しい生息地へ移動するなど，動物は多様な行動パターンを進化させた．前に紹介したように植物のような動けない生物は，自分の花粉や種子を動物に運ばせるような方法で進化した．植物の進化のうえでも，動物は重要な意味をもつ．

動物の生態系での役割と経済的な価値

動物は他の生物を食べ，また，活発に移動するので，生態系で多くの役割を果たしている．多くの動物が，植物や他の動物を餌にする消費者であるが，ハエやシデムシのように死んだ動物の分解者としての役目を果たす動物もいる．動物はまた，植物の花粉，種子やキノコの胞子をまき散らすのに役立ったり，病気の媒介者ともなる．たとえばダニは，ライム病をひき起こす寄生性の細菌をばら撒く．昆虫には，トマトを餌にするスズメガの幼虫，イネの汁を吸うウンカなどのように，農作物の害虫になるものもいる．

家畜は，食物になったり，羽毛や皮など衣服の材料になる．ウマやラクダで旅をするとき，彼らは輸送手段になり，イヌやネコは時を過ごす良い友にもなる．

しかし，地球上の全生命に最も強い影響を与えている動物種は私たち人間である．急速に増加する人口や都市，農業，工業など，大きく地球環境を変える能力を，私たちは進化させた．自分自身や他の生物種が，この地球に住めなくなるようなリスクを冒さないように，私たちは配慮しなければならない（p.49，"生活の中の生物学"参照）．

3・7 ウイルス：系統樹の各所から出現する芽か？

第2章で紹介したように，ウイルスは系統樹のどこにも描かれていないし，どの界，どのドメインにも属さない．ウイルスとは，タンパク質に包まれたDNAやRNAの断片にすぎず，生物とはみなされていないからである．

しかし，最近，奇妙ではあるが，ウイルスを進化の系統樹に置くための新しい仮説が提唱されている．それは，ウイルスは進化の系統樹上の一つの点から分枝したというよりも，むしろ，多くの異なる生物のDNAやRNAから，さまざまな時点で派生したという考え方である．実際，新しいウイルスが絶えず出現しているので，この進化の過程は，今も進行中なのかもしれない．もし，この仮説が正しいなら，科学者は進化の系統樹のあちこちにウイルスを配置する必要が出てくる．ニワトリから生じたウイルスは，ニワトリの枝のすぐ隣に置かなくてはならないだろうし，ナ

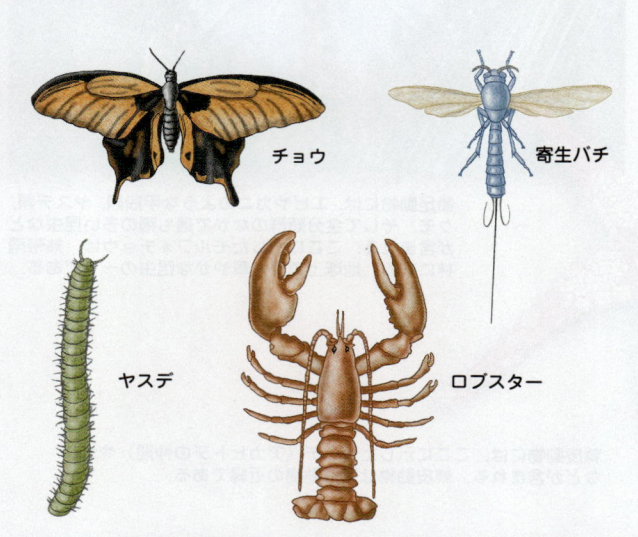

図3・22 形のバリエーション 節足動物は，単純な体節の繰返しの体制から，とてつもなく多様なサイズと形態を進化させた．ヤスデの体節はすべて同じような形をしていて，体節構造をもつ動物のなかでは最も単純な形をしている．体節の構造を多様化することで，ロブスター，チョウ，寄生バチなど，さまざまな形の動物が進化できた．

図3・23 体節構造をもつ動物 動物の体節は，同じ基本構造を繰返す体制である．別個にさまざまな形で進化して，多様なものが生まれた．(a) ミミズの体節構造．(b) 脊椎動物のよく鍛錬された腹筋の節構造．

生活の中の生物学

あなたの食べ物は？

ヒトは多くの種類の生物を食べているが，すべての食事が地球上の生物多様性に同じ程度に影響を及ぼしているわけではない．多量の魚や海洋資源を消費すると，過剰な漁獲の影響で，動物の数を激減させることもある．食べることによって，さらなる減少，ひいては絶滅させる危険性もある．動物には，サケ，ホタテ，カキ，ブリのように，養殖場で育てられている種もいる．これは野生種の乱獲を抑える良い方法のように思えるが，養殖場が，ときには高レベルの海洋汚染の原因となり，他の種を脅かすこともある．

では，食料品店で買い物をするとき，レストランで食事をするとき，美味しいけれど，自然に害を及ぼさない食物を，どのように決めるのがよいだろうか？　いろいろな環境保護団体が，食べるのに適したもの，食べるのを避けた方が望ましいもののリストを提供しているので，一つ紹介する．下はブルー・オーシャン協会という海洋保全団体の提案するシーフードガイドのリストである．

次回，レストランでシーフードを食べたくなったときの参考になるかもしれない．

出典：The Blue Ocean Institute, "海洋に優しいシーフードへの手引き", 2007 年 9 月．

ENJOY 食べても問題ない魚介類	BE CAREFUL 配慮が望ましいもの	AVOID 控えるのが望ましいもの
ホッキョクイワナ	カニ類（ワタリガニ，ズワイガニ）	チリ産ハタ
ハマグリ，ムール貝，カキ（養殖）	アンコウ	タラ（大西洋産）
サバ類（サオ釣り，トロール漁法によるもの）	ニジマス（養殖）	サケ（養殖）
シーラ（スズキの仲間）	ホタテガイ	サメ
サケ（アラスカ産天然）	メカジキ	小エビ（輸入）
スズキ（アラスカ産天然）	マグロ類（ビンナガ，メバチマグロ，カツオ，キハダマグロなど）	クロマグロ（大西洋産）
テラピア（米国養殖）		

ラの木から生じたウイルスは，進化の系統樹上で，ナラの隣に置かれなくてはならない，といった具合である．この考え方は興味深いが，現時点では，多くの生物学の専門家は，進化の系統樹に新しくウイルスを加えようとはしていないようである．

■ これまでの復習 ■

1. 菌糸体とは何か．菌糸体のために菌類の発見が難しいのはなぜか．
2. 菌根菌とは何か．どのような重要性があるか．
3. 動物の進化上の発明をあげよ．
4. 進化の系統樹のさまざまな場所に個別にウイルスを配置するべきであると考える科学者の根拠は何か．

学習したことの応用

素晴らしい生命

生命はさまざまに進化してきた．その進化によって，アーキアからヒトへ，またダイオウイカに至るまで，多くの異なった生物が地球上であらゆる地に侵入し，生息地を開拓し，繁殖してきた．

すでに知られている生物からも，またまだ私たちは多くのことを学ぶことができる．以前は想像もつかなかったような優れた能力，奇妙な才能や形態，変わった習性や病気をもっていることが，毎日のように発見されているからである．極寒の地に生息する魚の血液には，不凍剤のはたらきをする特殊なタンパク質があり，低温でも凍ることなく泳げることがわかった．私たちになじみのある樹木が，葉を食べる昆虫が現れると，それを探知する能力をもち，葉の中の毒物を増加させ防御できることも発見された．ある細菌は，ヒトの致死量の 10,000 倍もの強さの放射線を照射しても耐えることがわかった．生物はそのような進化上の発明をすることで，いつでも，どこへでも，他の生物のすめない場所に入り込み，繁殖できるようになる．

すでに知られている生物のほかにも，想像もつかないような進化上の発明を行い適応している生物種がまだまだいるのかもしれない．深海に，熱帯雨林の林冠部に，もっと多くの未知の生命が潜んでいるかもしれない．自然からではなく，生物の体の内部から，次の大きな生物学的発見があると予測する研究者もいる．顕微鏡でしか見えないような新しい生物が，動物の温かい湿った口の中から発見されつつある．生物の表面や内部に，たとえば，大きなクチバシをもつオオハシの消化管や，ゆっくり動くナマケモノの毛の中に，未知の生物種の世界が広がっていると，考えている生物学者もいる．

私たちヒトの体もまた，まだ探求の終わっていない領域である．体の外側（皮膚の表面）や内側（消化器系の中）が，何百万もの細菌，何百もの微小な節足動物の生息地になっている．私たち一人一人の中で，多くの微生物が集まって共同体となり，私たちの思いもかけないような進化上の発明をして，新しい驚くべき方法で活動しているのかもしれない．生物学の次の大発見が，あなたに新しく届くのではなく，あなたの身の上ですでに起っていたとしても驚いてはいけない．

章のまとめ

3・1 生物分類群の体系
- 細菌界，アーキア界，原生生物界，植物界，菌界，動物界の六界が，生物の主要な分類群である．
- すべての生物は，ドメイン（細菌，アーキア，そして真核生物），六界の分類群のもととなるリンネ式階層分類体系，そして，進化の系統樹という三つの基準で分類・体系づけられている．
- 各分類群の生物には，生き残り繁殖することを可能にした特徴的な進化上の発明がある．
- 生物は，細胞構造の違いによって原核生物（細胞小器官のない単細胞生物）か真核生物（核や細胞小器官をもつ単細胞および多細胞生物）に分けることができる．

3・2 細菌とアーキア：繁殖することに成功した小さな生物
- 細菌界とアーキア界（ドメインでもある）の生物は原核生物で，微小な単細胞生物である．この二つの生物群には，DNA配列，細胞壁や細胞膜成分，代謝反応など，複数の点で違いがみられる．
- 原核生物は急激に繁殖できるのが特徴で，地球上で最多の個体数を誇る生物である．生息範囲が広いのも特徴である．多くのアーキアを含め，極限環境で生息するものや，高温，高濃度の塩分，あるいは他の極端な環境で繁殖できるように進化したものもいる．
- 原核生物には，エネルギーや栄養の獲得方法，使用方法において，その単純さにはそぐわないほどの多様性があり，化学従属栄養生物，化学独立栄養生物，光独立栄養生物，および，光従属栄養生物がいる．
- 原核生物は，光合成を行ったり，植物に硝酸塩を提供したり，死んだ生物を分解するなど，生態系で重要な役割を果たす．人に有用な原核生物も多い（たとえば，油や汚物の浄化処理，消化の補助など）が，致死的な病気の原因となるものもいる．

3・3 原生生物：真核生物進化への通過点
- 真核生物の最古の分類群である原生生物界には，非常に多様な生物が含まれ，植物に似たもの，動物に似たもの，または，菌類に似たものなど多様である．原生生物には，光独立栄養生物もいれば，化学従属栄養生物もいる．
- 原生生物界に含まれるグループ間の進化上の関連性は，まだ解明が進んでいない．
- 多細胞生物への進化の初期段階と考えられる原生生物がいる．
- 原生生物の重要な進化上の発明は，性，あるいは有性生殖のしくみである．
- 原生生物には，多くの無害な，または有用な生物が含まれているが，病原菌となる生物もいる．

3・4 植物界：陸上生物のパイオニア
- 植物界の生物は光合成を行う多細胞生物で，光独立栄養生物である．地球で陸上に進出した最初の生物である．
- 陸上で生息するには二つの重要な課題があった．水をどのように獲得し保存するか，そして重力に抵抗してどのように成長するかという問題である．植物がこうした問題を解決するのを可能にした進化上の発明には，発達した根系，クチクラの被膜，セルロースで固くした細胞壁などが含まれる．植物が大繁殖し，多様化できた進化上の発明が，維管束系，種子，花である．
- シダ類が，最初に維管束系を進化させた植物である．その結果，背丈が高く成長できるようになった．
- 裸子植物は，植物の新しい胚が十分成長し，光合成によって食物をつくれるようになるまで，栄養分を提供する種子を進化させた．種子は，植物の胚が乾燥したり，腐敗したり，捕食者に襲われるのを防ぐ．
- 被子植物は，花，つまり，雄性配偶子と雌性配偶子が融合する受精の場となる，特殊化した生殖器官を進化させた．花は，花粉の散布や種子の散布を促進する多様な方法も進化させた．
- 植物は生産者である．陸上のほぼすべての生物の食物源であり，陸上の食物網にとって不可欠な構成員である．
- 植物は，食料となり，衣服・薬用・木材などに使われるなど，多方面で応用されている．植物はまた，自然に存在するだけで，酸素を提供し，水による浸食や汚染を防ぐなど，多くの利益をもたらす貴重な存在である．

3・5 菌界：分解者の世界
- 菌類は独特の体制をもつ．菌糸体とよばれる菌糸の集まりが本体である．菌糸が食物に侵入し，消化吸収することで生育する．この進化上の発明によって，分解者および消費者としての重要なはたらきをする．寄生者（一方的に他生物から栄養を奪う）や相利共生者（相互に利益を与え合う）となる菌類が多数知られている．菌類は化学従属栄養生物である．
- 菌類は，この分類群特有の方法で繁殖する．雌雄の性の代わりに，複数の交配型（性）と交配機構がある．胞子とよばれる生殖細胞をつくる．胞子は，殻に包まれて厳しい環境から保護され，動物，風や水によって遠く離れた生育場所へも広く散布される．菌類は生殖構造の違いで，接合菌類，子嚢菌類と担子菌類の三つのグループに分類される．
- 菌類には2種類の相利共生のタイプが知られている．菌根菌は植物の根の中や表面で生息し，根の水や栄養分の吸収を促進させる．地衣類は，菌類と藻類が密に絡み合って生息する共生体である．
- 菌類は危険な病気の原因ともなるが，食物や薬剤などの貴重な原料にもなる．

3・6 動物界：複雑性，多様性，運動能力
- 動物は移動できる生物で，他の生物を食べることで生存する化学従属栄養生物である．
- 最も原始的な分類群である海綿動物の体は，特殊化した細胞が集まったものである．真の組織（細胞どうしが協調してはたらくもの）という進化上の発明を最初にもった分類群が刺胞動物である．
- 扁形動物は，器官（特有の大きさと形をしていて，機能を分担する組織の集まり）と器官系（関連した機能を果たす器官の集まり）という進化上の発明を見せた最初の分類群である．
- 体腔は，旧口動物（軟体動物，環形動物，節足動物）と新口動物（棘皮動物と脊椎動物）の進化上の発明である．旧口動物では，胚の最初にできた消化管開口部が口になる．新口動物では，後に形成する開口部が口になる．
- 動物は，同じ体制であっても，非常に多様な形や大きさのものを進化させている．たとえば，体節構造は，多様な機能を実現できるように，各動物分類群でさまざまな形で進化している．環形動物，節足動物や脊椎動物の体は，体節構造をもとにつくられている．
- 昆虫類は，最も多くの種が知られていて，なじみのある節足

動物である．外骨格とよばれる硬い外側の骨格が，この分類群の特徴である．
■ 脊椎動物（魚類，両生類，爬虫類，鳥類や哺乳類）は，体内の脊椎骨が特徴である．
■ 動物は運動能力を獲得し，獲物を捕らえて食べる，捕食者から逃げる，交配相手を呼び寄せ，子を世話し，良い生息環境へ移動するなど，非常に多様な行動ができるようになった．
■ 動物は，消費者，または分解者としても多様な役割を担う．病気を媒介する動物や農作物の害となる動物もいる．人間社会に食物，衣服や他の産物を提供する重要な動物もいる．ヒトは，世界中の生態系に最大の影響を及ぼしている動物である．

3・7 ウイルス：系統樹の各所から出現する芽か？
■ ウイルスは一般に生物ではないとみなされており，進化の系統樹や界やドメインといった分類体系に配置されていない．
■ ウイルスは進化の系統樹全体の異なる生物から，何度も別個に生じているという新しい仮説もある．

復習問題

1. 生物を体系づけて分類するうえで重要な三つの基準は何か．
2. 原核生物のグループに入る二つの界をあげよ．原核生物がうまく繁殖できた理由を三つあげよ．
3. 真核生物の初期進化に関心をもつ生物学者が，粘菌に特別な興味を抱く理由を述べよ．
4. 動物の進化上の発明を二つあげ，それがなぜ重要であったか説明せよ．また，どの動物の分類群がその発明を進化させたか．
5. ウイルスは，どの界，あるいはどのドメインに属しているか．理由も述べよ．
6. 植物が陸上に進出したとき，二つの大きな課題，(a) 水を確保し保存することと (b) 重力に抵抗して成長することに直面した．植物が，これらの課題を解決できた進化上の発明は何か．
7. 葉緑体をもつ生物が属しているグループはどの界か．葉緑体が重要な理由を述べよ．
8. 動物は一般に運動し移動することができるが，植物は動けない．植物は生存し繁殖するために，動物が移動することを利用した．それはどのような利用方法か．

重要な用語

生物多様性（p.30）
適　応（p.30）
進化上の発明
　（進化的イノベーション）（p.33）
真核生物（p.33）
原核生物（p.33）
細胞小器官（p.33）
極限環境微生物（p.33）
好気性生物（p.34）
嫌気性生物（p.34）
化学従属栄養生物（p.34）
光独立栄養生物（p.34）
光従属栄養生物（p.34）
化学独立栄養生物（p.34）
原生生物界（p.35）
植物界（p.37）
根　系（p.37）
クチクラ（p.37）
維管束系（p.39）
裸子植物（p.39）
種　子（p.39）
被子植物（p.40）
花（p.40）
菌　界（p.41）
寄　生（p.41）
相利共生（p.41）
菌糸体（p.41）
菌　糸（p.41）
胞　子（p.41）
菌根菌（p.43）
地衣類（p.43）
動物界（p.44）
旧口動物（p.45）
新口動物（p.45）
節足動物（p.45）
外骨格（p.45）
体　節（p.45）
体　制（ボディープラン）（p.45）
昆　虫（p.45）
脊椎動物（p.48）

章末問題

1. 最も個体数が多い分類群はどれか．
   (a) 昆　虫　　　　　　(c) 原生生物
   (b) 真核生物　　　　　(d) 原核生物
2. 真核生物が原核生物と異なる点として正しいものはどれか．
   (a) 真核生物は細胞内に細胞小器官をもっていないが，原核生物はもつ．
   (b) 真核生物には，原核生物よりもはるかに多様な栄養獲得方法がある．
   (c) 真核生物は細胞内に細胞小器官をもつが，原核生物はもたない．
   (d) 真核生物は原核生物よりも広範囲で繁殖している．
3. 多細胞生物の進化の初期段階の生物を含む分類群はどれか．
   (a) 植物界　　　　　　(c) 菌　界
   (b) 原生生物界　　　　(d) 動物界
4. 陸上に最初に進出するのに成功した分類群はどれか．
   (a) 植　物　　　　　　(c) 被子植物
   (b) 動　物　　　　　　(d) 粘　菌
5. 植物界の重要な進化上の発明は何か．
   (a) 種子，細胞小器官，花
   (b) 根，クチクラ，種子，花
   (c) 根，菌糸，花
   (d) 菌糸，クチクラ，細胞小器官
6. 菌類が成長するときに使うものはどれか．
   (a) 菌　糸　　　　　　(c) 担子菌
   (b) 隔　膜　　　　　　(d) 体　腔
7. 体節構造をもつ動物グループはどれか．
   (a) 脊椎動物と環形動物　　(c) 海綿動物とヒト
   (b) 脊椎動物と扁形動物　　(d) 海綿動物と扁形動物
8. 菌根菌の説明として正しいものはどれか．
   (a) 菌根菌は植物を乾いた状態で保つのに役立つので，植物に有益である．
   (b) 菌根菌は酸を分泌するので，植物に有害である．
   (c) 菌根菌は植物が水を吸収するのに役立つので，植物に有益である．
   (d) 菌根菌は植物を地衣類から守るので，植物に有益である．
9. 進化上の発明とは何か．
   (a) 生物の分類群ごとにみられる古い時代の特徴
   (b) ある生物種が生き残り，繁殖するのに役立つ新しい適応戦略
   (c) 新たに進化した生物種
   (d) 過去に起こった適応
10. 動物界の重要な三つの進化の発明はどれか．
    (a) 真の組織，器官系，運動性
    (b) 真の組織，菌糸，体腔
    (c) 旧口動物，真の組織，運動性
    (d) 器官系，葯，運動性

ニュースの中の生物学

Honeybees Vanish, Leaving Keepers in Peril

BY ALEXEI BARRIONUEVO

ミツバチが消え，窮地に陥る養蜂家

（2月23日，カリフォルニア州ヴィセーリア発）

養蜂家のDavid Bradshaw氏はこれまで，ミツバチに数えきれないほど刺されながらも耐えてきたが，先月，そんなことは比べようもないほど，生涯で最大のショックを受けた．巣箱を開けると，彼の1億匹のミツバチの半数がいなくなっていたのだ．

米国24州の養蜂家たちは，不可解なミツバチ失踪事件で，Bradshaw氏と同じようにショックを受けている．これは養蜂家の生計を脅かすだけでなく，米国最大の収益源であるアーモンドなど，数多くの農作物の生産にも脅威となる事件である．

"こんなことは初めてだ．巣箱がつぎつぎと空になって，ミツバチが帰って来ない"と，50歳のBradshaw氏は，開花し始めているアーモンド果樹園で話した．

この突然の謎のミツバチ失踪事件で，全国のスーパーマーケットや夕食時の果物や野菜のために，ミツバチがいかに重要な役割を担っているかが再認識されている．

アガサ・クリスティーの推理小説のようである．ミツバチは花粉や花蜜を求めて飛び去って行ったきり，二度と彼らの巣箱に戻って来ない．

ミツバチは，おそらく，野原で体力を消耗したり，単に方向感覚を失い，寒さに耐えきれずに死んでしまったのではないかと，研究者は語っている．

"私たちの食べ物の約1/3はミツバチに依存している．ミツバチが授粉するおかげで，農作物が実り，食物が得られるのだから"と，米国養蜂連盟の副会長，Zac Browning氏は説明している．

不思議な最近のできごとの一つ，何億匹ものミツバチが突然，姿を消した事件である．姿を消したミツバチが巣箱に戻ることはなく，ミツバチがどこに飛んで行ったのか，あるいは死んだのか，見当もつかない大きな謎である．ミツバチは農業に重大な役割を果たしており，ミツバチがいなくなるのは大問題である．

この章で紹介したように，被子植物は生殖器である花をつくる．植物が有性生殖を完了するためには，花粉が運ばれ，別の花で受粉して，雄の配偶子が放出され，雌の配偶子と融合しなければならない．花から花へ花粉を運ぶミツバチがいなくなると，生殖のチャンスを失う植物が多い．

なぜ，ミツバチと植物の生殖がそれほど重要なのだろうか？　その有性生殖の産物である植物の子，つまりアーモンドなどの種子，または，モモやリンゴなど，果実の種子を包み込んでいる多肉質の子房を，私たちが食べたいからである．私たちは果物が好きであり，果物を買うために，かなりの金額でも喜んで払うかもしれない．最近の調査では，米国では，ミツバチが年間およそ1.4兆円以上に相当する作物に授粉しているとの見積もりがある．

このニュースを考える

1. ヒト（*Homo sapiens*），ミツバチ（*Apis mellifera*），ウシ（*Bos taurus*），そしてミツバチが授粉し花を咲かせる3種の植物，トマト（*Lycopersicon esculentum*），小麦（*Triticum aestivum*）と牧草のアルファルファ（*Medicago sativa*）の間の食物網（第1章参照）を描け．私たちが食べるハンバーガーには，牛肉を薄い円盤型にしたもの，小麦でつくった丸型パン，スライスしたトマトが入っている．ウシはアルファルファを食べて生育する．"食べる側"と"食べられる側"の種間の関係を描くことによって，食物網を完成させよ．ミツバチが仕事をしなかったら，何が起こるだろうか？　ハンバーガーやそれを食べるヒトはどうなるだろうか？

2. ミツバチは，消化器官内にある種の細菌を必要としている．ウシは，食べた食物を処理し，生存するのに，消化器官内にある種のアーキアを必要とする．上の間で描いた食物網をもう一度見て，ハンバーガーをつくるのに，何種類の生物種がかかわっているか考えてみよ．かかわっているドメイン，あるいは，界の数はいくつか．また，私たちの食事を豊かにするために必要な生物の進化の発明を二つ以上あげよ．

3. 生物の多様性は重要であると，環境問題専門家が語っている．あなたが，もし，ハンバーガーとトマトスープを食べ，紅茶にハチミツを入れて飲み，バターを含んだクロワッサンにイチゴジャムをつけるのを好むとしたら，それが，生物の多様性とどのように関係しているか，説明せよ．

出典：New York Times紙，2007年2月27日

インタールード A　第I部で学んだことの応用
生物多様性と私たち人間

Main Message

過去にも繰返し起こる生物多様性の劇的な増減があった．しかし，現在の急速な生物多様性の減少は人間の活動が原因である．

カエルはどこへ行った

1987年の時点で，オレンジヒキガエルという名前の鮮やかな色をしたカエルが，コスタリカの高山にあるモンテヴェルデという熱帯雨林で数百匹もの集団でいるのを確認できている（図A・1）．しかし，1988年には数個体のみ，さらに，数年後には，まったく姿を消してしまった．それ以降，オレンジヒキガエルを目撃した人はいない．

生物種の絶滅は常に人々の関心を集め，原因がはっきりしていることも多い．たとえば，生息場所である森林が伐採され，その森林でしか生息しない鳥が絶滅することもある．この場合，特に謎はなく理由も明白である．しかし，オレンジヒキガエルの絶滅は不可解である．オレンジヒキガエルの生息地は人間が伐採し開発の進んでいる地域からは遠く離れた原始の森で，このカエルが絶滅する明白な理由はない．

オレンジヒキガエルが最後に目撃された頃を境に，他の多くの両生類（カエルだけでなく，イモリ，サンショウウオを含む脊椎動物の大きな分類群）が，世界中で減少しているとの報告が相次いで発表されるようになったが，その多くが自然保護区内においてのできごとである．たとえば，米国のヨセミテ国立公園周辺では，かつてさまざまなカエルが豊富にいたが，その大半が減少するか，あるいは，姿を消してしまった．

現在，世界中の両生類が絶滅の危機にある原因は一つではないと考えられている．大気中のオゾン層が薄くなり紫外線量が増えたことが，高緯度地域に生息する種に悪い影響を与えた可能性がある．世界各地で，ツボカビなどの感染症により膨大な数の両生類が死につつある．他の場所では，水中に混入した人工的な汚染物質が，両生類の発生異常をひき起こし，奇形の原因になっているという報告もある．また，別の場所では，寄生虫が原因の奇形もあるという．

個々の地域ごとに問題はさまざまであるが，世界中で両生類が姿を消しつつある．環境の悪化に対して両生類は他の動物よりもずっと敏感なのかもしれない．炭鉱で毒ガスを検知するカナリアと同じで，両生類の消失は，今後，起こるかもしれない環境問題の予兆なのではないかと警告する研究者もいる．また両生類だけでなく，ほかにも多くの種が絶滅に瀕している．

オレンジヒキガエルが永遠にいなくなったとして，それは大きな問題だろうか？ 他の特定の種，または多くの種までも姿を消したら，どうだろうか．世界中の至るところで，地球の生物が失われているという警告を耳にすることがあるが，実際は，どの程度，生物多様性が失われているのだろうか．原因は何で，どのような問題があるのだろうか．この章では，太古の大量絶滅や，現在の人間が原因となった絶滅で，地球上の生物種の数がどのように変化してきたかを紹介しよう．生物多様性の意味，世界の生物種が人類に対してどのような価値をもっているのかも考えていきたい．

図A・1　忘れ得ぬ日のカエル　絶滅したオレンジヒキガエル．コスタリカの山頂に多数生息していたが1980年末に姿を消した．絶滅の原因は謎である．オレンジ色の雄ガエルが色のまったく違う自分より大きな雌ガエルと交尾しているところ．

地球上には何種類の生物がいるか

現存種の絶滅の問題を理解するために，これまでどのくらいの種が姿を消してしまったかを知るところから始めよう．現在，どのくらいの生物種が地上にいて，また，かつてどのくらい存在していたのだろうか．生物多様性に多くの関心が集まっているものの，生物の厳密な種数を答えられる科学者はいない．推定値は300万種から1億種までと広いが，大半の専門家の意見は，ほぼ300万〜3000万種という線で落ち着いているようである．

間接的な方法で推計される種数

今まで，全部で150万種ほどの生物が収集，同定，命名され，リンネ式分類階層上の位置が確定されている．これは，200年以上にわたる研究者の尽力による成果である．しかし，これはうわべをなぞった程度の数であろうと多くの生物学者が信じている．90%以上が同定，命名されずに，まだ，残されていると考える研究者もいる．

では，これまで見たこともない種がどれだけ存在するか，どうやってわかるのだろうか．その推計には，間接的な方法しかない．たとえば1952年には，米国農務省に所属する研究者が，毎年，博物館に新種の昆虫が持ち込まれる割合から，世界中に昆虫は1000万種いるだろうとする推定値を算出した．

その30年後，スミソニアン研究所の昆虫学者 Terry Erwin は，節足動物（昆虫，クモ，および甲殻類を含む門の仲間）だけで3000万種以上いるだろうという推定を発表して，世界中を驚か

図A・2 種数を見積もるための噴霧実験 熱帯生物学者 Terry Erwin が，煙を使って，木の樹冠部から昆虫を燻り出し，樹冠にいる昆虫を採集しようとしているところ．熱帯雨林の樹冠にいた昆虫種を数える研究から，Erwin は熱帯雨林にすむ節足動物だけで世界中に3000万種はいるだろうと推定した．

図A・3 ケーキの分け前 このケーキ型の図は，生物の主要なグループですでにわかっている種数を示している．動物（特に昆虫）や植物はすでに知られている種の大部分となっているが，まだ多くの種が発見されていない．

せた．節足動物という一つの生物群だけで，今まで知られている生物種の20倍はいるということになる．Erwin は，そうした節足動物の大半が，熱帯の森林の**樹冠部**，つまりほとんど手の届かない熱帯雨林の樹木の高い場所に生息すると考えている．

Erwin の推定値は，薬剤噴霧（図A・2）によって採集した昆虫の種数をもとにしたものである．彼はまず，熱帯雨林のある一本の樹木のてっぺんに生分解性の殺虫剤を吹きつけた．つぎに，地上に落ちてくる昆虫を全部集めて，その種数を数えた．この方法で熱帯雨林のある特定の木の樹冠部には甲虫類が1100種いることがわかった．決まった種の樹木だけに生息し，他の場所にはいない生物を**スペシャリスト**というが，Erwin は，見つけた甲虫のうちスペシャリストは160種ほどだろうと判定した．そこから，彼は世界の節足動物の最低種数を割り出したのである．

Erwin の計算方法を紹介する．熱帯雨林を構成する樹木類はおよそ5万種ある．Erwin が調査した樹木種が典型的なケースならば，世界の熱帯雨林には800万種（5万種の樹木 × スペシャリスト160種）の甲虫がいると推定できる．これまでの分類学者のデータでは，甲虫は全節足動物のおよそ40%を占めるので，800万種の甲虫から予測される全節足動物種は，2000万種となる．したがって，熱帯森林の樹冠部にはおよそ2000万種の節足動物がいると推定した．多くの生物学者の見解として，熱帯雨林の樹冠部以外にも，樹冠部の半数程度の密度で節足動物がいると考えられるので，それをおよそ1000万種と見積もる．こうして，熱帯雨林だけでおよそ3000万種（2000万 + 1000万）の節足動物がいるという計算になる．つまり，熱帯に生息する節足動物の種数は最低3000万種以上で，地球上に生息する全生物種数はもちろんそれを上回るはずである．

このような推定値は，多くの仮定に基づいているので，間違っている場合もあるだろう．一つでも仮定が変われば，推定値も大

きく変わる．Erwinのこの計算は，未知の種数を推計する方法の一つではあるが，実際に未知種を数え上げることは不可能で，このような間接的な方法でしか求められない．前提となる仮説や，そこから導かれる数値について今でも専門家の吟味や議論が続いている．これまでのところ発見されて名前がついている生物種は150万種であるが，それはこの世の全生物のごく一部にすぎない．それだけは確かである．

詳しく知られているグループと，ほとんどわかっていないグループ

すでに知られている150万種の生物のうち，約半数の75万種が昆虫である．昆虫を除くと，動物が30万種ほどである（図A・3）．その次に大きな分類群は植物で，約25万種が知られている．つづいて，菌類は約6万9千種，原生生物は約8万5千種，細菌とアーキアを含む原核生物は約4800種存在する．

種数の多いグループは大きな分類群であることもあるが，捕獲や採集が容易だったり，生物学者に人気があったりして，詳しく研究されてきたという経緯もある．逆に，とても微小な生物，捕獲しにくく，同定が難しいために，あまり研究されていない生物群もある．たとえば，鳥類は約9000種が知られているが，非常に詳しく調査が進んでいて，今後，新種の鳥が発見されたとしても数種程度だろうと考えられている．一方，昆虫は，そのほとんどが未知の状況で，おそらくまだ大半が発見されてもいなければ，同定されてもいないと考えられている．つまり，生物種の構成についての私たちの認識は，偏っている傾向がある．鳥類や哺乳類などのよく研究された生物が支配的であると考え，たとえば昆虫など他の生物にも多くの種が存在するということを忘れがちである（図A・4）．

菌界，細菌界，アーキア界などのグループもまだよくわかっていない．たとえば米国北部のメーン州の土1gの中に，およそ1万種の細菌がいるだろうと推定されている．これまで生物学者が命名してきた細菌は約5000種なので，1gの土の中に新種の細菌が5000種ほどもいる計算になる．この見積もりは，何種類のDNAが土の中に存在しているかを調べた研究をもとにしている．1gの土から10,000種の異なるDNAが抽出され，それぞれが恐らく異なる種に由来すると考えられるからである．研究の進んでいない生物群では，別の問題もある．同じ分類群の二つの生物が同一種なのか，あるいは違う種なのかを決めることが難しい場合が多く，これが全種数を数え上げることをいっそう煩雑にしているからである．

また，比較的研究の進んだ分類群であっても，新種が発見されることもある．たとえば，魚類の場合，毎年100種ほどが新しく発見されている．すべての大型陸生哺乳類の発見は完了したと研究者が宣言していたにもかかわらず，1992年にベトナムでシカに似た大型種が発見された．さらに，その2年後には，別の大型種のシカであるキョンが山中で発見されたりもした．

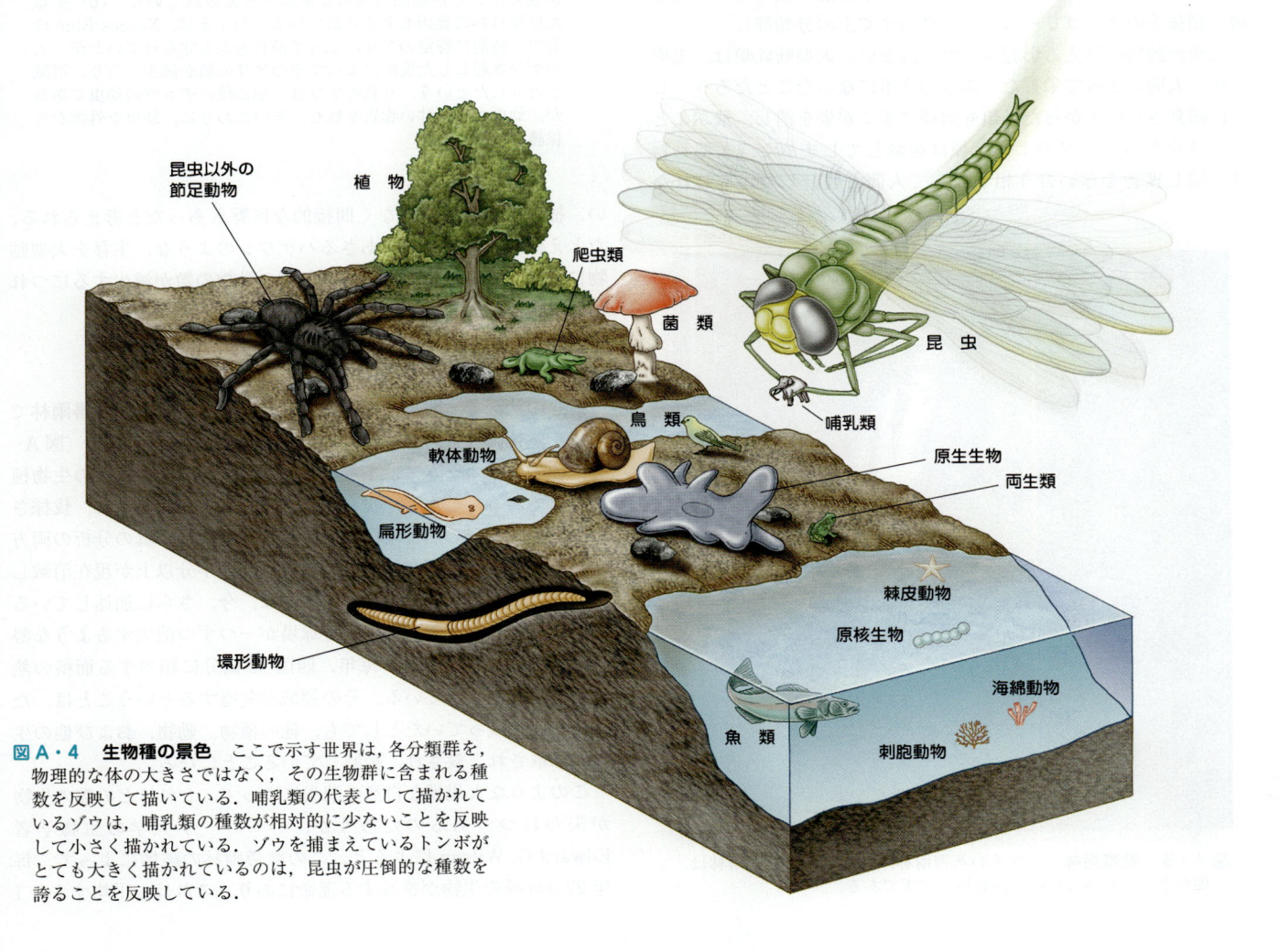

キョン
(*Muntiacus reevesi*)

図A・4　**生物種の景色**　ここで示す世界は，各分類群を，物理的な体の大きさではなく，その生物群に含まれる種数を反映して描いている．哺乳類の代表として描かれているゾウは，哺乳類の種数が相対的に少ないことを反映して小さく描かれている．ゾウを捕まえているトンボがとても大きく描かれているのは，昆虫が圧倒的な種数を誇ることを反映している．

今日の大量絶滅の始まり

地球の生命の歴史上，劇的な**大量絶滅**は変化が幾度となく起こり，そのたびに莫大な数の生物種が消え去った．生物学者は，生物の全種数を何とか数え上げようと奮闘中ではあるが，現在は，新しい大量絶滅の途上にあると断言できる．進行中の絶滅が速度を落とすことなく続けば，これまでの地球史上で，最も急速な絶滅になると予測する生物学者もいる．地球上の全生物種数が推定値なのと同様，絶滅速度の値も推計値である．ただ，最も控えめな推計値をとったとしても，現在の絶滅速度が想像を越えるスピードであることに変わりはない．これから述べるように，この大量絶滅の原因は明らかである．地球上に増大し続ける人間による活動が原因である．

現在の大量絶滅は人類の歴史とともに始まった

人類は長期にわたり世界中の生物を絶滅に追いやってきた．化石記録によると，人類が北米へ，豪州へ，マダガスカルへ，ニュージーランドへ進出したのと同じ頃に，大型哺乳類（マンモス，オオナマケモノ，ラクダ，ウマ，およびサーベルタイガー）が絶滅し始めた．気候変動も一因であったという説もあるが，世界の三つの異なった場所で，人間の進出時期と絶滅の時期がほぼ一致していることは，無視できない．1万年前に地上にいた大型哺乳類の属のうち，73％がすでに絶滅している（第2章参照．属はリンネ式階層分類体系のカテゴリーの一つ，種のすぐ上の分類群）．

オオナマケモノ

人間が動物に与える影響は一つではない．大型哺乳類は，先史時代の人間にとって栄養たっぷりの食事になったことだろう．ヒトに捕食されやすかった鳥類も同様に多くが姿を消し，飛ぶことのできなかったモアのような種は絶滅してしまった．大型動物は，同じ獲物を奪い合う相手として人間と競合したかもしれない．捕食と競争だけでなく間接的な影響もあったと考えられる．たとえば，動物の死骸をあさるハゲワシのような，生存を大型動物に依存していた他の生物種も，餌の動物の数が減少するにつれて消え去っていったかもしれない．

図A・6　絶滅した最初のチョウ　(a) サンフランシスコ半島の砂丘でよくみられた Xerces Blue というチョウは，人間がひき起こした生態系の撹乱によって米国で初めて絶滅したチョウという，あまりありがたくないことで有名だ．*Glaucopsyche xerces* という学名でも知られるこのチョウが最後に目撃されたのは1940年代で，美術館の標本としてもこの写真はとても珍しいものである．生息地（人口の多いサンフランシスコ州の海岸地区）の環境破壊が進んだことが絶滅のおもな原因と考えられている．(b) 生息地破壊以外の要因も考えられている．たとえば，Xerces Blue は幼虫の時期に特定のアリによって捕食者から守られていたが，人間がひき起こした撹乱によってそのアリの数が減少したり，消滅したりしたという．写真のアリは，他の種のチョウの幼虫であるが，幼虫の出す甘い物質を飲む．その代わりに，幼虫を外敵から保護する．

現在も起こっている種の消滅

最悪の状況で，明らかに絶滅の進行している場所が**熱帯雨林**である．熱帯雨林は，世界の熱帯に存在する緑豊かな森林で（図A・5），他のバイオームにはまったくみられないような多数の生物種の宝庫である．しかし，現在，猛烈なスピードで焼かれ，伐採されている．実際の熱帯雨林の破壊の状況や衛星写真の分析の両方から，先史時代に存在していた熱帯雨林の半分以上が現在消滅していることがわかる．その破壊速度は，今，さらに加速しているという科学者もいる．毎秒，野球場が一つずつ消失するような勢いで，年に換算すると，毎年，四国10個分に相当する面積の熱帯雨林が破壊されている．その領域が荒廃するということは，たとえ樹木が残っていたとしても，他の植物，動物，および他の生物が採取され，殺され，絶滅していることになる．

このような大規模な自然の消失によって，どれほどの数の生物が失われつつあるのだろうか．ハーバード大学の生物学者 Edward O. Wilson によると，この熱帯雨林の破壊によって，毎年27,000種の生物が絶滅する運命にあり，これは，平均すると1

図A・5　熱帯雨林　ハワイの熱帯雨林．このような熱帯雨林は，他のどこにもみられない固有種の宝庫である．

日74種，つまり1時間に3種が絶滅していることを意味する．熱帯雨林は，特に生物が多様で種数の豊富な場所であるが，ほかにも特有種が繁殖する**生息地**は多い．

絶滅率を正確に推測することは難しいが，人間が関与した過去数千年の間に，何百もの種が実際に絶滅したことは実証されている．近年の記録からも淡水魚の約20%が絶滅したか，あるいは，**絶滅危惧種**（絶滅の危機に瀕している生物種）となっている．2000年前に生きていた世界の鳥類の約20%の種がすでに絶滅していることも，世界規模の調査で明らかである．消滅していない現存種に関しても，10%が絶滅危惧種であると考えられている．

この絶滅のほとんどは直接の身近な問題ではないと思うかもしれないが，実際はそうではない（図A・6）．前述のように，米国のヨセミテ国立公園でカエルが姿を消しつつあり，存在が確認されていた植物のうち200種が絶滅してしまった．数年後には，さらに600種が絶滅するだろうと予測されている．北米大陸全体で，淡水魚の29%，淡水性貝類の20%が，絶滅したか，あるいは絶滅危惧種となっている．

要するに，絶滅種および絶滅危惧種に関して生物学者が蓄積してきたデータによると，最も控えめな推定でさえ，今なお膨大な数の生物が消滅しつつあることになる．なぜこのような事態が起こるのだろうか．

生物多様性を脅かす脅威

今，世界に残っている他の生物種も，生き残れるかどうか，過酷な状況にある．さまざまな人間の活動により，地球規模で，また，ごく身近な場所で，生物多様性が危機に陥り，破壊されている．

生息場所の消失や荒廃が生物多様性の最大の脅威である

生物多様性に対する直接の脅威となるのは，生息地の破壊や荒廃である．かつて自然があふれていた場所に，人が住み，農耕し，産業を起こすと，他の生物に適していた生息地は消え去り，急速な変化が起こる．"生息地が失われる"のは，アマゾンの熱帯雨林が焼き尽くされることだけのように思うかもしれないが，問題は，はるかに多岐にわたり，より身近な場所にも多い．

かつての森林や野原へ，都市が膨張し進出するたびに，生物の生息地が消滅する（図A・7a）．都市や近郊の場合，人口増加の影響が広範に及ぶために，人口が密集する地域では，公園や保護区においてさえも，生物が姿を消しつつある．たとえば，ボストン市郊外で都市開発が進んだとき，ある大きな保護区の公園で，植物が150種も消失したという生態学の調査結果が報告された（図A・7b）．その直接の原因は，多くの自然愛好家を含めて，保護区の公園を利用する人が増え，植生が踏みつけられ，生態系の撹乱が起こったことによる．また，多くの家屋が建てられたので，自然の環境が減り，公園を再生する種子が飛来するチャンスが減ったことも，種が減少した原因となる．さらに，汚染や土壌の流失など，人間活動がもたらす影響や，人口の増大が，多くの種が生存できなくなるほど生息地を変容させた．

他の場所から侵入した種が，もともといた生物種を一掃することがある

別の大きな問題は，もともといなかった外来種が，意図的であれ偶然であれ，人間の手によって持ち込まれるケースである．研究者の見積もりによると，欧州からの人間の移動で，すでに5万種の**外来種**が北米に侵入したという．侵入種ともよばれる外来種は，在来種を一掃し，景観を一変させることもある．外来種が在来種を食べたり，寄生したりすることによる直接的な被害もあれば，在来種の食糧，土壌，光などの資源を奪ってしまう間接的な被害もある．

アフリカのビクトリア湖には，かつて約500種のカワスズメがいた．ここ約1万年の間に進化してきたものである．しかし，現在，半数弱の種が絶滅し，残る種も絶滅の危機に瀕している．食用魚としてビクトリア湖に放されたナイルパーチが捕食者となったことが，多くの種の絶滅をまねいた大きな原因である（他の要因には，汚染と上昇した水の濁度がある．第18章参照）．

図A・7　生息地が失われ荒廃することの脅威　(a) 生息地の消滅は，熱帯雨林の焼失だけの問題ではない．この写真は，住宅地となったことで自然の景観が大きく変わった例である．(b) マサチューセッツ州ミドルセックス・フェルズ保護区は100年の歴史を誇る．保護区内での開発はもちろん禁止されているが，保護区内で150種の植物が消え去ったという研究者の報告がある．保護区周囲の人口が増大し，保護区を訪れる人々が増えた結果，他の地域にはまだ残っている植物種が消失したと考えられている．

ハワイでは，移入されたブタが逃げ出して野生化し，植物を食べあさっている．ペットのネコやマングースも外来種で，ハワイの多くの鳥を，特に地上性の鳥を餌にしている．エゾミソハギやユーカリの木，エニシダ（図A・8b）も，侵略的な外来植物で，米国の各地で在来植物を圧迫している．

生物種にとって脅威となる気候変動

最近の気候の変化も，人間活動が原因であるという見方で多くの科学者の意見が一致している．この気候変動も生物種に悪影響を与えているようである．たとえばオーストリアでは，アルプスの植物群集の分布域が10年間に1mほどの速度で標高を上げつつある（図A・9）．おそらく，地球温暖化のため，より生存に適した涼しい気候を求めて，高い場所へと移動できた植物のみが生き延びた結果であろう．こうした気候変動の傾向が続けば，やがて山頂にすめなくなった植物は絶滅していくかもしれない．標高の高い場所への移動ができない地域では，多くの種が，より寒冷な北方の緯度へ移動し始めている．

解明の困難な脅威

カエルやサンショウウオなどの両生類が世界中で姿を消しつつあることについては，多くの生物学者の意見が一致している．しかし，理由はいまだによくわかっていない．ある地域では，汚染が犯人のようであるし，大気中のオゾン層が薄くなったために紫外線量が増大し，カエルに悪影響を与えたのかもしれない．両生類の疫病が流行った可能性もある．

気候変動が問題の根幹にあるという研究もある．紫外線や病気による両生類の死滅を，気候変動が助長している可能性もある．気候パターンの変動によって，米国北西部の山間部の降雨量が減っていることを，北米西部のカエルの研究者が指摘している．そうすると，カエルの卵は浅い水たまりでふ化して発生しなければならない．そのため紫外線を浴びやすく，それゆえ，致死性菌類などの病気にかかりやすくなっている．

両生類の消滅に関する個々のケースについてはデータが蓄積しつつあるが，世界中の，このように多くの場所で同時に姿が消えたことの理由はわかっていない．両生類全体を弱らせるような，何か大きな原因があるのだろうか．明白な決定的証拠はない．何がカエル絶滅の最大の問題なのかわからないままに，生物学者は，その脅威に立ち向かわなければならない状況である．

図A・8　外来種の脅威　外来種はさまざまな場所で在来の生態系に脅威をもたらしている．(a) 偶然グアム島に侵入したミナミオオガシラヘビによって，鳥の個体数が減っただけでなく，人間の迷惑にもなっている．ベビーベッドに登ってきたり，下水溝経由でトイレに現われたりする．(b) ヨーロッパから米国にやってきたマメ科のエニシダは，米国中で在来植物を脅威にさらしている．この耐寒性の植物は，破裂して種子を遠くへ分散させるさやをもつ．分散する速度が速く，幹線道路や一般道に沿って咲いているのがよく見られる．

グアムには，ミナミオオガシラヘビが侵入し（図A・8a），その結果，森林の鳥の大多数がいなくなった．かつて，熱帯の鳥の鳴き声でうるさいほどだった森が，今は不気味なほどの静けさに包まれている．ミナミオオガシラヘビの侵入は，生息地であったニューギニアから米軍飛行機が偶然空輸してしまったと考えられている．

図A・9　行き場を失う植物　野生高山植物トチナイソウ（*Androsace*）属の分布域は，アルプスの頂きを登らざるをえなくなった．オーストリアアルプスのホッホビルデ山では，過去10年間に2mほどの速度で，植物の分布域の高度が上昇している．地球温暖化がこの調子で進めば，いずれこの植物は山頂でしか生きられなくなる．さらには，行く場所がなくなり，絶滅するだろう．

A．生物多様性と私たち人間

生活の中の生物学

私たちのどのような行為が問題か？

なぜ，私たち人間は，工場やショッピングモール建設のためだけに，せっせと木を伐採し，草地を開拓し，周りの生物多様性に影響するような行動をとってしまうのだろうか．理由の一つは，私たちがとても多くの物質を消費するからである．たとえば，平均すると大学生1人当たり，年間500個の使い捨てカップ，150 kgの紙を使う．テイクアウトするコーヒー，ビールのカップ，ノート，プリンター用紙のすべてを考えてみよう．私たちが購入するすべての物の製造に必要な資源を得るために，草地が削減され，野生生物が絶滅している．それだけでなく，最終的に物がいらなくなったときにゴミを捨てる場所を確保するためにも，また野原や海岸の面積を削る．米国の大学生1人当たりが出す廃棄物は，年間300 kgで，米国の大学生全員だけでも年間2億t以上の廃棄物を出す．この問題を解決するために何ができるだろうか．コロラド大学では週1回リサイクル品を収集することにした．これによって，ゴミ廃棄場に出される学校のゴミの量は40％になった．同じような取組みで，再利用できるマグカップとドリンク割引を提供しているキャンパスでは，ゴミが30％減少した．

このような大学の努力以外にも，もっと多くの取組みが可能だ．たとえば，米国内で読まれている新聞紙がすべて再利用されれば，毎日41,000本の木が保護され，ゴミ廃棄場に600万tのゴミが出されないことになる．米国では1時間に2500万本以上のプラスチック飲料のボトルが廃棄されており，水のペットボトルだけでも100万〜600万本になると推測される．また，民間の航空機を3ヵ月ごとにつくり直せるほどのアルミニウムを廃棄している．

1 tの紙の再利用で保護できるもの：
・17本の樹木
・26 tの水
・1.8 tの油
・265 kgの大気汚染
・2.3 m³のゴミ廃棄場所
・4100 kW/hのエネルギー

これまでは幸先の良いスタートである．たとえば，すべての紙の42％が現在再利用されている．米国環境保護局によると，1999年のリサイクル運動および廃棄物からの堆肥化活動によって，ゴミ廃棄場や焼却炉に6400万tの物質が送られずに済んだ．現在，米国はゴミの28％を再利用している．この量は，過去15年の間にほぼ倍増した（訳注：日本の再利用率は19％である）．

出典：www.columbia.edu/cu/cssn/greens/waste.html, www.depts.drew.edu/admfrm/recycling.html, www.epa.gov, www.env.go.jp/recycle/.

人口増加が生物多様性に対する脅威となる

ヒト以外の生物にとっての最大の脅威は，人間の人口増大である．ここまで取上げてきた問題の多くが，実は，地球上のヒトの個体数増大の直接的結果だからである．人口が増大すれば，暮らしを支えるために，人間は自然のままの地域を農場や道路・工場へと変え，その結果，生息地の荒廃が続くこととなる．車を使う人が多くなればなるほど，油が燃やされ，紙，プラスチック，殺虫剤，除草剤，肥料，食糧を購入し，その製品を生み出すために土地を使用しなければならなくなり，水や空気の汚染が進む．そして，購入した製品を使用し終わると，ゴミを周辺に巻き散らす．問題をさらに深刻にしているのは，人口だけでなく，一人当たりの資源使用量も増えているという事実である．

このすべてが環境を変え，ヒト以外の生物種の衰退を早める．問題解決のためには，森林破壊などの直接的な破壊行為について考え直さなければならないが，そればかりではなく，生物多様性を失わせる間接的な効果，特に，ますます増加する人口による資源利用量の増加も考慮しなければならない．

本章では，地球規模の絶滅をひき起こす要因を議論してきた．同じ原因で，他の多くの生物種が，絶滅まではいかなくても，危険なレベルにまで個体数を減らしている．今後，なんとか生存できる状況になったとしても，個体数が少ないと何らかの別のきっかけで，本当に絶滅してしまう危険性も高い．

過去の大量絶滅

大量絶滅が起こるのは，地球の生命史上初めてのできごとというわけではない．第19章で詳細に紹介するが，およそ35億年前に生命がこの惑星に最初に誕生して以来，4億4000万年，3億5000万年，2億5000万年，2億600万年，6500万年前の合計5回の大量絶滅が起こっているのは確かである．

これら大量絶滅では，ヒトはまだ進化していないので，関与していない．それぞれの大量絶滅については，気候変動，火山活動の活発化，海洋の縮小など，さまざまな原因が考えられている．なかでも，多くの研究者が支持していて，最新かつ最有力の仮説は，小惑星などの地球外物体の衝突である．衝突後の塵埃が厚い雲となって地球を覆ったことが原因で，大量絶滅が起こったという仮説である（図A・10）．

小惑星が地球に激突し，生物多様性を減少させたという説は，最初は多くの人が懐疑的で冷笑する人もいたが，現在では，過去の5回の大量絶滅のうち最低2回の直接原因になっていると考えられるようになった．一つは白亜紀の末，6500万年前に発生し，5回の大量絶滅のうち最も有名で，恐竜を全滅させたものである．

これまでの大量絶滅のうち最大級のものは，その前の2億5000万年前，ペルム紀の末である．当時の海の生物種の80〜90%が絶滅したと考えられている．この二つの大量絶滅に小惑星の衝突が大きな影響を与えたという別の証拠も新しく見つかりつつある．他の時期の絶滅も小惑星の衝突が原因ということになる可能性もある．

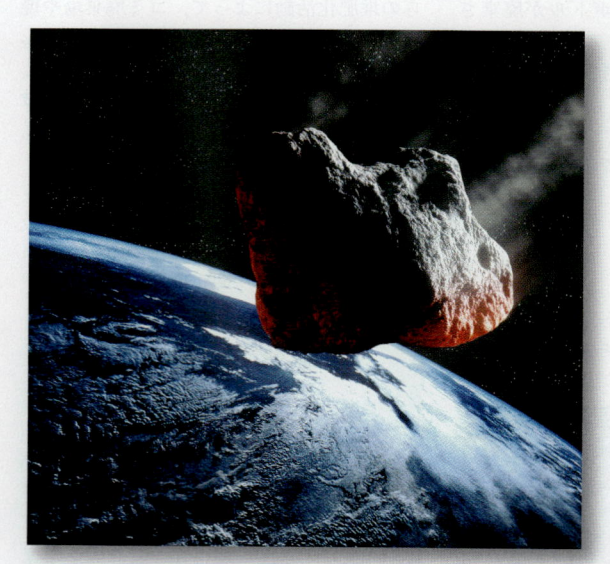

図A・10　事実かSFか：世界が終わるとき　現在の大量絶滅は人間が原因であるが，過去の絶滅はさまざまな自然現象が犯人であった．最近の研究では，地球に衝突した小惑星が最低2回の大量絶滅の原因となっていることが示唆されている．小惑星衝突説は，悲観論者の説として冷笑されていたこともあるが，現在では多くの研究者が認めている．この絵は，小惑星が衝突する様子を示す想像絵．

図A・11　ゼロの状態からスタート　サンゴ礁は過去の大量絶滅から回復したが，現在の繁茂したレベルに達するには何百万年もかかっている．

こうした大量絶滅で，消え去っていった分類群もあれば，無傷で生き延びた分類群もある．そして，それぞれの大量絶滅の後では，新たに生物が進化し，この地球上に生息域を広げ，生物の種数は回復した．たとえば，恐竜が優勢であった時期，哺乳類は小型種がほんの数種存在するだけだった．しかし，恐竜が絶滅すると，新種の哺乳類が多数進化した．新種の哺乳類は，新しい生息環境で，新しい習性を進化させた．そのめざましい哺乳類の多様化の産物として，今日の私たちヒトの進化がある．

過去の大量絶滅では，生物種数はやがて回復した．とすれば，現在の大量絶滅を心配することはないかもしれない．以前のように地球は回復するのではないだろうか？　新種の生物が進化すれば地球上の種数が再び増加する可能性はある．しかし，姿を消した生物はもう二度と姿を見せることはない．さらに大きな問題は，過去の大量絶滅で種数が回復したといっても，それには何百万年もの年数がかかっている点である．たとえば，海洋のサンゴ礁は，過去5億年の間に，全滅にまでは至らなかったものの，大量絶滅により種数の大幅な減少と回復を何回も繰返してきた．しかし，その回復には500〜1000万年ほどの長い年月を要している（図A・11）．一方で，地球上で生き残った生物も，絶滅によって食物連鎖の中の重要な生産者，消費者，分解者が欠落し，大きく変化した．私たちは生物種数が回復するまで待てるだろうか．あるいは，そもそも生き残れるのだろうか．

これからの50年間，私たちがどのように行動するかによって，その後，何百万年もの間，地球が生物多様性の乏しい不毛の地と化すかどうかが決まる．私たちは，どのような地球を子孫に残せるだろうか．または残すべきなのだろうか．

生物多様性の重要性

ある場所でネズミが1種，あるいは，コガネムシが1種絶滅したとしよう．それが，人間にどのような影響を与えるだろうか．たぶん，このような疑問を多くの人が抱くのではないだろうか．この問いに答えるには，ある特定の環境に複数の生物種がいることをどのように評価するか，そういった課題に長い間取組んできた生物学者の視点が必要である．生物多様性が世界の森林，湿地，海洋，河川，および他の野生の生態系にどのような影響を与えるかという点に生物学者の大きな関心があり，1990年代から，生態系の健全さや安定性に生物多様性がどう寄与するかの研究が盛んに実施されてきた．

生物多様性と生態系の作用

英国で実験室内に小規模の生態系を作る試みが行われた．また，米国中西部では実験的に人工草原が作られた（図A・12）．これらの実験から，生態系にいる生物の種数が多ければ多いほど，その生態系の健全さも増すことがわかってきた．生物多様性があることは，生態系に有益である．

例を一つ紹介する．いろいろな生態系で，生態系が多様なほど**生産性**も高い傾向にあることがわかっている．つまり，生産者としての植物の分量（葉や幹，果実などの合計）が多くなるのである．なぜ，生物多様性が生産性を向上させるのだろうか．それは，さまざまな生物種がいて，さまざまな資源を有効利用できるためである．たとえば，ある植物は，同じ生態系の中でも太陽光を強く浴びる場所で最もよく成長するが，日陰の方がよく成長できる植物もいるだろう．いろいろな生物がいればいるほど，生育地の全面積と，そこにある全資源を生産性向上のために有効利用できるようになる．湿原や乾燥した草原などでも同じことがいえる．生息する生物の種数が一つ多ければ，それだけ資源の生産力を活用できる生物が多いことを意味する．

生態系に多くの種が存在すれば，生態系の復元力も大きくなるという証拠もある．たとえば，草原のケースで，生物種数が多ければ多いほど，干ばつ後に健全な状態に回復する能力も高く，また，病気や外来種の侵入も起こりにくいという研究報告がある．

図A・12　生物多様性の重要性の実験　(a) 制御された条件下で生物多様性の重要性を確かめる目的で，小規模の実験的生態系が英国でつくられた．エコトロンとよばれている．草や野生の花，カタツムリやハエなどの生物種で構成される生態系である．(b) ミネソタ州の大草原にある大規模な実験場．生物種の異なる実験区画が多数ある．生物多様性の先駆的研究がここから生まれている．

こういった生産性，復元力，病気や侵入者に対する抵抗力はすべて，健全で良好な生態系を保つうえで必要なポイントである．多様性はさらなる多様性を生み出し，多種多様な植物が存在するほど，その植物を食べる昆虫の種が増え，複雑な相互依存の関係が生まれることもわかった．では，森林，小川，湿地帯，および海洋などの生態系が健全かどうかを私たち人間が心配する必要があるのはなぜだろうか．

生物多様性の恩恵

ふだんはあまり考えることがないかもしれないが，生物圏は多くの物質や無料のサービスを直接人間に提供している．たとえばヒトは，生きるうえで最も基本的な部分で生態系に依存している．呼吸する酸素は植物が生み出し，食糧はすべて他の生物に由来するからである．またトマトやムギのような農作物，ウシのような家畜など，農業の基盤となっているものは，すべて野生種から改良して得たものである．

野生生物が重要な食糧となっている地域も多い．昆虫，特に食感が良く美味なイナゴやアリなどは，世界の多くの地方で重要なタンパク質源となっている．中央アメリカでは，木の上で日光浴する習性のあるイグアナが，食卓に並ぶことも多い．この巨大トカゲは7000年にわたり食べられてきた食文化があり，"木の上のニワトリ"とよばれている．また，中南米では，リャマの仲間であるグアナコが，食用や毛皮用に重宝されていたり，世界最大の齧歯類カピバラが重要な食用肉となってきた．日本では，いろいろな藻類が海苔巻きからワカメスープまで食用に使われている．さまざまな種類の魚介類も寿司の材料として使われている．

カピバラ

私たちの病気を治すときにも生物多様性は役立っている．薬局で調剤する処方薬のおよそ1/4が，植物を原料とするものである（図A・13）．マラリアの特効薬キニーネは，キナノキという植物に由来し，抗がん剤として有用なタキソールはセイヨウイチイの木から抽出された．組織の炎症を抑える物質，ブロメラインはパイナップルからとれたタンパク質である．同じように，動物や菌類，そして細菌のような微生物に由来する多くの薬品が使われている．

食料や医薬品に加え，野生生物は，接着剤，香料，殺虫剤，および調味料として使用される化学物質など，有用な製品の原料となることもある．植物界のさまざまな種の樹木，竹などの草本植物が，私たちの住居や家具の材料となっている．細菌は，多種多様なエネルギー獲得術をもつことから，特に有用である．たとえば，一部の細菌は廃油を分解し，汚水を浄化する能力をもっている．また，抗生物質など役に立つ化学物質も生産し，細菌が他の競争種を殺すために使う抗生物質を，私たちは感染症から身を守るために利用している．

多様な生物種あふれる健全な生態系は，私たちに無料の**生態系サービス**を提供している．たとえば，北米西海岸の地区は，かつてはセコイアの大木で覆われ，その葉や枝が霧や雨を集めて地面へと導く役割を担っていた．現在，多くの樹木が伐採されてしまったので，霧や雨はそのまま風で流れ去ったり，強い太陽光で蒸発しやすくなった．地面の保水力が低下し，貯水池への水量も減り，住民に供給する水が少なくなった．樹木がなくなると，山腹の侵食が進みやすくなり，河川の堆積物が増える．一見使い道がなさそうなアシで覆われた湿地も，河川水の天然フィルターとして作用し，浄化された水を人々に提供している．

生物の多様性は，美しさも提供する．もし，美に値段をつけることができれば，コンゴウインコやブダイ，イソギンチャク，チューリップ，サクラソウなどは，生物多様性に十分な値打ちを与える典型的な生物種となるだろう．生物の豊かな世界が存在することで，多くの人が，美的評価だけではなく，心が活性化されリフレッシュされることもある．

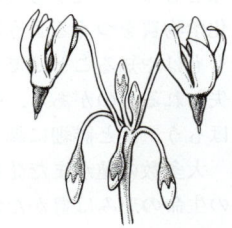

アメリカサクラソウ

人の欲求や願望を満たすこと以外にも，生物多様性はそれ自体ですでに高い価値をもっていると考えることもできる．これは，野生生物はかき乱されることなく存在する権利があり，ヒトなどの他の種が死滅させてはならないという考えである．

図 A・13　薬用植物　広く使われている重要な薬品は，もともとは他の種（植物である場合が多い）で発見されたものが多い．今も，植物から抽出して得られているものもある．薬局の薬棚を見ると，それがよくわかるだろう．(a) マダガスカル原産のツルニチニチソウは，もともとマダガスカル（アフリカの南東部沿岸にある大きな島）以外にはなかった．この植物は重要な抗がん剤のビンブラスチンの原料である．(b) キニーネはキナノキの樹皮からとれる薬で，マラリア（毎年3.5〜5億人が感染する病気）に幅広く使用される薬品である．(c) カフェインは薬物ではないが，コーヒー豆から得られるこの強力な刺激物は，長時間にわたりヒトの頭を活性化して，研究や仕事の支えとなる．(d) ジオスゲニンはヤマイモの一種からとれる物質で，経口避妊薬やホルモン療法に使用されるプロゲステロンの材料である．

　さて，ほとんどいなくなってしまったオレンジヒキガエルはどうだろうか．オレンジヒキガエルが，生息地の生態系に役立っていたかどうか，私たちにはもう知る術はない．他種の生物が生存し繁殖するのにオレンジヒキガエルは役立っていただろうか？食物網の中で重要な役割をしていただろうか？水質や生息地の環境の変化に影響を及ぼしていただろうか？オレンジヒキガエルは，明らかに美しく目立つ魅力的なカエルの一種である．その鮮やかな色は，他の有毒物質を出す生物のように警告色と同じ意味をもっていたかもしれない．薬学の研究者が興味を示すような化学物質をつくるように進化していたかもしれない．だが，これももはや知ることはできない．ある生物種が絶滅するたびに必ず失われるものがある．そして，姿を消してしまった生物種のことはもう二度と詳細に調べることができない．

　大多数の種がまだ発見されていないことを考えると，自然からの生命の恵みは豊かだが，生物界の恩恵の大半が，まだ手つかずの状態にあるといえる．美しさ，食糧，住まい，医薬品といった未知の恵みが，そこにあるのかもしれない．しかし，それはオレンジヒキガエルのようにこの惑星から絶滅するその前に，私たちが発見できたときの話である．

復 習 問 題

1. Terry Erwin は，どのように世界の昆虫種数を見積もったか．こうした見積もりが難しいのはなぜか．地球上の未知の種数を見積もるためには，ほかにどんな方法があるか考えよ．樹木への噴霧法も最初は変な方法と考えられていたので，想像力を豊かにして考えてみよう．
2. 地球上の生物の総種数も，また，それが，どの程度の速度で消失しつつあるかについても正確な情報はない．こうした情報が不十分な状況で，生物学者が警告している全世界規模での絶滅について，私たちは真剣に考える必要があるのだろうか．理由とともに述べよ．
3. 地球上における生物多様性の増減がいつどのように起こったか，説明せよ．
4. 人口増大は，なぜ，またどのように生物多様性への脅威となるか．
5. 人間が必要としていることと，絶滅危惧種の保護が対立する場合がある．人間が農業を行ったり，家や商店街の建設を続ければ，さらに多くの生息地や生物種が姿を消すことになるだろう．だが，多くの人がこのような開発を必要としている．人間には，開発を行う権利があると考えるか．ヒト以外の生物種に生存する権利はあるだろうか．もし，生存する権利があるならば，ヒトの生存権に抵触する場合，どのように二つの関係を調停すべきだろうか．
6. 絶滅危惧種が，新しい建造物や開発のために危険な状態になったときに，"絶滅危惧種法" に従って，開発が全面的に差し止められる裁判所決定が過去にもしばしばあった．現在では，開発業者と環境保護団体の間で妥協案が示されるケースが多い．たとえば，一部の建築物は許可するが，他の部分は，絶滅に瀕した生物の保全のために用いるなどの調停案である．こうした妥協は良いことか．理由とともに述べよ．
7. 開発と生物多様性保護との間の衝突は，さまざまな場所で起こっている．あなたの住む地域で考えてみよう．人間の活動によって危険にさらされている生息地や環境はあるか．あるいは逆に，環境保護活動によって脅かされている生活環境や職業があるか．伐採者は失業してはいないか．河川が農業排水によってますます汚染されてはいないか．クラスメートとともに，生物多様性を守ること，あるいは，人間の生活を守ることに対して，賛成，または，反対する短信を，地方紙の編集者に向けて書いてみよ．できれば，あなたの言い分を支持する根拠も記すのがよい．

重 要 な 用 語

樹冠部（p. 54）　　　絶滅危惧（p. 57）
スペシャリスト（p. 54）　外来種（p. 57）
大量絶滅（p. 56）　　生産性（p. 60）
熱帯雨林（p. 56）　　生態系サービス（p. 61）
生息地（p. 57）

4 生命体をつくる物質

> **Main Message**
> 地球上の生命は，炭素を含む有機分子でできている．炭水化物，核酸，タンパク質，脂質の4種類の化合物が，地球上のあらゆる生命体に共通する化合物である．

地球外生命体の探索

どのような文化圏であれ，有史以来，人間は星を見つめ，遠くからくる光がどのような謎を秘めているのかと，あれこれ思いを巡らせてきた．現代でも，SF小説や映画の人気は衰えておらず，UFO目撃や宇宙人による誘拐の報道もある．人々は星に魅了され続けている．

憧れ半分，恐れ半分の話題である．今のところ，私たちの住む青い惑星，この地球以外に，生命が存在するという科学的証拠はなく，最も有力な根拠は化学物質だけである．生命が存在するかもしれないという目印になる化学物質が太陽系外惑星の望遠鏡観測で見つかっている．また，生命体に特徴的な化学物質，アミノ酸や単糖類が，宇宙空間から得られた隕石などの中に発見されることもある．

地球から約20光年離れた宇宙に，てんびん座の星，赤色矮星グリーゼ581と，それを母星（地球にとっての太陽に相当）とする惑星，581cがある．この惑星は生命がいてもおかしくない条件が十分にそろっているので，童話"3匹のクマ"にちなんでゴルディロックス惑星というニックネームでよばれている（訳注：クマの留守宅に迷い込んだ少女ゴルディロックスが，お父さんクマのスープは熱すぎ，お母さんクマのスープは冷たく，子どもグマのスープがちょうどよい温度だったので，それを飲んでしまうお話．暑すぎず，寒すぎず，生命体にとって生息可能な範囲の温度帯を，ゴルディロックス・ゾーンとよぶ）．母星となるグリーゼ581からの距離から推測すると，この惑星の表面温度は0～40℃の間にあり，暑すぎず，寒すぎることもなく，童話に出てくる少女が選んだスープのように，生物にとってちょうどよい温度である．この惑星が発見されたときには大騒ぎになった．地球上の生命に欠くことのできない，液状の水が存在していると思われたからである．もし，宇宙人がいて，彼らも私たちと同じような化学的な構成成分をもっていたら，581cの上で遭遇しないとも限らない．といっても，20光年の旅は，それを期待して行くのには長すぎる道のりであろう．ほかに，地球にもっと近い惑星があっても，それらが適度な温度にないからという理由で，生き物のいない不毛な星と本当に言い切れるだろうか？ 惑星581cのような温度だけが，私たちの知っている生命をはぐくむことができる領域なのだろうか？ 今，宇宙生物学の分野の科学者は，生命の起原，進化，存在を示すような証拠を探し求めている．地上であっても，もっと苛酷な環境に生存する生物を探し出せれば生物の限界はどこにあるのかがわかるし，そこから地球外生命体についてさらに詳しいことが理解できるようになるかもしれない．この章ではまず，地球の生命体がもつ化学物質はどのようなものかを中心に説明し，最後に，地球上の極端な環境にすむ生物や，地球外生命体について，再び考えてみよう．

生命のいる星を探して（想像図） 惑星581c（手前の大きな灰色の惑星）は，これまで発見されたなかで最も地球に似た惑星である．地球より5倍以上も大きいが，液体の水があり，生命がすめると予測されている．遠くの赤い球体がこの惑星の太陽（母星）となるグリーゼ581で，二つの小さい球体は兄弟惑星である．

基本となる概念

- 生命体は，さまざまな化学結合によって集合した原子からなる．四つの元素，酸素，炭素，水素，および窒素が，生物の体の約96％の重量を占めている．
- 複数の原子が，共有結合によってつながったものが分子である．共有結合は原子の間をつなぐ最も強力な化学結合である．
- 共有結合よりも弱い非共有結合によって相互作用する原子もある．非共有結合のうち，水素結合とイオン結合が，生体の分子にみられる重要な結合である．
- 化学反応とは，原子の間で化学結合がつくられたり，切断されたり，別の形で再構成されたりすることである．生命活動を維持するために，何千もの異なった化学反応が起こっている．
- 水は独特の特性をもっていて，生命を維持する化学反応にとって最も重要な溶媒であり，生体の化学反応に重要な影響を及ぼしている．
- 酸は水素イオンを放出し，放出された水素イオンを塩基が吸収する．細胞内で起こる化学反応は，酸や塩基の影響を強く受ける．
- 炭水化物，核酸，タンパク質，脂質の四つは，すべての生物に共通する重要な化合物である．これらが，エネルギーの供給から，遺伝情報の保存まで，幅広い役割を担っている．

生物には驚くほどの多様性があるにもかかわらず，非常に限られた種類の原子からつくられている．これは，すべての生命体に共通し，地球上に存在するすべての生物がもともと一つであること，つまり，基本的にはある共通の生命体に由来していることを思い起こさせる．

この章ではまず，生物に共通する元素について解説し，より複雑な化学物質の話へと進んでゆく．原子が組合わさって分子となり，それがさらに連結して巨大な生体の分子をつくり，生物の構造，エネルギーの源，他の重要な機能を担う分子としてはたらいている．分子が構築される過程についても解説する．この章で学ぶことは，どのような階層の生命現象であれ，つづく各章で，より深く生命のしくみを理解するための重要な基礎となる．

4・1 物質世界は原子でできている

この宇宙には，少なくとも92種類の**元素**とよばれる純物質が存在する．元素はそれぞれ物理的，化学的に明確に区別できる特性をもっていて，化学反応によって分解して他の物質へと変化することはない．元素は一つか二つのアルファベットで書き表す．たとえば酸素はO，カルシウムはCaである．元素は，**原子**とよばれるごく小さい構成単位に分割できる．一つ一つの原子は非常に小さく，小さな虫ピンの頭でも，1兆個以上の原子から構成されている．原子は元素独特の化学的特性を示す最小単位である．自然界には92の元素があるので，異なる92種類の原子があることになる．

原子の特性は，3種類の構成要素の組合わせに由来する．うち二つは電気を帯びた（電荷をもった）粒子で，プラスの電荷をもつ**陽子**と，マイナスの電荷をもつ**電子**である．三つ目の構成要素は**中性子**で，名前が示す通り電荷をもたず，電気的に中性である．原子の物理的なふるまいや他の原子とどのような相互作用をするかを決定するのは，電子である．

原子の中心部には密度の高い部分があり，これを**原子核**とよぶ．原子核には陽子が含まれていて，その結果，プラスの電荷を帯びている．水素原子以外の原子核には中性子も含まれている．原子核の周りは，マイナス電荷をもった電子が取囲んでいる（図4・1）．電子が原子核を取囲んでいる様子は，水素の場合，原子核がビー玉ぐらいの大きさならば，電子は原子核から遠く離れた場所にあって，大きなドーム球場ほどの巨大な空間を動き回っている状態に近い．原子は全体として電気的に中性である．つまり，原子核にあるプラス電荷の数と同じ個数の電子のマイナス電荷をもっている．

原子番号

原子の特徴を示す数字として，また，原子の構造や質量を示す数値として**原子番号**が使われる．原子核の中に含まれる陽子の数

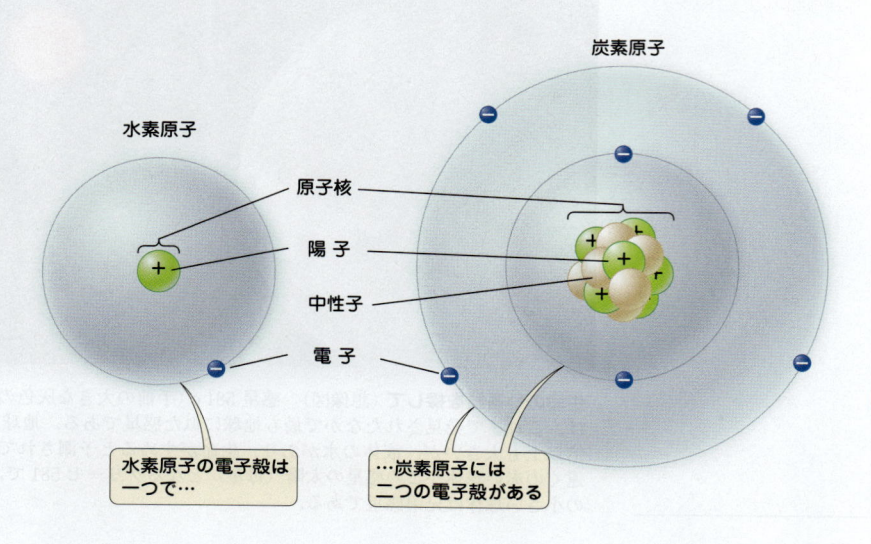

図4・1　原子の構造　水素原子と炭素原子の電子や原子核は，原子全体の大きさに比べて，非常に大きく描かれている．電子殻は，原子核の周辺で，電子が動き回っている空間をさす．

が，その元素の原子番号である．たとえば，陽子1個をもつ水素の原子番号は1，陽子6個をもつ炭素の原子番号は6となる．

原子質量数も，元素の特徴となる重要な数字で，原子の陽子と中性子の合計個数である．地球上に限っていえば，質量と重量は同じ大きさの値で，物体の質量（重量）は，その中に含まれる全成分（電子・陽子・中性子）の数で決まる．電子1個の質量は陽子や中性子の約1/2000にすぎないので，原子の質量は，原子核の中にある陽子と中性子の数，つまり，原子質量数でほぼ決まることになる．水素には1個の陽子があるが中性子はないため，水素の質量数は原子番号と同じ1であり，これを ^1H と表記する．炭素原子の原子核には6個の陽子と6個の中性子があるので，質量数は12で，^{12}C と表記する．これは，炭素原子が水素原子の約12倍の質量をもつことを意味している．

中性子数だけが違う原子

元素とは1種類の原子だけからなると説明してきた．しかし自然界では，原子核内の中性子数が異なるものが存在する．中性子の数が異なる元素を，**同位体**（同位体元素）とよぶ．同位体はすべて，同じ数の陽子（同じ原子番号）と電子をもつが，中性子の数が異なるので，原子質量数は異なる．たとえば，大気中の二酸化炭素ガス（CO_2）の炭素原子の約99%は，12の原子質量数をもつ ^{12}C であるが，ごく一部，約1%は中性子数が6個ではなくて8個の同位体である．この同位体は，8個の中性子と6個の陽子と合わせて，原子質量数は14となり，^{14}C と表記する（炭素14ともよばれる）．

同位体のなかには不安定なものがあり，分解（崩壊）しながらより単純な構成の原子へと変化する．分解する過程で高いエネルギーの放射能を出すので，**放射性同位体**とよぶ．炭素の同位体，炭素14（^{14}C）は，不安定な原子核をもつ放射性同位体である．炭素14のほか，リン32（^{32}P），三重水素（^3H）など，研究や医療の分野で頻繁に使われる重要な放射性同位体もある（訳注：^{13}C，^{15}N，^2H，^{18}O なども研究上使われるが，これらは崩壊することはなく安定同位体とよばれる）．

放射性同位体から出る放射能の検出には，単純なフィルム露光法から精巧な走査型検出器まで，さまざまなものが使われている．放射性同位体は検出が容易で，体のどの場所にどれだけあるかの解析も行いやすいので，医療診断の方法としても使われる．たとえば，甲状腺は，甲状腺ホルモンを合成するために，ヨウ素を吸収している．そこで，甲状腺に疾患のある患者に微量のヨウ素放射性同位元素（ヨウ素131，^{131}I）を投与すると，X線写真装置を使い甲状腺の形態を調べることができる（図4・2）．また，甲状腺がんの治療法として，ヨウ素131でつくった薬を連続投与することもある．甲状腺に放射能をもつヨウ素を蓄積させて，その放射能でがん細胞を殺せるからである．

原子は他の原子と化学結合によって結合する

電子の数と原子核周囲での電子の状態が，原子の化学的な特性を決めている．不活性元素とよばれる元素は，原子が電子を失う，奪い取る，あるいは電子を共有するといった，他の原子との相互作用が起こりにくい．しかし，他の大半の元素，また，生物学的にも重要な元素はすべて，これよりずっと"社交的"といえる原子である．適切なタイプの原子があれば，電子を提供したり，電子を受取ったり，さらに，電子を共有したりする性質をもつ．

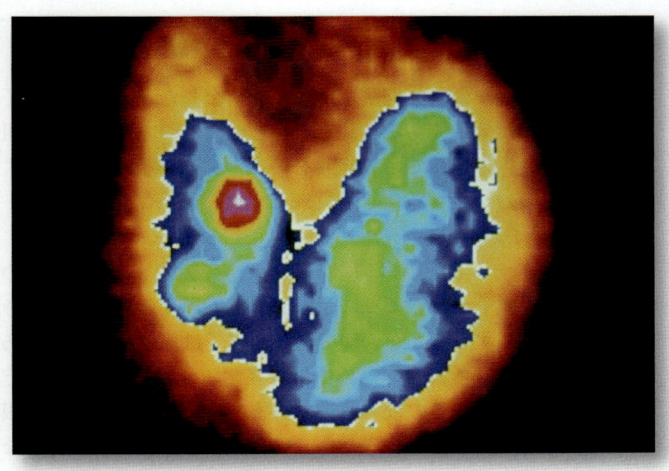

図4・2 放射性同位元素は，医学分野で組織や器官の画像化に使われる 少量の放射性ヨウ素を患者に投与すると，走査型γ線カメラで甲状腺を映像化できる．正常な甲状腺葉（左側）と，甲状腺腫ができて通常の2倍に膨れ上がった部分（右側）が映し出されている．正常部の内側にみえる赤色部は，高い代謝活性（ヨウ素の蓄積）を示している．

二つの原子を結合させたり，引き寄せ合ったりする相互作用を，**化学結合**という．

ある原子が電子を失うと，その原子は失ったのと同じ数だけプラスの電荷をもつようになる．逆に，電子を外から獲得すると，獲得した電子の数だけマイナスの電荷をもつことになる．このように電子を失ったり獲得したりすることで，電気を帯びるようになった原子を**イオン**とよぶ．プラス・マイナス逆の電荷をもったイオンは互いに電気的に引き合うようになり，そのようなイオン間で起こる相互作用は，生体内で重要な役割を果たしている．マイナスに荷電したイオンと，プラスに荷電したイオン間の引力は**イオン結合**とよばれ，化学結合の一つである．二つ以上の異なる元素種のイオンからできている化合物を塩という．塩の中では，原子はイオン間の電気的な引力で互いにつながっている．

分子とは，原子が集まったもので，原子間で電子が共有されることによって互いに引き合う力が生まれている．電子を共有する結合を**共有結合**とよび，非常に強力な化学結合である．分子は，一番少ないもので2個の原子，大きな分子では数百万もの原子が共有結合してつくられる．同じ元素の原子からできているもの（たとえば2個の酸素原子からなる酸素分子）もあれば，複数種の元素の原子からできているものもある（たとえば水素原子2個と酸素原子1個からなる水分子）．

複数の異なる元素を，それぞれ決まった比率で含む物質を**化合物**とよぶ．水分子は水素原子と酸素原子からなる化合物である．化学者は，塩や分子の原子構成を書き表すために，化学式とよばれる略記方法を使っている．化学式では，それぞれの元素の記号の文字と，塩や分子の中に含まれている元素の原子数（または，その比率）を下付き数字で表現する．水分子は二つの水素原子（H）と一つの酸素原子（O）からできているので，化学式は H_2O である．ショ糖（スクロース）などのようにもっと複雑な化合物にも同様の表記方法が使われる．ショ糖は1分子当たり，12個の炭素，22個の水素，11個の酸素をもっていて，$C_{12}H_{22}O_{11}$ と表記する．食塩のようなイオン化合物にも，同じ表記法が使われる．食塩の塊の中には，同数のナトリウムイオン（Na^+）と塩化物イオン（または塩素イオン，Cl^-）があるので，$NaCl$ と表記する．

4・2 共有結合は自然界で最強の化学結合である

先に述べたように，共有結合によって結合した二つ以上の原子からなるものが分子である．共有結合とは，二つの原子間で1組2個の電子が共有されている状態をいう．原子は図4・3(a)のように同じ種類のこともあれば，異なることもある（たとえば図4・3bの水素分子以外の分子）．

電子を共有するしくみは何だろうか？ この問いに答えるためには，まず，電子がどのようにして原子核の周りの空間に配置されるのかを理解することが大切である．電子は原子核の周りにある電子殻とよばれる複数の層の中に存在する（図4・1）．それぞれの電子殻に入る電子の最大個数は決まっていて，殻がすべて限度一杯にまで満たされているとき，原子は最も安定した状態となる．電子殻は内側から順番に満たされていくが，一番中心の殻には最大2個，次の二つの電子殻にはそれぞれ最大8個の電子が入る．

一番外側の殻の電子の個数を満たしていない原子は，その電子収容能力を満たすような他の原子とくっつくことで，安定した状態になる．つまり，原子間で電子を共有して最外殻の電子数を満たすのである．隣り合う原子は2個1組ずつの電子を共有していることになり，この電子ペアが，一つの共有結合に対応している（図4・3a）．

原子が形成する共有結合の数は，最外殻を満たすのに必要な電子の数で決まる．水分子の中の水素と酸素の共有結合を例に考えてみよう．水素は一つの殻（一番内側の電子殻）に電子1個をもっているが，2個の電子をもたなければ電子殻は満たされない．酸素の内側の殻は満たされて，外側の殻に6個の電子をもっているが，2個不足している．二つの水素原子と一つの酸素原子間で電子を共同利用すればこの不安定な状況を解決できる．つまり，水素原子は酸素原子と電子1個ずつを，酸素原子は電子2個を二つの水素原子と共有すれば，三つの原子すべての最外殻が電子で満たされる．この電子共有は原子間の密接な結びつきを必要とするので，共有結合は非常に強力な結合となる．

水はH_2O，天然ガスのメタンはCH_4と化学式で表記される．化学式は化合物の構成原子を示すが，どのように結合して，どのような空間配置をとっているのかは表さない．原子の結合と配置を示すためには，構造式とよばれる別の表記方法が使われる．図4・3(b)のように表記すると，水分子は二つの共有結合によって水素と酸素原子が，メタンは四つの共有結合によって炭素原子1個と水素原子4個が，つながっていることがわかる．

炭素，窒素，水素，酸素，リンや硫黄は生命体に多く含まれるありふれた元素であるが，これらの原子はどれも，共有結合を形成し，互いに組合わさって，生命体を構成するさまざまな分子をつくっている．

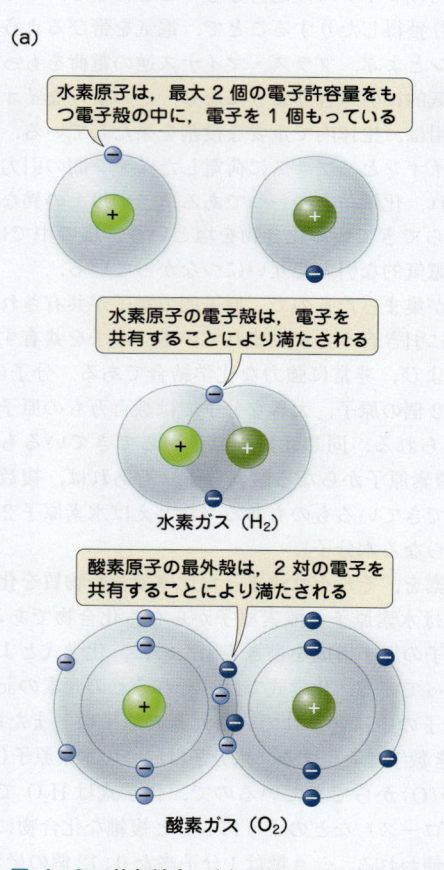

原子	記号	形成可能な結合の数	分子の例（構造式）	
水 素	H	1	H—H	水素ガス（H_2）
酸 素	O	2	H—O—H	水（H_2O）
硫 黄	S	2	H—S—H	硫化水素（H_2S）
窒 素	N	3	H—N(—H)—H	アンモニア（NH_3）
炭 素	C	4	H—C(H)(H)—H	メタン（CH_4）
リ ン	P	5	H—O—P(=O)(—O—H)—O—H	リン酸（H_3PO_4）

図 4・3 共有結合 (a) 生体に一般にみられる原子には，最大四つの電子殻がある．最も内側の電子殻には最大2個の電子が入ることができ，次の三つの層の電子殻には，それぞれ，最大8個，8個，18個の電子が入ることができる．共有結合をつくるときには，一番外側の電子殻が限度一杯にまで電子で満たされると最も安定した結合となる．新しく追加された電子の数が共有結合の数である．たとえば，二つの水素原子が共有結合する場合，水素原子二つが2個の電子を共有し，一つの共有結合を形成している．酸素原子の場合，その最外殻を満たすためには，もともとある電子6個のほかに，さらに2個の電子を必要とするので，二つの共有結合を形成する．たとえば炭素原子は，その最外殻に4個の電子をもっており，さらに4個の電子を必要とする．したがって，炭素原子は最大四つの共有結合を形成できる（b）．

4・3 水素結合とイオン結合はどちらも弱いが，集まって強い力となる

原子は共有結合以外に，**非共有結合**でも連結する．非共有結合とは，逆の電荷をもつ原子間で発生する引力のように，電子を共有するのではなく，他の相互作用に由来する結合の総称である．非共有結合は，共有結合よりも結合力が弱いにもかかわらず，生物の体の複雑な構造や，さまざまな代謝活動など，基本的で重要な生命活動を生み出す源となっている．生体の中でつくる結合の数も圧倒的に多く，動的で変化に富んだ結合を形成できるのが特徴である．細胞の構造維持や，さまざまな機能を発現するときにも，実質的で大きなはたらきを担っている．

共有結合に比べて非共有結合が弱いことは，多くの化合物を連結したり，より巨大な複合体をつくるうえでは，かえって都合がよい．新しくつくったり，分離したり，再形成したりと，すぐに形を変えられるような連結構造をつくれるからである．室温では水は液状で流動的である．これは，水分子の間で非共有結合がつくられたり，分離したりして，常に変化していることによる．また，タンパク質のような大きくて複雑な分子が，それらを取巻く周囲の環境変化に応じて形を変えられるのも非共有結合の特性のためである．このような動的な性質は，まさに多くの生命現象にとっては必須の特性であるといえるだろう．たとえば，皮膚を指でつまんでから離すと，皮膚ははじめ伸び，再び元の形に戻る．この能力は，エラスチン（バネのように非常に弾力性に富んだタンパク質）などの分子間で，非共有結合が壊れたり，再形成したりする過程そのものである．

特に動的な変化をする水素結合は，生体分子の中で幅広くみられ，最も重要な非共有結合の一つである

水や氷の中の水分子間の結合は，水素結合の代表例で，共有結合に比べて，1/20の強さである（図4・4）．水特有の化学的特性は水素結合が生み出している．多くの生物は重量の70％以上が水分で，重要な化学反応の大半が水中で起こることからも水素結合の重要性は想像できるであろう．

水分子は水素原子2個と酸素原子1個が共有結合してできている．プラスに荷電した原子核がマイナスの電子を引き寄せる力は，水素原子より酸素原子の方が強いので，分子内で電子の分布が一様でなくなる．つまり，水分子の中で酸素原子はわずかにマイナス電荷を，逆に，水素原子はわずかにプラス電荷を帯びることになる（図4・4a）．このように分子内の電荷の分布が一様でないものを**極性分子**とよぶ．

反対の電荷をもつ物質は互いに引き寄せ合う性質があるので，水分子中のプラスの水素原子の部分は，隣接する他の水分子中のマイナスの酸素原子の部分に引き寄せられる．この引力がつくる結合が水素結合である．隣の水分子は，さらに別の近くにある水分子とも水素結合をつくる（図4・4参照）．こうした水素結合による引力によって，水に特有の性質（たとえば室温で液体）が決まる．氷の中では，もっと安定した水分子間のネットワークがつくられるが，これも水素結合によるものである（図4・4b）．

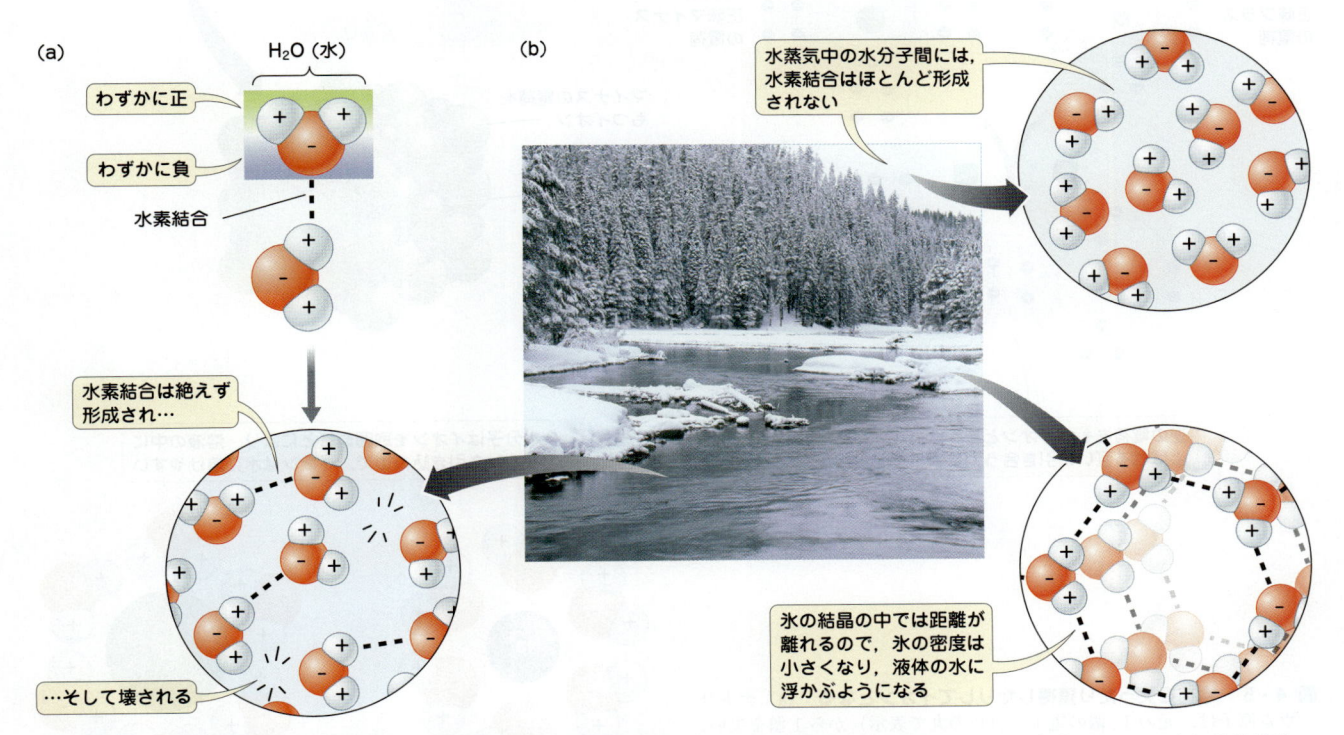

図4・4 水分子のもつ極性が，水素結合をつくる 液体の水や氷の中では，水分子は水素結合により互いに連結している．(a) 水分子は，酸素側がわずかにマイナスに荷電し，水素側はわずかにプラスに荷電しており，極性のある分子となっている．電荷の偏りは，共有電子が，水素原子よりも大きな酸素原子の方に引き寄せられ，分布が均一でなくなるために発生する．プラスの電荷をもつ水素原子と，他の極性分子のマイナスに荷電した部分との間で生まれる結合を，水素結合とよぶ．水中の水分子間では，水素結合が頻繁に形成・分離・再形成を繰返している．(b) 氷の中では，水分子が氷晶をつくって六角形のユニットをもつ三次元の網の中に組込まれ，水素結合はより強固なものとなっている．水分子が加熱されて，十分なエネルギーを得ると，水蒸気という気体の状態になる．水蒸気になると，水分子間の距離は分散して遠く離れ，速く動き回るので，水素結合ができることはほとんどない．

水素結合がつくられるのは，プラスに荷電した水素原子が，部分的にマイナスに荷電した原子をもつ極性分子と相互作用するときである．水分子はほかの極性分子とも水素結合をつくるので，極性分子は水に溶け，完全に水分子と混ざり合うことができる．この性質を**可溶性**という．イオンもまた，水に溶けやすい性質をもつ．これは，水分子がイオンの周りを取囲み，水の殻のような安定した構造をつくるからである．たとえば食塩を水に入れると，塩の固形状の結晶は容易に溶解する．食塩の結晶はばらばらになり，中のイオンは水分子に取囲まれ，液中に均一に分散するためである（図4・5）．生物の体の中も外も，実にさまざまな化合物が混ざり合った液体で満たされている．そのような混合物を表現するのに，化学者や生物学者の使う専門用語をここでも用いる．塩のように液体に溶け込んでいる物質を**溶質**という．**溶媒**とは，この場合水であるが，溶質が溶け込んだ液体をさす．溶質と溶媒とが合わさったものを**溶液**という．

水分子は極性をもつ．これはつまり，荷電のない他の分子（**非極性分子**）とは結合しにくいことを意味している．水と非極性分子を混ぜ合わせると，非極性分子だけが集合してひとまとまりになろうとする．この現象は，油（荷電のない植物油の分子からできている）と酢（塩や極性分子を含む水溶液）と混ぜてドレッシ

(a) ナトリウム原子　塩素原子
11p⁺ 11e⁻　17p⁺ 17e⁻
正味の荷電なし　正味の荷電なし

電子を失う　電子を得る

ナトリウムイオン　塩化物イオン
11p⁺ 10e⁻　17p⁺ 18e⁻
正味プラスの電荷　正味マイナスの電荷

逆の電荷をもつイオンどうしは，イオン結合とよばれる互いに引き合う力によって結合する

(b) イオン結合は，反対の電荷をもつイオン間でつくられる結合である．塩はイオン結合で原子が結びついたものである

食塩 NaCl の結晶

マイナスの電荷をもつイオン
プラスの電荷をもつイオン

(c) 水分子はイオンを取囲むことにより，溶液の中にイオンを引き込むので，イオンは水に溶けやすい

Na⁺　Cl⁻

水はプラス・マイナス両方の荷電イオンを溶解させることができる．水分子が，プラスのイオンへはマイナスを帯びた酸素原子側を，マイナスのイオンへはプラスを帯びた水素原子側を向けて取囲むからである

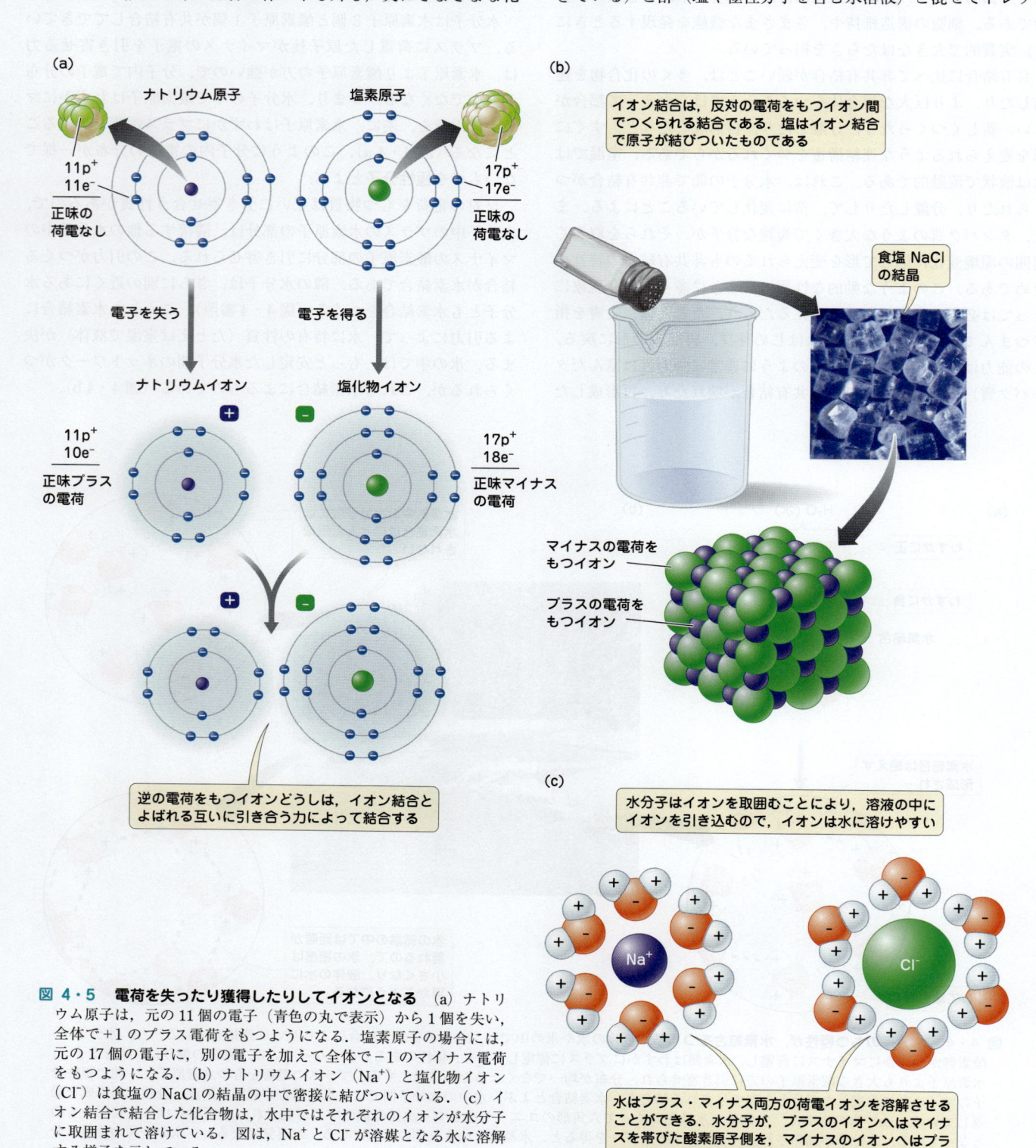

図 4・5　電荷を失ったり獲得したりしてイオンとなる　(a) ナトリウム原子は，元の11個の電子（青色の丸で表示）から1個を失い，全体で+1のプラス電荷をもつようになる．塩素原子の場合には，元の17個の電子に，別の電子を加えて全体で−1のマイナス電荷をもつようになる．(b) ナトリウムイオン（Na⁺）と塩化物イオン（Cl⁻）は食塩の NaCl の結晶の中で密接に結びついている．(c) イオン結合で結合した化合物は，水中ではそれぞれのイオンが水分子に取囲まれて溶けている．図は，Na⁺ と Cl⁻ が溶媒となる水に溶解する様子を示している．

ングを作るときなどに観察できる．油を入れて勢いよくかき混ぜても，やがて，油は分離するであろう．油の分子の中，炭素原子と水素原子の間では，共有する電子の分布はほぼ均一になっている．そのため，油の分子は非極性で，水には溶けない物質である．ロウやワックスもまた非極性の分子でできている．自動車をワックスで磨くのは，車を光り輝かせるためだけでなく，水をはじいて，さびるのを防ぐ目的もある．砂糖や塩のように，水と結合しやすい分子の性質を**親水性**，逆に，水にはじかれる性質を**疎水性**という．

細胞の活動に重要な生体分子（タンパク質や DNA など）の構造を維持し，複合体をつくり，諸機能を発現するうえで，水素結合は非常に重要な役割を担っている．水素結合がなかったら，DNA はばらばらになって，安定した分子として存在できないであろう．生体分子の間で頻繁に結合や解離の反応を起こすのにも水素結合は重要である．筋肉の収縮運動のように高速で起こる生体内の反応では，タンパク質の間で，水素結合が瞬間的に壊されたり，再形成されたりを繰返しているのである．

イオン結合は逆の電荷をもつ原子間でつくられる

イオン結合も非共有結合の一つである．逆の電荷をもつ原子が互いに引き合う点で，イオン結合は水素結合と似ている．しかし，水素結合は電荷をもたない極性分子間でつくられる結合であるのに対して，イオン結合は電荷をもつ原子や分子（イオン）の間でつくられる結合である．イオンがつくられる過程（イオン化）では，電子が電気的に中性の原子から別の原子へと移動する．たとえば図 4・5 に示すように，中性のナトリウム原子の最外殻にある電子が，中性の塩素原子の電子殻に移動することで，ナトリウム原子が電子を失い，塩素原子が電子を得る．その結果，同数の電荷をもつプラス・マイナス逆のイオンが生まれる．このような電荷の移動によってつくられたイオンは互いに連結している場合に最も安定した状態になる．このイオン間の電気的な引力がイオン結合，また，イオン結合により電荷をもった原子が集合したものが**塩**である．食塩の結晶（NaCl）の中には，Na^+ と Cl^- の各イオンが規則的な配置で詰め込まれている．

食塩の粒は，イオン結合でつながったナトリウムイオン（Na^+）と塩化物イオン（Cl^-）からできていて（図 4・5b），水がないと，堅固な三次元の構造をつくる．これが，塩の結晶である．極性をもつ水分子が加わると，NaCl の中の荷電イオンはプラス・マイナス別々に水分子に引き寄せられ，周囲を水分子で取囲まれるようになる．こうして塩の結晶は溶解し，プラスに荷電した Na^+ と，マイナスに荷電した Cl^- に分かれて，溶媒の中に分散する（図 4・5c 参照）．

化学反応は化学結合の再編成である

生命活動の過程では，原子や原子グループ間の結合が分断され，また，新しい結合がつくられる．すでにあった化学結合を破壊し，別の新しいものをつくり出すことを**化学反応**という．化学反応する物質を**反応物**とよぶ．化学反応によって，元の反応物とは異なる電子の共有パターンをもった物質が生まれる．これを**生成物**とよぶ．この変化を示す標準的な表記法として化学反応式が使われる．反応物を矢印の左側に，生成物を矢印の右側に表記するのが一般的である．たとえば，窒素と水素が共有結合して，刺激臭のあるアンモニア（NH_3）がつくられる反応は，

$$3H_2 + N_2 \longrightarrow 2NH_3$$

と表記される．矢印は，左側の分子（反応物としての水素原子と窒素分子）から，右側の生成物であるアンモニアへと変化することを示している．化学式の前の数字は，何個の分子がこの化学反応に関与しているかを示している．ここでは，アンモニア分子 2 個を生成するのに，水素分子 3 個と窒素分子 1 個（1 個の場合は省略する）が結合することを意味している．

化学反応によって原子間の化学結合の再編成が行われるが，このとき，原子数が増えたり減ったりすることはない．すなわち，化学反応の前後での原子の個数は同数となる．アンモニアの例では，反応物側には，2 個の窒素原子と 6 個の水素原子があり，それらは生成物側で，2 個のアンモニア分子（窒素原子 1 個と水素原子 3 個を含む）となっている．

■ **これまでの復習** ■

1. 鉄（Fe）の原子には 26 個の電子と 30 個の中性子がある．(a) この原子は何個の陽子をもっているか．(b) 荷電のない粒子は何個か．(c) この原子の質量数はいくつか．
2. 分子とは何か．ショ糖 1 分子（化学式は $C_{12}H_{22}O_{11}$）には，何個の酸素原子（O）が含まれるか．
3. どのようにして，イオンがつくられるか述べよ．
4. 油と水が混ざり合わない理由を述べよ．

1．(a) 26, (b) 30, (c) 56．
2．分子とは，複数の原子が共有結合したものをさす．ショ糖 1 分子には 11 個の酸素原子が結合している．
3．原子が電子を失ったり，獲得したりすることで，それぞれプラスとマイナスに荷電したイオンとなる．
4．油の分子は非極性なので，水分子と相互作用しにくく，弾かれる（疎水性），代わりに油から分離して凝集する．

4・4 溶液の酸・アルカリの度合いを示す指標，pH

生命を支えるすべての化学反応は水中で起こる．水中の化学成分のなかで，酸や塩基は，最も重要な化合物の一つである．**酸**とは，水に溶け，水素イオンを放出する極性化合物をさす．放出された水素イオンは，周囲の水分子と結合し，プラスに荷電された H_3O^+（ヒドロニウムイオン）を形成する．H_3O^+ を形成する反応は逆にも進む可逆的な反応で，水素イオンは，水分子と他の分子との間で，絶えず交換されている．

塩基もまた極性をもつ化合物であるが，酸とは逆に，周りの物質から水素イオンを受取る化合物である．酸と塩基とは，それぞれ異なる方法であるが，水分子と相互作用し，水中の水素イオンの量を増やしたり減らしたりする．塩基によって，水分子から一つの水素イオン（H^+）が取去られると，水酸化物イオン（OH^-）が一つ生成する．

多くの化学反応は水素イオンの濃度に大きく左右される．この水素イオンの濃度は，**pH** とよばれる 0 から 14 までの数値で表現され（図 4・6），pH 0 は非常に高い遊離水素イオン濃度，逆に pH 14 は最も低い濃度を示す．pH の +1，−1 の増減は，水溶液内の水素イオン濃度が，それぞれ，×10 倍，×1/10 倍となることを意味する．

純粋な水の場合，遊離の水素イオン濃度と水酸化物イオン濃度は等しい．これを中性といい，pH は中央値（pH 7）となる．純水に酸を加えると遊離の水素イオン濃度が高くなり，溶液は酸性になり，pH の数値は中性の pH 7 よりも小さくなる．逆に，塩基を加えると溶液内の遊離水素イオン濃度が下がり，溶液は塩基

性になる．このとき，塩基によって水素イオンが取除かれるので，水酸化物イオン(OH^-)が増えて，pHの数値は中性のpH 7より大きくなる．

私たちの周囲にも，いろいろな酸性やアルカリ性の物質がある．レモンジュースが酸っぱいのは，酸性度が高い（およそpH 2）ためである．私たちの胃液もおよそpH 2で，非常に酸性度が高く，これは食べ物を分解し消化するのに都合がよい．低いpHでは，分子内・分子間の非共有結合は，高濃度の遊離水素イオンによって破壊され，分子内の共有結合さえ一部破壊されることもある．強いアルカリ性の台所洗剤（オーブン専用クリーナーなど）はpH 13もあり，これも分子を破壊する作用をもつ．極端なpHをもつ溶液には強い腐食性があり，皮膚にやけどなどの傷害をひき起こすこともある．これも化学結合を破壊する性質のためである．図4・6に一般的な物質のおおよそのpHを示す．

pHの大きな変化を防ぐ緩衝作用

ほとんどの生命体のしくみは，中性に近いpH 7で最もうまく機能できるようになっている．pH 7よりも著しく低かったり，逆に高かったりすると，さまざまな不都合が生じる．水素イオンは，細胞の中のさまざまな化合物の間で自由に動き回るが，細胞内溶液のpHの劇的な変化を防ぐことさえできれば，生命活動を維持するうえでは安全である．pHを維持するはたらきを緩衝作用といい，緩衝作用をもつ物質（**緩衝剤**）を使うと，水素イオン濃度をある狭い範囲に保持できる．緩衝剤を含む溶液を緩衝液という．緩衝剤は，液がアルカリ性になりすぎると（OH^-が過剰となり，pHが高い状態），水素イオンを放出する．逆に，酸性になりすぎると（H^+が過剰となり，pHが低い状態），水素イオンを受入れることによってpHの劇的な変化を防ぐのである．そのような緩衝作用をもつ化合物が細胞の中でもはたらいている．

4・5　生命体の化学構成単位

生命体は，水以外に四つの主要な成分を含んでいる．炭水化物，核酸，タンパク質と脂質（一般には，脂肪や油とよばれる）で，どれも生命活動に不可欠である．これらの生物学的に重要な成分は，すべて炭素原子に水素原子が結合した炭化水素を主軸とする生体分子でつくられている．加えて，酸素，窒素，リン，硫黄などの原子を含む生体分子もある．

炭素は何千もの原子を連ねて大きな分子をつくれるので，生命体の主要な元素として使われている．一つの炭素原子は，最大四つの他の原子と強力な共有結合を形成できるが，さらに重要なことは，炭素どうしで連結して，長い鎖状の分子や枝分かれのある分子，あるいは，リング状になった分子などをつくれる点である（図4・7）．生命の多種多様な機能や構造は，炭素のつくる大小さまざまな分子構造と，わずか一握りの他の原子種によってつくられているのである．

炭素・水素間の共有結合を含む分子を**有機化合物**とよぶ．細胞の中には，最大20個ほどの原子からなる有機化合物分子が多数含まれている．そのなかには糖やアミノ酸も含まれる．これらの小さな有機化合物には，共有結合によって連結し，高分子化合物，あるいは，**巨大分子**（マクロ分子）とよばれる大きな集合体をつくるものもある．デンプンやタンパク質は，そのような高分子化合物である．高分子化合物をつくるときは，小さな単位分子を多数連結してつくるという原理に従うものが多い．このような小さな単位分子を**モノマー**（単量体）とよぶ．細胞内の多くの高分子化合物は，共有結合で連結した数百ものモノマーから構成されている．モノマーが連結することを重合，つくられた高分子化合物を**ポリマー**（重合体）とよぶ（図4・7）．ポリマーは生物体の乾

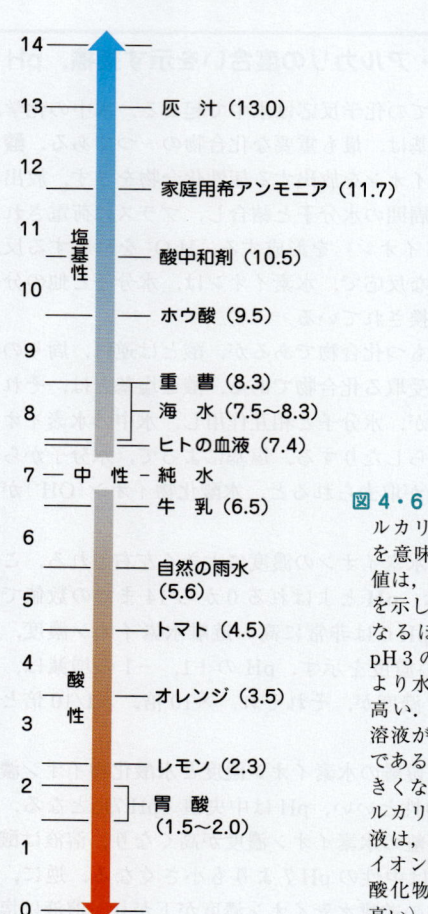

図4・6　**pH**　pH 7は中性（アルカリ性でも酸性でもない）を意味する．pH 7以下の数値は，溶液が酸性であることを示し，数値が小さくなればなるほど，酸性度は高い．pH 3の溶液は，pH 4の溶液より水素イオン濃度が10倍高い．pH 7以上の数値は，溶液がアルカリ性（塩基性）であることを示し，数値が大きくなればなるほど，強いアルカリ性である．pH 10の溶液は，pH 8の溶液より水素イオン濃度が100倍低い（水酸化物イオン濃度が100倍高い）．

pHスケール:
- 14
- 13 — 灰汁（13.0）
- 12
- 11 — 家庭用希アンモニア（11.7）（塩基性）
- 10 — 酸中和剤（10.5）
- 9 — ホウ酸（9.5）
- 8 — 重曹（8.3）／海水（7.5〜8.3）／ヒトの血液（7.4）
- 7 — 中性・純水
- 6 — 牛乳（6.5）
- 5 — 自然の雨水（5.6）
- 4 — トマト（4.5）（酸性）
- 3 — オレンジ（3.5）
- 2 — レモン（2.3）
- 1 — 胃酸（1.5〜2.0）
- 0

表4・1　有機化合物にみられる重要な官能基

官能基	化学式	球と棒で表した構造
アミノ基	$-NH_2$／$-N\begin{subarray}{l}H\\H\end{subarray}$	炭素と結合している N(H)(H)
カルボキシ基	$-COOH$／$-C\begin{subarray}{l}=O\\OH\end{subarray}$	C(=O)(O-H)
ヒドロキシ基（水酸基）	$-OH$	O-H
リン酸基	$-PO_4$／$O-P(O^-)(O^-)-O^-$	PO_4^{3-}

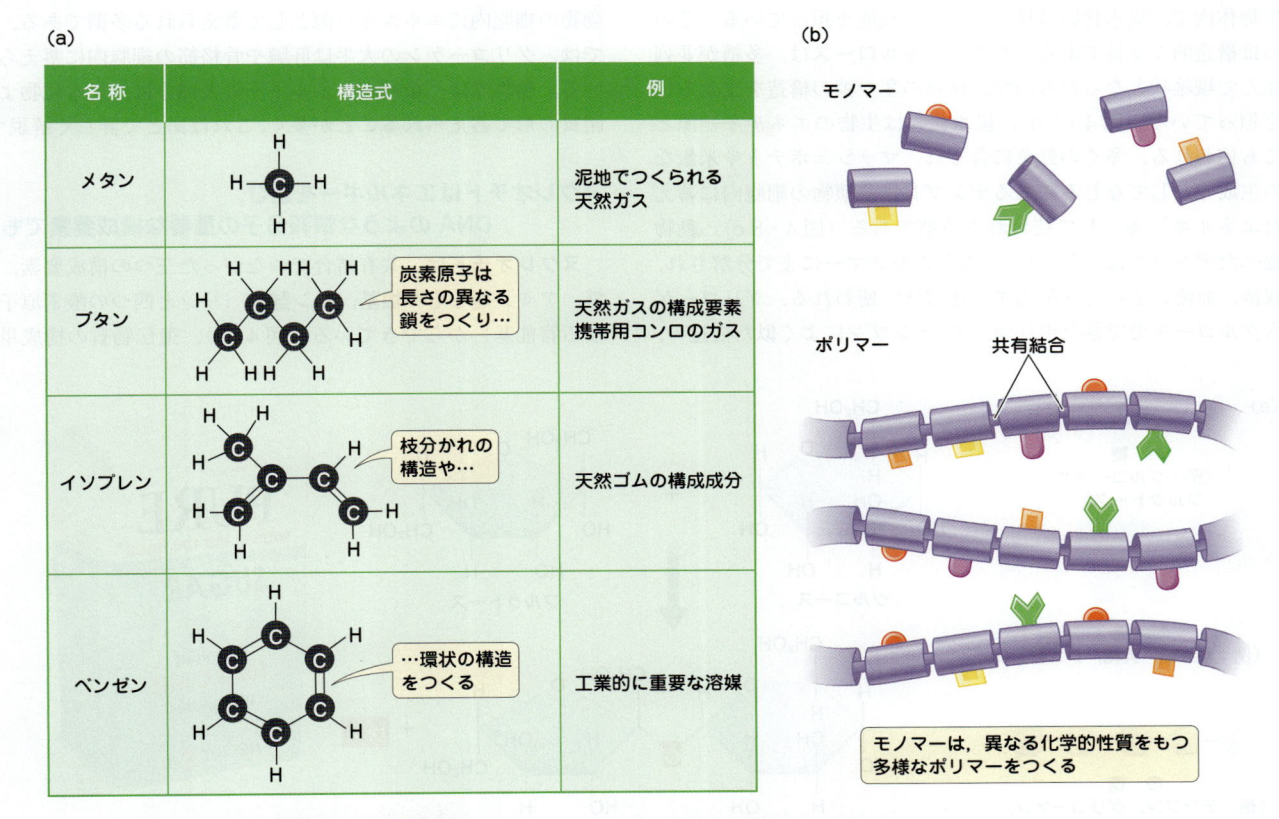

図 4・7 小さな分子が連結して複雑な構造をつくる 多くの生物の複雑な構造は，より小さな構成要素から構築されている．この原則は原子や分子でも同じである．(a) 一つの炭素原子は他の原子と電子を共有することによって，合計四つの共有結合を形成する．炭素原子は他の炭素原子と結合し，長い鎖状，分岐状や輪状の構造など，多種多様な構造をつくることができる．(b) ちょうど個々の原子が結合して分子ができるように，小さな分子（モノマー）が構成単位となって連結し，ポリマーとよばれる大きな集合体をつくる．

燥重量（水分を取除いた後の重量）の大部分を占めていて，あらゆる生体の構造物や化学反応過程に不可欠な物質となっている．

生物のつくる代表的なモノマーには70種ほどの化合物がありこれらが数えきれないほどの多様な方法で連結して，多くの異なる性質をもつポリマーを生み出している．したがって，ポリマーはモノマーと比較すると，格段に複雑なうえに，モノマーにはみられない別の化学的性質も示すようになる．さらに，ポリマーの性質は**官能基**とよばれる原子団の性質にも大きく左右される（表4・1）．官能基とは，共有結合した原子の集団で，ある決まった化学的性質を示す原子団をさす言葉である．官能基には，モノマー間の共有結合をつくるはたらきをもつものもあれば，ポリマーの化学的性質に影響を与えるものもある．生命体にとって欠くことのできない4種の有機化合物である，糖，ヌクレオチド，アミノ酸，脂肪酸の化学的な性質は，すべて官能基の影響を強く受けている．

炭水化物は，エネルギー源や生命体を支える構造となる

糖は食べ物を甘くする化合物としてよく知られている．しかし，すべての種類の糖が甘いと感知されるわけではない．多くの糖は，重要な食物で，生物体の中でエネルギーを蓄える物質として使われている．糖，および糖からつくられるポリマーを**炭水化物**とよぶ．炭水化物という名前は，化合物の中の炭素・水素・酸素の原子数の比率に由来する．炭素原子に水分子（二つの水素と一つの酸素で，水分子に相当するもの）が結合した組成となるからである．

最も単純な構造の糖分子は，**単糖類**とよばれている．単糖類も，炭素・水素・酸素原子を1:2:1の比率，つまり，n個の炭素に対して，$2n$個の水分子が結合した成分比となっている．分子式で表すと$(CH_2O)_n$となる（nは3〜7）．自然界には，三つから七つの炭素原子をもつ単糖があり，その数で単糖類をよぶこともある．たとえば$n=5$で分子式$(CH_2O)_5$の糖は，五炭糖とよぶ．ここで，括弧（ ）の表記方法は掛け算と同じで，より一般的には，$C_5H_{10}O_5$と表記される．**グルコース**（$C_6H_{12}O_6$）は，ほとんどすべての細胞で共通してみられる六炭糖である．グルコースは細胞内のエネルギー源であり，生物のエネルギーを生み出すほとんどすべての化学反応は，この糖の生成や分解にかかわっている．

単糖は連結して複雑で巨大な分子をつくる．二つの単糖が結合したものを**二糖類**とよぶ．2分子のグルコースが共有結合でつながると，麦芽糖（マルトース）とよばれる二糖になる（図4・8 a）．ほかにもショ糖（砂糖の主成分）や乳糖（ラクトース）などがよく知られる二糖類である．同様にして，何千個もの単糖が連結して**多糖**とよばれるポリマーを形成することもある．単糖類，二糖類，多糖類はすべて炭水化物である．

■ **役立つ知識** ■ マクロ分子（macromolecule）のマクロ（"大きい"の意味のギリシャ語）は，ミクロ（"小さい"の意味）と同じように，科学では広く使われる専門用語である．対の言葉として使われることが多い．たとえば，macroscopic（巨視的な）とmicroscopic（微視的な）は，肉眼で見える大きさか，そうでないかを意味している．

生物体内で，炭水化物は種々の異なる機能を担っている．その一つは構造的な支持である．たとえばセルロースは，多糖が並列に並んで繊維状となったもので，植物の茎や葉の構造を支える役割を担っている（図4・8b）．炭水化物は生物のエネルギー源としても使われる．多くの野菜に含まれ，マッシュポテトや米飯などの主成分としてなじみのあるデンプンは，植物の細胞内に蓄えられエネルギー源として使われる多糖である（図4・8c）．動物が食べたデンプンは，グルコースなどのモノマーにまで分解され，吸収後，血流によって各細胞まで運ばれて使われる．グリコーゲンもグルコースでできたポリマーで，デンプンによく似た構造の，動物の細胞内にエネルギー源として蓄えられる多糖である．ヒトでは，グリコーゲンの大半は肝臓や骨格筋の細胞内に蓄えられている．動物では，余剰のエネルギーの大部分は，炭水化物よりは脂質の形で蓄えられることが多く，これはあとで詳しく解説する．

ヌクレオチドはエネルギーを運び，DNA のような情報分子の重要な構成要素でもある

ヌクレオチドは，共有結合でつながった三つの構成要素，五炭糖，アミノ基をもつ塩基，リン酸基（リンと四つの酸素原子からなる官能基）からできている（図4・9）．遺伝物質の構成単位で

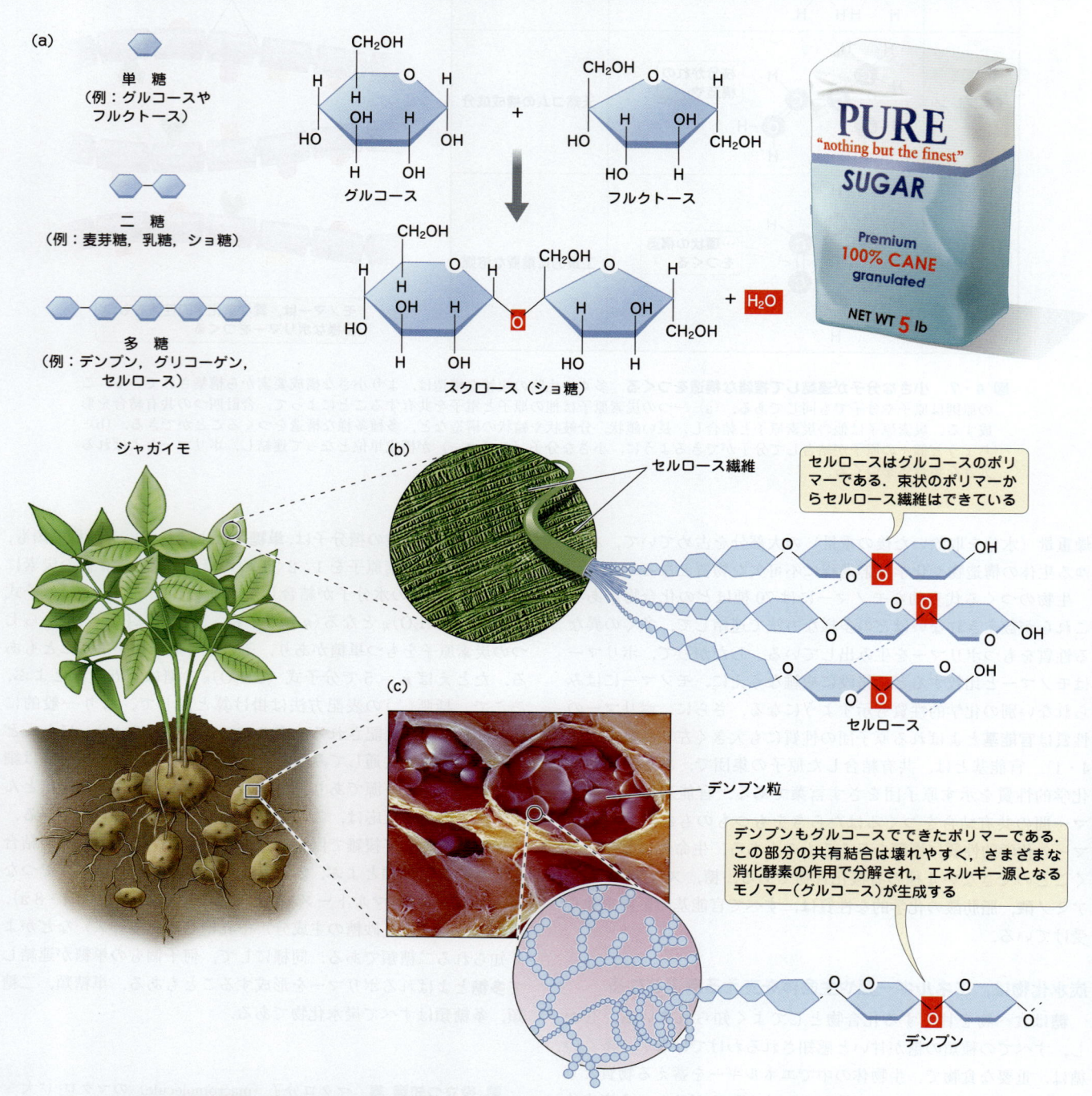

図 4・8 炭水化物の構造 単糖類は互いに結合して二糖類や多糖類をつくる．(a) 1個のグルコース分子と1個のフルクトース分子が水分子1個を放出して共有結合し，二糖類のショ糖（砂糖）を生成する．(b) 多糖類セルロースが並列してできた繊維は，植物の細胞壁の重要な構成成分である．セルロースは細胞壁の構造を丈夫にして，葉や茎の構造を支えている．私たちの消化器系ではセルロースは分解できないが，不溶性の繊維分となり，腸を健康に保つはたらきがある．(c) デンプンのように多岐に枝分かれした構造の多糖類は，植物内でエネルギーを蓄えるのに使われている．デンプンを豊富に含むジャガイモや米は，優れたエネルギー源となる．

あり，すべての生物にとって非常に重要なモノマーである．また，エネルギーを運ぶ分子としての役目をもつヌクレオチドもある．

核酸とよばれるポリマーの構成要素は，5種類のヌクレオチドである．核酸には，**デオキシリボ核酸**（deoxyribonucleic acid, **DNA**）と**リボ核酸**（ribonucleic acid, **RNA**）の2種類がある．DNAとRNAは，ヌクレオチド内の五炭糖と，また，その糖と結合した塩基の種類が違っている．RNAの糖はリボースで，DNAの糖であるデオキシリボースより酸素原子が一つ多い（図4・9参照）．核酸を構成する塩基には，アデニン，シトシン，グアニン，チミン，ウラシルの5種類がある．チミンはDNA，ウラシルはRNAだけに存在する．

ヌクレオチドは細胞内できわめて重要な二つの機能を担っている．一つは遺伝情報の保管である．あらゆる生物が，核酸の構造を"設計図"として遺伝情報を保管し，この設計図には，生物がどのように生存し，成長し，繁殖し，環境に順応するかが指示されている．情報は，ポリマーとなる核酸のヌクレオチドの順番として暗号化されている．DNAはすべての生物の細胞で遺伝物質としての役目を担う核酸である．ヌクレオチドの順番を保ったまま，暗号化された情報を変えないようにDNAは正確に複製される．ある世代から次の世代へとコピーされ伝達されるDNAは，遺伝のしくみの重要な基盤である．

ヌクレオチドのもう一つの重要な機能はエネルギーを運ぶ担体となることである．最も一般的なエネルギー担体は**アデノシン三リン酸**（adenosine triphosphate, **ATP**）とよばれるヌクレオチドで（図4・10），アデニン塩基がリボース分子と結合していて，リボース分子には，三つのリン酸基（三リン酸）が連結している．ATP分子の構造は，RNAの構成要素の一つであるアデニンを含むヌクレオチドと同じである．ATPは多くの生物に共通するエネルギー担体であり，細胞内でのさまざまな化学反応もATPが運ぶエネルギーがなければ起こらない．ATPのエネルギーは三つ目のリン酸を結合する共有結合として蓄えられる．この結合が切断されADP（アデノシン二リン酸）となるときにエネルギーが放出され，他のさまざまな化学反応を促進するために使われる．逆に，ATPは，より低いエネルギーをもつADPにリン酸基を一つ付加してつくられる．動物の細胞は食物を分解してエネルギーを獲得し，ADPからATPに転換して使っている．植物，藻類，ある種の細菌は，光のエネルギーを使いATPを合成する能力をもっている．

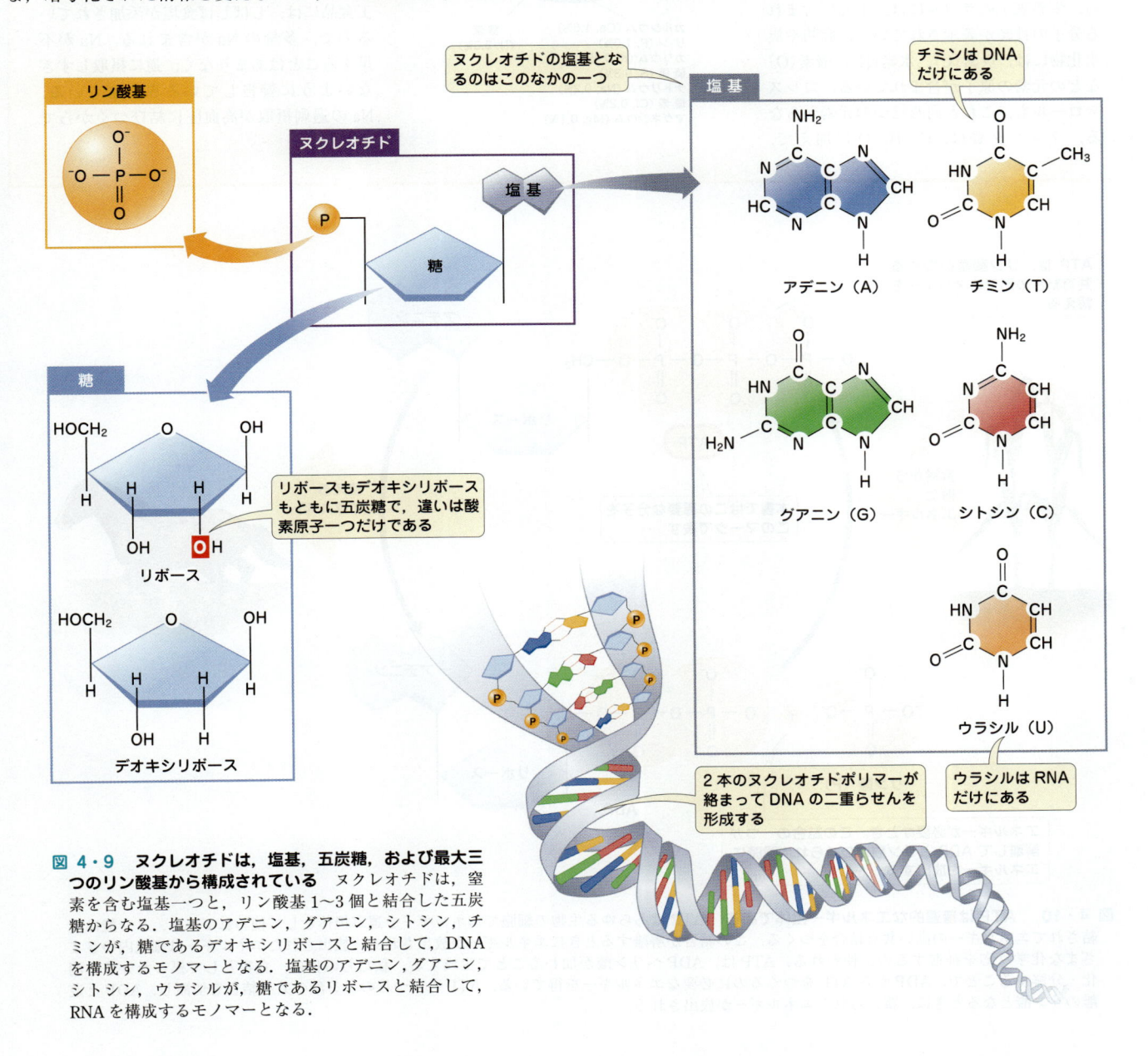

図4・9 ヌクレオチドは，塩基，五炭糖，および最大三つのリン酸基から構成されている ヌクレオチドは，窒素を含む塩基一つと，リン酸基1〜3個と結合した五炭糖からなる．塩基のアデニン，グアニン，シトシン，チミンが，糖であるデオキシリボースと結合して，DNAを構成するモノマーとなる．塩基のアデニン，グアニン，シトシン，ウラシルが，糖であるリボースと結合して，RNAを構成するモノマーとなる．

生活の中の生物学

われらが元素

微量成分の元素を除くと，私たちの身体はおもに11種類の元素からできている．右の円グラフは，それぞれの元素が占める重さの比率(%)を示している．体内にある水素と酸素の大部分はH_2Oの形になっていて，体重の約70%が水である．体重の約0.01%が，他の微量に含まれる元素である．私たちは日々，食事を摂って，自然に失っていくこれらの元素を補充する必要があり，また，生命を維持するために，食物エネルギーも必要としている．

牛乳の箱のラベルには，含有するエネルギー量がカロリーで表記されているだろう．これは，1箱，あるいは100 mLなど，ある一定量飲んだときに，化学物質として体内に蓄えられるエネルギーを意味している．栄養表示のラベルには，牛乳に含まれる分子の種類が表示されている．脂肪や炭水化物には，炭素(C)，水素(H)，酸素(O)などの元素の原子が含まれている．コレステロールも，これと同じ三つの元素からなる．タンパク質は，C，H，Oに加えて，窒素(N)や硫黄(S)を含んでいる．さらに，ナトリウム(Na)，カルシウム(Ca)，鉄(Fe)，リン(P)もラベルに表示されている．牛乳の中のビタミンもまた，炭素，水素，そして窒素を含んでいる．したがって，牛乳は，おもな11種の元素のうち，少なくとも9種類を含んでいることになる．このような元素がさまざまな形で互いに結合し，私たちの身体をつくっているのである．

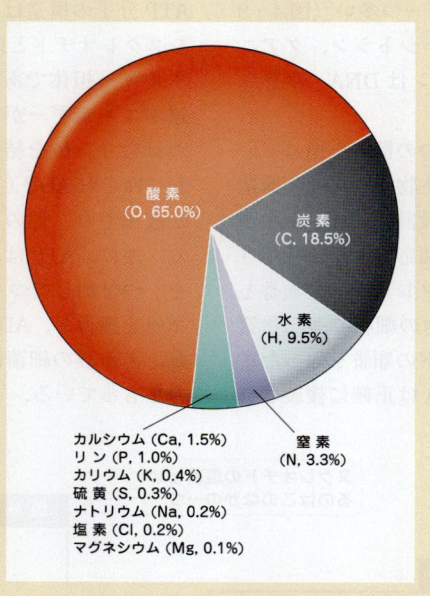

食品の成分表示に注意を払うと，食事に含まれるエネルギーや栄養素の量がわかる．できるだけ多くの種類の食品を食べると，必要な元素を確実に摂取することができる．たとえば，ジャガイモやバナナは，神経の機能に必要な元素であるカリウム(K)を豊富に含んでいる．また，乳製品は，どの食品よりも，骨や歯の主成分となるカルシウム(Ca)を豊富に含んでいる．リンはリン酸としてDNAやRNA(リボ核酸)の基本要素をつなぐ重要な成分で，ヨーグルト，大豆，ナッツなどに多く含まれる．加工食品には，しばしば食塩が添加されているので，多量のNaが含まれる．Naが不足することはあまりなく，逆に摂取しすぎないように警告している専門家もいる．Naの過剰摂取が高血圧に結びつくからである．

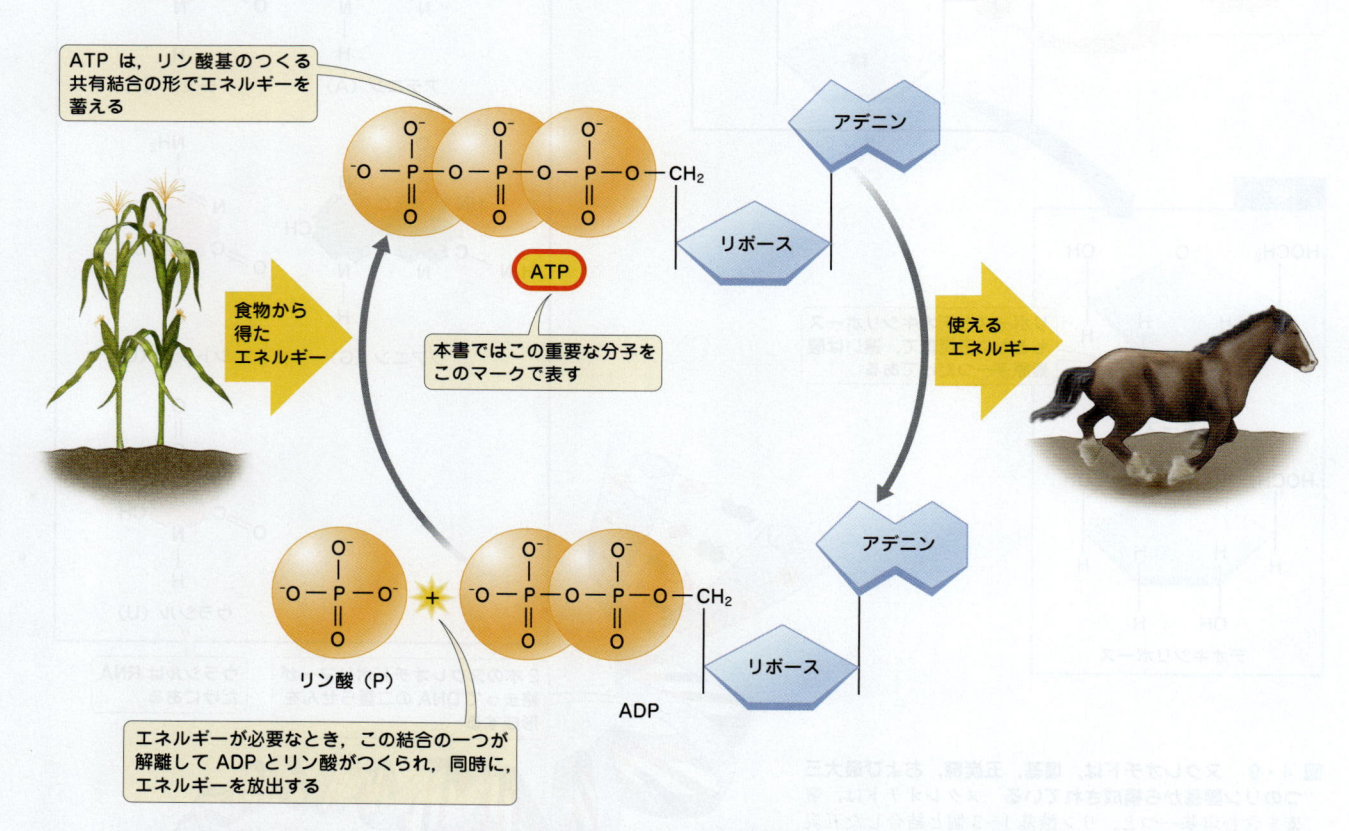

円グラフ:
- 酸素 (O, 65.0%)
- 炭素 (C, 18.5%)
- 水素 (H, 9.5%)
- 窒素 (N, 3.3%)
- カルシウム (Ca, 1.5%)
- リン (P, 1.0%)
- カリウム (K, 0.4%)
- 硫黄 (S, 0.3%)
- ナトリウム (Na, 0.2%)
- 塩素 (Cl, 0.2%)
- マグネシウム (Mg, 0.1%)

図 4・10 ATPは普遍的なエネルギー担体である ATPはあらゆる生物の細胞でエネルギーを運ぶ担体として使われている．リン酸は連結されてエネルギーの高い共有結合をつくる．この結合が解離するときにエネルギーが放出される．放出されたエネルギーは細胞内のさまざまな化学反応を推進するのに使われる．ATPは，ADPにリン酸が加わることで生成する．私たちの体は，食物として摂った分子を消化・分解することで，ADPからATPをつくるのに必要なエネルギーを得ている．ATPの三つ目のリン酸の共有結合を切断し，ADPと遊離のリン酸となるときに，蓄えられたエネルギーが放出される．

図中のキャプション:
- ATPは，リン酸基のつくる共有結合の形でエネルギーを蓄える
- 本書ではこの重要な分子をこのマークで表す
- 食物から得たエネルギー
- 使えるエネルギー
- エネルギーが必要なとき，この結合の一つが解離してADPとリン酸がつくられ，同時に，エネルギーを放出する
- リン酸 (P)
- ADP

アミノ酸はタンパク質を構成するモノマーである

食事管理や栄養素に関係した記事やニュースを見聞きする機会も多く，炭水化物と並んで，**タンパク質**はなじみの深い物質である．タンパク質は，生物の乾燥重量の半分以上を占めている．焼き肉などで使う肉はタンパク質を豊富に含んでいる食品であり，私たち自身の身体も，何千もの異なる種類のタンパク質でつくられている．毛髪のケラチンや肌のコラーゲンは身体を構成するタンパク質である．また，身体の中で酸素を運ぶものもあれば，筋肉を収縮させて体の移動や運動にはたらくものもある．さらに，**酵素**とよばれるタンパク質は，生命活動に必要不可欠な化学反応を促進させるはたらきをもつ．

タンパク質を構築するモノマーは 20 種類の**アミノ酸**である．

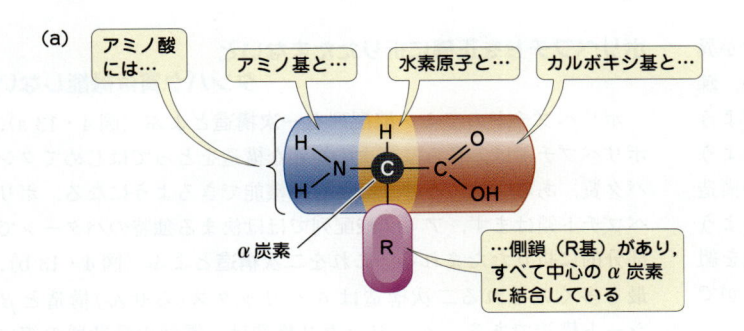

図 4・11　アミノ酸の構造とその多様性　(a) アミノ酸はタンパク質の構成要素である．タンパク質は 20 種類のアミノ酸からできている．それぞれのアミノ酸のもつ R 基の性質によって，異なる特性を示す．(b) アミノ酸の α 炭素には，異なる種類の R 基が結合している．R 基によってそれぞれのアミノ酸がもつ特有の性質が決まっている．R 基は，疎水性のもの，親水性のものの二つに分類できる．

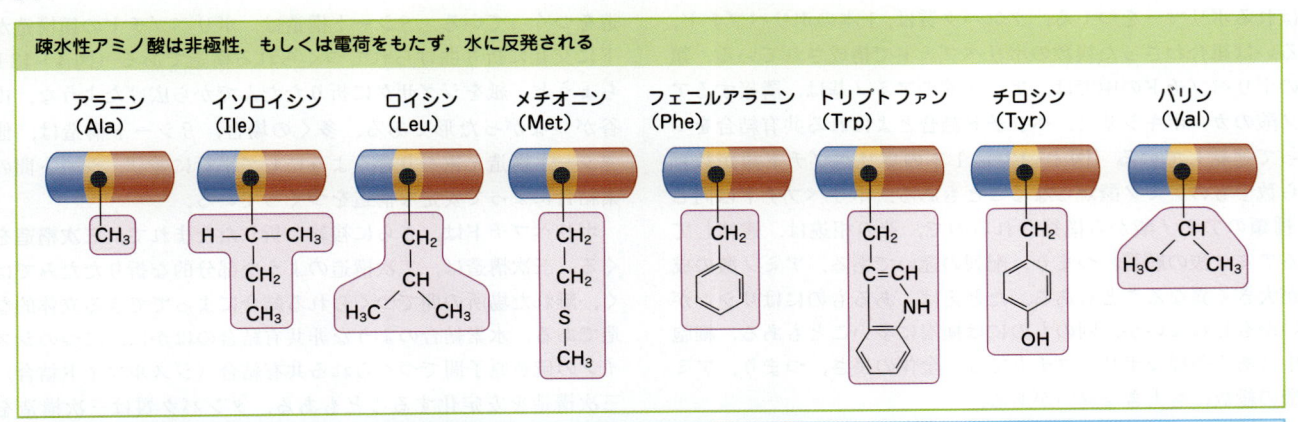

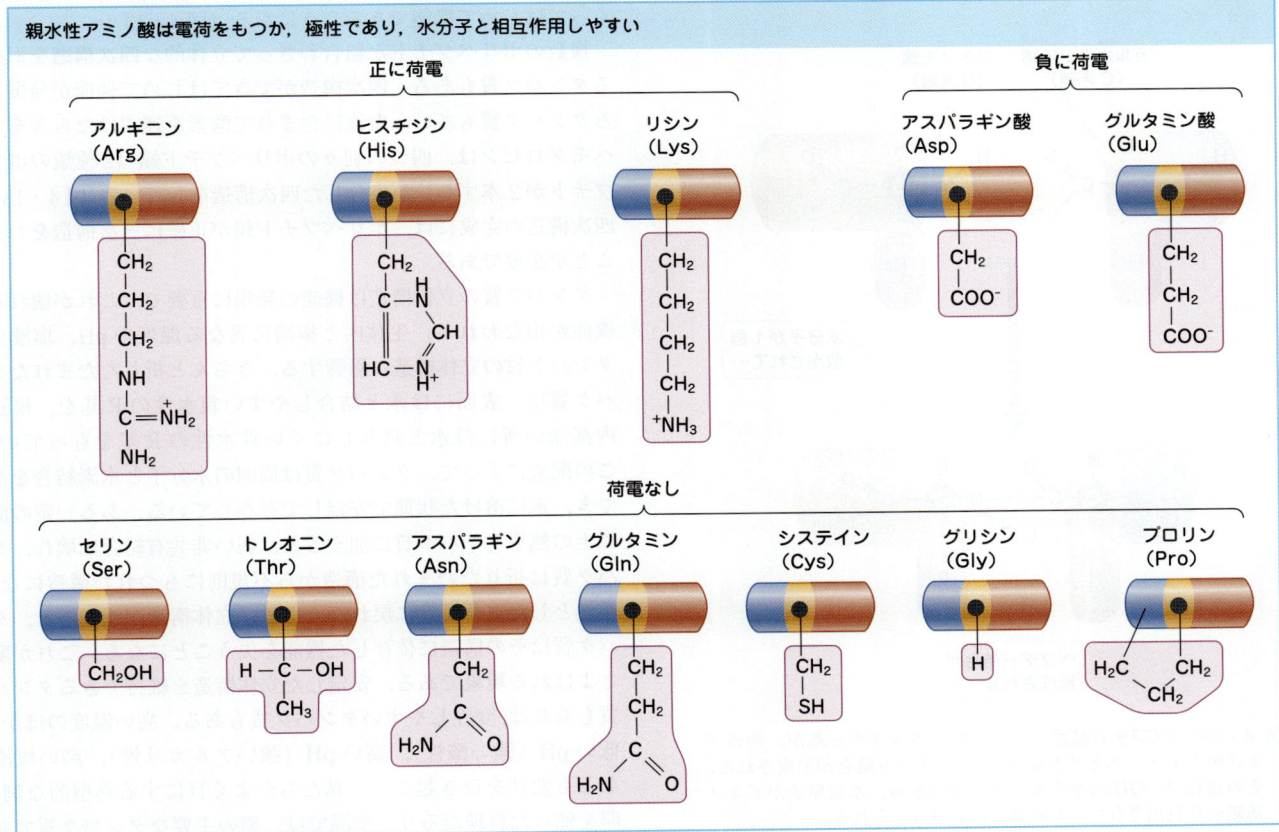

アミノ酸が連結して高分子のタンパク質となる．これは地球上のあらゆる生物に共通する特徴で，同じ20種類のアミノ酸を使って，ほとんどすべてのタンパク質がつくられている．生物の使うアミノ酸には共通した構造上の特徴がある．α炭素とよばれる炭素原子が中心になって，図4・11(a)で示すように，他の四つの構成要素を結合している．この四つの構成要素は，水素原子，残基（ここではR基と表記）とよばれる側鎖，アミノ基（-NH$_2$），そしてカルボキシ基（-COOH）である．

20種類のアミノ酸の基本構造は同じで，R基の種類だけが異なっている．R基は，原子団の大きさ，酸性かアルカリ性か，疎水性か親水性かという点で多様である．図4・11(b)に示すように，R基は4原子だけでできたアラニンから，アルギニンのように複雑につながった炭素鎖，トリプトファンのように環状の構造まで，いろいろなものがある．アミノ酸はアルファベットのようなもので，単語をつくるように，20種類の異なるアミノ酸を組合わせて，多くの異なる性質をもつタンパク質をつくることができる．

アミノ酸は共有結合で鎖のように長く連結し，**ポリペプチド**とよばれるポリマーをつくる．タンパク質は，1本のポリペプチド，あるいは組合わさった複数のポリペプチドで構成されている．鎖状のポリペプチドの中では，アミノ酸のアミノ基は，隣接するアミノ酸のカルボキシ基と，**ペプチド結合**とよばれる共有結合をつくって連結している（図4・12）．1本のポリペプチド鎖が数百から数千ものアミノ酸からなることもある．ポリペプチドは同じ20種類のアミノ酸から構築されるので，その相違は，連結しているアミノ酸の順番，つまり，配列の違いである．アミノ酸の成分が大きく異なることもある．たとえば，あるものにはリシンがないかもしれないが，別のものには極端に多いこともある．細胞の中にある多様なポリペプチドでは，全体の長さ，つまり，アミノ酸の総数にも大きな違いがある．

わずか20種類のアミノ酸から，自然界にみられるような数千種類のタンパク質が本当にできるのだろうか？アルファベットの26文字を使って文を書けば，際限なく異なった文章が作れる．タンパク質は，20種類のアミノ酸を文字として使っているので，100個集まれば，$20^{100} = 1.3 \times 10^{130}$ もの膨大な数の異なったタンパク質の文ができることになる．生命の複雑さと多様性は，このタンパク質の構造と機能の多様性による．

ポリペプチドを正確に折りたたまないとタンパク質は機能しない

ポリペプチドのアミノ酸配列を**一次構造**とよぶ（図4・13 a）．ポリペプチドは，さらに高次の複雑な構造をとってはじめてタンパク質，あるいは，その一部として機能できるようになる．ポリペプチド鎖はまず，アミノ酸配列でほぼ決まる独特のパターンで部分的に折りたたまれる．これを**二次構造**とよぶ（図4・13 b）．最も多くみられる二次構造はαヘリックス（らせん）構造とβシート構造である．αヘリックス構造は，電話の受話器の線に似たらせん状のパターンで，分子内の水素結合によって安定な構造をつくっている．βシート構造は，ポリペプチドの鎖構造が上下に交互に折り曲げられてつくられる構造である（図4・13 b）．ちょうど，紙をジグザグに折りたたんでから広げたような，山と谷がつながった形である．多くの場合，βシート構造は，他のβシート構造と重なり合うようにして平行に並び，シート間の水素結合によって安定な構造をつくっている．

ポリペプチドは，さらに複雑に折りたたまれて，**三次構造**をつくる．三次構造は，二次構造のような部分的な折りたたみではなく，離れた場所の間でつくられる結合によってできる立体的な構造である．水素結合のような非共有結合のほかに，二つのシステインの硫黄原子間でつくられる共有結合（ジスルフィド結合）が三次構造を安定化することもある．タンパク質は三次構造をつくってはじめて機能できるようになる（図4・13 c）．

複数のポリペプチドが組合わさって立体的な**四次構造**を形成するタンパク質もある．四次構造ができてはじめて機能が発揮されるタンパク質も多い．血液に含まれて酸素を運ぶはたらきをするヘモグロビンは，四つの別々のポリペプチド鎖（2種類のポリペプチドが2本ずつ）が集合した四次構造をしている（図4・13 d）．四次構造の完成には，ポリペプチド鎖が正確に三次構造をつくることが必要である．

タンパク質の立体構造は機能の発現に重要で，これが壊れると機能が損なわれる．生体内と極端に異なる温度やpH，塩濃度はタンパク質の立体構造に影響する．きちんと折りたたまれたタンパク質は，表面には水と結合しやすい親水性のR基を，構造の内部深い所には水と結合しにくい疎水性のR基をもっている．この配置によって，タンパク質は周囲の水分子と水素結合を形成でき，水に溶けた状態で安定して存在している．ある一定の温度以上の熱をタンパク質に加えると，弱い非共有結合は壊れ，タンパク質は折りたたまれた構造から不規則にもつれた構造になり，整然とした立体構造に戻れなくなる．立体構造が壊れると，タンパク質はその構造に依存した機能を失うことになる．これが**変性**とよばれる現象である．安定した立体構造を維持できるタンパク質もあれば，変性しやすいタンパク質もある．高い温度のほかに，低いpH（強い酸性），高いpH（強いアルカリ性），高い塩濃度なども変性をひき起こす．私たちがよく目にする典型的な例は，卵を使った料理だろう．室温では，卵の主要なタンパク質である

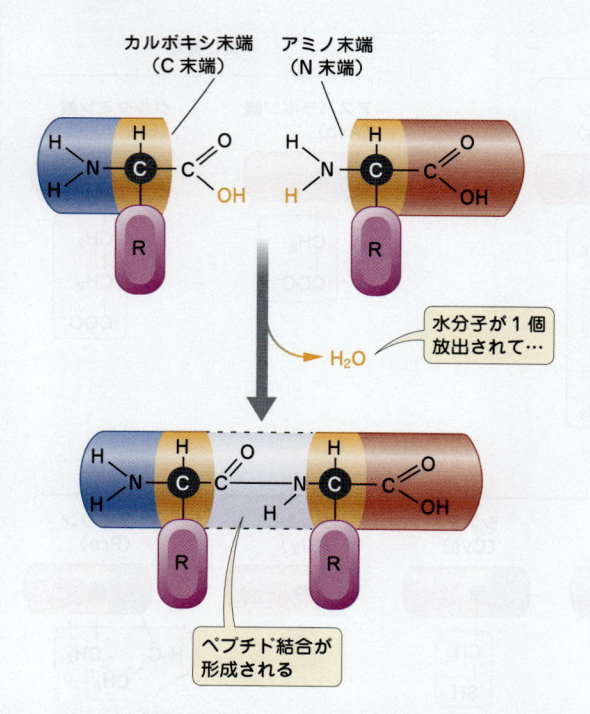

図4・12 **ペプチド結合** アミノ酸のカルボキシ基が，他のアミノ酸のアミノ基と共有結合して，ペプチド結合が形成される．その過程で，OH基がカルボキシ基側から，水素原子がアミノ基側から放出されて，1個の水分子がつくられる．

アルブミンは，卵白の中で水に溶けている．卵を加熱するとアルブミンは変性し，ゆで卵や目玉焼きの卵白部分のように，固く凝固してしまう．

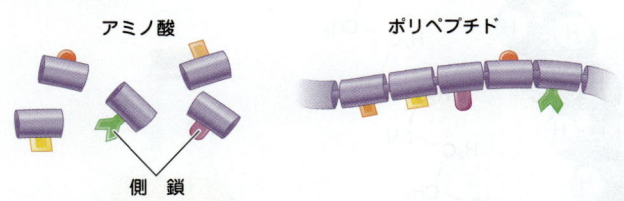

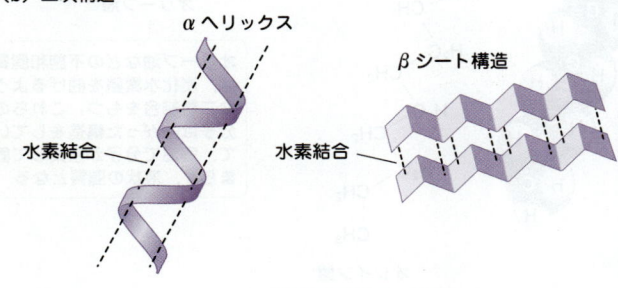

疎水性分子である脂質は細胞内で重要な機能を担っている

脂質は疎水性の分子で，鎖状や環状の炭化水素（共有結合した炭素と水素原子）でできている．脂質には，脂肪酸，アシルグリセロール（グリセリド），ステロールやワックス（ろう）などが含まれる（詳細は後述部分を参照）．室温で固体，あるいは，軟らかい半固形状の脂質を一般に**脂肪**とよび，液体の場合には油とよぶが，この使い分けにはあまり根拠はない．

脂質分子は**脂肪酸**を含んでいる．脂肪酸は長い炭化水素の鎖をもった化合物で，この炭化水素鎖の部分は非常に疎水的な性質をもっている．炭化水素鎖の反対側の端にはカルボキシ基があり，この部分は極性をもち，親水性である．

脂肪酸中の長い炭化水素鎖は，私たちの食物では一般に16〜22個の炭素原子を含み，どのタイプの共有結合でつながっているかで性質が異なっている．炭化水素鎖内の炭素原子が，すべて一つの共有結合（単結合）だけで連結されているものを**飽和脂肪酸**とよぶ．飽和とは，脂肪酸中のすべての炭素が最大数の水素原子と結合していることを意味する（図4・14 a）．炭素間の結合に二重結合がある場合は，**不飽和脂肪酸**とよばれる．最大数一杯までの水素原子と結合していない炭素原子があるからである（図4・14 b）．

不飽和脂肪酸の中の二重結合は，単に水素原子の数の違いだけでなく，大きな特性の違いの原因となっている．単結合だけでできた炭化水素鎖は直線状の形になりやすい．直線状の鎖をもつ飽和脂肪酸は室温で密に集合しやすく，固形状あるいはマーガリンのような半固形状のものとなる．しかし，二重結合があると炭化水素鎖内にねじれが生じる．ねじれ構造をもつ不飽和脂肪酸は，密に集合することができず，室温で液状のことが多い．

バターや植物油など，私たちになじみの深い食品は，異なる種類の脂質やそれ以外の物質を含む複雑な混合物である．たとえばバターにはカゼイン（タンパク質）や植物油のビタミンEなど，他の物質も少量含まれている．また，含まれる脂肪酸も1種類ではなく，異なる種類の脂肪酸を含んだアシルグリセロールとよばれる分子も含まれている．アシルグリセロールは，グリセロールとよばれる3個の炭素分子からなる化合物に，1〜3個の脂肪酸が共有結合した物質である．グリセロールには三つの-OH（ヒドロキシ基）があり，それぞれが脂肪酸鎖の末端にある-COOH（カルボキシ基）と共有結合を形成することができる．結合するとき，脂肪酸のカルボキシ基にあるOHはグリセロールのOHの水素と反応して水分子を生成する（図4・15 a）．グリセロール分子の三つのヒドロキシ基がすべて脂肪酸と結合して生じる化合物を**トリアシルグリセロール**とよぶ．これが食事として私たちが摂る最も一般的なアシルグリセロールで（図4・15 b），一般に中性脂肪とよばれているものである．

バターやラードは飽和脂肪酸が入っているトリアシルグリセロールを豊富に含んでいて，こうした食品は室温で固体である．私たちになじみの深い，一般に"脂肪"とよんでいるものである．一方，アブラナのキャノーラ油，オリーブ油などの植物油は不飽和脂肪酸や不飽和トリアシルグリセロールの混合物で，室温で液体である．植物油であっても，ココナツやヤシの実から抽出された食用油は，バターやラードとほとんど同じように飽和脂質を豊富に含んでいるので，室温で固体である．このことから，私たちが日常"脂肪"や"油"といった言葉をいかにあいまいに使っているかがわかる．科学の分野では，正確に定義された専門の用語を用いる必要がある．

図4・13 タンパク質の構造 (a) 共有結合したアミノ酸鎖はポリペプチドとよばれる．ポリペプチドの中のアミノ酸の順番（配列）を一次構造とよぶ．ポリペプチドはタンパク質の最も基本的な構造単位である．(b) ポリペプチドは部分的に二次構造を構成することがある．(c) ポリペプチドは安定した立体構造（三次構造）に折りたたまれてはじめてタンパク質として機能できるようになる．(d) タンパク質のなかには，複数のポリペプチドの複合体もある．ここに示す例は，四つのポリペプチドからなるタンパク質，ヘモグロビンの四次構造の模式図である．ヘモグロビンのポリペプチドの中心部には，特別な鉄と結合する官能基，ヘム基（灰色の円板の部分）があり，ここで酸素と結合する．

(a) ステアリン酸は飽和脂肪酸で，炭化水素鎖に二重結合をもたない

ステアリン酸（直鎖状）

(b) オレイン酸は不飽和脂肪酸で，炭化水素鎖の中に二重結合が二つある

シス二重結合

オリーブ油

オリーブ油などの不飽和脂質は，炭化水素鎖を曲げるような二重結合をもつ．これらの分子は曲がった構造をしていて，室温で分子が密集して固まらず，液状の脂質となる

オレイン酸（曲がった炭化水素鎖）

(c) 人工的な水素化

$+H_2$ 水素ガス

トランス二重結合

マーガリン

トランス脂肪酸

飽和脂肪酸

植物性ショートニング

直鎖状分子

直線状のトランス脂肪酸はマーガリンのような半固体の固さとなる．比較的まっすぐな形の炭化水素鎖は，密に集まって固まりやすいからである

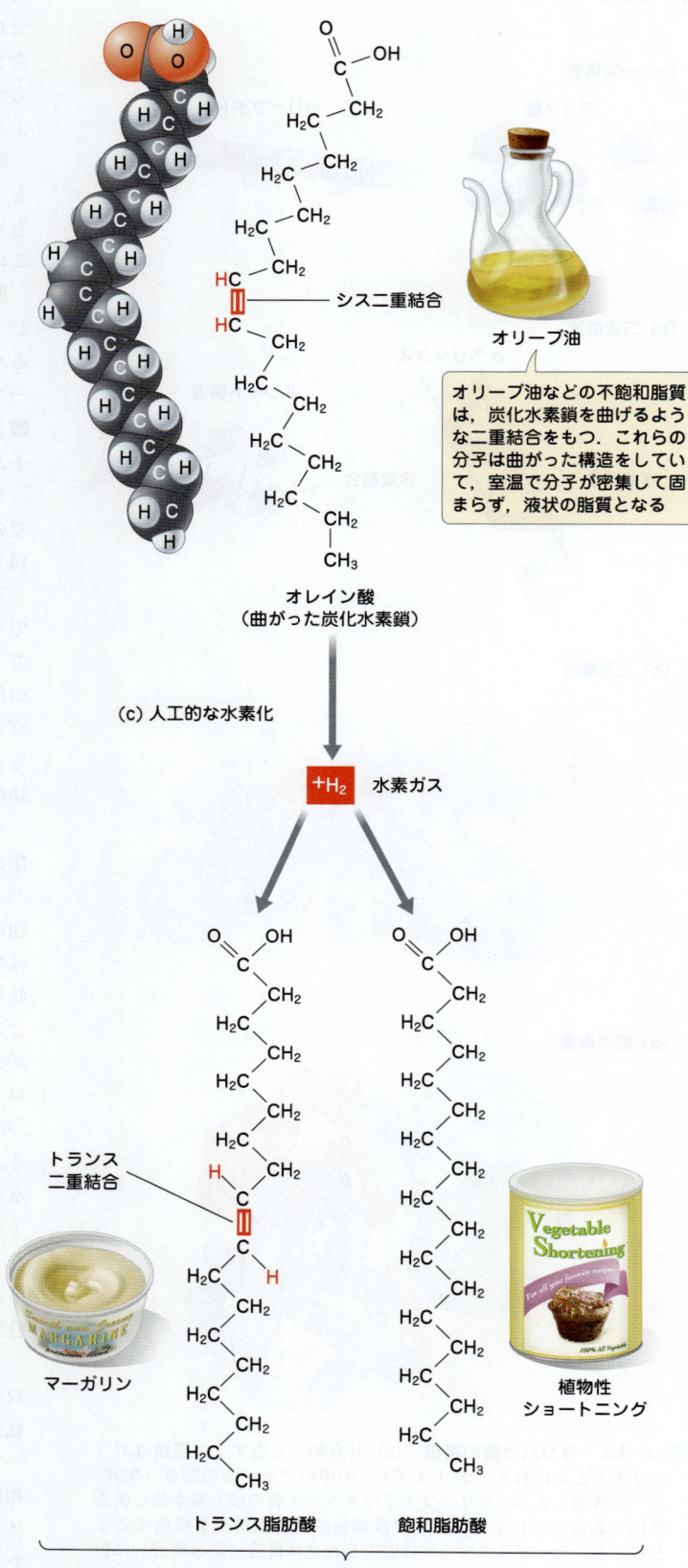

図 4・14 飽和および不飽和脂肪酸 (a) 右側にステアリン酸の分子模型（空間充填モデル）を示す．分子の形が直線状のため，室温で密に集まって固体状になる．(b) シス形二重結合は分子内でねじれをつくるので，しっかり密に固まることはない．そのため，オレイン酸は室温で液状となる．オレイン酸は，一般にオリーブの木やアブラナなど温帯性植物の種子や果実に多く含まれている．(c) 不飽和脂質の二重結合の部分に水素を結合させると，植物の油でも塊状の半固体の脂質となる．このようにして製菓用の脂質が作られる．水素ガスは一部の不飽和脂肪酸をトランス脂肪酸に変えるためにも使われる．この場合，トランス脂肪酸は二重結合を保ったままで直線状の炭化水素鎖となる．食用マーガリンはこのようにして作られる．炭素間の二重結合を完全に水素化すると飽和脂肪酸を作ることもできる．

さまざまな生物が細胞内に小さな油滴をもち，その中に，余ったエネルギーをトリアシルグリセロールとして蓄えている．脂質はエネルギーを貯蔵する物質として効率が良く，同じ重さの糖，炭水化物，タンパク質に比べて，2倍以上のエネルギーを詰め込めるからである．また，炭水化物やタンパク質は親水性の物質なので，脂質と比べてより多くの水と結合し，同じ重さでも占める体積が大きくなる．その結果，細胞内で蓄えるのに，より大きなスペースが必要となる．疎水性の脂質は，それだけで分離して集まるので，わずか1/6の体積で同じ量のエネルギーを蓄えることができるのである．

アシルグリセロールの一種のリン脂質は，細胞の外側にある細胞膜の主要な構成要素でもある．細胞内部にも多数の膜構造があり，これが細胞内部の区画を分けている．これらの内膜系も，おもにリン脂質からつくられている．**リン脂質**は，一つのグリセロールに対して，一つのリン酸基と二つの脂肪酸の鎖が共有結合したものである．リン脂質の特徴は，マイナスの電荷をもつリン酸基があり，その部分が極性をもつことである．つまり，極性をもった水分子と相互作用しやすく親水的である．分子の形から仮にこの部分を"頭部"とすると，反対側の脂肪酸の鎖でできた"尾部"は非極性で，疎水的である．疎水性の"尾部"は，溶媒である水からできるだけ遠ざかろうとする性質をもっている．

こうした二重の性質のために，水中ではリン脂質は自動的に配列して，**脂質二重層**とよばれる二層のシート状構造をつくることができる（図4・16）．脂質二重層の中では，リン脂質の親水性の頭部が外側を向いて，水と直接触れ合えるようになっている．対して，疎水性の尾部は水から隔離され内側にしまいこまれる．ほとんどすべての細胞の膜が脂質二重層の構造をもつ．1枚のリン脂質二重層が1枚の膜を構成し，この膜が細胞の外側と内側を仕切る境界となる．さらに，細胞の内側を分割する仕切りにもなる．仕切りをつくることで，細胞の内側と外部環境との間での，また，細胞内側のさまざまな区域の間での，イオンや分子の移動，交換，蓄積などを制御できるようになる．これが膜の重要な役割である．

さまざまな生命機能を担う脂質，ステロール

コレステロール，テストステロン，エストロゲン，ビタミンDなどは，さまざまなニュース番組にたびたび登場する有名なスターであったり，悪名高い悪者だったりする脂質である．生物学的な役割は幅広く多様であるが，これら四つの化合物はすべて，**ステロール**とよばれる脂質の1グループに分類されている．すべてのステロールには四つの環状炭化水素からなる同じ基本構造があり，異なっているのは，結合している官能基の数・種類・位置，

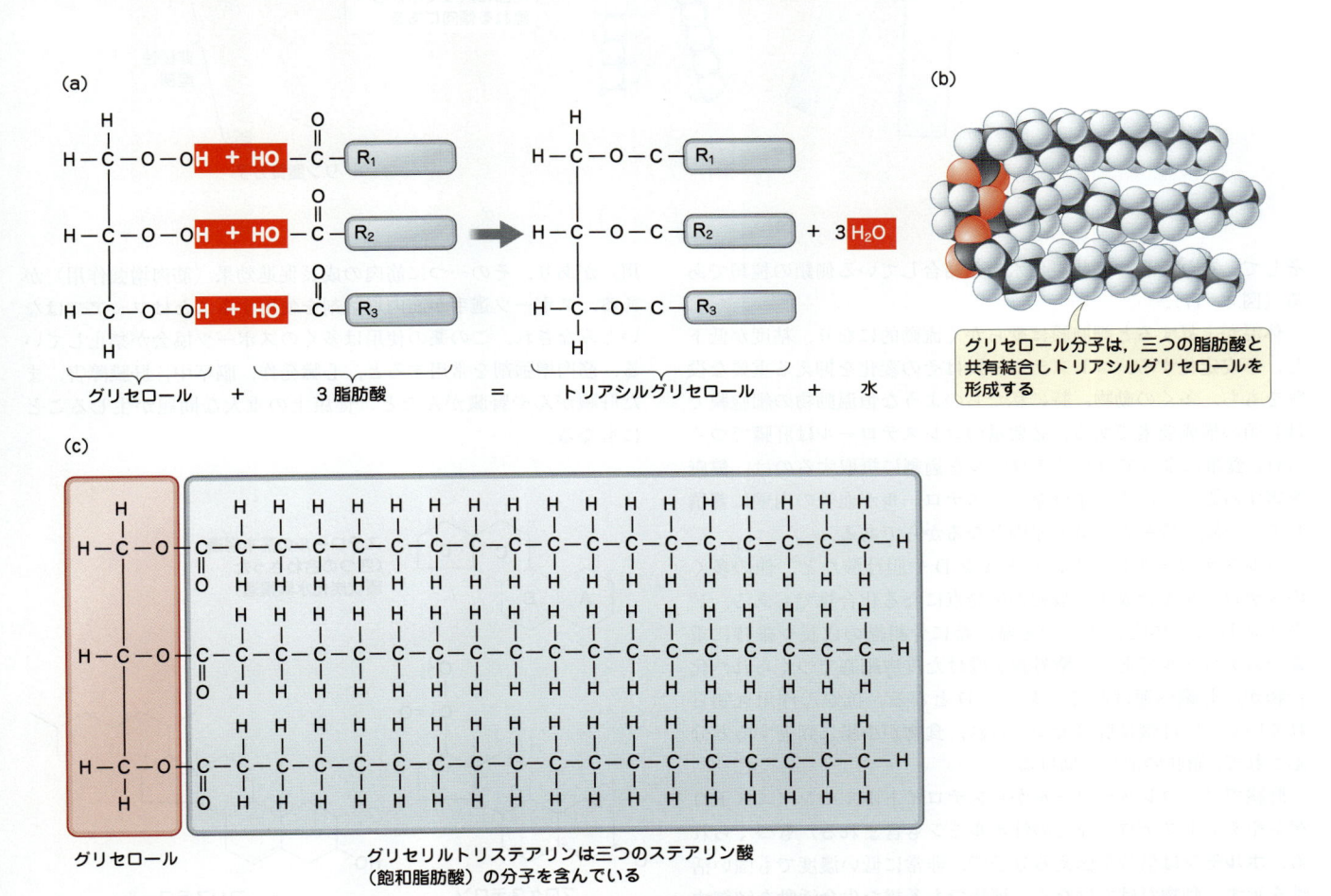

図4・15 トリアシルグリセロールはグリセロールと結合した三つの脂肪酸を含んでいる (a) グリセロールは三つの炭素と三つのヒドロキシ基をもつ化合物で，アシルグリセロールはグリセロールと1～3個の脂肪酸からなる．トリアシルグリセロールは三つの脂肪酸をもち，それぞれがグリセロールの三つの炭素に共有結合している．(b) 結合している脂肪酸は，飽和脂肪酸，不飽和脂肪酸，あるいは，それらが組合わさったものなど，さまざまな種類のものがある．(c)のトリアシルグリセロールは，グリセリルトリステアリンとよばれ，動物の細胞内に蓄えられる一般的な脂質である．グリセリルトリステアリンは三つの飽和脂肪酸，ステアリン酸からなる．動物の"脂肪"は，室温で固形のものが多い．これは，飽和脂肪酸を含むトリアシルグリセロールを多く含んでいるからである．しかし，魚からとれる油は例外である．ω（オメガ）3脂肪酸とよばれる不飽和脂肪酸の長い鎖を含んでいるからである．

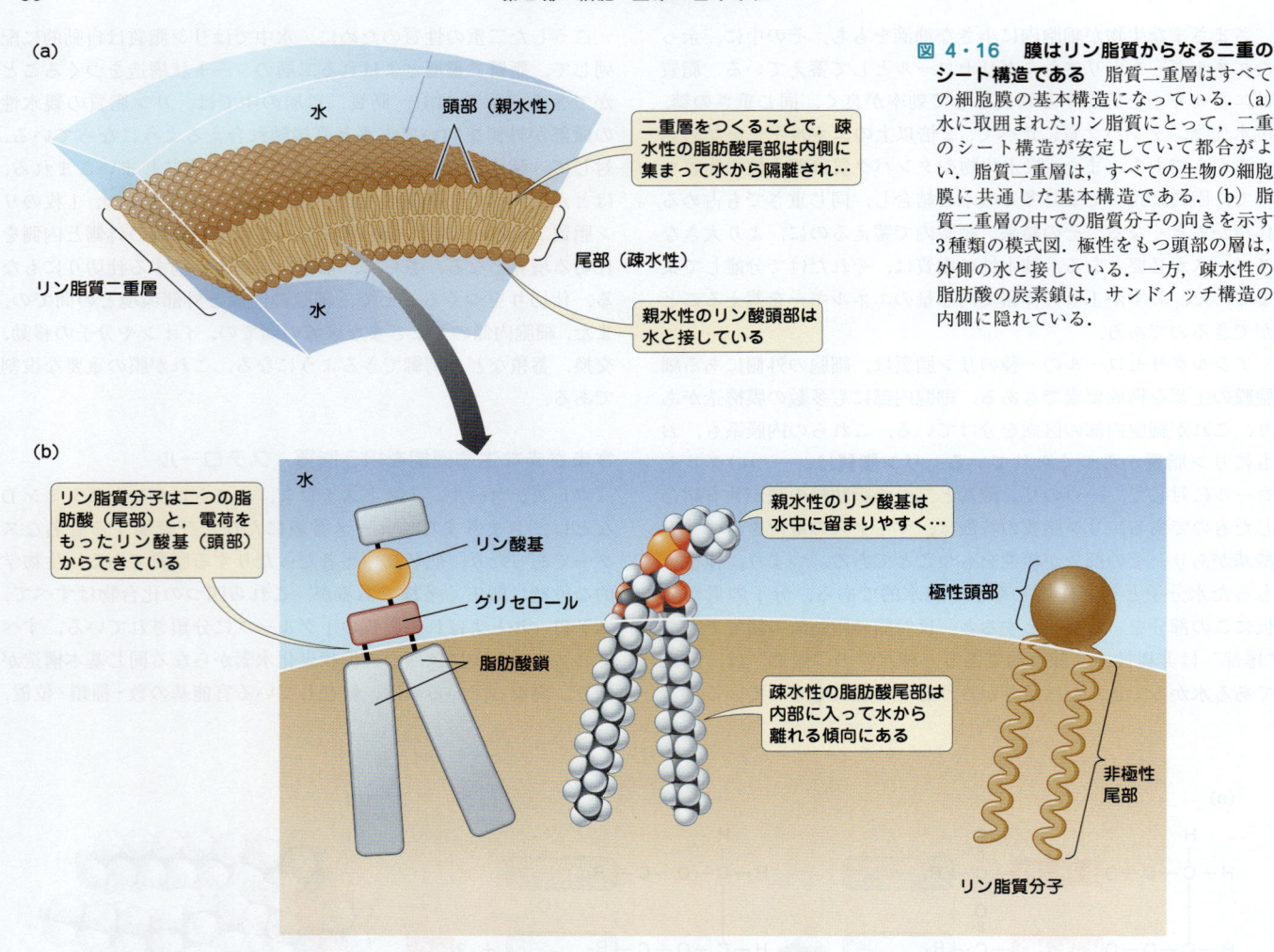

図 4・16 膜はリン脂質からなる二重のシート構造である 脂質二重層はすべての細胞膜の基本構造になっている．(a) 水に取囲まれたリン脂質にとって，二重のシート構造が安定していて都合がよい．脂質二重層は，すべての生物の細胞膜に共通した基本構造である．(b) 脂質二重層の中での脂質分子の向きを示す3種類の模式図．極性をもつ頭部の層は，外側の水と接している．一方，疎水性の脂肪酸の炭素鎖は，サンドイッチ構造の内側に隠れている．

そして，それぞれの環状炭化水素と結合している側鎖の種類である（図4・17）．

体温が上昇すると細胞膜は軟らかく流動的になり，粘度が低下し，不安定化する．コレステロールはその変化を抑える重要な役割をもち，多くの動物，特に私たちのような恒温動物の細胞膜では必須の構成要素である．必要量のコレステロールは肝臓でつくられ，食事によってコレステロールを過剰に摂取するのは，健康を害する恐れがある．余分なコレステロールが血管の内壁に蓄積して，心臓血管系の病気の原因となるからである．

コレステロールはまた，ビタミンDや胆汁酸など，他の多くのステロールを合成する最初の出発点になる化合物でもある．ビタミンDは，体内の多くの組織，特に骨組織の成長や維持に重要なステロールである．紫外線を受けた皮膚細胞でつくられた化合物が，肝臓へ運ばれてビタミンDとなる．抗がん作用も知られている．胆汁酸は肝臓でつくられ，食物が小腸に到達すると分泌されて，脂肪の消化を助ける．

肝臓では，コレステロールからステロイドホルモン（エストロゲンやテストステロンなどの性ホルモンも含まれる）もつくられる．ホルモンは信号を伝える分子で，非常に低い濃度でも強い活性を示す．動物だけではなく，植物でも多様な生命活動を制御する重要な分子である．エストロゲンやテストステロンなどのような性ホルモンは，動物の生殖系に作用して発達を促し，機能を維持するはたらきをもつ．テストステロンは，自然につくられるもののほかに，人工的に合成される類似分子も多数知られている．テストステロンには高いタンパク質同化作用（合成を促進する作用）があり，その一つに筋肉の成長促進効果（筋肉増強作用）がある．スポーツ選手が筋肉増強剤を使用することはフェアではないとみなされ，この薬の使用は多くのスポーツ協会が禁止している．筋肉増強剤を常用すると，心臓発作，脳卒中，肝臓障害，また肝臓がんや腎臓がんなど，健康上の重大な問題が生じることにもなる．

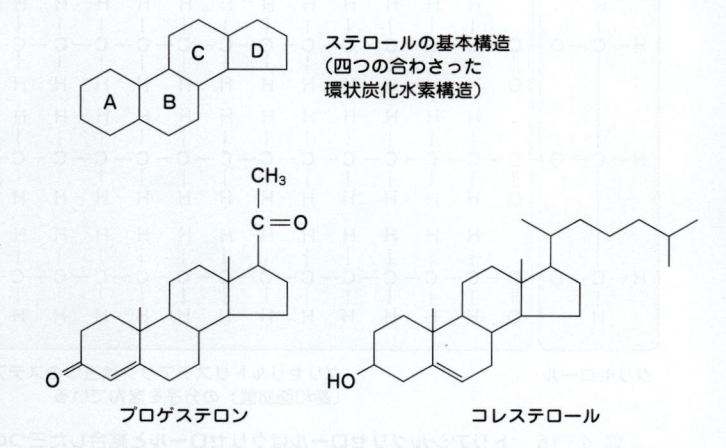

図 4・17 ステロールの基本構造は，4個の合わさった環状炭化水素構造である すべてのステロールは同じ基本構造で，合わさった4個の環状炭化水素からなるが，結合している官能基の種類は異なる．プロゲステロンは動物の生殖能力や妊娠維持のために必要な性ホルモンである．コレステロールは，鳥類や哺乳類をはじめ，多くの動物の細胞膜に必須の構成成分である．

4. 生命体をつくる物質

■ これまでの復習 ■

1. 酢（pH 2.8）とコーヒー（pH 5.5）では，どちらの遊離水素イオン濃度が高いか？
2. 植物の細胞壁の主要な成分となる多糖はどれか．グルコース，スクロース，単糖類，セルロース，グリコーゲン
3. RNAとDNAはヌクレオチドである．これは，正しいか，誤りか．
4. タンパク質の変性とは何か，説明しなさい．
5. 飽和脂肪酸と不飽和脂肪酸の化学構造の違いを述べよ．

1. 酢の水素イオン濃度の方が強く，より低いpHで，より強い酸性である．
2. セルロース，グルコースのポリマーである．
3. 誤り．ヌクレオチドが重合してなるポリヌクレオチドである．
4. タンパク質の立体構造が壊れ，生物学的活性を失うこと．
5. 飽和脂肪酸は，単結合だけでできているが，不飽和脂肪酸は，二重結合をもつ部位がある．

学習したことの応用

極限の生命化学

真剣に地球外生命の証拠を見つけようとする研究プロジェクトは，地球の生命体の知識に基づいている．生命が宇宙のどこに存在していようと，炭素を基本にしていること，そして，生命活動を維持する化学反応には水が必須であるという点が，大きな前提になっている．これはあまりにもありきたりで，地球的な偏った考え方だろうか？地上のどんな単純な生き物でも炭素が複雑に連結した有機化合物でできているが，自然界にある92の元素をじっくり見て考えたとしても，炭素のように変幻自在で使いやすく，多様な結合のできる他の原子をあげることは，どんな化学者でも難しい．同じ四つの結合をつくる原子にケイ素があるが，性質が大きく異なり，炭素に比べると救いようがないほど劣っている．また，地球の生命に果たしてきた水の役割を果たせるような他の溶媒を思い浮べることも難しい．液体アンモニアは異星生物にとっての溶媒として可能性が考えられてきたが，水の代用品としては貧弱である．そのような生物が地球の生物にみられるような多様性と複雑さを実現できるとは想像しにくい．もっとも，化学的性質が地球生命とは大きく異なる生命体がいたら，私たちにはそれらを探索する方法すらないのだが．

水が太陽系外にある惑星でも検出され，アミノ酸や単純な炭水化物（グリセロールなど）が隕石や小惑星にあることがわかってきたので，地球外生命も地球の生命と同じような構成要素からなると考えるのは，筋が通っているように思われる．しかし，異星の生命を探索するためには，私たちはどんな種類の惑星に宇宙探査衛星を送ったらよいのだろうか．また，どんな宇宙の岩石やガス雲を目当てに，地上から分析するのがよいだろうか．生命が居住可能な惑星ゾーン（ゴルディロックスゾーン）は，生命が必要とする一通りの条件をほぼ満たしている惑星をさしている．約40年前，この考え方がはじめて公表されたとき，惑星の居住適正基準は，温度が0〜60℃の範囲にあって，強い放射線のないことが条件であった．しかし，一見，穏やかな環境と思える私たちの青い地球上にも例外があった．温泉の沸騰水の中で繁殖するアーキア，雪層に生きる藻類，海水より10倍濃い塩濃度の湖に生息するエビ，強い放射能を浴びたとき最もよく成長する細菌などが発見されてきたのである．

つまり，地球上の生命がどれだけ極端な環境にまで耐えられるのか，本当は理解していなかったことが，最近ますます明らかになってきたのである．NASAの宇宙生物学研究所の研究者は，惑星の居住適正ゾーンの基準をはっきりさせるために，さらに広範な極限領域の生物を探査している．太陽系の中の惑星も，よくよく調べると生命のいる可能性が出てくる．火星はどうだろうか．埋もれた部分にある熱水泉，あるいは強い紫外線を浴び，大気が薄く，氷雪に埋もれた極寒の地でも生命が見つかるかもしれない．木星の衛星ユーロパはどうだろうか．ユーロパの表面を厚く覆う氷の下にはおそらく，液状の水からなる海洋があるのではないか．これらの疑問に答える現在の一番よい方法は，私たち自身の惑星である地球上の極限にある生態系を探ることである．

極限環境の生物を調べる研究は，まだ新しい分野であるが，たとえば，高温，高圧，極端なpH，高い塩分濃度，乾燥，非常に強い放射線など，極端な環境で生息する生物を調べることで，生息限界についての考え方は変わりつつある．タンパク質や脂質，炭水化物，核酸が，極端な環境下でどのようにはたらくのかを調べることは，私たちのようなふつうの生物が，過酷な条件下でなぜ機能できるのか，あるいは逆になぜ機能できなくなるのかの理解を深めることにもつながった．また，そういった研究の応用面での成果として，熱に安定な酵素 *Taq* ポリメラーゼという大発見もあった．今では，科学捜査から生命多様性保全活動まで，DNA配列の分析に幅広く応用されている酵素である．

アーキアの一種 *Pyrobolus fumarii* は，高温生息環境の世界記録保持者で，地球上で最も暑い生息環境，深海の113℃の蒸気を噴出する岩の割れ目，噴気孔に生息している．タンパク質が高熱で変性し，役に立たないポリペプチドの塊になるのを，どうやって防いでいるのだろうか．好熱性生物の耐熱タンパク質を，温暖な環境に生息する熱に弱い別種のタンパク質と比べたところ，わずか2,3個のアミノ酸の違いしかないこともあった．こうした証拠を手掛かりに，壊れやすい他のタンパク質から，もっと丈夫で耐熱性の高いものをつくることも試みられている．例として，細菌がもつタンパク質分解酵素のサーモリシンを紹介しよう．ある研究で，100℃で十分な活性を維持できるサーモリシンをつくるために，元のタンパク質の中にある319個のアミノ酸のうち，八つのアミノ酸を変える実験を行ったところ，ふつうのサーモリシンよりも340倍も安定した立体構造の酵素をつくることに成功した．医療薬品から穀物生産の分野まで，人工的に構造を操作して高熱でも安定にしたタンパク質の用途は多い．たとえば熱に弱いタンパク質でつくられているワクチンは，貯蔵したり，必要とされる海外の地域に長距離輸送するのが困難である．熱に強いものに改良できれば，発展途上国などへ大きな貢献もできるだろう．

章のまとめ

4・1 物質世界は原子でできている

■ 物質は化学元素で構成され，元素はそれぞれ特有の性質をもっている．自然界には92種類の元素がある．
■ 原子は，その元素の化学的性質を示す一番小さな構成単位である．

- 原子は，原子核内の，プラスに荷電した陽子と荷電のない中性子，そして原子核の周囲にあるマイナスに荷電した電子からなる．元素の化学的性質は，原子内の電子の数と配置によって決まる．
- 同位体（アイソトープ）とは，同数の陽子をもつが，中性子の数が異なるものをいう．放射性同位体は，分解して放射能を出す性質の同位体をさす．
- 元素の原子数は，陽子数である．質量数とは，陽子と中性子の数を合わせたものである．
- 原子を引き寄せ合ってつなぎ止める力を化学結合とよぶ．化学結合の種類は，それぞれの原子特有の化学的性質によって決まる．
- 原子が電子を失うとプラスの，獲得するとマイナスの電荷をもつイオンとなる．逆の電荷をもつイオンは，イオン結合によって結合する．イオン結合によって原子が結びついたものを塩とよぶ．
- 複数の原子が共有結合によって結合したものを分子とよぶ．
- 化合物は，複数の異なる種類の元素の原子からなるものをさす．塩も化合物である．ただし，共有結合の場合は，少なくとも2種以上の異なる元素の原子を含むものを化合物とよぶ．

4・2 共有結合は自然界で最強の化学結合である

- 原子の原子核は，電子の浮遊する決められた軌道，電子殻に取囲まれている．最外電子殻に入る電子の最大定員数は決まっていて，その数がいっぱいに満たされるまで，他の原子と電子を共有できる．つまり，原子の結合特性は，最外殻電子数によって決まっている．
- 原子間で電子を共有する共有結合によって，原子から分子がつくられる．この結合は，自然界で最も強力な化学結合である．

4・3 水素結合とイオン結合はどちらも弱いが，集まって強い力となる

- 電子を共有していない原子間での相互作用を非共有結合という．生体内では，水素結合とイオン結合が重要である．
- 水素結合は，分子内で部分的にプラスの電荷をもつ水素原子と，他の化合物のマイナスの電荷をもつ部分との間で生じる弱い引力である．
- 原子間での電子の不均衡な共有状態によって，分子内に部分的なプラス・マイナスの電荷が生じ，その結果，極性のある共有結合となる．このような極性を示す共有結合をもつ分子を極性分子という．
- 水は極性分子である．水の物性は，水素結合でうまく説明できる．水素結合は，生体で重要な分子の構造維持や機能発現に重要である．
- 電子が，ある原子から別の原子に移るとイオンが形成される．プラスとマイナスの電荷をもつイオン間で生じる電気的な引力をイオン結合とよぶ．塩はイオン結合によって結合している．
- イオンや極性分子は水分子と相互作用しやすい分子で，親水性である．電荷をもたない，あるいは部分的な極性もない非極性分子は，水と結合できず，したがって疎水性である．非極性分子は，溶媒の水から排除されるので，その結果，一カ所に集合する傾向が強い．極性分子は水に溶けやすく，非極性化合物は水に溶けにくい．
- 原子の間の結合がつくられたり，再配列されることを化学反応という．化学反応では，反応物から新しいイオンや分子が生成するが，化学結合の様子が変化するだけで，原子が新しく生み出されることも，破壊されて消失することもない．

4・4 溶液の酸・アルカリの度合いを示す指標，pH

- 細胞の生命を支える化学反応は，水溶液の中で進行する．酸は溶液内で水素イオンを放出し，水と結合してH_3O^+（ヒドロニウムイオン）を生成する．塩基は水素イオンと結合し，OH^-（水酸化物イオン）を生成する．そのため，酸や塩基などの極性化合物は，水溶液内の遊離水素イオンの量に大きな影響を及ぼす．
- 水中の遊離水素イオン濃度は，pHで表現する．pHの最低値，pH 0は酸性度の非常に強い溶液であることを意味し，水素イオン濃度が純水の1千万倍（10^7倍）高いことになる．pHの最高値，pH 14は非常に強いアルカリ性の溶液であることを意味し，水素イオン濃度は純水よりも1千万倍低い（10^{-7}倍）．多くの場合，生物学的な活性はpH 7前後の中性で最も高い．
- 水素イオンを渡したり受取ったりできる化合物を緩衝剤，緩衝剤を含む溶液を緩衝液という．緩衝剤が，細胞内のpHをほぼ一定に維持するはたらきをしている．

4・5 生命体の化学構成単位

- 炭素原子は，他の原子と連結して多種多様な化合物をつくる．生物には，四つの重要な化合物，糖，アミノ酸，ヌクレオチド，脂質がある．すべて炭素原子と水素原子でできた基本骨格を中心に，他の数種の元素の原子を加えて構築されている．
- 炭水化物には，単糖類，二糖類，複雑な多糖類が含まれる．炭水化物は生物のエネルギー源となり，また，物理的に支える分子にもなる．
- 五炭糖と，窒素を含む塩基やリン酸基からできているヌクレオチドは，DNAやRNAなどの核酸を構成するモノマーである．4種類のヌクレオチドを含むDNAポリマーは，生物の遺伝情報となり，生命体の構造や化学反応過程を決める設計図となっている．ATPは，さまざまな生命活動のエネルギーを提供する高エネルギー分子である．
- アミノ酸はタンパク質を構成するモノマーである．20種類のアミノ酸がもつ化学的性質は，それぞれのR基（側鎖）によって決まる．
- ポリペプチドは，ペプチド結合で連結したアミノ酸の鎖である．アミノ酸の順番（アミノ酸配列）を，タンパク質の一次構造という．
- ポリペプチドは折りたたまれて，特有の立体構造になってはじめて，タンパク質として機能する．タンパク質の機能や立体構造（二次構造や三次構造）は，含まれるアミノ酸の化学的特性と，その配列で決まっている．
- 複数のポリペプチド鎖を含むタンパク質もある．構成する各ポリペプチド鎖は，正確な四次構造へと組上げられてはじめて正しく機能するようになる．
- 脂質は，直鎖状，あるいは環状の疎水的な炭化水素鎖をもつ分子である．脂肪酸は，ステロール以外のすべての脂質分子の構成要素となる．脂肪酸の炭化水素鎖内に，二重結合をもつものを不飽和脂肪酸，もたないものを飽和脂肪酸とよぶ．
- トリグリセリドは，グリセロールと三つの脂肪酸からつくられる．長期的にエネルギーを蓄える分子として優れている．
- リン脂質は，細胞膜の基本的構成要素となる．
- ステロールは，連結した環状構造をもつ脂質である．動物細胞の膜の構成要素となるコレステロール，テストステロンやエストロゲンなどの性ホルモンが含まれる．

復習問題

1. モノマーはどのような物質か．モノマーとポリマーとはどのような関係にあるのか？ 脂質はポリマーとみなしてよいか？ 理由とともに述べよ．
2. 酸も塩基も含まない純水がある．この水のpHはいくらか，理由とともに答えよ．
3. 水素結合とは何か．水分子の極性は，水素結合を形成するのにどのように寄与しているか．
4. 炭素が多種多様な生体分子の構築に適しているのは，炭素原子のどのような化学的特性によるか．
5. つぎの化合物の生物学的役割について述べよ．炭水化物，核酸，アミノ酸，脂質．

重要な用語

元 素 (p. 64)
原 子 (p. 64)
陽 子 (p. 64)
電 子 (p. 64)
中性子 (p. 64)
原子核 (p. 64)
原子番号 (p. 64)
原子質量数 (p. 65)
同位体 (p. 65)
放射性同位体 (p. 65)
化学結合 (p. 65)
イオン (p. 65)
イオン結合 (p. 65)
分 子 (p. 65)
共有結合 (p. 65)
化合物 (p. 65)
非共有結合 (p. 67)
極性分子 (p. 67)
水素結合 (p. 68)
可溶性 (p. 68)
溶 質 (p. 68)
溶 媒 (p. 68)
溶 液 (p. 68)
非極性分子 (p. 68)
親水性 (p. 69)
疎水性 (p. 69)
塩 (p. 69)
化学反応 (p. 69)
反応物 (p. 69)
生成物 (p. 69)
酸 (p. 69)
塩 基 (p. 69)
pH (p. 69)
緩衝剤 (p. 70)
有機化合物 (p. 70)
巨大分子（マクロ分子）(p. 70)
モノマー（単量体）(p. 70)
ポリマー（重合体）(p. 70)

官能基 (p. 71)
糖 (p. 71)
炭水化物 (p. 71)
単 糖 (p. 71)
グルコース (p. 71)
二 糖 (p. 71)
多 糖 (p. 71)
セルロース (p. 72)
ヌクレオチド (p. 72)
塩 基 (p. 72)
リン酸基 (p. 72)
核 酸 (p. 73)
デオキシリボ核酸(DNA) (p. 73)
リボ核酸(RNA) (p. 73)
アデノシン三リン酸(ATP) (p. 73)
タンパク質 (p. 75)
酵 素 (p. 75)
アミノ酸 (p. 75)
ポリペプチド (p. 76)
ペプチド結合 (p. 76)
一次構造 (p. 76)
二次構造 (p. 76)
三次構造 (p. 76)
四次構造 (p. 76)
変 性 (p. 76)
脂 質 (p. 77)
脂 肪 (p. 77)
脂肪酸 (p. 77)
飽和脂肪酸 (p. 77)
不飽和脂肪酸 (p. 77)
トリアシルグリセロール (p. 77)
リン脂質 (p. 79)
脂質二重層 (p. 79)
ステロール (p. 79)
ホルモン (p. 80)

章末問題

1. ある1種類の元素の中の原子は，
   (a) すべて同じ数の電子をもつ．
   (b) 同種の元素の原子とだけ結合できる．
   (c) 異なる数の電子をもつことがある．
   (d) 互いに結合して化合物をつくることはない．
2. 2個の原子が共有結合をつくるのは，
   (a) 陽子を共有するとき．
   (b) 原子核を交換するとき．
   (c) 電子を共有するととき．
   (d) プラス・マイナス逆の電荷をもつとき．
3. 分子についての記述で正しいものを選べ．
   (a) 分子は1種類の元素の原子からなる．
   (b) 分子内の原子はイオン結合によってのみ結合できる．
   (c) 分子は生物だけがもっている．
   (d) 分子には二つ以上の原子を含む．
4. イオン結合についての記述で間違ったものを選べ．
   (a) 水分子がなければ存在できない．
   (b) 水素結合とは異なる結合である．
   (c) 逆の電荷をもつ原子間での引力による．
   (d) 共有結合ほど強力ではない．
5. 水素結合は生物にとって特に重要である．その理由として正しいものを選べ．
   (a) 生命体の中でしか起こらないから．
   (b) 共有結合よりも強力で分子の物理的な安定性に寄与するから．
   (c) 生命にとって重要な溶媒，水に極性分子が溶けるようにするはたらきがあるから．
   (d) いったん形成されると，破壊されることがないから．
6. グルコースは（ ）の代表的な例である．（ ）にふさわしい語句はどれか．
   (a) タンパク質
   (b) 炭水化物
   (c) 脂肪酸
   (d) ヌクレオチド
7. タンパク質内のペプチド結合によって，
   (a) アミノ酸と単糖が結びつく．
   (b) リン酸基とアデニンがつながる．
   (c) アミノ酸どうしがつながれる．
   (d) 窒素塩基をリボースモノマーにつなぐ．
8. αヘリックスはタンパク質の（ ）である．（ ）にふさわしい語句はどれか．
   (a) 一次構造   (c) 三次構造
   (b) 二次構造   (d) 四次構造
9. ステロールは（ ）として分類される．（ ）にふさわしい語句はどれか．
   (a) 糖   (c) ヌクレオチド
   (b) アミノ酸   (d) 脂 質
10. 飽和脂肪酸と異なり，不飽和脂肪酸は，
    (a) 室温で固まる．
    (b) まっすぐな鎖をもっているので，よりしっかりと固まる．
    (c) 炭化水素鎖内に二重結合をもっている．
    (d) 炭化水素鎖内の炭素原子に共有結合できる最大限の水素原子を含む．

ニュースの中の生物学

Trans Fat Banned In N.Y. Eateries; City Health Board Cites Heart Risks

BY ANNYS SHIN

ニューヨーク市の飲食店でのトランス脂肪酸使用が禁止される：市保健局によると健康を害する恐れあり

ニューヨーク市保健局は昨日，ニューヨーク市のおよそ20,000店のレストランで，トランス脂肪酸を使って調理するのを禁止することを満場一致で決議した．ニューヨーク市は，そのような禁止令を採択した米国最初の主要都市となる．

…公衆衛生学の専門家は，この禁止令によって，年間，最高500人が心臓血管系の疾患で死亡するのを防げるだろうと予測している．一方，レストラン経営者の代表者らは，禁止令はおそらく悪い影響を，とりわけ小規模の飲食店にとっては大きな打撃を与えると反論している…一方，ハーバード大学の心臓専門医で，疫学者でもあるDariush Mozuffarian博士は，米国で毎年発症する心臓発作の最大22％が，トランス脂肪酸を食べた結果であると推定している．

循環器疾患の発症率が高いアフリカ系やラテン系の米国人は，保健局の決定の恩恵を最も受けそうだ…"この禁止令は多くの人が把握してこなかった循環器系疾患の危険性を取除いてくれるだろう．喫煙したり，肥満であることは容易にわかるが，自分のコレステロール値は皆知らないだろうから"

…(この禁止令は) 家族経営の小規模店，特に手頃な価格の飲食店にとっては良いことはないと，地域小売業連合会陳情団のRichard Lipsky氏は語っている．彼は，1カ月前，ラテン系レストラン協会によって実施された1000店舗のレストラン経営者への調査を引き合いに出し，それによると，経営者の99％がトランス脂肪酸が何か，知らなかったという．

トランス脂肪酸は，肉や乳製品など動物性食物に自然でも微量存在する不飽和脂質である．炭化水素鎖の二重結合周辺の分子の配置がトランス型の不飽和脂肪酸で，一般的なシス型の不飽和脂肪酸のねじれ形よりも真っ直ぐな形をしている(図4・14参照)．まっすぐな鎖は固まりやすいので，シス不飽和脂肪酸が室温で液体なのに比べて，トランス脂肪酸は室温で半固体となる．

米国人の食事に含まれる多量のトランス脂肪酸は，実は天然の産物ではなく，部分水素化とよばれる工程で人工的に作られたものである．この加工工程で，植物性の液状の不飽和脂質を，マーガリンや植物性ショートニングなど，私たちになじみ深い半固体の製品に変えることができる．

この50年間で，人工的に作られるトランス脂肪酸の使用量は爆発的に増え，特に食品加工業界で急増した．トランス脂肪酸は安価で，劣化や酸化が起こりにくい．トランス脂肪酸を使って調理された食物は，室温の棚でも保管でき，高価な冷蔵設備を必要としない．一方，シス不飽和脂肪酸は，酸素原子によって酸化されやすい．オリーブ油のように，シス不飽和脂肪酸を豊富に含む脂質のなかには，油の劣化を防ぐ天然の物質，フェノール化合物を含んでいるものもある．オリーブ油の色が濃ければ濃いほど，フェノール化合物も多く含んでいて，それだけ，台所の戸棚などでの長期保存が可能である．また，酸化防止剤であるビタミンEを，脂質の酸化を防ぐために，植物油に添加物として加えることもある．

1990年代になると，トランス脂肪酸の摂取による健康被害について警鐘が鳴らされるようになった．トランス脂肪酸を多量に摂取すると，他の同じカロリーのトランス脂肪酸を含まない脂質を摂るのに比べて，心臓病になる確率が高くなるという研究結果も多く得られている．2007年1月以降，食品のパッケージにある栄養表示ラベルには，含まれるトランス脂肪酸の含有量を明示しなければならなくなった（訳注：日本では2011年に情報開示指針が農林水産省より出された）．健康の専門家によると，人工的なトランス脂肪酸は，食べても安全であるという許容量はなく，消費者は最小の摂取量にすべきであり，可能ならば，食事からこれらの脂質をなくすのがよいそうである．ニューヨーク市の出した禁止令は，米国の他の都市にも影響し，同様の条例が施行されるようになった．多くの大手ファーストフード企業や食品加工業者は，現在，トランス脂肪酸の代用品，揚げ物や焼き物を作るとき高温での使用に耐えられるような新しいシス不飽和脂肪酸などを見つけようとしている．

このニュースを考える

1. トランス脂肪酸は，飽和脂肪酸とどの点が似ているか．どの点が異なるか．なぜ，トランス脂肪酸は加工食品業界で好まれてきたか．

2. 批評家のなかには，ニューヨーク市保健局によって出された禁止命令は，"強権的にすぎる"と反論する人もいる．逆に，国民の健康を守るのは行政の責務であると，訴える支持者もいる．この禁止令に賛成か？ 妥協すべき点もあるか？ 全般的にみて，この禁止令は少数派である弱者の利益につながるか？ 説明しなさい．

3. レストランのトランス脂肪酸使用に関するニューヨーク市の禁止令は，食品製造業界には適用されていない．たとえば，クッキー，クラッカーや手軽なケーキの素などである．この禁止令はあらゆる市販の食品に拡張されるべきだろうか．その場合，トランス脂肪酸だけではなく，レストランの料理や他のあらゆる食品に含まれる飽和脂肪酸へも拡張されるべきだろうか．考え方を述べて，説明しなさい．

出典：Washington Post紙，2006年12月6日

5 細胞の構造

> **Main Message**
> 原核生物と真核生物の細胞は，ともに，ゲル質の細胞質を細胞膜が取囲んだ構造をしている．真核生物の細胞の特徴は内部の複雑な構造である．膜で仕切られた多様な細胞小器官をもつ．

人体へのヒッチハイク

　私たちの身体は見た目以上に複雑である．私たちの体内にある約100兆個の細胞のうち，私たち自身の細胞数はその10%にすぎない．残りは細菌やアーキア，菌類などの微生物，さらに無脊椎動物である節足動物である．数百種類の細菌やアーキアが，私たちの皮膚，湿気のある体のくぼみ，そして消化管の中に生息している．

　人体は，無害の生物だけでなく，寄生性の微生物の宿主にもなっている．私たちの体には，侵入してくる微生物を食べて消化する細胞が備わっているが，結核菌など一部の微生物は，この防御機構を免れて，宿主となるヒトの細胞内部に侵入して休眠状態で潜伏する．世界の約1/3の人が，このような潜伏的な結核菌の宿主（潜伏期結核とよばれる）となっていて，そのうち約10%で菌が活性化し，菌が侵入してから何年も経て重い結核の症状が出ることがある．細胞の機能を破綻させるような病原菌もある．リステリア菌は生乳，肉や魚内に潜み，熱を通さない不十分な調理をすると食物中に混入することがある．米国ではリステリア菌が原因で毎年約2000件の重篤な食中毒が起こり，400名の死者が出ている．この菌は細胞の内側に侵入し，繊維構造を使って移動する．細胞内深くに身を潜めているので，ヒトの免疫システムで検出することもできない．

　このように細胞が別の細胞へ侵入する現象は，実は，太古の時代から一般的なものであった．たちの悪いもの，そうでないもの，さまざまな種類の細菌が，動物，植物，昆虫，アメーバ，さらに他の細菌に感染し，細胞内に潜んでいる．植物の害虫であるアブラムシも細菌のすみかとなっていることで知られている．<u>私たちの細胞も，古い時代に侵入した原核生物を部品として使っているという可能性はあるだろうか．原核生物と真核生物とは，進化のうえで，どのようなつながりがあるのだろうか．</u>この章ではまず，原核生物と真核生物の細胞の一般的な構造をみる．その後，原始の時代から続く両者の関係について解説する．

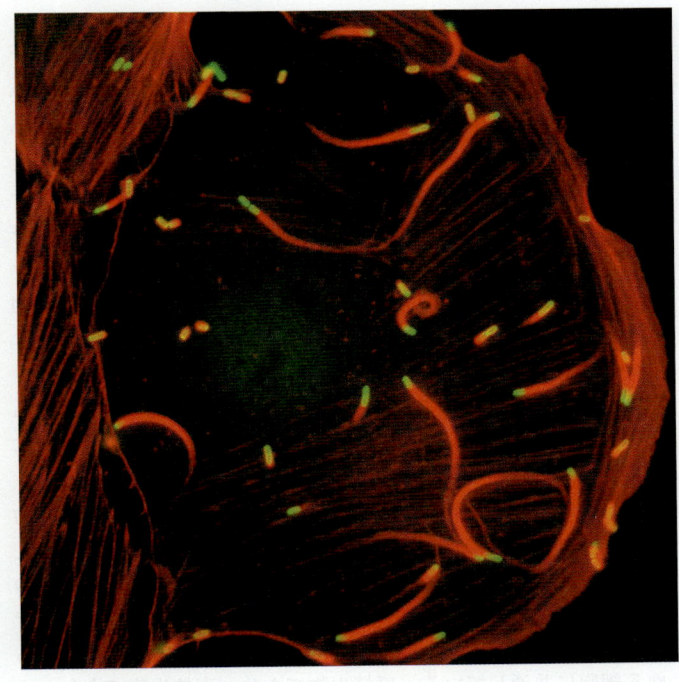

内部への侵入者　リステリア菌（緑色）は，感染したヒトの細胞内で，タンパク質でできた繊維（赤い繊維）を使って運動する．

基本となる概念

- 細胞はすべての生物の基本構造単位である．
- 細胞膜が細胞の内側と外側の境界である．細胞膜が，物質の出入りや外部との情報交換を制御する．
- 原核生物は核をもたない単細胞の生物である．
- 真核生物には単細胞のものと多細胞のものがある．核，および，特有の機能をもった細胞小器官（オルガネラ）をもつ．
- 真核生物の細胞小器官には，脂質やタンパク質の合成，膜タンパク質や分泌タンパク質の仕分けや行き先の決定，巨大分子の消化と再利用，そして細胞の活動に必要なエネルギーの生産など，さまざまな機能を担うものがある．
- 細胞内には，タンパク質でできた繊維状や管状の細胞骨格がある．3種類の細胞骨格は，細胞の形状や強度の維持，および細胞の運動にかかわる重要な役割を担う．
- ミトコンドリアや葉緑体などの細胞小器官のもとは原核生物であったと考えられている．原核生物が，祖先型の真核生物の細胞に入り込み，宿主細胞との間で互いに有益となる共生関係が進化した．

第4章で，すべての生命体に共通する原子，分子，巨大分子や脂質について解説した．しかし，それら有機分子を積み重ねただけで生命体ができるわけではない．高度に組織化され，エネルギーを吸収し，自己再生する構造，すなわち**細胞**を構成してはじめて生命体といえる存在になる．細菌からシロナガスクジラまで，細胞は最小の生命の単位である．

本章では細胞という視点で生命を理解することを目指す．はじめに，細胞構造の共通点や多様性を理解するために，原核生物と真核生物の細胞を比較する．その後，細胞内部の構造について紹介する．内部がどのように区画分けされて，それが調和のとれた細胞機能にどのようにかかわるか解説する．まず，細胞の外側について，そして，細胞内部へとみていこう．

5・1 細胞は生命の最も小さい単位である

生命体は，1個の，または何十億～何千億個という，膜で包まれた単位である細胞からできている．細菌は単細胞の生命体である．一方で，ヒトのように複雑な構造の多細胞生物は，何兆個もの細胞から構成され，しかも，細胞の種類も多い．

ヒトの体は約 220 種類の異なる細胞からなり，一般的で共通する機能をもつと同時に，それぞれに特有の機能もある．例として，骨格筋をつくっている細胞と，眼の透明なレンズをつくっている細胞を比べてみよう．私たちは骨格筋を使って手足を動かす．骨格筋が，伸び縮みする細長い細胞（筋細胞）からできているからである．筋細胞は特殊なタンパク質からなる繊維を多量に含んでいて，繊維がずれ合うことで関節や骨を動かす力を発生する．また，必要なエネルギーを生み出すミトコンドリアも豊富である．対照的に，眼のレンズを構成する細胞には，クリスタリンとよばれる透明なタンパク質が一杯に詰まっている．他の一般的な細胞に共通する構造はほとんどない．この細胞は自力では動けないので，レンズの外側にある小さな筋肉によって収縮する．レンズの厚みが変化することで，光が集まる位置が変わり，私たちの眼は，必要に応じて，遠近自在に焦点を合わせられるようになっている．

地球上には，何百万もの異なる種類の生物種がいるので，生物圏にみられる細胞の種類は途方もなく多様なことになる．たとえば，私たちの体の細胞どれ一つとっても，植物の細胞と同じものはない．にもかかわらず，どんなに多様な異なる種類の細胞であっても，その基本的な構造は，地球上のあらゆる生命体のあらゆる細胞に共通している．原核生物であれ，真核生物であれ，すべての細胞は**細胞膜**とよばれる脂質からなる外部との境界をもつ．細胞膜の中には，さまざまなタンパク質が散りばめられていて，それらは細胞に出入りする物質を制御する門番としての役目をもつ．

細胞膜の内側で核を除く部分を**細胞質**とよぶ．細胞質は，**サイトソル（細胞質ゾル）** とよばれる水溶液で満たされ，遊離イオン，糖，アミノ酸や脂肪酸などの小さな有機分子やタンパク質，多糖や核酸などの巨大分子を含んでいる．サイトソルの中には，非常に高い濃度（質量比で 10～30%）の大小さまざまな分子が詰め込まれており，さらさらした液体ではなく，どろっとしたゼリーのような流体である．

サイトソルのほかに，**細胞小器官（オルガネラ）** とよばれる構造物が細胞質には含まれる．細胞小器官は大小さまざまなものがあるが，一つ一つはタンパク質や他の巨大分子よりははるかに大きい構造である．**リボソーム**は，原核生物と真核生物の細胞両方で細胞質に多量に存在する細胞小器官である．リボソームの厳密な構成成分は，原核生物と真核生物では種類が異なるが，RNAとタンパク質からできている点で共通していて，タンパク質を合成する重要なしくみを担う点でも同じである．

核をはじめ，大きな細胞小器官は，細胞膜に似た脂質の膜で包まれている．細胞小器官の膜と細胞膜との違いは，埋め込まれているタンパク質の種類の違いだけである．DNAは遺伝情報を蓄える核酸で，真核生物の細胞では核の内部に詰め込まれている．一方，原核生物の細胞では，細胞質内にDNAをもつ．核に加え，真核生物の細胞は，ほかにもさまざまな膜に囲まれた細胞小器官をもつが，これらは後で詳しく解説する．

5・2 細胞膜は細胞を周囲から隔離する

あらゆる細胞に共通する重要な特徴は，脂質からなる膜が外部と内部との境界になり，細胞を周囲の環境から隔てていることである．生命を維持するのに必要な多くの化学反応が，膜で仕切られた空間の内側，細胞質内で起こる．脂質でできた境界線があることで，化学反応に必要な原料を限られたスペース内に高濃度で集めることができ，このことが化学作用を促進する効果をもつ．

この細胞の外界との境界が細胞膜である．第4章で，生物の膜がリン脂質二重層を主成分とすることを学んだ．リン脂質分子は，親水性の頭部を膜の外側に，疎水性の脂肪酸の尾部を内側に向けて配置している（図5・1）．

単なる境界線として内容物を閉じ込めるだけであれば，単純なリン脂質二重層で十分である．しかし，細胞膜は，必要な分子を取入れ，不必要なものは逆に締め出す必要がある．また，老廃物

科学のツール

顕微鏡で細胞を調べる

絵画には言葉では言い尽くせない貴重な価値がある．百聞は一見にしかずである．美術品の世界だけではなく，これは生物学の分野でも同じである．細胞を観察できたからこそ，生命の基本単位としての細胞を発見できた．科学の分野で，初めて細胞の観察に使われた装置は光学顕微鏡である．16世紀後半に発明された．初期の光学顕微鏡は，小さな標本の拡大像を得るために光線を屈折させる研磨したガラス玉だった．

17世紀に入り，Robert Hooke がコルクの薄い切片を顕微鏡で観察し，それが小さく分かれた部屋で構成されているのに気づいたのが細胞の研究の始まりである．Hooke がこれらの構造を cell（小部屋）と表現し，これが現在使用している用語，cell（細胞）の語源である．皮肉にも，Hooke が最初に観察したものは，生きた細胞ではなく，コルクという死んだ植物細胞の抜け殻だったが，それまで見えなかった物を発見したことで，科学研究の分野に新しい世界を開いた．

光学顕微鏡は，初期の生物学分野で重要な役割を果たした．これは現在の生命科学の分野でも同じで，同じ原理の顕微鏡が使われている．もちろん，レンズの品質は著しく改善されてきた．17世紀には200～300倍の倍率だったものが，現在の光学顕微鏡では1000倍以上の倍率でも鮮明な拡大像が得られるようになり，1/200,000 m，つまり，0.05 μm もの小さな構造でも識別できるようになった．光学顕微鏡を使って動物や植物の細胞（5～100 μm）だけではなく，細菌（1～3 μm）はもちろん，ミトコンドリアや葉緑体などの細胞小器官も容易に観察できるようになった．

1930年代以降，光の代わりに電子線を，ガラスレンズの代わりに強力な磁石を使うことで，劇的に顕微鏡の倍率が上がった．電子顕微鏡とよばれるものである．100,000倍以上の倍率でも鮮明に細胞内部の構造や，タンパク質・核酸などの生体分子を観察できる．電子顕微鏡と光学顕微鏡，両タイプの装置を使うことで，多細胞の生物体内にはどのような細胞があって，それがどのような機能を果たしているのか，詳細が理解できるようになる．

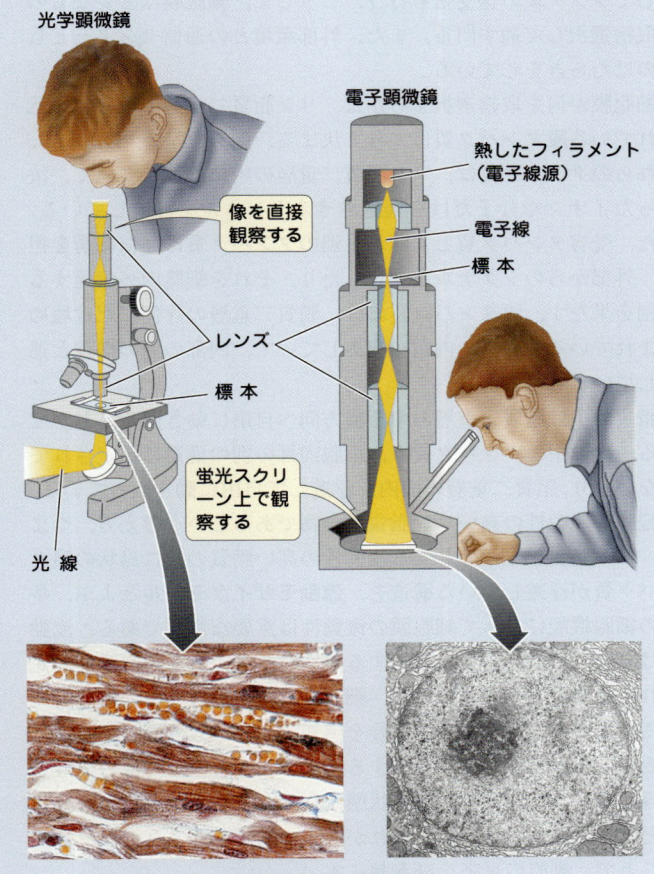

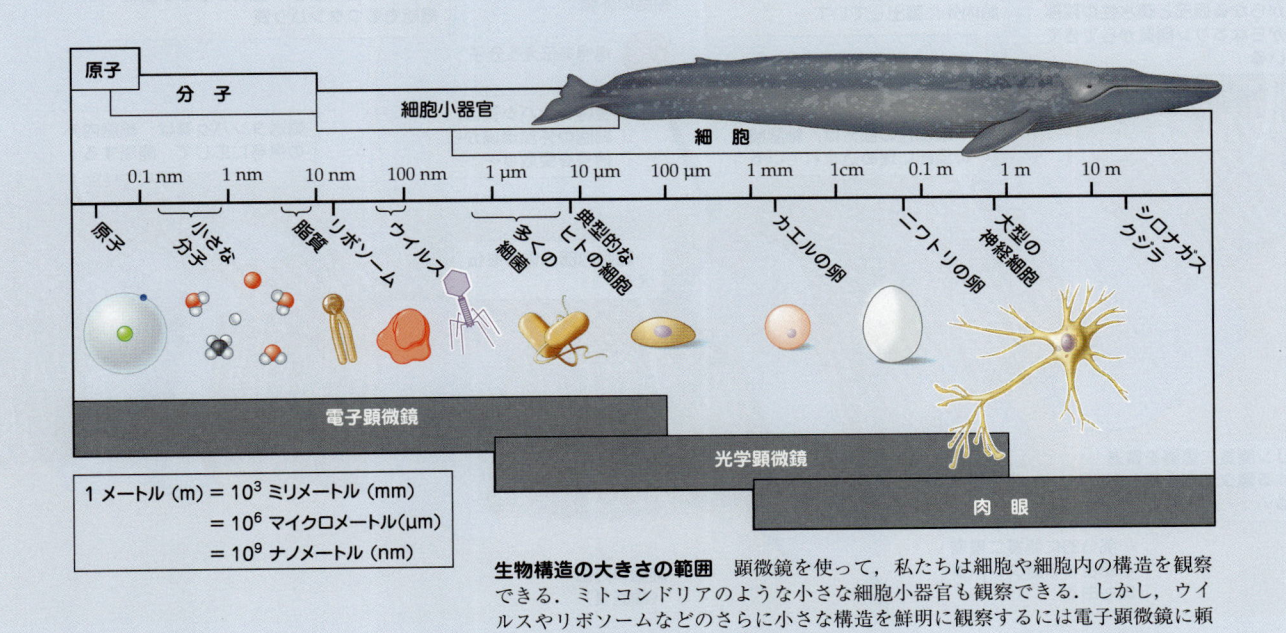

光学顕微鏡と電子顕微鏡

生物構造の大きさの範囲 顕微鏡を使って，私たちは細胞や細胞内の構造を観察できる．ミトコンドリアのような小さな細胞小器官も観察できる．しかし，ウイルスやリボソームなどのさらに小さな構造を鮮明に観察するには電子顕微鏡に頼らなければならない．

1 メートル (m) = 10^3 ミリメートル (mm)
           = 10^6 マイクロメートル (μm)
           = 10^9 ナノメートル (nm)

は放出するが，必要な分子は細胞外へ流出するのを防がなければならない．さらに，細胞膜は外界との相互作用，つまり，必要に応じてシグナルの送受信も行う．こうして，細胞膜は必要なものを取捨選択して通す門番，また，外部環境との通信センターとしてのはたらきをしている．

細胞膜が何を取捨選択するかは，リン脂質二重層の中に埋め込まれている膜タンパク質によって決まる．図5・1に示すように，これらのタンパク質は，リン脂質二重層の中に分散していて，決まったイオンや分子だけを通過させるトンネルを形成している．また，受容タンパク質とよばれる別のタンパク質は通信機構を担い，外部からのシグナルを受容したり，それを細胞内へ伝達する役割を果たす．膜タンパク質には，脂質二重層の片側にだけ埋め込まれているものや，内側に突出していて，内部の別の構造と連結しているものもある．

脂質分子は脂質二重層の中を横方向へ自由に動き回ることができる．膜の中のタンパク質も，細胞内外の別の構造に固定されていない限り，脂質二重層の面内で浮遊して自由に動き回っている．細胞膜が流動性の高いリン脂質混合物であるという考え方，つまり，リン脂質を主成分とする流動性の高い脂質の中に島状の膜タンパク質が浮遊している構造を，**流動モザイクモデル**とよぶ．多くの細胞機能にとって細胞膜の流動性は重要な性質である．流動性は細胞全体が形を変え移動するのに必要で，もし細胞膜が固定されたままで変形できないと，細胞が移動することは大変難しくなるであろう．外部からの信号を感知するときも，膜の流動性は重要である．シグナルを受容する膜タンパク質は，外部の信号を受容すると，自由に動き回る状態から集合して活性の高い複合体へと変化するからである．これが細胞の内部へとメッセージを送ることで，細胞の反応をひき起こす．

細胞膜はあらゆる細胞に共通のものだが，含まれる膜タンパク質は細胞の種類によって大きく異なる．原核生物の細胞にしかない膜タンパク質や，真核生物特有のものもある．多細胞の生物では，細胞の種類ごとに異なる膜タンパク質があり，それが細胞特有の性質，たとえばどのように外部環境と相互作用するかを決めている．

5・3 原核生物と真核生物の細胞

生物は原核生物と真核生物という二つの大きなカテゴリーに分類できる（第3章参照）．DNAが膜で包まれず裸のままで細胞質内にある生物を**原核生物**という．一方，DNAを格納する細胞の核があり，膜で区切られた複雑な細胞内構造をもつ生物を**真核生物**という．

地球上で最初に誕生した生物は，今日の原核生物に似ていたと考えられる．現存する原核生物は細菌とアーキアである．なかには繊維状の集合体をつくるものもあるので，多細胞化する傾向もあるが，原核生物の大多数は単細胞の生物である．細胞の大きさも，真核生物の細胞より小さい．研究に頻繁に使われてきた大腸菌は，ヒトの腸内に生息する細菌で，大きさは100万分の2 m，つまり2 μmしかない．125個の大腸菌が並んでも，この点"."の大きさくらいである．

原核生物は真核生物より単純な構造で，膜で囲まれた細胞小器官もないとされてきたが，磁性を帯びた微粒子やイオンを含んだ球状の膜構造がある種の細菌中に発見されている．細菌やアーキアのサイズが小さいことは，このような小規模の細胞構成だけでも十分生命が維持できるという証拠である．多くの原核細胞は細胞膜の外側に，多糖とタンパク質からできた壁，細胞壁をもつ（図5・2）．細胞壁は細胞の安定した構造を保つのに役立っている．さらに，細胞壁の外を取囲む莢膜とよばれる保護層をもつ細菌もいる．これは粘液性の脂質・多糖・タンパク質からできている構造である．

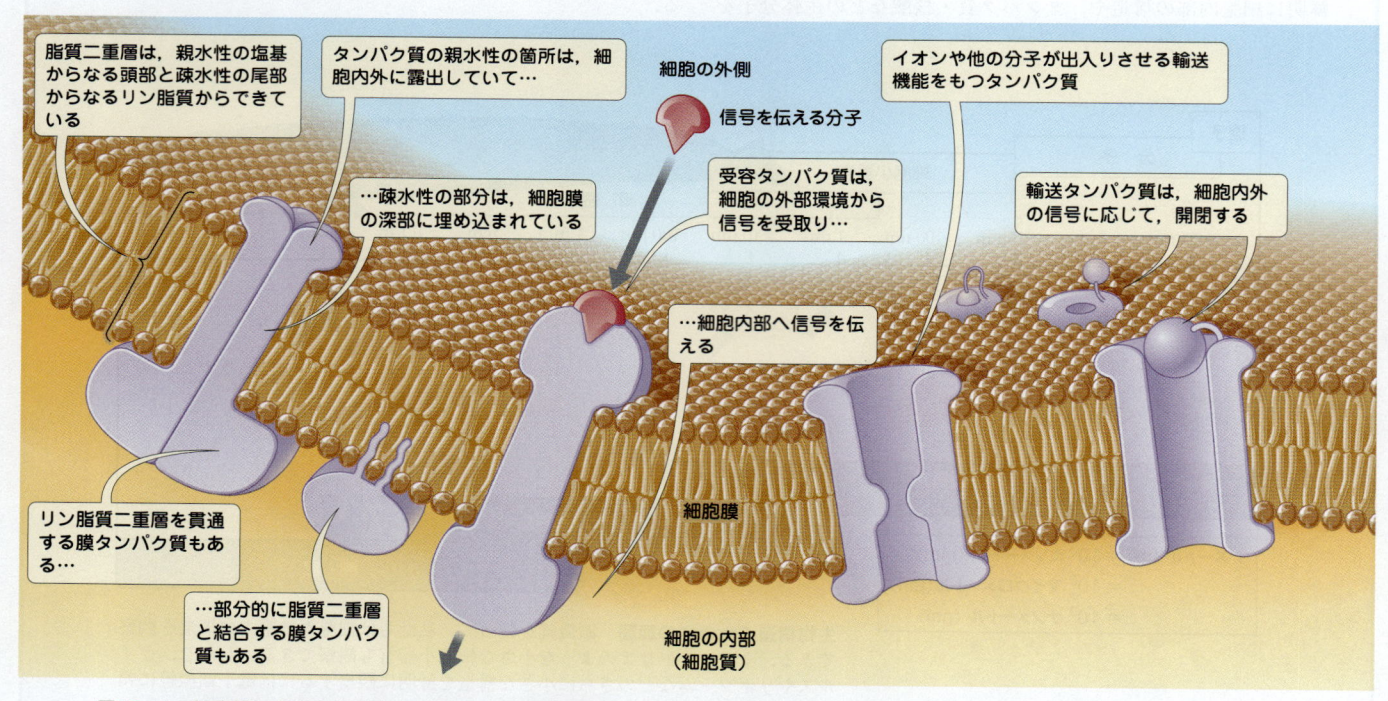

図 5・1 細胞膜に埋められたタンパク質 細胞膜の脂質二重層には，膜を貫通するもの，埋もれたもの，表面に付着したタンパク質などがある．物質の輸送や外部の送受信などさまざまな機能を担う．

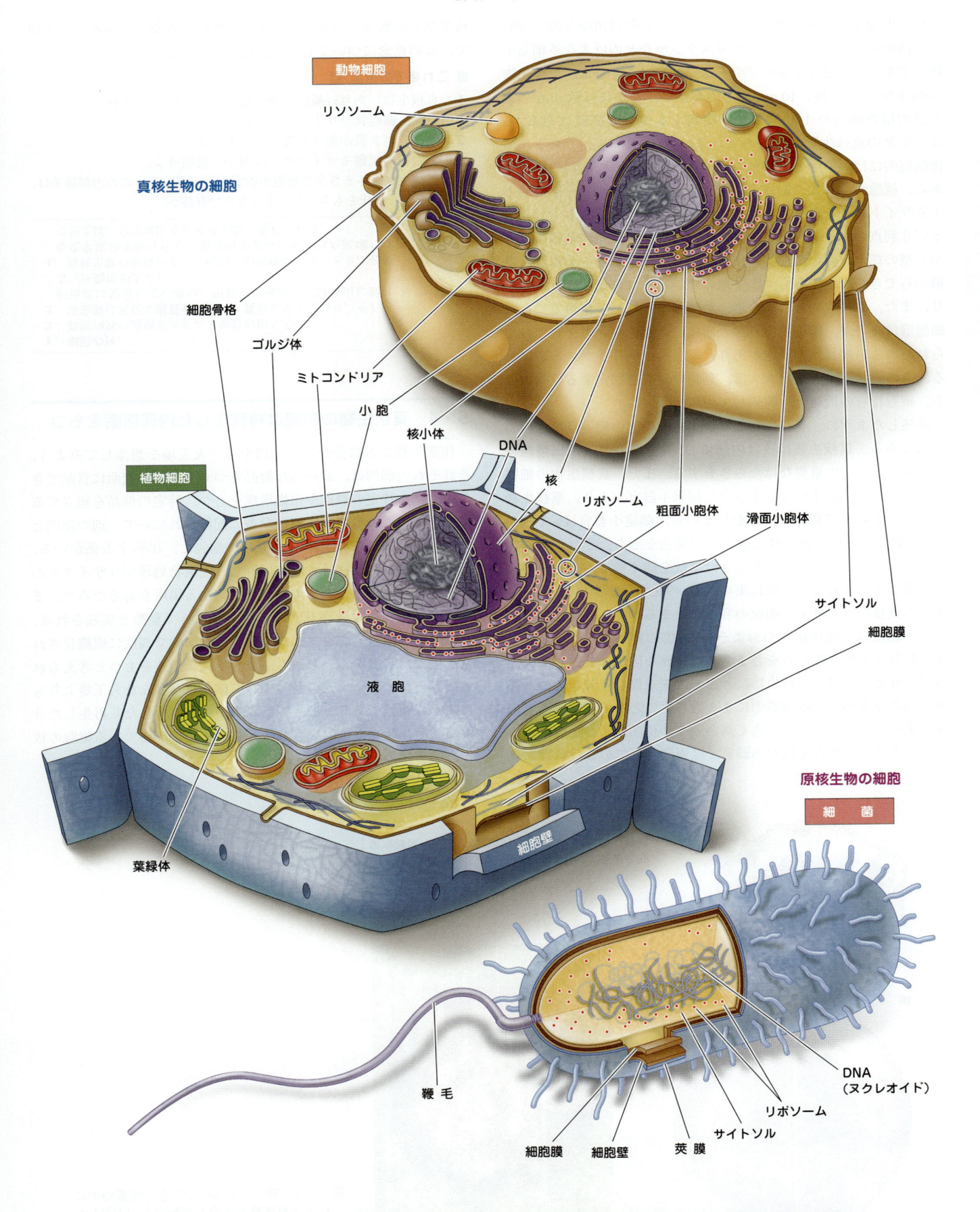

図 5・2 **原核生物と真核生物の細胞の比較** 原核生物の例として示したのは典型的な細菌の細胞である．真核細胞は典型的な動物と植物の細胞を示す．細菌の細胞は，サイズの小さいこと，細胞の核がないこと，膜に囲まれた複雑な細胞小器官をもたないことで，真核生物の細胞と容易に区別できる．リボソームは原核生物，真核生物の両方の細胞質に多量に存在する．葉緑体，溶液で満たされた液胞，細胞壁などで，植物の細胞は動物の細胞と区別できる．真核細胞は両方とも核や他の細胞小器官をもつ．

真核生物は，原生生物のアメーバや菌類の酵母菌などの単細胞の生物から，セコイアやシロナガスクジラなどの巨大な多細胞生物まで非常に多彩なグループである．細胞の大きさは，原核生物の細胞の10倍程度，10 μmのものが多い．なかには数mmの大きさの植物細胞や1 mもの長い突起をもつ神経細胞はあるが，ほとんどの真核生物の細胞の大きさは，10～100 μmである．植物細胞内には，液胞とよばれる水溶液で満たされた袋状の構造がある．液胞があれば，維持するだけで大きなエネルギーを必要とするサイトソルを増やさなくても，細胞のサイズを大きくできるという利点がある．動物と比べると，液胞をもつ植物細胞のほうが大型の細胞が多い．植物，菌類，そして原生生物の藻類は，多糖からできた細胞壁をもつ．多糖の化学成分は分類群ごとに異なり，また，原核生物とも異なる．動物細胞には，多糖類でできた細胞壁はないが，細胞膜の外部表面に，おもにタンパク質でつくられたゆるい網目状の構造があり，細胞外マトリックスとよばれる．この細胞外マトリックスは，動物の細胞を固定する役割のほか，細胞特有の機能とも関係している．

前述したように，真核生物と原核生物の細胞の相違点は，核の有無である．真核生物の核は内部にDNAを収容し，遺伝情報の貯蔵場所としての重要なはたらきをする．また，真核生物の細胞内部には，膜に包まれたさまざまな細胞小器官があり，原核生物と比べると非常に複雑な構造をしている．細胞小器官は，1枚か2枚の脂質二重層で囲まれた独立した構造をもち，それぞれ異なる機能を担っている．脂質でできた拡散を防ぐ膜は，細胞小器官が必要とする物質を高濃度に集め，特有の化学反応を促進できる．細胞の直径のほぼ3乗で細胞の容積が決まるので，標準的な真核生物の細胞は，細菌細胞のおよそ1000倍の容積をもつことになる．脂質膜を使い細胞質をさまざまな特殊な区域に分割して機能分担させることは，真核生物にとって大変重要な意味をもつ．必要な物質を大容量の細胞質中にまき散らすことなく細胞小器官内部に集約していれば，より速く高い効率の化学反応が達成できるからである．細胞質を細胞小器官で区画分けしていなければ，真核生物の細胞はその大きなサイズを維持できないであろう．次節で，この概念についてもっと詳しく解説する．

■ これまでの復習 ■

1. 真核生物にあり，原核生物にはないものは，どれか．
細胞膜，細胞質，リボソーム，核
2. 膜タンパク質が担う機能を二つあげよ．
3. 細胞膜の流動モザイク性とは何か，説明せよ．
4. 真核生物はさまざまな細胞小器官をもっている．この内部構造は，どのような意味をもち，どのような点で有益か．

---

1. 細胞内の核．
2. 細胞内外への物質の輸送，シグナル物質の受け渡し．
3. 細胞膜は脂質二重層からなり，膜タンパク質がモザイク状に分布しているが，膜は二重層の中ではよく動いており，それらが流動している．
4. 真核生物の細胞は，特殊化した細胞小器官の集合体であるように，細胞内部が区画化されており，限られた区画内だけで特定の反応を効率よく進められる．（例えば，化学反応をより効率よく進められる．）

5・4 真核生物の細胞は特殊化した内部区画をもつ

作業工程ごとに分かれた部門をもつ大工場を想像してみよう．それぞれの部門は，最終的な製品をつくるという使命に貢献できるように，特定の機能や組織構成をもつ．特定の部品を組立てる労働者は，その専門技術別に順番に配置されていて，別の部門との間には，組立てた部品を受取り，梱包し，出荷する係がいる．原料や完成した品物は倉庫に保管し，廃棄物処理やリサイクルの場所もあり，また，エネルギーを供給する場所もあるだろう．また，全体の作業は管理部からの指示によって整然と実施される．真核生物の細胞もまさに，そのように効率的で高度に組織化された工場と同じである．しかも，最も単純な構造をもつと考えられるアメーバでさえ，人の手によって作られたどんな大工場よりもはるかに複雑である．加えて，みずからを修復したり再生したりする生命体特有の性質ももつ．まずは，管理局である細胞の核から話を始めることにしよう．

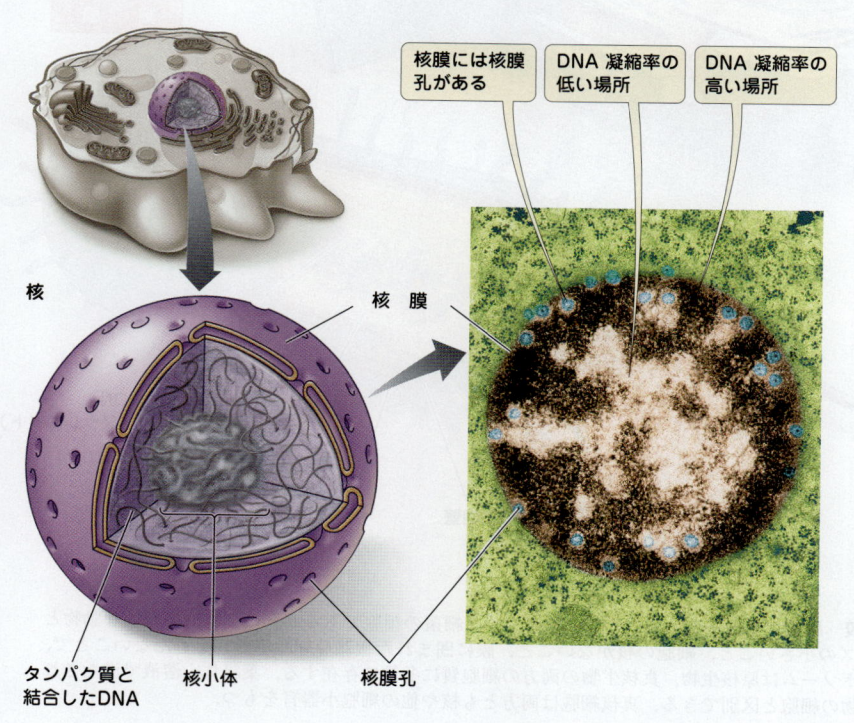

図 5・3 核 二重の膜でできた核膜の中にはタンパク質と結合して凝縮したDNAがある．電子顕微鏡写真（疑似カラー表示）の核の暗い箇所がDNA分子である．暗い所ほど，DNA分子が高い密度で凝縮している．

細胞の核は遺伝情報の格納庫である

細胞に核があるかどうかが，真核生物を原核生物と区別する目安である．図5・2に示したように，膜で囲まれ，内部に遺伝子を含む核をもっているものが真核生物である．原核生物の細胞も遺伝物質をヌクレオイドという場所に集めてもっているが，ヌクレオイドは細胞質内にあり膜で包まれてはいない．核には遺伝コードをもつDNAが貯蔵されている．DNAは細胞をつくるのに必要な情報を含み，日々の活動を管理し，成長と増殖作用を統制している．核は管理部のようにふるまい，他の作業現場との間でうまく交信しながら機能する．つまり，DNA遺伝子コードの解読は，細胞の他の部分，さらに，細胞外部から受取る情報によってコントロールされている．

核と細胞との境界を**核膜**とよぶ．核膜は2重の同じ成分の脂質二重層からできている．核膜の内側では，DNAの長い鎖が，タンパク質と一緒に，非常に小さな空間に詰め込まれていて，もし，ヒトの細胞中にある46本のDNA分子を一直線に伸ばすと，合計1.8 mにも達する長さとなる．それだけの量のDNAが直径約5 μmにも満たない核の中に詰め込まれているのである．これは特殊なタンパク質を使ってDNAを小さくたたみ込むことで可能となる．DNA分子はタンパク質の周りに密に絡みつき，この構成単位が積み重なって一つの**染色体**を構成する．ヒトの細胞の核には，46本の染色体が含まれる．

核膜には，小さな開口部，**核膜孔**が多数みられる（図5・3）．核膜孔は，2枚の核膜を貫通して，核と細胞質との間をつなぐ通路となり，イオンや小さな分子は自由に通行させる．タンパク質など大きな分子は自由には出入りできず，特別なしくみで通過できるもの，できないものが制御されている．DNAに蓄えられた遺伝情報は，RNA分子によって細胞質内に運ばれ，タンパク質の合成に使われる．この情報を担うRNAも，細胞質に運ばれる前に核膜孔を通らなければならない．核膜孔は，核内から外への物質輸送にとって重要な関所の役割をもつことになる．

核の中には，他の部分とは異なる構造，**核小体**がある．核小体は，rRNA（リボソームRNA）とよばれる特殊なRNAを大量に合成する場所である．このRNAがタンパク質と組合わさってリボソームの部品をつくり，核膜孔を通過して細胞質へと移動する．細胞質内でその部品が合体して，最終的に，タンパク質を合成するための複合体であるリボソームが完成する．核小体が核の他の部分と明確に区別できるのは，繊維状のRNAや果粒状のリボソームが大量に集合しているためである．タンパク質合成の盛んな細胞ほど，リボソームを多量に必要とし，核内の核小体も発達している．

小胞体は脂質やタンパク質の製造工場である

細胞の管理センターとしての核に対して，細胞質はタンパク質や種々の化合物を製造する大工場である．**小胞体**（英語名 endoplasmic reticulum から **ER** と略される）は，脂質やタンパク質を合成する場所である．合成されたものは，細胞の外側へ，あるいは，細胞膜や他の細胞小器官へと運ばれる．小胞体は，管状や扁平な袋状の構造が互いに連結した複雑な網目構造をしている．取囲む膜は1枚の脂質膜で，その一部は核膜の外側の膜ともつながっている．小胞体の内側を**内腔**（細胞の内側や身体の内側にあり閉ざされた空間をさす言葉）という．

小胞体は，電子顕微鏡で観察したときの膜の形状の違いから，粗面小胞体と滑面小胞体の二つに分類される（図5・4）．それぞれ脂質とタンパク質が合成される場所である．脂質分子は，**滑面小胞体**の表面の酵素によって合成され，小胞体から細胞内の他の部分へと運ばれる．小胞体の膜表面にはリボソームが多数付着している箇所がある．電子顕微鏡で小さな丸い粒のように見え，そのような小胞体を**粗面小胞体**とよぶ．細胞の外や細胞内の他の場所へと運ばれるタンパク質が合成されている場所である．合成後に小胞体内腔に蓄えられるもの，細胞内の他の場所に輸送されるもの，細胞膜の膜タンパク質になるもの，細胞表面から細胞外へ

滑面小胞体にはリボソームはない．脂質分子を合成する

粗面小胞体

リボソーム

粗面小胞体上にはリボソームが結合しており，タンパク質を合成する場所となる

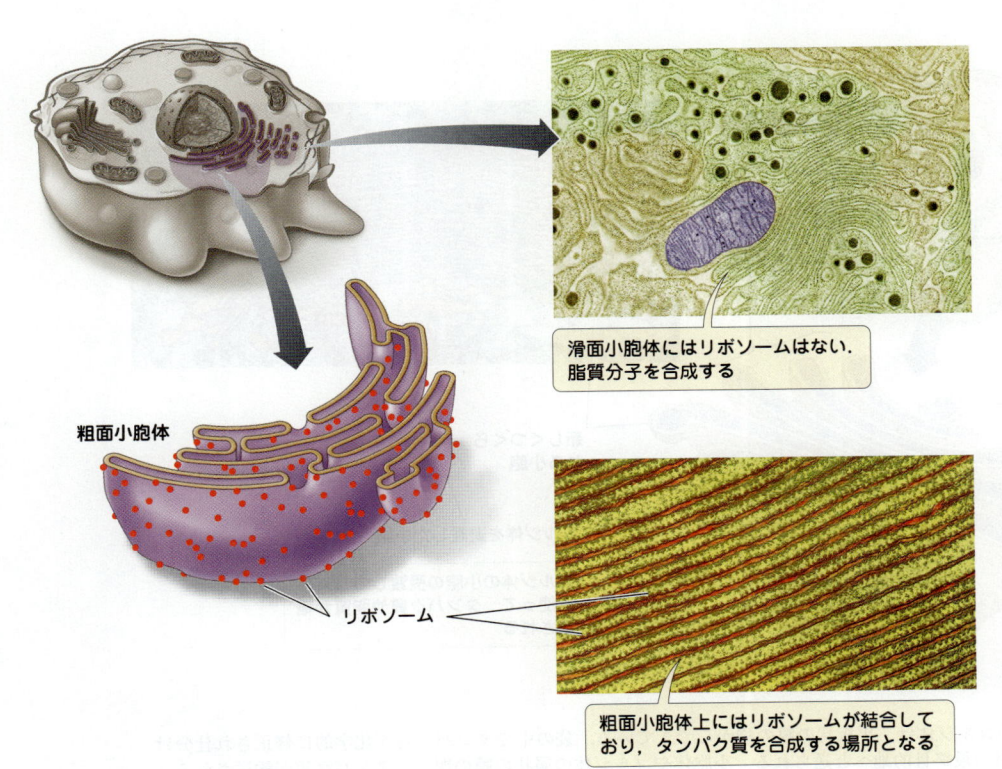

図5・4　小胞体　小胞体は，連続した平板や分岐する管のような複雑な形をしている．脂質やタンパク質を合成する重要な場所である．

と放出されたりするもの，さまざまなタンパク質がここで合成される．

小胞体の一部が小さく切り離され，袋状の**小胞**となって輸送されるものもある．このような小胞が，物質の貯蔵や輸送，あるいは巨大分子を分解するなど，多様な機能を担っている．小胞を輸送することで，細胞質内の他の場所，あるいは，細胞の外部との間で物質をやりとりできる．たとえるならば，工場の中の異なる部門間で品物搬送に使われる荷車と同じである．小胞は，脂質やタンパク質を含んだまま小胞体膜から切り離され，細胞内を輸送され，他の膜と融合することによって，決まった場所へと送り届けられる．同時に，積み荷となる内腔の物質も一緒に運ばれることになる（図5・5）．

ゴルジ体はタンパク質と脂質を仕分けし，最終目的地へ送り出す

ゴルジ体も同じように脂質膜で囲まれた細胞小器官で，小胞体で合成されたタンパク質や脂質を，細胞内外の最終目的地へと送り出す中継地のはたらきをしている．工場の出荷センターに似ていて，輸送するものを仕分けする機能を担っている．工場の出荷センターでは，製品ごとに搬送先を示す荷札が付けられるはずである．同じように，ゴルジ体では，タンパク質や脂質に，糖分子やリン酸基などの化学基が荷札として付け加えられ，細胞内の目的地へと輸送されるようになっている．ゴルジ体を電子顕微鏡で観察すると，数枚の平板状の袋が積み重なった形をしており，その周辺部を小胞が取囲んでいるように見える（図5・6）．これら

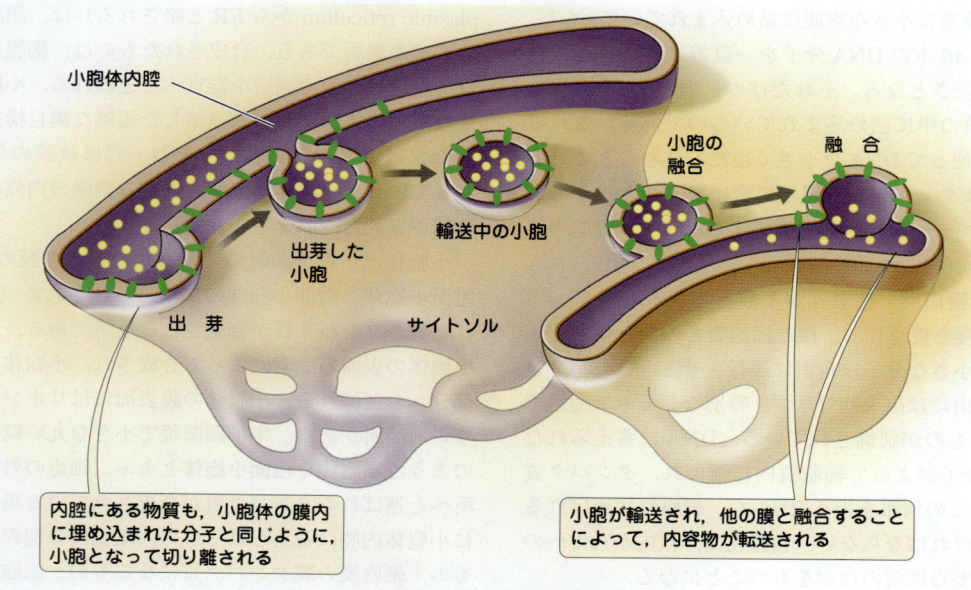

図 5・5　小胞がタンパク質や脂質を運ぶしくみ

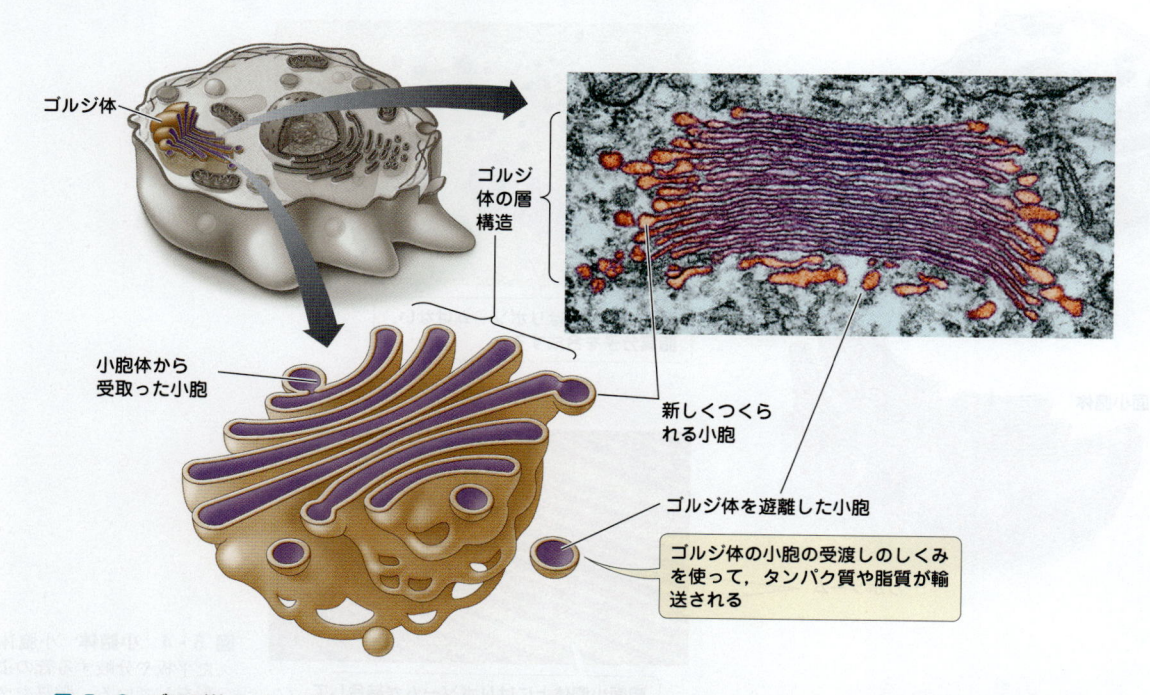

図 5・6　ゴルジ体　ゴルジ体は，平板状の膜の袋からできている．袋の中でタンパク質が化学的に修正され仕分けされた後，細胞内外の最終目的地へと送られる．小胞体やゴルジ体の層状の膜の間で，タンパク質が輸送される．

の小胞は，小胞体からゴルジ体へ，また，ゴルジ体の異なる層の間で脂質やタンパク質を運ぶはたらきをしている．同じように，小胞は，ゴルジ体から細胞の内外の最終目的地へと，タンパク質や脂質を運ぶ重要な手段となる．

リソソームや液胞は，物質のリサイクルや貯蔵，および支持構造のために特殊化した細胞小器官である

小胞体で合成され，ゴルジ体によって仕分けされたタンパク質は，細胞の表面や他の細胞小器官へと輸送される．動物の細胞では，分解されることになった巨大分子は小胞に包まれて，リソソームという細胞小器官まで運ばれる．リソソームは，細胞の廃品置き場やリサイクルセンターに相当する．1枚の脂質膜からなる袋状の構造で，内側には，脂質やタンパク質などの巨大分子を分解するさまざまな酵素が含まれている．分解で得られた脂肪酸，アミノ酸や糖質は，リソソームの内腔から細胞質側へと輸送され，そこで再利用される．リソソームの形は一定ではなく不揃いで（図5・7），その内部はすべて pH 5 ほどの酸性である．この低い pH は，リソソームの酵素がはたらくのに最適の条件となっている．

が十分に成長すると，中央の液胞が大きくなり，細胞全体の3分の1以上の容積を占めるようになる（図5・8）．液胞には巨大分子を分解する酵素が含まれるが，そのほかに，イオン，糖，色素，さらに，植食動物に食べられないようにするための刺激物や毒物を蓄えている．たとえば，タバコの葉の液胞にはニコチンが蓄積されているが，これは神経毒としてはたらき，動物によって植物の細胞が傷つけられたときに放出される．また，水で満たされた大きな液胞は，植物組織を機械的に支えるはたらきもする．液胞の中の液体は，細胞質に対してやや希薄で，そのため細胞膜や細胞壁を内側から押し出す浸透圧とよばれる物理的な力（膨圧）を発生している．この力が，植物の組織，特に，木質化していない葉や若い茎の形を支えている．液胞内の水が不足すると，膨圧が減り，葉や若い枝はしおれてしまう．

図 5・7 動物細胞のリソソーム 球状の膜に包まれたリソソーム内には巨大分子を分解する酵素が含まれる．右側の電子顕微鏡写真は，胃の細胞の一部を示す．リソソームで，タンパク質や脂質などの巨大分子が分解される．

図 5・8 植物細胞の液胞 植物細胞が成長すると，中心に大きな液胞をもつようになる．液胞は1枚の脂質膜で包まれた大きな風船のような細胞小器官である．液胞は動物細胞のリソソームに似ている．巨大分子を分解する酵素を含む．さらに，液胞には，水，イオン，糖や栄養素，色素，そして植食動物の被害を防ぐための化合物などが貯蔵されている．

リソソーム内での物質残留が原因で起こる遺伝病が40種類以上見つかっていることから，リソソームの酵素の重要性がわかる．こうした病気では，リソソーム内の酵素がうまくはたらかず，一部の巨大分子の分解ができなくなる．そのため，通常は分解されるものが残留してリソソーム内に蓄積し，重篤な障害をひき起こして，多くは子どものうちに命を落とす．テイ・サックス病は，そのような代謝異常症の例である．この病気では，脳内にある膜脂質を分解するのに必要なリソソームの酵素がはたらかず，神経細胞内に大量の脂質が蓄積する．その結果，細胞の機能が低下し，ついには細胞を破壊する．テイ・サックス病の発症率はふつう低いが，あるフランス系カナダ人社会や東ヨーロッパ系のユダヤ教徒などでは，身内社会内だけで婚姻する傾向が高いため，異常に発症率が高かった．現在では，結婚するときに遺伝子検査と遺伝学上のカウンセリング（インタールードC参照）が行われており，テイ・サックス病は，北アメリカやイスラエルのユダヤ人社会の間ではほとんど根絶した．

液胞とよばれる植物細胞の細胞小器官は，植物細胞ならではの独特の機能のほかに，リソソームと同様の機能も担う．植物細胞

細胞の発電所，ミトコンドリア

ここまでは，細胞という工場内で，管理局，作業現場や出荷部門をみてきたが，これだけでは十分ではない．製造したり運んだりのサービスのためには機械を動かすエネルギーが必要となる．エネルギーが供給されなければ，どの部門も機能できない．ほとんどすべての真核生物の細胞に共通し，重要なエネルギー供給源となっているのは**ミトコンドリア**とよばれる細胞小器官である．植物などの光合成を行う生物では，光のエネルギーを獲得する葉緑体とよばれる別のエネルギーの発生源がある．しかし，光合成をするしないに関係なく，食物として取込んだ分子の化学エネルギーを細胞の活動に使えるようなエネルギーに変えるためには，ミトコンドリアは必須の細胞小器官である．

細胞呼吸の概要

糖 + O_2 → CO_2 + H_2O
↓
化学エネルギー（ATP）

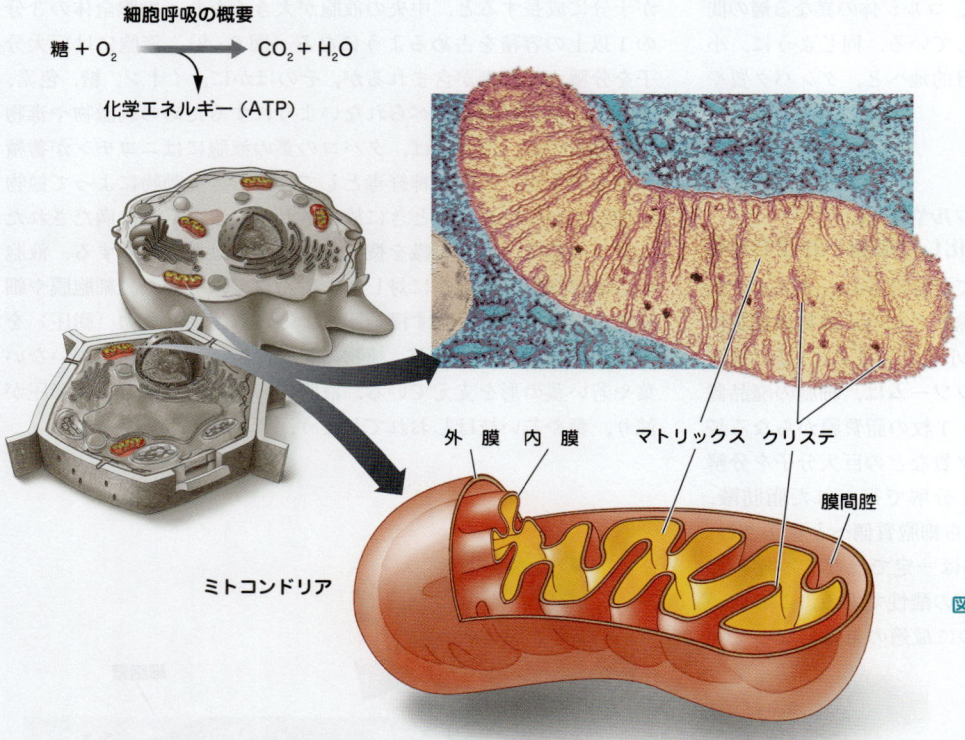

外膜　内膜　マトリックス　クリステ
膜間腔
ミトコンドリア

図 5・9　エネルギーを生み出す細胞小器官：ミトコンドリア　ミトコンドリアはエネルギーを生み出す細胞小器官で，ほとんどすべての真核生物に必須である．ミトコンドリアは二重の膜をもつ．折りたたまれた内膜にはエネルギー製造にかかわる多くの酵素（図には示されていない）がある．

光合成の概要

光のエネルギー
CO_2 + H_2O → 糖 + O_2

葉緑体
内膜
膜間腔
外膜
デンプン粒子

チラコイド
チラコイド膜
チラコイド内腔
グラナ

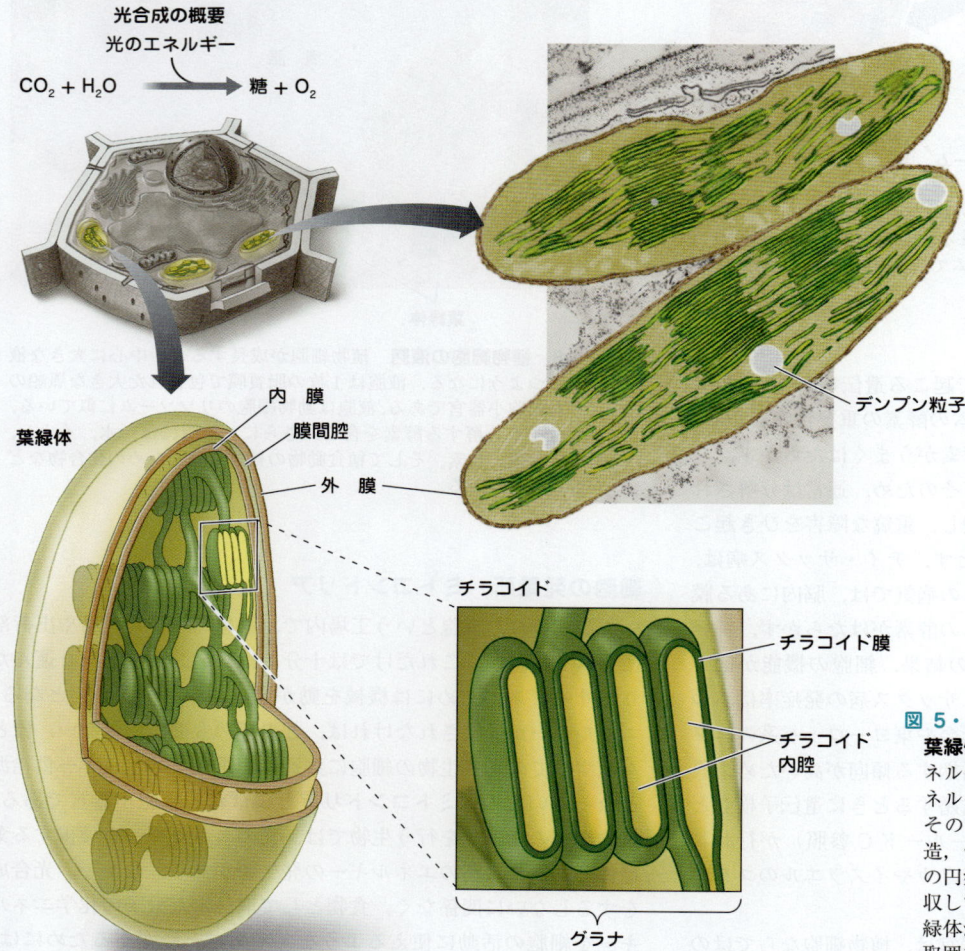

図 5・10　エネルギーを生み出す細胞小器官：葉緑体　緑色植物や藻類の葉緑体は，光のエネルギーを吸収して，炭水化物の形で化学エネルギーを蓄える．葉緑体は二重の膜をもち，その内部には積み重なった円盤のような構造，チラコイドがある．積層したチラコイドの円盤はグラナとよばれ，光エネルギーを吸収して利用する色素やタンパク質を含む．葉緑体が成長して大きくなるときには，周囲を取囲む二重膜の内膜からチラコイドが新しくつくられる．

ミトコンドリアは，カイコのマユのような形をした細胞小器官で，二重膜，つまり，明確に区別できる2枚の脂質二重層（外膜と内膜）で囲まれている．ミトコンドリアの内膜は，内側の内腔側に向かって複雑なひだ構造をつくっている．この構造を**クリステ**，クリステの内側の空間をマトリックスとよぶ（図5・9）．ミトコンドリアは，食物として摂った化合物のエネルギーを，細胞の燃料として使うATPに変えるための化学反応を行う．ATPのリン酸共有結合で蓄えられたエネルギーは，細胞の他の場所で，さまざまな化学反応を促進するために使われる．このATP生産では，クリステの内膜中に埋め込まれたタンパク質が重要なはたらきをし，ミトコンドリアが内膜で明確に仕切られた二つの空間（膜間腔とマトリックス）を利用することと密接に関係している（第8章参照）．この仕組みを使い，ミトコンドリアは，食物分子の化学エネルギーの一部を利用し，酸素（O_2）を使う酵素反応を通してATPを合成する．つまり，O_2と食物を分解して得た化合物が，エネルギーを生み出す発電所としてのミトコンドリアの燃料となる．副産物として，火力発電所と同じように，二酸化炭素（CO_2）と水（H_2O）が放出される．この過程を**細胞呼吸**という．細胞呼吸については第8章で詳しく解説する．

葉緑体は光からエネルギーを得る

ほとんどすべての真核生物がATPの供給源としてミトコンドリアをもつが，藻類とよばれる原生生物や緑色植物は，さらに**葉緑体**とよばれる細胞小器官をもつ（図5・10）．葉緑体は，光のエネルギーをATPとして蓄え，その後，酵素化学反応を使って，二酸化炭素（CO_2）と水（H_2O）から糖分子を合成する．これを**光合成**という．これらの糖の化学エネルギーは，植物の細胞によって直接使われるほか，植物を食べる他のあらゆる生物に間接的に使われる．読者がこのページを読んでいるまさにこの瞬間，脳の活動と眼を動かす筋を支えるエネルギーは，もとをたどれば，すべて光合成によって葉緑体内でつくられた化学エネルギーである．

光合成では，水分子が分解され，そこから酸素ガスが放出される．光合成でつくられる酸素は，私たちの生命だけではなく，他の多くの生命も支えている．ミトコンドリアの細胞呼吸では，酸素の供給が不可欠で，その反応は，基本的には光合成とはまったく逆方向への反応である．光合成では，二酸化炭素と水から有機化合物（糖）をつくり，副産物として酸素を出す．一方，細胞呼吸では，酸素を使って有機化合物を分解し，二酸化炭素と水を副産物として放出する．

葉緑体は，ミトコンドリアと同じように，二重の膜で囲まれていて，その中にホットケーキを積み重ねたような層状の膜構造（**グラナ**）がある．一つ一つのホットケーキのような膜構造を**チラコイド**という．チラコイドの膜には，光を吸収する緑色の色素，クロロフィルがある．大部分の植物が緑色に見えるのは，クロロフィルの色に由来する．チラコイドの周囲部で，クロロフィルが獲得したエネルギーを使い，大気から取込んだ二酸化炭素から炭水化物がつくられる．

5・5 細胞骨格は細胞の形をつくり，輸送を行う

真核生物の細胞は，サイトソルの中に細胞小器官がふらふらと漂っているだけのただの不定形の袋ではない．細胞内では**細胞骨格**とよばれるタンパク質の繊維や管が網目状のネットワークをつくっている．細胞骨格は，細胞膜を支える足場となり，細胞小器官の位置を決め，膜小胞を輸送する通路ともなっている．動物や多くの原生生物の細胞には細胞壁がない．そのような細胞では細胞骨格が細胞の形や強度を決めている．また，細胞骨格でできたネットワークは固定されたものではなく，容易に変化できる．細胞が形を変えられるのは，そのような動的な性質による．私たちの体の骨格は，がっちりとした骨と腱との間の結合があって大きく形を変えることはない．しかし，細胞骨格は非共有結合でタンパク質の間がつながっていて，それらが容易に破壊されたり再編成されたりするので，全体の構造も容易に変形できるのである．たとえば，細胞が物体の上を這って移動する場合，細胞骨格を容易に再編できることは重要である．進行する方向に対して細胞の先端部と尾部では，それぞれ，細胞膜が伸張し，または収縮して，細胞の形を劇的に変化させなければ移動できないからである．水中での推進のために細胞の突起を激しく鞭打ち運動させて移動するものがいる．その運動にも特別な細胞骨格構造が使われている．

細胞骨格は3種類ある

微小管，中間径フィラメント，アクチン繊維の3種類の細胞骨格がある．**微小管**は，タンパク質でできた比較的硬い構造で，中心が空洞の管状をしている．細胞小器官の配置や固定，小胞や他の細胞小器官の移動，繊毛や鞭毛など水流を起こすための細胞の突起物として使われている．**中間径フィラメント**は，タンパク質がより合わさった縄のような繊維構造である．化学的な性質は細胞ごとに異なるが，細胞構造の補強材として使われる．**アクチン繊維**（微小繊維）もタンパク質でつくられる繊維で，3種類の細胞骨格のなかでは，最も細く，最もしなやかである．アクチンとよばれるタンパク質が連なって縄のような構造を形成している．細胞の形を維持する機能，および，細胞が這って動くアメーバ運動のときにも重要なはたらきをしている．

微小管は細胞内部での運動を支える構造である

微小管は最も太い細胞骨格であり，直径は約25 nmである．微小管は，2種類の**チューブリン**単量体がらせん状に積み重なってできたポリマーである（図5・11c）．繊維の両端は異なる性質をもち，両端でチューブリン単量体が加わったり失ったりすることで，長さが伸び縮みする．細胞内のネットワーク構成を素早くつくり変えたり，サイトソル内の細胞小器官を捕らえて運搬することができるのは，この性質のおかげである．微小管は，細胞の中心部，核の近くから周辺部の細胞膜へと放射状に伸びた構造をしている（図5・11b）．この放射状の微小管ネットワークは，ほとんどすべての真核生物の細胞で共通し，小胞体やゴルジ体などの細胞小器官の配置を決めるはたらきをしている．

■ **役立つ知識** ■ 細胞には骨がないのに，骨格という言葉を細胞の構造に使うのは奇妙かもしれない．しかし，生物学者は骨格という言葉をもっと広い意味，細胞の形を維持し，保護している外枠や内部構造という意味で使っている．骨格の種類をいうときに，他の接頭語をつけて用いるが，細胞骨格は，細胞に形や構造を与えていることを意味する．英語名では，cyto-（細胞の）と-skeleton（骨格）を合わせて，cytoskeletonという．他の例として，魚類や哺乳動物などの内骨格（endoskeleton, endo-は"内の"の意味），昆虫やエビ・カニ類の外骨格（exoskeleton, exo-は"外の"の意味）がある．

また，微小管は，細胞小器官の間，あるいは，細胞小器官から細胞表層へと小胞が運ばれるときのレールとしてのはたらきもしている．微小管がレールとしての役目を果たせるのは，**モータータンパク質**のはたらきによる．モータータンパク質には，輸送小胞に付着する部分（尾部）と，微小管に付着する部分（頭部）があり，頭部がATPエネルギーを力学的運動に変えながら，微小管に沿って決まった方向へと移動する．その結果，尾部に結合した小胞などの積み荷が運ばれる（図5・11 b）．

中間径フィラメントは細胞を機械的に補強する

中間径フィラメントは，直径が約 8〜12 nm ある多様な種類の繊維である．微小管とアクチン繊維の中間の直径をもつのでこの名称でよばれる（図5・11 d）．中間径フィラメントは，家屋の梁や桁のように，構造を支える役目を果たしている．たとえば，ケラチンというタンパク質でつくられている中間径フィラメントは，私たちの皮膚の細胞の丈夫にしている．ケラチンがないと，皮膚の細胞は小さな圧力にさえ耐えられず，水泡ができたり，さ

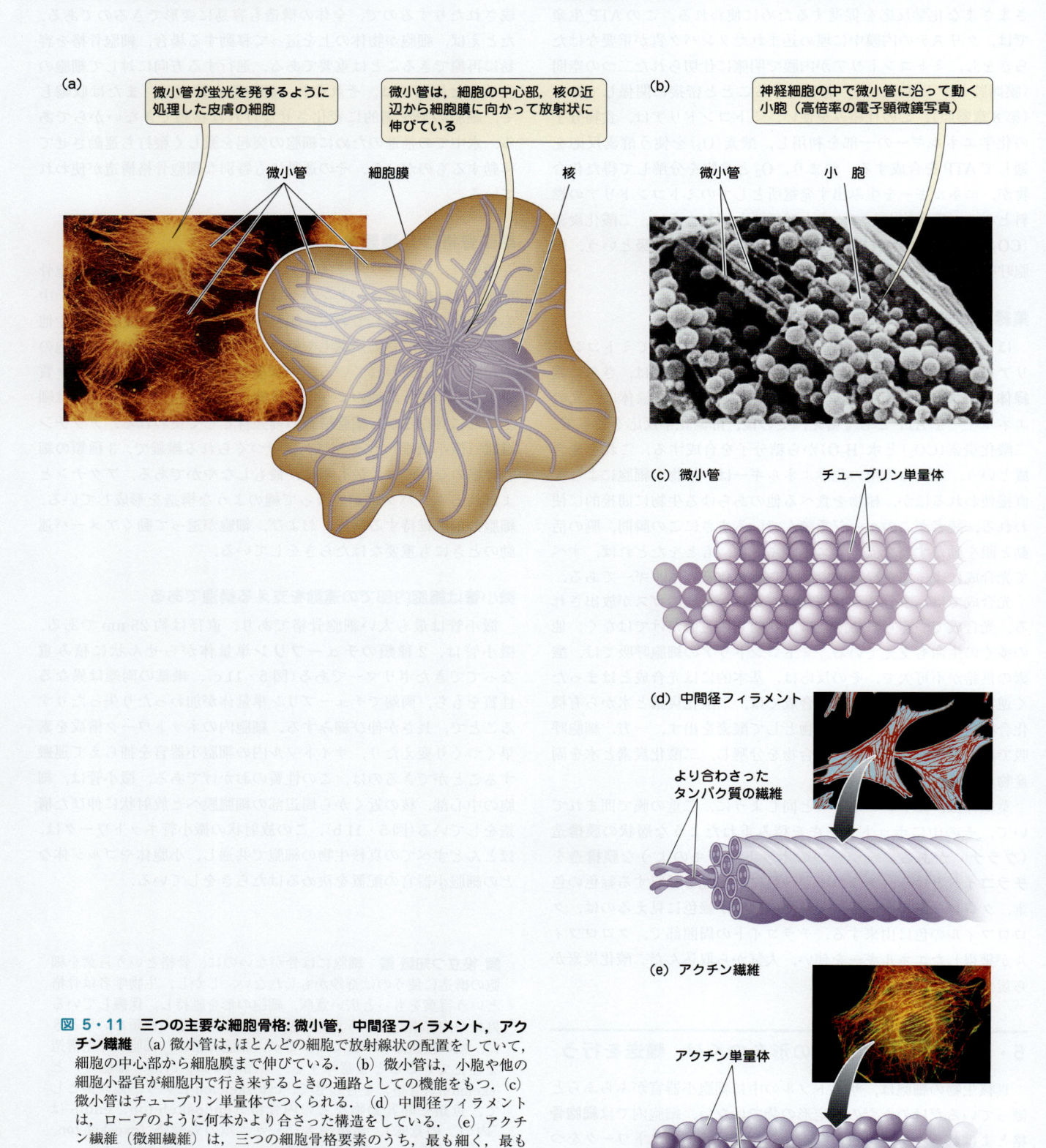

(a) 微小管が蛍光を発するように処理した皮膚の細胞／微小管／細胞膜／核／微小管は，細胞の中心部，核の近辺から細胞膜に向かって放射状に伸びている

(b) 神経細胞の中で微小管に沿って動く小胞（高倍率の電子顕微鏡写真）／微小管／小胞

(c) 微小管／チューブリン単量体

(d) 中間径フィラメント／より合わさったタンパク質の繊維

(e) アクチン繊維／アクチン単量体

図 5・11 三つの主要な細胞骨格: 微小管，中間径フィラメント，アクチン繊維 (a) 微小管は，ほとんどの細胞で放射線状の配置をしていて，細胞の中心部から細胞膜まで伸びている．(b) 微小管は，小胞や他の細胞小器官が細胞内で行き来するときの通路としての機能をもつ．(c) 微小管はチューブリン単量体でつくられる．(d) 中間径フィラメントは，ロープのように何本かより合さった構造をしている．(e) アクチン繊維（微細繊維）は，三つの細胞骨格要素のうち，最も細く，最もしなやかである．アクチン単量体でつくられている．

まざまな皮膚の障害が起こる．細胞内の膜を補強するはたらきをする中間径フィラメントもある．たとえば，核膜は，その直下にある中間径フィラメントの網目構造で支えられている．

細胞運動とアクチン繊維

三つの細胞骨格のうち，アクチン繊維は最も径が小さく，約7nmである（図5・11e）．**アクチン**とよばれるタンパク質の単量体が連なってつくられ，2本が互いに巻きついたらせん構造をしている．アクチン繊維も微小管と同じように動的な構造の変化を行う．つまり，繊維の両端で，急速なアクチンの集合や解離が起こり，繊維の長さを伸長したり，収縮したりする．繊維の途中で切断することで急激な長さの変化を起こすこともある．

その最も典型的な例は，物体の上をゆっくりと這って移動するアメーバ運動である．繊維芽細胞とよばれる皮膚の細胞は，**仮足**とよばれる細胞の突起を進行する方向へ伸ばしながら，ゆっくりと這う運動をする．後端部をつぎつぎに付着している部分から切り離し，それを前方へと移動させる（図5・12）．この運動は，細胞先端での拡張と，末端での収縮の繰返しによるもので，アクチン繊維の急速な分解・再形成によって支えている．

仮足を突き出すとき，アクチン繊維は同一方向にそろって並んで，前方へ伸びる．繊維の伸びる力で細胞膜を押し出したり，あるいは，新しく形成された膜を繊維が固定する．このしくみで仮足を進行方向へと伸ばすことができる．対照的に，細胞の後端部では，アクチン繊維はばらばらに短くなる．ばらばらになったアクチン繊維は，細胞膜から解離して，細胞も下の物体から離れる．モータータンパク質が，細胞の後端部を収縮させ前方へ移動する力を発生する．

このような細胞の運動は，いろいろな細胞で重要な意味をもつ．たとえば，アメーバや粘菌などの原生生物はアメーバ運動によって食物や交配相手を見つけることができる．また，繊維芽細胞は，皮膚の傷のできた場所へと移動し，修復する重要な役割を果たしている．細胞の移動は，動物の胎児で体の組織が成長し器官を形成したり再編成したりするうえでも大変重要である．がん細胞のように，体内を移動し全身へ転移し，致命的な結果をもたらすこともある．

繊毛や鞭毛による細胞の移動

原生生物や動物では，**繊毛**とよばれる毛のような突起部で覆われた細胞がみられる．繊毛はボートのオールのように前後に動くことができ，細胞全体を液体中で移動させたり（図5・13a），表面の液体を移動させたりする．また，多くの細菌やアーキア，原生生物，動植物の細胞で，**鞭毛**とよばれる鞭のような構造を使い，液体の中を遊泳できるものもいる．真核生物の鞭毛は，鞭のように激しく往復くねり運動を行う器官で（図5・13b），繊毛よりもずっと長いが，内部構造は同じである．両方とも細胞体から連続して伸びた細胞膜で囲まれている．細菌の鞭毛は細胞膜で囲まれてはおらず，真核生物のものとは非常に異なる構造をしているので，真核生物の鞭毛とはまったく別に進化してできた運動器官であると考えられる（図5・13）．真核生物の鞭毛がむち打ち運動するのに対して，細菌の鞭毛の運動は，飛行機のプロペラのような回転運動である．

多くの水生の原生生物は水中で遊泳するために繊毛を使っている（図5・13a）．遊泳ではなく，私たちの気管の細胞のように，粘液を動かすために，繊毛を使うものもある．気管の上皮細胞は，表層の粘液で捕らえた不要な物質を，繊毛を使って肺の内部から喉へと押し出す．捕らえられた異物は，最後は，咳をしたり，食道へ呑み込むことで取除かれる．真核生物の繊毛や鞭毛は，断面で見るとリング状に配列した9本の微小管（断面が8の字で，ダブレット微小管という）があり，さらに中央には2本の微小管（中心対微小管）をもつ（図5・14a）．真核生物の繊毛や鞭毛が曲がる運動は，リング状に配置した微小管の間で起こる滑り運動によってひき起こされている．それぞれのダブレット微小管の上には，ダイニンとよばれるモータータンパク質が付着しており，このダイニンが隣接するダブレット微小管と接触するように腕を伸ばしている．ダイニンの腕は，ATPから得たエネルギーを使いながら，隣の微小管との間で結合と解離を繰返し，その上を基部へ向かって歩くのである（図5・14b）．ダイニンの滑り運動とよばれる．ダイニンが微小管の上を歩くと，その微小管は反対方向へと引き上げられ，結果的に，鞭毛を一方向へと屈曲させる．もし，リング状に配置した反対側にある微小管でダイニンがはたらくと，反対方向に曲がり，鞭毛もその反対方向へと曲がるであろう．

■ **これまでの復習** ■

1. つぎの小胞体では，どのような巨大分子が合成されるか．
   (a) 滑面小胞体　(b) 粗面小胞体
2. ゴルジ体の役目は何か．
3. リソソームの重要な機能を一つ述べなさい．リソソームと似た機能をもつ植物細胞の細胞小器官は何か．
4. 葉緑体とミトコンドリアは両方ともATPをつくる細胞小器官である．この二つの決定的な違いは何か．
5. 細胞骨格が果たす三つの重要な機能をあげなさい．

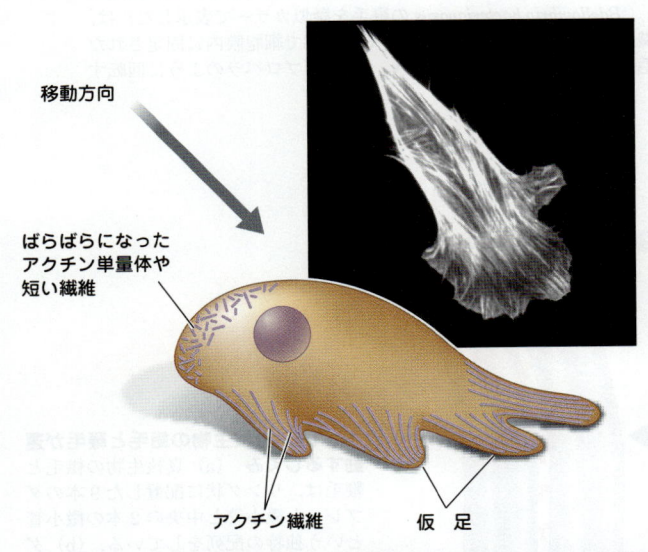

図 5・12　アクチン繊維を使った細胞の運動　仮足とよばれる細胞の突出部の中のアクチン繊維は，細胞が這い回る運動で重要なはたらきをしている．

移動方向
ばらばらになったアクチン単量体や短い繊維
アクチン繊維
仮足

1. (a) 脂質，(b) タンパク質
2. 小胞体からつくられたタンパク質を受取り，それらに修飾の仕上げを加えて，最終目的地へ送り出すこと．
3. リソソームは消化酵素をもつような分解の場所．液胞．
4. 葉緑体は光エネルギーを使いATPをつくり，二酸化炭素と水から糖類をつくる．ミトコンドリアは糖類が酸素を利用して，二酸化炭素と水を排出することでATPをつくる．
5. 細胞内の細胞小器官の配置を支え，それらを機械的にして形を保つ．鞭毛や繊毛，あるいは仮足を動かして，細胞を通して細胞を遊泳したりアメーバ運動できるようにする．

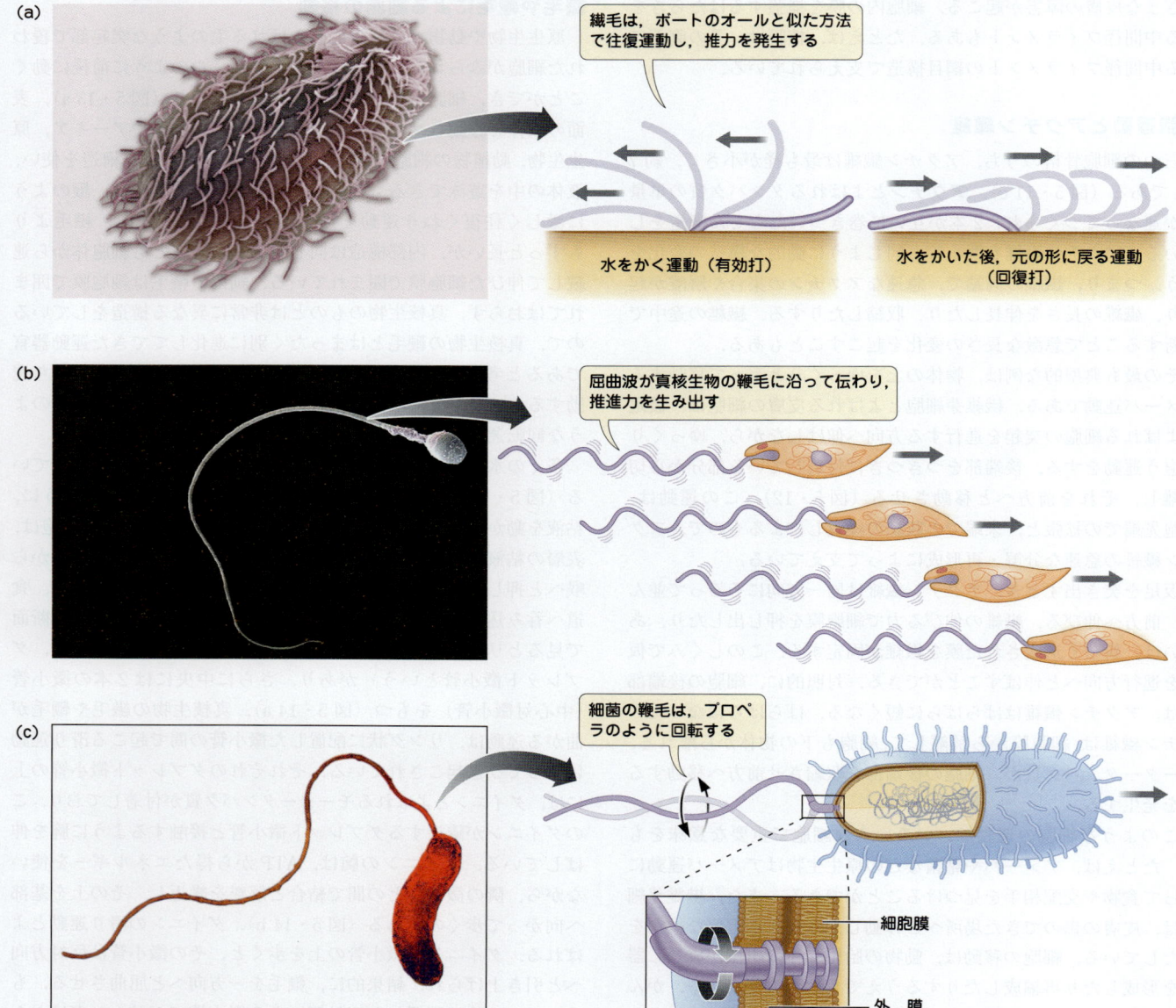

図 5・13 繊毛と鞭毛 多くの単細胞の生物が，移動のために繊毛や鞭毛を使っている．(a) 単細胞の原生生物（ゾウリムシ）の細胞の表面は繊毛で覆われている．繊毛が水をかく運動は，ボートのオールの動きに似ている．(b) 鞭毛（写真は動物の精子）は，繊毛よりもずっと長い．鞭毛の運動は，むち打ち運動である．(c) 細菌の鞭毛（*Bdellovibrio bacteriovorus* の鞭毛を疑似カラーで表示した）は，真核生物の鞭毛とは，構造も運動のしくみも異なる．細菌の鞭毛は，繊維状のタンパク質でできていて，基部で細胞膜内に固定された回転モーターに付着している．真核生物の鞭毛とは異なり，細菌の鞭毛は，細胞膜で囲まれていない．堅く，プロペラのように回転するコルク抜きのような構造をしている．

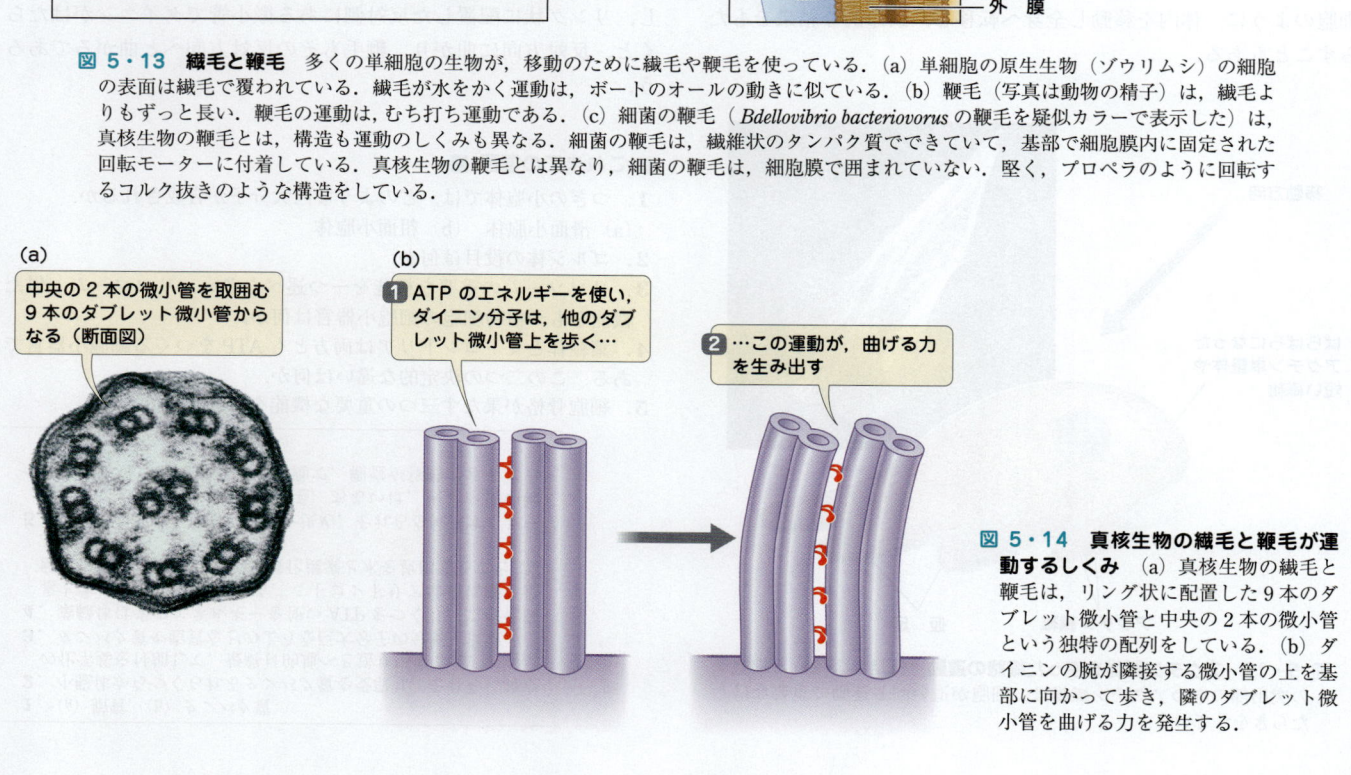

図 5・14 真核生物の繊毛と鞭毛が運動するしくみ (a) 真核生物の繊毛と鞭毛は，リング状に配置した9本のダブレット微小管と中央の2本の微小管という独特の配列をしている．(b) ダイニンの腕が隣接する微小管の上を基部に向かって歩き，隣のダブレット微小管を曲げる力を発生する．

学習したことの応用

真核生物が原核生物から譲り受けたもの

　章の冒頭で紹介したリステリア菌は，細胞骨格のネットワークを崩壊させる．リステリア菌の細胞の表面にはアクチンの単量体と結合し，重合を促進して，繊維をつくらせる特殊なタンパク質があることもわかった．宿主となる細胞のアクチン繊維をつくって，細胞内を自由に移動し細胞の内部深くへともぐり込み，体の防衛システムからうまく逃れている．このように，細胞のしくみやエネルギー源が，他の生物によってハイジャックされるような例を寄生という．寄生は，異なる種が共に生存する現象，共生の一種である．

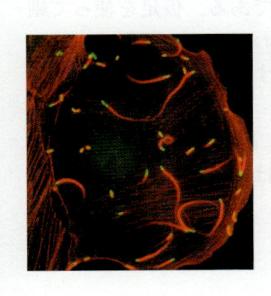

　ある細胞が他の細胞内へ侵入すると，いつも敵対的な乗っ取りとなるわけではない．ときには，互いに利益となるような関係になることもある．このような場合，相利共生とよばれる．進化のうえでは，原核生物のあるものが，祖先の真核生物の細胞との間で相利共生をうまく発展させ，ついに，ミトコンドリアや葉緑体として現在の細胞小器官になったという説があり，この説を支持する多くの強い証拠が得られている．

　1900年代はじめ，真核生物の細胞構造を研究していた科学者は，ミトコンドリアや葉緑体などの細胞小器官が，祖先の真核生物の細胞質内にすんでいた原核生物の子孫かもしれないと考え始めた．1980年代になって，Lynn Margulisらがこの考えを発展させ，細胞小器官の起原についての細胞内共生説を提唱した．この説によると，捕食性だった祖先型の真核生物の細胞は，あるとき，細胞のくぼみの中にいた酸素呼吸をする原核生物を飲み込んだ．この原核生物は小胞内に入ったが，食物エネルギーとして消費されず細胞内で生き残り，細胞内の共生者として進化した．

　この原始的な真核生物は，おそらくおよそ20億年前に出現し，もともとは細胞小器官程度の小さなものだっただろう．食物の取合いが激化すると，大きな細胞が有利になった．なぜなら，細胞が大きい方が他の細胞を捕食しやすいからである．自分よりも小さな細胞を食べる方が楽であるし，逆に，他の細胞からも食べられにくい．細胞のサイズが大きくなると，捕らえた獲物を袋の中に入れて消化するために，内部構造の区画化が起こった．この進化上の転換時期に，一部の祖先型真核生物は，酸素呼吸する原核生物を取込み，その一部が消化されずに残ったと考えられる．細胞内に侵入した原核生物は，他の捕食者から保護され，また，安定して食物を得ることができたのであろう．細胞の大きな真核生物の祖先の方が原核生物を食べて食物を得るのに優れていたと考えられるからである．その見返りに，宿主細胞は，効率的にエネルギーを生み出すように進化した原核生物からの恩恵を受けた．酸素を利用して食物の分子から多量のATPを得るという能力によって，この細胞内共生者の原核生物は，時を経て，ミトコンドリアへと進化した．

　ミトコンドリアをもった祖先の真核生物の子孫は，さらに他の細胞も取込んだのであろう．おそらく，光合成をする原核生物を内部に取込んだものもいて，それがまったく異なる真核生物のグループ，光合成をする原生生物を生み出していった．原始的な青緑色の細菌（シアノバクテリア）を取込んで宿主となったものは，緑藻類や緑色植物となった．細胞内に捕らえられたシアノバクテリアは，原始的な葉緑体としての役目を務め，光からエネルギーを獲得して，食物を生産し，宿主細胞に多大な利益を与えた．

　細胞内共生説の根拠の一つに，ミトコンドリアと葉緑体が原核生物に非常によく似ているという点があげられる．ミトコンドリアや葉緑体は独自のDNAをもっているが，サイズが小さく，しかも，核DNAのような直線状の分子ではなく，環状分子である点で原核生物と同じである．ミトコンドリアと葉緑体は，細胞の分裂とは同調せずに二分裂によって増えるが，これも原核生物と同じ特有の増殖方法である（第9章参照）．これらの細胞小器官は，複数の膜をもつが，最も外側の膜の構造と脂質構成は，真核生物のものとよく似ている．逆に，内側の膜は原核生物のものとよく似ている．リボソームも，ミトコンドリアと葉緑体のものは，真核生物のものより，原核生物である細菌のものに似ている．これらの類似点から，ミトコンドリアや葉緑体は，かつては自由に独立して生きていた原子的な原核生物の子孫であり，祖先の真核生物に取込まれて，今のような相利共生の関係に進化したと考えられるようになった．

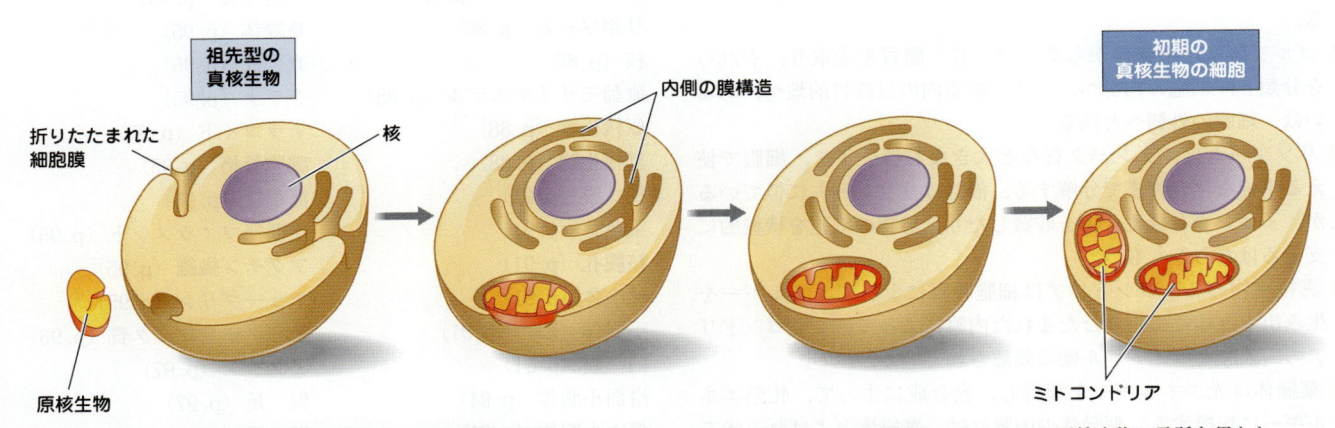

図 5・15　**原始の真核生物が細胞小器官を獲得した過程**　ミトコンドリアや葉緑体など，細胞内に取込まれた原核生物の子孫と思われる細胞小器官がある．小胞体など，他の細胞小器官は，細胞の膜が折りたたまれてつくられたのであろう．

章のまとめ

5・1 細胞は生命の最も小さい単位である
- 細胞は，すべての生物を構成している基本単位である．
- 多細胞生物は，種類の異なる特殊化した細胞から構成される．

5・2 細胞膜は細胞を周囲から隔離する
- あらゆる細胞は，細胞膜によって囲まれていて，細胞膜が周囲の外部環境から細胞を隔てている．
- 流動モザイクモデルによると，細胞膜は非常に流動的な脂質とタンパク質が集まってできたもので，これらの分子は膜の面内を自由に動くことができる．
- 細胞膜内のタンパク質を使って，細胞は外部との間で信号のやりとりを行う．

5・3 原核生物と真核生物の細胞
- 生物は原核生物か真核生物のいずれかに分類できる．
- 原核生物は単細胞の生物で，内部の複雑な区画分けはない．真核生物には単細胞や多細胞生物がいる．それらの細胞内は，核をはじめとして，膜で区画分けされた複雑な構造をしている．
- 細胞の核以外，細胞膜に包まれている内容物を細胞質とよぶ．細胞質は，サイトソルと細胞小器官からなる．
- サイトソルは，水を含むゲル状の溶媒で，さまざまなイオンや分子を含む．
- 細胞小器官は，それぞれ異なる機能をもつ細胞内部構造である．真核生物の細胞は，膜で囲まれた種々の細胞小器官をもつ．
- 真核生物の細胞は，原核生物の細胞の1000倍以上の容積をもつ．細胞小器官による細胞内の区画分けは，化学反応に適した高い濃度を得るために必要である．

5・4 真核生物の細胞は特殊化した内部区画をもつ
- 細胞の核は管理部門のはたらきをもつ細胞小器官である．核内には，細胞のすべての活動や構造を決める遺伝情報分子であるDNAが格納されている．核は，核膜によって囲まれている．核膜は二重の膜で，細胞質とは核膜孔でつながっている．DNAに蓄えられた情報は，核膜孔を通してRNA分子によって細胞質へと伝えられる．
- 小胞体は，脂質，および，膜タンパク質や分泌タンパク質などのタンパク質がつくられる場所である．脂質は滑面小胞体でつくられる．タンパク質は粗面小胞体のリボソームで合成される．
- ゴルジ体は，小胞体からタンパク質と脂質を受取り，それらを分類し，細胞の内部へ，つまり細胞内の最終目的地へ，あるいは，細胞の外側へと送る．
- リソソームは，タンパク質など大きな有機分子を，細胞で使える単純な化合物まで分解する．液胞はリソソームに似ているが，イオンや有機化合物を貯蔵したり，植物の細胞を機械的に支えるはたらきももつ．
- 真核生物のミトコンドリアは細胞呼吸によってエネルギーを生み出す．複雑に折りたたまれた内膜によって，ミトコンドリアの内膜腔とサイトソル側は隔離されている．
- 葉緑体は光エネルギーを獲得し，光合成によって，化学エネルギーに転換する．葉緑体の内膜には，葉緑素とよばれる光を吸収する色素がある．

5・5 細胞骨格は細胞の形をつくり，輸送を行う
- 真核生物の細胞の力学的支持，運動，変形は，細胞骨格のはたらきによる．
- 3種類の細胞骨格，微小管，中間径フィラメント，アクチン繊維がある．
- 微小管やアクチン繊維は長さを急速に変えられる．微小管は，細胞内での細胞小器官の輸送に不可欠である．仮足を使って細胞が移動するとき，アクチン繊維が使われる．中間径フィラメントによって細胞の機械的な強度が増す．また，核膜などの膜構造を補強する．
- 原生生物，精子，細菌やアーキアは，繊毛や鞭毛を使って移動する．真核生物の鞭毛と細菌の鞭毛は，構造や運動のしくみが異なる．

復習問題

1. 原核生物と真核生物の細胞に共通する基本的な特徴をあげ，それらの利点を述べよ．
2. 細胞膜の主要な構成成分を述べよ．また，細胞膜の流動モザイク説を説明せよ．
3. ミトコンドリアと葉緑体はどのような細胞や生物にみられるか，また，その構造と機能について違いを述べよ．
4. 真核生物の細胞内にある膜に囲まれた構造について，おもなものを列挙し，それぞれの役割について述べよ．
5. 繊維芽細胞の運動と，鞭毛で運動する細菌について，その運動のしくみを比較せよ．
6. 原始的な原核生物であった細胞が，祖先型の真核生物の細胞に取込まれてミトコンドリアや葉緑体ができたものであるという説を支持する証拠をあげよ．

重要な用語

細 胞 (p. 86)	ゴルジ体 (p. 92)
細胞膜 (p. 86)	リソソーム (p. 93)
細胞質 (p. 86)	液 胞 (p. 93)
サイトソル (p. 86)	ミトコンドリア (p. 93)
細胞小器官	クリステ (p. 95)
（オルガネラ）(p. 86)	細胞呼吸 (p. 95)
リボソーム (p. 86)	葉緑体 (p. 95)
核 (p. 86)	光合成 (p. 95)
流動モザイクモデル (p. 88)	グラナ (p. 95)
原核生物 (p. 88)	チラコイド (p. 95)
真核生物 (p. 88)	細胞骨格 (p. 95)
核 膜 (p. 91)	微小管 (p. 95)
染色体 (p. 91)	中間径フィラメント (p. 95)
核膜孔 (p. 91)	アクチン繊維 (p. 95)
核小体 (p. 91)	チューブリン (p. 95)
小胞体 (ER) (p. 91)	モータータンパク質 (p. 96)
内 腔 (p. 91)	アクチン (p. 97)
滑面小胞体 (p. 91)	仮 足 (p. 97)
粗面小胞体 (p. 91)	繊 毛 (p. 97)
小 胞 (p. 92)	鞭 毛 (p. 97)

章 末 問 題

1. 原核生物の細胞と異なり，真核生物の細胞は，
   (a) 細胞の核をもたない．
   (b) 多くの異なる種類の内部区画構成をしている．
   (c) 細胞膜にリボソームをもっている．
   (d) 細胞膜がない．
2. 細胞膜内にみられるものはどれか．
   (a) タンパク質
   (b) DNA
   (c) ミトコンドリア
   (d) 小胞体
3. リボソームと結合した細胞小器官はどれか．
   (a) ゴルジ体
   (b) 滑面小胞体
   (c) 粗面小胞体
   (d) 微小管
4. 光からエネルギーを得ている細胞小器官はどれか．
   (a) ミトコンドリア
   (b) 核
   (c) ゴルジ体
   (d) 葉緑体
5. 酸素を使ってエネルギーを取出している細胞小器官はどれか．
   (a) 葉緑体
   (b) ミトコンドリア
   (c) 核
   (d) 細胞膜
6. チラコイドとクリステの両方をもつ細胞小器官はどれか．
   (a) 葉緑体
   (b) ミトコンドリア
   (c) 核
   (d) 両方とも含んでいない
7. 細胞の移動にかかわりタンパク質でできた繊維や管からなる内部構造の名称は何か．
   (a) 小胞体
   (b) 細胞骨格
   (c) リソソーム構造
   (d) ミトコンドリアのマトリックス
8. 細胞骨格でないものはどれか．
   (a) 仮　足
   (b) 中間径フィラメント
   (c) 微小管
   (d) アクチン繊維
9. 細菌の鞭毛は，真核生物の鞭毛とどのように異なるか．
   (a) 鞭のように動く．
   (b) 細胞膜で覆われていない．
   (c) 真核生物の鞭毛から進化した．
   (d) 多くの繊毛から構成されている．
10. 原始的な原核生物から生じた細胞小器官はどれか．
    (a) 小胞体と細胞の核
    (b) ゴルジ体とリソソーム
    (c) 葉緑体とミトコンドリア
    (d) 液胞と輸送小胞

ニュースの中の生物学

Scientists Manipulate "Fear Gene" in Mice

科学者が操るマウスの恐怖遺伝子

マウスに恐れを感じさせる"恐怖遺伝子"があることが発見された．その遺伝子がないとマウスは恐れ知らずとなるという．研究によると，生まれながらにもっている恐怖感と，学習して避けるようになるはずの危険な状況，その両方に無頓着になるようだ．

この遺伝子はスタスミンとして知られていたもので，マウスの長期的な恐怖感パターンの発生に関与していると，ラトガーズ大学の遺伝学者 Gleb Shumyatsky 氏は語っている．彼は学術専門誌 Cell に金曜日に発表されたこの研究の中心的役割を担っている研究者である．恐怖感をコントロールする脳のしくみは，あらゆる哺乳類の動物で似ているので，この遺伝子の発現を抑制することによって，不安を減らす薬の開発ができるかもしれない．

この遺伝子はおもに扁桃核ではたらくが，これは脳の下部にあり，すべての哺乳類で，最初に危険を感知して反応する場所として知られる．Shumyatsky 氏は脳組織を調べ，スタスミンはおもに，微小管と結合するタンパク質をつくる遺伝子であることを発見し...この遺伝子が欠如しているマウスは，微小管を急速に分解したり，再構築したりできないので，彼らは"恐怖の地図"を新しく更新できない．"恐怖の地図"とは，体験したできごとと，脳内での"危険である"という記憶を結びつけていると考えられる神経繊維の配線である．

細胞の微小管がもつ動的な性質はきわめて重要である．なぜなら，それにより，必要に応じて分解したり組直したりの素早い反応が可能になるからである．多くの場合，微小管は正しい場所に適切なときに配置されるように制御されていて，その制御を行う物質は，微小管結合タンパク質（MAPs）とよばれる調節タンパク質である．多くの異なる種類の MAPs の機能が現在明らかになっている．真核生物の細胞に普遍的にみられるもの，細胞の種類で異なる特有のものなどもある．微小管を束ねて太くしたり，他のタンパク質や細胞小器官と微小管の間を架橋するものもある．微小管を短く分断するものもあれば，急速に微小管を崩壊させるものもある．MAPs のはたらきは，ホルモンや増殖因子とよばれるシグナル伝達分子によって精密に調節されている．もし，これらの調節がうまく機能しないと，がんやアルツハイマー病などのような深刻な疾患につながることがある．

微小管は，神経細胞であるニューロンの機能にとってもきわめて重要で，私たちは，ニューロンを使って，情報を処理し，行動し，記憶できる．神経細胞の中の微小管は，ニューロン内で，小胞や他の細胞小器官を輸送し，ニューロンが互いに接続して連絡するための神経突起の構造を支えている．ニューロン間で情報伝達の効率を上げることは，新しく記憶を形成するうえで基本的な過程で，スタスミンは扁桃核での微小管の形成を調整しているらしい．扁桃核は危険を認識する場所で，自律神経による"闘争・逃避反応"にかかわる脳内の中枢である．また，スタスミンは扁桃核でのみつくられる MAPs であり，サイトソルのチューブリン単量体にしっかりと結合してポリマーである微小管にならないようにするので，結果的に微小管の構造を不安定にする．

ラトガーズ大学の研究者は，スタスミン不足のマウスが危険な状況を認識するための学習能力だけでなく，本能的に危機を察知する能力にも欠けていることを示した．このマウスは通常の迷路学習実験では問題がなかったので，学習や記憶の機能が劣っているわけではない．危険を認識することと，スタスミンにはどのような関係があるのだろうか．記憶形成と，それを思い出す能力は，ニューロン間の連結が強化されることによるが，同時に，微小管の配列をつくり直すことが必要となる．扁桃核での微小管の配列が，スタスミンとよばれる MAPs にだけ依存することを，この研究結果は示唆している．

このニュースを考える

1. どのように，微小管の動的な性質は調整されているか．つまり，細胞内の何が，それを調整し，どのように，いつ，どこで，微小管の配列が構成・再構成されているか．

2. スタスミンに関する研究は何か実用的な恩恵をもたらすだろうか．考察せよ．この種の研究は，公的資金を投入して推進するのにふさわしいといえるか．理由とともに述べよ．

3. この研究は，悪用，もしくは誤用される可能性があるか．それを理由にこの種の研究を止めさせることはできるか．

出典：Vancouver Sun 紙，ブリティッシュ・コロンビア州，2005 年 11 月 19 日

6 細胞膜のはたらき：
物質輸送とシグナル伝達

> **Main Message**
>
> 細胞内外の物質の交換，そして，他の細胞との情報交換を細胞膜がコントロールしている

食物と細胞膜の受容体，そして家系

Mimi La Fontain さんの血中コレステロールは，健常値とみなされるものの5倍もあり，16歳のとき，最初の心筋梗塞を患った．抗コレステロール薬の効能説明書には，高コレステロール値の原因は，食事と家系であると記載されている．両親の家系とも心臓病が多いことを知っていたので，Mimi はコレステロールや動物性脂肪の多い食物をとらないように心がけていた．ふつうのコレステロールを下げる薬は，肝臓でのコレステロール合成を抑制する作用をもつ．しかし，この薬は Mimi にはほとんど効かない．したがって，彼女の高コレステロール値の原因は，コレステロールの過剰生産や食事での摂取では説明できなかった．そこで Mimi の細胞を調べたところ，原因が明らかとなった．LDL 受容体とよばれる膜タンパク質は，血液中にあるコレステロールを含む粒子を細胞が吸収するのを助けるタンパク質であるが，彼女の細胞の膜には，このタンパク質がまったくなかったのである．コレステロールは私たちには不可欠な脂質である．あらゆる細胞で少量ずつ，大部分が肝細胞で合成され，タンパク質で包まれた LDL 粒子となって血中に放出される．Mimi には，LDL を受取る受容体がないので，体の細胞が血流からコレステロールを拾い上げることができない．その結果，LDL 粒子内のコレステロールや他の脂質が，動脈内や筋肉の腱，皮膚下のしこりとなって蓄積する．

Mimi は遺伝性の家族性高コレステロール血症（FH）と診断されているが，そのなかでもより重い障害をもつこともわかった．北欧系米国人の約500人に1人の割合で，それほど危険な状態ではないが，FH の患者がいる．こうした人は，LDL 受容体の量が正常値の半分はあるので，LDL が血流から取除かれる．しかし，血中コレステロール値は高く，動脈が詰まってしまう危険性が高い．動脈が詰まり，極端に狭くなると，血流を遮断し，心筋梗塞をひき起こす．しかし，ふつうの FH 患者の場合は脂質の沈着に長い時間がかかるので，中年になるまで深刻な症状が出ることはない．Mimi のような重い高コレステロール血症患者を救う手立てはないのだろうか？ また，LDL はなぜそのような問題をひき起こすのだろうか．なぜコレステロールは，テレビ番組にもたびたび登場し，"悪玉コレステロール"などとよばれて犯人扱いされるのだろうか．こういった問題を解決する前に，細胞膜の役割を理解する必要がある．細胞膜が，関所の門番として，また情報交換の仲介者として，どのような役目を果たしているのか理解する必要がある．

食物や家系が原因の高コレステロール血症 標準的食生活の米国人は，毎日，動物性食品から約 300 mg のコレステロールを摂取している．これは専門家が奨励する摂取量よりも 60％以上多い．〔訳注：日本人の食事摂取基準（2015年版）では，平均摂取量は男性 297 mg，女性 263 mg と報告されている．コレステロール摂取量は低めに抑えるのが好ましいものの，上限値を決める科学的な根拠が乏しいとして具体的な数値設定は控えられている〕ところが，血中のコレステロールの80％以上は，実は肝臓で合成されたものである．肝臓がどの程度の量のコレステロールを合成し，他の細胞がどの程度それを吸収するか，そのバランスで血中総コレステロール値が決まる．LDL 受容体遺伝子が，重要な意味をもつのは，そのためである．

基本となる概念

- 物質は細胞膜を通して移動するとき厳密に選別される．
- エネルギーを使わずに物質を移動させる受動輸送と，エネルギーが必要となる能動輸送がある．
- 浸透作用は，選択透過性をもった細胞膜を通しての水の受動輸送である．
- 膜に包まれた輸送小胞を使った細胞内外への物質輸送機構がある．
- 多細胞生物は特殊化した細胞の集団で，その細胞間では，シグナルを伝える分子や，それを信号として受取る細胞膜の受容体分子を使って，互いに情報交換する．
- 多細胞生物では隣接する細胞間の結合を強化するしくみがある．細胞間結合によって，細胞や周辺の繊維構造との間を連結したり，細胞間の情報交換を行ったりする．
- 情報伝達のしくみには，シグナル到達の距離が長いもの短いもの，応答の速度が遅いもの速いもの，効果の持続時間が長いもの短いもの，さまざまな種類がある．
- シグナル伝達分子のうち，親水性のものは細胞膜にある受容体と結合し信号を伝える．疎水性のものは細胞膜を通過して細胞内の受容体と結合して信号を伝える．

細胞の内側は，生命活動にかかわる重要な化学反応が起こる場所である．その化学反応に最適の細胞内環境を維持するためには，細胞内への物質摂取，外への物質放出を精密にコントロールすることが不可欠となる．細胞には，物質の出し入れを行う輸送のしくみ，および，物質を選別するしくみの両方が必要となる．

この章では，細胞が，外部環境との関係をどのようにコントロールしているのかを紹介する．まず，細胞に入ったり出ていったりする物質にとっての関門，およびその番人としての細胞膜の役割について解説しよう．その後，細胞に出入りする水の量をコントロールするしくみについて紹介する．細胞内の水の量は，細胞を健康に保つのに大切な要素である．また，つくった物質を梱包し外に搬送するうえで，細胞膜が果たす役割を説明する．細胞間の物理的な結合や情報交換の方法について紹介し，そのしくみを担うシグナル伝達分子の役割を解説する．

6・1 細胞膜は関門である．その関門の番人でもある

外部の環境と細胞内を隔てているのが**細胞膜**である．DNAを遺伝情報として使うのと同じように，細胞膜は地球上の全生命に共通する特徴で，リン脂質の二重層が，その共通構造となっている．細胞にとって必要となる物質のなかには，このリン脂質二重層を自由に通過できるものもあるが，大半はそうではない．この点で，細胞膜は多くの物質にとって移動を妨げる障壁としてはたらく．リン脂質二重層の中には膜タンパク質が多数埋め込まれていて，約半分の質量を占めている．膜タンパク質には，細胞膜全体に分布し，さまざまな物質が細胞膜を通るときの通路となっているものもある．脂質二重層とこの膜タンパク質によって達成された精巧なフィルター効果，すなわち物質を選別して通すはたらきによって，細胞への物質の出入りがコントロールされている．このフィルター効果を**膜の選択透過性**という．

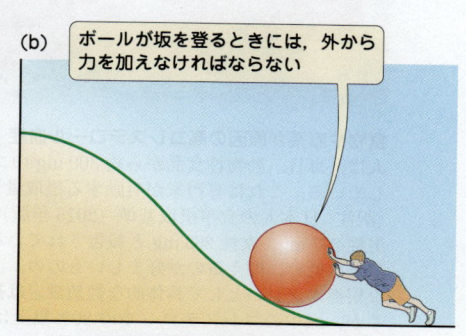

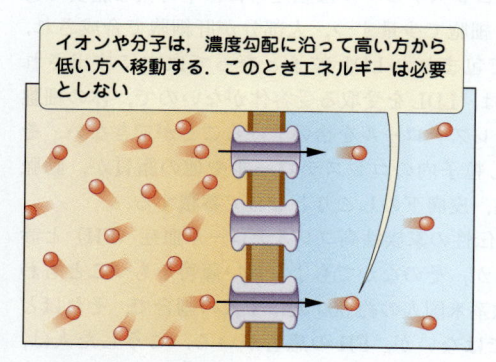

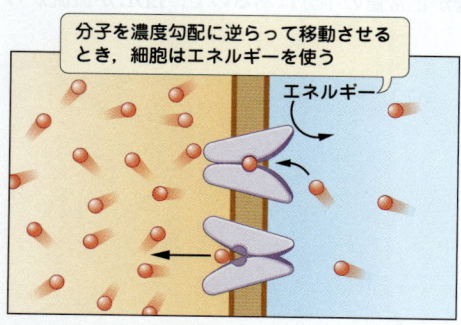

図 6・1 分子の能動輸送と受動輸送 物質は，受動的（エネルギーを使わない方法），あるいは能動的（エネルギーを投入する方法）のいずれかの方法を使って，細胞へ出入りする．(a) 分子は膜を通過して，濃度の高い側から低い側へと受動的に移動する．(b) 濃度の低い側から高い側へ物質を移動させるには，エネルギーが必要である．

膜を通した物質輸送のしくみ

物質の出入りにはエネルギーを使うもの，使わないもの，2通りのしくみがある．

1. 物質の**濃度勾配**の方向，つまり濃度の高い所から低い所へは，エネルギーを使うことなく，物質を輸送できる．この輸送を**受動輸送**とよぶ．
2. 濃度勾配の逆方向，すなわち濃度の低い所から高い所へ移動するときは，エネルギーを投入して能動的なしくみで輸送しなければならない．この輸送を**能動輸送**とよぶ．

受動輸送と能動輸送の違いは，ボールが坂を転がったり，登ったりするときと似ている．図6・1では，ボールは化学作用に相当し，坂は物質の濃度を表している．ボールは重力によって坂を自然に転がり落ちてゆくが，坂を登るときには，ボールを押し上げるエネルギーが必要となる．

ほかの例として，水が入ったコップに，粉末ジュースを入れたときのことを想像してみよう．色のついたジュースの粉を入れたところは最初濃度が高いが，ゆっくりとコップ全体に広がって均一になる．水をかき混ぜるようなエネルギーを使わなくても，時間が経過すれば同じで，粉末ジュースは溶け，分散してコップ全体で均一になるまで，受動的に広がってゆく（図6・2）．コップ内でジュースの色が均等に広がった状態を"平衡に達した"という．このとき，場所による濃度の違いはなくなり，正味の物質の移動量，つまり，行ったり来たりする物質量の差し引きの総和もゼロとなる．コップの中の色素や化学物質は自由に動き回り続けるが，こうした動きはすべて同じ方向へ同じ頻度で起こるので，互いに打ち消し合い，コップ全体の色の濃さは均一のままである．一つ一つの分子に着目して考えると，ある場所から出てゆくものと，そこへ入る分子の数が同数となり，全体的には変化はないようにみえる．これが"平衡状態"である．

生物は栄養を取込み，また，ガスや老廃物を取除くのに，受動輸送と能動輸送の両方をうまく活用している．この節を通して，コップの中の粉末ジュースと同じしくみによる受動的移動，つまり"拡散"という言葉がたびたび登場するが，拡散は濃縮したジュースがコップ全体に薄く広がるのを可能にするし，水，酸素や二酸化炭素などが，細胞に出入りするときに，重要な役割も果たしている物理法則である．ところが，細胞が生命を維持するのに必要なイオンや分子がいつも高い濃度で周囲にあるわけではなく，低い濃度のことが多い，また，逆に，細胞内では高濃度で濃縮され，いつでも使えるように蓄積されているケースも多い．細胞がこれらの物質を外から取込むには，濃度勾配に逆らった輸送が必要となる．そのためにはエネルギーが必要である．これは生命活動を理解するための重要なポイントである．能動輸送なしには，また，それを動かすエネルギーなしには，生命体は生命体として存在しえないのである．

小さな分子は，リン脂質二重層を通過できる

細胞膜のリン脂質二重層を容易に通過できる小さな分子は受動的に輸送される．つまり，濃度勾配に沿って単純に拡散する．酸素，二酸化炭素，水の分子などは，この方法で細胞を出入りする（図6・3a参照）．これらの分子は小さく単純な構造をしていて，大きな障害もなくリン脂質二重層の中の隙間をすり抜ける．大きな分子でも，疎水性であれば，リン脂質二重層の内部，疎水性層に容易に侵入できるので，細胞膜を自由に通過できる．殺虫剤として広く使われていたDDTは害虫を殺すのに非常に高い効果を示し，便利な薬剤だった．この殺虫剤は疎水性で，上で述べた方法で細胞内へ容易に入り込める．しかし，攻撃の目標とする害虫だけでなく，それらを食べる捕食動物の体内（ヒトを含め，その捕食動物を食べる他の生物にも）の脂肪組織の中に少しずつ蓄積されるという大きな問題点がある．なぜならDDTは，まさに油と混ざりやすい疎水性の物質だからである．

リン脂質でできた脂質二重層は，脂質層に侵入できない大きな分子や，荷電をもった粒子にとって大きな障害となる．20個ほどの原子からなる最も単純な構造の糖やアミノ酸など，細胞が必要とする栄養素さえ，大きすぎたり，また親水的であったりして，脂質二重層を通過できず拡散できない．もっと小さなものでも，H^+（水素イオン）やNa^+（ナトリウムイオン）などのイオンは非常に親水的なので，リン脂質二重層の疎水性層をまったく通過できない．受動的であれ，能動的であれ，大きな分子や荷電したものが細胞膜を通過するには，何らかの他の助けが必要となる．輸送タンパク質は，そのような助けをする膜タンパク質である．

チャネルタンパク質と受動輸送タンパク質による
イオンや親水性分子の受動輸送

大きな分子，荷電をもったイオン，また糖やアミノ酸などのような親水性の物質は，そのままでは細胞膜を通過できない．これらの物質が細胞膜を通って受動的に移動するのを2種類の輸送タンパク質が助けている．チャネルタンパク質と受動輸送タンパク質である．**チャネルタンパク質**は，脂質二重層の表裏を貫通する親水性の細いトンネルをつくり，決まった大きさと電荷をもつイオンが濃度勾配に沿って拡散できるようにしている（図6・3b）．

受動輸送タンパク質も受動的に物質を運ぶが，それらはトンネ

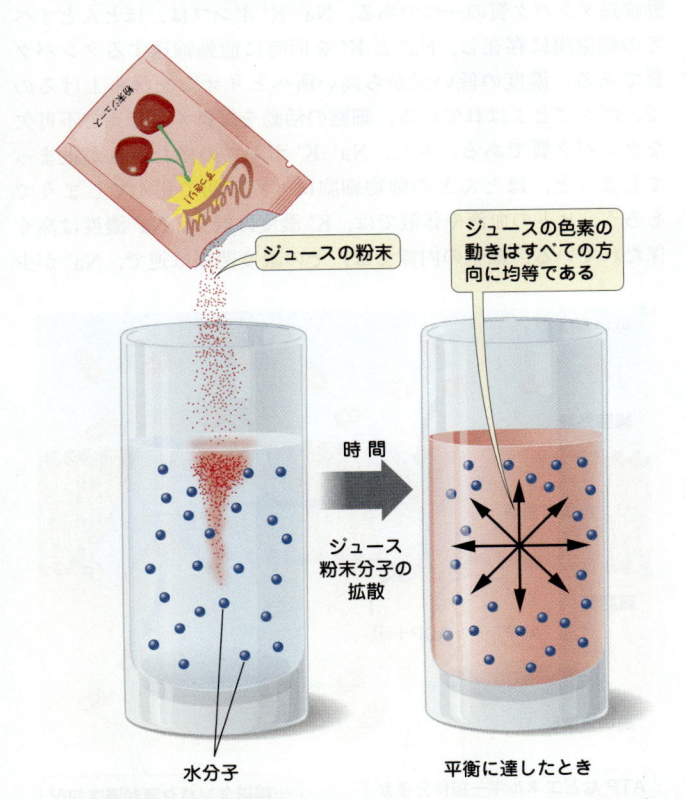

図6・2　拡散は受動的な作用である　拡散とは，エネルギーを使わずに，濃度の高い所から低い所へと物質が移動することをいう（粉末ジュースの色素が自然に広がるように）．物質が均一に分布したとき（水全体が同じ色になる），拡散が止まり，平衡の状態になる．

細胞膜の構成要素	(a) リン脂質二重層	(b) チャネルタンパク質	(c) 輸送タンパク質
親水性の頭部／疎水性の尾部	水分子、酸素分子、二酸化炭素分子	チャネルタンパク質は開口部を開け閉めできる	
通過する分子の種類	水，酸素，二酸化炭素などの小さな分子 小さな疎水性の分子	ナトリウム（Na^+）や塩化物イオン（Cl^-）などのイオン	ナトリウム（Na^+）やカリウム（K^+）などのイオン 糖やアミノ酸などの大きな分子

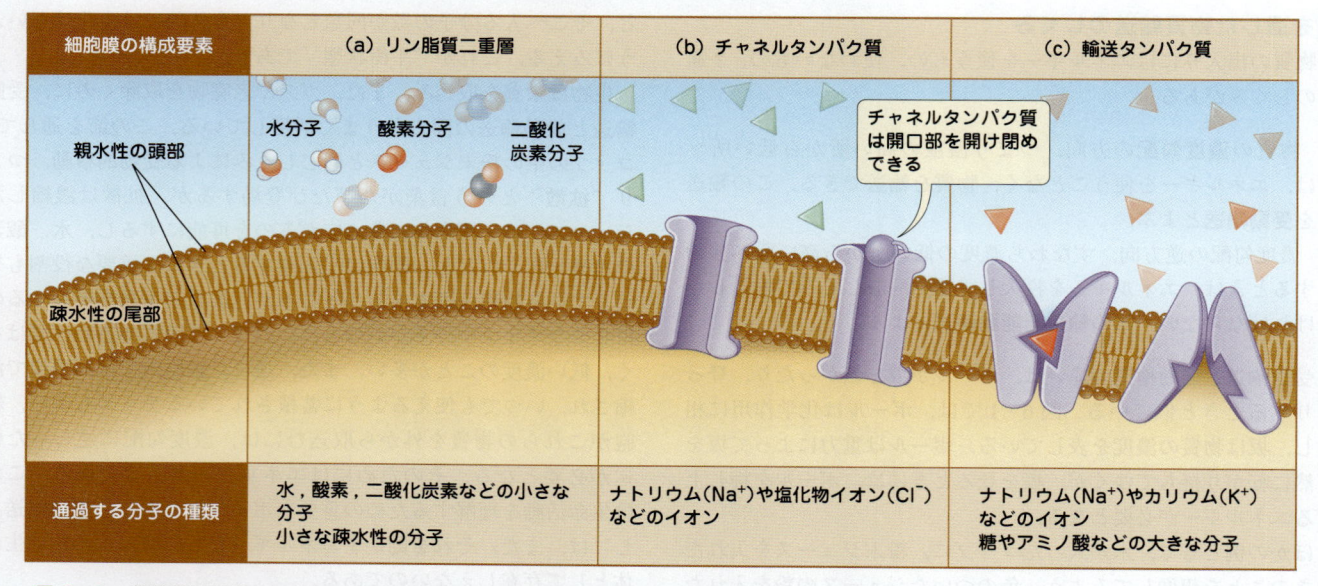

図 6・3　**細胞膜は細胞への出入りをコントロールする**　(a) 細胞膜は，親水性の頭部（丸い部分）と疎水性の尾部（ヒモ状の部分）をもつ，リン脂質分子でできた脂質二重層からなる．細胞膜を貫通する膜タンパク質 (b, c) は，細胞内外への物質輸送を行う．細胞にとって重要な種々のイオンや分子は，種類ごとに異なるチャネルタンパク質や輸送タンパク質を使って輸送される．

ルのような孔ではなく，回転ドアのようなものであると考えられている．この膜タンパク質による輸送機構には高い選択性がある．つまり，輸送タンパク質の種類ごとに決まった糖やアミノ酸分子だけを識別し，結合し，輸送するのが特徴である．輸送タンパク質分子の表面には小さなポケット構造があり，糖やアミノ酸などの運搬される分子が，その中に入り込んで結合する．ちょうど鍵と鍵穴が一致するのと似ている．運ぶべき分子がポケットに結合すると，輸送タンパク質はその分子の形を変えて，結合した分子が細胞膜の反対側を向くようになる．その形の変化が，輸送タンパク質と輸送分子との結合を弱めるので，膜の反対側へと分子が放出され，輸送されると考えられている（図6・3c）．このような輸送タンパク質では，分子の濃度が低いときにしか放出できないので，濃度の高い所から低い所へと受動的にしか輸送できない．

ヒトのすべての細胞は，エネルギーをグルコースに依存していて，この糖を周囲から取込む必要がある．GLUT（グルコース輸送体）とよばれるタンパク質がその重要な役割を担っている．私たちの血液には細胞の内側よりも約10倍程高い濃度のグルコースを含んでいるので，細胞は受動的な方法でグルコースを摂取できる．細胞周囲のグルコースはまずGLUTと結合し，図6・3(c)のようなしくみを使って細胞内へと輸送される．

能動輸送：濃度勾配に逆らった物質輸送

能動輸送を使えば濃度勾配に逆らった輸送が可能となる．このエネルギー源は，ATPのようなエネルギー担体分子である．受動的な輸送を行うタンパク質と同じように，**能動輸送タンパク質**も，表面にイオンや分子と結合するポケットをもっている（図6・4）．輸送タンパク質にATPに由来するエネルギーが投入されると，分子の形が変わり，濃度勾配には関係なく，強制的に輸送分子を放出できると考えられている．この機構により，イオンや分子を濃度の低い所から高い所へと移動させることができる．

多くのイオンや分子が，細胞の膜を介して，片側で多く他方の側には少ないといった具合に，非常に偏った分布をしている．たとえば Na^+，Ca^{2+}，グルコースなどは細胞の外側で多く，逆に，K^+ やアミノ酸は細胞の内側で多い．このようなイオンや分子を低い濃度の所から高い所へと移動させるのに，それぞれの物質に特化した能動輸送タンパク質が使われる．このような物質は濃度の低い方向へと自然に拡散する傾向があるので，細胞はこれらの物質を坂の上へ押し上げるように，いつも，エネルギーを消費しながら輸送しなければならない．そのために細胞が使うエネルギーはかなりの量になり，安静にしている人の場合，消費する全エネルギーの30〜40％が，能動輸送のために使われる．

なかでも，Na^+-K^+ ポンプは，私たちの細胞では，最も重要な能動輸送タンパク質の一つである．Na^+-K^+ ポンプは，ほとんどすべての細胞膜に存在し，Na^+ と K^+ を同時に能動輸送するタンパク質である．濃度の低い所から高い所へとイオンを汲み上げるので，ポンプとよばれている．細胞の活動を維持するうえで不可欠なタンパク質である．もし，Na^+-K^+ ポンプのはたらきが止まってしまうと，ほとんどの動物細胞は，短時間で死んでしまうであろう．ヒトの血液や体液では，K^+ 濃度は低く，Na^+ 濃度は高く保たれている．細胞の内側では，その濃度関係は逆で，Na^+ が少

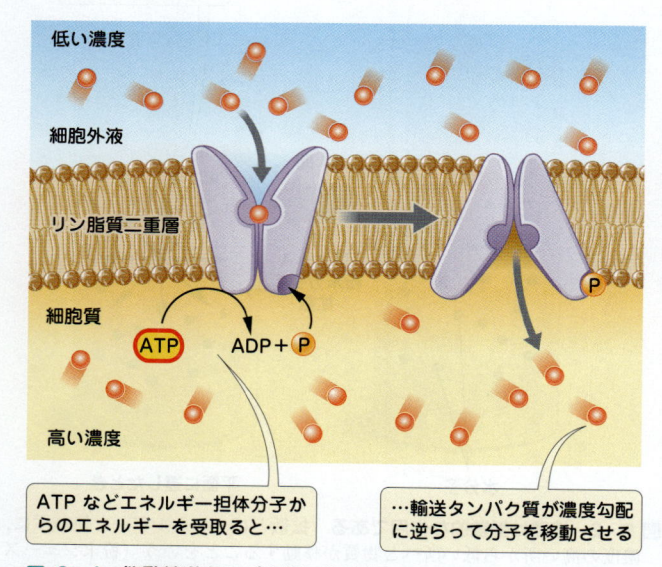

図 6・4　**能動輸送タンパク質**　能動輸送タンパク質は，エネルギーを使って，物質を濃度の低い所から高い所へと移動させる．

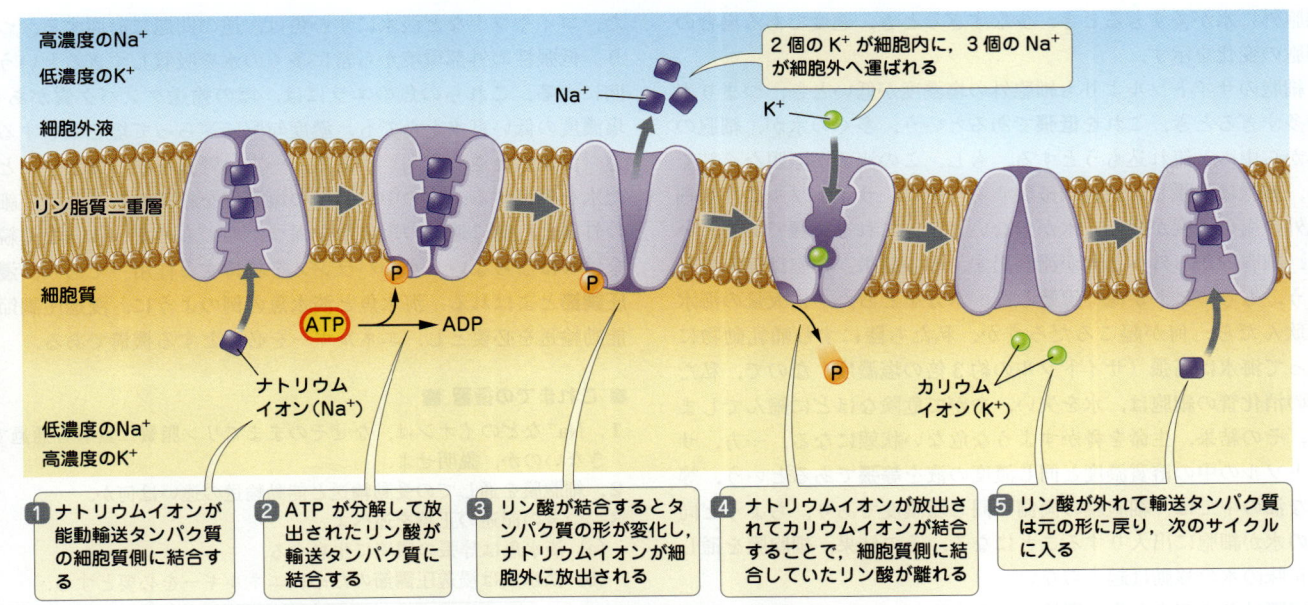

6. 細胞膜のはたらき：物質輸送とシグナル伝達

図 6・5　Na⁺-K⁺ポンプは，濃度勾配に逆らって2種類のイオンを輸送する　Na⁺-K⁺ポンプは，ヒトのすべての細胞にある重要な輸送タンパク質である．ATPから供給されるエネルギーを使って2個のK⁺を細胞内へ，3個のNa⁺を細胞外へ輸送する．両方のイオンとも，濃度勾配に逆らった輸送である．

図中の説明：
- 高濃度のNa⁺／低濃度のK⁺／細胞外液
- リン脂質二重層
- 細胞質
- 低濃度のNa⁺／高濃度のK⁺
- 2個のK⁺が細胞内に，3個のNa⁺が細胞外へ運ばれる
- ナトリウムイオン（Na⁺）／カリウムイオン（K⁺）

1. ナトリウムイオンが能動輸送タンパク質の細胞質側に結合する
2. ATPが分解して放出されたリン酸が輸送タンパク質に結合する
3. リン酸が結合するとタンパク質の形が変化し，ナトリウムイオンが細胞外に放出される
4. ナトリウムイオンが放出されてカリウムイオンが結合することで，細胞質側に結合していたリン酸が離れる
5. リン酸が外れて輸送タンパク質は元の形に戻り，次のサイクルに入る

なく，K⁺が豊富である．Na⁺-K⁺ポンプは，細胞内からNa⁺を取出し，それらをATPの分解から得られるエネルギーを使って細胞の外側へと汲み出す（図6・5）．この輸送過程の最初，ATPが分解して放出されるリン酸（P_i）がタンパク質に結合する．これがきっかけになり分子の形が変わり，結合していたNa⁺を細胞の外側へと放出できるようになる．その後，細胞外のK⁺が結合すると，輸送タンパク質の形は元に戻り，K⁺を細胞内へと放出できるようになる．これを繰返すことで，細胞内外のNa⁺とK⁺の濃度勾配が維持されるのである．

6・2　水の摂取・放出のコントロール

水は絶えず細胞の中と外を出入りしている．これを**浸透作用**とよぶ．浸透作用とは，選択透過性をもつ細胞膜を通した水分子の出入りの総和で，細胞膜を通しての水分子の受動的な拡散と考えることができる．浸透作用の強さを浸透圧といい，一般に溶質として溶けている塩などの物質の濃度に比例する．細胞内の水の含有量は浸透作用によって絶えず変化するが，もちろん，多すぎても，少なすぎても細胞にとっては大変なことになる．図6・6に，

図6・6　浸透作用による水の出入り　浸透作用は，選択透過性のある膜を通る水の拡散である．高張液の塩濃度はサイトソルよりも高く，水は逆に少ない．その結果，高張液内の細胞は，浸透作用により水を外に取られる．逆に，低張液内の細胞は（低い塩濃度，したがって水が多い），浸透作用によって水が細胞外から侵入する．

	細胞は水を失うことも得ることもない	細胞は水を失う	細胞は水を得る
	等張液	高張液	低張液
	細胞外の塩濃度が，細胞内と等しいとき，細胞は水を得ることも，失うこともない	細胞外の塩濃度が細胞内濃度より高いとき，細胞の外側に水が出るので，細胞は縮む	細胞外の塩濃度が細胞内より低いとき，細胞は外側から水を獲得し，膨張する
植物細胞			
動物細胞	通常の赤血球細胞	縮んだ赤血球細胞	膨張した赤血球細胞

細胞外に水が多すぎるとき，少なすぎるとき，適度である場合の細胞の変化を示す．

細胞のサイトソルよりも細胞外の塩濃度が低いとき，つまり水が多すぎるとき，これを**低張**であるという．多くの水が，細胞の外から中へと流れ込もうとする．もし，この流入が際限なく続くと，細胞は膨張し，最後に破裂する．逆に，サイトソルよりも細胞外の塩の濃度が高く，水が少ないとき，これを**高張**であるという．細胞内から外へと水が流れ出す．その結果，細胞は縮んでしまう．もし，ヒトが海で遭難して，水分をとるために大量の海水を飲んだら，何が起こるだろうか．私たち陸にすむ哺乳動物にとって海水は高張（サイトソルの約3倍の塩濃度）なので，私たちの消化管の細胞は，水を失い，やがて危険なほどに縮んでしまい，その結果，生命を脅かすような危ない状態になる．一方，サイトソルの中の溶質濃度と同じ濃度の液を**等張**であるという．等張な液の中では，細胞膜の両側で同じ塩濃度であり，ちょうど同量の水が細胞に出入りすることになる．その結果，細胞膜を通して正味の水の移動は起こらない．

実際はさまざまな生息環境にすむ生物がいて，体の細胞は必ずしも，いつも等張液という最適の世界にいるわけではない．タイやヒラメのように海にすむ魚など，いつも高張の世界にいる魚には，失う水を補うしくみができている．彼らは，エラの細胞を使って，能動的に体内の余分な塩を外に運び出す一方で，口から飲んだ海水から水をできるだけ回収する腎臓のしくみを進化させた．コイやフナなど淡水にすむ魚は，逆の問題に直面する．つまり，低張性の外部環境から常に多くの水を吸収しすぎるという傾向にある．これらの魚のエラには，塩の輸送タンパク質があり，塩濃度の低い真水からでも，濃度勾配に逆らって塩を吸収する能力（海水魚と逆の方向）がある．一方，腎臓を使って余分にとった水を排出する．体の中に適度の塩濃度を維持することは，細胞の外側と内側に適量の塩と水を保つためのもので，休みなく続けなければならない"水のバランスを維持する作用"であり，**浸透圧調節**とよばれる．海水魚と淡水魚の例のように，浸透圧調節は能動輸送を必要とし，エネルギーを必要とする機構である．

■ これまでの復習 ■

1. Na^+などのイオンは，なぜそのままでリン脂質二重層を通過できないのか，説明せよ．
2. 細胞膜を通しての受動輸送と能動輸送の違いは何か．
3. つぎの記述の正誤を述べよ．
   (a) 淡水魚は等張の環境に生息する．
   (b) 淡水魚は浸透圧調節のためにエネルギーを必要とする．

---

1. イオンは帯電していて親水性なので，海水の脂質二重層の中を透過できない．
2. 受動輸送は，濃度の低い所から高い所へ物質を移動させるためにエネルギーを使う．受動輸送は濃度勾配に従って物質を移動させるのでエネルギーを必要としない．
3. (a) 正しくない．淡水魚は低張の環境にいる．
   (b) 正しい．淡水魚は能動的に塩から塩を吸収しなければならないので，エネルギーを必要とする．

生活の中の生物学

水ばかりなのに飲み水がない

2004年12月，大津波が東アジアに壊滅的な被害をもたらした．その後，被害を受けた地域での大きな問題は，真水の供給であった．もともとあった地元の水道施設に海水が混入し，それを飲むと脱水症状になる危険性があった．私たちの細胞にとって海水は高張な液のため，海水を飲むと消化管の細胞が脱水状態となる．海水を飲みすぎれば，致命的な障害が起こる．

写真の特殊船（米国艦船ボノム・リシャール号）は，逆浸透法によって海水から真水を抽出（淡水化処理）することができる．水分子だけを通す特殊な膜を使い，海水から水分子だけを高い圧力で押し出す方法である．1日に100 t以上の真水を海水から作り出すことができる．このような艦船は，地震や津波などの災害時に水が切望されるとき，真水を海水から作り出し，ライフラインの確保に貢献できる．

真水がなぜ重要なのだろうか？標準的なヒトの体重の約70%は水である．つまり私たちの体には約50 Lの水（体重70 kgの成人男子で）が含まれることになる．日常，私たちは毎日コップ10杯分の水を失っており，失った量を補わなければ，体は正しく機能できなくなる．もし，幼い子どもが暑い車内に放置されたとしたら，脱水症状になり，過熱状態になって，数時間以内に死んでしまうであろう．通常の環境であっても，水がないと，大人でもせいぜい数日しかもたない．私たちの体内で適切な水のバランスを保つことが，いかに大切かを考えると，艦船ボノム・リシャールの真水を作り出す任務の重要性がわかるであろう．

一日に女性は約11杯分，男性は約16杯分のコップの水を摂取するのがよいといわれる．缶ジュースやペット飲料製品などの成分の大半は水である．アルコール飲料は例外で，アルコールを飲むと，身体の水分を調節する血液中のホルモン（抗利尿ホルモン）を少なくし，尿の量が増え，かえって必要以上に水を失うことになる．レタスやスイカなどのような野菜や果実も，多くの水分を含んでいて，飲料水の代わりになる．

米国艦船ボノム・リシャールと他の海軍船

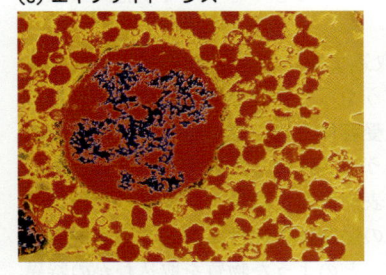

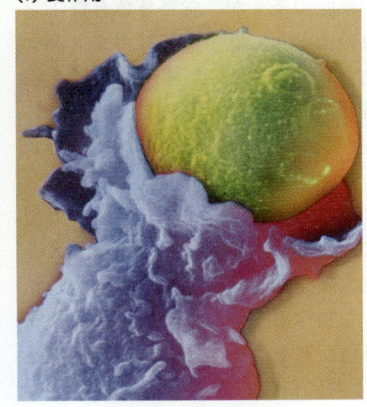

6. 細胞膜のはたらき: 物質輸送とシグナル伝達　　109

(a) エキソサイトーシス

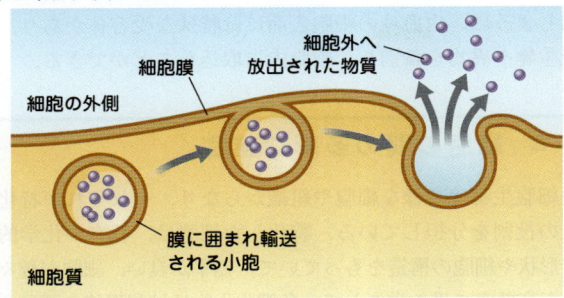

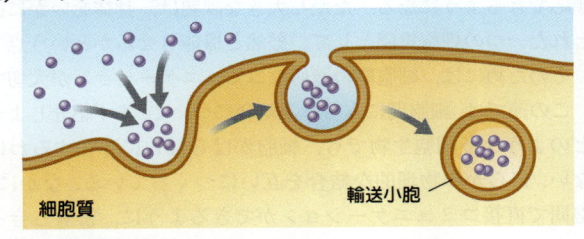

(b) エンドサイトーシス

(c) 受容体依存性エンドサイトーシス

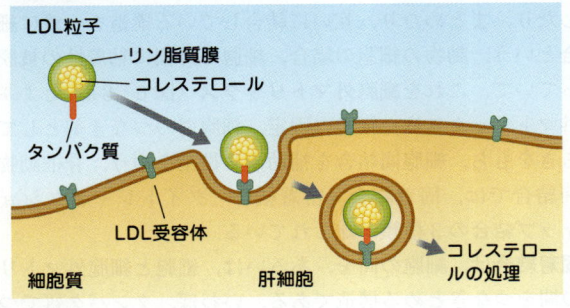

(d) 食作用

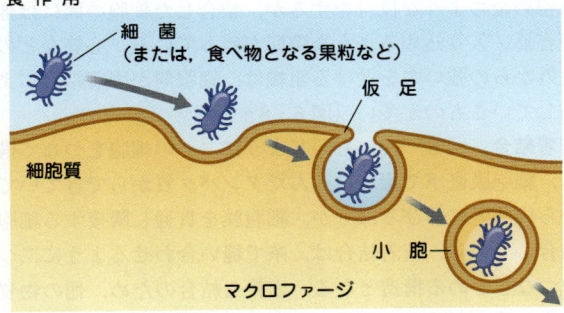

(e) エキソサイトーシス

(f) 食作用

図 6・7　**小胞による物質の取込みと放出**　(a) エキソサイトーシスによって細胞内から外へ物質を運び出す．(b) エンドサイトーシスによって細胞外から中へ物質を取込む．(c) 受容体依存性エンドサイトーシスは，特定のものだけを取込むしくみである．(d) 食作用は，エンドサイトーシスの大型版である．(e) エキソサイトーシスにより，シグナル伝達分子を放出するマスト細胞（疑似カラーで表示した透過電子顕微鏡写真）．マスト細胞（大きな赤）が多数の粒子（小さな赤い部分）を放出している．この赤い部分には，ヒスタミンや他の信号分子が含まれる．このエキソサイトーシスは，細菌やアレルゲンなどのような異物に反応して始まる．(f) 侵入した酵母細胞（黄色）を飲込むマクロファージ（青色，疑似カラー表示の走査型電子顕微鏡写真）．マスト細胞やマクロファージは，異物の侵入に対しての防御システムを担う細胞である．

6・3　小胞が仲介する物質輸送

第5章では，膜で囲まれた小胞（輸送小胞）を使って，さまざまな分子が細胞内で運ばれることを紹介した．同じように，細胞の内側から細胞膜へ，あるいは逆に細胞膜から内側への物質輸送にも，膜小胞が使われている．

エキソサイトーシスは，小胞を細胞膜と融合させ，物質を外部へ放出するしくみである（図6・7a）．細胞外に出される物質は，まず，小胞体とゴルジ体のネットワークによって，輸送小胞内へと梱包される．つぎに，この輸送小胞が細胞膜近辺まで輸送され，小胞の膜の一部が細胞膜と接触し融合する．このとき，小胞の開口部が細胞の外側に向かって開くので，内腔の物質が放出される．ヒトを含め他の多くの動物で，このエキソサイトーシスのしくみを使い，シグナル伝達分子となる化合物が細胞から血液中へと放出されている．たとえば，私たちが甘い菓子を食べると，膵臓内の細胞がインスリンというホルモンをエキソサイトーシスによって放出する．インスリンは血流に乗って体内を回り，他の細胞にはたらきかけ，糖からできたグルコースを取込むようにするシグナルとなる．

エキソサイトーシスの逆の作用を**エンドサイトーシス**という．エンドサイトーシスでは，細胞膜の一部が内側に向かってくぼみ，袋状の構造をつくり，細胞外の液体，信号分子，粒子などを包み込む．その袋は，細胞内へ深く陥入し，やがて膜から切り離されて独立した細胞内の小胞となる．細胞外の成分が内腔に包まれた小胞である．エンドサイトーシスは，高い特異性をもち物質が選別される場合と，物質を選ばない非特異的な場合とがある．非特異的なエンドサイトーシスでは，細胞の周囲にあるすべての物質が，小胞内へ取囲まれ，やがて消化・吸収される（図6・7b）．**飲作用**（ピノサイトーシス）は非特異的なエンドサイトーシスの典型例で，細胞が周囲の液体をそのまま取込んで小胞とする．このとき，決まった細胞外の物質が集められているわけではなく，ど

んな溶質があろうと液体に溶けているものをすべて小胞内へ取入れることになる．

決まった種類の分子しか取込まないエンドサイトーシスもある．この場合，細胞膜は，どうやって物質を選別しているのだろうか．答えは受容体である．**受容体**とは，膜に存在し，細胞外の特定の物質とだけ結合するように特殊化した膜タンパク質である（図6・7c）．受容体が物質の表面構造を認識し，決まった種類の物質とだけ結合するので，この**受容体依存性エンドサイトーシス**では，受容体の種類によって，どのような物質を取込むかの特異性が決まる．たとえば，ヒトの細胞の多くが，受容体依存性エンドサイトーシスを使って，血液の中から，低密度のリポタンパク質（LDLとよばれる，コレステロールを含んだ粒子）だけを細胞内に取込むことができる．細胞膜表面にあるLDL受容体は，LDL粒子表面の特定のタンパク質（リポタンパク質）だけを認識して結合するからである．

食作用（ファゴサイトーシス）は，エンドサイトーシスの大型版である．細菌やウイルスなどのように，分子よりもかなり大きな粒子を小胞内に取込んで消化する（図6・7d, f）．感染から私たちを守る白血球は，そのような食作用を盛んに行っている細胞である．白血球は，細菌や酵母菌などを，そのまま丸ごと飲み込んで，消化吸収し，外部から体内に侵入した異物を取除いてい

る．LDL粒子だけを選びコレステロールを細胞内へ摂取するのと同じように，白血球の細胞表面には特殊な受容体があり，有害な微生物や異物を識別し，細胞内に取込むことができる．

6・4 細胞の間の多彩な結合

多細胞生物は多様な細胞や組織からなり，それぞれが特化した種々の役割を分担している．特化した細胞は，特有の化学的な性質，形状や細胞の構造をもっていて，効率が良い．細胞が種々のタスクを高効率で果たすことで，多細胞生物は外部環境の課題を解決し順応できるようになる．ただし大きな課題は，身体をいかに調和のとれた一つの細胞集団として，整然と機能させるかという点である．そのためには，細胞間の適切なコミュニケーションが大切である．この節では，細胞間にみられる結合について，まず紹介しよう．

どのような多細胞生物でも，細胞がばらばらに存在するわけではない．何らかの物理的な結合を互いにつくっている．なかには，細胞間で直接コミュニケーションができるように，密着し合ったものもある．このようなタンパク質でつくられた結合，細胞を固定したり，まとめたり，互いに結合している構造を一般に**細胞間結合**という．動物の細胞の場合，細胞の外側に粘着性の被膜をつくっていて，これを**細胞外マトリックス**（図6・8a）とよぶ．細胞外マトリックスは，細胞の固定，細胞間のつなぎ剤としてのはたらきをもち，細胞間結合を補助する役割を担う．脊椎動物の細胞間結合では，固着結合，密着結合（タイトジャンクション），ギャップ結合の3種類が知られている．

固着結合は，細胞の間を，あるいは，細胞と細胞外マトリックスの間をつなぎとめる構造である．いわば，タンパク質でつくられた留め金のような役目をするが，結合した細胞の間には他の物質が容易に入り込めるような隙間が残っている．心筋などのように，外からの強い力を受ける組織は，細胞間が固着結合によって連結しているものが多い（図6・8a参照）．

密着結合（図6・8a）も同じように二つの細胞をつなぐ構造である．細胞膜直下で線状に並んだタンパク質からできていて，そこから細胞外に伸びる部分が，細胞膜を貫通し隣接する細胞と強く結合している．密着結合は，糸で縫い合わせるように二つの細胞をつなぎとめる構造となる．密接な結合のため，他の物質が隙間に入り込んだり，あるいは，膜タンパク質が密着結合部分を飛び越えて他の場所に移動したりはできない．密着結合によってシート状に細胞が連結された組織は，分子を反対側へ通さない密封された袋や管のような構造をつくることができる．

ギャップ結合は，脊椎動物・無脊椎動物に共通し，最も一般的にみられる結合である．ギャップ結合では，タンパク質でできたトンネルで，隣接する細胞との隙間を飛び越して，二つの細胞質を直結する（図6・8a）．ギャップ結合で連結した細胞の間では，シグナル伝達を担う分子も含めて，イオンや小さな分子が，細胞の外に出ることなく，直接移動できるのが特徴である．電気的な信号も伝えることができ，心臓の細胞を互いに結合し，同調して収縮できるようにしている．無脊椎動物の神経細胞の間をつなぐ結合としても知られている．

植物細胞は，セルロースでできた分厚い細胞壁によって取囲まれているが，**原形質連絡**（プラスモデスム）とよばれるトンネルによって互いに連結している（図6・8b）．原形質連絡は，二つの植物細胞間の細胞壁を貫通するトンネルで，イオンや小さなタンパク質などの分子が直接移動できるようになっている．この点

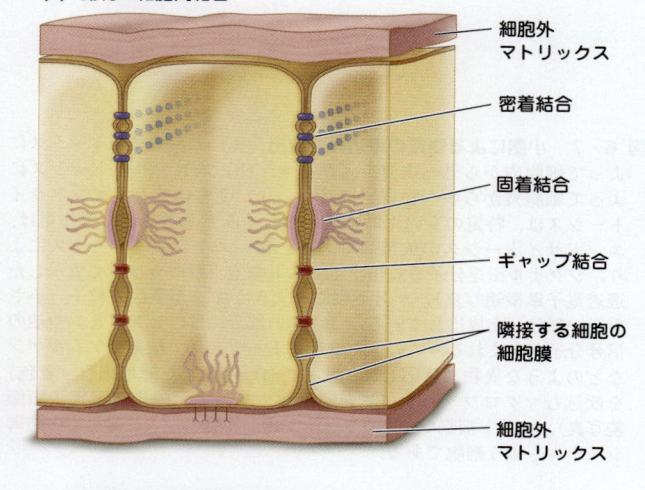

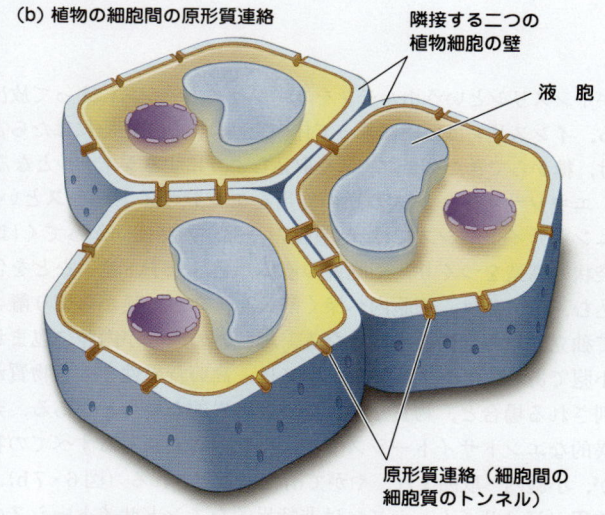

図6・8 **多細胞生物の細胞は，さまざまな方法で互いに連結する** (a) 動物細胞は，細胞外マトリックスを分泌し，また，3種類の方法で連結する．(b) 植物細胞は，原形質連絡によって相互に連結する．

で，動物のギャップ結合に機能のうえでは大変よく似ている．

6・5　細胞へ情報を伝えるシグナル伝達分子と受容体

イオンや分子による細胞間のシグナル伝達は，多くの多細胞生物に共通してみられる重要なしくみである．シグナル伝達では，まず，シグナルとなる物質（**シグナル伝達分子**）が，細胞から放出され，他の細胞へと運ばれることでシグナルの送信が行われる．放出されるシグナル物質は，イオンであったり，アミノ酸ぐらいの大きさの小さな分子であったり，タンパク質などのような大きな分子であったりする．対して，信号を受信する細胞では，細胞膜や細胞質内にある**受容体タンパク質**にシグナル分子が結合することで，情報の受信が成立する．そのような受容体をもった細胞を**標的細胞**という．したがって，信号を出す細胞，シグナル伝達分子，受容する標的細胞の三つの組合わせが重要な構成要素となる．この組合わせは多様で，一つの細胞から出るシグナルが，複数の異なるタイプの細胞で受容されることもあれば，一つの細胞が複数のシグナル伝達分子の標的であったりもする．シグナル伝達分子は短命なものが多く，数秒のうちに分解したり取除かれたりする．なかには長寿命のシグナル分子もあり，何日も体内で持続的に効果を発揮するものもある．

シグナル伝達機構の特徴は応答の特異性である．決まったイオンや分子だけがシグナルとして伝えられる．その特異性は受容体タンパク質が特定のシグナル分子にだけ結合できる性質をもつためである．受容体タンパク質は，標的細胞の細胞膜，あるいは，細胞質内のサイトソルや核などのような細胞小器官の内側にある．細胞膜表層の受容体の場合，シグナル伝達分子の結合は，**シグナル伝達経路**とよばれる別の化学反応を使って細胞質内へリレーされ情報が伝えられる．

細胞質内の受容体タンパク質に結合する場合，シグナル伝達分子は，細胞膜あるいは核膜などのような内膜を通過する必要がある（図6・9）．疎水性のリン脂質二重層を飛び越して拡散しなければならないので，このシグナル伝達分子は，疎水性の化合物であることが多い．受容体となるタンパク質が，標的細胞のどこにあるかは，外部から来たシグナル分子が，細胞の反応にどのように影響するか理解するうえで重要な第一のステップである．最近，細胞内のさまざまなタンパク質に光るタグをつけて追跡できるようにするという研究技術上の大発明があった．この方法で，細胞のシグナル伝達のしくみについて多くの重要なことが解明された（p.113"科学のツール"参照）．また，そのような研究から，シグナル伝達分子が，種々の細胞機能をコントロールする重要な役割を担っていることもわかってきた（下の一覧表参照）．

多細胞生物は多くのシグナル伝達機構を同時に使っている．なかには，伝達分子が数秒以内に標的細胞の応答をひき起こすような，敏速な反応もある．逆に，標的細胞に対して数時間という長い間，影響を与え続けるものもある．地区別の有料テレビ番組が加入者しか見られないように，シグナルのなかには，標的細胞の近くで放出され，狭い領域の細胞にだけ伝達されるものもある．一方で，衛生テレビ放送のように，身体全体に広く分散し信号が送られるものもある．遠く離れた細胞へ影響を及ぼすものもある一方，近隣の細胞にだけ伝わる信号もある．突然，手が熱いものに触れるとびっくりして引っ込めるであろう．これは神経細胞によって放出される神経伝達物質とよばれるシグナル分子を使った速い反応で，即効性のはたらきによるものである．もし，

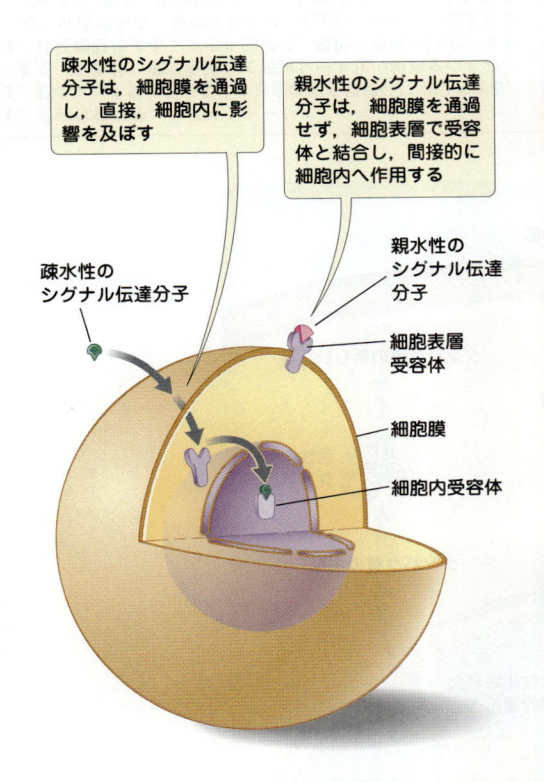

シグナル伝達分子の例			
分子の型	分子の名称	合成場所	機　能
動　物			
アミノ酸誘導体	アドレナリン	副　腎	貯蔵された糖の放出 心臓の心拍数増加
	チロキシン	甲状腺	代謝の亢進
コリン誘導体	アセチルコリン	神経細胞	神経から筋肉へのシグナル伝達
気　体	一酸化窒素	血管壁の内皮	血管壁の収縮を抑制（弛緩）
タンパク質	インスリン 神経成長因子 血小板由来成長因子	膵臓のβ細胞 神経組織 種々の細胞	細胞のグルコース摂取の促進 神経の成長促進と維持 細胞分裂の促進
ステロイド	プロゲステロン	卵　巣	子宮での胚の着床の準備 乳腺の発達
	テストステロン	精　巣	男性の二次性徴の発達促進
植　物			
アミノ酸誘導体	オーキシン	若葉と新芽（シュート）	根の発達促進 茎の伸張促進
気　体	エチレン	ほとんどの植物細胞	果実の成熟促進 茎の成長抑制 老化や落葉の促進

図6・9　シグナル伝達分子の受容体　細胞内にある受容体は，サイトソルや細胞核に存在し，細胞膜を通過してやってきた疎水性のシグナル伝達分子と結合する．細胞表層にある受容体は，細胞膜に埋め込まれ，外側を向いている膜タンパク質で，膜を通過できない親水性のシグナル伝達分子と結合する．

このシグナル伝達分子がゆっくりと反応していたら，手を引っ込めるのに，何分も，いや，何時間も経過し，大変なことになるであろう．神経を使ったシグナル伝達は，心筋細胞や骨格筋細胞など特定の細胞に向かって，神経伝達物質を放出する神経細胞を使ったもので，狭い領域の細胞だけを標的にしている典型的な例である．

遠く離れた所までシグナルを送る分子，ホルモン

あらゆる多細胞生物は，異なった種類の細胞や組織の間の活性を調節するときにホルモンを使う．神経細胞の出すシグナルが目標を限って狭い領域で短時間作用するのに対して，**ホルモン**は，体内の遠く離れた所まで到達し，一般に長く持続する効果をもつシグナル伝達分子である．なかには，アドレナリンのように，数秒以内で反応を誘発するようなものもあるが，ヒトの成長ホルモンは，ゆっくりと効果を発揮するシグナル伝達分子の例である．子どもの身長が伸びる時期，このホルモンが盛んにはたらいて，骨や他の組織の持続的な成長を支えている．もし，成長ホルモンが神経伝達物質と同じような速さで反応をひき起こすとしたら，おそらく，とんでもない別の意味の急成長をもたらすだろう．脊椎動物では，体内の一部の細胞によってホルモンが生産され，血液中に放出される．血流によって確実に，かつ敏速に身体全体に広く分散され，体の他の部分の標的細胞へと輸送される．植物もホルモンを使っている．血流の代わりに，生体細胞が並んでつくられたパイプ（師管）を使って，そこを循環する粘調な樹液に乗って，あるいは，死んだ細胞によってつくられる空洞パイプ（道管）のさらさらした溶液に乗って，運ばれる．

ステロイドホルモンは，細胞膜を通過できる

ステロイドホルモンは重要なシグナル伝達分子である．生殖器官の正常な発達を含め，多くの成長過程に不可欠である．すべてのステロイドホルモンは，コレステロールを材料にしてつくられる脂質の一種である（図4・17参照）．疎水性なので，標的細胞の膜の疎水性層を難なく通過し，サイトソル内へ入る．しかし，疎水性なので，そのままの形では血流に乗っては移動できない．血液中では，親水性のタンパク質にくるまれて移動する．このタンパク質との結合は，ステロイドの寿命を延ばす効果もあり，最高で数日間，血流に乗って移動し続け，遠く離れた所でも，隅々の標的細胞にまで，シグナルを伝える．

ステロイド分子が標的細胞に到着すると，細胞膜を通過し，サイトソル内の細胞内受容体と結合する（図6・10）．ステロイドホルモンと結合した受容体タンパク質複合体は，核の内側で最終標的となるDNAと相互作用する．細胞核内のDNAが，細胞に必要なすべてのタンパク質をつくるための指示を発信していることを思い出そう（第4，12章参照）．ステロイドと受容体の複合体は，特定の遺伝子に作用し，それらがコードするタンパク質の生産を促進する．たとえばヒトの場合，プロゲステロン（黄体ホルモン）は，子宮内の細胞を標的とし，子宮内膜が妊娠に備えるのに必要なタンパク質の遺伝子を活性化する．このようにステロイドホルモンは必要なタンパク質の生産を開始させたり，調節したりするものが多い．

すべてのシグナル伝達分子が，ステロイドと同じように細胞内に直接入るわけではない．小さなタンパク質，アミノ酸や脂肪酸からできた誘導体などのホルモンは親水性で細胞内には入れないので，細胞表層の受容体を経由して細胞内へシグナルを送る．

■ これまでの復習 ■

1. つぎの輸送機構のうち，運ばれるものに対して選択性が高いのはどちらか．飲作用，受容体依存性エンドサイトーシス．
2. 密着結合の役目は何か，述べよ．
3. 神経細胞によるシグナル伝達とホルモンによるシグナル伝達の間の大きな違いは何か，複数あげよ．

---

1. 受容体依存性エンドサイトーシス．
2. 隣あうふたつ細胞を結びつけ細胞膜裏面部分に密着させる．また，平坦状に細胞を並べて密で強いシート状の組織をつくる．
3. 神経細胞によるシグナル伝達は，標的の範囲が狭く，また高速である．（他の例）ホルモンによるシグナル伝達は，体内に広がり，標的細胞に持続的な反応を誘起する（数分から数時間の反応）．

図6・10に示す細胞のステロイドホルモンへの反応：

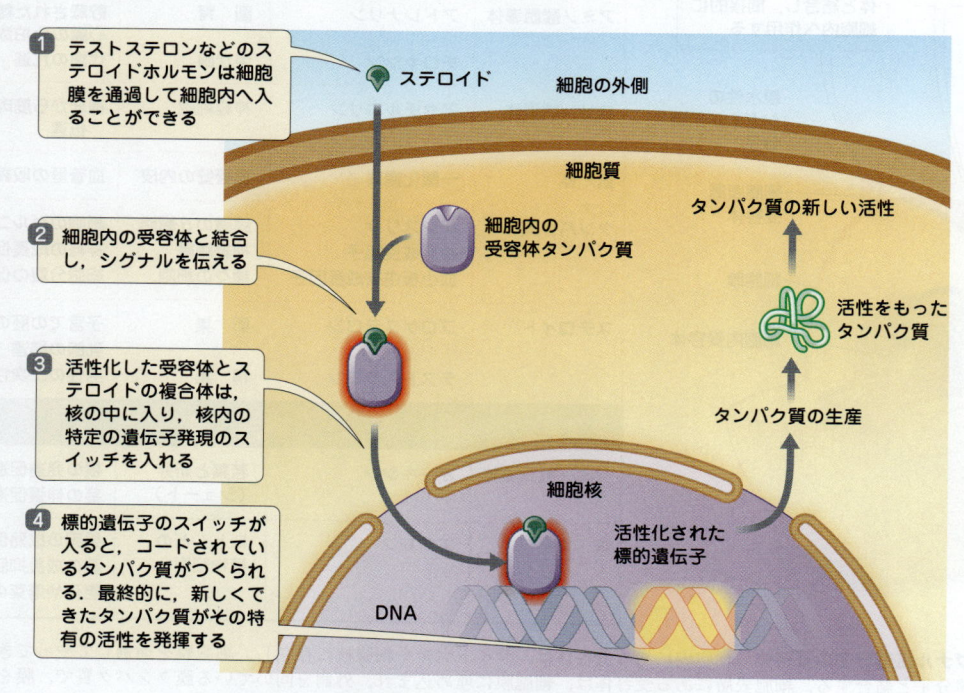

1. テストステロンなどのステロイドホルモンは細胞膜を通過して細胞内へ入ることができる
2. 細胞内の受容体と結合し，シグナルを伝える
3. 活性化した受容体とステロイドの複合体は，核の中に入り，核内の特定の遺伝子発現のスイッチを入れる
4. 標的遺伝子のスイッチが入ると，コードされているタンパク質がつくられる．最終的に，新しくできたタンパク質がその特有の活性を発揮する

図6・10　細胞のステロイドホルモンへの反応

学習したことの応用

さまざまな受容体

§6・3で学んだように，LDL粒子は，標的の細胞膜上のLDL受容体に結合した後で，受容体依存性エンドサイトーシスによって細胞内へ運ばれる．一般に，エンドサイトーシスでできた小胞は，リソソームによって脂肪酸，グリセロール，アミノ酸などのような構成要素へと分解されて，細胞内で再利用される．しかし，LDL受容体は分解されない．エンドサイトーシスされた小胞から回収され，細胞膜に戻され，他のLDL粒子と結合できるようにリサイクルされるからである．コレステロールを含む食品を多くとって，消化管からの吸収量が多すぎたり，肝臓による生産が多すぎたり，あるいは，体内の他の細胞での取込み量が少ないと，血液中のLDL値が高くなり，余ったコレステロールが動脈の内壁などに付着して，血管を狭くして，柔軟性を低下させる．そのため，血中コレステロールの量は，心臓病の発症率と深い関係がある．LDLと結合したコレステロールは，血流を妨げたり，遮蔽したりする"悪玉コレステロール"として有名である．

食べ物の好みやライフスタイルは血中コレステロールや心臓病に大きな影響を及ぼす．およそ1200万人の米国人が高い血中コレステロール値を示し，心臓病のリスクを抱えているが，ある程度はライフスタイルに原因があると考えられる．しかし，最近の研究により，コレステロールや他の脂質が消化器でどの程度吸収されるか，どれぐらいの量が肝臓で生産され，また，私たちが家族性高コレステロール血症（FH）のケースでみたように，どのようにコレステロールが血流から取除かれるか，遺伝子が非常に大きく影響することがわかってきた．

FHはそう多くはない病気である．北欧系米国人の約100万人に1人がホモ接合体（両親から遺伝子を引き継ぐ）で，約500人に1人がヘテロ接合体（片方の親からだけ遺伝子を引き継ぐ）である．血中コレステロール値の高い人の大半は，コレステロール

科学のツール

タンパク質に目印をつける

生きた細胞は，絶えず忙しく活動している．その活動を支える主役がタンパク質である．タンパク質は，互いに，また，細胞内の他の物質とも，絶えず相互作用を繰返し，あちらこちらへと細胞内を動き回る．また，合成されて新しくつくられるものもあれば，つぎつぎと分解されて消失するものもある．細胞には数千種もの異なる種類の酵素がある．これもタンパク質で，細胞内のあらゆるところで化学反応を促進する役割を担っている．タンパク質は，細胞の中でどのように動くのか，どのように他のものと相互作用したり，合成・分解されたりするのか，それを研究することで，細胞のしくみを解き明かし，また，がんなどの病気の治療に結びつくことが期待できる．

複雑に入り組んだ細胞の中にぎっしり詰まったタンパク質の動きを調べることは，容易ではないが，この10年で，その難題を解決する強力なツールが開発された．それは分子タグである．タンパク質に，その機能を損なうことなく，目印となるタグをつける．実は，このタグもまたタンパク質（蛍光タンパク質）で，外部から光で照らすと蛍光を放つ性質をもった特殊なものである［訳注：蛍光タンパク質は，クラゲの仲間から下村脩らによって発見され，Martin Chalfie, Roger Y. Tsienらによって，ここで紹介するツールとして完成した］．光るタンパク質は，そうでないものと容易に区別できるし，追跡もしやすい．

このタグをつけるという方法は，タンパク質の研究に非常に大きな柔軟性をもたらした．光る色の異なる複数のタグを使うこともできるし，状態によって色の変わるタグも開発された．研究者はタグの種類を選び，それを標的タンパク質に付着させて観察できる．これらのタンパク質が，いつつくられ，どこにいて，どこへ向かっているのかを観察でき，また，最終目的地にたどり着くのにどれぐらいかかるのか測定できるし，その間どんな他の分子と相互作用するのか，いつ分解されるのかもわかる．このツールによって，以前はわからなかった細胞内のタンパク質の挙動が明らかになってきた．

以下は，そのような観察の例である．細胞内の特定のタンパク質にタグをつけ，光で照らすことによってどこにあるかがわかる．つぎに，細胞の一部に非常に強烈な光を照射すると，タグが漂白されるのでそこだけ光らなくなる．その結果，タグをつけた他の光るタンパク質分子が，漂白された場所へとゆっくりと入り込んでくる様子が追跡可能となる．

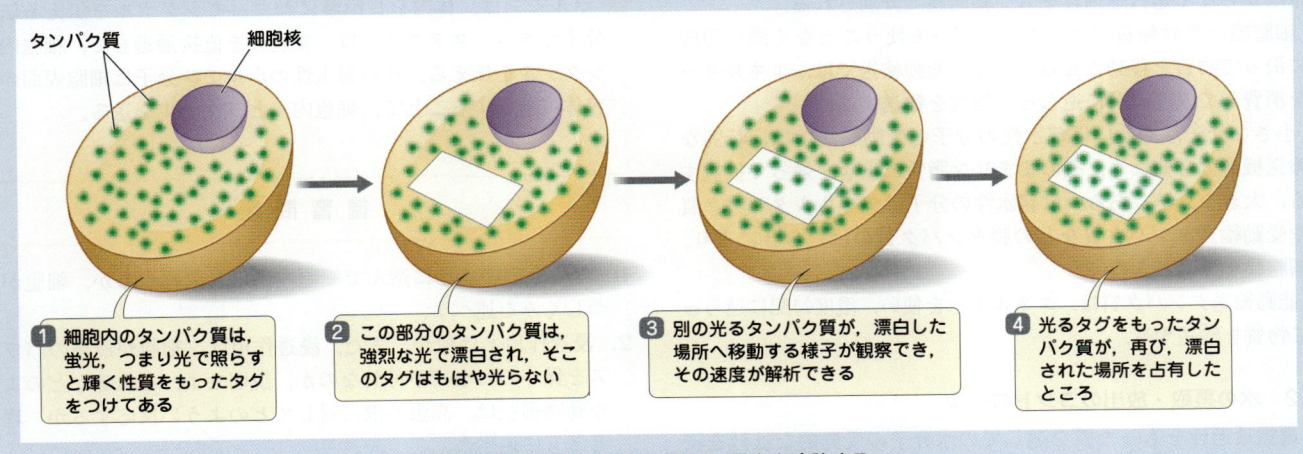

❶ 細胞内のタンパク質は，蛍光，つまり光で照らすと輝く性質をもったタグをつけてある

❷ この部分のタンパク質は，強烈な光で漂白され，そこのタグはもはや光らない

❸ 別の光るタンパク質が，漂白した場所へ移動する様子が観察でき，その速度が解析できる

❹ 光るタグをもったタンパク質が，再び，漂白された場所を占有したところ

光るタグをつけたタンパク質の動きを追跡する

の消化吸収を減少させるフィブラート系薬剤,あるいは肝臓によるコレステロール合成を抑えるスタチンなどの薬剤で治療することができる.しかし,これらの薬剤がほとんど効かない人もいて,これはおそらくLDL受容体の少ないケースであると考えられる.細胞表層のLDL受容体の研究報告から,LDL受容体の密度は,個人間で,また,民族間で大きな違いのあることがわかっている.FH患者や他の高コレステロール血症の人たちとは対照的に米国人の約1～2%の頻度で,細胞表面の受容体が異常に多い人がいることもわかった.彼らの細胞は,非常に効率良くコレステロールを取込んで,消化できるのであろう.このことで,どんなに特大型のベーコン三段重ねチーズバーガーを食べようが,コレステロールが原因となる病気にならない人がいることを説明できるかもしれない.

ライフスタイルを修正したり,コレステロールの吸収や生産を減らす薬剤を使ったりすることで,多くの命が救われている一方で,これらの方法はFH患者にはほとんど効果がない.しかし,遺伝子療法で成功している重篤なFH患者も報告されている.その例を紹介する.患者から肝細胞を取出して培養し,LDL受容体をコードする遺伝子をもった無害なウイルスに感染させる.すると,LDL受容体遺伝子が一部の肝細胞DNAの中にコピーされる.この肝細胞を患者の肝臓に戻すと,肝臓内で増え,うまくLDL粒子をエンドサイトーシスし,その結果,血中総コレステロールが20～30%下がるのである.

LDL受容体は,ヒトの体内の220種類の細胞がもつ,何百もある受容体の一つにすぎない.ほかにも多種多様な受容体タンパク質があり,私たちが視る,聞く,触れる,味わう,嗅ぐ,さらに,感動を体験したり,考えたり,記憶したりするのに役立っている.また,私たちの免疫システムで,自分の細胞と他の異質な侵入者を区別し,その異物をとらえて抹殺するのにも受容体タンパク質が役立っている.さらに,私たちの細胞の表面には,標識となるような受容体セットがあり,個々人の遺伝子コードの微妙な変化により,その受容体の構造に少しずつ差異が生じる.それが私たちの異なる個性,個人の違いの要因にもなっている.

章のまとめ

6・1 細胞膜は関門である.その関門の番人でもある
■ 細胞を出入りするものはすべて,膜タンパク質とリン脂質二重層からなる選択透過性をもつ細胞膜で分別される.
■ 細胞膜の受動輸送では,エネルギーを使うことなく濃度勾配に沿って物質を移動させる.一方,能動輸送では,エネルギーを消費して濃度勾配に逆らって物質を輸送する.
■ 小さな分子,あるいは疎水性の分子の受動輸送では,特別な輸送機構は必要なく,そのままリン脂質二重層を通って拡散する.大きな分子,あるいは親水性の分子はチャネルタンパク質や受動輸送タンパク質などの膜タンパク質のはたらきにより,細胞膜を通過できる.
■ 能動輸送タンパク質は,エネルギーを使い,濃度勾配に逆らって物質を輸送する.

6・2 水の摂取・放出のコントロール
■ 選択透過性をもった膜を通しての水分子の受動的な拡散を浸透作用という.水がどちらに移動するかは,細胞内とその周囲での相対的な溶質濃度・塩濃度の高低で決まる.低張液では,細胞に入る水の方が出るものより多い.高張液では,細胞から出ていく水の方が入るものより多い.等張液では,細胞に出入りする水の量は均衡している.
■ 浸透圧調節とは,能動的に水含有量のバランスをとる調節機構である.

6・3 小胞が仲介する物質輸送
■ エキソサイトーシスを使って,細胞は物質を運び出す.運び出す分子を含む小胞を,細胞膜と融合させて,内容物を細胞の外へと放出させる.
■ エンドサイトーシスによって,細胞は物質を運び入れる.細胞膜の一部を内側へ陥入させ,細胞外の物質をその中に取込みながら内側に向かって輸送小胞を形成する.
■ 飲作用とは,細胞が周囲の液体を取込むエンドサイトーシスをいう.受容体依存性エンドサイトーシスでは,細胞膜にある受容体タンパク質が,特定の物質を識別し結合することで,選択的な取込みが可能となる.食作用では,細胞膜が細菌などのような大きな物体を取囲み,それをまるごと飲み込む.

6・4 細胞の間の多彩な結合
■ 細胞間の結合によって,種類ごとに細胞が集まり,個体としての構造が安定化し,隣接する細胞間で情報が伝達できるようになる.
■ 動物の細胞は,タンパク質でできた細胞外マトリックスをつくって隣接する細胞の間をつなぐ.
■ 動物の細胞の細胞間結合には3種類ある.固着結合は,タンパク質でできた留め金である.細胞の間で,あるいは,細胞と細胞外のマトリックスとを連結する.密着結合は,細胞膜間を縫い合わせるような構造で,密封性の高い細胞シートをつくる.ギャップ結合は,細胞質の間をつなぎ,小さな分子が通れるようにするトンネルである.
■ 原形質連絡は,隣接する植物細胞をつなぐ細胞質のトンネルである.

6・5 細胞へ情報を伝えるシグナル伝達分子と受容体
■ シグナルを受取る標的の細胞は,シグナル伝達分子に選択的に結合する受容体タンパク質をもつ.
■ シグナルを送り出す細胞は,標的細胞の近くにいることもあれば,遠く離れていることもある.また,シグナルに速い応答をする場合もあれば,比較的遅い持続的な応答もある.
■ ホルモンは,体内を長距離にわたってシグナルを伝える伝達分子である.ステロイドは,細胞膜を直接通過して,細胞内へシグナルを伝える.他の親水性のホルモン分子は細胞表面の受容体に結合することで,細胞内へとシグナルを送る.

復習問題

1. 分子をどのように選んで細胞内に出し入れするか,細胞がもつしくみを述べよ.
2. 浸透作用とは何か.また,浸透作用は,細胞が最適のバランスを保つのになぜ不可欠なのか,説明せよ.赤血球などのような動物細胞は,高張の液に対してどのように反応するか,理由とともに述べよ.
3. エキソサイトーシスとエンドサイトーシスの違いを述べよ.また,受容体依存性エンドサイトーシスにおける受容体の役割

を述べよ．
4. 動物や植物の細胞の間をつなぐ構造を列挙せよ．
5. 細胞のシグナル伝達のしくみで，ゆっくりと反応するものと，敏速に反応するものと，その伝達経路の違いを述べよ．

重要な用語

細胞膜（p. 104）
膜の選択透過性（p. 104）
濃度勾配（p. 105）
受動輸送（p. 105）
能動輸送（p. 105）
拡　散（p. 105）
チャネルタンパク質（p. 105）
受動輸送タンパク質（p. 105）
能動輸送タンパク質（p. 106）
浸透作用（p. 107）
低　張（p. 108）
高　張（p. 108）
等　張（p. 108）
浸透圧調節（p. 108）
エキソサイトーシス（p. 109）
エンドサイトーシス（p. 109）
飲作用
　（ピノサイトーシス）（p. 109）

受容体（p. 110）
受容体依存性エンドサイトーシス（p. 110）
食作用
　（ファゴサイトーシス）（p.110）
細胞間結合（p. 110）
細胞外マトリックス（p. 110）
固着結合（p. 110）
密着結合（p. 110）
ギャップ結合（p. 134）
原形質連絡
　（プラスモデスム）（p. 110）
シグナル伝達分子（p. 111）
受容体タンパク質（p. 111）
標的細胞（p. 111）
シグナル伝達経路（p. 111）
ホルモン（p. 112）
ステロイドホルモン（p. 112）

章末問題

1. 細胞膜に含まれないものはどれか．
   (a) タンパク質
   (b) リン脂質
   (c) 受容体
   (d) 遺伝子
2. エネルギーが必要なものはどれか．
   (a) 拡散
   (b) 能動輸送
   (c) 浸透作用
   (d) 受動輸送
3. 細胞から水が出てゆくのは，どの液の中のときか．
   (a) 低張液
   (b) 等張液
   (c) 高張液
   (d) a〜cのどれでもない
4. 細胞から物質が外に出るのはどれか．
   (a) 飲作用（ピノサイトーシス）
   (b) 食作用（ファゴサイトーシス）
   (c) エンドサイトーシス
   (d) エキソサイトーシス
5. ヒトの胃壁の細胞にあるような密封したシートをつくる結合はどれか．
   (a) 固着結合
   (b) 密着結合
   (c) 原形質連絡
   (d) ギャップ結合
6. 動物の細胞間で直接，水や他の小さな分子を交換できるしくみはどれか．
   (a) ギャップ結合
   (b) アクチンフィラメント
   (c) 固着結合
   (d) 密着結合
7. 細胞間シグナル伝達に関係するものはどれか．
   (a) 受容体
   (b) シグナル伝達分子
   (c) 標的細胞
   (d) a〜cのすべて
8. シグナル伝達分子は，
   (a) すべてコレステロールから合成される．
   (b) 能動輸送タンパク質からつくられる．
   (c) 細胞のDNAにのみ作用する．
   (d) a〜cのどれでもない
9. 神経のシグナル（神経伝達物質）は，
   (a) 血流に乗って移動して標的細胞へ伝えられる．
   (b) 神経細胞の近くの標的細胞に作用を及ぼす．
   (c) 長く持続的な作用をひき起こす．
   (d) 疎水的な性質をもっている．
10. ステロイドホルモンは，
    (a) 細胞膜表面の受容体と結合する．
    (b) 能動的に細胞内へと輸送される．
    (c) 細胞内の受容体と結合する．
    (d) 親水性分子である．

ニュースの中の生物学

A Spicy Sidekick That May Transform Surgery

By Will Dunham

ピリッとした助っ人が外科手術を変える

トウガラシの成分を使った新しい麻酔法が，外科，歯科，出産での鎮痛対処法を改善できるとの報告が昨日あった．

現在使われている局所麻酔法では，痛みを感じる部分だけでなく，すべての神経細胞を感じなくさせ，一時的な麻痺状態となる…

しかし，今回，筋肉の動きや触感などの感覚に影響を及ぼさず，痛みを感じる神経細胞だけを標的にする麻酔方法が見つかった．

研究は実験用マウスで調べたものであるが，同じ方法は人間にも有効なはずであると，発表した研究者は解説している．

彼らがマウスに注射したのは，トウガラシの辛味成分であるカプサイシンと，一般的な局所麻酔薬であるリドカインの誘導体が入った混合液である．この二つの成分が同時にはたらくと，痛覚神経が発する"痛い"というシグナルが脳に伝えられなくなるという．

この麻酔剤を与えたマウスは，熱いヒーターの上にいても，手足がちくちくと傷む様子も見せず，平然としていた．この鎮痛作用は数時間持続した…

この方法は，抜歯などの歯科の処置，ひざの外科手術，分娩時の女性の痛みを緩和したり，もしかすると慢性的な痛みの緩和にも役立つかもしれないと考えられる．

神経細胞は，それぞれが感知すべき刺激の種類に応じて，どのようにそれに反応するか，複雑な分業化が進んでいる．細胞膜には多様な種類の受容体があり，それにより，神経細胞を活性化できるシグナル伝達分子の種類も決まる．シグナルの受容体やイオンの流れをコントロールする膜タンパク質は多くの神経細胞に共通してみられる．

このニュースで報じられた痛みを感知する神経細胞の受容体もそのような膜タンパク質の一つで，TRP受容体（trip受容体）とよばれている．TRP受容体は，さまざまな種類の刺激物質に反応する特徴があり，トウガラシの辛味成分であるカプサイシンだけでなく，ニンニク，カラシ，ワサビに含まれる化合物とも結合する．催涙ガスや毒グモのタランチュラがもつ毒物とさえ結合する．強い刺激の化学物質に対して受容体としてはたらくのに加えて，TRP受容体は，体に悪いほどの暑い温度や，皮膚や粘膜への損傷にも反応する．いずれの場合でも，シグナルとなる刺激分子の結合，あるいは，熱や損傷などによる受容体の活性化が，私たちの脳が激痛と判断するようなシグナル伝達を誘発するのである．

一方，カプサイシンは，トウガラシ（*Capsicum annuum*）にしか含まれない化学成分である．カプサイシンは，動物の痛み受容体のシグナル伝達をひき起こすので，防虫剤，殺虫剤，個人用防護スプレーなどに使われる．さらに船底にフジツボが付着しないようにする忌避効果のある塗料としても使われている．カプサイシンの刺激，つまりTRP受容体と結合するときに発生する感覚は，痛みとして我慢するだけでなく，辛い味覚として楽しむこともある．このカプサイシン受容体には，Ca^{2+}を通すイオンチャネルがあり，Ca^{2+}の流入をひき起こし，最終的に電気パルスを発生させる．この電気パルスを脳が受取ると，人の体験や好みにもよるが，不愉快で舌の焼けるような感じであったり，あるいは心地よく食欲をそそるような刺激的な味わいとして解釈される．

この記事にも書かれているが，一般の鎮痛剤は，痛みを伝える神経細胞だけではなく，あらゆる種類の神経細胞に区別なく作用して，電気的な活動を妨げる．そのため，すべての感覚が麻痺したように感じるのである．このニュースは，微量のカプサイシンを加えてTRP受容体を活性化させたうえで，QX-314という麻酔薬をはたらかせる新しい鎮痛方法を伝えている．QX-314はよく効く鎮痛剤で，脳内の痛覚にかかわる神経細胞のシグナル伝達をすべて妨害するが，それ自身は細胞膜を通過することはできない．カプサイシンは，QX-314が神経細胞へ入るのを助けるが，重要な点は，痛みを感知する神経細胞だけにはたらくことである．この研究で使われたマウスには，従来の麻酔薬にみられる一時的な副作用，つまり，無感覚，筋肉の麻痺，記憶障害は起こらなかった．なぜなら，痛覚にかかわらない神経細胞にはQX-314は入らず，麻酔作用が起こらないからである．

このニュースを考える

1. TRP受容体は細胞内受容体か．QX-314は疎水性分子，親水性分子のどちらか．理由とともに述べよ．

2. 米国人の約20％が，背骨の損傷から偏頭痛に至るような慢性的な痛みに苦しんでいる．この研究が，そのような痛みに苦しむ人たちに，どのように重要な意味をもつか，説明せよ．

出典：The Globe and Mail 紙，2007年10月4日

7 エネルギーと酵素

Main Message
生体はエネルギーを使って複雑な細胞内の秩序を生み出す．酵素は，その秩序をつくり維持するのに必要なさまざまな化学反応を促進する．

"アスピリンを2錠飲んで，朝になったら電話してください"

痛み，高熱や炎症を抑え，さらに心臓病やがんの治療にまで役立つ薬があると聞いたら，信じられるだろうか？信じられないかもしれないが，そのような薬が実在する．アスピリンである．アスピリンの効能成分であるサリチル酸は，何千年もの間，痛みを抑え，高熱を下げる物質として使われてきた．古代ギリシャの時代には，ヤナギの樹皮などから"天然のアスピリン"を得ていた．長い歴史があるにもかかわらず，サリチル酸がどのように作用し，なぜ，ヒトのさまざまな臓器に多様な効果があるのか，その解明は，今，始まったばかりである．

1899年，バイエル社（ドイツの製薬会社）が純度の高い安定したサリチル酸をつくり，それをアスピリンと名付けて売り出した．アスピリンはたちまち，世界中のどの薬局でも，どの病院でも使われる重要な薬となった．診療後に起こるかもしれない何らかの病気に対して2錠の服用を医者が勧めた，という冗談話が生まれるほどであった．最近の研究によれば，この話はけっして根拠のないものではない．アスピリンの効能は，すでにわかっている鎮痛や解熱だけではなく，それをはるかに超えるものであることがわかってきたからである．アスピリンを毎日，少量ずつ服用すれば，心臓病のリスクや高齢者の血栓などが減少することが，多くの研究からわかってきた．結腸がんになる率も低くなる．しかし，長期間のアスピリンの服用は，胃や腎臓の障害などの副作用をひき起こす．アスピリンの服用の恩恵を考え合わせると，いくつか不思議な点が出てくる．この薬は，どのようなしくみで効くのだろうか？この薬を改良し，副作用を減らしたものがつくれるだろうか？

これらの疑問に取組む前に，まず細胞の中の化学反応について，細胞がどのようにエネルギーを使い，酵素がどのように反応を促進するのかを理解しておく必要がある．この章で紹介するのは，複雑で精密に構築され，エネルギーを消費して，酵素の助けで進行する何千もの化学反応を行う，工場としての細胞である．酵素がはたらかなくなると，どのような大きな影響が出てくるのか，その例も紹介しよう．ヒトの体のように複雑な化学反応系でできている場合，その影響は，良い面や悪い面だけではなく，ある場合には混在した形で現れる．

アスピリン：今も多くの謎を秘める古くからの特効薬 ヤナギの樹皮や葉の細胞は，アスピリンの主要成分であるサリチル酸を合成している．この化合物は動物に毒性を示すので，ヤナギを植食性動物から保護する役割を果たす．しかし，少量ならば，解熱からがん予防まで有効な薬剤となる．古くから使用されてきた薬ではあるが，長期間の服用は強い副作用をひき起こす．

基本となる概念

- 生物はエネルギー変換と化学反応の物理法則に従う．
- ほとんどすべての生物にとって太陽が根源的なエネルギーの源である．光合成を行う生物は，太陽光から得たエネルギーを使い，二酸化炭素と水から糖を合成する．この糖を分解してエネルギーを得る．
- 生物の細胞内で起こる化学反応を代謝という．
- 酵素は細胞内の化学反応速度を促進するはたらきをもつ．
- 代謝経路は，複数のステップで進む一連の酵素による化学反応である．

生命の活動にはエネルギーが必要である．生物は，外からエネルギーを獲得し，それを利用して，細胞の構成成分となるさまざまな化学物質を合成している．

この過程は，何千もの複雑な化学反応からできていて，代謝と総称される．また，個々の化学反応は単独で行われるものは少なく，連続した反応系からできているものが多い．これを代謝経路とよぶ．生命にとって重要な巨大分子をつくったり分解したりする代謝経路や，そこで使われる化学物質は，あらゆる生物で共通なもの（あるいはよく似たもの）が使われている．

この章ではまず，生命系を維持する化学反応について，エネルギーが果たす役割を紹介する．さらに，化学反応を促進するように特殊化したタンパク質，酵素の役割を詳しく解説する．酵素がなければ，生命を維持するのに十分なスピードで生体内の化学反応を進めることができない．また，生物の代謝速度と寿命の長さとの関連についても考える．

7・1 生命系におけるエネルギー法則

細胞内の化学反応がどのようなものか考えることは，エネルギーの獲得とその利用法を考えることと同じである．あらゆる化学反応をエネルギーが後押ししているという考え方は，特に驚くべきことではない．本書でも，細胞膜を通過する物質の能動輸送などの例で，すでにみてきた現象でもある．燃料など，日常生活でふだん見るエネルギーも，生命が用いるエネルギーも普遍的な法則によって支配されている．それは，生物がエネルギーを燃料として使うという理由だけではなく，どのような化学反応であっても，どのような環境であっても，つぎに紹介する法則がすべての化学反応を支配するからである．

熱力学の法則が生命にも当てはまる

エネルギーと細胞活動との関係は，万物に当てはまる法則，熱力学の法則に支配されている．生命系にこの法則を当てはめることで，高度に秩序だった生命体，あるいは細胞がエネルギーなしには存在できない理由を説明できる．この法則によれば，細胞内で起こることはすべてエネルギーの転換とみなすことができる．たとえば，バラの木は，光のエネルギーを糖の化学エネルギーに転換し，大きく成長したり，芳香や花の色素を合成したりといった生命活動全般に使っている．しかし，つくった花の香り分子の化学エネルギーを使って糖をつくり出すことはできない．ホタルは糖の化学エネルギーを光エネルギーに変換して光の信号を出しながら，配偶相手の所へと飛んでゆく．しかし，その光のエネルギーを使ってDNAを複製することはない．これから詳細に紹介するように，熱力学の法則を理解すると，細胞内のどの化学反応がエネルギーを生み出す過程なのか，また，生み出されたエネルギーのうちの一定量は利用できず，必ず捨てなければならないことも，わかってくるであろう．

熱力学第一法則によると，エネルギーは新しく生成したり消滅したりすることはない．あるものから，別のものへと形を変えるだけである．電動ミキサーを使って，イチゴとバニラアイスクリームを混ぜてスムージーをつくるときのことを考えてみよう．ミキサーのモーターが，壁のコンセントから得られる電気エネルギーを**運動エネルギー**に変換する．その運動エネルギーを私たちはミキサーの刃の回転運動として確認できる．しかし，ここで電気エネルギーがなくなるわけでも，また，運動エネルギーがゼロから生み出されているわけでもない．電気エネルギーは，動いているミキサーの刃の運動エネルギーと，ミキサーが立てる騒音と，熱と（ミキサーを長時間作動させモーターケースを触るとわかる）に転換される．

鳥が飛ぶときの筋の運動を例に，細胞レベルでの熱力学第一法則を説明しよう．翼の筋が動くための運動エネルギーは，筋細胞内にある糖分子の化学エネルギーから供給される．化学エネルギーとは，化学物質として貯蔵されたエネルギーをさす一般的な名称である．筋の細胞は糖分子を分解し，そのときに放出されるエネルギーの一部を使って，高エネルギー分子，ATPを合成する．ATPに蓄えられた化学エネルギーの一部は，この分子がADPに変換されるときに放出され（図4・10参照），そのまた一部のエネルギーが，何百万もの筋のタンパク質繊維が滑り合う運動へと転換され，筋細胞を変形させる．この運動の過程を筋収縮とよぶ．翼につながった何百万という筋細胞が筋収縮する結果，翼全体が上下に往復運動する．つまり，翼を動かす運動エネルギーは，何もないところから生まれたものではない．糖やATPといった物質の化学エネルギーから，タンパク質の運動エネルギーへと，転換されて生じたのである．その結果，筋全体が収縮し，鳥は翼を羽ばたかせ空を飛べる．

熱力学第二法則は，エネルギーの使用や転換が，どのようにその他の世界，宇宙全体へと影響を及ぼすかを述べている．この法則によると，宇宙全体は，必ず秩序のない状態になる傾向にある．ある世界や系を考えたとき，どこか宇宙の別の場所から転換して得られるエネルギーを使い，秩序を維持する努力をしない限り，その世界が無秩序になる傾向は止められない．生物や細胞であれ，建物などであれ，一部であっても高いレベルの秩序をもつということは，それをつくり出し維持するためのエネルギーが，ほか

> ■ **役立つ知識** "熱力学"は物理学の言葉で，熱と運動（力学）を支配する物理法則を解き明かす学問分野である．熱は必ず温度の高い所から低い所へと移動する．これは生体内のあらゆる活動を支配する基本的な法則である．

ら獲得されたということを意味する（図7・1a）．エネルギーを使って，ある内部構造の秩序をつくり出すとき，それを取巻く周辺部全体では，その秩序が低下し，宇宙全体はより無秩序なものへと変化する．

第4章，第5章でみてきたように，たとえば，アミノ酸からタンパク質が構築されるなど，有機分子が高度に秩序をもった複合体へと組上げられて細胞がつくられる．細胞の緻密な構造や機能は，熱力学第二法則に従えば，常に無秩序な方向へと向かって変化することになる．この傾向を阻止するには，細胞はエネルギーを獲得し，蓄え，使い続けなければならない．熱力学第二法則が暗示することは多いが，その一つは，エネルギーを獲得，貯蔵，使用，転換するとき，けっして効率が100%にはならない点である．なぜならば，全体の秩序が必ず減少するからである．生物がエネルギーを転換するときには，その一部を熱（代謝熱）として消失する．言い換えると，生命は，内部の秩序をつくり出すために，熱エネルギーを絶えず環境に放出して，宇宙全体の秩序を失わせる方向へと向かわせることになる（図7・1b）．生物は通常，利用可能なエネルギーのうち，比較的少量のエネルギーしか活用できず，他の相当量のエネルギーを代謝熱として外に放出する．筋細胞の場合，糖分子の化学エネルギーをすべてATPの化学エネルギーへ転換することはできない．また，ATPの化学エネルギーの大半は熱に変わり，筋細胞内のタンパク質を動かすのはその一部である．大半のエネルギーは放出され，鳥の体温を上げたり，あるいは，朽ち果てた小屋を熱心に修理している人を暑がらせたりするかもしれない．最終的には，ATPによって放出されたエネルギーはすべて宇宙全体へと放散されて，ほんの少し，宇宙をさらに無秩序な方向に変える．

生物と環境のつながり：エネルギーと炭素の循環

細胞内の秩序を生み出すために使われるエネルギーの源は何だろうか？ 熱力学第一法則により，細胞は無からエネルギーを生み出すことはできないので，何らかの方法で，エネルギーを外から中へと運ばなければならない．光合成生物の場合，エネルギーを太陽光から得ている．光エネルギーを取込んで，そのエネルギーを使って二酸化炭素（CO_2）と水から糖をつくる．光エネルギーを糖分子の共有結合で蓄えられる化学エネルギーへと転換し

図7・1 **熱力学第二法則** システムの無秩序さは，ほかからエネルギーが注入されない限り，必ず増える傾向にある．(a) たとえば小屋は，管理されず放置されると，秩序ある状態から乱雑で朽ちた状態になるだろう．秩序や複雑な構造を維持するには，人の手による補修という形で，エネルギーの注入が必要となる．(b) 細胞も常に周囲からのエネルギーの注入がなければ，構造を維持することはできない．熱力学第二法則により，注入されたエネルギーの一部は，代謝熱として放出され，それによって周囲の宇宙全体では無秩序さを増すことになる．

ているのである．光合成を行えない生物は，他の生物を食べることで得られる糖や脂肪などの食物分子の化学エネルギーから，エネルギーを得ている．

生物圏では，エネルギーと物質，また，生産者と消費者の間には密接な関係がある．第1章で学習したように，生産者とは，自分の食物，つまり，エネルギー豊富な分子や糖をつくれる生物である．植物や光合成細菌などのように光合成を行う生物に相当し，これらの生物が太陽光エネルギーを食物へ転換させる．動物や菌類などの生物は，自分では食物をつくれない．他の生物を食べたり，死骸の栄養を吸収したりすることでエネルギーを得て，自分の体をつくらなければならない．細菌やアーキアのなかには，例外的に，火山岩に含まれている硫黄化合物などをエネルギー源として食物をつくるものもいる．しかし，地球の大半を占める重要な生産者は光合成生物である．つまり，ほとんどあらゆる生態系で，太陽が最も重要なエネルギーの源となっていることになる．

太陽のエネルギーは，生産者から消費者や分解者へと渡されていくが，熱力学第二法則に従い，あらゆる生命活動の結果，また，食物連鎖の段階を経るたびに，エネルギーは熱として失われていく．対照的に，生物にとって重要な有機物化合物をつくる炭素などの原子は失われることはない．生産者から消費者へと渡され，生態系の中の非生物的な成分（CO_2 ガスや死骸など）となった後で，再度，生産者へと循環される．その詳細をみてみよう．すべての生物は，生産者でも消費者でも，細胞呼吸によって食物分子を分解し，エネルギーを獲得する．細胞呼吸とは，食物として入手した有機物分子内の炭素-炭素間の結合を分解し，炭素原子を CO_2 ガスとして，周囲へ放出する過程である．

動物だけでなく，細菌や菌類などの分解者も同じように食物の分子を分解し，細胞呼吸によって CO_2 を放出する．これは，植物などの生産者でも同じで，光合成を行う葉などの細胞は光エネルギーから糖分子をつくるが，毎日の活動に必要なエネルギーは，必ず細胞呼吸を使い，これらの糖分子を分解することで獲得しなければならない．植物の根のように光合成を行わない部分は，もちろんエネルギー供給を細胞呼吸に依存している．

光合成を行う細胞の重要な役割は，環境から無機化合物としての CO_2 を取入れ，その炭素を生物の主要な成分である有機化合物として循環させるサイクルへと引き渡すことである．炭素原子は，大気中の CO_2 から，生産者によって糖や他の分子の形で取込まれ，再び，生産者や消費者が呼吸することによって CO_2 になって環境へと戻される（図7・2）．生命体と環境との間の元素の循環は炭素だけに限らない．しくみは異なるが，酸素，窒素やリンなど，生命体をつくるあらゆる元素でみられる（§24・4参照）．

■ **役立つ知識** ■ 呼吸という言葉は，少し混乱をひき起こすかもしれない．なぜならふだん，"口から息を吸ったり，吐いたりする"という意味で呼吸という言葉を使うからである．生命科学の分野では，細胞が O_2 を取込み，副産物として CO_2 を生み出す（その過程でエネルギーを得る）ことを広い意味の呼吸，または，細胞呼吸とよぶ．細胞呼吸については，第8章で詳細に紹介する．

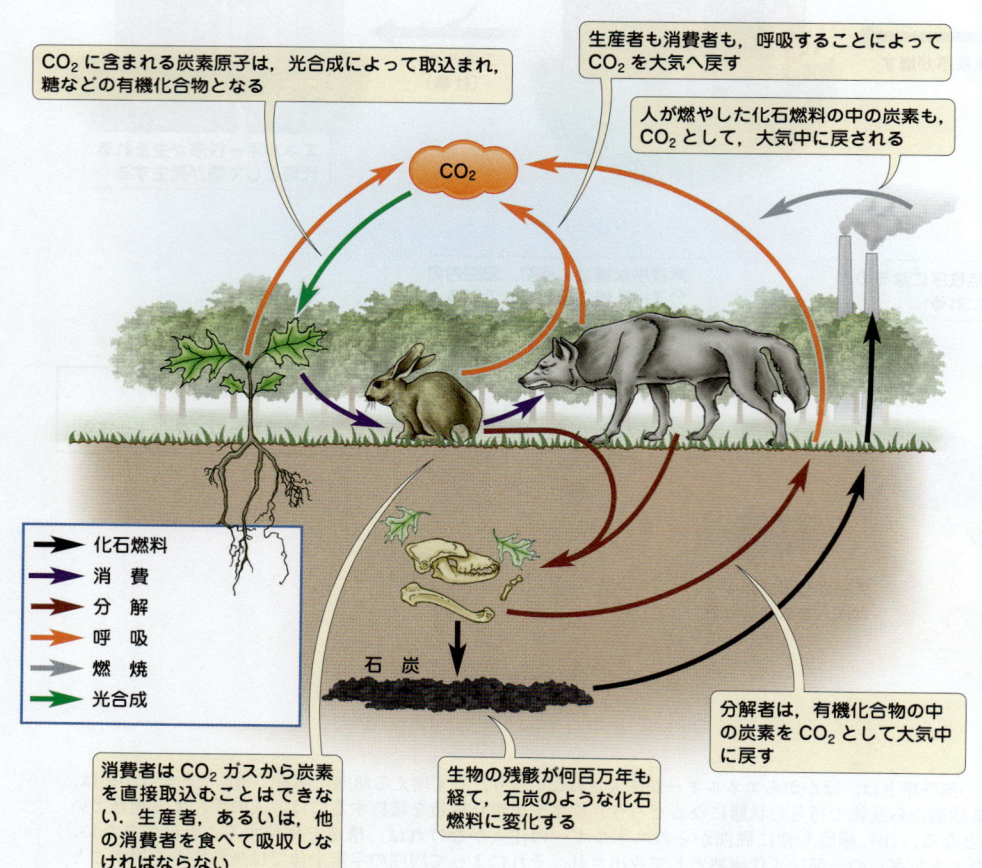

図 7・2 炭素循環 炭素原子は，生産者，消費者，環境の間を，異なる分子の構成成分となりながら，循環する．

科学のツール

燃焼式ボンベ熱量計

市販の食品につけられているラベルには，ほとんどすべてに，その食品が何カロリーあるか記載されている．たとえばポテトチップスの袋のラベルには，

栄養表示：
標準一食分：28 g（約 15 枚）
標準一食分のエネルギー：140 kcal
　　　　　　　　　　脂質：70 kcal

とある．この kcal とは何だろうか，また，ポテトチップス 15 枚が何 kcal というのは，どのようにして決めるのだろうか？

カロリーとは，熱エネルギー（熱量）を示す単位の一つである．1 カロリー（cal）は 1 g の水の温度を 1 度上げるエネルギーと化学の分野では定義する．1 kcal は 1 cal の 1000 倍，つまり，1 L（リットル）の水の温度を 1 度上昇させるのに必要なエネルギー量である．食品に含まれるカロリーは，たとえばポテトチップスを実際に燃やして発生する熱量を測定し，1 L の水を温めるのに必要な熱量とを比較して決める．

実際の測定では，食品の試料を，ボンベ熱量計とよばれる装置の中で燃焼する．装置は密閉容器（ボンベ）でできていて，その外側をさらに一定量の水を入れた別の密閉容器で囲んだ構造をしている．水の中に入れた温度計を使って，試料が燃やされる前後での温度上昇の差を調べる．温度差と水の量から，試料に含まれているエネルギー，または，総カロリー数を計算する．脂質のカロリー数は，試料から脂肪だけを抽出し，それを別に燃やすことによって決められる．

ボンベ熱量計は，食品試料に含まれるエネルギーを 100% 測定できるが，私たちの身体は 100% 効率的ではないので，実際に使うエネルギーは熱量計よりも少ない．ジュースやビール（1 缶，350 mL）など水分を多く含む飲料・食品は，すぐには燃やせない．そのような食品のエネルギー量を測定するときは，水分を蒸発させて，乾燥して残っているものだけを燃やす．そのような分析結果に基づいて，通常の 1 缶のジュースは 80～180 kcal，缶ビールは 146 kcal と記載される（栄養成分表上では kcal を Cal と大文字で表記することもある）．中ぐらいの大きさのバナナ（118 g）は 109 kcal，レタス（55 g）では 7 kcal しかない．

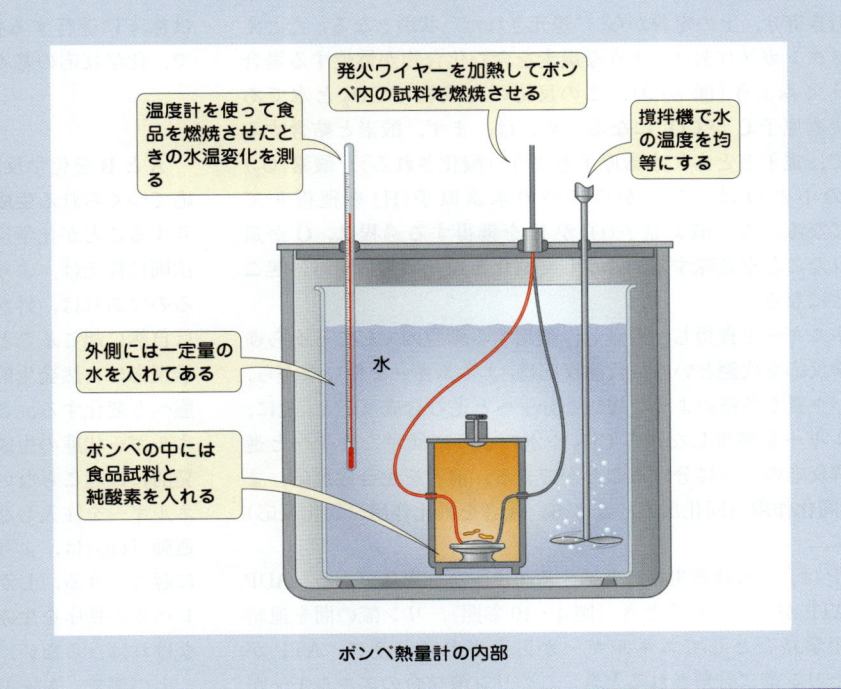

ボンベ熱量計の内部

7・2 食物の燃焼によって得るエネルギー

生物は，食物として得た化合物を，うまくコントロールしながら化学的に"燃焼"させ，CO_2 と水にまで分解し，その過程でエネルギーを獲得する．もし，糖のような食べ物を 1 回の単純な化学反応で CO_2 と水に変えようとすると，マッチで火をつけて燃焼させるのと同じで，私たちの身体は炎を上げて燃えるかもしれない．マッチの軸が燃えるときの化学反応式はつぎのように表現できる．

　木の中の炭素化合物（セルロースなど）＋ O_2
　　　　　→ CO_2 ＋ H_2O ＋ エネルギー（熱と光）

この燃焼反応は，私たちの細胞が食物の炭素化合物を処理するときに起こるものとよく似てはいるが，幸い，いくつか重要な違いがある．

マッチ軸が燃えるとき，エネルギーは一気に放出され熱と炎となって周りに分散する．細胞呼吸でも，結果的には同じ CO_2 と水を産生するが，エネルギーは必ず段階的な化学反応を経て徐々に放出される．それぞれの段階で放出されるエネルギーは少量で，ATP のようなエネルギー担体へと送り込むのにちょうど適した量となり，放出される化学エネルギーの一部が ATP の合成に使われる．この細胞内の燃焼でも，必ず熱が一緒に発生するが，代謝経路で多くの段階を経るたびに少しずつ小分けされるので，突然，温度が急上昇して，細胞が燃え出すことはない．この食物分子の代謝による"燃焼"はつぎのように表すことができる．

　食物の中の炭素化合物＋ O_2
　　　　　→ CO_2 ＋ H_2O ＋ エネルギー（熱と ATP の化学エネルギー）

酸化還元反応によって食物からエネルギーを取出す

光合成や細胞呼吸などの代謝経路は，段階的に起こる一連の化学反応からなり，そのとき分子や原子の間で，頻繁に電子のやりとりが起こっている．分子，原子，あるいはイオンが電子を失うことを**酸化**，逆に，電子を獲得することを**還元**という．電子を一方が失えば必ず他が獲得することになるので，二つの反応は常に組になって同時に起こり，この 1 組の反応過程を**酸化還元反応**とよぶ．

この"酸化＝電子を失うこと"という定義は現代風のもので，酸化という用語は19世紀的な定義，"酸素が，原子や分子に加わること"に由来している．酸素は，他の原子や分子から電子を引き離す力が強く，強力な酸化剤である．この点で，上の酸化の二つの定義は，ほぼ同じ意味をもつ場合が多い．鉄(Fe)は，酸素(O_2)と結合して，私たちが鉄サビ(Fe_2O_3)とよぶ赤い物質となる．酸素原子は電子を引き寄せる力が強く，鉄から3個の電子を引き寄せるので，この化合物がつくられる．このFe原子が酸化された状態を，酸化型の鉄という．対照的なのは水素原子である．炭素や酸素などと共有結合している水素原子は，パートナーとなる他の原子によって電子を引き離されるので，電子を失った状態となりやすい．逆に，水素原子と結合した原子や分子は，電子を引き寄せ，上の定義から，"還元された"状態となる．たとえば，メタンガス(CH_4)のような炭素を含む化合物が燃焼する場合を考えてみよう（図7・3）．この反応の生成物はCO_2と水である．炭素原子CがCO_2になるためには，まず，酸素と結合することで，電子とともに水素原子を失う（酸化される）．酸素(O_2)分子の中のOは，CH_4から二つの水素原子(H)を獲得してH_2Oになる．この酸素原子(O)がHを獲得する過程は，Oが還元されたことを意味する．こうして酸化と還元は常に同時に起こることになる．

　エネルギーを獲得し，貯蔵し，使用する細胞内で起こるあらゆる化学反応を**代謝**という．代謝反応は，エネルギーを使いながら，タンパク質や多糖のような複雑な分子へと進む合成反応と，逆に，エネルギーを獲得しながらCO_2や水のように簡単な分子へと進む分解反応の二つに分けることができる．前者を**生合成反応**，または，**同化作用**（同化反応）とよぶ．後者を**異化作用**（異化反応）とよぶ．

　ATPは，あらゆる生物に共通するエネルギー担体である．ADPからATPがつくられるとき（図4・10参照），リン酸の間を連結する化学結合としてエネルギーが貯蔵される．逆に，ATPがADPとリン酸に分解されるとき，このリン酸結合のエネルギーが放出され，そのエネルギーを細胞が利用する（図7・4）．ATPを絶えず生産し続けることは，人体にとっても最優先の重要事項である．万が一，その生産がストップしたら，細胞は内部に蓄えていたATPすべてを約1分間で使い果たしてしまうだろう．

　細胞内外，あるいは，細胞内での分子やイオンの輸送，筋細胞が収縮するときの力発生など，細胞の多種多様な活動に，ATPのエネルギーが使われる．さらに，生合成反応のエネルギー源としても使われる．代謝反応の二つの過程，食物からエネルギーを放出させてATPとして蓄える異化作用の経路と，エネルギーを消費しながら単純なものから複雑で巨大な分子をつくる逆の同化作用の経路（生合成反応）は，生物の細胞の中で密接に連係し合い，しっかりと制御されている．一つの反応がエネルギーを供給し，別の一つの化学反応をひき起こすような連係した一組の反応を，**共役反応**とよぶ．

熱力学の法則に従う化学反応

　物質が燃焼するほどの大きなエネルギー変化を，細胞はどうやって扱いやすい小さなステップへと変えるのだろうか？ 答えは徐々に進行する代謝の反応にある．つぎに示すような一般例で，化学反応の基本的な原理を復習してみよう．

$$A + B \rightarrow C + D$$

　AとBを化学反応前の物質，**反応物**という．CとDは化学反応でつくられる**生成物**である．化学結合をつくったり再編成したりすることが化学反応である点を思い出してほしい．熱力学第二法則に従えば，より無秩序で，よりエネルギーの低い状態に変わるのであれば，外からのエネルギー供給を必要とせずに化学反応は自然に起こることになる．つまり，エネルギーがなくても，化学反応は自然発生的に進み，より無秩序で，エネルギーの低い状態へと変化する．これを逆の見方をしよう．反応物よりも高いエネルギー状態の生成物をつくり出すとき，その変化はけっして自発的には起こらないことになる．反応を進めるには必ず外からエネルギーを注入しなければならない．たとえると坂を下るような運動（反応）は，より無秩序になりつつ，外からの助けなしに容易に起こりうる．しかし，坂を上るような運動（反応）は，より高いレベルの秩序を生み出し，反応を進めるにはエネルギーを消費しなければならない．

　上の例で，A＋Bが，C＋Dよりも総エネルギーが高い場合，熱力学第二法則により，外部からのエネルギーなしに，AとBは自発的にCとDに変化できる．しかし，化学反応が進むうえで重要なもう一つの基本ルールがある．AとBがあれば，いつも決まって，目に見える速度で反応が進むかというと，そうではない．熱力学第二法則は，エネルギーなしで反応が進むことを予測しているが，反応が進むスピードについて，あるいは，本当にその反応が起こるのかどうかについては，何も伝えてはいない．では，

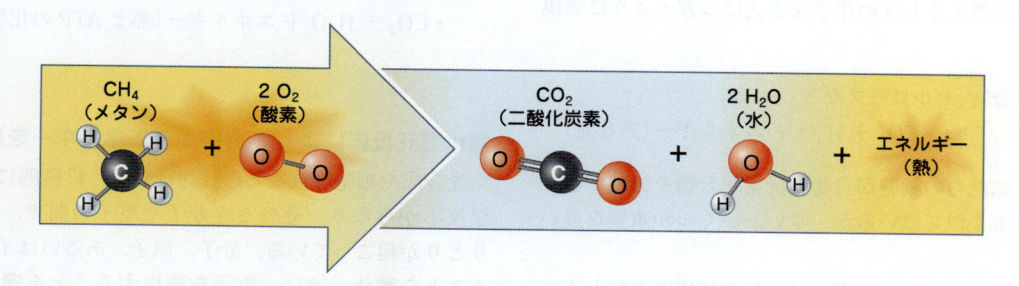

図7・3　メタンの燃焼は，酸化還元反応である　電子を失うとともに酸素原子を獲得し，逆に電子を得るとともに水素原子を獲得する典型的な酸化還元反応の例．それぞれの炭素原子(C)は電子を奪われ（酸化され）て，二酸化炭素(CO_2)となり，酸素原子(O)は電子と水素原子(H)を獲得し（還元され）て，水(H_2O)となる．他の燃焼反応と同じように，エネルギーは熱の形で放出される．

原子や分子が反応するには，エネルギーのほかに何が必要なのだろうか？ AとBとが化学反応するためには，まず，二つがぶつからなければならない．化学結合の再配列が起こるぐらいに十分高い頻度で，速く，正しい方向に衝突しなければならない．この条件が，反応を進めるために乗り越えなければならない一種のエネルギー障壁となる．原子や分子はこの障壁を克服して初めて，化学反応できるようになる．エネルギー障壁を乗り越えさせる方法の一つは，エネルギーを使って原子や分子をもっと速く移動させ，高い頻度でぶつかるようにすることである．そのように障壁を乗り越えて反応をひき起こす最小エネルギーを，**活性化エネルギー**とよぶ．原子や分子が，十分に高い活性化エネルギーを得て，障壁を乗り越える割合が大きくなればなるほど，化学反応はより速く進むようになる．

一般に，温度を上げると活性化エネルギーの障壁を越えて反応が進みやすくなる．これは，温度が高くなればなるほど，原子や分子がより速く移動するようになり，その結果，より多くの原子や分子が衝突しやすくなるためである．マッチは，ふつうの室温では自然に火がつくことはない．なぜなら，マッチの成分は，反応が進むためのエネルギー障壁が高く，大気中の酸素分子とはほとんど反応できないからである．しかし，マッチの頭をざらざらした面で摩擦し，温度を少し上昇させると，マッチの化学物質が酸素と反応し燃焼が開始するのに十分な活性化エネルギーが与えられる．

■ **これまでの復習** ■

1. 代謝とは何か．
2. マッチに含まれる炭素化合物の燃焼と，食物分子を燃やす代謝を比較せよ．
3. 活性化エネルギーとは何か．

---

1. エネルギーを吸収して成長し，繁殖し，活動する，生きた細胞内で起こっている一連の化学反応．
2. 両方とも CO_2，H_2Oとエネルギー（熱）を生成する．燃料がまず，一気に酸化還元反応が進み，熱が放出される．食物の中で反応が起こる段階では，エネルギーは化学エネルギー（ATP）の形の化学結合で，段階的に放出される．
3. 化学反応を進めるための障壁を克服するために必要な最小のエネルギー．

7・3 細胞は酵素を使って化学反応をスピードアップする

細胞内で行われる化学反応は，どのようにして活性化エネルギーの障壁を克服するのだろうか．温度を上げて活性化エネルギーを得ることは，ほとんどの場合，うまい解決策ではない．なぜなら，高温は無差別にあらゆる化学反応を促進させるからである．細胞は，化学反応が決まった時間に決まった順番で進行するように，細かくコントロールしなければならない．細胞の中では，生命維持活動に不可欠なタンパク質分子，酵素が化学反応の活性化エネルギーの障壁を下げるはたらきをする．

酵素による化学反応の促進

化学反応の際に，それ自身が変化することなく，反応をスピードアップするはたらきをもつ化学物質を**触媒**という．**酵素**は生物がつくる触媒である．熱が原子や分子のエネルギーを高めて，活性化の障壁を超えさせるのに対して，触媒はエネルギー障壁を低くして，化学反応が進むようにする．その結果，より多くの反応物がエネルギー障壁を超えやすくなり，加熱なしでも化学反応が進むようになる．

触媒の重要な特徴は，化学反応が起こった後も，それ自身は化学的に変化しない点である．そのため，酵素分子は繰返し同じ反応に再利用でき，比較的少量の酵素分子があれば，反応を触媒するのに十分である．私たちの体の細胞の中には，数千種類もの酵素がある．それらは大小さまざまなタンパク質，あるいは複数のタンパク質が集合してつくられる複合体である．酵素の特徴は，1種類の化学反応か，または，非常に似通ったわずかな種類の化学反応しか触媒しない点である．これを化学反応に対する"特異性が高い"という．

酵素は，決まった反応物とだけ結合し，その中の化学結合にひずみを与えて，化学反応が進み，生成物をつくりやすいようにすることで，化学反応の活性化障壁を下げる．酵素が結合する反応物を**基質**という．基質は，化学結合の形成や破壊が促進されるように決まった向きで酵素と結合する．酵素側には，基質とだけ結合するポケットのような構造があり，これを酵素の活性部位とよぶ．活性部位のポケットの大きさ，形状，電荷，疎水性・親水性などの化学的性質が，どの反応物と選択的に結合できるかを決める．この選択性を酵素の**基質特異性**という．各酵素は，必要なときに，特定の反応物と決まった方向に結合して，決まった化学反応だけを専門に触媒する．細胞内で起こりうる何千もの化学反応

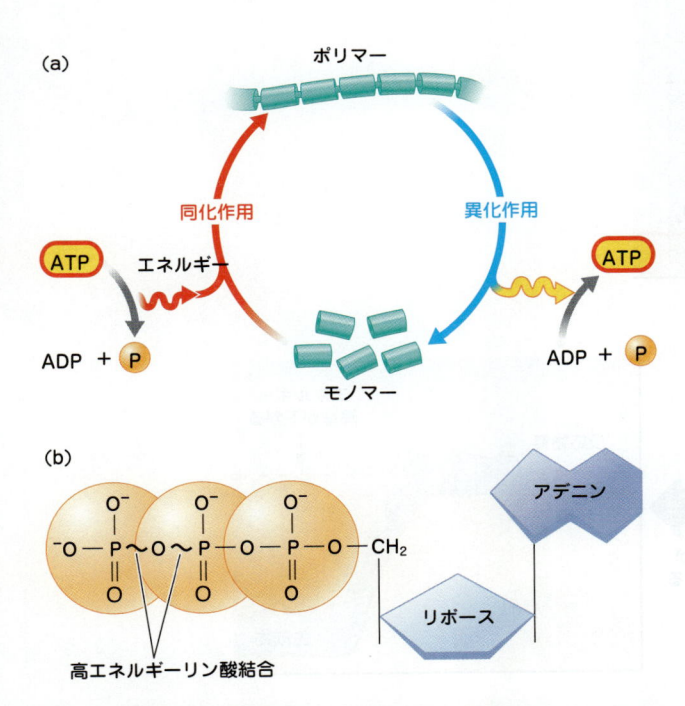

図 7・4 代謝経路におけるエネルギーの供給と利用 (a) 代謝経路は同化作用と異化作用の二つに分かれる．同化作用とは，生物にとって重要な巨大分子を簡単な物質からつくる代謝経路である．必要なエネルギーはATPなどのエネルギー担体から供給される．異化作用とは，巨大分子を分解する過程で，エネルギーを放出し，その一部がATPの合成に使われる．(b) アデノシン三リン酸（ATP）は，すべての細胞内でエネルギー貯蔵分子としての役目を果たす，最も普遍的に使われているエネルギー担体である．ATPはヌクレオチドの一つで，塩基（アデニン），五炭糖（リボース）と三つのリン酸（橙色の部分）からなる．3番目のリン酸結合が切断され，ATPがADPに変わるとき，エネルギーが放出される．

それぞれに決まった酵素があり，一つの酵素は，一つだけの反応，あるいは，複数あっても2～3種類の化学反応しか触媒しない．

重要な点をまとめよう．酵素は，それなしでも本来は進むはずの化学反応の速度を，単に早めるだけである．化学反応を遅くしているエネルギー障壁を下げる（図7・5）ことが酵素のはたらきであり，熱力学的に上り坂となる化学反応，つまり反応物よりも高いエネルギー状態の生成物をつくり出すために，エネルギーを供給するわけではない．また，酵素はけっして変化しないので，酵素分子は繰返して何回も利用されるのも特徴である．少量の酵素があれば，何千もの基質分子から1秒以下の短時間で生成物をつくることもできる．

CO_2 を取除く酵素

細胞呼吸の結果，私たちは食物分子からエネルギーを取出せるが，その副産物として CO_2 がつくられる．過剰な CO_2 は私たちの細胞にとって猛毒なので，身体の組織から速やかに取除く必要がある．炭酸脱水酵素（カルボニックアンヒドラーゼ）という酵素がそのはたらきをする．この酵素は，CO_2 と水から炭酸水素イオン（HCO_3^-）とよばれるイオンをつくる反応をスピードアップして，CO_2 を血液に素早く溶けさせるはたらきをする．

■ **役立つ知識** ■ 酵素の名前，カルボニックアンヒドラーゼ（炭酸脱水酵素）は，元の英語名 carbonic anhydrase をカタカナにしたものである．carbonic（カルボニック）は"炭酸の"，an- は"取去る"，hydra- は"水"の意味になる．炭酸から水を取去って CO_2 にしたり，その逆反応を触媒する酵素の名称である．最後の -ase の読み方（アーゼ）は，日本の医学・生命科学の分野の特徴で，ドイツ語読みで酵素名をよぶ旧来の習慣からきている．カタラーゼ，アミラーゼなど，多くの酵素名がこのようなドイツ語的な名称になっている．

$$H_2O + CO_2 \xrightarrow{\text{炭酸脱水酵素}} HCO_3^- + H^+$$

血液に溶けて体内を循環する HCO_3^- はやがて肺に運ばれ，肺で再び，同じ酵素のはたらきで CO_2 へと変換される．そこで放出された CO_2 は，もはや血液に溶けにくくなり，すみやかに CO_2 ガスとして肺胞へと放出され，息を吐くときに吐き出される．

炭酸脱水酵素は，水と CO_2 の化学反応を 1000 万倍もスピードアップすることで，私たちの身体が適切な状態で機能できるようにしている．酵素としてのはたらきを示す好例であろう．1個の炭酸脱水酵素分子は1秒間に 10,000 個以上の CO_2 分子を処理する能力をもつ．この酵素がなければ，CO_2 と水とは非常にゆっく

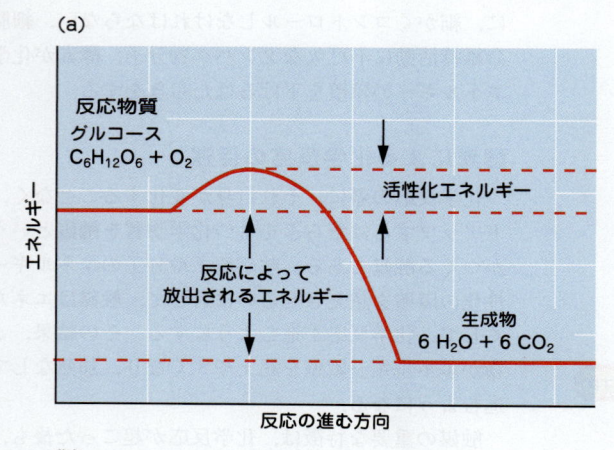

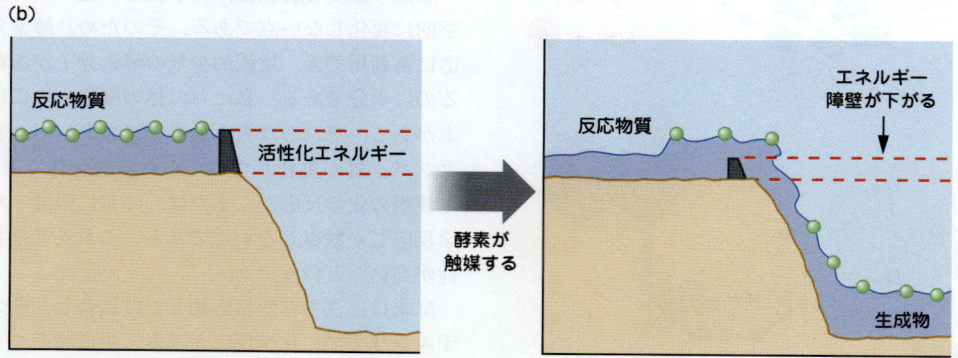

図 7・5 酵素は活性化エネルギーを小さくし，化学反応をスピードアップする　(a) 赤い線が示すように，グルコースと酸素のエネルギーは，反応生成物（CO_2 と水）よりも高いレベルにある．そのためグルコースはゆっくりとではあるが，自然に酸化される傾向にある．しかし室温では，グルコースと酸素が十分に速いスピードで衝突することはなく，目に見えるような速さで反応が進むことはない．反応が始まるために必要な最小限のエネルギーを，反応の活性化エネルギーとよぶ．この活性化エネルギーは生成物が形成される過程で放出されるエネルギーによって帳消しにされ，さらに多くのエネルギーを発生しながら低いエネルギーレベルの CO_2 と水へと反応は進む．(b) 酵素は，反応を始めるのに必要な活性化エネルギーを小さくすることで，特定の化学反応を触媒する．この図では，反応物はダムに蓄えられた水にたとえて表現されている．左の図では，エネルギー障壁となるダムの高さが高いので，波（熱運動によって反応物に多少のエネルギー高低差があることを示す）の大半は下に落ちることはない．しかしダムが低くなると，右側の図のように，多くの波が障壁を超えて下へと流れ，生成物がつくられる．酵素のはたらきも同じである．活性化エネルギーの障壁を下げ，反応物が容易に正しい向きで反応し，生成物をつくるようにし向けるのである．

りとしか反応できず，また，CO_2 ガスは血液に多くは溶けないので，身体から CO_2 を取除くことが困難になり，生きられない．

酵素の形が活性を決める

酵素と基質は，両方の立体構造により特異的に結合する．酵素の**活性部位**のポケットと結合する基質分子は鍵穴と鍵との関係にあり，鍵穴がぴったり合う鍵だけを受けつけるように，それぞれの酵素は，ちょうど合致する立体的な形と化学的性質をもつ基質しか受入れないようになっている（図 7・6 a）．また，基質の結合する活性部位の構造がしなやかに変形することもでき，基質分子の結合で，酵素にさらにうまくフィットできるようになると考えられている．このような酵素の変形を**誘導適合モデル**とよぶ．

このモデルによると，基質が酵素の活性部位に結合すると，活性部位がわずかに構造変化して，基質の周囲を取巻くような形になると予測されている．これは，たとえば，毛糸でできた柔らかい手袋をつけると，それがちょうど手の形になじんで形を変えることに似ている．酵素の活性部位が変形して，しっかりと正確に基質分子を包むようになるしくみで，酵素-基質間の結合が安定化し，触媒反応が進みやすくなる．

炭酸脱水酵素の活性部位も，CO_2 と水の両方とが結合しやすい形になっていて，二つの基質が活性部位に正しく結合することで，化学反応が促進される（図 7・6 b）．酵素がないと，二つの基質が正しい方向で衝突しなければ，反応は進まない．実際，そうした衝突は確かに起こるが，低頻度で，CO_2 を細胞から血液へと絶えず輸送するのには十分ではない．

代謝経路: 一連の化学反応

ここまで，酵素がどのように化学反応を促進するかについて論じてきた．しかし，酵素反応が細胞の中で単独で起こる例は少なく，複数の酵素が**代謝経路**とよばれる段階的に起こる一連の化学反応を触媒している．

代謝経路が複数の段階的な化学反応からなる場合，そこで使う酵素群を近くに配置しておくと，ある酵素がつくった生成物を，次の反応のための反応物質としてすぐに活用できるので，反応を迅速に効率良く進めるうえで大変都合が良い．多段階の化学反応からなる代謝経路全体で，ある特定の最終生成物を産出するしくみとして機能するのである．一連の化学反応経路は，一般に以下のように書き表すことができる．

$$A \xrightarrow{E_1} B \xrightarrow{E_2} C \xrightarrow{E_3} D$$

酵素 E_1 は A から B への転換を，酵素 E_2 は B から C への転換を，酵素 E_3 は C から D への反応を触媒しており，代謝経路全体で A から最終生成物 D をつくる．アミノ酸やヌクレオチドなど，重要な化学物質を合成するときに，このような代謝経路が使われている．食物や太陽光から得られるエネルギーを利用する代謝経路も，同じように，多くの段階からなる連鎖反応である．

酵素の触媒反応が効率良く進むには，酵素とその特定の基質が，十分高い頻度で出会うことが必要である．上の代謝経路の場合，酵素群を互いに接近して配置することが，一つの解決策である．酵素とその基質が出会う確率を高めるもう一つの方法は，ミトコンドリアなどのように膜で両者を囲み込んで，限られた区画内部で高濃度にすることである（図 7・7）．第 5 章で学んだように，細胞小器官は，酵素となるタンパク質と基質化合物を内部に密に濃縮し，特定の化学反応が効率良く進ませる場としての重要な役割をもつ．ミトコンドリアは，細胞が必要とする ATP の大部分をつくり出す重要な細胞小器官で，食物の分子を酸化し，その過程で ATP を産生する．ATP 合成を行ううえで，ミトコンドリアの内部で酵素と基質が高濃度に集まっている方が効率が良い．ミトコンドリアのマトリックス（内膜の内側，第 5 章参照）には，食物分子を酸化する一連の化学反応に関与する酵素群があり，さらにミトコンドリアの内膜には，酸化還元反応と ATP の合成にかかわる他の酵素群が配列している．

脂肪酸やタンパク質など細胞の重要な構成部品をつくる合成反応経路では，複数の酵素が物理的に結合して一つの大きな巨大な複合体をつくり（図 7・7），その中で個々の酵素が役割を分担しているものもある．

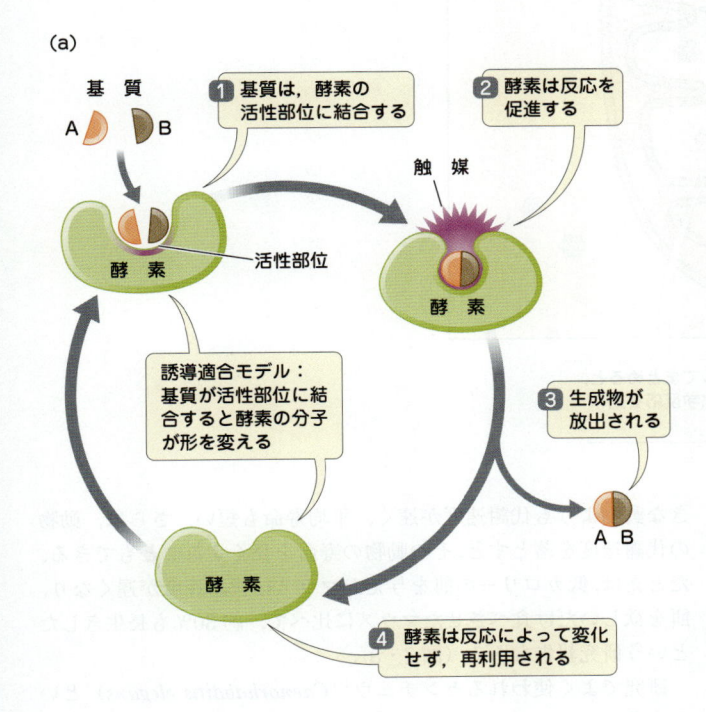

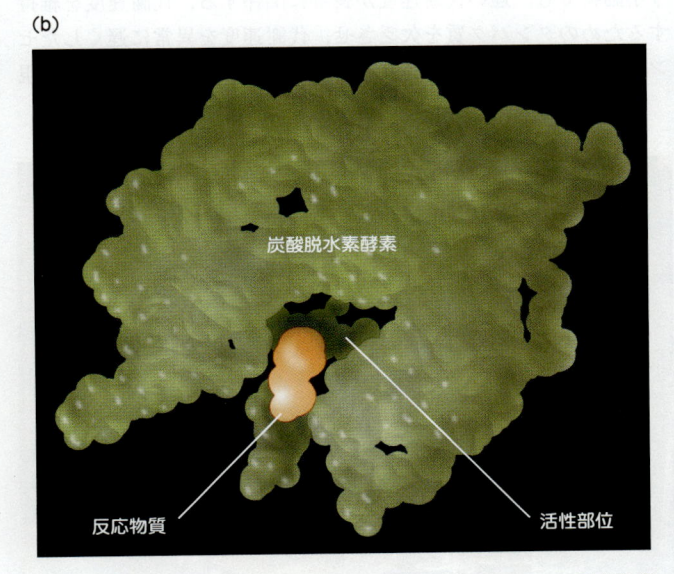

図 7・6　分子を引き合わせる酵素　(a) 酵素は，二つの反応物質（A と B）を引き合わせて，生成物 AB をつくる化学反応を促進する．(b) 炭酸脱水素酵素は，CO_2 と水の反応を触媒し，炭酸水素イオン（HCO_3^-）を形成する．

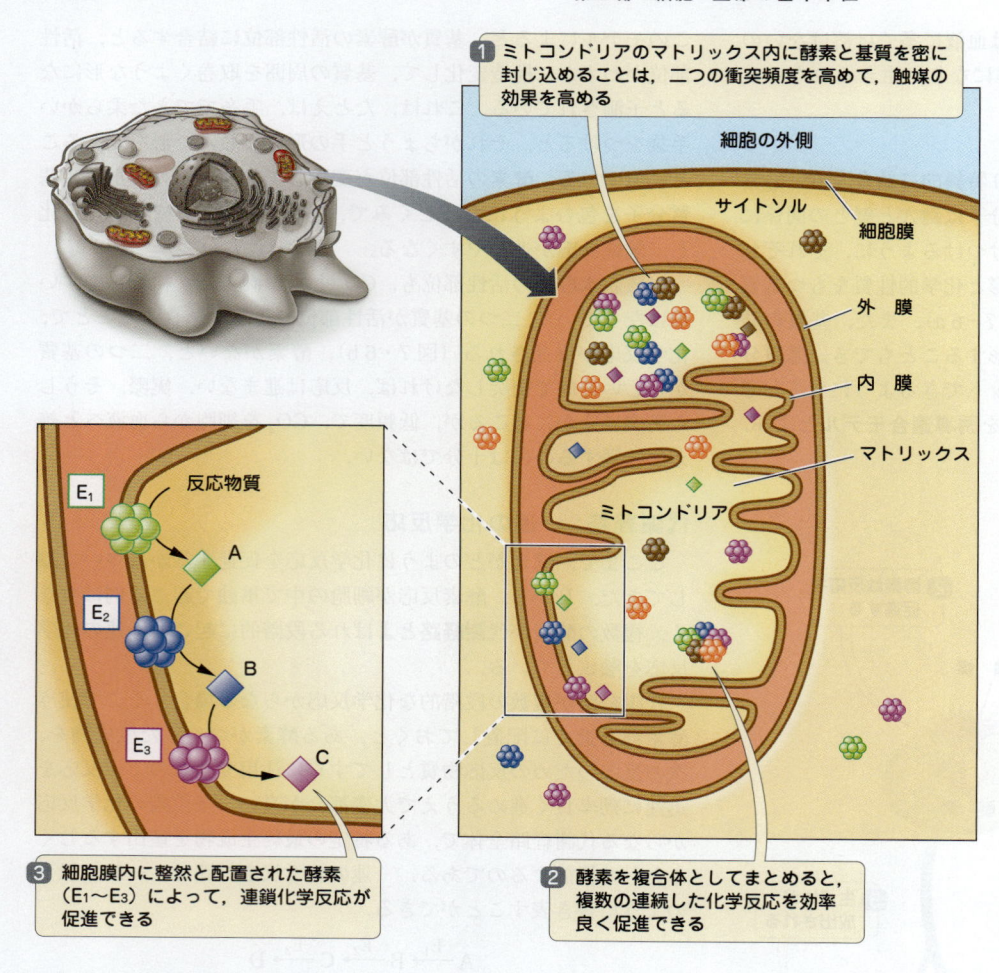

126　第Ⅱ部　細胞：生命の基本単位

① ミトコンドリアのマトリックス内に酵素と基質を密に封じ込めることは，二つの衝突頻度を高めて，触媒の効果を高める

細胞の外側
サイトソル
細胞膜
外膜
内膜
マトリックス
ミトコンドリア

E₁　反応物質
A
E₂
B
E₃
C

③ 細胞膜内に整然と配置された酵素（E₁〜E₃）によって，連鎖化学反応が促進できる

② 酵素を複合体としてまとめると，複数の連続した化学反応を効率良く促進できる

図 7・7　細胞内の酵素複合体　細胞小器官の中で密に集める（この図のミトコンドリアの例など），膜の上に配列する，集合して複合体をつくるなど，代謝経路の複数の化学反応が効率良く促進できるように，細胞内でうまく配置されている酵素がある．

■ これまでの復習 ■

1. 酵素とは何か．その特性を述べよ．
2. 酵素はどのようなしくみで化学反応をスピードアップするか．
3. 細胞内で酵素による化学反応のスピードと効率を高めるしくみは何か．

1. 事物質を無傷，無変化に，化学反応を促進し，再使用可能な生物学的触媒．それ自身は反応によって変化しない．
2. 活性化エネルギーの障壁を下げて，化学反応を行く減行できる．
3. 酵素の運動性を上げ，細胞内小器官の膜に閉じこめ複合体をつくり，順序よく空間に配置する．

7・4　代謝速度と寿命

　不老不死の夢は，有史以来，人間をとりこにしてきた．今日，老化の生物学的なしくみ，また，個人の寿命を延ばせる要因についての研究が進みつつある．時を経て，細胞や臓器レベルの機能が低下することを老化という．一方，寿命とは，生物が生存できる最長時間である．事故や病気といった外的な要因を防ぐことができれば，老化の速度が抑えられ，寿命が延びることになるだろう．老化の原因となるしくみの全容はまだ解明されていないが，遺伝子とライフスタイルの両方が，私たちの老化速度に影響する重要な因子であることは明白である．これまでの研究から，ヒトや他の動物で，代謝速度が老化速度に影響する，つまり，寿命に影響することがわかっている．一般に，小動物の方が，身体が大きな動物よりも代謝速度が速く，平均寿命も短い．さらに，動物の代謝速度を落とすと，その動物の寿命を長くすることもできる．たとえば，低カロリーの餌を与えたマウスは代謝速度が遅くなり，餌を欲しいだけ食べさせたマウスに比べて，約30％も長生きしたという研究報告もある（図7・8）．

　研究でよく使われるセンチュウ（*Caenorhabditis elegans*）という小動物でも，遅い代謝速度が長寿に関係する．代謝速度を維持するためのタンパク質を欠乏させ，代謝速度を異常に遅くしたセンチュウは，普通の個体よりも最高で5倍も長く生きた．同じ現

図 7・8　代謝速度を測る実験　実験用ラットの代謝速度を測定するために，ガラスの容器に入れ，餌として糖を与えながら，ラットが吐き出す空気の体積を測る．

象が，キイロショウジョウバエ，酵母，そしてサルでも観察されている．つまり，代謝速度(代謝率)は，多くの生き物で，寿命の長さと反対の関係にある．これは，ヒトでも同じだろうか？ ヒトの女性は，男性よりも代謝速度が遅く，平均寿命も長い（米国：女性 80.5 歳，男性 76.7 歳，日本：女性 86.8 歳，男性 81.6 歳．2017 年 WHO 統計による）．さらに顕著なのは，100 歳以上のうち，10 人に 7 人（日本では 8 人）が女性であるという事実である．慢性疾患や危険な行動をおかす傾向についての性差を考えれば，男性と女性の平均寿命の違いは説明がつくかもしれない．たとえば，男性は女性よりも心臓病やがんになる率が高く，喫煙したり，アルコール中毒になったり，自殺をしたり，もしくは殺人事件などの犠牲者になりやすい傾向がある．しかし，もしかしたら，女性は代謝速度が遅く，それが原因で，もともと老化速度も遅いのかもしれない．

代謝反応は，生命を維持するための化学反応である．代謝速度が速いと寿命が短くなるという考え方は，逆説的で道理に合わないようにみえるかもしれない．なぜ，代謝が生物の寿命を縮めるのだろうか？ 一つには，代謝反応によって生み出されるフリーラジカル（遊離基）が原因かもしれない．フリーラジカルは，代謝経路で必ず生み出される有毒な副産物で，最も多く産生されるのはミトコンドリア内部で ATP がつくられるときである．フリーラジカルは他の化学物質と反応しやすく，DNA や脂質など細胞の重要な分子を酸化し，分子内に損傷を与える．こうした細胞の損傷が蓄積されると，老化速度だけでなく，糖尿病，心臓病や血管疾患などの慢性病の一因になると考えられている．その結果，もともとの寿命と比べて，代謝速度のより高いヒトや動物は実際の寿命が短くなるのである．

学習したことの応用

特効薬の改良

酵素はそれぞれ決まった化学反応の速度を精密にコントロールしている．酵素活性を人為的に変化させると，生体に大きな影響を及ぼし，何らかの機能不全をひき起こすことが多い．しかし，ときには，人体の複雑な代謝経路においては，病を治すような恩恵をもたらすこともある．アスピリンは，COX-1 と COX-2（シクロオキシゲナーゼ 1 と 2）とよばれる二つの重要な酵素の反応を阻害する．COX-1 は体内で常時生産される酵素で，胃の内壁の細胞を維持するのに必要なシグナル伝達分子の合成を触媒する．一方 COX-2 は，損傷

生活の中の生物学

身体のエネルギー問題

単に，"生きている"というだけでも，エネルギーが必要である．エネルギーはあらゆる生命活動にかかわる重要な課題である．たとえば，あなたの体重が 50 kg だとしたら，静かに座っているだけでも，1 時間当たり，約 60 W の白熱電球が消費するのと同じくらいのエネルギーを消費している．このエネルギーのおかげで，あなたは呼吸し，心臓を鼓動させ，思考することができる．安静にしているときの 1 時間当たりのエネルギー使用量を基礎代謝率（basal metabolic rate, BMR）という（右表）．活動時の代謝速度は，この安静時の BMR よりも高くなるが，それは，活動の種類や負荷の大小によって変わる（下表）．

体重約 60 kg の人が，速足で歩くと毎時約 260 kcal 消費する．同じ人が，時速 20 km のスピードで自転車に乗ると，毎時約 460 kcal 燃焼し，適度の速さでジョギングすると，毎時約 540 kcal となる．

エネルギー消費は，私たちの体重増加とも深くかかわっている．もし，私たちが基礎代謝量よりも多くのカロリーを食事で摂取したら，余ったカロリーを使い切る程度に活動レベルを上げない限り，体重を増やすことになる．消費できなかった余分なエネルギーは脂肪として体内に蓄えられるからである．エネルギーをあまりとりすぎないようにするためには，食物に含まれるカロリー量と，どのような活動でどの程度のカロリーを消費するかに留意しておくことが大切であろう．カロリーの高い食品の摂取を減らし，エネルギー含有量が少ない食品を選ぶことが，体重増加を防ぐ方法の一つである．もう一つの方法は体を動かすことである．カロリー摂取量（食事を選ぶこと）と身体運動のバランスをとることが，健康に良い体重を維持する秘訣である．

［訳注：数値は日本人のデータに変更した］

女性と男性の基礎代謝率[†]

	体重〔kg〕	基礎代謝率〔kcal/時〕
女 性	50.0	46.3
男 性	63.2	63.3

[†] 18〜29 歳標準値（厚生労働省 "日本人の食事摂取基準" 2015 年版より）

食品に含まれるエネルギーを消費するのに要する時間〔分〕[†]

運動の種類	チーズバーガーとポテトフライ	大きなハンバーガーとポテトフライ	フィッシュアンドチップス	フライドチキンとポテトフライ	バターとシロップ付きパンケーキ 3 個
エアロビクス	150	195	85	159	88
ゴルフ	216	281	123	229	127
運動量の多いダンス	162	211	93	172	96
軽いジョギング	139	181	79	148	82
水泳（平泳ぎ）	97	127	55	103	57
歩 行	389	505	222	412	229

[†] 数字はすべて概算値で，体重 50 kg の女性を想定して出された数字である．体重がもっと重い人はより多くのカロリーを，軽い人は少ないカロリーを消費する（厚生労働省，"健康づくりのための運動基準 2006" を参考に作成）．

やストレスを与えられたときに生産され，血流増加，炎症や発熱の促進，痛覚神経の活性化をひき起こすシグナル伝達分子の合成を触媒する．二つの酵素は，まったく異なる代謝経路，異なる機能に関連しているが，ともにアスピリンによって抑制される．痛み，炎症の軽減や高熱を下げるなどのアスピリンの効果はCOX-2の阻害によるものである．一方，胃壁を傷つけるなどの副作用が起こるのは，COX-1の作用が阻害されたためである．

　COX-2の活性を阻害することから，アスピリンに結腸がんを防ぐ効果があることが説明できる．なぜならば，がん細胞には，異常なほど高レベルのCOX-2酵素をもち，それが原因で腫瘍内の血管が成長促進されているケースがあるからである．血管が増え，血液の供給が高まると，腫瘍は増殖し，血流に乗って身体中にがん細胞が広がりやすくなる．アスピリンはCOX-2の活性を遮断し，腫瘍へ血液の供給を制限して成長や増殖を抑制し，深刻な事態に発展するのを防ぐと考えられる．

　特効薬としての利点を残し，あるいは，さらに高めたうえで，副作用を少なくする改良ができないだろうか？　現在，COX-1にはほとんど影響を与えずに，COX-2活性だけを阻害する数多くの薬が開発されている．それはどうやって開発されたのだろうか．まず，COX-2酵素の三次元構造を理解することから始まった．アスピリンとこの酵素がどのように相互作用するのかを調べることで，アスピリンの上をいく"スーパーアスピリン"が生まれたのである．酵素の触媒作用は，その活性部位の形で決まることを思い出そう．COX-2の活性部位の形がわかれば，COX-2活性部位には結合するがCOX-1活性部位には結合しない分子の形を予測し，設計することができる．このような研究からCOX-2だけに結合し炎症を抑える薬が，数多く開発され，アスピリンよりも胃に優しい強力な鎮痛剤として販売されるようになった．

　ところが最近になって，これらの薬を長期間服用すると，血圧が上昇して血管が傷つき，心臓発作や脳卒中を起こす危険性が高まることがわかってきた．こうした病気をすでにもっている人たちへのリスクはさらに高い．メルク社のバイオックス（商品名）は使用禁止になった最初のCOX-2阻害剤である．現在はセレコキシブ（ファイザー社の商品名，日本国内では2007年認可）という薬だけが医師の処方箋によって使える．COX-2の抑制による予期せぬ副作用が明らかになり，種々の組織，臓器でこの酵素が触媒する経路の複雑性がわかってきた．代謝経路について私たちの理解をさらに深めることが大切である．

章のまとめ

7・1　生命系におけるエネルギー法則
■ 物質の熱力学の法則に，生物も従っている．
■ 熱力学第一法則によれば，生物が使うエネルギーは，一つの形から別の形へと転換されるが，新しく生み出されたり，逆に，消滅することはない．
■ 熱力学第二法則によれば，生物的な秩序がつくり出されるときには必ず，その代償として熱を放出する形で周囲の環境がより無秩序なものになる．
■ ほとんどすべての生命体にとって，太陽が根源的なエネルギー源である．
■ 炭素などの元素は，生物と環境の間を循環する．

7・2　食物の燃焼によって得るエネルギー
■ 分子，原子，イオンが電子を失うことを酸化という．分子，原子，イオンが電子を獲得することを還元という．
■ 代謝反応は，巨大分子を分解しエネルギーを放出する異化作用，エネルギーを使って巨大分子を構築する同化作用の二つに分けられる．
■ 化学反応が開始するためには，活性化エネルギーの障壁を克服しなければならない．

7・3　細胞は酵素を使って化学反応をスピードアップする
■ 触媒は，活性化エネルギーの障壁の高さを下げることで，化学反応をスピードアップするが，化学反応で消耗することはない．
■ 生命を支える化学反応は，酵素によって触媒される．酵素の多くがタンパク質である．
■ 酵素は，特定の基質と結合し，特定の化学反応だけを触媒する．この高い特異性が，酵素による化学反応の特徴である．
■ 酵素の特異性は，その立体的な構造と，活性部位の化学的性質に由来する．
■ 連続して起こる代謝経路の化学反応は，それぞれ異なる酵素によって触媒される．

7・4　代謝速度と寿命
■ 寿命は，遺伝的な要因と代謝速度の影響を大きく受ける．
■ 代謝速度が速いと，化学的な反応性が高く，細胞を傷つけ寿命を縮める副産物であるフリーラジカルをより大量につくるようになる．

復習問題

1. 生命系での熱力学第二法則を説明せよ．
2. 光合成，糖の細胞呼吸，そして化石燃料の燃焼について，炭素の循環に焦点を当てて説明せよ．
3. 同化作用と異化作用の違いを述べよ．光合成は同化作用か，それとも異化作用か．
4. 酵素の触媒作用の効率を高めるために，細胞がとっている方法を二つあげて説明し，それらがどのようにミトコンドリアで行われているか，述べよ．
5. 酵素と基質との間の相互作用である誘導適合モデルについて説明せよ．

重要な用語

熱力学第一法則（p118）	反応物（p122）
運動エネルギー（p118）	生成物（p122）
熱力学第二法則（p118）	活性化エネルギー（p123）
酸　化（p121）	触　媒（p123）
還　元（p121）	酵　素（p123）
酸化還元反応（p121）	基　質（p123）
代　謝（p122）	基質特異性（p123）
生合成反応（p122）	活性部位（p125）
同化作用（同化反応）（p122）	誘導適合モデル（p125）
異化作用（異化反応）（p122）	代謝経路（p125）
共役反応（p122）	

章末問題

1. 正しいものを選べ．
   (a) 細胞は，無から自分のエネルギーを生み出す．
   (b) 細胞は，発熱し，分子を運動させるためにエネルギーを使う．
   (c) 非生物的世界と同じで，生物もエネルギーの物理的法則に従う．
   (d) ほとんどの動物は，代謝経路に必要なエネルギーをミネラルから得ている．

2. 生物がエネルギーを必要とするのは，
   (a) 化合物をより複雑な構造へと組織化するためである．
   (b) 周囲の環境の無秩序を減少させるためである．
   (c) 熱力学の法則を無効にするためである．
   (d) 非生物的環境から自分を隔てるためである．

3. タンパク質などの有機化合物中の炭素原子は，
   (a) 細胞によってつくられ，生物内で使われる．
   (b) 非生物的環境と生物との間を循環する．
   (c) CO_2 ガスに含まれるものとは異なる．
   (d) どのような環境下でも酸化されない．

4. 酸化とは，
   (a) 分子から酸素原子を取除くことである．
   (b) 原子が電子を獲得することである．
   (c) 原子が電子を失うことである．
   (d) 複雑な分子が合成されることである．

5. どの分子が還元された状態のものか．
   (a) CO_2 (b) N_2 (c) O_2 (d) CH_4

6. 化学反応を開始させるときに注入される最小エネルギーは，
   (a) 活性化エネルギーとよばれる．
   (b) 熱力学の法則の支配を受けない．
   (c) 活性化の障壁となる．
   (d) 常に熱のかたちをとる．

7. 活性化エネルギーは以下のどれにたとえることができるか．
   (a) 坂を転げ落ちていくボールが放出するエネルギー．
   (b) 坂の下から頂上まで，ボールを押すのに必要なエネルギー．
   (c) 坂を下るボールが小山を乗り越えるのに必要なエネルギー．
   (d) ボールを動かさずに保つエネルギー．

8. 酵素は，
   (a) 同化経路にのみエネルギーを供給し，異化経路には供給しない．
   (b) 化学反応をスピードアップするときに消費される．
   (c) 別のやり方ではけっして起こらない化学反応を触媒する．
   (d) 別のやり方ではずっと遅い速度でしか進まない反応を触媒する．

9. 酵素の活性部位は，
   (a) 他の酵素とすべて同じ形をしている．
   (b) 基質や他の分子の両方に結合できる．
   (c) 反応の触媒作用とは直接かかわらない．
   (d) 複数の分子をまとめて，その間での化学反応を促進する．

10. 代謝経路とは．
    (a) 大きな分子から小さな分子へ分解する過程をいう．
    (b) 小さな分子を連結してポリマーをつくる過程をいう．
    (c) 多くの反応ステップからなる．
    (d) ミトコンドリア内でのみ起こる反応過程である．

ニュースの中の生物学

Doctors Warned about Common Drugs for Pain; NSAIDs Tied to Risk of Heart Attack, Stroke

BY SHANKAR VEDANTAM

非ステロイド性抗炎症薬（NSAID）は心臓発作・脳卒中の恐れあり

昨日，全米心臓病協会は，非ステロイド性の抗炎症剤（アスピリン，タイレノール®中のアセトアミノフェン，アドビル®中のイブプロフェンなどを含む）の使用に関する重要なガイドラインのなかで，慢性的な痛みの治療法として，少なくとも最初は，処方を避けるべきであると発表した．

この発表は，COX-2阻害剤として知られている薬剤に関するもので，米国内では，セレブレックス®が唯一の市販品である．

米国心臓病協会が循環器学会誌で示した案では，これまで医師が慢性的な痛みや炎症の患者を治療してきた方法とはかなり異なった段階的な治療法を提言している．

まず，薬剤で治療することを考える前に，理学療法，温湿布や冷湿布，運動，体重を落とすこと，そして矯正具の使用などの方法で，治療するべきであるという．

"通常，最小限の薬物治療をまず試し，その効果が上がらないときに限り，薬剤を強くする方法をとるべきである．とりわけ，短期間で治療を行う場合は，効き目の予測される最小限の量のアセトアミノフェンやアスピリンでの治療から始めるのがよい．"

興奮するほどめざましい医学進歩のニュースが，後になって，重大な副作用を伴うことがわかるケースがときどきある．このことは"スーパーアスピリン"として期待された鎮痛剤，COX-2阻害剤にまさに当てはまる．アスピリンは，COX-1とCOX-2の両酵素ともを阻害するので，有益なCOX-1の作用を抑えてしまう．これは，アスピリンを長期間服用する患者にとって深刻な問題である．したがって，COX-2だけを阻害する薬剤の開発は，鎮痛治療の分野では劇的な大前進であった．関節炎などの病で，慢性的な痛みに苦しんでいる患者にとって，胃の内部出血などのアスピリンの副作用なしに，痛みを軽減できるからである．しかし，多数の試験協力者を得て，長期間調査した結果，COX-2阻害剤を定期的に服用することは，かなり深刻な心臓病になる危険性があり，また，死亡との関連性がみられたケースもあった．薬理学の専門家は最初の薬剤分子設計の段階に立ち戻り，副作用を減らすべく，COX-2阻害剤の分子の形や化学的な性質を微調整し直した．2007年，米国の医薬品メーカー，メルクが，新しいCOX-2阻害剤となる新薬，バイオックス®を発表した．しかし安全性への懸念から，まだ米国食品医薬品局（FDA）の承認を得られないままで，連邦機関はこの新薬が安全で，効き目があることが実証されなければならないと発表している．

米国では，薬の危険性と効能について，FDA，製薬会社，薬局，医師が，最善を尽くして，消費者に通知する責務がある．こういった規制は，薬害から私たちを守り，警告してくれるが，私たちも薬や健康関連製品について高い知識をもち，みずからを防衛する賢い消費者となることも大切である．健康関連製品に関しては特にそうであろう．生薬を使った薬などは，年間十億ドル規模の産業となっているが，多くが規制の外にあり，健康への効果は，概してきちんとした科学的根拠のないものである．

このニュースを考える

1. COX-2阻害剤は，アスピリンとどのような点で似ているか．また，違っているか．

2. 製薬会社は，消費者に，薬を服用して起こりうる副作用について知らせること，テレビコマーシャルの中で副作用について言及することが，法律で定められている．副作用についてのコマーシャルは，混乱のもとであり，費用がかかり，"誰も耳を傾けないのだから不要"と主張する人がいる．そういう人に，あなたは何をどう返答すべきか．

3. 生薬・ハーブ類，健康補助食品などは自然食品なので，有害な影響はないと主張する人もいる．これは筋の通った主張か？実例をあげて，あなたの考えを説明せよ．（ヒント：この章の冒頭部分に示された例がある．）

出典：Washington Post紙，2007年2月27日

8 光合成と細胞呼吸

> **Main Message**
> 光合成と細胞呼吸は，細胞にエネルギーを供給する化学反応プロセスである．

考えるのに必要な食べ物

　食事を1回抜いて空腹なとき，何もしないでただ座って考えているだけでも，ヒトの脳は，体が必要とする全エネルギー量の約25%を消費していることを思い出そう．さらに空腹感を我慢して食べずにいると，あなたがやせ型の場合は特に，ぼんやりしたり，めまいを感じることがあるかもしれない．これは，血液中のグルコース（血糖）が少なくなったという脳からの警告である．グルコースは，動物の体内でエネルギーを運ぶときに使われる六炭糖で，身体の活発な機能維持のためには，血液中での濃度（血糖値）を一定に維持することが重要である．

　大きな脳をもつことが人類（*Homo sapiens*）の大きな特徴であるが，他の脊椎動物でも，体重が大きな動物ほど脳も重い傾向がある．なかでもクジラの脳は最大で4〜7 kgもある．次に大きいのはゾウ（4〜5 kg）とイルカ（約1.7 kg）で，ヒトの脳は，一般に1.3〜1.7 kgくらいである．

　体重との重量比で考えると，ヒトの脳が最も大きい．ヒトは体重に対して最大比率の脳をもち，そのことが最も知能の高い動物種としての私たちの地位の根幹にある．

　しかし，大きな脳をもったために，多大なエネルギーを脳に供給しなければならないという問題が生じた．私たちの脳は，神経細胞の電気的なパルス信号の受信・処理・送信に膨大な量のエネルギーを消費するからである．脳の発育段階ではもっとエネルギーが必要らしく，乳幼児・児童が必要とする栄養分の約60%が脳で消費されている．脳が大きくなると，とんでもないエネルギーが毎日必要になるにもかかわらず，どうしてヒトの脳が進化できたのだろうか？ 食生活を変えたことが役立ったのだろうか？ この疑問は，章の後半で扱うことにするが，その前にまず，生物がどのようにエネルギーを獲得し，使うかを理解しておくことが大切である．エネルギーを得るために，私たちのような動物は，植物あるいは，他の動植物を餌とする動物を食べている．対して，植物などの光合成生物は，光のエネルギーを使って糖を生産し，その糖の化学エネルギーを使って，生きるのに必要な他のあらゆる物質を生産している．植物が食物分子を生産するときの化学反応，また，あらゆる生物が食物分子からエネルギーを取出すときの化学反応，この章では，この二つの化学反応に焦点を置く．

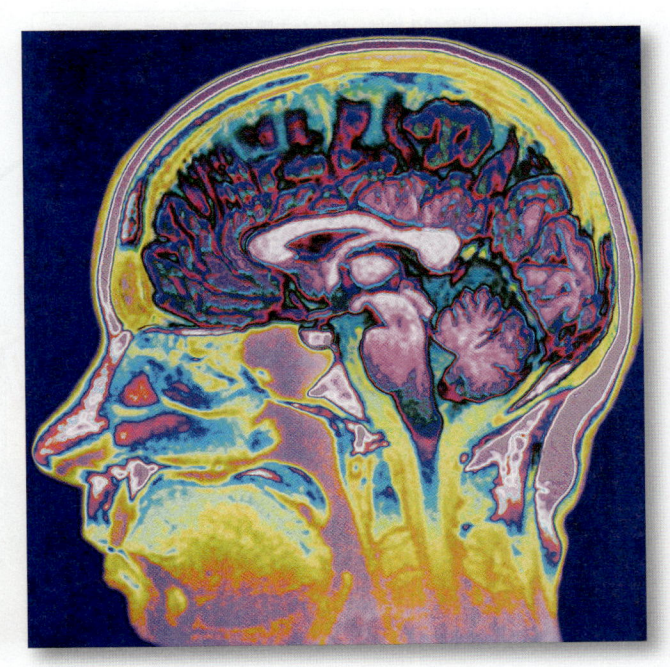

ヒトの脳の断面画像

基本となる概念

- 細胞内でエネルギーを貯蔵・輸送するのには，ATPのようなエネルギー担体が必要である．
- 光合成ではまず，光と水を使ってエネルギー担体分子を合成し，それを使って二酸化炭素（CO_2）から糖をつくる．その過程で酸素ガスを放出する．
- 光合成は，二つの段階からなる．最初の段階では，光を捕捉してエネルギー担体分子をつくり，副産物として酸素を生み出す．次の段階では，新しくつくられたエネルギー担体分子を使い CO_2 と水から糖を生産する．
- 細胞呼吸とは，酸素を使い，糖や他の食物分子からエネルギーを取出す過程である．真核生物は細胞呼吸によってエネルギーを得る．
- 細胞呼吸は，三つのステップからなる．サイトソルでの糖の分解（解糖系），ミトコンドリアマトリックスでのクエン酸回路，ミトコンドリア内膜上での酸化的リン酸化である．
- 1個の糖分子の解糖で得られるATPはわずか2分子である．
- 糖がクエン酸回路でさらに分解されて，CO_2 が放出される．酸素を使う酸化的リン酸化の過程で多くのATPが生み出される．
- 酸素がなかったり，供給量が少ないとき，発酵によってATPをつくる生物もいる．

生物の細胞内部の複雑な構造や化学反応は，明らかに何らかのエネルギーが投入された結果である．そこで起こる代謝反応は，細胞内で必要なエネルギーを獲得し，貯蔵し，利用することで，あらゆる生物にとってなくてはならない根源的な化学プロセスである．地上の生態系にとって，究極のエネルギー源となっているのは太陽である．植物などの光合成生物は，太陽の光エネルギーを使い二酸化炭素（CO_2）と水（H_2O）から糖をつくる．自分が必要とする食物を得るために，周囲の環境からエネルギーを取込む生産者である．対照的に，生産者や他の消費者を餌として食べることでエネルギーを獲得する生物が消費者である．食物分子に蓄えられた化学エネルギーを取出さなければならない点では，生産者も消費者も同じである．

この章ではそういった化学反応，代謝について紹介しよう．まず，細胞内でエネルギーを運ぶ，エネルギー担体の役割からみることにする．この章の後半では，地球上で最も重要で普遍的な二つの代謝経路，光合成と細胞呼吸の詳細を解説する．光合成では，光エネルギーを捕らえ，CO_2 と水から糖などの食物分子をつくる．

そして細胞呼吸では，食物分子からエネルギーを取出し，細胞活動のための燃料となるエネルギー担体を合成する．光合成の副産物として酸素が放出され，この酸素が細胞呼吸で使われる（図8・1）．酸素が，私たちのような消費者の生存に不可欠であることも紹介しよう．一方，光合成生物が食物をつくるのに必要な CO_2 と水が，消費者が食物からエネルギーを取出す過程で環境に放出されることも理解できるであろう．

8・1 細胞活動の源，エネルギー担体

エネルギー担体とは，細胞内でエネルギーを受取り，貯蔵し，運搬するのに利用される特殊化した分子である．エネルギーが放出される化学反応からエネルギーを受取って合成され，エネルギーが投入されなければ進行しない他の何千もの化学反応や細胞活動へエネルギーを供給する物質である．驚くことに，ほとんどすべての生物で，エネルギー担体の分子は共通している．この章で詳しく解説するエネルギー担体，ATP，NAD，NADPは，私たち

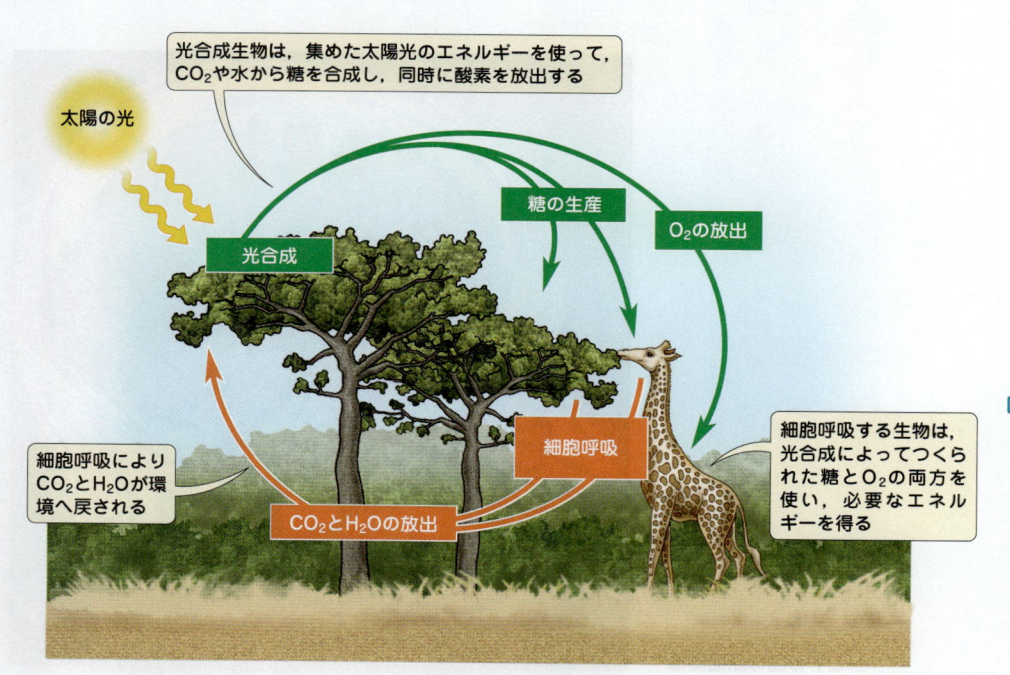

図 8・1 生物と環境との間のエネルギーの流れ 地球上のほとんどすべての生態系のエネルギーの源は太陽である．生産者である光合成生物は，吸収した太陽光のエネルギーを使って，CO_2 を有機分子（糖）に変換する．同時に，副産物として酸素を放出する．あらゆる生物が，生産者・消費者ともに，酸素に依存した代謝経路である細胞呼吸を使って，有機分子からエネルギーを取出す．

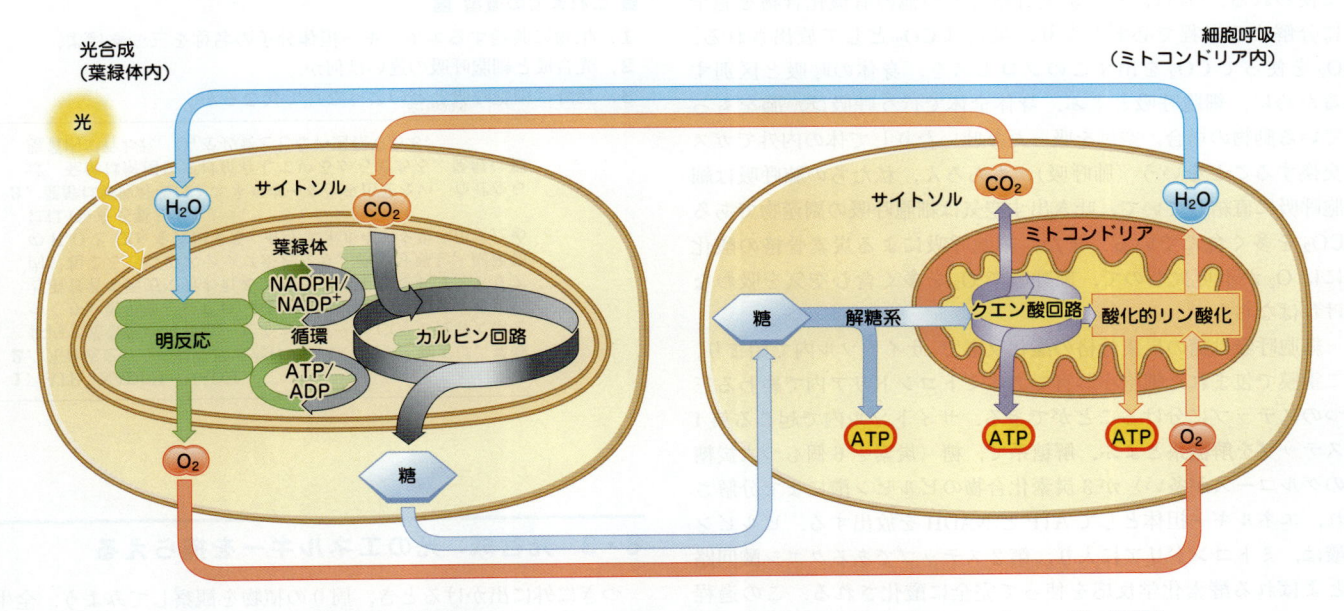

図 8・2 光合成と細胞呼吸の概要 光合成と細胞呼吸で使われる物質やエネルギー，および二つの間の関係を示した概要図．二つの代謝経路は補足し合っている．つまり，葉緑体は太陽光から光エネルギーを得て，それを使い光合成の化学反応を進め，糖を合成する．細胞呼吸では，細胞質とミトコンドリア内で行われる化学反応で，糖の化学エネルギーをエネルギー担体である ATP へ変換する．

が知るあらゆる生命体で使われ，それぞれを生物はうまく使い分けている．運搬するエネルギーの量や，エネルギーを運ぶ先の用途や化学反応が異なる専門家なのである．

ATP（アデノシン三リン酸）は，運搬するエネルギーは最も小さいが，最も普遍的に使われているエネルギー担体である．多様な用途に使われ，多くの化学反応の推進に寄与している．この分子では，リン酸基の間の共有結合という形で，エネルギーが蓄えられている．分子にリン酸基を付け加える反応を**リン酸化**とよぶが，ATP（アデノシン三リン酸）は，ADP（アデノシン二リン酸）がリン酸化されてつくられる物質である．ATP が，1個または2個のリン酸基を失って，ADP または AMP（アデノシン一リン酸）に変わるとき，リン酸基の共有結合で蓄えたエネルギーが放出される．ATP から直接リン酸を受取る（リン酸化される）ことで獲得したエネルギーを使う生体分子もある．

NADH や **NADPH** は，電子や水素原子の形でエネルギーを保持する分子である．これらもさまざまな化学反応にエネルギーを運搬するエネルギー担体として使われている．NADPH は巨大分子を構築するような**同化作用**の代謝経路に関係し，一方，NADH は巨大分子を分解する**異化作用**の代謝経路でのエネルギー引き渡しに関係したエネルギー担体である．NADPH と NAD はそれぞれ，低エネルギーの NADP$^+$（ニコチンアミドアデニンジヌクレオチドリン酸）と NAD$^+$（ニコチンアミドアデニンジヌクレオチド）からつくられる．これらの前駆物質は，水素イオン（H$^+$）と結合するときに2個の電子を受取り，高エネルギーの形である NADH や NADPH となる．

電子，あるいは水素原子を受取ることを還元とよぶ．つまり，NADPH と NADH は，それぞれ NADP$^+$ と NAD$^+$ が還元されてつくられる分子である．NADPH と NADH は，他の化合物と反応するときに，2個の電子，1個の H$^+$ を与える．つまり，他の物質を還元する還元剤としてのはたらきをもつ．電子や水素原子を失うことを酸化というので（1個の水素原子を失うことは，1個の電子と1個の H$^+$ を失うことと同じ），NAD$^+$ や NADP$^+$ は，他の物質から電子と H$^+$ を取去り，酸化剤としてはたらく（酸化と還元の反応に関しては，第7章を参照）．

8・2 光合成と細胞呼吸の概要

光合成と細胞呼吸は，生物で最も重要な代謝経路である．生産者は，光合成を行い，同時に細胞呼吸も行う生物である．一方，消費者と分解者は，呼吸のみを行う生き物である．**光合成**は同化作用の経路の一つで，真核生物では二重膜で包まれた細胞小器官である**葉緑体**の中で行われている．光合成のための色素，特にクロロフィルとよばれる緑色の色素は，葉緑体内部にある膜に埋め込まれている．太陽光がクロロフィルにあたると，その中の電子がエネルギーを得て活性化され，色素分子から飛び出す．電子が一連の連鎖反応を経て NADP$^+$ まで運ばれると，周囲にある H$^+$ と反応して還元型の NADPH をつくる．クロロフィルからの電子が他のタンパク質や色素へ引き渡される途中で，そのエネルギーの一部が，ADP から ATP へリン酸化するのに利用される．ここまでが光を必要とする反応で，明反応とよばれる．明反応によって生み出されたエネルギー担体は，カルビン回路とよばれる酵素化学反応の燃料となり，CO$_2$ を還元し，糖を生産する（図8・2）．電子が飛び出してしまったクロロフィル分子は，さてどうなるであろうか？ 葉緑体の内膜には，水分子（H$_2$O）を分解し，電子，水素イオン（H$^+$），酸素分子（O$_2$）を放出する別の酵素がある．この反応で発生した電子が，クロロフィル分子内にできた電子の空白を埋め，H$^+$ は NADPH などのエネルギー担体の生産に使われる．では，O$_2$ はどうなるかといえば，今，私たちが呼吸で吸っていることになる．

細胞呼吸は，酸素（O$_2$）に依存して進行する異化作用の反応経路である．糖，脂質，他の有機分子などが分解され，そして放出されたエネルギーがエネルギー担体，おもに ATP をつくるため

に使われる．O_2 は，糖や炭素骨格をもつ他の有機化合物を完全に分解する過程で必要となり，炭素は CO_2 として放出される．O_2 を使って CO_2 を出すこのプロセスを，身体の呼吸と区別するために，細胞呼吸とよぶ．身体全体で行う呼吸は，肺をもっている動物の場合，空気を吸ったり吐いたりして体の内外でガス交換することをいう（肺呼吸）．もちろん，私たちの肺呼吸は細胞呼吸に直結していて，吐き出す空気は細胞呼吸の副産物である CO_2 を多く含んでいる．また，細胞呼吸による炭素骨格の酸化には O_2 が不可欠なので，肺呼吸で O_2 を多く含む空気を吸わなければならない．

細胞呼吸は糖の炭素骨格の酸化反応で，サイトソル内で始まり，二重膜で包まれた細胞小器官であるミトコンドリア内で終わる三つのステップに分けることができる．サイトソル内で起こる第1ステップを**解糖系**とよぶ．解糖系で，糖（炭素を6個もつ六炭糖のグルコースが多い）が3炭素化合物のピルビン酸にまで分解され，エネルギー担体として ATP と NADH を放出する．ピルビン酸は，ミトコンドリアに入り，第2ステップである**クエン酸回路**とよばれる酵素化学反応を使って完全に酸化される．この過程で，ピルビン酸の炭素骨格から炭素が離れ，酸素原子と結合して CO_2 となる．あなたが今，空気中に吐き出している CO_2 はすべて食べた食物中の有機化合物から発生したもので，体内の何兆もの細胞の中にある何百，何千という数のミトコンドリア内のクエン酸回路の化学反応によって，食物分子が分解された結果である．クエン酸回路による分解過程でも，エネルギー担体，特に NADH がつくられる．第3ステップ，細胞呼吸の最終段階は，ミトコンドリアの細胞膜の上で起こる**酸化的リン酸化**である．この過程で，NADH の化学エネルギーが ATP の化学エネルギーへと転換される（図8・2）．まず，NADH から電子と H^+ が取除かれ（酸化され），それらが O_2 ガスに引き渡されて，水（H_2O）がつくられる．そのとき大量の ATP が生み出される．酸素ガス（O_2）がなければ，私たちの細胞は十分な ATP をつくることができず，数分ももたないであろう．ATP に依存して起こる多種多様な細胞活動がまったく進まなくなるからである．

多細胞生物の体内の大半の細胞が，細胞呼吸によって ATP を得て使っている．しかし，単細胞の生物，あるいは多細胞生物の体の中でも一部の細胞は，**発酵**とよばれる解糖をベースとした異化作用だけで必要量の ATP をまかなうことがある．発酵は，解糖およびその生成物であるピルビン酸を処理する酵素化学反応からなる．このピルビン酸の処理のときには，ATP や NADH などのエネルギーを生み出すことはできないが，O_2 がなく解糖反応を継続させなければならないときには，不可欠な反応である．発酵で得られるエネルギーは，細胞呼吸が糖分子から生み出すエネルギー量に比べると少なく，その1/10にもならない．

純粋に化学反応だけをみると，光合成と細胞呼吸はまったく逆に進む反応と考えることができる．両経路ともエネルギー担体をつくり出すが，光合成では，エネルギー担体は糖の生産のために消費される．下の図に，光合成と細胞呼吸で起こる化学反応の部分だけを抜き出して示した．

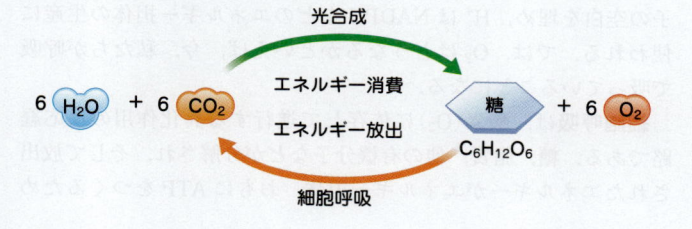

■ **これまでの復習** ■

1. 生物に共通するエネルギー担体分子の名称を三つあげよ．
2. 光合成と細胞呼吸の違いは何か．
3. 発酵は細胞呼吸とどのような点で異なるか．

1. ATP, NADPH, NADH.
2. 光合成を行うのは生産者だけである．真核生物は，糖類などを二つのステップで生産し，光エネルギーを体内に蓄えたりする．光合成物として，O_2 を産出する．細胞呼吸は，老廃物として CO_2 を放出する．異化物の増加のエネルギーと，サイトソル内とミトコンドリア内で H_2O と CO_2 を放出する．化学エネルギーを取出し，ATP をつくる．
3. 発酵は細胞呼吸よりエネルギーを多く用いないで，O_2 を使って行わない発酵過程である．

8・3 光合成: 光のエネルギーを捕らえる

つぎに外に出かけるとき，周りの植物を観察してみよう．全生命を一つにつなぐエネルギーのネットワーク，そのエネルギーを生み出す最初となる植物の役割について考えてみるのもよいかもしれない．植物，および原生生物や細菌のうち光合成生物は，光からエネルギーを得て，化学結合の形でエネルギーを蓄える．この光合成過程では，前に紹介したように，太陽光のエネルギーをまず ATP や NADPH などのエネルギー担体に変換し，その後，糖のような複雑な有機分子の合成のために使う．このエネルギー獲得反応と並行して，H_2O が分解され，周囲の環境へ O_2 が放出される（図8・1）．光合成生物（生産者）が，食物と O_2 の両方に依存している私たち人間および他のすべての生命を，事実上支えているのである．

光合成を行う細胞小器官: 葉緑体

植物や原生生物の光合成は，葉緑体の内部で行われる．葉緑体の膜構造は，光合成反応，なかでも光のエネルギーを捕捉する過程，そしてエネルギー担体を生産する過程できわめて重要である．葉緑体もミトコンドリアのように二重の膜で包まれていて，内部が二つの部分に仕切られている（図8・3）．最も外側の区画を**膜間腔**，内膜で包まれている内部区画を**ストロマ**とよぶ．ストロマの内部には，葉緑体の内膜からとび出してつくられる袋状の膜構造がある．それぞれの袋は平たく，互いに連結していて，これを**チラコイド**とよぶ．押しつぶされた円盤形のチラコイドが別のチラコイドの上に積み重なるようになっていて，この層状の構造を**グラナ**とよぶ．チラコイドを包む膜を**チラコイド膜**，その内側を**チラコイド内腔**という．

光合成は，2種類の反応に分けられる．一つは，チラコイド膜で進行するもので，光から直接エネルギーを捕らえる過程である．この反応は，光を必ず必要とするので，**明反応**とよばれる．チラコイド膜の中には，明反応を行うためのクロロフィルなどの色素，および，吸収した光のエネルギーを ATP や NADPH の化学エネルギーに変えるためのタンパク質やその化合物が多数含まれている．二つ目の反応はストロマで行われる．ストロマ内の媒質中には，CO_2 と水から糖を合成するための酵素，イオン，有機分子が含まれている．ここで糖を合成する化学反応は，発見者の Melvin Calvin にちなんで**カルビン回路**とよばれている．彼は，

光合成
エネルギー消費
$6\ H_2O + 6\ CO_2 \longrightarrow$ 糖 $C_6H_{12}O_6 + 6\ O_2$
エネルギー放出
細胞呼吸

8. 光合成と細胞呼吸

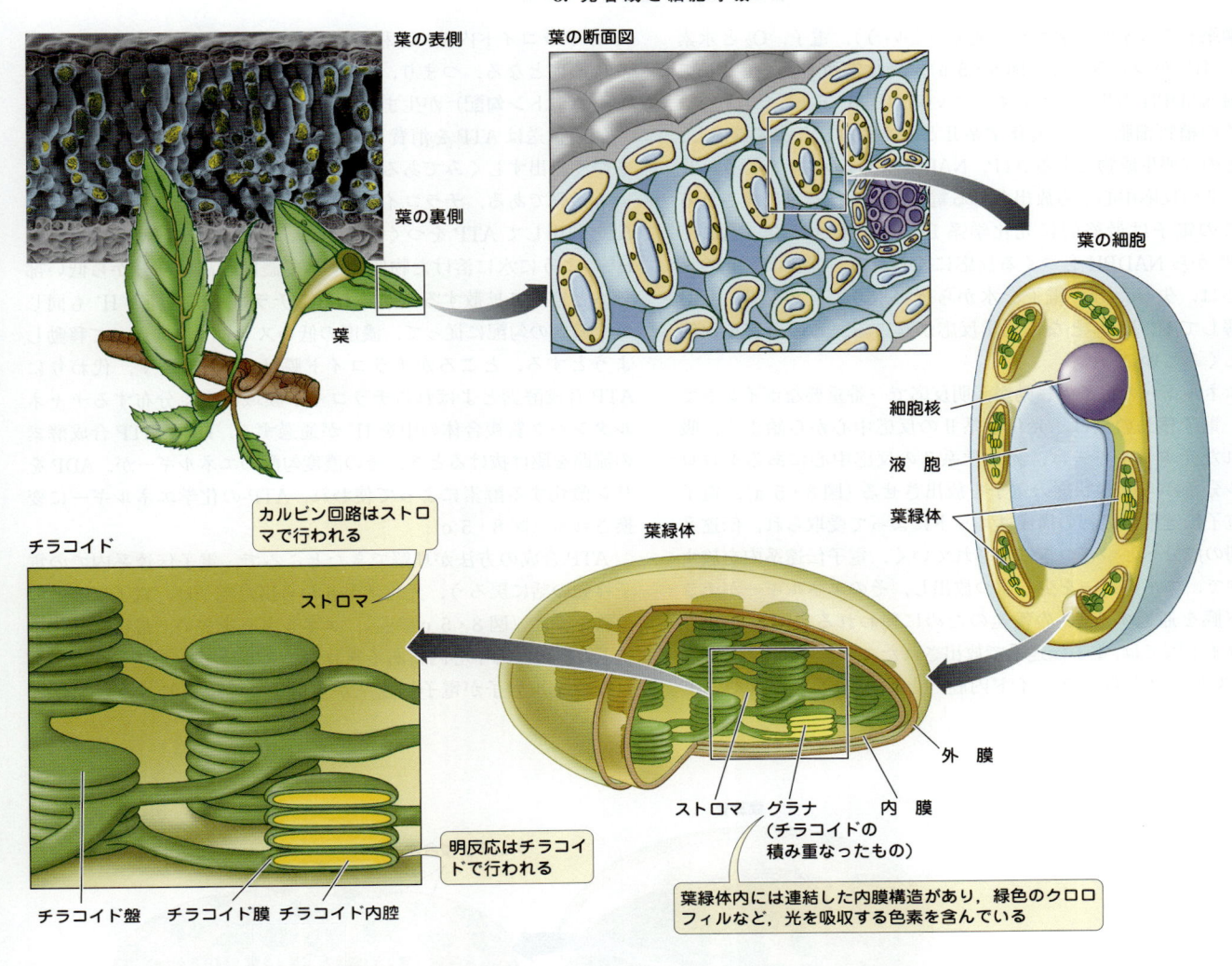

図8・3 葉の細胞内の葉緑体 葉緑体は光合成を行うための複雑な構造をもつ．植物の葉をつくる細胞の中に特に多い．

この化学反応の主要な部分を解明した功績により，1961年にノーベル化学賞を受賞した．明反応とカルビン回路は共に，人間だけでなく植物自身をも含む地球上のほぼすべての生命にエネルギーを供給する重要な基盤となっている．

明反応: 光を使いエネルギー担体をつくる

太陽光のエネルギーを取込む過程は，光合成そのもの，および生物圏のすべての生命にとっても重要なプロセスである．明反応は，光のエネルギーが有機分子の中の電子や化学結合のエネルギーに変換される過程で，光を吸収する色素によって行われる．なかでも重要な色素は**クロロフィル**（クロロは"黄緑色の"，フィルは"葉"の意味）である．植物の葉が緑色なのはこの色素があるためである．虹の中にいろいろな色が見えるように，太陽光はさまざまな色の光から構成されている．そのなかで植物の色素が吸収しやすいのは赤～橙色，青～紫色の光で，緑色の光は吸収されにくく*，葉の組織で透過したり反射したりする．葉が緑色に見えるのはそのためである．

チラコイド膜の中には，光合成色素とタンパク質でできた複合体が多数含まれている．これは**アンテナ複合体**とよばれていて（図8・4），クロロフィルやカロテノイド（黄橙色の色素）など，異なる種類の色素を含んでいる．カロテノイド色素は，クロロフィルのない植物を思い浮かべるとよくわかる．たとえば，ニンジン，黄ピーマンやトウモロコシなどの野菜，秋に明るい黄色になる葉（赤い紅葉の色は液胞に蓄えられた水溶性色素による）などがその色である．このアンテナ複合体が太陽光のエネルギーを捕らえる部分である．獲得した光エネルギーは，**反応中心**とよばれるクロロフィル複合体に転移され，そこで明反応が開始する．クロロフィル分子が光を吸収すると，中にある電子が活性化されて，"励起状態"となる．チラコイド膜の中には，電子を受容するタンパク質が互いに連結して並んだ構造，**電子伝達系**があり，活性化された電子はこの電子伝達系へと引き渡される（電子伝達系は，エネルギー輸送・変換を行うもので，他の代謝経路にもみられる機構である．この章でもたびたび登場する）．電子は，電子伝達系の中でタンパク質からタンパク質へと渡され，そのとき，少しずつエネルギーを放出して，ATPやNADPHなどのエネルギー担体を合成するために利用される．

アンテナ複合体と電子伝達系が組合わさったものを**光化学系**とよぶ．チラコイド膜には，全重量の半分程度を占めるほど，多量の光化学系が含まれている．光化学系には，二つの異なるタイプ，光化学系Ⅱと光化学系Ⅰがある（図8・4）．番号はそれぞれのしくみが発見された順序で，反応の起こる順番とは関係がない．

＊訳注: 散乱される緑色の光は，逆に葉の細胞で少しずつ吸収されるため光合成に大きく寄与することがわかっている．

光化学系Ⅱでは水が分解され（光分解という），電子，O_2と水素イオン（H^+）がつくられる（図8・5a）．光化学系Ⅰは，主として還元剤 NADPH の生産にかかわっている（図8・5b）．

多くの植物細胞では，光化学系ⅡとⅠは協力し合って機能し，明反応の主要生成物である ATP，NADPH，O_2 の生産を行う．光化学系Ⅱの反応中心から放出される電子が電子伝達系に渡されると，この電子は最終的に光化学系Ⅰへ引き渡されて，そこで $NADP^+$ から NADPH をつくる反応に使われる．光化学系Ⅱの反応中心は，失った分の電子を水から奪い取り，その結果，H_2O が分解して H^+ と O_2 となる化学反応が起こる．この全容を次節で詳しくみてゆこう．

高エネルギーの電子の移動が，明反応で一番重要なポイントである．電子移動の旅は，光化学系Ⅱの反応中心から始まる．吸収された光エネルギーは，光化学系Ⅱの反応中心にあるクロロフィル分子から励起状態の電子を放出させる（図8・5a）．電子は，電子伝達系の最初の構成ユニットによって受取られ，伝達系内の別の成分へとつぎつぎに渡されていく．電子伝達系内を旅する途中で，エネルギーを少しずつ放出し，そのエネルギーがチラコイド膜を通過する H^+ の輸送のために使われる（図8・5b）．チラコイド膜では，電子伝達系で放出されたエネルギーを使って，H^+ をストロマからチラコイド内腔へと輸送する．こうやって H^+ がチラコイド内腔に蓄積され，ストロマ内の H^+ 濃度に比べて高い濃度となる．つまり，チラコイド膜をはさんで H^+ の濃度勾配（プロトン勾配）が生まれることになる．

能動輸送は ATP を消費してイオンを押し出すことで濃度勾配をつくり出すしくみである．これは，どのような細胞でも行っている活動である．チラコイド膜で起こる反応はその逆で，濃度勾配を利用して ATP をつくっている．第6章で紹介したように，H^+ のように水に溶けた物質はすべて濃度の高い部分から低い部分へと自然に拡散する傾向にある．チラコイド内腔の H^+ も同じで，濃度の勾配に従って，濃度の低いストロマに向かって移動しようとする．ところがチラコイド膜は H^+ を通さず，代わりに ATP 合成酵素とよばれるチラコイド膜域に広く分布するチャネルタンパク質複合体の中を H^+ が通過する．H^+ が ATP 合成酵素の流路を駆け抜けるとき，その濃度勾配のエネルギーが，ADP をリン酸化する酵素によって使われ，ATP の化学エネルギーに変換される（図8・5c）．

ATP 合成の方法が理解できたところで，電子伝達系内での電子移動の話に戻ろう．光化学系Ⅱから出た電子は，電子伝達系での旅を終え（図8・5c参照），エネルギーを失い，最後に光化学系Ⅰの中の反応中心内にあるクロロフィル分子へと移される．クロロフィル分子が電子伝達系から電子を受取るしくみは何だろ

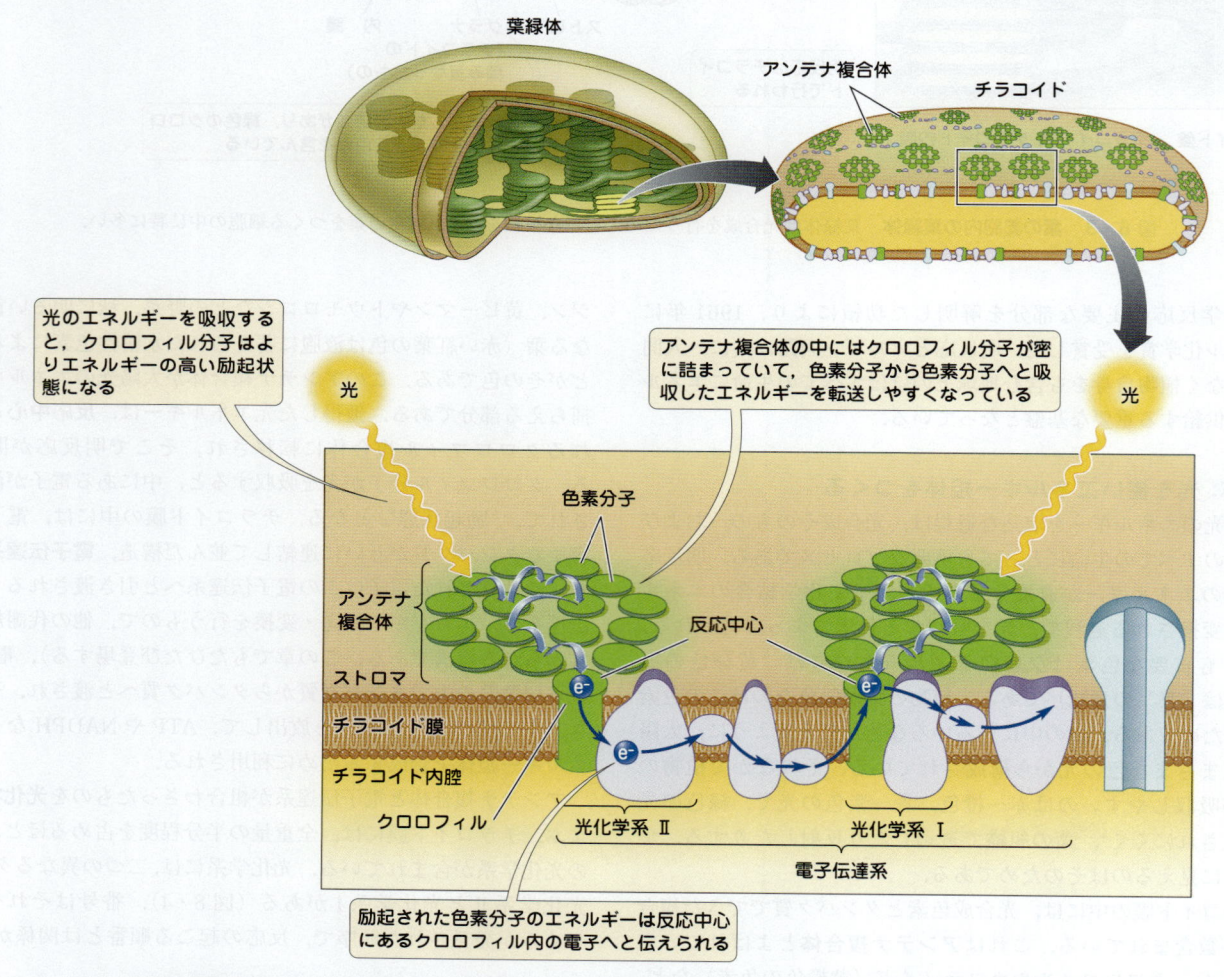

図 8・4　光合成の最初のステップ，明反応：アンテナ複合体と電子伝達系からなる　チラコイド膜内には，クロロフィル（明るい緑色で示す）のような色素を含むアンテナ複合体と，電子伝達系（紫色で示す）のタンパク質が，エネルギーを輸送しやすく配置されている．葉緑体には，光化学系Ⅱと光化学系Ⅰの二つの光化学反応があり，電子の引き継ぎが行われる．

うか？　光化学系Ⅰのアンテナ複合体によって集められた光エネルギーは，その反応中心にあるクロロフィル分子から高エネルギー状態の電子を放出させ，そこに電子の空白部分が生まれていて，光化学系Ⅱの電子伝達系から受取った電子が収まるのである．さて，光化学系Ⅰの反応中心から押し出された電子はどうなるのだろうか？　それは，光化学系Ⅰと連結した電子伝達系内を移動し，最終的に NADP$^+$ へと提供される．NADP$^+$ に2個の電子が移動し，合計 −1 の負電荷となる．これがストロマ内から H$^+$ を受取り，NADPH がつくられる（図8・5b参照）．NADP$^+$ と最後に反応する電子と H$^+$ は，結局，水分子から出てきたものである．そもそも光化学系Ⅱの電子伝達系内を移動する電子は，その反応中心から放出されたものであるが，それが水分子から取出された電子に置き換わり，同時に H$^+$ と O$_2$ がつくられることになる（図8・5a参照）．つまり，光化学系ⅡとⅠは，完全に連係してはじめて ATP と NADPH を生産することになる．O$_2$ はその副産物として放出される．

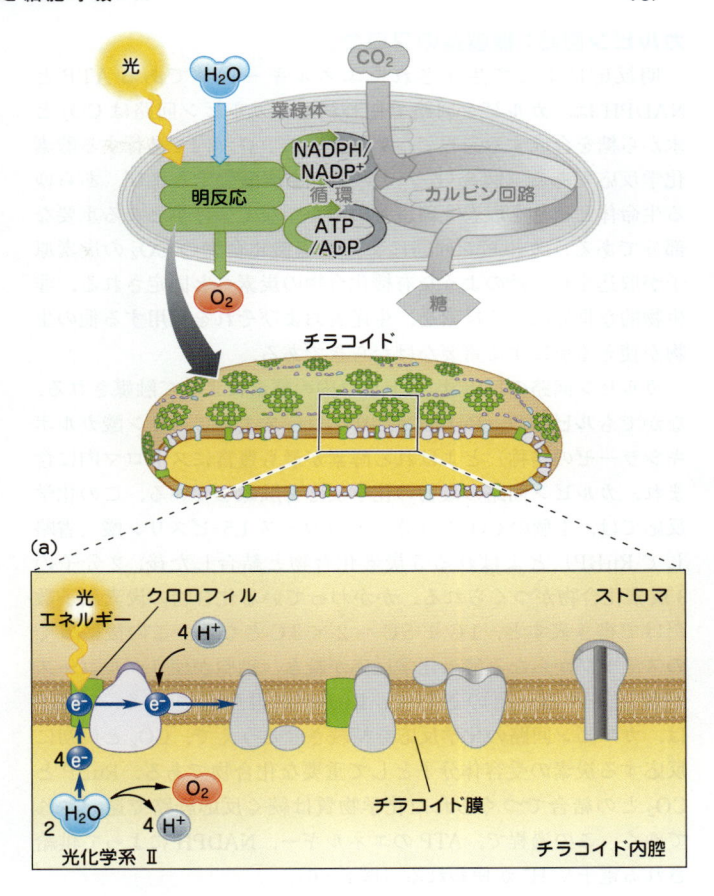

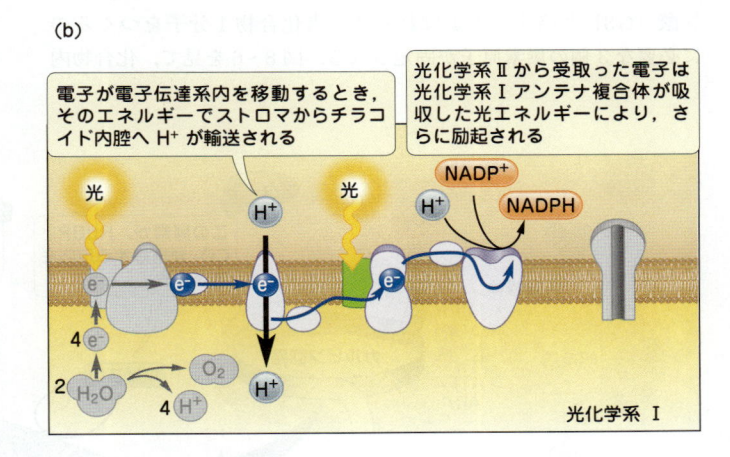

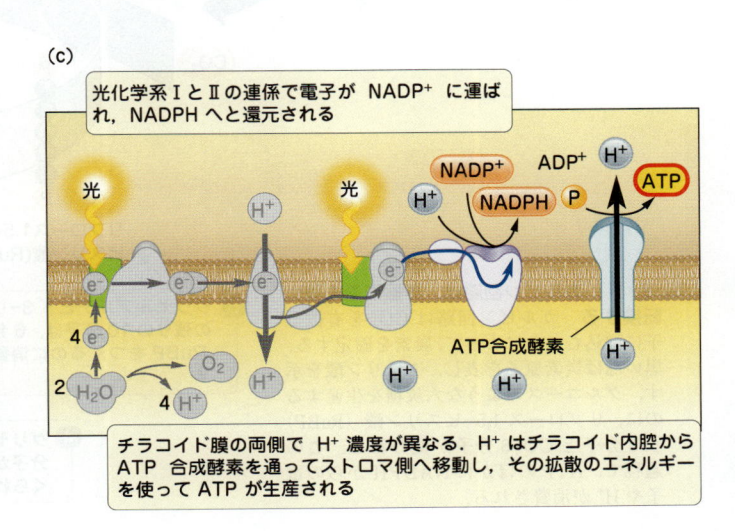

図 8・5　明反応によるエネルギー担体の生産　チラコイド膜に埋め込まれた光化学系が光エネルギーを捕らえる．そのエネルギーを使って NADPH と ATP を生産する．(a) 光化学系Ⅱによって光が吸収されると，H$_2$O から電子を奪い，副産物として O$_2$ を生み出す．(b) 電子が電子伝達系を移動するとき，そのエネルギーが H$^+$ の濃度勾配をつくるために利用される．(c) 電子は最終的に NADP$^+$ に運ばれ NADPH をつくる反応に使われる．H$^+$ 勾配により，ATP が生産される．

カルビン回路：糖製造のプロセス

明反応によって生産されたエネルギー担体であるATPとNADPHは，カルビン回路で使われる．カルビン回路はCO_2と水から糖を合成する過程で，葉緑体のストロマ内で進行する酵素化学反応である（図8・6）．この過程を**炭酸固定**とよび，あらゆる生命体とそれを取巻く環境との間をつなぐ架け橋となる重要な部分である．カルビン回路によって無機化合物のCO_2の炭素原子が取込まれ，糖のような有機化合物の炭素へと固定される．非生物的な世界にある炭素を，生産者およびそれを利用する他の生物が使える形にする重要なはたらきである．

カルビン回路の反応は，ストロマ内の酵素によって触媒される．なかでも**ルビスコ**（RuBisCo，リブロース1,5-ビスリン酸カルボキシラーゼの略称）とよばれる酵素が最も豊富にストロマ内に含まれ，カルビン回路の最初の化学反応を触媒している．この化学反応では，1個のCO_2分子が，リブロース1,5-ビスリン酸（省略してRuBP）とよばれる5炭素化合物と結合した後，2分子の3炭素化合物がつくられる．かかわっている化合物の炭素原子数だけで書き表すと，$1C + 5C = 2 \times 3C$となる．この後に多くのステップからなる酵素化学反応が続き，細胞が使うグルコースが製造される．その過程で，RuBPが再生産される．RuBPは，カルビン回路の化学反応を持続させるうえで，CO_2と最初に反応する炭素の受容体分子として重要な化合物である．RuBPとCO_2との結合でつくられた化学物質は続く反応経路で還元されてゆく．この過程で，ATPのエネルギー，NADPHによって供給される電子やH^+が使われる（図8・6）．

カルビン回路が3サイクル回ると，グリセルアルデヒド3-リン酸（G3Pと略す）とよばれる3炭素化合物1分子をつくるのに必要な3個の炭素原子が固定される．図8・6を見て，化合物内の炭素数を数えながら，この炭素固定の過程をたどると，3周期のCO_2（3回×C＝3C）とRuBP（3回×5C＝15C）の結合反応の後に，6分子の3炭素化合物がつくられている（6個×3C＝18C）．これらの3炭素化合物は最終的に3個のRuBP（3個×5C＝15C）と，1個のG3P（1個×3C＝3C）の合成に使われる．つまり，1分子の三炭糖を生産するのに，3回の反応サイクルが必要となる（$3 \times C + 3 \times 5C = 3 \times 5C + 1 \times 3C$）．他の炭素原子はすべてRuBP量を維持するために絶えず循環して使われる．1分子のG3Pをつくるのに，9個のATPと6個のNADPHが消費される．

G3Pは葉緑体の中にとどまることはない．多くが他の細胞小器官，あるいは他の細胞へと運ばれて，さまざまな化学物質をつくるときの材料となる．グルコースもG3Pからつくられる．グルコースは他のさまざまな有機物化合物をつくるのに使われる重要な分子である．G3Pはショ糖をつくるのにも使われる．ショ糖は，植物の細胞にとって重要な栄養源となる分子で，光合成が行われている葉から植物の他の組織の細胞へと運ばれて使われる．サトウキビの茎やテンサイ（砂糖大根）の液胞内には多量のショ糖が貯蔵されていて（図8・7a），世界中の砂糖産業の主要原材料となっている．

葉緑体でつくられたG3Pの一部はストロマ内にとどまり，デンプンに転換される．デンプンはグルコースからつくられ，植物がエネルギーを蓄えるための重要なポリマーである．デンプンは昼間に葉緑体の中に蓄えられ，夜になると単糖に分解される．糖は異化経路，おもに細胞呼吸によって分解され，細胞が夜間に必要とするATPをつくるときに使われる．果実，種子，根，そしてジャガイモのような塊茎・塊根など，光合成を行わない組織の中にもデンプンが豊富に貯蔵されていて（図8・7b），エネ

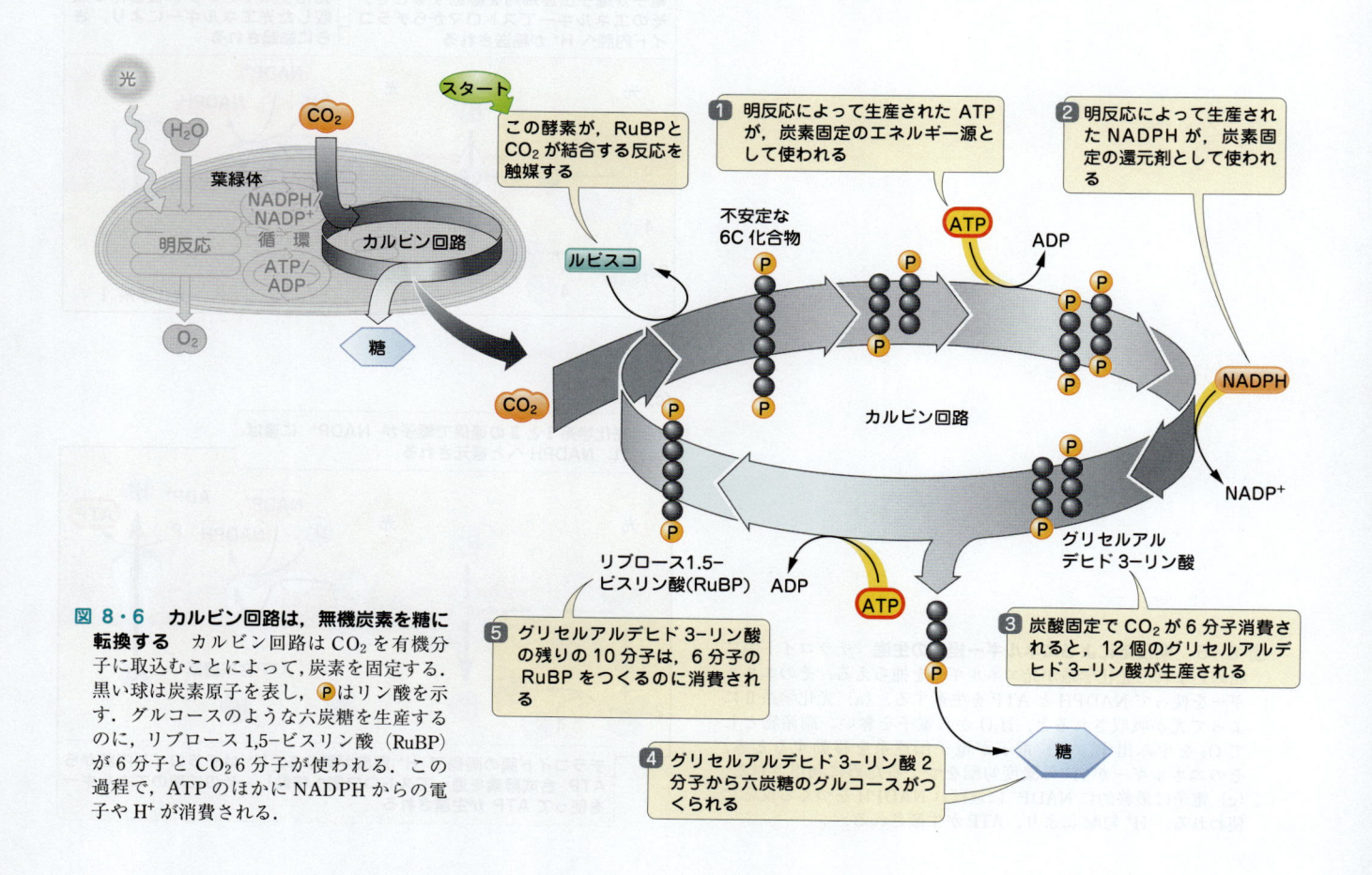

図8・6 カルビン回路は，無機炭素を糖に転換する カルビン回路はCO_2を有機分子に取込むことによって，炭素を固定する．黒い球は炭素原子を表し，Ⓟはリン酸を示す．グルコースのような六炭糖を生産するのに，リブロース1,5-ビスリン酸（RuBP）が6分子と$CO_2$6分子が使われる．この過程で，ATPのほかにNADPHからの電子やH^+が消費される．

1. 明反応によって生産されたATPが，炭素固定のエネルギー源として使われる
2. 明反応によって生産されたNADPHが，炭素固定の還元剤として使われる
3. 炭酸固定でCO_2が6分子消費されると，12個のグリセルアルデヒド3-リン酸が生産される
4. グリセルアルデヒド3-リン酸2分子から六炭糖のグルコースがつくられる
5. グリセルアルデヒド3-リン酸の残りの10分子は，6分子のRuBPをつくるのに消費される

ギーを蓄える手段として使われている．こうした植物の組織がデンプンを多く蓄えるからこそ，動物にとって重要な食物源になっているのである．

8・4 細胞呼吸: 分子を分解してエネルギーを得る

私たちの体内では異化作用の化学反応が絶えることなく進行するが，その材料は光合成でつくられた化学物質である．動物の場合，異化作用の第一段階は，胃や腸などの消化管で巨大分子を消化することから始まる．この消化の過程で，炭水化物，タンパク質や脂肪などの巨大分子は分解され，単糖，アミノ酸や脂肪酸のような，より小さな構成要素であるモノマーに分割される．これらの化合物が腸によって吸収され，血流に乗って体の他の細胞へ渡される．それぞれの細胞で，供給された単糖からエネルギーがつくり出される．細胞で行われる異化作用の最後の段階が細胞呼吸である．真核生物の細胞呼吸は，三つの主要な段階，解糖系，クエン酸回路，そして酸化的リン酸化に分けられる．

解糖系は，細胞で糖が分解される最初の段階である

解糖とは，文字通り"糖を分解する"ことである．進化のうえでは，解糖系は食物分子からATPを生産する最も古くからある手段であると考えられる．もちろん今でも，多くの原核生物にとってエネルギー生産の重要手段であることには変わりない．しかし，後で述べる酸化的リン酸化に比べると，解糖系でつくられるエネルギーは非常に少ない．この過程では糖は部分的にしか酸化されず，2分子のATPと2分子のNADHを生み出すだけである．ほとんどの真核生物にとって，解糖系は糖からエネルギーを生み出す最初の段階にすぎない．ミトコンドリアで行われる反応によって糖は完全に酸化され，一般に解糖系が生み出す量の少なくとも15倍量のATPをつくることができる．

解糖系は，サイトソルで進行する一連の酵素化学反応である（図8・8）．六炭糖のグルコースが分解され，ミトコンドリアがATPをつくるときの材料となる単純な分子となる．そこではま

図8・7 糖質とデンプン　(a) ショ糖結晶の偏光顕微鏡写真．ショ糖（スクロース）は，グルコースとフルクトースが共有結合してできる二糖である．植物のなかには，ショ糖を茎や根の細胞，果実の細胞内の液胞に多量に蓄えるものもある．(b) ジャガイモの走査型電子顕微鏡写真．細胞小器官内に貯蔵されているデンプンがみられる．デンプンはグルコースのポリマーである．植物が余ったエネルギーをデンプンの形で蓄えるものが多い．

生活の中の生物学

われわれは発酵食品が好きである

発酵という名称は必ずしも食欲をそそるようには思えないが，人気の食品，飲料やスナックで何かしら発酵に関係しているものは多い．発酵は，とりたてて魅力のない食材でも人気の商品に変える力がある．米国人が年間に消費する約5kgのチョコレート，4kgのコーヒー，14kgのチーズ，2.5kgのヨーグルト，4kgのピクルス，そして27kgのパン，そのすべてが発酵商品である．

私たちは発酵食品が大好きである．チョコレートがよい例だろう．チョコレートは年間収益6兆円の産業で，おもにアフリカと南米で年間250万tが生産されている．南米のマヤ族やアステカ族が，2600年前からチョコレートをつくっていたが，基本的な製法は現在も変わらない．カカオ豆で自然に起こる発酵は，チョコレートになるうえで重要な過程である．

発酵の処理を始めるとき，オオバコの葉の上に原料のカカオ豆を積み上げるが，そこで自然の微生物の発酵によって豆の周囲にある果肉部分が変化する．発酵でできた生成物が豆の中に入り込み細胞膜を破壊し，そのとき，細胞内から放出される酵素によってタンパク質が分解され，チョコレート独特の風味が生まれる．この発酵過程がないと，何の風味もない．その後の処理は好気性細菌が引き継ぐ．呼吸によって酸やエタノールなどの発酵生成物が消える．豆をかき混ぜて酸素に触れさせると豆の中の成分が反応して茶色になる．さらに酸素に触れて風味が生まれる．最後に，豆を煎ることで処理が完了する．苦く香り豊かなチョコレートは，数千年前のものとほとんど変わらない．最初にスペイン人が南米からチョコレートを持ち帰り，ヨーロッパ人がこの魅惑的な発酵製品に砂糖を加えることにより，現代版チョコレートとなった．

たぶん，誰もが，チョコレートが好きである．冗談まじりに"チョコレート中毒者"という人もいるだろう．これは冗談ではないらしく，壊れたカカオ豆の細胞膜に由来する酵素生成物から，カフェインや神経系の刺激物質も発見されている．生理作用をもつカフェインと同じように，チョコレートに含まれている物質は，コカインなどの中毒性薬物によって活性化されるような脳の快楽中枢をも刺激するらしい．

ず，グルコースは六炭糖の中間産物になり，その後，2個の三炭糖に分解される．これらの分子が，その後，3炭素化合物の有機酸である**ピルビン酸**に転換される．ピルビン酸は，さらなる分解処理のためにミトコンドリア内へと運ばれる．

解糖系でつくられる正味のエネルギーは，以下のようになる．まず，グルコース1分子が分解されるときに，4個のADPがリン酸化されて4分子のATPを生産し，2個の電子がNAD$^+$に与えられて二つのNADHをつくる．解糖系の初期段階の中間産物をつくるのに，グルコース1分子につき2分子のATPを消費するので，差し引き，1分子のグルコースは2個のATPと2個のNADHを生産する（図8・8参照）．解糖系はO$_2$を必要としない．グルコースを部分的に酸化して，ピルビン酸がつくられる．完全な酸化のためには，ピルビン酸はミトコンドリアに入る必要がある．そこには，O$_2$を使った高効率のATP生成システムがあるからである．

酸素がないとき，発酵が解糖によるATP産生を後押しする

解糖系はO$_2$を必要としない**嫌気性**の酵素化学反応である．おそらく解糖系は，大気酸素の乏しい原始時代の地球上で，初期の生命体にとって重要なエネルギー獲得手段であったと思われる．今でもなお，嫌気性生物にとって，解糖系はATPを生産する唯一の手段である．O$_2$が不足がちの沼地，下水や土壌の深層に生息する嫌気性細菌のなかには，実際，O$_2$が有害な毒物でしかない生き物がいる．このような嫌気性生物は，発酵とよばれる異化経路を利用して，有機分子からエネルギーを獲得する．発酵は，解糖系と，特異な一連の化学反応（解糖後反応）からなる．この反応の役割は，解糖系を維持することである．

解糖系でつくられたピルビン酸とNADHは，ミトコンドリアに輸送されない限り，サイトソルにとどまるであろう．発酵では，ピルビン酸はアルコール，もしくは乳酸のような他の分子へと転換されて処理される．同時に，NADHをNAD$^+$に転換し，解糖に必要なNAD$^+$をリサイクルする．つまり，発酵は解糖系の反応を継続させるうえで必要な反応である（解糖系でのNAD$^+$の役割については図8・8参照）．もともと細胞内のNAD$^+$の量はそう多くなく，ビタミンB群に含まれる貴重な栄養素である．それが解糖ですべてNADHに転換されたら，あっという間にNAD$^+$不足のために解糖が停止するであろう．解糖後の発酵はこのNAD$^+$枯渇問題をうまくかわす便法で，NADHから電子とH$^+$を取除き，NAD$^+$として，この重要な物質の細胞内備蓄を回復させるのである．解糖後反応では，NADHから分離した電子とH$^+$を使って，2炭素化合物，あるいは，3炭素化合物がつくられ，発酵の副産物として最も一般的な物質，アルコール（エタノール）や乳酸となる．

酵母は単細胞の菌類であり，ビール，ワインや他のアルコール製品の製造に広く使われている．嫌気性酵母による発酵は，ピルビン酸をエタノールに転換し，同時にCO$_2$ガスを発生する．このガスによってビールを注ぐときの滑らかな泡立ちができる（図8・9a）．パンを焼くときにも重要な役割を果たし，発酵によって放出されたCO$_2$が，パン生地を膨らませ，小さな気泡をつくり，ふっくらとした食感を与える．

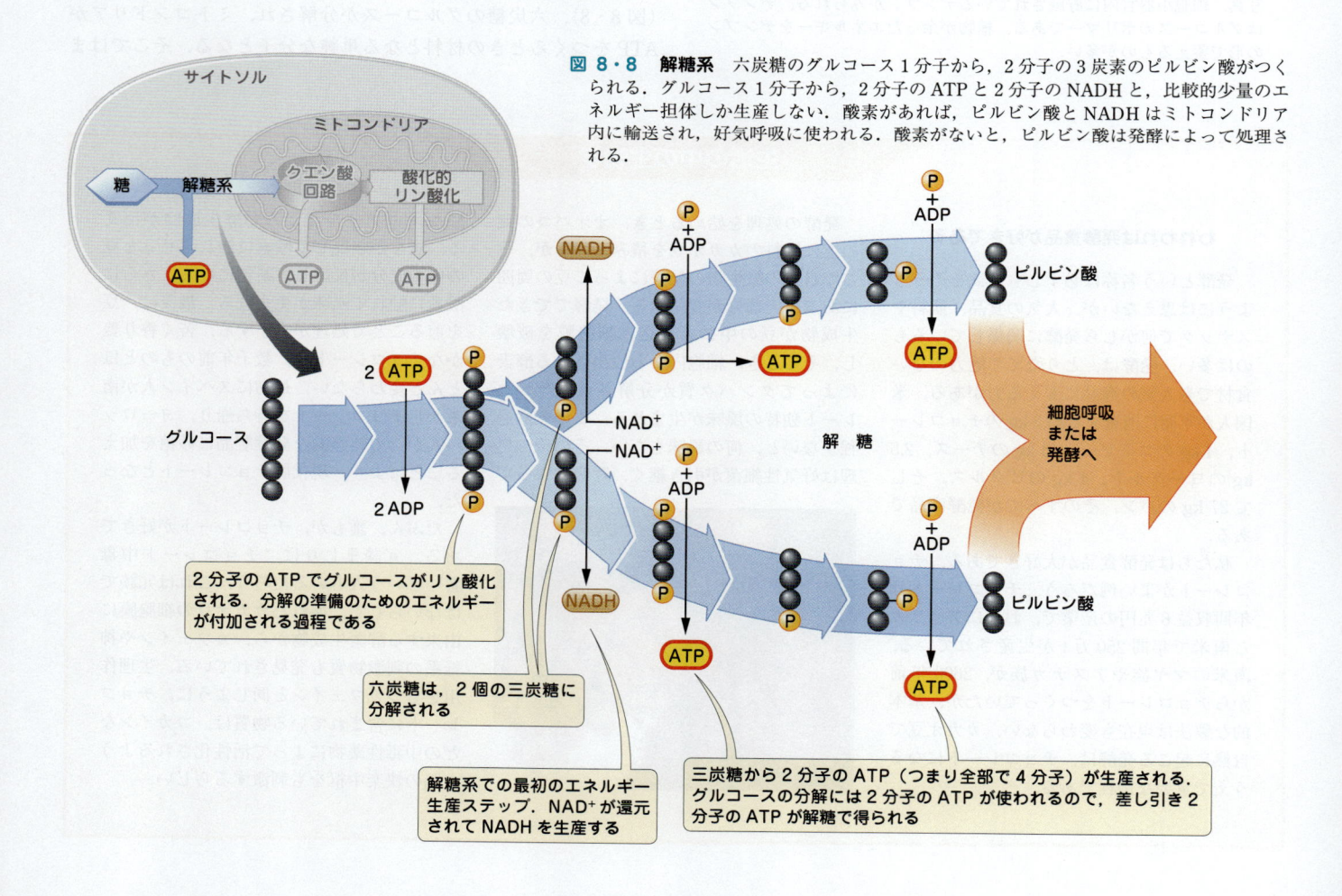

図8・8　解糖系　六炭糖のグルコース1分子から，2分子の3炭素のピルビン酸がつくられる．グルコース1分子から，2分子のATPと2分子のNADHと，比較的少量のエネルギー担体しか生産しない．酸素があれば，ピルビン酸とNADHはミトコンドリア内に輸送され，好気呼吸に使われる．酸素がないと，ピルビン酸は発酵によって処理される．

- 2分子のATPでグルコースがリン酸化される．分解の準備のためのエネルギーが付加される過程である
- 六炭糖は，2個の三炭糖に分解される
- 解糖系での最初のエネルギー生産ステップ．NAD$^+$が還元されてNADHを生産する
- 三炭糖から2分子のATP（つまり全部で4分子）が生産される．グルコースの分解には2分子のATPが使われるので，差し引き2分子のATPが解糖で得られる

発酵は，嫌気性の単細胞生物のものだけではない．ヒトの体内でも，他の**好気性**の生物（O_2 を必要とする生物）の細胞内でも，行われている代謝反応である．激しく運動し，疲弊するまで筋力を使ったとき，筋肉に焼けるような痛みを感じることもあるだろう．その一因は発酵によるものである．筋肉細胞内は解糖を継続するために発酵でピルビン酸から乳酸をつくり（図8・9 b），この乳酸が末梢神経を刺激し，酷使された筋肉で感じるような痛みとなる（訳注：乳酸だけが直接筋肉の痛みの原因とはならない．イオン成分，pH 変化，ホルモンなど複数の原因が考えられる）．急激な運動をすると，骨格筋肉内に貯蔵された ATP は数秒で使い果たしてしまう．この状況では，ハイペースの細胞呼吸を維持できるほど血流で十分な O_2 を運べないので，筋肉の細胞は臨時の ATP を生み出すために発酵に頼らざるをえない．短距離走者や重量あげの選手のように短時間で集中して力を出す運動は，筋肉細胞での無酸素乳酸発酵でかなりの部分を助けられている．対照的なのは，マラソン選手や他の持久力を必要とする運動である．このような運動には，持続的な好気性呼吸が必要となる．

真核生物の ATP の重要な供給源：ミトコンドリア内での細胞呼吸

O_2 があれば，真核生物は細胞呼吸を使って大量の ATP を生産できる．細胞質内の解糖系の化学反応でもエネルギー担体がつくられるが，最初のグルコース分子がもつ化学エネルギーの大半は，まだ3炭素化合物のピルビン酸の中に残されている．ミトコンドリア内での酵素化学反応を使ってピルビン酸をさらに分解し，ATP 分子を多量に生み出すしくみがある．このミトコンドリアの細胞呼吸による ATP 生産は，O_2 に強く依存した好気的過程である．

筋肉のように細胞呼吸の盛んな組織内には，高い密度でミトコンドリアがみられ，また，その活動を支える酸素を運ぶために血液の供給量も多い．たとえば，ヒトの心臓の筋肉には，心拍活動を維持するのに必要な ATP をつくるためにミトコンドリアが非常に多い．ハダカデバネズミは酸素の乏しい地下の巣穴に密

毛がなく地下で密集して生活するハダカデバネズミ

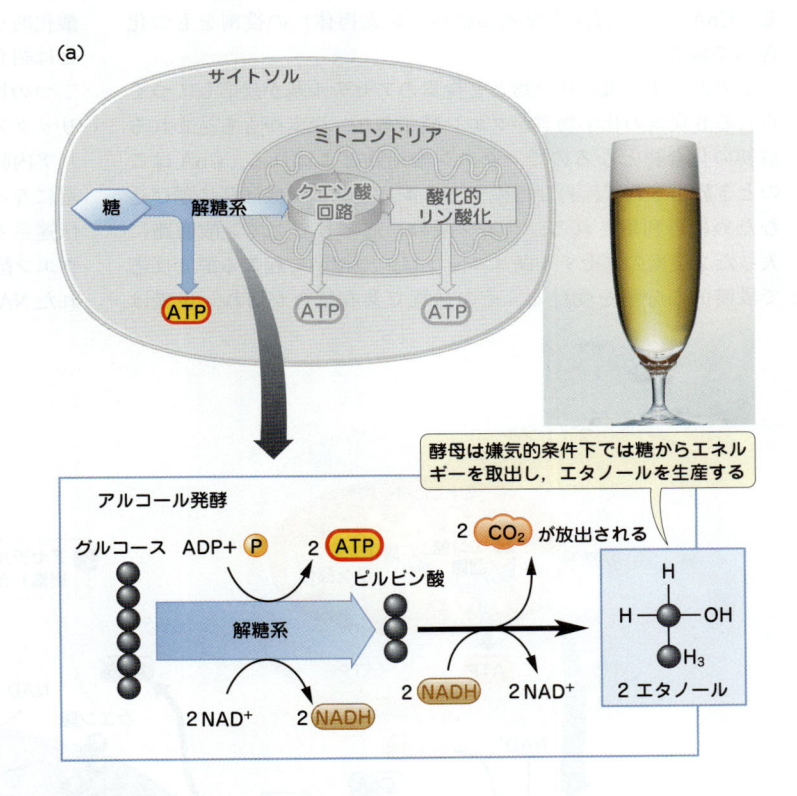

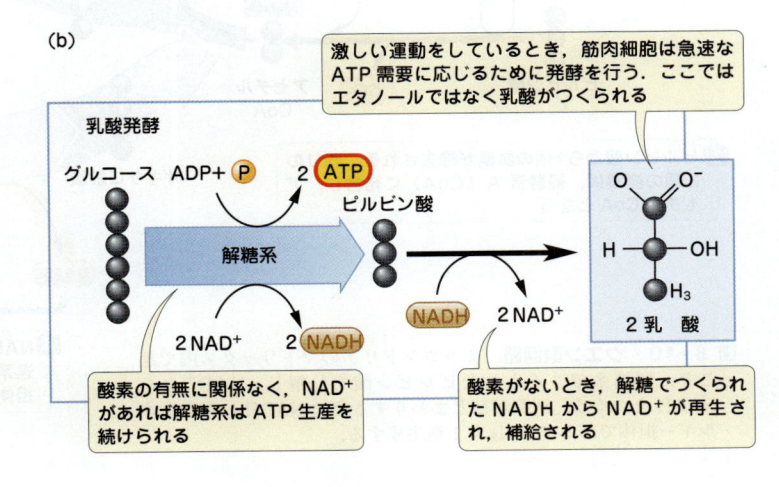

図 8・9 **エタノールと乳酸は，発酵の副産物である** 酸素がないと，解糖系のみで ATP を生産しなければならない．(a) 単細胞の菌類である酵母菌は，ビールなどのアルコール飲料の醸造に応用されている．発酵用のタンクから酸素がなくなると，酵母菌は，糖の発酵に頼るようになり，その副産物としてエタノールと CO_2 を生産する．(b) 短時間に激しい運動をするときにも，同じような反応が私たちの体の中で起こる．ただし，アルコール発酵ではピルビン酸から二つの炭素をもつエタノールがつくられるのに対して，三つの炭素をもつ有機酸である乳酸がつくられる．

集してすみ、餌をとるために毎日かなりの距離の穴を掘り進まなければならない。彼らの筋細胞は、酸素供給を高め、ATP生産を維持できるようにつくられている。実験用マウスの細胞と比べると、ミトコンドリアが50%以上多く、毛細血管の密度も30%以上高くなっている。

クエン酸回路によってNADHとCO_2がつくられる

解糖系の最終産物であるピルビン酸は、ミトコンドリアのマトリックス内へ運ばれる。そこで、細胞呼吸の重要な二つ目のステップ、一連の酵素化学反応である**クエン酸回路**(クレブス回路)の反応基質として使われる(図8・10)。クエン酸回路に入る前にミトコンドリアのピルビン酸には前処理が施される。まず、酵素反応でピルビン酸(3炭素化合物)の中の二つあるC-C間共有結合の一つを分解し、アセチル基とよばれる2炭素の構造をつくる。このとき、残りの炭素はCO_2となって放出される。残りのアセチル基は補酵素A (CoA) に結合し、アセチルCoAとよばれる物質になる。アセチルCoAは、クエン酸回路の中で4炭素でできた分子に2炭素のアセチル基を引き渡す役割を担っている。CoAはいわば炭素を運ぶ担体(炭素担体)の役割をもつ化合物である。

このとき4炭素の化合物と2炭素のアセチル基が反応してつくられる6炭素の化学物質がクエン酸であり、炭素がもち込まれる最初の化合物となるので、クエン酸回路とよばれる。CoAはこのとき放出されて、再び他のアセチル基をクエン酸回路に運び込むために再利用される。クエン酸の一部としてクエン酸回路に入った2炭素のアセチル基ユニットは、つづいて起こる酵素反応で段階的な分解を受ける。その過程で共有結合が切れ、炭素はCO_2の形で放出されてゆく。炭素の共有結合が切られるときに放出されるエネルギーは、エネルギー担体としてのNADHなどの生成に利用される。ここでつくられたNADHは、あとで紹介する細胞呼吸の最終段階、酸化的リン酸化の過程でATP分子をつくるために使われる。

クエン酸回路は、大都市の中央駅のようなものである。そこは他の鉄道路線、つまり、他の異化作用、同化作用の経路が集合する場所でもあるからだ。たとえば、脂質など糖以外の食物分子から取出された炭素もクエン酸回路に取込まれ、CO_2に転換できるようになっている。トリアシルグリセロール(第4章参照)などは、細胞質で脂肪酸とグリセロールに分解され、ミトコンドリア内に運ばれた後、アセチルCoAへと変換される。脂質からつくられたものであっても、解糖でできたものであってもアセチルCoAとしては区別がつかず、同じようにクエン酸回路によって酸化される。

酸素を使う酸化的リン酸化で大量のATPがつくられる

大量のATP生産は、細胞呼吸の最終段階、ミトコンドリアの酸化的リン酸で生み出される。ミトコンドリアが二重膜をもつことは紹介したが、二つの膜によって膜間腔とマトリックスという二つの区画がつくられている。クエン酸回路の酵素反応はマトリックス内で進行し、その後に続く最終ステップは、ミトコンドリア内膜のひだ構造(クリステ)の中で行われる。内膜がひだ構造になっているのは面積を大きくするためで、膜の中には電子伝達系とATP合成酵素複合体がぎっしりと埋め込まれている。クエン酸回路によってつくられたNADH、また解糖系で生み出されたNADHも、内膜まで運ばれ、その高エネルギーの電子は電子

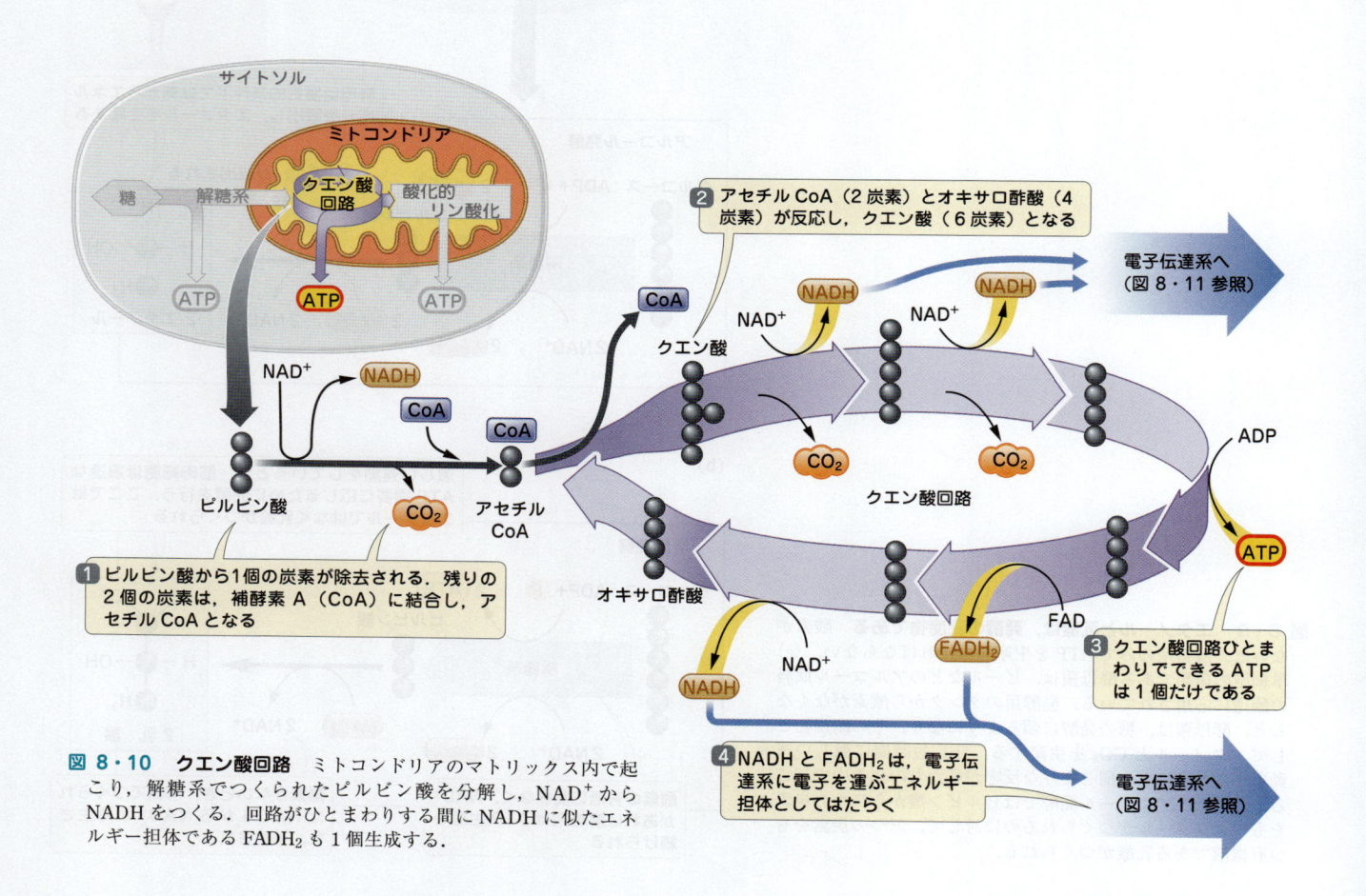

図8・10 クエン酸回路 ミトコンドリアのマトリックス内で起こり、解糖系でつくられたピルビン酸を分解し、NAD^+からNADHをつくる。回路がひとまわりする間にNADHに似たエネルギー担体である$FADH_2$も1個生成する。

1 ピルビン酸から1個の炭素が除去される。残りの2個の炭素は、補酵素A (CoA) に結合し、アセチルCoAとなる

2 アセチルCoA (2炭素) とオキサロ酢酸 (4炭素) が反応し、クエン酸 (6炭素) となる

3 クエン酸回路ひとまわりでできるATPは1個だけである

4 NADHと$FADH_2$は、電子伝達系に電子を運ぶエネルギー担体としてはたらく

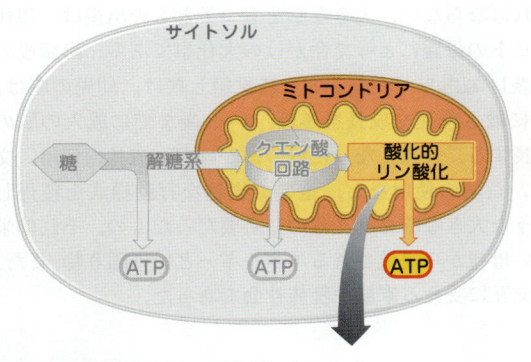

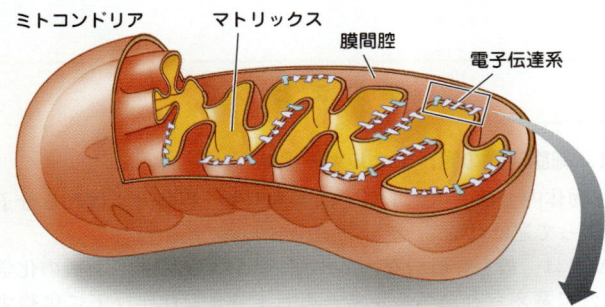

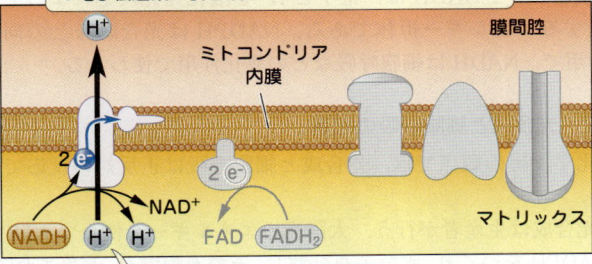

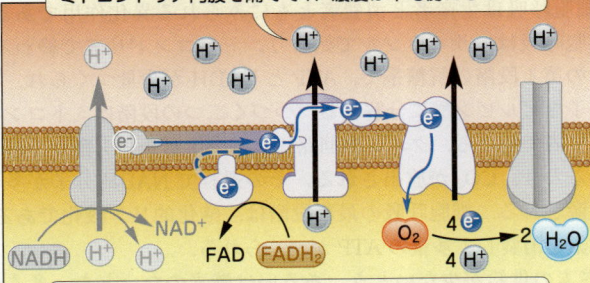

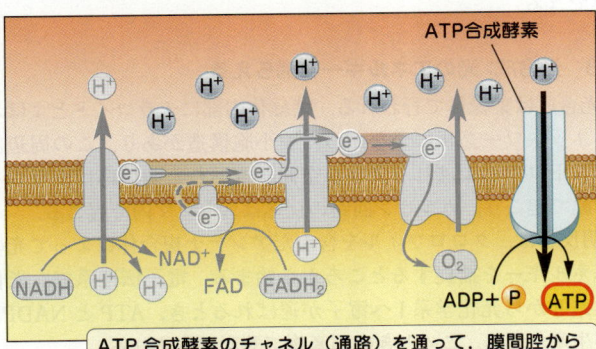

8. 光合成と細胞呼吸

伝達系の酵素に提供される．FADH$_2$も同じように電子を電子伝達系へと引き渡すのに使われる．電子伝達系によって運ばれた電子のエネルギーは，最終的に酸化的リン酸化とよばれる酸素を使った酸化反応を経て，ADPからATPへのリン酸化に利用される（図8・11）．電子伝達系による電子の輸送とATP合成の関係を詳しく紹介しよう．

ミトコンドリア内膜の電子伝達系は，葉緑体のチラコイド膜にあるものと，よく似ている．ミトコンドリアでは，NADHから受取った電子が電子伝達系構成ユニット間で順々に引き渡されるときに，そこで放出されたエネルギーを使って，マトリックス側から膜間腔へと水素イオン（H$^+$）が輸送され，膜間腔にH$^+$が蓄積される．ミトコンドリア膜間腔内にH$^+$を蓄えることは，チラコイド内腔にH$^+$を蓄えるのと同じ効果をもつ．つまり，膜を介してのH$^+$濃度差を生み出すことになる．葉緑体のときと同じように，H$^+$がプロトン勾配に従ってATP合成酵素を通過するときにATPがつくられる．ATP合成酵素は，膜チャネル，回転するモーター部分，ATP合成ユニットの三つの部分から構成され，チャネルをH$^+$が移動するとき，活性化した合成酵素がADPをリン酸化してATPを合成する（図8・11）．葉緑体とミトコンドリアが非常によく似たしくみを使ってATPを合成していることから，共通となる基本形がもともとあって，それが変化して，多彩な代謝経路に進化したと考えると説明しやすい．よく似た構成の電子伝達系をもつこと，電子から放出されたエネルギーを使ってH$^+$を輸送すること，また，プロトン勾配からよく似たATP合成酵素を使ってATPをつくることは，その可能性を強く示している．

最後に，NADHから放出され，ミトコンドリア内膜の電子伝達系内を移動する電子の最後的な行き先，電子伝達系の最終ステップを紹介する．電子は，O$_2$およびミトコンドリアマトリックス由来のH$^+$と結合し，水分子となる．つまり，電子伝達系で運ばれる電子の最終的な行き先となり，最後に電子受容体としての役目を果たすのがO$_2$である（図8・11参照）．電子を受取るO$_2$がなければ電子伝達系での電子の流れは完全にストップする．電子伝達系内の電子輸送がストップすれば，H$^+$は内膜腔へは能動輸送されない．この能動輸送がなければH$^+$濃度勾配はできず，ADPをリン酸化しATPをつくることができない．私たちを含め，好気性生物はすべてO$_2$なしでは十分なATPをつくれない．その細胞呼吸過程を阻むものはどんなものであれ，生命をおびやかす脅威となる．たとえば，シアン化水素は電子伝達系の最後の構成成分に結合し，O$_2$への電子の引き渡しを阻害し，ミトコンドリア内でのエネルギー産生を停止させるので，典型的な呼吸毒の作用を示す．

図8・11 酸素は，酸化的リン酸化によってATPをつくるのに必須である 細胞呼吸の最終段階，酸化的リン酸化によって，細胞が必要とするATPの大半がつくられる．クエン酸回路で生産されたNADHとFADH$_2$から，ミトコンドリア内膜の電子伝達系へと電子が引き渡される．電子が電子伝達系を移動するときに放出されるエネルギーを使って，H$^+$がマトリックスから膜間腔へと運ばれる．その結果生じたH$^+$の濃度勾配のエネルギーによって，ADPがリン酸化されATPをつくる．この反応はATP合成酵素が触媒する反応である．電子伝達系を移動した電子は，最終的に酸素と反応し，水を生成する．

細胞呼吸（解糖系，クエン酸回路，酸化的リン酸化）によって，グルコース1分子につき，30分子以上のATPがつくられる．グルコース1分子につき2分子のATPができるだけの解糖系に比べると，細胞呼吸はずっと生産的である．

■ **これまでの復習** ■
1. 光化学系ⅠとⅡのはたらきの違いを比較せよ．
2. ルビスコとは何か．光合成においてどのような役割をもつか．
3. 私たちが生きるためにO_2を必要とする理由は何か．

---

1. 光化学系Ⅱは水分子の分解を触媒し，廃棄物としてO_2をつくる．この反応に連結した電子伝達系によってH^+濃度勾配がつくられる．光化学系Ⅱの電子伝達系からひと連なりになっている光化学系Ⅰは，さらに電子伝達系を稼働する．
2. ルビスコはストロマにある酵素で，リブロース1,5-ビスリン酸（RuBP）にCO_2を付加する反応を触媒する．この反応から始まる酵素反応と無機炭素を糖分子に転換する重要な反応回路をカルビン回路という．
3. O_2は，ミトコンドリアでの電子伝達系の最終的な電子受容体である．O_2がなければ，細胞は生存するのに必要なATPをつくれない．

学習したことの応用

脳へのエネルギー供給

この章では，エネルギーをつくり出す経路，異化作用について詳しくみてきた．では，脳がいかに多大なエネルギーを必要とするのか，また，ヒトの進化のうえで，どのようにしてそうした需要を満たしてきたのか紹介しよう．脳細胞の高いATP需要を満たせるのは酸化的リン酸化だけである．したがって，酸素が数分間以上なくなると，脳の細胞は死滅しはじめる．

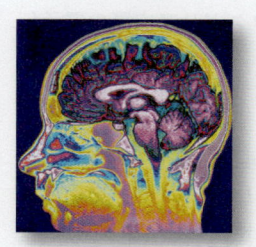

ヒト属（*Homo*）は，約250万年前に出現した．この初期の人類は私たちの直系の先祖と考えられ，アウストラロピテクス属（*Australopithecus*）のような類人猿と比べて2倍の容量の脳をもっていた．"ルーシー"というニックネームの有名なアウストラロピテクス属の化石は，約400gの脳をもっていたとされるが，これは現在のチンパンジーの脳に近い大きさである．

何が幸いし，どのような行動や生理学的な変化が原因で，初期の人類の脳は飛躍的に大きくなったのであろうか．古人類学の研究から，ヒト属最古の祖先は，菜食だけの食事から，肉などを含むカロリーの多い多様な食物に切り替えたと考えられている．植物食はカロリーや栄養素が低い．そのため，草食動物（植食性動物）は，多量に食べた植物を，長い消化管の中をゆっくりと移動させながら栄養を吸収する必要がある．ヒトは雑食性の動物である．祖先の食事のおかげで，私たちの消化管は他の霊長類に比べると約40%短い．肉を食べることは，ヒトの脳の進化において，大転機になったと考えられる．肉食で大きな脳を支えるのに必要なエネルギーが供給できたからである．

エネルギー供給は，大きな脳の進化だけの問題にはとどまらない．祖先のヒトの母親は，大きな脳をもった子どもを出産すること，また，幼児期に長期間，子育てをして守ることに大変苦労しただろう．ヒトの脳は，誕生前に大きく発達する．胎児は必要な栄養を母親から受取るので，妊娠中の母親はそのための代謝を維持しなければならない．大きな脳をもつ子どもの出産は，現代に至るまでヒトの母親にとって命がけの大仕事である．出産後の授乳でも母親はエネルギーを子どもに供給し続け，幼児の脳は，生後1年間に最も急速な成長を遂げ，4〜5歳までに成人の脳の85%まで成長する．大きくなった脳のおかげで，道具の使用，文化的な活動，言語の使用など，重要で複雑な行動様式を獲得した．そのような大きな脳を支えるのに必要だったもの，それは栄養状態のよい母親から提供されるエネルギーという贈り物，また，その母親を交互に支える家族や種族社会であった．

章のまとめ

8・1 細胞活動の源，エネルギー担体

■ 生物体内では，エネルギーはエネルギー担体とよばれる分子によって運ばれる．

■ ATPは，最も一般的なエネルギー担体である．リン酸の化学結合に蓄えられたエネルギーをさまざまな化学反応に供給する．ATPはADPのリン酸化によってつくられる．

■ NADPHとNADHは，電子とH^+を酸化還元反応によって供給するエネルギー担体である．NADPHは光合成などの同化作用で，NADHは細胞呼吸などの異化作用で使われる．

8・2 光合成と細胞呼吸の概要

■ 化学反応の観点では，光合成と細胞呼吸は正反対の反応である．

■ 光合成は生産者が行う．太陽光のエネルギーを使ってATPとNADPHをつくり，水分子を分解し，その過程でO_2が生まれる．ここでできたエネルギー担体を，カルビン回路での酵素化学反応で使用し，CO_2を糖分子に転換する．

■ 細胞呼吸は生産者と消費者ともにみられる異化作用である．細胞呼吸は，サイトソルで始まり，ミトコンドリアで終わる．その第1段階の解糖系で，ATPとNADHが少量つくられ，糖分子をピルビン酸に分解する．つづく二つの段階はミトコンドリア内で起こる．クエン酸回路によって，ピルビン酸が分解されるとき，CO_2が放出される．その過程でNADH分子が多数生産される．細胞呼吸の最終段階は，酸化的リン酸化である．酸素を消費して多量のATPがつくられる．

■ 酸素の供給が少ないとき，あるいは酸素のないとき，多くの単細胞生物や多細胞生物のある細胞（筋肉細胞など）は，解糖を使った異化作用の経路である発酵を行ってエネルギーを獲得できる．

8・3 光合成：光のエネルギーを捕らえる

■ 光合成は葉緑体で行われる．葉緑体内部にチラコイドとよばれるネットワーク状につながった膜小胞構造があり，この周辺部をストロマとよばれる大きな空間が取囲む．明反応はチラコイド膜で起こり，カルビン回路の反応はストロマ内で起こる．

■ 明反応は，クロロフィルを含んだアンテナ複合体によって光のエネルギーを捕捉するところから始まる．電子伝達系で，光化学系Ⅱから光化学系Ⅰへ電子が運ばれるとき，ATPとNADPHが生産される．このときの副産物で酸素が生まれる．

■ カルビン回路では，明反応によってつくられたATPとNADPH

を使い，大気中のCO_2を固定して，グルコースなどの糖が合成される．

8・4 細胞呼吸: 分子を分解してエネルギーを得る

■ 細胞呼吸は，ほとんどすべての真核生物にみられる重要な異化作用である．細胞呼吸は，三つの段階，解糖，クエン酸回路，そして酸化的リン酸化に分けられる．

■ 解糖系はサイトソル内で進行し，グルコース分子を分解し，ピルビン酸と，少量のATP，NADHを生産する．

■ 発酵は，酸素が乏しいとき，あるいは酸素がない環境で機能する異化経路である．解糖でつくられたピルビン酸は細胞質内にとどまり，CO_2とアルコール（酵母によるアルコール発酵），乳酸（無酸素条件での骨格筋での乳酸発酵）などの1〜3炭素の化合物がつくられる．発酵によるATP生産量は細胞呼吸によるものよりもずっと少ない．発酵の役割は，NAD^+を再生することである．NAD^+の再生は解糖を継続するうえで必須である．

■ 酸素があると，解糖でつくられたピルビン酸はミトコンドリアに運ばれ，そこで多くのATP生産に使われる．

■ クエン酸回路はミトコンドリアのマトリックス内で起こる酵素反応で，ピルビン酸を分解してNADHとCO_2を生産する．

■ ミトコンドリア内膜でO_2とNADHを使った酸化的リン酸化反応が起こる．細胞のATPの大半がこの反応でつくられる．

復習問題

1. 光合成と細胞呼吸，二つを比較せよ．どちらが同化作用か？その理由も述べよ．それぞれ，何の大気ガスが放出され，あるいは消費されるか？生産者で起こり，消費者では起きない反応はどちらか．
2. 葉緑体とミトコンドリアの両方で，電子が電子伝達系内を移動するとき，H^+を使った同じような現象が起こる．何が起こるか，その詳細を述べよ．また，各細胞小器官で，それがATPの生産にどのように寄与するかを説明せよ．
3. 光合成の明反応からカルビン回路へ至る経路で起こることを説明せよ．
4. ある種の薬剤のはたらきで，H^+はチャネルタンパク質に頼ることなくミトコンドリアの内膜を自由に通過できるようになる．そのような薬剤は，細胞のATP合成にどのように影響を及ぼすか？
5. 葉緑体における，光化学系IIから$NADP^+$までの電子の流れを述べよ．

重要な用語

エネルギー担体（p.132）
ATP（アデノシン三リン酸）（p.133）
リン酸化（p.133）
NADH（p.133）
NADPH（p.133）
同化作用（p.133）
異化作用（p.133）
光合成（p.133）
葉緑体（p.133）
細胞呼吸（p.133）
解糖系（p.134）
酸化的リン酸化（p.134）
発酵（p.134）
膜間腔（p.134）
ストロマ（p.134）
チラコイド（p.134）
チラコイド膜（p.134）
チラコイド内腔（p.134）
明反応（p.134）
カルビン回路（p.134）
クロロフィル（p.135）
アンテナ複合体（p.135）
反応中心（p.135）
電子伝達系（p.135）
光化学系（p.135）
光化学系II（p.136）
光化学系I（p.136）
プロトン勾配（p.136）
炭素固定（p.138）
ルビスコ（RuBisCo）（p.138）
ピルビン酸（p.140）
嫌気性（p.140）
好気性（p.141）
クエン酸回路（クレブス回路）（p.142）

章末問題

1. あらゆる生物でエネルギーを運ぶ分子としてはたらく化学物質はどれか．
   (a) 二酸化炭素　(c) リブロース1,5-ビスリン酸
   (b) 水　(d) ATP
2. 炭素元素の移動が起こるのは，どこか．
   (a) 太陽と地球の間　(c) 消費者から生産者へ
   (b) 生産者から消費者へ　(d) 生産者，消費者，環境の間
3. 光合成でつくられる酸素は何に由来するか．
   (a) CO_2　(c) ピルビン酸
   (b) 糖　(d) 水
4. 光合成が行われるのはどこか．
   (a) 葉緑体　(c) 細胞質
   (b) ミトコンドリア　(d) 解糖系
5. 光合成の明反応が必要とするものはどれか．
   (a) 酸素　(c) ルビスコ
   (b) クロロフィル　(d) 炭素固定
6. 解糖が行われるのはどこか．
   (a) ミトコンドリア　(c) 葉緑体
   (b) サイトソル　(d) チラコイド
7. 光合成の明反応で，クロロフィルが失った電子は，最終的にどこから補われるか．
   (a) 糖　(c) 水
   (b) チャネルタンパク質　(d) 電子伝達系
8. つぎのうち，間違っているのはどれか．
   (a) 好気性生物は必要なATPの大部分を解糖系でつくる．
   (b) 解糖系でピルビン酸がつくられ，クエン酸回路でピルビン酸が消費される．
   (c) 解糖系はサイトソルで進行する．
   (d) 解糖系は細胞呼吸の最初の段階となる．
9. 酸化的リン酸化にとって不可欠なのはどれか．
   (a) ルビスコ　(c) CO_2
   (b) NADH　(d) クロロフィル
10. 酸化的リン酸化は，
    (a) 解糖系よりもATPの生産量が少ない．
    (b) 単糖を生産する．
    (c) ATP合成酵素の活性に依存する．
    (d) 光化学系Iの電子伝達系の一部である．

ニュースの中の生物学

Biofuels Powering Town's Vehicles;
Vegetable Oils Reduce Emissions

BY LINDA BOCK

自動車を動かすバイオ燃料：植物油が排気ガスを減らす

マサチューセッツ州アックスブリッジ市発：公共事業部と消防署は，石油製品への依存度を下げ，排気ガスを減らすために，約25台の車に大豆油や植物油を使い始めた．公共事業部長補佐のIrving Priest氏が，従来のディーゼル燃料からB20バイオディーゼルへ変えるプロジェクトを指揮している．Priest氏によれば，バイオディーゼル燃料は，国内で再生できる，多くのディーゼルエンジンに使える，排気ガスを減少できるなど，さまざまな利点があるという．現在，1L当たりの価格が従来のものより多少高く，年間5～7万円ほど余計にかかる．公共事業部局長のLawrence E. Bombara氏は，長い時間でみれば，エンジン整備費が削減され，節約になると考えている．

バイオディーゼル燃料は，植物油のような農業資源から生産される．米国内では大半が大豆油から，あるいは，キャノーラ油，ひまわり油，調理油リサイクル品や動物性脂肪も使われていると，米国環境保護省は発表している．

バイオディーゼル燃料をつくるときには，エステル化とよばれる処理法が使われる．この製法は，工業用のアルコール（エタノールやメタノール）と触媒物質を使い，油を脂肪酸メチルエステル燃料（バイオディーゼル）に変換するものである．

バイオディーゼルだけでできた燃料は，"純バイオディーゼル"，あるいはB100とよばれているが，従来のディーゼルと混合して使うこともできる．最も一般的に使われるものはB5（5%バイオディーゼル＋95%ディーゼル）とB20である．バイオディーゼル燃料は，環境保護省に正式に登録され，法律で，高速道・一般道両方で，どのような混合比率でも使用できることになっている．特殊な装置なしで，たいていのディーゼルエンジンに使用できる．

太陽のエネルギーは植物内で光合成によって，利用しやすい化学エネルギーに変換される．古代の植物がつくった化学成分である化石燃料は，何百万年も前に私たちが太陽から受取ったエネルギーが蓄積されたものにほかならない．現在，私たちは化石燃料を猛烈な速度で消費しているが，その量には限りがある．そこで，新たなエネルギー源を探し求め，燃料をその場で生産する光合成を利用した新しい方法が生まれつつある．バイオディーゼル燃料の利点は，炭素をベースとした燃料をつくるのに何百万年もの年月を必要としないことである．

バイオディーゼル燃料はいろいろな材料から作れる．レストランはいつも多量の使用済み調理油を廃棄する．マスタードや大豆のように油をたくさんつくる植物もある．浅海水性の成長の早い藻類で50%もの油脂を含むものもある．たとえば，動物飼育舎や下水処理場からの汚水で培養した海産藻類を使えば，理論的には，米国が使うディーゼル燃料をすべて供給できるだけの油も生産可能である．製造過程で生まれる副産物のグリセロールは石けんなどの製品に広く利用できる．

石油製品のディーゼルを使うのと同じで，バイオディーゼルを燃焼すればもちろん，地球温暖化の原因となる温室効果ガスであるCO_2を発生する．しかし大きな違いは，化石燃料を燃やすときには，何億年もの間，古代の植物の残骸として封じ込められていた炭素を大気中に放出することである．バイオディーゼルの場合，原料となる光合成生物を栽培・培養することで大気中のCO_2を吸収させる．その炭素を燃料につくり換えエネルギーとして燃やしたときにCO_2を大気中へ戻すことになる．つまり，バイオディーゼルを使えば，大気中のCO_2量を増やすこともなく減らすこともない．炭素（カーボン）の収支が均衡しているという意味で，これをカーボン・ニュートラルであるという．バイオディーゼルの問題は，その原材料である．廃油を使えば余計なCO_2は出さないであろう．しかし，化学肥料を多量に必要とする大豆を使うと，かえってCO_2を出すことになる．光合成をする生物からどのように油を抽出し，処理し，輸送するかが問題となっている．バイオディーゼルには他の利点もある．バイオディーゼルは燃やしても不純物が出ない．石油製品のディーゼルのように硫黄分を含まないので，酸性雨の原因にもならない．加えて，バイオディーゼルは，糖と同じように生物によって分解される．石油流出による環境被害はよく知られているが，もしバイオディーゼルが漏れたとしても，生物の異化作用によって水とCO_2に分解され，すぐに浄化されるだろう．公の認識が高まるにつれて，バイオディーゼルの需要が高まり，生産も増えていくだろう．

このニュースを考える

1. バイオディーゼルとは何か．それは石油からできるディーゼルやガソリンとどう違うか．

2. バイオディーゼル工業界への投資はリスクを伴う．従来の石油製品の燃料とバイオディーゼルが市場で競合できるように，国は税金からの補助金で推進すべきだろうか．あなたの見解を述べ，その根拠を示せ．

3. 私たちは莫大な量の化石燃料を消費し続けている．その速度はますます増える一方である．化石燃料を使わないようにすべきか，あるいは，もっと多くの原油を得るために掘削すべきか，論争は絶えない．国のエネルギー戦略について，現在の私たちのもつ問題点を明らかにせよ．あなた1人でもよい，クラスメートと一緒でもよい，この問題点に関してあなたがたの見解を表明し訴える手紙を議員に送るとすれば，どのような主張の内容になるだろうか．

出典：Telegram & Gazette紙，マサチューセッツ州，2007年7月13日

9 細胞分裂

Main Message

細胞分裂は，生物が成長し，その組織を維持していくための重要な手段である．同時に，世代から世代へと遺伝情報を伝えていく手段でもある．

ひとすじの希望の光

"私たちは病を抱えています．しかし，それを克服する望みがありません．打ち勝てる可能性がありません．打ち勝つ手だてがないのです."パーキンソン病活動ネットワークの代表 Joan Samuelson は，2002年，米国上院分科会でこう述べた．30歳でパーキンソン病と診断された俳優 Michael J. Fox や，Lonnie Ali もその公聴会で証言した．Lonnie Ali は夫である元ボクサー，Mohammed Ali の代理としての発言である．パーキンソン病や幹細胞研究のために政府資金を至急増額するようにと，政策立案者や科学者などの活動家も，彼らと共に訴えている．パーキンソン病は，身体のコントロールがしだいに効かなくなり，言語障害などを起こす病である．この症状は，身体の動きを調整する脳（小脳）で，ドーパミンという化学物質をつくる細胞が死滅することによって現れる．ドーパミンは神経伝達物質であり，脳細胞間のシグナル伝達を行う分子である．パーキンソン病の症状を軽減する薬剤はあるが，副作用が強く，しだいに効き目は低下する．Samuelson の痛切な訴えからもわかるように，この病気の治療法はまだない．

パーキンソン病と闘うために，科学者たちは数多くの革新的方策を探っている最中であるが，最近，幹細胞を使った治療法が大きな反響をもたらした．パーキンソン病になった実験用ラットの脳内にドーパミンをつくる細胞を移植し，病気を治したのである．この方法をすぐに人間に適用することはできない．ヒトの幹細胞を操作するには，まだ調べなければならないことがたくさんあるからである．しかしこれまで，多くの事実が解明されてきたし，その成果は目覚ましい．幹細胞は，火傷治療や血液のがんである白血病の治療などで広く使われている．また，最近，タイプIの糖尿病と診断された患者に幹細胞治療の臨床試験が実施され，有望な結果が報告されている．臨床試験で，膵臓のインスリンをつくる細胞に損傷のある子どもたちに幹細胞が移植され，その大半の子どもが，その後，自力で十分なインスリンをつくり，ホルモン注射をしなくても済むようになったのである．

幹細胞とはどのようなもので，人体の他の細胞とどのように異なるのだろうか？変性疾患や組織損傷の問題を抱えている患者が，幹細胞研究をいちるの望みと考えている一方で，なぜ幹細胞研究は議論の的になるのだろうか．この章では，幹細胞とは分裂・増殖することが唯一の役割である特殊な細胞であることを紹介する．幹細胞の特性を考える前に，原核生物や真核生物の細胞が，細胞分裂によってどのように自分の細胞を増やすのか，そのしくみから探ろう．

今も治療法を求めて闘っている およそ50万人の米国人がパーキンソン病を患っており，かつてのヘビー級チャンピオンボクサーの Mohammed Ali（左）や俳優 Michael J.Fox（右）も含まれる．遺伝や環境から受ける影響の両方が，この病気の発症に関係があり，殺虫剤に触れる機会が多かったり，頭に重い外傷を負ったりすることが要因になっているとも考えられている．多くの場合，40歳過ぎになるまでは症状がはっきりと現れないが，約20％の患者が20〜30代のときにパーキンソン病と診断されている．

基本となる概念

- 細胞分裂によって細胞が分かれ，二つの細胞（娘細胞）となる．細胞分裂は，生物が成長し，古い細胞あるいは疲弊した細胞を新しいものに入れ替え，遺伝情報を次世代の細胞へと伝える重要なプロセスである．
- 細胞の一生は二つの段階，間期と分裂期に分けられる．この二つを合わせたものを細胞周期という．各段階に特徴的な細胞の活動がみられ，間期にDNAが複製される．
- 細胞周期の最後が細胞分裂である．
- 細胞分裂には，体細胞分裂（有糸分裂）と減数分裂の2種類がある．
- 体細胞分裂では，元の母細胞とまったく同じ娘細胞が二つできる．つまり，二つの娘細胞は母細胞とまったく同じ染色体のコピーを引き継ぐ．
- 減数分裂は生殖細胞でのみ起こり，2回の核分裂と細胞質分裂からなる．減数分裂で四つの娘細胞ができる．娘細胞はそれぞれ，母細胞の染色体セットの半分を引き継ぐ．減数分裂により，配偶子（卵と精子）ができる．配偶子は受精のときに結合し，二つの染色体セットをもった子孫となる．
- 減数分裂と受精は，遺伝的多様性を生み出し，進化のうえで重要な役割を担う．

細胞分裂は生命独特の特徴である．細胞分裂という手段で生物は自分自身を増やすのである．多細胞生物は，細胞分裂をして増え，特性の異なる細胞をつくり，損傷を受けた組織を修復したり，細菌やウイルスのような侵入してくる寄生体と闘ったりする．皮膚の細胞は，そうやって維持されている組織の例である．皮膚は多層の細胞層からなり，古い表層の細胞が摩耗したり破壊されて失われると，下にある次の層が表面へと移動する．この過程で，細胞は大きな変化を遂げる．表層に移動するときに細胞は死んで，平べったいタンパク質の薄片に変わる（図9・1）．細胞が下層から移動し，古くなって皮膚の表面から剥がれ落ちるとともに，皮膚の最も深い層にある幹細胞とよばれる特殊な細胞が分裂によって増殖し，新しい細胞として補充される．

分裂を行う幹細胞，すなわち親となる細胞（母細胞）は，分裂する前にその遺伝形質を複製する必要がある．細胞分裂によって子の細胞（娘細胞）がつくられるときには，元の母細胞から完全な遺伝情報のコピーを1セット受取っている．

単細胞の生物は二つに分裂して，次の世代をつくる．このような個体の増殖を無性的な増殖，**無性生殖**という．無性生殖によってつくられた娘細胞は母細胞とまったく同一の遺伝子をもつ．

単細胞の生物である原核生物は，もっと単純な細胞分裂，二分裂によって増殖する．細菌やアーキアは遺伝情報として1本のリング状になったDNA分子をもつが，二分裂の第一段階でDNAを複製し，2分子のDNAがつくられる（図9・2）．その後，細胞は成長して細長く伸び，細胞のほぼ中央に仕切りとなる壁が現れる．この仕切り壁が細胞膜と細胞壁となり，二つのDNA分子を別の細胞質区画に分割する．各区画は，互いに成長して大きくなり，やがて分離して，二つの新しい娘細胞ができあがる．この二分裂は，元の母細胞と遺伝的に同一の娘細胞をつくり出す無性

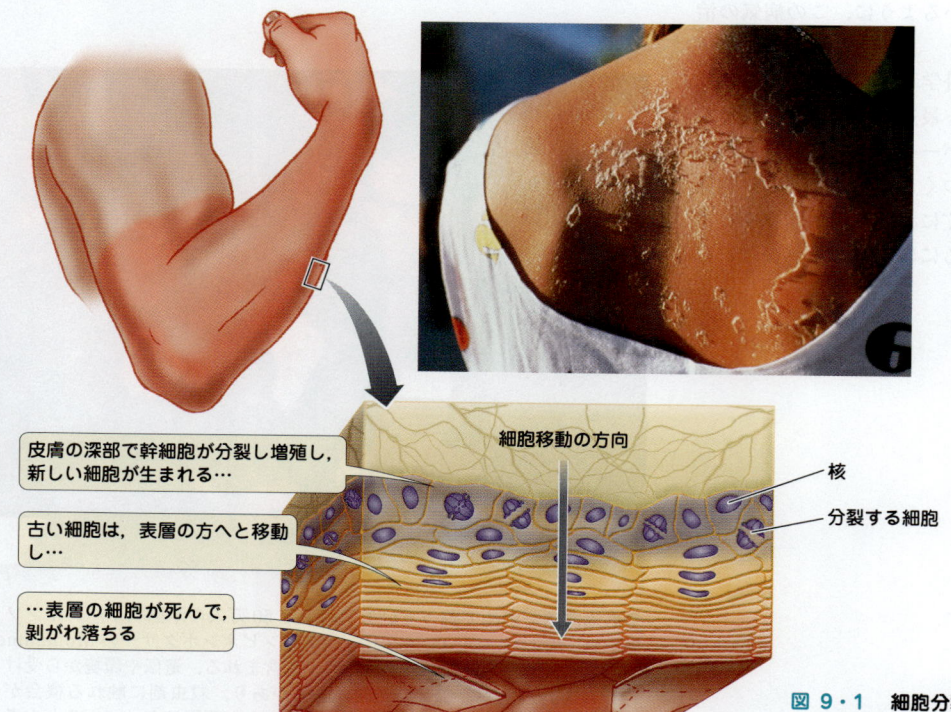

- 皮膚の深部で幹細胞が分裂し増殖し，新しい細胞が生まれる…
- 古い細胞は，表層の方へと移動し…
- …表層の細胞が死んで，剥がれ落ちる

細胞移動の方向

核
分裂する細胞

図 9・1 細胞分裂によって新しい皮膚の細胞を補給する
皮膚の中の最も深い層で起こる細胞分裂は，死んだ細胞が剥がれ落ちたときに補充する役割を担う．皮膚がすり切れたり，写真のように日焼けで損傷したときなど，皮膚の組織が剥がれ落ちる．

生殖で，原核生物が増殖する唯一の手段である．

真核生物の細胞分裂は，原核生物よりもずっと複雑である．真核生物の細胞は多数のDNA分子を含む核をもつので，母細胞の遺伝形質を娘細胞に正確に均等配分するためには，正確な手順ではたらく精巧な細胞内機構が必要なのである．さらに，真核生物には，体細胞分裂と減数分裂という2タイプの細胞分裂様式がある．体細胞分裂（有糸分裂）では，母細胞と同一の娘細胞を2個つくる．減数分裂では，遺伝的に異なる娘細胞を4個つくり，これらが，卵や精子のもとになる．

細胞の動植物では，できた接合子が体細胞分裂を繰返すことで成長する．これを胚，胚の成長する過程を発生（胚発生）という．発生を始めたばかりの初期胚の細胞は，互いに大きくは違わない．しかし発生が進むにつれて，分裂して生まれた娘細胞のなかに，体細胞分裂をやめ，独自の性質と非常に特殊化された機能をもつものが生まれる．娘細胞が母細胞と異なったタイプのものとなるこの過程を**分化**（細胞分化）という．たとえば，心臓の筋肉の細胞である心筋細胞は，体細胞分裂をせずに分化した細胞で，非常に特殊化の進んだ細胞である．人体には，約220種の分化した細胞があるが，さまざまな組織や臓器の中に，まだ特殊化していないものが少数残っている．これらの細胞は特殊化した機能を発現することはない代わりに，無限に分裂を繰返す能力を保持している．このような細胞を**幹細胞**とよぶ．この章の最後に再び幹細胞の話題に戻るが，まずはじめに真核生物の細胞分裂の基本的なしくみを紹介する．減数分裂で遺伝的に多様な娘細胞ができるのに対して，体細胞分裂では，なぜ，どのようなしくみで，遺伝的に同一のクローンがつくられるのかを理解するところから始めよう．

9・1 間期と分裂期からなる細胞周期

細胞が分裂で誕生した瞬間から，次に分裂して二つの娘細胞をつくるときまでの一生を**細胞周期**という．細胞周期の時間は，生物，細胞の種類や生物の生活環によって大きく異なる．皮膚や腸内壁のように頻繁に細胞が補充される組織では約12時間，活発に細胞分裂を繰返す他の組織（血液をつくる組織など）で約24時間である．これに比べると，酵母のような単細胞生物の細胞周期は短く，わずか1.5時間である．細胞周期は，間期と細胞分裂の二つのステップに分けることができ，それぞれに特有の細胞活動がみられる．**間期**は細胞分裂のなかで最も時間の長いステップで，通常は，盛んに増殖する組織でも約90％が間期の細胞である（細胞周期の約90％を間期で過ごす）．間期の間に細胞は栄養分を吸収し，タンパク質や他の物質を合成し，細胞を大きく成長させ，特殊な機能を発揮する．分裂を続ける細胞の場合，次の細胞分裂のための準備も間期の間に始める．準備期間での最も重要な作業は，生物の遺伝情報，つまりもっている全DNA分子の複製である．

細胞の一生を終える最後のステップが**細胞分裂**である．細胞分裂は，細胞周期のなかで最も急速に進行するステップで，観察していても最も劇的な変化の起こる段階である．ユリの花粉管や動物の受精卵などが観察によく使われるが，こういった大型の細胞の場合，細胞分裂の様子をふつうの光学顕微鏡でも容易に観察できる．**体細胞分裂**は，大きく二つのステップに分けられる．一つは遺伝情報が二つに均等に分離される過程（注：この過程を，**核分裂**，**有糸分裂**，（狭義の）体細胞分裂などとよぶ．以降，本書では核分裂とよぶ）．その後，**細胞質分裂**とよばれる二つ目のステップで，細胞質が完全に二つに分けられ，独立した娘細胞が2個誕生する．核分裂と細胞質分裂によって，母細胞から遺伝的に同一の娘細胞がつくられるが，**減数分裂**とよばれる特殊な細胞分裂は，生殖器官や生殖巣の中だけで起こり，精子や卵などの**配偶子**がつくられる．体細胞分裂による細胞増殖，減数分裂による配偶子形成を紹介する前に，間期の三つのステップを詳しくみよう．

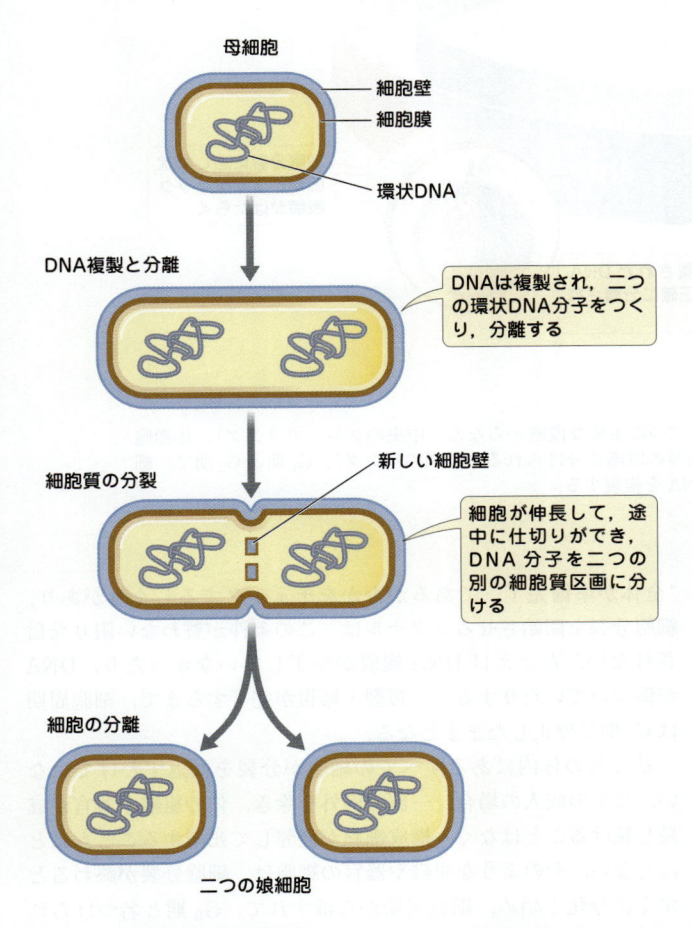

図9・2　**原核生物の細胞分裂**　細菌のような原核生物は，二分裂とよばれる単純な細胞分裂によって，無性生殖的に増殖する．

多細胞生物の場合，体細胞分裂は体の組織や臓器の形成，また身体全体を成長させる役割をもつ．また，傷ついた組織を修復したり，剥がれ落ちた細胞を取替えたりするのにも，体細胞分裂は必須である．脊椎動物の場合，有害な侵入者と闘う免疫細胞をつくるのも体細胞分裂である．藻類やアメーバのような単細胞の真核生物は，原核生物が二分裂によって無性生殖するのと似ているが，多細胞のものと同じしくみで増殖する．多細胞の生物でも，海藻，菌類や植物，また海綿動物や扁形動物などの無脊椎動物は，体細胞分裂を繰返すことによって，完全な新しい個体や子孫をつくり出すこともできる．このような増殖も無性生殖とよばれる．

減数分裂は，哺乳類を含む多くの真核生物における**有性生殖**のための特殊な細胞分裂である．減数分裂でつくられた娘細胞からやがて精子や卵などの細胞（配偶子とよぶ）がつくられ，受精のときに，卵と精子が結合し，新しい細胞，接合子が誕生する．多

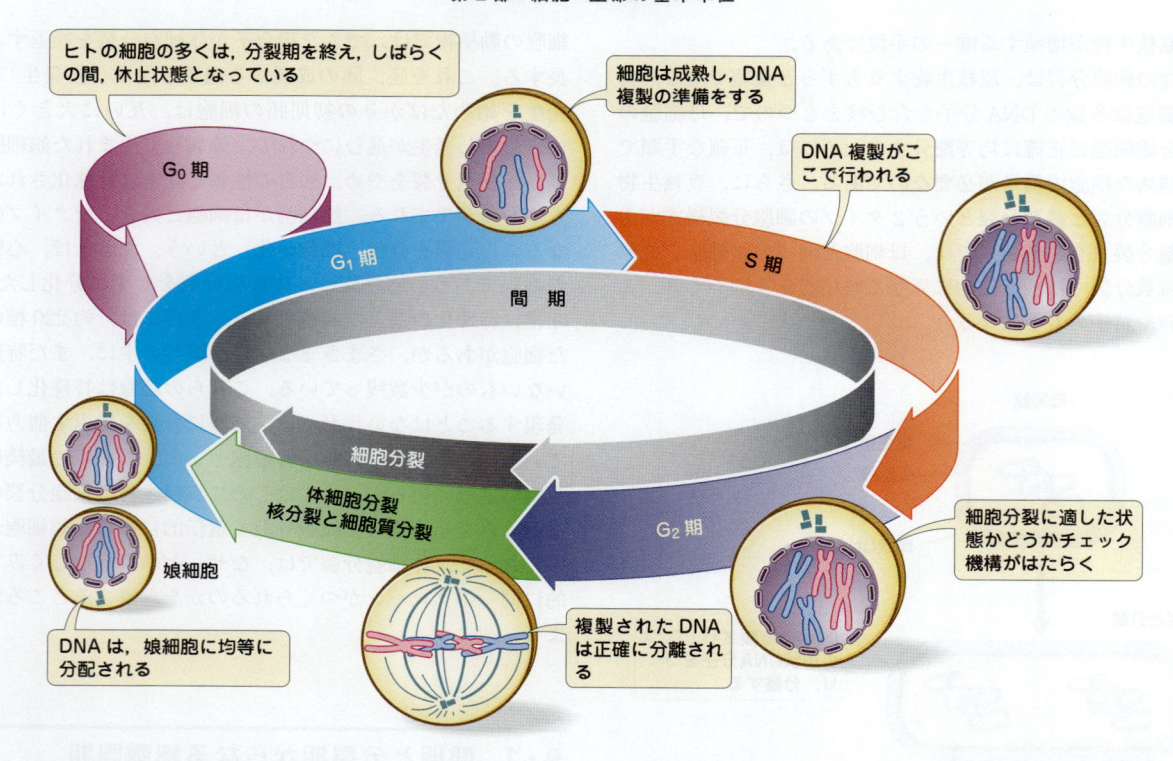

図9・3 細胞周期 細胞周期は，間期と細胞分裂期という二つの主要な段階からなる（中央のグレーのリング）．体細胞分裂のときに母細胞は二つの娘細胞に分かれる．間期は三つの段階に分けられる（外側のリング）．G_1 期と G_2 期で，細胞は成長し分裂に必要なタンパク質を合成する．S 期でDNAを複製する．

9・2 間期：細胞周期のなかで最も長いステップ

間期は三つのステップ，G_1 期，S 期と G_2 期に分けられ，それぞれに特徴的な細胞活動の違いがある．新しい DNA の合成，つまり元の DNA 分子を複製する作業は **S 期**（**DNA合成期**）で行われる．G_1 期は，新しく生まれた細胞にとってのS期に至る前の段階，G_2 期はS期が終わり，次の分裂が始まるまでの期間である（図9・3）．G_1，G_2 期のGは，間隙を意味する英語の"gap"からきているが，この用語は昔の生物学者が名づけたもので，S 期や細胞分裂期と比べて，そう重要でもなく，あまり興味ももてなかったことがわかる名前である．しかし，G_1，G_2 期には細胞内でさまざまな重要なことが起こっていて，細胞分裂期の精度や安定性を保証するしくみにもかかわることが，現在，詳しくわかってきている．

G_1 期と G_2 期は二つの理由で重要なステップである．一つは，細胞が成長する時期で，細胞のサイズも大きくなり，含有するタンパク質量も増える．さらに，後に続くステップに備えて準備し，条件がすべて整わない限り，次の段階へと進行させないチェックポイントとしての役目を果たしている．細胞分裂を行うか否かは G_1 期に決定される．G_1 期で，細胞が分裂の信号（ホルモンや成長促進因子とよばれるタンパク質など）を受容する．また，分裂条件（たとえば，細胞が十分に大きくなり，十分な栄養が供給されているなど）がそろうことで，細胞は分裂することを選択する．条件がそろえば"その先に進め"という指令が発信され，合成された特殊な調節タンパク質が，DNA複製などのS期独特の活動を開始させる．

G_2 期でも同様にして別の細胞周期調節タンパク質が合成されていて，続く細胞分裂期に必要な準備を始動させる．G_2 期には"全体が準備完了"であるか否かをチェックするしくみがあり，細胞分裂を開始させるシグナルは，この条件が整わない限り発信されない．たとえばDNA複製が完了していなかったり，DNAが傷ついていたりすると，複製・修復が完了するまで，細胞周期は G_2 期で停止したままとなる．

私たちの体内にあるすべての細胞が分裂を繰返すわけではない．ヒトの成人の場合，一部の例外を除き，体の組織や器官が成長し続けることはなく，構成細胞が疲弊して死滅することもほとんどない．そのような組織や器官の細胞は，細胞分裂が終わるとすぐに分化を始め，細胞周期からはずれて，**G_0 期**と名づけられた非分裂期に入る．この G_0 期は数日から数年もの間，持続する．G_0 期と G_1 期の細胞は，一見，同じようにみえるが，大きな違いは，細胞周期を調節するタンパク質が G_0 期の細胞にまったく欠けていることである．G_1 期の細胞では，調節タンパク質は不活性の状態ではあるが，常に存在している．

眼のレンズを構成する細胞は，けっして分裂しない．非分裂組織として個体が死ぬまで G_0 期にとどまるケースである．脳を構成する神経細胞も細胞周期から逸脱した G_0 期の細胞である．外傷や薬物の影響で脳細胞がいったん障害を受けると，失われた細胞が補充されず，障害が回復しにくいのは，そのためである．肝臓の細胞（肝細胞）の場合，一生のほとんどを G_0 期で過ごすが，平均すると1年に1回ほどの頻度で，再度，細胞周期に入り，疲弊して壊れた細胞を補うしくみがある．肝臓は，非常に活発にはたらいている器官で，抗生物質からアルコールまで，私たちがよく摂取するさまざまな毒素を化学的に処理するはたらきをし，肝細胞が受けた損傷も補修できるようになっている．他の大半の臓器・器官に比べて，肝臓が高い再生能力をもつのはこのためである．肝臓では G_0 期として待機している大量の細胞が，必要に

応じて，細胞周期を再び開始して，分裂増殖を行う．

9・3 体細胞分裂と細胞質分裂：
二つのまったく同じ細胞をつくるしくみ

細胞周期のクライマックスは細胞分裂であろう．体細胞分裂の場合，核分裂と細胞質分裂という二つのステップに分けられる．二つは明確には区別できず，細胞質分裂は核分裂の最終段階と重複している．

体細胞分裂の重要な機能は，母細胞の DNA を二つの娘細胞の核へ均等に配分することである．この過程は **DNA 分離**とよばれ，多種類の構造タンパク質が協調してはたらく．その詳細の前に，DNA をたたんで束ね染色体をつくる過程を紹介する．というのは，体細胞分裂の際，二つの娘細胞の核に分けられる単位は，この DNA を含む染色体とよばれる構造だからである．

DNA はタンパク質を使って凝縮し染色体となる

核内の DNA 分子は，むき出しのヌクレオチドのポリマーがでたらめにもつれ合っているわけではない．二重らせん構造の長い DNA 分子が，タンパク質と付着することで，コンパクトに凝縮された**染色体**となる．最も単純な真核生物の細胞でも，DNA 分子は非常に長いので，細胞分裂で分離するときには，凝縮された構造となっている方が都合がよい．たとえばヒトの場合，一つの皮膚細胞にある 46 種類の DNA 分子をすべてつなげたら，およそ 2 m もの長さになるであろう．5 μm にも満たない核の中に，どのようにしてそれほど細長い DNA を詰め込むことができるのだろうか（訳注：ピンポン玉に長さ 8 km の細い絹の繊維を丸めて収めるのと同じ）．極度の凝縮がその答えである．DNA 二重らせんはボール状の DNA 凝縮タンパク質の周りに巻きつき，**クロマチン（染色質）**とよばれるタンパク質複合体をつくっている．このクロマチンはさらにらせんを巻きながら丸められ，凝縮し，染色体とよばれる極度に密集した構造となる（図 9・4）．遺伝子，染色体や DNA の凝縮については，第Ⅲ部でもっと詳しく学ぶことになる．ここでは，染色体はコンパクトに圧縮された DNA-タンパク質複合体であること，それが一つの長い DNA 分子 1 個に相当すること，DNA 分子に沿って遺伝子が存在することの三つを理解しておけば十分である．分裂期になると，クロマチンは間期のときよりもさらに凝縮され，顕微鏡下で容易に染色体を観察できるようになる．

あらゆる真核生物には，核の中に，種ごとに決まった数の染色体がある．多細胞生物の体の中で，配偶子（卵や精子）の細胞，あるいは，いずれ配偶子に変化する細胞以外のものを**体細胞**という．体細胞は，有性生殖にかかわることのない，その他大勢の一般細胞である．植物や動物の体細胞には，種によって大きく異なるが，4 本から数百本の染色体がある．体細胞分裂の際に圧縮された染色体は，形や大きさが異なるので，顕微鏡下で識別できる．有糸分裂時の染色体をすべて集めて並べたものを種の**核型**という（図 9・5 a）．たとえば，ヒトの細胞（配偶子以外）には，全部で 46 本の染色体がある．ウマの体細胞には 64 本，トウモロコシの細胞には 20 本の染色体がある．この染色体の数そのものは，種を同定するときの指標になるが，それ以外に特別な意味はなく，その種の遺伝子の量や数，体の構造や行動の複雑性，進化の程度に関連するものではない．

原核生物にない真核生物の特徴は，どの染色体についても，二つのそっくりな染色体，つまり一対のコピー染色体セットをもつ点である．この同タイプの組，一対の染色体ペアを**相同染色体**とよぶ．ヒトの核型の話に戻すと，私たちの 46 本の染色体は 23 組の相同染色体ペアからできていることになる．片方のセット（23 本の染色体）を母親から，もう片方のセット（残りの 23 本の染色体）を父親から受け継いで，併せて 2 セット 46 本，23 対の染色体となる．相同染色体には，第 1 染色体〜第 22 染色体と，番号がつけられていて，ペアになる 2 本は，長さ，形，そして染色体がもっている遺伝子の位置やタイプが同じである．しかし，23 番目のペアだけは，X 染色体と Y 染色体という異なるタイプの相同染色体が組になったもので，**性染色体**とよばれる．哺乳類や他の脊椎動物では，この性染色体が，動物の雄・雌を決めるはたらきをする．ヒトも含めて哺乳類の場合，X 染色体を二つもつ個体（XX）が雌（女性）であり，一つの X 染色体と一つの Y 染色体を

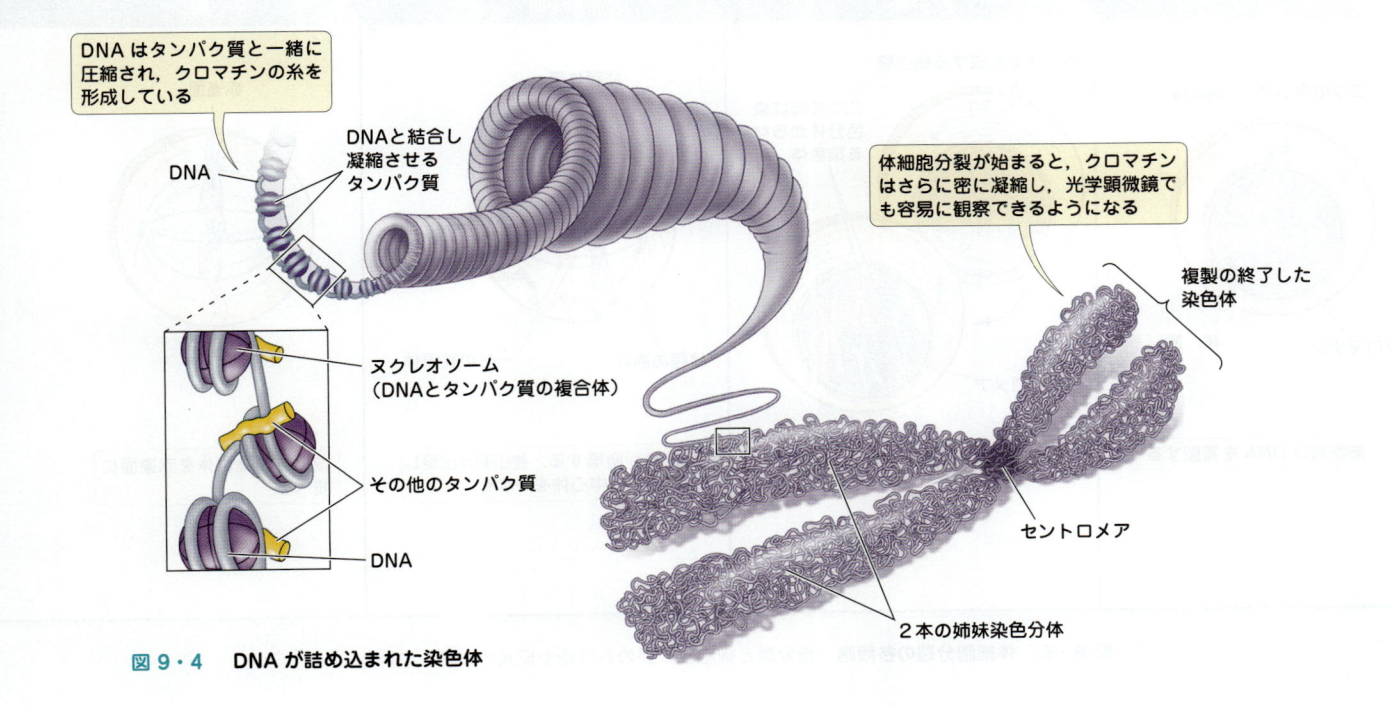

図 9・4 DNA が詰め込まれた染色体

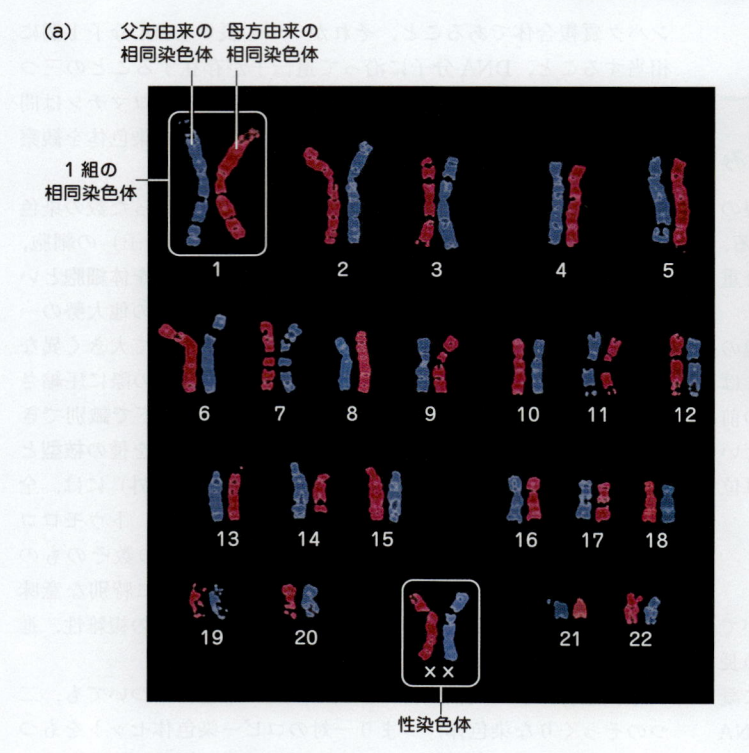

152　第II部　細胞：生命の基本単位

(a)

父方由来の相同染色体　母方由来の相同染色体

1組の相同染色体

1, 2, 3, 4, 5
6, 7, 8, 9, 10, 11, 12
13, 14, 15, 16, 17, 18
19, 20, 21, 22
性染色体 XX

(b)

姉妹染色分体（複製された相同染色体のセット）　この2本が相同染色体

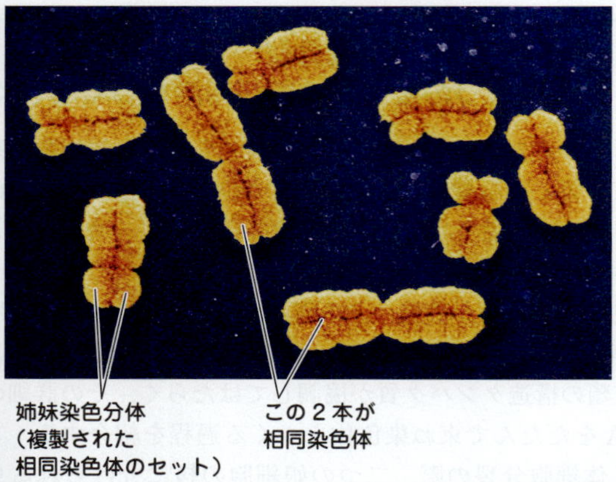

図9・5　ヒトの染色体　(a) この顕微鏡写真の46本の染色体は，女性の核型を示す．顕微鏡写真から，画像処理を行い，染色体を互いのパートナーとなる相同染色体が隣になるように並べ替えてある．性染色体以外のもの（常染色体という）には番号がついている．性染色体は，文字をつけて識別する（ここでは，XX）．各相同ペアの一方の染色体は，人工的にピンクに，もう一方は青色に色づけした．一方の染色体が母親から，もう一方が父親から受け継いだもの（実際は二つの識別はここでは不可能）であることを示している．(b) 体細胞分裂が始まるころには，染色体は複製されている．複製された染色体は，平行に並んだ2本の染色体（姉妹染色分体という）からなり，途中にあるセントロメアとよばれる狭窄部分で連結している．

組にもつ個体（XY）が雄（男性）となる．X染色体とY染色体は同じではない．X染色体の方がかなり長く，ずっと多くの遺伝子をもつ．Y染色体のもつ遺伝子はすべてではないが，大半が雄（男性）としての特性を発達・発現させるときにはたらいている．男性の細胞にはX染色体が必ず1本あり，男性はX染色体の遺伝子ももっている．しかし，男性（XY）のもつX染色体遺伝子は1個（1コピー分）だけなのに対して，女性（XX）は2個（2コピー分）をもつことになる．

細胞分裂では，分かれる娘細胞はそれぞれ2セットの染色体を引き継ぐ．そのためには細胞分裂が開始する前に，母細胞のもつDNAからコピーを作成（複製）しなければならない．実際は，このDNA複製はS期に完了し，**姉妹染色分体**とよばれるまった

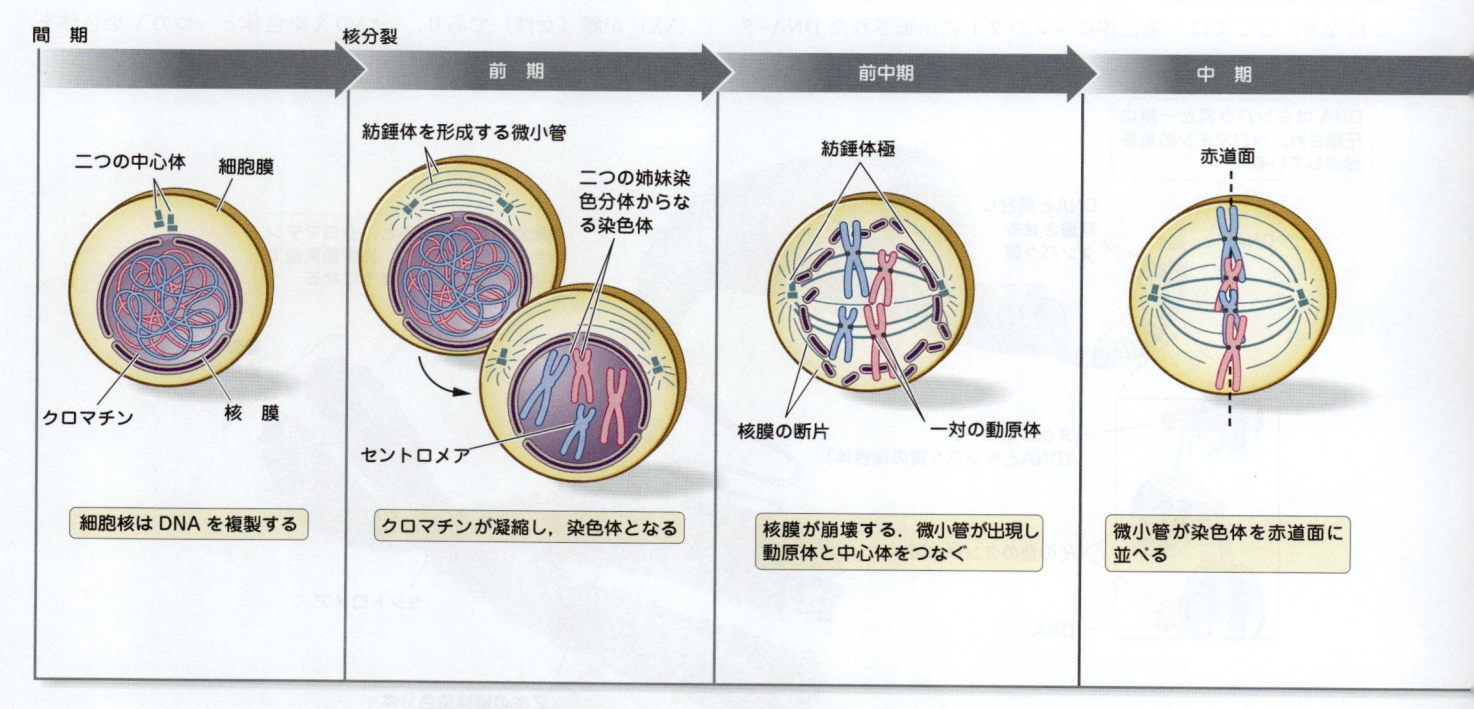

間期

二つの中心体　細胞膜
クロマチン　核膜

細胞核はDNAを複製する

核分裂

前期

紡錘体を形成する微小管
二つの姉妹染色分体からなる染色体
セントロメア

クロマチンが凝縮し，染色体となる

前中期

紡錘体極
核膜の断片　一対の動原体

核膜が崩壊する．微小管が出現し動原体と中心体をつなぐ

中期

赤道面

微小管が染色体を赤道面に並べる

図9・6　体細胞分裂の各段階　核分裂と細胞質分裂の各段階を模式的に示している．

9. 細胞分裂

く同じ2本のDNA二重らせんができている．この2本は体細胞分裂で分離される直前まで互いに連結されたままである．つまり，体細胞分裂が始まるとき，ヒトの細胞の核には通常の2倍の量のDNAがあることになる．46本ある染色体は，同一の姉妹染色分体2本（DNAの2分子）から構成されていて，その姉妹染色分体は，それぞれ，**セントロメア**とよばれる狭窄部で連結している（図9・5 b）．

前期: 染色体が見えるようになる時期

体細胞分裂は四つの段階に分けられ，それぞれ光学顕微鏡下で観察できる特徴がある（図9・6）．第1段階は**前期**とよばれる．間期の染色体は細いひも状のクロマチンの形で核の中に分散しているので，ふつうの光学顕微鏡では1本1本を見分けることはできない．細胞がG_2期から前期に移行するとき，クロマチンは凝縮を開始して，太く短くなるので，核の中で容易にそれとわかるようになる．染色体は密に凝縮されて，この期が終了するころには，間期の染色体よりも10倍以上密に凝縮された状態になる．

前期には，核だけでなく細胞質でも大きな変化が起こる．**中心体**とよばれる微小管でできた構造が，細胞質の中で移動し始めるのもこの時期である．核を回り込んで互いに細胞の反対側に来て停止する．この中心体の配置は，後で細胞が分かれるときの両端の位置を決めている．細胞は，二つの中心体のほぼ中心付近を境界線にして分かれ，細胞質分裂した後で，それぞれの娘細胞が中心体を一つずつ受け継ぐことになる．

中心体が細胞の両端へ移動するのと同時に，微小管がそれぞれの中心体から外へ向かって放射状に伸びるようになる．この中心体を極，極から放射状に広がる微小管の構造を星状体という．微小管はタンパク質でできた細長い円筒形の構造で（第5章参照），前期で集合して紡錘状になり，**紡錘体**（あるいは分裂装置）とよばれる複雑な構造をつくる．紡錘体の微小管は，極と染色体をつなぎ，細胞質内で染色体を移動させて娘細胞に分離する重要なはたらきをする．前期の最後に，核膜が崩壊して見えなくなる．

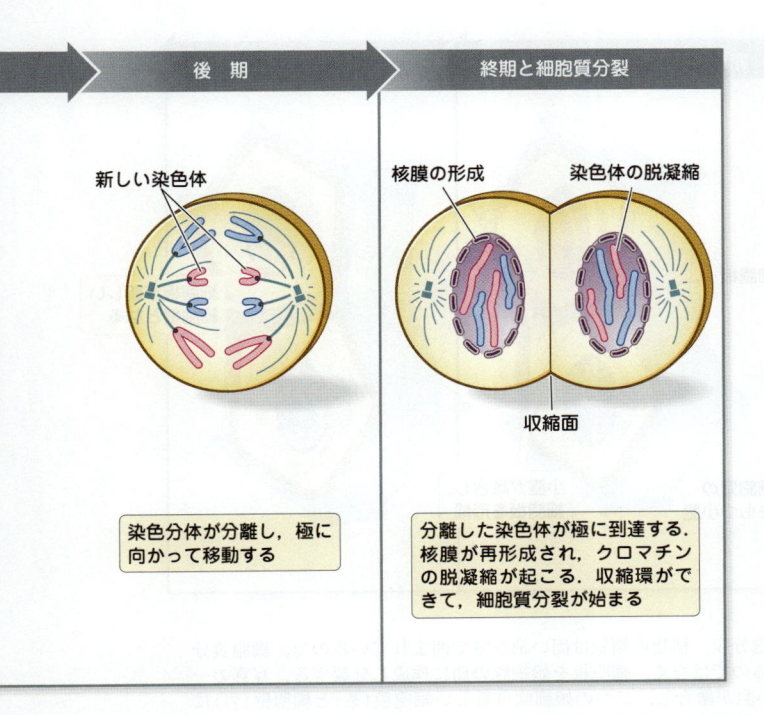

前中期: 染色体が紡錘体に結合する

核膜が消失した後を，前中期という（図9・6）．核膜がなくなると，二つの極の中心体から放射状に広がっている紡錘体微小管は，凝縮した染色体を探しまわり結合する．その結果，染色体（複製が終わり二つの姉妹染色分体からなる）は両極から伸びた微小管につながって固定されることになる．

染色体に紡錘体微小管が結合する位置は，セントロメアが決める．染色分体のセントロメアには，**動原体**（キネトコア）とよばれるタンパク質でできた斑点状の構造が二つあり，ちょうどセントロメアを両側から挟み込むように配置している．それぞれの動原体は星状体につながった微小管と結合し，二つの染色分体がちょうど反対側にある極からの微小管に連結されるようになる．この結合により姉妹染色分体をうまく捕らえ，次の段階である中期で染色体を正しく極の中間位置に配置できる．

中期: 染色体の中心面への配列

紡錘体の両極から染色体へつながった微小管は，長さを微調整し，細胞の中央部に染色体を移動させる．その結果，すべての染色体が，両極からほぼ等距離の位置にある平面内に配置される．この段階を**中期**という．染色体が並んだ平面は，赤道面とよばれる（図9・6参照）．紡錘体微小管，染色体，中心体からなる精巧な分裂装置の機能は，姉妹染色分体を正しく赤道面に並べ，それぞれを細胞の反対の極に向かって，均等にバランスよく分離させることである．

後期: 染色分体の分離

次の段階で，姉妹染色分体の二つが互いに離れ，母細胞の両極へ引っ張られることで，複製された遺伝情報が均等に，正確に分配される．この運動が始まる時期を**後期**という．後期では，それまで二つの姉妹染色分体の間をつないでいたタンパク質が分解され，姉妹染色分体の分離が始まり，それぞれ別々の娘染色体となる．両極からの微小管がしだいに短くなり，分離された娘染色体は，細胞の両極に向かってそれぞれ移動を開始する．片方に偏ることもなく，また欠けることもなく，一つ一つの染色体は二つの娘細胞へ均等に分配される．まさに，注目すべき高い精度の作業である．その結果，娘細胞に，元の母細胞と完全に同じ遺伝子のコピーが均等に配分されるのである．たとえばヒトの細胞では，46本の染色体が，それぞれS期で複製され，46対の姉妹染色分体ができ，92個のDNA分子が分裂前に準備されている．後期の終わるころには，姉妹染色分体が分離され，紡錘体の両極に，46本のまったく同じ組合わせの染色体セットが到着している．

終期: 新たな核の形成

娘染色体の完全なセットが紡錘体の両極に到着すると，体細胞分裂の次の段階，**終期**が始まる．細胞質に大きな変化が起こり，二つの新たな細胞をつくるために，細胞質を分離する準備が始まる．紡錘体微小管は崩壊し，極に到着した染色体の周りには核膜が新しくできる（図9・6）．細胞の中に二つの新しい核がはっきりと観察できるようになり，核内の染色体は分散し始めて，明瞭な形が見えなくなる（脱凝縮）．終期は体細胞分裂の最終段階で，二つのまったく新しい娘細胞になるために，細胞質を物理的に分割する．

動物の細胞では，娘細胞の間で細胞膜が小さく収縮して，くび

後期

新しい染色体

染色分体が分離し，極に向かって移動する

終期と細胞質分裂

核膜の形成　染色体の脱凝縮

収縮面

分離した染色体が極に到達する．核膜が再形成され，クロマチンの脱凝縮が起こる．収縮環ができて，細胞質分裂が始まる

れて細胞質を二つに分割する．植物の細胞では，細胞周辺に固い細胞壁があるので，絞り切って分断はできない．代わりに，細胞壁をもつ原核生物の分裂と似たような方法で分割される．細胞骨格の誘導により隔壁が赤道面に出現し，そこへ膜の小胞が集合して**細胞板**とよばれる構造となる（図9・7）．やがて細胞壁の成分で満たされた小胞が集合し，互いに融合し，細胞壁によって分割された新しい2枚の細胞膜となる．

細胞質の分裂

細胞質分裂は，母細胞の細胞質を二つの娘細胞に分ける過程である（図9・6参照）．動物の細胞では，アクチン繊維でつくられたリング状のタンパク質繊維（**収縮環**）によって細胞が分断される．まずアクチン繊維の束が，分裂の赤道面，細胞膜の直下にベルト状に形成される．このアクチン繊維のベルトが収縮すると，細胞膜を内側へと引き寄せ，細胞質を二つにくびるようにして分割する．ちょうど赤道面で分割するので，細胞質分裂が完了すると，それぞれ核をもった二つの娘細胞が完成することになる．植物細胞の細胞質分裂では，終期に形成され始める細胞板が成熟して，それぞれの娘細胞の細胞膜と細胞壁となる（図9・7）．

細胞質分裂によって細胞周期が完了する．その後，娘細胞は G_1 期に入り，もう一度細胞周期のプロセスを再開するか，あるいは G_0 期に入ることで細胞分裂を休止し，特殊化した細胞へと分化するか，いずれかの選択をすることになる．

■ **これまでの復習** ■

1. 真核生物の細胞分裂が，原核生物よりも複雑なのはなぜか．
2. ネコの核型は38本である．以下の各期が終わるころのネコの皮膚細胞にはDNA分子が何個あるか．
   (a) G_0期，(b) G_1期，(c) S期，(d) G_2期．
3. 核分裂と細胞質分裂の違いを述べよ．

答え
1. 真核生物は多種多様な構造体をもっていて，それらを効率的に娘細胞に適切に配分しなければならないから．
2. (a) 38, (b) 38, (c) 76, (d) 76
3. 核分裂は核が二つに分離される過程のことで，細胞質分裂は細胞質が分割され，最終的に二つの娘細胞になることをさす．

9・4 減数分裂: 染色体セットを二つに分けて配偶子をつくる

減数分裂は特殊なタイプの細胞分裂で，母細胞の染色体セットの半分だけの娘細胞がつくられる．たとえば，46本の染色体をもったヒトの細胞が減数分裂すると，半分の23本の染色体，つ

(a)

間期	前期	前中期	中期	後期	終期
DNAはS期で複製される	染色体が凝縮する	核膜が崩壊し，紡錘体ができる	紡錘体が染色体を赤道面に配置させる	姉妹染色体が分離する	細胞板が形成される

(b) 後期 → 終期 → 細胞質分裂

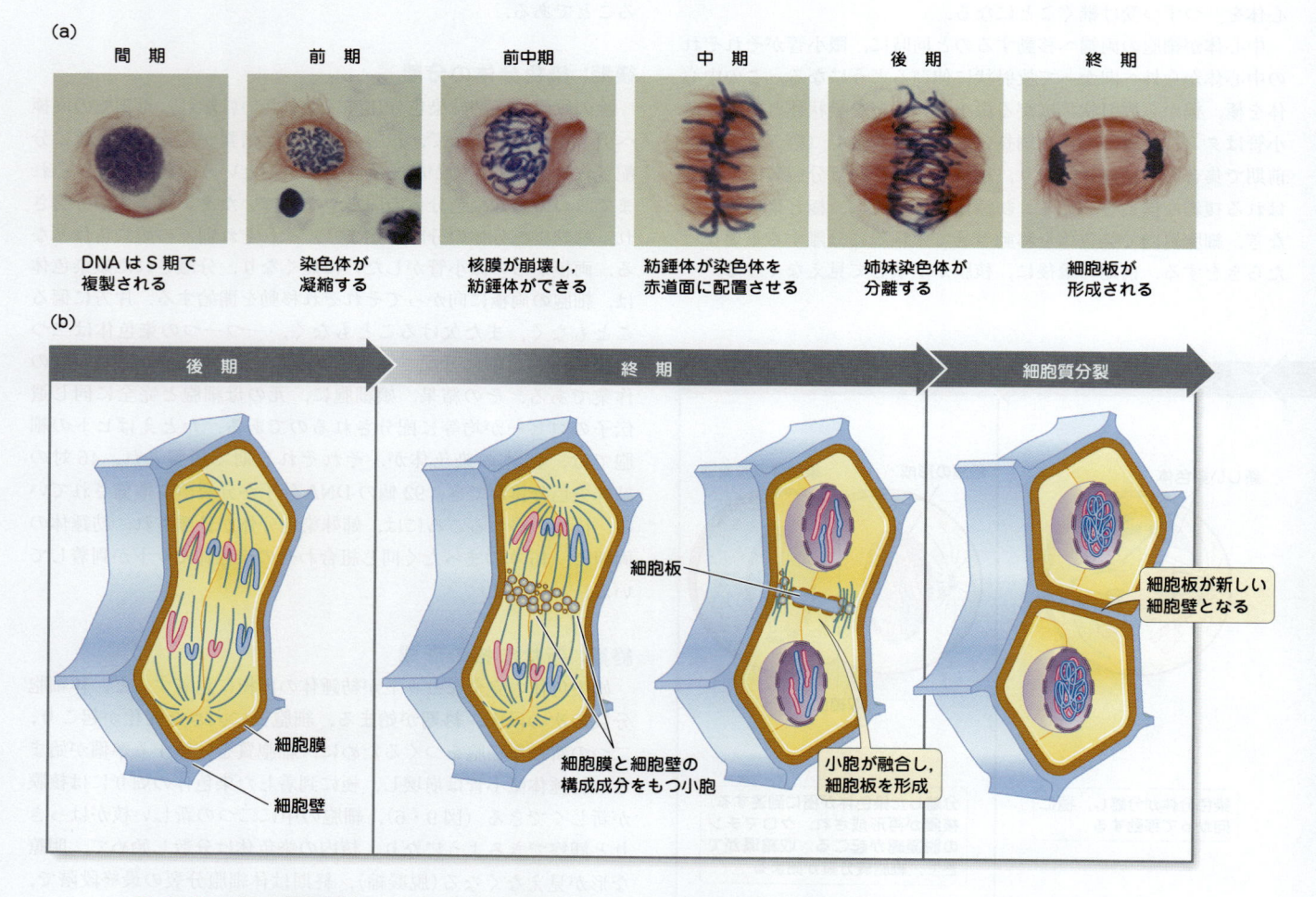

図9・7 **植物の細胞分裂** (a) ユリの花粉管でみられる細胞分裂．植物の細胞は固い細胞壁で囲まれているので，細胞質分裂の様子は動物細胞とは異なる．二つに絞り切って分かれるのではなく，細胞板を娘細胞の間に作成し分裂する．写真の一番右側で中央部の白く抜けた部分が細胞板（終期）．(b) 小胞が融合し，二つの娘細胞は新しい細胞膜（茶）と細胞壁（青）によって分割される．終期に細胞壁の構成成分を含んだ小胞が集まり，細胞板の形成が始まる．

9. 細胞分裂

まり半分のセットしかもたない娘細胞となる．できた娘細胞は，**配偶子**，雄（男性）では**精子**，雌（女性）では**卵**とよばれる．配偶子は減数分裂によってだけつくられる．また，減数分裂するのは配偶子となる細胞だけである．配偶子については，次節で詳しく紹介する．

相同染色体の片方をもつ配偶子

有性生殖では，**受精**という過程を経て二つの配偶子（卵と精子）が融合し，**接合子**とよばれる一つの新しい細胞をつくる（図9・8）．その後，接合子は何回も体細胞分裂を繰返し，増殖することで胚が成長し，新しい1個体となる．

もし，精子と卵が完全な染色体セット，つまり2セットの染色体（ヒトの場合46本）をもっていたら，結合してできた接合子は，2倍数の染色体（ヒトの場合96本）をもつことになり，この核型は体細胞分裂によって胚の体細胞すべてに受け継がれるであろう．このような胚は，元の親の2倍の染色体をもち，その種特有の遺伝子も2倍量もつことになる．過剰な遺伝子はうまく機能することができず，胚は死んでしまう．したがって，子孫が彼らの親と同じ核型を維持するには，受精によってちょうど元の染色体数と同じになるような接合子をつくることが必要となる（ヒトの場合46本の染色体数）．

この問題への簡単な解決策の一つが，配偶子の染色体セットを半分にすることである．真核生物の場合，この目標を達成するのは容易だ．もともと真核生物は染色体も相同染色体ペアとして2本1組のコピーをもっているからである．配偶子が相同染色体の片方だけ受け継げば，染色体数は半分となり，配偶子は遺伝情報を過不足なくちょうど1セットもつことになる．たとえばヒトの場合，すべての体細胞は23対の相同染色体ペアを，つまり全部で46本の染色体をもつが，ヒトの配偶子はどれも，相同なペアから各1本の染色体だけを受け継ぎ，全部で23本の染色体をもつ．性染色体に関しては，女性のつくる卵はすべてXXの半分，つまりX染色体を一つもつことになる．男性がつくる精子の場合，XYの半分，つまり1個のX染色体または1個のY染色体，いずれかをもつことになる．配偶子は，体細胞の2セット分の染色体ではなく，その半分の染色体しか含んでいないので**一倍体**（または半数体）という．習慣的に一倍体の染色体数をnと表記する．体細胞は2セットの染色体をもつので$2n$と表記し，このような細胞を**二倍体**という（図9・8）．

配偶子は一倍体（n）の染色体数をもち，受精によって形成される接合子は二倍体の染色体（$2n$）をもつ．ヒトの場合，$n=23$で，23対の相同染色体を2セットもち，そのなかに一対の性染色体（XXまたはXY）が含まれる．また，図9・8に示すように，接合子中の相同染色体の各ペアは，一つは父親から受け継いだ染色体（父方の相同染色体），もう片方は母親から受け継いだ染色体（母方の相同染色体）となる．それぞれの親から均等に染色体を引き継ぐことが，遺伝子の継承の基本となるが，その詳細は第Ⅲ部で紹介しよう．

一般に，生物個体が日常の生命活動維持に使っているのは二倍体（$2n$）の細胞であるが，有性生殖によって種を維持し繁殖するには一倍体（n）の細胞をつくる必要がある．この過程が減数分裂である．この特殊な細胞分裂によって，1個の二倍体細胞から，最終的に4個の一倍体細胞がつくられる（図9・8）．

減数分裂は，体細胞分裂とよく似ているが，核分裂が1回だけの体細胞分裂と違って，減数分裂は2回の核分裂を行い，それぞ

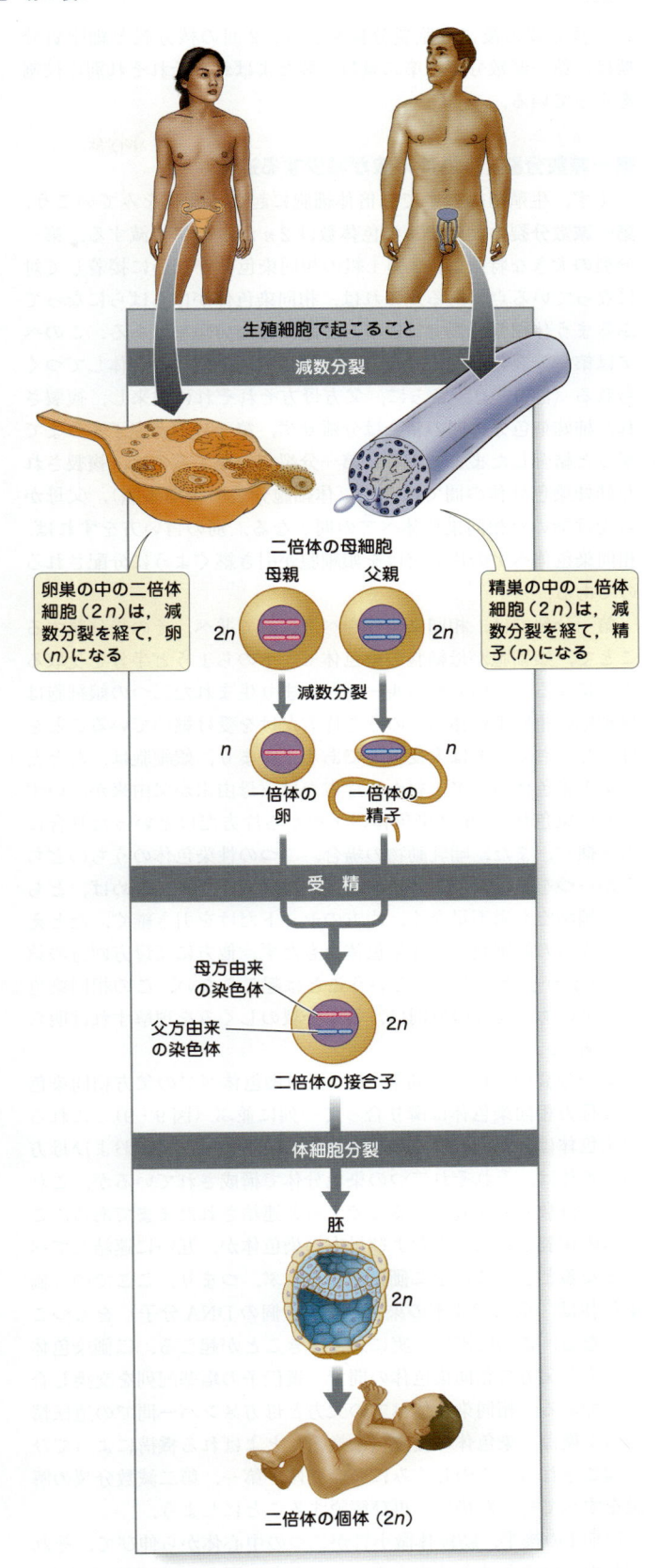

図9・8 **有性生殖では染色体数が減る**　精子と卵が受精し融合すると，完全な二倍体の（$2n$）染色体セットをもつ接合子となる．つまり，それぞれの配偶子は半分の染色体数（n）でなければならないので，他の体細胞の染色体セットの半分をもつことになる．したがって，配偶子は相同染色体の片方だけをもち，受精することで，接合子の中で相同染色体の組が再構成される．ヒトの体細胞は23対の染色体があるが，ここの二倍体（$2n$）細胞では，わかりやすくするために1組の相同染色体だけ描いてある．

れの核分裂の後に細胞質分裂を行う．2回の核分裂と細胞質分裂は，第一減数分裂と第二減数分裂とよばれ，それぞれ別の役割を担っている．

第一減数分裂：染色体の数が減少する過程

まず，生殖組織の中で二倍体細胞に起こる変化をみていこう．**第一減数分裂**の段階で，染色体数は$2n$からnに半減する．第一分裂の大きな特徴は，2個1組の相同染色体が互いに接着して対になっている点である．これは，相同染色体がばらばらになってふるまう体細胞分裂ではけっして起こらない現象である．このペアは第一分裂の前期で，母方と父方の相同染色体が合体してつくられる（図9・9）．さらに，父方母方それぞれに由来し，複製された姉妹染色分体間の結合は分離せず，第一分裂が完了するまでずっと結合したままである．第一分裂で分離するのは，複製された姉妹染色分体の間ではなく（体細胞分裂の後期参照），父母から受け継いだ相同染色体ペアの間となる．別の言い方をすれば，相同染色体ペアの片方だけを娘細胞が引き継ぐように分配されるのである．

第一分裂では，相同染色体をペアにして並べ，その後分離することで，娘細胞が母細胞の染色体セットのちょうど半分を受取るようになる．この分配のルール，つまり生まれた二つの娘細胞は母細胞の相同染色体ペアのうち片方だけを受け継いでいることを理解しておくことは大変重要である．つまり，娘細胞は，たとえば第1染色体のペア1組から片方だけ（母由来か父由来か，いずれかの染色体），第2染色体の1組から片方だけといった具合に引き継ぐ．また，哺乳動物の場合，二つの性染色体のうちのどちらか一つを受け継ぐことになる．減数分裂が正常に進めば，どちらの娘細胞も過不足なく，片方のセットだけを引き継ぐ．たとえば，片方の娘細胞が第3染色体をもたず，他方に父母方両方の第3染色体が引き継がれるということは起こらない．この相同染色体ペアの均等配分の原則は，第一分裂のしくみを理解すれば明らかである．

第一分裂の前期（前期I）で，相同染色体ペアの父方相同染色体と母方相同染色体は隣り合って一列に並ぶ（図9・9）．これらの染色体は，S期ですでに複製されているので，父方および母方の染色体は，それぞれ二つの染色分体で構成されているが，これは第一減数分裂が完了するまでずっと連結されたままである．これらの複製された父方および母方の染色体が，互いに連結してペアとなるとき，これを**二価染色体**とよぶ．つまり，ここでの二価染色体は，全部で4本の染色分体（4個のDNA分子）をもつことになる．この段階で，実に驚くべきことが起こる．二価染色体の母方と父方の相同染色体の間で，遺伝子の塩基配列を交換し合うのである．相同染色体ペアの父方と母方メンバー間での遺伝情報の交換は，染色体の**交差**（乗換え）とよばれる機構によってひき起こされる．このしくみについては，第一，第二減数分裂の解説をすべて終えた後で，再び解説することにしよう．

前期Iの後半，紡錘体微小管が二つの中心体から伸びて，それぞれの二価染色体と結合する．このとき，図9・9にあるように，一方の中心体から伸びた微小管は二価染色体の片方のメンバーと，つまり母方相同染色体か父方相同染色体のいずれかと結合する．第一分裂中期（中期I）が始まると，結合した微小管が伸び縮みして調節しながら，二価染色体を赤道面に配置させる．二価染色体がすべて赤道面に並ぶと，第一分裂後期（後期I）が始まる．後期Iでは，紡錘体微小管が短くなり始めると，二価染色体の父方，母方の染色体は細胞の反対側の極に向かって移動する．この過程は見かけ上は体細胞分裂の後期に似ているが，ここで分離されるのは染色分体ではなく，相同染色体ペアの片方であることに注意しよう（図9・9）．

後期Iが終わると，体細胞分裂で起こったことと同様の展開で第一分裂終期（終期I）が始まり，細胞質分裂により，二つの娘細胞がつくられる．しかし，ここでできる娘細胞は，はじめの二倍体の母細胞がもっていた染色体セットの半分しかもっていない一倍体の細胞である．つまり，母方の相同染色体（図9・9のピンク色），あるいは父方の相同染色体（図9・9の青色）のいずれかしか受取らないので，娘細胞の染色体が半減することになる．第一分裂は，二倍体の母細胞（$2n$）が一倍体の娘細胞（n）になるので，**還元分裂**ともよばれる．

第二減数分裂：姉妹染色分体の分離

第一分裂で形成された2個の一倍体細胞は，**第二減数分裂**とよばれる二つ目の細胞分裂を行う．この段階は体細胞分裂のものとよく似ていて，姉妹染色分体が第二分裂後期（後期II）で分離し，均等に2個の娘細胞に分配される（図9・8）．この方法で，第一分裂でつくられた2個の一倍体細胞から合計4個の一倍体細胞が生まれる．一倍体細胞はそれ以上は細胞分裂することなく，やがて卵や精子などの配偶子へと分化する．結果として体細胞の染色体の半数を含むことになる．もちろん，減数分裂によって染色体数が半減した分は，配偶子が受精で融合することによって相殺される．これが，有性生殖で種の染色体数を絶えず一定に維持する重要な法則である．

減数分裂と受精により維持される母集団の遺伝的変異

減数分裂と受精によって有性生殖を行う生物集団内では，各個体は遺伝的に大きく異なる．これは，有性生殖によって生まれる子が，親と遺伝的に異なるだけでなく，兄弟姉妹の間でも大きく異なるためである．あなたはおそらく両親のどちらか，あるいは両方にある程度似ているところがあるが，遺伝的に親のどちらともまったく同じということはありえない．同様に，あなたは兄弟か姉妹に似ているところがあるかもしれないが，一卵性双生児でない限り，遺伝的に同じクローンということはありえない．遺伝的な変異は生物の進化に直接影響を及ぼす重要な要因となるので，遺伝的な多様性をもつ意味は大きい．たとえば，有性生殖によってつくられる遺伝的多様性によって，有害なウイルスや細菌など，病気をひき起こす生物への抵抗力を速やかに進化させることができるかもしれない．母集団が多様ならば，その中に，致命的な伝染病に抵抗でき，生き残って種を存続できる個体がいる可能性があるからである．

では，そもそもこの遺伝的多様性はどのようにしてつくられるのであろうか．突然変異はDNA情報の予期しない変化であり，あらゆる生物で個体の多様性が生まれる最大の要因である．遺伝子の突然変異によって，"毛色の違い"や遺伝的多様性が生まれる．このようにDNAの突然変異によってつくられる異なったタイプの遺伝子を**対立遺伝子**とよぶ．

突然変異によって新しく生まれた対立遺伝子は，減数分裂によって効率良くその組合わせを変えることができる．減数分裂により，相同染色体ペアの間で対立遺伝子が組換えられ，シャッフルし直して相同染色体を無作為に配偶子に分配し，膨大な数の組合わせの配偶子を生み出すしくみがあるからである．この点は，

後で再び詳しく紹介しよう．卵と精子の間の受精が無作為に行われることによっても，有性生殖を行う集団内に遺伝的な多様性が生まれる．多様な遺伝子構成をもった卵と，同じく多くの遺伝的多様性をもった精子が接合し，まったく新しい遺伝情報の組合わせの個体が生まれるからである．

減数分裂が遺伝的多様性をつくり出すしくみは二つある．一つは，父方・母方の相同染色体ペアの間の交差による遺伝情報の組換えである．もう一つは，第一分裂での父方・母方の相同染色体のランダムな振り分けである．ここではまず，交差について見てゆこう．前期Ⅰで紹介したように，父方と母方の相同染色体が二価染色体としてペアになったとき，姉妹染色分体ではない二つの染色体の間で，一部の遺伝情報の交換が行われる．これを交差（乗換え）という．前期Ⅰが始まるときに，父方・母方の相同染色体は複製されて，それぞれ二つの染色分体からなり，相同なパート

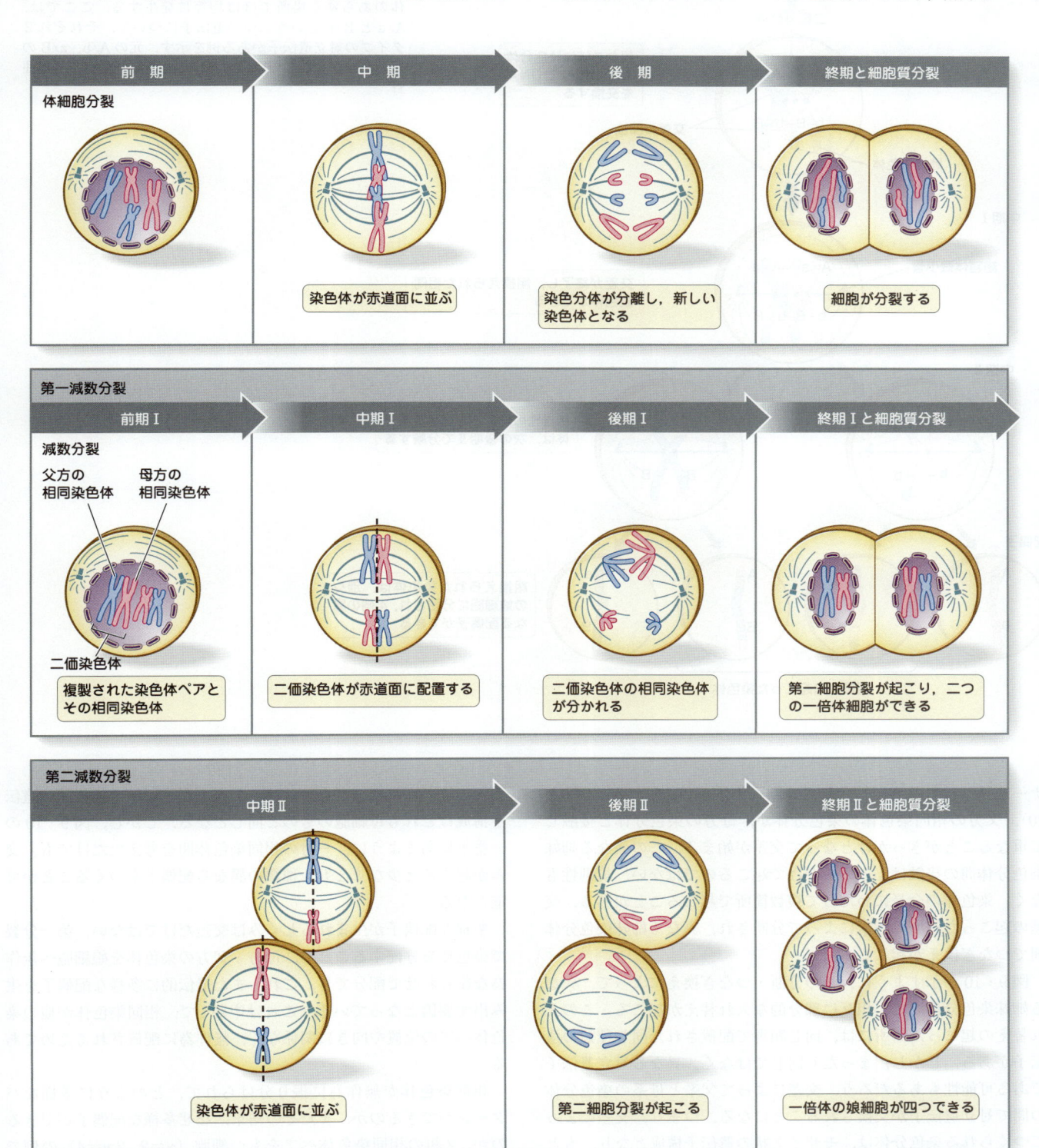

図 9・9　減数分裂と体細胞分裂の類似点と相異点　減数分裂と体細胞分裂の大きな違いは，第一減数分裂にある．減数分裂の前期Ⅰから中期Ⅰで相同染色体は対になり，その結果，第一減数分裂が終わるときに分離する（この過程で染色体の組合わせが半減し，1セットになる）．これと対照的に，第二減数分裂は体細胞分裂によく似ている．この図では，簡略化するために，すべての段階は示していない．

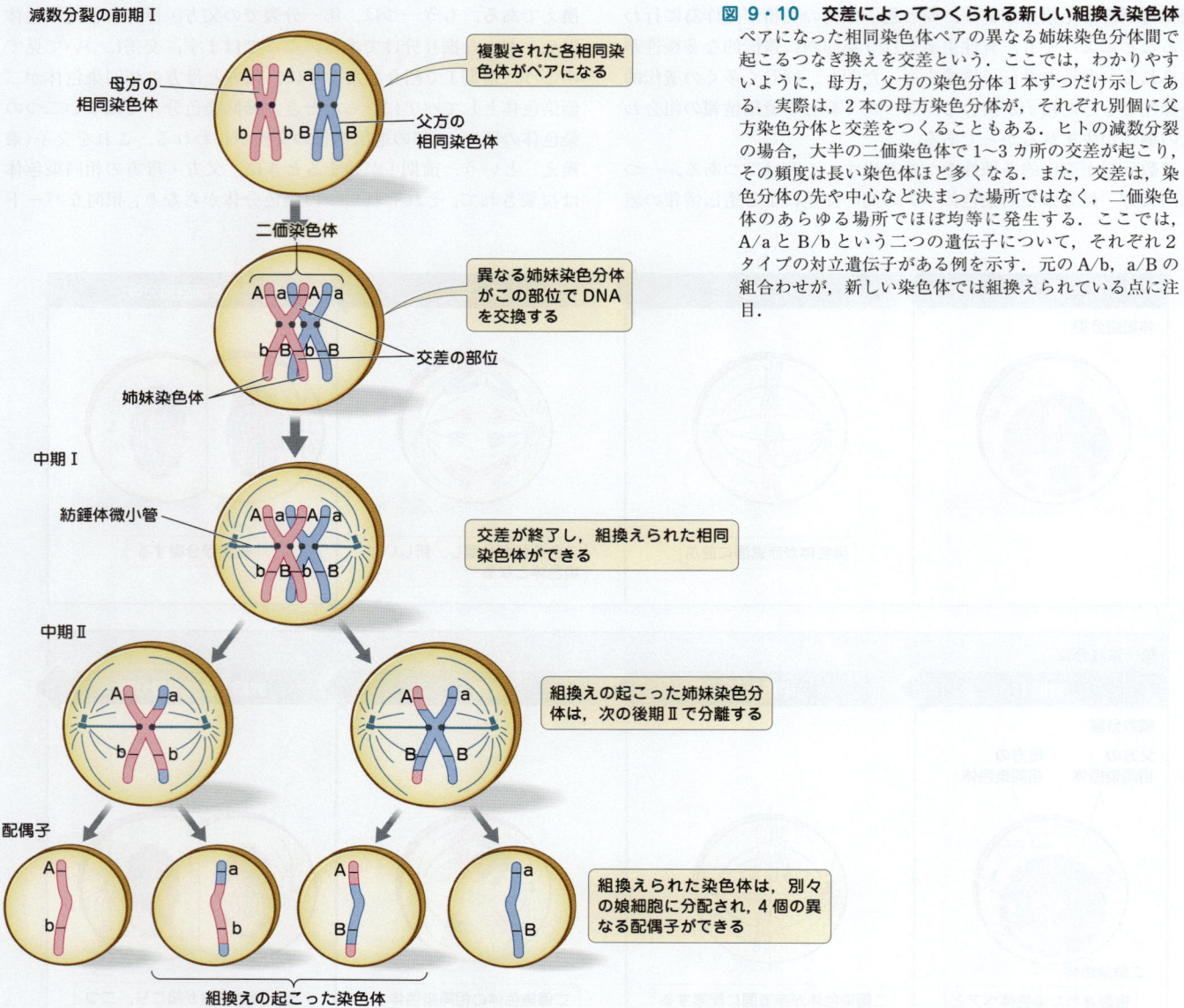

図 9・10 交差によってつくられる新しい組換え染色体
ペアになった相同染色体ペアの異なる姉妹染色分体間で起こるつなぎ換えを交差という．ここでは，わかりやすいように，母方，父方の染色分体1本ずつだけ示してある．実際は，2本の母方染色分体が，それぞれ別個に父方染色分体と交差をつくることもある．ヒトの減数分裂の場合，大半の二価染色体で1〜3カ所の交差が起こり，その頻度は長い染色体ほど多くなる．また，交差は，染色分体の先や中心など決まった場所ではなく，二価染色体のあらゆる場所でほぼ均等に発生する．ここでは，A/a と B/b という二つの遺伝子について，それぞれ2タイプの対立遺伝子がある例を示す．元の A/b，a/B の組合わせが，新しい染色体では組換えられている点に注目．

ナーを見つけて並列に結合し，二価染色体がつくられる（図9・10）．父方の相同染色体の染色分体が，母方の染色分体と接触して重なることがきっかけとなって交差が始まる．この異なる姉妹染色分体間の接触は，一カ所だけで起こるのではない．規則性もなく，染色体の全長にわたって複数箇所で起こることがある．交差の起こった箇所は酵素によって分断され，異なる姉妹染色分体間でつなぎ換えが起こる．

図9・10が示すように，この分断・つなぎ換えによって，異なる姉妹染色分体間で，相互に部分的な入れ替えが起こる．この入れ替えの起こった箇所には，同じ順番で配置された同じ種類の遺伝子がある．しかし，まったく同じではなく，異なる対立遺伝子である可能性もあるだろう．交差によって父系と母系の染色分体の間で対立遺伝子が交換されることになる．つまり，交差によってつくられる染色分体は，モザイク状の遺伝子構成となり，もともとの二倍体の母細胞が，父方・母方の相同染色体の中に別々に保有していた遺伝子を，1本の染色分体の中にまったく新しい組合わせとしてもつことを意味する．DNAの断片を交換して，このような新しい対立遺伝子のグループをつくることを**遺伝子組換**

えという．もし交差がなければ，配偶子が受け継ぐ染色体の遺伝子構成はどれも母細胞のものと同じとなる．しかし，図9・10の一番下にあるように，一対の相同染色体間を考えただけでも，交差が起こると少なくとも4種類の異なる配偶子をつくることが可能となる．

多様な配偶子が生まれるしくみは交差だけではない．第一分裂で染色体を分配することで，母方・父方の染色体を娘細胞へ無作為な組合わせで配分でき，これもまた遺伝的に多様な配偶子を生み出す要因となっている．これは中期Ⅰで，相同染色体が他の染色体ペアの位置や向きに関係なく，無作為に配置されるためである．

相同染色体が無作為に振り分けられて，どのように多様なパターンができるのか，またその結果，なぜ多様な配偶子ができるのか，2組の相同染色体ペアをもつ細胞（$n=2, 2n=4$）の例で確かめてみよう（図9・11）．中期Ⅰでは，相同染色体ペアを配分するのには二つの方法がある．選択肢Aとして，染色体ペアについて，母方の相同染色体を左側に，父方の相同染色体を右側に置くとする．選択肢Bは，選択肢Aと同じように1番目の相

同染色体ペアを置くが，2番目の相同染色体ペアは位置を入れ替えるものとする．図9・11にあるように，選択肢Aでは2種類の配偶子ができる．選択肢Bでは，母方，父方の異なる組合わせとすることで，選択肢Aとは異なった相同染色体の組合わせの2種類の配偶子ができる．

つまり，2対の相同染色体（$n=2$）があるだけで，4種類の異なる種類の配偶子（2^2）ができることになる．同様にして，3対の相同染色体（$n=3$）の場合，3対の相同染色体を選択するのにそれぞれ二つずつの可能性があるので，$2^3=8$種類の配偶子ができる．

では$n=23$のヒトの場合どうなるだろうか．23対の各相同染色体に，二つずつの選択の可能性があり，2^{23}，つまり，元の1種類の二倍体細胞から8,388,608種類の組合わせが生まれることになる．さらに，交差による組換えにより，親とも異なり，また互いにもかなり違った染色体の組合わせの配偶子がつくられることがわかるだろう．

交差と相同染色体の無作為なシャッフル操作に加えて，受精によって，さらに膨大な数の遺伝的な変異が加わる．ヒトの場合，減数分裂の結果，800万以上の独立な染色体の組合わせをもつ精子があり，卵子も同様に800万以上の組合わせがある．交差による組換えによって生まれる多様性を除外したとしても，精子が卵と受精するごとに，遺伝的に異なった64兆以上の種類の子孫ができる可能性がある．これまで地上に生まれたヒトの総数は1000億人にすぎない．したがって，2人の兄弟，あるいは姉妹が遺伝的にまったく同じである可能性は，64兆分の1以下となる（例外は一卵性双生児の兄弟・姉妹である．彼らは一つの接合子から生まれ，遺伝的に100％同じである）．減数分裂での遺伝子や染色体のシャッフルと再配分，精子と卵のランダムな組合わせによる受精が，私たちひとりひとりの遺伝的特色をつくるもとになっている．

■ これまでの復習 ■

1. ネコの二倍体の染色体数は38である．ネコの卵の染色体数はいくつか？
2. ネコの生殖細胞の減数分裂で，第一分裂が終了したとき，できた娘細胞にあるDNA分子は何個か．
3. 第一分裂により，二倍体の染色体セットが半減する．では，第二分裂の役割は何か．
4. 減数分裂は，集団の遺伝的変異をつくるうえでどのように寄与しているか．

---

1. 相同末端の染色体をもつので，その半分，19である．
2. 相同染色体は19組あるので，第一分裂が終わると，各娘細胞には38個のDNA分子が存在する．
3. 複製でつくられた姉妹染色分体どうしを別々に分離する．
4. 交差による対立遺伝子の組換え，相同染色体のシャッフルと無作為な配分によって，遺伝的に多様な配偶子をつくり，個体の遺伝的多様性を生む．

学習したことの応用

幹細胞の生物学

幹細胞は，例外的に自己再生能力をもつ未分化細胞である．有糸分裂を行って増殖し，理論的には永遠に増殖可能である．幹細胞が増殖してできた細胞のなかから，一部，特殊化した細胞，皮膚細胞，神経細胞，心筋細胞などに分化するが，幹細胞のストックを維持するには，十分な数の娘細胞が常に幹細胞としてとどまることが必要である．幹細胞には，胚性幹細胞と成体幹細胞の2種類がある．これらの幹細胞の性質について紹介する前に，まず，疾病治療のうえでの幹細胞利用の可能性，胚性幹細胞に関する研究がなぜ議論となっているのか，ヒトの体がどのようにつくられるのかについてふれたい．

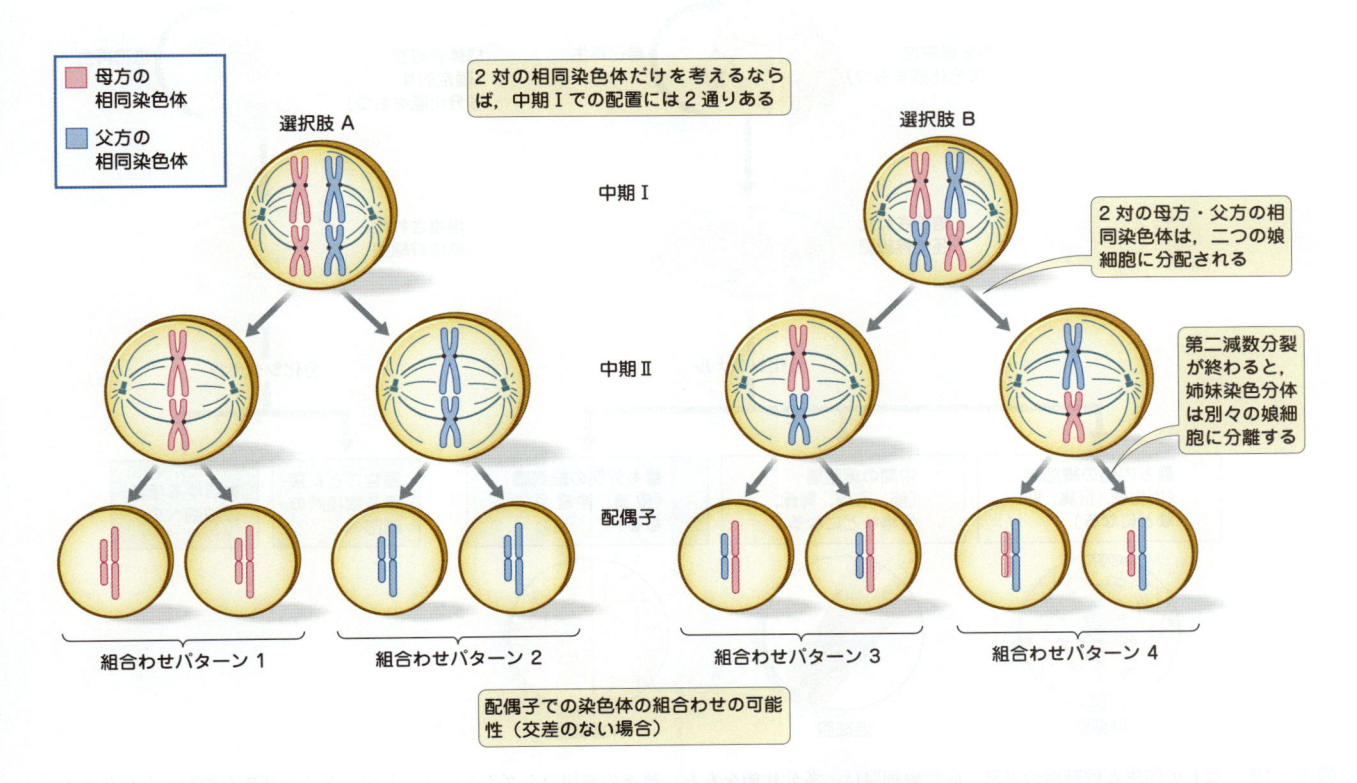

図9・11　減数分裂でできる配偶子の染色体の組合わせ例

減数分裂の結果，女性は一倍体の卵をつくり，男性は一倍体の精子をつくる．受精で卵と精子が接合し，二倍体の受精卵となり，体細胞分裂を繰返して，**桑実胚**とよばれるボール状の細胞の塊となる．桑実胚のすべての細胞は**分化全能性**をもつ．分化全能性とは，どんなタイプの細胞にも分化可能であるという意味である．初期の桑実胚の細胞は，まだ特定の発生・分化の運命が決まっておらず，どのような細胞にも変われる十分な柔軟性をもっている．

受精から約5日後，桑実胚は**胚盤胞**とよばれる，中に空洞をもったボール状のものに変わる（図9・12）．胚盤胞は約150個の細胞からなる．内側に**内部細胞塊**とよばれる約30個の細胞の集まりがあり，これが成長して胚の本体となる．内部細胞塊は多分化能をもつ．多分化能とは，成体がもつ約220種類の細胞すべてを生み出す能力のことである．胚盤胞を取囲む外側の細胞層はのちに胚盤となる部分である．この外側の細胞層も多分化能をもっており，種類は限られるが，分化する能力をもつ．しかし，桑実胚のもつ全能性，内部細胞塊のもつ完全な多分化能はもはやない．受精後5〜7日で，胚は子宮の細胞層に付着する．これを**着床**という．細胞の分裂増殖は，この間も早い速度で進行していて，3種類の細胞層が出現し，細胞の分化が始まる．

受精から10週後，ほとんどの器官系が完成し，胚は胎児とよばれるようになる．胎児の細胞は，発生が進むにつれて，分化する上での柔軟性が低下して，やがて，多分化能を失う．誕生の時点では，各組織や器官の中のごく少数の細胞しか自己再生能力を

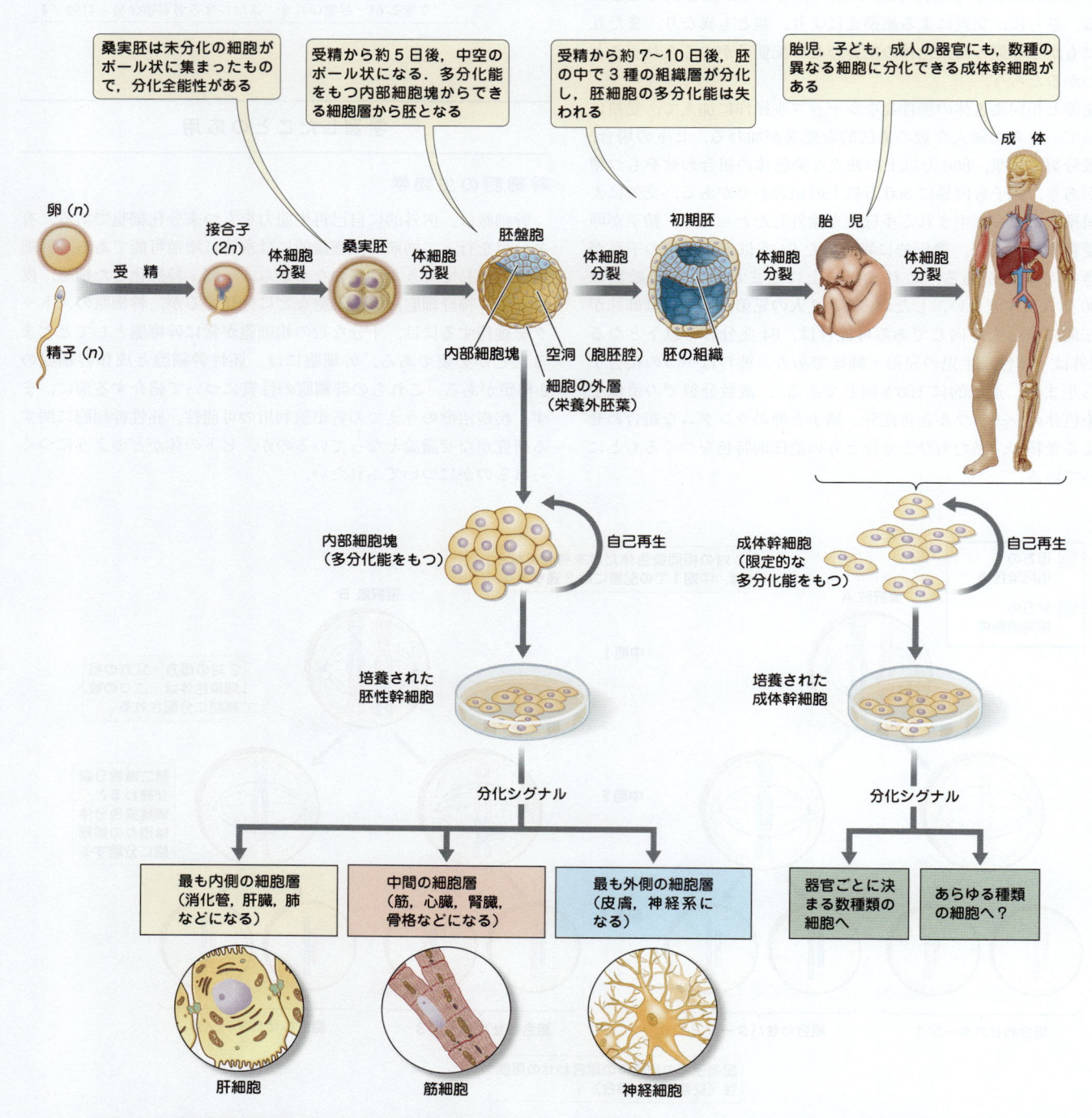

図 9・12　ヒトの発生と幹細胞の由来　胚性幹細胞は，多分化能をもち，種々の適切なシグナルに反応して，多くの特殊な細胞へと分化できる．十分に成長した組織や器官のなかにも，少数であるが多分化能をもつ成体幹細胞があり，限定的ではあるが分化させることができる．

もたない．そのような細胞は，新生児や子ども，成人期まで残り，**成体幹細胞**（体性幹細胞）とよばれる．これらは，内部細胞塊や桑実胚の細胞ほどではないが，複数の細胞へと分化する能力をもつ．これまで，皮膚，筋，骨髄，肝臓，脳や眼など，成人体内の多くの器官や組織で成体幹細胞が確認され（図9・13），それを応用した治療法が考案されている．

なかでも，白血病などの血液の病気，重度の火傷の治療などで実現されている．たとえば，皮膚の幹細胞は，火傷を負った患者に残っている他の健全な皮膚から取出すことができ，適切な培養条件にすると，すぐに増殖してシート状の皮膚となる細胞層をつくることができる．これを患者の火傷した部分に移植するのである．同じ方法を，アルツハイマー病，脊髄損傷，多発性硬化症，筋ジストロフィー，そして，この章の最初に紹介したパーキンソン病などの病気で，損傷を受けた組織を再生・修復させる方法として使えるようにしたいという願いがある．しかし，皮膚や骨髄以外の器官から採取した成体幹細胞を使うのは一般に難しいとされている．

1990年代，生殖補助医療技術（人工的な方法で出産を補助する医療技術）が確立され，胚由来の内部細胞塊を研究室で培養できるようになった．研究室内で人工的に卵と精子を受精させる技術を体外受精という．この技術を使って作成した受精卵に特別な栄養を与え，温度管理しながら培養すると，桑実胚から胚盤胞まで発生が進行する．その胚盤胞を不妊治療を希望している女性に移植する．あるいは，胚盤胞は成長がさらに進むと，培養器で維持できないので，あとで利用するときのために冷凍保存する．現在，全米の人工受精関連医院の冷凍庫には，合計40万個以上のヒトの胚盤胞が保管されている．

1990年代後半，そのような人工受精治療を受けた夫婦から余った胚盤胞を譲り受けた研究者が，実験用マウスでの胚盤胞操作技術を応用し，培養液の中で内部細胞塊から細胞を採取し増殖させる方法を開発した．この多能性をもつ細胞は，幹細胞としての特性をもち，分化することなく繰返して分裂増殖した．この方法で米国内外の人工受精設備のある病院から提供された胚から，数種類のヒトの**胚性幹細胞**（ES細胞；embryonic stem cell）が細胞株として確立された（ある決まった母細胞に由来し，培養を継続できるようになった細胞を細胞株，あるいは系列細胞という）．1998年，ES細胞を培養し，特定のシグナル伝達分子を使って分化させたという研究報告は，興奮や賞賛と同時に，激しい非難を受けることとなった．

ES細胞は成体幹細胞よりもはるかに高い分化能をもち，多様な種類の細胞をつくり出せることから，多くの研究者が高い関心をもっている．脳，心臓や腎臓などの組織からとった成体幹細胞は，少量で小型なため，見分けにくく，人工的に培養するのも容易ではないからである．

しかし，ES細胞の研究に反対する人達もいる．人間の生命は受胎したことで始まると信じるならば，胚盤胞や胎児の細胞はすでに人としての権利をもち，他人の利益のために利用されることは倫理上の問題点があると考えられるからである．2001年，米国政府は胚盤胞を使った研究への資金提供をやめ，公的資金を使っての新しいES細胞系列の作成を禁止した．それ以来，新しいES細胞株は公然とは使えなくなり，禁止前に開発された細胞系列だけがまだ使われている．2001年以前の細胞株は，他の細胞が混入したり，突然変異が起こったりして，現在では品質が低下しているという研究者もいる．現在，ES細胞研究を支持する人は，新しいES細胞株を作成すれば，基礎的な研究も促進され，幹細胞技術を応用した治療方法も進むはずだと訴えている．

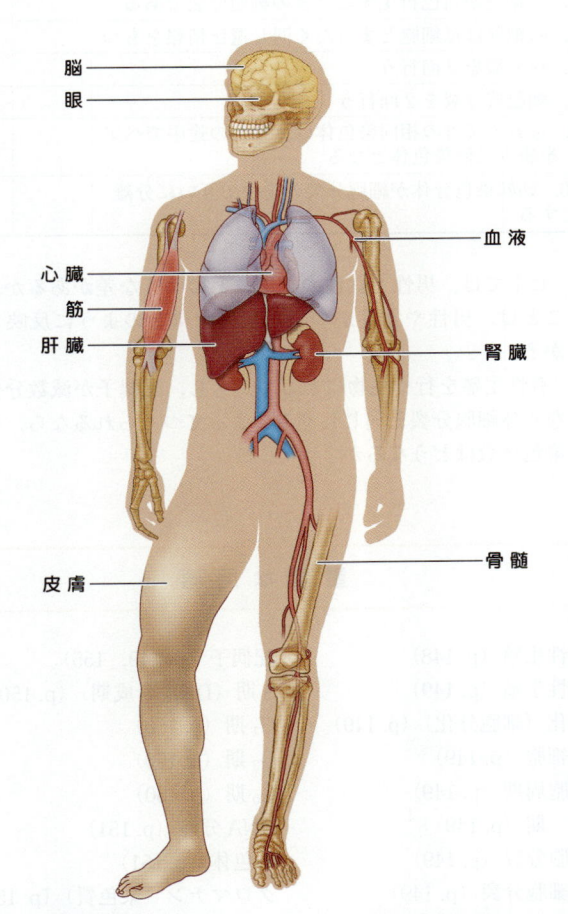

図9・13　成体幹細胞　少数であるが，人体の中で，幹細胞の確認されている組織や器官がある．胚性幹細胞のように多分化能はないが，限られた何種類かの細胞へ分化できる能力をもっている．皮膚や骨髄以外の器官からとった成体幹細胞は，内部細胞塊からとった胚性幹細胞に比べると，分離や確認が難しいうえに，培養が難しい．

章のまとめ

- 細胞分裂は，多細胞生物の組織の成長，再生，修復に，また無性生殖や有性生殖にとって必要である．
- 幹細胞は無限に増殖して再生する能力をもち，また，特定機能を発現する分化した細胞もつくる．
- 原核生物の細胞分裂は，二分裂である．
- 真核生物の細胞分裂は，原核生物のものよりも複雑である．

9・1　間期と分裂期からなる細胞周期

- 細胞周期とは，新しく生まれてから，最後に分裂して二つの娘細胞ができるまでの細胞の一生をさす．
- 細胞周期は，間期と分裂期に分けられる．

9・2　間期: 細胞周期のなかで最も長いステップ

- 間期は，G_1期，S期とG_2期の三つに分けることができる．
- S期で細胞のDNAが複製される．S期の前後の時期，G_1期とG_2期で，細胞は大きく成長し，細胞分裂に必要なタンパク質を生産する．

9・3 体細胞分裂と細胞質分裂: 二つのまったく同じ細胞をつくるしくみ

- 母細胞の複製されたDNAは，体細胞分裂により，二つの娘細胞へ均等に分配され，受け継がれる．
- 核のDNA分子は，タンパク質の周りにコンパクトに巻きついていて，クロマチンとよばれるDNA-タンパク質複合体をつくる．クロマチンはさらに凝縮されて染色体になる．つまり，1個の染色体は1個のDNA分子を含む．長いDNA分子に沿って遺伝子が配置されている．
- 体細胞の染色体を並べて表示したものを核型という．真核生物の体細胞の染色体は，同じ大きさ，同じ形，同じ種類の遺伝情報をもった相同染色体が2本ずつ組になっている．
- 相同染色体のペアの一方は母方の染色体を受け継ぎ，もう一方は父方の染色体を受け継いでいる．哺乳動物の場合，性染色体（XとY）によって性が決まり，雌はX染色体を二つ，雄はX染色体とY染色体を一つずつもつ．
- S期で，DNAが複製され，平行に二つ並んだ姉妹染色分体がつくられる．二つは，中心付近の動原体とよばれる部分で互いにしっかり付着している．
- 体細胞分裂は，前期，中期，後期，終期の4段階に分けられる．
- 前期の初期に染色体は太く短くなり，核膜が消失する．二つある中心体は，細胞の両端に移動して極となり，二つの極の間をつなぐようにして紡錘体がつくられる．
- 前期の後半，染色体は動原体の部分で紡錘体の微小管とつながる．
- 中期で，染色体は二つの極の中間，赤道面に配列する．
- 後期で，各染色体の二つの姉妹染色分体は，分離して細胞の両極に向かって移動する．
- 終期で，細胞の両極に分かれた染色体の周囲に核膜が形成され，新しい核となる．
- 細胞質分裂で，母細胞の細胞質が分離され，二つの娘細胞になる．動物細胞では，環状のアクチンフィラメントの束が収縮して，細胞を二つに分断する．植物細胞では，細胞板から新しい細胞壁が形成されて，二つの娘細胞に分けられる．

9・4 減数分裂: 染色体セットを二つに分けて配偶子をつくる

- 減数分裂は配偶子をつくる特殊な細胞分裂である．配偶子は，各相同染色体ペアの一方だけを取って集めた一倍体（n）の細胞となる．多細胞生物の他の体細胞は体細胞分裂でつくられ，相同染色体を2本1組でもつ二倍体（$2n$）である．
- 減数分裂は2回の核分裂と細胞質分裂からなる．
- 第一減数分裂で，二倍体の母細胞から一倍体の娘細胞がつくられる（還元分裂）．
- 第一減数分裂で，相同染色体の母方・父方染色体のペアは，互いに平行に並んで二価染色体となる．つまり，二価染色体は四つの染色分体（4個のDNA分子）からなる．
- 相同染色体のペア（母方・父方染色体の組）は，第一減数分裂の最後に，分離して別々の娘細胞に分配される．その結果，娘細胞は相同染色体の片方だけ（1セット）の染色体をもつ一倍体となる．
- 第二減数分裂は体細胞分裂と似ていて，複製された姉妹染色分体が，別々の娘細胞に分配される．
- 二つの配偶子（一倍体，n）が合体することを接合，または受精という．受精により二倍体（$2n$）の接合子がつくられる．
- 減数分裂と受精によって，生物集団内に遺伝的な多様性が生まれる．
- 減数分裂期の相同染色体間の交差，ランダムな組合わせによる再配分という二つの過程を経て，多様な遺伝情報の組合わせの配偶子となる．

復習問題

1. 細胞周期の各ステップで，何が起こるかを説明せよ．
2. ウマは64本の染色体をもつ．細胞分裂直前のG_2期のウマの細胞には，何個のDNA分子（一つの連続した分子を1個と数える）があるか？ ウマの第一減数分裂でつくられる細胞には，何個のDNA分子があるか？
3. 体細胞分裂と減数分裂を比較した下の表の空欄を埋めよ．それぞれの分裂タイプに対して記述が正しいかどうか考え，最初の欄の例のように"正・誤"を記入せよ．

	体細胞分裂	減数分裂
1. ヒトでは，この分裂を行う細胞は二倍体である	正	正
2. 母細胞の半分数の染色体をもつ娘細胞ができる		
3. 1個の母細胞から全部で四つの娘細胞ができる		
4. 動物の雄では精子がつくられる		
5. 幹細胞が自己再生するときの細胞分裂である		
6. 娘細胞は母細胞とまったく同じ遺伝情報をもつ		
7. 核分裂を2回行う		
8. 細胞質分裂を2回行う		
9. 母方・父方の相同染色体は，分裂の途中でペアを組み二価染色体となる		
10. 姉妹染色分体が細胞分裂の途中で互いに分離する		

4. ヒトでは，男性と女性の核型にどのような差があるか．このことは，男性や女性がつくる配偶子にどのように反映されるか？
5. 有性生殖を行う生物にとって，もし，配偶子が減数分裂ではなく体細胞分裂と同じしくみによってつくられるなら，子孫の染色体数はどうなるか？

重要な用語

無性生殖（p. 148）　　配偶子（p. 149, 155）
有性生殖（p. 149）　　S期（DNA合成期）（p. 150）
分化（細胞分化）（p. 149）　G_1期（p. 150）
幹細胞（p. 149）　　G_2期（p. 150）
細胞周期（p. 149）　　G_0期（p. 150）
間　期（p. 149）　　DNA分離（p. 151）
細胞分裂（p. 149）　　染色体（p. 151）
体細胞分裂（p. 149）　クロマチン（染色質）（p. 151）
核分裂（p. 149）　　体細胞（p. 151）
有糸分裂（p. 149）　　核　型（p. 151）
細胞質分裂（p. 149）　相同染色体（p. 151）
減数分裂（p. 149）　　性染色体（p. 151）

姉妹染色分体 (p. 152)
セントロメア (p. 153)
前　期 (p. 153)
中心体 (p. 153)
紡錘体 (p. 153)
動原体 (p. 153)
中　期 (p. 153)
後　期 (p. 153)
終　期 (p. 153)
細胞板 (p. 154)
収縮環 (p. 154)
精　子 (p. 155)
卵 (p. 155)
受　精 (p. 155)
接合子 (p. 155)
一倍体 (p. 155)

二倍体 (p. 155)
第一減数分裂 (p. 156)
二価染色体 (p. 156)
交　差 (p. 156)
第二減数分裂 (p. 156)
対立遺伝子 (p. 156)
遺伝子組換え (p. 158)
桑実胚 (p. 160)
分化全能性 (p. 160)
胚盤胞 (p. 160)
内部細胞塊 (p. 160)
多分化能 (p. 160)
着　床 (p. 160)
成体幹細胞
　（体性幹細胞）(p. 161)
胚性幹細胞（ES細胞）(p. 161)

章末問題

1. 細胞周期の中でDNAの複製が行われるのはいつか．
   (a) G_1期　　　　　(c) G_2期
   (b) S期　　　　　　(d) 分裂期
2. 核型は，
   (a) 個体から得た二倍体細胞の染色体すべてを表示している．
   (b) 娘細胞の分離に必要となる．
   (c) 1組のまったく同じ染色体である．
   (d) 全生物種で同じである．
3. 正しい記述を選べ．
   (a) クロマチンはG_2期よりも前期の方が凝縮されている．
   (b) S期で行われる重要なできごとは，姉妹染色分体の分離である．
   (c) 紡錘体は後期に最初に現れる．
   (d) 細胞は中期でサイズが大きくなる．
4. つぎのうち，間違っているのはどれか．

(a) DNAはタンパク質と複合体をつくり，クロマチンに凝縮される．
(b) 体細胞にある染色体はすべて，同じ形と同じ大きさである．
(c) それぞれの染色体には1個のDNA分子が含まれる．
(d) 体細胞は二倍体である．
5. 正しい細胞周期の順番を選べ．
   (a) 体細胞分裂，S期，G_1期，G_2期
   (b) G_0期，G_1期，体細胞分裂，S期
   (c) S期，体細胞分裂，G_2期，G_1期
   (d) G_1期，S期，G_2期，体細胞分裂
6. 細胞質分裂が起こるのはどの時期か．
   (a) 前期が終わるとき
   (b) 終期の直前
   (c) 体細胞分裂が終わるとき
   (d) G_1期の終わり
7. 受精で配偶子が接合してできる接合子はどれか．
   (a) 二価接合子
   (b) 一倍体接合子
   (c) 二倍体接合子
   (d) 三倍体接合子
8. 配偶子は，
   (a) 私たちの皮膚細胞の2倍の数の染色体をもつ．
   (b) 性染色体だけをもつ．
   (c) 私たちの皮膚細胞の半数の染色体をもつ．
   (d) X染色体だけをもつ．
9. 還元分裂が起こるのはいつか．
   (a) 体細胞分裂の前期
   (b) 減数分裂の後期II
   (c) 体細胞分裂の中期II
   (d) 第一減数分裂
10. 減数分裂の結果，
    (a) 4個の一倍体細胞ができる．
    (b) 2個の二倍体細胞ができる．
    (c) 4個の二倍体細胞ができる．
    (d) 2個の一倍体細胞ができる．

ニュースの中の生物学

New Type of Stem Cells May Help Regenerate Heart Tissues

By Adrienne Law

新たな幹細胞が心臓の再生につながるかもしれない

冷や汗が出る．胸が焼けるようだったり，締めつけられるように感じたりする．そういった症状は，心筋梗塞の徴候かもしれない．心筋梗塞で永遠に残るダメージを受けた心臓に対してはこれまで，心臓移植，ペースメーカー，種々の薬剤の使用といった治療法しかなかった．

先週，科学専門誌 Stem Cells に，ヒトの心臓血管細胞を再生する幹細胞に関するカリフォルニア大学医学部の研究が発表された．Robb MacLellan 博士らは，この論文で，新しいタイプの幹細胞を使えば，心筋梗塞で血液が流れず死滅した心臓組織を再生できるかもしれないと指摘している．

用いたのは人工的に多分化能をもたせるようにした幹細胞（iPS 細胞；induced pluripotent stem cell）で，一般に使われている胚性幹細胞（ES 細胞）のように機能し，人体の種々の組織から採取した細胞からクローン細胞をつくるために研究上使われている技術である．

"このクローン細胞は，ES 細胞と同じようなふるまいをする．この研究は，胚性幹細胞と同様に使える点で，重要な第一歩である"と，南カリフォルニア大学の幹細胞再生医療センター主任，Martin Pera 博士は語っている．また，"ES 細胞と違い，iPS 細胞はヒトの胚盤胞からとったものではないので，倫理的な問題がない点もよい"と伝えている．ES 細胞と同様に，細胞が傷ついたり死滅した後，器官や組織を再生させるのに利用できる可能性がある．

心筋梗塞の大きな後遺症は，死んでしまった心筋が回復しないことである．代わりに，心筋細胞と血管細胞を培養することによって，失われた心筋に代わるものとして iPS 細胞を使えるだろうと，Pera 博士は語っている．

iPS 細胞の作成は，最近の細胞生物学と生物学・医学において，最も興奮させる大進展の一つである．この素晴らしい偉業を最初に成し遂げたのは，京都大学の山中伸弥博士，ボストンのマサチューセッツ工科大学の Rudolf Jaenisch 博士らである．iPS 細胞とは，どんなに分化した成人の体の細胞であっても，ヒトの胚性幹細胞（ES 細胞）に似た多分化能をもつように，遺伝的に再プログラムされた細胞のことである．彼らは，ES 細胞だけで活性を示す遺伝子を探し出し，そこから目的のものだけを選んで絞り込むことで，この画期的な発見を行った．特に他の多くの遺伝子を制御し，スイッチを入れたり切ったりして，細胞の多能性を調整するマスタースイッチ遺伝子を四つ発見した．驚くべきことに，すでに分化した細胞であっても核内でこれら四つの遺伝子がはたらくように人工的に操作すると，発生・分化の時計が反対方向に回り，あたかも胚盤胞内部の内部細胞塊の中にあるかのようにふるまい始めるのである．山中博士らは，無害な腫瘍ウイルス（レトロウイルス）を使ってこの四つの遺伝子をネズミの皮膚細胞に導入して，成功させた．

このニュース記事で紹介した論文はヒトの細胞を使ったはじめての業績である．iPS 細胞を使った器官・組織の再生医療の大きな利点は，再プログラム化する元の細胞を患者から採取できることである．この iPS 細胞ならば，体の損傷した所や病気の部位に移植しても拒絶反応は起こさないだろう．組織の拒絶反応は，現在，再生医療で胚性幹細胞を使うときの大きな障害となっている．ES 細胞株は治療を受ける人とは遺伝的に異なる細胞のために異物とみなされ，患者がもつ免疫システムで攻撃され排除されるのがふつうだからである．

iPS 細胞技術を発見した研究者らは，この技術はまだ新しく，治療法として人体に適用できるようになるまでには5～10 年はかかると指摘している．幹細胞使用についてのこれまでの一般的な議論は，成体幹細胞が治療用の幹細胞として十分であるかどうか，また不要となった胚盤胞を治療目的の胚性幹細胞株を作成するのに使ってよいかどうか，といった点であった．多くの幹細胞研究者は iPS 細胞も含め，この 3 種類の細胞を使った研究すべてがきわめて重要であると力説している．幹細胞の研究は，細胞がどのようにして，いつ，どこで分裂し，もしくは分化するのかの理解を深めるのに大きく役立ってきたからである．

このニュースを考える

1. iPS 細胞の分化能力や柔軟性について，胚性幹細胞や成体幹細胞と比較せよ．

2. 2004 年，カリフォルニア州は胚性幹細胞研究の基金に 3000 億円出資する第 71 議案を住民投票で可決し，この州に幹細胞研究者が結集するようになった．このような科学上の議論は，専門委員会が結論すべきか，選挙で選ばれた政治家が決するべきか．あるいは，カリフォルニア州の例のように住民投票で決めるべきか．あなたの考えを論理的に説明せよ．

3. 発生初期段階の桑実胚から胚を傷つけずに細胞を取出すこともできる．このような方法で，胚の細胞を採取して新しい胚性幹細胞株をつくることは問題ないか．あなたの意見を述べよ．

出典：Daily Bruin 紙，カリフォルニア州ロサンゼルス，2008 年 5 月 5 日

インタールードB　第Ⅱ部で学んだことの応用

がん：制御のできなくなった細胞分裂

> **Main Message**
> 多細胞生物の体内で，細胞が無制限に増殖し，異常な移動をするものをがんという．

変異細胞との戦い

がんは，多細胞生物で細胞間の協調が破綻した状態である．一個の細胞が突然変異して，抑制が効かずに際限なく細胞分裂を繰返すことから始まるが，それが大量の異常細胞の塊となったものががんである．時間が経つと，こうした異常な細胞はさらに悪い状態になる．形を変え，巨大化し，通常の機能を止め，周囲の細胞を乗り越えながら広がる（図B・1参照）．最悪の場合には，束縛を振り切って飛び出し，血流に乗って身体の各所に分散して増殖を始める．移動した先がどこにせよ，猛烈な勢いで増殖し，周囲の正常な細胞を圧倒して餓死させるほど，酸素や栄養を独占する．このように全身に転移するようになった細胞を，がん細胞または悪性腫瘍細胞という．がん細胞の増殖や転移は抑制できず，個体の生存が維持できなくなるまで，他の組織，器官や器官系を乗っ取り，じわじわと破壊していく．

米国で死亡するがん患者は年間50万人以上である（日本では37万人（29%），2016年）．この10年間，がんの治療法や予防法が向上したが，毎年100万人以上の米国人が何らかのがんと診断されている（日本では約70万人）．米国国立がん研究所の推計では，がんにかかる総費用は年間1000億ドル（日本では約33000億円）である．

30年前，Richard Nixon大統領は，米国のがん撲滅を宣言し，抗がん研究を最優先させた．そのため，放射線や薬物療法などのがん治療法は大幅に向上した．20世紀初頭，がん患者の生存率はかなり低かったが，今日では患者の治療開始後5年間の生存率は約40%である．にもかかわらず，がん撲滅の闘いが終結するにはほど遠い状態である．悪性細胞の増殖を止めたり取除く，新しい強力な治療法を確立することが現在でも急務となっている．がん撲滅の最大の課題は，健全な細胞を傷つけずに，変異細胞だけを突き止めて殺すことである．現在の標準的な治療法は，急速に細胞が分裂しないように強い放射線を照射したり，毒性の強い薬剤を多量に投与したり（化学療法），または，両者を交互に行う．問題は，この治療法の強い副作用である．細胞への全面攻撃のようなもので，多くの無害の傍観者，つまり，体の正常な機能を担っている他の細胞までも殺してしまうからである．

基礎的な細胞生物学の発見，また，がん研究への多額の投資によって，悪性細胞を選択的に破壊する革新的な技術が開発されたという良いニュースもある．たとえば，遺伝子操作したウイルスを，特定のがん細胞にだけ感染させて殺し，正常な細胞は無傷のままに残す画期的方法がある．また，酸素と栄養がある限り，いつまでも細胞分裂を継続させる原因タンパク質をはたらけなくする方法もある．がん細胞付近の血管が拡張するのを抑制し，がん腫瘍への酸素や栄養の供給を遮断する方法も有望であろう．こうした治療法は，現在，臨床試験の段階にあるが，どのようながんにでも効く治療法として確立するまでには，さらに多くの基礎研究が必要である．

実は，過去30年のがん研究から私たちが学んだ最大の教訓は，驚くほど単純である．まず第一に，がんがモンスター的になってから治療するのではなく，細胞ががんに進行する可能性を減らすのが肝腎ということである．どのような日常生活を過ごすかなどの環境要因が，がんになるリスクに大きな影響を及ぼすことが明らかになっている．たとえば，がんと喫煙の因果関係は，化学物質の影響で健全な細胞がいかに危険なものに変貌するかを示す典型的な例である．20世紀初頭は喫煙者人口が少なく，肺がんになる人はほとんどいなかった．しかし現在では，世界人口の約1/3が喫煙し，肺がんが世界で最も一般的で死亡率の高いがんとなり，年間

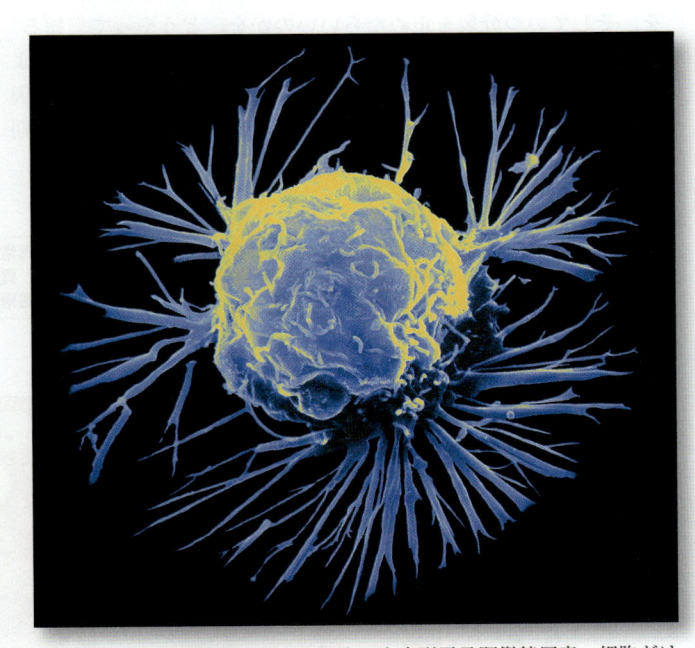

図B・1　自前の怪物　乳がん細胞の走査型電子顕微鏡写真．細胞だけを疑似カラーで強調して示す．慣れている研究技術員ならば，大きなサイズ，異常な丸い形，細胞表面構造の様子から，がん細胞であると見分けることができる．細胞表面にある突起は，がん細胞が体の中を這って移動できることを示す．血流に乗って体内に広がるかどうかが，がん細胞であるかどうかの特徴となる．

120万人以上の人々の命を奪っている．この10年で，米国全体でがん発生率が減少しつつあるが，それは数十億ドルをかけた科学技術革新の成果ではない．タバコを吸う人が減り，喫煙によるがん患者が減少したからである．がんとの闘いにおいては，がんになる危険因子についての意識を高め，がん予防を奨励することを最優先するべきであろう．

この章では，がんの生物学，つまり，細胞分裂や細胞移動などの抑制が効かなくなったとき，どのようにがんが進行するのかを紹介する．また，遺伝子に何か間違いが生じたり，突然変異が起こることで抑制システムがどのように崩壊するのかを解説する．ほとんどのがんは，環境的な要因でDNAが損傷を受け，突然変異が体内の細胞にしだいに蓄積することで生じる．どのような環境要因が影響するのか検証していくが，どのような病気であれ，治療法を見つけるよりも，まずは予防することの方が大切であることは，心に留めておいてほしい．

細胞分裂や細胞移動への抑制が効かなくなると，がんになる

多細胞生物の統制のとれた高度な組織をつくるには，体内の細胞をコントロールして調和をとらなければならない．人間社会でも，ある程度大きな集団は，何らかの規制がなければたちまち大混乱に陥るだろう．多細胞生物も同じである．健康な身体では，細胞のあらゆる行動について，特に，どの細胞がどれくらいの頻度で細胞分裂するか，厳密にコントロールされている．ヒトのように複雑な構造をもった生物では，どの細胞をいつどこで分裂させるかはまさしく生死にかかわる重要な問題となる．

第9章で紹介したように，細胞分裂の周期は，内外のさまざまなシグナル伝達分子と調節タンパク質によって制御されている．これらの因子には，細胞分裂を促進するプラスの役割の増殖因子（**正の増殖因子**）もあれば，ブレーキをかけるマイナスの作用をもつ因子（**負の増殖因子**）もある．正常な状態では，これらの因子は，必要な場所で，必要なときにだけ，放出される．もし，指先に切り傷ができると，そこで正の増殖因子が放出され，傷口がふさがって治癒するまで皮膚の細胞は細胞分裂を続けるだろう．では，傷口の端にある細胞は，十分な回数だけ細胞分裂したことを，そしていつ分裂を止めたらいいのかを，どうやって"知る"のだろうか？ 細胞が新しくつくられると他の細胞と接触するようになり，隣接した他の細胞を圧迫する．そのとき，負の増殖因子がはたらきだす．この現象は**接触阻止**とよばれ，細胞分裂周期を停止させ，傷口で細胞が増殖しすぎるのを防いでいる．

このように細胞増殖は，正と負の増殖因子の巧みな二重の管理体制下にある．特に，ヒトなどの多細胞生物は，複雑な細胞共同体であり，たった一つの細胞が，正・負の増殖因子に対して正しく応答しなくなるだけで，全身に深刻な結果をまねきかねない．もし，正の増殖因子で管理されるべき経路が過剰に応答すると，増殖が際限なく進んでしまう．あるいは，細胞が負の増殖因子の抑制メッセージを無視するようになると，これまた増殖の阻止が効かなくなる．いずれの場合でも，過剰な増殖を行うがん細胞が生まれるきっかけとなる．

こうした制御を失った細胞が増殖し，塊状になったものを**腫瘍**という（図B・2）．身体の中で増殖しても広がらずに一カ所でとどまっている腫瘍は，**良性腫瘍**である．たいていの場合，良性腫瘍は外科的な手術で摘出できるのであまり危険ではないが，増殖の活発な良性腫瘍はがん予備軍である．もし，他の場所へと脱出し，血流に乗る方法を習得すると，それはれっきとした**悪性腫瘍**となり，**がん**と同じである．動物の成体の体の細胞は，決まった場所に，しっかりと定着してとどまっているのがふつうで，たとえその定着場所から離脱することが起こっても，隣の細胞を乗り越えたり，血管壁をすり抜けて血液中に侵入することはない．良性腫瘍であっても，このような移動や血液中の侵入能力を獲得してがんとなることもある（図B・2）．では，全身を危険にさらす無謀な細胞を生み出す原因はいったい何であろうか．次節で詳しく紹介するが，腫瘍細胞となる原因は，機能がおかしくなった遺

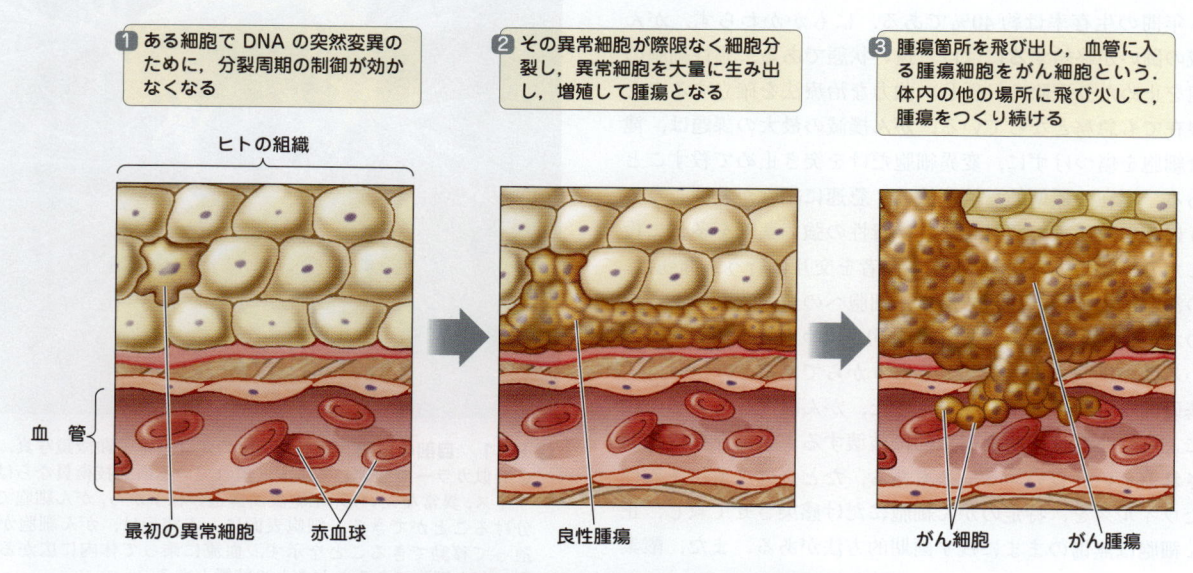

① ある細胞でDNAの突然変異のために，分裂周期の制御が効かなくなる

② その異常細胞が際限なく細胞分裂し，異常細胞を大量に生み出し，増殖して腫瘍となる

③ 腫瘍箇所を飛び出し，血管に入る腫瘍細胞をがん細胞という．体内の他の場所に飛び火して，腫瘍をつくり続ける

ヒトの組織

血管

最初の異常細胞　赤血球　　　良性腫瘍　　　がん細胞　がん腫瘍

図B・2　がんは，分裂制御ができなくなった1個の細胞から始まる

伝子のせいである．良性腫瘍細胞の中にも，増殖活動を続けさせるような不良遺伝子があるし，がん細胞はもっと性悪な遺伝子をたくさんもっている．

がんの由来は遺伝子の突然変異

遺伝子のDNA配列が変化することを**突然変異**という．突然変異を起こした遺伝子は，コンピュータの壊れたファイルのようなもので，情報が誤った形で他へ伝えられる．遺伝子は一般にタンパク質をコードしているが，突然変異を起こすと，その遺伝子がコードしたタンパク質の活性が弱まったり，あるいは，消失したりする．場合によっては，遺伝子の突然変異がその活性を逆に高めるようにタンパク質を変える，さらに，タンパク質をふだんより多く合成したり，通常はつくらないはずの細胞で合成したりもする．

腫瘍形成に関与する遺伝子は，がん原遺伝子とがん抑制遺伝子という二つのグループに分類される．正の増殖因子をコードする遺伝子，すなわち細胞分裂を促進する効果をもつ遺伝子は，一般に**がん原遺伝子**に分類される．これらの遺伝子が突然変異を起こし，ふつう以上に活性が高くなると，細胞が抑制を振り切って増殖する原因となる．ただし，がん原遺伝子は本来，体内できわめて重要な役割をもつ正常な遺伝子である．突然変異し，活性化した場合に限り，細胞の過剰な増殖をひき起こし，腫瘍をつくる．突然変異し，異常に活発になったがん原遺伝子を，**がん遺伝子**とよぶ．

負の増殖因子をコードする遺伝子は，**がん抑制遺伝子**とよばれている．本来は細胞分裂周期を抑制し，不要な増殖を防ぐはたらきをもっている．この遺伝子に突然変異が起こると，コードしたタンパク質の活性が減少したり，あるいは，消失し，細胞の増殖を制御できなくなり，腫瘍が生じる．

ヒトの場合，一つの遺伝子ではなく，複数の重要な遺伝子で突然変異を起こした結果，がんを発症することが多い．もし，これらの突然変異が，配偶子，あるいは，配偶子をつくるべき細胞で起こると，突然変異が子孫へと遺伝する．突然変異したがん原遺伝子や突然変異したがん抑制遺伝子を親から受け継いだ子は，がんにかかるリスクも受け継ぐことになるが，実際は，こうやって親から受け継いだ変異遺伝子が直接の原因でがんになるケースは，わずか1〜5％にすぎない．がんになりやすいリスクをもった人でも，さらに危険ながん原遺伝子やがん抑制遺伝子の突然変異が起こらない限り，がんが発症することは少なく，がんと診断されたケースの約90％が遺伝性のものではないと考えられている．つまり原因は，ウイルスや化学物質などの環境因子，あるいは，細胞分裂のときなどに起こる何らかの傷害（またはその両方）により，不運にして起こったDNAの損傷である．がんとなるのは，細胞内でそういった突然変異が重ねて起こったためである．なぜ若者にがんが少なく，歳とともに増え，中年を過ぎて急増するのか，といったがんの特徴もこれでうまく説明できる．次節で紹介するように，正常な細胞は，複数のステップを経てがん細胞へと変貌する．各ステップは，異常に高い活性のがん原遺伝子，あるいは，活動の低下したがん抑制遺伝子が原因となってひき起こされる．

多くの段階を経てがんになる

今後，がんは，数十年にわたり，多くの人の命に深くかかわる病となるであろう（表B・1）．平均すると，米国人男性が，一生のうちに浸潤性がんになる可能性は45％（日本で54％）である．女性は男性よりもわずかに低く，38％（日本で41％）である．25％（日本で20％）ががんで死亡し，現在，800万人以上ががんと診断されていて，治療を受け，1500人（日本で900人）以上ががんで毎日死亡している．

このような高い発生率を考慮すると，ヒトの身体はがんに非常になりやすいと思うかもしれない．しかし，私たちの身体は，がんに対して強力な防御機構をもっている．複数の防御機構があり，少なくとも子をもつ生殖年齢に達するまでの間は，急激に細胞増殖したり，腫瘍になるのを抑えている．しかし，歳をとるにつれて防御機構を統合する遺伝子に突然変異が蓄積し，がんの防御につぎつぎと失敗すると，腫瘍ができる結果となる．

表B・1 米国人・日本人の代表的ながん[†]

がんの種類	特　徴	推定年間新規発生数		推定年間死亡数	
		米 国（2011）	日 本（2013）	米 国（2011）	日 本（2016）
乳がん	女性のがんによる死因で肺がんについで第2位．日本国内では第4位．	232,620	85,856	39,970	14,015
結腸がん	早期発見とポリープ摘出手術の成功で，発生数の増加は防げている．	101,340	112,644	49,380	34,521
白血病	子どもが成人よりも10倍以上，この白血球のがんを患うことが多い．	44,600	11,968	21,780	8,801
肺がん	すべてのがん死の27％（米国），20％（日本）を占め，女性の死亡率は乳がんより高い．	22,130	112,045	156,940	73,838
卵巣がん	女性のがんの3％を占める．	21,990	9,804	15,460	4,758
前立腺がん	米国では男性のがん死因の第2位（肺がんの次）	240,890	74,861	33,720	11,803
悪性黒色腫	米国で最も深刻で，急速に増加している皮膚がん	76,330	24,636*	11,980	1,553*
胃がん	日本では男女ともに死因の第2位（肺がんの次）	21,520	131,893	10,340	45,531
肝臓がん		26,190	40,938	19,590	28,528
膵臓がん		44,030	34,837	37,660	33,475

[†] 訳注：米国人のがんについては2011年のデータ（American Cancer Society, www.cancer.org）に差しかえ，日本人のがんについては訳者が補った（国立がん研究センターがん情報サービス，ganjoho.jp/public/）．*は，悪性黒色腫および皮膚がんの両方を含む．

結腸がん（大腸のがん）を例に考えてみよう．毎年，10万人以上の米国人がこのがんで苦しんでいる．結腸がんの腫瘍細胞には，活性の異常に高いがん原遺伝子1個と，まったく活性のない複数のがん抑制遺伝子がみられるケースが多い．この遺伝子の突然変異は，一般に数年かけて発生し，変異がしだいに蓄積すると，それらの相互作用の結果，細胞の活動状態が変わり，がんへと進行する．

大腸がんの進行段階に沿って，どのような突然変異が起こり，細胞の活動がどのように変わるかをみていこう．初期には発がん性の突然変異によって，比較的無害な良性のポリープが生じる（図B·3）．もともとは，突然変異を起こした結腸内壁にあった1個の細胞に由来するものであるが，異常な速さで分裂を続け，ポリープとなる．

ポリープが大きくなるにつれて，分裂増殖する細胞の中でさらに別の突然変異を起こす確率が高くなる．もし，がん抑制遺伝子のうちの一つでも，活性が完全に失われた状態のものが生じると，変異したがん遺伝子との相乗効果で，細胞分裂を急激に加速することになる．しかし，この状況でも，ポリープの大半は他の組織へ広がることはない．外科手術によってポリープを摘出すれば安全である．

良性のポリープから悪性の腫瘍へ変貌するのは，がん抑制遺伝子の不活性化がさらに進行するためである．結腸がんの場合，第18染色体の中の二つのがん抑制遺伝子を含む部分が欠失して悪性腫瘍に転じることが多い（図9·5，ヒトの核型参照）．二つのがん抑制遺伝子を失った細胞は，急速に増殖し，他の組織へと転移する危険性が非常に大きくなる．

最終的に完全に悪性化する決定的なできごとは，*p53* とよばれる重要ながん抑制遺伝子が完全に不活性化することである．その理由はまだ完全に明らかになっていないが，p53 タンパク質を失うと，細胞分裂の抑制がまったく効かず，がん細胞が腫瘍部分から飛び出し，血流に乗って身体の他の場所へと移動できるようになる．この時点で，がん細胞は，身体の防御システムや免疫システムを完全に突破できるようになり，最悪のシナリオ，つまり，悪性腫瘍となる．

■ **役立つ知識** ■ 習慣的に，遺伝子の名称は斜体（イタリック体）で，コードするタンパク質の名前はローマン体で表示する．遺伝子の名称とタンパク質の名称がまったく同じものもあるので，そのときは，イタリックかそうでないかで区別するしかない（例：*Rb* 遺伝子からつくられる Rb タンパク質）．

環境要因ががんとなる突然変異をひき起こす

遺伝要因と環境要因のどちらが発がんリスクに大きく影響するのか，数十年もの間議論されてきたが，同じ遺伝子をもつ一卵性双生児のがん発生率を追跡する大規模な研究調査によって決着がついた．もし，環境要因よりも親から受け継いだ遺伝子の問題でがんとなるのであれば，双子のがん発生率は非常に似たものになると考えられる．逆に，環境要因が重要ならば，環境や習慣の違いでがんの発生率に差が出るはずである．44,000組の一卵性双生児を調べた北欧の研究データによると，環境要因の方がはるかに重要な決定要素であることがわかった．

がん発生率に影響を与える環境要因としては，ウイルスや細菌のような感染性病原体，高脂肪の肉を高温で焼くときにできるニトロソアミンのような毒性の有機化合物，食品として野菜や全粒粉を多く摂るなどの食生活習慣，運動量などがある．環境要因が非常に多くのがん発生率と強い関連があることから，生活習慣を変えることで，がんのリスクを大幅に減らせることがわかる．特にがんに大きな影響を及ぼす生活習慣の典型的な例である喫煙について考えてみよう．

1982年以降，喫煙習慣は米国のがん死亡の第一の原因であると考えられるようになった．喫煙習慣は，肺がんや口腔がんの主原因であり，ほかにも，腎臓，胃や膀胱のがんなど，多くのがん発生の一要因ともなっている．約5000万人の喫煙者がいるので，

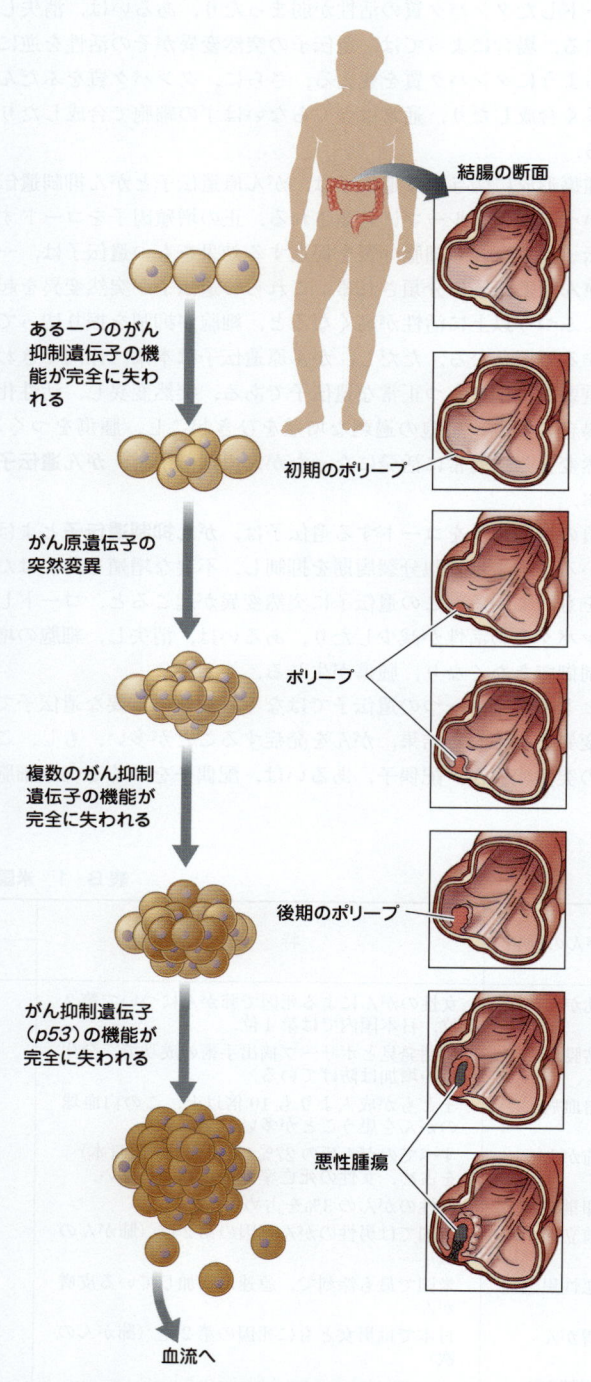

図B·3 結腸がんは複数の段階を経て発生する 正・負の増殖因子をコードする遺伝子がつぎつぎに突然変異を起こし，結腸の良性ポリープが悪性腫瘍へと変わる．どのがん原遺伝子やがん抑制遺伝子が突然変異するか，順序は決まってはいない．個人差もある．

B. がん：制御のできなくなった細胞分裂

生活の中の生物学

若者の喫煙

米国の約1/3の大学生がときどき喫煙し，そのうち毎日喫煙していると認めたものは約13％である．また，18～25歳の若者のなかで，約半数の人が少なくとも1回はマリファナを吸った経験があると告白している．タバコにしろマリファナにしろ，いずれもベンゾピレンとよばれる化合物を含み，この物質は，細胞分裂周期を制御する遺伝子を抑制する．この遺伝子が機能しなくなると，細胞分裂が抑制されず増殖し始める．マリファナはタバコよりもベンゾピレンを約50％多く含有しているし，また，マリファナを吸う人は一般的にタバコを吸うときよりも深く吸い込む傾向があって，肺内に毒性をもった煙を長く保つ．タバコはマリファナよりもずっと中毒性が高く，その結果，喫煙を始めた人は，長い期間喫煙を続ける傾向が高く，ふつうの喫煙者でも，一般的なマリファナ常用者より，一日に吸う量はずっと多い．結論をいえば，いずれの喫煙習慣も危険であることに変わりはない．

健康な生活を保つ方法はいくらでもある．情報を正しく得ること，将来をよく考えること，それが，より長く健康な人生を送る秘訣である．

喫煙の前後 非喫煙者の肺組織（左）と喫煙者の肺組織（右）．

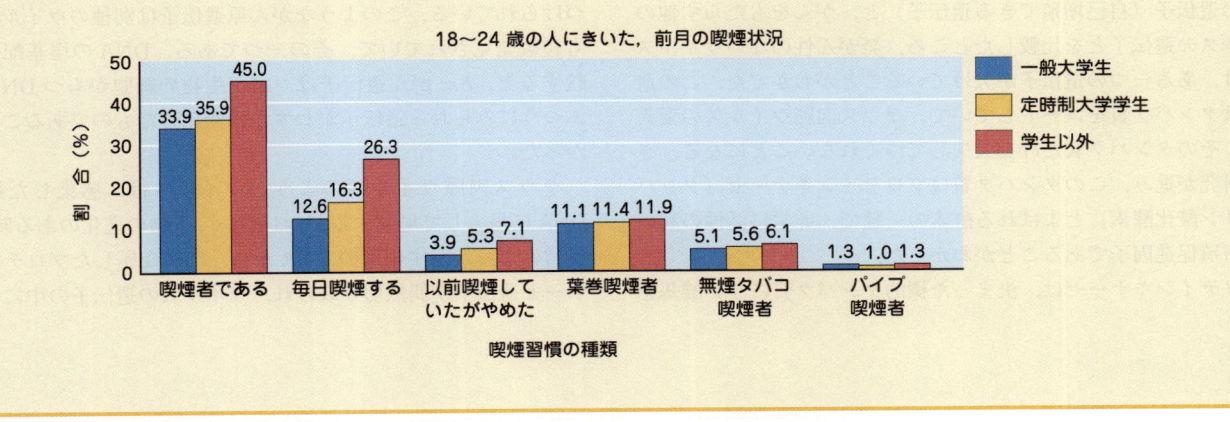

18～24歳の人にきいた，前月の喫煙状況

喫煙習慣の種類	一般大学生	定時制大学学生	学生以外
喫煙者である	33.9	35.9	45.0
毎日喫煙する	12.6	16.3	26.3
以前喫煙していたがやめた	3.9	5.3	7.1
葉巻喫煙者	11.1	11.4	11.9
無煙タバコ喫煙者	5.1	5.6	6.1
パイプ喫煙者	1.3	1.0	1.3

死亡者の1/5が喫煙が原因であるのは特に驚くようなことでもないかもしれない．

タバコの煙中にある数千種の化合物のうち，40種類以上の化合物が**発がん物質**であることがわかっている．"発がん性"とは，がんをひき起こす物理的，化学的，もしくは生物学的性質をさす名称で，なかでも，多環式芳香族炭化水素（polycyclic aromatic hydrocarbon, PHA）は発がん性の高い物質である．これらの有機化合物はDNAと直接結合してDNA付加体とよばれるものをつくる．この付加体があるとDNA複製のときに誤りが発生しやすくなり（第12章参照），DNA配列に突然変異をひき起こす．PAHは，重要ながん抑制遺伝子である*p53*遺伝子にも結合してDNA付加体をつくるが，*p53*遺伝子に突然変異が起こると，その細胞で機能するp53がん抑制タンパク質がつくられなくなる．結腸がんと同じように，これが原因で肺細胞の細胞分裂を制御できなくなり，肺がんとなる．さらに，PAHによるDNA付加体形成は肺細胞だけにとどまらない．喫煙者の白血球にもPAHに関連した遺伝子の損傷がみられ，それが他のがんの一因にもなっている可能性がある．

喫煙をやめれば，がん発生の危険性を大幅に減らせるというのは，実に喜ばしいニュースである．50歳以前に喫煙をやめた人は，その後15年以内に死亡するリスクが半減する．年齢とは関係なく，喫煙をやめた人は喫煙し続けた人よりも長生きする．タバコに含まれるニコチンは中毒性のある薬物で，禁煙を難しくしているが，米国人の1/5はかつて喫煙者だったという事実があるので，これを励みにするとよい．

ウイルスのがん原遺伝子から解明されたがんのしくみ

前の節では，突然変異によってがん原遺伝子が異常に活性化し，がん遺伝子に変化することを紹介した．ヒトのがんの原因となるがん遺伝子は，そのほとんどが化学汚染物質や紫外線などの環境的な要因で起こる突然変異から生じる．しかし，ヒト以外の動物の場合，ウイルス感染によってもち込まれたがん遺伝子が原因でがんになるケースが多く知られている．なかでも，ニワトリのウイルスの研究によって，がん遺伝子と，それが原因でがん化する過程が，はじめて明らかにされた．

細胞分裂の促進因子に細胞がどのように反応するかの研究は，動物のがんを観察することから始まった．生物学者Peyton Rousは，20世紀はじめ，ニワトリを使って肉腫とよばれるがん腫瘍を研究し，肉腫をすりつぶして抽出した液を健康なニワトリに注射すると，がんになることを発見した．肉腫から抽出した液は，慎重に沪過したもので，他の細胞や細菌を含んではいない．したがって，Rousは，がんの原因はもっと小さな，沪紙を通り抜けることができる物質だと考えた．彼の研究は，初の動物腫瘍ウイルスの発見となり，現在，発見者と腫瘍の種類から，ラウス肉腫ウイルスとよばれている（図B・4）．

がん遺伝子をもつウイルスは，細胞分裂を刺激してがん化を促進する

第1章で紹介したように，ウイルスはタンパク質の殻で包まれた核酸（RNAやDNA）で，核酸には，ウイルスの増殖に必要な遺伝子が含まれている．サイズは小さく，平均的な動物細胞の100分の1以下である．自己を複製して繁殖するには，他の生物の細胞内に侵入し，その細胞の生化学的な反応経路を使うしかない．

ラウス肉腫ウイルスがニワトリのがんの原因であるという発見は，がんを理解するうえで大きな前進となったが，それが細胞分裂の正常な制御システムをどのように狂わせるかを解明するまで，さらに数十年を要した．きっかけは，ラウス肉腫ウイルスの特殊な突然変異種（変異株）の発見であった．この変異株は，感染した細胞に急速な分裂をひき起こすことなく細胞内で増えることができた．つまり，発がん性がないのである．そこで，この変異株の遺伝子（自己増殖できる遺伝子）と，がんをもたらす他のウイルスの遺伝子とを比較したところ，発がん性のないウイルスにだけ，ある一つの遺伝子が欠けていることがわかった．この遺伝子はタンパク質をコードしていて，ラウス肉腫ウイルスの変異株は，そのタンパク質だけを欠失してつくれないことになる．さらに研究が進み，このタンパク質はプロテインキナーゼ（タンパク質リン酸化酵素）とよばれる酵素の一種で，非常に活性の高い細胞増殖促進因子であることがわかった．

プロテインキナーゼは，決まった標的タンパク質にリン酸基を結合（リン酸化）させて，活性化するはたらきをもつ．正常な状態では，この活性化反応は，結合したリン酸基を除去し，活性化のスイッチを切る別の酵素反応と相殺しあっている．しかし，活性の異常に高いウイルスのプロテインキナーゼがはたらくと，反応速度が速すぎるので，リン酸を除去する反応が間に合わず，一連のリン酸化反応が戻らなくなる．その結果，細胞の分裂を制御できなくなり，ただひたすら増殖だけを繰返す細胞を生み出していく．ラウス肉腫ウイルスが細胞に感染すると，その遺伝子のすべてを感染細胞のDNAの中に組入れるので，娘細胞もすべて，発がん性プロテインキナーゼ遺伝子を受け継ぎ，最終的に，分裂を急速に繰返す大きな細胞集合体，腫瘍となる．

ウイルスのがん遺伝子は，宿主細胞のがん原遺伝子から派生した

ラウス肉腫ウイルスのプロテインキナーゼ遺伝子は，*Src* と名づけられている．このようながん原遺伝子は別種のウイルスからも複数発見されていて，その一つである．DNAの塩基配列を比較すると，*Src* がん遺伝子は，宿主生物の細胞がもつDNA内にふつうにみられる遺伝子がわずかに変化したものであることがわかった．

ラウス肉腫ウイルスのようなウイルスは，感染した細胞のDNAに侵入して増殖するが，おそらく，生物の進化のある時点で，異常になった宿主細胞のDNAから，突然変異したプロテインキナーゼ遺伝子が偶然切り取られ，ウイルスの遺伝子の中に移行し

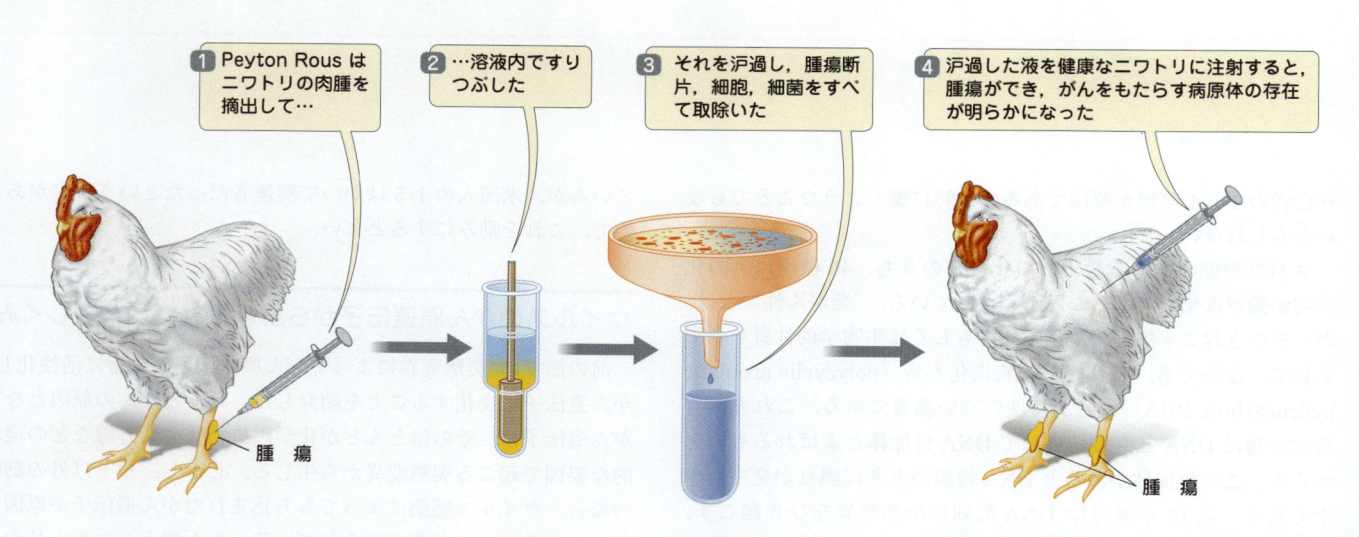

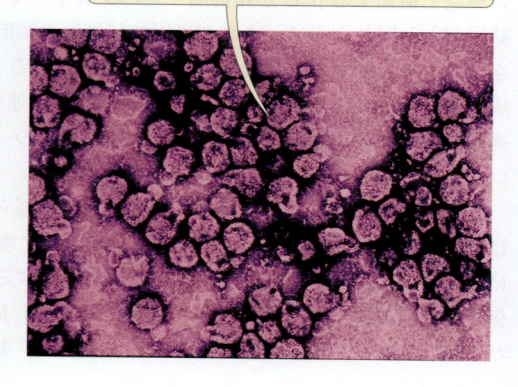

図 B・4　ラウス肉腫ウイルスがニワトリのがんをひき起こす

たのであろう．このときウイルスの獲得した*Src*は，正常なプロテインキナーゼとは違い，制御の効かない過剰に活性をもった酵素をコードしていたのである．

もともとの宿主細胞に，*Src*がん遺伝子に対応する正常な遺伝子があるとわかったことは，がん原遺伝子など，細胞分裂を調節する遺伝子を解明するうえでも重要な躍進であった．今日，多数のがん原遺伝子が発見されているが，その多くが，ニワトリ，マウス，ネコなど，ヒト以外の動物に感染する腫瘍ウイルスから，ラウス肉腫ウイルスと同じように見つかったものである．また，これらの動物のがん原遺伝子のほとんどがヒトの細胞にも発見されていて，このことから，動物の細胞分裂のしくみは互いによく似ていることもわかってきた．

がん抑制遺伝子は細胞分裂を抑制する

がん遺伝子は危険そうにみえるが，やっかいで猛威をふるうがん細胞の原因はがん遺伝子だけではない．正常な細胞内には別の安全装置があり，通常，制御不能な細胞分裂を防いでいる．暴走する細胞増殖を食い止めるタンパク質は，腫瘍になるのを抑えるはたらきをし，まとめて**がん抑制遺伝子ファミリー**とよばれている．がん抑制遺伝子はマイナスの増殖調節因子をコードする遺伝子であり，がん原遺伝子でつくられたタンパク質の活性と拮抗して細胞の分裂を止める．

細胞が正常に分裂するかどうかは，がん原遺伝子とがん抑制遺伝子の両方の活性のバランスに依存している．つまり，細胞が分裂するには，がん原遺伝子が活性化され，がん抑制遺伝子は不活性化されていなければならない．細胞分裂のタイミングを制御することは非常に重要な作業であり，ちょうど反対の作用をもつがん原遺伝子とがん抑制遺伝子が，互いにバランスよく相殺する力を利用して，細胞は分裂周期を非常に厳密に制御している．正常な場合，がん原遺伝子のシグナルを受取ると，がん抑制遺伝子のブレーキが解除され，細胞は一定の回数だけ分裂してから増殖を止める．

では，がん抑制遺伝子はどのタイミングでがん原遺伝子の活性を抑制するのだろうか？ この問題に取組む前にまず，正の増殖因子がどのように細胞分裂を促進するのか，理解しておく必要がある．通常，細胞外からくるシグナルが，細胞内のタンパク質を段階的に活性化することで細胞分裂がひき起こされる．これを**シグナルカスケード反応**という．**増殖因子**とよばれる正の増殖調節因子は，ヒトの体内で，細胞増殖を開始させ維持するのに重要な役割を果たしている．多くの増殖因子が見つかっているが，ほとんどは特定の細胞種にだけ作用する．一般に，シグナルカスケード反応をひき起こして，細胞増殖にかかわる遺伝子を活性化し，その結果，細胞周期を進めたり，DNAを複製するなどの反応をひき起こす．

がん抑制遺伝子：増殖因子のシグナルカスケード反応を特定の段階で抑止するしくみ

がん原遺伝子タンパク質が，増殖因子シグナルカスケード反応を活性化し細胞分裂を誘発するのに対して，がん抑制遺伝子は反応を不活性化して細胞分裂を抑制する．がん抑制遺伝子の機能は，網膜芽細胞腫とよばれる珍しい子どものがんを研究しているときに発見された．その名が示す通り，網膜芽細胞腫は眼の網膜にできるがんで，多くの場合，失明につながる（図B・5）．米国

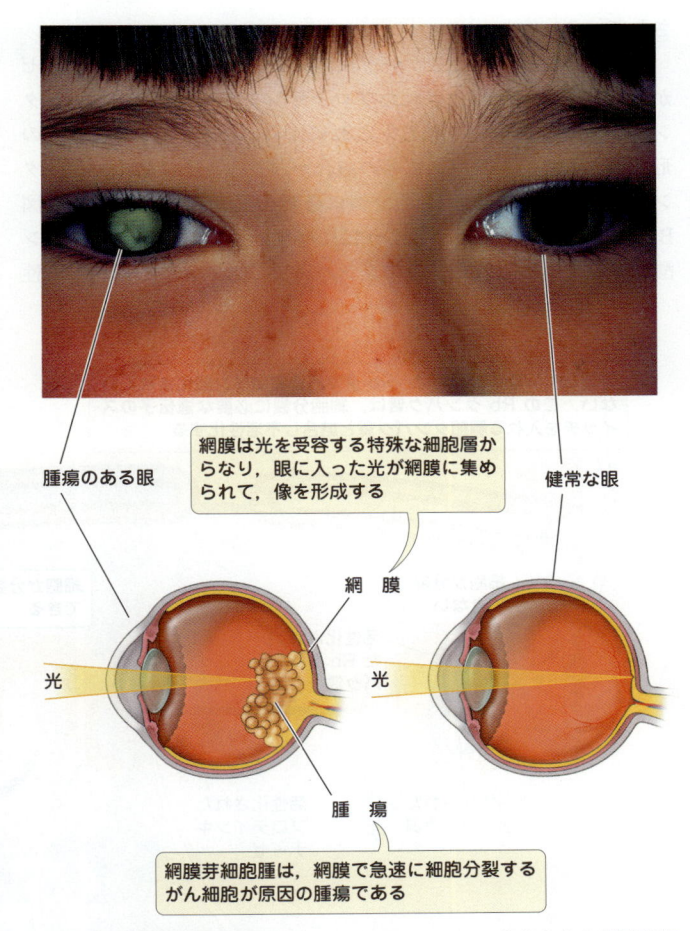

図B・5　網膜芽細胞腫　この子の右眼には，はっきりわかる網膜芽細胞腫がある．網膜芽細胞腫のために，網膜への光が遮断され，光受容細胞が光に応答ができなくなり，失明する病気である．

では15,000人に1人の割合で網膜芽細胞腫にかかり，幼児性がんの約4％を占めている．

この種のがんの原因は何であろうか？ 第9章で紹介したように，すべての生物には核型とよばれる種特有の染色体セットがあり，光学顕微鏡で観察できる．網膜芽細胞腫の幼児から採取したがん細胞を調べると，第13染色体の一部が失われていて，このことから，特定の遺伝子が欠失していることが原因ではないかと考えられた．現在，この失われた遺伝子は，*Rb*とよばれるタンパク質をコードすることがわかっている．*Rb*遺伝子が失われると，Rbタンパク質が欠けることになり，その結果，網膜細胞の増殖が抑制されずに網膜芽細胞腫になる．

これは，がん遺伝子の作用とはしくみが異なる．がん遺伝子は活性の高い異常なタンパク質を生産し，それが細胞分裂を促進してがんをひき起こす．対して，*Rb*遺伝子は欠落すると細胞分裂が促進されるので，がん遺伝子とは逆の効果，つまり細胞分裂を抑制する効果をもっていると考えられる．Rbタンパク質は細胞分裂抑制因子で，失われると細胞分裂へのブレーキが効かなくなり，増殖を続ける．

Rbタンパク質は，細胞が分裂に向けて準備する重要な過程を抑制する．細胞には増殖因子に反応するのに必要な標的タンパク質があり，Rbタンパク質は，そのタンパク質に結合して不活性化させる．正常な状態では，細胞が増殖因子によって刺激されて分裂するときは，シグナルカスケード反応によってがん原遺伝子が活性化され，同時に，*Rb*のようながん抑制遺伝子が不活性化

増殖因子シグナルカスケード反応によってプロテインキナーゼが活性化され，活性化されたプロテインキナーゼによってRbタンパク質がリン酸化される．これにより，Rbタンパク質はその形を変え，標的タンパク質との結合が弱まる．その結果，標的タンパク質が自由になり，細胞分裂に必要な遺伝子が活性化する（図B・6）．この例からわかるように，増殖因子のシグナルで，リン酸化が起こり，これが一群のタンパク質のスイッチを入れて活性化し，同時に，他のタンパク質のスイッチを切る．このようにプラスとマイナスの調節バランスがうまくとれてはじめて，細胞が正常に分裂する．

二つあるがん抑制遺伝子が両方とも変異しなければ発がんしない

がん遺伝子とがん抑制遺伝子のはたらきの違いは，がん化するときの変異の違いとしても現れている．二倍体の細胞には相同染

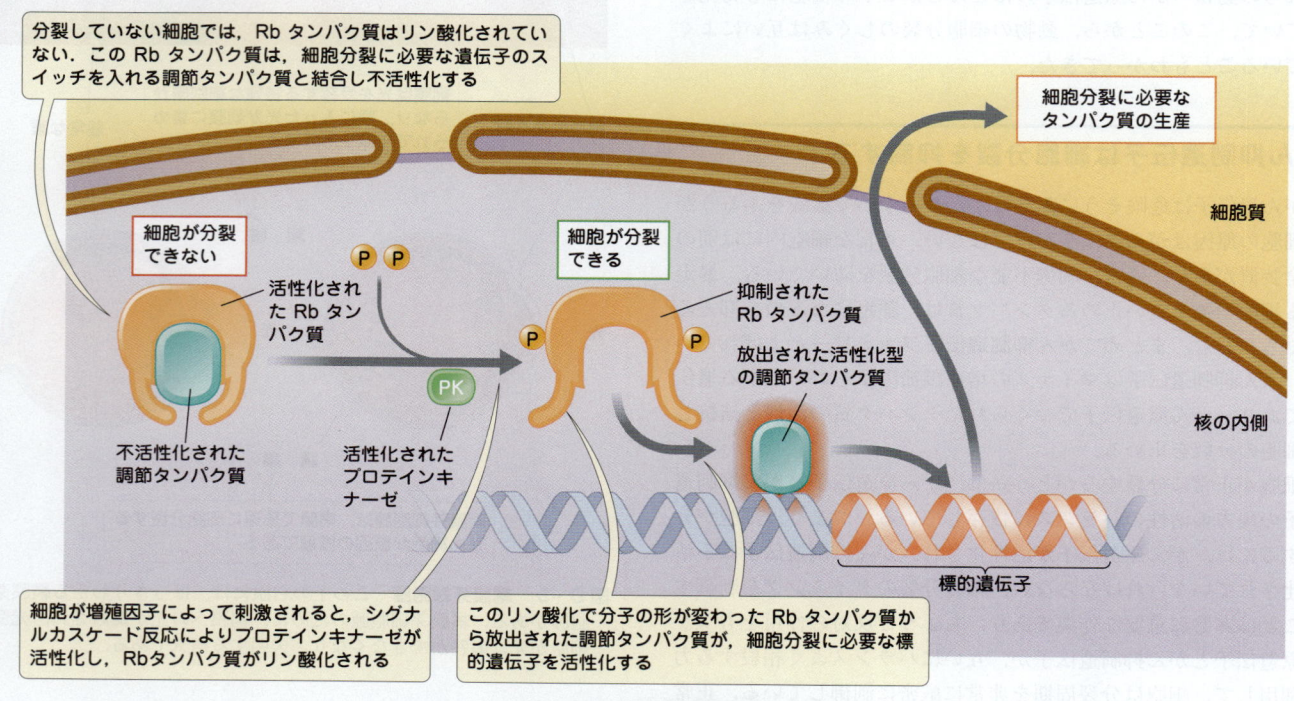

図B・6 Rbタンパク質の細胞分裂抑制のしくみ

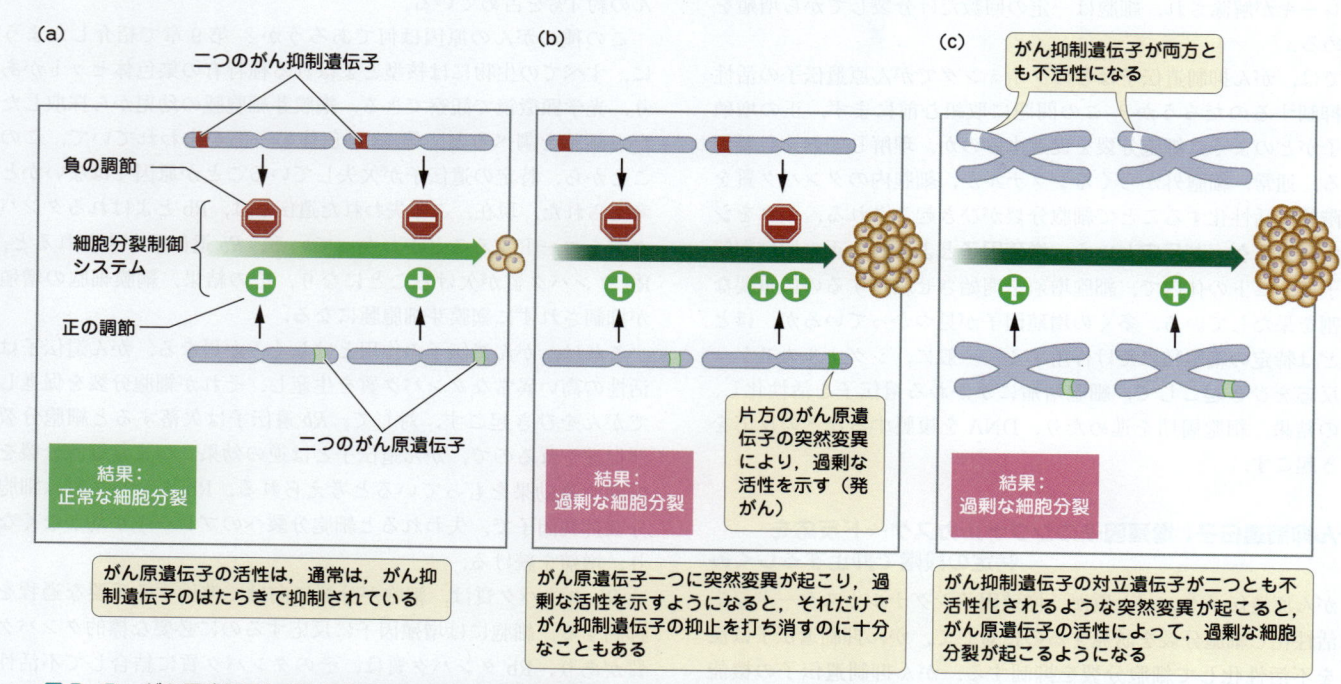

図B・7 がん原遺伝子とがん抑制遺伝子による細胞分裂の制御　細胞が分裂するかどうかは，がん原遺伝子とがん抑制遺伝子の活性のバランスで決まる．(a) 細胞分裂を促進するがん原遺伝子の活性は，それを抑制するがん抑制遺伝子の活性によって相殺されている．結果的に，正常でコントロールされた細胞分裂が行われる．(b) がん原遺伝子の対立遺伝子の片方が突然変異してがん遺伝子になると，過剰な細胞分裂が起こる．(c) がん抑制遺伝子が両方とも不活性化されると，過剰な細胞分裂が起こる．

色体のペアがあり，各ペアの染色体には同じ遺伝子のセットがある．つまり，細胞は各遺伝子について父母両方の親から一つずつ受け継いだ形で，コピーを二つずつもっている．がん原遺伝子の場合，片方のコピーが突然変異するだけで，がん化する可能性がある．遺伝子の一方だけが突然変異して，活性の過剰なタンパク質を生産すると，それだけで細胞分裂を促進するからである．

これとは対照的に，がん抑制遺伝子の場合，遺伝子コピーの両方ともが突然変異し，不活性の状態にならなければがん化は進行しない．一方だけが不活性化しても，他方のコピーが細胞分裂を抑制するのに十分ながん抑制タンパク質を生産できるからである．がん抑制遺伝子のコピーが両方とも不活性化してはじめて，抑制メカニズムが完全に壊れ，がん抑制タンパク質が生産されなくなる（図B・7）．

正常な細胞分裂を維持するタンパク質，p 53

p 53は非常に重要ながん抑制タンパク質である．p 53が機能しなくなると，結腸のポリープや肺の腫瘍は急速に悪性腫瘍に変化する（図B・3）．p 53は細胞を健全な状態に保つための複数の役割を果たしていて，がん抑制遺伝子ファミリーのなかでも特に重要視されている．このタンパク質は，細胞が不適当な時期に分裂するのを阻止するとともに，DNAが損傷を受け有害な突然変異を起こす可能性のあるとき，細胞分裂を停止させ，損傷を修復する時間的な余裕を与える．もしDNA損傷が非常に大きくて修復不可能な場合，p 53は別の酵素反応のカスケード反応をひき起こし，その細胞を殺すことさえする（§12・4参照）．つまり，細胞のDNA損傷が修復できないなら，それがやがて全身に害を及ぼすような突然変異となる危険を許すよりも，むしろ，細胞は自殺するのである．

がんの半分以上のケースで，腫瘍細胞のp 53の活性が完全に失われていることがわかっている．これもp 53タンパク質がもつガードマンとしての重要な機能を考えると，特に驚くべきことではない．結腸がんでは80％ものケースでp 53が不活性化されている．

復 習 問 題

1. がん原遺伝子ががん遺伝子になったときに何が起こるか，考えられる結果について述べよ．
2. 細胞分裂を促進・抑制する細胞内シグナルの間の相互作用について述べよ．
3. 結腸がんが起こる過程を順を追って説明せよ．
4. 発がん物質のPAH（多環式芳香族炭化水素）がタバコ中に発見されている．一般的な市販品の中にも，これまで見つかっていない発がん性物質が含まれている可能性について考察せよ．
5. 明らかに発がん性があるのに，タバコの市販を続ける権利を主張する企業に疑問をもつ人も多い．個人的な趣向の自由と，国民の健康を守る国の義務の問題について考察せよ．そのうえで，タバコ販売を制限するのがよいのか，制限するならばどのような方法をとるべきか，説明せよ．
6. 発がんの環境的要因が注目されるにつれて，市販食品の説明書きが長くなり，不吉そうな内容にもなっている．さまざまな発がん物質があるが，こういった詳しい食品ラベルの説明書きは，がんになる危険性を減らすうえで効果があると考えられるか．そういった複雑なラベル注意事項をあまり気にせず，よく読まない傾向がある人に対して，どうすべきだろうか？

重 要 な 用 語

正の増殖因子（p. 166）　　　がん原遺伝子（p. 167）
負の増殖因子（p. 166）　　　がん遺伝子（p. 167）
接触阻止（p. 166）　　　　　がん抑制遺伝子（p. 167）
腫　瘍（p. 166）　　　　　　発がん物質（p. 169）
良性腫瘍（p. 166）　　　　　がん抑制遺伝子ファミリー（p.171）
悪性腫瘍（p. 166）　　　　　シグナルカスケード反応（p. 171）
が　ん（p. 166）　　　　　　増殖因子（p. 171）
突然変異（p. 167）

10 遺伝の様式

> **Main Message**
> 生物の遺伝形質は遺伝子で決まると同時に，環境要因によっても影響を受ける．

失われた皇女

1918年7月17日未明，就寝中のロシア皇帝一家は起こされ，エカテリンブルク（ロシア工業都市）のある民家の地下室に連れて行かれた．彼らは写真を撮るためと言われ，皇后 Alexandra と，血友病を患っていた幼い息子 Alexis が椅子に座らされた．残りの家族，皇帝 Nicholas II 世と彼の4人の娘，Olga, Tatiana, Maria, そして Anastasia は，Alexandra と Alexis の後ろに立ち，一家の主治医，コック，メイドと召使も立たされた．突然，11人の男たちが部屋に突入し，それぞれが標的とする人物を銃で撃った．この残虐な行為によって，皇帝一家7人と4人の使用人は殺され，共産主義体制以前のロシアのロマノフ王朝は終焉を迎えた．

しかし，本当に全員が殺されたのだろうか？ 1920年，ある若い女性が凍えるベルリン運河から救出された．はじめは，単に"身元不明の若い女性"，のちに，Anna Anderson とよばれたこの女性は，自分が皇女 Anastasia であると主張した．その女性がロシア王室の生活について詳細に知っていたので，多くの人が，本当に Nicholas II 世と Alexandra 皇后の末娘 Anastasia と信じた．しかし，彼女がロシア語を話せないこと，言動に一貫性がないこともあったので，嘘をついているのではと疑う人もいた．Anderson 自身は1984年に死去するまで，自分が皇女 Anastasia だと信じて疑わなかった．

歳月を経て，これが皇女の伝説となり，本，映画，雑誌などにも取上げられた．美しい皇女が処刑をまぬがれたことは素敵な物語となったが，Anna Anderson は本当に皇女 Anastasia だったのだろうか？ 最終的には，この謎は遺伝子解析によって解明されることとなった．遺伝学の原理を使って，Anna Anderson が失われた皇女であったのかどうかを判定した．

形質の遺伝を支配する法則とは何だろうか？ Anna Anderson がロシア皇帝の家族であったかどうか判定するのに，そうした法則がどのように使われたのだろうか？ 形質の遺伝とは？このような疑問に答えるには，この章のテーマである遺伝の原理を理解することが必要である．

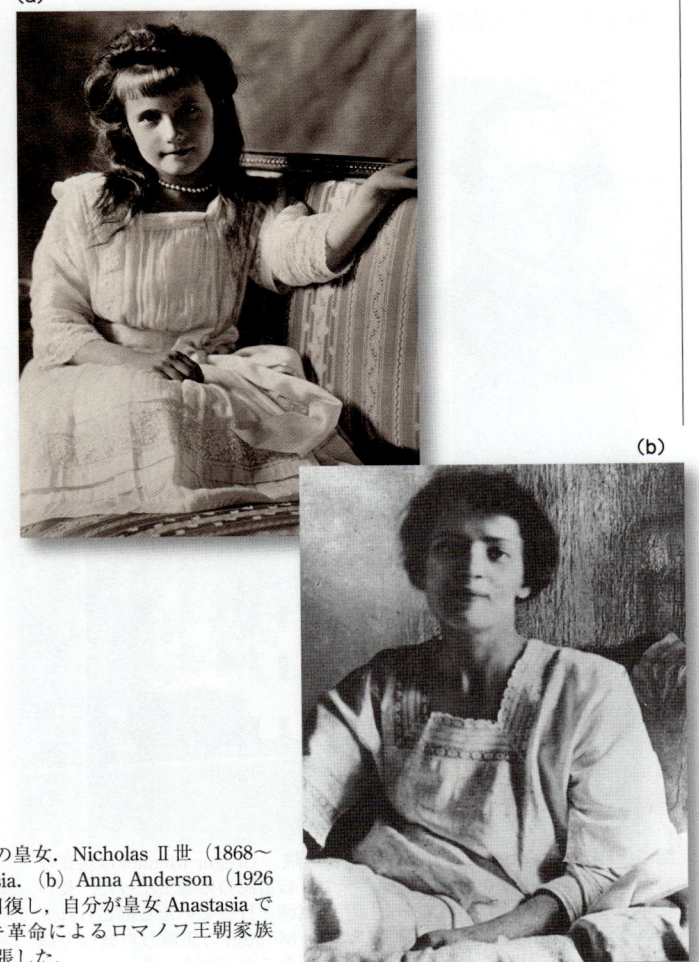

王室の謎 (a) ロマノフ王朝の皇女．Nicholas II 世（1868～1918）の4番目の娘，Anastasia．(b) Anna Anderson（1926年の写真）．ドイツの病院で回復し，自分が皇女 Anastasia であり，1918年のボルシェビキ革命によるロマノフ王朝家族の大虐殺から生き延びたと主張した．

基本となる概念

- 遺伝する生物の特徴（遺伝形質），および，それに影響する遺伝子について研究する分野を遺伝学という．
- 遺伝子は，遺伝形質に影響する情報を担う基本単位で，DNA分子の中のあるひとつながりの塩基配列に相当する．
- 個体に現れる遺伝的な形質を表現型という．
- 突然変異によって，遺伝子の他のタイプ，対立遺伝子がつくられる．個体の表現型に影響を与える対立遺伝子を遺伝子型という．
- 有性生殖する生物は，各遺伝子のコピーを二つずつもつ．一つは父親（雄の親）から，もう一つは母親（雌の親）から受け継いだ遺伝子である．ある特定の遺伝子に関して，同じ対立遺伝子を二つもつ個体をホモ接合体，異なる二つの対立遺伝子のペアをもつ個体をヘテロ接合体という．
- 優性の対立遺伝子はヘテロ接合体の表現型を決める．そのとき，表現型として現れない対立遺伝子を劣性であるという．
- メンデルの法則を使うと，親の遺伝子型から子の表現型を予測できる．
- メンデルの法則は有性生殖する多くの生物に適用できる．遺伝学の進歩によって，この基本法則をさらに拡張し，より複雑な遺伝様式も説明できるようになった．
- 生物の表現型は，遺伝子の相互作用や環境の要因でも決まるため，同じ遺伝子型であっても非常に異なった表現型となることがある．

人類は，何千年もの間，遺伝の原理を理解し応用してきた．子が親に似る傾向があると知っていたので，望ましい形質をもった動植物を交配させて，生まれた子のなかから次の交配のための選別をした．私たちの祖先はこのような方法で，野生の動物を飼いならし，野生植物から農作物を開発してきた（図1・10参照）．しかし，科学の分野としての遺伝学が始まったのは，1866年，オーストリアの修道士，Gregor Mendel（図10・1）が，エンドウの遺伝に関する画期的な論文を発表してからである．Mendelの論文の前にも，遺伝のしくみに関してわかっていた点はあったが，親から子へ**遺伝形質**が受け継がれるパターンを説明するための，詳細で体系的な実験を実施した者はいなかった．

Mendelは人並み外れた洞察力をもった研究者であったが，それは特別な訓練で育まれた．若い修道士として，Mendelはウィーン大学に入学し，数学から植物学まで勉強した．聖トーマス修道院での職務を想定して，Mendelは確率統計学と植物の品種改良を学んだ．彼はエンドウの7種類の遺伝形質の遺伝の様子を数学を使って解析し，観察した遺伝パターンから，遺伝情報が一つの世代から次の世代へと，どのような原理で引き継がれるのかを推論した．

エンドウを使った実験から，今日，遺伝の法則として知られる基本的な考えにMendelはたどり着き，この一般法則は歴史的な大発見となった．その後メンデルの法則は，現代の遺伝学によってかなり追加・修正されたが，生物の交雑の結果は，メンデルの法則でほぼ正しく予測でき，有性生殖で繁殖する生物に広く応用できる．Mendelは実験結果から，生物の遺伝形質は遺伝因子（現在，遺伝子とよばれる）によって支配され，その因子はそれぞれの親から一つずつ受け継いだものであると提唱した．"遺伝子"という用語は使われていないが，Mendelは遺伝の基本単位として遺伝子の概念を提唱した最初の人であり，その考え方の重要性は今もまったく変わっていない．

Mendelの研究から100年以上を経て，その間，遺伝子について，特に遺伝子の物理的，化学的性質について多くのことがわかってきた．DNAとタンパク質の複合体である染色体の上に遺伝子が存在することも明らかになっている（第9章）．**遺伝子**とは，DNA鎖の中である長さを占め，遺伝形質を支配する部分をさす．遺伝子は一つの染色体上に何百も並んでいて，多くがタンパク質の生産を指令する情報となる．生物の化学的，構造的，また行動上の形質を支配するのは，遺伝子をもとにつくられたタンパク質である．私たちの遺伝形質はおもにタンパク質で決まり，そのタンパク質を決めるのが遺伝子なのである．

遺伝法則を見つけるに至ったMendelの素晴らしい洞察と，現代版の修正について解説する前に，遺伝学で用いられる多くの基本用語について紹介しておこう．これらの用語や考え方は，もちろんMendelの時代にはなかったので，当時，彼の数学的な解析の重要性を認識することは難しかったと思われる．減数分裂のしくみ，特に第一減数分裂時に染色体がランダムに組合わされること（第9章参照）が理解されていなかったので，C. Darwinを含む当時の人々にとって大きな難題だったと考えられる．事実，Mendelの論文は発表後，約30年もの間，無視されていた．1900

図10・1　Mendelと彼が実験した修道院　Gregor Mendelは現在のチェコ共和国のブルノにある聖トーマス修道院の修道士だった．長い間，この写真にある垣根のある場所で実験を行っていたと信じられていたが，Mendel博物館の調査により，Mendelの実験した庭は今はなく，かつては，この写真の前庭にあったことがわかった．

年代はじめ，Mendelの論文が再発見され，彼の見つけた法則は，現代の**遺伝学**，すなわち遺伝子研究の基礎となった．今日，メンデルの法則は，精度が上がり，より詳細に拡張され，遺伝子が環境によってどのように影響を受け，目に見えるような生物の形質をどのように決定するのか，明らかにできるまでになった．

10・1 遺伝学の用語

自然の個体集団を詳しく調べると，おそらく，互いに異なり，複数の形質があることがわかるだろう．シマウマは，その縞模様のパターンが個体ごとに異なる．赤色のカーネーションがあれば白色のものもある．他のカナリアとは少し異なる鳴き声で鳴くカナリアもいる．生物が親から受け継ぐもので，観察できるもの，あるいは定量的な比較で区別できる特徴を遺伝形質という．縞模様のパターン，花の色，鳴き声のパターンは，遺伝形質の例で，その形質のある部分は遺伝子によって決まっている．分子のレベルでは，遺伝子とは，DNA鎖の中である長さをもった部分に対応する．遺伝学者は，遺伝子を1～4文字のイタリック表示の大文字で表記する．たとえば，ネコの毛色をオレンジ色にする"オレンジの遺伝子"は，イタリック体の"O"と表記する．酸素を運ぶタンパク質であるヘモグロビンの α ポリペプチドをコードする遺伝子の略記は，"HBA"となる．遺伝形質が，個々の個体で表現された結果を，その個体の**表現型**という．たとえば，ウマの体毛の色，"黒色"，"赤茶色"や"栗色"は，"毛色"という形質として現れた表現型であるという．

第9章で紹介したように，植物や動物の体細胞は**二倍体**で，相同染色体のコピーを2本，1対ずつもつ．各**相同染色体ペア**の一つは，その個体の父方から受け継いだ**父方相同染色体**，もう一つは母方から受け継いだ**母方相同染色体**である．たとえば，ヒトの体細胞には23種類の染色体が2セットあり，23対の相同染色体，つまり全部で46本の染色体となる．

各染色体のコピーは二つあるので，二倍体細胞はこれらの染色体上の遺伝子をすべて2個ずつもち，一つは父方相同染色体上に，もう一つは母方相同染色体上にある（図10・2）．哺乳動物の雄のX染色体上にある遺伝子は，この原則，すなわち二倍体細胞ですべての遺伝子を2コピー1対ずつもつという原則に当てはまらない．第9章で紹介したように，哺乳類の雌の二倍体細胞には1対のX染色体ペア（1対のX染色体上の遺伝子）があるのに対して，雄の細胞にはX染色体（とその上の遺伝子）が一つしかないからである．雄と雌にみられるこの違いは，ヒトの場合，ある種の遺伝病が表現型として現れることに深くかかわっていて，この遺伝パターンについては第11章で詳細に紹介する．

配偶子の細胞，つまり精子や卵細胞などの生殖細胞は，染色体が二倍体細胞の半分しかない**一倍体**の細胞である（第9章参照）．配偶子は，父方の相同染色体，または母方の相同染色体のいずれか，相同染色体ペアの片方だけをもち，すべての遺伝子についてコピーを一つしかもたない．配偶子は減数分裂によってつくられ，親の二倍体細胞の染色体が半数ずつ分配されている．たとえばヒトの配偶子では，二倍体セット46本の半分，23本の染色体をもつことになる．

同じ種類・同じ機能の遺伝子でも，タイプが異なることがあり，これを**対立遺伝子**という．たとえば，ヒトのABO式の血液型は，

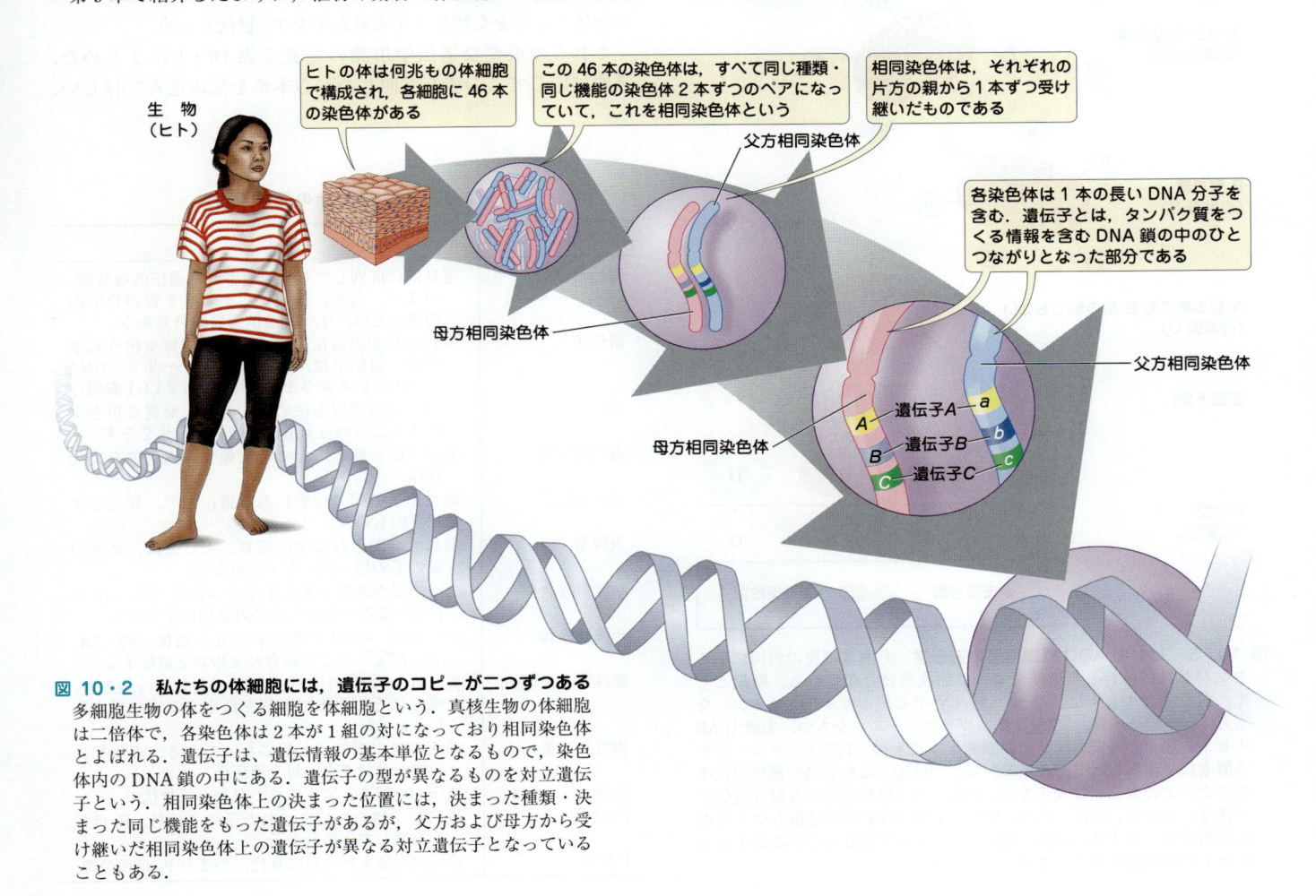

図 10・2 私たちの体細胞には，遺伝子のコピーが二つずつある
多細胞生物の体をつくる細胞を体細胞という．真核生物の体細胞は二倍体で，各染色体は2本が1組の対になっており相同染色体とよばれる．遺伝子は，遺伝情報の基本単位となるもので，染色体内のDNA鎖の中にある．遺伝子の型が異なるものを対立遺伝子という．相同染色体上の決まった位置には，決まった種類・決まった同じ機能をもった遺伝子があるが，父方および母方から受け継いだ相同染色体上の遺伝子が異なる対立遺伝子となっていることもある．

I 遺伝子とよばれる1種類の遺伝子で決まり，この遺伝子には三つの異なる対立遺伝子，I^A, I^B, i がある．この組合わせで血液型が決まる．遺伝子は，それぞれ決まった種類のタンパク質をつくる情報をコードすること，それが遺伝形質となることを思い出してほしい．I 遺伝子の対立遺伝子の一つ，I^A は，赤血球の表面に"A型"の糖を結合させる酵素をコードする（細胞膜の表面のタンパク質に結合する糖鎖を変える）．I^B 対立遺伝子は，I^A とは異なる型の酵素をつくる情報をコードしていて，この酵素は赤血球に"B型"の糖を結合させる．i 対立遺伝子は，この糖結合酵素をつくることがないので，i 対立遺伝子型を二つもつヒトの赤血球には，A型とB型の糖が両方ともない．このような赤血球の血液型をO型と表記する（図10・3参照）．

ある遺伝子について，二倍体細胞は二つの対立遺伝子をもち，一倍体細胞は一つしかもたない．しかし，あなたのクラスの学生が，I 遺伝子の3種類の対立遺伝子のいずれかをもっているように，個体の集団全体でみると，さまざまな対立遺伝子をもつことになるだろう．自然の集団には多くの遺伝子があり，それぞれに多様な対立遺伝子がみられ，これが自然の集団の遺伝的多様性の源となる．あなたのクラスの人は，それぞれが他の人と明らかに見分けがつくだろう．違って見える理由は，ヒトの約25,000個の遺伝子について一人一人が異なる対立遺伝子をもっているからである．

それぞれの個体がもつ対立遺伝子の構成を**遺伝子型**という．対立遺伝子の構成で表現型が決まる．言い方を変えると，表現された形質に対応する2個1組の対立遺伝子を遺伝子型という．たとえば，ある人の血液型（表現型）がO型となるのは，遺伝子型 ii によるものである．同じ型の対立遺伝子を二つもっている個体（$I^A I^A$, $I^B I^B$, ii など）を**ホモ接合体**，またはホモ接合遺伝子型の個体という．異なる型の対立遺伝子を二つもっている個体（$I^A I^B$, $I^A i$, $I^B i$ など）を**ヘテロ接合体**，またはヘテロ接合遺伝子型の個体という．対立遺伝子のなかには，ヘテロ接合体で異なる対立遺伝子と組になったとき，一方が他方の対立遺伝子の表現型を抑えるようなものがある．他の対立遺伝子の影響をなくし，表現型に直接影響する対立遺伝子を**優性**であるという．このように表現型に優性となる影響を及ぼす対立遺伝子は，I^A や I^B などのように大文字で表記する．対して，優性な対立遺伝子と組になったとき，表現型に影響を及ぼさなくなるものを，**劣性**であるという．劣性な対立遺伝子は小文字で，たとえば i と表記する．

遺伝的交雑（あるいは単に**交雑**）とは，着目している形質の遺伝を調べるために実施する交配実験をさす．たとえば，"遺伝子型 AA の個体と遺伝子型 aa の個体の交雑"という表現をする．遺伝的交雑を行う親の世代を **P世代**，生まれた最初の子世代を **F_1 世代**（"F"は"filial（子の）"を意味する）とよぶ．F_1 世代の個体どうしを交雑して生まれた子を **F_2 世代**という．

これらの重要な遺伝学用語の定義を表10・1にまとめた．必要に応じてこの表を参照しながら本章を読み進んでほしい．

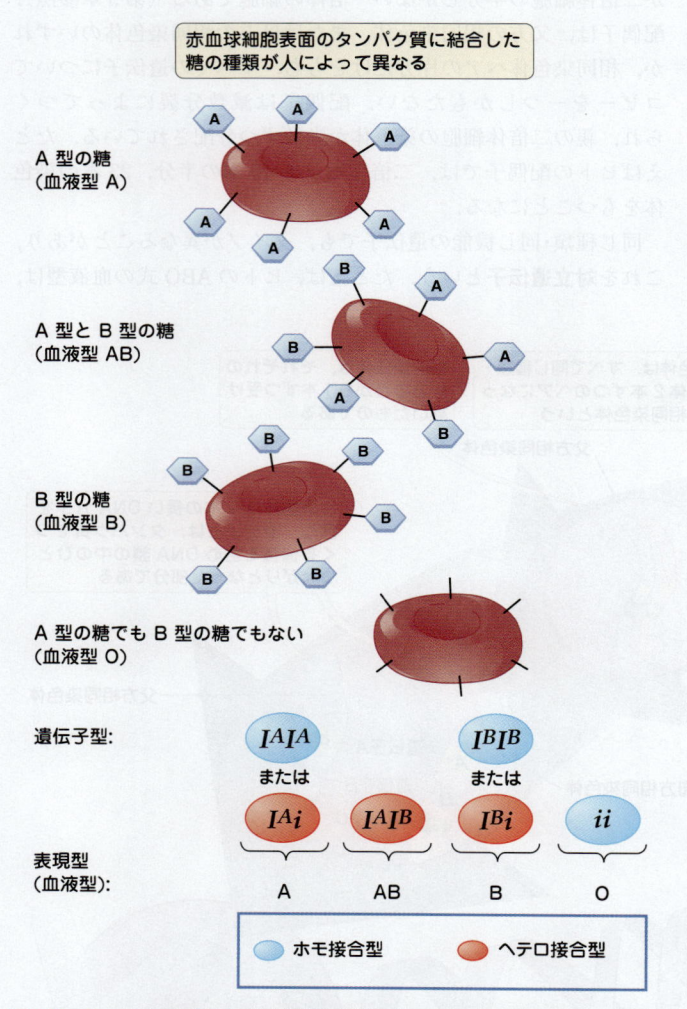

図 10・3 ヒトのABO式血液型の遺伝学 赤血球細胞の表面にあるタンパク質に結合した糖鎖によって血液型は分類される．糖鎖として，血液型Aのヒトは，"A型"糖（N-アセチルガラクトサミン）をもち，B型のヒトは，"B型"糖（ガラクトース）をもつ．血液型ABのヒトの場合，A型・B型の側鎖を半々にもつ．I 遺伝子がコードする酵素に2種類あって，この違いで，つけ加わる糖側鎖の種類が決まるので，どの血液型になるかは，I 遺伝子の種類を決める対立遺伝子で決まっている．i 対立遺伝子は，A型，B型のいずれの糖鎖もつくらない酵素をコードする．i 対立遺伝子を二つペアでもっているホモ接合のヒトの血液型はO型となる．

表 10・1 遺伝学の基本用語

用 語	定 義
遺伝形質	定量的に区別したり，観察される遺伝的な特徴．つまり，高さ，花の色，タンパク質の化学的構造などは，すべて遺伝形質の例である．
遺伝子	生物の特定の遺伝形質を決める情報を担う基本単位．遺伝子は，染色体の中の一部で，DNA分子内のある長さを占めている（§13・1参照）．
遺伝子型	生物の遺伝形質を決めるもので，形質発現を支配する二つの対立遺伝子の組合わせをさす．
遺伝的交雑	遺伝学的な解析のために実施する人為的な交配操作．
対立遺伝子	染色体上の同じ位置にある遺伝子で，異なるタイプのもの．
表現型	個体で発現される遺伝形質．たとえば，ヒトの髪の毛の黒・茶・赤・金色など．
ヘテロ接合体	二つの異なる対立遺伝子をもつ個体（例：Aa や $C^W C^R$ などの組合わせの対立遺伝子など）．
ホモ接合体	二つの同一の対立遺伝子をもつ個体（例：AA, aa, $C^W C^W$ などの組合わせの対立遺伝子など）．
優性対立遺伝子	異なる（劣性の）対立遺伝子と対になったとき，優位にその生物の形質を決定する方の対立遺伝子．
劣性対立遺伝子	優性の対立遺伝子と組になったとき，表現型に影響を及ぼさない対立遺伝子．
F_1 世代	遺伝的交雑をして生まれた最初の子世代．
F_2 世代	遺伝的交雑をして生まれた子の2代目．F_1 世代を交雑して生まれた子．
P世代	遺伝的交雑を行う親の世代，つまり F_1 世代の親．

10・2　突然変異: 新しい対立遺伝子の誕生

突然変異とは，遺伝子を構成するDNAに何らかの変化が起こることである（詳細は第13章参照）．遺伝子の突然変異によって新しい対立遺伝子が生じ，それまであった対立遺伝子とは異なるタイプのタンパク質がつくられる．その結果，集団の個体間に遺伝的な多様性が生まれることになる．

突然変異が起こると，重要なはたらきをするタンパク質の生産が減少したり，あるいは，まったくつくられなかったりするので，害をもたらすこともある．一例として，クロネズミヘビの黒いうろこの色素をつくる遺伝子について紹介しよう．突然変異によりその遺伝子が機能しないようになったものをヌル対立遺伝子（またはヌル突然変異）とよぶ．色素生産に不可欠な酵素をつくれないので，ヌル対立遺伝子のホモ接合体となったヘビ（図10・4）は色素をつくれず，白い色となる．白いうろこの表現型となったヘビは，自然界では珍しい．暗い色の岩場では捕食者に見つかりやすく，また，日に焼けて深刻な損傷を受けるためと考えられる．

機能しない，あるいは有害な対立遺伝子は，劣性である場合が多い．変異前の健常な対立遺伝子が，有害な劣性対立遺伝子の影響を遮蔽するからである．この場合，形質が表に出ないヘテロ接合体として次世代へ伝えられるので，生物集団の中には，このような劣性対立遺伝子はかなりの比率で存在すると考えられる．

多くの突然変異は，その個体にとって，有害でも有益でもないことが多い．そのようなものを中立の突然変異であるという．たとえば，元の対立遺伝子がつくるタンパク質とほぼ同じ機能のものが，新しい対立遺伝子によってつくられる場合などが，これに

図 10・4　名前とは異なる姿　白色の表現型をもったクロネズミヘビ．うろこの色の遺伝子に突然変異が起こり，本来の黒色ではなく，白い色になった．

生活の中の生物学

血液型の話

自分や家族について，知っていた方がよい遺伝形質の一つが血液型である．人生のどこかで輸血を受けることもあるかもしれないからだ．輸血できるかどうかは血液型で決まるので，自分や近い親戚の血液型を知っていれば，緊急事態の輸血のときに，貴重な時間を節約できる．Rh−のO型は，どの血液型の人にも輸血できる唯一の血液型であるが7％しかいない（日本人は0.1％）．血液センターでは，O型とB型が不足することが多く，特に，夏や冬の休暇中に不足がちである（訳注：この解説文にあるような血液の不足は日本国内では起こっていない．しかし，今後，高齢化問題が深刻となり，2027年には100万人分不足する可能性がある[†]）．

下表は，各血液型ごとに輸血できる血液型と輸血を受けられる血液型をまとめたものである．

血液型	輸血できる血液型	輸血を受けられる血液型
A+	A+, AB+	A+, A−, O+, O−
O+	O+, A+, B+, AB+	O+, O−
B+	B+, AB+	B+, B−, O+, O−
AB+	AB+	だれでも
A−	A+, A−, AB+, AB−	A−, O−
O−	だれでも	O−
B−	B+, B−, AB+, AB−	B−, O−
AB−	AB+, AB−	AB−, A−, B−, O−

最新のデータによれば，年間450万人の米国人が救急時に献血を受けられずに死亡している．毎日，約15,000 Lの血液が使われ，3秒に1人が輸血されている．また，慢性的な疾患や外科手術にも，全血液の輸血や成分輸血（血液の一部の成分だけ取出しての輸血）が行われる．たとえば，交通事故で大量出血した人には50 Lもの輸血が必要になることもある．米国内に8万人いる重症の鎌状赤血球貧血症患者の場合，毎月2 Lの輸血が必要である．

必要な血液はいつでもあると思われているが，実際に輸血できる血液はわずかしかない．遅かれ早かれ，私たちは，実際に血液が必要な状況に直面するかもしれない．そして，それが訪れるのはいつも予期せぬときである．献血をしたい人は，www.jrc.or.jp/donation/（日本赤十字社）や各都道府県の献血センターに連絡しよう．

血液と献血についてのデータ

- 成人の血液量: 4.7〜5.6 L
- 献血可能な年齢[†]: 16〜69歳
- 200〜400 mLの献血に必要な時間は5〜15分であるが，体がその血液量を回復させるのに24時間必要となる．さらに，赤血球数が完全に回復するのに，約2カ月要する．
- 1回の献血で，最高3人までの治療に利用できる．
- ふつうに健康な人は4週おけば再度献血可能で，年間6回（女性4回），一生で300回以上は献血できる[†]．
- 献血の手続きは簡単で，病歴の記載，簡単な身体検査，献血，そして軽食・休息である．献血の作業は10分もかからない．登録をして献血を終えるまで，全部で約30〜40分程度である（成分輸血の場合は時間が必要）．
- 献血によって体力が低下することはない．
- 献血することで，エイズや他の感染症にかかることはない．
- 献血の登録のとき，感染症にかかわる検査を含む15項目の検査が行われる[†]．
- 米国人の60％は献血するうえで特に問題はないが，実際の献血者数は5％（日本では5.9％[†]）にすぎない．

注：ここに紹介した数字は，アメリカ赤十字社，北部オハイオ地域，および太平洋地域の血液センター提供のものである（[†]をつけたものは日本赤十字社，2011年，厚生労働省資料，2009年，による）．

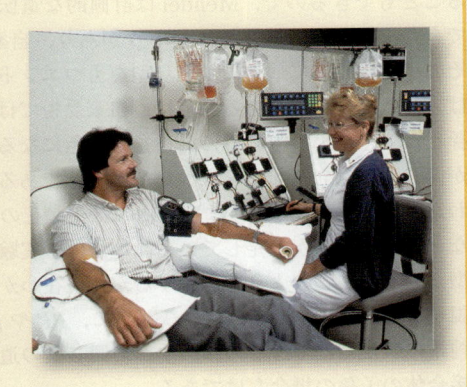

相当する．また，糖を付着する酵素をコードする I 遺伝子の変異のように，突然変異が起こって活性が変わっても，生物が十分それに対応できる柔軟性をもつ場合もある．ときには，元のタンパク質が改善されたり，新しい有用な対立遺伝子となることもあるかもしれないが，そういった有益な突然変異は，有害だったり中立だったりするものよりずっとまれにしか起こらない．

突然変異には，二つの重要な特徴がある．一つは，突然変異は，その変異が有用かどうかには関係なくランダムに発生することである．たとえば，ある生物にとって必要性があるために有益な突然変異が起こることを示す証拠はない．二つ目は，突然変異は，いつでも，体のどのタイプの細胞にでも起こりうることである．多細胞生物では，配偶子あるいは最終的に配偶子となる細胞に起こった突然変異だけが子孫へと受け継がれる．

10・3 遺伝の基本様式

これまで，基本的な遺伝学の考え方，突然変異によって新しい対立遺伝子が生まれることなどを紹介してきた．ここでは，遺伝子がどのように親から子へと伝えられるのかをみていこう．Mendel の研究が発表される以前は，両親の形質は，二つのペンキの色を混ぜるように子に混ざり合って伝わると考えられていた．これは融合遺伝という考え方であるが，もし子が両親の中間の表現型であるならば，失われたはずの形質が突然，子孫に再現することはありえない．たとえば，白い花と赤い花の植物をかけ合わせれば，その子世代はピンク色の花を咲かせるはずであり，最初の白色の花と赤色の花は，その後の世代には現われないはずである．

しかし，Mendel の実験結果も含めて，実際の交雑結果はこの融合遺伝では説明できない．子の形質は，両親の中間の形質でないことの方がむしろ多く，また，世代を越えて形質が遺伝すること（子が親ではなく祖父母の一方に似るなど）も多い．このような現象は，どのように説明できるだろうか．植物を使った実験で Gregor Mendel はその答えを出したのである．

エンドウを使った Mendel の実験

彼はまず，エンドウを使い，遺伝の実験を実施し，8 年間の遺伝データを解析した．その結果，彼は，融合遺伝の考え方は間違いであり，両親の形質は混合されるのではなく，子は両方の親から，それぞれ 1 個ずつの遺伝情報（遺伝子）を，合計二つの別の遺伝情報の単位として受け継ぐという説を提唱した．

エンドウは，遺伝を研究するのにぴったりの植物である．エンドウの花には，おしべとめしべの両方があり，自分で受粉（自家受粉）できるからである．また，人工的に別の個体をかけ合わせることもできるので，Mendel は計画的な遺伝交雑をすることができた．さらに，純系のエンドウがあり，自家受粉を続ければ，その子孫はすべて親と同じ表現型をもつエンドウとなる．たとえば，黄色の種をもつある品種は，自家受粉では黄色の種をもつ子孫しかできない．もちろん，種子が黄色になるのは親のエンドウが同じ型の対立遺伝子をもつホモ接合体であるためと，現在ではわかっている．Mendel は，植物の背丈，花の色，種子の色や形など，遺伝形質が一定している品種だけを実験に用いた．遺伝子型が表現型にどのように影響するか，現在わかっているしくみで説明すると，図 10・5 にあるように，PP や pp の花の色など，純系の表現型ができるのは，すべて同じ型の遺伝子型をもつホモ接合体の子孫の場合だけである．

Mendel は，最初の純系の親世代（P 世代），そしてその雑種の二つの世代（非純系の子，孫の世代）の三世代にわたって遺伝形質を観察した．たとえば，Mendel は紫色の花をつける純系のエンドウと白い花をつける純系のエンドウを交雑し，その後，F$_1$ 世代（最初の子世代）のエンドウに自家受粉させ，F$_2$ 世代（2 番目の孫の世代）を解析した（図 10・6）．

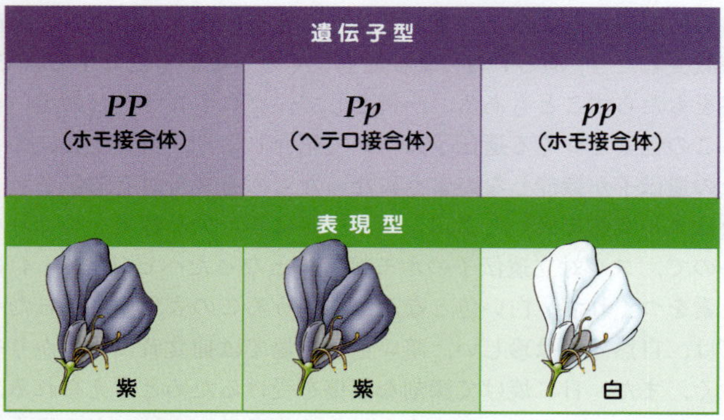

遺伝子型		
PP（ホモ接合体）	Pp（ヘテロ接合体）	pp（ホモ接合体）
表現型		
紫	紫	白

図 10・5 遺伝子型と表現型 エンドウの花の色は，二つの対立遺伝子 P と p によって決まる．三つの遺伝子の組合わせ（PP, Pp, pp）があるが，表現型は二つ（紫色と白色）しかない．遺伝子型 PP と Pp が紫色，pp は白い花となる．

遺伝形質は遺伝子で決まる

融合遺伝の理論に従えば，図 10・6 で示した交雑実験を行うと，親の中間色の花の F$_1$ 世代ができるはずである．しかし，実際は中間色ではなく，F$_1$ 世代の花は，すべて紫色の花となった．さらに，F$_1$ 世代のエンドウを自家受粉させると，F$_2$ 世代の約 25 ％が白い花となった．世代を超えた白い花の再現は，融合遺伝の考え方ではけっして起こりえないことである．

Mendel はエンドウの七つの形質について調べたが，すべて図 10・6 に示されたものと同じ結果となった．これらの実験結果から，Mendel は，遺伝形質はペンキの色のように混ざり合うのではなく，別々の単位，または粒子のようにふるまう遺伝因子で支配されるという新しい遺伝理論を提唱した．現代の遺伝学用語を使って Mendel の理論を言い換えると以下のように要約できる．

1. 遺伝形質の多様性は，異なる種類の対立遺伝子による．たとえばエンドウは，花を紫色にする遺伝子の型（対立遺伝子）と，花を白色にする別の遺伝子（異なる対立遺伝子）ももっている．一つの個体は，遺伝子ごとに，二つの対立遺伝子を組にもつ．

2. <u>子は，双方の親から対立遺伝子の片方ずつ，合計二つを受け継ぐ</u>．図 10・6 で示す交雑実験から，白色の花が F$_2$ 世代で再発現するのは，F$_1$ 世代が二つの遺伝子のコピー（一つは花を紫色に，もう一つは白色にする遺伝子）をもっているからであると Mendel は考えた．この Mendel の推論は正しく，配偶子を別にすれば，私たちの体細胞は，それぞれの遺伝子について，父方および母方のコピーを一つずつもっている（図 10・2 参照）．

3. <u>ある対立遺伝子が異なる対立遺伝子とペアになったときに，その生物の表現型を支配する場合，その対立遺伝子は優性であるという</u>．たとえば，紫色の花の対立遺伝子を P とし，白色の花の対立遺伝子を p とする．純系の紫の花は P 対立遺伝子のコピーを二つもつことになる（PP）．そうでなければ，子孫が白色の花をつける可能性がある．同様にして，純系の白い花の植物は，対立遺伝子（遺伝子型 p）のコピーを二つもっている（pp）．

F_1 世代と F_2 世代の表現型の場合を考えると，図 10・6 の F_1 世代は遺伝子型 Pp をもっていたに違いないと，Mendel は推察した．F_1 世代は，紫の花をつける PP の親から P 対立遺伝子，pp の親から p 対立遺伝子，それぞれ一つずつ引き継ぐと仮定すれば，F_1 世代の遺伝子型は説明できると気づいたのである．F_1 世代のエンドウはすべて紫色の花だったので，P 対立遺伝子は p 対立遺伝子に対して優性であることも想定しなければならない．劣性の対立遺伝子 p は，表現型には影響を及ぼさない．なぜなら，優性の P 対立遺伝子の花色を支配する力によって，劣性遺伝子 p の影響が遮蔽されるからでる．

4. 二つの対立遺伝子は，減数分裂で分離し，異なる配偶子へと分配される．各配偶子は，対立遺伝子の一方だけを受取ることになる．もし親が，Mendel が使った純系の品種のように，ある特定の形質に対して二つの同じ対立遺伝子のコピーをもつならば，配偶子はすべて同じ対立遺伝子をもつことになる．しかし親が，遺伝子型 Pp をもつ個体のように，異なる対立遺伝子をペアでもっているならば，配偶子は 50% の確率で片方の対立遺伝子だけを受取ることになる．

5. 配偶子は対立遺伝子の種類に関係なく等しい頻度で融合する．配偶子が融合（受精）して接合子をつくるとき，配偶子のもつ対立遺伝子の種類に関係なく，無作為な組合わせ，ランダムに融合が起こる．後半で紹介するように，このランダムな融合というしくみを理解すると，どのような遺伝子型の子孫が現れるのかを簡単に予測できる．

10・4 メンデルの法則

Mendel は，彼の実施した実験結果を，二つの遺伝学の法則，分離の法則と独立の法則としてまとめた．その詳細と，どうやってその法則が生まれたかを紹介しよう．

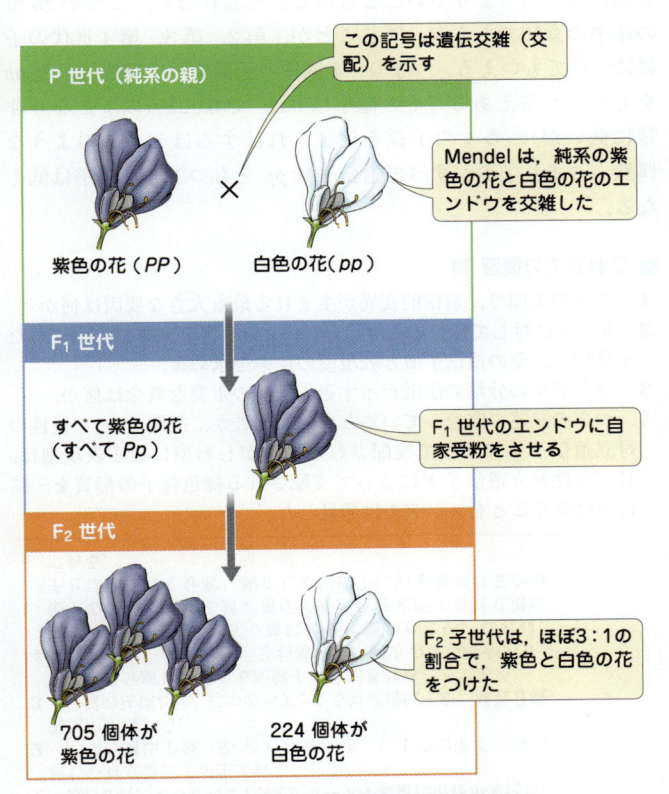

図 10・6 Mendel が実験でみた三つの世代

メンデルの第一法則：分離の法則

分離の法則とは，二つの遺伝子が減数分裂のときに分離し，異なる配偶子に分配されることである．この法則を使って，ある形質がどのように遺伝するのかを予測できる．図 10・6 の実験をもう一度考えてみよう．Mendel は純系の紫色の花をつけるエンドウ（遺伝子型 PP）と，純系の白色の花をつけるエンドウ（遺伝子型 pp）を交雑した．この交雑によって生まれた F_1 世代はすべてヘテロ接合体で，遺伝子型 Pp をもつ個体である．分離の法則に従えば，F_1 世代が繁殖するとき，50% の花粉（精子）が P 対立遺伝子をもち，残りの 50% が p 対立遺伝子をもっているはずである．同じことが胚嚢（植物の場合の卵に相当）についてもいえる．

減数分裂で二つに分離した遺伝子コピーが受粉（受精）によってどのように組合わさるかは，1905 年，英国の遺伝学者 Reginald Punnett が使った方法，**パンネットスクエア**で表現できる（図 10・7）．この表は，対立遺伝子が減数分裂によってどのように配偶子に配分されるかを示し，また，受精のときのすべての可能な組合わせもわかりやすい．表では，花粉や精子などの雄の配偶子として可能なすべての遺伝子型をマス目の上側に並べる．卵や胚嚢などの雌の配偶子として可能なすべての遺伝子型を，マス目の左端に並べる．つぎに，上側にある遺伝子型と左端にある遺伝子型とを組合わせて，すべてのマス目を埋める（青とピンクの矢印を参照）．図 10・7 の例に示すように，精子は P 対立遺伝子と p 対立遺伝子のどちらをもつかに関係なく，P または p 対立遺伝子をもつ卵と同じ頻度で受精（融合）するチャンスをもつ．交雑で，合計四つの組合わせがあること，その四つが同等の頻度で起

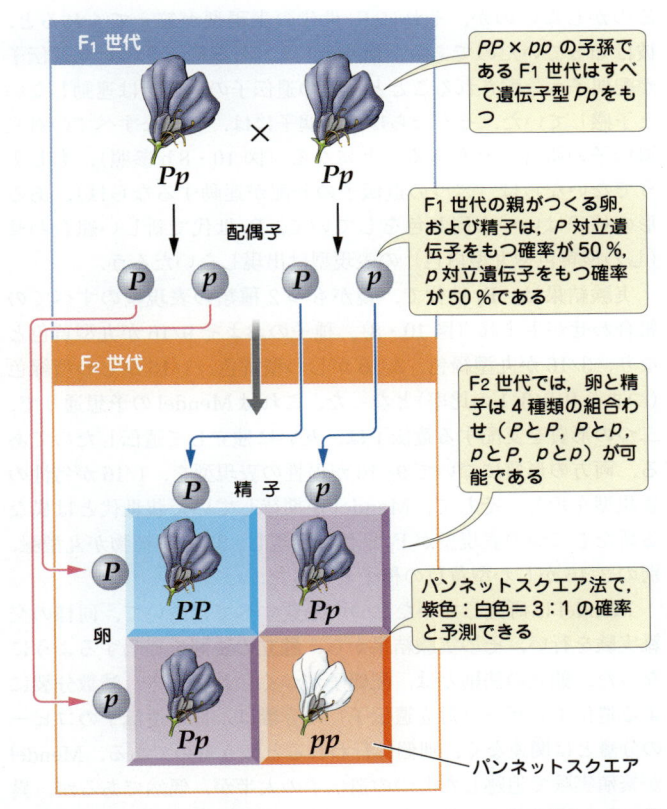

図 10・7 パンネットスクエア法 遺伝交雑の結果を予測するのに使われるパンネットスクエアは，配偶子での対立遺伝子の分離と，雄と雌のそれぞれの配偶子の可能な組合わせのすべてを，表で表現したものである．この図のように，両方の親がヘテロ接合体の場合を一遺伝子雑種交雑という．

こることを，パンネットスクエアは示している．

結果として，F_2 世代の 1/4 が遺伝子型 PP を，1/2 が遺伝子型 Pp を，そして 1/4 が遺伝子型 pp をもつと考えられる．紫色の花の対立遺伝子 P は優性なので，PP または Pp の遺伝子型をもつ植物はすべて紫色の花となる．一方，pp の遺伝子型をもつ植物のみが白色の花となる．したがって，F_2 世代の 3/4（75％）が紫色の花に，1/4（25％）が白い花になるであろうと予測できる．Mendel が実際行った F_2 世代を調べる実験結果では，705 個体が紫色の花（76％），224 個体が白色の花（24％）となり，この予測とよく似たものであった．

メンデルの第二法則：独立の法則

Mendel は，二つの異なる遺伝形質の遺伝を同時に追跡する実験も行った．エンドウの種子には，丸い形（丸型）としわのある形（しわ型）があり，また色も黄色と緑色がある．2 種類の遺伝子，R 遺伝子が種子の形を，Y 遺伝子が種子の色を支配している．純系の丸型黄色の種子（遺伝子型 $RRYY$）と純系のしわ型緑色の種子（遺伝子型 $rryy$）とをかけ合わせると，どうなるだろうかと Mendel は考えた．この二つを交雑すると（図 10・8），F_1 世代はすべて丸型黄色の種子となった．この F_1 世代の表現型から，丸型種子（R）の対立遺伝子はしわ型種子（r）の対立遺伝子に対して優性であることがわかった．同様に，種子の色の形質では，黄色種子の対立遺伝子（Y）が緑色種子の対立遺伝子（y）に対して優性であると，Mendel は推論した．

つぎに，Mendel は F_1 世代（遺伝子型 $RrYy$）を大量に自家受粉させて，F_2 世代をつくることにした．Mendel が最も知りたかった疑問，種子の形の遺伝と種子の色の遺伝は，互いに連動するのかしないのか，それに F_2 世代の表現型が答えてくれると，彼は知っていたのである．Mendel は，ある遺伝子の対立遺伝子が配偶子へ分配されることと，他の遺伝子の分配とは連動しないと予感していた．そうならば，配偶子には，可能なすべての対立遺伝子の組合わせがあることになる（図 10・8b 参照）．もしそうでないならば（二つの遺伝子の分配が連動するならば），ある形の種子はいつも同じ色をしていて，F_2 世代で新しい組合わせ（しわ型黄色や丸型白色）の表現型は出現しないだろう．

実験結果は，F_2 世代で，親がもつ 2 種類の表現型のすべての組合わせが生まれ（図 10・8），種子のおよそ 9/16 が丸型黄色となり，3/16 が丸型緑色，3/16 がしわ型黄色，1/16 がしわ型緑色（つまり 9:3:3:1 の比率）となった．これは Mendel の予想通りで，二つの形質を支配する遺伝子は，互いに独立して遺伝したのである．両方の形質について 9/16 が優性の表現型を，1/16 が劣性の表現型を示し，そして，Mendel が期待していた親世代とは異なる新たな二つの表現型が F_2 世代に出現し，3/16 の植物が丸型緑，別の 3/16 がしわ型黄色の種子となった．

Mendel は研究していた七つの形質すべてについて，同様の交雑実験を行い，その実験結果から，**独立の法則**を提唱するようになった．独立の法則とは，配偶子がつくられるとき，減数分裂による遺伝子コピー（対立遺伝子）の分離は，他の遺伝子のコピーの分離とは関連なく，別個に行われるというものである．Mendel が繁殖実験で追跡した七つの遺伝子の大半が，偶然であるが，異なる相同染色体ペア上にあった．たとえば，種子の形の遺伝子は第 7 染色体ペアの上に，種子の色の遺伝子は第 1 染色体ペアの上にという具合である．第 9 章で解説したことを思い出すと，減数分裂で配偶子がつくられるとき，1 対の相同染色体ペアの母方および父方由来の染色体は分かれて，娘細胞にランダムに分配される（図 9・11）．つまり，第 1, 第 7 染色体について考えると，特定の配偶子が両方とも父方の相同染色体を受取るか，第 1 が母方で，第 7 が父方となるのか，それは偶然に決まり，予測できない．受精で混合され，可能なあらゆる組合わせで結合し，同時に，対立遺伝子も混合され，その結果，あらゆる組合わせが可能になる．これが，親に存在しなかった遺伝子型や表現型が子に生まれるしくみである（図 10・8a の $RRyy$ や $rrYY$ など）．この独立の法則は，二つの遺伝子が異なる染色体上にあり，互いに離れている場合に限って，適用できる．二つの遺伝子が，同じ相同染色体上で，接近した場所にある場合，この法則は当てはまらない．この点は第 11 章で詳しく紹介しよう．

Mendel は大量の交雑実験を行い，多くのデータを得て，これら二つの遺伝パターンについての法則へとたどり着いた．p. 184 の"科学のツール"で，多くの実験データを扱うことの意味についてもう一度考えることになるが，交雑実験をする場合，ある特定の遺伝子型をもつ子孫が出現するチャンスが少ないこともあり，できるだけ多くの子孫を得る方がよい．

Mendel が予測した発現型の比率（たとえば図 10・7 に示された 3:1 の割合）は，特定の表現型や遺伝子型を子孫がもつ確率にすぎない．実際に，どのような表現型で，どのような遺伝子型になるのか（純系個体の交雑実験を除いて），それぞれの個体については，私たちは確実なことは何も言えないのである．さらに，特定の表現型が発現する確率は，子孫の数ともまったく関係がない．大量の子孫を解析すればするほど，結果が 3:1 となる確率が高まるだけである．たとえば，子孫がホモ接合体劣性の個体（pp）となる確率が 1/4 なら，多くの子孫が生まれた場合，子孫の 25 ％ が遺伝子型 pp をもつ可能性が高いということである．しかし，子孫が 4 個体しかない場合，そのうちの 1 個体が必ず遺伝子型 pp をもつという確証はどこにもない．一つもいないこともあれば，二つより多いこともあるかもしれない．これが 25 ％ の確率の意味であるが，同じことが，第 2, 第 3, 第 4 世代の子孫についてもいえる．つまり，4 個体の子孫すべてが遺伝子型 pp をもつことさえある（その確率は 0.25^4 で 0.005 ％ 以下となり非常に低いが）．多くの子孫を検証すればするほど，このような偶然，つまり子孫がすべて遺伝子型 pp をもつような確率は低くなる．

■ これまでの復習 ■

1. 生物の集団で，遺伝的変異が生まれる最も大きな要因は何か？
2. R が r に対して優性のとき，Rr と rr の植物を交雑し，生まれた子世代で，その遺伝子型と表現型の比率を求めよ．
3. メンデルの分離の法則が示す遺伝学上の重要な概念は何か．
4. つぎの記述で間違っているところはどこか．説明せよ．"優性の対立遺伝子 R によって支配される種子がしわ型になる表現型は，必ず優性対立遺伝子 Y によって支配される緑色種子の形質を一緒に受け継ぐことをメンデルは発見した．"

10. 遺伝の様式

(a)

P 世代

RRYY × rryy

Mendel は，P 世代で純系の丸型黄色の種子（遺伝子型 RRYY）と両方の形質について劣性の純系植物（しわ型緑色，遺伝子型 rryy）を交雑した

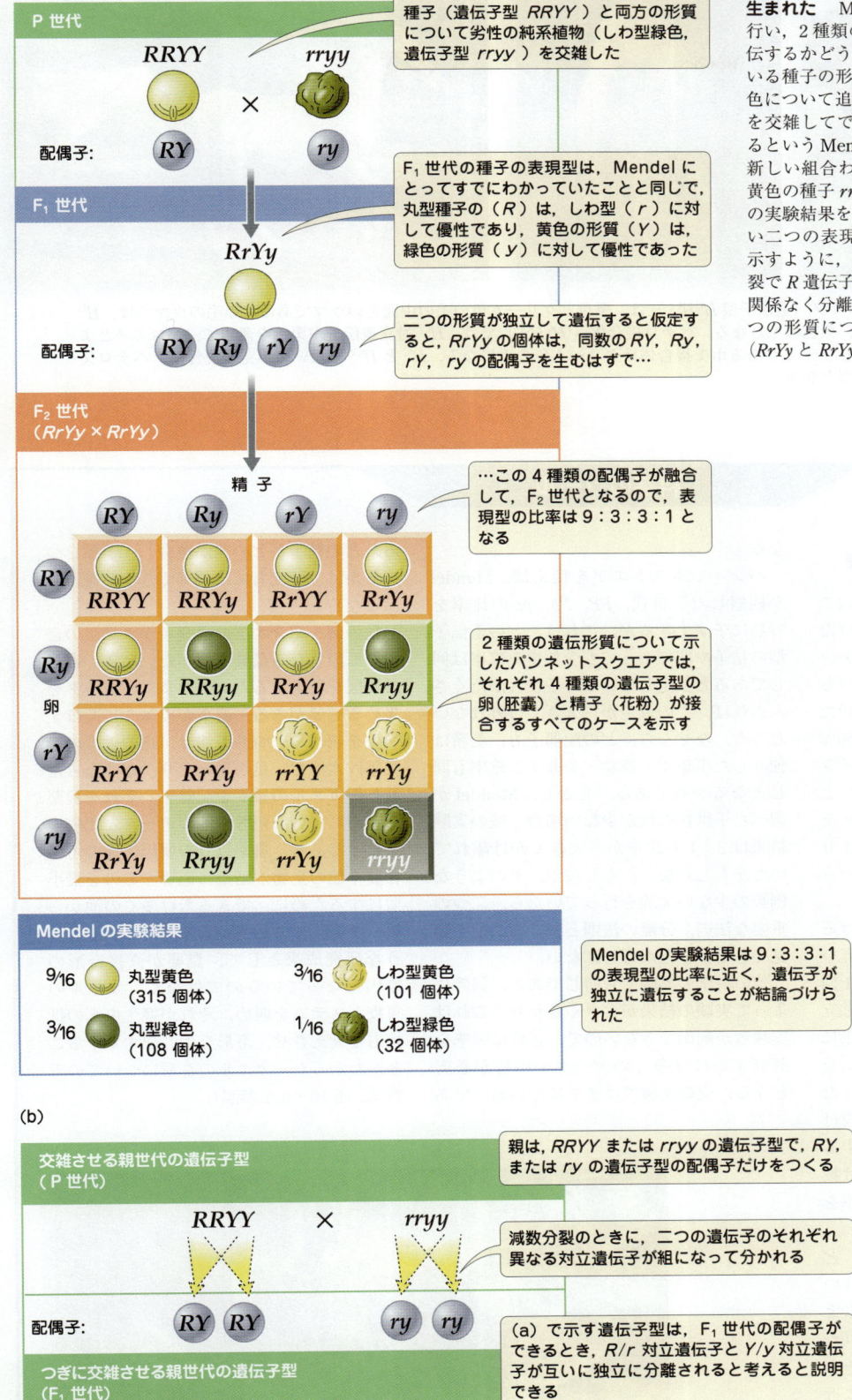

配偶子: RY　ry

F₁ 世代

RrYy

F₁ 世代の種子の表現型は，Mendel にとってすでにわかっていたことと同じで，丸型種子の（R）は，しわ型（r）に対して優性であり，黄色の形質（Y）は，緑色の形質（y）に対して優性であった

配偶子: RY　Ry　rY　ry

二つの形質が独立して遺伝すると仮定すると，RrYy の個体は，同数の RY, Ry, rY, ry の配偶子を生むはずで…

F₂ 世代（RrYy × RrYy）

精子

	RY	Ry	rY	ry
RY	RRYY	RRYy	RrYY	RrYy
Ry	RRYy	RRyy	RrYy	Rryy
rY	RrYY	RrYy	rrYY	rrYy
ry	RrYy	Rryy	rrYy	rryy

卵

…この 4 種類の配偶子が融合して，F₂ 世代となるので，表現型の比率は 9：3：3：1 となる

2 種類の遺伝形質について示したパンネットスクエアでは，それぞれ 4 種類の遺伝子型の卵（胚嚢）と精子（花粉）が接合するすべてのケースを示す

Mendel の実験結果

- 9/16 丸型黄色（315 個体）
- 3/16 しわ型黄色（101 個体）
- 3/16 丸型緑色（108 個体）
- 1/16 しわ型緑色（32 個体）

Mendel の実験結果は 9：3：3：1 の表現型の比率に近く，遺伝子が独立に遺伝することが結論づけられた

図 10・8　二つの遺伝形質を使った実験から独立の法則が生まれた

Mendel は，二つの形質についての交雑実験を行い，2 種類の遺伝子の対立遺伝子が，互いに独立して遺伝するかどうかを調べた．(a) R/r 対立遺伝子に支配されている種子の形と，Y/y 対立遺伝子に支配されている種子の色について追跡した．ヘテロ接合体の F₁ 世代植物（RrYy）を交雑してできた F₂ 世代の表現型を調べ，独立に遺伝するという Mendel の仮説が検証された．仮説の予測通りに，新しい組合わせの表現型（丸型緑色の種子 R-yy，しわ型黄色の種子 rr-Y）が発現した．下の枠内に実際の Mendel の実験結果をまとめてある．親の二つの表現型，親にはない二つの表現型の比率を示している．(b) この模式図が示すように，F₂ 世代の表現型の比率 9：3：3：1 は，減数分裂で R 遺伝子の対立遺伝子が，Y 遺伝子の対立遺伝子とは関係なく分離すると考えると説明できる．このように，二つの形質についてヘテロ接合体となる親を交雑すること（RrYy と RrYy の交雑）を，両性雑種交雑という．

(b)

交雑させる親世代の遺伝子型（P 世代）

RRYY × rryy

親は，RRYY または rryy の遺伝子型で，RY，または ry の遺伝子型の配偶子だけをつくる

減数分裂のときに，二つの遺伝子のそれぞれ異なる対立遺伝子が組になって分かれる

配偶子: RY　RY　　ry　ry

(a) で示す遺伝子型は，F₁ 世代の配偶子ができるとき，R/r 対立遺伝子と Y/y 対立遺伝子が互いに独立に分離されると考えると説明できる

つぎに交雑させる親世代の遺伝子型（F₁ 世代）

RrYy × RrYy

配偶子: RY　Ry　rY　ry　RY　Ry　rY　ry

ここで交雑させる F₁ 世代（非純系雑種）の遺伝子型は RrYy で RY，Ry，rY，ry の 4 種類の配偶子をつくる

H^CH^C（栗毛）　　H^CH^{Cr}（パロミノ）　　$H^{Cr}H^{Cr}$（クリーム色）

図 10・9　ウマの不完全優性　パロミノ（遺伝子型 H^CH^{Cr}）は，栗色とクリーム色の毛の中間色のウマである．赤毛のウマでは，H^C 対立遺伝子がホモ接合体の個体は，栗色の毛となる．ヘテロ接合体（H^CH^{Cr}）では，H^{Cr} 対立遺伝子が栗色を薄めて，パロミノとよばれる表現型となる．H^{Cr} 対立遺伝子が二つあるホモ接合体はクリーム色の毛になる．H^C と H^{Cr} は互いに不完全優性で，ヘテロ接合体になったときに，中間の表現型となる．

科学のツール

コイン投げの確率と科学実験の計画

確率とは，ある期待していることが起こる可能性である．たとえばコインを投げたとき，"表"が上になる確率は 0.5（50％）である．ここで，複数回，コインを投げる実験を考えてみよう．コインを 2～3 回だけ投げた場合，表が上となる割合は，50％とは大きく違うだろう．たとえば，コインを 10 回投げた場合，7 回が表（70％）となるかもしれない．しかし，コインを 10,000 回投げて同じように 70％，つまり 7000 回表となることは，まず起こりそうにない．

1 回コインを投げた結果が，次に投げるときの結果に影響しない場合，これを互いに独立の事象という．もちろん，1 回 1 回のコイン投げは独立した事象である．独立した事象が何回も起こる場合，その結果についての確率を推定できる．コインを 10,000 回投げて，5046 回表が上になったとしよう．この結果から，次のコイン投げで表となる確率が 50％になると予測するのが合理的である．しかし，10 回だけ投げて 7 回表となったとき，そこから確率を 70％と予測するのは，あまり正確でない．

こうした確率と科学の実験計画とは，どのような関係があるだろうか？ Mendel のエンドウに関する研究を例に考えてみよう．Mendel が，ヘテロ接合体の植物（たとえば Pp の個体）を交雑したとき，その子世代の表現型の比率はいつも 3：1 に近かった．これは，子世代の遺伝子型が PP，Pp，pp になる確率が，それぞれ 25，50，25％となるからである（図 10・6 参照）．25％の PP 個体と 50％の Pp 個体の表現型は同じなので，75％の個体は同じ表現型で，紫色と白色の表現型の割合は 3：1 となる．

パンネットスクエアを使えば，Mendel が観察した子世代，PP，Pp，pp の比率を容易に予測できるが，これは，どの遺伝子型の精子や卵であっても受精する確率は同じであると仮定している．子世代がたくさんあれば，この仮定から大きくは外れないだろう．なぜなら，どの配偶子も，受精は独立した事象で，成功・失敗する確率も同じとなるからである．しかし，Mendel が調べた子世代の数が少ない場合，彼の実験結果は 3：1 の比率から大きくかけ離れていたかもしれない．もし彼が，そのような例数の少ない実験を行っていたら，二つの重要な法則，分離の法則と独立の法則を発見できなかったかもしれない．

他の科学の実験でも同じである．偶然によって実験の結果が大きく変わり，これは実験者が制御できないので，正確に確率を計算するには多くのデータの解析が必要となる．交雑実験ではまさにその通りである．どの精子とどの卵が融合し，子孫をつくるかは，研究者には制御できない確率の話となる．

他の例を紹介する．研究者がカエルの奇形の原因となる農薬を調べたいとき，奇形の原因を特定するために，多量のデータを集める必要がある．農薬がカエルに及ぼす影響を調べる一つの方法は，畑の近くの農業用貯水池で，足が増えたり，なくなったりしたカエルの頻度を記録し，それを農薬を使用していない貯水池のデータと比較することである．農薬以外の要因，他の汚染物質や他の生物が結果に影響するのを最小限にするために，できるだけ多くの池からデータを集める必要があるだろう．そのような研究成果として，農薬が直接奇形の原因となっているのではなく，カエルの免疫システムを弱め，それが寄生虫への抵抗力を衰えさせ，奇形を生じやすくすることがわかった（カエルの奇形についての考察は，§10・6 を参照）．

奇形のカエル

10・5 メンデルの法則の応用

メンデルの法則は，遺伝子がどのように親から子へ受け継がれるかをうまく説明している．この法則を応用すると，Mendel が研究したエンドウの七つの形質のように，親の遺伝子型から子の表現型を予測できる．特に，遺伝形質が優性と劣性の二つの対立遺伝子で決まる場合，メンデルの法則は正確である．しかし多くの場合，形質はそのような単純な遺伝の法則だけでは決まらない．20世紀に入って，遺伝学がさらに発展し，メンデルの法則をより精密に拡張して，もっと複雑な遺伝様式も説明できるようになった．たとえば，ある一つの対立遺伝子が，ときには，数多くの異なる表現型を生み出すことも発見された．最も複雑な遺伝様式は，複数の対立遺伝子が表現型を支配する例である．遺伝子型だけでなく，環境要因も大きく影響するケースもある．

完全な優性・劣性の関係にはない対立遺伝子

完全な優性とは，一つの優性の対立遺伝子が，ヘテロ接合体の表現型に十分な影響力をもつ場合である．たとえば，優性の P 対立遺伝子の場合，Pp のヘテロ遺伝子型をもつエンドウの花は，確実に紫色になる．しかし，対立遺伝子が複数組合わさって表現型が決まる場合，ヘテロ接合体で，いずれの対立遺伝子ももう一方に対して完全に優性でないことがある．この場合，ヘテロ接合体は中間の表現型，つまりそれぞれの対立遺伝子がホモ接合体のときに示す表現型の中間型が出現する．これを**不完全優性**という．キンギョソウの花色を支配している二つの対立遺伝子は，不完全優性である．赤色の花のホモ接合体（$C^R C^R$）と白色の花のホモ接合体（$C^W C^W$）をかけ合わせると，ヘテロ接合体の子世代（$C^R C^W$）はピンク色の花になる．動物の毛色を決める遺伝子にも，

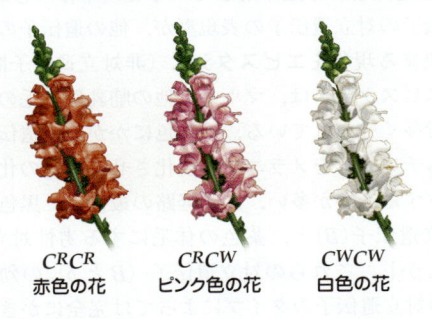

$C^R C^R$ 赤色の花　　$C^R C^W$ ピンク色の花　　$C^W C^W$ 白色の花

不完全優性の例が知られている（図 10・9 参照）．栗色のウマ（赤みがかった茶色の毛）は，H^C 対立遺伝子のホモ接合体（$H^C H^C$）である．H^{Cr} 対立遺伝子のホモ接合体（$H^{Cr} H^{Cr}$）の場合，クリーム色のウマが生まれる．ヘテロ接合体では，H^C 対立遺伝子の影響は，クリーム色の対立遺伝子 H^{Cr} の存在によって弱められ，パロミノとよばれる，より薄いクリーム色のウマとなる．パロミノは，その金色に似た毛色と亜麻色のたてがみのためにパレードやショーで使われるウマとして人気がある．

不完全優性は，見かけ上は古い遺伝の概念である融合遺伝のようではあるが，メンデルの法則を拡張して説明できる．中間の表現型がヘテロ接合体にのみ発現することを除けば，すべてメンデルの法則と前に紹介したパンネットスクエアで F_1 世代と F_2 世代の遺伝子型と表現型を予測できる．たとえば，二つのヘテロ接合体（$C^R C^W$）のキンギョソウをかけ合わせると，その子である F_1 世代では，1/4 が赤色の花（遺伝子型 $C^R C^R$），1/2 がピンクの花（遺伝子型 $C^R C^W$），1/4 が白色の花（$C^W C^W$）となる．パンネットスクエアを使って確かめてみてほしい．優性・劣性関係を示す対立遺伝子の場合との違いは，不完全優性の場合，ヘテロ接合体（$C^R C^W$）がホモ接合体（$C^R C^R$）と外見が異なる点だけである（C^R が C^W に対して優性である場合は同じ外見になる）．ピンクの花の個体を交雑すれば，生まれた F_2 に，純系の親と同じ赤色や白色の花の個体が見つかるだろう．もし，融合遺伝の考え方が正しければ，このように，F_1 世代で一度混ざり合った花の色の形質が，F_2 世代で分離することはない．

二つの対立遺伝子の影響が，ヘテロ接合体の表現型に均等に現われることもある．これを**共優性**という．これは，片方の対立遺伝子の影響が，不完全優性のように他方の対立遺伝子によって弱められたり，または優性・劣性の関係のように抑制されることなく，ヘテロ接合体に均等に現われる場合である．前に紹介したABO式の血液型がその例である（図 10・10）．3種類の対立遺伝

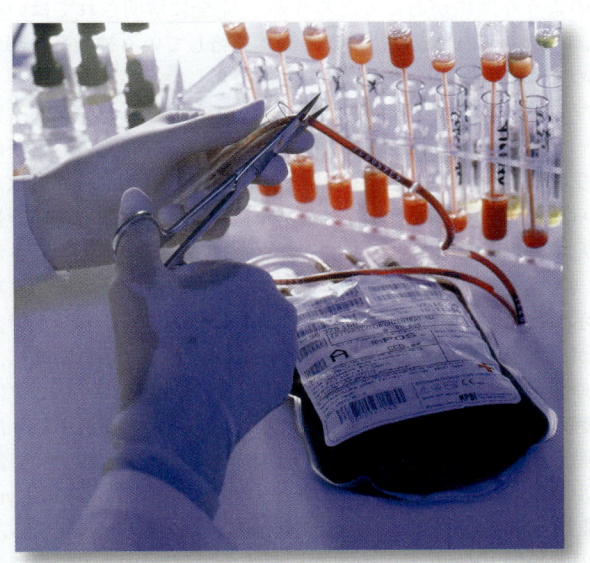

図 10・10　血液型の共優性　AB 型の血液型のヒトは，共優性の対立遺伝子，I^A と I^B をもつ．i 対立遺伝子は，I^A と I^B の両方に対して劣性である．A 型の血液型のヒトは，$I^A I^A$ のホモ接合体，または $I^A i$ のヘテロ接合体のいずれかである．同様に，B 型の血液型のヒトは，$I^B I^B$ のホモ接合体，または $I^B i$ のヘテロ接合体のいずれかである．

子，I^A, I^B, i が血液型を決める．I^A と I^B は共優性で，ヘテロ接合体（$I^A I^B$）は AB 型となる．AB の血液型は，赤血球の表面に A 型と B 型の両方の糖が結合しているので，不完全優性で生まれる A 型と B 型の中間的な形質ではない．対して，$I^A I^A$ のホモ接合体は A 型の糖しかない A 型の血液型，$I^B I^B$ のホモ接合体は B 型の糖しかない B 型の血液型となる．（ただし，i 対立遺伝子は他の二つに対して劣性なので，$I^A i$ の人は A 型，$I^B i$ の人は B 型，ii の人は O 型の血液型となる）．不完全優性と共優性は，混同されやすいが，不完全優性は中間型の表現型となることを覚えておくとよい．

多面発現性遺伝子は，他の多くの表現型に影響する

Mendel が研究対象にした七つの遺伝子は，花の色，種子の色，種子の形や植物の背丈など，それぞれが一つの明確な形質を支配している．しかし，遺伝子のなかにはある重要な機能を担い，それが正常にはたらかないと他の生命現象に大きく影響するようなものがある．一つの遺伝子が，他の複数の遺伝形質に影響する現象を**多面発現性**，そのような遺伝子を多面発現遺伝子という．

たとえば皮膚の色と視覚機能の異常は，一見関係のない形質に思えるが，ある一つの遺伝子で決まり，その突然変異で，アルビノとよばれる発現型が生じる（図10・11）．さまざまな種類のアルビノ（白子個体）の表現型が知られているが，それらはすべて，メラニンとよばれる黒茶色の色素ができなかったり，少ないことが原因となっている．およそ1〜2万人に1人がこのアルビノの表現型をもち，数十人に一人の割合で保因者（ヘテロ接合の個体）がいる．アルビノの人は皮膚，髪や眼でメラニンをほとんど合成できず，多くが青色の瞳，少数が赤色や紫色の瞳をもつ．視覚障害もあるが，その障害の程度は斜視や盲目までさまざまである．最も一般的なアルビノ関連遺伝子は，メラニン色素の合成を制御している遺伝子である．この遺伝子の機能が低下すると，色素の形成や皮膚の色に影響することは容易に想像できるが，眼とどのような関係があるのだろうか？ 完全に解明されてはいないが，メラニンの合成は，眼から脳へ連絡している神経系の部分も含めて，視覚機能の発達に必要であるらしい．

マルファン症候群も，フィブリリン1とよばれるタンパク質をコードする遺伝子が適切に機能しないために，多くの器官が影響を受ける多面発現性遺伝子の障害である．このタンパク質は，骨から血管壁まで，あらゆるタイプの結合組織で，細胞の間を接着固定する重要なはたらきをする．マルファン症候群と診断された人（米国で約5000人に1人の割合）は非常に多種多様な表現型を示す．どのタイプのフィブリリン1対立遺伝子をもつかで表現型が決まるからである．視覚と骨格に問題があり，背が高く，手足や手指，足指が長くなる傾向がある．神経系，肺や皮膚にも影響が現れ，最も深刻な表現型として，心臓から血液を送り出す大動脈に障害が出ることがある．1984年のオリンピックで銀メダルを取った米国バレーボールチームのスター選手，Flo Hyman（図10・12）の死因は，この血管の破裂だと考えられている．彼女の身長は196 cmで，1986年，日本での試合中に，31歳で死去したが，死後，マルファン症候群と診断された．

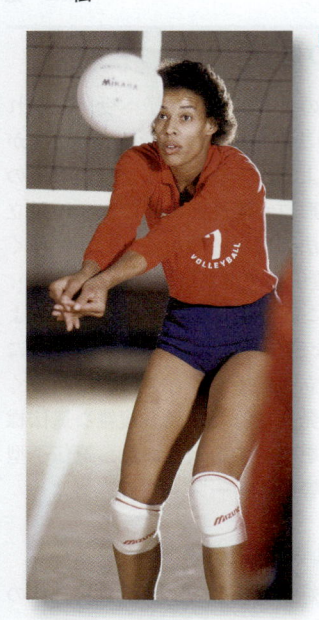

図10・12 Flo Hyman 1984年，練習中の米国のオリンピックバレーボールの銀メダリスト，Flo Hyman. 1986年の彼女の死因はマルファン症候群の合併症であった．マルファン症候群は，多面発現性遺伝子で起こる障害の例である．

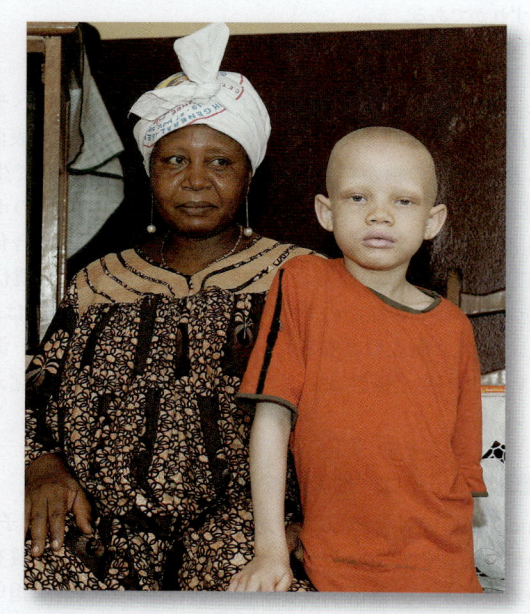

図10・11 アルビノのヒト アルビノの少年とその母親（アフリカのカメルーン，ドウアラ）．メラニン合成にかかわる遺伝子は，皮膚の色だけでなく，視覚にも影響する多面発現性遺伝子の一例である．

他の遺伝子の作用を変える対立遺伝子

複数の遺伝子が互いに影響し合うことがあり，これも，単純なメンデル遺伝では説明できない．たとえば，ある遺伝子Aの表現型への効果が，遺伝子Aの対立遺伝子の型だけでなく，他の遺伝子Bの対立遺伝子によっても影響を受けることがある．このような対立遺伝子間の相互作用は，あらゆる生物種で数多く知られている．たとえば，パンやビールを作るのに使われる単細胞の菌類，酵母菌では，調べた遺伝子のすべてのケースで，最低34個の他の遺伝子と相互作用しているという報告もある．

ある遺伝子の対立遺伝子の表現型が，他の遺伝子の対立遺伝子によって決まる現象を**エピスタシス**（非対立遺伝子間相互作用）という．エピスタシスは，マウスや他の哺乳類の毛の色を支配する遺伝子で多く知られている．毛の色にかかわる遺伝子は，アミノ酸であるチロシンをメラニンに変化させる一連の化学反応の酵素をコードするものが多い．反応経路の最後に，黒色の体毛にする優性対立遺伝子（B）と，茶色の体毛にする劣性対立遺伝子（b）がある．しかし，これらの対立遺伝子（Bとb）の効果は，他のC遺伝子の対立遺伝子のタイプによっては完全にかき消されてしまうことがある．C遺伝子は，チロシン合成経路の初期段階ではたらく酵素，チロシナーゼをコードし，遺伝子型ccのマウスでは，チロシナーゼが機能せずメラニン合成反応の全体が進まない．その結果，毛や眼でメラニンがつくられないので典型的なアルビノの表現型となる（図10・13）．このとき，B遺伝子については，遺伝子型がBB，Bb，bbのいずれであるかは問題にならない．$BBcc$，$Bbcc$，$bbcc$の組合わせはすべてアルビノの表現型となる．このような場合，C遺伝子はB遺伝子に対して上位にあるという．上位のC遺伝子の対立遺伝子（cc）によって，B遺伝子の対立遺伝子（BB，Bb，bb）の影響を完全に隠すことになるが，これをC遺伝子の対立遺伝子がB遺伝子の対立遺伝子に対して優性であるとはいわない．C遺伝子によってコードされたタンパク質が合成経路の初期の段階で作用し，B遺伝子の表現型が現れるかどうかが決まるだけである．

環境によって遺伝子の作用が変わることもある

遺伝子の作用が，体温，血中CO_2量，外気温や日照量など，

かい谷間では背が高く伸び、多くの花をつけることもある。同じような現象が、ヒトの場合にも知られていて、子どものころの栄養状態が成人したときの身長に影響を及ぼす。

多くの表現型が二つ以上の遺伝子で決まる

Mendelが研究した形質は、一つの遺伝子が各形質の表現型を決定するという単純な制御のものだった。しかし、現在、多くの形質が**ポリジーン遺伝**（多遺伝子性遺伝）、つまり、二つ以上の遺伝子の作用によって決まることがわかってきた。たとえばヒトでは、皮膚の色、運動能力、体格など、植物では、背丈、開花時期や種子の数などがある。これらの例の一つ、ヒトの皮膚色の遺伝について紹介する。

前に紹介したように、メラニンは黒い色素で、ヒトを含め哺乳動物の皮膚や毛の色を決める。皮膚には色素をつくる細胞があり、この細胞が沈着させるメラニンの量に3種類の遺伝子がかかわるとしよう。おそらく三つだけということはないが、ここではわかりやすく三つの遺伝子、A, B, Cがあり、それぞれが均等に皮膚の色に影響すると仮定しよう。また、各遺伝子には、不完全優性となる二つの対立遺伝子があり、一つの型（A^1, B^1, C^1）はある単位量のメラニンを生産させ、他の型（A^0, B^0, C^0）は逆にメラニンの生産を抑えるはたらきがあるものとする。さらに、ヒトの皮膚の色の表現型は、そのヒトがもつ対立遺伝子のメラニン単位生産数（メラニン生産の相対量）によって決まるとする。図10・15に、三つの遺伝子がすべてヘテロ接合体となっている2人の子どもに、7種類の皮膚の色があると予測される結果を示す。

日焼けは環境によって表現型が変わる例で、日光の紫外線に反応してメラニンの生産量が増加する現象である。遺伝子型だけで予測された7種類の皮膚の色合いに加えて、環境要因で決まる日焼けが加わると、図10・15の7段階あった棒グラフ分布は、赤い曲線で示すようになだらかな分布になるだろう。このように、ヒトの皮膚の色は、ポリジーン遺伝で決まる形質のため、一つの遺伝子によって決まる形質に比べると幅広い表現型となり、明るい色からかなり暗い色まで、いろいろな濃さの色となる可能性が高い。環境要因が、皮膚の色の表現型をさらに多様なものにしている。

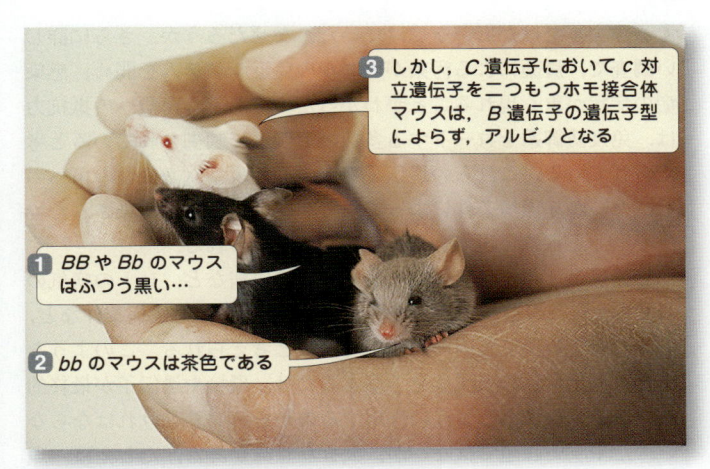

図10・13　遺伝子の相互作用　遺伝子は相互作用することが多い。写真は、C遺伝子のc対立遺伝子が、別の遺伝子Bの効果を遮蔽する例である。遺伝子型CCやCcのマウスの場合、優性の対立遺伝子B（遺伝子型BBやBbの場合）がメラニンの合成をひき起こし、黒い体毛となるが、劣性の遺伝子型bbではメラニンの合成が変わり、茶色の体毛になる。しかし、遺伝子型ccをもつマウスでは、B遺伝子の遺伝子型がBB, Bbまたはbbのどれであるかに関係なく、メラニン合成の初期段階が進まないので必ずアルビノの個体となる。

1. BBやBbのマウスはふつう黒い…
2. bbのマウスは茶色である
3. しかし、C遺伝子においてc対立遺伝子を二つもつホモ接合体マウスは、B遺伝子の遺伝子型によらず、アルビノとなる

図10・14　環境が遺伝子の作用を変える　シャムネコの毛の色は、低温で暗色の色素をつくる対立遺伝子で支配されている（鼻、尾、足や耳など）。

内外の環境によって決まることがある。たとえば、シャムネコの場合、チロシナーゼ遺伝子のC^t対立遺伝子がコードする酵素は温度に敏感で、低温でよくはたらくが、温度が上がるとまったく機能しなくなる。ネコの手足の先端部分は、体の中心部よりも冷えているので、メラニンが合成されやすく、足、鼻、耳、尾が暗い色になりやすい（図10・14）。シャムネコの体から明るい毛の部分を剃って、氷温剤で覆っておくと、新しくできた体毛は暗い色になる。同様に、尾の暗い色の毛を剃って暖かいところで飼育すると、明るい色の毛が生える。

化学物質、栄養、日照や他の多くの環境要因も、遺伝子の作用を変えることがある。遺伝的にまったく同じ植物の個体（クローン）を育てても、環境が異なると、背丈やそれがつける花の数など、多くの面で表現型が異なる場合が多い。たとえば、風の強い山の斜面に育つ植物は背丈が低く、花も少ないが、同じ植物が暖

■ これまでの復習 ■

1. 対立遺伝子Hは直毛となり、対立遺伝子H'は縮れ毛となる。HH'遺伝子型をもつヒトは、直毛と縮れ毛の中間程度の髪毛となる。この対立遺伝子HとH'は共優性か？
2. 遺伝子の多面発現性とは何か。
3. ABO血液型は、I遺伝子の複数の対立遺伝子で決まる。これはポリジーン遺伝か？
4. つぎの記述のどこが間違っているか、説明せよ。"ポリジーン遺伝で決まる形質の発現は環境の影響を受け、一つの遺伝子で決まるものは環境の影響を受けない。"

---

1. 著しく表現型を変化に連続させるのではないのが共優性とはよばない。中間の表現型となるので、不完全優性である。
2. 一つの遺伝子多型が、他の多様な遺伝形質の発現に影響する現象。
3. 血液型ABOは、複数の対立遺伝子をもつ一つの遺伝子で決まり、ポリジーン遺伝ではない。I^AとI^Bに関しては共優性である。
4. 一つの遺伝子で決まる形質の発現でも、シャムネコの温度に敏感な酵素の例もあるように環境によって影響される形質もある。C^tの対立遺伝子である。

10・6 まとめ: 表現型は遺伝子と環境で決まる

遺伝子型は，メンデルの法則が示すように，親から子へと受け継がれる単純な遺伝子の組合わせで決まる．表現型のなかには，一つの遺伝子だけで支配され，環境の条件にほとんど影響を受けないものもある．エンドウの種子の形や色，花の色などの形質はそのような遺伝の例である．その形質について親の対立遺伝子がわかっていれば，子世代の表現型が予測できる．

しかし，多くの表現型は複数の遺伝子で決まる．複数の遺伝子の間での相互作用，つまり，ある遺伝子の影響が別の遺伝子の対立遺伝子によって変化することもある．このような場合，表現型はメンデルの法則には従わない．遺伝子型と表現型の関係は複雑で，一つの遺伝子が単独で影響するのではなく，むしろ相互作用する別の遺伝子や環境によって決まる（図10・16）．たとえば，ある地域にすむカエル集団で発生した奇形を調査するうちに，寄生性の菌類がその直接の原因となることがわかった．しかし，この菌類は他の場所でもみられるのに，他の地域にすむ遺伝上同じようなカエルは，なぜかこの病気にかからず，一部の地域に生息するカエルだけが影響を受けていた．なぜだろうか．さらに詳しい調査で，農薬による汚染がカエルの免疫システムを弱め，感染症の症状が重く現れることがわかったのである．菌類への抵抗力は，免疫防御系をコードする多数の遺伝子で制御されていると考えられている．これらの遺伝子で決まる表現型（寄生性の菌への抵抗力）が，環境条件によって影響を受け，農薬に汚染された場所では，正常に発現できなくなったと考えられる．

心臓疾患，がん，アルコール中毒や糖尿病など，ヒトの病気の多くも，複数の遺伝子と，喫煙，食事や精神衛生，生理条件など，多くの異なる環境要因の影響を受けると考えられる．このような場合，遺伝形質の表現型を予測するには，環境や遺伝子が最終的な遺伝子産物にどのように作用するのかを解明しなければならない．たやすい課題ではないが，大きな意味がある．たとえば，環境が，心臓病やがんの原因となる遺伝子にどのように作用するかわかれば，これらの病気の死亡率を減らすことができるだろう．遺伝学の進歩によって，やがて，このようなヒトの病気の危険性を早期に判定して，よりよい予防法や治療法が開発されると期待される（第14～16章参照）．

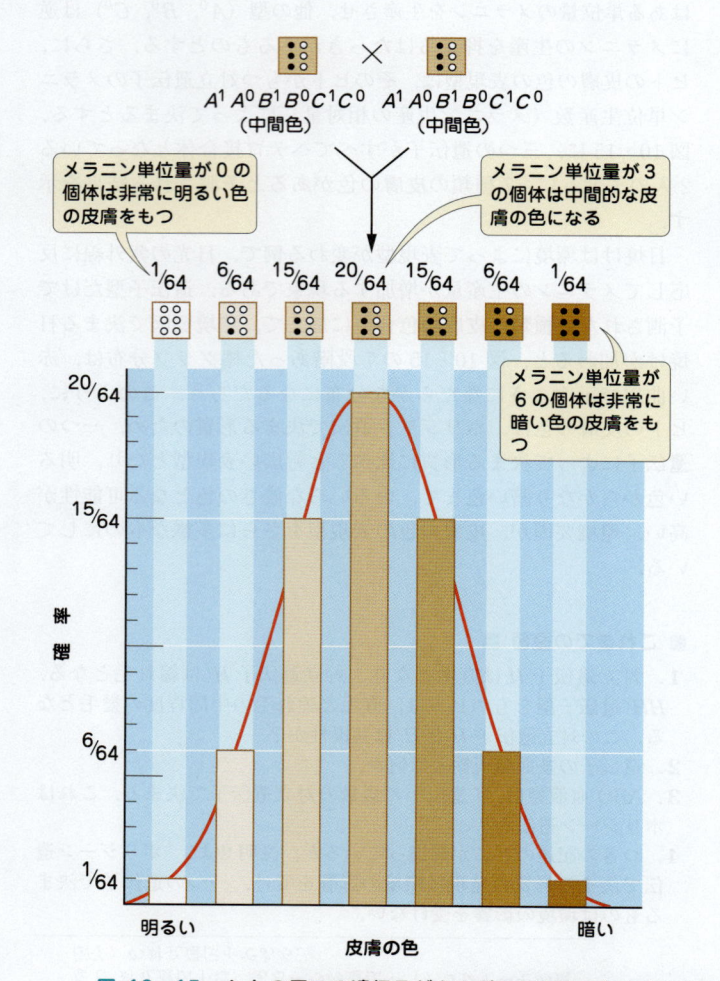

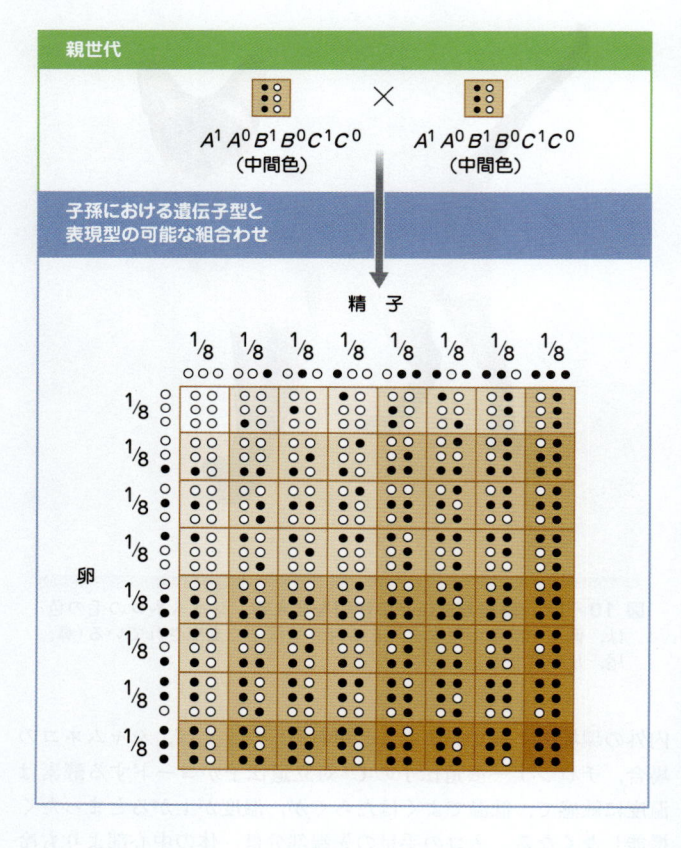

図10・15　ヒトの三つの遺伝子がさまざまな皮膚の色を生み出す　ここに示した例は三つの遺伝子（A, B, C）で，右上の記号1（たとえばA^1）は，ある単位量のメラニンを合成する活性をもつ対立遺伝子を示す．記号0（たとえば，A^0）は，メラニンをつくらない対立遺伝子である．これらの対立遺伝子は不完全優性で，メラニンをつくらない対立遺伝子（A^0, B^0, C^0）は白丸で，メラニンをつくる対立遺伝子（A^1, B^1, C^1）は黒丸で示している．ここで示す仮説は，ヒトの皮膚の色は，遺伝子型で決まるメラニン単位量の総量（黒丸の数）で決まるというものである．パンネットスクエアは，ヘテロ接合体の親がつくる配偶子の遺伝形質（8種類）と，受精でのすべての可能な組合わせを示している．上の棒グラフは，それぞれの表現型をもつ子どもの相対的な比率を示す．7種類の異なる表現型（メラニン単位量が0～6単位）が，3対の対立遺伝子型の組合わせ（合計64通り）で決まる．たとえば，2単位量のメラニンをつくる子どもの遺伝子型は，6種類（A^1A^1, A^1B^1, A^1C^1, B^1B^1, B^1C^1, C^1C^1の組合わせ以外は0型）のうちのどれか一つのタイプとなる．加えて，実際の皮膚の色の違いは，浴びた日照量の違いでも決まる．

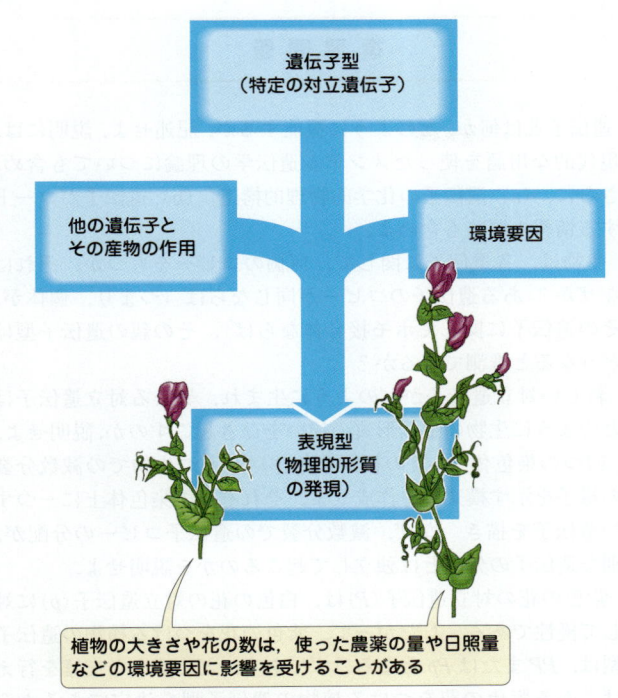

図 10・16 **遺伝子型から表現型へ** 遺伝子が表現型へ与える影響は，その遺伝子の機能とともに，相互作用する他の遺伝子や環境で決まる．環境の効果とは，植物の場合，日照量など自然条件であったり，農薬や肥料の量など，人為的な影響もある．その結果，このエンドウの例のように，同じ遺伝子型をもつ二つの個体でも，非常に異なる表現型をもつことがある．

学習したことの応用

失われた皇女の謎を解く

1917年，Nicholas II 世が退位し，3世紀におよぶロマノフ王朝の支配は終わった．生前，皇帝 Nicholas とその皇后 Alexandra は，共産主義の新政権に反対する人たちにとって，勢力を盛り返すための象徴として期待された．皇室一家の死後も，皇室は脅威とみなされ，共産主義当局は皇室について偽りの情報を流していた．皇帝 Nicholas は銃殺されたが，他の家族は内戦の混乱を避けて，安全な場所へと移されたと報じていたのである．彼らの運命がどうなったのか，Alexandra 皇后とその子どもたちの行方がはっきりしなかったことから，失われた皇女 Anastasia の伝説が生まれた．

Anna Anderson と失われた皇女の謎は，1994年，ついに解明された．皇帝 Nicholas とその家族が秘密裏に埋葬された場所が1989年に発掘され，彼らの遺体を慎重に分析することになったのである．コンピュータを使って，保管庫に保存された一家の写真に頭蓋骨の写真を重ね合わせ，また，皇帝と家族が身に着けていた服と骨格の寸法も比較した．さらに，頭蓋骨の一つにあったプラチナの歯が，皇后の歯科治療記録とも一致することがわかった．こうした検査結果から，調べた遺骨はロシア皇帝一家のものと推定された．そして，最後に，遺伝子の解析をすることになった．

遺骨からとった DNA を，ロシア皇室の親戚（1899年に逝去した皇帝の弟など）から採取した DNA と比較し，その結果，遺骨は皇室のものであることが判明した．しかし，2人分だけ遺骨がなかった．Alexis 皇太子の遺骨と，2人の皇女 Maria か Anastasia のいずれかの遺骨である．Anastasia は難を逃れて，Anna Anderson が主張するように，彼女がその皇女なのだろうか？

これも遺伝子の解析によって答えが出た．メンデルの法則に従い，Anna Anderson は，ロマノフ王朝の子がもつべき対立遺伝子をもっていたのだろうか？ Anna Anderson の DNA は，彼女が1979年，外科手術を受けた際に保存されていた小さな腸組織の標本から採取され，皇帝と皇后の遺骨から採取された DNA と比較することになった．ヨーロッパ人は，ある DNA 領域に，少なくとも5種の共優性対立遺伝子（$A^1 \sim A^5$）をもつ．皇帝は遺伝子型 $A^1 A^2$ をもち，皇后は遺伝子型 $A^2 A^3$ をもっていた．もし，Anna Anderson が皇帝と皇后の娘なら，メンデルの法則に従って，A^1 または A^2 と，A^2 または A^3 との間のかけ合わせ（つまり，$A^1 A^2$, $A^1 A^3$, $A^2 A^2$, $A^2 A^3$）のいずれかをもつはずである．しかし，彼女の遺伝子型は $A^4 A^5$ であり，皇帝と皇后は彼女の両親ではありえないことが判明した．DNA の他の三つの領域でも，同じような結果となり，Anna Anderson は"失われた皇女"ではないことが証明されたのである．

章のまとめ

10・1 遺伝学の用語
- 遺伝子（遺伝の基本単位）は DNA の中に含まれ，生物の遺伝する形質，遺伝形質を決定する．
- 二倍体の個体は各遺伝子のコピーを二つずつもち，一つを父親から，もう一つを母親から受け継ぐ．
- 同じ遺伝子でも，異なるタイプのものを対立遺伝子という．
- その個体のもつ対立遺伝子の組合わせを遺伝子型という．対して，その遺伝子の影響が発現して識別できるようになったものを表現型という．
- 異なる対立遺伝子と対になった場合，個体の表現型を決定する対立遺伝子を優性対立遺伝子という．優性対立遺伝子と対になった場合，個体の表現型への影響が観察できなくなる対立遺伝子を，劣性対立遺伝子という．

10・2 突然変異：新しい対立遺伝子の誕生
- 生物集団の個体がもつ遺伝子には，一般に複数の対立遺伝子がある．
- 異なる対立遺伝子は，突然変異によって生まれる．
- 新しく突然変異で生まれた対立遺伝子は，それまでの対立遺伝子とは異なるタイプ，異なる機能のタンパク質をつくる．
- 異なる対立遺伝子は，異なるタンパク質をつくり，これが，生物個体の間の遺伝的違いの源となる．
- 突然変異のなかには有害なものもあるが，多くの場合，ほとんど大きな影響を示さない．有益なものはむしろわずかである．突然変異の影響は，新しい遺伝子がコードするタンパク質の機能で決まる．
- 突然変異は，生物のどの細胞でも，いつでも起こりうる．配偶子や配偶子の元になった細胞で起こった突然変異だけが，次の世代に受け継がれる．

- 突然変異は，有益か有害かに関係なく，ランダムに起こる．有益な突然変異だからといって，起こりやすいわけではない．

10・3 遺伝の基本様式

- Gregor Mendel は 8 年の歳月をかけて先駆的な遺伝学の実験をし，遺伝のしくみを解き明かした．
- エンドウを使った実験で，Mendel は，融合遺伝の古い概念を否定する証拠を得た．代わりに，生物が遺伝させる形質は，遺伝因子（現在，私たちが遺伝子とよぶもの）によって支配されることを示した．
- 現代の専門用語を使えば，Mendel の遺伝学はつぎのようにまとめられる．1) 対立遺伝子によって遺伝形質の多様性が説明できる．2) 子は，それぞれの親から 1 個の対立遺伝子を受け継ぐ．3) 優性の対立遺伝子と劣性の対立遺伝子がある．4) 個体のもつ二つの対立遺伝子は，分離され，異なる配偶子（一倍体）へ一つずつ引き継がれる．5) 受精によって配偶子はランダムな組合わせで接合し，二倍体の子となる．

10・4 メンデルの法則

- Mendel は，実験の解析結果をもとに二つの法則をまとめた．分離の法則と独立の法則である．
- 分離の法則：一つの遺伝子の二つの対立遺伝子は，減数分裂の際，異なる配偶子に分配される．
- 独立の法則：配偶子がつくられるとき，減数分裂による遺伝子コピー（対立遺伝子）の分離は，他の遺伝子のコピーの分離とは関連なく，独立に行われる．
- パンネットスクエア法により，可能な配偶子の組合わせを考え，遺伝交雑の結果を予測できる．

10・5 メンデルの法則の応用

- 遺伝形質のなかには，メンデルの法則で，子の表現型を予測できないものがある．これは，以下のような理由による．1) 対立遺伝子は，完全な優性・劣性の関係ではなく，不完全優性（例：ウマの毛色），または共優性（例：ヒトの ABO 式血液型）を示すものが多い．2) ある遺伝子が，他の複数の遺伝形質に影響を及ぼすこともある（多面発現という）．3) ある遺伝子の対立遺伝子が，別の遺伝子の形質発現を抑えることがある（エピスタシス，または，非対立遺伝子間相互作用という）．4) 環境によって遺伝形質の発現が変わることがある（例：シャムネコの毛の色）．5) 形質の多くが複数の遺伝子によって支配されている（ポリジーン遺伝，あるいは多遺伝子性遺伝という）．
- 子世代の表現型を支配する対立遺伝子が単純な優劣の関係になく，メンデルの法則で予測できないものであっても，遺伝子はメンデルの法則に従って子孫に受け継がれている．

10・6 まとめ：表現型は遺伝子と環境で決まる

- 遺伝形質のなかには，他の遺伝子や環境条件によって影響されず，一つの遺伝子だけで決まるものがある．
- 多くの遺伝形質が，他の遺伝子との相互作用や，環境の影響を受ける．
- 遺伝子が表現型に与える影響は，遺伝子の直接の作用，それと相互作用する他の遺伝子の機能，および環境で決まる．その結果，同じ遺伝子型をもっていても異なる表現型を示すことがある．

復 習 問 題

1. 遺伝子とは何か．どのように機能するか．記述せよ．説明には，現代的な用語を使ったメンデル遺伝学の理論についても含め，さらに，(a) 遺伝子の化学的物理的構造，(b) 遺伝子がコードする情報の概略も含めよ．

2. 生物は，各遺伝子に関して，何個のコピーをもつか．それはなぜか？ ある遺伝子のコピーが同じならば（つまり，個体が，その遺伝子に関してホモ接合体ならば），その親の遺伝子型はどうなると推測できるか？

3. 新しい対立遺伝子がどのように生まれ，異なる対立遺伝子はどのように生物の遺伝形質の違いをひき起こすのか，説明せよ．

4. 四つの染色体（2 対の相同染色体）をもつ生物での減数分裂の様子を示す模式図を作成せよ．それぞれの染色体上に一つずつ遺伝子を描き，なぜ，減数分裂での遺伝子コピーの分配が，別な遺伝子の分配とは独立して起こるのかを説明せよ．

5. 紫色の花の対立遺伝子(P)は，白色の花の対立遺伝子(p)に対して優性である．したがって，紫色の花をつける植物の遺伝子型は，PP または Pp となるはずである．どのような交雑を行えば，ある紫色の花をつける植物の遺伝子型を決定できるか？ 紫色の花をつける植物がホモ接合体かヘテロ接合体かは，交雑試験からどのように推測できるか．

6. まったく同じように見える一卵性双生児がいることが知られている．しかし，彼らも異なった表現型をもつこともある．それはなぜか？ 異なる理由を具体的に列挙せよ．

7. 致命的となるヒトの遺伝子異常は，多くの場合，劣性対立遺伝子でひき起こされ，優性対立遺伝子が原因となるものはほとんどない．ヒトの致命的病気にかかわる優性対立遺伝子がないのはなぜか（ヒント：下記の遺伝学演習問題，問 5, 問 6 を解き，その答えを使ってこの問題を解いてみよ）．

遺伝学演習問題

1. ある遺伝子は対立遺伝子 A と a，二つ目の遺伝子は対立遺伝子 B と b，三つ目の遺伝子は対立遺伝子 C と c からなる．以下の遺伝子型から形成される可能のある配偶子の遺伝子型をすべてあげよ．

    (a) Aa
    (b) $BbCc$
    (c) $AAcc$
    (d) $AaBbCc$
    (e) $aaBBCc$

2. 問 1 の三つの遺伝子について，つぎのような交雑を行ったときの，遺伝子型，および表現型の構成比率を述べよ（標準的な表記方法に従い，大文字の対立遺伝子は，小文字のものに対して優性，つまり対立遺伝子 A によって発現する表現型は対立遺伝子 a の表現型に対して優性であるものとする）．

    (a) $Aa \times aa$
    (b) $BB \times bb$
    (c) $AABb \times aabb$
    (d) $BbCc \times BbCC$
    (e) $AaBbCc \times AAbbCc$

3. 鎌状赤血球貧血症は劣性の形質として遺伝する．つまり，正常なヘモグロビン対立遺伝子(S)は，鎌状赤血球対立遺伝子(s)に対して優性である．遺伝子型 Ss の両親の子で発現すると思われる遺伝子型と表現型を予測するために，パンネットスクエアを作成せよ．その後，遺伝子型と表現型の比率も示せ．Ss の両親に子どもが生まれたとき，鎌状赤血球貧血症となる確率を示せ．

4. ラブラドールレトリバーの体色を決める対立遺伝子(C)は，

不完全優性を示す．黒色，チョコレート色，黄色のラブラドールは，それぞれ，C^BC^B, C^BC^Y, C^YC^Y の遺伝子型となる．黒色と黄色のラブラドールをかけ合わせたとき，その子が発現する毛色（黒色：チョコレート色：黄色）の比率を予測せよ．

5. 劣性対立遺伝子が原因となるヒトの遺伝子異常に関して，病気をひき起こす対立遺伝子を n とし，正常な対立遺伝子を N とする．
   (a) NN, Nn, nn の個体の表現型はどうなるか？
   (b) 同じ Nn の個体間で子どもができた場合，その結果を予測せよ．生まれる子どもの遺伝子型と表現型の比率も述べよ．
   (c) Nn の個体と NN の個体の間にできた子どもの遺伝子型と表現型の比率を述べよ．

6. 優性遺伝子が原因となる病気について，その原因となる対立遺伝子を D，正常な対立遺伝子を d とする．
   (a) DD, Dd, dd の遺伝子型をもつヒトの表現型はどうなるか？
   (b) 同じ Dd の個体の間で子どもができた場合，その結果を予測せよ．遺伝子型と表現型の比率を述べよ．
   (c) Dd の個体と DD の個体の間にできた子どもの遺伝子型と表現型の比率を述べよ．

7. 青色の花（B）は白色の花（b）に対して優性である．青色の花と白色の花を交雑し，青色の花の子だけが生じた場合，親個体の遺伝子型は何か？

8. エンドウのさやは黄色か緑色である．Mendel は，黄色のさやになる対立遺伝子のホモ接合体植物と，緑色のさやになる対立遺伝子のホモ接合体植物とを交雑させた．F_1 世代のエンドウのさやはすべて緑色だった．黄色と緑色，どちらの対立遺伝子が優性か？理由も説明せよ．

重要な用語

遺伝形質 (p. 176)
遺伝子 (p. 176)
遺伝学 (p. 177)
表現型 (p. 177)
二倍体 (p. 177)
相同染色体ペア (p. 177)
父方相同染色体 (p. 177)
母方相同染色体 (p. 177)
一倍体 (p. 177)
対立遺伝子 (p. 177)
遺伝子型 (p. 178)
ホモ接合体 (p. 178)
ヘテロ接合体 (p. 178)
優 性 (p. 178)
劣 性 (p. 178)
遺伝的交雑（交雑）(p. 178)
P 世代 (p. 178)
F_1 世代 (p. 178)
F_2 世代 (p. 178)
突然変異 (p. 179)
分離の法則 (p. 181)
パンネットスクエア (p. 181)
独立の法則 (p. 182)
不完全優性 (p. 185)
共優性 (p. 185)
多面発現性 (p. 185)
エピスタシス (p. 186)
ポリジーン遺伝
　（多遺伝子性遺伝）(p. 187)

章 末 問 題

1. 染色体上の同じ位置にあっても，異なるタイプの遺伝子を何というか．
   (a) 対立遺伝子　　　　(c) 遺伝子型
   (b) ヘテロ接合体　　　(d) 遺伝子のコピー

2. 長い髪の対立遺伝子（L）が短い髪の対立遺伝子（l）に対して優性なら，Ll と ll を交雑して生まれるのは，
   (a) 1/4 が短い髪の子孫である．
   (b) 3/4 が短い髪の子孫である．
   (c) 1/2 が短い髪の子孫である．
   (d) 子孫がすべて，中間の長さの髪である．

3. A と a が同じ遺伝子の二つの対立遺伝子なら，遺伝子型 Aa をもつ個体は，
   (a) ホモ接合体である．
   (b) ヘテロ接合体である．
   (c) 優性である．
   (d) 劣性である．

4. 遺伝子について正しいものを選べ．
   (a) 遺伝の基本単位である．
   (b) 染色体上にあり，DNA で構成されている．
   (c) 一般に，一つのタンパク質の構築を指示する．
   (d) a〜c のすべて．

5. ウマの毛色は不完全優性を示す．H^CH^C の個体は栗色，H^CH^{Cr} 個体はパロミノ，$H^{Cr}H^{Cr}$ の個体はクリーム色である（図 10・9 参照）．もし，H^CH^{Cr} の個体を H^CH^{Cr} の個体とかけ合わせると，予測できる子世代の表現型，栗色とパロミノとクリーム色の比率はどうなるか？
   (a) 3:1:0　　(b) 2:1:1　　(c) 9:3:1　　(d) 1:2:1

6. 対立遺伝子で支配される二つの表現型が，ヘテロ接合体で同等に発現することを何というか．
   (a) 共優性
   (b) 完全優性
   (c) 不完全優性
   (d) エピスタシス

7. 複数の遺伝子の影響で決まる形質は
   (a) 劣性である．
   (b) あまりない．
   (c) 一部の生物では一般的だが，ヒトにはない．
   (d) ポリジーンである．

8. ある対立遺伝子の表現型が，別の対立遺伝子によって抑圧されることをなんというか．
   (a) 表現型の変異
   (b) 共優性
   (c) 遺伝子–環境相互作用
   (d) エピスタシス

ニュースの中の生物学

Rodents May Teach Us How to Stay Married

BY KEN-YON HARDY

ネズミが教えてくれる夫婦円満の秘訣

ハタネズミが，末長く幸福な結婚生活を送る秘訣を教えてくれるだろう．"プレーリーハタネズミは，哺乳動物では珍しく一夫一妻制である．""彼らは生涯同じ相手と連れ添って暮らす"と，マイアミ大学ハミルトン校動物学科の教授，Brian Keane は語る．…"野外観察と室内実験の両方で，プレーリーハタネズミの雄には，父親としての子育て行動など，一夫一妻制での父親としての行動を多く観察できる"という．…

これまでの研究から，このプレーリーハタネズミの社会的役割や愛情表現は，脳内のホルモン受容体をコードする遺伝子によるものである可能性が示されていた．この受容体はバソプレッシンとよばれるホルモンと結合する．Keane 教授によれば，一般に，バソプレッシンは，ヒトなどの哺乳動物では，認識，攻撃，協力関係など，複雑な社会的行動の制御に関係しているという．"受容体遺伝子が長いタイプのものをもつ雄のハタネズミは，短い遺伝子タイプをもつ雄に比べると，パートナーの雌と過ごす時間が長くなった．このデータの興味深い点は，バソプレッシン受容体をコードする遺伝子の違いだけで，ハタネズミの雄の社会的行動や貞節に影響を及ぼしている点である．"

たった一つの遺伝子が，動物の社会的行動を変えることができるのだろうか？ 最近の多くの研究結果が，答えは"Yes"であることを示している．ある研究者は，遺伝子を一つ変えることで，ハタネズミの雄の生殖行動を変えることができるかどうか調査した．実験室のケージの中で飼育したアメリカハタネズミ（一夫多妻制の通常のハタネズミ）の雄は単独で行動し，多くの雌と交尾しようとする．雌との交尾後も，その相手と一緒にいたり，その雌をより強く好むという傾向もない．対照的に，近縁種のプレーリーハタネズミは，アメリカハタネズミよりも一夫一妻制の傾向が強く，交尾した雌と絆を形成し，その雌と一緒に過ごすことを好み，その雌に他の雄が近づかないようにする．

バソプレッシンが，交尾後に雄の脳で分泌され，そのはたらきで一夫一妻になると考えた科学者は，プレーリーハタネズミの遺伝子（バソプレッシン受容体）をアメリカハタネズミの脳に組入れ，その遺伝子が彼らの行動を変えるかどうか調べることにした．アメリカハタネズミの雄は，脳にバソプレッシン受容体をすでにもっているが，一夫一妻主義のプレーリーハタネズミほど多量ではない．アメリカハタネズミの雄の脳にバソプレッシン受容体遺伝子のコピーを追加して組入れ，数を実験的に増やしたのである．結果は科学者の仮説の通りになった．脳内のバソプレッシン受容体の増加によって，アメリカハタネズミの雄はバソプレッシンに敏感に反応するようになり，明らかに一夫一妻制へと行動を変化させた．

このニュースを考える

1. バソプレッシン受容体の長いものと，短いものを一つずつもつハタネズミの雄は，それぞれのホモ接合体のちょうど中間型の貞節行動を示した．この情報から，バソプレッシン受容体の対立遺伝子は，不完全優性か，あるいは共優性か，推測した結果を述べよ．バソプレッシン受容体の遺伝は，メンデルの法則に基づいて予測できるか？

2. ヒトの行動が一つの遺伝子によって変えられることがわかったとしたら，行動を変えるために，ヒトの脳にその遺伝子を組入れることは倫理的であるか？

3. ヒトの行動の遺伝学に関する研究は，公的資金を投入して推進するべきものか？

出典：Journal News 紙，2006 年 7 月 16 日

11 染色体とヒトの遺伝学

Main Message
遺伝子が，どの染色体上のどの位置にあるかで，遺伝の様式が決まる．

恐怖のダンス

　1800年代半ば，まだ子どもだったGeorge Huntingtonは，医者の父親と一緒にニューヨーク州の田舎，ロングアイランドを訪ねた．旅の途中で二人は，道端である母娘に出会った．二人の女性はうまく体をコントロールできず，身をかがめたりくねらせたりしていた．また，顔は絶えずゆがんで奇妙な表情をしていた．Huntingtonの父は，ちょっと足を止め，彼らに話しかけたものの，なすすべもなく，なぜ，これほどひどい症状なのか理解できなかった．

　幼い少年にとっては，そのような光景は忘れられないものであろう．Huntington少年にとっても大きな衝撃であった．やがて彼は，父や祖父と同じように医者となり，幼いころ目にした2人の女性を苦しめていた病気を調べ，1872年，"遺伝性舞踏病"と命名した．

　Huntingtonは，舞踏病は神経系を損傷し，身体や顔面の筋肉を無意識に痙攣させる遺伝病であると説明している．この遺伝病には治療法がなく，最終的には患者は死に至る．発症すると最初，患者は体が痙攣し自由が効かなくなる．その後，極端に運動能力が低下し，記憶喪失，重度のうつ症状が出て，神経質になったり知能障害が出たりする．

　親が遺伝性舞踏病であっても，その子どもが皆，この病気を発症するわけではない．また，30～40代，あるいは50代になっても発症しないこともある．遺伝性舞踏病は，遺伝性の時限爆弾のようなものである．恐ろしい症状と，いつ症状が現れるかわからないことから，Huntingtonの用いた言い方をそのまま借りて表現すると，この病気の可能性をもつ人にとっては，"恐怖の種にふるえながら毎日を暮らしている"ようなものである．

　"遺伝性舞踏病"は現在，George Huntingtonの名前をとってハンチントン病とよばれている．遺伝子にどのような問題があり，ハンチントン病を発症するのだろうか？　この病気は家族内で遺伝するが，子ども全員ではなく，一部だけに発症するのはなぜか？　この病気となる因子をもつ人が実際に発症する危険性があるのかどうか，検査して調べることはできるのだろうか？　その検査結果が陽性だった場合，治療はできるのだろうか？　これらの問いに答えるために，まず，遺伝と染色体の関係，遺伝の基本原理について詳しく理解するところから始めよう．そうすれば，これまで学習したメンデルの独立の法則に明らかに反するケース，なぜ一部の遺伝子が他の遺伝子と一緒に遺伝する傾向があるのか，また，一部の遺伝病が女性より男性に多くみられる理由も理解できるようになる．ハンチントン病のように例数の少ない遺伝病のほかにも，もっと頻繁にみられるヒトの遺伝病がある．その遺伝の様式についても詳しく紹介しよう．

ハンチントン病の遺伝　母親と一緒に写っている女性Misty Ottoは，ハンチントン病についての啓蒙活動をしている．彼女の母親Rosie Shawは，ハンチントン病を患っている．Misty Ottoが中年になり同じ病を発症する確率は50%である．近年，この病気の遺伝学的背景が詳しくわかってきた．

基本となる概念

- DNA分子中である長さを占め，遺伝形質を支配する部位を遺伝子という．遺伝子は，それぞれ染色体上の決まった位置にある．
- ヒトの場合，男性はX染色体とY染色体を一つずつ，女性は二つのX染色体をもつ．Y染色体上には，ヒトの胎児が男性として発生・成長するのに必要な遺伝子がある．
- 同じ染色体上で近い位置にある遺伝子は，同時に遺伝する傾向が高い．これを連鎖しているという．同じ染色体上でも，遠く離れている場合にはほとんど連鎖しない．
- ヒトの遺伝病には，単一の遺伝子の突然変異が原因となるものがある．
- 優性対立遺伝子が原因の遺伝病で，子孫を残せないような重い症状の出る場合，劣性対立遺伝子が原因で同じように症状の重いものと比べると，ヒト集団内での発生頻度は非常に低い．
- X染色体上にある劣性対立遺伝子は，性の違いで異なる表現型となる．これをX染色体に連鎖した遺伝形質という．劣性のX染色体連鎖遺伝病は男性で発症することが多い．
- ヒトの遺伝病には，染色体の数や構造の異常が原因となるものもある．

第10章で，遺伝形質は，個別の遺伝性の単位，つまり遺伝子によって支配されるというMendelの発見について解説した．本章ではまず，現代的な遺伝学の基礎，染色体による遺伝について紹介する．そのうえで，どのようにしてヒトや他の生物の性が決まるのか，どのようにして両親とは異なる対立遺伝子の組合わせが子に生じるのかを解説しよう．染色体が，性の決定や新しい対立遺伝子の組合わせとどのように関係するのか，それが理解できると，この章で紹介するヒトの遺伝病のことが，より深くわかるようになる．

11・1 遺伝における染色体の役割

1866年，Mendelが遺伝の法則を発表した当時，遺伝の単位が何からできているかも，細胞のどこにあるのかもわかっていなかった．1882年，顕微鏡を使った研究でようやく，分裂中の細胞内に糸のような構造の染色体があることが明らかになった．ドイツの生物学者 August Weismann（図11・1）は，染色体の数は，精子や卵がつくられる過程で半分に減少し，受精で元の数に戻ると考えた．1887年，減数分裂が発見されて，Weismannの仮説が実証された．Weismannは，ほかにも，遺伝単位が染色体上にあると示唆していたが，当時は，この考えを支持するデータも，否定するデータもなかった．

図11・1 August Weismann

遺伝子は染色体上にある

遺伝子が染色体上に存在するというWeismannの考え方は，**遺伝の染色体説**として知られるようになり，20世紀に入り，遺伝学者は，この仮説を確かめるために実験データを集め始めた．現代の遺伝学的手法を使えば，特定の遺伝子がどの染色体上のどの位置にあるのか，正確に知ることができるが，染色体とDNA，遺伝子の間には，いったいどのような関係があるのだろうか？

減数分裂で組合わさってペアになる染色体は**相同染色体**とよばれている（第9，10章参照）．相同染色体の片方は母親から受け継ぎ，もう一方は父親から受け継いだもので，それぞれの染色体は1本の長いDNA分子と，それに結合したタンパク質からなる複合体である．遺伝子はDNA分子の一部を占め．染色体上には，多数の遺伝子が決まった順番で並んでいる．たとえば，ヒトは23種類の染色体をもち，全染色体上に約25,000個の遺伝子があると推定されているので，平均するとヒトの1本の染色体上に25,000/23 = 1087個の遺伝子があることになる．

染色体上での遺伝子の物理的な配置を，**遺伝子座**という．後で紹介する例外を除けば，二倍体の細胞は，すべての遺伝子に関して，ペアとなる相同染色体上に一つずつ，2個のコピーをもっている（図11・2）．ペアとなる各遺伝子は，異なるタイプの対立遺伝子である可能性もあり，この場合，二倍体細胞は，遺伝子座ごとに二つの異なる対立遺伝子をもっていることになる．これをその遺伝子座について，"ヘテロ接合体の遺伝子型である"という．もし，遺伝子座の二つの対立遺伝子が同じであるならば，"ホモ接合体の遺伝子型"である．それぞれの遺伝子座の対立遺伝子の構成（遺伝子型）が，個体の表現型（遺伝形質がどのように外に現れるか）を決める．さらに，遺伝子がどの染色体上にあるか，性染色体上にあるか，常染色体（性染色体以外のもの）上にあるかで，また，他の遺伝子の近くにあるのか遠く離れているのかで，遺伝の様式が決まる．これを詳しくみていこう．

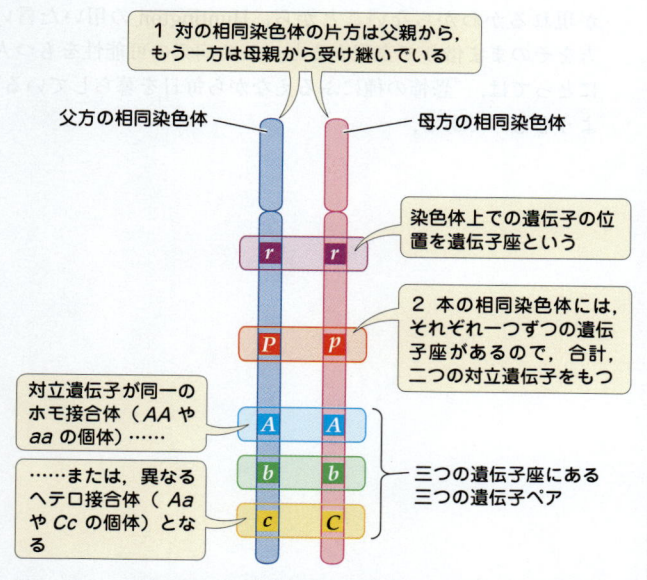

図11・2 **遺伝子は染色体上にある** 遺伝子は，実際に染色体で占める大きさではなく誇張して描かれている．

性染色体は常染色体とは異なる

対となる相同染色体は，長さや形，含まれる遺伝子座に関して，まったく同じである（第9章）．しかし，ヒトや他の多くの生物で，生物の性を決定する染色体だけは例外である．これら性染色体は，異なった文字を当てて表記する．たとえばヒトの場合，男性はX染色体とY染色体を一つずつもち，女性は二つのX染色体をもつ（図11・3）．ヒトのY染色体は，X染色体よりもサイズがずっと小さく，Y染色体上の遺伝子は，X染色体上に対となる遺伝子をもたないものが多い．ヒトの男性は，X染色体とY染色体を一つずつもっているので，X染色体やY染色体にある特有の遺伝子に関しては一つずつもつことになる（もちろん，他の常染色体上の遺伝子は2コピーである）．鳥類，魚類，チョウなど，他の生物では，雄が二つの同一の染色体（ZZと記す）をもち，雌がZ染色体とW染色体を一つずつもつものもいる．

雄・雌の性を決める染色体を**性染色体**とよび，他の染色体は**常染色体**という．ヒトの常染色体は，1から22までの番号を使って区別する．

ヒトでは，男性としての特徴はY染色体のはたらきでつくられる

ヒトの女性は，すべての細胞がX染色体のコピーを二つもち，減数分裂でつくる配偶子（卵）はすべてX染色体を一つもつ．男性はX染色体とY染色体を一つずつもつので，配偶子（精子）の半数がX染色体をもち，残りの半数がY染色体をもつ．したがって，精子がもつ性染色体の種類で生まれる子どもの性が決まる．X染色体をもった精子が卵と受精すると女の子に，Y染色体をもった精子が卵と受精すれば男の子になる（図11・3）．

Y染色体上の遺伝子はX染色体に比べると数が非常に少ない．しかし，Y染色体上には非常に重要な，**SRY遺伝子**（SRYはsex-determining region of Yの略）がある．SRY遺伝子は，胚（胎児）の発生時に胎児を"男性"にするスイッチとしての役目を果たす．この遺伝子がないと，ヒトの胎児は女の子になる．SRY遺伝子は，それ単独で機能するものではない．男性でも女性でも，常染色体や性染色体上にある他の遺伝子群のはたらきで，男女の違い，性的な形の特徴が生じる．SRY遺伝子はその遺伝子群をコントロールしており，SRY遺伝子があると男性的な形質を発現し，SRY遺伝子がないと別の遺伝子群がはたらいて女性的な形質となる．つまりSRY遺伝子はおおもとにあるマスタースイッチとしての役割をしている．SRY遺伝子のスイッチで，卵巣ではなく精巣の発達が促進されるのである．性決定においてSRY遺伝子がうまくはたらかないとどうなるのか，性の発達障害の研究から明らかになっている．性染色体から予測される性とは異なる外見となったり，異なる性としての自意識をもつなど多様な症状が出ることがある．たとえば，アンドロゲン無反応症候群の場合，染色体の構成がXYで卵巣が未発達であるが，外見上は女性で，また"自分が女性だと感じる"という．アンドロゲン無反応症候群は，遺伝子が突然変異を起こしたために，テストステロンのような男性ホルモンに正常に反応できなくなってしまう病気の一つである．

■ **役立つ知識** ■ 染色体を英語でchromosomeという．chromo-は"色のついた"あるいは"染色された"の意味で，-someは"物体"の意味である．初めて染色体が発見されたとき，実体がわからず，顕微鏡観察の外見にちなんで"染色される物体"としてこの名前がつけられた．

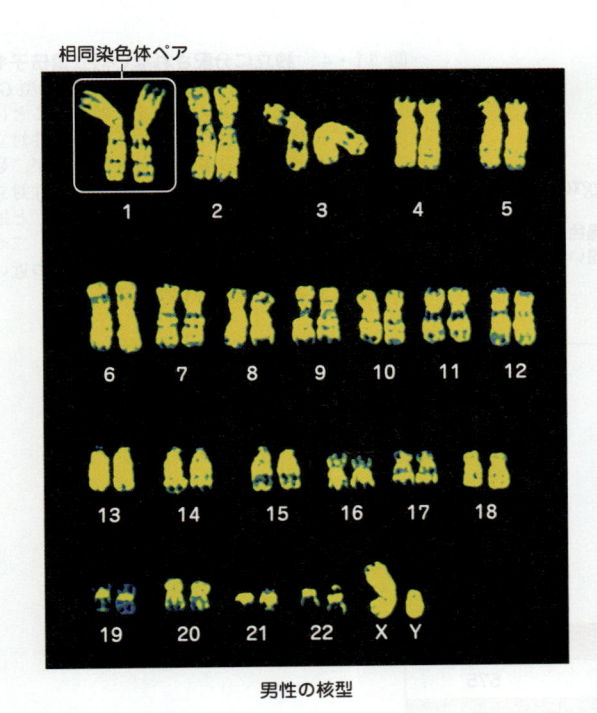

図11・3 ヒトの性決定 ヒトの場合，女性はX染色体を二つもち，男性はX染色体とY染色体を一つずつもつ．

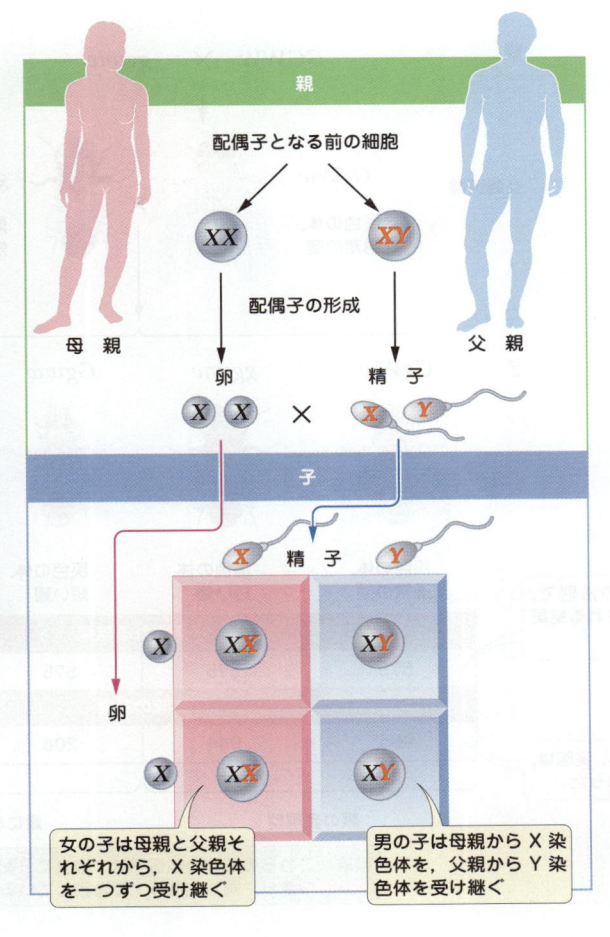

11・2 遺伝的連鎖と交差

第10章のMendelの実験で，遺伝子が互いに独立して子孫に受け継がれることを紹介した．その実験からMendelは独立の法則を提唱した．独立の法則とは，ある遺伝子の二つのコピーの分配は，他の遺伝子の分配とは関係なく独立して起こるというものである．しかし，20世紀初頭，キイロショウジョウバエを使った遺伝学の研究から，ある遺伝子グループが一緒に遺伝するケース，メンデルの独立の法則とは矛盾するものが多数報告されるようになった．キイロショウジョウバエは繁殖の速い昆虫で，遺伝学の研究に適した動物種である．

一緒に遺伝する遺伝子，連鎖遺伝子

1909年，ニューヨーク市のコロンビア大学で始まったキイロショウジョウバエに関する研究で，Thomas H. Morganは，独立せずに同時に遺伝する遺伝子群を発見した．Morganは灰色の体(G)で，通常の長さの翅(W)をもっているホモ接合体と，黒色の体(g)で翅の短い(w)ホモ接合体とを交雑した．すなわち，$GGWW$と$ggww$のハエを交雑し，F_1世代として遺伝子型$GgWw$のハエを得た．つぎに，彼は$GgWw$のハエと$ggww$のハエを交配させたが，図11・4に示すように，Morganが得た実験結果は，独立の法則で予測されるものとは非常に異なるものであった．一体，何が起きたのだろうか？

体色の遺伝子と翅の長さの遺伝子は，同じ染色体上にあるに違いないと，Morganは結論した．二つの遺伝子は同じ染色体上にあり，物理的に互いにつながっている．つまり，体色と翅の表現型は，Mendelが研究した種子の色や形の遺伝子がまったく別の染色体上にあるのと違い（第10章参照），一群で連動して子孫に遺伝するので，Morganのキイロショウジョウバエの体色や翅の長さの形質には独立の法則が当てはまらなかったのである．同じ染色体上で隣接あるいは近くに遺伝子座が位置するとき，遺伝子は同時に遺伝する傾向が高く，これを**連鎖**しているという．ただし後述するように，同じ染色体上にあっても，遺伝子座が遠く離れている場合には独立に遺伝する傾向があり，"同じ染色体上にある"ことと"連鎖する"こととは，必ずしも同じ意味ではない．異なる染色体上にある遺伝子はまったく連鎖しない．

交差により連鎖しなくなる遺伝子

もし，染色体上にある二つの遺伝子が完全に連鎖しているならば，配偶子が元の親にはない染色体をもつことはないだろう．たとえば，図11・4の$GGWW \times ggww$の交配で生まれる子を考えてみよう．二つの遺伝子（一つは対立遺伝子Gとgをもち，もう一つは対立遺伝子Wとwをもっている）は，同じ染色体上にある．その結果，$GgWw$のハエは，$GGWW$の親からはGWの染色体を受け継ぎ，$ggww$の親からはgwの染色体を受け継ぐ．したがって，もし二つの遺伝子が完全に連鎖するならば，$GgWw$のハエは，片方の親と同一の染色体（GWまたはgw）だけをもつ配偶子をつくるはずである（図11・5）．この場合，図11・4で示される$GgWw$と$ggww$の交配からできる子の半分は，遺伝子型$GgWw$をもち，残りの半分は遺伝子型$ggww$をもつことになる．子世代のほとんどが，この二つの遺伝子型をもっていたので，二つの遺伝子が連鎖しているとMorganは推察した．ところが，どちらの親のものとも異なる染色体，つまり$Ggww$や$ggWw$の遺伝子をもつ子（Gw染色体やgW染色体をもつ子）がいたことは

図11・4 独立に分配されない対立遺伝子もある Thomas H. Morganは，遺伝子型$GgWw$のハエと$ggww$のハエを交雑することによって，体色の遺伝子（G: 灰色の優性対立遺伝子，g: 黒色の劣性対立遺伝子）が，翅の長さの遺伝子（W: 通常の長さの優性対立遺伝子，w: 短い翅の劣性対立遺伝子）と連鎖していることを示した．この連鎖は，二つの遺伝子が同じ染色体の上にあり，かつ近い位置にあったことが原因である．

親　　　　　　$GGWW \times ggww$

交雑実験　　$GgWw$（灰色の体，通常の翅） × $ggww$（黒色の体，短い翅）

子　　$GgWw$　　　$ggww$　　　$Ggww$　　　$ggWw$
　　　灰色の体，　黒色の体，　灰色の体，　黒色の体，
　　　通常の翅　　短い翅　　　短い翅　　　通常の翅

独立の法則で，予測される結果は…

予想される結果			
575	575	575	575

しかし，実際は，こうなった

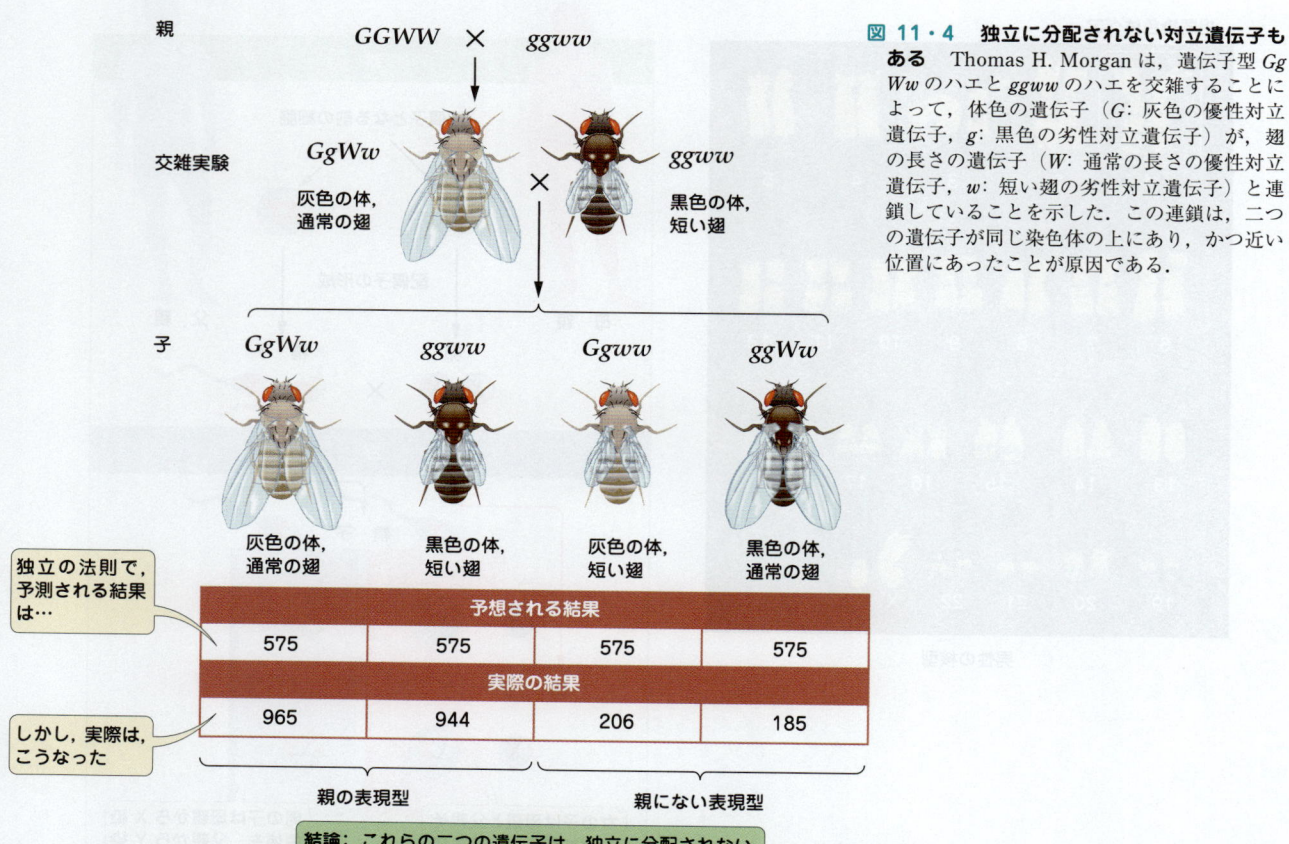

実際の結果			
965	944	206	185

　　　　親の表現型　　　　　　　親にない表現型

結論: これらの二つの遺伝子は，独立に分配されない．つまり，同じ染色体上で連鎖している

継いだ染色体 DNA と交換される．交差は，相同染色体の一部を物理的に交換することで，双方の親から受け継いだ対立遺伝子をつなぎ変えることになる．この交換により，図 11・4 の Ggww や ggWw のような，どちらの親の遺伝子型とも異なる新しい対立遺伝子の組合わせをもった配偶子ができる．

交差は，DNA を長いヒモとして考えるとわかりやすい．ヒモを，途中で 2～3 カ所，ランダムな位置で切断するものとしよう．ヒモの中で遠く離れている二つの点は切り離される確率が高いだろうし，接近した二つの点が分離される頻度は少ないだろう．染色体の交差も同じである．遠く離れている遺伝子は，近くにある遺伝子よりも分離される確率が高い．実際，同じ染色体上で遠く離れている二つの遺伝子は，交差によって頻繁に分離され，連鎖しないことの方がむしろ多く，同じ染色体上にあっても，独立して遺伝する．Mendel がエンドウを使って研究した形質のうち，花色の遺伝子と種子の色の遺伝子は，両方とも（エンドウの 7 対の染色体のうち）第 1 染色体上にあることが現在わかっている．しかし，位置が遠く離れているため連鎖せず，独立の法則が成立していた．

11・3　個体の遺伝的変異の由来

遺伝には安定性と可変性の両方の面がある．世代から世代へと正確に遺伝情報が伝えられる点で，遺伝子は安定しているといえる．しかし，この安定性があるにもかかわらず，子が，親とまったく同じ遺伝子のコピー，つまり，遺伝的なクローンであることはない．つまり，有性生殖する生物種の個体は，すべてが遺伝学的には異なった個体である．個体間の遺伝子の違いは重要で，その違いが進化を生み出す遺伝的変異となる．なぜ，囊胞性繊維症のような遺伝病を発病する人としない人がいるのか，なぜ，喘息のような病気が重くなる人とならない人がいるのか，それも遺伝的な変異で説明できる．この個体間の遺伝的変異はどのようにして生まれるのだろうか？ 第 9 章で学んだように，新たな対立遺伝子は突然変異によって生まれるが，いったん新たな対立遺伝子が形成されると，それらは交差，減数分裂のときの独立分配，受精での偶然の組合わせによって，不規則にシャッフルされて，新しい遺伝子セットとなって子孫へ引き継がれる．

親から多様な遺伝子型をもつ子が生まれる理由，言い換えれば，兄弟が必ずしも似ない理由の一つが交差である．減数分裂が起こるたびに，交差によって新しい組合わせの対立遺伝子の染色体がつくられ，片方の親から受け継いだ遺伝子と，もう一方の親から受け継いだ他の遺伝子とが混在する新しいものとなる．交差する

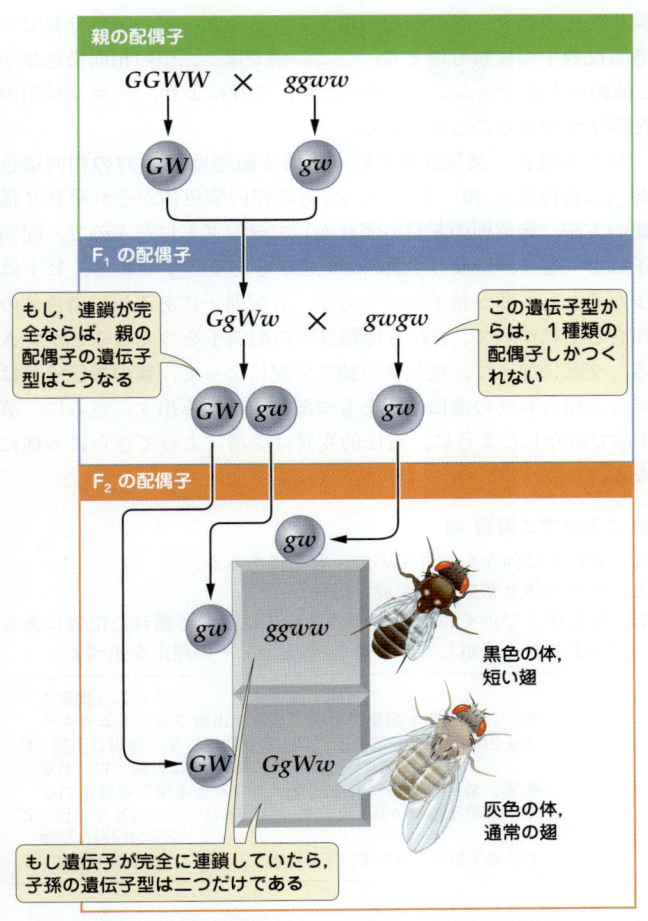

図 11・5　**完璧な連鎖はない**　もし遺伝子が完全に連鎖していたら，Morgan の実験で F₂ 世代の子孫の遺伝子型は，この図のように，すべて GgWw か ggww のいずれかになると考えられる．しかし，実際の実験結果（図 11・4）は，そうではなかった．

どう説明したらよいのだろうか？

Morgan は，これらの子世代がもつ遺伝子型を説明するために，遺伝子は減数分裂のときに，相同染色体間で物理的に交換されるという考え方を提唱した．第 9 章で説明したように，染色体の一部がランダムに交換される現象は，第一減数分裂で行われる**交差**とよばれるもので，対になった相同染色体の間で起こる遺伝子の交換である．わかりやすくするために，図 11・6 にこの対立遺伝子の関係を模式的に示した．二つの染色体のうち，一つを父親から，もう一つを母親から受け継いだものとする．交差によって，片方の親から受け継いだ染色体の一部が，もう片方の親から受け

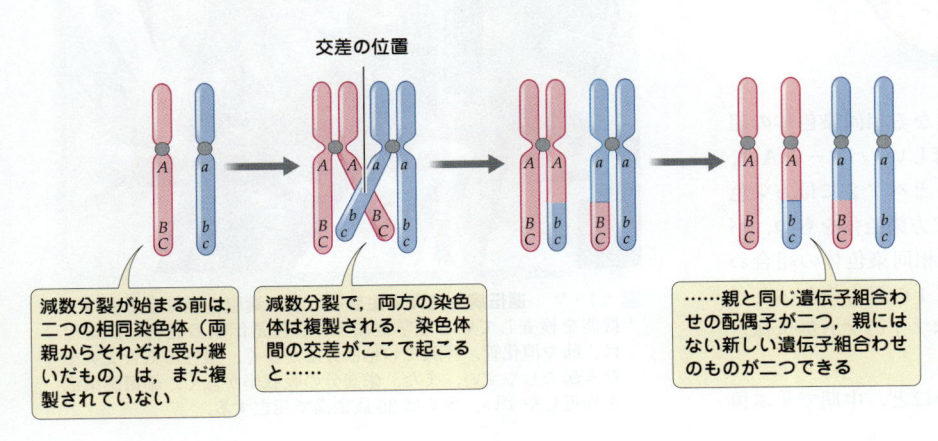

図 11・6　**交差によって遺伝子間の連鎖がなくなる**　この例では，連鎖した二つの遺伝子の間，対立遺伝子 A/a および対立遺伝子 B/b との間で交差が起こっている．その結果，配偶子の半分は親の遺伝子型（ABC や abc）をもつが，残りの半分は，親にはない遺伝子型の組合わせ（Abc や aBC）をもつ．頻度は少ないが，対立遺伝子 B/b，および対立遺伝子 C/c の間でも，親にはない新しい組合わせができる可能性もある（図中には示してない）．もちろん，対立遺伝子 A/a ～ C/c の部分の外側で起こることもあるだろう．この場合には，配偶子はすべて，親の遺伝子型（ABC または abc のいずれか）をもつ．

ことで，子はどちらの親にもない異なる対立遺伝子のセットをもつ（図11・4と図11・6）．

新たな対立遺伝子の組合わせは，**染色体の独立分配**，つまり，減数分裂のときに，母方・父方の染色体が配偶子へシャッフルされて配分されることでも生まれる．これは，後述するように，第一減数分裂のときに，ある相同染色体ペアが，他のペアとは関係ないランダムな向きで赤道面に配置されるためで，相同染色体が不規則な組合わせで娘細胞へ，そして，娘細胞が成熟してできた配偶子へと分配されるためである．一般に相同染色体ペアはまったく同じということはなく，複数の異なる対立遺伝子をもつが，そのため，新しくつくられた配偶子は，親の細胞にはなかった新しい組合わせの対立遺伝子をもつようになる．

このことは，第一減数分裂の前期（前期Ⅰ）で，母方・父方の相同染色体が対になって並ぶことを思い出すと理解しやすい（図9・11参照）．相同染色体ペアは，紡錘体の微小管に引っ張られるようにして，二つの極の間の赤道面に並ぶが，このときの母方・父方の相同染色体の向きは不規則である．つまり，どちらが赤道面の左側に，もう一方が右側に並ぶかはランダムな選択となる．全部で4本の染色体（一倍体数＝2）をもつ細胞で，相同染色体のペア1とペア2の2対をもつ場合で考えてみよう．下の図は，ペア1とペア2の母方，父方の相同染色体が赤道面に並ぶ組合わせを示している．パターンAでは，両方のペアとも母方の相同染色体が，偶然，赤道面をはさんで同じ側に並んでいる．パターンBでは，もう一つの可能性としてペア2の母方・父方の相同染色体の位置が入れ替わっている．この相同染色体ペアの配置は不規則で，まったくの偶然となる．

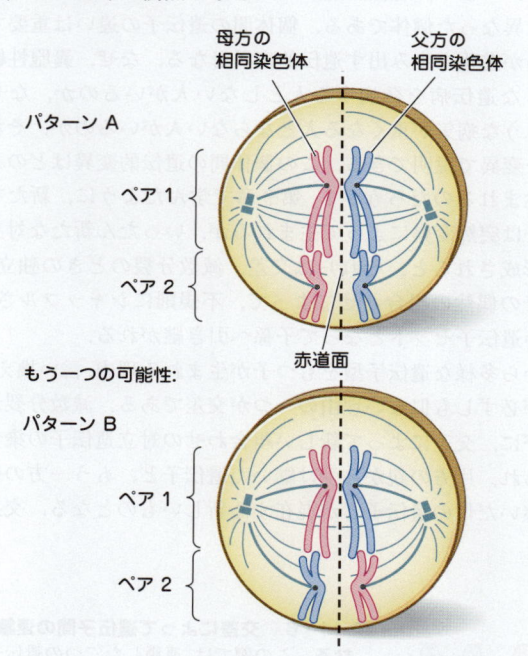

二つのパターンAとBとは，まったく異なる相同染色体の組合わせをもつ配偶子となることに注意してほしい．パターンAは，2種類の配偶子を生み出す．一つは，ペア1とペア2に母方染色体をもち，もう一つは，ペア1とペア2に父方染色体をもつ．パターンBによってできる配偶子は，どんな相同染色体の組合わせになるだろうか？ 配偶子の半分は，ペア1の母方染色体とペア2の父方染色体をもち，残りの半分は，ペア1の父方染色体とペア2の母方染色体をもっている．

生物の相同染色体ペアの数が多ければ多いほど，中期で並ぶ相同染色体のパターンの種類も増える．したがって，減数分裂でできる配偶子の種類も増える．ここでの例では，二つの相同染色体が2種類の方法で並ぶことを述べたが，これにより，$2^2=4$種類の配偶子ができることがわかる．

ヒトの場合，減数分裂を行う二倍体細胞は，23対の相同染色体（二倍体数＝46）をもつ．23対の相同染色体がそれぞれ2種類の方法（赤道面の左右いずれか）でランダムに並ぶので，配偶子は2^{23}通り，つまり，8,388,608通りもある．すなわち，ヒトは少なくとも，卵か精子かどちらか，各配偶子にある相同染色体の組合わせについて，800万種類以上の配偶子をつくることができる．交差に加えて，染色体の独立分配によって，親の遺伝子とは異なる組合わせの遺伝情報をもつ配偶子を生み出す．さらに，第9章で紹介したように，遺伝的変異は受精によってさらに多様になる．

■ これまでの復習 ■
1. 遺伝子は何からできていて，どこにあるか．
2. 性染色体と常染色体の違いは何か．
3. 染色体上で近くにある二つの遺伝子は，遠く離れた位置にある二つより強く連鎖しているか？ 答えと，その理由を述べよ．

11・4 ヒトの遺伝病

嚢胞性繊維症，鎌状赤血球貧血症，遺伝性のがんなど，遺伝子の突然変異によって起こる病気があることはよく知られている（図11・7）．ヒトの遺伝病を研究することは重要で，多くの人々が苦しんでいる病気を予防し，治療法を見つけることができる．しかし，ヒトの遺伝病についての研究は，難しい面もある．私たち人間は寿命が長く，自分で配偶者を選び，いつ子をつくるか，

図11・7 **遺伝病を抱えて生きる** 若い嚢胞性繊維症患者の肺機能を検査している理学療法士．劣性遺伝病の嚢胞性繊維症は，肺や消化管，膵臓での粘液分泌が多く，慢性の気管支炎をひき起こしやすい．また，栄養分の吸収率が低く，細菌感染症を繰返しやすい．多くは35歳未満で死亡する．

11. 染色体とヒトの遺伝学

あるいは，子をつくるかどうかを決める．つまり，遺伝病の遺伝様式を理解するために，ヒトを使って遺伝学的な実験を実施することはできない．さらに科学的な研究を実施するには，ヒトの家族の規模はあまりにも小さい（第10章"科学のツール"参照）．どうすればこの問題を解決できるだろうか．

ヒトの遺伝病の研究では家系図調査が重要である

家系図とは，2世代以上にわたって，家族の遺伝的関係を示した図のことで，家系図を分析することがヒトの遺伝病研究の第一歩である．家系図から，多くの家族の遺伝情報を分析し，病気の遺伝について解析できる．図11・8の家系図は，米国で最も致死率の高い遺伝病，囊胞性線維症の遺伝の例を示している．3代目の個人2と3は囊胞性線維症であるが，彼らの親には症状は出ていない．家系図から，囊胞性線維症の原因となる対立遺伝子が優性でないことがわかる．もし優性ならば，患者の両親のどちらかが発病するからである．

遺伝病は遺伝することもあれば，遺伝しないこともある．

ヒトにはさまざまな遺伝病がある．がん（インタールードB

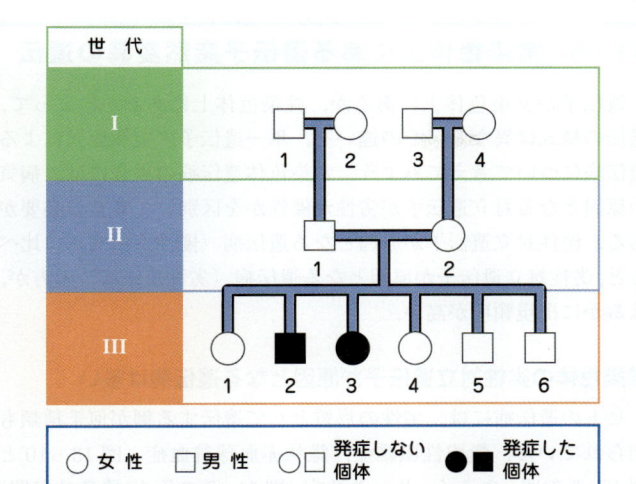

図 11・8 家系図の分析 この家系図は，囊胞性線維症について調べたもので，遺伝学者が用いる記号で表記されている．左のローマ数字は世代を示し，下の数字は，それぞれの世代の子の識別番号である．第Ⅰ世代の個体1と2はそれぞれ，遺伝子型 *Aa* をもっていた．*a* 対立遺伝子は劣性なので，どちらも囊胞性線維症を発症していないが，二人ともこの病気の保因者である．

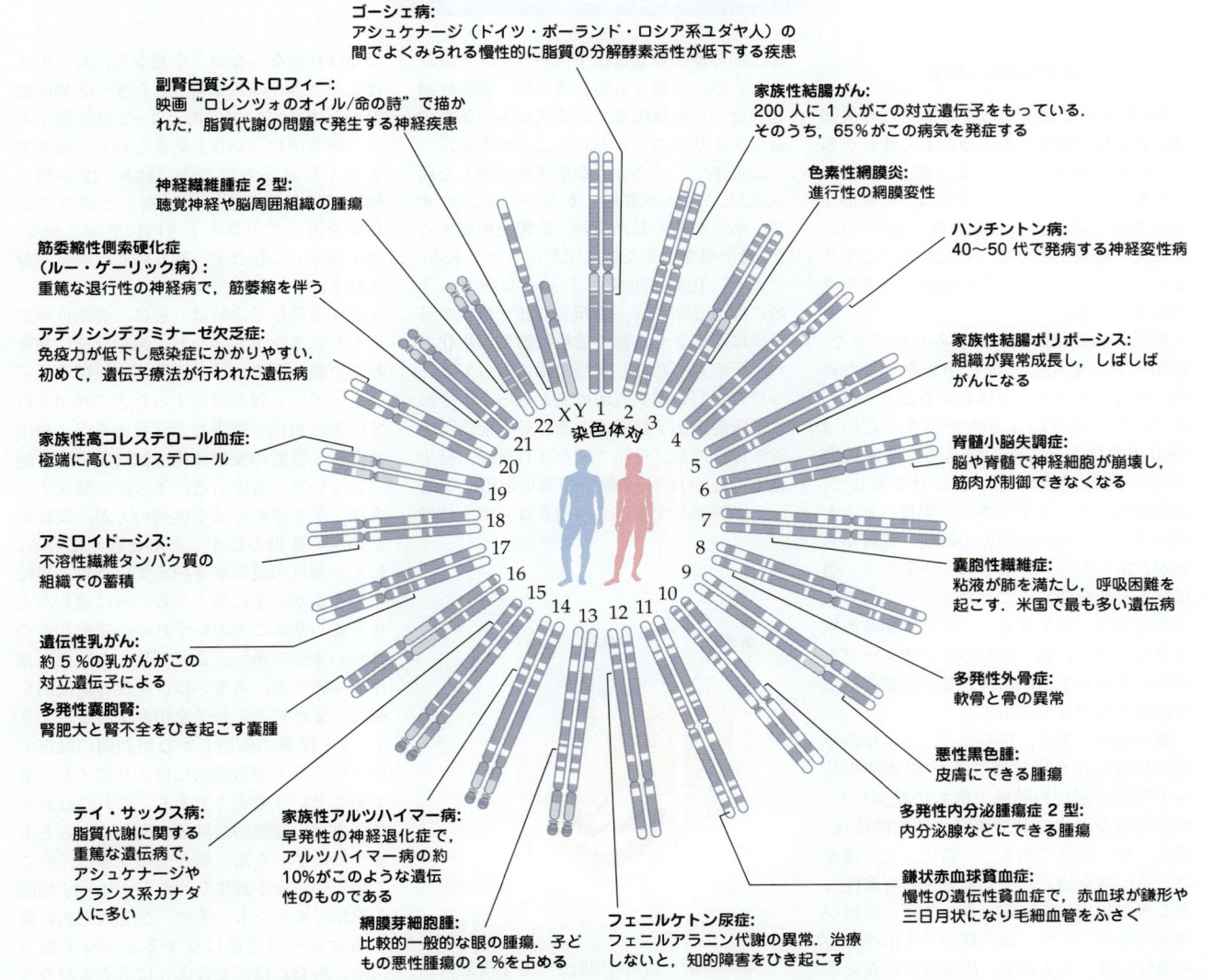

図 11・9 ヒトの遺伝病の原因となる遺伝子の例 ヒトの場合，遺伝病の原因となる単一遺伝子の突然変異は，X染色体，および22本の常染色体で見つかっている．単一遺伝子が原因の遺伝病は何千とあるが，わかりやすくするために，1染色体につき一つの遺伝病の例だけを示した．

参照）のように，体細胞で突然変異が起こり，それが原因で発病するものもある．このような配偶子以外の細胞で起こる突然変異は，子には遺伝しない．しかし，配偶子で突然変異が起こると，親から子へと引き継がれることになる．遺伝病には，遺伝子で生じた突然変異によって起こるもの（図11・9）と，染色体の数や構造の異常によって起こるものとがある．現在では，親がこれらの遺伝病の原因となる遺伝子をもっているかどうかを調べることが可能で，胎児の段階でも遺伝病の検査が可能である（下記"科学のツール"参照）．

この章の後半では，遺伝子の突然変異や染色体異常が原因の遺伝病について紹介する．なかでも，わかりやすく原因が明らかな例をとりあげる．ただし，心臓病，糖尿病や遺伝性のがんなどの病気の発症は，複数の遺伝子や環境との相互作用によってひき起こされることが多く，この点を念頭に置いて読み進んでほしい．複数の遺伝子によってひき起こされる病気については，どの遺伝子が関係し，それらがどのように病気をひき起こすのか，正確なところはまだ解明されていない．

11・5　常染色体上にある遺伝子突然変異の遺伝

遺伝子が常染色体上にあるか，性染色体上にあるかによって，遺伝の様式は異なる．その違いを，単一遺伝子の突然変異による遺伝病について考えてみよう．常染色体遺伝病の場合には，病気の原因となる対立遺伝子が劣性か優性かを区別して考える必要がある．優性対立遺伝子が原因となる遺伝病（優性遺伝病）に比べると，劣性対立遺伝子が原因となる遺伝病（劣性遺伝病）の方が，はるかに出現頻度が高い．

常染色体の劣性対立遺伝子が原因となる遺伝病は多い

ヒトの遺伝病には，劣性の形質として遺伝する例が何千種類も知られている．嚢胞性繊維症，鎌状赤血球貧血症（図13・10と図15・5参照）やテイ・サックス病（図11・9の第15染色体参照）など，多くの遺伝病が常染色体上にある遺伝子の劣性突然変異が原因となって起こる．

遺伝病の症状もさまざまである．死に至るような重篤なものも

科学のツール

胎児の遺伝子検査

"赤ちゃんは健康だろうか？"この質問は，新生児が誕生したとき，真っ先に尋ねたくなる質問の一つである．健康に生まれてくることが多いが，ときには，衝撃的な答えが返ってくることもある．現在では，新生児の健康状態を調べるために，子が生まれるかなり前から胎児の遺伝子検査を受ける親もいる．

胎児の検査は，昔から試みられてきた．1870年代，胎児の健康状態を調べるために，医者が羊水を一部採取することも行われていた．現代的な方法が始まったのは1960年代に入ってからである．**羊水穿刺**では，母親の腹壁から子宮に針を刺して，胎児が入っている羊腹腔から少量の羊水を取出す．この液体は胎児の細胞（皮膚から剝がれ落ちたもの）を含んでいるので，遺伝病の有無を調べることができる．もう一つの方法は，**絨毛検査**で，医者は超音波検査をしながら，細くやわらかいチューブを妊婦の膣から子宮内に挿入し，胎盤の絨毛の細胞を吸引して取出す．

膣の痙攣，流産，早産など，羊水穿刺や絨毛検査に伴う事故は，過去10年間の技術の進展と医師の熟練で劇的に減少した．絨毛検査や羊水穿刺で流産する危険性は，現在，約0.06％である．一般に，この検査は，遺伝病を抱えた子どもを産む可能性のある親が利用している．たとえば，母親が高齢の場合，ダウン症候群の子を出産する危険性が高くなるので，出産時の検査を希望する親もいる．また，片方の親が特定の遺伝病の優性対立遺伝子（ハンチントン病など）や，両親とも劣性遺伝病（嚢胞性繊維症など）の保因者である夫婦も，胎児の遺伝スクリーニングを行うことがある．

最近まで，このような検査を希望した両親には，二つの選択しかなかった．つまり，不安が的中した場合，胎児を中絶するか，遺伝病を抱えた新生児を産むかである．しかし，1989年以降，シャーレ内で人工的に卵を受精させ，受精した胚を母親の子宮壁に着床させる体外受精技術が実用化され，子をもちたいと望む夫婦にとって，三つ目の新しい選択肢が可能となった．それは**着床前遺伝子診断**である．着床前遺伝子診断は，通常，受精させた3日後に，発生途上の胚から1〜2個の細胞を取出して遺伝病の検査をする．この検査は必ず3日後でなければならない．なぜなら，ヒトの胚はこのとき，ゆるく結合した4〜12個の細胞からできていて，あと1〜2日経過すると，細胞はしっかりと結合し合って検査できなくなるからである（図9・12参照）．検査で遺伝病をもっていないと診断された胚を選んで母親の子宮内に着床させる．遺伝病をもつ胚など，残りの胚は廃棄処分される．

着床前遺伝子診断は一般に，嚢胞性繊維症やハンチントン病など，深刻な遺伝病を抱えた親，あるいは，遺伝病の原因遺伝子をもっている親が出産するときに利用されている．遺伝子検査もそうであるが，着床前遺伝子診断の使用は倫理的問題を巻き起こしている．着床前遺伝子診断に賛成する人は，羊水穿刺や絨毛検査の方が，親に厳しい選択を迫るはずであると考えている．胎児が重度の遺伝病を抱えていたら，親は中絶するか，子に短くて苦しみに満ちた人生を送らせることのいずれかの選択しかできないからである．より成長した胎児を途中で中絶する，あるいは，重度の遺伝病を抱えて症状に苦しむ子を出産することよりも，4〜12個の細胞しかない初期の段階で胚を捨てる方が道徳的にはより望ましい姿であるという考え方である．これに反対する人々は，道徳的な問題は同じであると主張する．いったん，卵が受精すると，そこで新しい生命が誕生し，たとえ4〜12細胞の段階であっても，その一生を人工的に終わらせるのは道徳に反するという主張である．あなたは，どのように考えるだろうか？

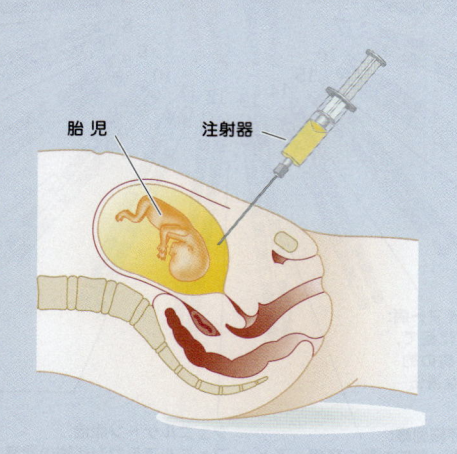

羊水穿刺　胎児の細胞を含む羊水を子宮から取出す．

あれば，比較的軽症のものもある．テイ・サックス病は，原因となる対立遺伝子のために脂質分解を行う重要な酵素が機能せず，脂質が脳細胞に蓄積し死に至るような重い劣性遺伝病である．生後1年もしないうちに，脳の組織が劣化し始め，数年以内に死に至る．他方，最も軽い症状の遺伝病の例として，白色の皮膚をもつヒトのアルビノの原因遺伝子は，マウスなどの他の哺乳類の白い体毛をつくる劣性対立遺伝子と類似していて，比較的弊害の少ない突然変異である（図10・13参照）．

常染色体上の劣性対立遺伝子（a と表記）が原因で実際に病気を発症するのは，その劣性遺伝子のコピーを二つもっている場合（aa）だけである．一般に，子どもが劣性遺伝病を引き継ぐのは，両親がヘテロ接合体（Aa）の場合である（もちろん親の遺伝子型が aa の場合もある）．A 対立遺伝子は優性で病気をひき起こさないので，ヘテロ接合体のヒト（Aa）は，病気の原因となる対立遺伝子（a）をもつが発病しておらず，病気の**保因者**とよばれる．

劣性遺伝病の保因者2人の間の子の遺伝様式は他の劣性形質と同じである．遺伝子型は，子の 1/4（25％）は AA，1/2（50％）は Aa，1/4（25％）は aa となり（図11・10），25％の確率でこの病気を発症する（遺伝子型 aa）．

これらの確率から，テイ・サックス病のような死に至るような劣性遺伝病であっても，どのようにヒトの集団内で存続するのかがわかるだろう．ホモ接合体の劣性遺伝子をもつヒト（遺伝子型 aa）は子をもつ年齢になる前に死亡するが，保因者（遺伝子型 Aa）は病気を発症しない．a 対立遺伝子は，発症しないヘテロ接合体（Aa）の保因者を隠れみのにして，子に半分の確率で病気の原因遺伝子を伝えることになる．新しい劣性突然変異が生じた場合にも，同じしくみでヒト集団内に保因者の形で維持されることになる．

深刻な優性遺伝病は劣性遺伝病ほど多くない

遺伝病をひき起こす優性対立遺伝子（A）は，劣性対立遺伝子のようにヘテロ接合体の中に隠れることはできない．aa のヒトだけが健常で，AA と Aa のヒトは発症するからである．もし，この遺伝病が重篤な場合，A 対立遺伝子をもつ個体は，寿命が短く，子を残すことが難しくなるだろう．そのため，ほとんどが子孫への対立遺伝子（A）を残すことはない．そういった死に至るような優性対立遺伝子は，しだいにヒトの集団から消え，家族内で世代を越えて引き継がれることもほとんどない．配偶子が形成されるときに新しい突然変異として集団内で出現するだけである．しかし，もし，その優性対立遺伝子が人生の後半で致死的な影響をもたらす病気の場合は，その対立遺伝子をもつヒトが子をもち，原因遺伝子を世代から世代へと引き継ぐことになる．この章のはじめに紹介したハンチントン病は，このような優性遺伝病である．ハンチントン病の症状は，人生の比較的後半，多くの患者が子をもうけた後に発症する．つまり，患者が亡くなる以前に原因の対立遺伝子が次世代へと引き継がれる．このような病気は，子の出産以前に発病したり，突然変異で発生する優性遺伝病に比べると多い．

11・6 遺伝子突然変異の伴性遺伝

約 25,000 個と推定されるヒトの遺伝子のうち，約 1200 個の遺伝子が X 染色体上または Y 染色体上のどちらかに存在する．このような遺伝子を**伴性遺伝子**という．男性は X 染色体と Y 染色

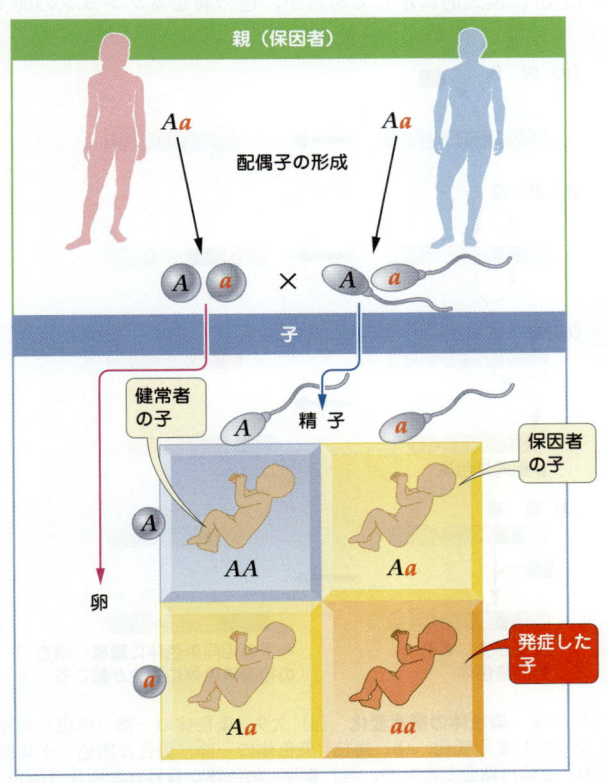

▶ **図 11・10　常染色体劣性遺伝**　ヒトの常染色体劣性遺伝病は，ほかの劣性形質と同じように遺伝する（この図を図10・7のエンドウの例と比較せよ）．遺伝病の劣性対立遺伝子は，赤色で a と記してある．健常な優性の対立遺伝子は黒色で A と記してある．

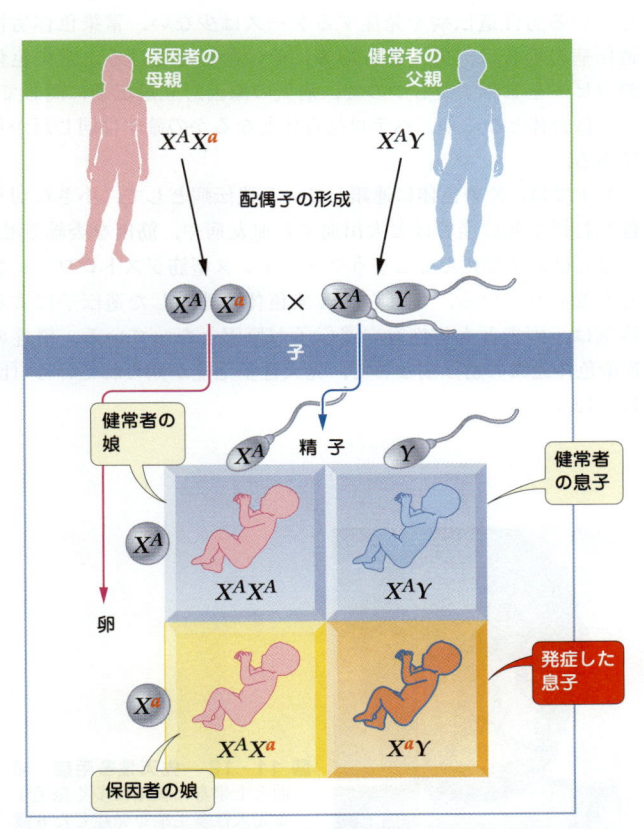

▶ **図 11・11　染色体に連鎖した劣性対立遺伝子による遺伝病**　遺伝病の原因となる劣性対立遺伝子で X 染色体上にあるものを X^a，優性で健常な対立遺伝子を X^A と表記している．

体の両方をもっているので，それぞれの伴性遺伝子を必ず一つずつ引き継ぐことになる．対して女性は，Y染色体上の遺伝子はなく，X染色体上の伴性遺伝子コピーを二つずつ引き継ぐ．ただし，X染色体とY染色体には約15個の共通する遺伝子があり，これらは他の常染色体遺伝子と同様，男女ともに二つのコピーを引き継ぐので伴性遺伝子とはよばれない．

ヒトの約1200個の伴性遺伝子のうち，約1100がX染色体上に（**X染色体連鎖**），約80個ほどが小さなY染色体上にある（**Y染色体連鎖**）．Y染色体上の伴性遺伝子が原因の遺伝病はまだ報告はないが，X染色体上のものはいくつか知られている（図11・9, 副腎白質ジストロフィー）．伴性遺伝子は，常染色体上にある遺伝子とは異なる遺伝様式を示す．

X染色体上の劣性対立遺伝子が原因となる遺伝病が，どのように遺伝するか考えてみよう（図11・11）．劣性対立遺伝子をaとし，パンネットスクエアでは，この対立遺伝子がX染色体上にあることを示すために，X^aと表記する．同様に，優性対立遺伝子をAとし，パンネットスクエアではX^Aと記す．保因者の女性（遺伝子型$X^A X^a$）が，健常者の男性（遺伝子型$X^A Y$）との間に子をもつと，彼らの息子の50％が発病することになる．この結果は，遺伝病の原因となる劣性対立遺伝子（a）が常染色体上にある場合と大きく違う．常染色体上の遺伝子の場合は，男女にかかわらず，ヘテロ接合体であれば発病しない．正常なA対立遺伝子によってa対立遺伝子の悪影響が遮断されるからである．伴性遺伝では，X染色体に連鎖している病気の場合，遺伝子型$X^a Y$をもっている男性が発病する．なぜならY染色体にa対立遺伝子のコピーがなく，男性はX染色体に連鎖している遺伝子に関してAaのヘテロ接合体とならないからである．対して女性は，原因対立遺伝子を必ず2コピー受け継ぐため，X染色体に連鎖している劣性遺伝病を発症するケースは少ない．常染色体劣性遺伝病の場合は，男女とも均等にその影響を受ける．常染色体のコピーを二つずつもつので，病気の原因対立遺伝子に関して，ホモ接合体となるか，ヘテロ接合体となるかの確率は同じだからである．

ヒトでは，X染色体に連鎖している遺伝病として，小さな切り傷や打撲で死に至るほど大出血する血友病や，筋肉を委縮させ，しばしば若年で死んでしまうデュシェンヌ型筋ジストロフィーなどが知られている．これらのX染色体に連鎖した遺伝子による病気は，両方とも劣性対立遺伝子が原因となっている．優性のX染色体連鎖の遺伝病として，先天性多毛症が知られている（図11・12）．

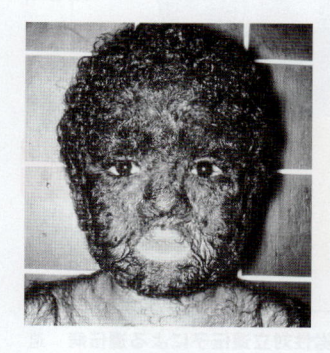

図 11・12　先天性多毛症　顔面と上半身に極端に多く発毛する先天性多毛症を発症した6歳の少年．先天性多毛症はX染色体上の一遺伝子の優性対立遺伝子が原因でひき起こされる．

11・7　遺伝する染色体異常

すべての種は，種特有の染色体数をもつ．また，各染色体には決まった構造があり，遺伝子座も一定の決まった順番で各染色体上に並んでいる．染色体数や構造が変わったものを，**染色体異常**という．ヒトや動物に多くみられる染色体異常は，染色体総数の変化と，染色体の長さの変化である．細胞は分裂するとき，染色体を細胞の赤道面に並べ，二つの娘細胞に正確に分離するという繊細な作業を行う．このときは特に外傷を受けやすく，染色体の配列を誤ったり，移動方向を間違ったり，さらに染色体が寸断されたりして，染色体異常が発生する．染色体異常が親から子へ引き継がれるのは，配偶子，あるいは，配偶子をつくる前の段階で染色体異常が起こった場合に限られる．しかし，配偶子の染色体が大きく変化すると，受精した胚は無事に発生できないことが多いので，染色体異常が遺伝してヒトの遺伝病の原因となるケースは非常に少ない．

染色体の構造変化

細胞分裂中に染色体が整列し分離するときに，染色体の構造が変わるような切断が起こることがある（図11・13）．染色体の一部が切れてなくなることがあり，これを**欠失**という．切れた部分が元に戻ることがあるが，そのときに向きが逆転し，染色体の一部で遺伝子座の順番が逆になっていることもある．これを**逆位**という．いわば，折れたクレヨンの頭とお尻が逆につながったようなものである．染色体から切り離された部分が，相同染色体ではない別の染色体に結合することもある（**転座**）．転座の場合，逆方向への移動も同時に起こり，非相同染色体の間で互いにDNA断片を入れ換えていることも多い．このタイプの転座は，図11・13(c)に模式的に示してあるが，色の異なるクレヨンの間で，

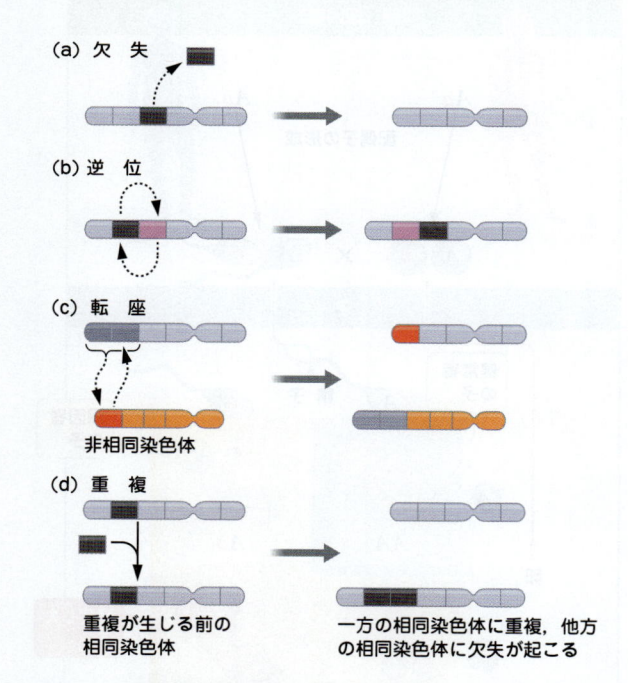

図 11・13　染色体の構造変化　(a) 欠失: 染色体の一部（黒色）がなくなってしまう変化．(b) 逆位: 染色体の一部（黒色と紫色）が切断され，逆に再結合したもの．(c) 転座: 染色体から外れた断片（灰色，もしくはオレンジ色）が，相同染色体ではない他の染色体に移動，あるいは，入れ替わるケース．(d) 重複: 染色体が余分なコピー断片をもち，長くなる場合．一般には第一減数分裂の際に相同染色体間の不公平な交差が起こるのが原因である．

断片を交換してつなぎ直すようなものである．染色体の一部を**重複**してもつ場合もある．この場合，染色体が長くなる．この重複の一つの原因は，相同染色体間の交差のエラーである．対となる相同染色体は第一減数分裂（第9章参照）のときに染色体の一部を交換し，組換えを起こすが，このとき不均衡な交換が起こり，一方の相同染色体が他方から染色体断片を受取っても，逆への引き渡しがうまくいかない場合がある．結果的に，一方の相同染色体が長い染色体，つまり重複が起こる（自分の染色体＋他方の染色体から得た断片）．このとき，もう一方の相同染色体には欠失が起こる．

染色体構造の変化は，大きな影響を及ぼす．性染色体に破損が生じると，胎児の性決定の様子が大きく変わる例がある．たとえば，*SRY*遺伝子をもっているY染色体の部分が欠失すると，XYの個体であっても女性になってしまう．逆に，Y染色体の性決定領域部分が，X染色体に転座すると，XXの個体であっても男性になってしまう．XYの女性やXXの男性は不妊となり，子ができない．

常染色体の構造変化では，もっと劇的な影響を及ぼすものが多い．ネコ鳴き症候群は，第5染色体の一部を欠失したときに出る症状である（図11・14）．この病名は，発症した乳幼児がネコのような声を出すことから付けられたものであるが，ほかに，成長が遅れ，重度の知的障害，小さな頭，そして耳が低い位置に付いているなどの特徴がある．

染色体数変化は致死的なものが多い

通常二つあるはずの染色体数が，一つだけ，あるいは三つあるような異常は，減数分裂で染色体が正しく分離できなかったときに生じる．ヒトの場合，このような染色体数の異常は，死産とな

生活の中の生物学

複雑なヒトの病気の遺伝学

病気とは健康を損ねた状態をいう．ウイルスや細菌，他の寄生虫による感染，あるいは，有害な化学物質や高エネルギーの放射能への曝露など，外的要因によってひき起こされることがある．ビタミンCの不足が壊血病をもたらすように，栄養不足も病気の原因となる．さらに，遺伝子により，内的な要因でひき起こされるものもある．完全に，遺伝子が病気の原因となる場合，つまり，受精によって決まった個々人の遺伝子が原因となるものを，他の感染症や病気と区別するために，遺伝病とよぶ．嚢胞性繊維症や鎌状赤血球貧血症は，ただ1個の遺伝子に起こったエラーが原因で現れる遺伝病の例である．遺伝子異常が一つの場合，通常は，メンデルの法則によって説明できる遺伝となる．しかし，筋肉細胞に起こる遺伝病である筋ジストロフィーなどのように，複数の遺伝子の機能不全が原因で起こるものもある．そういった複数の遺伝子が関係する病気は，メンデルの遺伝とは異なる様式で遺伝（非メンデル遺伝）するものが多い．複数の対立遺伝子が複雑に相互作用するので，メンデルの法則だけでは容易には予測できない．

工業先進国で一般的な病気である心臓病，がん，糖尿病，ぜんそく，関節炎などは，遺伝子の複雑な相互作用によって，あるいは外的要因と遺伝子の両方の影響で起こる．遺伝子の機能上の問題で実際に病気になりやすくはなるが，発症するかどうか，発症しても症状がどれくらい重くなるかは，環境要因によって決まる．右のグラフは，結腸がん，脳卒中，冠状動脈性心疾患や2型糖尿病の発症が回避できることを示している．栄養をきちんと摂取し，定期的に運動し，喫煙を避けるといったライフスタイルにすると，そのような慢性病になるリスクが低下するからである（慢性とは，継続する意味で，いったんこれらの病気になると，一生，その病気を抱えて生きることをいう）．

これらの病気になるリスクを減らすためには，適正な体重を保ち，1日当たり少なくとも30分の速歩に相当する運動を行い，喫煙を避け，1日のアルコール消費量を缶3杯以下にすべきである．そういった生活で，飽和脂肪酸やトランス脂肪酸（第4章参照），糖，精白した穀物の摂取量を制限できる．葉酸（少なくとも一日0.4g）や食物繊維（体の大きさや年齢に応じて21～38g）を十分摂ることは，心臓病や結腸がんなどの慢性病になるリスクを低くすることにつながる．また，牛肉を食べるのが週3回以下であれば，結腸がんになる確率が低くなる．

現代遺伝学の目的の一つは，病気の原因につながる遺伝子のはたらきを明らかにすることである．現在，高血圧，心臓病，糖尿病，アルツハイマー病，数種類のがんや統合失調症など，よく知られる病気と関係する遺伝子が見つかっている．たとえば，第9染色体上に，心臓病発症のリスクを高める対立遺伝子がある．この対立遺伝子がホモ接合体のヒトは，健常な対立遺伝子のホモ接合体のヒトよりも，冠状動脈性の心臓病になる確率が約30～40％高くなることがわかっている．ヘテロ接合体の場合でも，リスクは約15～20％高くなる．

遺伝子検査（p.200参照）を行うようになれば，私たちがどのような病気になりやすいか，発症前にわかるようになるだろう．そういったリスクをもつ対立遺伝子が見つかれば，病気となる確率を減らすための予防処置を受けることができる．また，リスク対立遺伝子に合わせて，個々人ごとに異なる最適な治療を受けることも可能になるだろう．実際に，そういった個人の対立遺伝子に合った治療法（オーダーメイド医療とよばれる）が，乳がんや他の慢性病の治療に応用されている．

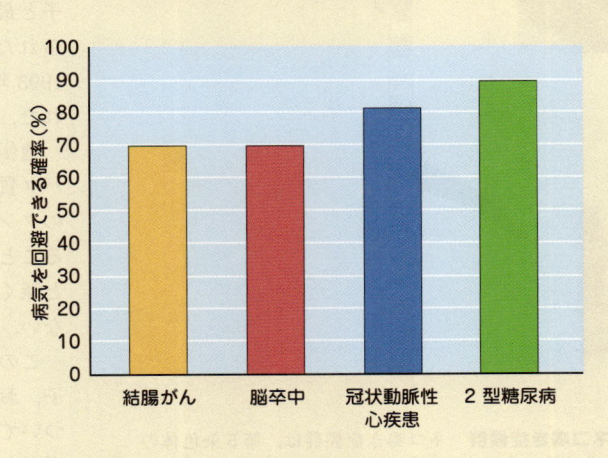

ることが多い．ヒトの妊娠では約20％が自然流産するが，その
おもな原因がこの染色体数異常である．

　常染色体数異常を受け継いだヒトが，一般に成人期まで生存す
るという例外が一つだけある．ダウン症候群である．この病気は，
ヒトの常染色体のなかで最小の第21染色体のコピーを三つもっ
ていることで起こる．染色体のコピーを三つもっている状態を
トリソミーといい，ダウン症候群はトリソミー21ともよばれる．
ごく少数であるが，ダウン症候群の3〜4％は，細胞分裂で第21
染色体の一部が切断され，別の染色体に転座することによっても
起こる．第21染色体の一部だけを重複して3セット，部分的な
トリソミーとしてもつことになる．ダウン症候群を発症すると，
一般に身長が低く，知的障害をもつ傾向があり，心臓，腎臓や消
化管の障害をもつ場合もある．しかし，適切な治療を受ければ，
健康な生活を送ることができ，60〜70代まで生存するケースも
ある（平均寿命は55歳である）．第13，15，18染色体のトリソ
ミーも生きて誕生する．しかし，この場合は重度の先天性障害を
もっていて，ほとんどの場合1年以上は生きられない．

　常染色体数の異常に比べると，性染色体数の変化の影響は小さ
い．たとえば，クラインフェルター症候群は男性にみられる病気
で，X染色体を1個余分にもっている（XXY）．このような男性
は，標準的な寿命と知能をもち，背が高い傾向がある．また，睾
丸が発育不全（通常の約1/3）で，精子減少症がみられるほか，
乳房の発達など，女性としての特徴をもつ場合もある．ターナー
症候群は女性にみられる病気で，X染色体が一つ欠失している
（X）．標準的知能で，背が低く（成人で150 cm以下），不妊であ
り，首から肩にかけての皮膚のたるみが生じることがある．ほ
かにも，XYY男性，XXX女性などが知られているが，比較的軽
い影響ですむ．しかし，XXXY男性やXXXX女性などのように，
余分な性染色体が複数あると，重度の知的障害など，さまざまな
問題が生じる．

■ **これまでの復習** ■
1．家系図とは何か？　遺伝学的にどのような利用方法があるか．
2．深刻な弊害をひき起こす常染色体上の優性対立遺伝子が原因と
　なる遺伝病は，なぜ劣性のものほど多くないのか？
3．なぜ，男性は女性に比べて，X染色体に連鎖する劣性対立遺伝
　子が原因となる遺伝病にかかりやすいのか？

1．家系図とは，親族関係を図式化したもので，個人の特徴や疾患を過去
　の世代まで遡って追跡したり，遺伝病などのその個人の将来の遺伝形質
　がどのように遺伝するかを調べることなどに利用される．
2．優性対立遺伝子が原因となり，深刻な弊害を受けるとすると，そ
　の後代は生殖年齢に達するまで生き残ることがあまりない．そのため，
　これらの遺伝子を次の世代の子孫に伝えることがあまりない．
3．男性は，病気の原因となるX染色体上の遺伝子を1コピーを受け継
　がないと病気を発症しない．女性が発症するには2コピー受け継ぐ
　必要があるから．対して，女性が発症するには2コピーを受け
　継がなければならないため，確率としては低い．

学習したことの応用

ハンチントン病の遺伝学

　1872年，George Huntingtonは，現在，彼の名前でよばれる
疾患，ハンチントン病（HD）について記載した論文を書いた．
しかし，その後100年以上，この病気の治療法はほとんど進歩し
なかった．遺伝学の研究から，この病気の原因遺伝子は常染色体
上にあり，ハンチントン病対立遺伝子が
優性（*A*）であることはわかっていたが，
治療法はなく，ハンチントン病になる可
能性のある人にとって役立つものは何も
なかった．家系図を調べることで，ある
人の父親（ハンチントン病発症）が遺伝
子型 *Aa* であったとわかったとする．も
し，母親がこの病気をもっていなかった
（遺伝子型は *aa*）とすると，その人は *Aa* か *aa* のいずれかなの
で，ハンチントン病を発症する確率は50％と予測できる（章末
の遺伝学演習問題の問3参照）．

　1983年に状況が一変した．ハンチントン病の遺伝様式を調べ
た家系図の解析から，原因遺伝子が，第4染色体上にある他の
遺伝子と連鎖していることがわかったからである．この発見を
契機に，ハンチントン病原因遺伝子を特定しようと詳細に調べ
る研究が進み，10年後，第4染色体上でハンチントン病遺伝
子と最も近い遺伝子座にあり，強く連鎖する遺伝子が突き止め
られた．また，ハンチントン病遺伝子の位置も正確にわかり，
1993年にはハンチントン病遺伝子の遺伝子座そのものが同定さ
れた．

　遺伝子がわかるとハンチントン病対立遺伝子がつくり出すタン
パク質が，健常者とどのように違うかも調べることができる．こ
のタンパク質は，ハンチントン病患者の脳内で塊状の病変をつく
ることがわかったが，この塊状の病変が，ハンチントン病の症状
と深く関係し，もしかしたら直接の原因となっているのかもしれ
ない．

　この数年間の目覚ましい研究成果で，ハンチントン病原因遺伝
子，および，ハンチントン病遺伝子と関係する他のタンパク質に
ついても解明され，効果的な治療法が開発できるのではないかと
考えられている．たとえば，ヒトのハンチントン病原因遺伝子を

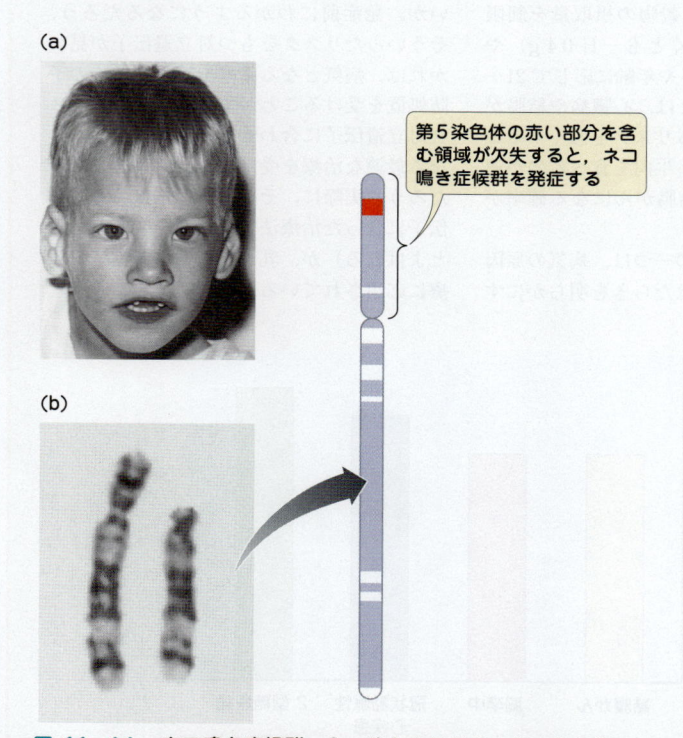

図 11・14　ネコ鳴き症候群　ネコ鳴き症候群は，第5染色体の
片方の端が欠失することによって起こる．

（第5染色体の赤い部分を含む領域が欠失すると，ネコ鳴き症候群を発症する）

もつように遺伝子操作したマウスを使って，症状の進行を遅らせたり，回復させたりする方法を実験的に調べることができる．また，ハンチントン病原因遺伝子をもたない細胞を，患者の脳に移植したところ18カ月間延命でき，ハンチントン病患者独特の塊状タンパク質もできなかった．ハンチントン病原因遺伝子にまつわる新発見については，第13章でも再び紹介する．このような研究成果をもとに，いつかはハンチントン病の治療が可能になると期待されている．

　原因遺伝子がわかると，治療法の開発だけではなく，遺伝子診断が可能となる．親がハンチントン病患者の場合，将来，同じ病気を発症するかどうかは，現在，ほぼ正確に予測できるようになった．遺伝子診断が，患者の家族に希望を与えることもある．たとえば，遺伝子を子どもに伝えたくない場合，遺伝子診断を受け，その結果を踏まえて決断することができる．逆に，この診断は，ハンチントン病発症リスクをもつ人に苦痛を伴う大きな選択を強要することもありうる．遺伝子診断を受け，将来，発病しないという結果であれば，このうえなく安心できるだろう．しかし，治療不可能な恐ろしい症状を発症し，やがて死に至る病気になると判明したら，望みが打ち砕かれてしまうだろう．もし，あなたがこのような二者択一をしなければならなかったら，遺伝子診断を受けるだろうか？

章のまとめ

11・1　遺伝における染色体の役割
■ "遺伝子は染色体上に存在する"という遺伝の染色体説をWeismannは唱えた．
■ 染色体は，1個の長いDNA分子とそれに結合した種々のタンパク質からなる．
■ 遺伝子はDNAの一部で，細胞内の染色体上に存在する．染色体上の遺伝子の物理的な位置を遺伝子座という．
■ 相同染色体は減数分裂のときにペアをつくる．同じ相同染色体は，同じ遺伝子座をもつ．
■ 性染色体が生物の性を決定する．その他の染色体を常染色体とよぶ．
■ ヒトは2種類の性染色体，X染色体とY染色体をもつ．男性はX，Y染色体を一つずつ，女性は二つのX染色体をもっている．
■ Y染色体上には，胎児が男性として成長するのに必要な遺伝子（SRY遺伝子）がある．

11・2　遺伝的連鎖と交差
■ 一緒にセットで遺伝する傾向がある遺伝子を，遺伝的に連鎖しているという．
■ 相同染色体の間で染色体の一部を交換することを交差という．交差が起こると，同じ染色体上にある遺伝子間の連鎖がなくなる．
■ 交差が起こるので，染色体上で離れた位置にある遺伝子は，近くにあるものより，連鎖せずに子孫に引き継がれることが多い．
■ メンデルの独立の法則は，異なる染色体上にある遺伝子，および，同じ染色体上でも遠く離れた位置にある遺伝子の場合に適用できる．

11・3　個体の遺伝的変異の由来
■ 個体間の遺伝的相違が，遺伝的多様性となり，進化の原動力となる．突然変異によって新しい対立遺伝子が生まれる．
■ 子どうしは遺伝的に互いに異なり，親とも異なる．交差により相同染色体間で染色体の一部が無作為に交換され，減数分裂で母方・父方の相同染色体が不規則な組合わせで配偶子に分配されるからである．さらに，受精によっても精子・卵の遺伝子型がランダムに組合わされる．

11・4　ヒトの遺伝病
■ 家系図を調べることは，ヒトの遺伝病を研究するのに役立つ．
■ ヒトには，遺伝子突然変異による遺伝病や，染色体数や構造の変化に由来する遺伝病など，さまざまな遺伝病が知られている．
■ 胎児，新生児や成人を対象にした臨床遺伝子診断が行われている．胎児を対象にした検査には，羊水穿刺，絨毛検査，着床前遺伝子診断がある．

11・5　常染色体上にある遺伝子突然変異の遺伝
■ 常染色体上にある遺伝子の劣性対立遺伝子（a）によってひき起こされる遺伝病が多く知られている．この場合，ホモ接合体（aa）の個体のみが遺伝病を発症する．ヘテロ接合体（Aa；Aは健常な対立遺伝子）の個体は，発病せずに，この遺伝病の保因者となる．
■ 常染色体の優性対立遺伝子が原因となる遺伝病の場合，AAとAaの個体は両方とも，その遺伝病を発症する．症状が深刻なものは，AAやAaの個体が子を残すチャンスが少ないので，発生頻度は非常に少ない．
■ 致命的な優性遺伝病がヒトの集団内でも存続するのは，ハンチントン病のように，成人した後に発症する場合，あるいは，原因となる対立遺伝子が突然変異によって新しく生じる場合に限る．

11・6　遺伝子突然変異の伴性遺伝
■ 男性はX染色体を一つだけ受け継ぐので，性染色体上の遺伝子は，常染色体上の遺伝子とは異なる遺伝様式を示す．
■ 片方の性染色体上にだけある遺伝子は，性の決定と連鎖した伴性の遺伝様式を示す．X，Y染色体上にのみ存在する対立遺伝子は，それぞれ，X，Y染色体に連鎖しているという．
■ 男性は女性に比べて，X染色体に連鎖した劣性対立遺伝子が原因の遺伝病を発症しやすい．原因の対立遺伝子を一つ受け継ぐだけで発症するからである．女性は原因遺伝子を2コピー，劣性ホモ接合体の形で受け継いではじめて発症するので，発生頻度は少ない．常染色体上の対立遺伝子が原因の遺伝病は，男女間の発症率に差はない．

11・7　遺伝する染色体異常
■ 染色体の構造や数の異常を染色体異常という．
■ 細胞分裂の途中で細胞が損傷を受けると，染色体の構造に変化が生じ，染色体の欠失，逆位，転座，重複などが生じる．染色体の構造異常は，深刻な影響をもたらすことが多い．
■ ヒトの場合，常染色体数の変化は致命的なものが多い．例外は，小型の第21染色体を三つもったダウン症候群である．
■ 性染色体数の変化は，大きな影響を及ぼさないことが多い．しかし，性染色体数が四つ以上あると（通常は二つ），重度の知的障害など，深刻な問題が出てくる．

復習問題

1. 遺伝子，染色体，DNAの関係を述べよ．
2. ヒトのX染色体上にある遺伝子の遺伝様式は，男女間で異なるか？ 理由とともに述べよ．
3. 図11・4に示す結果から，Morganは，染色体上で接近した位置の遺伝子が一緒に遺伝する傾向があると確信した．それは，なぜか．自分の言葉を用いて説明せよ．遺伝子が異なる染色体上にあったら，どのような結果になると予想されるか．
4. 交差とは何か，どのようにして起こるか，説明せよ．遺伝子 A, B, C がこの順で染色体上に並んでいるとすると，遺伝子 A と B の間と，遺伝子 A と C の間では，どちらが交差が起こりやすいと考えられるか．
5. 親にはなかった遺伝子型が，どのように形成されるか説明せよ．
6. ヒトの場合，遺伝子1個の突然変異による遺伝病と，染色体の数や構造の異常による遺伝病では，どちらの頻度が高いか？ その理由も説明せよ．

遺伝学演習問題

1. ヒトの女性は二つのX染色体を，男性はX染色体とY染色体を一つずつもっている．
   (a) 男性はX染色体を母親と父親のどちらから受け継ぐか．
   (b) ある女性が，X染色体に連鎖する，遺伝病の原因となる劣性対立遺伝子をもっていたら，彼女は発病するだろうか？
   (c) ある男性がX染色体に連鎖する，遺伝病の原因となる劣性対立遺伝子をもっていたら，彼は発病するだろうか？
   (d) ある女性がX染色体に連鎖した劣性遺伝病の保因者であると仮定する．病気の原因となる対立遺伝子についていえば，彼女は何種類の配偶子を生み出すことになるか．
   (e) X染色体に連鎖した劣性遺伝病の男性が，その病気の対立遺伝子をもたない女性との間に子をもうけると仮定する．生まれた男の子に遺伝病を発症する子はいるか？ 生まれた女の子に遺伝病を発症する子はいるか？ 子に，この病気の保因者はいるか？ 保因者がいるならば，男女どちらの子か？
2. 嚢胞性繊維症は，常染色体上の劣性対立遺伝子(a)が原因の遺伝病である．以下の遺伝子型をもつ親から生まれた子が，この病気を発症する確率はいくらか．
   (a) $aa \times Aa$ (c) $Aa \times Aa$
   (b) $Aa \times AA$ (d) $aa \times AA$
3. ハンチントン病は，常染色体上の優性対立遺伝子(A)が原因の遺伝病である．以下の遺伝子型をもつ親から生まれた子が，この病気を発症する確率はいくらか．
   (a) $aa \times Aa$ (c) $Aa \times Aa$
   (b) $Aa \times AA$ (d) $aa \times AA$
4. 血友病は，X染色体上の劣性対立遺伝子(X^a)が原因の遺伝病である．以下の遺伝子型をもつ親から生まれた子が，この病気を発症する確率はいくらか．
   (a) $X^A X^A \times X^a Y$
   (b) $X^A X^a \times X^a Y$
   (c) $X^A X^a \times X^A Y$
   (d) $X^a X^a \times X^A Y$
   (e) 子は男女関係なく，この病気の発症率は同じか？
5. "ホモ接合体"と"ヘテロ接合体"という用語を，男性のX染色体に連鎖した遺伝形質に用いないのはなぜか．説明せよ．
6. 以下に示す家系図について，つづく問いに答えよ．病気の原因となる対立遺伝子は，優性の遺伝子(D)か，それとも劣性の遺伝子(d)か？ この病気の原因となる対立遺伝子は，常染色体上にあるか，それともX染色体上にあるか？ 第I世代の個体1と2は，どのような遺伝子型か．

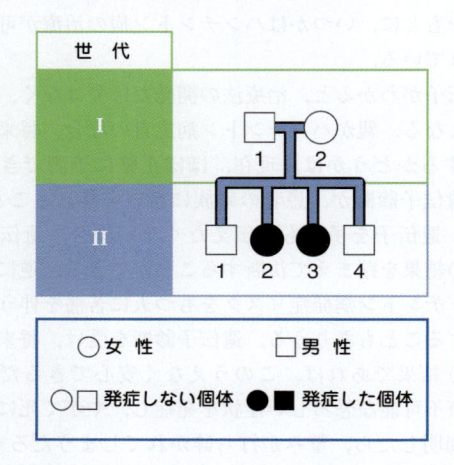

7. 男性は女性に比べて，X染色体に連鎖した劣性遺伝病を発症しやすい．では，X染色体に連鎖した優性遺伝病でも同じだろうか．以下の二つのケースでパンネットスクエアをつくり，説明せよ．
   (a) 発症している女性と健常者の男性との間で子が生まれるとき．
   (b) 発症している男性と健常者の女性との間で子が生まれるとき．
8. 以下に示す家系図について，問いに答えよ．病気の原因となる対立遺伝子は，優性の遺伝子か，それとも劣性の遺伝子か？ また，常染色体上にあるか，それともX染色体上にあるか？ ただし，第I世代の個体1と，第II世代の個体1と6は病気の原因となる対立遺伝子をもっていないものと仮定する．

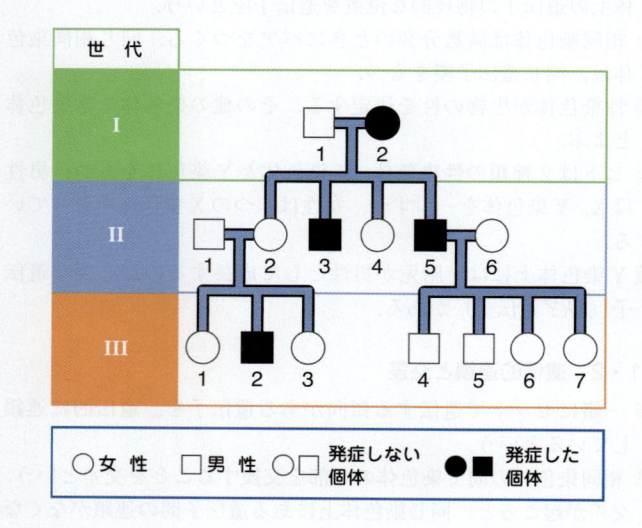

9. キイロショウジョウバエを使った遺伝の実験で，二つの遺伝子，A/a, B/b（それぞれ優性/劣性対立遺伝子）について考える．$AABB$ の個体を $aabb$ の個体と交配すると，F_1 世代はすべて $AaBb$ の遺伝子型をもつ．これらの $AaBb$ の F_1 世代を，$aabb$ の個体と交配した．以下の二つのケースについて，パンネットスクエアを作成し，F_2 世代で予測される遺伝子型を

べてあげよ．
(a) 二つの遺伝子が完全に連鎖している場合．
(b) 二つの遺伝子が異なる染色体上にある場合．

重要な用語

遺伝の染色体説（p.194）　　着床前遺伝子診断（p.200）
相同染色体（p.194）　　　　保因者（p.201）
遺伝子座（p.194）　　　　　伴性遺伝子（p.201）
性染色体（p.195）　　　　　X染色体連鎖（p.202）
常染色体（p.195）　　　　　Y染色体連鎖（p.202）
SRY遺伝子（p.195）　　　　染色体異常（p.202）
連鎖（p.196）　　　　　　　欠失（p.202）
交差（p.197）　　　　　　　逆位（p.202）
染色体の独立分配（p.198）　転座（p.202）
家系図（p.199）　　　　　　重複（p.203）
羊水穿刺（p.200）　　　　　トリソミー（p.204）
絨毛検査（p.200）

章末問題

1. 表現型に遺伝子が影響を及ぼすしくみはどれか．
   (a) DNAの突然変異を促進すること．
   (b) 動原体のように染色体の構造をつくること．
   (c) タンパク質をコードすること．
   (d) 上記のすべて．
2. 人生の後半で発症し，神経系が破壊され死に至る，常染色体の優性対立遺伝子が原因となる遺伝病はどれか．
   (a) テイ・サックス病　　(c) ダウン症候群
   (b) ハンチントン病　　　(d) ネコ鳴き症候群
3. 交差が起こりやすい遺伝子はどれか．
   (a) 染色体上で近くにある遺伝子．
   (b) 異なる染色体上にある遺伝子．
   (c) 染色体上で遠く離れている遺伝子．
   (d) Y染色体上にある遺伝子．
4. 染色体異常によるヒトの遺伝病は比較的少ない．その理由はどれか．
   (a) たいていの染色体異常は，ほとんど影響を及ぼさないから．
   (b) 染色体数や染色体の長さの変化を見つけるのは難しいから．
   (c) 染色体異常の場合，たいてい胎児のときに自然流産するから．
   (d) 染色体の長さや数を変えることは不可能だから．
5. 親にはなかった遺伝子型が生まれるのは，
   (a) 交差と染色体の独立的分配による．
   (b) 連鎖による．
   (c) 常染色体のはたらきによる．
   (d) 性染色体のはたらきによる．
6. DNAの一部が染色体から分断され，その後，元の染色体の正しい位置に戻るとき，方向が逆転することもある．このような染色体の構造の変化を示す名称を選べ．
   (a) 交差　　　(c) 逆位
   (b) 転座　　　(d) 欠失
7. 子宮壁に付着している羊膜腔の細胞を調べる胎児遺伝診断法を何とよぶか．
   (a) 絨毛検査　　(c) 着床前遺伝子診断
   (b) 羊水穿刺　　(d) 体外受精
8. ヒトの胎児を男性として発育させ，性を決定するマスタースイッチとしてはたらいているものは，以下のどれか．最も適切なものを選べ．
   (a) X染色体　　(c) XY染色体セット
   (b) Y染色体　　(d) SRY遺伝子

ニュースの中の生物学

Genetic Tests Offer Promise, but Raise Questions, Too

BY DENISE CARUSO

遺伝子診断のもつ希望と問題点

がん，エリテマトーデス（免疫疾患性の皮膚病）などの病気を，個々人の体質に合わせて治療するために，非常に高い精度で遺伝子診断が可能である．それで大きな収益をあげようとする産業が急成長している．

患者の遺伝子診断ができれば，医者はより詳細な情報を得ることができ，たとえば，リンパ腫の患者に外科手術，化学療法や放射線療法のどれが最も効果的か，決断できるだろう．遺伝情報がわかっていれば，異常となった細胞や組織がどこにあるか，より正確に診断できるし，重度の自己免疫性疾患も簡単に検出できる．

さらに，遺伝子診断によって，連鎖球菌やインフルエンザなどの一般的な細菌やウイルス感染による病気との関連性，自閉症，子宮頸がん，1型糖尿病，統合失調症や強迫神経症など疾患の間の関係も研究できるようになった．

現在，1000種以上もの遺伝子臨床検査が受診可能で，何百という種類の遺伝子情報が研究上利用されている．

米国では現在，誕生する約400万人以上の新生児の大半が遺伝病の検査を受けている．その29種の指定検査項目には，鎌状赤血球貧血症，囊胞性繊維症やフェニルケトン尿症などが含まれている．50種類以上の遺伝病検査を指定している州もある．これらの検査が重要なのは，たとえば，フェニルケトン尿症の場合，この劣性遺伝病を治療せずに放っておくと重度の知的障害をひき起こすが，食事療法を早くから行えば発症を回避できるからである．

遺伝子工学の進歩により，遺伝病の検査項目はますます増え，乳がんや結腸がん，1型糖尿病やクローン病（炎症性の消化器系疾患）などの発症リスクを調べるのにも使われている．これらの疾患が発症する確率は環境的な要因によっても影響され，適切なときに医療処置を施すことで発病を遅らせたり，止めることができる．心臓病の薬や抗がん剤の効果は，個々人の遺伝子によっても決まるので，病気の治療法や薬を選択するうえでも遺伝子診断結果は役立つ．個々人の遺伝子型の特性に合わせた治療，つまり，対象を限定した薬の使用やオーダーメイド医療が，次世代の医薬系分野で大躍進するかもしれない．

しかし，1000種以上の遺伝子診断を利用することに関しては，議論があり，倫理的な問題も生まれている．たとえば，企業の雇い主や保険会社などは，遺伝子型に関する情報を，どう活用するようになるだろうか？　身体障害者を擁護する団体は，"完璧な新生児"を望むのは，すでに度を越した行為であると主張している．調査では，胎児がダウン症候群をもっているとわかった女性の90％が中絶を選択し，現在，米国のダウン症候群患者数は激減したという．反対に，軟骨形成不全性小人症や先天性ろうあ症などの遺伝病をもっている人たちが，同じ遺伝病をもつ人々からの理解を得られると信じ，遺伝子診断後に病気の胎児の出産を選択した例もある．

遺伝子診断は現在，伸びつつある企業活動であり，個人消費者に向けて，広告活動を始めた会社もある．そのことで，科学情報が誤った形で伝えられ，高価な検査の恩恵が誇張されて宣伝されるかもしれないと心配する評論家もいる．たとえば，乳がんや卵巣がんの病歴をもつ家系の女性は，35～85％の確率で乳がんを発症するとされる BRCA1 や BRCA2 の突然変異に関する診断を受けるように強く勧める検査会社もある．遺伝子検査の結果，発病の可能性があると診断された女性は，生活スタイルの変更から，強い副作用を伴う予防薬の服用や乳房の摘出に至るまで，行うかどうか難しい選択を迫られることになる．しかし，これら二つの突然変異が原因で，乳がんと診断されるケースは実は10％にも満たない．さらに悪いことに，営利会社によって実施された診断のなかには，実際のリスクの抱えた人の12％を見逃しているものもあった．いずれにしても，遺伝子診断は個々人の判断にゆだねるのではなく，専門家の指示のもと，個人の全病歴も考慮したうえで実施すれば，非常に有効に利用できるだろう．

このニュースを考える

1. 胎児，新生児，成人が検査対象となる遺伝病の例をそれぞれあげよ．その検査を行う意義はあるか．あるとすれば，どのような意義か．私たちは，決まった時期に実施する定期健康診断の一つとして，遺伝病検査を受けるのがよいだろうか？　理由とともに述べよ．

2. 2型糖尿病のように，特定の病気を発病しやすい遺伝子の突然変異がある．あなたは自分がそのような対立遺伝子をもっているかどうか，知りたいか？　あなた以外の人，たとえば保険会社などが，そのような情報を入手するのはよいことか？　理由とともに述べよ．

3. 治療ができない，あるいは，予防できない疾患も含めた遺伝子診断検査メニューを，企業が営利目的で提供することを認めてもよいか．あなたの考えと，その根拠を述べよ．

出典：New York Times 紙，2007年2月18日

12 DNA

> **Main Message**
>
> DNAは，あらゆる生命に共通の遺伝物質である．二重らせん構造になった2本のヌクレオチド鎖からなる．

生命の書

あなたが今読んでいるこの本は約80万個の文字で書かれている．その文字を1個ずつ手書きでコピーしたら，一体どれくらいの時間が必要だろうか？ また，コピーしながら，どれくらい多くのミスをするだろうか？ そのミスをチェックするとしたら，どれくらい時間がかかるだろうか？

この本の文字を全部書き写すのは骨の折れる作業だが，細胞が分裂のたびに行っているコピー作業に比べるとはるかに容易である．細胞が分裂するには，まず，すべての遺伝情報のコピーをつくらなければならないが，その情報は，遺伝子をつくっている物質，デオキシリボ核酸（DNA）として保存されている．私たちのDNAの中に保存されている情報の量は信じられないほど多く，本書が約80万文字なのに対して，私たちの細胞内のDNAには66億文字に相当する情報が含まれている．もし，DNAの塩基を1文字とし，このページの文字と同じ大きさで印刷するなら，私たちのDNA情報は本書の何千倍もの厚みの書物となる．

私たちの細胞は，DNAに保存された膨大な量の情報を，わずか数時間でコピーする．それだけの速い作業にもかかわらず，間違いは10億文字当たり平均1個しかない．プロのタイピストと比較してみよう．1分間に120語もの高速でキー入力できるタイピストでも，約250語に1個の割合でタイプミスを起こす．DNAをコピーするときにミスが起こるとどうなるのだろうか？ そのようなミスが，ヒトを悩ます何百もの遺伝病の原因となっているのだろうか？ さらに，DNA分子の構造はどのようなもので，また，その構造と機能との間には，どのような関係があるのだろうか？ 本章ではまず，生命科学における最も重要な発見の一つ，DNAが遺伝情報であることを示した実験的な証拠について紹介しよう．その発見がDNAの構造を解明する研究者のレースに拍車をかけた．構造がわかるとDNA分子を使ってどのように遺伝するのか，つまり，生命の本質そのものが理解できるようになった．

DNA分子の模型

基本となる概念

- 遺伝子はDNAからなる．
- DNAは4種類のヌクレオチドで構成されている．ヌクレオチドは，それぞれ，アデニン，シトシン，グアニン，チミンの4種類の塩基を含む．
- DNAは2本のヌクレオチド鎖が撚り合わさった，らせん状の構造をしている．アデニンとチミン，シトシンとグアニンの間の水素結合が，二つのヌクレオチド鎖を結びつけている．
- DNAの塩基配列は，種間で，また，種内の個体間でも異なる．この相違が，遺伝的変異のもとになる．
- アデニンはチミンと，シトシンはグアニンとしか塩基対をつくらない．DNAの鎖は，もう片方の鎖を複製するときの鋳型として使われる．
- 細胞内のDNAは，物理的，化学的，また生物学的作用によって，損傷を受けることがある．そのような損傷を修復するしくみがある．

先の二つの章で，遺伝子は形質の遺伝を支配し，染色体上に存在することを学習してきた．しかし，それだけではまだ根本的な問題についての答えとなっていない．遺伝子は何からできているのか？ 細胞分裂が起こり，2個の娘細胞ができるとき，遺伝子内の情報はどのようにしてコピーされるのだろうか？ コピーのミスはないのか？ その間違いは，どのようにして修正され，損傷を受けた遺伝物質はどのようにして修復されるのか？

このような疑問に答えるために，生命科学の研究者は，遺伝子をつくっている物質を見つけ，その物理的構造を理解する必要があった．そこでまず，つぎの三つの生物学的事実をもとに研究を始めた．一つ目，遺伝物質は生命に必要な情報，すなわち，生物を構築し，生命が依存する複雑な代謝反応を制御するのに必要な全情報を含んでいなければならない．二つ目，遺伝物質は正確にコピーできる物質で構成されていなければならない．そうでなければ，確実な遺伝情報を世代から世代へと伝えることはできないからである．三つ目，正確でなければならないが，遺伝物質は変化可能な分子でなくてはならず，同じ種類の情報であっても少しずつ変えてコードしていなくてはならない．さもなければ，種間や種内での遺伝的変異はない．

遺伝子の化学組成や構造の研究と並行して，遺伝子の機能，つまり，遺伝子は情報をどれくらい厳密に発現させているのかという点でも研究が行われてきた．この章ではまず，遺伝子の本体がDNAであること，それがどのように発見されたのか紹介する．そして，遺伝子の物理的構造，遺伝物質はどのようにしてコピーされ修復されるのか，遺伝病はどのようにして発症するのかについても解説する．つづく第13章で，遺伝子がどのようにその効果を発現するのかを紹介しよう．

12・1 遺伝物質を探して

1900年代初頭には，形質の遺伝を支配する遺伝子が染色体上に存在すること，染色体はDNAやタンパク質で構成されていることがわかっていた．この知識をもとに，遺伝子の構造を理解する探求の第一歩は，遺伝物質がDNAなのかタンパク質なのかを決着することであった．

はじめは，ほとんどの遺伝学者は，タンパク質が有望な候補だと思っていた．タンパク質は巨大で複雑な分子である．細胞の生命活動を担うだけの膨大な情報量を保存できるはずと考えたのも無理はなかった．また，タンパク質は，種内や種間でもかなり異なっているので，種内や種間でみられる遺伝的変異のもとになっていると考えるのも理にかなっていた．

一方DNAは，遺伝物質の候補とはあまり思われていなかった．その理由はおもに，種間でほとんど差がない，小さくて単純な構造の分子と思われていたからである．しかし，時を経て，重要な実験証拠が得られ，こうしたDNAに関する考え方が間違っていたことがわかった．実際，DNAは巨大な分子で，種内や種間で非常に異なっている．それでも，これから紹介するように，DNAの違いは，タンパク質の形状，電荷の分布，機能の多様性に比べれば，ごく小さなものである．タンパク質こそ遺伝物質であると研究者が考えたのも無理もない．

およそ25年の間（1928～1952年）に，研究者は，タンパク質ではなくDNAが遺伝物質であると確信できるようになった．まず，転機となった重要な研究を三つ紹介しよう．

無害な細菌が死をもたらす細菌へと変化する

1928年，英国の保健所員 Frederick Griffith が，ヒトや他の哺乳類に肺炎をひき起こす細菌，肺炎双球菌（*Streptococcus pneumoniae*）に関する重要な論文を発表した．Griffith は当時，大きな死亡原因であった肺炎の治療法を見つけるために，連鎖球菌の2種類の菌株についての研究をしていた．二つの菌株，S型とR型の名前は，シャーレ上で培養して増やしたときのコロニーの状態からつけられたもので，S型菌は滑らか（smooth）に見えるコロニー，R型菌はザラザラ（rough）したように見えるコロニーをつくる．S型菌に対するワクチン開発の実験中に，Griffith は驚くべき発見をした．S型菌から採取した耐熱性物質が，無害なR型菌を病原菌に変えたのである．

Griffith は，これらの病原菌を使って図12・1のような4種類の実験を実施した．まず，R型菌をマウスに注射しても肺炎にはならず生き残った．つぎに，S型菌をマウスに注射すると肺炎を発症して死んだ．3番目の実験で，加熱処理したS型菌をマウスに注射したところ，肺炎にはならず生き残った．彼の当初の計画は，3番目の実験で生き残ったマウスが，生きているS型菌にも抵抗力を示すかどうか調べることだったが，1928年に発表された論文には，このテスト結果は省略されている．

この三つの実験結果は，特に目新しいものではなく，菌株には2種類があり，そのうち一つ（S型菌）はマウスを殺すが，加熱処理すると死滅して無害となることをわかりやすく示しただけであった．ところが4番目の実験で，予期せぬことが起こったのである．Griffith は加熱処理したS型菌と生きている無害なR型菌を混ぜて使ったのであるが，最初に行った三つの実験の結果から，彼はマウスは生き残るはずだと思っていた．ところが，マウスは死に，しかも，死んだマウスの血液中から大量の生きたS型菌を発見したのである．

4番目の実験で，加熱処理後に生き残った何かが，無害なR型菌を致死的なS型菌へと変化させたのである．Griffithは，この変化が遺伝性であることも示した．変化したR型菌を増殖させると，S型菌とそっくりのコロニーをつくったのである．つまり，加熱処理されたS型菌の中の遺伝物質が，何らかの方法で生きているR型菌をS型菌に変化させたことを，Grffithの4番目の実験は示していた．

この驚くべき実験結果をきっかけに，この遺伝物質の探求が懸命に進められた．現在では，R型菌が，加熱処理されたS型菌のDNAの一部を取込み，それがR型菌の遺伝形質を変化させることがわかっている．他のDNAを取込んだ結果，ある細胞や生物の遺伝子型が変化することを**形質転換**という．

DNAによる細菌の形質転換

1934年から10年もの間，Oswald Avery，Colin MacLeod，Maclyn McCarty（ニューヨークのロックフェラー大学）の3人はGriffithの実験でR型菌を形質転換した遺伝物質を突き止めようと奮闘していた．彼らは細菌からさまざまな物質を分離し，調べていたが，そのなかで，DNAだけが無害なR型菌を致死的なS型菌に形質転換できることを突き止めた．1944年，彼らは，実験結果をまとめた画期的な論文を発表し，大きな話題になった．

この研究はDNAが細菌を形質転換することを示しただけでなく，タンパク質ではなくDNAが遺伝物質であることを証明していた．その後に続くDNA研究者が認めるように，この論文によって，新しいDNAの研究がなだれ現象のように盛んに行われるようになったのである．なかには懐疑的な人もいて，DNA分子は遺伝物質としては単純すぎると主張する人もいたが，多くがDNA支持に傾いていった．

ウイルスの遺伝情報はDNAの中にある

Griffithの実験は，加熱によってS型菌は死滅したが，その遺伝物質は破壊されなかったことを示している．一般にタンパク質は加熱によって破壊されるので，この実験結果からも，遺伝物質はタンパク質でないことがわかる．DNAは水の沸点でも壊れないし，また，Averyらの実験は，S型菌から抽出されたDNAがR型菌を病原菌に変えるという確固たる証拠でもある．1952年，Alfred HersheyとMartha Chaseが，ウイルスの遺伝物質に関する見事な研究成果を発表し，新たな証拠が加わった．

HersheyとChaseは，タンパク質の殻に覆われたDNA分子からなるウイルスを研究していた（図12・2）．このウイルスは増殖するために，細菌の細胞壁に付着し，遺伝物質を細菌の中に注入する．すると，注入されたウイルスの遺伝物質が細菌の増殖機能を乗っ取り，新しいウイルスを多量に生産し，最後に細菌を殺して外に飛び出す．このウイルスはタンパク質とDNAだけで構成されているので，DNAかタンパク質か，どちらの物質が遺伝物質であるかを調べるのにぴったりの実験材料である．

HersheyとChaseは，ウイルスのDNAの部分だけが細菌内に注入されることを示した（図12・2参照）．彼らは，硫黄(S)原子がタンパク質内にはあるがDNA内にはないこと，また，リン(P)原子はDNA内にはあるがタンパク質内にはないことを知っていた．そこで，Sの放射性同位体(^{35}S)，または，Pの放射性同位体(^{32}P)を含んだ溶液でウイルスを増殖させることによって，ウイルスのタンパク質だけ，あるいは，DNAだけに標識をつけたのである（§4・1参照）．^{35}Sで標識したウイルスを細菌に感染させると，放射能は細胞の外側に残り，ウイルスのタンパク質が細菌の細胞内に入らなかったことを示した．ところが，^{32}Pの標識をつけたウイルスを感染させると，放射能が細菌の細胞内部で検出された．ウイルスが遺伝物質を感染細胞に注入することは，それまでの研究でわかっていたので，この実験は，タンパク質ではなくDNAがこのウイルスの遺伝物質であることを証明している．この実験結果で，それまで懐疑的だった研究者も，タンパク質ではなくDNAが遺伝情報をもっていると納得したのである．

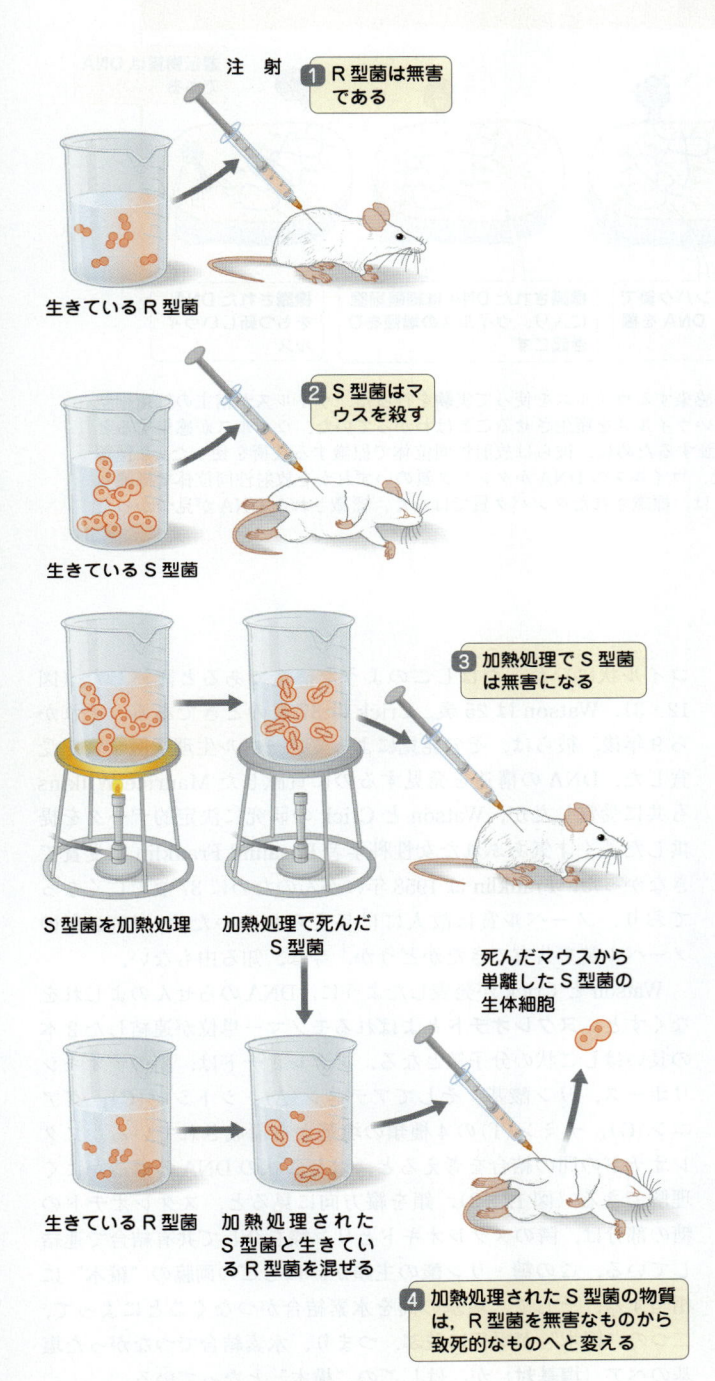

図12・1 **細菌の形質転換** 無害なR型菌が死をもたらすS型菌へと形質転換することを，Griffithは四つの実験で示した．この形質転換は，S型菌のDNAの小さなかけら（プラスミド）がR型菌細胞に入り，宿主細胞のDNAに組込まれて生じることが現在わかっている．

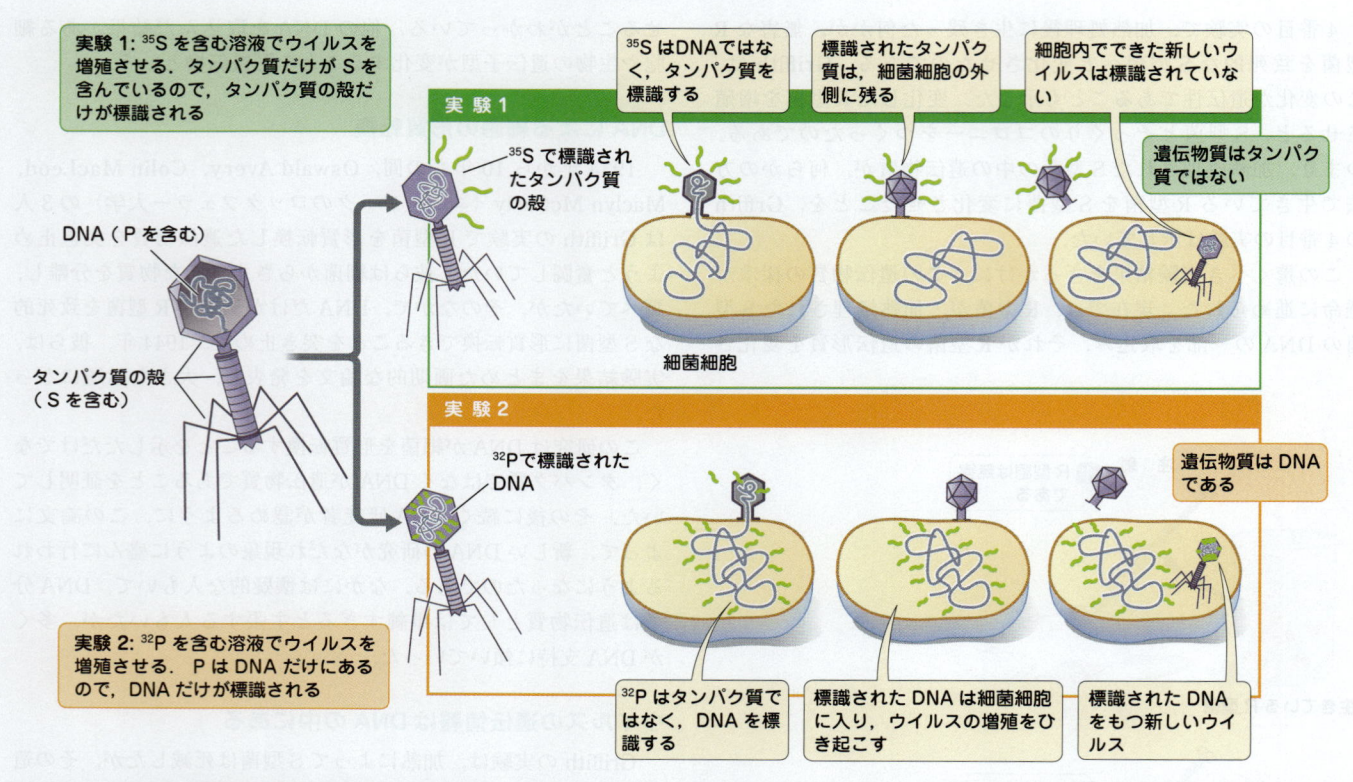

図 12・2 遺伝物質は DNA である Hershey と Chase は，細菌に感染するウイルスを使って実験を行った．ウイルスが宿主の細菌細胞内に遺伝物質を注入し，この遺伝物質が宿主細胞の細胞質内で新しいウイルスを産生させることはわかっていた．ウイルスが感染するとき，タンパク質ではなく，DNA が宿主細胞に注入されることを実証するために，彼らは放射性同位体で標識する技術を使った．2 種類の放射性同位体（^{35}S と ^{32}P）を含む溶液を使ってウイルスを増殖させ，ウイルスの DNA かタンパク質のいずれかを放射性同位体で標識した．つぎに，これらのウイルスを細菌に感染させた．細菌細胞内には，標識されたタンパク質ではなく，標識された DNA が見つかったので，このウイルスの遺伝物質は DNA であると結論づけた．

12・2 DNA の三次元構造

1950 年代初頭には，遺伝子が DNA でできていることは知られるようになった．つぎの研究ステップは，DNA の構造を明らかにすることであった．なぜなら，分子レベルでの遺伝子のしくみを理解するためには，原子のレベルまで掘り下げて，構造を調べる必要があったからである．

1951 年，Linus Pauling らが，タンパク質の三次元構造に関する研究論文を発表し，タンパク質の一部がらせん構造になっていることを示した．この研究は，生物学的に重要なタンパク分子の形を理解するうえでの大発見であるが，同時に，DNA の三次元構造が同じ方法で明らかにできることも示していた．その後の数年間，Pauling も含めて世界中の主要な研究室が，DNA の三次元構造を解析しようと躍起になっていた．

DNA 構造を明らかにすること，それは，生命の最大の謎，つまり，どのようにして遺伝情報が DNA 分子内に保存されるのか，また，どのようにして遺伝情報が親から子へと受け継がれるようにコピーされるのかという謎を解き明かすことの競争でもあった．

DNA の構造は二重らせんである

DNA の物理的構造を解明する競争に最終的に勝利したのは，英国のケンブリッジ大学で研究していた米国人 James Watson と英国人 Francis Crick であった．彼らは 1953 年に発表したたった 2 ページの短い論文に，DNA は**二重らせん**構造である，つまり，コイル状にひねったはしごのような構造であると記述した（図 12・3）．Watson は 25 歳，Crick は 37 歳のときである．それから 9 年後，彼らは，その発見によってノーベル生理学医学賞を受賞した．DNA の構造を発見するのに貢献した Maurice Wilkins も共に受賞したが，Watson と Crick の研究に決定的データを提供した若く才気あふれた女性科学者 Rosalind Franklin は受賞できなかった．Franklin は 1958 年にがんのために 37 歳で亡くなっており，ノーベル賞は故人には与えられないため，1962 年のノーベル賞を共有できたかどうか，今は，知る由もない．

Watson と Crick が発表したように，DNA のらせんのよじれをなくすと，**ヌクレオチド**とよばれるモノマー単位が連結した 2 本の長いはしご状の分子鎖となる．ヌクレオチドは，糖のデオキシリボース，リン酸基，そしてアデニン（A），シトシン（C），グアニン（G），チミン（T）の 4 種類の**塩基**から構成されている．ヌクレオチドの間の結合を考えると，はしご状の DNA の構造がよく理解できる（図 12・3）．鎖を縦方向に見ると，ヌクレオチドの糖の部分は，隣のヌクレオチドとリン酸を介して共有結合で連結している．この糖・リン酸の主鎖が，はしごの両脇の"縦木"に相当する．そして，塩基の間を水素結合がつなぐことによって，二つの"縦木"が平行に並ぶ．つまり，水素結合でつながった塩基のペア（**塩基対**）が，はしごの"横木"となっている．

Watson と Crick の論文には，二つの重要な点が含まれている．一つ目は，DNA 分子は 1 本だけではなく，2 本のヌクレオチド鎖からなることである．2 本の鎖は，互いに絡まっていて，DNA

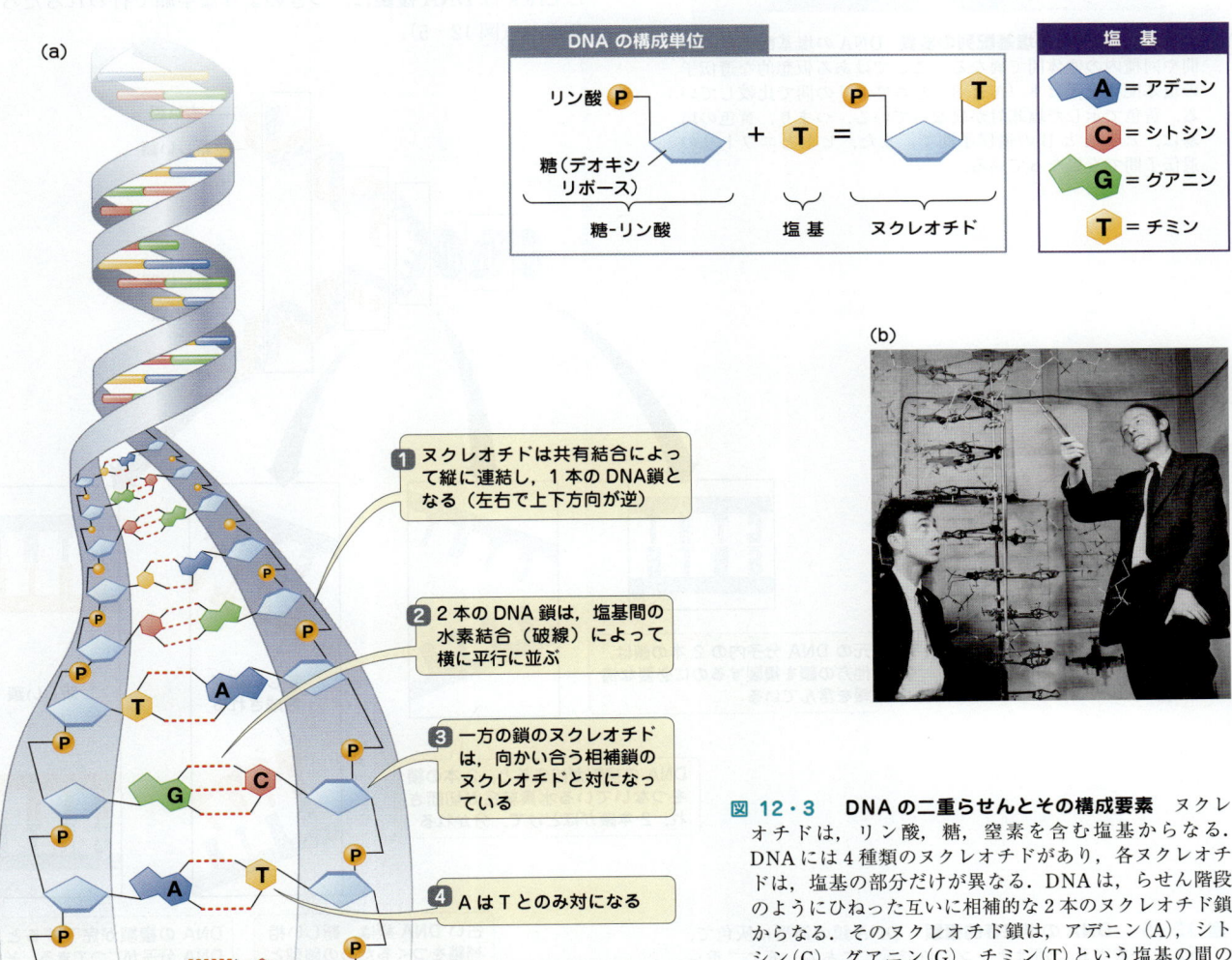

は二重らせんとよばれている．二つ目は，特定の塩基間でのみ対がつくられることである．WatsonとCrickは，一方の鎖のアデニン(A)は他方の鎖のチミン(T)とのみ対をなし，シトシン(C)はグアニン(G)とのみ対をなすという説を提唱した．この塩基対の原則は重要である．DNA分子の一方の鎖の塩基配列がわかっていれば，他方の塩基配列である**相補鎖**も自動的にわかることを意味するからである．たとえば，一方の鎖が以下の配列で構成されているなら，

ACCTAGGG

その相補鎖は，以下の配列をもっているはずである．

TGGATCCC

塩基対合の規則に従えば，相補鎖は，これ以外のどのような配列も許されない．

DNA構造から機能が説明できる

現在，WatsonとCrickの提唱したDNA構造は，その基本的な構成要素まで，すべて正しいことがわかっている．このDNA構造は，機能を非常にうまく説明できる優れたものである．たとえば，アデニン・チミン，シトシン・グアニンの間だけで対になれる点は，DNA分子が単純明快な方法でコピーされることを示唆している．元の鎖が，新しい鎖が構築されるときの鋳型としての役目を果たすのである．後年，これは正しいことが判明した．

また，構造から，DNAに保存された遺伝情報は，長い一列の塩基，A, C, G, Tで表現されていることも予測できる．AはTと，CはGと対になっているが，1本のDNA鎖に沿って見る場合，この四つの塩基の順番には制約はない．各DNA鎖が，数百万もの塩基から構成されているという事実は，膨大な量の情報がDNA分子に沿った**塩基配列**として記録されていることを示している．この点も，後年正しいことが証明された（第13章参照）．

DNAの塩基配列は，種間，また，同種内でも個体間で異なっている（図12・4）．遺伝子の異なる対立遺伝子は，異なるDNA塩基配列をもち，配列の違いが遺伝的変異のもととなっている．これも現在よくわかっていることである．たとえば，第11章で紹介したように，ハンチントン病や嚢胞性線維症などの遺伝病をもつ人は，病気をひき起こす特定の対立遺伝子を受け継いでいるが，これは，分子レベルでいえば，二つの対立遺伝子は異なる塩基配列をもっていて，片方の対立遺伝子は病気をひき起こし，他方の対立遺伝子はひき起こさない別の塩基配列であることを意味する．遺伝子内の何百，何千もの塩基対のうち，わずか1対の塩基の違いが生死を分けることもある．こうして，遺伝病をひき起こす対立遺伝子をもつ危険性のある人が，遺伝カウンセラーに相談するようにもなったのである（p.215参照）．

図 12・3　DNAの二重らせんとその構成要素　ヌクレオチドは，リン酸，糖，窒素を含む塩基からなる．DNAには4種類のヌクレオチドがあり，各ヌクレオチドは，塩基の部分だけが異なる．DNAは，らせん階段のようにひねった互いに相補的な2本のヌクレオチド鎖からなる．そのヌクレオチド鎖は，アデニン(A)，シトシン(C)，グアニン(G)，チミン(T)という塩基の間の水素結合によってつながっている．写真はDNA二重らせんの模型の横に立つWatson(左)とCrick(右)．

214　第Ⅲ部　遺　伝

ヒトAの遺伝子の塩基配列は……

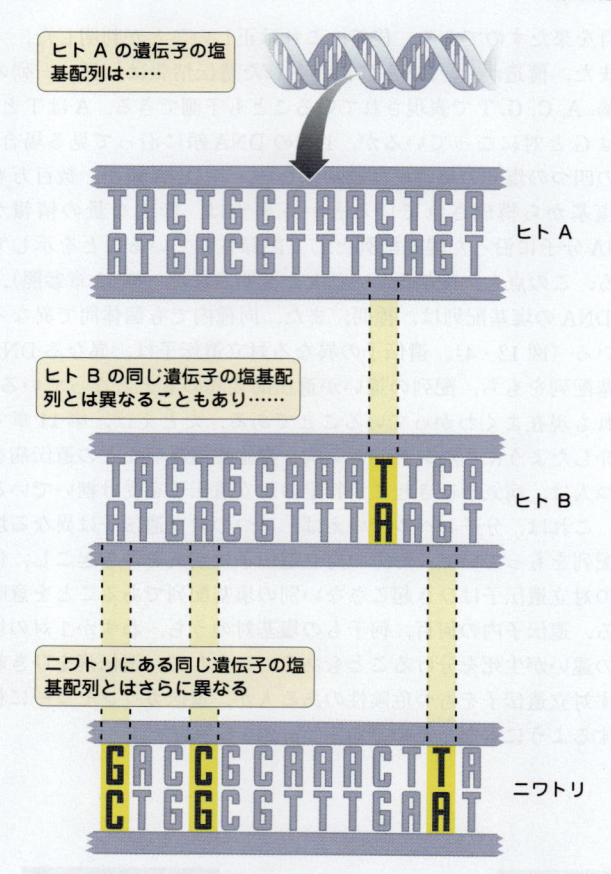

```
TACTGCAAACTCA
ATGACGTTTGAGT
```
ヒトA

ヒトBの同じ遺伝子の塩基配列とは異なることもあり……

```
TACTGCAAATTCA
ATGACGTTTAAGT
```
ヒトB

ニワトリにある同じ遺伝子の塩基配列とはさらに異なる

```
GACCGCAAACTTA
CTGGCGTTTGAAT
```
ニワトリ

図 12・4　DNAの塩基配列の変異　DNAの塩基配列は，種間や同種内の個体間で異なる．ここではある仮想的な遺伝子の塩基配列を，ヒト（AとB）とニワトリの間で比較している．黄色で示した塩基対が異なっている．つまり，黄色の塩基は，ヒトAとBの遺伝子間で，また，ヒトとニワトリの遺伝子間でも異なっている．

■ これまでの復習 ■

1. 遺伝物質が，ある細胞から他の細胞へと移動できることを最初に示した歴史に残る実験について述べよ．
2. 塩基の20％がグアニン（G）であるDNA二重らせんで，チミン（T）の含まれる比率は何％か．
3. もし，遺伝子がすべて4個のヌクレオチドだけで構成されているならば，各遺伝子は，どのようなしくみで異なる情報を伝えることができるか．

---

1. Griffithの実験で，加熱殺菌されたS型菌の遺伝物質が，無害なR型菌を病原性S型菌へ形質転換された．
2. 30％．Gが20％あるならCも20％，G+Cが40％となるので，残りのA+Tが60％となる．したがってTは30％．
3. 遺伝子のコードをヌクレオチドの個数だけで決めていくと，順番，つまり配列順序を変えれば，ヌクレオチドの種類，つまり情報を変えることができる．遺伝子は，ヌクレオチドの配列により情報をもつ．

12・3　DNAはどのように複製されるのか

1953年の歴史的な論文の中でWatsonとCrickがすでに気づいていたように，DNAの分子構造は，遺伝物質が単純なしくみでコピーできることを示唆している．彼らは，その詳細を1953年の二つ目の論文で発表した．AはTとのみ，CはGとのみ対になるので，片方のDNA鎖だけでも相補鎖を複製するのに必要で充分な情報を含んでいることになる．このことから，WatsonとCrickは **DNA複製** は，つぎのような手順で行われるだろうと考えた（図 12・5）．

元のDNA分子内の2本の鎖は，他方の鎖を複製するのに必要な情報を含んでいる

DNAの複製が始まると，2本の鎖をつないでいる水素結合が切断され，2本鎖がほどけて，分かれる

古いDNA鎖は，新しい相補鎖をつくるための鋳型となる

新しい鎖が合成される

新しい鎖

DNAの複製が完了すると，DNA分子が二つできる．それぞれの分子内に，古い鎖と新しい鎖を一つずつもっている

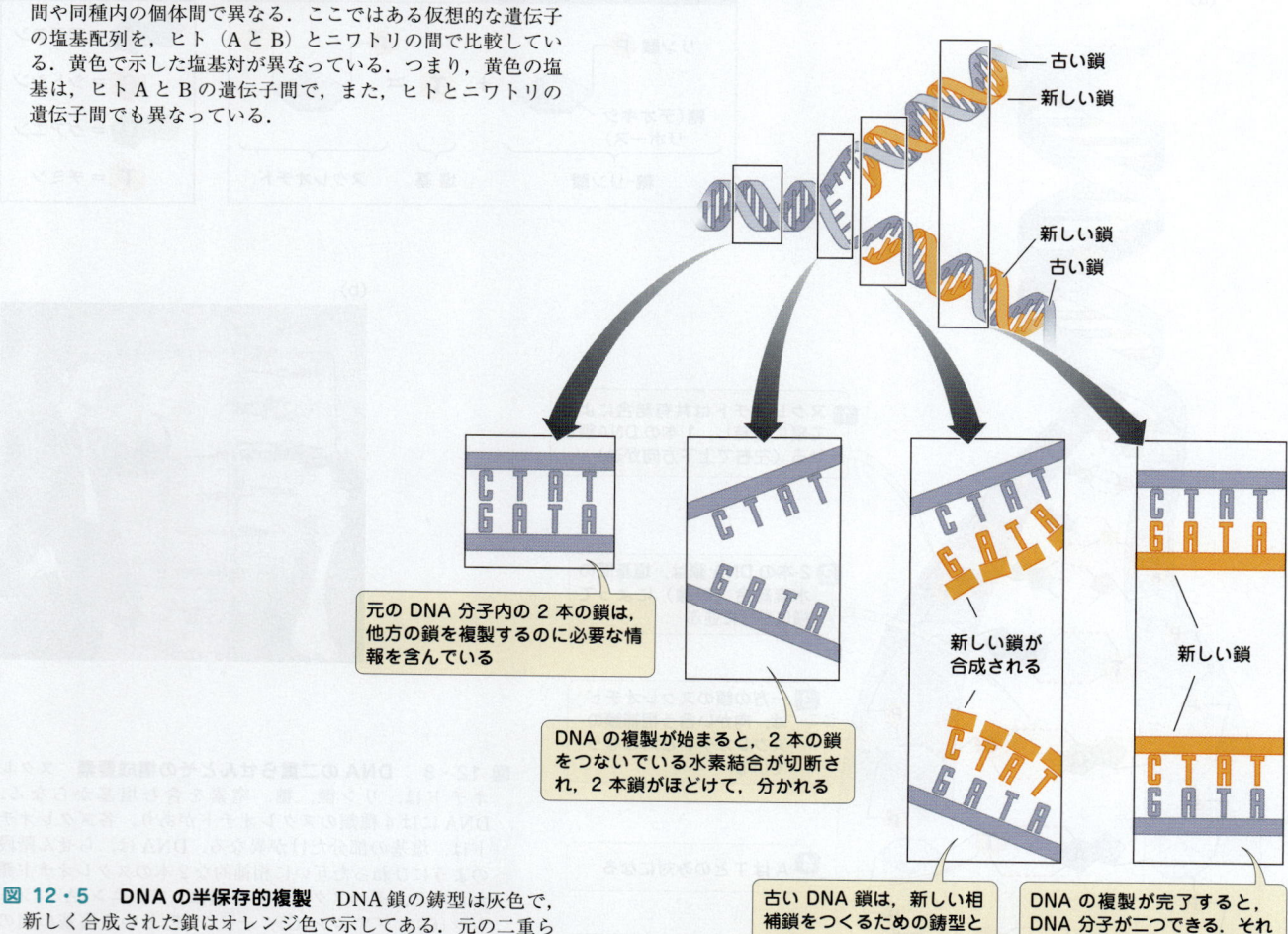

図 12・5　DNAの半保存的複製　DNA鎖の鋳型は灰色で，新しく合成された鎖はオレンジ色で示してある．元の二重らせんに由来する片方の鎖（灰色）は，新しくできた娘細胞の二重らせんの片方として保存されている．

12. DNA

生物学にかかわる仕事

遺伝病と向き合う人々を助ける

毎年，何千人もの患者が，Robin L. Bennett 氏のような遺伝カウンセラーの援助を受けている．彼は，シアトルのワシントン大学遺伝医学クリニックのカウンセラーであり，副所長でもある．

■ **遺伝カウンセリングに関心をもつようになった理由は何ですか？ きっかけがありましたか？** 高校生のとき，遺伝カウンセリングという新しい分野があることを学び，この仕事に興味をもちました．実は，母の親友が，重度の知的障害と身体障害をもつ子の母親でした．その家族の大変さを目の当たりにしてきたので，このような状況を何とか変えたいと思ったのです．

■ **あなたが行っているカウンセリングの仕事は，他の遺伝カウンセラーの方の仕事と，同じでしょうか？** 相談相手の大半は，遺伝病をもっている子や大人，妊婦，またはその家族です．一般の遺伝カウンセラーは，教育活動にかかわっている人が多く，講演をしたり，パンフレット，CD作成，オンライン情報提供などの教材開発もします．しかし，私のように，新生児スクリーニングプログラムなどのような遺伝病対策に携わる遺伝カウンセラーも増えています．

■ **お仕事のうえで，現在，重要な進展や発見はありますか？** 遺伝病の危険性を個人的に検査できるようになりました．遺伝病には，治療法のないものも多いですが，自分が病気になる確率が高いかどうか調べることができます．ただし，いつ発病するか，どれくらい病気が進行するかまでは正確には予測できません．また，この数年で，遺伝病の治療方法も種類が増えてきました．特に酵素補充療法ですね．

■ **遺伝子診断検査が，患者の心理的問題をひき起こすと警告しておられますね．遺伝カウンセラーは，倫理上や心理的な問題に，どの程度かかわっていますか？** ほとんど毎日のように倫理的問題にかかわることになります．また心理的問題は，患者さん自身がいつも直面しています．ですから，遺伝子診断検査を受けた後ではなく，その前に遺伝カウンセリングを受けることが大切です．カウンセリングでは，患者さんにどんな選択肢があるかを伝えます．たとえば，超音波診断で先天性欠損症が見つかった胎児をもつ人には，小児科集中ケア設備がある病院へ移ることもできるし，病気の専門家がいる病院で赤ちゃんを産むことも選べます．

■ **仕事のどのような点にやりがいを感じますか？** 遺伝カウンセラーをすることで，私は自分の人生を長い展望をもって見ることができるようになりました．自分が恵まれていることに感謝し，この人生を精一杯生きるように心がけています．患者さんに悪いニュースを知らせなくてはならないときには，いろんな選択肢があること，希望があることなどを伝えて，彼らが人生に意味をもてるように励ましたいと思います．私は遺伝カウンセラーとしての仕事が好きです．毎日，変化があり，飽きることはありません．

■ **読者に伝えたいことが，ほかにありますか？** この仕事について，米国遺伝カウンセラー学会（www.nsgc.org，日本国内は，日本遺伝カウンセリング学会 www.jsgc.jp）に情報が出ていますのでご覧ください．また，遺伝カウンセラー認定協議会のホームページ（www.abgc.net）に遺伝カウンセリングプログラムについての情報があります．

ここで紹介した職業

第11章や第12章で紹介したように，成人，胎児や初期胚で，遺伝病の原因遺伝子があるかどうか調べる方法は，急速に進歩しつつある．検査で子どもが病気をもっていないと判明した場合は不安から解放されるし，検査で病気をもっていると判明した場合は早期に治療を開始したり，他の治療法を選択できるという恩恵がある．しかし，ときには，検査結果をどうとらえるか，判断が難しいこともある．この問題は，遺伝子がどのように機能するのかという根本的な生物学の問題に起因している．遺伝子の影響はしばしば，遺伝子自身の機能だけでなく，他の遺伝子の機能や，環境要因によって決まるからである．

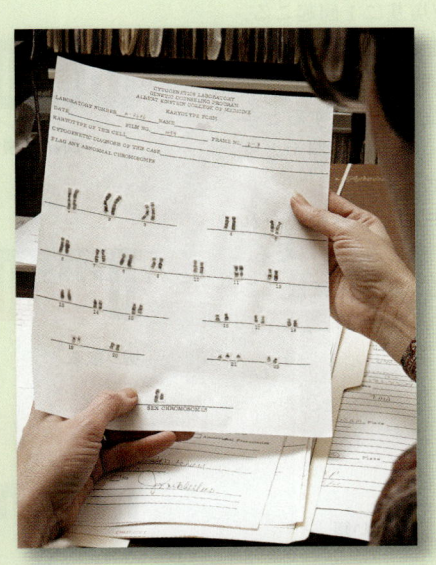

遺伝カウンセラーがダウン症患者の核型を調べているところ

---

1. まず，2本のDNA分子鎖をつなぐ水素結合が切断される．
2. 水素結合の切断により，2本の鎖がほどけて，分離する．
3. 各鎖が新しいDNA鎖をつくるための鋳型として使われる．
4. この過程が終了すると，元のDNA分子と同じ塩基配列をもつものが2コピーできる．各コピーは，古いDNA鎖（元のDNA分子）1本と，新しく合成したDNA鎖1本から構成されている．この複製方法は，新しい二重らせんの片方に，DNA鋳型の古い鎖が含まれるので，**半保存的複製**とよばれている．

このWatsonとCrickの予測は，5年後に，他の研究者によって立証された．DNA複製を行う酵素も発見され，**DNAポリメ**ラーゼとよばれている．

DNA複製のワトソン・クリックモデルは，的確で，かつ単純だが，実際のDNA複製のしくみは，そう単純ではない．DNA二重らせんを解離し，分けた鎖を安定させ，複製反応を開始させ，ヌクレオチドを鋳型鎖の正しい位置に付着させ，その結果を確認し，部分的に複製したDNAの断片をつなぐといった一連の化学反応のために，十数種の酵素やタンパク質が必要となる．

DNAの複製は複雑な作業であるけれども，細胞は数時間で数十億ものヌクレオチドを含むDNA分子を複製できる．ヒトの場合，約8時間で複製するので，1秒で10万個以上のヌクレオチドをコピーすることになる．この高速コピーが可能なのは，何千

12・4 複製時のミスや損傷したDNAの修復

DNAが複製されるときに間違いが起こることがある．たとえばヒトのDNAには60億以上の塩基対があり，二倍体細胞が分裂するたびに2本のDNA鎖が2本のDNA鋳型鎖から新しくつくられるので，合計120億以上の塩基対がコピーされる．このコピー時に間違いが起こる可能性がある．さらに，他のさまざまな要因で細胞のDNAが損傷を受けることもある．こういったミスや損傷が重要な遺伝子内で起こると，正しい細胞機能が損なわれる．その修復がうまくいかないと，細胞が死ぬ，あるいは，個体が生存できなくなる可能性もある．

DNA複製時のミスはほとんどない

DNAが複製されるとき，酵素が間違った塩基を挿入することがある．たとえばDNAポリメラーゼが鋳型鎖にあるアデニン(A)の反対側にシトシン(C)を挿入した場合，正しいT-Aペアの結合ではなく，間違ったC-Aペア結合が形成されることになる(図12・6)．このような間違いは，平均すると1万塩基に1回起こる．しかし，DNAポリメラーゼや他の"校正"を行う酵素が新しくできた塩基対の結合をチェックし，こうした間違いの大半は，修復される．この間違いの修復はキーボードで文字を入力するときに似ている．間違いに気づくとすぐに"削除"のキーを押すように，間違った箇所をその場で訂正するのである．

間違った塩基の挿入が起こり，さらに，校正のしくみをのがれたものがあると，塩基対のミスマッチエラーが起こることになる．その頻度は，1000万塩基で約1回程度である．細胞内には，このミスマッチエラーを修正する修復タンパク質も備わっている．そのしくみは，私たちが書いた文書を推敲するときに行う間違いのチェック方法に似ている．つまり，文書をプリントし，注意深く見直し，間違いを見つけるといった作業に似たものがある．ミスマッチエラーを修正するタンパク質によって，ミスの99%が修正されるので，最終的なミス発生率は，10億塩基に1回という信じられないほど低い確率になる．

ミスマッチエラーが修正されないと，DNAの配列が変わり，その変わった配列のままDNAが複製される．このようにDNAの塩基配列が変化することを**突然変異**という．ほかにも，化学物質や高エネルギーの放射線などの影響で突然変異を起こすこともある．突然変異の原因となるものを**突然変異原**という．

突然変異の結果，新しい対立遺伝子が形成される．突然変異で生まれる新しい対立遺伝子には有益なものもあるが，大半は，何の変化ももたらさないか，あるいは有害である．有害な対立遺伝子として，がんや鎌状赤血球貧血症，ハンチントン病などのようなヒトの遺伝病をひき起こすものが知られている．突然変異にはさまざまなものがあり，一つの遺伝子のDNA配列の変化だけでなく，染色体異常によってDNAの数や配置が大きく変わる場合もあることは，第11章でも紹介した．一般に，染色体の数や構

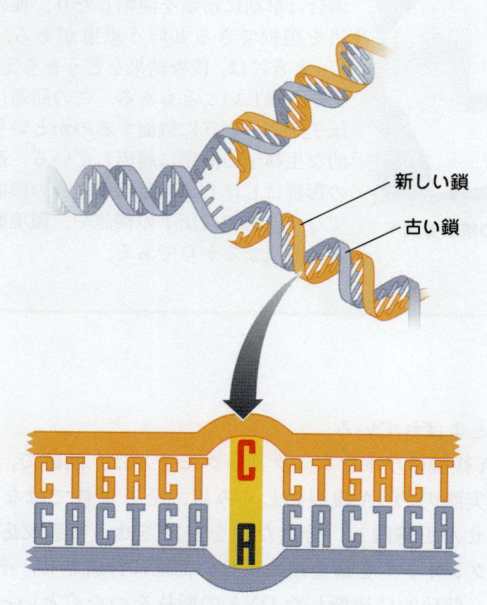

図12・6 DNAの複製時に起こる間違い この例では，シトシン(C)が，アデニン(A)の反対側に間違って挿入されている．通常は，DNAが複製される前に，このようなミスマッチエラーはDNA修復酵素によって修復される．次回のDNA複製までに，このミスマッチエラーが修正されないと，娘細胞のDNAは，元のA-T塩基対の代わりにC-G塩基対をもつことになる．

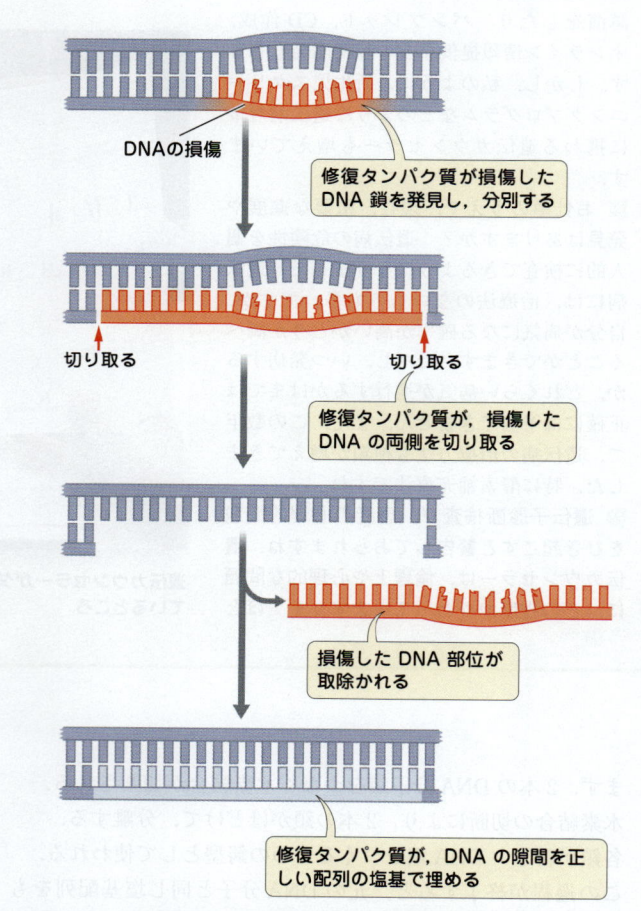

図12・7 修復タンパク質がDNAの損傷を修正する 複数のDNA修復タンパク質(酵素)が，協力してDNAの損傷を修復する．その過程は，1) DNAの損傷を判別し，2) 損傷したDNA鎖の部分を取除き，3) 新しいDNAを合成して置き換える，という3段階に分けられる．修復タンパク質のなかには，損傷部分を見つけて結合し，その場所に目印を付けるものもある．他の酵素が，その目印をもとに損傷したDNA鎖を切り取り，らせんからそれを取除く．最後に，DNAポリメラーゼが，鋳型を使って，新しいDNAの部分を構築し，損傷した部分と取替える．

造の変化は，非常に多くの遺伝子に影響を及ぼし，DNA 塩基配列を加えたり，削ったり，再配置させたりといった形で複数の DNA 突然変異をひき起こすことになる．

DNA 修復と正常な遺伝子機能の発現

私たちの細胞の DNA は，化学物質，物理的かつ生物学的作用によって，毎日のように数限りない損傷を受けている．そのような損傷をひき起こす原因には，放射能や熱のエネルギー，細胞内の他の分子との衝突，ウイルスの感染，そして，代謝過程での偶然の化学反応の間違い，環境汚染物質の影響などがある．私たちの細胞内には，この膨大な種類の損傷を修復するさまざまな修復タンパク質がある．酵母のような単細胞生物でも 50 種類以上の修復タンパク質をもっていて，ヒトの場合，さらに多いと考えられている．

損傷 DNA は非常に巧妙なしくみで修復されるが，損傷が大きな場合には修復できないこともある．たとえば 10 Gy（グレイ）の放射線エネルギーを浴びると，DNA の損傷は修復できないほど大きく，数週間で死に至ることが多い（グレイは，吸収した放射線エネルギーの量を示す単位で，1 kg 当たり 1 J を吸収するのに相当する．たとえば，一般に X 線検査を受けるときの吸収線量は 0.001 Gy 以下である．シーベルト(Sv)は，放射線の種類ごとの吸収効果を考慮した補正単位）．広島や長崎の原爆で，直接の爆風から生き延びた人のなかには，約 10 Gy もの強い放射線を浴びた人もいて，数週間で，骨髄と消化器系統の細胞が深刻な DNA 損傷のために死滅し，命を落とした（このような症状を急性放射線障害という）．10 Gy でヒトは命を落とすが，そのような線量でも，細菌の *Deinococcus radiodurans* はビクともしない．この細菌は，放射線による DNA の損傷を非常に効率良く修復する能力をもっていて，10,000 Gy の吸収線量でも，成長速度が遅くなるだけで，死滅することはない．たとえ 30,000 Gy（ヒトの致死量の 3000 倍）まで上がっても，少数の細菌は生き残る．

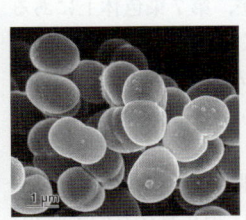

この **DNA 修復** の過程は，損傷箇所の DNA の検出，損傷除去，塩基置換の 3 段階からなることがわかっている（図 12・7）．この反応には，複数の修復タンパク質がかかわり，DNA 構造の欠陥を認識し，特殊な酵素で損傷した DNA の部分を切り取ることを専門に行う酵素がある．その後，損傷した DNA 鎖を除去してできた空白を正しい配置のヌクレオチドで埋める．この 3 番目の修復過程で DNA 鎖を補足するときに損傷していない部分を再生するための鋳型として使う．

突然変異は，DNA の修復が失敗したときに発生する．細胞分裂で盛んに増殖している細胞では，増殖にかかわる複数の遺伝子が厳密にコントロールされているので，そこに突然変異が起こると，非常に危険な状態になることが多い．そのような細胞は，制御不能な細胞増殖を始め，がんになりやすい（インタールードB）．DNA の損傷が非常に大きいと，修復がうまくゆかない，あるいは，誤って修復される確率が急激に高くなる．多細胞動物の場合，ひどく損傷した細胞ががんになるのを防ぐために，損傷した細胞を死滅させる別な機構をはたらかせることもある．このような，細胞がみずからの死をひき起こすようなしくみを "プログラムされた細胞死"，あるいは **アポトーシス** とよぶ．

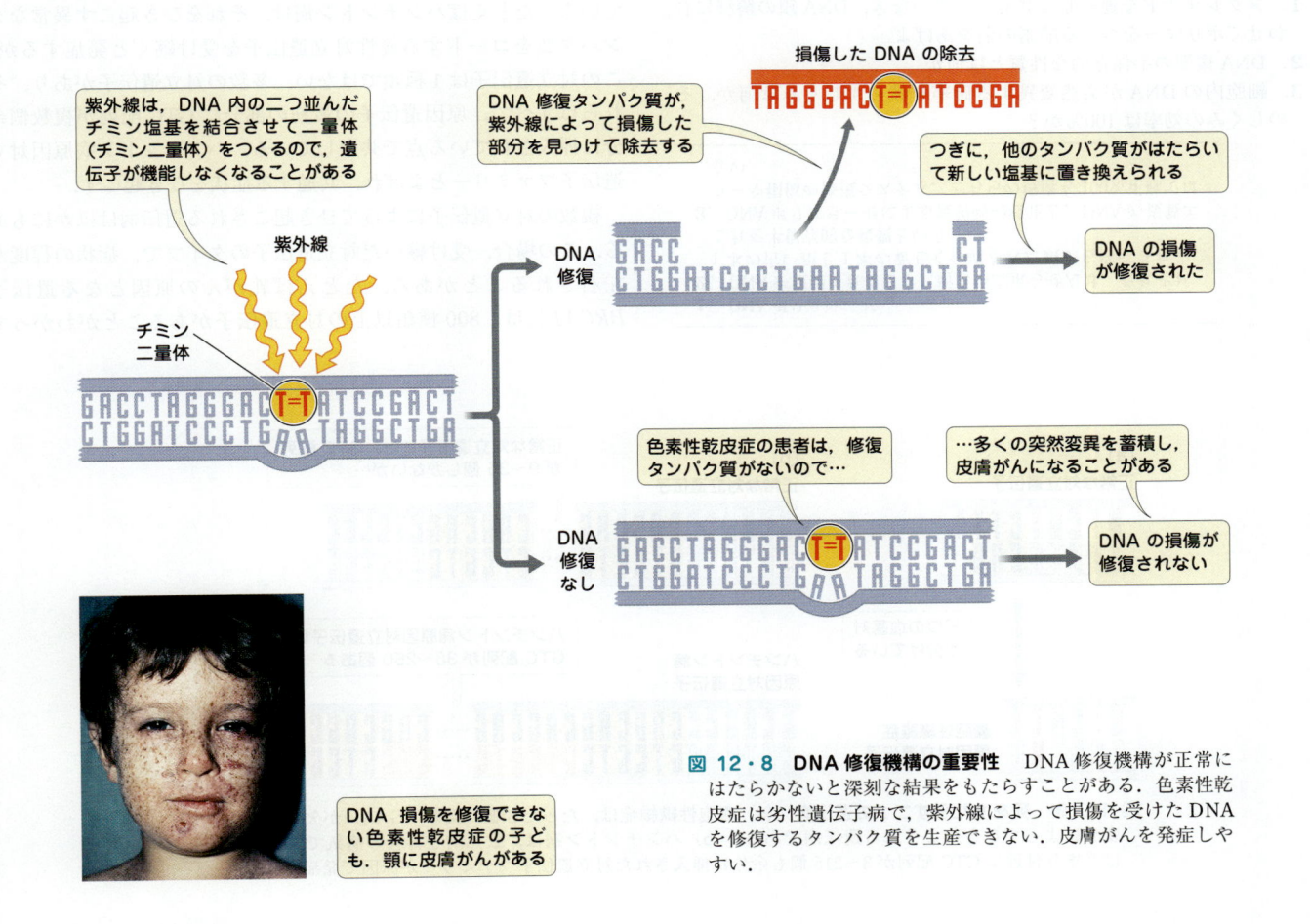

Deinococcus radiodurans

DNA 損傷を修復できない色素性乾皮症の子ども．顎に皮膚がんがある

図 12・8　DNA 修復機構の重要性　DNA 修復機構が正常にはたらかないと深刻な結果をもたらすことがある．色素性乾皮症は劣性遺伝子病で，紫外線によって損傷を受けた DNA を修復するタンパク質を生産できない．皮膚がんを発症しやすい．

紫外線は，DNA 内の二つ並んだチミン塩基を結合させて二量体（チミン二量体）をつくるので，遺伝子が機能しなくなることがある

DNA 修復タンパク質が，紫外線によって損傷した部分を見つけて除去する

損傷した DNA の除去

TAGGGACT T ATCCGA

つぎに，他のタンパク質がはたらいて新しい塩基に置き換えられる

DNA の損傷が修復された

色素性乾皮症の患者は，修復タンパク質がないので…

…多くの突然変異を蓄積し，皮膚がんになることがある

DNA の損傷が修復されない

日焼けした皮膚がはげ落ちるのはあまり気持ちのよい話ではないが，皮膚細胞で起こったアポトーシスがみられるちょうどよい例である．数時間，直射日光など，強い紫外線を浴びると，皮膚細胞のDNAに修復できないほどの損傷を受けることがある．色白の人はなおさらである．損傷した皮膚細胞は，アポトーシスを起こして収縮し，細胞核と細胞質がしだいにバラバラに崩壊する．他の防御や修復反応と同じように，アポトーシスにも一定の失敗率があるので，DNA損傷から細胞を守るうえで，100％あてにはできない．強い紫外線により損傷を受けた皮膚細胞のなかで，数個でもアポトーシスに失敗し生き残った細胞があると，そこから攻撃的ながん細胞へと変わるものがいるかもしれない．18歳以下の人が日焼けで2回以上，皮膚がむけるほどの強い紫外線を浴びると，一生の間に悪性メラノーマ（悪性黒色腫）を発症する危険性が倍になる（人種差が大きく，特に白人での発症例が多い）．他の一般的な皮膚がんが治療しやすいのに対して，悪性メラノーマは早期発見できなければ，死に至る危険性が高く，米国では年間約8000人（日本では約450人）が命を落としている．

DNA修復のしくみが重要な点は，修復機構に問題のある遺伝病の存在からも明らかである．図12・8の写真の子は，色素性乾皮症という劣性遺伝病の患者で，太陽光を短時間浴びただけでも痛みを伴うような水疱ができる．色素性乾皮症の原因となる対立遺伝子からつくられるDNA修復タンパク質は活性がない．正常なタンパク質は，紫外線で生じるDNA損傷を除去修復する活性をもつので，色素性乾皮症の人は皮膚がんを発症しやすい．乳がんや結腸がんなどの例でも，DNA修復を行う遺伝子の欠陥によってひき起こされる遺伝性のがんが知られている．

■ これまでの復習 ■
1. ヌクレオチドを連続して共有結合でつなぎ，DNA鎖の鋳型に合わせてポリマーをつくる酵素の名をあげよ．
2. DNA複製の半保存的な性質とは何か．
3. 細胞内のDNAが突然変異する確率を減らすしくみは何か．そのしくみの効率は100％か？

学習したことの応用

生命の書の誤り

遺伝子内でのヌクレオチドの配置は，一人一人異なり，その結果，さまざまな表現型をつくり出す．しかし，この"生命の書"は完全というわけではない．DNA複製時の間違いが，遺伝病をひき起こすような新しい突然変異対立遺伝子を生み出すことがあり，なかには致死的な病もある．鎌状赤血球貧血症，嚢胞性繊維症やハンチントン病などの深刻な遺伝病は，1個の遺伝子内で起こった突然変異が原因であることを第11章で紹介した．こうした遺伝病は，正常な対立遺伝子とDNAの配列が異なるというだけでひき起こされている．

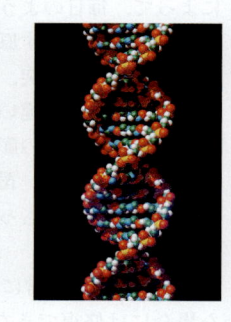

遺伝病をひき起こす対立遺伝子の違いには，たとえば鎌状赤血球貧血症のようにふつうのヘモグロビン対立遺伝子と塩基が1個異なるだけのものもあれば，いくつもの塩基が異なるものもある．たとえば，嚢胞性繊維症は死に至る病だが，第7染色体上にある劣性対立遺伝子によってひき起こされる（図11・7，11・9参照）．正常な対立遺伝子で，塩基配列がTAGTAGAAAである部分が，変異した対立遺伝子ではTAGTAAであり，三つの塩基GAAが欠けていることが原因となっている（図12・9a）．この遺伝子は，細胞膜の塩化物イオン（Cl⁻）の輸送を制御するタンパク質をコードし，このタンパク質の変化によって，肺，消化管などの細胞が，濃い粘着性の分泌液で覆われるようになる．

他の遺伝病の例で，もっと多くの塩基が異なるケースも知られている．たとえばハンチントン病は，それをひき起こす異常なタンパク質をコードする優性対立遺伝子を受け継ぐと発症するが，この対立遺伝子は1種類ではない．多数の対立遺伝子があり，それらはすべて，原因遺伝子の最初の部分にGTC配列が複数個余分に挿入されている点で共通している．ハンチントン病原因対立遺伝子ファミリーとよばれ，共通する症状をひき起こす．

複数の対立遺伝子によってひき起こされる遺伝病はほかにもある．この場合，受け継いだ対立遺伝子のタイプで，症状の程度が左右されることがある．たとえば乳がんの原因となる遺伝子 *BRCA1* には，800種類以上の対立遺伝子があることがわかって

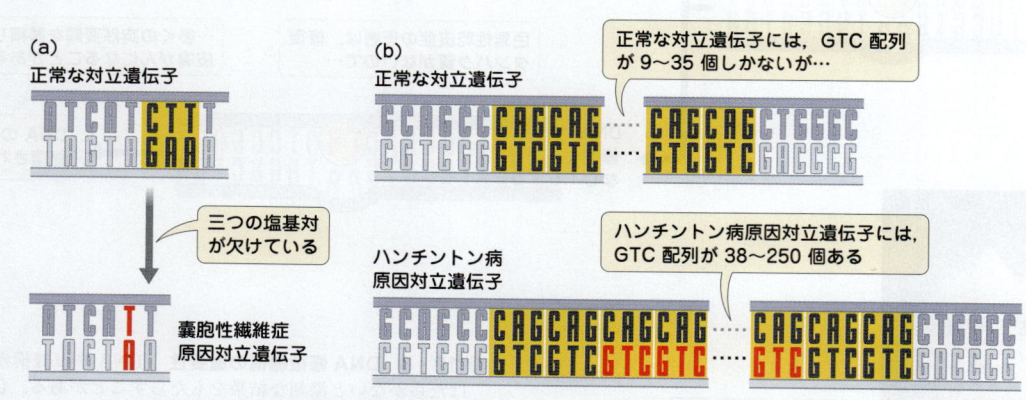

図 12・9 **死をもたらす二つの遺伝病** (a) 嚢胞性繊維症は，たった3個の塩基（GAA）が欠けただけの突然変異によってひき起こされる遺伝病である．(b) ハンチントン病は，致死的な神経の病気で，原因遺伝子のはじまり付近にGTC配列が3〜215個も余分に挿入された対立遺伝子ファミリーが原因で発症する．

いる．これらの原因対立遺伝子をもった女性が乳がんを発症した場合，症状の程度や適用すべき治療法は，800種の*BRCA1*乳がん対立遺伝子のどのタイプかで変わってくる．同様に，ハンチントン病でも，GTC配列のコピー数が多い人ほど，若年で病気を発症しやすい傾向があることもわかっている．

章のまとめ

12・1　遺伝物質を探して

■ 遺伝物質はタンパク質であると，はじめ，遺伝学者は考えていた．1928〜1950年頃の研究によってこの考えは間違いで，DNAが遺伝物質であるとわかった．

■ Griffithの実験は，無害なR型菌が，加熱処理されたS型菌にさらされると，致死的なS型菌に変わることを示した．

■ Averyらは，加熱処理されたS型菌の中のDNAが，R型菌をS型菌に変えることを示した．

■ HersheyとChaseは，ウイルスの，タンパク質ではなくDNAが細菌の細胞に感染し，次世代のウイルスをつくることを実証した．

12・2　DNAの三次元構造

■ 1953年，James WatsonとFrancis Crickが，DNAは共有結合でつながった2本の長いヌクレオチド鎖からなる二重らせん構造であることを提唱する論文を発表した．

■ 2本のヌクレオチド鎖は，アデニン(A)，シトシン(C)，グアニン(G)，チミン(T)という塩基をもったヌクレオチド間で水素結合をつくっている．

■ 水素結合によって塩基対ができる．DNA鎖のAは，他方のDNA鎖のTとのみ対となる．同様に，CはGとのみ対となる．

■ この塩基対ができる規則に従って，片方のDNA鎖は，他方のDNA鎖が複製されるときの鋳型としての役割をもつ．

■ DNA内の塩基配列は，種間や同種内の個体間で異なり，これが遺伝的変異の実体である．

12・3　DNAはどのように複製されるのか

■ 塩基対の規則に従い，AはTのみと，CはGのみと対をつくるので，DNAの片方の鎖は，他方の鎖を複製するのに必要な情報をすべてもっていることになる．

■ 複数の酵素がDNA複製の反応にかかわっている．DNAポリメラーゼが，複製を行ううえでの中心的な役割の酵素である．DNAを複製するには，まず，2本のヌクレオチド鎖をつないでいる水素結合を切断・解離する．

■ 水素結合の切断で，2本のDNA鎖が分離して，二重らせんがほどける．それぞれのDNA鎖は，新しいDNA鎖をつくるための鋳型として使われる．

■ DNAの複製は，半保存的である．つまり，元のDNA分子からコピーが二つつくられるが，古いDNA鎖はそれぞれ新しく合成されたDNA鎖との間でDNA二重らせんを形成する．

12・4　複製時のミスや損傷したDNAの修復

■ DNA複製時には，ごくまれに間違いが起こる．複製過程での間違いは，複製直後の"校正"機能によって，あるいは，塩基対ミスマッチエラーとしてあとで修復される．

■ DNA複製のミスが修正できなかった場合，突然変異となる．

■ 細胞内のDNAの構造は，化学反応の過程で偶然，あるいは，環境中の変異原（突然変異を誘発する化学物質やDNA損傷をひき起こす放射線など）の影響を受けて，毎日のように損傷を受けている．もし，DNAの損傷が修復されなければ，突然変異が蓄積し，それが個体の死をひき起こすこともありうる．

■ 複製時のミスやDNAの損傷は，複数種類のDNA修復タンパク質（酵素）によって修復される．

■ DNA修復タンパク質が機能しないために発症する遺伝病もある．

復習問題

1. 遺伝子はDNAからなることを証明した実験を，要約して説明せよ．

2. DNA分子のヌクレオチドに含まれる三つの主要成分を図示せよ．DNAには4種類のヌクレオチドがあるが，この三つの主要成分のうち，各ヌクレオチドに共通する二つの成分，互いに異なる一つの成分はどれか．

3. 2本のDNAヌクレオチド鎖を結合させている化学結合の種類は何か．

4. ある二つの共優性対立遺伝子，A^1とA^2をについて考える．二つの対立遺伝子は，どちらも白血球の表面にあるがそれぞれ異なるタンパク質をコードし，どちらもDNA分子内の短い部位に対応している．二つの対立遺伝子のDNAが，互いにどのように異なるか説明せよ．そのDNAの違いは，どのような形で現れるか，考えられる可能性を述べよ．

5. WatsonとCrickが提唱したDNA構造から，DNA分子がどのように複製されるのか，そのしくみを類推できた．なぜか，説明せよ．

6. DNAの塩基配列，突然変異，ヒトの遺伝病をひき起こす対立遺伝子の関係を説明せよ．

7. どのようにDNAの間違いが修復されるか，なぜ修復機構が，細胞や個体が正常に機能するうえで重要なのか，説明せよ．

重要な用語

形質転換（p. 211）　　半保存的複製（p. 215）
二重らせん（p. 212）　DNAポリメラーゼ（p. 215）
ヌクレオチド（p. 212）ミスマッチエラー（p. 216）
塩　基（p. 212）　　　突然変異（p. 216）
塩基対（p. 212）　　　突然変異原（p. 216）
相補鎖（p. 213）　　　DNA修復（p. 217）
塩基配列（p. 213）　　アポトーシス（p. 217）
DNA複製（p. 214）

章末問題

1. DNAの塩基対の組合わせについて正しいものはどれか．
   (a) どの塩基間も組合わせ可能である．
   (b) TはCと，AはGと対になる．
   (c) AはTと，CはGと対になる．
   (d) CはAと，TはGと対になる．

2. DNA複製の結果，

(a) 2個のDNA分子ができ、一方は2本の古いDNA鎖、もう一方は2本の新しいDNA鎖をもつ．
(b) 2本の新しい鎖をもった2個のDNA分子ができる．
(c) 2個のDNA分子ができ、それぞれが新しいDNA鎖と古いDNA鎖を1本ずつもっている．
(d) 上記のいずれでもない．

3. S型菌から抽出した物質で無害なR型菌を形質転換したOswald Averyらの実験によって実証されたのはどれか．
(a) DNAではなく、タンパク質が細菌を形質転換した．
(b) タンパク質ではなく、DNAが細菌を形質転換した．
(c) タンパク質ではなく、炭水化物が細菌を形質転換した．
(d) DNAとタンパク質が両方とも、細菌を形質転換した．

4. 生物のDNA損傷は，
(a) 1日に何千回もの頻度で起こる．
(b) 化学反応や放射線の影響で起こる．
(c) そう頻度は多くないが、放射線による．
(d) aとbの両方．

5. 異なる生物種のDNAは、つぎのどの点で異なっているか．
(a) 塩基の配列
(b) 塩基対形成の規則
(c) ヌクレオチド鎖の数
(d) DNA分子内の糖とリン酸の位置

6. DNA鎖がCGGTATATCの配列をもっていたら、その相補鎖の配列はどれか．
(a) ATTCGCGCA
(b) GCCCGCGCTT
(c) GCCATATAG
(d) TAACGCGCT

7. HersheyとChaseが、細菌を攻撃するウイルスを使った実験で実証したのはどれか．
(a) DNAの中に硫黄原子(S)がある．
(b) DNAの中にリン原子(P)がある．
(c) 放射性同位体で標識されたタンパク質が、細菌の細胞内に入った．
(d) 放射性同位体で標識されたDNAが、細菌の細胞内に入った．

8. 突然変異について正しいものを選べ．
(a) 新しい対立遺伝子を生み出すことがある．
(b) 有害であったり、有益であったり、何の変化ももたらさないこともある．
(c) 生物のもつDNAの塩基配列が変わることである．
(d) 上記のすべて．

ニュースの中の生物学

Chernobyl Wildlife Baffles Biologists

BY DOUGLAS BIRCH

生物学者を困惑させるチェルノブイリの野生動物

1986年，一基の原子炉でメルトダウン（炉心溶融）が起こり，何百tもの放射性物質が放出された．チェルノブイリ周辺の避難地域2850 km^{2}は原子力による死の街になるだろうと，多くの人が想像していた．しかし，必ずしもそうではないようだ．避難地域の大部分の放射線レベルは通常の10～100倍高い数値のままであるが，野生生物が戻ってきたのである．

テキサス工科大学の生物学者Robert Bakerは，チェルノブイリが野生生物の天国になっていると報告している．彼によると，1990年代初頭以降，チェルノブイリで調べたマウスなどの齧歯類は，高レベルの放射線に驚くような耐性があったとのことである．しかし，サウスカロライナ大学の生物学者Timothy Mousseauが調べたツバメの場合，放射能の影響により病気や遺伝子障害が多く見つかっている．汚染度の最も高い地区での生物の生存率は劇的に低く……　調査したひな鳥248羽のうち約1/3でくちばしの奇形や，アルビノの羽毛，湾曲した尾羽などの奇形が見つかった……チェルノブイリの周辺域に生息するツバメと比べると，遺伝的問題が増加，繁殖率は低下し，死亡率は"劇的に"高かった．

1986年4月26日未明，ウクライナのチェルノブイリ原子力発電所の4号機原子炉が爆発し，水蒸気や放射性微粒子を含んだ煙が大量に放出された．この事故は，原子炉設計上の欠陥と，昼夜で交替する作業員間の連絡ミスや経験不足などの人為的なミスなどが重なったものである．爆発後，数分以内で，作業員は致死放射線量の100倍以上の放射能を浴びてしまった．放射線量測定器が作動せず，緊急に駆けつけた消防士も，通常の火災事故と同じように消火活動にあたり，気づかないうちに致死量の放射能を浴びてしまった．当時，ソビエト連邦の一部だったウクライナで恐ろしい原発事故が起こったことを，世界中の人が知ったのは，翌日，スカンジナビア半島に降った放射性微粒子が検出されてからのことだった．

事故から3週間以内に，47人の原子炉作業員と消防士が，放射線障害で亡くなった．原子炉の近くに住んでいた9人の子どもが，事故から数カ月後，甲状腺がんで死亡した．爆発で飛ばされたのは多量の放射性ヨウ素（^{131}Iや^{133}I）と放射性ストロンチウム（^{89}Sr）で，ヨウ素は甲状腺内に蓄積しやすく，ストロンチウムはカルシウムの代わりに骨内に蓄積する．

当時，約500万人が汚染地域に住んでおり，その範囲はウクライナから新しく独立した国家，ベラルーシ共和国やロシアまで及んでいる．汚染地域の人々を対象に，出産率，新生児の異常，がん疾患の増加率など，健康状態に関しての調査が，その後20年以上にわたって行われた．その結果，病気の発生率とチェルノブイリ事故による放射線被曝量との間には，直接の因果関係はないという結論になっている．これは，周辺住民が浴びた放射線レベルが比較的低かったために，DNA修復機構が十分機能できたからであると考える研究者もいる．反対に，がん発症率の増加など，DNAが突然変異した結果は，もっと長い年月を経ないとわからないと主張する研究者もいる．人がほとんど住まなくなったチェルノブイリの立ち入り禁止区域では，野生の生物が予期せぬ復活を果たしている．驚くべきことに，発電所周辺の枯れた松林が復活し，ヨーロッパオオカミなどの，他の地域ではみられなくなった動物も増えている．

このニュースを考える

1. 放射線障害とは何か？　DNAの損傷が，どのように放射線障害の症状をひき起こすのか，説明せよ．チェルノブイリ原子力発電所周辺市民のなかで犠牲者となった9人の子どもの死と，DNA損傷がどのように関係しているのか，説明せよ．

2. ロシアから供給される石油や石炭への依存を減らす目的で，ウクライナは，古い原子力発電所の再稼働や新しい原子力発電所建設によって，不足する電力を補おうとしている．原子力発電所は，CO_2や他の温室効果ガスを出さないものとして推奨されてきた．チェルノブイリ事故の教訓に基づいて，原子力発電所が人の居住地から10 km以上離れた所にあれば，同様の事故が起こっても人や環境への影響は小さく，発生する問題も限定的であるという主張がある．あなたはこの主張をどう思うか．

出典：Toronto Star紙，オンタリオ州トロント，2007年6月8日

13 遺伝子からタンパク質へ

> **Main Message**
> 遺伝子はタンパク質の合成にかかわる情報を伝える．合成されたタンパク質が，個体の遺伝的特性を決める．

遺伝のメッセージ：誰が伝え，どう解読するか

　私たちは，今，世界規模の経済社会のなかにいる．たとえば，ある企業の本社がドイツにあって，工場はどこか他の国，たとえば米国にあるとしよう．すると，すぐに問題になるのは，ドイツの本社が決めた事柄をどうやって米国の従業員が理解するかということである．解決方法は簡単で，決定された内容のメッセージをドイツから米国へと伝えればよい．さらに，そのメッセージを，決定した本社のドイツ語から，決定が遂行される国の言語である英語に翻訳すればよいのである．

　真核生物の細胞も同じような問題をもっている．特定のタンパク質を合成するのに必要な情報である遺伝子は核の中にあるが，タンパク質は核の外にある細胞質のリボソームで合成される．したがって，遺伝子は離れた場所からタンパク質の合成をコントロールしなければならない．上の仮想のグローバル企業と同じように，遺伝子はメッセージを細胞質へ送ることで，タンパク質の合成をコントロールする．では，核からリボソームへと遺伝子の指示を伝えるメッセージとは何だろうか？　また，そのメッセージがリボソームに届くとき，リボソームはそれをどうやって理解するのだろうか？　企業内でのコミュニケーション不足が悲惨な結果になるのはよくわかるが，遺伝子の情報が誤って伝えられると，何が起こるのだろうか？

　この章では，遺伝子に保存されている情報が，DNA の"言語"（ACTG の 4 塩基文字の言語）から，タンパク質の"言語"（異種のアミノ酸の組合わせ）に転換される方法を紹介する．もちろん，多くの場合，情報は遺伝子からタンパク質へと正確に伝えられるが，DNA が突然変異によって誤ってコードされると，その結果，深刻な遺伝病となることも紹介しよう．

真核生物の遺伝情報は核に保存されている　タンパク質をコードする遺伝子の情報に従って，細胞質内でタンパク質が合成される．真核生物では，遺伝子の情報は DNA から RNA へと複写され，その後，核から細胞質内のタンパク質合成機構へ伝えられなければならない．メッセンジャー RNA（mRNA）が，その情報を運ぶ役割を担う．ここに示す脳の神経細胞は，特殊な染色技術を使って，細胞骨格タンパク質であるチューブリン（緑色）が観察できるようにしてある．このタンパク質をコードする遺伝子は核（青色）の中にある．

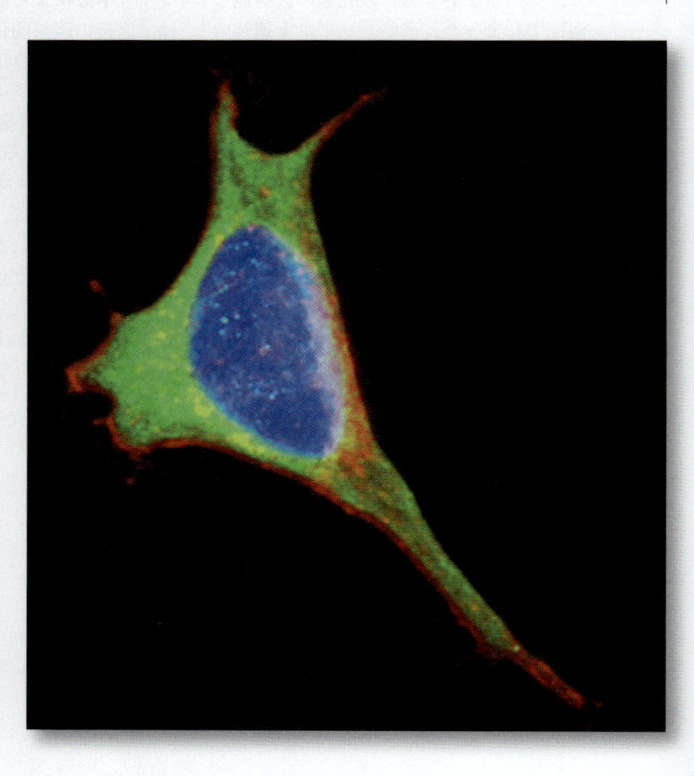

基本となる概念

- 遺伝子はタンパク質をつくるための情報である．遺伝子のDNA塩基配列として，最終産物となるタンパク質のアミノ酸配列の情報がコードされている．
- RNA分子の構造をコードする遺伝子もある．
- 転写と翻訳の二つのステップで，遺伝子からタンパク質がつくられる．
- 真核生物の細胞では核内で転写が起こり，遺伝子からmRNAがつくられる．核でつくられたmRNAは細胞質に移送され，そこでタンパク質の合成に使われる．
- 細胞質内でmRNAの塩基配列からタンパク質のアミノ酸配列へと翻訳される．
- 遺伝子の突然変異が起こると，つくられるタンパク質のアミノ酸配列が変わり，タンパク質の機能が変化する．そのような変化は不都合なことが多いが，たまに生物にとって有利となることもある．

第10章から第12章にかけて，遺伝子がどのように受け継がれ，どこに存在し，また何からできているのかを解説してきた．ここでは，つぎの新しいテーマ，遺伝子の機能について紹介したい．遺伝子は，その最終産物であるRNAやタンパク質をつくるうえで必要な情報をどのように保存しているのだろうか？ RNA分子はタンパク質合成の指示をどのように伝えるのだろうか？ そのしくみを知れば，遺伝病や突然変異でどのような表現型の変化が起こるのか，理解できるようになるだろう．本章では，遺伝子内に暗号化され保存されている遺伝情報とは何か，細胞がその情報をどのように使ってタンパク質を合成するのか，真核生物のケースを中心に紹介する．その後，遺伝子の変化が，どのように生物の表現型を変えるのかを解説する．最後に，学んだことを応用し，ヒトの遺伝病である鎌状赤血球貧血症やハンチントン病をひき起こす対立遺伝子の影響に焦点を当てる．

13・1 遺伝子のはたらき

タンパク質は生命にとって欠かせないもので，細胞や私たちの体は，多種多様なタンパク質を使っている．細胞の構造を支えたり，体内で物質を運ぶものもあれば，病原菌から体を守るはたらきもする．さらに，生命活動の根幹となる代謝反応は，タンパク質のなかでも重要なグループである酵素によって触媒されて進行する．こういった酵素やタンパク質は，生物のさまざまな特性に影響し，生物の内的・外的な環境とともに，生物の表現型を支配する点で，大きな影響力をもつ．

遺伝子はどのようにして，生物の表現型に影響を及ぼすのだろうか？ 最初の手掛かりは，代謝機能が異常な遺伝病を研究していた英国の内科医Archibald Garrodの研究であった．1902年に，彼は，酵素を合成できずに代謝異常が起こることを証明した．Garrodは，乳児の尿が空気に触れると黒くなる遺伝病，アルカプトン尿症に関心をもっていて，その症状の乳児には，ある酵素の活性がなく，健常であれば分解するはずの物質が分解されず残るので尿が黒くなることを示したのである．さらに，この発見にとどまらず，共同研究者のWilliam Batesonとともに，"遺伝子は酵素合成にかかわっている"という仮説を打ち出した．

遺伝子はRNA分子合成に関する情報を担う

GarrodとBatesonが示したことは正しい方向にあったが，100%正しくはなかった．遺伝子は，酵素だけでなく，すべてのタンパク質の合成をコントロールしているのである．さらに，遺伝子の多くがタンパク質合成を制御しているのは事実であるが，そうでない遺伝子，つまり特定のタンパク質合成に直接は関係しない遺伝子もある．こういった遺伝子は，タンパク質をコードしないが，タンパク質合成を行ううえで必要なリボ核酸（RNA）分子をつくるものである．このことから，私たちは第10章で述べた遺伝子の定義を，より正確に改める必要が出てくる．**遺伝子**とは，"タンパク質合成で使われる各種のRNA分子の合成にかかわる情報をコードするDNA塩基配列である"と，ここで定義し直すことにしよう．

すべての遺伝子が，その産物としてRNA分子をつくっている．RNAとDNAとは，いくつか重要な相違点もあるが，構造上の類似点も多い．両方とも，共有結合したヌクレオチド鎖からできた核酸である．ただし，DNA分子は二本鎖なのに対して，RNA分子はすべて一本鎖である．RNA分子の構造は一本鎖のDNAに似ている．DNA分子は二本の鎖が撚り合わさって二重らせん構造になっているのに対して，RNA分子は，分子内で折れ曲がって，多様な三次元構造をつくる性質がある．DNAと同じように，RNAの構成ユニットとなる各ヌクレオチドは，糖，リン酸基，そして4種類の塩基のうちの一つから構成されているが（図13・1），分子構造のうえで，RNAとDNAのヌクレオチドはつぎの二つの点で異なっている．まず，RNAは糖としてリボースを使うが，DNAは酸素の1個少ないデオキシリボースを使っている．二つ目に，塩基のチミン（T）はDNAにしかなく，RNAではウラシル（U）に置き換わっている．他の三つの塩基，アデニン（A），シトシン（C），グアニン（G）は，RNAとDNAで共通である．また，一般に，RNAはDNAよりも化学的に不安定で，細胞内のRNA分子はほとんど，細胞質内で分解されて，そこで役目を終える．第14章で改めて，どのタイプのRNAをどれだけ生産するか，個々のRNAが細胞質でどれくらい長い期間使われるのか，その調節のしくみも含めて紹介する．遺伝情報が永久に保存されるのと同じように，細胞核のDNA分子は，細胞の死が近づいて破壊されない限り，非常に安定している．この点でもDNAとRNAとは対照的である．

3種類のRNAがタンパク質の合成にかかわる

核酸であるDNAとRNAは，タンパク質合成に重要な役割を果たしている．RNA分子のなかには，合成反応を触媒する種々の酵素タンパク質と同じくらい重要な役割を担っているものもある．すでに学んだように，DNAがこれら必須分子の生産をすべて制御しているので，結局，タンパク質の合成の情報は，すべてDNAに支配されていることになる．

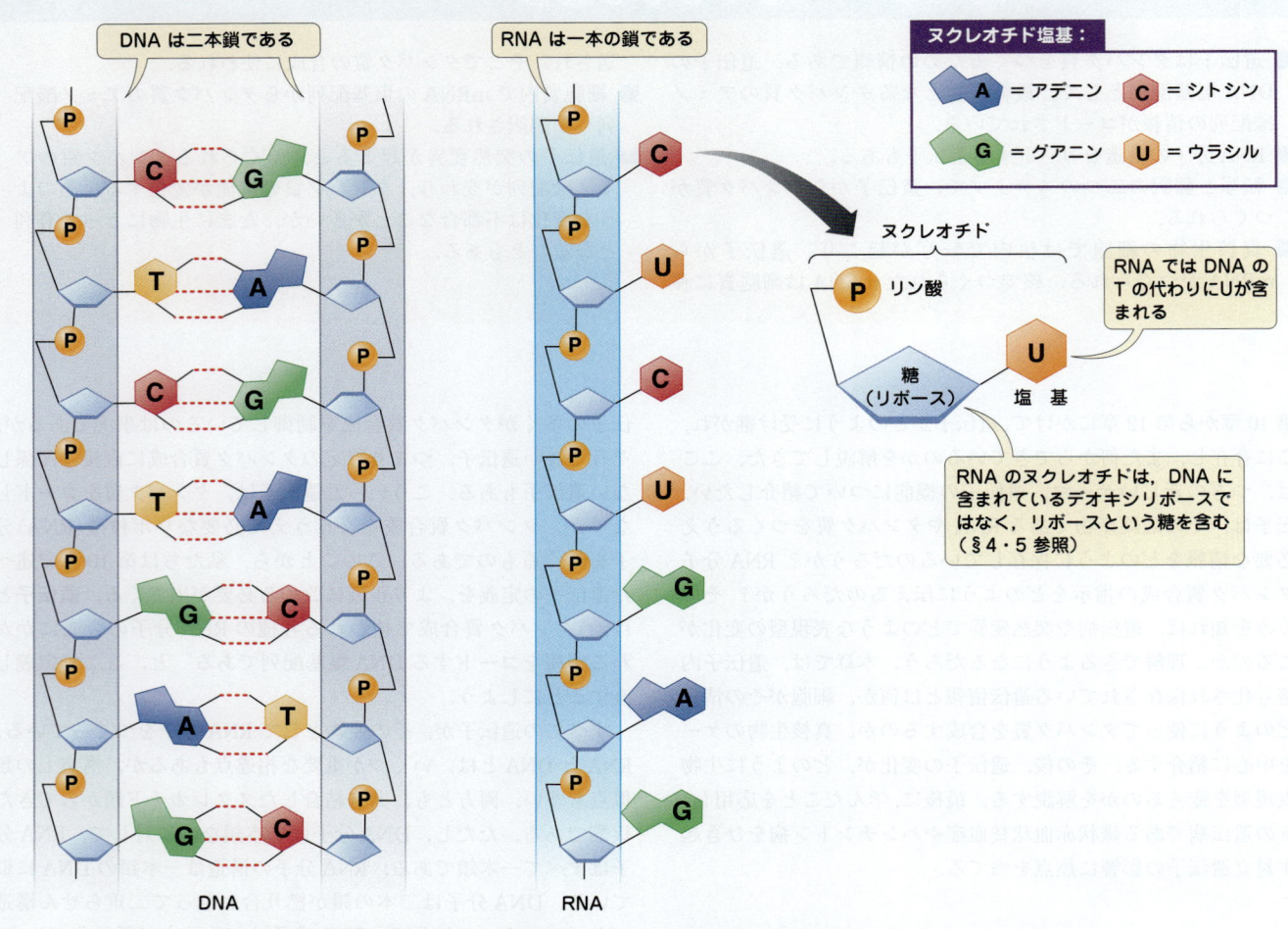

図13・1　RNAの構造　DNAとRNAの同じ点，異なる点を見るために，図12・3と比較しよう．

細胞は，おもに3種類のRNA分子，メッセンジャーRNA（mRNA），リボソームRNA（rRNA），転移RNA（tRNA）を使って，タンパク質を合成している．これらのRNA分子の機能については，表13・1にまとめたが，詳細は次節で紹介する．現在，タンパク質の生産に影響を及ぼす他のタイプのRNA分子があることもわかってきたが，それらについてはこの章では取扱わない．

13・2　遺伝子からタンパク質への概要

原核生物でも真核生物でも，タンパク質は，転写と翻訳の二つのステップで合成される．その概要はつぎの通りである．まず，**転写**で，遺伝子のDNA塩基配列の情報を使ってmRNAがつくられる．このmRNAの塩基配列がタンパク質のアミノ酸の配列を決めている．つぎに**翻訳**で，mRNAの塩基配列情報を使ってタンパク質を合成する．翻訳の過程では，rRNAとタンパク質で構成される複合体のリボソーム，およびtRNAが重要な役割を担う．

rRNAやtRNAをコードする遺伝子の場合，遺伝子から転写されたものが最終産物であり，翻訳の段階はない．この章では，転写と翻訳，つまり，タンパク質をコードする遺伝情報の発現を中心に解説する．

転写と翻訳について詳しく解説する前に，情報の流れという視点で，遺伝子のしくみを考えてみよう．真核生物は遺伝子に保管した情報をどのように使ってタンパク質を合成するのだろうか．原核生物には核がないので，遺伝子もリボソームも細胞質の中にあるが，それを除けば基本的には同じである．

真核生物がタンパク質を合成するためには，核の中にある遺伝子のメッセージを，タンパク質合成の場である細胞質まで送らなければならない（図13・2）．この核内の遺伝情報を細胞質の

表13・1　RNA分子とその機能

RNAの種類	機　能	形　状
メッセンジャーRNA（mRNA）	連続した3塩基コドンを使って，タンパク質のアミノ酸配列の順番を特定する．アミノ酸は特定のコドンによって指定される	
リボソームRNA（rRNA）	リボソームの重要な構成要素．アミノ酸間のペプチド結合の形成（§4・5）とタンパク質合成を補助する	
転移RNA（tRNA）	mRNAに転写された情報に従って，正しいアミノ酸をリボソームに運ぶ．mRNAのコドンと相補的な3塩基のアンチコドンをもつ	

リボソームまで運ぶ仲介役となるのが、メッセンジャーRNA（mRNA）である。転写の過程で、遺伝子の2本のDNA鎖のうち片方（これを鋳型鎖という）の塩基配列だけがmRNAに写しとられる。このとき遺伝子の情報は、単に細胞質へと伝えられるだけでなく、大きく増幅される。DNAの鋳型鎖から何百ものmRNAがつくられるからである。

mRNAが細胞質に到達すると、その情報（塩基配列という言語）をもとに、リボソームのはたらきで、タンパク質（アミノ酸配列という言語）へ翻訳される。この塩基配列の情報をリボソーム上でアミノ酸へ翻訳するのがtRNAである。翻訳を行うとき、tRNA分子内の三つの塩基が、mRNAの相補的配列と水素結合によって結合する。tRNA分子のもう一方の端には、tRNAの種類ごとに決まったアミノ酸が結合している。詳細はあとで紹介するが、ここではmRNAの塩基配列によってどのtRNAと結合するのか、またその結果、どのアミノ酸がリボソームに運ばれるのかが決まるということだけを理解しておいてほしい。リボソームの役割は、mRNAを固定し、そこへアミノ酸を運んでくるtRNAを配置して、遺伝子が指定した順番に従って、正確なアミノ酸の配列をもったタンパク質を合成することである。

13・3 転写: DNA から RNA へ

片方のDNA鎖を鋳型として新しいヌクレオチド鎖がつくられるという点で、遺伝子の転写はDNAの複製とよく似ている。ただし、つくられるのは新しいmRNA鎖である。DNAの複製とは、つぎの三つの点で異なる。まず第一に、反応を制御する酵素が異なる。転写で重要な酵素は、DNAの複製時のDNAポリメラーゼではなく、**RNAポリメラーゼ**である。第二に、DNAの複製ではDNA分子の全長が複製されるが、転写では、染色体のごく一部しかコピーされない。最後に、DNAの複製では二本鎖のDNA分子がつくられるのに対して、転写ではDNA二重らせんの片方の鎖（鋳型鎖）に相補的な一本鎖のRNA分子がつくられる。

遺伝子の転写は、酵素であるRNAポリメラーゼが、**プロモーター**とよばれる、遺伝子が始まる付近のDNA領域に結合することでスタートする。プロモーターの長さや塩基配列は遺伝子ごとに異なるが、6〜10個の塩基配列で構成されていて、RNAポリメラーゼは、その配列を識別して結合する。プロモーターに結合したRNAポリメラーゼは、遺伝子の始まる領域のDNA二重らせんを解きほぐして一本鎖へ分離する。つぎに、DNAの塩基配列に従ってmRNAの合成が始まる（図13・3）。このとき、DNA二重らせんの片方の鎖だけが使われ、このDNA鎖が**鋳型鎖**である（図13・3右の下側の鎖）。もし、反対側の鎖（図13・3右の上側の鎖）を鋳型として使うと、逆方向の塩基配列のmRNAが転写され、まったく異なる配列のアミノ酸が合成され、異なるタンパク質ができることになる。では、RNAポリメラーゼはどうやって鋳型に使うDNA鎖を選ぶのだろうか？ RNAポリメラーゼはプロモーターの向きに合わせて結合し、このときの分子の向きで、読み取る側のDNA鎖が決まる。つまり、結合するプロモーター配列の場所と方向により、どの鎖が鋳型として使われるかが決まることになる。

転写の際、RNAの4種類の塩基は、規則に従ってDNAの4種類の塩基とペアをつくって水素結合する。必ず、RNAのAとDNAのT、RNAのCとDNAのG、RNAのGとDNAのC、そしてRNAのUとDNAのAが対になる。この規則に従い、DNA鋳型から合成されるmRNA分子の塩基配列が決まる。たとえば、

■ **役立つ知識** ■ 酵素であるタンパク質の名称の語尾は〜アーゼ（ドイツ語読みの影響）や〜エース（英語発音の場合）で終わる（-aseと綴る）。酵素以外のタンパク質の名称は 〜イン（直前の子音によって〜シン、〜チンなどと変わる。英語では-inと綴る）で終わるものが多い。たとえば、タンパク質のDNAポリメラーゼやRNAポリメラーゼは酵素であるが、タンパク質のハンチンチンは酵素ではない（本章では、これら両方の分子が登場する）。

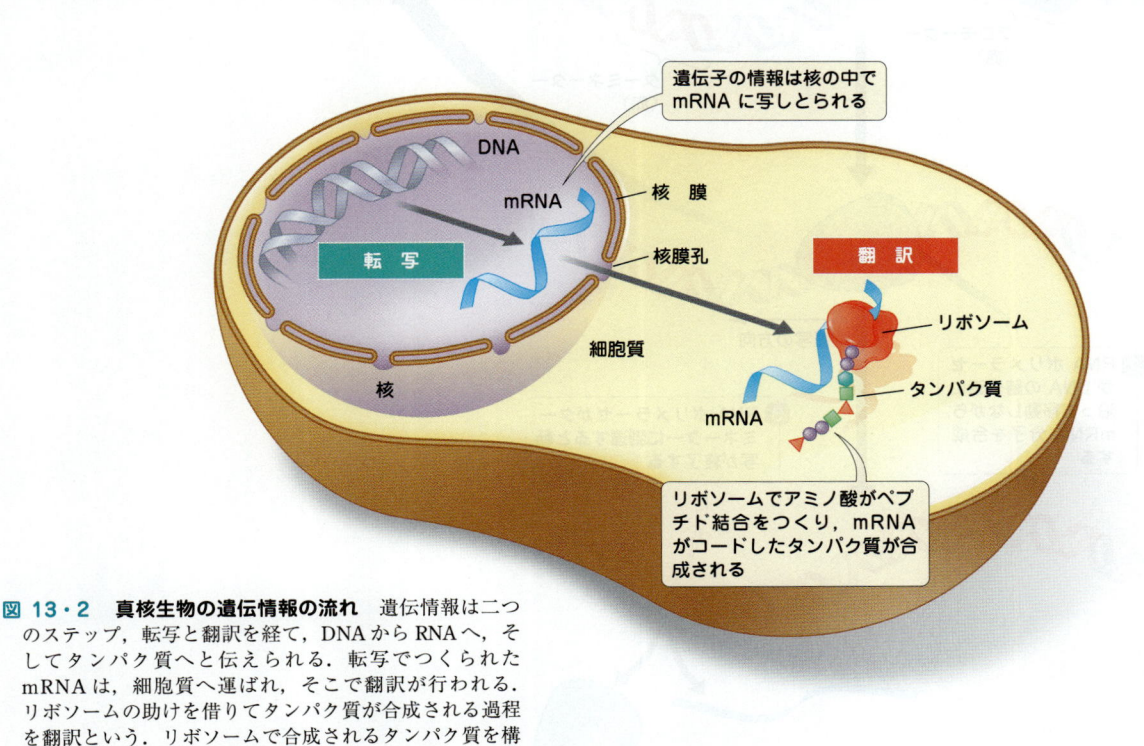

図 13・2 真核生物の遺伝情報の流れ 遺伝情報は二つのステップ、転写と翻訳を経て、DNAからRNAへ、そしてタンパク質へと伝えられる。転写でつくられたmRNAは、細胞質へ運ばれ、そこで翻訳が行われる。リボソームの助けを借りてタンパク質が合成される過程を翻訳という。リボソームで合成されるタンパク質を構成する単位となるアミノ酸は、ここでは異なる色や形で表現している。

DNA鋳型の配列がつぎのようであれば，

TTATGGCACCG

この鋳型から合成されるmRNA分子は，つぎのような配列をもつ．

AAUACCGUGGC

RNAポリメラーゼが遺伝子のプロモーター領域から移動して鋳型鎖の転写が始まると，別の新しいRNAポリメラーゼがプロモーターに結合し，前のRNAポリメラーゼのすぐ後に続いて，mRNAを合成することができる．したがって，複数のポリメラーゼが同じDNA鋳型に沿って移動しながら合成が進む．ヒトの細胞の場合，1個のポリメラーゼは，毎秒約60塩基の速度でmRNAを合成していく．毒キノコのタマゴテングタケには，α-アマニチンという猛毒が含まれ，この物質はRNAポリメラーゼに結合して，その移動スピードを毎秒2〜3塩基に低下させる．タマゴテングタケ1個の毒で10日ほどで死に至る．死因はおもに肝臓や膵臓の機能不全である．これらの臓器の細胞は，遺伝子の転写・翻訳を盛んに行っていて，重要な酵素やタンパク質を多量に生産しているので，転写スピードの低下が悲惨な結末をまねくのである．この毒素の致死的な作用から，mRNAがいかに重要な分子であるかがよく理解できる．mRNAは単にDNAに保存された情報を伝えるだけではなく，1個の遺伝子の鋳型から何百ものmRNA分子を合成し，転写されたmRNAからさらに何千ものタンパク質

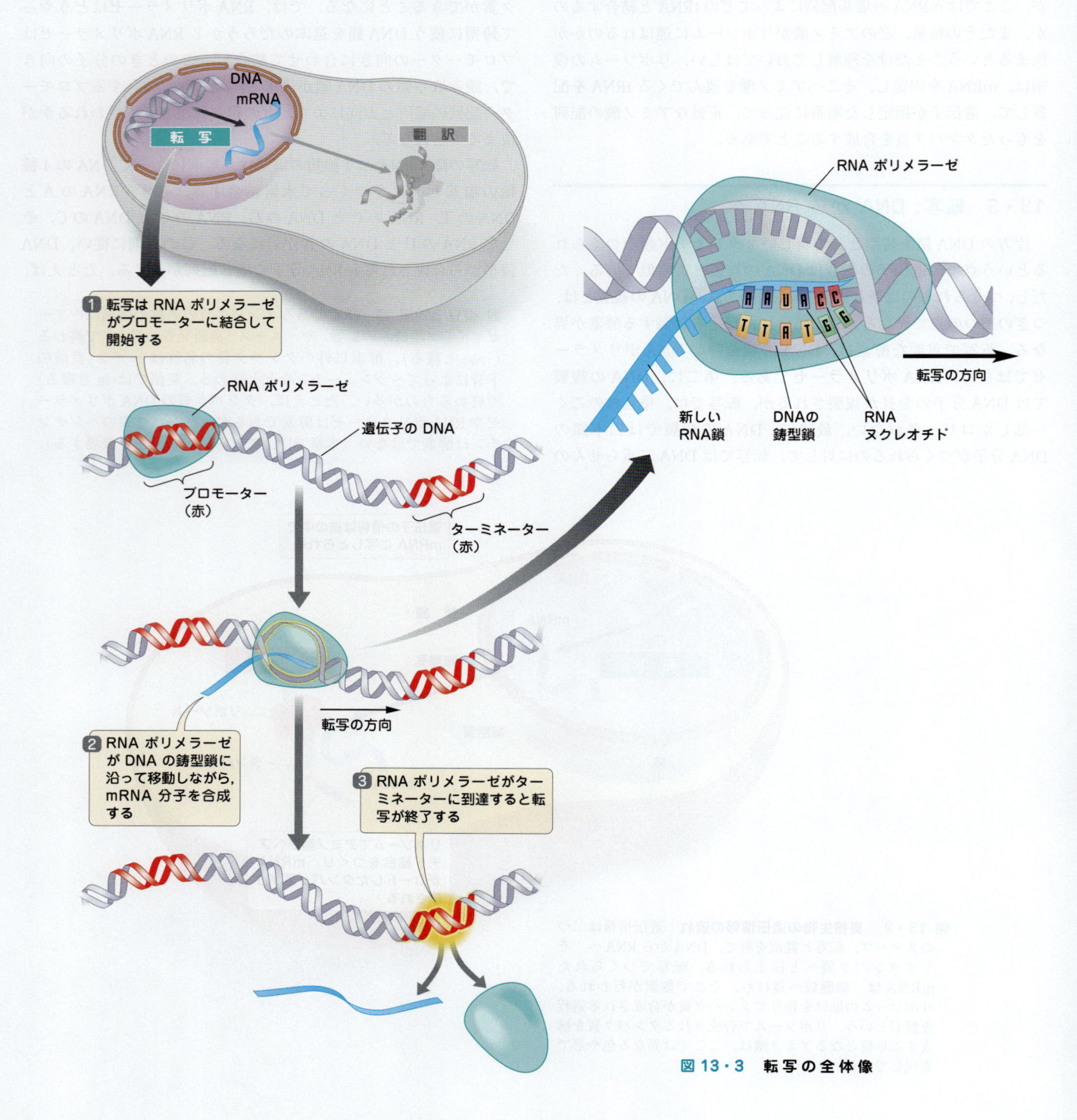

図13・3 転写の全体像

分子の翻訳へと，情報を大きく増幅して伝える役割をもつ．

原核生物では，mRNA 分子の合成は，RNA ポリメラーゼが**ターミネーター**とよばれる塩基配列に到達するまで続けられる．ターミネーター塩基配列が mRNA にコピーされると，そこでヘアピンとよばれる独特の立体構造が形成される．このヘアピンによって RNA ポリメラーゼが不安定になり，DNA の鋳型からはずれる．この時点で転写は終了し，新しく形成された mRNA 分子は DNA の鋳型から分離する．真核生物の転写終了プロセスはもっと複雑である．終了反応は，その前後の RNA プロセシングとよばれる RNA の加工反応と深く関係している．RNA プロセシングは，RNA の転写開始直後から始まる，RNA の構造を修正する複雑な処理反応で，この RNA プロセシングの最後の段階で RNA ポリメラーゼが不安定化して，DNA 鋳型から分離する．

RNA スプライシングは RNA プロセシング中の重要な加工作業である．真核生物では，転写されたばかりの mRNA には，タンパク質の合成情報をコードしない余分な塩基配列がある．こうした遺伝子内部の余分な塩基配列を**イントロン**といい，対して，タンパク質のアミノ酸配列をコードしている部分を**エキソン**とよぶ（図 13・4）．転写されたばかりの mRNA には，エキソンとイントロンが混在していて，ビデオや映画でいえば，"余分な場面"が入った撮影したばかりの未編集の映画フィルムのようなものである．翻訳の前に，余分なイントロン部分を切り取り，残った mRNA の部分をつなぎ合わせる作業が行われる．正しく切り貼りされた mRNA だけがタンパク質情報の"最終版"として，核外へ運び出される．

転写とその後のプロセシングが終了すると，成熟 mRNA は，核膜孔を通じて，核から細胞質へと運び出される．mRNA はリボソームに付着し，そこで遺伝子によって指定されたタンパク質の合成が始まる．これが，タンパク質を合成する情報（核内の DNA 塩基配列）が，メッセンジャー（mRNA）によって，細胞内の別の場所（核から細胞質）へと，伝えられるしくみである．

■ これまでの復習 ■

1. RNA と DNA の化学的構造の違いは何か．どちらが化学的により安定しているか．また，その違いは，それぞれの機能とどのような関係にあるか．
2. 転写とはどのようなものか？
3. ある遺伝子の鋳型鎖は TGAGAAGACCAGGGTTGT の塩基配列をもっている．RNA ポリメラーゼがこの鎖の左から右に移動すると想定して，この DNA から転写された RNA の塩基配列を記せ．

---

1. RNA は一本の鎖である．糖のリボースと，塩基として A，G，C，U をもつ．対して，DNA は二本鎖である．DNA は，糖としてデオキシリボースをもち，塩基としては A，G，C，T をもつ．DNA の方が安定している．遺伝情報を保存する分子としての役目を果たすのに適している．
2. 転写とは，RNA ポリメラーゼが DNA 鎖の片方を鋳型にして，遺伝情報を DNA から RNA に複写することである．
3. 右から左へ，ACUCUUCUGGUCCCAACA となる．

13・4 遺伝の暗号

遺伝子の情報は塩基配列という暗号である．前節で学んだように，遺伝子の DNA 配列は mRNA 分子を合成するための鋳型として使われる．遺伝子の最終産物はタンパク質で，それは折りたたまれたアミノ酸鎖からできていることを思い出そう（§4・5）．タンパク質のアミノ酸配列の情報は，mRNA の中にどのように

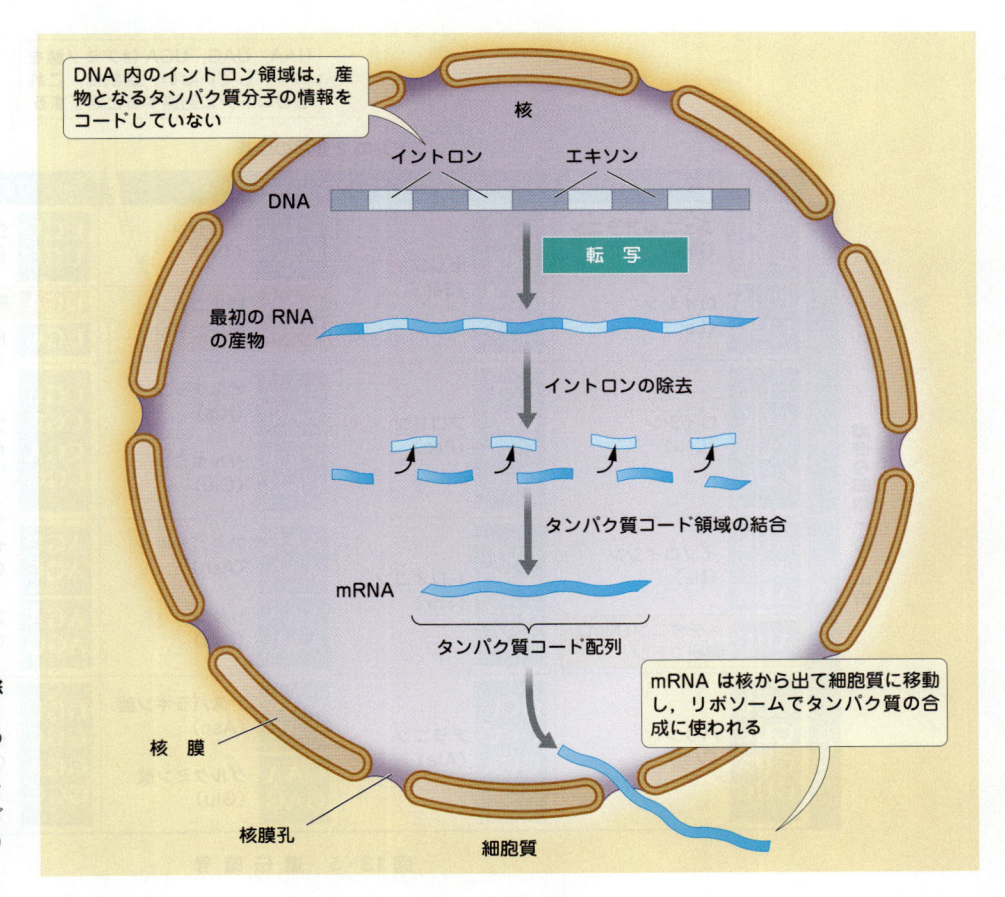

図 13・4　真核細胞でのイントロンの除去　真核生物の遺伝子には，エキソンとイントロンとよばれる領域がある．そのような遺伝子から転写された mRNA は，まず，核内にある酵素によってイントロンを除去され，残りのエキソンをつなぎ合わせるという処理（スプライシング）が行われてから，細胞質へと運ばれる．

記述されているのだろうか？

mRNA分子の塩基情報は，リボソームによって，三つの塩基セット（トリプレット）として"解読"される．この三つの塩基セットを**コドン**という．4種類の塩基があるので，三つの塩基の組合わせは，4^3の64通りあり，可能なコドンの種類は64個である．アルファベット4文字（A, U, C, G）だけで3文字の単語をつくると，64種類の異なる単語がつくれるのと同じである．64種類のコドンが，それぞれ**遺伝暗号**として特定の情報（単語がもつ"意味"に相当する）を指定する．図13・5にその遺伝暗号表を示す．64個のコドンの大半が，それぞれ決まったアミノ酸に対応するが，mRNA解読の開始や終了をリボソームに伝える役目をもつコドンもある．1個のコドンにしか対応しないアミノ酸はトリプトファンを指定するコドンUGGと，メチオニンを指定するコドンAUGの二つだけである．他のアミノ酸は，2〜6種類の複数のコドンに対応している．

暗号を解読するとき，細胞は**開始コドン**（AUG）とよばれるmRNA分子上の開始点で解読を始め，**終止コドン**（UAA, UAG, UGAの3種類のいずれか）で終了する．決められた場所で解読をスタートするので，遺伝子からのメッセージは，いつでも同じように正確に解読できることになる．開始コドンはアミノ酸のメチオニン（図13・5）に対応するコドンでもあるので，細胞内にある大半のタンパク質の"開始点"，つまり，翻訳が開始された最初の場所にメチオニンがある．

開始コドンに続く残りのコドンがどのようにして解読されるかを考えよう．図13・6の例は，UUCACUCAGの塩基配列をもつmRNA分子の一部を示している．mRNA暗号は3塩基が1セットとなって解読されるので，最初のコドン（UUC）は，1番目のアミノ酸としてフェニルアラニン（Pheと省略，図4・11参照）を指定し，次のコドン（ACU）は2番目のアミノ酸としてトレオニン（Thr）を指定し，三つ目のコドン（CAG）は3番目のアミノ酸としてグルタミン（Gln）を指定することになる．開始コドンは，どの3塩基セットがリボソーム-tRNA機構によってコドンとして解釈されるかを決めるうえで重要な役割を担っている．もし，図13・6の配列でUUCACUCAGが1番目のUではなく，2番目のUで始まるコドンで解読されたら，その結果合成されるアミノ酸はどうなるだろうか，図13・5のコドン表を使って考えてみよう．まったく別のタンパク質鎖が合成されることになる．つまり，Phe-Thr-Glnではなく，Ser-Leu…（セリン，ロイシン…）となるであろう．開始コドン（AUG）に続く塩基は，順々に，必ず3塩基配列が1個のコドンとして解釈されることになる．したがって開始コドンは，mRNAのどの3文字単語が一つとなってタンパク質のアミノ酸に翻訳されるかの，正しい枠組みを決める重要な役割を担う．

遺伝暗号には，以下の三つの特徴がある．第一は，暗号に曖昧さがなく多義的でないことである．つまり，各コドンが決めるアミノ酸は必ず一つで，他のアミノ酸を二重に指定することはない．第二は，暗号の冗長性である．複数のコドン（複数の"単語"）が，同じアミノ酸（同じ"意味"）に対応している．三つの塩基で一つのコドンが決まるので，全部で64種類のコドンがあるが，複数のコドンが同じアミノ酸に対応するためアミノ酸は20種類しかない．たとえば，セリン（Ser）に対応するコドンは6種類ある．第三の特徴は，普遍性である．この遺伝暗号は地球上のほとんどすべての生物の共通言語であることがわかっている．これは，全生物が共通祖先をもつことを示唆している．遺伝暗号が解明され，その普遍性がわかったことで，遺伝子の機能についての理解は急速に深まり，現在のバイオテクノロジー発展の礎となった

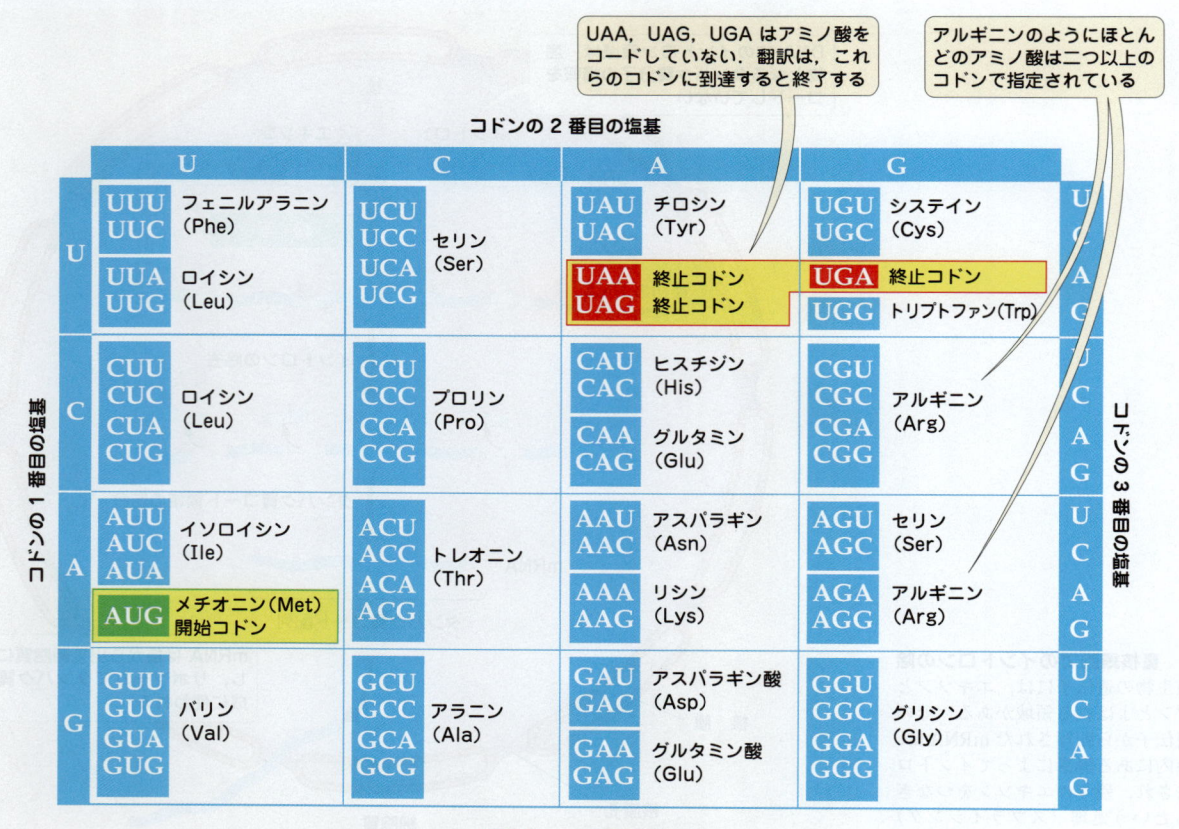

図 13・5　遺　伝　暗　号

(p.234 "生物学にかかわる仕事"参照). 例外的に, 64 コドンの一部を他と異なった読み方をする生物も少し見つかっている.

ことがある. そのため, tRNA は mRNA 上の複数種のコドンを認識して結合できる. たとえば, アミノ酸のセリンを運ぶ tRNA のうち, アンチコドンが AGG のものは mRNA 中の UCU や UCC と, アンチコドンが AGU のものは UCA や UCG と結合する. また, 別のセリン tRNA は UCG のアンチコドンをもっていて, 残りの二つのセリン指定コドンである AGU と AGC を認識して結合する (図 13・5 の遺伝暗号参照). このアンチコドンとコドンとの間の柔軟性があるおかげで, 細胞は 61 種類のアミノ酸を指定するコドン一つ一つに対応する 61 種の tRNA すべてを用意しなくてもよい. 実際, 大半の生物は, 40 種類程度の tRNA しかもたない. これは, 多くのアンチコドンが mRNA 中の複数種のコドンを認識して結合できるからである.

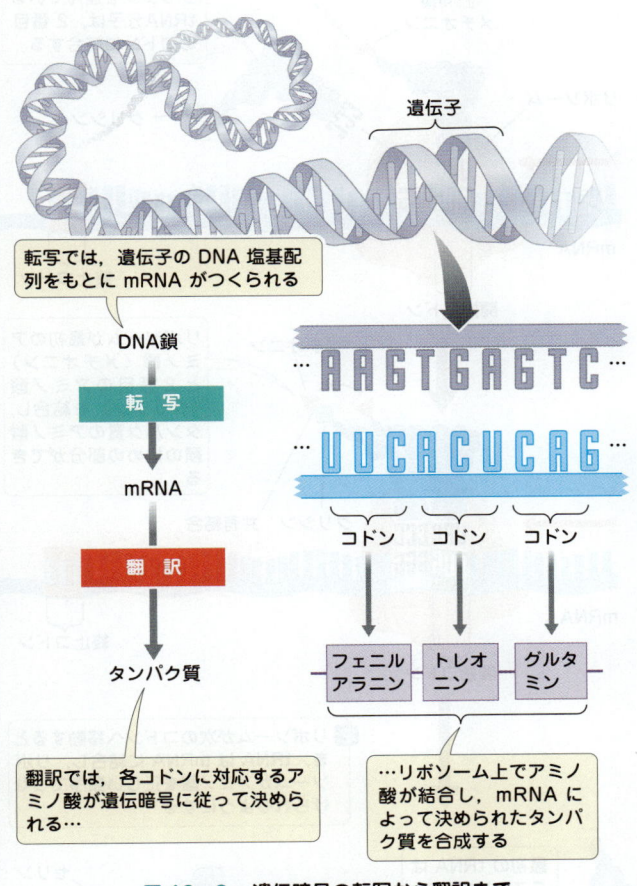

図 13・6 遺伝暗号の転写から翻訳まで

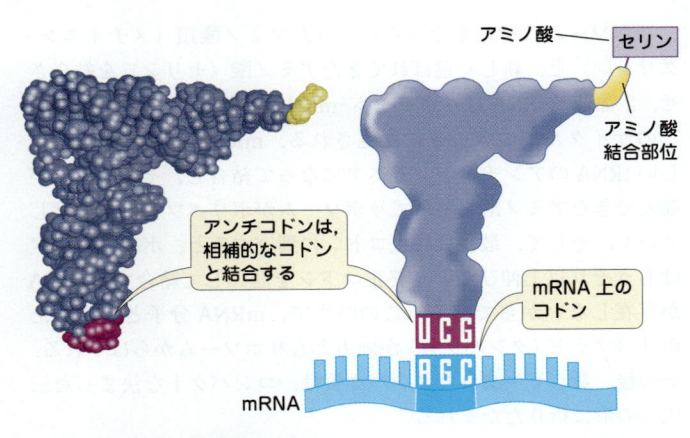

図 13・7 転移 RNA (tRNA) コンピューター上で再構築した分子構造のモデル (左) と, それをもとに模式的に示した tRNA 分子 (右). 各 tRNA は, 決まったアミノ酸 (ここの例ではセリン) と結合していて, 下側には mRNA の対応する 3 塩基コドン配列と相補的な塩基のアンチコドン配列がある.

13・5 翻訳: RNA からタンパク質へ

遺伝暗号は, 遺伝子の言語をタンパク質の言語に変換する辞書に相当するものである. この辞書をもとに mRNA の塩基配列をタンパク質のアミノ酸配列に変換することを翻訳という.

翻訳は, 遺伝子からタンパク質合成に至る過程において, 第二の重要なステップで (図 13・2), 50 種類以上のタンパク質と数個の rRNA 鎖で構成されるリボソームの上で進行する. リボソームは, mRNA の情報に従って正確な順序でアミノ酸どうしを結合させ, タンパク質を合成する場所となる.

tRNA として知られる別のタイプの RNA も, タンパク質合成に重要な役割を果たしている. tRNA は多種類あるが, 基本構造は同じで, mRNA の特定のコドンに結合する部位と, その反対側に決まったアミノ酸を結合させる部位がある (図 13・7). mRNA に結合する部分は tRNA の種類ごとに異なり, コドンと相補的な塩基配列をもつアンチコドンとなっている. このアンチコドンの三つの塩基が, 認識する mRNA コドンの塩基との間で水素結合をつくる. たとえば, UCG のアンチコドンをもつ tRNA は, アミノ酸のセリンを結合して運び, mRNA 中の AGC コドンを認識して結合する (図 13・7).

アンチコドンの中で 3 番目に位置する塩基は, 立体的な制約が少なく, 本来の相手と違う塩基との間で対をつくる ("ゆらぐ")

図 13・8 で示すように, 翻訳に先立って, mRNA がまず, リボソームに結合しなければならない. リボソームは, 開始コドン (すなわち mRNA 配列中の最初の AUG コドン) を見つけるまで, mRNA に沿って精査することから始める. AUG を見つけると, つぎに, mRNA 内のメッセージを解読し, そこで出会ったコドンに対応するアンチコドンをもつ適切な tRNA を取込む. リボソームは, アミノ酸結合の反応が進みやすいよう, 必要な構成要素のすべてを三次元的に配置させる構造になっている.

翻訳は, アミノ酸のメチオニンを運んでいる tRNA 分子が, 開始コドンの AUG を認識し, 対をつくったところで開始する. つぎに, 2 番目のアミノ酸 (図 13・8 ではグリシン) を運ぶ別の tRNA のアンチコドンが, mRNA 上の 2 番目のコドン (GGG) を認識し, 対結合をつくる. ここで, リボソームの酵素が, 最初のアミノ酸 (メチオニン) と 2 番目のアミノ酸 (グリシン) の間に共有結合をつくる. この結合が完成すると同時に, AUG に結合した最初の tRNA は, そのアミノ酸 (メチオニン) を手離す. 身軽になった tRNA 本体は mRNA リボソーム複合体から放出され, その場所へ次の tRNA (グリシンと結合している) が入る. mRNA 上を移動したリボソームは, 3 番目のコドン (UCC) を解読する準備が整う. この 3 番目のコドンへ, AGG のアンチコドンをもちセリンを運ぶ tRNA がやってきて, 前にグリシンの tRNA が占拠していた場所に入る.

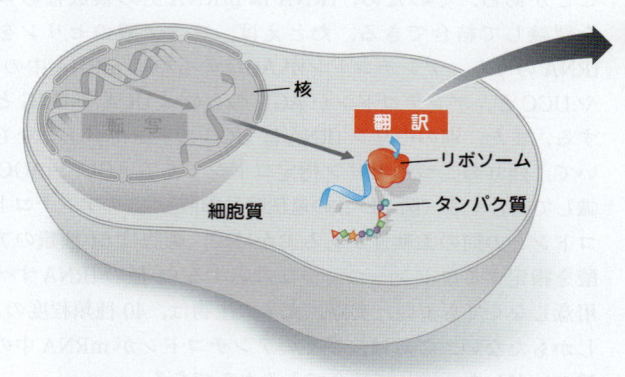

リボソームはそれまでつくってきたアミノ酸鎖（メチオニン-グリシン）と，新しく運ばれてきたアミノ酸（セリン）を結合させ，2番目のtRNAはリボソーム-mRNA複合体から放出される．このサイクルがつぎつぎに繰返される．mRNAのコドンは，新しいtRNAのアンチコドンとペアになって結合し，そのtRNAが運んできたアミノ酸を使ってリボソームがポリペプチドを伸ばしていく．そして，最後に終止コドンに到達すると，ポリペプチドはもうそれ以上伸びない．終止コドンを認識して結合するtRNAが存在しないからである．この時点で，mRNA分子と完成したポリペプチド（タンパク質）が両方ともリボソームからはずれる．その後，新しく生まれたタンパク質は，コンパクトな決まった三次元の形に折りたたまれる．

13・6 突然変異がタンパク質合成へ与える影響

突然変異とは，生物のDNA配列に起こる変化である．第12章で紹介したように，1個の塩基ペアの変化から，染色体数や構造の変化まで，さまざまな変化が突然変異の原因となっている．

では，実際に，突然変異はタンパク質の合成にどのような影響を与えるのだろうか．イントロンで起こる突然変異や染色体全体を崩壊させるような突然変異もあるが，ここでは，遺伝子のタンパク質をコードする部分（つまりエキソン領域）で起こる突然変異について考える．

DNA塩基配列を変える突然変異

遺伝子のDNA配列を変える突然変異は，置換，挿入，欠失の3種類に分けられる．まず，一つの塩基が変化するような**点突然変異**について解説し，その後，複数の塩基が変化する突然変異について紹介する．

遺伝子のDNA配列中の1塩基が他の塩基に変わることを**置換突然変異**という．たとえば，図13・9の例では，チミン（T）がシトシン（C）に置き換えられて，遺伝子の配列が変化している．この図が示すように，塩基が一つ変化しただけで，アミノ酸が別のアミノ酸に変わることがある．遺伝子内の配列TAAがCAAに変わると，mRNAのコドンはAUUからGUUに変わる．GUUはアミノ酸のバリンを運ぶtRNAによって認識されるので，イソロイシンの代わりにバリンがタンパク質内に挿入される．

1個の塩基が挿入されたり，逆に，失われる変異を，それぞれ，**挿入突然変異**，**欠失突然変異**という．塩基の挿入や欠失は**フレームシフト**をひき起こす．マークシート方式の試験で，ある質問へ

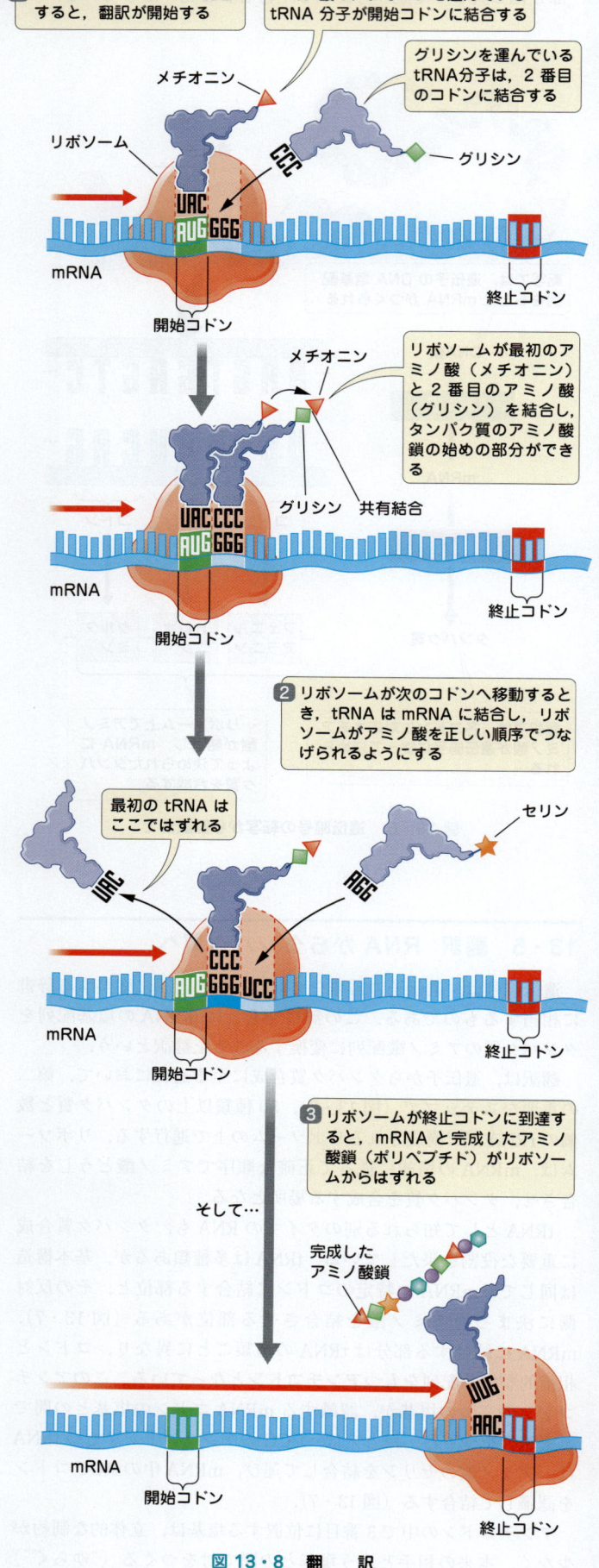

図13・8 翻 訳

の答えをうっかり2回続けてマークしたとき，何が起こるか考えてみよう．その問題から先の答えは，すべて一つ前の解答となっているので，すべて誤記となる．これと同じことが1塩基の挿入によって生じるフレームシフトである．また，問題の解答を書くのを一つ忘れて，回答欄に次の問題の解答を書けば，その問題から先の解答は誤りとなる．これと同様のことが1塩基の欠失によって生じるフレームシフトである．1〜2塩基の挿入や欠失によって，塩基が1〜2個ずつずれることになり，それよりあとに続くコドン（"下流"のコドンという）の意味がすべて変わってしまう．下流のメッセージ全体が誤ったものになるので，挿入や欠失が起こった先は，もともとのDNA配列がコードしていたタンパク質とは，大きく異なったアミノ酸配列になる．

挿入や欠失が3塩基分だった場合には，mRNAの読み枠を変化させないので，フレームシフト突然変異ほど大きくはタンパク質を変化させない．突然変異の結果，数個以上の塩基の挿入や欠失，なかには，数千個もの挿入・欠失が起こることもある．このような大規模の挿入・欠失が起こると，きちんと機能できるタンパク質を合成できないことが多い．フレームシフトが起こると，原因が点突然変異，大規模の挿入・欠失いずれの場合も，大きくアミノ酸配列が変化し，機能できないタンパク質がつくられる．

突然変異によるタンパク質の機能の変化

突然変異によって遺伝子のDNA塩基配列が変わると，遺伝子から転写されるmRNAの塩基配列が変わる．その変化は，翻訳されたタンパク質にさまざまな影響を及ぼす．

フレームシフトが起こった場合には，一般に，タンパク質中の多数のアミノ酸が変化するので，まったく機能しないタンパク質ができることが多い．また，フレームシフトでアミノ酸に指定されたコドンが終止コドンに変わる箇所があると，そこでタンパク質の合成が終了するので，完全な長さのタンパク質が合成されないことになる．突然変異の種類に関係なく，酵素の基質結合部位（§7・3）など，活性に必要な部分に突然変異が起こると，機能の低下や消失，他の酵素やタンパク質との相互作用の変化など，大きな弊害をもたらすことが多い．連続した塩基配列の挿入や欠失の場合，タンパク質のアミノ酸が余分に増えたり削られたりするが，それが活性部位とは直接関係しない箇所であっても，タンパク質全体の構造が変化して機能できないことがある．

遺伝子のDNA塩基配列が変化しても，ほとんど，あるいはまったく影響がないこともある．たとえば，塩基の置換突然変異が，指定されたアミノ酸を変化させなければ，タンパク質の構造や機能はまったく変化しない．たとえばDNA塩基配列がGGGからGGAに変化すると，mRNAの配列はCCCからCCUに変化するが，CCCとCCUは両方とも同じアミノ酸のプロリンをコードする（図13・5参照）．このような場合，この置換突然変異はタンパク質の構造には何の変化も起こさない．したがって，生物の表現型にも何の変化ももたらさない．"無口な突然変異"の意味で，**サイレント変異**とよばれる．

有益な突然変異が起こることもある．たとえば，他の分子と結合する部位が変化して，結合の効率が上がったり，新しい基質と反応できるようになるなど，機能を向上させる突然変異もあるかもしれない．

13・7 まとめ：遺伝子から表現型へ

最近の研究から，ヒトの23本の染色体上には，約25,000の遺伝子があると考えられるようになった．これらの遺伝子の大半はタンパク質をコードしていて，残りの一部がtRNAやrRNAなどのRNA分子をコードしている．ここでは，タンパク質をコードする遺伝子に注目して，遺伝子からタンパク質へ，そして表現型へと，その主要なステップを復習しよう．ただし，最初のステップである転写に関しては，tRNAやrRNAなどの少数の遺伝子を含め，すべて似た過程であることは覚えておいてほしい．tRNAやrRNAは，それらが遺伝子の最終産物なので翻訳はない．

遺伝子は染色体上に存在し，アデニン（A），シトシン（C），グアニン（G），チミン（T）の四つの塩基の配列からなるDNAで構成されている．タンパク質をコードする遺伝子では，DNAの塩基配列が，その遺伝子の産物となるタンパク質のアミノ酸配列を決めている．

転写と翻訳は，遺伝子内の情報をもとにタンパク質の合成を行う二つの重要なステップである（図13・2参照）．転写では，遺伝子の塩基配列がmRNA分子をつくるための鋳型として使われる．つぎにmRNAが核から細胞質内のリボソームへ運ばれ，そこで翻訳を行う．翻訳では，mRNAが遺伝子のタンパク質産物を合成するための設計図として使われ，その塩基配列に従ってアミノ酸が連結される．

タンパク質は生命に必須であり，遺伝子の突然変異によって，産物となるタンパク質のアミノ酸配列が変わると，タンパク質の機能が失われたり，変化したりする．特に，重要なタンパク質の機能が変わると，個体全体にも大きな害を及ぼすことになる．た

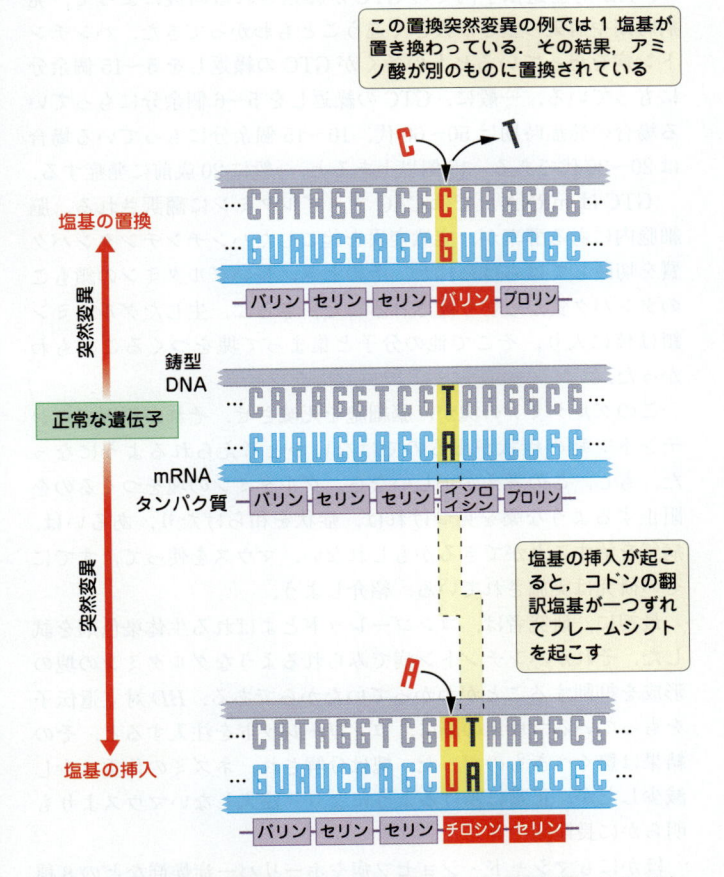

図13・9 **DNA突然変異がタンパク質合成へ与える影響** ここでは，置換突然変異と挿入突然変異の2種類の突然変異が起こった場合，転写や翻訳の各ステップで何が起こるか，赤で示した．

とえば遺伝病の鎌状赤血球貧血症の場合，ヘモグロビンをコードする遺伝子の塩基がたった一つ変化しているだけである（図13・10）．ヘモグロビンは，赤血球の酸素運搬の役割を担うタンパク質である．鎌状赤血球貧血症のヒトの赤血球細胞は，毛細管などで低酸素状態になると，湾曲したりゆがんだり変形する．それが，細い血管を詰まらせることによって，心臓や腎臓の機能不全などの深刻な影響をもたらす．鎌状赤血球貧血症のヒトは，ほとんど，またはまったく治療を受けないと，一般に出産適齢に達する前に死亡することが多い．十分な治療を受ければ，現在では，40代半ば，あるいは，それ以上に長生きできるようになった．

鎌状赤血球貧血症は，遺伝子の突然変異がその産物となるタンパク質を変化させ，それが原因で生物の表現型が変化した例であるが，他の遺伝子でも似た例が多数知られている．生物の表現型は環境によっても決まるが，タンパク質の合成に直接影響を与える遺伝情報は生物の表現型を直接左右するので，最も大きな影響を及ぼすことが多い．

■ これまでの復習 ■
1．遺伝暗号の翻訳とは何か？
2．遺伝子内で塩基が1個を挿入したり，欠失したりすることは，塩基1個の置換，たとえば，CがTに置換するよりも，産物としてのタンパク質を大きく変化させてしまう．それはなぜか？

1．翻訳とは，mRNAの塩基配列情報をアミノ酸配列情報に基づいてタンパク質を合成することである．
2．1塩基の挿入や欠失は，読み枠（フレーム）をずらしてしまい，挿入や欠失箇所以降は，まったく異なったアミノ酸配列となるので，続機能にしかならない可能性が高い．

学習したことの応用

遺伝子からタンパク質へ：ハンチントン病を解決する望み

第11章と第12章で学習したように，ハンチントン病（HD）は脳を襲う優性遺伝病であり，体が痙攣して随意的な動作ができず，人格が変わり，知的障害などをひき起こし，最終的に死に至る．治療法はないが，1993年にHD遺伝子が見つかって以来，この病気解明の新しい研究が行われるようになった．いつの日か，この病気の症状をコントロールし，さらに，治療して症状をなくすことさえできるかもしれない．そういう希望がもてるようになった．

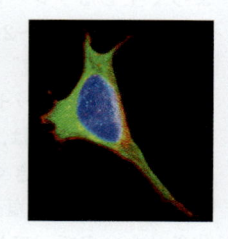

どのようにして，HD遺伝子の単離が，医療技術の発展へと結びつくのだろうか？ ハンチントン病の症状は，実はこの章の冒頭にあげた，遺伝暗号を使ったコミュニケーションの問題であった．健常者の対立遺伝子とハンチントン病の原因対立遺伝子のDNA配列を比較したところ，ハンチントン病の原因となる対立遺伝子はGTCのコピーを余分に3～215個もっていて，それが遺伝子の開始点付近に挿入されていることがわかった（図12・9参照）．残りの塩基配列はまったく問題ない．このHD遺伝子がコードするタンパク質を調べることで，正常な遺伝子の産物，およびHD遺伝子によって生産されるタンパク質，ハンチンチンが突き止められた（図13・11）．

それ以降，ハンチントン病に対する私たちの理解は急速に深まり，HD対立遺伝子内でのGTCが繰返される回数によって，発病時期や病気の重さが大きく違うこともわかってきた．ハンチントン病を患っているヒトの多くがGTCの繰返しを5～15個余分にもっている．一般に，GTCの繰返しを5～6個余分にもっている場合の発症時期は50～60代，10～15個余分にもっている場合は20～30代である．15個以上あると，一般に20歳前に発症する．

GTCはmRNA上ではCAGで，グルタミンに翻訳される．脳細胞内にある酵素が，突然変異を起こしたハンチンチンタンパク質を切断してばらばらにし，そのとき，長いグルタミンの鎖もこのタンパク質から切り離されること，さらに，生じたグルタミン鎖は核に入り，そこで他の分子と集まって塊をつくることもわかった．

このグルタミンの塊が，脳細胞を死滅させ，それが原因でハンチントン病の症状が出るのではないかと考えられるようになった．もし，この考えが正しいなら，グルタミンの塊をつくるのを阻止するような薬を見つければ，症状を和らげたり，あるいは，病気を治すことができるかもしれない．マウスを使って，すでにその研究は実施されている．紹介しよう．

最初に，研究者は，コンゴーレッドとよばれる生体染色剤を試した．それがハンチントン病でみられるようなグルタミンの塊の形成を抑制することがわかっていたからである．HD対立遺伝子をもっているマウスの脳に，コンゴーレッドを注入すると，その結果は驚くべきものだった．塊は分解され，ネズミの体重は少し減少したが，正常に歩けるようになり，注入しないマウスよりも明らかに長期間生存した．

ほかにもマシャド・ジョセフ病やホーリバー症候群などの8種の神経病も，GTCの繰返しを余分にもっている対立遺伝子が原因となることがわかっていて，これらの病気のヒトの脳細胞で

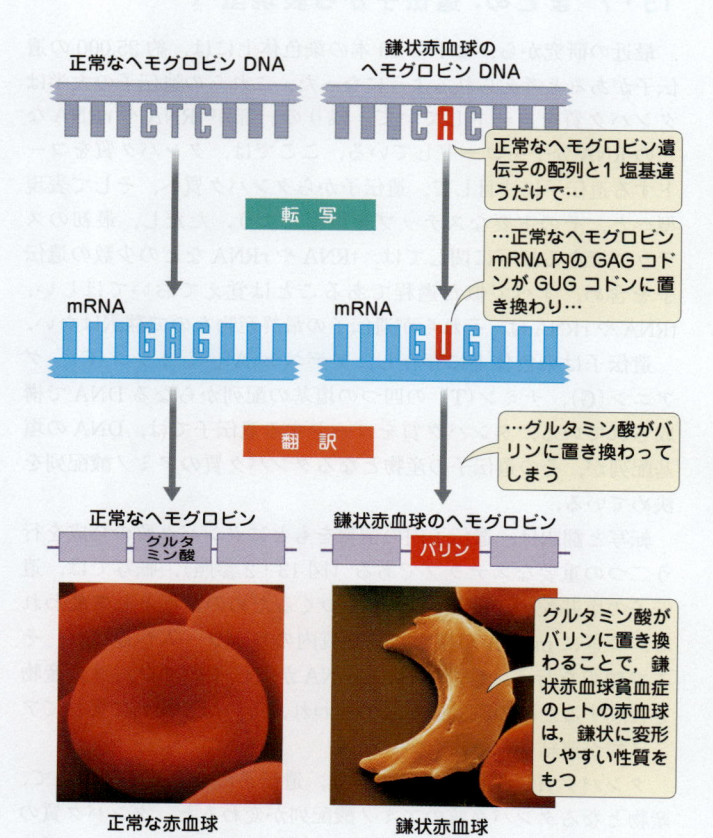

図13・10 **小さな遺伝子の変化が大きな影響をもたらす** 鎌状赤血球貧血症の原因は1塩基の突然変異である．

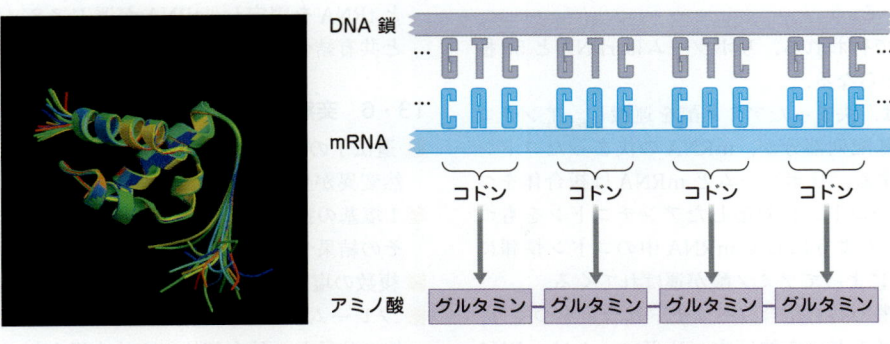

図 13・11 死をもたらす突然変異体 タンパク質ハンチンチンの突然変異体には，正常なハンチンチンよりも長いグルタミンの鎖（紫色の部分）がある．その結果，正常なタンパク質（左の分子模型）とは形の異なるものができると考えられている．

も，グルタミンの塊が形成されるので，この研究成果には期待が寄せられている．グルタミンの塊が本当に病気の原因なら，塊の形成を阻止する，あるいは消失させるような治療法の開発が，ハンチントン病や他の神経難病をもつ人の希望となるだろう．

さらに新しい研究で，ハンチンチンの機能も正確にわかってきた．ハンチンチンタンパク質は他の約50個の遺伝子発現をコントロールする役割を果たしている．特に，ある種の神経細胞（まさに，ハンチントン病患者で壊れている神経細胞）の成長に必須の脳由来神経栄養因子（brain-derived neurotrophic factor, BDNF）とよばれる成長因子の転写を促進する作用をもっている．グルタミンの繰返しがハンチンチンの正常な機能を阻害し，成長因子がつくられず，神経細胞が死滅する．さらに，グルタミンの塊が，その変化を加速しているのかもしれない．遺伝子改変マウスを使った最近の研究成果もある．初期症状の出始めたハンチントン病マウスでBDNF機能を回復させる遺伝子操作を行うと，脳細胞の死滅が大幅に減少し，治療を受けず病状が悪化したマウスに比べると，ずっと調和のとれたスムーズな筋肉運動ができた．このような研究が進めば，いつの日か，ハンチントン病と診断された患者が，脳細胞の死滅を防ぎ，成長を促進し，正常な機能に戻す遺伝子治療を受けられるようになるかもしれない．そう遠くない将来，グルタミンの塊の形成を防ぐ治療を併用して，この難しい神経の病気も治せるようになるだろう．

章のまとめ

13・1 遺伝子のはたらき
■ 遺伝子はRNA分子をコードする．タンパク質をコードする遺伝子は，タンパク質合成の指示を出すメッセンジャーRNA（mRNA）をコードする．
■ RNA分子は1本のヌクレオチド鎖からなる．各ヌクレオチドは，糖のリボース，リン酸基，そして四つの塩基の一つから構成されている．RNA中の塩基は，アデニン(A)，シトシン(C)，グアニン(G)，ウラシル(U)で，チミン(T)がウラシルに置き換わっている点を除けば，DNAと同じである．
■ 3種類のRNA（mRNA, rRNA, tRNA）と多くの酵素が，タンパク質の合成にかかわっている．

13・2 遺伝子からタンパク質への概要
■ 原核生物でも真核生物でも，タンパク質の合成には転写と翻訳の二つのステップが必要である．
■ 転写では，遺伝子のDNA塩基配列を使い，RNA分子がつくられる．
■ 翻訳では，リボソーム，mRNA, tRNAがタンパク質の合成にかかわっている．リボソームはrRNAとタンパク質からなる．
■ 真核生物では，タンパク質合成のための情報が，核内の遺伝子からタンパク質合成の場である細胞質内のリボソームへ伝えられている．

13・3 転写: DNAからRNAへ
■ 転写では，遺伝子の片方のDNA鎖がmRNA合成のための鋳型として使われる．
■ 転写の重要な酵素としてRNAポリメラーゼがある．
■ 遺伝子には，RNAポリメラーゼが転写を開始するための配列（プロモーター領域）がある．原核生物の遺伝子では，転写はターミネーターとよばれる特別な配列で終了する．真核生物の転写終了のしくみはより複雑である．
■ mRNA分子の合成は，DNA鋳型鎖のT, A, G, Cに，mRNAのA, U, C, Gが対になるようにして合成される．
■ 真核生物では，大半の遺伝子が非コード配列（イントロン）をもっている．この部分は，mRNAが核内にある間に除去される．残りのmRNAの部分をエキソンという．エキソンは遺伝子内のタンパク質をコードする配列部分である．

13・4 遺伝の暗号
■ 遺伝子の情報は，塩基配列として暗号化されている．
■ mRNAの遺伝情報は，3塩基1セットの単位で解読される．この3塩基セットをコドンという．可能な64のコドンのうち61個が決まったアミノ酸に対応している．翻訳の開始や終止の合図となるコドンもある．各コドンが指定するアミノ酸情報を遺伝暗号という．
■ リボソームは，mRNA上の決まった開始点（開始コドン）から遺伝暗号の解読を始める．3種類の終止コドンのいずれかに遭遇すると，そこで解読を終了する．
■ 遺伝暗号の各コドンが指定するアミノ酸は必ず1個である（これを"多義的でない"という）．また，一つのアミノ酸に対応するコドンは複数ある（これを"冗長性"という）．地球上のほとんどすべての生物が同じ遺伝暗号を使っている（普遍性）．

13・5 翻訳: RNAからタンパク質へ
■ 翻訳では，mRNAの塩基配列の情報が，タンパク質内のアミ

ノ酸の配列を決めている．
- 翻訳はリボソーム上で行われる．リボソームはrRNAと50種類以上のタンパク質からなる．
- 転移RNA（tRNA）は，決まったアミノ酸を運搬し，アンチコドンとよばれる3塩基配列部分が，mRNAの決まったコドンを認識して対を形成する．リボソームとmRNAは複合体をつくっている．mRNAのコドンに対応したアンチコドンをもつtRNAが結合する．このようにしてmRNA中のコドン情報に従って，順次，tRNAによってアミノ酸が運ばれてくる．
- リボソームがアミノ酸の共有結合（ペプチド結合）をつくり，タンパク質（ポリペプチド）を伸ばす．リボソームはmRNAとtRNAを固定し，tRNAが運ぶアミノ酸が，ポリペプチド鎖と共有結合しやすくする．

13・6 突然変異がタンパク質合成へ与える影響
- 遺伝子のDNA塩基配列の置換，挿入，または欠失によって突然変異が生じる．
- 1塩基の挿入や欠失は，遺伝子のフレームシフトの原因となり，その結果つくられるタンパク質のアミノ酸配列が大きく変わる．
- 複数の塩基の挿入や欠失を伴った突然変異もある．
- フレームシフト，あるいは，タンパク質分子内の活性部位や他の分子との結合部位に突然変異が起こると，タンパク質に機

生物学にかかわる仕事

バイオテクノロジー関連企業への投資

バイオテクノロジーとは，農産物，DNAフィンガープリント検査キット，医薬品など，さまざまな製品をつくるために生物学を応用することをいう．1960～1970年代にDNAやタンパク質を使う技術が向上するにつれて，その技術を応用する新しい企業が世界中に出現した．ここでは，バイオテクノロジー関連企業のスペシャリストであり，投資会社HLM Venture Partnersの重役でもあるRussell T. Rayさんへのインタビューを掲載する．

■ **毎日，どのようなお仕事をされてますか？** 会社に朝7:30頃に来て，それから数時間，同僚や投資先会社からの電子メールを読んで対応します．資金を調達しようとする企業の経営者にも頻繁に会います．また毎日，2～3時間，研究論文に目を通し，ほとんど毎日発行される医療関連の新聞や報告書も読みます．投資会社の仲間に電話して，どのような投資先に興味をもっているのか聞いたり，協同で仕事のできるプロジェクトについて情報交換したりします．

■ **バイオテクノロジー企業に投資しようと考えた経緯は何でしょうか？** メリル・リンチ社の投資銀行部門で仕事を始めた年に，たまたま植物バイオテクノロジー企業の資金調達プロジェクトを任されました．その仕事に就く前，MBA（経営学修士）も習得していたんですが，同時に，コスタリカのハチドリの縄張り行動に関する研究で生物学の修士号も取得していたんです．科学教育を受けていたおかげで，新しく出現したバイオテクノロジーの分野も理解できました．この分野の仕事をもう23年もやっていますが，今でもこの仕事が大好きです．

■ **成功するビジネス計画，またはアイデアには何が必要ですか？** バイオテクノロジー関連企業，あるいは医療機器会社を評価する際，私は複数のポイントを重点的に調べます．

・まず，知的所有権です．その会社が，他の会社から保護すべき，技術や科学的な特許などをもっているかです．特許がない場合には，たいてい取引不成立になります．

・つぎに，どの開発段階にあるかという点です．たとえば製薬会社の場合，初期の開発段階をクリアした薬剤があるかどうか．ない場合には，動物実験からヒトへの臨床テストまでのハイリスクや失敗を避けたいので，投資はしないでしょう．

・三つ目は市場分析です．市場規模は大きいか？ 競合する製品は何かなどを分析します．

・四つ目は経営陣の質です．これまで仕事で成功してきたか，その科学技術を推進している人物は誰かなどです．

■ **バイオ産業で興味をひく会社，あるいは奇抜なアイデアの会社など，例を紹介していただけますか？** CBR Systems社の

アリゾナ州ツーソンにあるCBR Systems社の技術者

例をあげましょう．この会社は新生児の臍帯（へその緒）から取出した幹細胞を集め，処理し，保存している会社としてリーダー的存在です．細胞は将来の用途のために凍結保存されていますが，近い親戚や他の人へ，骨髄移植の代わりに幹細胞を注入するという形で提供します．この会社はすでに80,000以上の凍結試料を保有しています．保存した幹細胞の使用例が36件ありますが，その成功率は100％です．臍帯から幹細胞を集めたとき，会社は顧客から18年分の保管料を受取ります．それによって，この会社は非常に高い収益を上げ，昨年の収益伸び率は約120％でした．

■ **バイオテクノロジー産業は，今後の5年間でどう変化すると思いますか？** 患者個々人の遺伝子型の違いに合わせた医療技術（オーダーメード医療）が発展することを期待しています．

■ **仕事のやりがいは何ですか？** 科学や医療技術の最先端にある企業の，有望な起業家たちと仕事をするのが実に楽しいです．取組むプロジェクトは，私にとってはいつもまったく新しい領域です．私は好きなことを多く学びながら，自分の視野を絶えず広げています．

ここで紹介した職業

Russell Ray氏のような仕事は，科学とビジネスという二つの世界にかかわるもので，その両方を理解できなくてはならない．彼らは第Ⅲ部で紹介した分野の技術を活用して実社会の問題を解決しようとするバイオテクノロジー企業に投資している．

能上の大きな変化が生じる．フレームシフトの場合，一般にタンパク質の機能が消失する．
■ 突然変異には，特に大きな影響を及ぼさないもの，なかには有益な影響をもたらすものもある．

13・7 まとめ: 遺伝子から表現型へ
■ 遺伝子の多くは，最終産物となるタンパク質をコードしている．一部 rRNA や tRNA などをコードする遺伝子もある．
■ タンパク質は生命活動にとって不可欠である．タンパク質と環境要因の両方で，生物の表現型が決まる．
■ 遺伝子は，タンパク質の生産を支配する点で，生物の表現型の決定に重要な役割を果たしている．

復習問題

1. 遺伝子とは何か．遺伝子のもつ情報はどのように保存されているか．
2. 遺伝子を，その産物の種類で分類し，それぞれの機能を説明せよ．
3. 遺伝情報の流れを，遺伝子から表現型まで説明せよ．
4. 遺伝子の情報の，どの部分が，どのようなしくみで，他の分子へと伝えられるか，説明せよ．真核生物で，遺伝子の情報が核の外に運ばれる前後で何が起こるか．説明せよ．
5. RNA スプライシングとは何か．真核生物と原核生物の両方で起こるか？ 答えと，そう考えた理由を述べよ．
6. 翻訳のステップで，rRNA, tRNA, mRNA が果たす役割についてそれぞれ説明せよ．
7. tRNA 分子をコードする遺伝子の突然変異が，ヒトの代謝異常の原因となることが発見された．この突然変異は tRNA のアンチコドンのすぐ近くの塩基で起こったもので，tRNA アンチコドンが安定して mRNA に結合できなくなったためであった．このような tRNA の 1 塩基の突然変異が，代謝反応の障害をひき起こす理由は何か．説明せよ．
8. 突然変異とは何か．それはタンパク質の機能にどのように影響するか．生物学の予備知識のない人に説明するための短い文章を記せ．

重要な用語

遺伝子（p. 223）
メッセンジャーRNA（mRNA）（p. 224）
リボソーム RNA（rRNA）（p. 224）
転移 RNA（tRNA）（p. 224）
転　写（p. 224）
翻　訳（p. 224）
RNA ポリメラーゼ（p. 225）
プロモーター（p. 225）
鋳型鎖（p. 225）
ターミネーター（p. 227）
RNA スプライシング（p. 227）
イントロン（p. 227）
エキソン（p. 227）
コドン（p. 228）
遺伝暗号（p. 228）
開始コドン（p. 228）
終止コドン（p. 228）
アンチコドン（p. 229）
点突然変異（p. 230）
置換突然変異（p. 230）
挿入突然変異（p. 230）
欠失突然変異（p. 230）
フレームシフト（p. 230）
サイレント変異（p. 231）

章末問題

1. タンパク質をつくる遺伝情報を，遺伝子からリボソームに運ぶのは，どの分子か．
   (a) DNA
   (b) mRNA
   (c) tRNA
   (d) rRNA
2. 翻訳では，タンパク質中のアミノ酸 1 個は mRNA 内の何個の塩基情報に対応するか．
   (a) 1 個　　　　　(c) 3 個
   (b) 2 個　　　　　(d) 4 個
3. コドンによって指定されるアミノ酸をリボソームへ運ぶのは，どの分子か．
   (a) rRNA
   (b) tRNA
   (c) アンチコドン
   (d) DNA
4. 転写のときにつくられる分子は何か．
   (a) mRNA
   (b) rRNA
   (c) tRNA
   (d) a～c のすべて
5. 遺伝子の鋳型鎖の部分は，CGGATAGGGTAT の塩基配列をもっている．この DNA 配列によって指定されるアミノ酸の配列を記せ（図 13・5 を使い，対応する mRNA の配列が左から右へ読まれるとして解答せよ）．
   (a) アラニン・チロシン・プロリン・イソロイシン
   (b) アルギニン・チロシン・トリプトファン・イソロイシン
   (c) アルギニン・イソロイシン・グリシン・チロシン
   (d) a～c のどれでもない．
6. 遺伝子のコードが指定する順番に，アミノ酸を連結して，タンパク質を合成するしくみをもったものは，つぎのどれか．
   (a) tRNA
   (b) mRNA
   (c) rRNA
   (d) リボソーム
7. 57 個のアミノ酸からなるタンパク質をコードする遺伝子で，4～6 番目の塩基が欠失する突然変異が発生した結果，つぎのどれが起こると考えられるか．
   (a) フレームシフトによって，タンパク質の合成が阻害される．
   (b) 56 個のアミノ酸をもったタンパク質が合成される．
   (c) 本来のものとは異なるが，57 個のアミノ酸をもっているタンパク質が合成される．
   (d) 54 個のアミノ酸をもつタンパク質が合成される．
8. 多くの真核生物の遺伝子は，転写されるが翻訳されない部分をもっている．その部分の名称をあげよ．
   (a) 開始コドン
   (b) プロモーター
   (c) イントロン
   (d) エキソン

ニュースの中の生物学

Researchers Delve into "Gene for Speed"

スピード遺伝子を探せ

パリ発——有史以前の人間にとって、距離は短くても速く走れることが重要だっただろうか、あるいは、遅くても何kmも快走できる方が重要だっただろうか？これは、"スピード遺伝子"といわれる *ACTN3* の研究が投げかける問いである…

世界中のヒトの約18%が、この遺伝子が短くなった変異遺伝子をもっている。*577X* とよばれるこの短い変異体は、持久性競技の一流選手に多い。他方、瞬発的なスピードが必要となるスプリント競技の選手は、おそらく逆のタイプの、機能的な *ACTN3* 変異体をもっていると思われる。

詳細を突き止めようと、オーストラリア、シドニーのウエストミード小児病院の Kathryn North 教授のグループは、遺伝子を操作して、*ACTN3* が欠損したマウス（ノックアウトマウス）をつくった。この日曜日に、英科学誌 *Nature Genetics* で発表された研究によると、*ACTN3* ノックアウトマウスとふつうのマウスをランニングマシンに乗せて比べたそうである…

その結果、勝者はノックアウトされたネズミで、ふつうのネズミの3倍も長く走ることができた。North 教授の研究チームは、また、欧州から東アジア系のヒトまで祖先の遺伝子を調べ、長距離ランナーとしての能力が多くのヒトの遺伝子に組込まれていることを発見した。

骨格筋は、筋細胞（筋繊維）が束になった組織である。筋肉の繊維は、おもに2種類、速筋繊維と遅筋繊維に分類されていて、速筋繊維は瞬発力を生み出すが、すぐに疲労する。一方、遅筋繊維は、効率的に糖からエネルギーを取出し、その力は速筋繊維よりずっと長く持続できる。私たちは、骨格筋の中に、この2種類の繊維を通常半分ずつもっているが、スプリント競技や重量挙げのような筋力を使うスポーツの一流選手では、約80%が速筋繊維型のこともある。逆に、長距離走や自転車競技のような持久性競技の一流選手の筋肉には遅筋繊維が多い（約80%）。

ACTN3 遺伝子がコードするのは、α-アクチニン3とよばれるタンパク質で、これは骨格筋でしかつくられない。α-アクチニン3は、筋繊維の中の収縮性タンパク質を固定する役割があり、筋繊維が力を出すことを助けている。オーストラリアの研究者は、競技選手の能力に関係する *ACTN3* 遺伝子の2種類の対立遺伝子を発見した。*R* 対立遺伝子は、正常に機能するα-アクチニン3をコードするが、*X* 対立遺伝子は短い機能しないα-アクチニン3をつくる遺伝子である。下の表は、スポーツ競技とこの遺伝子の関係を調べたものである。*XX* 遺伝子型は、瞬発性の必要な競技の選手にはあまりみられず、持久性競技の選手の24%に見つかった。持久性競技における *X* 対立遺伝子の利点は、North 教授らの発見で立証されている。遺伝子操作技術（第15章参照）を使って *ACTN3* 遺伝子をノックアウトすると、マラソンネズミがつくれるのである。

スポーツ競技で成功するには、多くの要素が必要である。個人のやる気といった精神的な要因も必要であるし、トップレベルの成績を得るには常に長時間の練習や体調管理が重要となる。また、一流選手の体は、*ACTN3* のような1個の遺伝子でなく、多くの遺伝子の複雑な影響下にもあると考えられる。92種類もの遺伝子が選手の能力や健康状態に関係していることを示す研究もある。ただし、*ACTN3* 対立遺伝子の変異で予期される能力が、限定的なものである点には注意しなければならない。長距離の一流選手の31%が *X* 対立遺伝子をもたず、45%が *X* 遺伝子のコピーを一つしかもっていないからである。

このニュースを考える

1. *ACTN3* の *X* 対立遺伝子は、タンパク質が未完成のままで合成を止める突然変異である。この突然変異はつぎのどれか？（i）一つのアミノ酸が他のアミノ酸に変わった、塩基の置換突然変異。（ii）アミノ酸コドンが終止コドンに変わった置換突然変異。（iii）塩基の挿入または欠失によるフレームシフト。答えと、そう考えた理由を説明せよ。

2. 運動能力に影響する遺伝子の研究によって、筋ジストロフィーや他の筋肉疾患のような病気が治療できるようになると、この分野の研究者は説明している。しかし、こういった研究から得られた知見が、野心的な運動選手やスター選手を育てたい親に悪用される危険性があると反対する人もいる。あなたは、このような運動能力に関する遺伝子の研究に、公的な資金を提供して推進することが妥当と考えるか。そういった研究が悪用される危険性はあったとしても、医療への貢献の方が重要だと考えるか。あるいは、そうではないと考えるか。

3. オーストラリアのある企業が、*ACTN3* 遺伝子が *R*、*X* 対立遺伝子のどちらのタイプかを調べる個人向けの運動能力遺伝子検査を行っている。あなたは自分の対立遺伝子がどちらのタイプか知りたいと思うか。あなたの子どもがどちらのタイプか、知りたいと思うか、そして、その結果を利用したいと思うか。

瞬発性競技と持久性競技における、選手の能力と *ACTN3* 対立遺伝子頻度との関係

遺伝子型	遺伝子型をもつグループの割合（%）		
	対照 （非競技者）	瞬発性競技の選手 （スプリンター）	持久性競技の選手 （長距離走者）
RR	30	50	31
RX	52	45	45
XX	18	6	24

出典：Vancouver Sun 紙，2007年9月10日

14 遺伝子発現の制御

Main Message

遺伝子の発現は厳密に制御され，外部環境や体内のシグナルによって，いつ，どこで，どれくらいの遺伝子産物をつくるかが決まる．

一つ目ウシの神話

ギリシャ神話の英雄オデッセウスは，冒険のなかで，たくましく，大きな一つ目をもった巨人キュクロプスに出会う．この伝説に出てくるキュクロプスの顔は，珍しい遺伝病や発生障害で生じる単眼症に似ている．ウシ，マウスやヒトの新生児が，一つしかない大きな目をもって生まれてくることがあるが，その場合，脳や顔の障害を伴っていて，生まれてすぐ死んでしまう．

一つ目の動物が生まれる原因は何だろうか？ 動物には一種のマスタースイッチ遺伝子があって，それが他の遺伝子群をコントロールしている．このスイッチをオンにすることで動物の形態形成が制御されることが知られている．一つ目の個体は，マスタースイッチ遺伝子になんらかの欠陥があって，脳や顔の正常な発生をコントロールする遺伝子がはたらかないために生じたのかもしれない．化学物質の影響で，マスタースイッチ遺伝子がコードするタンパク質がつくられず，正常な機能が損なわれることもある．いずれにしても，重要な一群の遺伝子にスイッチを入れるしくみがあって，その制御がうまくできなくなった結果，大きな一つ目が形成されたのである．

一つ目の謎を解明することは，遺伝子発現の制御という，現代遺伝学の最も興味深い領域に踏み込むことである．生物が正常に発生し，機能を獲得するためには，正しい場所とタイミングで，正しい遺伝子を発現し，正しい量のRNAとタンパク質を生産する必要がある．それは途方に暮れるほどの複雑な作業のようではあるが，私たちは皆，毎日，幾度となく，これを実行している．

遺伝子発現の制御が適切に行われないと，一つ目のウシのように正常な発生ができなくなる．あるいは，本来のものとは異なる遺伝子セットが活性化して，がん細胞に変化するなど，悲惨な結果となる．<u>現在の科学技術で，細胞内の遺伝子発現を調べ，起こった間違いを検出することは可能だろうか？ そのような観察によって，がんのような遺伝病を早期に発見し，効果的な治療を行うことができるだろうか？</u> 本章の最後にこれらの疑問の答えを紹介するが，その前に，原核生物や真核生物の細胞が，毎回，どの程度，どの遺伝子をオン・オフするのか，それをどのようにして調節しているのか，理解することから始めよう．間違いを犯す危険をくぐり抜け，私たちの細胞が25,000個もの遺伝子の発現を，常時，驚くほどの正確さで制御していることも紹介する．

伝説のキュクロプスと実在する単眼症 （a）ポリュペモス，ホーマーの叙事詩オデッセイに出てくるキュクロプス族の首長．ギリシャ神話では，キュクロプスは古代の一つ目巨人族である．（b）生まれたばかりの子ウシの単眼症．この先天性の一つ目の症状は，ヒトや他の哺乳動物でも報告がある．胚の発生時に，頭部が左右対称に分割できないと，中央に大きな一つ目ができる．鼻や口もこの例のように奇形となり，生まれた新生児は数日しか生きられない．

基本となる概念

- 真核生物の膨大な量のDNAは，小さな核の中に整然と圧縮されて格納されている．
- 原核生物のDNAの量は少なく，大部分がタンパク質をコードするのに使われている．真核生物のDNAの量は多く，遺伝子の数も多い．原核生物との大きな違いは，真核生物のDNAはタンパク質をコードしない部分が多くを占めていることである．
- 遺伝子の発現とは，遺伝子の活性化から，最終的な表現型が現れるまでの過程をさす．遺伝子にコードされるタンパク質の転写や翻訳もそこに含まれる．
- 栄養源の変化などの外的な環境要因が遺伝子発現を変化させる．多細胞生物の個体発生のときには，細胞の種類ごとに異なる遺伝子セットが活性化され，遺伝子発現のパターンが劇的に変化する．
- 遺伝子発現は，転写段階で調節されるものが多い．タンパク質の寿命を調節するなどの他の方法でも遺伝子発現が制御されている．
- 単一の遺伝子の研究から遺伝学が始まったが，多くの異なる遺伝子間の相互作用，遺伝子が環境の変化にどのように反応するかという研究へと現在進みつつある．

まったく同じ遺伝子をもっているにもかかわらず，多細胞生物の細胞は，構造や機能が大きく異なる（図14・1）．遺伝子が生命の設計図であるなら，同じ遺伝子をもつ細胞はどのようにして，異なったものになるのだろうか？ 答えは，遺伝子の使い方の違いである．細胞の型が違うのは，使われている遺伝子群，スイッチの入っている遺伝子の種類が違うためである．生物が成長し発生するとき，環境を感知して反応するとき，遺伝子の発現は，ときには劇的に変化する．

遺伝子はRNAを合成するための情報であることを，第13章で紹介した．RNAには，tRNAやrRNAなどタンパク質の構造に直接はかかわらないものもあるが，多くはmRNAとして，それぞれが決まったタンパク質をコードしている．**遺伝子発現**は，まず遺伝子の活性化（スイッチオン）でスタートし，最終的にはその遺伝子の表現型として現れる．どの遺伝子においてもRNAの

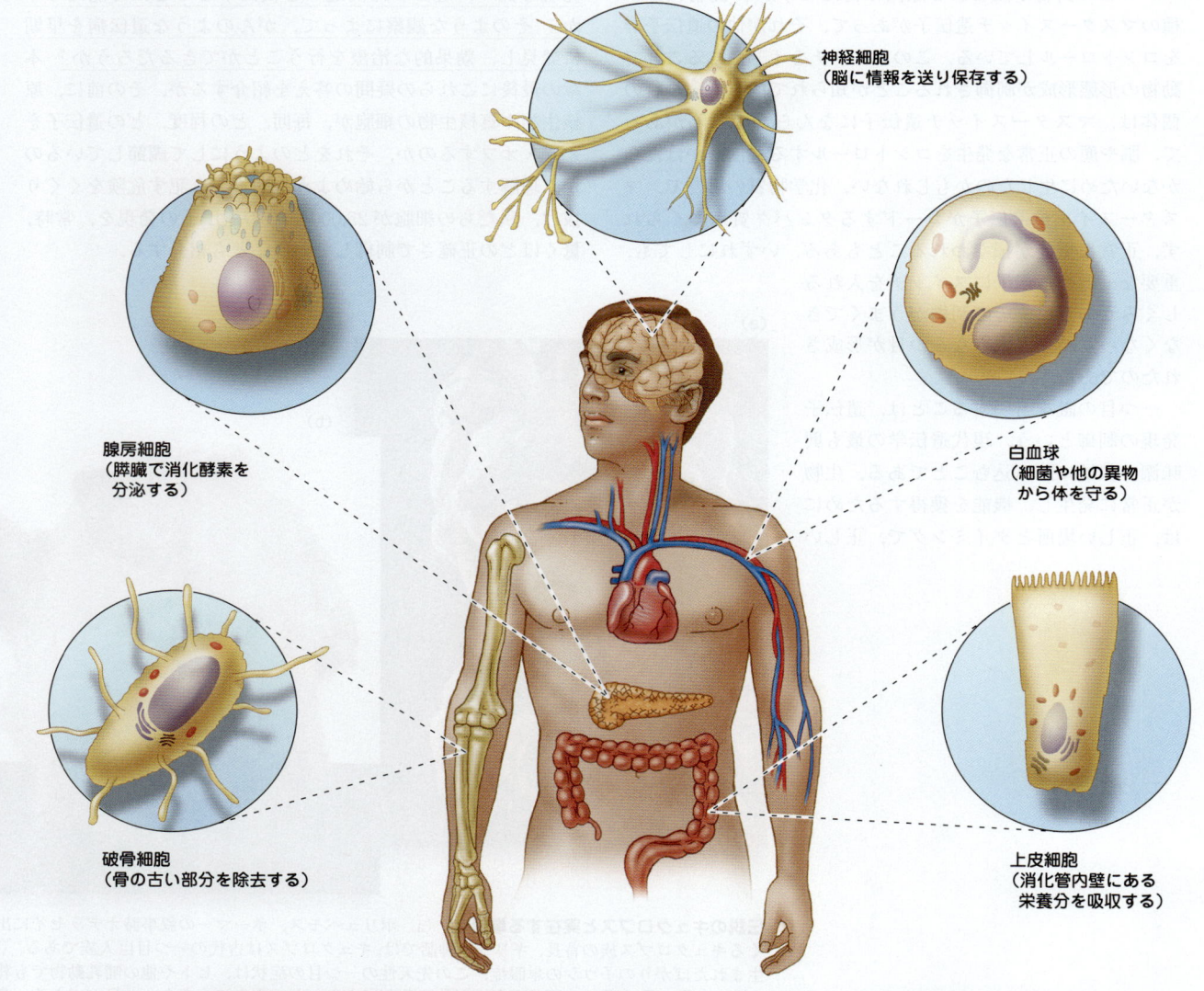

図14・1 **同じ遺伝子をもつ異なった細胞** 各細胞の核は同じDNAをもつ．多細胞生物内の細胞はどれも同じ遺伝子をもっているが，異なる細胞では異なる遺伝子が活性化されるので，細胞の構造や機能は大きく異なっている．

転写過程は重要なステップである．タンパク質をコードする遺伝子の数は膨大なので，タンパク質を合成する翻訳過程も，遺伝子発現の重要なプロセスの一つである．遺伝子発現とは，遺伝子の活性化から，遺伝子情報が表現型として現れる全プロセスをさす．

本章では，外部の環境要因や体内のシグナルがどのように遺伝子の発現を調節し，また，遺伝子発現がどのように表現型として現れるのかを紹介する．そこでまず，DNAの構造や機能を理解することから始めよう．それが生物個体が発生するときの遺伝子発現パターンを理解するための重要なポイントとなるからである．つぎに，細胞が環境の変化に応じてどのように遺伝子発現をコントロールするのかを紹介し，遺伝子発現の変化と多細胞生物の発生との関係をみていこう．章の最後に，DNAチップの技術が，遺伝子発現についての私たちの考え方を変えつつあり，それが，医療診断や治療法のさまざまな進展に結びついていることも紹介する．

■ **役立つ知識** ■ 遺伝子の産物がつくられていることに対して，遺伝子が"活性化している"，"オンになっている"，"発現している"など複数の表現がある．

14・1　DNA の構造と構成

細胞内にはどのくらいの量のDNAがあるのだろうか？ DNAは，すべて遺伝子でできているのだろうか？ まず，原核生物（細菌やアーキア）と真核生物（他のすべての生物）を比較することから始めよう．この二つのグループのDNAの構成は大きく異なる．一番の違いはDNAの量である．細菌など原核生物の細胞のDNAは，1個のDNA分子（染色体）からなり，数百万個の塩基対をもっている．一方，真核生物の細胞では，DNAが複数の染色体に分かれていて，合計数億〜数十億個の塩基対からなる．第二に，原核生物のDNAの多くの部分が，タンパク質あるいはRNAをコードしていて，コードしていない無駄な領域（非コード領域）はほとんどないのに対して，真核生物では，ほとんどすべての遺伝子内に非コード領域（イントロン）があり，遺伝子と遺伝子の間にも多量の非コード領域があるという違いがある．また，原核生物の遺伝子は，DNA内で機能単位別に集合して配置していることが多い．そのため，ある一つの代謝経路に必要な遺伝子が，全体が一つの単位としてオンになったりオフになったりする．それに比べると，真核生物では，機能的に関連のある遺伝子が一部近くに集まっているものもあるが，大半はそうではない．機能が深く関連しているものでも，まったく異なる染色体上にあったりする．真核生物のDNAの中の遺伝子の配置や構成は非常に複雑である．その詳細をみていこう．

DNA 量の比較

生物がもつ全DNAの1コピー分の情報を**ゲノム**という．原核生物の場合，細胞の中の1本のDNA鎖（単一染色体）に含まれる全遺伝情報に相当する．原核生物のゲノムサイズは，60万〜3000万塩基対の範囲でさまざまなものが知られている．

真核生物のゲノムは，精子や卵の核に相当するような一倍体の染色体1セット分の遺伝情報をさす．真核生物のゲノムサイズは原核生物よりはるかに幅があり，酵母菌の1200万塩基対から，ある種のアメーバでは1兆以上の塩基対をもつものまで知られている．脊椎動物のゲノムサイズは，数億〜数十億の塩基対で，たとえば，魚のフグは4億塩基対もっている（図14・2）．哺乳類では，15〜63億塩基対の幅があり（ヒトは約33億塩基対），サンショウウオには，900億もの塩基対をもつものもいる．

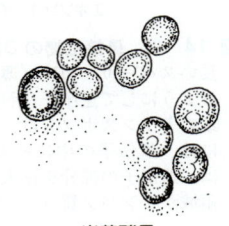

一般に，真核生物は原核生物よりもはるかに多くのDNA情報をもつ．なぜだろうか？ 一つには，真核生物は一般に構造や機能が複雑で，それをコントロールする遺伝子を多数必要とするためと考えられる．典型的な原核生物で約2000個，マイコプラズマのような小さな細菌ではわずか500個程度の遺伝子しかない．対して，真核生物でのゲノムのデータを比較すると，単細胞生物の出芽酵母（*Saccharomyces cerevisiae*）でも6000個の遺伝子，実験動物として使われるセンチュウ（*Caenorhabditis elegans*）は19,100個，いくつかの高等植物で約20,000個，ヒトは約25,000個の遺伝子をもつ．

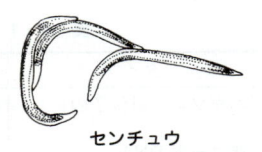

真核生物の DNA では遺伝子の占める割合は数％にすぎない

真核生物には，一般的な原核生物に比べて約3〜15倍の数の遺伝子があるが，塩基対の数で比べると，数百〜数千倍も多い．この違いは何だろうか．それは，原核生物に比べると真核生物のゲノムにはRNAをコードし，表現型に直接影響を及ぼすようなDNA配列，つまり，遺伝子となっている部分が少ないからである．DNAの残りの部分は，たとえば他の遺伝子発現をコントロールする調節機能を備えていたり，間期の核で微小管と連結し染色体を正確な位置に配置するなどの特殊な構造単位をつくるものなどがある．しかし，実際のところ，真核生物の大半の塩基対は機能していない，あるいは，何をしているのかはっきりとはわかっていない．非コードDNA領域のなかには明らかに不必要と思われるものもあり，一般に"ジャンクDNA"とよばれている．なぜなら，このDNAが細胞からなくなっても表現型に何の影響も及ぼさなかったからである．さまざまな仮説が提唱されているが，なぜ，これほど多くの真核生物が，明確な機能のないDNAを大量にもっているのかは解明されていない．

ヒトの場合，タンパク質をコードする遺伝子は，全ゲノムの

図 14・2　脊椎動物は数百万〜数十億の塩基対のゲノムをもつ フグは染色体1セットの中に4億塩基対のゲノムをもつ（ヒトは33億塩基対）．

1.5％以下であると考えられている．ほかに，異なるタイプの非タンパク質 RNA 分子（tRNA や rRNA）をコードする遺伝子がある．残りのゲノムは，役に立つ RNA を何もコードしていない非コード領域である．

非コード DNA にはイントロンやスペーサー DNA が含まれる（図 14・3，表 14・1）．**イントロン**とは，第 13 章で紹介したように，真核生物の遺伝子内にある介在配列である．タンパク質のアミノ酸配列をコードしておらず，翻訳が開始される前に合成された mRNA 分子から切り取られる部分である．**スペーサー DNA** は，遺伝子と遺伝子の間にある非コード DNA で，一般に真核生物ゲノムのスペーサー配列は，原核生物ゲノムの配列のコンパクトさに比べると，異様に長い．

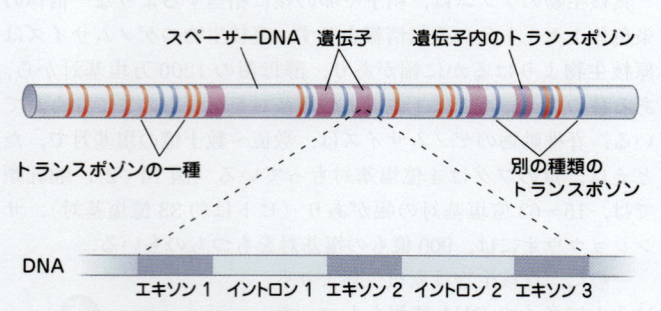

図 14・3　真核生物の DNA の構成　真核生物のゲノムには，非常に長いスペーサー DNA（薄青色）やトランスポゾン（赤と青）にはさまれるようにして遺伝子（紫）が分散している．ここで模式的に示した 2 種類のトランスポゾンは，ヒトゲノムの中に多数のコピーがあり，なかには，遺伝子の中に挿入されたトランスポゾンもある．下の模式図は，遺伝子の部分を拡大したもので，イントロンとよばれる非コード領域がタンパク質コード領域（エキソン）の間に挿入されている．

表 14・1　真核生物の DNA の分類

タイプ	特徴
エキソン（遺伝子の）	転写される遺伝子の中で，タンパク質のアミノ酸の配列をコードしている箇所
非コード DNA	
イントロン（遺伝子内の）	転写される遺伝子の中で，タンパク質のアミノ酸の配列をコードしていない部分．RNA 内のイントロンは，RNA が核を離れる前に除去される
スペーサー DNA	遺伝子と遺伝子の間にある DNA 配列
調節 DNA	遺伝子発現を制御する DNA 配列
構造 DNA	染色体の中で，動原体など特徴的な構造ユニットを形成する部分
機能不明の DNA	機能の解明されていない DNA 配列
トランスポゾン	染色体の中で，あるいは染色体間で移動できる DNA 配列

染色体上のある位置から別の位置へ，または，染色体の間で移動できる DNA を**トランスポゾン**とよぶ．原核生物，真核生物の両方のゲノムでみられる．遺伝子の中にトランスポゾンが挿入されると遺伝子が機能しなくなる．トランスポゾンのなかにはタンパク質をコードし，トランスポゾンの移動に必要なタンパク質をコードしているものもある．しかし，ヒトゲノムで見つかっているトランスポゾン配列の多くは，機能するタンパク質の合成も，移動もできない"化石的な DNA"である．真核生物の DNA のかなりの部分をトランスポゾンが占めていて，ヒトゲノムの約 36％，トウモロコシゲノムでは 54 億塩基対の 50％以上となっている．ほとんどのトランスポゾンは，その起源がウイルスであると考えられ，細胞間で感染し合うことはないが（遺伝的に関係のない細胞の間でやりとりする性質はないが），古いウイルスの名残が DNA 配列上にみられる．ほかに，自身のコピーをつくり，ゲノム中にランダムに侵入する能力を獲得した"利己的 DNA"の断片と思われるトランスポゾンもある．

14・2　真核生物における DNA の凝縮

遺伝子を発現するためには，遺伝子内の情報がまず RNA 分子へと転写されなくてはならないが，その前に，転写開始を誘導する酵素などが，その遺伝子の場所まで接近できなければならない．簡単なようにみえるが，DNA の凝縮や収納の問題があるために複雑である．つまり，膨大な量の DNA 遺伝情報をどのようにして核の中の小さな空間に収納するか，さらに必要に応じて情報をどのように選んで再生するのかという問題である．

ヒトや他の真核生物の場合，染色体はどれも 1 分子の DNA からなる．それぞれの染色体はとてつもない量の遺伝情報をもって

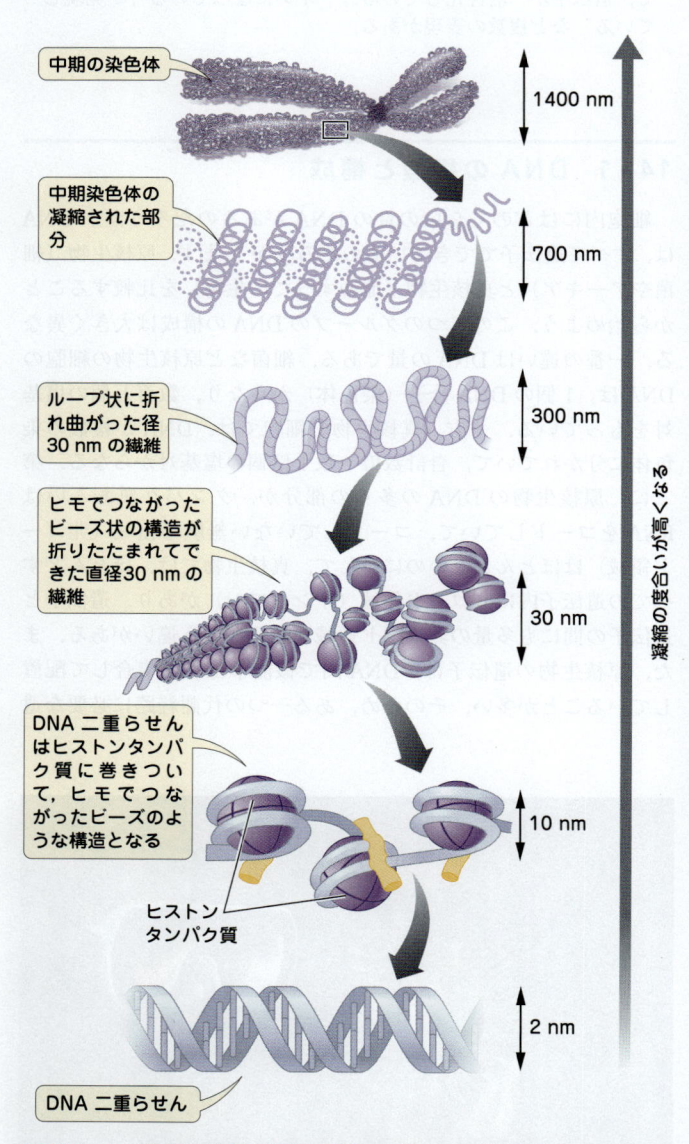

図 14・4　真核生物における DNA のパッキング　真核生物の DNA は，数段階の複雑なパッキング機構によって凝縮されている（下から上に向かって）．細胞分裂期中期にみられる染色体は，DNA が最も高密度に凝縮された状態である．

いるうえに，第9章で紹介したように，ヒトの染色体数は一倍体で23本で，全部で約33億個の塩基対をもつ．ヒトの1個の二倍体細胞中にあるDNA全体を1本にして伸ばすと，全長2m以上にもなる．この膨大な量のDNAが，直径わずか0.000006 m（6 μm）の核の中に詰め込まれている．私たちの体内のDNAをすべてつなぐと，信じがたいほどの長さになる．ヒトの体は約10^{13}の細胞をもっていて，各細胞が約2mのDNAを含むので，約$2×10^{13}$ mのDNAを体内にもっている．その長さは地球から太陽までの距離の130倍以上にもなる．

膨大な量のDNAを非常に小さな空間に詰め込むしくみがDNA凝縮機構である．種々のパッキングタンパク質があり，DNA二重らせんを巻き取り，たたみ込み，圧縮するなど，段階的にパッキングを行い，私たちが染色体とよぶDNA-タンパク質複合体がつくられている．分裂中期の染色体のDNAで，約2 nm幅のDNA二重らせんからパッキングされる過程を解説しよう（図14・4）．まずDNA二重らせんが，ところどころで，**ヒストン**とよばれるタンパク質のまわりに"糸巻き"のように巻きつけられ，真珠の首飾りのように，ヒモでつながった約10 nm幅のビーズ状の構造をつくる．このビーズとヒモの構造は，さらに他のパッキングタンパク質を結合してコイル状に巻き取られ，直径約30 nmの繊維に圧縮されている．そのうえで，繊維は折れ曲がってループ状になり，核内のタンパク質に付着する．間期のDNAの大半は，この状態にあるが，転写される部分は，ヒモでつながったビーズ状のままで，RNAポリメラーゼなどの遺伝子転写機構の分子が接近しやすくなっている．間期の染色体のなかでも常に高密度に凝縮されたままの場所がある．これは構造的な支えとなる部分で，**構造DNA**とよばれている．

体細胞分裂でも，減数分裂でも，細胞分裂が始まると，すべての染色体はさらに密に凝縮された状態へと変化する．ループ状に折りたたまれた前期DNAは，さらにらせん状に圧縮され，短く，また2倍以上太い束になる．この染色体が，DNAが最密・最短にパッキングされた状態である．この凝縮状態のDNAは丈夫で絡まりにくいので，染色体が中期で細胞の中央に並んだり分裂後期で2セットに分かれるときにも，引き裂かれにくい．

■ これまでの復習 ■
1. ヒトの細胞には大腸菌のもつDNAの1000倍以上の量のDNAがある．同じように大腸菌の1000倍以上の数の遺伝子がヒトの細胞にはあるか？
2. 遺伝子発現とは何か．説明せよ．
3. 体細胞分裂や減数分裂の前期での染色体にみられる2段階の凝縮の役割について述べよ．

14・3 遺伝子発現のパターン

遺伝子発現とは，細胞や生物において，構造や機能のうえで遺伝子の影響が現れることをいう．遺伝子は発現することによって表現型に影響を及ぼし，その遺伝的な特徴が現れる．一般的なヒトの細胞では，1/3弱の遺伝子は，常に活発に発現していて，残りの遺伝子は使われていない．細胞が異なると，異なる遺伝子セットが発現していて，また，その遺伝子発現のパターンは，時間の経過とともに変化することもある．しかし，いつ，どこで，どの細胞が，どの遺伝子を発現するかは，どのようにして決まるのであろうか？

環境に応じて遺伝子をオン・オフする

細菌のような単細胞の生物は，変化する外部環境に直接さらされていて，それに対処する特別な細胞はもたない．この問題を解決する一つの方法は，状況の変化に応じて異なる遺伝子を発現することである．

たとえば細菌では，遺伝子のスイッチのオン・オフを調節することで栄養源の変化に対応している例がよく知られている．培養しているシャーレ内の大腸菌に，エネルギー源としてラクトース

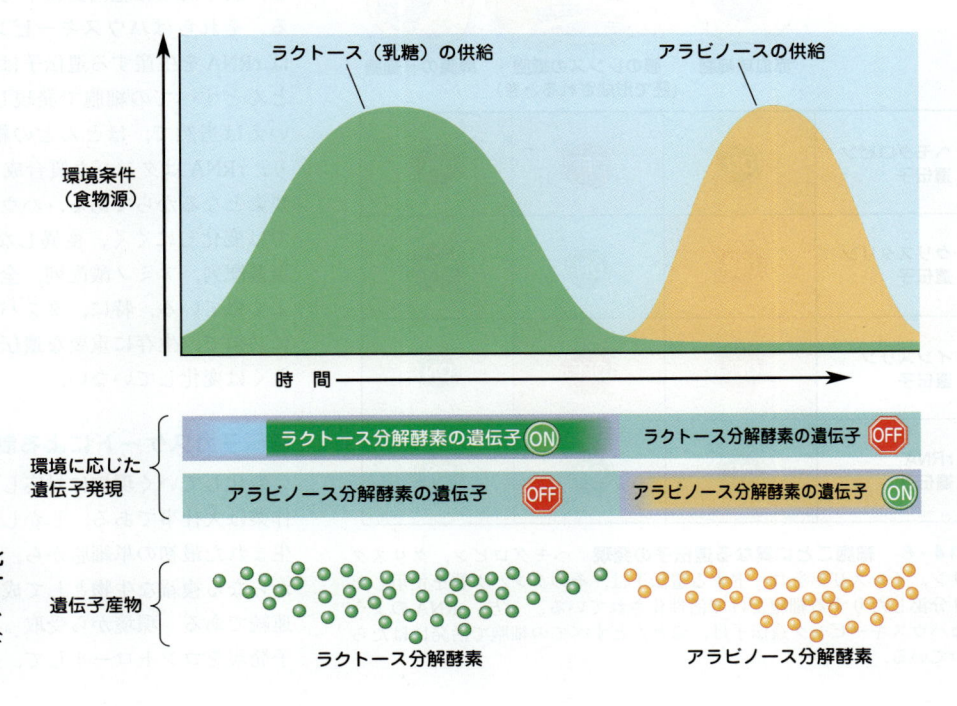

図14・5 細菌は食物源の変化に応じて異なる遺伝子を発現する　ラクトースとアラビノースは，いつも手に入るわけではないが，大腸菌の食物源である．

（乳糖）だけを与えると，大腸菌は数分以内にラクトースを消化する酵素をコードする遺伝子のスイッチをオンにする（図14・5）．ラクトースが消費されてなくなると，大腸菌はその酵素の生産を止める．このように，細菌は入手可能な食物源に合わせて，どの遺伝子を発現すべきかを判定し，食物が枯渇すると，別の食物源が利用できるように遺伝子のスイッチを入れ直す（図14・5のアラビノース）．食物が入手できるときにだけ，それを消化する酵素を生産することで，無駄なエネルギーを使わないようにし，また不必要な酵素をつくらないように資源の節約をしている．

単細胞の生物と同じように，多細胞の生物も，体内環境を反映したシグナルや，体外環境の変化に応じて，発現させる遺伝子を変えている．たとえば，私たちヒトは血糖値が変化すると，その値が高すぎたり低すぎたりしないように発現する遺伝子を変えている．また，ヒトや植物，他の多くの生物は，高温にさらされると，熱による損傷から細胞を守るためのタンパク質をコードする遺伝子をオンにする．

異なる細胞は異なる遺伝子を発現する

多細胞生物では，異なるタイプの細胞は異なる遺伝子のセットを発現している．どの遺伝子の機能を必要としているかによって，その細胞で発現させる遺伝子が決まる．ある特定のタンパク質をコードする遺伝子が発現するのは，その細胞内でそのタンパク質を必要とする場合，あるいは他の細胞へ輸送するのに必要な場合に限られる．たとえば，ヒトの220種類の細胞のなかで，赤血球だけが，酸素を輸送するタンパク質であるヘモグロビンを使うが，未分化の血球細胞が成長し赤血球として成熟するときにだけ，このタンパク質は発現する（図14・6）．同じように，眼のレンズである水晶体のタンパク質，クリスタリンをコードする遺伝子は，眼球が発生してつくられるときに決まった細胞内だけで発現する．膵臓で生産され，血液中に分泌されるホルモンであるインスリンをコードする遺伝子は，膵臓中の決まった細胞（ランゲルハンス島の β 細胞）でしか発現しない．

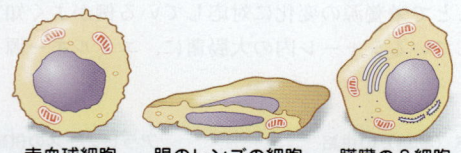

こういった特定の遺伝子のほかに，すべての細胞で発現している，基本的な細胞活動に不可欠で重要な役割を果たす遺伝子もある．それらは**ハウスキーピング遺伝子**とよばれている．たとえば rRNA を生産する遺伝子は，ハウスキーピング遺伝子としてほとんどすべての細胞で発現している（図14・6）．これは当然といえば当然で，ほとんどの細胞はタンパク質をつくる必要があり，rRNA はタンパク質合成の場として重要なリボソームの構成要素となるからである．ハウスキーピング遺伝子は，進化のうえでは変化しにくく，変異しないように保存されてきた．つまり，塩基配列，アミノ酸配列，全体的な機能がさまざまな生物の間でよく似ている．特に，タンパク質合成など，基本的な細胞の活動に必須で，生存に重要な遺伝子は，遠い先祖の時代からあまり大きくは変化していない．

遺伝子カスケードによる制御

変化していく環境に対応して，適切な遺伝子をオン・オフする作業は大仕事である．しかし，多細胞生物の発生過程，受精して生まれた最初の単細胞から，多種多様な細胞，異なる組織や器官からなる複雑な生物として成長する過程は，さらに困難な作業の連続である．環境から受取ったシグナルに合わせて，整然と遺伝子発現をコントロールして，必要な細胞種を分化させ，個体のボ

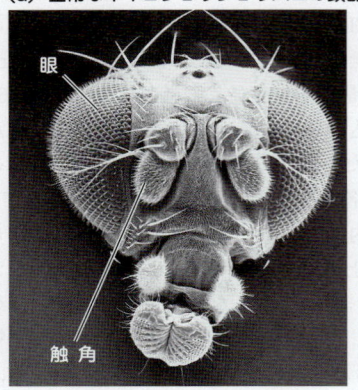

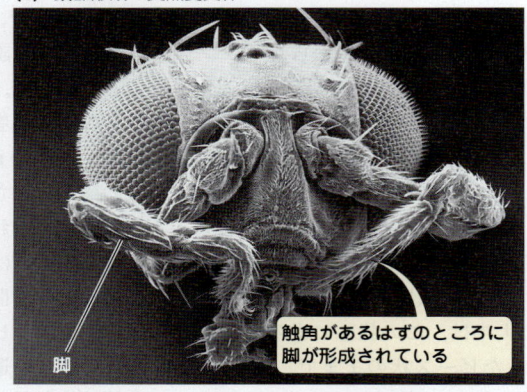

図 14・7　**奇異な表現型を生じさせる発生突然変異**　(a) 正常なキイロショウジョウバエの頭部．触角の位置に注目しよう．(b) アンテナペディア（"触角と脚"の意味）とよばれるキイロショウジョウバエ突然変異体の頭部．触角があるはずのところにある脚に注目．アンテナペディア遺伝子はホメオティック遺伝子で，通常は，頭部のすぐ後ろの胸節で脚の形成を誘導する．突然変異により，アンテナペディア遺伝子が頭部で発現すると，触角の形成が抑えられ，代わりに脚が形成される．

	赤血球細胞	眼のレンズの細胞（胚で形成されるとき）	膵臓の β 細胞
ヘモグロビン遺伝子	ON	OFF	OFF
クリスタリン遺伝子	OFF	ON	OFF
インスリン遺伝子	OFF	OFF	ON
rRNA遺伝子	ON	ON	ON

図 14・6　**細胞ごとに異なる遺伝子の発現**　ヘモグロビン，クリスタリン，インスリンをコードする遺伝子は，そのタンパク質を使用したり分泌したりする細胞だけで活性化されている．一方，rRNA のようなハウスキーピング遺伝子は，ほとんどすべての細胞で活発にはたらいている．

ディープラン（体制）をつくりあげるという非常に複雑な作業となるからである．重要な遺伝子が一つ発現を間違えただけで，発生プロセスが混乱し，奇形を生じたり，死をまねくことになる（図14・7）．

細胞の種類や体の構成は，連鎖反応的な**遺伝子カスケード**（**遺伝子連鎖反応**）でコントロールされていて，つぎつぎと順番に倒れるドミノ倒しのように，一連の遺伝子がつぎつぎにオン・オフされる．最初の段階は，環境からの信号を受取って，**マスタースイッチ遺伝子**が活性化されることから始まる．マスター遺伝子の産物となるタンパク質は，つぎに，別の細胞にある別の遺伝子セットをオン・オフし，この遺伝子を使って生産されたタンパク質が，別の遺伝子の産物と協同ではたらいたり，さらなる環境からのシグナルに反応して，またつぎの遺伝子セットをオン・オフしたりする．その過程で，細胞の構造や機能を決めるタンパク質の遺伝子が発現し，分化した細胞へと変化する．

ホメオティック遺伝子は，そのようなマスタースイッチ遺伝子の一つで，動物・植物の両方で，ボディープランの形成や組織・器官の分化に中心的な役割を果たしている．ホメオティック遺伝子で制御される遺伝子発現のカスケードでは，図14・7に示す触角の分化のように，特定の形態が完成するまで，非常に限定的で決まりきった反応を頑固に進行させる．この点を考えると，ホメオティック遺伝子の欠損によって，表現型に大きな影響が出るのも驚くべきことではない．ホメオティック遺伝子は，キイロショウジョウバエのアンテナペディア突然変異など，発生過程で起こった突然変異体の分析から発見された遺伝子である．アンテナペディア遺伝子（*Ant*）は脚を形成する遺伝子カスケードを支配している．突然変異によってこの遺伝子がキイロショウジョウバエの頭部に間違って発現すると，触角があるべきところに脚が出現するようになる（図14・7b）．

個体が発生する過程では，異なるホメオティック遺伝子が，異なる時間に，異なる細胞で活性化される．たとえば，眼の形態形成をコントロールするホメオティック遺伝子は，眼をつくる細胞だけで活性化され，体の他の部位にある同じ遺伝子が活性化されることはない．他の場所の細胞では，その場所特有のホメオティック遺伝子が発現する．体が発生して形が変わる場合，細胞によって発現するホメオティック遺伝子が刻々と変化していく．

1990年代，キイロショウジョウバエのホメオティック遺伝子とよく似た遺伝子が，マウスやヒトなどでも発見され，キイロショウジョウバエと同じように発生を制御していることがわかった（図14・8）．ホメオティック遺伝子は，非常によく保存された**保存性の高い遺伝子**で，さまざまな生物種で，同じような塩基配列をもち，共通の機能をもっている．頭部の形成，胚の末端部や体節部分の分化など，発生の初期段階で形態形成を制御する遺伝子は，発生の後期（たとえば脳の発生を制御する遺伝子）で作用する遺伝子よりも保存性が高く，変異の少ない傾向がある（§18・2）．多細胞生物のホメオティック遺伝子は数億年前に生まれ，それ以降，イソギンチャクなどの下等な動物から哺乳類に至るまで，動物のボディープランをつくるしくみとして，継続して使われてきたと考えられている．

14・4 遺伝子発現の制御

細胞がどの遺伝子をオン・オフするかは，外からのシグナルで制御されている．そのようなシグナルのなかには，他の細胞が発信するものもあり，この場合，細胞の間のコミュニケーションによって遺伝子発現の制御が行われることになる．また，たとえばヒトの血糖値のような体の内部環境，あるいは，植物への太陽光の照射量など外的環境がシグナルとなる場合もある．細胞はそのような種々のシグナルを処理し，その情報をもとに，どの遺伝子を発現するかを決めている．

遺伝子発現は転写レベルで制御されるものが多い

遺伝子発現制御の最も一般的な方法は，転写の段階でのオン・オフである．遺伝子の転写がなければ，コードするRNAは合成

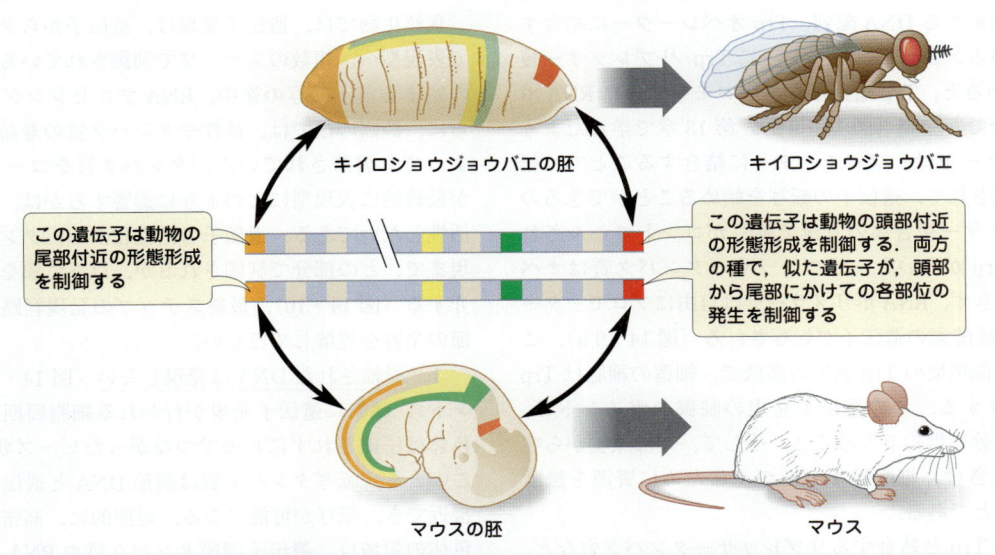

図14・8　ホメオティック遺伝子が異なる生物間で似ていることは，進化的に同じ起源であることを意味する　キイロショウジョウバエやマウスなど異なる動物でも，同じようなホメオティック遺伝子によって，形態形成が制御されている．ホメオティック遺伝子は，キイロショウジョウバエとマウスの染色体上に同じ順序で配置されている．染色体上のホメオティック遺伝子の並び順と，これらの遺伝子が胚で発現する部位の並び順は同じである．類似したホメオティック遺伝子とそれらが制御する構造を，同じ色で示した．キイロショウジョウバエの染色体には，マウスにはないDNA配列がある（染色体が斜め線で途切れた箇所）．

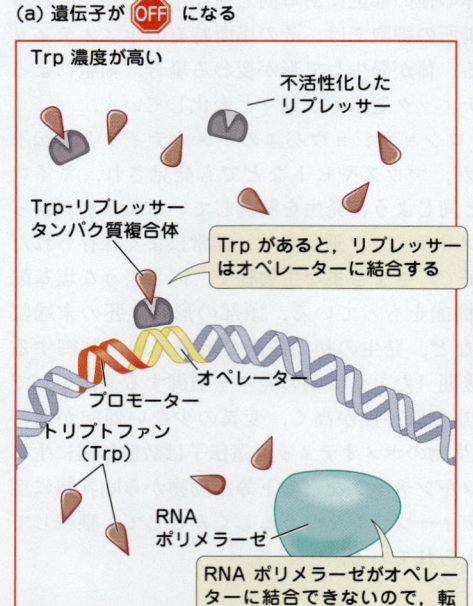

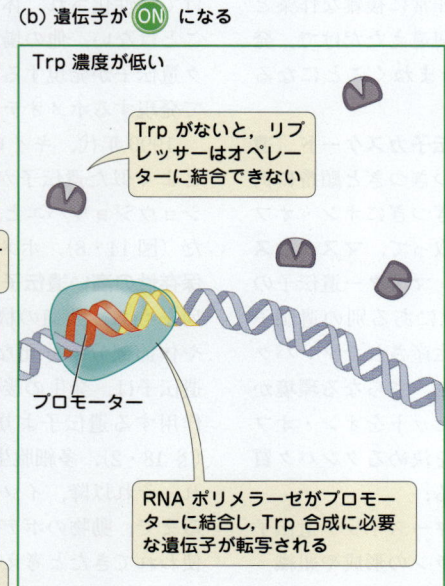

図 14・9　リプレッサータンパク質による調節

大腸菌では，リプレッサータンパク質がオペレーターに結合することで，トリプトファン (Trp) を合成するのに必要な酵素をコードする遺伝子の転写を制御する．(a) Trp が存在すると，リプレッサータンパク質と結合し，この Trp-リプレッサータンパク質複合体が，オペレーターに結合して遺伝子をオフにする．(b) Trp がないと，リプレッサータンパク質はオペレーターに結合できない．代わりに RNA ポリメラーゼがプロモーターに結合し，転写が開始して，Trp 合成のための酵素ができるようになる．

(a) 遺伝子が OFF になる — Trp 濃度が高い
- 不活性化したリプレッサー
- Trp-リプレッサータンパク質複合体
- Trp があると，リプレッサーはオペレーターに結合する
- オペレーター
- プロモーター
- トリプトファン (Trp)
- RNA ポリメラーゼ
- RNA ポリメラーゼがオペレーターに結合できないので，転写できない

(b) 遺伝子が ON になる — Trp 濃度が低い
- Trp がないと，リプレッサーはオペレーターに結合できない
- プロモーター
- RNA ポリメラーゼがプロモーターに結合し，Trp 合成に必要な遺伝子が転写される

されず，RNA がコードするタンパク質も合成されない．したがって，そのタンパク質によって直接影響される表現型も現れない．たとえば，大腸菌の成長には，アミノ酸であるトリプトファン (Trp) が必須であるが，トリプトファンを細胞外から自由に入手できるのであれば，大腸菌はそれを合成するのに細胞内の資源を無駄に使う必要はない．しかし，トリプトファンが入手できないときは，大腸菌は自身で合成するのに必要な酵素をコードする遺伝子を発現させる．

トリプトファン合成酵素の遺伝子発現は，つぎのようなプロセスでコントロールされている．Trp が周囲にあるときは，細菌細胞内の**リプレッサータンパク質**に Trp が結合している（リプレッサーという名は，遺伝子の発現を抑制することから付けられた）．この Trp とリプレッサータンパク質の複合体は，Trp 合成酵素遺伝子群の転写を制御する DNA 配列，**Trp オペレーター**に結合する性質をもっている．Trp オペレーターに Trp-リプレッサー複合体が結合していると，Trp 遺伝子群のプロモーターに RNA ポリメラーゼが結合できない（図 14・9a）．第 13 章で学んだように，RNA ポリメラーゼは，プロモーターに結合することで，転写開始点まで誘導されて，遺伝子の転写を始めることができるので，Trp-リプレッサー複合体の有無で転写がコントロールされることになる．Trp がないと，リプレッサータンパク質はオペレーターに結合できず，RNA ポリメラーゼは自由にプロモーターに結合し，Trp 合成酵素の遺伝子が転写される（図 14・9b）．このようにして，外部環境の Trp 濃度の高低で，細菌の細胞は Trp 合成をオン・オフする．この遺伝子発現の制御のポイントは，いつでも Trp を十分に供給できること，そして，外部環境から容易に入手できるときは，細胞は Trp をつくるために資源を無駄遣いせずに済むことである．

大腸菌における Trp と結合するリプレッサータンパク質など，一部の遺伝子は，低い濃度で常に細胞内で発現している．Trp が外部環境から入手可能になり，Trp 合成を抑制する必要が生じたときに備えて，リプレッサータンパク質はすぐに使える状態になければならないからである．しかし，他の大多数の遺伝子は，いつも発現しているのではなく，転写段階での制御下にある．

一般に，転写活性の制御方法には，つぎの 2 種類がある．一つは，遺伝子転写を活性化（または不活性化）させる**調節 DNA 配列**を介してコントロールするしくみ，もう一つは**調節タンパク質**で，外部からのシグナル分子や調節 DNA 配列と相互作用して転写を促進・抑制するしくみである．いずれの場合も，こうした転写制御では，大腸菌における Trp 合成調節と同じように，遺伝子転写をオン・オフするオペレーターが調節 DNA 配列としてはたらく．Trp があるときにオペレーターに結合するリプレッサータンパク質は，遺伝子調節タンパク質の例である．調節 DNA 配列や調節タンパク質を使った制御（オンまたはオフにする）は，真核生物，原核生物に共通してみられる．

複数ステップの遺伝子発現制御

真核生物では，遺伝子発現は，遺伝子からタンパク質へ，そして表現型へ，複数のステップで制御されている．たとえば，転写の始まる前，転写の途中，RNA プロセシング，翻訳の段階，さらに，翻訳の後では，活性やタンパク質の寿命を制御することによっても調節されている．タンパク質をコードしている遺伝子が最終的に表現型にどのように影響するかは，そのタンパク質の活性しだいである．遺伝子の活性化から，タンパク質の機能の発現まで，どの部分で制御されるか，以下に順を追ってまとめて紹介する（図 14・10）．最終ステップの発現経路まで遺伝子発現調節の全容を理解してほしい．

1. 凝縮された DNA は発現しない（図 14・10，第 1 制御ポイント）．頻繁に遺伝子発現が行われる細胞周期の間期には，各染色体は圧縮されずにヒモでつながったビーズ状の形をしている．このとき，転写タンパク質は調節 DNA と遺伝子プロモーターに接近でき，転写が可能になる．対照的に，高密度に圧縮された染色体の領域は，遺伝子調節タンパク質や RNA ポリメラーゼなど転写に必要なタンパク質が，標的となる DNA 配列に接近できず，転写が起こりにくい．つまり，DNA の凝縮そのものが制御方法の一つとなる．ほとんどの真核生物の細胞が，細胞の種類や受取ったシグナルの違いに応じて，染色体を部分的に凝縮・脱凝縮するタンパク質複合体を使い，遺伝子発現を制御している．

2. 転写の調節（図14・10，第2制御ポイント）．前の項で説明したように，転写段階での制御は，遺伝子発現を制御する最も一般的な方法である．遺伝子産物を必要としないときには資源を節約できるので，この制御方法は効率が良い．真核生物の場合，欠点は，転写活性化の速度が遅いことである．最速でも，遺伝子の転写活性化に続いて，新しくタンパク質が合成されるまでには15〜30分必要である．

3. mRNAの分解の制御（図14・10，第3制御ポイント）．数日間，または数週間残存するmRNAが少数あるが，大半のmRNAは合成後の数分〜数時間以内に分解される．mRNAの寿命が長ければ長いほど，より多くのタンパク質が合成される．mRNAの寿命は，その化学的な修飾特性で決まるが，なかには，通常より不安定なものもある．短期的にしか必要としないタンパク質の場合，mRNAの寿命を短くすることで，無駄なタンパク質合成を防ぐことができる．しかし，産物タンパク質が必要でない場合でも，mRNAをつくり続けることもある．これには，状況が変化し，タンパク質が急に必要になった場合，mRNAをすぐに安定化すれば，すばやく翻訳を開始して，タンパク質を準備できるという利点がある．転写を活性化するのにかかる時間を節約でき，わずか数分でタンパク質の量を増やすことができる．

4. 翻訳の制御（図14・10，第4制御ポイント）．RNAに結合するタンパク質には，mRNAを標的にして，タンパク質への翻訳を抑制するものがある．これは長寿命のmRNAを制御するのに有効である．細胞は，タンパク質をすぐには使用しないとき，そのmRNAを不活性化しておき，必要に応じて外すことで迅速にタンパク質を合成できる．たとえば，体内の免疫細胞のなかには，サイトカインとよばれるシグナルタンパク質をつくるために，大量のmRNAを合成する白血球があるが，いつもは翻訳を抑制している．侵入した病原菌などの異物を検出すると，翻訳の抑制をやめ，サイトカインを数分以内に合成し，血液中に分泌する．このサイトカインが警報となって，他の免疫システムが防御反応を開始する．

5. タンパク質の翻訳後調節（図14・10，第5制御ポイント）．タンパク質が表現型として機能する前に，短くなったり，化学的な修飾を受けたりすることがある．たとえば，血液凝固タンパク質は不活性な先駆物質として合成され，そのタンパク質の一部が切り取られてはじめて傷口を防ぐことができる．ほかにも翻訳後に化学的に修飾されたり，他の分子と結合することで活性が変化するものがある．たとえば肝細胞は，グルカゴンとよばれるホルモンのシグナルを受取ると，エネルギー貯蔵分子であるグリコーゲンを合成する酵素，グリコーゲンシンターゼにリン酸基を結合させる．これによりグリコーゲンシンターゼの活性が低下して，糖はグリコーゲンとして貯蔵されずに，血中に放出されて，血糖値が上昇する．

6. タンパク質の寿命の制御（図14・10，第6制御ポイント）．タンパク質の活性を調節することは，遺伝子の発現経路を制御するラストチャンスである．コラーゲンやクリスタリンのように私たちが生きている間ずっと残り，長く使われる特殊なタンパク質もあるが，タンパク質の大半は限られた寿命しかない．必要なくなったタンパク質，損傷して機能しなくなったタンパク質は分解されて，生じたアミノ酸は新しいタンパク質をつくる材料としてリサイクルされる．このようにして，必要な場所でアミノ酸資源を効率良く使うことができる．逆に，タンパク質を分解せずにため込みすぎるのは弊害があり，細胞が死んでしまうこともある．とりわけ脳細胞は，おそらくその複雑な機能のためと考えられるが，余分なタンパク質の蓄積が起こると損傷を受けやすい．アルツハイマー病，パーキンソン病，ハンチントン病は，大きなタンパク質の塊が細胞内部につくられ，それが原因で脳細胞が徐々に死滅するという特徴がある．これは捨てるべきタンパク質をきちんと分解処理できなかったことが原因と考えられている．

遺伝子発現は他の遺伝子や環境の影響を受けて変化する

いつ，どこで，どれぐらいの量の遺伝子が発現し，タンパク質がつくられるのか，細胞がどのようにそれを制御しているかについて紹介してきた．ここで最初の重要な課題に戻ろう．遺伝子発現がオン・オフすると，それはどのように表現型を左右するのだろうか？ 1個の遺伝子が活性化するだけでも，表現型に直接，大きな影響をもたらす例が多く知られている．たとえば，ホメオティック遺伝子が発生過程の生物にもたらす影響を考えてみよ

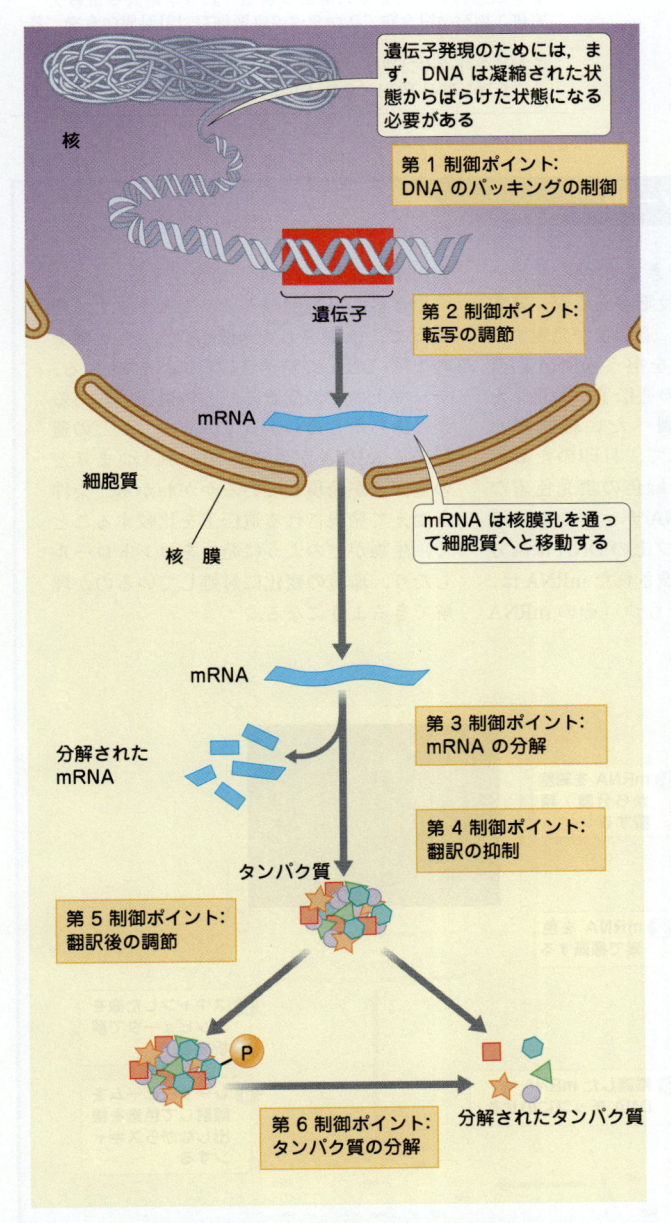

図14・10 **真核生物における遺伝子発現の制御** 真核生物には，遺伝子発現を制御するさまざまな方法が見つかっている．遺伝子からタンパク質へ至る経路の各ステップを制御することで，タンパク質の生産量や活性を調節することができる．

う．ホメオティック遺伝子は，発生に影響を与える他の多数の遺伝子をコントロールしている．ホメオティック遺伝子から合成されるタンパク質が一個でも機能しないと，それに続く遺伝子カスケードで制御される他の遺伝子群の発現に影響し，表現型が大きく変わる（図14・7）．

しかし，遺伝子にコードされた遺伝情報が，いつも完全に表現型を支配するわけではない．環境から受取ったシグナルが，遺伝子をオン・オフするだけでなく，その産物であるタンパク質の機能までさまざまな段階で変化させることがある．同じ細胞で生産されたにせよ，隣の細胞で生産されたにせよ，ほかのタンパク質が，特定の遺伝子の発現経路を変化させることもある．遺伝子発現経路が変化すると，いつ，どこで，どれくらいの遺伝子産物をつくるか，またどの程度遺伝子を活性化するかが変化し，それが表現型へと影響する．たとえば，グリコーゲンシンターゼにリン酸基を付加する酵素（リン酸化酵素）をコードする遺伝子は，グリコーゲンシンターゼの表現型（活性の高低）に直接影響を与え，表現型を変える好例であろう．第10章（図10・15参照）でも論じたように，表現型は必ずしも単一の遺伝子型の単純な産物ではない．表現型は環境要因と他の遺伝子の活性によっても大きく変化するのである．遺伝子発現経路のさまざまな段階で，環境からのシグナルや他の遺伝子が複雑に影響を及ぼしている．

■ これまでの復習 ■
1. 多くの遺伝子が転写の段階で制御されているが，その利点は何か．
2. 転写での制御が遺伝子を調節する最良の方法なら，なぜ，すべての遺伝子が転写の段階で制御されていないのか？
3. 翻訳後に，つまりタンパク質が合成された後に，遺伝子発現を制御する方法は？
4. 遺伝子発現は，DNAにコードされた遺伝情報だけで制御される．これは正しいか間違っているか．理由とともに述べよ．

科学のツール

DNAチップを使って遺伝子発現を調べる

生物の代謝や表現型が多くの遺伝子の影響を受けていることはわかっていたが，生物は何千もの遺伝子をもっていて，その発現量がどの発生段階で，また，どのような環境条件下で，どの程度変わるのかを調べることは大変難しかった．しかし，1990年代後半に開発されたDNAチップ（DNAマイクロアレイ）の出現で，多数の遺伝子の発現を一度に観察できるようになった．

DNAチップは数cmほどの小さなガラス面に，何千というDNAの試料を，整然と並べて付着させたものである．DNAチップの作り方には，2種類ある．一つは，自動機械を使って，500～5000塩基ほどの長さの一本鎖DNAを含んだ液をチップのガラス板上の決められた場所に微小量滴下する．つぎに，ガラス面にDNA分子が結合しやすいように処理し，乾燥させる．滴下したDNAの配列（遺伝子のエキソン部分などに相当）と，そのチップ上での配置はあらかじめ決められている．

二つ目の方法では，DNAのもっと短いもの（20～80塩基の長さ）が使われる．短い一本鎖DNA断片を，コンピュータのICを作成するのと似た技術を使って，ガラスチップの上で直接合成する．DNA断片を合成し，一定の順序でチップ上に置いて，固定する方法も可能である．

これらのDNAチップを使い，さまざまな生物の遺伝子の発現を同時に検査できる．どのようにしてできるのだろうか？ 多くの技術上の複雑な段階があるが，基本的な原理は単純である．遺伝子が発現すると，その遺伝子の情報を担うmRNAが合成される．そこで，どの遺伝子が発現したかを観察するのに，調べたい細胞からmRNAを分離・精製して，目印のための色素で標識する（赤や緑色の蛍光色素など）．その試料液をDNAチップの上に滴下する．mRNAとチップ上のDNAは両方とも一本鎖なので，標識されたmRNAは，それと相補的な配列をもつ（そのmRNAの由来となる）DNAと結合する．

つぎに，高精度のカメラやスキャナーを使って，標識されたmRNAが，チップ上のどのDNAに結合したのかを調べる．チップ上のどの位置に，どの遺伝子があるかはあらかじめわかっているので，どの遺伝子のmRNAが生産されたか，つまりどの遺伝子が発現しているかがわかる．条件を変えて発現される遺伝子を比較することで，生物がどのように発生をコントロールしたり，環境の変化に対処しているのか理解できるようになる．

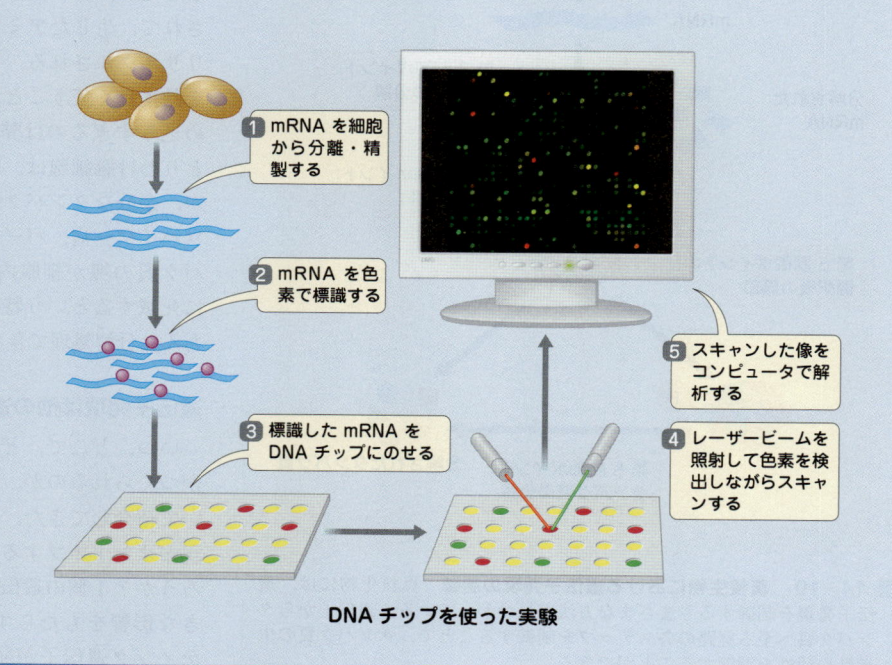

手順：
1. mRNAを細胞から分離・精製する
2. mRNAを色素で標識する
3. 標識したmRNAをDNAチップにのせる
4. レーザービームを照射して色素を検出しながらスキャンする
5. スキャンした像をコンピュータで解析する

DNAチップを使った実験

学習したことの応用

遺伝子発現からがん治療まで

遺伝学の分野での革命が始まった。それは社会へ与える影響という点では、コンピュータ革命に匹敵するであろう。コンピュータと同じように、遺伝学の革命は科学技術の進歩によって推し進められているが、現在の遺伝学の目指すところは、新しいタイプの機械や技術を開発することではない。単一遺伝子に着目した研究から、より多数の遺伝子を同時に調べる研究へと移行することである。

多くの遺伝子を同時に調べることで何がわかるのだろうか？ 研究者は現在、生命科学の新技術を駆使して、環境変化に直面した細胞で、遺伝子発現パターンに何が起こるかを詳細に調べようとしている。細胞は、少数の遺伝子をオン・オフするだけだろうか？ それともいっぺんに多くの遺伝子発現を変化させるのだろうか？ これまでの研究から、環境の変化に伴い、多くの遺伝子が発現を変えることがわかってきた。

たとえば、1996年、酵母（*Saccharomyces cerevisiae*）の完全なDNA配列が発表され、約6000個の遺伝子が発見された。この遺伝子すべてをDNAチップに貼り付け（p.246 "科学のツール" 参照）、すべての酵母菌遺伝子の発現過程を観察した。その結果、たとえば栄養源が変わると、それまでオフになっていた710個もの遺伝子がオンになり、一方、1030個の遺伝子がオンからオフになることがわかった。

現在では、患者個々人に合わせた薬剤開発のためのDNAチップもつくられている。たとえば、異なる遺伝形質をもつ人は、薬剤ごとに異なる反応をするので、DNAチップを使って遺伝子を調べれば、医者はどれが患者に最も効くかを決めることができるだろう。ほかにも、ある人の扁桃腺炎を起こしている細菌の遺伝形質を調べ、正確に菌株を同定できるようになるかもしれない。そうすれば、その細菌が耐性をもつ抗生物質を調べ、処方を避けるようにできるかもしれない。

DNAチップを使って調べた遺伝情報が、がん患者にも新たな希望を与えている。乳がんを例に紹介しよう。米国では7人に1人（日本では16人に1人）の女性が乳がんを発症し、そのうちの半数近くが命を落としている。乳がんが発見された場合、腫瘍除去の手術の後、どのような術後治療を選択するかは、その腫瘍の特徴（大きさや外見）により決めている。強い副作用を伴う化学療法のような、体に大きな負担のかかる治療は、がんが他の臓器に転移しそうな場合にのみ用いるのが望ましい。

がんが転移するかどうかの予測は、これまで行われてきたやり方はあまり正確とはいえず、多くの患者が不必要で副作用の強い治療を受けている。たとえば、手術と放射線療法だけで治療できる乳がん患者の約80％が、化学療法を受けるように勧められているという推計もある。がんが転移するかどうか調べるために、オランダと米国の医療チームがDNAチップを使い、乳がん患者の腫瘍細胞中の遺伝子25,000個すべての発現を調べた。その結果、がんの症状の重さによって、乳がん細胞内の異なる遺伝子セットがオンになったり、オフになったりしていることが明らかになった。その結果をもとに、78件の症例中65件の割合（83％の的中率）で、がんが転移するかどうか正確に予測できるようになった。これは以前の方法と比べて格段の向上である。手術と放射線療法だけで治療できるのに、間違って化学療法を受けることになった患者の割合は、80％から25％に減少した。

DNAチップは扁桃腺炎からがんに至るまで、予測治療の危険性を減らすのに役立つと考えられる。ただし、ヒトの病気の多くは、遺伝子以外の要因によっても大きな影響を受けることを忘れてはならない。結腸がん、脳卒中、心臓病や2型糖尿病の約70％が、そのリスクを減らすようなライフスタイルにするだけで予防できる（p.203, "生活の中の生物学" 参照）。このような場合は、DNAチップの結果だけでは判断できない。代わりに、同じようなライフスタイルの人がかかりやすい共通の病気や、それに影響する遺伝子を見つけることができるかもしれない。これは気の遠くなるような大変な作業だが、追求する価値はあるだろう。ライフスタイルと遺伝子発現の関係を理解することによって、病気の治療や予防する技術を、格段に向上できるかもしれない。

章のまとめ

14・1 DNAの構造と構成

- 原核生物の染色体（DNA分子）はおおむね1本で、真核生物と比べて少量のDNAしかもたない。原核生物のDNAは大半がタンパク質をコードしている。機能的に関連した遺伝子は、DNA上でグループをつくって近接した場所にある。
- 真核生物のDNAは、原核生物のものとはいくつかの点で異なった特徴をもつ。(1) 真核生物のDNAは複数の染色体に分かれている。(2) 真核生物の細胞には、一般に、原核生物よりも多くの遺伝子がある。また、遺伝子はゲノムの一部にすぎず、残りの部分は非コードDNA（イントロンやスペーサーDNAなど）、トランスポゾンなどで構成されている。(3) 関連した機能をもった遺伝子でも、必ずしもDNA上で近い位置にはない。

14・2 真核生物におけるDNAの凝縮

- DNAは、複雑なパッキング方法を使って高密度に凝縮されている。これにより細胞は膨大な量のDNAを小さな空間に収納している。真核生物では、DNAがヒストンの周りに巻きついて、細い繊維に圧縮され、さらにそれがループ状に折りたたまれている。
- 染色体は体細胞分裂と減数分裂の中期で最も高密度に凝縮されている。細胞周期の間期では、DNAの凝縮がほどけて遺伝子の発現が行われている。
- 凝縮されたDNA領域の遺伝子には、転写に必要なタンパク質が接近できず、発現されない。

14・3 遺伝子発現のパターン

- 生物には環境条件の変化に応じて、遺伝子をオン・オフするしくみがある。
- 多細胞の真核生物の発生は、遺伝子発現によってコントロールされている。その遺伝子発現は、体内・体外のシグナルの影響を受けて変化する。
- 多細胞生物の異なる種類の細胞は、異なる遺伝子のセットを発現している。
- 体内のほとんどの細胞で発現している遺伝子を、ハウスキーピング遺伝子という。
- ホメオティック遺伝子が調節する遺伝子カスケードによって、

発生の遺伝子発現が制御されている．

14・4　遺伝子発現の制御

- 転写の制御で多くの遺伝子が調節されている．
- 転写のオン・オフは，調節 DNA 配列と調節タンパク質が相互作用することで制御されている．
- オペレーターは原核生物で発見された調節 DNA 配列で，遺伝子の発現を制御する部分である．
- 調節タンパク質は，体内や体外の環境からくるシグナルに合わせて遺伝子発現を調節する．
- 調節タンパク質には転写を抑えるもの（リプレッサータンパク質），促進するもの（活性化タンパク質）の両方がある．
- 真核生物の細胞は，遺伝子からタンパク質まで複数の段階で遺伝子発現を制御している．
- 生物の表現型は，遺伝子型（複数の遺伝子の影響）と環境の相互作用の結果である．

復習問題

1. 真核生物の DNA をすべて連結すると，その長さは，細胞核の径の数十万倍にもなる．そのような長い DNA をどうやって核の中に収めているのか，説明せよ．
2. 原核生物と真核生物の DNA のおもな違いについて，DNA の量と機能の相違に絞って簡潔に述べよ．
3. 細菌を，食物としてグルコースが手に入る環境から，別の糖のアラビノースしかない環境に移したとする．アラビノースを消化するには，グルコースの消化には必要でない別の酵素が必要である．細菌内の遺伝子発現にどのような変化が生じるか．
4. 多細胞生物の細胞は，その種類により構造や代謝作用などが大きく異なる．もともとは同じ遺伝子をもっている細胞に，そのような違いが生じるしくみは何か．
5. ホメオティック遺伝子とは何か説明せよ．ホメオティック遺伝子が，キイロショウジョウバエやヒトなど多様な生物で共通してみられるのはなぜか．
6. タンパク質を生産するまでの各段階で，遺伝子発現はどのように制御されているか，簡潔に述べよ．
7. 大腸菌のトリプトファンオペレーターの機能と，その作用のしくみについて述べよ．
8. DNA チップとは何か？ 多くの遺伝子を同時に調べるために，DNA チップはどのように使われるか述べよ．

重要な用語

遺伝子発現（p.238）	遺伝子カスケード（p.243）
ゲノム（p.239）	マスタースイッチ遺伝子（p.243）
非コード DNA（p.240）	ホメオティック遺伝子（p.243）
イントロン（p.240）	保存性の高い遺伝子（p.243）
スペーサーDNA（p.240）	リプレッサー（p.244）
トランスポゾン（p.240）	オペレーター（p.244）
ヒストン（p.241）	調節 DNA（p.244）
ハウスキーピング遺伝子（p.242）	調節タンパク質（p.244）
	DNA チップ（p.246）

章末問題

1. 遺伝子と遺伝子の間にある非コード DNA 領域の名前は何か．
   - (a) イントロン
   - (b) スペーサーDNA
   - (c) トランスポゾン
   - (d) エキソン
2. 生物の遺伝子発現で，調節を受ける段階として最も一般的なものはどれか．
   - (a) 遺伝子産物（タンパク質）の分解
   - (b) mRNA の寿命調節
   - (c) 転　写
   - (d) 翻　訳
3. 調節 DNA 配列はつぎのどれか．
   - (a) リプレッサータンパク質
   - (b) オペレーター
   - (c) イントロン
   - (d) ハウスキーピング遺伝子
4. 発生の過程では，異なる細胞は異なる遺伝子セットを発現する．その結果何が起こるか．
   - (a) 異なる細胞の形成
   - (b) 遺伝子の突然変異
   - (c) DNA のパッキング
   - (d) 発生異常
5. 真核生物の DNA で，最も凝縮率が低いのはどの時期か．
   - (a) 体細胞分裂のとき
   - (b) 減数分裂のとき
   - (c) 間　期
   - (d) b と c の両方
6. 生物の DNA 全情報の 1 セットを何とよぶか．
   - (a) 遺伝子
   - (b) エキソン
   - (c) 遺伝子発現
   - (d) ゲノム
7. 細胞の活動をサポートし，ほとんどの細胞で発現される遺伝子を何とよぶか．
   - (a) 調節遺伝子
   - (b) ハウスキーピング遺伝子
   - (c) ホメオティック遺伝子
   - (d) 酵　素
8. 染色体上で，ある位置から別の位置へと移動できる DNA 配列を何とよぶか．
   - (a) オペレーター
   - (b) トランスポゾン
   - (c) エキソン
   - (d) イントロン
9. ある生物のゲノムには 20,000 個の遺伝子があり，同時に大量の DNA があり，その大半が非コード DNA である．これはどんな生物であると思われるか？
   - (a) 昆虫
   - (b) 植物
   - (c) 細菌
   - (d) a か b のどちらか

ニュースの中の生物学

A Race for Miracle Cures—and Billions

BY JOHN LAUERNAN

奇跡の治療法と数千億円市場の競争

2人のノーベル賞受賞者が，10年前の遺伝学上の大発見から，今までにない新治療法を開発しようと競っている．この新治療法が大手製薬会社の薬剤開発にも役立つかもしれない．Phillip SharpとCraig Melloは遺伝子の活性を阻害するRNA干渉，またはRNAiとよばれる遺伝子操作技術を治療に使おうとしている．このRNAi技術は，何千億円もの市場となる薬を生み出す可能性を秘めている……また，その技術で感染症やがん，関節炎などの治療法が見つかるかもしれない……たとえば，ウイルスはほとんど遺伝物質でできているし，がんは損傷したDNAがひき起こす病気であるからだ．RNAiを使えば，特定の遺伝子をオフにできる．たとえば，鳥インフルエンザやAIDSなど，さまざまな病気をひき起こすウイルスの活動を抑え込むこともできる．

……"これがすべての生命に共通する現象だとわかったとき，大きな衝撃でした" とSharp氏は回想している．"このしくみは，太古の昔から，大部分の生物に共通する強力なしくみですが，誰も気づいていなかった．これは根本的なしくみです." 単細胞の藻類にさえあり，特定のタンパク質の生産や活性を停止させる必要が生じると，RNAiを使って遺伝子をオフにする．つまりRNAiは，多細胞生物や動物よりもずっと昔，何百万年も前から，遺伝子をオン・オフするしくみとして，できあがっていたのである．

RNAiは遺伝子発現を制御するためのしくみである．ほとんどすべての真核生物はRNAi機構をもっているので，進化過程の早い時期に出現したと考えられる．おそらく，異質な遺伝物質，特にウイルスやトランスポゾンから細胞を守るために進化したと思われるが，多くの真核生物で，その細胞本来の遺伝子，つまり，通常の遺伝子を制御するためにもRNAiは使われている．

RNAiは，特定の種類のRNAを破壊したり，特定のmRNAの翻訳を抑制したりするしくみで，RNAウイルスによって細胞を乗っ取られるのを防ぐ，重要な防御機構としてはたらく．ウイルスの遺伝物質は二本鎖RNA（dsRNA）のことが多く，RNAi機構で使われる酵素は，まず，そのような異質な核酸を識別して結合する．つぎに，Dicer（ダイサー）とよばれるタンパク質が，異質のdsRNAを分断して短い二本鎖RNA（siRNAとよばれる）にする．ここに，サイレンシングエフェクター複合体とよばれるタンパク質がやってきて，siRNAの二本鎖の一方を認識し，その塩基配列に相補的なRNAの掃討作戦を展開し，分解したり，そのRNAがタンパク質に翻訳されるのを阻害する．このRNAi機構は，気になる配列のRNA二本鎖を目印にして，似たRNA分子をすべて認識し，そのはたらきを抑制するのである．

このRNAiの発見は，基礎的な生物のしくみを理解するための手法として，また，伝染病や遺伝病を診断し治療する手段として高い可能性を秘めており，非常に大きな反響を呼んだ．RNAiは，決まった塩基配列の遺伝子発現を確実に抑える画期的な方法となるからである．もし，抑えたい遺伝子があれば，その遺伝子のmRNA塩基配列に相補的な二本鎖RNAを投与すればよい．あとはRNAiが自動的にはたらき，細胞内で標的の遺伝子が発現するのを阻止してくれる．RNAi技術は，基礎研究にかつてない劇的な影響をもたらした．世界中の何百もの研究室で，研究者はsiRNAを合成し，特定の遺伝子の発現を抑制するために，それらを生きた細胞に注入し，その遺伝子と表現型の関係を理解しようとしている．また，RNAiを使った治療法として，HIVウイルスや肝炎ウイルスなどをノックアウトする臨床試験も行われている．さらに，突然変異した遺伝子による黄斑変性，RSVウイルスが原因の肺炎などの病気で，遺伝子発現を抑えるRNAi技術の応用も試みられている．

このニュースを考える

1. RNAiとは何か．真核生物にとっての利点は何か．

2. ゲノムを変える遺伝子療法は，倫理に反すると反対する人もいる．RNAiは遺伝子を変えるのではなく，遺伝子がもたらす影響を変えているだけなので，RNAiを使った治療法に反対する人は少ないだろうか？ 理由とともに述べよ．

3. ヒトなど，哺乳動物では筋肉の成長を阻害するタンパク質ミオスタチンをコードする遺伝子にまれに突然変異が起こることがある．ミオスタチンが不足すると筋肉が異常に大きくなる．すなわち，原理的には，RNAiをスポーツ競技選手の"遺伝子ドーピング"薬剤として使える可能性がある．合成RNA分子によってミオスタチン遺伝子を抑制できるからである．RNAiを使ったドーピングの検出は困難である．このような発見不可能な"遺伝子ドーピング"に対して，社会としてどのような立場をとるべきであろうか．RNAi技術は危ない，としてRNAi研究を禁止すべきだろうか？

出典：International Herald Tribune紙，2007年6月8日

15　DNAテクノロジー

> **Main Message**
> DNAテクノロジーを使えば，遺伝子を単離し，複製し，他の生物に導入することが可能となる．

光るウサギから新たな治療法への期待

クラゲには，捕食者の攻撃をかわすために発光するものがいる．数年前，これと同じ発光システムが新聞の見出しを飾った．クラゲを発光させる遺伝子をアルバという名前のウサギに組込んで，"光るウサギ"という芸術作品ができあがったのである．一見すると愛らしいが，エイリアンとも思えるような生物と人々は対面することになった．しかし，アルバは一度も美術展覧会に出品されたことはない．なぜなら，アルバを作ったことに対して激しい抗議の声が上がり，誕生した研究室から外に出されることはなかったからである．

アルバはDNAテクノロジーの産物である．現在，遺伝子を単離し，それらを解析し，作り変え，修正して，どのような生物にでも導入できるようになった．DNAテクノロジーは，*Stupid Pet Tricks*（米国CBSテレビのお笑い番組で，意味のないペット芸を紹介するコーナー）や問題芸術品を生み出すだけではなく，もちろん，ほかのことにも広く使われている．私たちの世界を大きく変えてしまったといっても過言ではないだろう．最近の話題からいくつか紹介しよう．ある研究者チームは，ハクジラがイカだけを食べているわけではなく，深海魚も食べるという結論を得た．魚のDNAが消化物の中から検出されたからである．人類学者は，赤毛のネアンデルタール人がいたことを証明した．化石のDNAに，現代人を赤毛や青白い皮膚にするのと同じ対立遺伝子が見つかったからである．スペインのある遺伝学者は，C. Columbusの骨からDNAを採取し，それを何千人ものボランティアのDNAと比較しようとしている．そのなかには，ColomやColombusという姓の人もいて，遺伝子解析の結果，偉大な航海者と縁戚関係にあると証明されるのを願っている．正真正銘の品物であることを保証するために，第34回スーパーボウル（アメリカンフットボールの大会）で使用されたボールにはすべて特殊なレーザー探知機で読むためのユニークなDNAの断片が付着させてある．といった具合である．

この30年間で，何百人もの殺人犯の有罪がDNAテクノロジーで立証された．同時に，その技術が使われる前に不当に投獄されていた200人以上の人々の無実も立証された．趣味として，自分の家系を調べたいと考えている人は，DNA分析キットを購入して，他の町で偶然会った自分と同じ姓をもつ親切な人と自分のDNAを比較すればよい．もうすぐ，数十万円であなたのDNAプロファイルを作成してくれる会社も出てくるに違いない．何百もの遺伝子座に関して遺伝子型リストをつくって，あなたは優れた言語記憶力や絶対音感をもっているとか，危険を犯しがちで要注意などと，対立遺伝子を分析してくれるだろう．

米国で市販されている加工食品の約75％が，DNA導入作物を原材料として少なくとも一つは含んでいる．インスリン注射に頼らざるをえない糖尿病患者がおよそ100万人いるが，インスリンはDNAテクノロジーによって作られる多くある薬品の一つである．まだ発達段階の最先端のDNAテクノロジーであるが，遺伝子治療によってヒトの遺伝病を治すことも試みられている．

では，どうやって，わずか数個の細胞から，あるいは50万年前に死んだヒトの細胞から，DNAを単離し解析することができるのだろうか？　遺伝子のクローニングとは何だろうか？　遺伝子組換え食品は，人間や生態系に害を及ぼす危険性があるだろうか？　遺伝子治療は効果があるだろうか？　本章ではまず，現在のDNAテクノロジーについて紹介する．基礎的な生命科学分野を推進し，さらに，医療技術の向上，商品開発などの実用的な成果をあげるために，それがどのように応用されてきたのかをみていこう．そのうえで，この新しい技術がもつ危険性について，倫理的・社会的問題も含めて検証していく．

アルバ：遺伝子操作された光るウサギ　緑色蛍光タンパク質（GFP）とよばれるクラゲのタンパク質をコードする遺伝子を受精卵に導入し，このウサギが生まれた．タバコからミノカサゴまで，ほかにも多くの"光る"生物がDNAテクノロジーによって作られている．実験の派手さに劣らず，細胞内のGFPを追跡する最新技術は，細胞のしくみを理解するのに大変な進歩をもたらしている（第6章"科学のツール"参照）．生物学と臨床医学の分野で，GFPの発見と応用に貢献した3人の科学者は，2008年のノーベル化学賞を受賞した．

15. DNAテクノロジー

基本となる概念

- DNAテクノロジーは，DNAを改変・操作する技術で，研究，医療，犯罪捜査，商用目的に応用されている．
- 制限酵素を使うとDNAを特定の塩基配列の場所で切断できる．ゲル電気泳動法は，切断したDNAをその長さの違いで分け，解析する方法である．
- 遺伝子を単離し，別のDNA断片と組合わせて組換えDNAをつくり，細菌などの細胞に導入することで，遺伝子のコピーを多数作成できる．これを遺伝子のクローニングという．
- DNAシークエンサー（自動DNA塩基配列解析装置）は，クローニングした遺伝子のヌクレオチド塩基配列を決定するのに使われる．
- 遺伝子をクローニングし塩基配列を決めることは，遺伝子の役割を調べる大きな手がかりとなる．また，対立遺伝子が，どのようにヒトの遺伝病をひき起こすのかなど，さまざまな表現型のしくみが理解できる．
- 遺伝子工学技術で，新規の塩基配列の遺伝子，あるいは，他種から取出したDNAを新しい遺伝子として別の生物へ導入できる．導入された遺伝子によって，表現型が変化したものを，遺伝子組換え生物という．
- DNAテクノロジーは多くの恩恵をもたらすが，倫理的問題をひき起こすことや，人間社会や自然の生態系に危険を及ぼす可能性もある．

間接的ではあるが，人間は長い間，他の生物の遺伝形質を操作してきた．この事実は，家畜とその野生原種とを比べれば明白である．たとえば，選択的に交配した結果，イヌは，祖先種であるオオカミとは，大きく異なる遺伝形質となっている．同様に，品種改良により，トウモロコシなどの作物も，その野生原種とは，ほとんど類似点が見当たらないほどに変化した（第16章，図16・9参照）．

こういった遺伝形質の操作を長年実施してきた歴史はあるが（図15・1a），細菌から哺乳動物まで，人類が生物の遺伝子を変える力，精度，スピードは，この40年間で格段に向上した．現在では，目標の遺伝子を選び，そのコピーを多数作成し，それをどんな生物にでも導入することができる．自然にはけっして起こらないような方法で，DNAを直接変えられるのである（図15・1b）．

本章は，まず，DNAテクノロジーの全容を紹介する．その後，遺伝子を単離・解析し，他の生物に導入して表現型を変えるといった手順や技術について解説する．つぎに，DNAフィンガープリント法や遺伝子工学など，この技術を使った応用例を紹介し，最後に，DNAテクノロジーに関連する倫理的な問題，社会や環境へ及ぼす影響について考えてみよう．

15・1 DNAテクノロジーの新しい世界

科学者がDNAを解析し，操作するために使う方法や技術を一般に**DNAテクノロジー**（DNA技術）という．DNAはヌクレオチドからできたポリマーで，あらゆる生物の遺伝形質を決める分子である．その塩基配列は，種間で，また同じ種でも個体間で非常に異なるが，DNA分子の基本的な化学構造（図12・3参照）はすべての生物に共通している．DNA構造が一貫して同じであることから，細菌とヒトのように非常に異なる生物であっても，DNAを単離して解析するのに同じ研究技術が使える．

細胞からDNAを取出すのは容易である．抽出したDNAは，制限酵素とよばれる酵素を使って，小さな短い断片に分断して，寒天ゲルの中で分離して，染料で着色し，光を照射すれば観察できる．また，ポリメラーゼ連鎖反応（PCR）とよばれる革新的な増幅技術を使えば，必要なDNAの単一分子から何百万もの複製品をつくることが可能で，目的のDNAだけを選んで増産もできる．DNA断片の情報，つまりそのヌクレオチド塩基配列は，ロボットのような自動読取り装置で決定でき，細菌，菌類，植物や動物など，多くの生物種の全染色体（**ゲノム**）に保存された情報をすべて解読することも可能になった．2000年，世界中から集

図 15・1 従来型の交雑と遺伝子導入の方法 奇妙な外見という点では，従来の交雑による品種改良も，DNAテクノロジーを使う方法も似たようなものである．(a) 英国産ベルギーブルー種のウシ．従来の交雑法で開発され，筋肉隆々で低脂肪の肉が特徴である．(b) DNAテクノロジーを使ってつくられた，毛のないニワトリ．この品種を開発した目的は，安くて環境に優しい低脂肪の鶏肉のニワトリを育成することである．羽毛を取除いたり，処理する必要がない．

(a) ヒト DNA クローニング

- 核
- DNA
- ヒトの細胞
- 抽出した DNA を制限酵素で切断
- 目的の遺伝子
- 組換えプラスミド
- 染色体の DNA
- プラスミド DNA
- 大腸菌
- プラスミド DNA
- プラスミド DNA を同じ制限酵素で切断
- 組換えプラスミドを新しい宿主（大腸菌）に導入する
- 遺伝子組換え大腸菌
- 遺伝子組換え大腸菌を培養（特殊な培地を使用する）
- DNA クローニング: 目的の遺伝子を含む組換えプラスミドをもつ

❶ DNA の抽出　❷ 組換えプラスミドの作成　❸ 遺伝子工学技術で希望の遺伝子を増やす

(b) クローニングした遺伝子の応用例

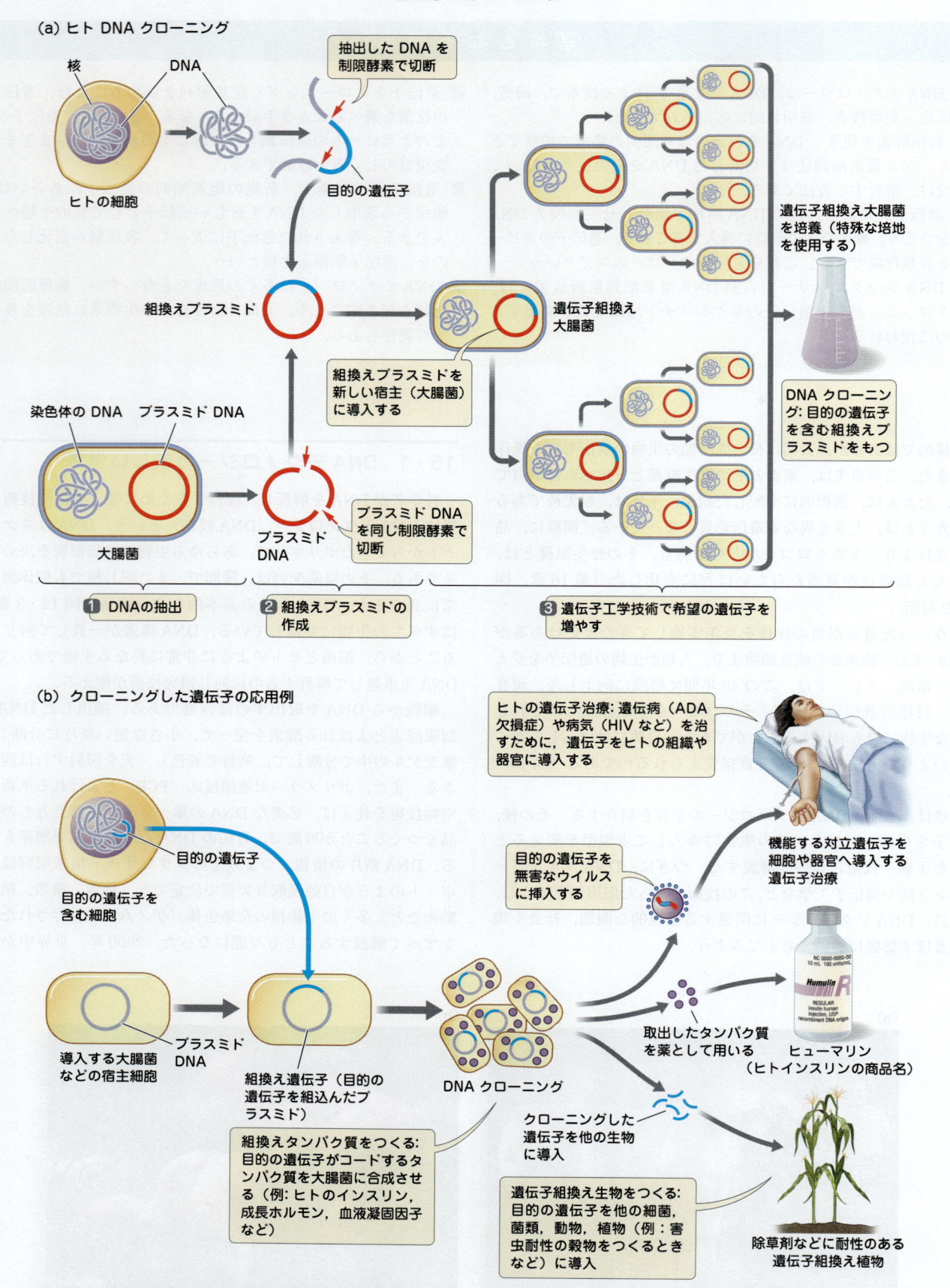

- 目的の遺伝子
- 目的の遺伝子を含む細胞
- 導入する大腸菌などの宿主細胞
- プラスミド DNA
- 組換え遺伝子（目的の遺伝子を組込んだプラスミド）
- DNA クローニング
- 組換えタンパク質をつくる: 目的の遺伝子がコードするタンパク質を大腸菌に合成させる（例: ヒトのインスリン, 成長ホルモン, 血液凝固因子など）
- ヒトの遺伝子治療: 遺伝病（ADA 欠損症）や病気（HIV など）を治すために, 遺伝子をヒトの組織や器官に導入する
- 目的の遺伝子を無害なウイルスに挿入する
- 機能する対立遺伝子を細胞や器官へ導入する遺伝子治療
- 取出したタンパク質を薬として用いる
- ヒューマリン（ヒトインスリンの商品名）
- クローニングした遺伝子を他の生物に導入
- 遺伝子組換え生物をつくる: 目的の遺伝子を他の細菌, 菌類, 動物, 植物（例: 害虫耐性の穀物をつくるときなど）に導入
- 除草剤などに耐性のある遺伝子組換え植物

図 15・2　遺伝子工学: ヒトの遺伝子を細菌に導入する　(a) ヒトの遺伝子を細菌へ挿入する例. ❶目的の遺伝子（青色, ヒト DNA）を制限酵素を使って切断する. 細菌のプラスミド DNA（赤色）を単離して, 同じ制限酵素で切断する. ❷ヒトの DNA をプラスミドと結合させ, 組換えプラスミドをつくる. ❸遺伝子組換え大腸菌の作成. 組換えプラスミドを大腸菌に注入する. たとえば, 電流を使って大腸菌の細胞膜に DNA が通れる孔を一時的に開ける電気穿孔法などがある. 大腸菌は組換えプラスミドのコピーを多数つくる. このプラスミドは大腸菌の細胞分裂の際に娘細胞へも受け継がれる. ヒトの遺伝子が大腸菌の細胞の中で活性化されると, コードされているタンパク質が生産できる. (b) クローニングされた遺伝子は, 遺伝子治療だけでなく, 製薬や望み通りの品質をもつ農作物の生産など, さまざまなものに応用可能である.

15. DNAテクノロジー

まった科学者の大チームが，ヒトゲノムプロジェクト（インタールードCで詳しく紹介）の成果として，ヒトのゲノムの全ヌクレオチド配列を発表した．

作成したDNAを酵素でつなぎ合わせると別の人工的な遺伝子をつくることができる．これを**組換えDNA**という（図15・2a）．たとえば細菌には，一般に原核生物の細胞特有の1本のDNA分子（染色体）のほかに，プラスミドとよばれる小さな環状のDNA分子があるが，細菌からこのプラスミドを抽出し，それに別の遺伝子を挿入し，組換えDNAをつくることも比較的容易である．**DNAクローニング**，または**遺伝子クローニング**とは，組換えDNAを別の増殖しやすい細胞（宿主細胞という）に導入して，DNAのコピーを数多くつくる操作である（図15・2b）．特定の配列の組換えDNAを正確に大量に増やせれば，そのDNAを使って，さらに詳しい解析や別の操作への応用が可能になる．このDNAクローニングを行う宿主細胞として，大腸菌などの細菌が一般的に使われている．導入された組換えプラスミドは，急速に増殖し，細胞の中で必要なDNAのコピーを何百もつくり出す．

細胞や組織，あるいは，生物個体へ遺伝子を導入し，遺伝形質を変化させる操作を**遺伝子工学**という．この操作で遺伝子を新しく導入された生物のことを，遺伝子組換え生物（GM生物またはGE生物）とよぶ．導入された遺伝子を，種を越えて導入した遺伝子の意味で，英語でtransgene（導入遺伝子）という．そのため，遺伝子組換え生物は"トランスジェニック生物"ともよばれる．遺伝子工学の目標は，DNAを受取る側の細胞や生物の遺伝形質を，目的に合わせてつくり変えることである．現在，細菌，藻類などの単細胞の原生生物，酵母菌，キイロショウジョウバエなどの無脊椎動物，ネズミなどの脊椎動物など，非常に多くの遺伝子組換え生物がつくり出されている．その技術をヒトに応用したものが**遺伝子治療**で，人体の組織や器官の遺伝形質を変える目的で遺伝子工学の技術を使い，深刻な遺伝病を治療するのを目標にしている．

DNAテクノロジーによって，今日の生命科学には革新的な進展がもたらされた．また，食品から，病院での診断技術まで，この技術は幅広く応用され，私たちの日常生活のいろいろな面に大きな影響を与えている．異なる生物種で，あるいは，同種でも異なる個体間で，採取したDNAを解析して比較できるようになり，さまざまな生命現象を，遺伝子情報をもとに，体系づけて理解できるようになった．さらに，生命の進化の歴史を理解するうえでも大変重要である．おそらく，遺伝子解析によって，他のどんな方法よりも，正確に共通の祖先の姿や生命の多様性について理解できるようになるだろう．

現在，生物の分類（属や科など）には，DNA塩基配列を比較することが重要である．また，野生生物の研究者は，絶滅危惧種の集団内の遺伝的多様性を評価する目的でDNAの解析を行い，その情報をもとに種の保全計画を立てる．人類学者は，化石やい

ろいろな現代人からDNAを採取して，解剖学上の特徴から現代人（*Homo sapiens*）と分類されているグループは，アフリカ南東部で生まれ，約5万年前にその地から世界中に分散し，他の初期の人類であるネアンデルタール人に取って代わったと結論している．

DNAテクノロジーにより，重要な遺伝子を取出して調べ，さまざまな細胞や生物の遺伝子の機能について詳しく理解できるようにもなった．数百もあるヒトの遺伝病や感染症は，現在，遺伝子テストによって診断できる（インタールードC参照）．DNAテクノロジーにおける最近の革新技術であるDNAチップ（第14章）によって，どの細胞で，どの遺伝子セットが発現するのか，またヒトが病気になるとき，通常の遺伝子発現パターンがどのように変化するのかも，理解できるようになった．一辺倒の同じ治療でなく，どの遺伝子がどの患者に害となっているのか，また，どの薬剤がその患者に最も効果的なのか，DNAテクノロジーによって決定できる．患者のDNAプロフィールに基づく個人に合わせた薬剤は，現在，まだ限られているが，数年後にはかなり一般的なものになるであろう．

異論が多いという面もあるが，遺伝子工学は日常生活の中ですでに現実のものとなっている．ヒトのインスリン，成長ホルモン，血液凝固タンパク質や抗がん剤など，多くの薬が，研究室のシャーレで培養された遺伝子組換え細菌や遺伝子組換え培養細胞を用いて製造され使われている．私たちが消費しているトウモロコシ，ダイズ，アブラナ，ワタの大部分を遺伝子工学の産物が占めるようにもなっている．DNAテクノロジーで穀物をつくり変え，食物の栄養価を改善し，可能ならば集約農業を行っても環境への影響が小さくてすむようにできるかもしれない．しかし，最後に紹介するように，この農作物へのDNAテクノロジーの応用は大きな論争の種となっている．ヒトの遺伝子治療は技術的な面に関して困難さはあるが，社会的な議論はさほど起こっていない．次節では，DNAテクノロジーの技術について，個々に詳しく解説し，その後で再度，DNAテクノロジーの応用と，その最先端技術の倫理的・社会的側面の観点からの議論を紹介する．

■ これまでの復習

1. PCR（ポリメラーゼ連鎖反応）で何が可能になったか．
2. 遺伝子工学とは何か．遺伝子工学を使った製薬技術について述べよ．

---

1. PCRは，配列既知のDNAをコピーして増やす方法である．
2. 遺伝子工学は，細胞や生物個体の遺伝形質を変え，望みどおりのDNA分子をもつ多種多様なDNAを作り出せる．重要なヒト遺伝子を導入した遺伝子工学の技術を用いて，細胞を人工的に増殖させる酵素や，インスリンなどの基質を生合成する細菌を，薬剤として利用する．

■ **役立つ知識** ■ バイオテクノロジー（生物工学）は，遺伝子工学よりも意味が広い．醸造や発酵など，さまざまな製品をつくるために生物の機能を応用することをさす．最近では，遺伝子組換え生物をつくること，遺伝子組換え生物から製品をつくることなども含めて使われている．そのため，バイオテクノロジー，DNAテクノロジー，遺伝子工学は，ほとんど同じ意味で使われることもある．

15・2 DNA操作の基本技術

生物からDNAを採取することは容易である．まず，細胞膜を破壊して内容物を外に出す．酵素や脂質を溶かす薬品を使って，タンパク質や脂質などの分子を取除き，DNAだけを残す．DNAを切断する，つなぎ合わせる，PCRで増幅するなどの続く操作には，他の生物の酵素を利用する．細胞は，DNAを複製したり（第12章），交雑で染色体の一部を交換したり（第9章），細胞に遺伝子を注入したり，また，侵入したウイルスや生物を撃退する，といったさまざまな生命活動に応じて，簡単なウイルスでさ

え, 多種多様な酵素群をもともともっている. そのような生命活動のしくみを理解すれば, 逆に, 生物の酵素活性を借用し, DNAを操作する手段として応用できる. また, 地球上で最も過酷な環境に生息するような生物からは, 沸点に近い温度でも, 十分に機能できる酵素が見つかっている. これからDNAテクノロジーで頻繁に使われる酵素処理技術について詳しく紹介するが, そういった技術の大半は, 自然から学んだもの, 生物から借用したものであることを覚えておいてほしい. DNA操作をする研究者や技術者の道具箱の中身は, ほとんど, 生きている生物やウイルスから借りたもの, つまり, 進化プロセスによって研ぎ澄まされてきた先鋭的なツールである.

DNAを寸断し, つなぎ合わせるための酵素

ヒトの23本の染色体上には約33億個ものDNA塩基対がある. 各染色体のDNA分子は非常に長く（平均で1.4億塩基対）, 細胞からDNAを抽出した後で, 扱いやすいように短く小さな断片にする必要がある. このとき, **制限酵素**を使用する. 制限酵素は特定の塩基配列を見つけてDNAを切断する酵素である. たとえば*Alu*Iとよばれる制限酵素は, 塩基配列AGCTの場所ならばどこでもDNAを切断するが, 他の場所を切断することはない（図15・3）. ほかにも多くの種類があるが, すべて特有の塩基配列を認識し, そこだけを切断する. 制限酵素は1960年代後半に, 細菌で最初に発見された. ウイルスDNAのような異質のDNAを取除くために, 細菌は制限酵素を進化させたと考えられる. ウイルスは自前のDNAを細菌の細胞に注入し感染するが, 細菌は, そのウイルスのDNAを制限酵素で切り刻むことで増殖を抑制するのである.

DNAリガーゼは, 組換えDNAをつくるのに重要な酵素で, 二つのDNA断片をつなぎ合わせる. 通常, ヒトの遺伝子などのDNA断片を, 細菌から取出したプラスミド（図15・2）など別のDNA分子に挿入するときに使う. 複数のDNA断片を組合わせて人工的な合成DNAをつくるときもリガーゼを用いる. たとえば, クラゲのDNAから制限酵素を使って緑色蛍光タンパク質（GFP）をコードする遺伝子を切り取り, DNAリガーゼで細菌のプラスミドにつなぐ. つぎに, 組換えプラスミドを遺伝子工学的方法で細菌細胞に組込む. 組換えプラスミドが正しく構築されていれば, できた遺伝子組換え細菌は, 青色の照明光のもとで緑に発光するはずである.

ゲル電気泳動法: DNA断片の長さごとに分離する操作

制限酵素で寸断したDNAの試料は, **ゲル電気泳動法**とよばれる方法で分析する. 寒天ゲルの板にあるくぼみにDNAを入れ, そこに電流を流すと, 負に帯電しているDNAはゲル中をプラス極に向かって移動する（図15・4）. 長いDNA断片は, 短いものよりもゲルの中を通過しにくく移動速度が遅い. つまり, DNA断片の長さによって移動する距離が変わる. 一定時間後, DNA断片は短いものほど速く動いて, ゲルのプラス極の方に移動し, 断片が長いものほど遅いのでマイナス極に近い場所にとどまる. DNA断片は肉眼では見えないので, 見えやすくするために, あらかじめ色素の標識をつけたり, 特殊な方法で染色したりする.

制限酵素とゲル電気泳動法を使ってDNA塩基配列の違いをチェックできる. たとえば制限酵素*Dde*Iは, 健常者のヘモグロビン対立遺伝子を2カ所で切断するが, 鎌状赤血球貧血症の対立遺伝子は切断しない. そのため図15・5の模式図のように, 病気の原因対立遺伝子があるかどうかをゲル電気泳動法で簡単に検出

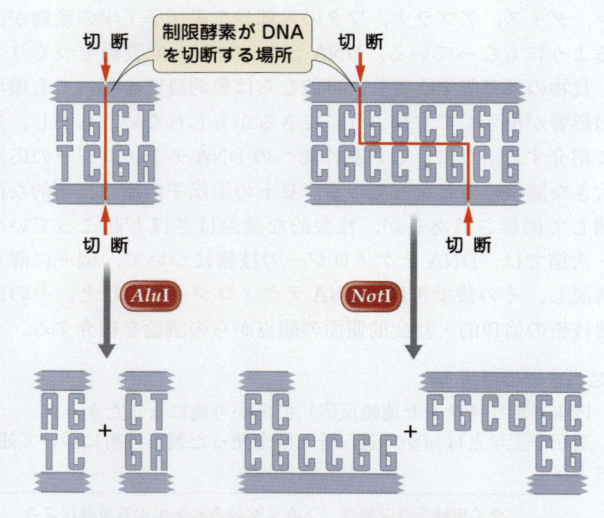

図15・3　制限酵素は, 決まった配列の場所でDNAを切断する　制限酵素*Alu*Iは, 塩基配列AGCTの箇所を見つけてDNA分子に結合し, 切断する. 別な制限酵素*Not*IはGCGGCCGCの部分に結合し切断する. 決まった標的配列だけを切断し, 他の配列の場所には作用しない.

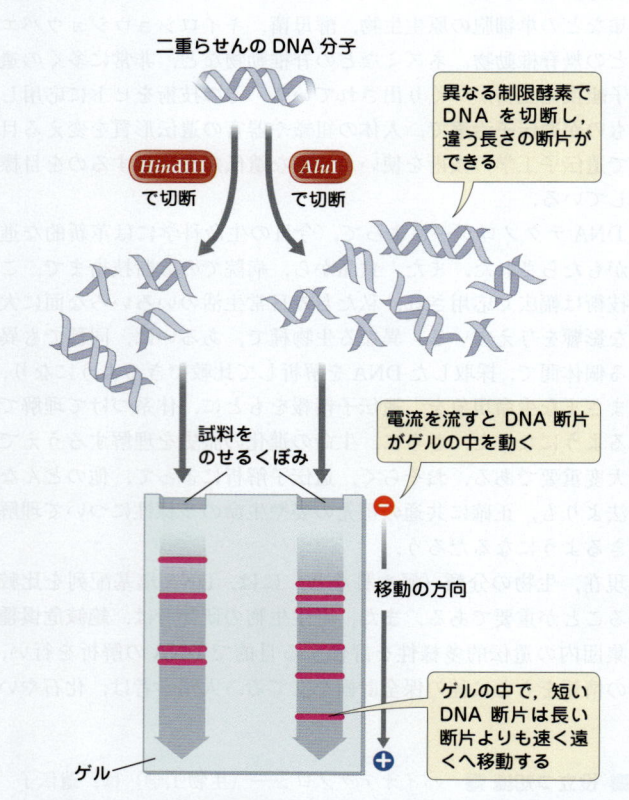

図15・4　ゲル電気泳動　一定時間, DNA断片を入れたゲルに電流を流すと, DNA断片は, 長さによって異なる速度でゲルの中を移動する. ゲルのプラス極側にあるDNA断片は, マイナス極側にあるものよりも短い. 異なる制限酵素によって切断されたDNAは, ゲル電気泳動で異なるパターンをつくる. 特定の遺伝子や塩基配列があるかどうかを検出する方法として応用できる.

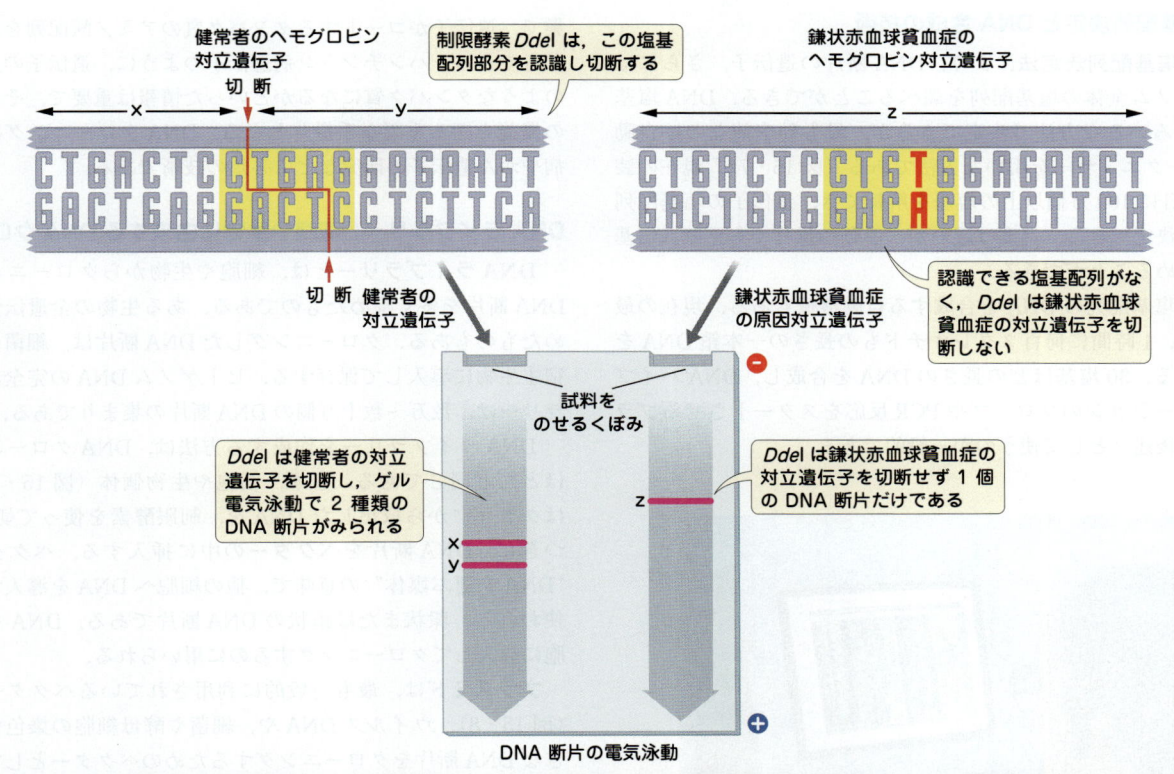

図 15・5 制限酵素とゲル電気泳動を使って鎌状赤血球貧血症の対立遺伝子を検出する 制限酵素 DdeI は，DNA を塩基配列 CTGAG の箇所で切断する（図の中の黄色の領域）．健常者のヘモグロビン遺伝子の対立遺伝子には，DdeI の切断箇所が一つだけある．塩基対のわずか 1 個の突然変異（A-T が T-A になる）が鎌状赤血球貧血症をひき起こすが，塩基配列 CTGAG の部分が CTGTG に変わっている．DdeI は突然変異の配列 CTGTG を認識できないので，この部分では DNA を切断しない．その結果，ゲル電気泳動で，健常者のヘモグロビン対立遺伝子からは 2 種類の長さの短い断片が生じるが，鎌状赤血球貧血症の対立遺伝子からは 1 本の DNA 断片しか生じない．

DNA ハイブリダイゼーションによる遺伝子の検出

鎌状赤血球貧血症の対立遺伝子を検出するのに DNA プローブを用いる方法もある．**DNA プローブ**とは，配列のわかっている短い一本鎖の DNA 断片である．プローブの塩基配列（たとえば CTGAGGA）が，試料の DNA 断片の塩基配列（この場合，GACTCCT）と相補的であれば対をつくって結合する（図 15・6）．この方法で，たとえばハクジラの消化管から採取した DNA 試料の中に，特定のプローブと相補的な配列の塩基対があるかどうか（消化管の中に深海魚特有の遺伝子があるかどうか）を調べることができる．プローブとして DNA の代わりに RNA が使われることもある．解析する DNA 試料はどのようなものでもよい．その中に，既知の配列の遺伝子があるかどうかを鋭敏に検出する技術が **DNA ハイブリダイゼーション**である．

具体的にはまず，調べたい DNA を制限酵素によって適当な長さまで寸断し，加熱や薬品処理で 2 本の DNA 鎖をつなぐ水素結合を破壊して一本鎖 DNA にする．これは，DNA を操作しやすくし，相補的配列部分に DNA プローブが結合しやすくするのに必要な過程である．プローブの方は，放射性同位体や色素で標識しておき，それが結合した DNA 断片を検出できるようにしておく．最後に，プローブを調べたい DNA 試料と混ぜる．もし，プローブが DNA の断片に結合したならば，その DNA 断片は相補的な塩基配列をもっていたことになる．

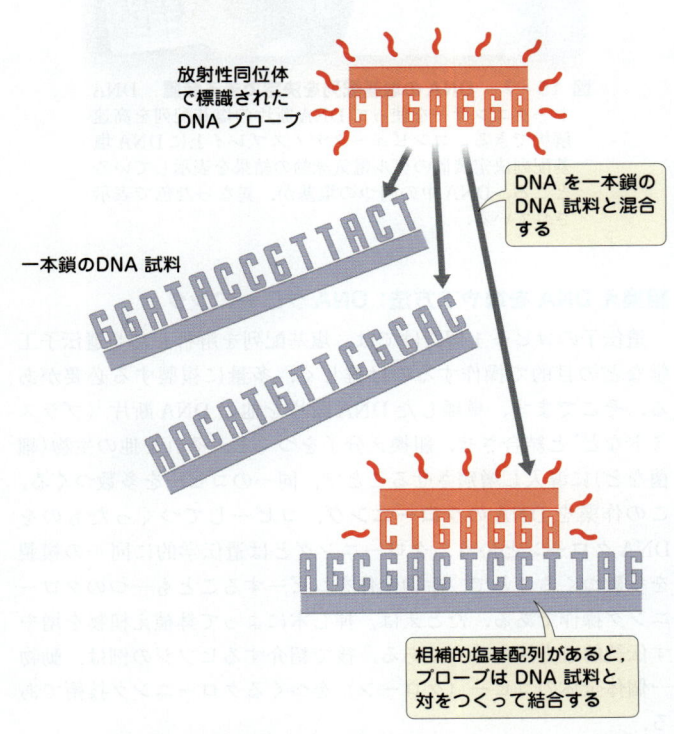

図 15・6 DNA ハイブリダイゼーション 検査したい一本鎖 DNA（青色）の試料に，プローブとなる塩基配列のわかっている DNA（橙色）を加える．プローブと相補的な塩基配列をもった試料の部分に結合する．

DNA 塩基配列決定と DNA 合成の技術

DNA 塩基配列決定法により，DNA 断片の遺伝子，さらには生物のゲノム全体の塩基配列を調べることができる．DNA 塩基配列はいろいろな方法で決定できるが，最も効率的なのは自動 DNA シークエンサーを用いた方法である（図 15・7）．現在の装置で，1 日に 100 万個以上の塩基を解析でき，遺伝子の塩基配列を高速に決定できる．速度は遅いが，手動の操作でも正確に塩基配列を決めることができる．

希望の塩基配列の DNA を合成する自動機械もある．現在の最新機器は，1 時間に何百ヌクレオチドもの長さの一本鎖 DNA を合成できる．30 塩基ほどの長さの DNA を合成し，DNA ハイブリダイゼーションのプローブや PCR 反応をスタートさせるプライマー（後述）として使うのが一般的である．

図 15・7　DNA の塩基配列を決定できる装置　DNA シークエンサーを使って DNA 断片の塩基配列を高速解析できる．コンピュータディスプレイ上に DNA 塩基配列決定装置のゲル電気泳動の結果を表示しているところ．DNA 中の四つの塩基が，異なった色で表示されている．

組換え DNA を増やす方法: DNA クローニング

遺伝子のコピー 1 個だけでは，塩基配列を解析したり遺伝子工学などの目的で操作するのは難しく，多量に複製する必要がある．そこでまず，単離した DNA 断片を他の DNA 断片（プラスミドなど）と結合させ，組換え分子をつくる．それを他の生物（細菌など）に導入し増殖させることで，同一のコピーを多数つくる．この作業を DNA の**クローニング**，コピーしてつくったものを **DNA クローン**という．クローニングとは遺伝学的に同一の複製を多数つくることで，生物全体をコピーすることも一つのクローニング操作である．たとえば，挿し木によって鉢植え植物を増やす伝統的な方法もそうである．後で紹介するヒツジの例は，動物一個体全体のコピー（クローン）をつくるクローニング技術である．

クローニングした DNA は塩基配列を解析した後，他の細胞や生物に導入したり，DNA ハイブリダイゼーション用のプローブとして使用する．また，クローニングと塩基配列決定の二つの作業で，遺伝子がコードするタンパク質のアミノ酸配列を決めることもできる．ハンチントン病遺伝子のように，遺伝子の産物がどのようなタンパク質になるかといった情報は重要で，その遺伝子の機能を探る重要な手掛かりとなる．DNA クローニングは，遺伝病やがん遺伝子の研究などに必須の技術である．

DNA ライブラリー: 細胞や生物に由来する DNA クローン集

DNA ライブラリーとは，細胞や生物からクローニングした DNA 断片を多く集めたものである．ある生物の全遺伝情報を集めたものもある．クローニングした DNA 断片は，細菌のような宿主生物に導入して保存する．ヒトゲノム DNA の完全なライブラリーは，数万〜数十万個の DNA 断片の集まりである．

DNA ライブラリーを作成する方法は，DNA クローニングとほとんど同じである．まず，細胞や生物個体（図 15・9 の例ではクラゲ）から取出した DNA を，制限酵素を使って切断する．つぎに，DNA 断片を**ベクター**の中に挿入する．ベクターとは "DNA を運ぶ媒体" の意味で，他の細胞へ DNA を導入するのに使われる，環状または鎖状の DNA 断片である．DNA を他の細胞に導入してクローニングするのに用いられる．

プラスミドは，最も一般的に利用されているベクターである（図 15・8）．ウイルス DNA や，細菌や酵母細胞の染色体も，大きな DNA 断片をクローニングするためのベクターとして使うことがある．DNA 断片をベクターに連結したものを組換えベクターという．クローニングした DNA 断片を組換えベクターに組入れて，細菌などの宿主細胞（ウイルスベクターの場合，組換え DNA をウイルスの粒子内）に導入すれば，DNA ライブラリーが完成する．つまり，細胞や生物から得られた DNA 断片集（クラゲの DNA 断片など）がベクターに組込まれ，細菌細胞内やウイルス粒子内の DNA として保存されていることになる．

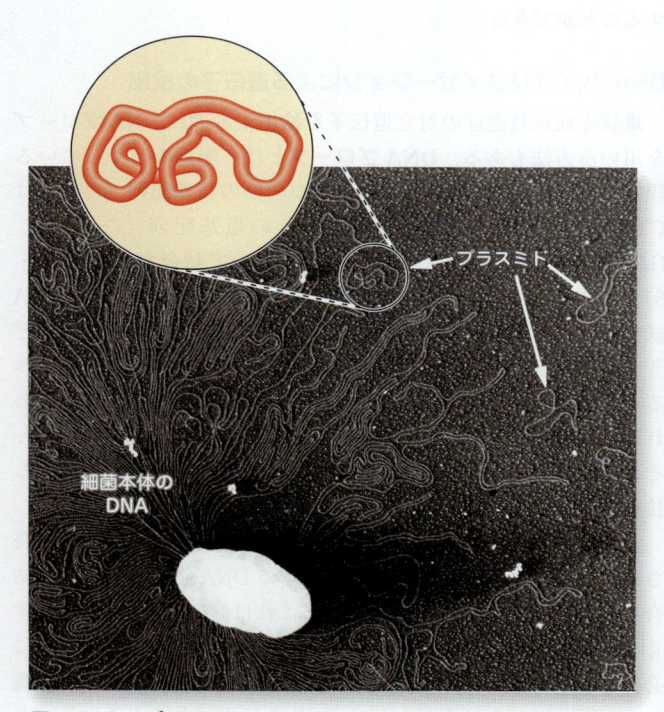

図 15・8　プラスミド　プラスミドは，自然界で多くの細菌にみられる小さな環状 DNA 断片である．プラスミドは細菌の染色体よりずっと小さく，離れている．写真は，粉砕した大腸菌の細胞の中から飛び出した DNA を電子顕微鏡で観察したものである．こぼれ落ちたプラスミド（矢印）がわかる．

DNAライブラリーを使うと，目的の遺伝子を生物のゲノムの中から見つけ，単離し，クローニングして増やす（たとえば，クラゲゲノムから GFP 遺伝子を取出して増やす）のに便利である．図書館に行って本を探し，借り出し，コピーするのとよく似ている．DNAライブラリーから，目的の遺伝子情報を探す作業を，ライブラリースクリーニングという．

図 15・9 に細菌のプラスミドベクターを使って DNA ライブラリーを作製する手順を示す．このライブラリーからスクリーニングをする最初のステップは，まず，シャーレの栄養培地上に細菌を薄くまいて培養することから始まる．1 個の細菌細胞は盛んに増殖し，培地の表面にコロニーとよばれる細胞の塊をつくるようになる．同じコロニー内の細胞はすべて同じ DNA 断片をもち，同じ組換えプラスミドをもつはずである．細菌のコロニーが目的の DNA 断片をもっているかどうか（たとえば GFP 遺伝子をもっている DNA 断片かどうか）は，さまざまな方法で検査できる．

目的遺伝子と相補的な塩基対をつくる DNA や RNA のプローブを利用すれば，DNA ハイブリダイゼーションの方法でライブラリースクリーニングが可能となる（図では GFP 遺伝子）．コロニーの細胞を壊して，中の DNA を露出させた後，放射性同位体や色素などの目印を付けたプローブをふりかける．プローブが付着したコロニーが見つかれば，そこに目的の遺伝子をもつ組換えプラスミドがあり，そのプラスミドを含んだ，栄養培地上で盛んに増殖する何十億もの細胞がある．これで目的遺伝子のクローンが完成したことになる．そのまま永久に保存もできる．その遺伝子を他の生物に導入したり，さらなる解析や遺伝子操作へと応用したりもできる（本章の初めで紹介したウサギのアルバのように）．

ポリメラーゼ連鎖反応: 少量の標的 DNA からの増産

ポリメラーゼ連鎖反応（polymerase chain reaction, **PCR**）は，特殊な DNA ポリメラーゼを使い，短時間で，数十億もの標的 DNA 塩基配列のコピーを増産する操作である．まず，**プライマー**とよばれる二つの短い合成 DNA 断片を準備する．各プライマーは，増やしたい DNA 鎖の両端の部分と相補的な塩基対となるように作成しておく．図 15・10 に示すようなサイクルを繰返して，二つのプライマーと同じ配列を両端にもつ DNA を多量に合成できる．適切なプライマーを合成するためには，標的 DNA の塩基配列について最低限の情報（長さや両端の配列など）がわかっていなければならない．

PCR 技術のおかげで，非常に微量な DNA，たとえば，わずか 2〜3 個の細胞や一滴の血液の染みから得られたわずかな DNA も大量に増産できるようになった．PCR は，基礎研究や医療診断，法廷での証拠，親子鑑定，古人類学など，多様な分野で幅広く使われるようになり，また，高価なキャビアやワインの鑑定などにも使われている．急速に発展し大成功を収めた技術で，PCR の最初の論文が発表されてからわずか 8 年後の 1991 年，PCR の特許は 3 億ドルで取引された．その 2 年後の 1993 年，開発者の Kary Mullis はノーベル賞を受賞した．

15・3 DNA テクノロジーの応用

DNA テクノロジーは，多くの重要な分野で応用されている．なかでも最近の応用例としては，遺伝病を調べる出生前遺伝子スクリーニング（インタールード C 参照），患者にどの薬が最も効くかを決める遺伝子プロファイル作成などがある．ほかにも，遺伝子治療（本章の後半で紹介）や，動物繁殖用のクローン技術など（p.259，"科学のツール" 参照）があげられる．ここでは，最も一般的な利用法を 2 例，DNA フィンガープリント法と遺伝子組

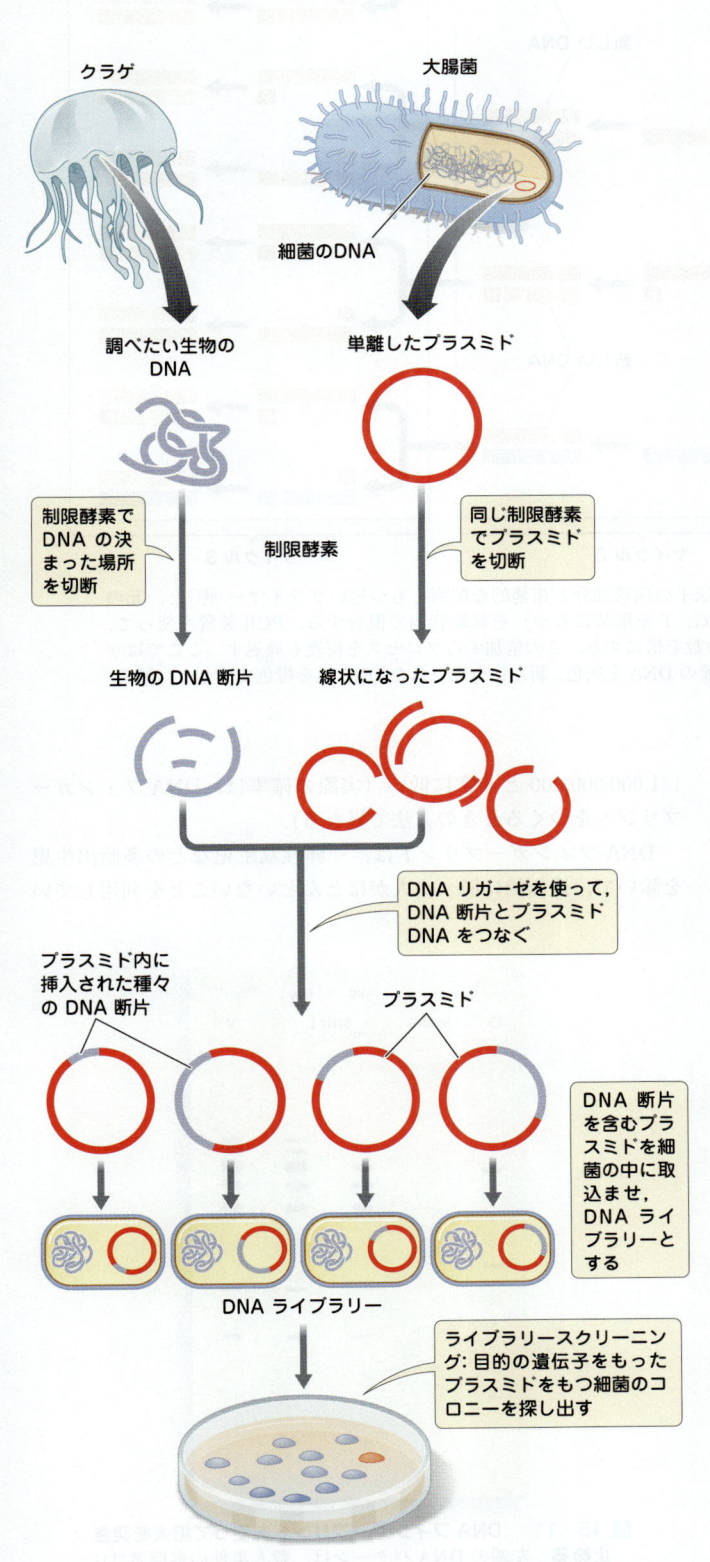

図 15・9 DNA ライブラリーの作成 ここでは，DNA ライブラリーは細菌細胞の集まりである．細胞の中には，目的の生物（クラゲ）からとった DNA 断片をもつ組換えプラスミドが含まれている．

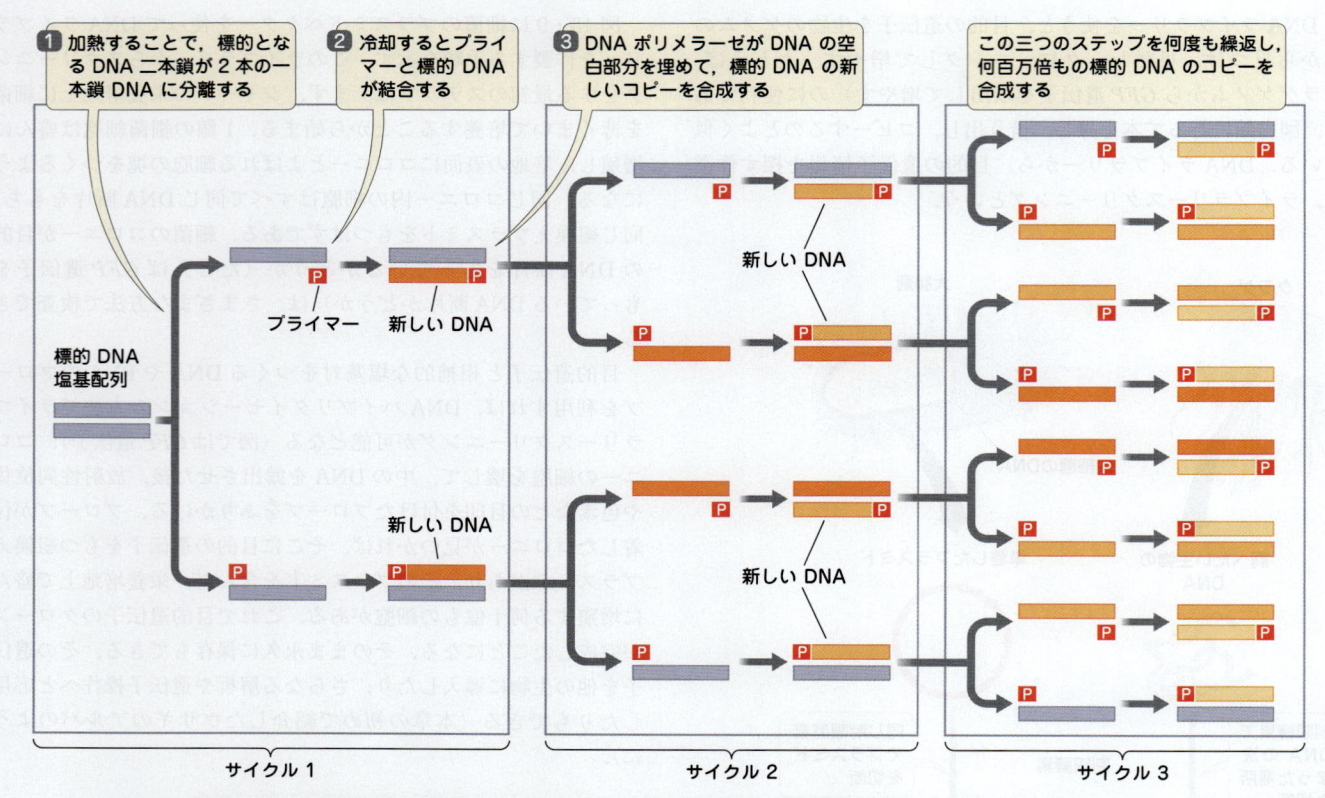

図 15・10　ポリメラーゼ連鎖反応（PCR）　増やしたい標的遺伝子の両端部分と相補的な配列をもつ短いプライマー（赤）と，元のDNA試料，DNAポリメラーゼ，4種のヌクレオチド（A，C，G，Tを塩基にもつ）を試験管内で混合する．PCR装置を使って，いったん温度を上げ，つぎに下げることで，相補鎖二重らせんの数を倍にする．この倍加するプロセスを何度も繰返す（ここではサイクル3回分だけが示されている）．プライマーを赤色，増やす前のDNAを灰色，新たに合成されたDNA鎖を橙色で示した（通常，20～40サイクル程度，20サイクルで約100万倍の複製が可能）．

換え生物について詳しく紹介する．

DNA フィンガープリント法による個人識別

DNA フィンガープリント法を用いると，生物種特有の DNA，あるいは同種内でも特定の個人を識別できる．指紋（フィンガープリント）のパターンで個人を判別するのと同じように，DNA のデータ（DNA フィンガープリント，あるいは DNA プロファイルという）をもとに，個人や種を判別する技術である．ほかにも，食物や飲料水が有害な微生物で汚染されていないか，密漁者の所持品の中に絶滅危惧種の生物の DNA の痕跡がないか，臓器移植を求める患者に適合する臓器提供者がいるか，といった検査にも応用できる．2001 年 9 月 11 日の米国同時多発テロ事件による世界貿易センタービル崩壊の犠牲者の身元判定にも使われている．

DNA フィンガープリント法は現在の法医学の強力な武器であり，犯罪小説や推理ドラマなどにも登場するようになった．犯罪現場から血液，組織や精液などの生体試料を採取し，微量の DNA から，その試料の持ち主の DNA フィンガープリントをつくることができる．つぎに，それを，犯罪の犠牲者や容疑者など他者の DNA フィンガープリントと合致するかどうか比較する．

2 人の人が同じ DNA フィンガープリントをもつことは，理論的にはありうる．図 15・11 に示すように，犠牲者の DNA フィンガープリントと容疑者の衣服に残っている血液の染みのものが一致したからといって，二つの試料が同一人物由来であるという完全な証拠にはならない．しかし，その 2 人が偶然にまったく同じ DNA フィンガープリントをもつ確率は 1/100,000～1/1,000,000,000 と非常に低い（実際の確率は，DNA フィンガープリントをつくるときの方法で異なる）．

DNA フィンガープリントは，一卵性双生児などの多胎出生児を除いて，遺伝的に同一の人がほとんどいないことを利用してい

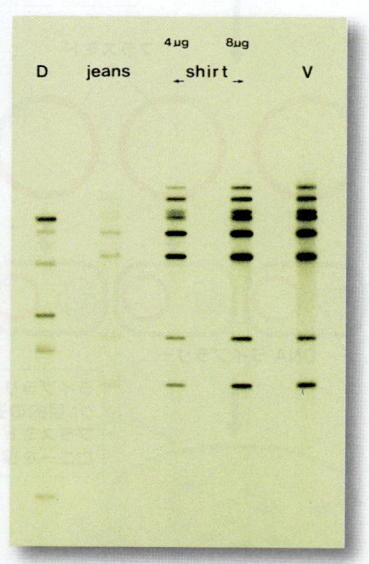

図 15・11　DNA フィンガープリントを使って犯人を突き止める　左端の DNA パターンは，殺人事件の容疑者（D）のものである．右端は犠牲者（V）のものである．容疑者の衣類（ジーンズとシャツ）に血痕がついていて，その血痕から採取された DNA フィンガープリントは，犠牲者のものと完全に一致した．

る．ヒトのゲノムにはイントロンやスペンサーDNAなど非コード領域を多数含み，長さやヌクレオチド塩基配列の個人差が大きい領域があるので，個人を識別するときには，そのような領域を使って調べる．

DNAフィンガープリント法には現在，RFLP解析やPCRなどの方法が使われている．RFLP解析では，制限酵素でDNAを小さな断片に切断し，ゲル電気泳動で長さ別に分離する．この分別パターンは個人差が大きく，これを**制限酵素断片長多型**，または英語のrestriction fragment length polymorphismを略して**RFLP**とよぶ．ヒトDNAのRFLPパターンは，フィンガープリントに相当し，一卵性の兄弟や姉妹でない限り同じパターンの人はほとんどいない．RFLP解析に使用するDNA領域を広くすれば，それだけ2人のDNAフィンガープリントが偶然に一致する確率は低くなる．

PCRを使って，非常に多様性の高い領域だけを増幅すれば，個人差の大きい箇所だけを強調して調べることができる．RFLPと同じように，比較する領域が広ければ広いほど，双生児でない限り2人のDNAのPCR断片が偶然に一致する確率は低くなる．RFLP解析はPCRよりも大量のDNAを必要とし，時間も費用もかかるため，現在では，PCRを使ったDNAフィンガープリント法が一般的である．FBIや米国州立法執行機関は，個人差の大きなヒトゲノムの中の13カ所を基準領域として決め，そのPCRをもとにDNAフィンガープリントを作成している．行方不明者，未解決事件の犠牲者，そして重大犯罪の服役囚のDNAフィン

科学のツール

動物のクローニング

クローン動物作成の目的は，精選された動物個体の遺伝学的な複製子孫をつくることである．1996年，スコットランドの農場で誕生したヒツジのドリーは，哺乳動物で最初に成功した体細胞クローンである．

体細胞クローンをつくるのには三つの重要なステップがある．まず最初に，細胞質を提供する細胞（ドリーの場合，ブラックフェイス種のヒツジ）から卵細胞を採取し，核を取除く（除核）．つぎに，電流を使い，除核した卵と，核を提供する細胞（ドリーの場合，遺伝学上の親となるフィン・ドーセット種のヒツジの乳腺細胞）を融合させる．薬品処理で，融合した細胞を活性化して，胚の発生を開始させる．最後に，胚を代理母となる別のヒツジ（ドリーの産みの母となるヒツジ）の子宮に移す．すべてが順調にいけば，胚は成長し続け，最終的に健康な仔ヒツジが誕生することになる．生まれた仔はクローンとよばれ，核を提供したヒツジと遺伝学的にはまったく同じであり，卵を提供したヒツジや代理母とは異なる．

今までに，同様のクローンの成功例が，ヒツジ，ブタ，マウス，ウシ，ウマ，イヌ，ネコなどの哺乳動物で報告されている．

なぜ，ヒツジやブタ，ウシのクローンをつくる必要があるのだろうか．こういった繁殖目的のクローニング技術は，有益な形質をもつ家畜のコピーを数多く産ませるために使われている．たとえば，米国サウスダコタ州の会社は，治療で用いる免疫グロブリンとよばれるタンパク質を量産するために，遺伝子操作されたウシのクローンをつくった．遺伝的に同じウシの個体をつくり，それぞれが同質の"生物学的タンパク質工場"として使えて，商業価値の高い免疫グロブリンを大量に製造するのが目的である．

臓器移植が必要な人の生命を助ける目的で，ブタのクローニングも行われている．年間何千人もの人が臓器の提供が受けられずに亡くなっている．ブタの臓器は，ヒトの臓器とほぼ同じ大きさで，一つの大きな問題点を除けば，ヒトの体内でもうまく機能する．問題点は，ヒトの免疫システムが，ブタの臓器の細胞を異質なものとして拒絶してしまうことである．最近の発表では，免疫系の攻撃の目印となるタンパク質がなく免疫反応をひき起こしにくいクローンブタが開発できたという．臓器移植ができず亡くなってしまう人たちの生命を救うためのクローンブタ生産へ向けての大きな前進である．

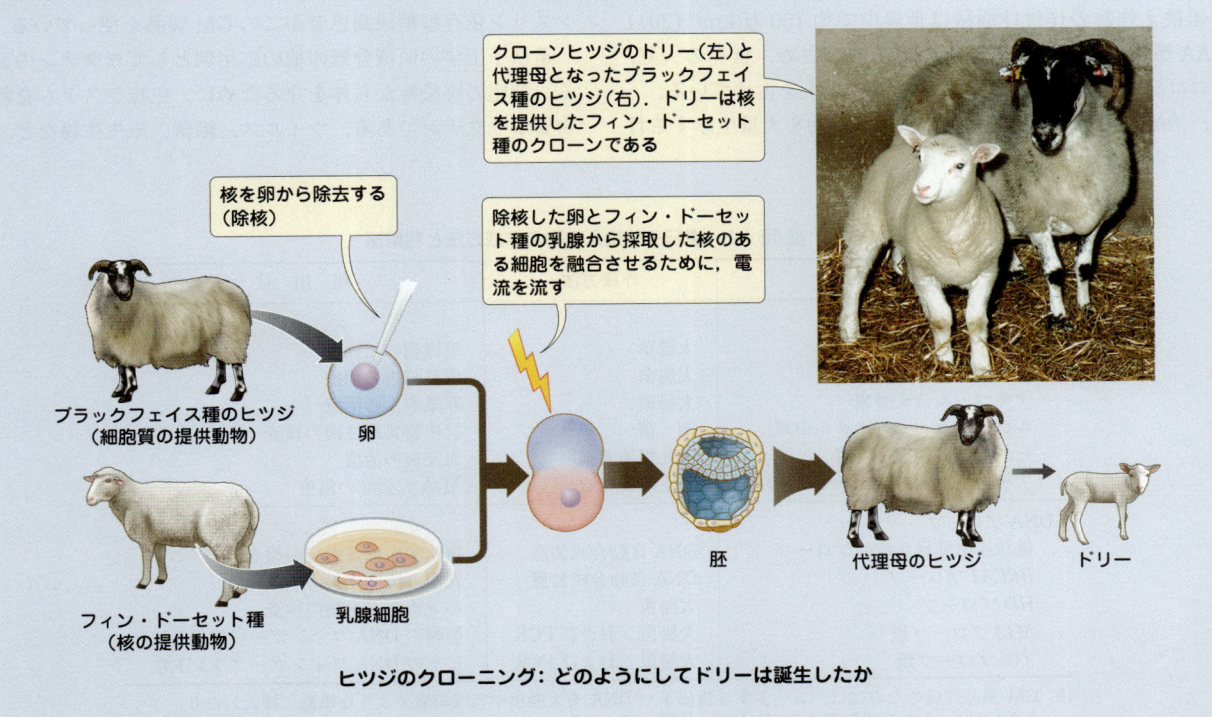

ヒツジのクローニング：どのようにしてドリーは誕生したか

ガープリントデータは，CODIS（Combined DNA Index System）という名称のデータベースとして保管されている．現在，CODISには，PCR解析で得られた500万件以上のDNAフィンガープリントが記録されている．

遺伝子組換え：遺伝子を種間で移植する技術

種間で遺伝子を移植できるならば，他の生き物で，機能的に新しいタンパク質をつくれるであろう．たとえば，発光タンパク質GFPをコードしている遺伝子を，植物，ウサギ，マウス，細菌など，異なる生物に移し発現できる．このように，種から種へと遺伝子を意図的に移植する操作は，遺伝子工学では一般に使われる方法である．そのステップは，DNA（一般に遺伝子）の単離，クローニング（場合によっては遺伝子組換え後に），他の個体への導入，というおもに三つの操作からなる．そのようなDNA塩基配列を新しく導入された個体や生物を**遺伝子組換え生物**，あるいはGM生物（genetically modified organism, GMO）やGE生物（genetically engineered organism, GEO）とよぶ．

組換えDNAや遺伝子を別の細胞や生物個体に導入する方法には多数の技術がある．遺伝子をヒトや他の生物から細菌へ導入するのにプラスミドを使うことはすでに紹介した．プラスミドは，遺伝子を植物や動物の細胞に導入する方法としても使える．動植物で遺伝子組換え個体をつくる場合，まず，組換え細胞をつくり，そこから成体のクローン生物をつくることも多い（p.259参照）．ほかにも，ウイルスを使って他の生物の遺伝子に"感染させる"方法，導入遺伝子を付着させた微粒子を標的細胞内に圧力で撃ち込む特殊な銃を使う方法などもある．

こういった遺伝子導入による遺伝形質の改変は，応用面では，導入生物の生産性や繁殖率を上げるという側面に特に重点が置かれている．たとえば，大西洋産養殖サケでは，通常よりも格段に早く成長する遺伝子が導入されている（図15・12）．また農作物では，収穫量の増加，害虫や病気への抵抗力，霜や干ばつへの耐性，除草剤への耐性，日持ちをよくする，栄養価を高めるなど，さまざまな特性に関して遺伝子操作技術が応用されている．現在，遺伝子組換え作物の作付け面積は世界中で約150万km²（2011年ISAAA報告）で，日本の国土の約4倍を占め，世界の大豆，トウモロコシ，ワタ，アブラナ生産の20%以上を占めている．

また，治療技術や商業価値のある遺伝子産物を大量生産する目的にも遺伝子工学は使われている（表15・1）．1978年，ヒトのインスリンをコードする遺伝子が大腸菌に導入され，このホルモンが，遺伝子操作され大量生産される最初の製品となった．それまでは糖尿病患者の血糖値コントロールには，ブタやウシから抽出・精製したインスリンを使わなければならなかった．他の動物に由来するホルモンは，供給量が少ないという問題もあるうえに，アレルギー反応を起こす患者もいた．GMインスリンは，動物由来のものより安全かつ安価で，米国では，年間30万人以上のインスリン依存型糖尿病患者がこのGM製品を使っている．

遺伝子工学の医療分野の他の応用例としてワクチンの製造がある．特定の感染症から体を守るために，免疫システムを刺激する物質がワクチンである．ウイルス，細菌，原生生物など，多くの

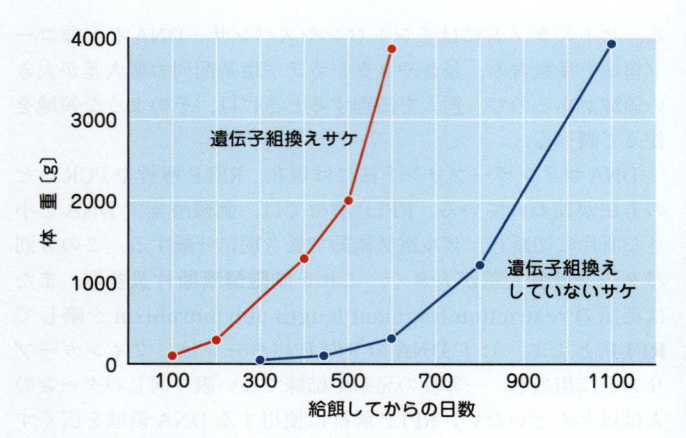

図 15・12　遺伝子組換えサケ　遺伝子組換えされたサケは，ふつうのサケよりも餌をたくさん食べ，急速に成長する．

表 15・1　遺伝子組換え作物の作成方法と利用法

産　物	作成方法	利　用　法
タンパク質		
ヒトインスリン	大腸菌	糖尿病の治療
ヒト成長ホルモン	大腸菌	成長障害の治療
タキソール合成酵素	大腸菌	卵巣がんの治療
ルシフェラーゼ（ホタル由来）	細菌	抗生物質耐性菌の検査
ヒト血液凝固因子 VIII	哺乳類培養細胞	血友病の治療
アデノシンデアミナーゼ（ADA）	ヒト培養細胞	ADA欠損症の治療
DNAプローブ		
鎌状赤血球貧血症のプローブ	DNA自動合成装置	鎌状赤血球貧血症の検査
BRCA1プローブ	DNA自動合成装置	乳がん突然変異の検査
HDプローブ	大腸菌	ハンチントン病の検査
M13プローブ類	大腸菌，およびPCR	植物のDNAフィンガープリント法
33.6プローブ類	大腸菌，およびPCR	ヒトのDNAフィンガープリント法

注：GM製品作成のためには，コードする遺伝子やDNAを大腸菌や乳腺細胞のような細胞に挿入したり，あるいは，DNA合成装置やPCRなどの技術を使ったりする．

病原性生物の表面にあるタンパク質を大量生産するのに，遺伝子操作した大腸菌が使われている．GM 大腸菌のつくったタンパク質はワクチンと同じ作用をもち，ヒトの体に注射すると，免疫システムを刺激し，つぎに同じタンパク質をもった病原菌などが体内に入ってくると，それに対して素早く攻撃できるようになる．このような遺伝子組換え技術は，インフルエンザやマラリアに効くワクチンの開発にも利用されてきた．現在は，遺伝子操作された AIDS ウイルス表面タンパク質を用いてワクチンを開発する試みも進行中である．

15・4　DNA テクノロジーの倫理的・社会的側面

DNA テクノロジーは私たちの社会に多くの利益をもたらしてきた．同時に，遺伝子工学の計り知れない力と広がりから，倫理的な問題点や潜在的な危険性，とりわけ野生生物の遺伝子保全のうえでの問題点を指摘する人もいる．最も基本的な問題として，他の生物種の DNA を変化させる権利が人間にあるのかという疑問を発する人たちもいる．あるいは，細菌やウイルスの DNA を変えることには倫理的葛藤は感じないが，食用とする植物や，イヌやチンパンジーなど私たちに身近な動物のゲノムを変えることに反対する人たちもいる．

糖尿病患者用のインスリンや，血友病患者用凝血タンパク質，脳卒中患者のための凝血溶解酵素などの救命医薬品を遺伝子組換え細菌を使って生産することを非難する人はほとんどいない．しかし遺伝子組換え作物については，特に欧州で激しく非難するグループがあり，欧州の一部の国や日本では，遺伝子組換え製品を含む食品は，他の非遺伝子組換え製品と区別するための表示が義務づけられ，全食品で監視されている．遺伝子組換え食品に反対する人たちの心配は，食品に混入した遺伝子組換えタンパク質によって，食べた人が重大なアレルギー反応を起こすかもしれないという点である．米国は比較的寛容で，10 年以上もの間，何百万人もが遺伝子組換え食品を食べてきており，特に不都合な反応が起こるとは立証されていないと，遺伝子組換え食品の支持者たちは反論している．

また，雑草を取除く除草剤に耐性をもつように作物を遺伝子操作することは，除草剤の使用を助長し，環境に害を及ぼすことになると懸念する環境保護主義者がいる．逆に，遺伝子工学の支持者は，雑草を抜くために土壌を痛めることがなく除草剤の噴霧ですむので，除草剤耐性作物の方が土壌を健全に保つ効果があるという．害虫に食べられにくくするために，トウモロコシやワタなど，多くの作物が Bt 毒素をつくるように遺伝子操作されている．Bt 毒素の名は，発見された細菌の名称 *Bacillus thuringiensis* からきたものである．トウモロコシの花粉にこのタンパク質殺虫剤（Bt 毒素）が存在すると，害虫を駆除できるが，オオカバマダラに害を及ぼすのではないかという懸念があった．最近の研究では，このチョウにも他の昆虫にも悪影響を与えるという積極的な証拠は得られていない．

遺伝子組換え植物や動物の遺伝子が，野生種まで波及し，環境破壊をもたらす恐れがあると，遺伝子工学の反対論者たちは長年主張してきた．遺伝子組換え生物は農場や漁場からやがて脱出し，人為的に変えられたゲノムで自然の生態系を汚染するだろうと懸念する人もいる．逃亡した遺伝子組換えサケが，野生の魚と交配し，それによってサケの自然な多様性を減少させるだけでなく，資源の獲得競争で野生型の魚に勝ち，野生種を絶滅に追い込むかもしれない．

世界で最も重要な 13 品目の作物のうち，トウモロコシ以外の 12 品目は，栽培地域で実際に野生品種と交雑し子孫を残すことができる．作物が除草剤に耐えるよう遺伝子操作をしてあれば，交雑によってその耐性遺伝子は，農作物から野生品種へ導入される可能性がある．除草剤耐性作物をつくることで，意図せずして，同じ耐性をもつ "スーパー雑草" なるものをつくり出してしまう危険をはらんでいるのである．

$1.6\ km^2$ の土地を使った最近の研究で，除草剤全般に耐性をもつ遺伝子の拡散についての報告が発表された．米国のモンサント社は除草剤耐性遺伝子を導入した遺伝子組換え芝草を開発していて，この芝をゴルフコースで使いたいと考えている．芝草は風媒受粉するので，風で運ばれた遺伝子組換え芝草の花粉を受粉できる他の雑草種に耐性遺伝子が移行し，遠くまで拡散するのではないかと心配されていた．調査の結果，その恐れが現実のものとな

生活の中の生物学

遺伝子組換え食品を食べたことはありますか？

遺伝子工学技術を使った作物が 1996 年に最初に商業化されて以来，農業や食品業での遺伝子組換え生物の利用は急激に広まった．同様に，遺伝子組換え食品の危険性や利点をめぐる論争も激化している．米国では世界中で栽培されている遺伝子組換え作物の 50% 以上を産出している．カナダが約 6% を産出している．

米国には遺伝子組換え食品の表示義務がないので，米国の消費者は店頭で購入する加工食品の約 75% に遺伝子操作された植物が原材料として含まれていることには気づいていない．パン，シリアル食品，冷凍ピザ，ホットドッグやジュース類は，遺伝子組換え食品のごく一部である．トウモロコ

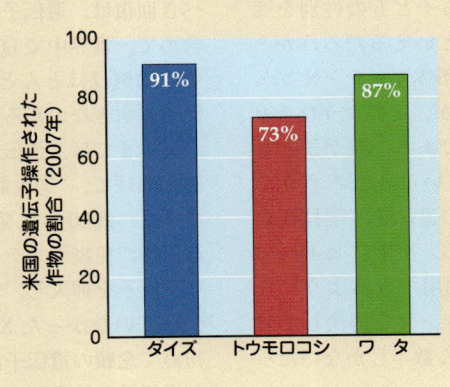

米国の遺伝子操作された作物の割合 (2007年)
- ダイズ: 91%
- トウモロコシ: 73%
- ワタ: 87%

シから作られるコーンシロップは，ジュースやソーダ水に一般に使われ，遺伝子組換えトウモロコシからできたシロップが，ほとんどの有名ブランドのソーダ水で使われている．大豆油，綿実油，コーンシロップは，加工食品に幅広く使用されている原料である．遺伝子組換えされた大豆，ワタ，トウモロコシの作付面積は，2000 年米国で 55 万 km^2 にのぼる（米国農務省）．これらの作物は，遺伝子工学によって病害虫を防ぐように，また，雑草を枯らす除草剤に耐えるように作られたものである．カボチャ，ジャガイモやパパイヤなどの他の作物でも，植物の病気に抵抗力があるように遺伝子操作されたものがある．

り，耐性遺伝子が，実験所から21 kmも離れた場所の非遺伝子組換え芝草まで拡散していることがわかった．15 km離れた場所の他の野生種の雑草からも同様に発見された．この実験データに対し，耐性遺伝子をもつ植物は，他の種類の除草剤で取除けるので，心配するほどのものではないだろう，とモンサント社の代表者は語っている．

米国農務省はモンサント社の遺伝子組換え芝草の販売許可を出す前に，環境に及ぼす影響について調査するように命じている．遺伝子組換え作物についての初めての再調査要請である．繁殖力のない遺伝子組換え芝草をつくれば，遺伝子組換え芝草の遺伝子が野生種に広がるのを回避できると，専門家は言っている．

他方，遺伝子組換え生物をめぐる白熱した議論は，政治的問題や社会・経済的な問題となる傾向もある．遺伝子組換え植物が実をつけないようにする"ターミネーター遺伝子"を使用すれば，理論上は植物の種子が発芽できない．この"ターミネーター技術"が遺伝子組換え生物の未知の拡散を効果的に食い止める手段になるというのが支持者の主張である．遺伝子組換え生物に反対の人たちは，種子供給を自在にコントロールしようとする種子製造会社の隠された意図が，このテクノロジーには潜んでいると考えている．雑草を抜く手間を省くためには，農家は毎年，この会社から必ず種子を買わなくてはならないからである．

遺伝子工学を非難する人は，このようなテクノロジーを使うことによる社会的犠牲も指摘している．遺伝子組換え細菌によって大量生産されたウシ成長ホルモンの例をあげよう．ウシ成長ホルモンには，ウシの生乳生産量を増加させる効果がある．1980年代，遺伝子操作されたウシ成長ホルモンが導入されたとき，すでに牛乳は生産過剰な状態であった．大手の乳業会社は，ウシ成長ホルモンを使用することにより，さらに余剰牛乳を増やしたので，価格が下落して，家族経営の旧来の小規模酪農家は失業に追い込まれた．小規模酪農家を破産に追い込むという社会的犠牲をひき起こしてまで，牛乳の価格を下げる必要はなかったかもしれない．一方で，それも含めて商業ベースの話であって，家族経営酪農家を含むすべての営利企業は自力で解決すべきであり，失敗した事業が社会的同情によって救済されるのは間違っていると考える人もいる．これらの例が示すように，遺伝子組換え生物の社会的側面をめぐる議論は，食物政策や，現代農業の経済性についてのより大きな議論と切り離すことはできない．

恐ろしい病気の治療のために遺伝子工学を利用することについては倫理的に問題はないと，ほとんど誰もが受入れている．では，身体や精神の能力を高めるなど，命にはかかわらないような遺伝形質について遺伝子工学を利用することはどうだろうか？たとえば，知能や性格，容姿，生まれてくる子どもの性別を変えられるとしたら，それは倫理に問題ないといえるだろうか？1990年代に行われた，米国のボランティア団体マーチ・オブ・ダイムスの調査によると，40％以上の米国人が，そのようなチャンスがあれば遺伝子操作を望んでいるそうである．親が子どものためにそのような決断をするのは，正しいことだろうか？ここでは短くしか取扱わなかったが，ヒトの遺伝子工学技術に関しては，まだかなりの問題が山積している．実際にヒトへのDNAテクノロジーが身近な病院で手軽に利用できるようになる前に，そのような問題によって起こるジレンマを解決しておかなければならないが，時間的な余裕はたぶん数年しかないだろう．

■ これまでの復習 ■

1. DNAテクノロジーにおける制限酵素とDNAリガーゼの役割は何か．
2. DNAフィンガープリント法とは何か．
3. なぜ，遺伝子組換え作物の販売が，自然の生態系を害する恐れがあるのか，説明せよ．

1. 制限酵素は，DNAの決まった塩基配列だけを認識し，その位置でDNAを切断する．DNAリガーゼはDNA断片をつなぎ，組換えDNAを作製する．
2. 生物種も個体，個人に特有なDNAを利用的な方法で，種を分ける，鑑識などされる．
3. 遺伝子組換え生物が在来のものより人工的な選抜によって，個々の特徴に偏って，環境に近いいろいろな生物の多様性を失う，遺伝子組換え植物の花粉により，作物を栽培する種をも汚染することで，環境変化が起きないもしれない．

学習したことの応用

ヒトの遺伝子治療

1990年9月14日，4歳のAshanthi DeSilvaは，遺伝子加工された自分自身の白血球細胞の静脈注射を受け，これが医学の新しい歴史をつくった．彼女は，アデノシンデアミナーゼ（ADA）欠損症を患っていた．この遺伝病は感染症への抵抗力がひどく低下し，風邪やインフルエンザなど，ふつうの感染症でさえ，死亡することがある．白血球細胞の発現する遺伝子の一つ（感染した菌を攻撃するために必要な遺伝子）に生じた突然変異が原因である．遺伝子工学によってこの致命的な遺伝病を治癒するために，医師は，Ashanthiの白血球細胞の一部を採取し，健常者のADA遺伝子を導入した．治療の効果は非常に高く，現在，Ashanthiは通常の生活を送れるようになっている（図15・13）．

この治療は，人間が初めて受けた歴史的な遺伝子治療であった．遺伝子治療とは，遺伝子を操作する技術を使い，遺伝病を治療することである．細胞中の遺伝子に手を加え，その機能を回復させたり，厄介な遺伝子のスイッチをオフにすることで，最悪の遺伝病でさえ治療できるという可能性は，大胆で魅力的だ．

遺伝子治療は多くのメディアの注目を集めてきたが，なかには誇張しすぎのものもある．Ashanthiのケースをみてみよう．彼女は遺伝子治療に加えて，他の一般的なADA治療も受けていた．したがって，一部のメディアが伝えたことに反して，彼女の驚くべき回復は，遺伝子治療だけの成果とはいえない．他のケースも含めて，世界中で600例以上の遺伝子治療が試されたが，これまで成功例はほとんどない．なぜだろうか？　遺伝子治療は過大評価されすぎなのだろうか？

最近までは，遺伝子治療の支持者は，先駆的なフランスの研究例をあげて，"過大評価ではない"と自信をもって答えることができた．2000年に発表されたその研究では，ADA欠損症に似た遺伝病，免疫システムに欠陥のあるX-SCIDで，骨髄細胞に健康な遺伝子を挿入し，治癒したと報告されていた．遺伝子治療しか受けていなかったX-SCIDの子ども11人のうち9人が治癒し，初めて念願の遺伝子治療の成果となった．病気の原因となっていた遺伝子を治すだけで遺伝病を治癒させたのである．

ところが，残念なことに，X-SCID が治癒した子ども 3 人が，その後，白血球細胞のがん，白血病を発症した．そのうち 1 人は亡くなっている．何がいけなかったのだろうか？ 導入した遺伝子が偶然，細胞分裂をひき起こす遺伝子の付近に挿入され，遺伝子発現を促進し，白血病のようながんとなったのである．

この 3 例の白血病の直前，1999 年にも，もう一つの悲劇が起こっていた．遺伝子治療を受けていた若者が，遺伝子操作された遺伝子のベクターウイルスに対するアレルギーで死亡したのである．こうした度重なる悲劇は，遺伝子治療分野全体に衝撃を与えた．世界的に，多くの遺伝子治療が中止され，遺伝子治療を完全に断念すべきであるという意見も出ている．

しかし，研究を続行し，最大のハードルに取組んだ研究者もいる．すなわち，操作した遺伝子を問題なく，標的細胞に効率良く導入する方法を見つけることである．この目的のためには無害なウイルスが使われるが，ウイルスベクターには多少の問題があった．人体がウイルスに対して防御するしくみがあるので，組換えウイルスが標的細胞に目的の遺伝子を送り届ける前に，破壊されることが多いのである．米国ロサンゼルスのシダーズ・サイナイ医療センターの研究者は，ヒトの防御システムにほとんど気づかれず，こっそり細胞内に侵入できるタイプの無害なウイルスを開発した．この新しいベクターを使って，進行性の脳の退化によって起こるパーキンソン病治療の臨床試験が実施されている（第 9 章参照）．予期しない結果が起こる危険性を考慮して，患者の脳の片方だけに遺伝子治療を実施した．1 年後，患者の脳をレントゲン断層写真で調べたところ，遺伝子治療を受ける前の状態と比べると，未治療の片方は機能が低下しているが，治療した方の脳の機能は向上していることがわかった．

遺伝子が誤った細胞に導入されたり，標的細胞の DNA の中でも間違った位置（たとえば，がんのリスクを高める位置）に挿入されたりしない方法を開発する研究も行われている．たとえば，X-SCID に関しては，限られた細胞だけがベクターウイルスの標的となるようにして，がんをひき起こさないように修正している．導入された遺伝子が，どのようにしてヒトの細胞内の DNA に融合するのか，その過程を調べる研究も行われている．こういった研究から，ヒトの細胞の中に，より安全に，よりコントロールされた形で目的遺伝子を導入できるようになり，より改良された遺伝子治療が可能になるかもしれない．

この数年で，RNAi（RNA 干渉）が，遺伝子治療を行う際の非常に有望な道具として浮上してきた．RNAi の技術は，遺伝子の異常な活性や過剰活性が原因で発症する遺伝病の治療にもつながるかもしれない．RNAi（第 14 章 "ニュースの中の生物学" 参照）は，小さな RNA 断片の塊が，同じ塩基配列をもつ遺伝子の発現を抑制する現象である．現在，致死的なウイルス感染症である B 型肝炎や RSV 肺炎を患っている人たちのウイルス遺伝子をオフにするのに RNAi が有効かどうかを調べる臨床試験も実施されている．RNAi を使った遺伝子治療は，黄斑変性でも臨床試験されている．黄斑変性は，眼内の血管が過剰成長することで発症する病気で，老人性の失明のおもな原因にもなっている．RNAi をはたらかせるために，ウイルスベクターが臨床試験で使われているが，RNA を直接細胞内へ注入したり，特殊な脂質やポリマーで包み込んで入れる方法なども試されている．現在，こういった RNA を細胞に送り込む技術の研究は盛んに行われている．うまい RNA 導入方法が完成すれば，外来遺伝子を患者の DNA の中に挿入する必要がなくなるからである．

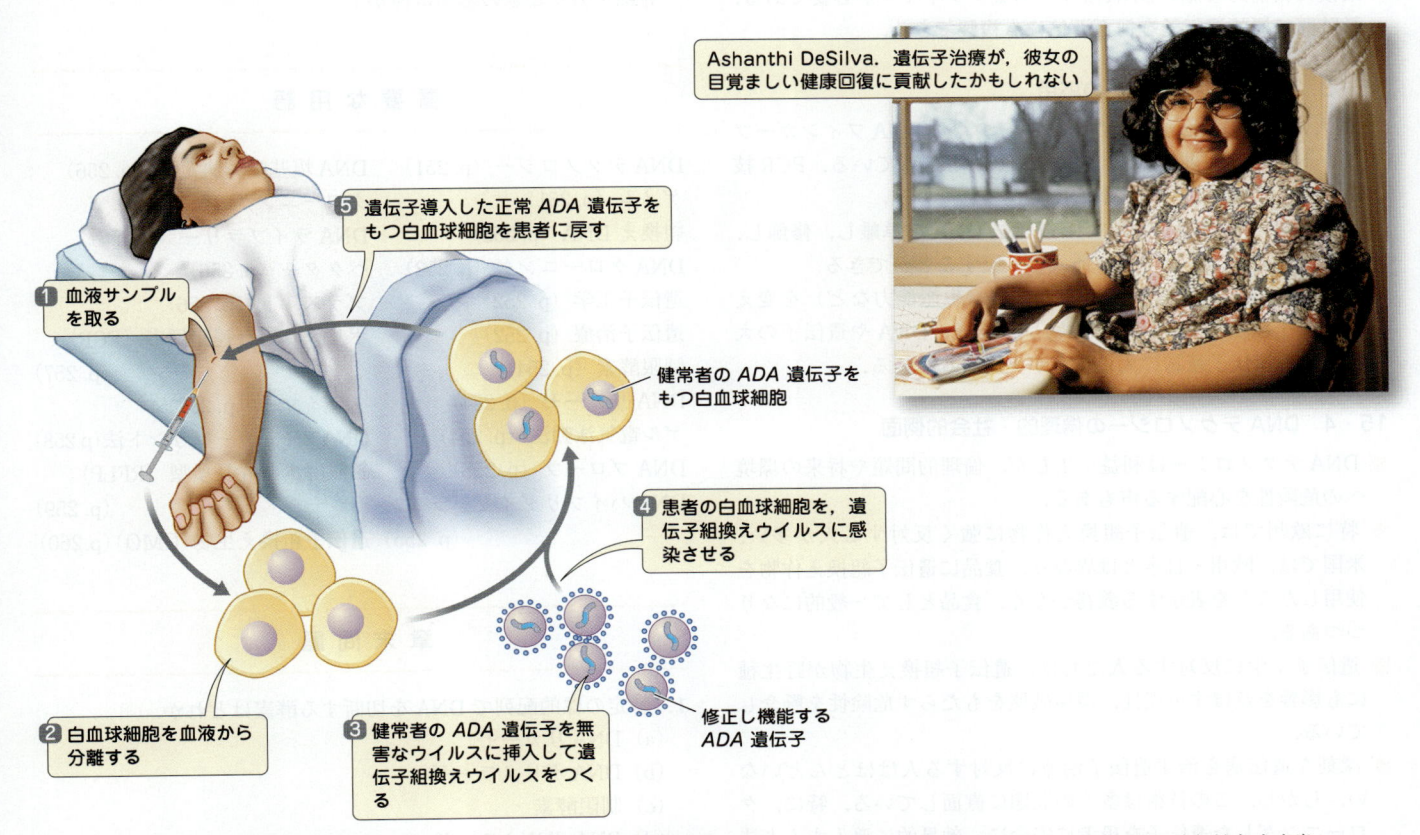

図 15・13　**アデノシンデアミナーゼ（ADA）欠損症の遺伝子治療**　アデノシンデアミナーゼ欠損症は，白血球細胞の遺伝性免疫疾患が原因で発症する重い病気で，遺伝子治療が試された最初の遺伝病である．

章のまとめ

15・1 DNAテクノロジーの新しい世界
- DNAを操作するさまざまな実験，研究技術がある．DNAの構造はあらゆる生物で同じで，DNAテクノロジーの技術は，あらゆる生物種のDNAに同じように使用できる．
- 遺伝子を単離し，そのコピーを細菌などの細胞内で複製して量産することを，遺伝子のクローニング，あるいはクローン化という．
- ポリメラーゼ連鎖反応（PCR）は，ごくわずかな鋳型DNAから数百万個もDNAコピーをつくり出す技術である．
- 遺伝子工学は，クローン化された遺伝子DNAを，細胞，組織，器官，生物個体に導入し，遺伝子組換え生物（GM生物）をつくることをさす．

15・2 DNA操作の基本技術
- DNAを小さな断片に切断するのに制限酵素を使う．ゲル電気泳動法はDNAの断片を大きさごとに分ける手法である．
- DNA断片をつなぎ合わせるのにリガーゼを用いる．
- DNAプローブで標識し，DNAハイブリダイゼーションを行うことによって，DNA試料の中に，目的の塩基配列のものがあるかどうか探索できる．
- 自動機械を利用して，DNA塩基配列の決定やポリヌクレオチドの合成を高速化できる．
- DNAライブラリー構築の際，細菌などの他の細胞へDNA断片を導入するのには，プラスミドのようなベクターを用いる．
- PCRによって遺伝子を増産する際には，標的遺伝子の最初と最後に相補的な短いDNA断片であるプライマーが必要である．数時間で標的遺伝子を何百万倍にも複製できる．

15・3 DNAテクノロジーの応用
- 個人に特有の遺伝子プロファイルをつくるDNAフィンガープリント法は，犯罪事件などで幅広く利用されている．PCR技術を使った解析法が現在最も広く使われている．
- 遺伝子工学の技術を用いて，遺伝子DNAを単離し，修飾し，同じ種，または異なる種に挿入して戻すことができる．
- 遺伝子工学の技術を使って，表現型（生産能力など）を変えた遺伝子組換え生物（GM生物）の作成，DNAや遺伝子の大量複製，遺伝子産物の大量生産が実施されている．

15・4 DNAテクノロジーの倫理的・社会的側面
- DNAテクノロジーは利益を生むが，倫理的問題や将来の環境への危険性を心配する声もある．
- 特に欧州では，遺伝子組換え作物に強く反対する人が多い．米国では，欧州・日本とは異なり，食品に遺伝子組換え作物を使用したことを表示する義務がなく，食品として一般的になりつつある．
- 遺伝子工学に反対する人たちは，遺伝子組換え生物が野生種にも影響を及ぼす可能性，環境破壊をもたらす危険性を懸念している．
- 深刻な遺伝病を治す遺伝子治療に反対する人はほとんどいない．しかし，この技術は多くの問題に直面している．特に，クローニングした遺伝子を患者に安全に，効果的に導入する方法を見つけることに苦労している．

復習問題

1. 私たちが現在実施している遺伝子操作は，イヌやウシなどのペット・家畜に関して，人間が数千年間もかけて実施してきたことと，どの程度，何が異なるのか，議論せよ．
2. ジュディとデイビッドは，子どもをつくるべきかどうか悩んでいるカップルである．ジュディの叔母が鎌状赤血球貧血症で亡くなったが，その病気が祖父母から叔母に遺伝したものであり，彼女自身も，祖父母から鎌状赤血球貧血症対立遺伝子を受け継いでいるかもしれないからである．デイビッド側の事情も同様のものである．彼の2人の叔母も鎌状赤血球貧血症を患っている．二人が鎌状赤血球貧血症の対立遺伝子をもっているかどうか確かめられるDNAテクノロジーの方法について，詳しく説明せよ．
3. DNAクローニングとは何か．その手法を説明せよ．
4. DNAクローニングの利点を述べよ．
5. DNAライブラリーが完成すると，数万から数十万という種類のDNA断片が導入された細菌などの試料細胞が使えるようになる．今，そこから，注目しているある遺伝子を見つけたい．どのようにライブラリーから選別できるか．
6. 遺伝子工学とは何か．それは，どのような技術で，どうやって実施するものか．遺伝子工学の一例を選び，その利点・欠点について述べよ．
7. 細菌のDNAを変えることについて，倫理的な問題があるか．単細胞の酵母，昆虫，植物，ペットのネコ，ヒトの場合はどうか．理由とともに述べよ．
8. ヒトのDNA改変に容認できないものはあるか？あると仮定して，容認できるDNA改変とそうでない改変操作との間の境界線を引くときの基準は何か？

重要な用語

DNAテクノロジー（p.251）	DNA塩基配列決定法（p.256）
ゲノム（p.251）	クローニング（p.256）
組換えDNA（p.252）	DNAライブラリー（p.256）
DNAクローニング（p.252）	ベクター（p.256）
遺伝子工学（p.252）	プラスミド（p.256）
遺伝子治療（p.252）	ポリメラーゼ連鎖反応（PCR）（p.257）
制限酵素（p.254）	
DNAリガーゼ（p.254）	プライマー（p.257）
ゲル電気泳動法（p.254）	DNAフィンガープリント法（p.258）
DNAプローブ（p.255）	制限酵素断片長多型（RFLP）（p.259）
DNAハイブリダイゼーション（p.255）	遺伝子組換え生物（GMO）（p.260）

章末問題

1. 特定の標的配列でDNAを切断する酵素はどれか．
   (a) DNAリガーゼ
   (b) DNAポリメラーゼ
   (c) 制限酵素
   (d) RNAポリメラーゼ
2. ある生物のDNA全断片集を，大腸菌などの細胞の中に保存

したものはどれか.
(a) DNA ライブラリー
(b) DNA 制限部位
(c) プラスミド
(d) DNA クローン

3. 由来の異なる二つの DNA 分子間で相補的な配列があるときに結合をつくることを何とよぶか.
(a) DNA 複製
(b) DNA ハイブリダイゼーション
(c) 遺伝子工学
(d) DNA クローニング

4. 遺伝子工学は
(a) 大腸菌に導入し, 組換え DNA のコピーを多数つくるのに用いる技術である.
(b) 生物の遺伝形質を変えるために用いる技術である.
(c) 倫理的な問題点があると指摘する人がいる.
(d) 上記のすべて.

5. DNA 断片をゲル電気泳動で電流を流したときに, 一定時間で最も遠くに移動するのはどれか.
(a) 最小の DNA 断片
(b) 最大の DNA 断片
(c) PCR
(d) DNA ライブラリー

6. 他の DNA 鎖の塩基配列に相補的な配列をもつ一本鎖 DNA はどれか.
(a) DNA 雑種
(b) クローン
(c) DNA プローブ
(d) mRNA

7. 細菌の染色体 DNA とは別の, 細菌にみられる小さい環状 DNA はどれか.
(a) プラスミド
(b) プライマー
(c) ベクター
(d) クローン

8. 遺伝子の最初と最後の DNA 塩基配列がわかっているとき, 数時間で, 遺伝子のコピーを数百万倍も複製できる手法はつぎのどれか.
(a) DNA ライブラリーの構築
(b) 個体のクローニング
(c) 治療目的のクローニング
(d) PCR

ニュースの中の生物学

Mutants? Saviors? Modified Trees Eat Poisons; Rabbit Gene Helps Poplars Neutralize Chemicals Quickly

BY LISA STIFFLER

突然変異か？ それとも救済者か？ 遺伝子組換え樹木が毒を食べる：
ウサギ遺伝子を使って化学物質を中和するポプラ

ふつうの樹木よりも早く大気や水から有毒な化学物質を吸収し，分解する素晴らしい樹木が，ワシントン大学の科学者によってつくられた．ウサギの遺伝子をポプラの木に導入したところ，汚染された土地にある有害物質を除去する能力が劇的に高まったという．この樹木があれば，汚染物質を取除くために，何tもの土を掘り出し，何tもの水を汲み出す必要がなくなる……

しかし，このポプラは浄化プロジェクトには役立つものの，生態学的，また倫理的問題を多くひき起こした．ブタの代わりにワクチンをつくるトウモロコシであれ，害虫駆除剤をつくるダイズであれ，ある生物の遺伝子を他の生物種に導入するトランスジェニック生物については，不安の声が少なくない．突然変異体の植物が広がり，食物連鎖のなかに入り，人間の健康を脅かすのではないかという心配である．あるいは，トランスジェニック生物が，自然の植物と交雑し，除草剤への耐性遺伝子が雑草に導入されるかもしれない．新しい遺伝子が，導入した生物，あるいは，間接的に他の動植物にどのような副次的作用を及ぼすのか，誰も予測はできない．

ワシントン大学生命倫理学教授のAndrew Light氏は汚染を除去するポプラについて，"これは，遺伝子組換え樹木を植えることで起こる未知のリスクと，環境保護にプラスな点のどちらを取るかの選択の問題です．つまり，社会環境問題のジレンマです" とコメントしている．……"これまでにしてきた汚染をなくそうという考えは立派なことですが，そのことで新しい問題をひき起こさないように注意せねばならない．まだわかっていないことが多いのです." とUnion of Concerned Scientists（憂慮する科学者連盟）のDoug Gurian-Sherman研究員は語っている．

米国では1000カ所以上の広大な地域がスーパーファンド地区に指定されている．スーパーファンド地区とは土壌が危険な化学物質で汚染された地区で，浄化されるまでは，商業や公共の目的に使用することはできない．有害廃棄物質には，有機溶媒，水銀や鉛などの重金属，原油，また高濃度放射能物質などが含まれる．1980年，汚染地区を浄化する法律が制定されたが，十分に除染された場所はごくわずかで，"スーパーファンド（特別税によりまかなわれる）"計画は，環境浄化にはまったく不十分な政策であるという意見が多い．

科学者は，有毒廃棄物を処理するのに，効果的で，能率的で，より費用のかからない方法を見つけるため，生物の機能に着目し始めた．バイオレメディエーションとは，悪化した環境を改善するために生物を利用する方法，あるいは，その技術をいう．DNAテクノロジーの専門家も，危険な化学物質を除去する生物本来の能力を高める方法を模索している．

ワシントン大学の科学者は，有機溶媒分子を無毒化する肝臓の酵素遺伝子をウサギから単離し，プラスミドベクターに入れてクローニングして，それを*Agrobacterium tumefaciens*に導入した．この細菌は，自然界の遺伝子工学技術屋で，プラスミドDNAの中の遺伝子を，感染したさまざまな植物細胞の核内に導入できる．シャーレの中で，この細菌をポプラの組織に感染させて，ウサギの遺伝子を導入した後，この遺伝子組換え組織から約15 cmの高さの苗木が作られた．ウサギの遺伝子はポプラの中でしっかりと発現し，さまざまな有毒汚染物質を無毒化するのに非常に効果が高いこともわかった．

この遺伝子組換えポプラは現在，米国農務省の厳しいガイドラインに従い，野外調査中である．ポプラは成長が早く，根は比較的浅いが広い面積に広がり，地下3 mの深さまで，土壌に含まれた環境汚染物質を迅速に除去する．ポプラは植樹して約8年経たないと花をつけないので，その前に切り倒すことによって，野生の木と交雑するのを防げると，ワシントン大学の研究チームは考えている．

このニュースを考える

1. バイオレメディエーションとは何か？ ワシントン大学の研究チームがどのようにして，バイオレメディエーションに利用できるポプラを開発したのか説明せよ．

2. 遺伝子組換えポプラを使う利点，起こるかもしれない危険性，どちらを重要視すべきか．たとえば，自宅近くのガソリンスタンドの貯蔵タンクから漏れたガソリンを除去するのに，遺伝子組換えポプラを植えるとしたら，反対するか．理由とともに答えよ．

3. 遺伝子組換え作物は，多くの点で，従来の方法で栽培された非遺伝子組換え作物よりも安全であると，遺伝子工学を支持する人は主張する．なぜならば，遺伝子組換え作物は，広範囲で調査され環境への影響について詳細な研究が実施されているが，逆に，従来の非遺伝子組換え作物は，そういった調査が行われていないからである．この主張に賛成するか，反対するか．理由も述べよ．購入価格の上昇など経済的な負担がかかっても，従来の作物も，新しい品種の場合には厳しい管理が必要だろうか？

出典：Seattle Post-Intelligencer 紙，2007 年 10 月 16 日より抜粋

インタールード C　第Ⅲ部で学んだことの応用
ヒトゲノム情報の利用

> **Main Message**
>
> ヒトゲノムをはじめ，生物の全ゲノム解読は，生物学と医学に革命をもたらした．同時に，倫理的・社会的ジレンマをも生み出した．

ゲノムプロジェクト：未来を占う水晶玉

　2001年2月，素晴らしい科学成果が発表された．何千人もの研究者の知力を結集し，15年にわたって努力してきた成果である．歴史上はじめて，ほぼ完全なヒトの全DNA情報，つまり，ヒトゲノムの全塩基配列が発表され，誰でもコンピュータを使ってインターネットにアクセスすれば，それを読めるようになった．2003年までに，欠けていた残りの配列情報も追加されて，ヒトDNA塩基配列の完全な目録作成を目指したヒトゲノムプロジェクトは完了した．これは現代の生命科学の最高の業績の一つである，と記者会見や論説で賞賛された．しかし，それは，費やした全経費，約30億ドルに匹敵する値打ちのものだったのだろうか？　その負担で，私たちはどのような恩恵が期待できるのだろうか？　また，この"偉業"によって，どのような倫理的・社会的問題が起こっているのだろうか？

　ヒトゲノムプロジェクトによって，私たちの基礎的な生命科学への理解が深まったのは確かである．ヒトのDNAがどのように構成され，何個の遺伝子があるのか，以前より明瞭になった．また，50％以上の遺伝子について，DNA塩基配列情報をもとにして，その役割もわかってきた．新しい遺伝子の発見も加速し，遺伝病，また他の病気への罹患率（病気へのかかりやすさ）についても遺伝子診断の新しい検査法が使えるようになった．さらに，全ゲノムの分析から，私たち全員がもっている本質的に同じ塩基配列のDNAの領域が見つかり，それが，ヒトの進化の歴史を解明することにつながった．逆に，個人ごとに大きく異なる領域も見つかり，これを利用して個々人の遺伝的な特徴を示す"DNAプロファイル"の作成も可能になった．

　遺伝子工学の技術開発もヒトゲノム解析の競争によって急速に進んだ．ヒトゲノムプロジェクトやその後の多くのプロジェクトの成果は，これから10年で飛躍的に出始めるだろう．新しい遺伝子の発見，ゲノム情報に基づいた投薬デザイン，診断だけではなく病気予防のためのDNA診断（遺伝子スクリーニング），患者個々人のDNAに合わせたオーダーメイド治療，遺伝子治療など，すべて，ヒトゲノム情報の貴重な大発見の成果である．

　ゲノム全体の構造と発現を理解し，また，進化の過程でヒトゲノムがどのように変化したのかを理解するための学問分野を**ゲノミクス**という（第14章参照．真核生物の一倍体細胞の中の染色体に含まれたすべての遺伝情報がゲノムである）．ゲノミクスが，他の生物学分野での理解を深めるうえできわめて有力な手法となることがわかってきたので，ヒト以外でも，細菌，酵母（出芽酵母），藻類，原生生物，実験用植物や小麦，米などの重要な穀物，そしてセンチュウやキイロショウジョウバエからマウスに至るまで，多様な生物のゲノムも解読が進んだ．DNA塩基配列やゲノム解析の時間が劇的に短縮され，費用も安価になったので，多くの新ゲノムプロジェクトもスタートした（図C・1）．ゲノム研究の恩恵は，ヒトの健康管理だけではなく，野生生物の保護や農業など，広い領域で大きな影響を与えている．

　自分の詳細なDNA塩基配列を決定してもらった人もいる．DNA構造の発見者の一人であるJames Watsonのゲノム解析（2006年）には約1億円の費用がかかった．しかし，数年後には，10万円ぐらいの費用でできるようになると，ゲノミクス技術の最先端企業が宣言している．その程度の費用

図C・1　DNAがつなぐ縁　ヒトゲノムの解読は2003年に完了した．イヌのゲノムデータが紹介されたのは2004年である．DNAを提供する犬種としてボクサーが選ばれたのは，この品種が，他の60種のイヌに比べて，個体間の遺伝的変異がきわめて少ないからである．このような純血種は，がん，聴覚障害，盲目，免疫系障害などの遺伝病に非常にかかりやすい傾向がある．このような遺伝病の半数ほどが，ヒトの病気とよく似ている．イヌゲノムの分析によって獣医学の進歩がもたらされるばかりではなく，ヒトの遺伝子の機能不全についても理解が進むに違いない．

自分の完全なDNA塩基配列がわかったら、あなたはそれをどのように利用するだろうか？完全なDNA塩基配列を知ることは、体内のあらゆる生物学的プロセスの設計図、つまり、すべての遺伝形質や特性、食事、運動、アルコール、中毒性物質、ストレス、さまざまな薬剤、また体内に侵入する感染性生物への応答も含めて、すべてが理解できることを意味する。ヒトゲノムには、約31億のDNA塩基対があるが、そのうち99.9%はまったく同じで個人差がない。残りの0.1%（300万塩基対）だけが個々人の間で異なり、それが、遺伝病や感染症にかかる可能性、性格の一面、周囲の環境への応答の特性、さらには私たちの寿命など、身体的な特徴や行動に大きく関係している。

で、自分のゲノムを委託解析してもらえる時代がくる。

あなたの設計図であるゲノムがわかるとしたら、つぎに、何を知りたいと思うだろうか？自分のDNAデータベースに保存されている情報をすべて、あるいは一部を知って、それで満足するだろうか？あなたはその情報を、将来の結婚相手に、医者に、科学者の研究チームに、政府に、雇用主に、保険会社に、あるいは裁判所で明らかにしたいと思うだろうか？これらの問題に社会全体で結論を下さなければならない日はそう遠くない。この章では、ヒトゲノムプロジェクトについて紹介するが、それによって私たちがどのように生命の基本原理を理解し、ヒトの健康や人生の質を改善することにどのようにつながるのか、それを考えていきたい。また、遺伝子という未来を占う水晶玉の能力と、それがもたらす倫理的な、また、社会的なジレンマについても考えてみよう。

ヒトゲノムの探求

人類が遺伝のしくみを解明しようとする努力は2000年以上も続いている。この140年間には多くの学術的・技術的な躍進があり、代表的なものをこの第Ⅲ部で紹介してきた。こうした発見がすべて、ヒトゲノムの塩基配列解読へとつながっている（図C・2）。1990年、NIH（米国国立衛生研究所）とDOE（米国エネルギー省）は、**ヒトゲノムプロジェクト（HGP）**とよばれる国際共同体を立ち上げた。ヒトゲノムプロジェクトは当初、2005年までにヒトゲノムの大まかな配列の解読を完了する計画であった。解読に使われたDNAは、異なる遺伝的背景をもつ複数の匿名提供者からのもので、プライバシー保護のために素性は明らかにはされていない。複数の提供者としたのは、単一のゲノムよりも、ヒト全体の特徴をよく表すゲノム情報になるだろうという期待からである。

ヒトゲノムプロジェクトの初期には、リハーサルとして、他の小さなゲノムをもったモデル生物の配列を決める作業も実施された。既存の解析手法を改善し、膨大な量の配列データを分析し、一つにまとめるためのコンピュータソフトの開発が目的であった。リハーサルに選ばれた生物は、460万個のDNA塩基対をもつ大腸菌（*Escherichia coli*）、1200万塩基対の出芽酵母（通常のパン酵母、*Saccharomyces cerevisiae*）、そして1億塩基対のセンチュウ（*Caenorhabditis elegans*）である。

しかし、生物の最初の完全なゲノム解析結果は、なんとヒトゲノムプロジェクトとは無関係なグループから発表された。1995年、180万塩基対をもつ *Haemophilus influenzae* のゲノムが、Craig Venter率いる共同研究で完全に配列決定されたのである。彼はかつてNIHの研究員であったが、現在では遺伝子解析のベンチャー企業の代表者として大成功を収めている人物である。Venterは個人的な投資でゲノム配列決定計画を進めたが、これがヒトゲノムプロジェクトのような巨大プロジェクトとは対照的で種々の議論の的ともなった。民間企業の方が、国際的な連合が計画したものよりも効率良く、また、安価にプロジェクトを遂行できるのだろうか？得られた情報を、基礎科学と医学の発展のために社会の共有財産として自由に利用できることを保証するために、費用がどうであれ、公的に資金提供されたゲノム研究が必要だろうか？ゲノム分析によって発見した遺伝子に関する特許を、私企業が取得してよいだろうか？この三つの質問のうち、最初の二つへの答えは"Yes"である。また、これまでの種々の議論の結果から判断するに、最後の質問への答えも、どうやら"Yes"のようである。

私たちの設計図とは

現在、ヒトゲノムの99%以上の配列が決定されている。未決定の部分は、タンパク質をコードする遺伝子ではなく、大部分が

表C・1　ゲノム解読が終了した生物（2012年1月†）

生物種	学名	解読終了の年	ゲノムサイズ（塩基対）	予測される遺伝子の数
インフルエンザ菌	*Haemophilus influenzae*	1995	180万	1700
黄色ブドウ球菌	*Staphylococcus aureus*	2005	280万	2700
大腸菌	*Escherichia coli*	1997	460万	4300
炭疽菌	*Bacillus anthracis*	2003	520万	5500
出芽酵母	*Saccharomyces cerevisiae*	1996	1200万	6300
分裂酵母	*Schizosaccharomyces pombe*	2002	1260万	5800
キイロショウジョウバエ	*Drosophila melanogaster*	2000	1.4億	14,300
センチュウ	*Caenorhabditis elegans*	1998	1億	21,200
ラット	*Rattus norvegicus*	2004	28.3億	24,400
シロイヌナズナ	*Arabidopsis thaliana*	2000	1.2億	27,500
ヒト	*Homo sapiens*	2001	31億	21,200
フグ	*Takifugu rubripes*	2002	3.9億	31,000

† 参考: www.genome.jp/kegg/catalog/org_list.html, www.ncbi.nlm.nih.gov/genome
訳注: ゲノム解読された生物種数は激増しており、2018年3月現在、動物176種、植物93種、菌類124種、原生生物49種、細菌4634種、アーキア268種となっている。

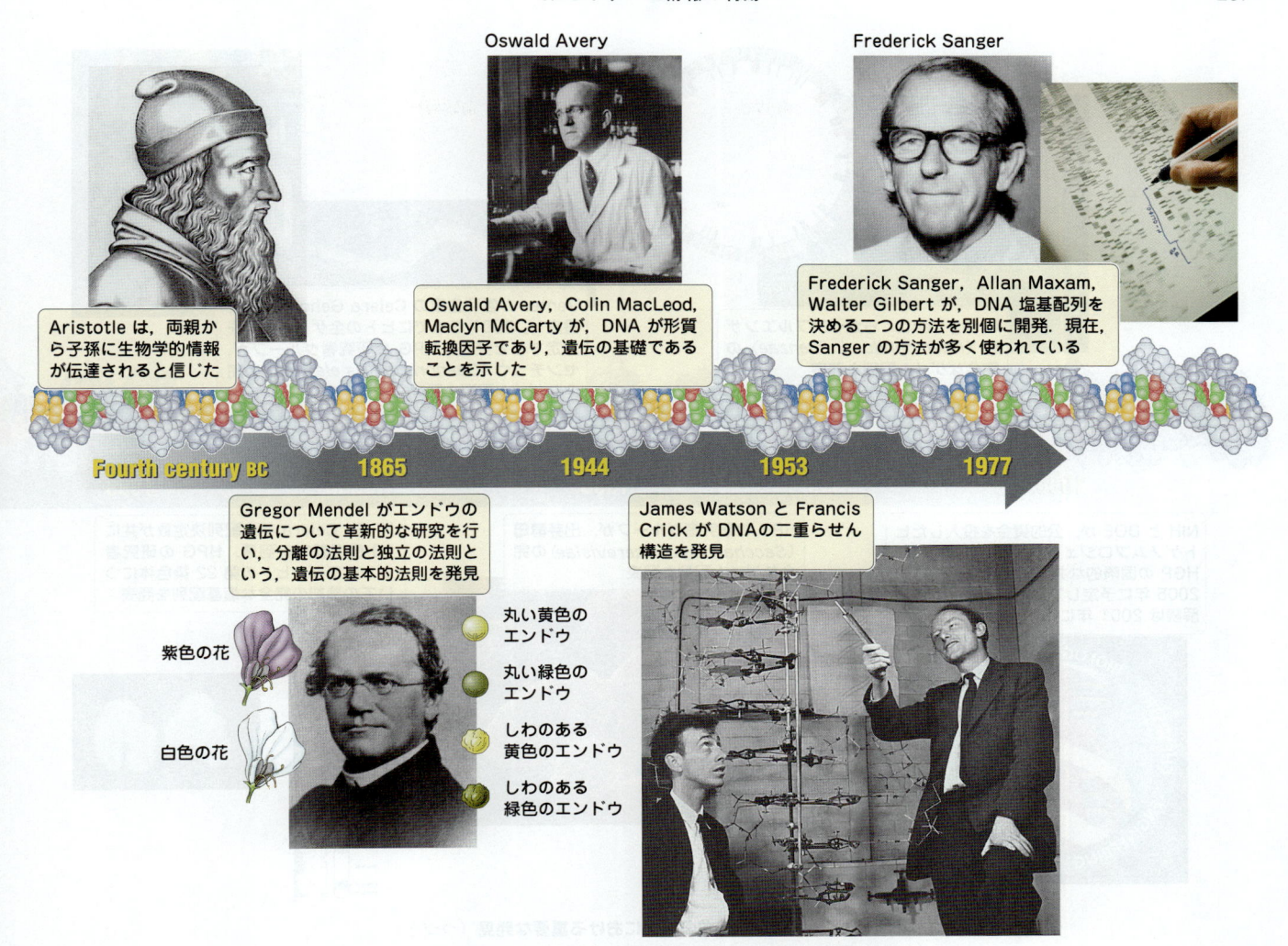

図 C・2 　ヒトゲノム探求の歴史における重要な発見

染色体の先端や動原体部分（セントロメア）にあたる．この領域のDNAには，何度も繰返される独特の配列があって，DNA塩基配列を決定するのは技術的に大変難しい．しかし，タンパク質をコードしている1.5%の領域も含めて，私たちは遺伝子の設計図の大部分に直接目を通すことができる．ヒトゲノム配列の分析はまだ初期の段階ではあるものの，これまでの研究でも，予期せぬ発見が多数あった．それは，特に，ヒトの身体や行動の複雑性の原因となる遺伝子の発見である．

生物の複雑性は，遺伝子の数によって決まるのではない

ヒトゲノム配列が最初に発表されるまで，ヒトは少なくとも10万個の異なる遺伝子をもっていると予測されていた．ゲノム配列の概要が発表されて，まず非常に驚かされたのは，遺伝子数が3〜4万個と下方修正された点である．現在では，さらに少なく，2〜3万個である．多くのゲノム専門家は，タンパク質をコードする遺伝子の数は，24,000個程度だろうと考えている（2012年時の見積りでは，約36,000）．

この遺伝子数の推定値はゲノム配列のコンピュータ解析に基づくもので，遺伝子の始めと終わりを予測するプログラムを使用する．このような方法では正確な予測は困難で，最終産物がタンパク質ではなくRNAである場合に特に見落としがちである（第13章の遺伝子の厳密な定義を参照）．タンパク質をコードする遺伝子に関しては現在の推定値はほぼ正しいと考えられるものの，RNAだけしかコードしない遺伝子については，さらに数年の研究が必要であろう．コンピュータでの分析だけでなく，実験的な裏づけが必要になると考えられる．ともあれ，ヒトの体をつくり維持するのに，大腸菌のたった6〜10倍の遺伝子数しか使われていないことになる（表C・1）．

ヒトは多細胞生物であるという点で，細菌よりも明らかに複雑である．さまざまな組織・器官のために200種類以上の細胞がある．それによって，私たちは複雑な構造をつくり，幅広い行動を示すことができる．遺伝子の数がわずか10倍になるだけで，このように飛躍的に複雑な発達ができるものだろうか？ これまでの遺伝学の研究，さらにゲノム分析からわかった事実によって，この難問は説明可能である．まず，限られた数の遺伝子であっても，それを組合わせれば多様な産物をつくり出すことができる．200種類の独特の形の細胞をつくることも問題ない．たとえば，3枚のシャツと3本のズボンを組合わせて使えば，9通りの衣装セットができ，9通りの場面で使い分けることができるだろう．これは，9種類の細胞をつくることに相当する．

多細胞生物はすべて，各細胞で，独特な組合わせの遺伝子を発現している．ヒトの場合，タンパク質をコードするすべての遺伝子の約1/3（ハウスキーピング遺伝子）が，大半の細胞で共通に発現している．しかし，細胞は，環境や生命活動の変化に応じて，遺伝子の発現レパートリーを変えることもできる．転写されるRNAの構成も，タイプの異なる細胞間で，また，同じタイプの

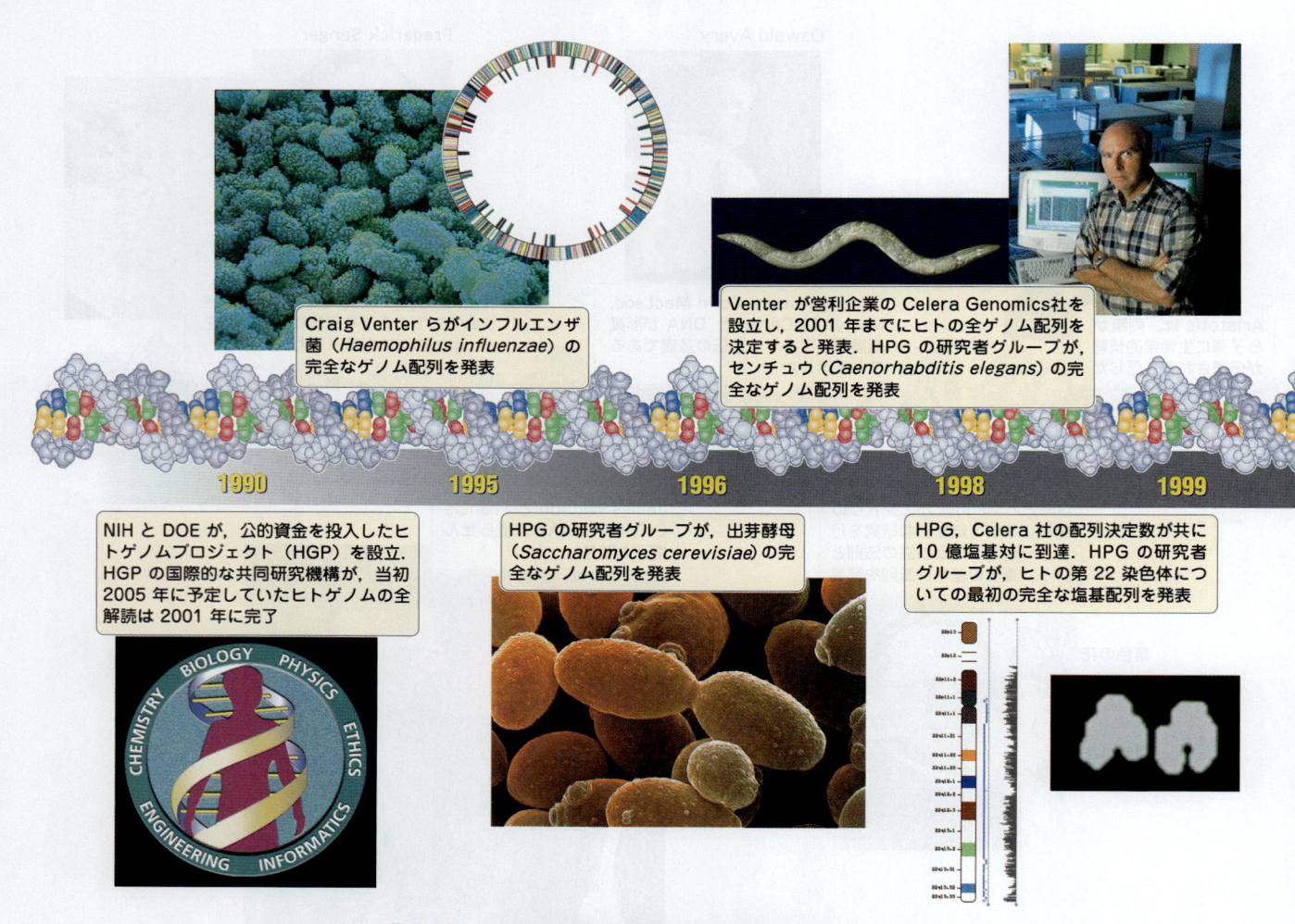

図C・2　ヒトゲノム探求の歴史における重要な発見（つづき）

1990年〜1999年のタイムライン：

- **1990**：NIHとDOEが、公的資金を投入したヒトゲノムプロジェクト（HGP）を設立．HGPの国際的な共同研究機構が、当初2005年に予定していたヒトゲノムの全解読は2001年に完了
- **1995**：Craig Venterらがインフルエンザ菌（*Haemophilus influenzae*）の完全なゲノム配列を発表
- **1996**：HPGの研究者グループが、出芽酵母（*Saccharomyces cerevisiae*）の完全なゲノム配列を発表
- **1998**：Venterが営利企業のCelera Genomics社を設立し、2001年までにヒトの全ゲノム配列を決定すると発表．HPGの研究者グループが、センチュウ（*Caenorhabditis elegans*）の完全なゲノム配列を発表
- **1999**：HPG、Celera社の配列決定数が共に10億塩基対に到達．HPGの研究者グループが、ヒトの第22染色体についての最初の完全な塩基配列を発表

細胞でも環境が変われば劇的に変化する．

すべての遺伝子がオンとオフ、二つの状態のいずれかになるとしよう．遺伝子をコードしているRNAをつくるか（オン）、RNAをまったくつくらない（オフ）の二つの状態があると仮定すれば（この仮定は簡略化したもので、実際は、遺伝子の発現の度合いは段階的に変化し、量的な調節も行われている）、2個の遺伝子から構成されている生物の場合、オン・オフの組合わせは、$2 \times 2 = 4$通り、3個の遺伝子ならば$2 \times 2 \times 2 = 8$通り、4個の遺伝子ならば$2 \times 2 \times 2 \times 2 = 16$通りとなるだろう（図C・3）．一般に、$n$個の異なる遺伝子をもつ生物の遺伝子発現産物の組合わせ数は2^nとなり、この式は、異なる遺伝子の組合わせ数（つまり、異なるRNAやタンパク質の集団の数）は、遺伝子の数が増えるにつれて急激に増加することを意味している．

現実の生物ではどうだろうか？ 大腸菌には3240個の遺伝子（表C・1参照）があり、2^{3240}種類の異なる組合わせのRNAを生み出すことができる．これだけでも膨大な数であるが、ヒトゲノムについて考えてみよう．25,000個の遺伝子によってつくられるRNAがつくり出す組合わせは、$2^{25,000}$種類である．こういった簡単なモデル計算からも、ヒトは大腸菌に比べるとはるかに多くの組合わせで遺伝子産物をつくれることがわかる．つまり、遺伝子数が10倍増えた場合、10倍よりもはるかに多い情報を生み出すことができるのである．

しかしこの計算は、まだ控え目なところがある．ヒトと大腸菌のmRNAの組合わせを比較するには、二つ目の要因、すなわちヒトのmRNA産物から選択的に除去されるイントロンを考慮する必要があるだろう．第13章でみたように、イントロンはタン

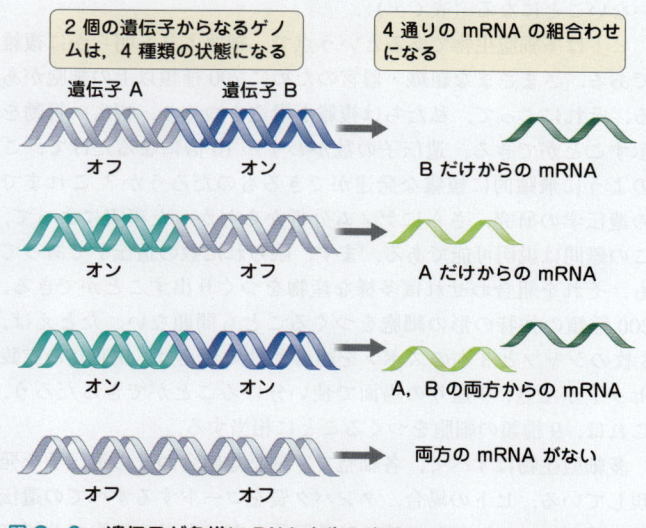

図C・3　遺伝子が多様にRNAを生み出すしくみ　一つの生物がつくるmRNA転写物の組合わせ数は、遺伝子数が増加するにつれて、急激に増加する．ここで示されている2個の遺伝子は、$2 \times 2 = 4$通りのRNAの組合わせとなる．同様に、4個の遺伝子は$2^4 = 16$通り、8個の遺伝子は$2^8 = 256$通りの異なるmRNAの組合わせを生み出せる．

- 2個の遺伝子からなるゲノムは、4種類の状態になる
- 4通りのmRNAの組合わせになる

遺伝子A	遺伝子B	
オフ	オン	→ Bだけからの mRNA
オン	オフ	→ Aだけからの mRNA
オン	オン	→ A, Bの両方からの mRNA
オフ	オフ	→ 両方の mRNA がない

C. ヒトゲノム情報の利用

2000 Celera 社の研究者が，キイロショウジョウバエ（*Drosophila melanogaster*）のゲノム配列を発表．Venter と HPG のリーダーの Francis Collins が，協力し合うことに同意．データの公開方針をめぐる意見相違のため，この HGP と Celera 社の協力関係は短期間で終了

2001 HPG と Celera 社両者が，ヒトゲノムの完全な配列について別個に発表（HGP は *Nature* 誌，Celera 社は *Science* 誌）

2005 最初の配列の発表後，配列の空白部分を埋める研究が世界中で実施されて，既存の配列が訂正され，可能性のある遺伝子数がほぼ確定

比較ゲノミクス：ヒト，実験用マウス，センチュウやシロイヌナズナなど，モデル生物以外のゲノム配列の解析を行う新分野．2005 年 6 月までに，完全なゲノム配列データが公開されている．生物種は 266 種で，そのうち 80％が細菌のゲノムである

パク質をつくる前に，真核生物の mRNA 転写物から除去される部分である．もし，イントロンを除去する・しないの組合わせを変化させれば，単一遺伝子であっても複数の異なる mRNA 転写物をつくることができる．イントロンの除去の組合わせを可変とすることで，私たちのような真核生物のゲノムからつくられる mRNA の種類は著しく多くなる．対して，原核生物の遺伝子はイントロンをもたないので，各遺伝子は 1 種類の mRNA 産物しかつくれない．

三つ目の違いは，ヒトと細菌が遺伝子発現を調節するときのしくみの差である（第 14 章参照）．これまでジャンク DNA として無視していたうちのかなりの部分の非コード DNA が，実は遺伝子発現の制御に重要な役割を果たしていることが，近年の研究から明らかになっている．原核生物に比べると，真核生物ははるかに多くの非コード DNA をもっていて，それが複雑な遺伝子発現を直接コントロールしているのではないかと考えられている．

さらに，この 5 年間に及ぶゲノム分析から，ゲノム構成のわずかな変化が新しいパターンの遺伝子発現を生じ，生物の表現型に劇的な変化をもたらすことがわかった．たとえば，チンパンジーとヒトのゲノムは約 98.8％がよく似ている．しかし，この二つの霊長類には明らかに大きな相異があり，特に，脳のサイズや知能が大きく異なっている．ゲノムをよく比較すると，ヒトでは数個の遺伝子が余分に複製され，1〜2 個の遺伝子が活性を失い，数個の遺伝子で再配列（染色体内での位置変化，または異なる染色体への移動）が起こっていて，その違いが表現型に大きな変化をもたらしていることが明らかになった．現代人の特性のうち，発声のための声帯の改造，持久的な運動能力，いくつかの感染症への耐性，大きくなった脳のサイズなどは，新しい遺伝子が進化して生まれたのではなく，ゲノム構成のわずかな変化によるものと考えられている．つぎに，ゲノムの比較からわかった他の例を紹介しよう．

異なる生物のゲノムを比較してわかること

ヒトゲノムを他の生物と比較することで，私たちの進化の歴史，遺伝子の構成，遺伝子発現を制御する DNA 塩基配列など，私たち自身について多くのことを学べる．また，このようなゲノムの比較は，進化の過程で保存されてきた共通の遺伝子を解明することにもつながる．ある 2 種の生物のゲノムを比較して，遺伝子のヌクレオチド塩基配列がほぼ同じ場合，これを二つの生物種間で遺伝子が"保存性が高い"という．たとえば，第 15 章で紹介したホメオティック遺伝子や図 C・4 に示されている *Noggin* 遺伝子は，非常に**保存性の高い遺伝子**の例である．

ヒトの遺伝子の約 60％は，キイロショウジョウバエやセン

チュウのものとよく似ている。そうした遺伝子がコードするタンパク質は、解糖系の酵素や巨大分子を合成する反応など、生命に必須の重要な活性にかかわるものが多い。ヒストン、リボソーム、DNAポリメラーゼ、DNA転写調節のタンパク質、新陳代謝に関与する酵素、細胞の送った信号を受容する受容体など、必須の機能タンパク質をコードする遺伝子が数百万年もの間保存されてきたのは当然なのかもしれない。

種を超えて保存されているということ、それは、他の生物でよくわかっている生命現象が、ヒトについても同じ原理で理解できることを意味する。たとえば飛行機に乗って長距離移動したときに、ほとんどの人は時差ボケ、つまり、睡眠のリズムが狂ってしまった経験をもつだろう。この睡眠覚醒サイクルの混乱は、体内時計の混乱が原因である。体内時計の調節は、異なる動物種でも、同じ種類のタンパク質がかかわる基本的なしくみによる。哺乳類では、体内時計が睡眠など多くの生理的作用の毎日のリズムを決定しているが、キイロショウジョウバエを使ったこれまでの研究から、ハエの活動のタイミングを制御する時計遺伝子が多数明らかにされてきた。そこでキイロショウジョウバエの時計遺伝子の配列と、ヒトゲノムデータを詳しく比較したところ、これまで知られていなかった遺伝子がいくつも発見された。さらに、ヒトゲノムの配列から時計遺伝子の染色体上での位置も明らかになり、その一つが遺伝性の睡眠障害と関係することもわかったのである。

このように、多くの生物のゲノムを比較し分析することで重要な新事実が解明できることがわかり、現在、幅広い種のゲノム配列を決定する取組みが盛んになっている。このような研究分野を、**比較ゲノミクス**という。2005年3月、NIHが、マーモセット、アメフラシ、エンドウヒゲナガアブラムシや3種類の菌類など、新しく12種類以上の種を対象にしたゲノム配列決定プロジェクトを発表した（図C・5）。対象となった種は、ヒトの病気のモデ

図C・4　マウス胚の遺伝子発現　このマウスの顕微鏡写真は、*Noggin*（*Nog*）とよばれる遺伝子発現を示している。緑色は、*Noggin* の mRNA が生産されている組織（脳や骨格）である。*Noggin* の塩基配列は、アメーバ、カエル、マウスやヒトなど多くの生物で非常によく似ていて、哺乳類の脳や骨格の発達など、生物のさまざまな発生経路を制御している。また、この遺伝子の突然変異は、指節癒合症のような関節障害など、ヒトの発達にさまざまな悪影響を及ぼす。

ルの候補になるものや、大きな経済的価値をもっている種である。たとえば、アメフラシ（*Aplysia californica*）は、脳に巨大な神経細胞があり、記憶のしくみや病気による記憶喪失の研究モデルとしてこれまで使われてきた重要な動物である。同様に中南米の小型サル、マーモセット（*Callithrix jacchus*）は、多発性硬化症などのヒトの病気の重要なモデル動物となっている。エンドウヒゲナガアブラムシ（*Acyrthosiphon pisum*）は毎年数億ドルの作物損害の原因となる昆虫で、殺虫剤に耐性をもっている。これまで、250種以上の生物で、完全なゲノム配列が発表されて、比較ゲノム解析に利用されている。さらに多くの種の配列を決定しようとする熱心な取組みはまだ続いている。

図C・5　配列決定された生物種の増加　NIHには、ここに示す4種を含め、ゲノムを解読する多くのプロジェクトがある。(a) マーモセット（*Callithrix jacchus*）、(b) アメフラシ（*Aplysia californica*, 2011年完了）、(c) エンドウヒゲナガアブラムシ（*Acyrthosiphon pisum*, 2010年完了）、(d) 分裂酵母（*Schizosaccharomyces octosporus*, 2011年完了）。

C. ヒトゲノム情報の利用

個人にあった健康管理

ヒトゲノムの配列解析が始まるずっと前から，ヒトの病気の原因遺伝子は多数知られていた．ある遺伝子で起こった突然変異と，特定の病気になる確率（罹患率）とを調べるという遺伝子調査（遺伝子スクリーニング）も実施されていた．このような調査の目的は，当初は，遺伝子の突然変異を調べることで，遺伝病になるかどうかを予測することであったが，その後，20世紀の終わり頃になると，乳がんなどの病気，また嚢胞性線維症やハンチントン病などの遺伝病に関係する突然変異についても，自分自身や胎児の遺伝子を診断できるまでになった（第11章"科学のツール"参照）．現在，同様の検査項目が何百もあり，自分の子どもや家系，また自分自身について，これまで考えていたよりもはるかに多い種類の診断が可能である．

しかし，先の章でも強調したように，心臓病や糖尿病（第11章"ニュースの中の生物学"参照）など疾患の多くは，わずか一つや二つの遺伝子の突然変異が原因で発病するわけではない．たとえば，悪性がんを発症するには，複数の遺伝子で突然変異が起こることが原因となる．そのため，従来の2〜3個の遺伝子検査でわかるものより，実際の発がんの遺伝的背景は非常に複雑であると考えられるようになった（インタールードB参照）．ヒトゲノム配列がわかり，また，新しいゲノム技術を使うことで，個人のゲノムにはさらに多くの変異体があることが明らかになり，DNA診断の対象も急速に広がっている．

SNP（一塩基多型）：個人のゲノムの特徴を調べる有力な手段

人種や民族が違っても，私たちのゲノムは99.9％同じである．しかし，専門家の試算ではゲノム上の約3000万カ所で個人間の違いがあるといわれる．なかには，ごく小さなDNA断片の中の1個のヌクレオチド塩基だけが異なったものもある．たとえば，ある人はある染色体のある位置にC-Gの塩基対をもっていて，教室で隣に座っている別の人は，同じ位置にA-T塩基対をもっていたりする．DNA上のある特定位置の塩基配列が異なるので，C-G型DNAとT-A型DNAは，その位置における二つのタイプの対立遺伝子DNAとみなせる．

このような一塩基対の違いを**一塩基多型**（single nucleotide polymorphism，**SNP**．スニップと読む）という．個人間のゲノムの違いは約0.1％であるが，その大半が一塩基多型である．また，ヒトだけでなく，他のほとんどの真核生物でも，個体間のゲノムの変異（図C・6）の主原因となっている．3000万個と推定されるヒトのSNPは，遺伝子の中ではなく，遺伝子間にある非コード領域に位置するものが大半である（なかには，遺伝子のタンパク質指定領域内や，遺伝子発現の制御領域にあるものもある）．対立遺伝子の変異体として表現型が異なるSNPもあるが，表現

■ 役立つ知識 ■ 多型（polymorphism）とは，形や機能の種類が複数あることを意味する言葉で，ある遺伝子のヌクレオチド塩基配列が個体間で非常に異なる場合，その遺伝子塩基配列に多型があるという．SNP（single nucleotide polymorphism）は一カ所だけヌクレオチド塩基が異なる多型である．DNAは二重らせん構造をしていて，ヌクレオチドどうしは，塩基だけが異なること，その四つの塩基をA，T，G，Cの4文字で表記することを思い出そう．

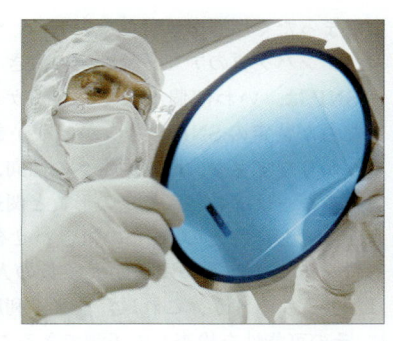

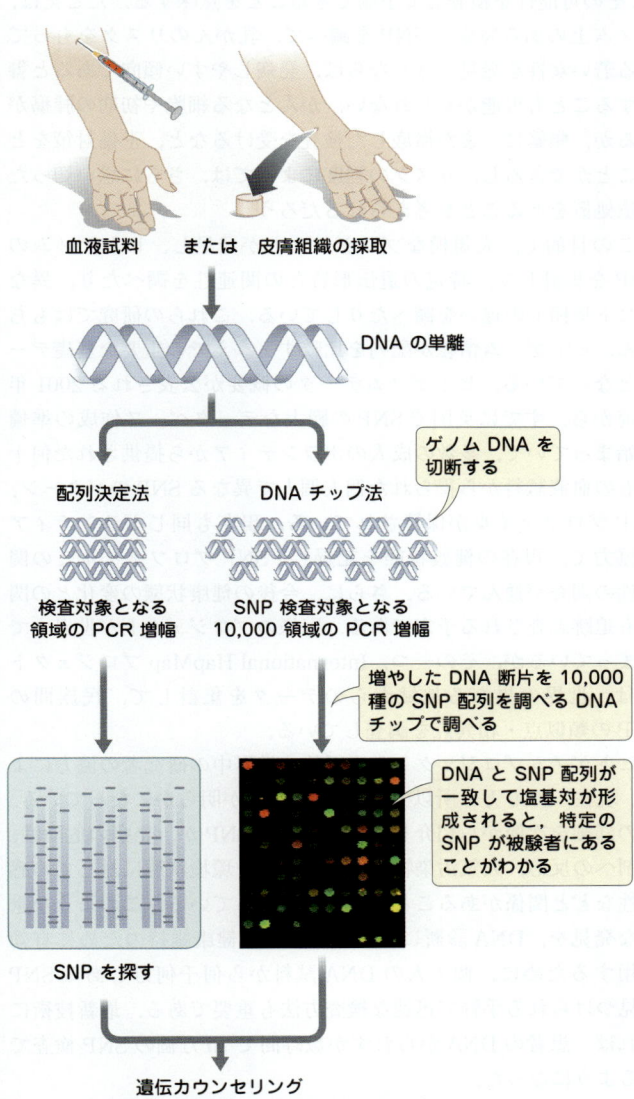

図C・6　試料採取から検査結果までの流れ　被験者（患者や検査希望者）の組織や血液から採取した細胞を使い，DNAを単離する．その後，さまざまな方法でSNP検査を行う．右上の写真は，DNAチップを扱う技術者．異なる10,000種のSNPを検査できる．

型にまったく影響を及ぼさないもの，つまり，表現型を変えるほど，タンパク質のアミノ酸配列に大きく影響しないものもある．

SNPは，いわば個々人で異なるゲノムの個性である．では，私たちが特定のSNPをもつかどうかを，乳がんのような病気へのかかりやすさ，薬物中毒への傾向，または特定の医薬品へのアレルギー反応など，特定の形質と関連づけることができるだろうか．もし，特定のSNPの組合わせをもつことと，ある特定の形質をもつこととの関係が大多数の人に当てはまっているならば，どうだろうか．これは，うまく利用すると，病気が現れる前に，その可能性を検査して予測できることを意味する．たとえば，ゲノム上のある特定のSNPを調べて，乳がんのリスクをもっている若い女性を発見できたならば，発病しやすい傾向であると警告することも可能かもしれない．がんとなる細胞や初期の腫瘍があるか，頻繁に，また徹底した検査を受けるなど，予備対策をとることができるし，リスクの程度によっては，さらに思い切った治療処置をとることも考えられるだろう．

この目的で，大規模なプロジェクトが発足し，ヒトゲノムのSNPを集計して，特定の遺伝形質との関連性を調べたり，異なるヒト集団での違いを調べたりしている．これらの研究ではもちろん，ヒトゲノム情報が配列を比較するうえでの重要な基礎データとなっている．ヒトゲノムデータの概要が公表される2001年以前から，すでに英国でSNPの膨大なデータベース作成の準備が始まっていて，多数の成人のボランティアから提供された何十万もの血液試料から得られた個人個人で異なるSNPのパターン，SNPプロファイルが保管されている．現在も同じボランティアの協力で，現在の健康状態を記録し，SNPプロファイルとの関連性の調査が進んでいる．さらに，今後の健康状態の変化との関係も追跡調査される予定である．同様のプロジェクトが世界中で始まっているが，その一つ，International HapMapプロジェクトでは，世界の異なる地域からのデータを集計して，民族間のSNPの類似点・相異点を調査している．

ヒトゲノムプロジェクトの完了後，世界中の研究者の協力により，現在，1000万カ所以上のSNPデータが明らかになっている．その詳細を次節から紹介しよう．多くのSNPが，発病の危険性，薬剤への反応，大気汚染物質などの有害な環境状態に対しての感受性などと関係があることが明らかになっている．このような重要な発見を，DNA診断によって私たちの健康維持のために有効利用するために，個々人のDNA試料から何千何万もあるSNPを見つけられる手軽で迅速な検査方法も重要である．最新技術によれば，患者のDNAからわずか数時間で10万個のSNP検査できるようになった．

SNPプロファイルと病気になる危険性

遺伝学の研究者が，病気の原因遺伝子を探索するとき，まずは，遺伝病をもっている人とそうでない人を分けて，そのDNAを比較し，二つのグループでゲノム間にどのような違いがあるかを調べるだろう．ゲノムを比べる方法として，一番わかりやすく間違いの少ないのが，SNPの比較である．二つのグループがよく似たものならば作業は比較的容易である．調べなければならないSNPの違いは少なく，また，そのわずかなSNPの差が問題の遺伝形質と深くかかわっていると考えられるからである．

アシュケナージのユダヤ人社会のように同族内で婚姻関係を結ぶことの多いグループは，遺伝学者の解析向きである．遺伝的変異が少なく，したがって遺伝的相違も小さいからである．最近，100歳近くの長寿のユダヤ人に共通するSNPを調査した結果，長生きの要因と思われる遺伝子群が突き止められた．これらの遺伝子は，フリーラジカルとよばれる反応性の高い代謝副産物の影響を軽減する作用に関係している．その遺伝子がないと，細胞や組織の損傷を防げず，心臓病やがん，あるいは，一般的な老化に伴う疾患にかかる危険性が高まると考えられている．

ほかにも，50種以上の疾患で，関係の深いSNPが見つかっている．これらの疾患には，2型糖尿病，統合失調症，クローン病，多発性硬化症，リウマチ性関節炎，前立腺がんなどの，複数の遺伝子（ポリジーン遺伝，§10・5参照）のかかわるものも含まれている．多くの場合で，SNPは病気の直接の原因となっているのではなく，偶然に，病気の発症に直接関係のある遺伝子に近い非コード配列内にみられるものが多い．逆に，SNPと病気との関係がわかっていれば，SNPの配列の近くを調べることで，病気の原因となる遺伝子の変異体（対立遺伝子）を発見できる．たとえば，アリゾナやニューメキシコのピマ族（インディアンの部族）は高い確率で肥満や糖尿病になるが，珍しい共通のSNPがあって，病気と関係することがわかった．さらに詳細を調べると，このSNPが代謝をコントロールする遺伝子の近くにあることもわかった．砂漠の部族に共通するこの突然変異は代謝の効率を高め，食料不足の時代には，生き延びるのに有効な遺伝形質であったと考えられる．しかし，多量に摂取したカロリーを脂肪として蓄えてしまう高い能力は，高カロリー食品に取囲まれている現代社会では，逆に悪い影響を及ぼしているのである．

同様にして，アルツハイマー病に関係するSNPも突き止められ，その後の研究から，アポリポタンパク質E遺伝子（*apoE*）とよばれる遺伝子と距離的に近い場所のSNPであることがわかった．この遺伝子はコレステロールなど，さまざまな脂質を運ぶタンパク質（アポリポタンパク質E）をコードしていて，一般に，*apoE2*, *apoE3*, *apoE4*という3種類の対立遺伝子が知られている．このうち，*apoE4*対立遺伝子をヘテロ接合体としてもつ人は，ふつうの人よりもアルツハイマー病を発症する確率が3倍高く，ホ

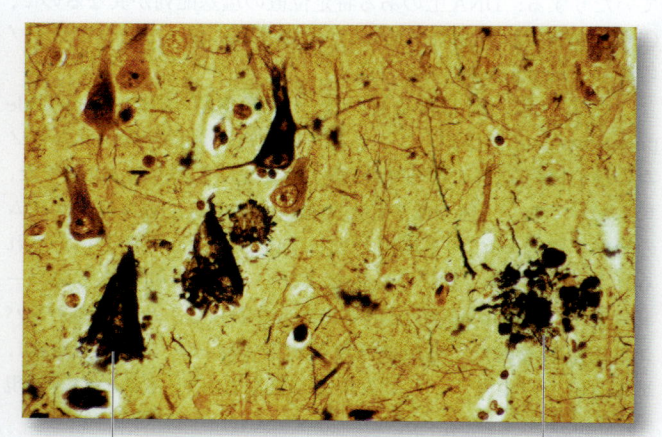

タウタンパク繊維の凝集　　　　　　　アミロイド斑

図C・7　アルツハイマー病患者の脳組織にあるタンパク質の斑点
アルツハイマー病は，進行性で死に至る病であり，約500万人の米国人が発病し，その多くが高齢者である．この病気の特徴は，タンパク質の塊が脳の組織の細胞間や細胞内に出現し，しだいに脳細胞が死滅することである．この顕微鏡写真は，アルツハイマー病患者の脳にできるタンパク質の沈着物を示す．この沈着物は，脳細胞間の信号伝達を妨害し，その結果，記憶を失い，他の脳の神経機能も麻痺すると考えられている．*apoE4*対立遺伝子をもっていると，この病気を発症するリスクが高くなる．

モ接合体の人は8倍高い．

アルツハイマー病は，高齢者の認知能力低下の主要な原因となっているが，特徴は脳組織内にタンパク質の斑点状の塊ができて多くの細胞が死んでしまうことである（図C・7）．アポリポタンパク質Eは，脳細胞の細胞膜の再構築にかかわっていると考えられているが，*apoE4*対立遺伝子が，脳の斑点をつくるような損傷にどうかかわっているのか，まだはっきりとは解明されていない．*apoE4*のホモ接合体であったとしても，必ずしもアルツハイマー病を発症するわけではない．この点は重要である．ホモ接合体であっても多くの人は発症しないし，また，アルツハイマー病の人の約半数は*apoE4*対立遺伝子をもっていない．他の遺伝子や環境要因もアルツハイマー病の発症にかかわっていると考えられ，*apoE4*だけがアルツハイマー病の原因ではないことは明らかである．*apoE4*対立遺伝子のホモ接合体の人が確率的に発症リスクが高いというだけであり，遺伝子診断の結果は一つの指標にすぎない．このことは他の遺伝病についてもいえることで，ポリジーン遺伝や環境要因によって大きく影響を受ける遺伝病について特に当てはまる（例，第11章"ニュースの中の生物学"参照）．

SNPプロファイルからオーダーメイド医療へ

SNPの種類は，他の人のゲノムとどのように異なるか，遺伝子構成の違いを示す指標のようなものである．したがって，SNPプロファイルは，どの病気になりやすいかを示すだけでなく，ウイルスや細菌などの感染病原体に，またアレルギーをひき起こす食品に，あらゆる種類の薬剤に，どのように応答するかも示している．たとえば，欧州人の約10%が*CC3L1*とよばれるSNPをもつが，その人はHIV（エイズウイルス）に耐性があるといわれている．ある特定のSNPをもつ子どもは，いじめを受けたときに，生涯の心の傷になりやすい．同じように，大きな事故の後のストレス（心的外傷後ストレス障害，PTSD）によって傷つきやすい人がいて，それと関係するSNPもわかっている．

患者によって薬への応答が異なることは，多くの医師が気づいていた．たとえば，ある人はふつうよりも薬の服用量を多くしなければならなかったり，特定の薬剤が効く人もいれば，同じ病気でも他の人にはまったく効かなかったりする．製薬会社はこれまで，男性，女性，そして子どもという身体の大きさに合わせる程度で，"標準的な"患者を治療するための薬を製造してきた．しかし，患者ごとに薬剤へ反応が異なることを考えると，安全で適切な治療法を処方するのは，非常に難しいことかもしれない．

なぜ，薬剤に対する患者の反応は異なるのだろうか？患者が服用した他の薬や患者の栄養状態など，非遺伝的原因があるかもしれないが，患者ごとに異なる遺伝的変異が，薬剤反応の違いの大きな原因となっていることが多い．

同じような高血圧の患者が2人いても，その原因は，同じ遺伝子の異なる対立遺伝子によるものかもしれない．あるいは，まったく異なる遺伝子で生じた突然変異によるものかもしれない．このような遺伝的な違いが，高血圧治療に使われている薬の効果に影響する例が発見された．β遮断薬とよばれるある種の降圧薬は，特定のSNPをもつ患者の血圧を下げるのに効果的である．他の異なったSNPをもっている高血圧症患者には，実は，β遮断薬はあまり効果がなく，RAAS抑制剤など，他の同種の薬の方がよく効くことがわかっている．

また，カフェインや鎮痛剤のコデインなどの化学物質がどれくらいの速さで分解されて身体から消えるかの違いは遺伝的なものである．この個人差は，摂取した化学物質を分解・加工する肝臓の酵素をコードする対立遺伝子の種類によるもので，その遺伝子とSNPプロファイルの分析から，異なる形質が何種類かあることが発見された．たとえば，CYP2D6とよばれる酵素は，コデインのような鎮痛剤と反応して活性化するのに必要であるが，約10%の人がこの酵素活性が低いタイプのSNPホモ接合体である．そのような人たちはコデインに反応できず，この薬剤の鎮痛効果はない．

SNPプロファイルを解析する目的は，さまざまなヒトの形質を左右する遺伝的多様性を明らかにすることである．その結果，患者の個々人の遺伝的特性に合わせた治療ができるようになる．これを**オーダーメイド医療**という．遺伝子の機能と関連したSNPの種類が増えると，個々人のSNPプロファイルをもとに，その人に合った最も効果的な処方薬がわかってくる．また，最初にSNPプロファイル解析を行って疑わしい重要な遺伝子を予測しておき，その活性を詳しく調べることで，患者の遺伝的な特性もわかるようになる．たとえば，がんの専門医は現在，乳がんと診断された女性の治療を行うときに，オンコタイプDXとよばれるDNA診断を実施することがある．この検査は，DNAチップ（第14章"科学のツール"参照）を使って21種類の遺伝子の活性を測定するが，これらの遺伝子の活性と，抗がん剤の効果とは深い関係があることがわかっている．

近い将来，患者は医師と一緒に自分のSNPプロファイルを眺めながら，どのような病気にかかりやすいか，どのような薬剤療法が効くのか相談するといった風景がごくふつうになるであろう．その結果，できるだけ効果的な治療法を見つけ，同時に，将来の病気を予防するための健康管理計画を立てることもできるだろう．実際に，生まれた新生児が最初に小児科医を訪れるときには，まず，血液試料を提出し，何十万種のSNPをDNAチップで分析するということになりつつある．

遺伝子検査が提起する倫理問題

ヒトゲノム分析は，遺伝的，環境的要因による病気について，私たちの考え方を変えつつある．病気の遺伝的要因がわかれば，個人が発病する可能性をより正確に予測できるし，医者は予防方法を指示したり，治療法を改善することができる．

これは，人の健康を推進し，人生の質を高める素晴らしい世界の始まりといえる．特に豊かな国で生活している多くの若者の人生に，ある程度の影響を与えることになるだろう．しかし同時に，これらのDNAテクノロジーから派生する倫理的・社会的問題も大きくなると考えられる．この問題の核心は，自分のゲノム情報をどのように使うべきか，社会としてこの個人的な問題にどう踏み込むべきか，個人が自分のゲノム情報に関してどのようなプライバシーの権限をもつべきか，といった点である．

出生前DNA診断がもたらす親の選択とジレンマ

新生児の健康問題を調べるDNA診断は，出産を待つ必要はない．母親の妊娠中にさまざまな検査を実施して，胎児の遺伝形質について調べることができるからである．SNPプロファイル（または，第11章"科学のツール"で解説した従来の遺伝子検査方法）の結果しだいで，両親は胎児を中絶するかどうか選択するこ

ともある．

このことが，現在，新生児の遺伝子型を変えつつある．米国ではDNA診断の結果，ダウン症候群の新生児の数が減少している（図C・8）．ダウン症候群の胎児の中絶率は，50〜90%との報告もある．また他の調査によると，血液の遺伝病であるサラセミア（ヘモグロビン合成の問題で起こる貧血症）の胎児であることが判明した場合，中絶率が99%にもなるとのことである．アジアのなかには，男の子が女の子よりも尊重される地域があり，多数の女児の胎児が中絶される傾向がある．ヒトの集団を追跡調査している研究者は，これから数十年後，生き残ることを許された新生児が成長し成人になったとき，非常にゆがんだ男女比になると予測している．

胎児が，親やその子の誕生後の人生に難しい問題をひき起こす遺伝病であるとわかったら，親はどうするだろうか？たとえば，ダウン症候群の人は，程度の異なる知的障害をもつが，心臓病を患い難しい外科手術が必要になることもある．また，ダウン症候群をもった子どもを世話することは，家族にとって，財政的，感情的，また身体的な問題になることもあるだろう．多くの親が出す結論は中絶である．ダウン症候群の人はとても愛情深く，快活な気質が特徴で，障害をもっていても人生を楽しめる，と主張する人もいる．また，ダウン症候群の人たちのなかには，パートタイムや常勤の仕事をして，親から独立して暮らせる人もいる．

胎児検査の可能な別の遺伝病として，囊胞性繊維症の場合はどうだろうか．囊胞性繊維症の子どもは重い呼吸障害がある．肺で分泌される粘液の濃度が濃く粘稠なため，それを希釈するための辛い治療を毎日受ける必要がある．さらに，感染症や肺炎になりやすく，消化器の問題や成長の障害が出ることもある．しかし，成人して実りある人生を送る人もいる．囊胞性繊維症の新生児は，かつては，子どものときに死亡するケースが多かったが，現在では，40〜50代まで生きる人も多い．

出生前DNA診断によって，胎児にこうした病気が明らかになった場合，子どもを産むか，中絶するかという決断は非常に難しいものであろう．遺伝病を抱えた子どもが送ることになる人生の質が，その苦労に値するものなのかどうか，それを決断するだけの判断力をもっていないと感じる親も多い．選択をしたことの罪悪感，また，病気を抱えた子を世話することが，自分や他の兄弟の人生にどう影響するのかという問題，そういったもので，さらに複雑な選択を迫られることになる．

出生前DNA診断と他の技術を使った胎児の選別

もっと極端なケースを第11章の"科学のツール"で紹介した，試験管ベビーの例である．胚を人工的に着床させる前に，DNA診断して選別する方法である．

囊胞性繊維症の例に戻ろう．第11章で紹介したように，囊胞性繊維症は常染色体劣性遺伝病である．そのため病気の原因となる対立遺伝子のコピーを二つもつホモ接合体の人が，囊胞性繊維症を発症する．原因対立遺伝子が一つしかない場合は健康体であるが，保因者として自分の子どもたちにその病気原因対立遺伝子を伝えることになる．2人の親が共に保因者である場合，彼らの子どもがホモ接合体となり発症する確率は1/4である．

1994年，両方とも囊胞性繊維症の保因者であった夫婦が，体外受精を行い，同時に受精胚の囊胞性繊維症の対立遺伝子を調べて，どの胚を残すのかを選別した．これがDNA診断と生殖医療の新しい歴史をつくった．ホモ接合体である二つの胚は捨てられ，ヘテロ接合体である三つの胚を母親に着床させた．そのうちの一つが無事育ち，男の新生児が生まれた．この子は，囊胞性繊維症対立遺伝子に関して，ヘテロ接合体の保因者である．彼はこの対立遺伝子を彼の子に伝え，彼の将来のパートナーが囊胞性繊維症だったり保因者だった場合には，発病する子がいるかもしれないが，彼自身が発病することはない．この例では，親が関心を示したのは囊胞性繊維症だけだったが，もし両親が着床前に胚の遺伝子を調べ，急速に増大するSNPプロファイルを使って，多くの遺伝病を調べたり，病気となる要因を調べたりしても，現在，それを法的に規制するものはない．

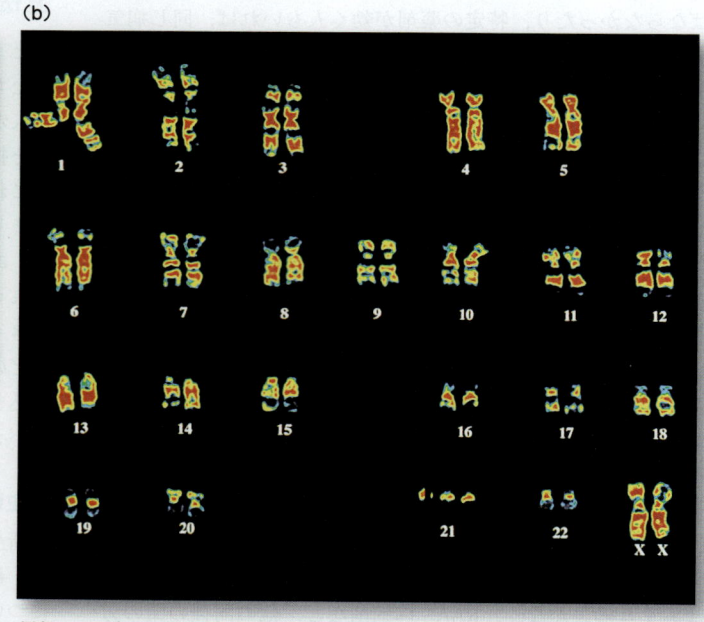

図C・8　消えていく病気？　(a) 典型的なダウン症候群の男児．21番目の染色体がトリソミーとなっているだけであるが，知的障害のほかに健康上の問題も生じることがある．ダウン症候群の新生児の出生数は，出生前DNA診断が一因となって減少する傾向にある．(b) ダウン症候群の人の核型．第21染色体が三つある．

SNP プロファイルと個人のプライバシーや自由

　SNP プロファイルの解析は，画期的で有望な診断方法になる．しかし，同時に多くの倫理的な問題もひき起こすだろう．その問題点は，これまでにも紹介してきたので，ここでは他の面を取上げよう．たとえば，詳細な個人のゲノムデータは差別に利用されることはないだろうか？　成人になると，ある病気にかかりやすいという SNP プロファイルがあったとすれば，それに対して，健康保険会社は保険料を引き上げたいと言い出すかもしれない．深刻な病気を発症するリスクの高い人は，健康だけではなく，保険システムからも見放されたという気分になるかもしれない．さらに，新しい学問分野である行動ゲノミクスの研究では，アルコール依存症，統合失調症や臨床的うつ病などの精神的な疾患へのかかりやすさと関係ある SNP を調べつつある．たとえば，ある SNP プロファイルの人が薬物依存症になる傾向が高いとなれば，就職できなくなるかもしれない．

　SNP プロファイルが，そういった誤った使われ方をしないように，人のプライバシーを守る新たなガイドラインを確立する必要がある．この目的のために，ヒトゲノムプロジェクトに対する予算の約 5％は，遺伝情報の使用をめぐる倫理的，法的，そして社会的問題の検討にもあてられている．私たちがこの科学的偉業から，本当に恩恵を受けたいと思うならば，これらの倫理問題をどう対処するかは非常に重要な解決すべき課題となる．それは，ゲノム研究者の新しい研究で新しい遺伝子の役割が発見されたり，遺伝子がどのように相互作用するか理解できるようになるのと，同じくらい重要なテーマである．

復習問題

1. これまで細胞・細胞小器官・代謝について学んだことをもとに，あなたがトマトと共有している遺伝子にどのようなものがあるか答えよ．また，共有していない遺伝子はどのようなものか．
2. SNP とは何か．また，SNP が健康にかかわる遺伝子診断で，どのように役立っているか述べよ．
3. マラリアを伝染させるカの全ゲノムがわかれば，この死に至る病気を根絶するのに役立つか？　その理由を説明せよ．
4. 医者が患者に治療用の薬剤を処方する前に，患者は DNA 診断を受けるべきか．理由とともに答えよ．この問いに関して，倫理上の問題が起こりうるか．起こるとすれば，どのような問題か．
5. 肥満，高血圧，うつ病などになる傾向を予測できる遺伝子がつぎつぎに発見されていったとする．できるだけ健康な生活を送れるようにするために，医師はその遺伝子があるかどうか，担当する患者の検査を実施すべきか？　理由とともに答えよ．

重要な用語

ゲノミクス（p. 267）
ヒトゲノムプロジェクト（p. 268）
保存性の高い遺伝子（p. 271）
比較ゲノミクス（p. 272）
遺伝子スクリーニング（p. 273）
DNA 診断（p. 273）
SNP（一塩基多型）（p. 273）
オーダーメイド医療（p. 275）

16 進化のしくみ

> **Main Message**
> 化石記録，現存の生物の特徴，大陸移動，また，遺伝子の変化を直接調べることから，進化の証拠が得られる．

旅の始まり

南アメリカ西海岸沖のガラパゴス諸島は，溶岩に覆われ，他の陸地から隔絶され，地球上のどこにもみられない風変わりな生物たちのすみかとなっている．たとえば，考えられないほど巨大な陸ガメ，陸にすみながら海に飛び込んで岩から海藻をはぎ取って食べるトカゲ，別の鳥の血を吸う吸血フィンチなどである．

ガラパゴス諸島にすむ動物に，Charles Darwin（チャールズ・ダーウィン）がとりこになったのは当然だろう．22歳のとき，彼は英国海軍の船ビーグル号による世界一周旅行の一環としてガラパゴスを訪れた．航海は1831年から5年にわたり，Darwinは博物学者として，多くの動植物を収集した．なかでもガラパゴス諸島から持ち帰ったものが最も興味深いものであった．

英国に戻ったDarwinは，ガラパゴス諸島の生物に強い好奇心を抱くようになった．収集した標本の大半がまったくの新種であり，また，多くが，島ごとに異なる新種だということがわかってきたからである．さらに，彼はガラパゴス諸島全域に分布する生物グループを見て，他の場所にはいない風変わりなものがいることにも気づいた．そのなかには，陸ガメやフィンチ類が含まれる．特に，彼はスズメ目の鳥，フィンチ類に頭を悩ませた．あまりにもふつうのフィンチとはかけ離れた形態をしていて，フィンチなのかさえわからないものもあった．しかし，詳しく調べると，これらのすべてのフィンチが，それぞれ異なる部分はあるものの，明らかに同じような形をしていること，さらに，南アメリカ大陸のフィンチ類にとても似ていることもわかった．ガラパゴス諸島には，なぜ変わった新種のフィンチが多く存在するのだろうか．

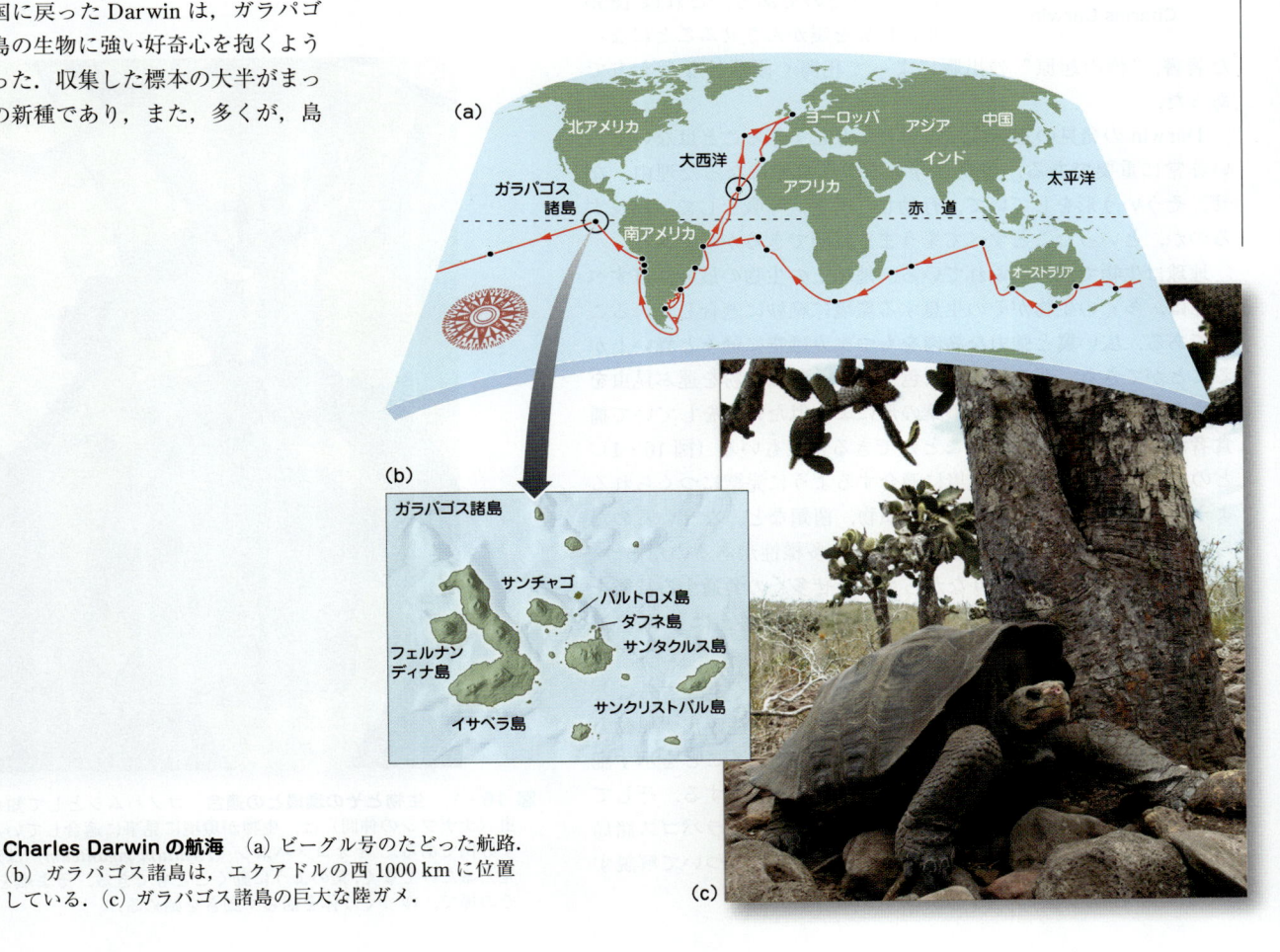

Charles Darwinの航海 (a) ビーグル号のたどった航路．(b) ガラパゴス諸島は，エクアドルの西1000 kmに位置している．(c) ガラパゴス諸島の巨大な陸ガメ．

基本となる概念

- 進化とは，時間とともに，生物の遺伝的な特性が変化することである．進化が起こるためには，生物集団の中で，個体間の遺伝的な差異が存在しなければならない．集団は進化するが，個体は進化できない．
- 自然選択によって，有利な遺伝形質をもつ個体は，そうでない他の個体よりも高い確率で生き残り繁殖できる．有利な遺伝形質をもつ個体は，より多くの子孫を残せるので，次の世代でさらにその遺伝形質は広まることになる．
- 適応とは，それぞれの環境での生存効率がより高まるようになる生物の特性である．適応は，自然選択の結果起こる．
- 幾度となく種が分岐し続けた結果，地球の著しい生物多様性が生まれた．
- 一つの種から分岐して生まれた種は，同じ祖先から派生したものなので，共通点を多くもつ．
- 進化を証明する多くの証拠がある．なかでも化石は確固たる証拠の一つである．化石の記録から，地球上の生命の歴史をたどり，また，どのようにして既存の種から新しい種ができたかがわかる．現存する生命体のもつ特徴，大陸移動のパターン，あるいは，遺伝子を直接調べることでも，進化を証明することができる．

ガラパゴス諸島の独特な生物について調べ，また，他の生物試料も詳しく検討した結果，Darwin は，彼の時代の誰もがもっていた考え方，"生物は神による創造の結果できた不変の存在" といったものではないと結論した．代わりに，彼はある一つの大胆な結論に達した．それはガラパゴス諸島の風変わりなフィンチ類から，地球上のすべての生物多様性まで説明するものだった．種は，時間をかけて，祖先種が変化してできた子孫であるということ，つまり，進化するということに気づいたのである．これは 1859 年に世界を震かんさせることになった著書，"種の起原" の出版によって花開く画期的な考え方であった．

Charles Darwin

Darwin の発見の意味は，強調してもしすぎることはないぐらい非常に重要である．生物が今あるような形になった理由，なぜ，そういう形をしていて，行動し，鳴き，呼吸をして，成長するのか，といったことすべてをうまく説明できるからである．

地球は生物で満ちあふれている．地球上の生物の最も注目すべき点は，多くの生物がその生息する環境に絶妙に適合していることである．広い翼と強力な筋肉をもつタカは空に軽々と舞い上がることができる．花の鮮やかな色や甘い香りは花粉を運ぶ昆虫を効率よくひき寄せる．植物の葉の形によく似た外形をしていて捕食者からほぼ完全に隠れることができる昆虫もいる（図 16・1）．どのようにして，生物は環境に適合するように完璧につくられるようになったのだろうか．動物，植物，菌類など，なぜいるのだろうか．なぜ，このような著しい生物の多様性があるのだろう．また，これほど多様でありながらも，なぜ多くの共通する特徴をもつのだろうか．これらすべての問いに対する答えは一つ，"進化" である．

この章では，まず "進化" という言葉を正しく定義することから始める．つぎに，進化の要因，つまり進化を生み出す原動力について紹介し，生物の特徴，進化が起こっていることを示す証拠，私たちの進化についての考え方についても説明する．そして章の最後に，現在進行中の進化の実例をあげて，ガラパゴス諸島になぜ変わった新種のフィンチが多く存在するかについて解説する．

16・1 生物の進化：遺伝的変化の結果

進化とは，生物がそのグループのもつ形や行動などの特徴を，時間とともに変化させながら，祖先から引き継ぐことであると定義してもよい．この "進化" という用語は，生物以外のもの，たとえば，自動車，コンピュータ，あるいは衣類などの製品にも適用できる．人間の作ったものも，新製品は，以前のものの修正版として作られる．しかし，生物の進化と，工業製品の進化との間には重要な違いが一つある．衣類のデザインが時とともに変化するのは，デザイナーが計画し，いろいろと検討し判断した結果である．しかし，生物の進化は自然界のデザイナーによって導かれたものではない（例外として，イヌの育種や農作物のように，人

図 16・1　**生物とその環境との適合**　コノハムシとして知られるこの虫（ナナフシの仲間）は，生物が環境に見事に適合していることを示す好例である．オオコノハムシ（*Phyllium giganteum*）は外形が葉に見えるだけでなく，葉のように動くこともできる．そよ風を感じると，その場で，ゆっくり体を揺らす動きを始める．

間が進化の方向を決めるものもある).

生物進化には,ほかにもさまざまな定義の方法があるが,本書では,**進化とは生物集団の遺伝的な特性が時間とともに変化すること**,と定義する.このような定義をするのは,進化がどのようなしくみで生物を変えるのかを理解するうえで,遺伝学の知識が大変役に立つからである.注意しなければならないのは,進化とは生物の集団としての定義であって,個体での定義ではないことである.生物集団は進化するが,個体は進化しない.なぜなら,個体の遺伝子型はその個体が生きている間は変化しないからである.個体の細胞のなかには突然変異を起こして変化するものもある(インタールードB参照)が,その他の大半の細胞では突然変異は起こらない.

次節では,進化の要因となる二つの機構について紹介する.それぞれの機構については,第17章の**小進化**(進化上で起こる最小の変化)のところでさらに詳しく解説する.進化は,長い期間にわたって起こる地球上の生物の大規模な変化のパターンと定義することもできる.この見方をすると,進化とは時間とともに起こった,種,および,より上位の分類群の出現や絶滅の歴史でもある.このような生物グループの盛衰という点から,地球上の生物の歴史という壮大な視点が開ける.この視野に立った**大進化**(進化学的大変化)については,第19章で解説する.

16・2 進化のしくみ

あるクラスの生徒全員が一列に並べば,人によってさまざまな違いがあることがすぐにわかるだろう.人について当てはまることは,他のすべての生物でも同じである.あらゆる種の個体は,**形態**(形と構造),生化学的な性質,行動など,さまざまな面で多様である.

生物の個体が互いに異なる原因は,第Ⅲ部で学んだように,表現型に影響する異なる対立遺伝子を皆がもつためである.このような遺伝子構成の個体差が進化のうえでは大変重要である.つぎのような例で考えてみよう.ある生物の集団内で,1)集団中の一部の個体が他の個体より大きく,2)その体が大きいという形質が遺伝し,3)大きな個体の方が,小さな個体よりも多くの子孫を残せる.このような生物集団には,時間とともにどのような変化が起こるだろうか.

進化によって,この集団はつぎのように変化する.体のサイズは遺伝的な形質なので,大きな親から生まれた子孫は大きくなる傾向がある.さらに,大きな個体が小さな個体よりも多くの子孫を残せるので,世代が変わるとともに子孫が大きくなる.そして長い時間がたつと,集団の中に大きなサイズの個体が増え,大きなサイズの原因となる対立遺伝子が,ますます普遍的なものとなる.つまり,進化を時間に伴った生物集団の遺伝形質の変化として定義するならば,この集団は進化したことになる.

このように,集団内の一部の個体が他の個体よりも高い率で生存し繁殖する場合に,進化が起こる.集団であるからこそ進化できる,つまり集団の遺伝形質が時間とともに変化することを進化とよぶのである.生物を進化させるしくみは二つ,自然選択と遺伝的浮動である.

有利な遺伝形質をもっている個体ほど,より多くの子孫を残すことができる.これを**自然選択**という.前にあげた例について再び考えてみよう.大きい個体ほど生存率が高く,あるいは,繁殖率を上げるうえで有利で,大きい個体ほど多くの子孫を残せる.そうすると,大きなサイズの原因となる対立遺伝子は,より高頻度で選択されて個体の平均サイズが集団内で増加することになるであろう.これが自然選択のしくみである.

自然選択の作用が実際にどのようにはたらいているのか,生物学者はその現場を常に探し求めている.強い毒をもったサメハダイモリを食べる北米のガータースネーク(図16・2)は進化のよい例である.サメハダイモリは,テトロドトキシンとよばれるフグ毒と同じ強力な神経毒を体内でつくっている.イモリがつくる毒の量は生息する地域によって異なっていて,また,ヘビが食べても耐えられるテトロドトキシンの量は遺伝的に決まっている.イモリの毒性が強い地域では,毒に強いヘビほど他のヘビより有利となり,生き残り,繁殖できるので,その地域のヘビは時間とともに進化して,毒性に対する耐性がきわめて高くなる.現在,そのような地域に生息するヘビは,25,000匹のネズミを殺せるテトロドトキシン量にも十分耐えられることがわかっている.

図16・2 自然選択の現場 北米のガータースネークには,サメハダイモリという有毒のサンショウウオを食べても死なないという遺伝的に有利な性質をもった個体がいる.

自然選択の作用は,自然環境下の生物集団で強力にはたらき,それは適者生存の過程として知られている.自然選択や適者生存のしくみをさらに詳しく紹介しよう.

多くの生物は,生き残って繁殖できる以上に,数多くの卵や幼生を産出する能力をもっている.1匹のチョウは数百個の卵を産み,1本のカエデの木は何千もの種子を実らせる.その結果,自然環境下の集団では,生まれた子孫が生存し繁殖しようと,食糧,巣穴などの隠れ場所,つがいとなる他の個体などを求めて激しく競争することになる.図16・2のヘビの例では,毒性に耐える能力などの有利な遺伝形質をもった個体だけが,より高い率で生き残り,繁殖し,次の世代へとその形質を引き継がせることができる.一方で,有利な形質をもたないか,あるいは,別の不利な形質をもつ個体は,低い率でしか生き残れないし,少ない数の子孫しか残さない.つまり,その不利な形質は子孫へと引き継がれにくいことになる.時間がたつにつれ,不利な形質をもつ個体の数はさらに減少し,有利な形質をもつ個体はますます増加する.このようにして,自然選択の結果,生物集団が進化する.

ここで注意しなければならない重要な点がある．自然選択が有利な形質を生み出すのではないという点である．自然選択は，強力な毒性に耐えられる能力のような有利な形質をもった突然変異を誘導するしくみとしては，けっしてはたらかない．有利な形質の原因となる突然変異は，そうでないものと同じ確率で，偶然に発生する．突然変異の結果，有利な形質ができると，そこではじめて自然選択が作用するようになる．

有利な形質でなくても，たまたま，ある個体が他個体よりも多くの子孫を残すこともある．大きな個体がより多くの子孫を残す例でもう一度考えてみよう．今回は，大きいことが長所でない場合である．小さな個体が，火災や洪水などの災害のために偶然死んでしまい，その結果，大きな個体が小さな個体より多くの子孫を残すことができたとする．この場合にも，大きい個体をつくる対立遺伝子が集団内で増加することになる．集団は進化はするが，この場合の進化は偶然の産物である．これを **遺伝的浮動** とよぶ．集団の中の遺伝子構成が，自然選択によってある決まった方向へ（たとえば，毒性により強く耐える方向へ）と変化するのではなく，時間とともに，不規則に変動することになる．

自然の集団でも遺伝的浮動の例を観察することができる．たとえば，嵐によって樹木が草花の中で倒れたとする．ある個体は押しつぶされて子孫を残せなくなり，別のものはまったく偶然に生き残って子孫を残す．この場合，個体が生存するかしないかは偶然のできごとである．図16・3は，このような偶然のできごとが引き金となり，ある集団の遺伝的構成が変わる例である．自然選択と同じように，遺伝的浮動も集団の進化の原因となりうる．

単純化すると，進化はつぎの二つが原動力となって起こるといえる．一つ目は，個体が多くの形質において，遺伝子的に互いに異なっていること．二つ目は，自然選択や遺伝的浮動によって，ある遺伝子型をもつ個体が他のものよりも，高い確率で生存し繁殖することである．

■ **これまでの復習** ■

1. 進化の定義を述べよ．
2. 有利な遺伝形質をもつ個体が他の個体よりも高い確率で生存し繁殖した結果進化した場合，これは自然選択と遺伝的浮動のどちらか．

1. 進化とは，時間に伴う集団の遺伝形質の変化のことである．
2. 自然選択．遺伝的浮動とは，一つの集団の遺伝的構成が偶然の事象によって不規則に変動することである．
§ 17・3 参照．

16・3 生物のさまざまな特性は進化で説明できる

地球上の生物は，それぞれの生活環境に非常によく適合し，著しい多様性をもつことが特徴である．一方，多くの点で互いに異なっていても，生きるうえで鍵となる重要な性質は共通している例が多数みられる．生物の進化の歴史を調べると，このような生物の特徴を説明できるようになる．この節では，生物の三つの大きな特徴，1) 適応，つまり生物とその環境の間の適合性，2) 生物の多様性，3) 共通する特性，について解説しよう．

適応は自然選択の結果である

複雑で多様な特性は，自然界の生物の大きな特徴である．生物は，それぞれの環境に対して，驚くような方法でうまく適合している（図16・1参照）．環境へ適合することで，生物は生存率と繁殖率を高めることができ，これを **適応** とよぶ．

適応は自然選択の結果起こる．もし，あらゆる生物が何の制限もなく繁殖した場合，個体数は増え続け，餌などの利用できる資源量の上限を超えてしまうであろう．生物は，もともと生き残る数よりも多くの子や卵を産むので，一つの集団内で，それぞれの個体は生存をめぐって互いに競わなければならなくなる．この競

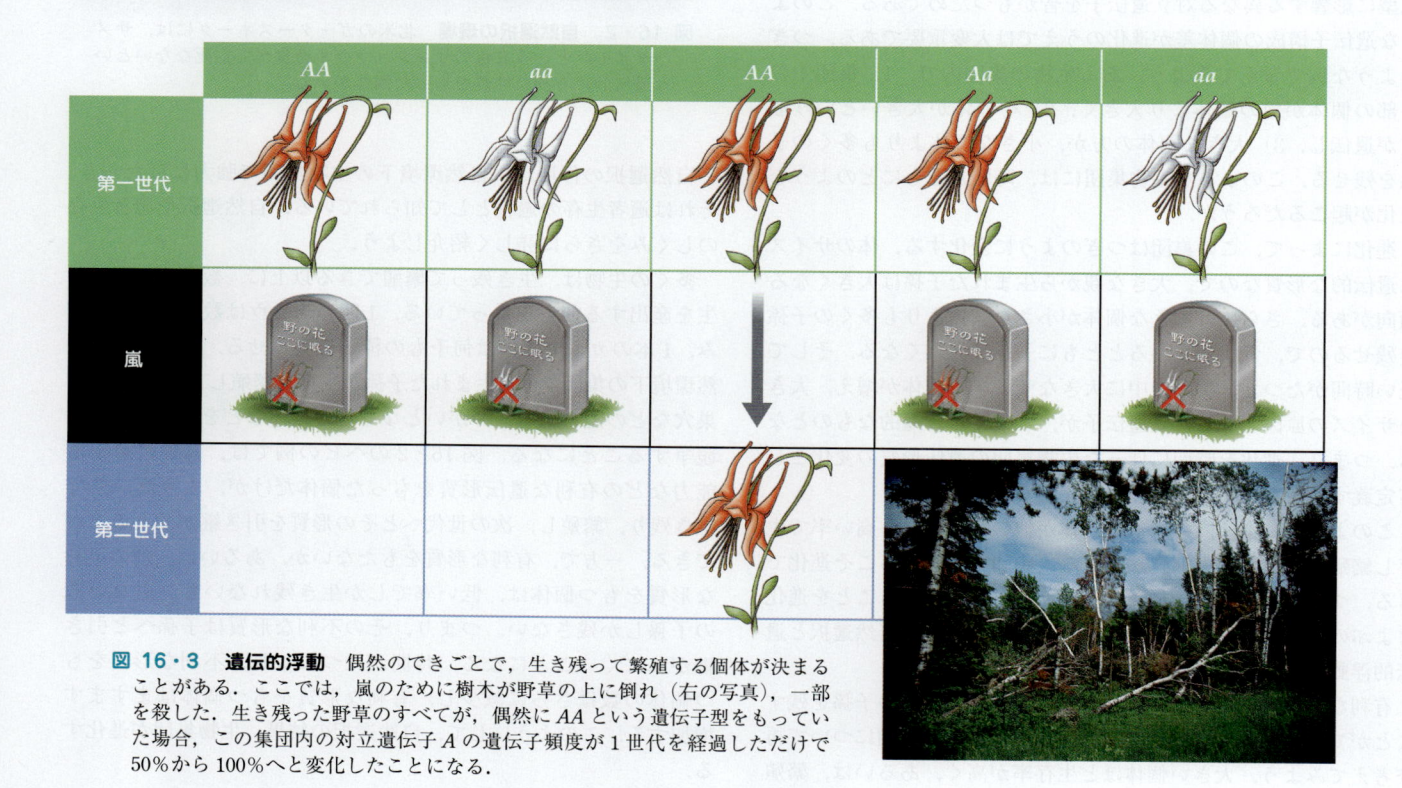

図 16・3　遺伝的浮動　偶然のできごとで，生き残って繁殖する個体が決まることがある．ここでは，嵐のために樹木が野草の上に倒れ（右の写真），一部を殺した．生き残った野草のすべてが，偶然に AA という遺伝子型をもっていた場合，この集団内の対立遺伝子 A の遺伝子頻度が1世代を経過しただけで50％から100％へと変化したことになる．

争によって，環境に最も適合した遺伝形質をもつ個体が，他の個体よりも多くの子孫を残すことになる．これが**自然選択**である．時がたつにつれて，自然選択によって集団内で有利な形質が広がっていく．これが**適応**である．

適応を示す例は多い．カンジキウサギ（後脚の大きな北米のノウサギ）は，冬場には雪のように白い体毛をまとい，雪の中でカモフラージュする．夏場には，褐色の体毛となり，地面の色と完璧に同化できる．サボテンは，水のほとんどない場所でも成長することでよく知られていて，砂漠での生存に絶妙に適応している．Darwinが自然選択によって進化するというアイデアを出すまでは，生物と環境との間の見事な適合を説明するのは難しかった．たとえば，コノハムシが木の葉に埋もれてほとんど見分けがつかないぐらい見事なカモフラージュをすることなど，説明することは大変難しかった．自然選択は，このような適応が起こった過程を正確に説明できる．それぞれの世代で有利な形質の個体，たとえば，体の形態が木の葉によく似たオオコノハムシ（図16・1）のように捕食されにくいものは，生き残り餌となる葉を十分食べて繁殖できる．しだいに，その生物集団はよりよく環境に適応できるようになり，多くの世代を経た後，環境に見事に適応し生き残ることのできる種へと進化するのである．

生物の多様性は一つの種が分岐することで生まれる

地球には何百万という数の生物種がいる．どうしてこのような多くの生物が生息しているのであろうか．ここでもまた，進化が単純で明快な説明となる．生物の多様性は，一つの種が二つ以上の種に分かれる**種分化**とよばれる過程が幾度となく起こった結果である．

新しい種はどのように生まれるのであろうか．種分化が起こる最も重要な要因は，生物集団の地理的分離，あるいは，地理的な孤立である．山岳などの地理的な障壁によって集団の間で個体の移動が妨げられているような場合，つまり，同一の種だが互いに隔絶され異なる環境にすむ二つの集団がある場合を考えてみよう．好例がDarwinの訪れたガラパゴス諸島である．別々の島にすむ生物集団は，互いに海によって隔離され，元になる生物種が同じでも，時がたつにつれて，自然選択の結果，みずからの生息環境により適応するようになる．各集団は地理的障壁によって分離されていて交配できないので遺伝的構成が変化するであろう．偶然のできごとが遺伝的浮動の原因となり，それが集団の遺伝的構成を変えることもある．最終的には，二つの集団の遺伝的変化が蓄積して，互いの交配が不可能になるほどの大きな差に達することもある．第1章で学んだように，種は生殖できるかどうかで定義できる．すなわち，種とは，その集団内では個体間の交配が可能だが，別の集団の個体とは交配が不可能な一群の生物集団のことである．この定義に従えば，地理的隔離は，個体間の生殖の機会を失わせ，新しい種の形成につながりうることを意味する．

生物の同じ形質は，共通祖先がいることを意味する

自然界には，まったく異なる生物種でも共有する性質をもつ例がたくさん知られている．たとえば，コウモリの翼，ヒトの前腕部，およびクジラのヒレにみられる付属肢を考えてみるとよい．これらはすべて5本の指と，同種の骨をもっている（図16・4a）．見かけも機能も非常に異なるこれらの付属肢がなぜ同一の骨のセットをもつのだろうか．もし生物が何もないところから，コウモリが最善の翼，ヒトが使いやすい手と腕，泳ぐのに適したクジラのヒレをつくろうとしたのであれば，骨の構造がこれほど似かよったものになることはないだろう．他の例として，用をなさないような器官や特徴が，現存の生物に多くみられることがあげられる．**痕跡器官**（機能がわからなくなるくらい，小さくなったり，退化してしまった器官）をもつ生物種は多い．私たちヒトの尾骨は小さいのに，尻尾を動かす筋肉を痕跡的にもっているのはなぜだろうか．脚はもたないのに，脚の骨を痕跡的にもつヘビがいるのはなぜだろうか（図16・4b）．これらの問いに対する答えはすべて同じ，進化である．

生物種間でみられる多くの類似性は，共通の祖先をもっていたという事実に由来する．一つの種が分かれてできた二つの種に

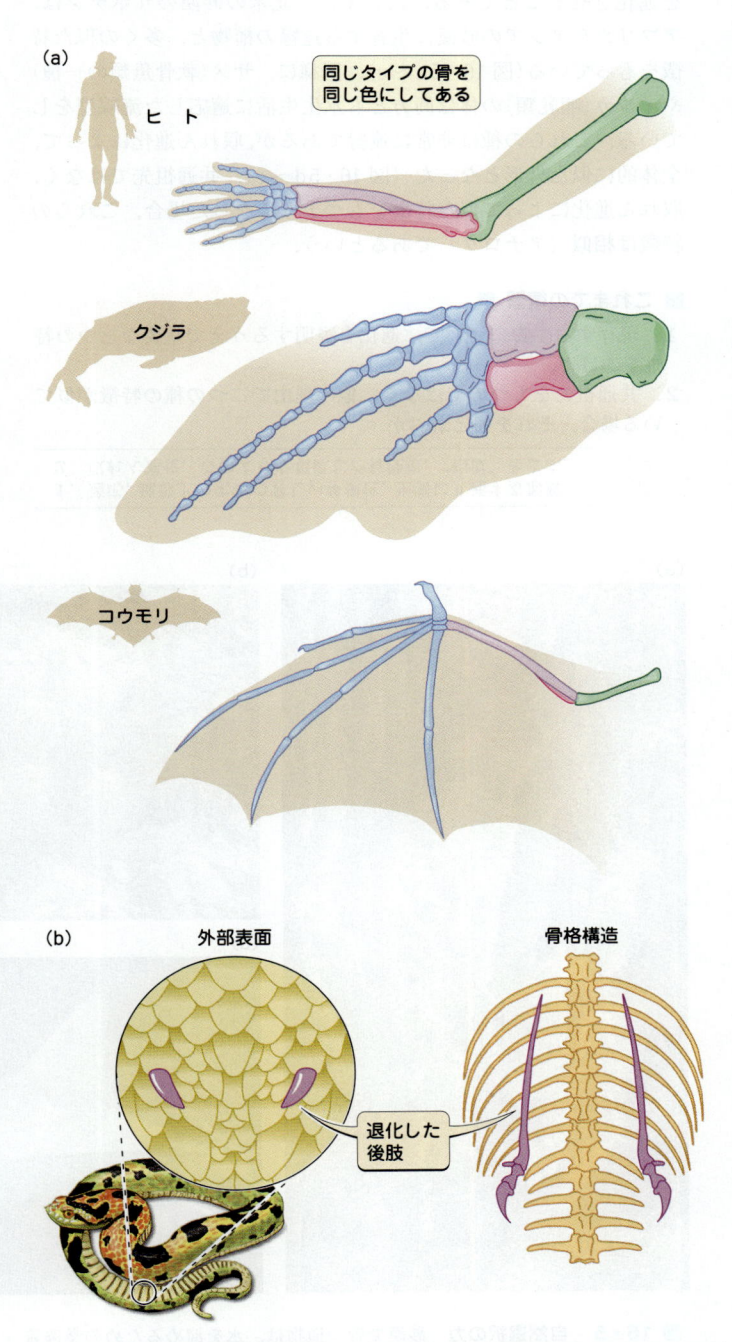

図16・4　共有する形質　(a) ヒトの前腕部，クジラのヒレ，コウモリの翼は相同の構造をしている．これらはすべて，異なる機能が進化することによって変化してきたが，基本的に同じような骨で構成されている．(b) ニシキヘビは痕跡的な後肢をもつ．ヘビの腹部の表面と骨格構造を示した図．

は，共通の祖先をもつために，多くの共通する特徴がみられる．共通の祖先をもつために，構造や機能が互いに似ていることを，**相同**（ホモログ）であるという．たとえば，コウモリの翼，ヒトの前腕部，クジラのひれは，同じ祖先の哺乳類の前腕部に由来していて，一群の相同な骨をもっている（図 16・4a 参照）．同じように，痕跡的な後肢骨をもつヘビは，それらが脚をもった爬虫類から進化したからである（図 16・4b 参照）．私たちヒトが臀部に尾骨と痕跡的な筋をもっているのは，尾をもっていた遠い祖先から進化したからである．

生物は**収れん進化**（収束進化）の結果，類似の形質を示すこともある．これは自然選択によって，遠縁の生物が，類似した構造を進化させることである．たとえば，北米の砂漠のサボテンは，アフリカやアジアの砂漠に生育する遠縁の植物と，多くの似た特徴をもっている（図 16・5a〜c）．同様に，サメ（軟骨魚類の一種）やイルカ（哺乳類）の体は両方とも水生生活に適応した流線型をしている．これらの種は非常に遠縁であるが，収れん進化によって，全体的に似た外形となった（図 16・5d〜e）．共通祖先ではなく，収れん進化によって似た特徴をもつようになった場合，これらの特徴は**相似**（アナログ）であるという．

■ **これまでの復習** ■

1. 現存する生物について，進化を説明するうえで重要な三つの特性をあげよ．
2. 共通祖先をもつのではなく，他の理由で二つの種の特徴が似ている場合，それを何とよぶか．

1. 適応，地球上の生物の著しい多様性，生物に共通する特性．
2. 収れん進化．このような類似した特徴を，"相似"とよぶ．

16・4　進化の証拠

過去 10 年間の調査によれば，米国人のおよそ半数は，原始的動物からヒトが進化したということを疑っている．進化が，ほぼ 150 年前に科学としてはすでに決着のついた問題であることを考えれば，この調査結果は驚くべきものであろう．どのような国，人種，宗教であれ，その違いに関係なく，あらゆる科学者は，進化には確固たる証拠があると考えている．Charles Darwin は，1859 年に，その記念碑的著書"種の起原"を出版したが，その中で，生物たちは共通する祖先型の生き物から変化して生まれてきた子孫であることを，説得力をもって論じている．現在の科学者によって研究され，問われている課題は，進化が起こるのかどうかではなく，それがどのようなしくみで起こるかである．

たとえば進化のうえで，自然選択と他の進化機構（遺伝的浮動など）のどちらがより重要であるか，科学者たちの議論は依然続いている．しかし，進化が起こるかどうかについては，もはや議論することはない．進化機構について現在の生物学者が行う議論は，何が原因となって戦争が起こるのかという論争と似ているかもしれない．私たちは戦争の原因をめぐって激しく議論はするだろうが，戦争が起こっているという事実は誰もが認めているからである．

進化の裏付けとは何であろうか．第 1 章で紹介したように，科学的な仮説には，検証可能な予測が必要である．進化についての仮説もこの例外ではない．科学者たちはこれまでに，進化についての多くの予測を行い，それを検証し，進化が強く支持されていることを示してきた．1）化石，2）現生生物に見られる進化の

図 16・5　自然選択の力　砂漠で育つ植物は，水を溜めるための多肉質の茎や身を守るためのトゲをもち，葉がないものが多い．(a)〜(c) の三つの植物は，まったく異なるグループの植物から進化した．砂漠の環境における自然選択によって，現在では，よく似た外形に収れん進化している．多肉質な茎，トゲ，退化した葉など，共有する構造があるが，同種ではない．(a) ユーフォルビア．トウダイグサ科に属し，アフリカに生育する．(b) エキノケレウス．北米に生育するサボテン．(c) フーディア．多肉質のトウワタの仲間，アフリカに生育する．動物にも収れん進化の結果，形が大きく変わったものがある．遠縁のサメとイルカが自然選択によって，どのように外見的に類似してきたかがわかる．(d) のサメは，ガンギエイやエイと近縁の魚の一種である．(e) イルカは，ウシやクマ，ヒトと同じ哺乳類である．

歴史の痕跡, 3) 大陸移動, 4) 集団の遺伝的変化の直接観察, 5) 新種の形成過程の観察, という五つの方面から, 有無を言わせぬ証拠があがっていて, 進化が事実であることを支持している.

化石記録による進化の裏付け

化石とは, かつて生存していた生物の形態が現在まで残ったもの, あるいは, その痕跡である. 化石の記録によって, 地球上の生物の歴史を再構築することもできる. 同時に, 種が時間とともに進化してきたという証拠も, 化石から得られる. 化石の記録から, たとえば生物が絶滅することがわかるし, これまで生きてきた生物の子孫がどのように変化してきたのかも明らかになる (図 16・6). また, サハラ砂漠でクジラの化石が発見され, そして南極では, 木, 恐竜, 熱帯性海洋生物の化石が発見されているように, 化石の記録から, 地球の環境が時間とともにどのように変化してきたかも明らかになった.

第2章でみたように, 生物間の進化上の関係, つまり共通祖先とのつながりは, それらの形態的な特徴を比較することで理解できる. 同じ方法で化石を比べると, 以前いた生物群から, 別の大きなグループがどのように派生してきたのかを示す典型的な化石記録が見つかる. 爬虫類から哺乳類への進化については第19章で解説するが, 祖先型の生物から, どのように変化して新しい生物が進化してきたのか, それを示す化石証拠が, 魚類, 両生類, 爬虫類, 鳥類, および人類を含むその他多くの分類群で知られている.

最後に, 生物が化石記録に登場する年代が, 進化による系統発生の予測とよく一致することも事実である. たとえば, 形態学的な比較によって, 現存するウマと祖先のウマ類との関係を解明できる. それらの進化上の関係と, 祖先種の化石の年代をもとに, 現存するウマ (*Equus* 属) は比較的新しいおよそ500万年前に出現したと考えられる (図 16・6 参照). この推定値が正しければ, *Equus* 属の化石は非常に古い岩石中 (たとえば, 3000万年前の岩) からは発見されないはずである. 事実, これまでにはそのような化石は見つかっていない.

トリケラトプスの化石から, 絶滅してしまった生物がいることがわかる

生物の中の進化の証拠

進化したことが事実ならば, 生物は当然みずからが進化してきた過去の証拠を身につけているはずである. この章で, すでにいくつか例を紹介した. 一部の生物に痕跡器官 (たとえばヘビの"後肢"やヒトの"尾骨") がみられること, そして, 機能の面では大きく違うが, 構造がよく似たもの (コウモリの翼とヒトの前腕) があることなどである.

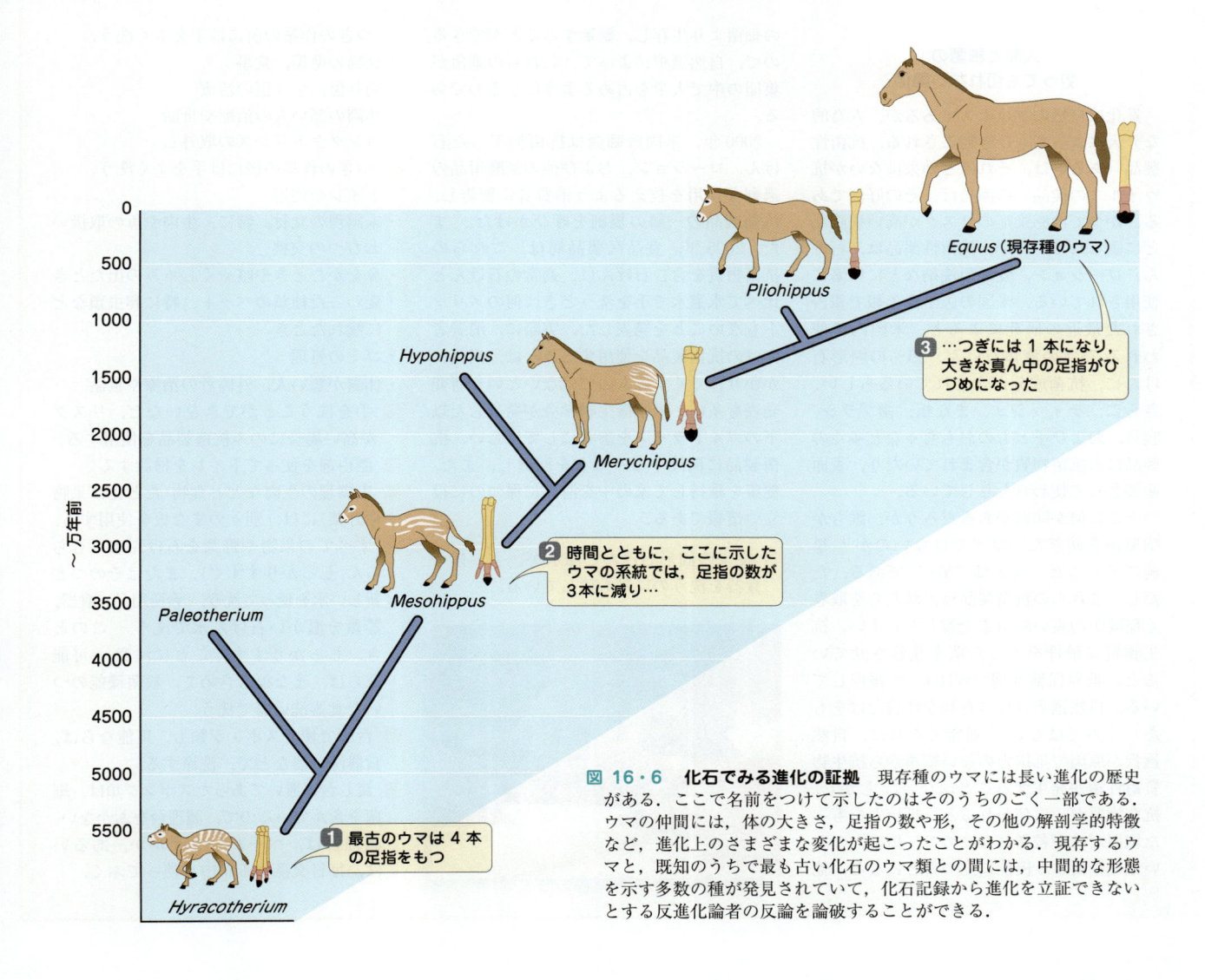

図 16・6 **化石でみる進化の証拠** 現存種のウマには長い進化の歴史がある. ここで名前をつけて示したのはそのうちのごく一部である. ウマの仲間には, 体の大きさ, 足指の数や形, その他の解剖学的特徴など, 進化上のさまざまな変化が起こったことがわかる. 現存するウマと, 既知のうちで最も古い化石のウマ類との間には, 中間的な形態を示す多数の種が発見されていて, 化石記録から進化を立証できないとする反進化論者の反論を論破することができる.

生物の初期段階の発生パターンも，生物が過去に進化してきたことを裏付ける証拠である．動物は，精子と卵子が融合した後，新しく生まれた個体が胚として成長を続ける．胚は，1個の卵からどのように成長して，形を変化させていくのであろうか．その発生過程から，進化の歴史を示す証拠が得られている．たとえば，アリクイやある種のクジラの成体には歯がない．しかし，胎児期には歯がある．いったん歯をつくって，後でそれらを吸収してなくすのはなぜだろうか．他の例として，魚類，両生類，爬虫類，鳥類，そして哺乳類（ヒトも含む）の胚を考えてみてもよい．これらの胚はすべて，鰓嚢とよばれる膨らんだ袋状の構造を形成する．魚類では，鰓嚢は鰓に変化して，成魚が水中で"呼吸"するのに使われる．しかし，空気呼吸をするはずの生物の胚になぜ鰓嚢があるのだろうか．

進化を理解すると，これらの謎への解答が得られる．発生の様式が似ているのは，共通の祖先がいて，共通する形態や機能をもっていたためである．化石の記録からもアリクイとクジラがともに歯をもっていた共通の生物から進化したことが示されている．同様にして，最初に現れた哺乳類や鳥類は，それぞれ異なるグループの爬虫類から進化したこと，さらに，最初の爬虫類は両生類の中のあるグループから，最初の両生類は魚類の中のあるグループから進化したことも化石が示している．ヒト，哺乳類，鳥類，爬虫類，両生類など空気呼吸をするものでも，みな初期胚が鰓嚢をもつのは，魚類がこれらの生物の共通祖先であるという化石の証拠と一致している．一般に，クジラの胚から歯をなくしたり，または空気呼吸をする動物の胚から鰓嚢を消すなど，子孫の胚において，形態的な特徴を消去するという強い自然選択（胎児がそのような形態をもつことが不利な場合）がはたらかない限り，胚の形態的な特徴は残される傾向にある．ただし，成体になると，その他の目的のために形態や機能は変化し，たとえば魚類では鰓嚢は発生して鰓となり，ヒトでは耳や喉の一部となる．アリクイやクジラのように歯が消失することもある．

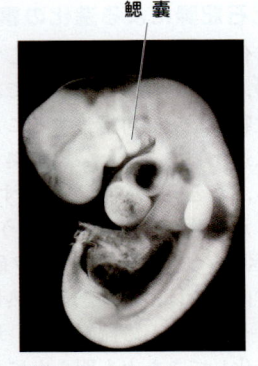

遺伝物質としてすべての生物が使っているDNAも，進化の最も強い証拠の一つである．少数の例外を除いて，すべての生物は第Ⅲ部で学んだ同一の遺伝コドン表を使用し，DNAを決まった

鰓嚢

鰓嚢をもっているヒトの胚

生活の中の生物学

人間と細菌の切っても切れない関係

進化は自然のプロセスであるが，人為的な介入によってもひき起こされる．抗菌性製品（あるいは，それほど効果はないが抗ウイルスの製品）の開発は，その好例である．かつては感染症のリスクが高い病院などに限られていたが，抗菌性薬品は，石けん，ローション，食器用洗剤などに頻繁に使用されている．米国の医学会年報で報告された最近の研究によると，米国内で使われる75％の液体石けん，29％の固形石けんに，抗菌成分が含まれているらしい．さらに，ティッシュ，まな板，歯ブラシ，寝具，および子どものおもちゃなど多くの製品にも抗菌物質が含まれていたり，表面塗装として使われたりしている．

そこに何か問題があるだろうか．誰もが病原菌を防ぎたいはずではないのか？単純に考えると，答えは"Yes"である．ただし，これらの抗菌製品は，私たちを取巻く環境中の良い細菌まで殺してしまい，抗生物質に耐性をもった菌を蔓延させていると，世界保健機関（WHO）が報告している．自然選択は常に有利な性質だけをもたらすのではない．通常であれば，自然選択が原因で抵抗力のない細菌から抗生物質耐性菌が発生することはない．しかし，抗菌物質が一度使われると，抵抗力をもった細菌だけが殺されないので，抵抗力のない他の細菌より優位に立つことになる．他の細菌より生存し，繁殖することができるので，自然選択によって，これらの細菌が集団の中で大半を占めるようになるのである．

2000年，米国医師会は抗菌加工した石けん，ローション，および他の家庭用品の過剰な使用を控えるよう消費者に警告し，抗菌製品の一層の規制を呼びかけた．また，2005年，食品医薬品局は，これらの抗菌物質を含む石けんは，通常の石けんと比べて水道水で手を洗うときに何のメリットもないことを発表した．実際に，消費者向けの抗菌製品を使用することは，病気にかかりにくくするものではないという研究発表も多い．米国微生物学会が発表した以下のガイドラインを参考にしてほしい．抗菌製品に関連するリスクを回避し，また，健康を維持して家の中を清潔に保つのに役立つ情報である．

■ 従来の固形石けんと温水が，手・体・食器を洗うのに最も適している．

■ つぎの作業の前には手をよく洗う．
・食物の準備，食事
・切り傷，すり傷の治療
・体調の悪い人の治療や世話
・コンタクトレンズの取外し

■ つぎの作業の後には手をよく洗う．
・トイレの使用
・未調理の食材，特に，生肉や魚の取扱いおむつの交換
・鼻をかむときや咳やくしゃみの出たとき
・変わった種類のペット，特に爬虫類などに触れたとき
・ゴミの処理
・体調が悪い人，外傷者の治療や世話

■ 手を洗うことができないなど，リスクが高い場合にのみ抗菌製品を使用する．

■ 漂白剤を使ってトイレを掃除する．

■ 未調理の生肉などと食物（たとえば果物や野菜）には，別々のまな板を使用する．

■ すべての果物や野菜を石けん水（もちろん，しっかりすすぐ），またはそのつど新しい水を使って洗う．台所用品，食器，器類を温かい石けん水で洗う．このとき，しっかりすすぐことに注意．可能ならば，まな板も含めて，殺菌機能のついた食器洗い器で洗う．

■ 台所で使うスポンジ類も，可能ならば，食器洗い器などで，洗浄する．

■ 流し台に置いてあったスポンジ類は，細菌を含んでいるので，調理台をふかない．調理台は，ペーパータオルか，あるいは，毎日交換する布巾を使ってふく．

アミノ酸へと同じ方法で変換している．細菌，セコイア，ヒトのようにまったく違う生物でも，同じようにDNAをもち同じ遺伝暗号を使用するという事実は，生物に著しい多様性があったとしても，同じ祖先から生まれ，進化してきたことを，さらに証拠づけるものである．

第2章で解説したように，生物種間の進化的関係，つまり共通祖先とのつながりは，解剖学的特徴から決められることが多い．これら形態上の特徴から決められた進化上の関係をもとに，DNAやタンパク質などの分子の類似性を予測することもできる．その予測どおり，比較的新しい共通祖先をもつ生物のDNA配列とタンパク質は，互いに似ていることもわかっている（図16・7）．もし，生物が共通祖先に由来するのでなければ，解剖学的な特徴と同じように，DNAやタンパク質が類似すると期待できる根拠は何もない．解剖学上の特徴，DNAとタンパク質というまったく別々に得られる証拠から一致した結論が導かれ，生物の進化についての強力な根拠となっている．

大陸移動と進化によって化石の地理的分布が説明できる

地球上の大陸は時とともにゆっくりと移動する．これを**大陸移動**とよぶ．たとえば，南アメリカ大陸とアフリカ大陸の間の距離は，毎年，約3 cmずつ広がっている．現在は複数の大陸に分かれているが，2億5000万年前には，南米，アフリカ，およびその他の陸塊が一つに合わさって，**パンゲア**とよばれる巨大な大陸を形成していた．およそ2億年前からパンゲアはゆっくりと分裂を始め，その結果今日私たちの知っている大陸が形成された（図19・7参照）．

進化と大陸移動についての知識をもとに，今後，どの地域で化石が見つかりそうかを予測できる．たとえば，パンゲアがまだ一つだったときに進化した生物は，南極とインドのように今では遠く隔たった大陸間を容易に移動することができただろう．そのため，当時の生物の化石は，ほとんどすべての大陸で同じように発見できると考えられる．一方，パンゲアが分裂した後で進化した生物の化石は，一部の大陸（それらが起源をもつ大陸と，それとつながっていたか，近くにあった大陸）だけで発見できるはずである．

この化石分布の予測も正しく，進化を証明する重要な証拠となっている．たとえば*Neoceratodus fosteri*という肺魚は現在オーストラリアの北東部にしかみられないが，パンゲアの時代にはこれらの祖先が生きており，南極以外のすべての大陸で化石が発見されている（図16・8）．一方，現存する*Equus*属のウマは，パンゲアの分裂後しばらくしてから，約500万年前に北米で生まれた（図16・6参照）．予測通りに，最も古い*Equus*属の化石は北米でしか発見されていない．北米と南米をつなぐ現在の陸橋は，約300万年前に形成された．つまり，南米で発見される*Equus*属の化石は約300万年前以降のものであると予測される．実際，これまで発見されている化石はすべて300万年前以降のものである．

種内の遺伝的変化を示す直接証拠

野生種，農業試験場，また実験室内の観察例からも，時とともに生物集団が遺伝的に変化することがわかる．これも進化についての直接的な証拠となっている．一例として，*Brassica oleracea*というケール（野生のカラシナ）を人が改変し，同一種でありながらさまざまな品種をつくってきた例を図16・9に示す．ある特

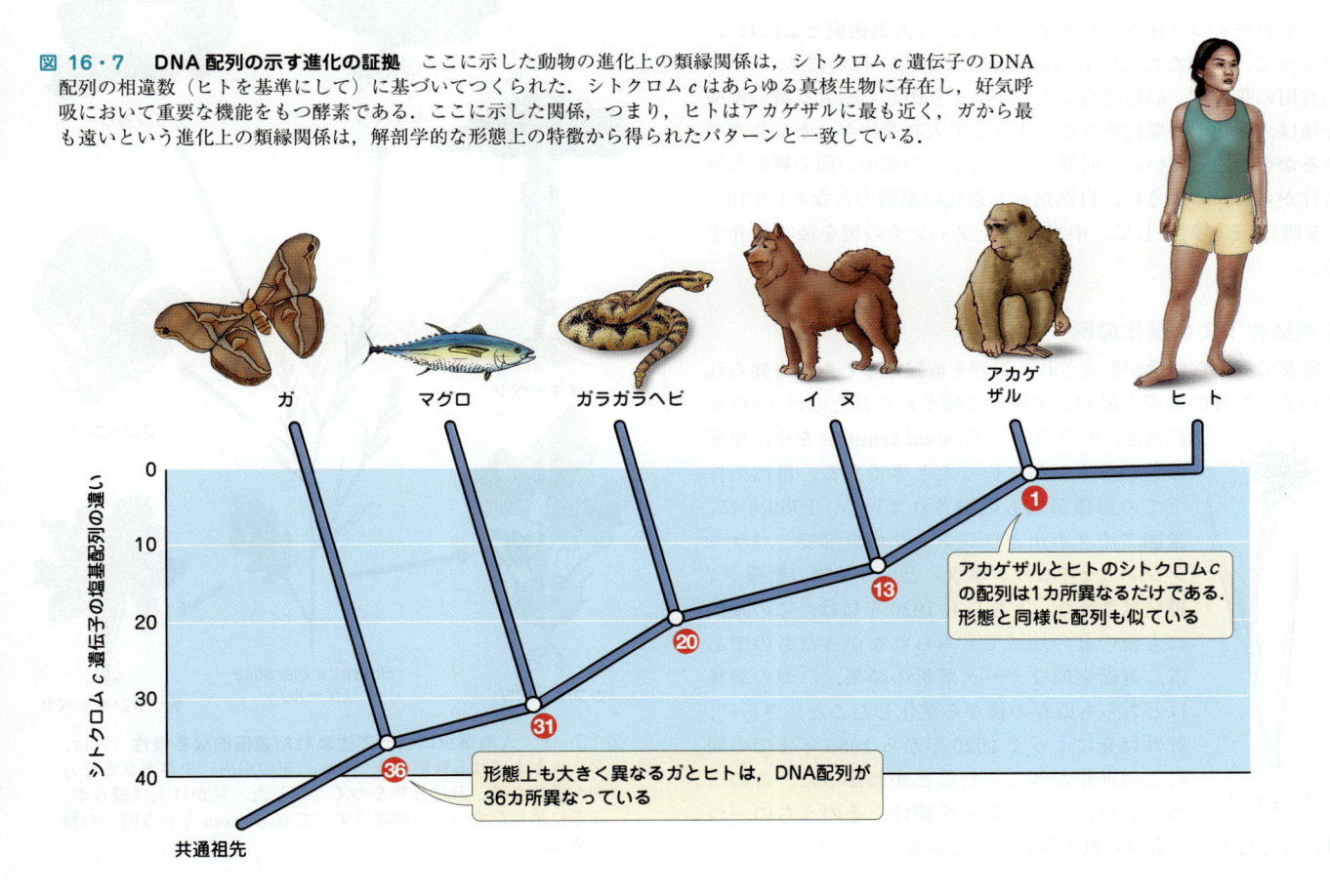

図 16・7 DNA配列の示す進化の証拠 ここに示した動物の進化上の類縁関係は，シトクロム*c*遺伝子のDNA配列の相違数（ヒトを基準にして）に基づいてつくられた．シトクロム*c*はあらゆる真核生物に存在し，好気呼吸において重要な機能をもつ酵素である．ここに示した関係，つまり，ヒトはアカゲザルに最も近く，ガから最も遠いという進化上の類縁関係は，解剖学的な形態上の特徴から得られたパターンと一致している．

図16・8 かつては地球上に広く生息していた生物 *Neoceratodus fosteri* という淡水生の肺魚（肺をもっていて呼吸する魚，挿入写真）の祖先が，パンゲアの時代に生きていた（下図参照）．この肺魚の仲間の化石は，南極以外のすべての大陸で発見されている．現存の *N.fosteri* は，オーストラリア北東のオレンジ色で示した部分でのみ発見されており，ケラトドゥス科の肺魚の中で唯一現在まで生き残った種である．*N.fosteri* の祖先の化石は，赤で示した場所で発見されている．

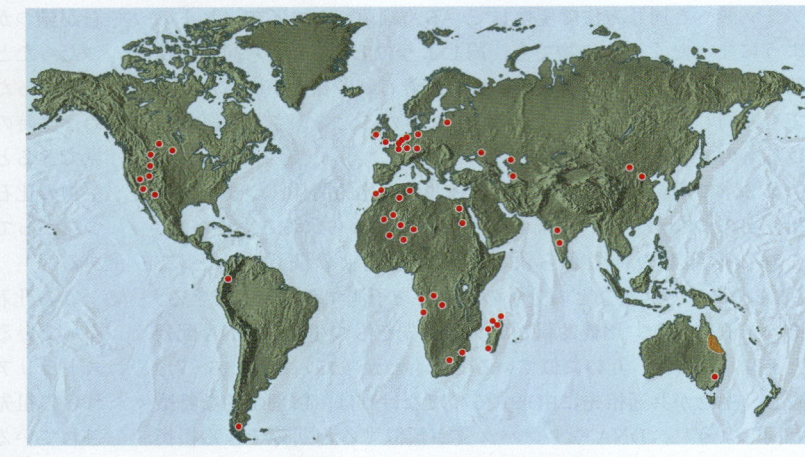

パンゲア超大陸が分かれ始めたのは約２億年前である

定の形質をもつ個体だけを繁殖させること（**人為選択**とよばれる）によって，おびただしい数の品種が生まれた．ほかにも，イヌ，鑑賞用の花など，品種改良で人類がつくり出した膨大な数の多様な種は，進化上の変化をもたらすうえで人為選択がいかに強力であるかを物語っている．同様に，生物とその環境の間の絶妙な適合性からわかるように，自然選択も進化の原動力となる（図16・1参照）．その例として，中型の地上フィンチの例を後で紹介する．

自然条件下での進化の例

既存の種から新種が形成される過程を直接観察した例も知られている．新種の形成が最初に実験的に確かめられたのは1900年代初期，サクラソウ *Primula kewensis* を中国原産の種から人工的に作ったときである．自然条件下での新種形成も観察されている．1950年に，米国アイダホ州とワシントン州東部で，バラモンジン（セイヨウゴボウ）という植物の新種が2種発見された．どちらも1920年には，この地域にも他のどの地域でもみられなかったものである．遺伝学的なデータ解析の結果，二つの新種はどちらも既存の種から進化したこと，さらに，野外調査によって1920年から1950年までの間にこの進化が起こったことがわかった．この二つの新種はその後繁殖を続け，そのうちの一つは，今ではどこでもみられる種になっている．

バラモンジン

キャベツ　カリフラワー　メキャベツ　ブロッコリ　カブキャベツ　チリメンキャベツ　*Brassica oleracea*（ケール）

図16・9 人為選択によって生まれた遺伝的な多様性 人は，ケールとよばれる野生のカラシナ（下の中央）をさまざまな方向へ進化させ，栽培作物をつくり出した．見かけ上は違うが，ここに示したすべての植物はすべて *B.oleracea* という同一の種である．

16・5 進化の考え方

進化の理論が生まれる前は，生物の巧妙な適応現象は，生物をつくった"創造者"が存在する証拠であると考えられることがあった．生物がその環境によく合致するようにデザインされていることに対して，人々は，時計の存在が時計の設計者の存在を示すのとほとんど同じ意味で，超自然的なデザイナー，つまり"創造者"が存在するに違いないと思ったからである．加えて，2000年以上前の昔，プラトンやアリストテレスの時代から，生物の種は不変のものであるという，伝統的なギリシャ哲学思想があった．Darwinの研究は，これらの考え方をまさに根底からゆさぶるものであった．もはや種は不変のものとはみなすことはできないし，巧妙な自然の産物であっても"創造者"の証拠とはならない．代わって，自然選択による進化が，生物の形態についての科学的説明となったからである．

19世紀半ばにおいては，種が進化するということは，過激な思想であった．生物の形態が自然選択の結果であると説明する主張はさらに過激であった．このような考えは，生物学において革命を起こしたばかりではなく，文学，哲学，経済学などの他の分野に対しても，深い影響を及ぼした．

また，Darwin流の進化の考え方は，宗教にも強い影響を与えた．進化の考え方は，当初は反ユダヤ・キリスト教的であると考えられ，有力な聖職者から多くの強い反撃を受けた．しかし現在では，宗教界の指導者や科学者は，進化と宗教は共存しうるものであり，探求すべき分野が別なのだという考え方をとることが多い（次ページ参照）．たとえばカトリック教会は，進化によって，ヒトのもつ肉体的な特徴が説明できる点は受入れている．その一方で，人間の精神的特徴の説明には宗教が必要であるとの見解を維持している．また，多くの科学者が，進化は科学的に証明されていると考えている一方で，宗教への信仰をもっている．大部分の科学者が認めているのは，宗教的信仰が個人の問題であること，そして神の存在やその他の宗教的重要性に関する問いには科学は答えることはできないということである．

進化の考え方は，技術や産業の分野にも影響を与えている．たとえば，農業従事者や農学研究者が，昆虫の殺虫剤に対する抵抗性の進化を抑えようとするとき，進化現象を理解していることが不可欠である．生物種間の進化上の関係を理解すれば，新しい抗生物質や医薬品，食品添加物，添加色素など，市場価値の高い製品を探し出すのにも役立つであろう．

さらには，工業技術の分野で，さまざまな設計上の問題を解決するためにも，進化の原理が使われている．2003年，ある新しいタイプの制御装置の特許が取得された．その制御装置は，車にのせる運転コントローラーのようなもので，速度，熱発生，コンピュータからの情報アクセスなどの過程すべてを制御している．このような制御装置は，ふつうは，発案者の考えで設計されるものだが，2003年に特許取得された技術は，突然変異，交配，および自然選択の生物学的プロセスを模倣したコンピューター上のプログラム（遺伝的アルゴリズム）によって"開発"されたものであった．自然界で自然選択が機能するように，プログラムをつくったのである．このプログラムは，最高の制御装置として機能するようにコンピュータ内のバーチャルな"個体"の形質を世代から世代へと伝え，最も優れた"子孫"を残すように選別を行った．その結果，その当時の最も優れた制御装置を上回る性能をもった"新種"（制御装置）が誕生したのである．

■ これまでの復習 ■

1. 生物が進化してきた五つの証拠を述べよ．
2. 人為選択とは何か．

1. 1) 化石の記録，2) ヒトの胚の発生過程のように，発生するときの過程の類似性，3) 大陸移動の確認，4) 渡り鳥などの移動調査，5) 種をつくり出す実験．
2. ある特定の形質をもつ個体だけが繁殖できるようにして，作物や家畜のような品種の進化を人間が促進すること．

学習したことの応用

進化の現場

ガラパゴス諸島には多くの種類のフィンチがいて，一般にダーウィンフィンチやガラパゴスフィンチ（図16・12参照）とよばれている．なぜ多くの種類のフィンチが存在するのであろうか．

Darwinの時代から，ガラパゴス諸島は，進化の研究を行う天然の実験室の役目を果たしている．ガラパゴス諸島の気候は，1月から5月までは雨季で高温多湿であり，それ以外の季節は比較的涼しい乾季である．ところが，1977年には雨季がなく，年間降雨量も少なかった．そのため，ガラパゴス諸島の中心近くに位置するダフネ島では，雨不足のために植物が枯れてしまっ

図16・10 干ばつは速やかな進化的変化をもたらす ガラパゴス諸島のダフネ島における1977年の干ばつは，当地の植物相に劇的な影響を与え，自然選択の舞台を設けることとなり，植物を餌にする鳥たちの急速な進化をもたらした．

生物学にかかわる仕事

進化の擁護者

Eugenie Scott 博士（右）は，非営利的な会員制の組織である全米科学教育センター（NCSE）の理事長である．この組織は，米国の公立学校において進化論の科学教育を広めるために，学校，両親，関係する市民団体に，さまざまな情報提供を行っている．また，マスコミや一般の人々に対しては，進化・創造説論争の科学的，教育的，および法的な側面についての啓蒙活動も行っている．Scott 博士は，この論争について"進化と創造（Evolution vs. Creationism）"という本を執筆した．

■ **職場ではどのように1日を過ごされますか？** 私の仕事は，米国内の公立学校で進化論の教育を進めたいと思っている人のための相談役です．進化論について質問があって電話をしてくる方もいれば，教育委員会にふさわしくない人が選ばれていると感じて相談してくる方もいらっしゃいます．父兄，教師，議員，教育委員会の方々に，科学と宗教の違い，宗教的見解を科学として教えてはいけない理由などについて，アドバイスします．また，科学教育関係者の会議，大学，および資金援助のための講演を行うこともあります．

■ **進化論の中で争われている政治的・社会的な問題はおもにどのようなものでしょうか？** 問題は，教会と国家の分離，科学に対する国民の理解，および科学教育の質など広範囲に及びます．進化論は，生物教育の中心的な役割を果たします．この原理の理解がなければ，生物学は単に事実を覚えるだけの学問になります．進化論は，いわば生物学における元素の周期表のようなもので，生物学の分野を整然とした筋道の立ったものにしているのです．

■ **あなたのお仕事で一番気に入っている点は何ですか？** 私はこのような問題はとても大切なことであると考えていて，また進化/創造説論争について教えるこの仕事が好きです．もう一つすばらしいと思うことは，広範な分野の科学資料にふれる機会がある点です．私は科学が好きで，創造説支持者の主張に反論できるように，進化のことだけではなく，物理学，地理，そして科学の一般的側面についても幅広く資料を読むことになります．

ここで紹介した職業

創造説には，さまざまな種類がある．一般的な創造説では，あらゆる生物種は神によって，およそ1万年前に創られ，それ以来，種は進化していないとしている．科学の問題としては，これらの主張は間違いであり，その証拠はつぎの3点である．① 地球が生まれたのは40億年以上前である．② 地球上の生物が出現したのは約35億年前である．③ 進化は過去に起こったし，現在も起こり続けている．地球上の生物の著しい多様性は進化によるものである．

インテリジェント・デザイン説（ID説）という新しい創造説では，地球上の生命が1万年前に創られたとは主張していない．しかし，ID説は旧来の創造説と同様に，地球上の生物の多様性が超自然的な創造主によるものであると説明している．そう考える方が，地球上の生命は超自然的存在が直接的ないし間接的に関与しているとする宗教的な信念に照らし合わせて，真実のように思えるからである．対して，科学的な説明は自然界だけに限られる．超自然界の説明はできない．さらに，第1章でみたように，科学的手法が，科学を推進する原動力となっていて，仮説によって生み出された予測をテストするために実験が行われ，その結果が予測と食い違った場合，仮説は修正されるか，無効とされる．超自然的な説明を行うことを旨としている創造説では，科学的手法でその是非を検討することはない．

将来，社会のリーダーとなるような学生が進化を理解することは重要であろう．たとえば，もし医者が進化を理解していなかったら，抗生物質の乱用が耐性菌を進化させる原因になり，悲惨な結果になるとは思わないであろう（このテーマについては，第17章でさらに検討する）．創造説を支持する人が多く，もし私たちが学生にしかるべき科学を学ばせなければ，彼らは大学に入ってから，あるいは，今日の世界経済のなかで，競争に勝ち残れなくなるかもしれない．かつての進化生物学と創造説の対立のように，科学的理解と非科学的信条の間に対立が生じた場合，その結果起こる論争について，明るみにすべきである．しかし，この論争が，学生の教育を妨げる口実に使われてはならない．今日の世界のしくみについて最善かつ最新の知識が学生に教育されるべきである．

教室で進化論を教えている様子 骨格がどのように進化し，何が起原なのかを説明している．

た（図16・10）．その影響は種子を食べる鳥であるガラパゴスフィンチにも現れ，この干ばつの間に，ダフネ島におけるガラパゴスフィンチの数は1200羽から180羽へと激減した．

雨不足は多くの鳥の死をもたらしたばかりでなく，島に進化上の変化をもたらした．一つの影響は，フィンチの餌となる種子がふつうのものより大型化したことであり，この状態は1978年の雨季まで顕著にみられた．種子のサイズが大きくなった原因は，小型の種子の大部分が干ばつが始まる前にフィンチに食い尽くされ，干ばつの間は新しい種子がほとんどできなかったことが原因である．また，大型の種子はくちばしの小さい鳥にとっては割りにくい．そのため，大きなくちばしをもつフィンチの方が，突然，有利となり，くちばしの小さいフィンチよりも干ばつを生き残るチャンスが増え，後の世代へつながる子孫を多く残すこととなった．その結果，ガラパゴスフィンチの集団のくちばしのサイズが，大型化する方向へと進化した．

ダフネ島のガラパゴスフィンチの研究は，1972年から続いている．図16・11が示す1977年の干ばつは，一過性の強力な影響を与えた．くちばしの平均サイズは1970年代後半にいったん大きくなり，その後，徐々に小さくなった．自然選択の作用によって影響されたのは，くちばしのサイズだけではなかった．およそ30年の研究の結果，鳥の体のサイズが小さくなり，くちばしの形は丸みをおびたものから先端が尖ったものへと変化したこともわかった．

ガラパゴスフィンチの研究が示すように，私たちは絶えず変貌する世界にすみ，そこでは，進化の作用によって，生物は絶えることなく形を変えている．まさに自然選択と進化が起こっている現場の例である．この研究から，フィンチとそのくちばしがいかに急速に進化できるかということも理解できたし，ガラパゴス諸島の変わった多くのフィンチがどのように今の姿になったかも知る手掛かりが得られた．

ガラパゴス諸島には，全部で13種のフィンチがいる（図16・12）．これらのフィンチは密接な類縁関係にあり，また，地球上でここだけにしかいない特殊な種である．行動もフィンチにしては変わっている．たとえば，世界中の多くのフィンチ類は種子を食べるが，ガラパゴスフィンチは何でも食べられるようにそれぞれ進化した．種子を食べるものもいるが，変わった形をしたくちばしを使って昆虫，花，マダニ，ダニ，葉，鳥の卵，そして他の鳥の血液を餌にするものまでいる．

ガラパゴス諸島にはなぜ多くの独特で変わった種のフィンチが存在するのだろうか．ガラパゴス諸島のすべてのフィンチは単独の種の子孫であり，その祖先は最も近い大陸である南アメリカから（たぶん，嵐に吹き飛ばされて）およそ300万年前にこの島に到達したフィンチであった可能性が非常に高い．その種が島に着いてみると，そこはキツツキやムシクイなど昆虫食の鳥があまりすんでいない土地であった．ガラパゴス諸島は地理的に隔離されており，帰化植物がほとんどいないので，鳥類が存在しなかった可能性が高い．時間がたつと，自然選択は，みずから新たな食性を開発したフィンチの個体の方に有利に働いたと思われる．フィンチはふつう昆虫を食べないが，あるグループのフィンチ（ダーウィンフィンチ属）は昆虫を食べることによって，通常はそこにはいないキツツキやムシクイが果たしている生態学的役割を埋め合わせるように進化した．このような進化の結果として，この島々に定着した単独の種の中から，新種のフィンチたちが出現することとなった．"進化の作用"という点からみると，これら新たに進化したフィンチの種がおかしな行動をとることも理解できる．つまり，この無人の隔絶された島は，陸ガメ，サボテン，風変わりなフィンチなど，新種の仲間が進化するのに最適な場所であったのである．

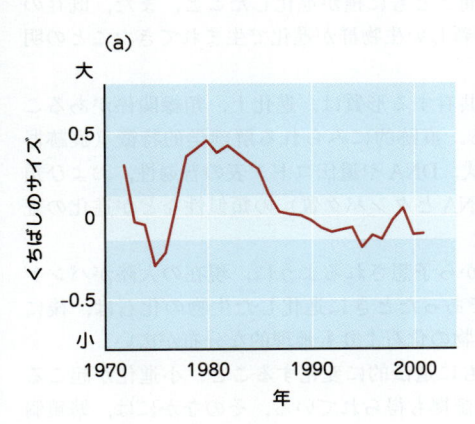

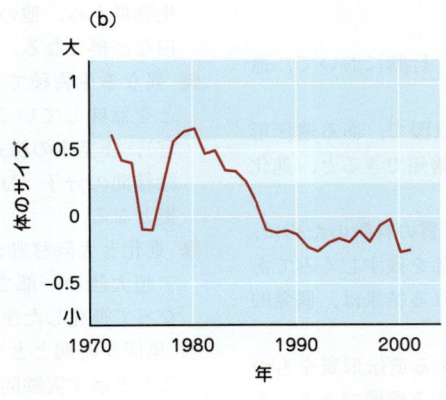

図16・11　進化によるガラパゴスフィンチの変化　ダフネ島におけるガラパゴスフィンチ集団の形態学的特徴は，30年の間に変動した．(a) くちばしのサイズ，(b) 体のサイズ，(c) くちばしの形，はすべて変化している．研究の始めから終わりまでを比較してみると，体のサイズとくちばしの形の変化が大きい．グラフの中で淡い青色で示した部分は，進化的変化がなかった場合の領域を示す．

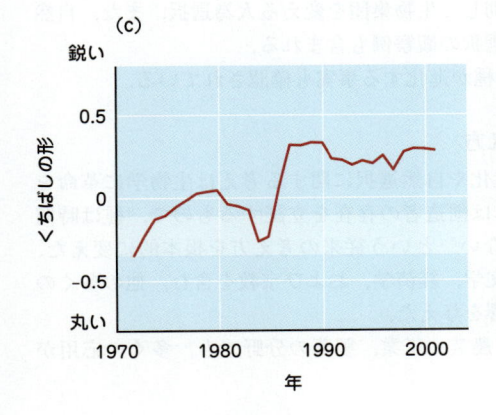

中型の地上フィンチ

種子食者（ガラパゴスフィンチ属）

オオガラパゴスフィンチ　ガラパゴスフィンチ　コガラパゴスフィンチ　ハシボソガラパゴスフィンチ*　オオサボテンフィンチ　サボテンフィンチ

昆虫食者（ダーウィンフィンチ属）

コダーウィンフィンチ　オオダーウィンフィンチ　ダーウィンフィンチ　マングローブフィンチ　キツツキフィンチ　ムシクイフィンチ

芽食者

ハシブトダーウィンフィンチ

図16・12　ガラパゴス諸島のフィンチ類　他のフィンチから隔離されたガラパゴス諸島では，13種の独特なフィンチが進化した．最近のDNAの調査から，ムシクイフィンチには実際は異なる（しかし形態は似ている）種が二つ含まれることがわかった．"吸血フィンチ"として本章の始めに紹介したハシボソガラパゴスフィンチ（*）は，種子だけでなく他の鳥の血液も餌にする．

章のまとめ

16・1　生物の進化：遺伝的変化の結果

■ 進化は，時間に伴う生物集団の遺伝形質の変化として定義できる．このような小規模な遺伝的な変化を小進化とよぶ．

■ 進化は，時間とともに起こる種の形成や絶滅の歴史と定義することもできる．このような大規模な変化を大進化とよぶ．

16・2　進化のしくみ

■ 生物集団の個体は，形態，生化学な性質，行動において，遺伝学的に異なる．

■ 自然選択，または，偶発的なできごとが原因で，ある遺伝形質をもつ個体が他の個体より生存しやすく繁殖できると，進化学的変化が起こる．

■ 自然選択とは，一部の個体が，その遺伝形質の特徴のために，他の個体より生き残りやすく，より多く子孫を残すしくみである．そのため，自然選択によってもたらされる結果は，偶発的で不規則なものではない．

■ 遺伝的浮動とは，偶発的なできごとで，ある遺伝形質をもつ個体がたまたま他の個体より生存し，繁殖する機構である．そのため，遺伝的浮動によってもたらされる結果は，偶発的で不規則な変化となる．

16・3　生物のさまざまな特性は進化で説明できる

■ 適応，著しい多様性，および，異なる生物群が類似の特徴を共有すること．地球上の生物のもつこの三つの特徴は，進化で説明できる．

■ 適応は，それぞれの生息環境において，より高い効率（生存率と繁殖率）で生きるようになるという生物の特性である．適応は自然選択によってもたらされる．

■ 生物の多様性は，一つの種が複数の種に分かれる種分化の過程が繰返し起こった結果である．

■ 生物が共通する特性をもつのは，一つの共通祖先の子孫である場合か，収れん進化が起こった場合のいずれかである．共通祖先によってもたらされる共有形質を相同（ホモログ），収れん進化によってもたらされる共有形質を相似（アナログ）とよぶ．

16・4　進化の証拠

■ 化石記録は，時間とともに種が進化したこと，また，既存の生物群から，他の新しい生物群が進化で生まれてきたことの明白な証拠となる．

■ 異なる生物種で共有する形質は，進化上，類縁関係があることを意味している．痕跡的にみられる解剖学的特徴（痕跡器官），胚発生の様式，DNAや遺伝コドン表の普遍性，および類縁種間の分子（DNAとタンパク質）の類似性などが進化の証拠となる．

■ 進化と大陸移動から予想されるように，現在の大陸がパンゲア超大陸の一部であったときに進化した生物の化石は，後になって進化した生物の化石よりも地理的な分布が広い．

■ 集団が時間とともに遺伝的に変化すること，小進化が起こることを示す実験的証拠も得られている．そのなかには，繁殖個体を人為的に選別して生物集団を変える人為選択，また，自然環境下での自然選択の観察例も含まれる．

■ 既存の種から新種が進化する事実も確認されている．

16・5　進化の考え方

■ ダーウィンの進化や自然選択に関する考えは生物学に革命をもたらし，"適応は創造者の存在を立証するもので，種は時間とともに変化しない"という従来の考え方を根本的に変えた．この考え方は，文学，経済学，および宗教を含む，他の多くの分野にも強い影響を与えた．

■ 進化生物学は，農業，工業，製薬の分野でも，多くの応用が可能である．

復習問題

1. 進化とは何か，また，集団が進化して，個体が進化しない理由を述べよ．
2. トカゲは島の陸上に生息し，低木の中にいる昆虫を餌にする．低木の枝は細く密集しているので，トカゲのサイズは小さい方が枝の間を移動するのに都合がよい．もし，このトカゲの一部が，中高木の多い近くの島に移動したとする．中高木の枝は，トカゲがそれまで餌場にしていた低木のものより太い．新しい島に移動したトカゲのうち大きい個体はほんの一部にすぎないが，中高木の多い島では，大きいサイズは不利とはならず，逆に，雌とつがいになるのに他の雄と競うには好都合である．体のサイズが遺伝的に決まっているならば，新しい島ではトカゲの平均サイズはどのように変化するか．理由とともに説明せよ．
3. つぎの三つは，進化によってどのように説明できるか．(a) 適応，(b) 生物種の多様性，および (c) 異なる生物群が類似の特徴を共有する例．
4. 世界中の科学者たちが，進化が起こる（起こった）のは確実であると考えている．それはなぜか．この章で解説した五つの観点から，どのような証拠があるか述べよ．
5. 生物学者の間では進化が起こるという点では見解は一致しているが，進化学的変化の原因として，どの機構が最も重要かについては議論中である．これは進化論が正しくないということを反映しているだろうか．
6. 遺伝的浮動が起こるのは，偶然のできごとによって，ある個体が他の個体よりも多くの子孫を残すようになった結果である．偶然のできごとが，より大きな影響を与えそうなのは，小さい集団と大きい集団，どちらの方か．ヒント：図16・3で，集団内の植物の対立遺伝子 A の比率が50%（10個体のもつ対立遺伝子の中で5個体が A となるような場合）から100%に変わるかを，たとえば植物が5本ではなく1000本だったとして考えるとわかりやすい．

重要な用語

進化(p.281)　　　　痕跡器官(p.283)
小進化(p.281)　　　相同（ホモログ）(p.283)
大進化(p.281)　　　収れん進化（収束進化）(p.284)
形態(p.281)　　　　相似（アナログ）(p.284)
自然選択(p.281)　　化石(p.285)
遺伝的浮動(p.282)　大陸移動(p.287)
適応(p.282)　　　　パンゲア(p.287)
種分化(p.283)　　　人為選択(p.288)

章末問題

1. 進化の証拠となるのはどれか．
   (a) 集団内の遺伝的変化の直接観察　　(c) 化石記録
   (b) 生物の共有形質　　　　　　　　(d) a〜cのすべて
2. 自然選択によってひき起こされることがらを選べ．
   (a) 集団の遺伝的組成が時間とともに不規則に変化する．
   (b) 時間とともに新しい突然変異が生まれる．
   (c) 集団内のあらゆる個体が同じ頻度で次世代へと子孫を残す．
   (d) 特定の遺伝形質をもつ個体が，いつも他の個体よりも高い率で生き残り，子孫を残す．
3. 適応の説明として正しいものを選べ．
   (a) それぞれの生息環境において生存効率をみずから悪くさせる生物の特性である．
   (b) ふつうには起こらない．
   (c) 自然選択によってもたらされる．
   (d) 遺伝的浮動によってもたらされる．
4. 化石の記録から，哺乳類が最初に誕生したのは約2億2000万年前であることがわかっている．パンゲア超大陸が分裂を開始したのも約2億年前である．これらのことから，初期の哺乳類の化石が発見される場所は，つぎのうちのどれと考えられるか．
   (a) 現在の大陸の大部分，あるいは，すべて．
   (b) 南極のみ．
   (c) 一つ，あるいは，少数の大陸のみ．
   (d) 上記のどれでもない．
5. クジラのヒレと，ヒトの前腕が共に5本の指をもち，同じ一組の骨をもつという事実は，つぎのどれを説明する根拠となるか．
   (a) 遺伝的浮動は集団の進化の原因になりうる．
   (b) 共通祖先をもつ生物は共有する形質をもつ．
   (c) クジラはヒトから進化した．
   (d) ヒトはクジラから進化した．
6. ガラパゴス諸島は，つぎのうちのどれを示す実例といえるか．
   (a) 小進化のみ
   (b) 大進化のみ
   (c) 小進化と大進化の両方
   (d) 上記のどれでもない．
7. 偶発的なできごとにより生じる生存率と繁殖率の差が，集団の遺伝的構成が変化する原因となる．このプロセスを何とよぶか．
   (a) 突然変異
   (b) 自然選択
   (c) 大進化
   (d) 遺伝的浮動
8. 一つの種が二つ以上の種に分かれることを何とよぶか．
   (a) 種分化
   (b) 大進化
   (c) 共通祖先
   (d) 適応
9. 祖先が同じである生物にみられる特徴はどれか．
   (a) 収れん　　　(c) 分　岐
   (b) 相　同　　　(d) 相　似
10. 人為選択とは何か．
    (a) 自然環境下での選択が起こらないこと．
    (b) 人為的に自然選択が起こらないようにすること．
    (c) 人が特定の性質をもつ生物だけを繁殖させること．
    (d) 家畜の遺伝的浮動を人為的にひき起こすこと．

ニュースの中の生物学

Empty-Stomach Intelligence

BY CHRISTOPHER SHEA

空腹と知能

"空腹は何にも勝るソースである"という格言がある．エール大学医学部の研究者によると，空腹は，2次方程式やカント哲学の定言的命令を理解するのも容易にするらしい．科学誌 *Nature Neuroscience* の3月号で，空腹刺激によって，ネズミが情報をより迅速に処理するようになり，基本的には，記憶力が良くなり，より賢くなるという研究成果が発表された．それは，人間にも当てはまる可能性が高い．

Tamas Horvath 氏が率いる研究チームは，空腹時に胃粘膜細胞から放出されるホルモンであるグレリンが，ネズミの脳へどのような経路で伝わるかを分析した．その結果，グレリンは，視床下部という脳の原始的な機能を担う部分にある飢餓中枢に結合するだけでなく，学習，記憶，空間認識の機能を果たす海馬とよばれる部分へも結合することを発見した．

そこで，ネズミの体内にグレリンを注射し，迷路実験やその他の知能を調べるテストを行うと，いずれのテストでも，"空腹とみなされる"ネズミ（グレリンを注射したネズミ）の方が，対照として調べたネズミ（グレリンを注射していない）より良い成績を収めたのである．この発見は驚くものだが，"理にはかなっている"と Horvath 氏は語る．"つまり，空腹のときは，すべてのシステムを使って，周囲の食物を探すことに集中する必要があるからだ"と．事実，ヒトの知能が進化したのは，このことによって猿人が狩猟，採集に長けるようになったからだと考えている生物学者もいる．

ホルモンとは，動植物の体の一部の細胞によって生産された後，体の他の組織へ移動して，変化や行動をひき起こすシグナル分子のことである．エール大学の研究者は，"空腹のホルモン"となるグレリンを研究している．グレリンは胃でつくられ，血流に乗って脳に到達し，そこで食欲を刺激する．研究はネズミを使ったものであるが，グレリンはヒトでも同じ作用をする空腹ホルモンである．

この新しい研究は，空腹はグレリンを分泌させて空腹感を感じさせるだけでなく，賢くなるようにも進化させたかもしれないと提言している．つまり，Horvath 氏は，空腹によってグレリンを分泌させて空腹感を感じるだけでなく，グレリンにより賢くなるという自然選択がヒトにはたらいたと考えている．とても興味深い話だが，そのような進化がありうるのだろうか．生物の進化とは，生物集団の遺伝的性質が時間とともに変化することと定義したことを思い返してほしい．グレリンに対する生体反応をヒトが進化させたとすれば，この反応は遺伝学的な根拠をもっていなければならない．

グレリンは，空腹や満腹のホルモン制御を精力的に調べている研究者の研究対象となっている．また，肥満の社会的な問題とも取組む意味で，重要な研究課題ともいえる．ヒトのグレリンへの反応性は遺伝学的な根拠で説明できる．通常のヒトより空腹レベルが高く，その結果，過食になるヒトの突然変異がすでに見つかっており，これが肥満の原因になっていることもわかった．

空腹時により賢くなることに何か利点はあるだろうか．われわれホモ・サピエンスの祖先は，もちろんショッピングモールやスーパーマーケットなどなく，何千年にもわたって，生き残るために食物を見つけることに必死になっていた狩猟民族である．空腹時には，より鋭敏になることは，とても有利なことだったのかもしれない．

では，ここで起こった自然選択はどのようなものだったのだろうか．胃の中が空になると，グレリンによって脳が刺激され，空腹感を感じる．それと同時に，より効率的に賢く考えることのできた初期のヒトは，そのような刺激を受けなかったヒトよりも生存と繁殖に成功してきたのだろう．

グレリンのレベルは，食事の後には減少するので，もし，研究者の仮説が正しければ，試験問題を解く前は，あまり食べない方がよいかもしれない．もちろん，あまり空腹になりすぎると，考えるのが難しくなるのも事実である．エール大学の研究者は，学生は満腹（グレリンが足りない）の状態，または飢餓（注意散漫になる）の状態ではなく，ほどほどに空腹で，知識を最大限に発揮するのに必要なグレリンが分泌される状態で試験にのぞむべきだと提言している．

このニュースを考える

1. 自然選択のしくみのほかに，脳の海馬までグレリンが到達し，賢くなるようにヒトを進化させた他の機構があるとすれば，それは何であろうか．その過程を説明せよ．（ヒント：不規則に起こる遺伝的変化と偶然のできごとによって，生物は進化することがある．）

2. 賢いことは，生存および繁殖するうえで，有利なはずである．グレリンがヒトをより賢くするならば，なぜ常にグレリンを脳内で循環するように進化しなかったのだろうか．

3. 学生でもプロスポーツの選手でも，競技で良い成績をあげるためにホルモン（テストステロンなど）を使用することは認められていない．グレリンが市販されるようになったら，学生が試験を受けるときには使用を許可するべきだろうか．

出典：New York Times 紙，2006 年 12 月 10 日

17 集団の進化

> **Main Message**
>
> 突然変異，遺伝子流動，遺伝的浮動，および自然選択の結果，生物集団内の対立遺伝子の頻度がしだいに変化する．

耐性の進化

150年前の人の日常生活は，現在のものとはかなり違っていた．携帯電話やノートパソコンだけでなく，電話やコンピュータ，電灯，高速道路，飛行機も存在しなかった．さらに，平均寿命は現在より短く，感染症や病気で死ぬ人が多かった．健康な若い人でも，転倒して膝を深くすりむくと，感染症にかかり，その後まもなく死亡することもあったかもしれない．天然痘，マラリア，コレラ，結核などの深刻な病気や疫病が蔓延し，町や国単位で破滅的な影響を受けることもあった．

現在では感染症や病気にかかっても治ると考えるのがふつうである．私たちがこのように思う理由の一つが，1930年代後半から使われるようになった特効薬，抗生物質である．抗生物質は細菌を殺し，以前は致命的であった感染症や病気から人類を守る魔法の薬となった．同時期に，マラリアを運ぶカなど重い伝染病を広める害虫を殺すために，DDTなどの殺虫剤が使われるようになった．一般に害虫を殺すのは容易ではないが，この殺虫剤は非常に高い効果があった．抗生物質や殺虫剤の輝かしい大成功は，1960年代後半，米国公衆衛生局長官が，"感染症について書かれた書物を閉じるべき日が来た"と，米国議会で自信をもって正式発表するほどであった．

しかし，残念ながら彼は間違っていた．現在，使用されている抗生物質のすべてに対して，耐性をもつ細菌が見つかっている．さらに，過去65年の間に，リウマチ熱，ブドウ状球菌感染症，肺炎，連鎖球菌咽喉炎，結核，発疹チフス，赤痢，淋病，および髄膜炎の病原菌すべてが，複数種の抗生物質に対しての耐性を進化させてきた．あまりにも急速に抗生物質の耐性菌が広まっているので，抗生物質が発見される前の時代のように，再び細菌が人類に大打撃を与えるような深刻な問題に発展する可能性があると，心配する生物学者もいる．

こういった傾向は，細菌だけに限らない．ウイルス，真菌，寄生虫，昆虫など，ヒトの病気の原因となったり，農作物や家畜に打撃を与えるものも，撲滅しようとする人間のあらゆる努力に対して，耐性を進化させている．そして，その進化の速度が加速している点も問題である．かつては，害虫が耐性を獲得するのに何十年もかかっていたが，現在では数年以内で耐性をもったものが出現することが多い．

この耐性の進化から私たちが真剣に学ぶべきことがある．害虫や菌などは，それらを殺そうとする私たちのあらゆる取組みに対して，速やかに耐性を進化させるということである．なぜだろうか．多くの生物が耐性を進化させたしくみとは何だろうか．

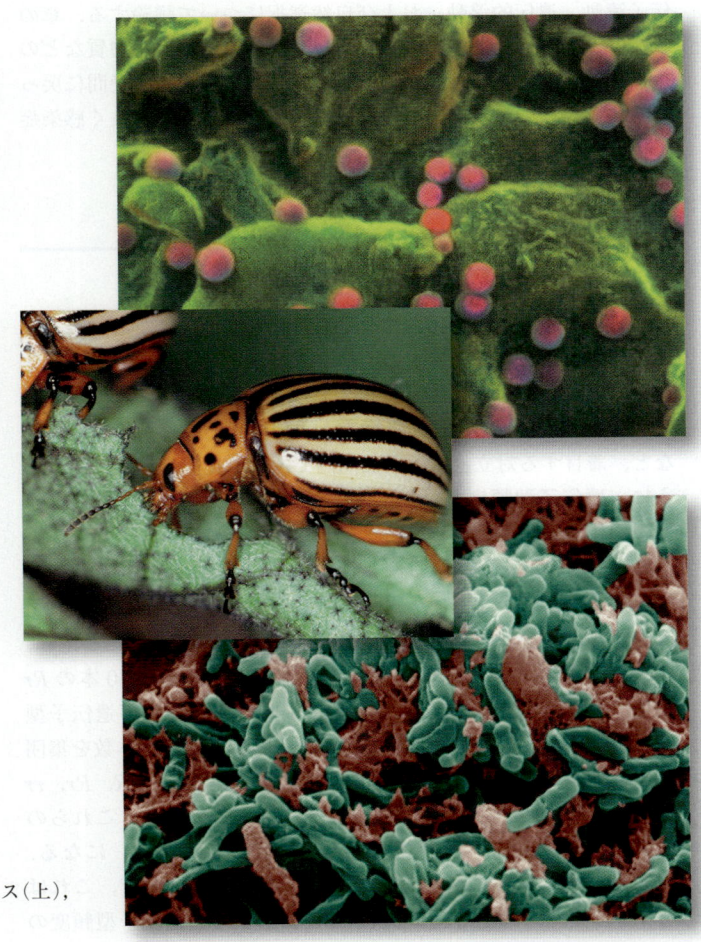

耐性をもったウイルスや生物 HIVウイルス（上），コロラドハムシ（中央），結核菌（下）．

基本となる概念

- 生物集団内の対立遺伝子の頻度（存在比率）が，世代を経て変化することを進化という．
- 集団内の各個体間で，行動，形態，および生化学的な特性が遺伝的に異なる．この遺伝的な違いが進化のもとになる．
- 集団内の遺伝的な多様性は，突然変異によって生まれ，さらに，組換えによって多様性が増す．
- 生物集団が進化するしくみには，突然変異，遺伝子流動，遺伝的浮動，および自然選択の四つがある．
- 生物集団が急速に（月ないし数年の単位で）進化することがある．これは昆虫の殺虫剤耐性や細菌の抗生物質耐性の進化が深刻な問題となることを意味する．

進化の速度は一般に遅く，実験的に観察することは難しいと考えられていた．しかしこの80年間に，生物集団が進化する様子を直接観察し，記録した何千もの研究が報告された．それによると，遅い速度の進化がある一方で，急速に進化する例（数カ月〜数年の単位で，2〜3世代以内に）もあることがわかってきた．同じように，生物の新種が生まれる速度も，遅いものと速いものがある（1年〜数千年）．

本章では，こういった短期間で起こるものも含めて，生物集団の進化的な変化とは何かを解説する．なかでも，集団内の対立遺伝子の頻度（存在比率）が，世代を経て，どのように変化するかに議論を絞って紹介する．時間とともに対立遺伝子の頻度が変化することを，"最小規模の進化"という意味で，**小進化**という．小進化によって数世代の間に，生物集団内における対立遺伝子の頻度が大幅に増えたり，減ったりする例も紹介する．

小進化の議論を始める前に，二つの基本的な用語，"遺伝子型頻度"と"遺伝子頻度"をまず定義しよう．つぎにその定義を使って，時間とともに遺伝子頻度を変える四つのしくみ，突然変異，遺伝子流動，遺伝的浮動，および自然選択について議論する．章の最後で，病気の原因となる生物がどのようにして抗生物質などの薬剤に対する耐性を進化させているのかという最初の疑問に戻って考える．このような耐性の進化を遅らせ，より効率良く感染症と闘う方法についても検討する．

17・1 対立遺伝子と遺伝子型

ある生物集団が，進化した遺伝形質をもつようになったかどうかを知るには，ある遺伝子の比率が変わるという意味での小進化をしているのかどうか，対立遺伝子の頻度を調べなければならない．**遺伝子頻度**（対立遺伝子頻度ともいう）とは，遺伝子Aやaなど，着目する対立遺伝子が集団内で占める比率をいう．同じように，**遺伝子型頻度**とは，遺伝子型AA, Aa, aaなどの遺伝子型の個体が集団内で占める比率をいう．

これらの頻度を計算する例として，ここでは，優性対立遺伝子R（赤色の花）と劣性対立遺伝子r（白色の花）の2個の対立遺伝子が花の色を決めている植物集団を考えてみよう．たとえば，1000本の個体があり，その中に160本のRR個体，480本のRr個体，360本のrr個体がいたとする．これら3種類の遺伝子型（RR, Rr, rr）の頻度を計算するには，それぞれの個体数を集団の全個体数（1000）で割り算すればよい．つまり，RR, Rr, rrの遺伝子型頻度は，それぞれ0.16, 0.48, 0.36となる．これらの遺伝子型頻度をすべて合算すると1.0（100%の意味）になる．RR, Rr, rrの三つ以外の遺伝子型は考えられないので，これは当然であるが，合算して1.0になるかどうかで，遺伝子型頻度の計算に間違いがないかを確認できる．

遺伝子頻度はつぎのような方法で計算できる．対立遺伝子Rについての例を示そう（対立遺伝子rでも同じように計算できる）．1000個体からなる植物集団で，各個体は花の色の遺伝子について，Rまたはrの2個の対立遺伝子をペアでもっている．したがって，集団全体では対立遺伝子の総数は個体数の2倍で2000個になる．RRは160個体存在し，それぞれが対立遺伝子Rを2個もつので，Rの数は320個になる．Rr個体（個体数480）は，対立遺伝子Rを1個もつのでRの数は480個となる．rr個体（個体数360）はR対立遺伝子をもたない（0個）．したがって集団全体では320＋480＋0＝800個のRが存在することがわかる．最後に，集団全体の対立遺伝子総数（個体数×2＝2000）で割り算すると（800÷2000），対立遺伝子Rの遺伝子頻度，0.4が得られる．これがこの植物集団の中でRがみられる頻度（存在比率）となる．花の色の遺伝子には2種類の対立遺伝子Rとrしかないので，二つの遺伝子頻度の合計は1.0（比率100%）にならなければならない．したがって，対立遺伝子rの遺伝子頻度は，1.0－0.4＝0.6となる．この値は，対立遺伝子rについて，Rで行ったものと同じ計算で確かめることができる．

17・2 遺伝的多様性：進化のもと

集団の中では，各個体は遺伝的に異なり，行動や形態に違いが生まれる（図17・1）．第Ⅲ部で紹介したように，このような多様性は遺伝的に支配されている．また，タンパク質のアミノ酸配列や生化学的特性など，遺伝子によって直接制御されるものでも，生物個体間には大きな多様性がある．このような遺伝的差異の原因をもたらしているのがDNAの塩基配列の違いである．一つの生物集団の中で，個体間にみられるこのような遺伝的差異を

図17・1　形態の多様性 ここに示したマダラチョウの幼虫の色彩や縞模様のように，同じ集団内でも個体間には著しい形態の違いがある．

遺伝的多様性という．この個体の多様性が，生物が進化する重要な原動力となる．

突然変異で生まれる遺伝的多様性

突然変異とは生物のDNA塩基配列が変化することである．突然変異によって新しい対立遺伝子がつくられる（第12章参照）．生物の配偶子でこの突然変異が起こると，動物の皮膚の細胞や植物の葉などの体細胞で起こった突然変異とは対照的に，変異が配偶子を通して次の世代へと引き渡され，これが遺伝的な多様性のもととなる（後述するように，この変異型DNAは，組換えによって他の遺伝子と新しい組合わせをつくる）．突然変異はDNA複製時のエラー，DNA分子と他の化合物との相互作用，熱や化学物質による損傷など，さまざまな偶然のできごとが原因で生まれる．そのため，突然変異や新しい対立遺伝子は，生物自身が必要とするために生まれるものではなく，完全にランダムで不規則に起こり，決まったゴールに向かうこともない．

生物にはDNA中の塩基配列の間違いを修正し，DNA複製時のエラーを元に戻すタンパク質があるが，それにもかかわらず，あらゆる生物で突然変異は必ず起こる．たとえば，ヒトは約25,000個の遺伝子を2コピー（それぞれ父方・母方の片方の親に由来）ずつもっているが，その50,000個の遺伝子の中で，平均2〜3個は突然変異を起こしていて，どちらの親の遺伝子とも違うものとなる．

組換えによって生まれる遺伝的多様性

有性生殖を行う生物では，突然変異でもたらされた異なる種類の対立遺伝子は，減数分裂時の交差，配偶子への独立な染色体の分配，および受精による新しい組合わせの誕生によって，新規の遺伝子の組合わせとして新世代へと引き継がれる（第9, 11章参照）．この三つのしくみによる遺伝子の再配分を，総称して**組換え**とよぶことにする．組換えによって，いずれの両親にもない，異なる対立遺伝子の新しい組合わせの子孫が生まれる．突然変異で最初にもたらされた遺伝的多様性は，組換えの結果，著しく増加する．

遺伝的多様性に規則性はない

自然集団の中には，必ず遺伝的な多様性がある．それが突然変異でもたらされるか，組換えによってもたらされるかは関係なく，多様性の生まれる過程はランダムで，規則性はない．つまり，新しく有利な形質が必要だったり，また，変化する環境の中で生存するために必要だからという理由で，生物が遺伝的多様性を生み出すしくみはない．遺伝的多様性が生まれるしくみは単純である．偶然の突然変異や組換えによって個体の形質が新しくなり，そのなかの有利な形質の個体に，自然選択がはたらく．

■ これまでの復習 ■

1. 遺伝子頻度とは何か．遺伝子頻度は，小進化にどのような役割を果たすか．
2. 突然変異に加えて，集団内の遺伝的多様性を生み出す他の要因を述べよ．

17・3 生物集団を進化させる四つのしくみ

進化とは，集団内の遺伝子頻度が時間とともに変化することである．遺伝子頻度はおもに四つのしくみ，突然変異，遺伝子流動，遺伝的浮動，および自然選択によって変化する．ここでは，それらのしくみの概要をまず紹介し，続く各節で個々に詳しく解説しよう．

突然変異と遺伝子流動（集団間の対立遺伝子の移動や交換）は，生物集団に新しい対立遺伝子を導入するしくみである．遺伝子頻度が変化し，これが進化を促す．遺伝的浮動は偶然のできごとによって誘発されるものであるが（第16章参照），これも遺伝子頻度を変える要因となって進化を促すはたらきがある．特定の対立遺伝子をもつ個体が，それをもっていない他の個体より有利な場合，自然選択の作用が重要になってくる．自然選択が有利な遺伝子頻度を増加させ，その結果，進化が促進される．

集団内の遺伝子型頻度がわかっていれば，次ページの"科学のツール"に示すハーディー・ワインベルグの式を使って，遺伝子頻度が変化しているか，つまり進化が起こっているかどうかの可能性を検証することができる．この式を適用できるかどうかは，遺伝子頻度が実際にどのしくみによって変わったかには関係ない．

17・4 突然変異：遺伝的多様性の源

先に紹介したように，突然変異によって，新しい対立遺伝子が規則性なくランダムに生み出される．生まれた新しい対立遺伝子が，つぎに進化が起こるための重要な要因となる．その意味で，すべての進化的な変化は，突然変異が最初の引き金となっている．

突然変異は，集団内の遺伝子頻度を直接変化させて，自然選択の過程を経ることなく，進化をひき起こすこともあるかもしれない．しかし，実際は，特定の遺伝子に関していえば，そこに突然変異が起こる確率は非常に低いので，突然変異が集団内の遺伝子頻度を変化させる直接の原因になることはほとんどない．生物集団内の遺伝子頻度がしばしば急速に変化する例も報告されているが，このような進化的変化が，突然変異の作用だけで起こることもない．

突然変異が遺伝子頻度を直接変化させる効果はわずかだが，新しく生まれた突然変異が，生物集団の進化に重要な役割を果たす場合がある．たとえば，エイズの原因となるHIV（ヒト免疫不全ウイルス）は，突然変異の発生率が高く，つぎつぎに新しい突然変異をもたらすので，ある1人の患者の体内でもウイルスが進化することがある．こういった突然変異のなかには，新しい臨床薬に対して抵抗性を示すものもある．そのような変化の激しいウイルスをターゲットにした闘いは難しい．

もう一つの例を紹介する．*Culex pipiens*というカの有機リン系殺虫剤に対する耐性は，遺伝子解析から，1960年代に生じた単一の突然変異に起因することがわかっている．それ以降，このカが嵐によって飛ばされたり，人とともに偶然運ばれたりして，もともとはごく少数でまれな突然変異遺伝子だったものが，発祥地のアフリカやアジアから，北米・欧州へと運ばれて広まった．この対立遺伝子をもたない個体は有機リン系の殺虫剤で死滅するの

で，耐性を獲得したカにとっては生き残り繁殖するうえで非常に有利であった．有機リン系の殺虫剤が散布されている集団に，この変異型の対立遺伝子が（遺伝子流動によって）侵入すると，自然選択によってその遺伝子頻度は急速に高まり，やがて薬剤耐性をもった新集団へと進化する．

このカの例のように，最先端の駆除法に耐えられるような突然変異は，進化のうえできわめて有利である．しかし，一般に突然変異は，有害か，あるいはほとんど影響がないことが多い．また，突然変異が起こった影響は，生物の生活環境によっても左右されることがある．たとえば，殺虫剤 DDT に対する耐性をもたらすイエバエの突然変異は，ハエの成長速度を低下させる．成長の遅いハエは成熟するまでに時間がかかるので，ふつうのハエほどは多くの子孫を残せない．つまり，DDT のない環境では，この突然変異は不利である．しかし DDT が散布されるような環境では，成長が遅いことを相殺する十分な利益をもたらす．その結果，DDT 耐性の変異型対立遺伝子がイエバエの集団内で広がり，現在では世界中でみられるようになった．

17・5　遺伝子流動: 集団間での対立遺伝子の交換

個体が一つの集団から別の集団へ移動すると，集団間で対立遺伝子の交換が起こる．これを**遺伝子流動**という（図 17・2）．風や昆虫が花粉媒介者となれば，植物の集団間で花粉が運ばれることもあるだろう．このように個体ではなく配偶子だけが移動するときにも，遺伝子流動が起こる．

生物集団に新しい対立遺伝子を導入するという点で，遺伝子流動は突然変異と同等の役割をもち，劇的な影響を及ぼすこともある．たとえば，前の項で紹介したカ（*Culex pipiens*）の場合，有機リン系殺虫剤に対する耐性をもたらす新しい対立遺伝子を三つの大陸に広めたのは遺伝子流動である．そのおかげで，1960 年代以降，何十億ものカが，本来は死ぬはずの殺虫剤を浴びながら生き延びているのである．

遺伝子流動によって二つの集団間で対立遺伝子が交換されると，二つの集団の遺伝子の組成は以前よりも似かよったものになる．突然変異，遺伝的浮動，および自然選択がいずれも集団を異

科学のツール

自然集団で進化が起こっているかどうかの検証

自然の集団を進化させるのは，突然変異，遺伝子流動，遺伝的浮動，および自然選択の四つの機構である．そう言えば単純にみえるかもしれないが，自然の集団を研究するときには，これらの四つの機構のどれが実際の集団ではたらいているのか，どの程度重要かわからないことが多い．幸いなことに，遺伝子型頻度，遺伝子頻度を計算することで，集団が進化しているかどうかを判定する目安にできる．

例として，二つの対立遺伝子 A と a をもつ遺伝子を扱うことにする．ここで，遺伝子頻度を表現する新しい変数を使う．A の遺伝子頻度 p と，a の遺伝子頻度 q である（遺伝子型頻度の計算には必ずしも必要ではないが，大変便利な変数である）．遺伝子には二つの対立遺伝子があるので，二つの遺伝子頻度の合計は $p+q=1$（100％）となる．

集団内で進化が起こっている可能性を判別するために，つぎの**ハーディー・ワインベルグの式**を使う．

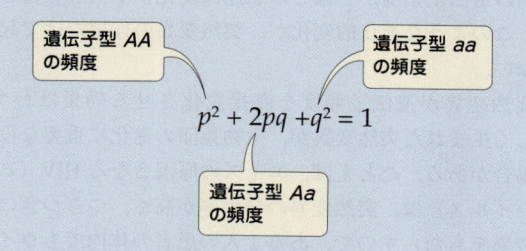

$$p^2 + 2pq + q^2 = 1$$

（遺伝子型 AA の頻度，遺伝子型 aa の頻度，遺伝子型 Aa の頻度）

このハーディー・ワインベルグの式は，集団が進化していない，つまり，突然変異，遺伝子流動，遺伝的浮動，自然選択による遺伝子頻度の変化が起こっていないこと，および交配による対立遺伝子の組換えが不規則に起こっていることを前提として（ハーディー・ワインベルグの平衡状態，巻末の付録参照），遺伝子型頻度を計算したものである．この式が示すように，この集団には三つの遺伝子型（AA，Aa，aa）があり，三つの頻度の合計は 1（つまり 100％）となる．

ハーディー・ワインベルグの式は，実際の生物集団の遺伝子型頻度が予想値と一致するかどうかを検証するのに使われる．式から予想される遺伝子型頻度と実際に観察された頻度が大幅に異なる場合は，算出するのに使った前提が間違っているということになる．つまり，四つの進化機構（突然変異，遺伝子流動，遺伝的浮動，または自然選択）のいずれかが作用しているかもしれないと予測できる．つまり，集団が進化しつつあり，時間とともに遺伝子頻度が変わる可能性が出てくる．

ハーディー・ワインベルグの式を用いるためには，まず，実際の集団内の遺伝子型頻度を知る必要がある．これには，第 15 章に記載された遺伝学的な方法を使う．例として，1000 個体の集団に，遺伝子型 AA が 460 個体，遺伝子型 Aa が 280 個体，遺伝子型 aa が 260 個体あるとしよう．このデータから，観測された遺伝子頻度は対立遺伝子 A の $p=(2\times460+280)/2000=0.6$ と計算できる．同時に，$q=1-p=0.4$ で，対立遺伝子 a の頻度 q もわかる．

つぎに，算出した遺伝子頻度を使用して，集団がハーディー・ワインベルグの平衡状態にあるかどうかを判別する．観察された A の頻度は 0.6 である．ハーディー・ワインベルグの式が適用できるならば，遺伝子型 AA の頻度が 0.36（p^2），遺伝子型 Aa の頻度が 0.48（$2pq$），遺伝子型 aa の頻度が 0.16（q^2）となるはずである．この集団には 1000 の個体が存在するので，AA が 360（0.36×1000）個体，Aa が 480（0.48×1000）個体，aa が 160（0.16×1000）個体と予測できる．しかし，実際には，AA が 460 個体，Aa が 280 個体，aa が 260 個体見つかった．つまり，予測値より AA と aa の個体が多く，Aa の個体が少なかったのである．

実際に観察された遺伝子型頻度と予測値の差は大きく，観察対象の生物集団がハーディー・ワインベルグの平衡状態になく，交配による対立遺伝子の組換えが不規則に起こっていないか，あるいは集団が進化している可能性があると結論できる．研究者はつぎのステップとして，どの機構がはたらいて，ハーディー・ワインベルグの式の予測からはずれたのかを考察することになる．本章の最後まで読み終えたところで，この遺伝子型頻度の観察と予測との違いについて，もう一度思い返してほしい．そのとき，どんな進化機構でデータの食い違いを説明できるようになっているだろうか．

図 17・2　遺伝子流動　個体が一つの集団から別の集団に移動すると，集団に新しい対立遺伝子が導入される．

集団Ⅰは遺伝子型 AA, Aa, aa を含んだ大きな集団である

遺伝子型 aa の鳥が集団Ⅰから集団Ⅱへ移住することにより，集団Ⅱに対立遺伝子 a を導入する

集団Ⅱは集団Ⅰとは離れた場所にあり，初めは遺伝子型 AA の鳥だけからなっている

集団Ⅰ　　　集団Ⅱ

なったものとするしくみとしてはたらくのに対して，遺伝子流動はそれらの効果を打ち消す方向にはたらく．たとえば，近くにある植物集団で，非常に異なる環境で繁殖していても，遺伝的な類似性が保たれる場合がある．自然選択がはたらくと，環境が異なれば異なる対立遺伝子が有利となり，二つの集団は遺伝的に異質なものとなりやすいが，遺伝子流動が高い頻度で起こる場合，自然選択の影響を打ち消すように作用し，結果的に，常に二つの集団が遺伝的に似たものになる．

17・6　遺伝的浮動: 偶然の効果

　第16章で，どの個体が残り，次世代の子孫を残すかが，偶然に決まる例を紹介した（図16・3参照）．その結果，親世代のもつ対立遺伝子の一部は無作為に選択され，次の世代へと引き継がれる．このような偶発的な対立遺伝子の選択を**遺伝的浮動**という．遺伝的浮動も遺伝子頻度を変化させる要因である．

遺伝的浮動は生物集団が小さいほど影響が大きい

　遺伝的浮動の原因となる偶発的なできごとは，大集団より小集団で，より大きな影響を及ぼす．コイン投げを例に考えてみよう．5回コインを投げて4回表となることは，そう珍しくはない．そのような確率は約16％程度である．しかし，5000回コインを投げて4000回が表となれば，これは驚くべきことである．表が出た頻度は，どちらの場合でも同じ（80％）であるが，もともと期待される50％より表が出る頻度が多少大きくなったり小さくなったりする確率は，コインを投げる回数が多いほど低くなる．（訳注: コインを5000回投げた場合，約8割の3500〜4499回が表となる確率は 1.9×10^{-179}％ほどで，ほとんどありえない確率となる．）

　自然の集団では，集団内の個体数がコインを投げる回数に相当する．図17・3に示したような小集団の野の花を考えてみよう．この集団の中で，ある個体は子孫を残し，別の個体は残さないといったことが偶然に起こるかもしれない．二つの対立遺伝子（R と r）の遺伝子頻度で考えると，子孫を残す残さないの偶然によって，図の例のように急速に遺伝子頻度が変わることがわかる．わずか2世代の間でも，一方の対立遺伝子（r）が集団から失われ，他方の対立遺伝子（R）が100％となる．これを対立遺伝子が**固定**されるという．逆に，集団内の個体数が多ければ，両方の対立遺伝子が次世代へ渡される可能性が大幅に高くなる．図17・3の集団でも個体数が多ければ，偶然のできごとによって短時間で劇的な変化をひき起こすこともないだろう．

　遺伝的浮動は大集団でも起こるが，その影響は自然選択や他の進化上のしくみにより打ち消されやすい．遺伝的浮動による遺伝子頻度の変化は，大集団ほど少ないのである．

第一世代
p（R の遺伝子頻度）= 0.6
q（r の遺伝子頻度）= 0.4

第二世代
$p = 0.8$
$q = 0.2$

偶発的な事象が原因で，黄色で示した個体だけが子孫を残し…

第三世代
$p = 1.0$
$q = 0.0$

…その結果，2世代のうちに対立遺伝子 R の遺伝子頻度が100％になった

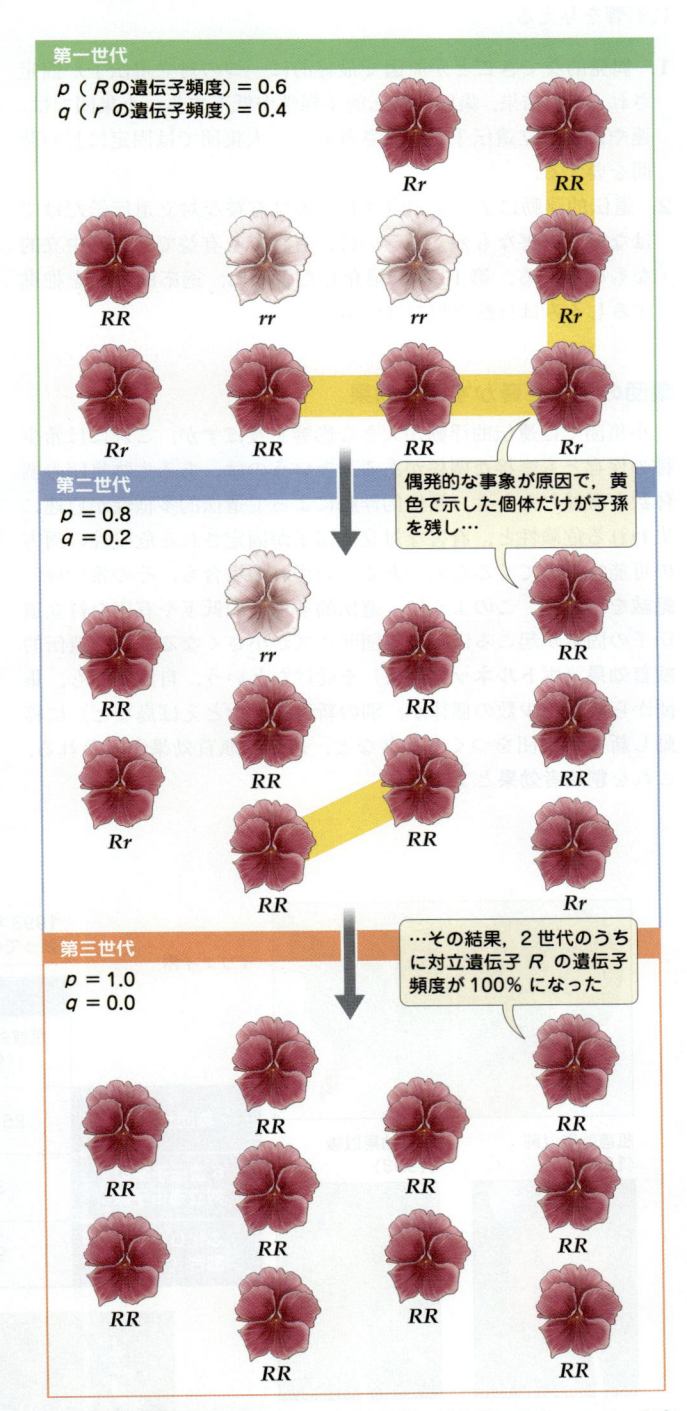

図 17・3　遺伝的浮動　この野花の集団は個体数が少ないので，生存や繁殖上での優れた形質には関係なく，偶発的なできごとで子孫を残す個体が決まる．ここでは，2世代のうちに対立遺伝子 R の頻度が偶然に60％から100％に増える例を示している．いつもそうなるわけではなく，数限りなくある遺伝的浮動の起こる可能性の一つにすぎないことに注意してほしい．

遺伝的浮動をひき起こす原因は何だろうか．一つは，配偶子が形成される際に対立遺伝子がランダムに分配されることが原因となる．このとき子孫に引き渡される対立遺伝子と引き渡されない対立遺伝子の差が偶然生まれる．個体の生殖活動や生存率が遺伝的浮動の原因となることもある．このようなケースで遺伝子型頻度が世代を経て増加したとしても，それは偶発的なものであって（図17・3），必ずしも遺伝形質が他に勝っている（自然選択が起こった）ためではない点は理解しておいてほしい．

つまり，遺伝的浮動はつぎのような二つの形で，小集団の進化に影響を与える．

1. 偶発的なできごとが原因で最終的に一つの対立遺伝子が固定され，その結果，集団の遺伝的多様性が低下する．小集団では，速やかに対立遺伝子が固定されるが，大集団では固定に長い時間を要する．
2. 遺伝的浮動によって固定されるのは有益な対立遺伝子だけではない．有害なもの，あるいは，有害でも有益でもなく中立的なものもある．第16章で紹介したように，適応的進化を推進するしくみは自然選択だけである

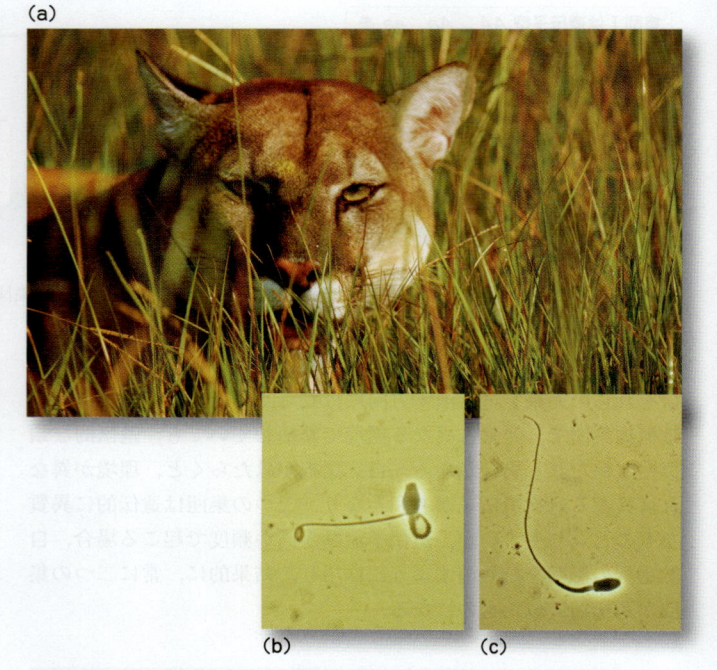

集団の生存を脅かす瓶首効果

小集団では遺伝的浮動が大きな影響を及ぼすが，これには希少種の保存とも密接な関係がある．というのは，ある生物集団の個体数が激減したとき，遺伝的浮動によって遺伝的多様性が急速に失われる危険性と，有害な対立遺伝子が固定される危険性の両方の可能性が出てくるためである．いずれの場合も，その希少種の絶滅を早める．このように，遺伝的多様性の低下や有害な対立遺伝子の固定が起こるほどに集団サイズが小さくなることを遺伝的**瓶首効果**（ボトルネック効果）を受けたという．自然界でも，集団から離れた少数の個体が，別の新天地（たとえば島など）に移動し新しい集団をつくるときなど，遺伝的瓶首効果が現われる．これを**創始者効果**とよぶ．

図17・4 **フロリダの希少種アメリカヒョウの異常な形の精子**
フロリダのアメリカヒョウ(a)は他の大型ネコ類に比べると，異常な精子(b)が多い．有害な対立遺伝子が固定された可能性がある．正常な精子(c)と比較するとその違いがわかる．

遺伝的瓶首効果の実例として，フロリダのアメリカヒョウ，北方のゾウアザラシ，アフリカチーターなどが知られている．絶滅に瀕した米国フロリダ州のアメリカヒョウの場合，集団のサイズが1980年代に約30〜50頭まで激減した．当時，研究者が調べたところ，雄のアメリカヒョウの精子数が少なく，異常な形を

ゾウアザラシ

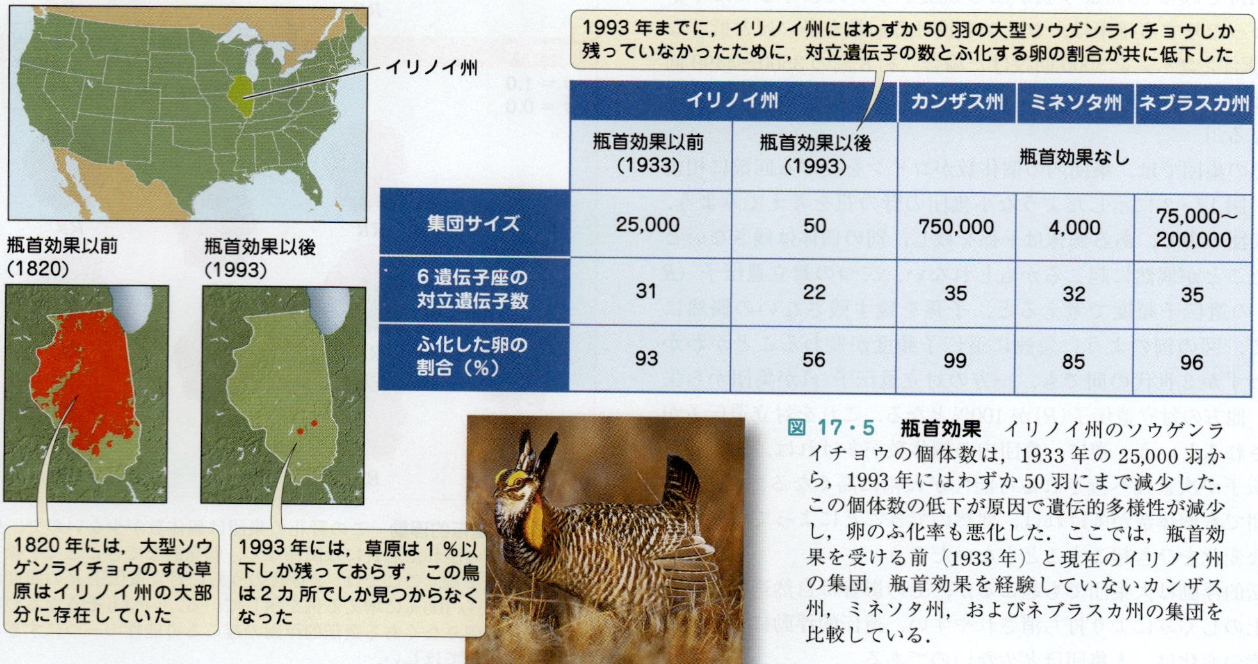

	イリノイ州		カンザス州	ミネソタ州	ネブラスカ州
	瓶首効果以前（1933）	瓶首効果以後（1993）	瓶首効果なし		
集団サイズ	25,000	50	750,000	4,000	75,000〜200,000
6遺伝子座の対立遺伝子数	31	22	35	32	35
ふ化した卵の割合（%）	93	56	99	85	96

1993年までに，イリノイ州にはわずか50羽の大型ソウゲンライチョウしか残っていなかったために，対立遺伝子の数とふ化する卵の割合が共に低下した

イリノイ州

瓶首効果以前（1820）　瓶首効果以後（1993）

1820年には，大型ソウゲンライチョウのすむ草原はイリノイ州の大部分に存在していた

1993年には，草原は1%以下しか残っておらず，この鳥は2カ所でしか見つからなくなった

図17・5 **瓶首効果** イリノイ州のソウゲンライチョウの個体数は，1933年の25,000羽から，1993年にはわずか50羽にまで減少した．この個体数の低下が原因で遺伝的多様性が減少し，卵のふ化率も悪化した．ここでは，瓶首効果を受ける前（1933年）と現在のイリノイ州の集団，瓶首効果を経験していないカンザス州，ミネソタ州，およびネブラスカ州の集団を比較している．

していることが発見された（図17・4）．これはおそらく，遺伝的浮動によって有害な対立遺伝子が固定されたためと考えられる．雄精子の受精率が低下し，これが集団サイズの減少をひき起こした可能性がある．近年，遺伝的浮動の影響を抑えるような繁殖計画を実施することで，個体数は約80～100頭にまで回復した．

現実に，これらの希少種哺乳類は瓶首効果を受けていると考えられるが，集団のサイズが減少する前に遺伝的多様性がどのくらいあったのかは不明である．そのため，これらの種の低い遺伝的多様性が，本当に集団サイズの減少が原因で起こったのか，あるいは，その種の特徴にすぎないのかを判断することは大変難しい．

この問題を解決した例もある．米国イリノイ州にすむソウゲンライチョウに関して，現存種のDNAと，瓶首効果を受ける前の個体（すでに死んで博物館の標本となったもの）とを比較する研究が行われた．19世紀のイリノイ州には何百万というソウゲンライチョウがすんでいたが，草原が農地に変えられ，1993年には，二つの隔離された集団だけを残し，わずか50羽にまで減ってしまった（図17・5）．この数の減少が瓶首効果をひき起こし，DNAの解析によると，現生種は博物館の標本のもつ対立遺伝子のうちの30%を失っていて，また，瓶首効果を受けていない他の集団よりも繁殖成功率の点でも劣っていることがわかった（卵のふ化率56%，他集団では85～99%）．1992～1996年の間，イリノイ州の個体数と遺伝的多様性を増やすために，271羽のソウゲンライチョウがミネソタ州，カンザス州，およびネブラスカ州の大集団からイリノイ州に導入された．1997年には，イリノイ州の集団で，雄が，残っていた7羽から60羽以上にまで増え，卵のふ化率も94%まで上昇した．

17・7 有利な対立遺伝子の自然選択

集団内で特定の遺伝形質をもつ個体が，そうでない個体より高い率で生き残り，子孫を残すことを，**自然選択**という．たとえば，殺虫剤に耐性があるカが他のカより高い率で生存して多くの子孫を残すように，自然選択とは，特定の表現型を他の表現型より優遇する作用である．自然選択は，遺伝子型ではなく，その表現型に直接影響し，その結果，有利な形質を支配する対立遺伝子の頻度が世代を経るに従って増加する．たとえば，体サイズが大型となる遺伝形質があり，自然選択によって一貫して大型の個体が有利となった場合，大型の表現型となる対立遺伝子が時間とともに増えていく．

自然選択はいつも進化学的変化をもたらすわけではない

進化の四つのしくみのうち，繁殖成功率を高める効果があるのは，自然選択だけである．第16章で紹介したガラパゴスフィンチの例でも示されるように，自然選択の結果，生物は環境の変化に速やかに応答して形質を変えることもある．

しかし，対立遺伝子が自然選択で有利にはたらく場合でも，常に進化学的変化をもたらすとは限らない．遺伝子流動，遺伝的浮動，および突然変異などの他の進化機構が，自然選択と逆の作用を及ぼして，遺伝子頻度の変化を抑える可能性があるためである．繰返しとなるが，自然選択がはたらくためには，まず，集団内で個体間に遺伝的な差があること，また，一部の個体が有益な突然変異をもっていることが条件となる．たとえば，カの集団内で，殺虫剤への耐性を示す対立遺伝子をもつ個体が1匹もいなければ，もちろん，その殺虫剤に対する耐性が自然選択によって進化することはない．

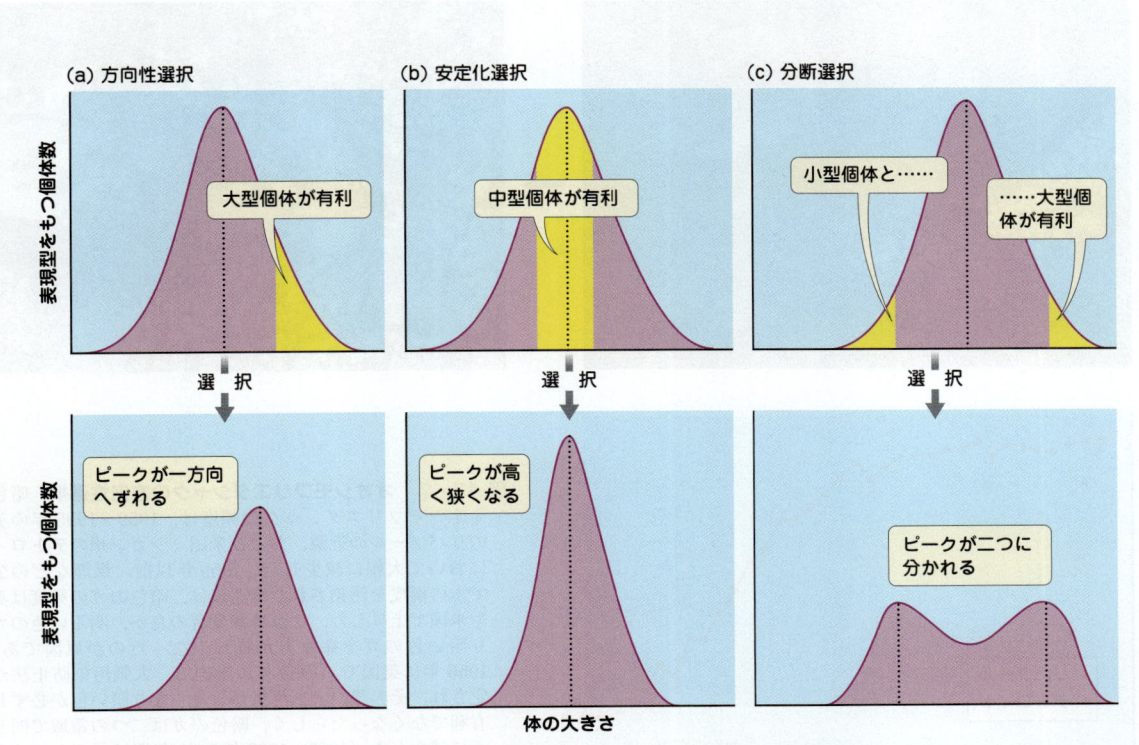

図17・6 **自然選択の三つのタイプ** (a) 方向性選択，(b) 安定化選択，(c) 分断選択は，それぞれ異なった形で，体の大きさなどの表現型に影響を及ぼす．上段のグラフは，選択を受ける前の集団を示し，生物の体の大きさの分布（相対数）を示している．自然選択上で有利な表現型を黄色で示す．下段のグラフは，各タイプの自然選択によって，体の大きさの分布がどう影響されたかを示す．

自然選択の三つのタイプ

自然選択は，方向性選択，安定化選択，分断選択の三つのタイプに分類できる．いずれのタイプでも，自然選択の作用する原理は同じである．自然選択を受けるには，有利な遺伝的な表現型をもっている個体がいて，それが他の個体よりも生存しやすい，あるいは，より多くの子孫を残しやすいことが重要である．

遺伝的な表現型のうち，ある極端な形質のものが集団内で有利になる場合の自然選択を**方向性選択**という．たとえば，もし大型の個体が小型の個体よりも多くの子孫を残すとすれば，体のサイズには大型化へ向けて方向性選択が起こることになる（図17・6a）．

方向性選択の例として，ガの体色で暗い色のものが増えたり減ったりする観察例が知られている．オオシモフリエダシャクの暗い色のものは，煤煙などの公害でヨーロッパや北米の木々が汚染されていた時期には自然選択のうえで有利であったと考えられる．このガの体色は遺伝的に決まり，暗い色にする対立遺伝子は，明るい色の対立遺伝子に対して優性である．オオシモフリエダシャクは夜間に活動し，日中は木の幹の上で休息する．ある時期，暗い色のガが増加した．樹皮が黒い幹では，鳥などの捕食者が暗い色のガを見つけにくかったためである．最初は1848年に英国のマンチェスターで発見され，1895年には，マンチェスター近郊の約98％のガの色が暗色で，英国の他の工業地帯（リバプール近郊など）でも，90％以上の率で見つかっていた（図17・7）．

ところが，暗い色のガが増えたのは50年間足らずで，今では明るい色のガの方が多くなっている．この場合の自然選択も，方

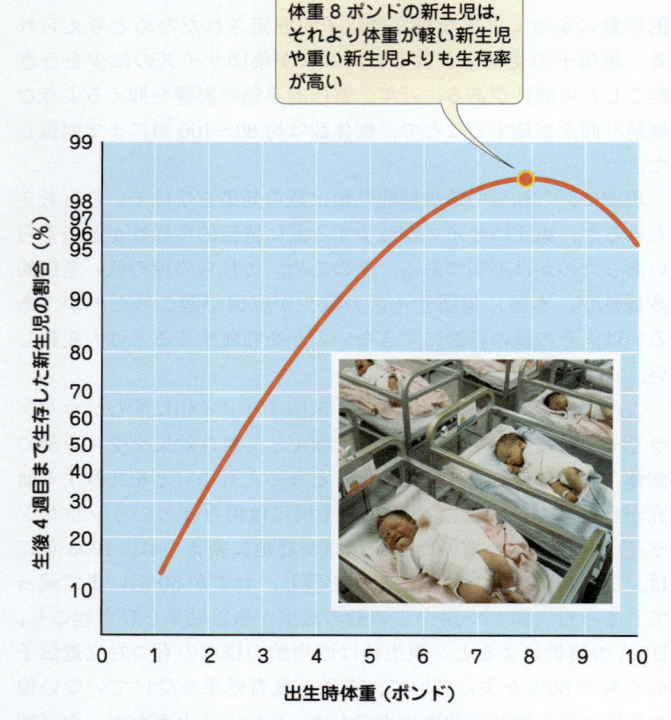

図 17・8　ヒトの出生時体重に対する安定化選択　グラフは，1935～1946年のロンドンのある病院で生まれた13,700人の新生児のデータを示す．新生児の集中医療施設を備えた国々では，安定化選択の作用がなくなりつつある．未熟児養育医療の発達，巨大児の帝王切開分娩の増加などの対策で，今日のデータで調べると，ピークが広がっている．

（体重8ポンドの新生児は，それより体重が軽い新生児や重い新生児よりも生存率が高い）

図 17・7　オオシモフリエダシャクの方向性選択　暗色のオオシモフリエダシャクの頻度は，1959～1995年の英国のリバプールの近隣，および米国ミシガン州のデトロイトにおいて大幅に減少した．1959年以前，煤煙などの公害で木の樹皮を汚染された時期には，暗色のガの頻度は英国や米国で上昇した．これは捕食者の鳥が，明るい色のガより暗い色のガを探す方が難しくなったのが原因である．1956年に英国で，1963年に米国で，大気汚染防止法が制定され，その後，大気汚染が少なくなり暗い色が必ずしも有利でなくなったらしく，暗色のガは二つの領域で同じように減少した（1963～1993年の30年間は，デトロイトのデータはない）．

向性選択によるが，現在，有利なのは暗い色のガではなく明るい色のガである．この転換は，1956年に英国で大気汚染防止法が制定されたことによる．大気汚染が改善されるにつれ，煤煙が減り，木の樹皮の色が明るくなり，捕食者が暗い色のガより明るい色のガを探す方が難しくなったからである．その結果，黒いガの割合が急激に減少した（図17・7参照）．

安定化選択は，中間的な表現型を示す個体が，他個体よりも有利になる場合に起こる（図17・6b）．ヒトの出生時体重が昔から知られている例である．かつて，出生時体重が平均より軽い，あるいは重い場合の生存率は，平均的体重の場合よりも低かった．そのため，中間的な出生時体重をもつように安定化選択がはたらいていた（図17・8）．しかし，1980年代後半頃から，イタリアや日本，米国のように医療の進んだ国では，このような自然選択が大幅に減少した．安定化選択の作用が小さくなったのは，非常に体重の軽い未熟児への医療対策が進歩したことと，また，胎児が大きく育ちすぎて出産時に母子に危険性のある場合に，帝王切開を行うようになったためである．

分断選択は，両極端の表現型の個体が，中間型の表現型の個体よりも有利になる場合に起こる（図17・6c）．このタイプの自然選択の例はそう多くないが，アフリカウズラスズメの集団で，く

ちばしの大きさに差が生じたのは，この分断選択のためと考えられる．くちばしが小さいか，逆に大きい個体は，中間のくちばしサイズのものより生き延びる率が高かった（図17・9）．

17・8 性選択：性と自然選択の接点

多くの動物で，雄と雌の体のサイズ，外形，行動が大きく異なる例が知られている．この雌雄の差は，交配相手の獲得能力に関係していると考えられる．たとえば，ライオンの雄は雌よりかなり大きく，雌を獲得するために他の雄と激しく争うことがある．大きい雄は強く，雌を奪い合う争いで成功しやすいので，自然選択は大きいサイズの雄に有利にはたらく．しかし，雌にはこの自然選択ははたらかない．その結果，ライオンに雄・雌の体形の違いが生じる．

個体間に遺伝形質の違いがあり，その違いが交配相手を獲得する能力の違いとなる場合，これを**性選択**という．自然選択の特殊なタイプで，ライオンの例のように，交配相手を獲得しやすい個体が優遇される．雄・雌のサイズ以外にも，求愛行動や他の形質の違いも性選択でうまく説明できるものがある．しかし，性選択と自然選択が矛盾する，つまり，交配の機会を増やす形質が逆に，生き残る機会を少なくする場合がある．たとえば，雄のツンガラガエルは，ひと息では終わらないような複雑で長い愛情表現の婚姻コールを行う．雌は婚姻コールを行う雄と交配するのを望むが，このカエルを食べるコウモリは同じ婚姻コールを手がかりにカエルを見つける（図18・5参照）．交配相手に居場所を伝える鳴き声が原因で，災難に見舞われることになるのである．

多くの動物で，一方の性の個体（通常は雌）が交配相手を選り好みする．そのような種では，選り好みする側が消極的にふるまい，交配を求める求婚者は積極的な役割を演じる．たとえば，鳥の例では，派手な色をした雄が交配相手に求愛するために非常に手の込んだ行動パターンを示すことがある（図17・10a）．ほかにも，雄が大きな鳴き声でさえずるなど気をひく行動をとり，雌は一番鳴き声の派手な雄を交配相手として選ぶという種もいる．

パートナーの選り好みが，交配相手の色彩や活力に満ちた鳴き声などの形質を基準にしているのであれば，その形質は，交配相手としての質の高さを示すよい指標となっているはずである．ここでいう高い質の交配相手とは，特に健康的で，健康な子孫を残す可能性が高い，あるいは，巣にいるヒナを守ったり，食料を採集する能力が優れていることである．この仮説を支持する最近の研究結果がある．クロウタドリでは，雌は黄色よりオレンジの色のくちばしの雄を好む傾向にあるが，オレンジ色のくちばしの雄は，黄色のくちばしのものより感染症が少ないことがわかった．つまり，雌はオレンジ色のくちばしの雄を選択することで，より健康な雄を選択することになる．同じように，マウスの雌は雄の尿の匂いから，どのくらいの寄生虫が寄生しているかを知ることができ，その情報をもとに健康な交配相手を選択する．

この二つの例では，雌はくちばしの色や尿の匂いなどの情報をもとに，雄がどれだけ健康であるかを見分けていることになる．ほかにも，雌が雄の健康状態をもとに，その背景にある遺伝子が良いか悪いかを暗黙のうちに評価するとみられるケースもある．たとえば，雌のハイイロアマガエルは交尾期の鳴き声が長い雄を交配相手として好む（図17・10b）．ある科学者が，野生の雌から未受精卵を，鳴き声の長い雄と短い雄からそれぞれ精子を採取

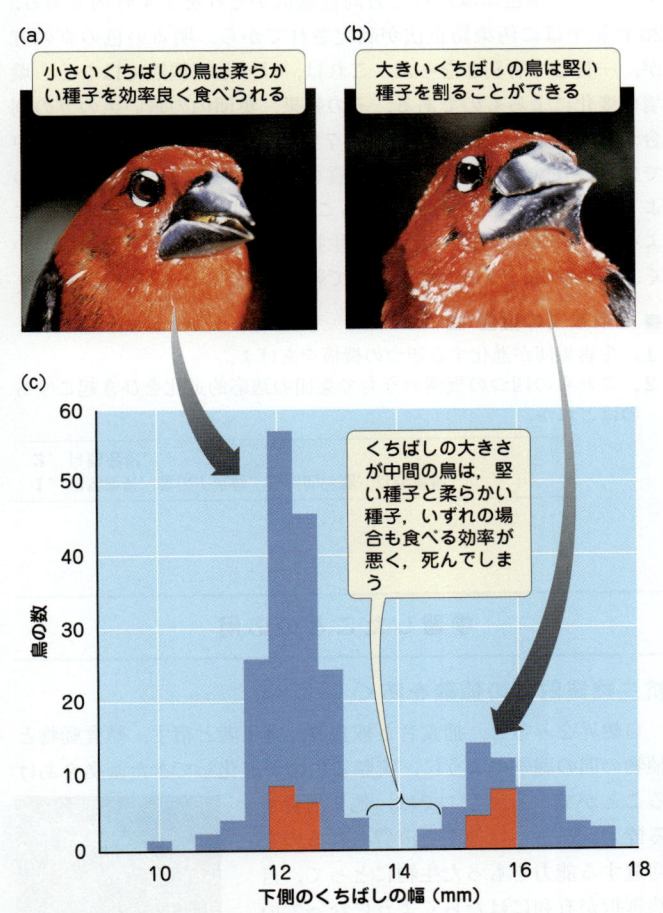

図17・9 くちばしの大きさに関する分断選択 アフリカウズラスズメの集団では，採餌効率の違いが原因で，生存率に違いが出る可能性がある．ある年にふ化した若鳥のうち，種子の少なくなる乾期を生き延びたのは，くちばしが小さいか，逆に大きい個体だけで，中間サイズのくちばしの個体はすべて死んでしまった．つまり，自然選択が，中間サイズのくちばしをもつ鳥を排除するようにはたらいたのである．赤色の棒グラフは，乾期を生き延びた鳥のくちばしのサイズ，青色の棒グラフは，死亡した若鳥のくちばしのサイズを示す．

図 17・10　性選択のはたらくとき　(a) 雄のクジャクは雌のクジャクに美しい尾翼を誇示する．
(b) 雄のハイイロアマガエルは鳴き声をあげて雌をひき寄せる．

して，受精させる実験を行った．その結果，鳴き声の長い雄の子は，短い雄の子より早く成長し，大きくなり，生き延びた．鳴き声が長い雄は，遺伝的に，また生殖能力のうえでも，優れているらしい．

17・9　まとめ: 集団進化の原理

本章では，突然変異，遺伝子流動，遺伝的浮動，および自然選択の四つの機構が生物集団の遺伝子頻度を変える原理について解説した．同じ考え方で，本書の前章までに紹介してきた進化の事例を再検討できる．たとえば，§16・2で扱った例では，自然選択と遺伝的浮動がどのように集団の遺伝的多様性に影響し，遺伝子頻度を変える要因となるかを紹介したが，そういった例も同じ原理で説明できる．

進化の過程を，より詳しくみていくと，つぎの三つの段階に分けることができる．まず最初に，突然変異，あるいは，組換えによる遺伝情報の再編成など，偶然の支配する過程がある．つぎに，これらの偶然によって集団内で遺伝的な形質の違いが生まれる．そして最後に，遺伝子流動，遺伝的浮動，および自然選択の作用で，遺伝的多様性をもった生物集団の遺伝子頻度が徐々に変化する．突然変異によって直接的に遺伝子頻度が変化するケースもあるが，前にも解説したように，実際に進化に与える効果は小さい．

集団内の遺伝子頻度を変化させる四つの機構のうち，つぎの三つの機構が偶然のできごとによって左右されるので，偶発的な事象が生物の進化に果たす役割はきわめて重要である．

1) 遺伝子が突然変異して，新しい対立遺伝子が生まれる．
2) 対立遺伝子が遺伝子流動によって一つの集団から別の集団へとランダムに移される（集団内の個体を無作為に選抜し，その対立遺伝子を移動させる）．
3) 遺伝的浮動が起こり，集団内の遺伝子の頻度が偶発的に増減する．

生物集団の進化は，上記の偶発的な事象だけでは決まらない．四つ目の機構，自然選択がはたらくためである．オオシモフリエダシャクの体色にはたらく方向性選択がそれを示す好例である．20世紀半ばに汚染防止法が制定されてから，明るい色のガの方が，一貫して有利となった．これは，けっして偶然ではなく，環境の変化によるものである．その結果，集団内の暗い色のガの割合が激減したのである（図17・7参照）．これは，生息環境の中で生き残り繁殖に有利となる形質をもっている個体が，他のものより優遇され，自然選択されることを示している．自然選択によって，時間の経過とともに，生物は環境によりよく適合していく．この話題については，次章で紹介しよう．

■ **これまでの復習** ■

1. 生物集団が進化する四つの機構をあげよ．
2. これらの四つの機構のうちで集団の適応的進化をひき起こすものはどれか．

学習したことの応用

抗生物質耐性の拡散を防ぐ

自然界をみると，捕食者と被食者，寄生者と宿主，植食動物と植物の間の闘争のように，実際に生物が進化してきた証拠をあげることができる．そこでは，他を消費する能力，あるいは他から消費されるのを回避する能力をもった生物にとって，自然選択が有利にはたらくようになっている．同じような闘いは，作物を荒らす真菌類や昆虫，病気の原因となる細菌などを人間が殺そうとするときにも起こる．残念ながら，これらの敵を打ち負かすのは大変困難である．それどころか，細菌を抹殺しようとする私たちの試みは，実際には彼らの耐性進化を加速するという意図せぬ影響を与えている．

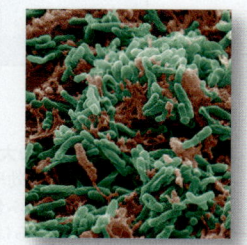

抗生物質や殺虫剤を使うと，それに耐性がない細菌，真菌類，昆虫を殺すが，その結果，むしろ高い耐性をもつ個体だけを残す．私たちが生物を殺す試みはすなわち，それらの耐性能力を選別することと同じである．本章の冒頭で説明したように，これが，かつては奇跡的に病気を治した抗生物質が，徐々に効き目を失った理由である．闘争を続けてきた細菌が小進化を遂げているのである．世界中の細菌が，幾度となく抗生物質にさらされ，自然選択によって抗生物質に対する耐性を進化させている．

たとえば1941年には，肺炎は1日当たり4万単位のペニシリンを投与すれば数日で治療できた．ところが，今日では，最先端の医療設備のもとで，1日2400万単位投与しても，肺炎の合併症を起こして死亡することもある．

他の細菌感染症でも耐性菌が知られている．細菌には，昔は致死的であった抗生物質に対処できる数限りない戦術があるらしい．たとえば，抗生物質を選んで細胞の外へ運び出すポンプをつくる，あるいはそれを分解する酵素を合成する，細胞壁を変化させて抗生物質が効かないようにする（ペニシリンは細菌の細胞壁を壊すが，その効果がなくなる）など，さまざまである．また，細菌の種類が異なれば，異なるタイプの耐性が進化する．たとえば，ある細菌は抗生物質を排除するポンプを発達させたが，他の細菌は抗生物質が到達するのを防ぐために層をつくって成長するように変化する．

細菌は，どのようにしてこのような多様な耐性機構を急速に発達できるのだろうか．細菌の世代交代の期間が短いことが一つの要因である．第3章で紹介したように，細菌は二分裂することによって増殖する．一つの細胞が分裂し，娘細胞が二つ生まれるが，細菌が分裂する間隔はわずか20〜30分で，1個の細菌がほんの数日で膨大な数の子孫を残すことができる．その一部が，突然変異の結果，抗生物質に対して耐性となる新しい遺伝子を偶然に保有することになるかもしれない．ひとたび突然変異が起こると，私たちが抗生物質を多用しているならば，自然選択の結果，耐性対立遺伝子が急激に増加する絶好の機会となる．

さらに悪いことに，第2章で紹介したような遺伝子の水平移動現象が，細菌間では頻繁に起こる．耐久性のある対立遺伝子が増加すると，細菌は個体間や種間で遺伝子をやりとりし，薬剤耐性の遺伝子が容易に，また迅速に，集団の中で広まる（図17・11）．特に厄介なのは，別種間でも遺伝子が転移する場合である．ヒトにとって比較的害の少ない細菌で進化した耐性遺伝子が，非常に危険な別の種に転移することもありうる．これは公衆衛生上，大惨事となる可能性があり，放っておいて解決できる問題ではない．

抗生物質耐性の細菌の拡散を防止して，人類にこういった運命的な終焉の日が到来しないようにするには，私たちが一致団結して努力するしかない．どのような対策があるかいくつか下に列挙した．その対策に必要なコストや効果の程度を考えてみよう．

- 細菌や病原体についての研究に，より多くの資金を投入し，効果的な薬剤の開発，細菌制圧の戦略を立てられるようにする．
- 細菌を全滅させる方法を考えるのではなく，細菌と共存する策を学ぶ．たとえば，細菌を殺す抗菌剤・殺虫剤を使う代わりに，安全な調理方法をとる，家を清潔に保つなど，細菌数を制限する方法を工夫する．抗菌剤などの薬剤使用を控えるのが有効なのは，これらの薬に対する耐性が，抗生物質耐性につながる可能性があるからである（図17・11参照）．同様に，細菌感染症の治療では，細菌を殺さずに，その弊害だけを軽減するような

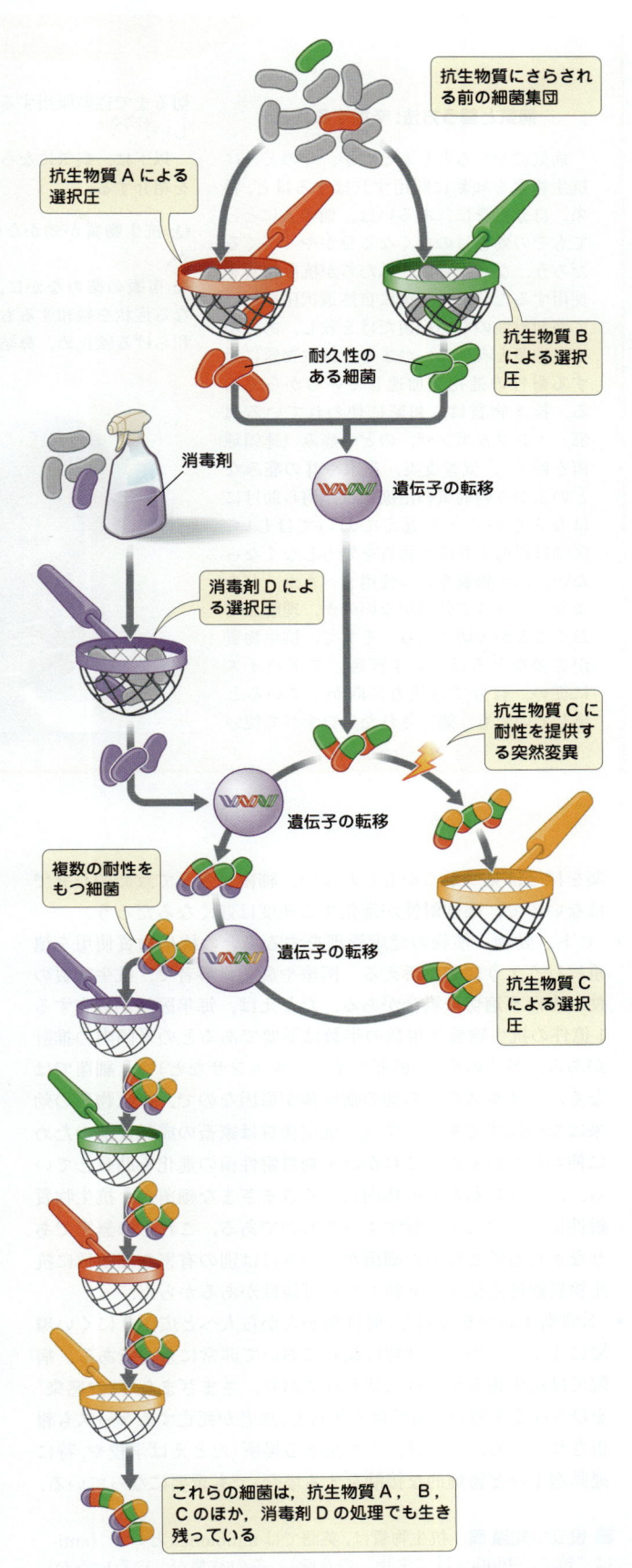

図 17・11 抗生物質耐性菌の進化 抗生物質が一般に使用されるまでは，抗生物質でほとんどの細菌を殺すことができた．こういった時期の抗生物質の使用で，数は少ないが耐性のある細菌を自然選択した．時がたち，抗生物質や消毒剤を繰返して使用することで（ここでは細菌をふるいにかけて選別するように描かれている），耐性のあるものをしだいに増やすことになった．

生活の中の生物学

病気と闘う方法: 辛抱すること

病気にかかるとしんどいが，そのときに抗生物質を頻繁に服用すればするほど，将来，自分自身に，あるいは，他の人にとってもその効き目のなくなる日がやってくるだろう．なぜならば，私たちが抗生物質を使用するたびに，細菌に自然選択圧をかけて薬剤耐性のない細菌だけを殺し，あらゆる耐性菌を有利に，つまり，抗生物質に対する耐性の進化を加速しているからである．抗生物質は，頻繁に使われている風邪，インフルエンザ，のどの痛み（連鎖球菌を除く），気管支炎，鼻水や耳の痛みなどのふつうの病気の治療には，何ら助けにはならないことも覚えておいてほしい．医師は以前より抗生物質を処方しなくなったが，抗生物質をいつ使用すべきか，どのようなケースで効果がないのか，理解しておくことが大切である．そして，抗生物質が必要なときは，必ず医師のアドバイスに従い，自分では快方に向かっていると感じていても，処方された分をすべて使い切るまで継続服用することを忘れないでほしい．

以下に，病気になったときに役立つ情報を紹介する．

Q: 抗生物質が効かないとき，どうすべきか．
A: 市販の薬のなかに，ウイルスが原因となる症状を緩和するもの，たとえば，咳を和らげる咳止め，鼻詰まりを緩和させる充血除去剤などがあるので，それらを使用する．ただし，このような薬は，乳幼児には使えない．有害なこともあるので注意を要する．何が一番効く薬か知りたい場合は，薬の効能について書かれた解説を読む，または，薬剤師や医師に相談するのがよい．

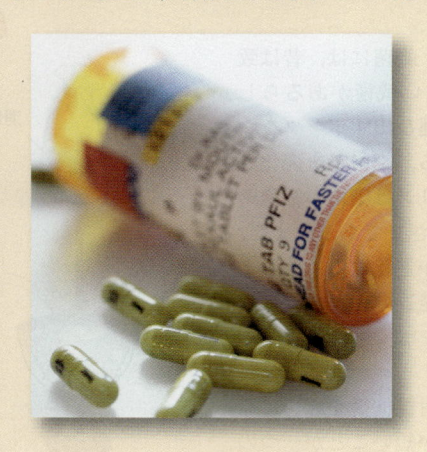

風邪はふつう，数日から一週間で治るが，インフルエンザによる疲労感は数週間続く場合もある．そのような病気の症状を緩和するには，

・水分を多く摂る
・十分に休む
・加湿器を使用して，空気の乾燥を防ぐ

以下の症状の場合は，医師に相談する．

・症状が悪化する場合
・症状が長期化する場合
・症状が多少快方に向かった後，吐き気，嘔吐，高熱，震え，悪寒，および胸の痛みなど，さらに深刻な問題が起こり始めたとき．

出典: 米国保険福祉省指針

薬を探せば見つかるかもしれない．細菌にとって致命的な薬ではないので，薬剤耐性が進化する速度は遅くなるだろう．

- ヒト，動物，植物の健康管理をする場合の抗生物質使用を慎重に行うように強く訴える．医療や農業従事者で，抗生物質の使い方が不適切な場合がある．たとえば，毎年医師が処方する1億件の抗生物質使用数の半数は不要であるとの米国内の推計がある．多くの症状（風邪やインフルエンザなど）は，細菌ではなく，ウイルスなどの他の病原体が原因なので，抗生物質の効果はないはずである．また，抗生物質は家畜の成長促進のために使われているが，これが抗生物質耐性菌の進化を助長している．ふつうに私たちの体内にいるさまざまな細菌が，抗生物質耐性になるのに手を貸すようなものである．これらの無害でありながら耐性となった細菌が，つぎには別の有害な細菌種に抗生物質耐性遺伝子を転移させる可能性があるからだ．

- 公衆衛生状態を改善し，耐性菌が人から人へと広がりにくい環境にする．この対策は特に病院において非常に重要である．病院では抗生物質が大量に使われており，さまざまな"院内感染"をひき起こす強力な耐性菌が出現し，患者が死亡するケースも報告されている．これは，人が集まる場所（たとえば学校や，特に運動選手など物理的な接触をする場合）でも重要になっている．

■ **役立つ知識** ■ 抗生物質は，英語では antibiotics という（anti- は"抗-"，-biotics は"生物"の意味）．この言葉が，いろいろな病原体に対して効果があるように誤解される原因である．正確には，細菌だけに効果があるので，"抗細菌物質（antibacterials）"とよぶのが正しいかもしれない．そうすれば，"抗カビ物質（antifungals）"，"抗ウイルス物質（antivirals）"と混同されることもないだろうから．

章のまとめ

17・1 対立遺伝子と遺伝子型

■ 集団内で占める対立遺伝子の比率を，遺伝子頻度という．遺伝子頻度を調べることで，集団が進化しているか否かを判別できる．

■ 集団内で占める遺伝子型の割合を，遺伝子型頻度という．

17・2 遺伝的多様性: 進化のもと

■ 生物集団内の個体は，形態，行動，生化学的特徴など，互いに異なり，遺伝的に決まる形質をもつ．

■ 遺伝的な違いがあると，生物は進化する．遺伝的多様性を生み出すしくみには，突然変異と組換えの二つがある．

■ 突然変異（生物の遺伝子 DNA の塩基配列に起こる変化）によって，新しい対立遺伝子が生まれる．

■ 有性生殖を行う生物では，組換え（減数分裂時の交差形成，染色体の独立な分配，および受精）によって，親にない新しい対立遺伝子の組合わせが出現する．

■ 遺伝的多様性が生まれる過程は不規則で予測できず，生物にとって新しい有利な形質が必要になったときに生じるものではない．

17・3 生物集団を進化させる四つのしくみ

■ 遺伝子頻度は，突然変異，遺伝子流動，遺伝的浮動，自然選択の結果，時間とともに変化する．

■ ハーディー・ワインベルグの式を利用して，進化の可能性を検証できる．

17・4 突然変異: 遺伝的多様性の源
- 進化的変化は，すべて，突然変異で生じた新しい対立遺伝子に由来する．
- 突然変異が直接の原因となって，遺伝子頻度が変化する例は少ない．
- 代わりに，新しい突然変異によって新しい遺伝的多様性が生まれ，そこに自然選択，遺伝子流動，遺伝的浮動が作用することで，集団の進化が促進される．

17・5 遺伝子流動: 集団間での対立遺伝子の交換
- 遺伝子流動によって新しい遺伝子が生物集団に導入され，進化作用の対象となる新しい遺伝的多様性が生まれる．
- 遺伝子流動によって，異なる集団間の遺伝子組成が類似したものとなる．

17・6 遺伝的浮動: 偶然の効果
- 遺伝的浮動によって，遺伝子頻度が時間とともに不規則に変化する．
- 小さい生物集団では，遺伝的浮動によって遺伝的多様性が失われることがある．
- 遺伝的浮動によって，有害か，中立か，有益か，には関係なく対立遺伝子が固定されることがある．
- 生物集団のサイズが減少すると，遺伝的浮動によって，遺伝的多様性の低下や対立遺伝子の固定などが起こりやすくなる．これを遺伝的瓶首効果という．瓶首効果によって生物集団の生存が危うくなることもある．

17・7 有利な対立遺伝子の自然選択
- ある特定の遺伝形質をもつ個体が，そうでない個体よりも高い率で生存し，子孫を残すようになることを，自然選択という．
- 自然選択は，それぞれの環境下での生物集団の繁殖成功率を高めるしくみとしてはたらく．
- 自然選択には三つのタイプが存在する．方向性選択は，一つの極端な形質をもつ個体が有利になる場合，安定化選択は，中間的な形質をもつ個体が有利になる場合，分断選択は，両極端の形をもつ個体が中間型の表現型をもつ個体よりも有利になる場合の自然選択である．

17・8 性選択: 性と自然選択の接点
- 交配相手を得るための能力にかかわる遺伝形質が個体間で異なる場合に，性選択が起こる．
- 体のサイズや求愛行動など，雄と雌との間の遺伝的な形質の違いが，性選択の起こる要因となる．
- 性選択で有利となる形質によって，かえって生存率が低くなることもある．
- 性選択は，片方の性（通常は雌）の個体が，交配相手を好みで選択するときに起こる．

17・9 まとめ: 集団進化の原理
- 進化過程は三つに分けることができる．1）突然変異や組換えによる遺伝子の再編成など，規則性のない偶然が支配する過程，2）これらの偶然によって，集団内の個体間で形質の遺伝的差異が発生する過程，3）最後に，突然変異，遺伝子流動，遺伝的浮動，自然選択によって，遺伝子頻度が時間とともに変わる過程である．
- 四つの進化の機構のうち，突然変異，遺伝子流動，遺伝的浮動の三つは偶然のできごとで左右される．一方，自然選択は偶然起こるのではなく，それぞれの周辺環境の中で，生き残り繁殖する能力の高い形質をもった個体を優遇する過程である．

復 習 問 題

1. 四つの進化機構（突然変異，遺伝子流動，遺伝的浮動，自然選択）のうち一つを選び，それがどのようにして世代を越えて遺伝子頻度を変えるか説明せよ．
2. 進化のうえで，遺伝的多様性が果たす役割をまとめよ．
3. 突然変異によって最初にもたらされた遺伝的多様性が，組換えによってどのように増加するか説明せよ．
4. 遺伝子流動，遺伝的浮動，自然選択，および性選択という用語の定義を述べよ．
5. 動植物種の小集団の絶滅を防ぐ方法の一つとして，他の大きな集団から同種の個体を，小集団へ導入することがあげられる．本章で紹介した進化の機構を考えたとき，集団間で個体を移すことで期待される利点，および，欠点は何か．生物学者や種保存問題にかかわる人が，そのような絶滅防止対策をとることに，あなたは賛成か，反対か．
6. 章末問題の第2問にあるヒキガエルについて，遺伝子型 AA，Aa，aa のヒキガエルの個体数は，ハーディー・ワインベルグの式に基づいた計算値と比べてどう異なるか．異なるとすれば，そうなった要因は何か．（p.298 "科学のツール" 参照）
7. p.304の記述中のつぎの文の意味を説明せよ．"それどころか，細菌を抹殺しようとする私たちの試みは，実際には彼らの耐性進化を加速するという意図せぬ影響を与えている"．細菌を殺すのではなく，細菌と接触する機会を減らす，あるいは，細菌の成長を遅らせるように私たちが努力方針を変えると，抗生物質耐性の細菌の進化が遅れるのはなぜか．

重 要 な 用 語

小進化（p.296）	固　定（p.299）
遺伝子頻度	瓶首効果
（対立遺伝子頻度）（p.296）	（ボトルネック効果）（p.300）
遺伝子型頻度（p.296）	創始者効果（p.300）
遺伝的多様性（p.296）	自然選択（p.301）
組換え（p.297）	方向性選択（p.302）
ハーディー・ワインベルグの式	安定化選択（p.303）
（p.298）	分断選択（p.303）
遺伝子流動（p.298）	性選択（p.303）
遺伝的浮動（p.299）	

章 末 問 題

1. 遺伝子型 AA，Aa，aa のものがそれぞれ，375，750，375個体いる集団（計1500）がある．AA，Aa，aa の遺伝子型頻度は，それぞれいくらか．
   (a) 0.33, 0.33, 0.33　　(c) 0.375, 0.75, 0.375
   (b) 0.25, 0.50, 0.25　　(d) 0.125, 0.25, 0.125

2. 遺伝子型 AA, Aa, aa の個体が，それぞれ 280, 80, 60 匹いるヒキガエルの集団がある．対立遺伝子 a の遺伝子頻度はいくらか．
   (a) 0.24
   (b) 0.33
   (c) 0.14
   (d) 0.07

3. セイタカアワダチソウの集団を調べたところ，大型の個体が常に小型の個体よりも高い率で生き残ることがわかった．サイズが遺伝性形質であると仮定した場合，ここで作用している進化機構として，最も可能性の高いのはつぎのうちのどれか．
   (a) 分断選択
   (b) 方向性選択
   (c) 安定化選択
   (d) 自然選択であるが，上の三つのどれに当たるか予測するのは難しい．

4. ハーディー・ワインベルグの平衡状態にある生物集団で，対立遺伝子 A の頻度が 0.7 で，対立遺伝子 a の頻度が 0.3 の場合，この集団内でみられる Aa の遺伝子型頻度（遺伝子型 Aa の個体の比率）はどのくらいか．
   (a) 0.21
   (b) 0.09
   (c) 0.49
   (d) 0.42

5. 毎年みられる個体数が 10〜20 羽の間でばらついている鳥の集団で，遺伝子頻度を調査したところ，年ごとに不規則に変化することがわかった．この遺伝子頻度の変化の原因として，最も可能性の高いものはつぎのどれか．
   (a) 安定化選択
   (b) 分断選択
   (c) 遺伝的浮動
   (d) 突然変異

6. 近くにいるが，異なる環境で生存する同一種の 2 集団で，時とともに遺伝的に似かよったものになっていくのが観察された．この変化をひき起こした原因として，最も可能性の高いものはどれか．
   (a) 遺伝子流動
   (b) 突然変異
   (c) 自然選択
   (d) 遺伝的浮動

7. 遺伝子型 Aa の個体の体のサイズは，AA と aa の個体の中間で，どちらよりも多くの子孫を残すものと仮定しよう．ここではたらく自然選択はどれか．
   (a) 方向性選択
   (b) 分断選択
   (c) 安定化選択
   (d) 性選択

8. 遺伝的な形質の違いが原因で，交配相手を獲得する能力の違いとなることをさす最も適切な用語はどれか．
   (a) 自然選択
   (b) 繁殖成功度
   (c) 交配相手の選択
   (d) 性選択

ニュースの中の生物学

Antibiotic Runoff

抗生物質の流出

抗生物質の間違った使用が，工場式の大規模畜産場の一つの問題となっている．抗生物質は，ヒトの治療の場合と同じように，家畜一頭ずつに，症状に合わせて別個に投与するのが基本であるが，病気予防や成長促進のためにブタなどの家畜全体にいっせいに抗生物質を与えることがある．これは，家畜を狭い畜舎で高密度で飼育すると，病気になりやすいからである．しかし皮肉なことに，これは薬剤耐性菌を進化させる非常に理想的な環境となっていて，やがて私たち全員にかかわる危険性をはらんでいる．

イリノイ大学の最近の研究で，その危険性が明白なものとなった．2カ所の養豚舎の地下水を調べたところ，テトラサイクリンなどの抗生物質に対して耐性となる数種類の転移性遺伝子が見つかったからである．養豚場排水は細菌密度が高く，テトラサイクリン耐性が，細菌から細菌へと伝搬する可能性が高い．また，その遺伝子が地下水中で発見されたという事実は，すでに自然の環境下で遺伝子の移動が起こっている可能性を示している．

この問題には，互いに関連する二つの解決策がある．大規模畜産業の経営者は，その二つとも実施するべきであろう．一つは，経営農家にとって一番難しいものであるが，抗生物質の大量使用，家畜の群れ単位での使用を禁止する対策である．二つ目の策は，家畜飼育場の屎尿廃液の規制や封じ込め策を強化することである．完全な封じ込め方法がないことが，現実の問題ではあるが．

もちろん，消費者が大型農場以外から豚肉を買うという選択肢もある．効率が重要であるという理由で，この種の大規模な工場式の畜産業が常に推進されてきた．しかし他の農業事業と同じように，副作用を考えれば，効率だけの考え方では完全に破綻するはずである．大型養豚場の問題点は，ブタと一緒に抗生物質耐性微生物をせっせと育成していることである．

抗生物質は，一般にヒトに使う薬と考えられているが，米国のUnion of Concerned Scientists（憂慮する科学者連盟）によると，米国内で使用される全抗生物質関連薬のうち70％が家畜に使われているとの推計がある．毎年合成されている抗生物質のうち約10,000 tが，ブタ，ウシ，ニワトリなどの家畜に使用されているのである．

細菌に抗生物質を投与すると，それがヒトか家畜かに関係なく，どんな場合でも，自然選択によって耐性のない細菌を取除き，耐性のある細菌だけを有利にする．つまり，抗生物質が使われるたびに，抗生物質耐性の対立遺伝子の頻度が増える可能性がある．養豚場では，コストを減らし収率を高めるために狭苦しい畜舎で家畜を飼育している．抗生物質を使用しなければ，家畜間ですぐに病気が蔓延するほどの密度である．しかし，実際には，こういった飼育方法はかえってコストがかかる可能性がある．すでに，抗生物質耐性感染症の治療のために，米国内だけでも毎年数十億ドルが費やされている．

このように莫大な費用が必要になるのは，耐性遺伝子が細菌から別の種の細菌へと転移したことも要因の一つと考えられる．これは，遺伝子水平移動とよばれ，遺伝子が，ある個体からその子孫へと同種内で遺伝するのではなく，種を越えて別の個体に移るよく知られた現象である．耐性遺伝子が危険な病原菌へ転移して，治療できなくなることが，一番恐れられている．大規模な養豚場周辺の地下水が，このような耐性菌，および水平移動する遺伝子を含み，他の地へと運んでいるのである．

このニュースを考える

1. より健康なブタを育てることがヒトの健康にとってよくないのはなぜか．抗生物質を家畜全体に投与することで，遺伝子水平移動により，他種の細菌（ヒトの病気をひき起こす病原性の細菌も含む）の抗生物質耐性菌を増やすことになる理由を説明せよ．

2. 食料品店に行ったら，肉製品のパッケージを見て，抗生物質を使用して育てられた家畜の肉かどうか確認してみよう．抗生物質を使用せずに育てられている場合，その旨が明記されているが，そうでない場合，抗生物質について何も明記されていない．抗生物質を使用した肉と使用していない肉の価格を比べてみよう．抗生物質を使用していない肉の方が一般に高価である．大規模な抗生物質の使用は，畜産業者にとって倫理上の問題点はないだろうか．肉の販売価格が上がったとしても，このような抗生物質の使用を禁止することは畜産業者や消費者にとってよいことだろうか．

3. 最近の研究で，メチシリン耐性黄色ブドウ球菌（MRSA）による米国内死亡者（1万人当たり0.63名）が，AIDSによる死亡者の数を上回ったことがわかった．メチシリンやアモキシシリンなどの一般的な抗生物質はすでにMRSAには効果がなく，現在，MRSA治療には，他の特殊な抗生物質を使用している．自然選択は，このような特殊な抗生物質の効果にどのように影響を与える可能性があるか．抗生物質を使用するたびに耐性菌だけを自然選択し，進化を助長しているならば，さらなるMRSAの耐性進化を遅らせる手だてとして，医師はどのような策をとるべきだろうか．

出典：New York Times紙社説，2007年9月18日

18 適応と種分化

Main Message
進化によってひき起こされる二つのことがら：一つは適応，あるいは，生物が有利な特性をもつようになること，二つ目は，生物多様性を高める新種の出現である．

カワスズメの謎

地球の環境は，ゆっくりとではあるが時間とともに，劇的な変貌を遂げることがある．海の中から島が生まれ，新しい湖ができては古いものが消える，大地がせりあがって山となり，かつてひとつながりだった大陸をも分断する．このような変化によって生物たちのすむ環境が変わり，進化の壮大な自然の実験舞台が設けられた．

進化の実験場として，ビクトリア湖の魚，カワスズメに起こった変化は驚異的である．ビクトリア湖はアフリカ東部の大湖沼群のなかで最大の湖で，できたのは約75万年前である．しかし，地質学的調査によると，わずか15,000年前にこの湖は完全に干上がってしまったらしく，その後，再び形成された．湖の再形成がいつ起こったにせよ，そこには何種かの魚が生息するようになり，やがて進化して，独特の種となった．こういった変化は世界中の湖で繰返し起こったとはいえ，ビクトリア湖における変貌ほどの壮観な例はほかにはみられない．

最近まで，ビクトリア湖には500種以上のカワスズメがすんでいた．その種数はヨーロッパ全土にいる湖や川のすべての魚の種数よりも多い．カワスズメは多種多様で，色彩豊かな魚であり，水族館でもおなじみの魚として知られている．遺伝学的な解析から，ビクトリア湖のカワスズメは約10万年前に生まれたと考えられている．つまり，15,000年前の乾燥期には絶滅しなかったのである（一部のカワスズメは湖内の水溜まりや近くの川で生き残ったらしい）．また，ビクトリア湖のカワスズメは，キブ湖（ビクトリア湖から275km離れた場所にあるビクトリア湖より小さく，古い湖）の2種の祖先種の子孫であることもわかった．10万年の間に，この2種から500種の魚が進化したことから，カワスズメの謎が出てくる．短い期間に，どのようにして500種ものカワスズメが生まれたのだろうか．

ビクトリア湖のカワスズメの種は，色彩，顎の構造，および食性という点で互いに大きく異なっている．しかし，遺伝学的にはいずれも非常に近縁な関係にあることから，ますます謎が深まった．どのようなしくみが，これらの近縁の種を，これほど違ったものへと進化させたのだろうか．

ビクトリア湖のカワスズメ

基本となる概念

- 適応とは，生物が生息環境での生存能力を高めようとする特性である．自然選択の結果，適応が起こる．
- 適応進化とは，自然選択によって生物集団がその環境への適合性を向上させることである．生物は適応進化によって種々の環境変化に適合できるようになる．この変化は，多くの年月を要することもあるし，数カ月や数年といった短い期間に起こることもある．
- 種とは，そのグループ内で互いに交雑でき，他のものとは生殖できないほど隔離されているひとまとまりの生物集団をいう．
- 種分化とは，一つの種が二つ以上に分かれる過程をいう．自然選択や遺伝的浮動によってひき起こされる遺伝的な差異に由来する副産物である．
- 種分化は，ある一つの種の中の複数の集団が，地理的に互いに隔離されたことが原因で起こることが多い．地理的な隔離は生物集団間の遺伝子の交流を抑えるので生殖隔離を起こしやすいためである．
- 新種は，地理的隔離のないところでも形成されることがある．

第 16 章では，生物が変化することが進化によってうまく説明できることを述べた．生物集団や種が進化することを理解すれば，生物の適応と多様性，そして生物の共有する特徴が説明できることを学んだ．この章では，二つの大きなテーマ，適応と生物多様性をあらためて考えることにする．適応の特徴とは何か，自然選択によって生物はどのように適応するのか，という点を考えてみよう．そのつぎに，種とは何か，種をどのように定義するかについて検討する．最後に，生物の多様性を生み出す原動力となる種分化に焦点を絞って解説する．

18・1 適応：環境の変化へ適合する過程

適応は，生物がそれぞれの環境において，より生存能力を高めるように変化する特性である．たとえば，速く成長する能力，食べられてしまうリスクを避ける能力，生存し繁殖する能力などである．適応の結果，生物はその生息環境に非常にうまく適合したものになる．第 16 章では，この適応が何かの意図的な過程や超自然的な作用の結果起こったものではなく，自然選択の結果であることを学んだ．他の個体よりも生存しやすく繁殖できる有利な遺伝形質をもつ個体が，それより不利な形質をもつものより速く増えていく．生物が時間とともにその環境に適合していく過程を**適応進化**という．同じような適応進化の過程が，人の影響下でイヌなどの家畜種においてもみられることを後で紹介する（p. 318 参照）．

適応には多くの異なるタイプがある

実際に自然界で観察されたものには，驚くような適応の例も多い．ハタオリアリとして知られる興味深いグループがいる．これらのアリは，生の葉を使って巣をつくるが，それには多くの個体の協力作業が必要である．一部のアリが 2 枚の葉の端を引き寄せて一カ所にまとめると，待ちかまえていた別のアリが，絹糸を吐き出す幼虫を継ぎ目に沿って前後に移動させ，2 枚の葉を織り上げていく．これらの複雑な行動は，アリが意識して計画したものでは

せっせと働くハタオリアリ

図 18・1 **進化によって生じた驚くべき適応の例** 生物は環境へ驚くほど巧妙な方法で適応できるように進化する．(a, b) *Nemoria arizonaria* というガの幼虫は，何を餌にするかで形態が変わる．(a) 春にふ化する幼虫は餌となるカシの木の花に似た形になる．(b) 夏にふ化すると葉を食べ，カシの小枝に似た外形となる．幼虫が花に擬態するか，小枝に擬態するかは，葉に含まれる化学物質によって切り替わることが，実験で示されている．(c) このランの花の形は，同じ地域にいる雌のハチを側面から見た姿にそっくりに進化した．ランは雄のハチをだまして偽の雌と"交配"させることで，受粉を成功させる．

なく，自然選択という単純明快な進化機構が，協同巣づくりという複雑な行動的適応（協同で巣をつくることで隠れ家を得るという恩恵を得る）をもたらすことを示した良い例である．

もう一つの適応の例をあげよう．ある種のガのイモムシ型幼虫は，カシの木の花，葉のどちらを餌にするかで外形が異なることが知られている．花を食べる幼虫は花に，葉を食べる幼虫は小枝に似た形に成長する（図18・1aおよびb）．餌となる植物の形態に似せることで，捕食者に見つかりにくくなる．

自然選択で生殖効率を上げるのに，驚くべき適応をしたランの例も知られている．ある種のラン科の花は，誘引物質を分泌し，さらに，雌のハチに似せた形態を使って雄のハチを引き寄せる．そして，だまして雌に似た"花"との交尾を誘う（図18・1c）．そうしている間に雄のハチは花粉まみれになり，花粉を別の花へと運ぶ手助けとなる．

適応には重要な共通の特性がある

図18・2にヨツメウオ（*Anableps anableps*）という四つの目をもつ魚の写真と，その目の構造を示した模式図を示す．実際は，この魚の目は二つしかないが，四つの目として機能し，空中と水中の両方の景色を同時に見ることができる．ヨツメウオは水面付近にいる捕食者で，水上の景色を見て虫などの餌を見つける．この独特の目によって，水上からの鳥や，水面下からの他の魚の攻撃を同時に監視できるのである．この魚は難を逃れるために水から飛び出して地上を這って移動することもできる．ヨツメウオは観察するのになかなか興味の尽きない魚だが，こういった理由で家庭の水槽での飼育には不向きであろう．

適応の例はあげればきりがなく，何百万通りもの数え切れない種類の適応があるが，ヨツメウオなどの例は，適応の最も重要なつぎの三つの特徴を示している．

- 適応は，生物がその生息環境に合致するように意図的に設計されたかのようにみえるが，これはいかなる場合も進化の結果である．
- 適応は，多くの場合，ヨツメウオの目やハタオリアリの巣づくり行動のように，非常に複雑である．
- 適応は，餌取り（採餌），捕食者に対する防御，および生殖活動など，重要な生物学的な機能を果たすのに役立っている（この点は，前にあげたすべての例についていえる）．

生物集団は環境に急速に適応できる

適応進化の過程が長期にわたることも多い．たとえば，氷河期に入り，それに終止符が打たれるまで，何千年もかけて気候はゆっくりと変動した．その間，生物集団は進化し，変化する環境に適応し続けてきた．一方，驚くような速さで飛躍的な適応進化を遂げた例も発見されている．たとえば，トリニダードやベネズエラの渓流にすむグッピーの雄は，派手な色彩をしていて，雌はその色に惹きつけられる．しかし，交配相手を惹きつけるのに役立つ雄の派手な色彩は，同時に，捕食者が彼らを見つけるのも容易にしている．グッピーの集団は，この互いに矛盾する要請に対してどのように進化するのだろうか．

実際の野生種で調べると，捕食者が少ない渓流にすむグッピーは派手な色をしているが，捕食者の多いところでは比較的くすんだ色をしていることがわかった．捕食者が雄の色彩に影響するのは，捕食者の数が多いほど，高い確率で最も派手な色をしたグッピーが食べられ，次の世代に遺伝子を残すことができなくなるためである．その結果，グッピー集団の色は，捕食者の数に応じて急速に進化するのである．捕食者の少ない地域に生息する派手な色をしたグッピー集団を，実験的に捕食者が多い地域へ移すと（その逆の実験でも），わずか10〜15世代（14〜23カ月）経るうちに，新しい環境へ適合するように色彩が変化することがわかっている．

環境条件の変化に応じて急速な進化を遂げるのはグッピーだけではない．たとえば，ムクロジ科植物の果実の種子を餌にするムクロジムシの場合，フロリダでの観察例では，餌の果実の大きさに合うように，吻の長さが速やかに進化することがわかった（図18・3）．同じように，第16章でみたダーウィン・フィンチのくちばしのサイズは，干ばつや餌となる種子のサイズに応じて急速に進化した．ほかにも，第17章でみたように，ウイルス，細菌，および昆虫は，それらを殺そうとする私たちすべての試みに対して，数カ月から数年で抵抗性を進化させることができる．これらの例は，自然選択による進化が非常に長期間にわたって生

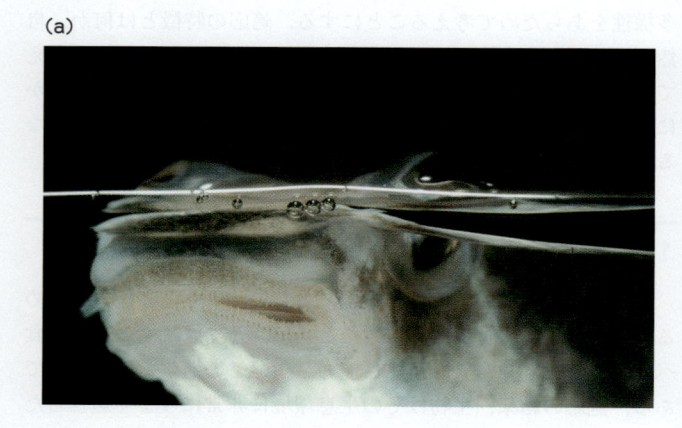

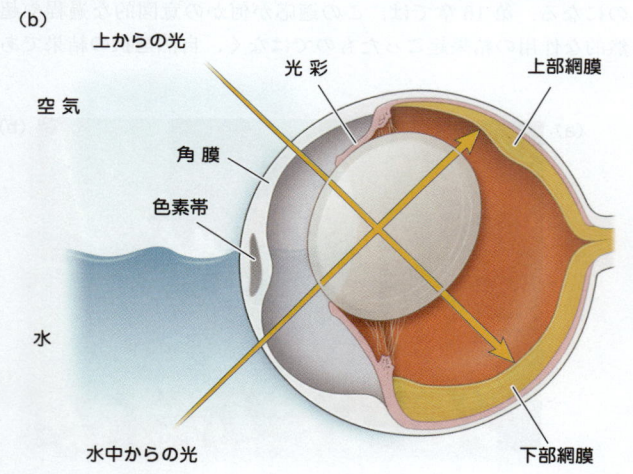

図18・2 **ヨツメウオ** ヨツメウオの目は実際は二つだが，空中と水中の両方からものをはっきり見られる特別な目をしている．(a) この魚はいつも水面付近を泳いでいる．このとき，眼球の色素帯のある位置を水面と同じ高さにして，目を水面の上下二つの部分に分けて使う．(b) 瞳孔の上部分を覆う虹彩が，水面からの反射光が目に入るのを防いでいる．魚が水面より上にあるものを見るときは，光は水晶体の中を厚みの薄い方向へ通過して，下部の網膜（光を受容する細胞と，そこで像を脳に伝達する神経細胞で構成されている）で外界の像を結ぶようになっている．これはヒトでも同じで，空気中の物体を見るのに一番きれいな像を写し出すようなちょうどよい厚みの扁平な水晶体をもっている．魚が水面下の物体を見るとき，光は水晶体の膨らんだ部分を通過して上部の網膜に到達するようになっている．これはふつうの魚と同じで，水中を見るときに一番きれいな像を写し出す膨らんだ水晶体をもっている．

(a)
果実
吻（ふん）
種子

(b)
これらのムクロジムシは速やかに短い吻を進化させたので、新たな移入種の種子を食べられるようになった

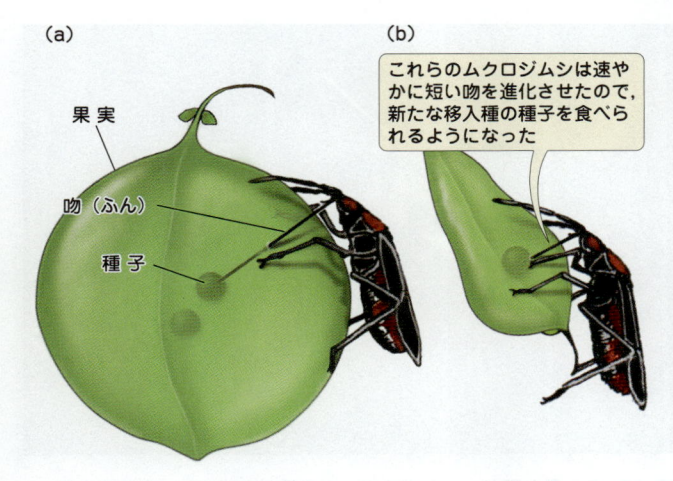

図 18・3　**昆虫の速やかな進化**　(a) 米国フロリダ州のムクロジムシは，従来は，野生のツル草，フウセンカズラの種子を餌としていた．種子を食べるとき，ムクロジムシは，フウセンカズラの果実の中心の種子まで長い口（吻部）を伸ばす．(b) 過去 30～50 年の間に，ムクロジムシの吻の長さが短くなる進化が起こり，それによって移入種であるモクゲンジの細めの果実の中の種子を食べられるようになった（中心部の濃い緑色の部分が種子）．

物の適応性を向上させることもあるが，驚くほど短い期間でその変化を起こすことも可能であるという重要な事実を示している．

18・2　適応により完璧な生物が生まれることはない

　自然界の適応進化がどれほど素晴らしくても，それは完全に環境に適合した生物を生み出すことを意味しない．遺伝上の制約，発生過程上での制約，もしくは生態学的な取引によって，現状以上に生物の適応が改善することはない．この節では，どのようなしくみによって，完璧なものへの進化が妨げられているのかをみていこう．

遺伝的多様性が乏しいことによる制約

　生物が環境へ適応し進化するのには，その前提として適合性を高められるだけの遺伝的多様性がなければならない．遺伝的多様性が乏しいと，それが直接的な原因となり適応進化が妨げられる．

たとえばアカイエカ（*Culex pipiens*）の場合，現在の種は，有機リン酸系の殺虫剤に対する抵抗性をもっている．この抵抗性は，1960 年代に起こった 1 回の突然変異で生まれた（第 17 章参照）．この突然変異が起こる前は，殺虫剤抵抗性という遺伝的多様性がなかったために，無数のアカイエカが死んでいった．

発生にかかわる遺伝子の多面性のための制約

　生物の個体発生にかかわる遺伝子に変異が生じると，表現形質に大きな影響が出ることが多い（第 14 章参照）．また，そういった変異の効果は一つに限られるのではなく，その他の形質にも大きく影響する．発生にかかわる遺伝子が変異すると，一部が生物にとって有利に作用する可能性がある反面，多くは有害だったり致死的な悪影響をもっていたりするからである．

　このように複合的な作用をもつ遺伝子は，その変化が制約され，適応進化を制限する要因となる．たとえば，甲虫やガなど変態する昆虫では，翅とよく発達した眼はともに成虫にとって重要な適応進化の結果である．しかし，幼虫はそれらを一切もたない（図 18・4）．これらの昆虫の幼虫にはさまざまな生活形態があり，たぶん，翅や眼をもてば非常に有益なこともあるかもしれない．幼虫はもちろん成虫と同じ遺伝子をもっており，成虫と同じ翅や眼をつくる遺伝子のスイッチを入れるだけですむ．そうしないのは，何か別の非常に悪い影響があるためと考えられる．もしかしたら致死的な影響なのかもしれない．つまり，甲虫やガの幼虫が翅や眼をもたないのは（そう進化できなかったのは），それが発生のうえで何らかの悪影響を及ぼすためであると考えられる．

生態学的な取引による制約

　生物が生き残り子孫を残すためには，食物と交配相手を見つけ，捕食者を回避し，過酷な外部環境の変化に耐えるなど，多くの試練を克服しなければならない．遺伝学的に，また，発生学的に可能な範囲で，生き残りと繁殖の可能性を最も高めるように自然選択がはたらくことになる．ところが，互いに矛盾する要求に直面する場合があり，このとき，生物は重要な機能を進化させるうえでのトレードオフ，つまり，取引的な妥協を行うことになる．

　繁殖に有利な個体が，逆に短命になるような例も多い．たとえば，前の年に出産した雌のアカシカの冬期死亡率は，出産しなかった雌よりも高い．このように，繁殖上のトレードオフは，生

(a) 翅や眼はガの幼虫にも役に立つだろう

(b) 幼虫も成虫も遺伝的設計図は同じなのだから，おそらく発生上の制約によって幼虫は翅や眼をもつことを妨げられているのだろう

図 18・4　**発生学上の制約**　このガの幼虫（a）には，成虫（b）にある二つの重要な適応形態，翅と眼がない．

殖にかかわる負担が軽微な場合であっても生じることがある．生殖に必要なエネルギーは，寒い冬を生き延びるのに必要な貯蔵エネルギーなどの他の用途には転用できないためである．また，第17章で説明したツンガラガエルの婚姻コールのように，生殖に有利な鳴き声が，直ちに捕獲者にねらわれるという高い代償になっている場合もある（図18・5）．一般に，生殖とその他の重要な機能の間でのトレードオフが存在し，これが，生物がけっして完璧に適応できない原因となっている．理由は簡単である．すべての点で同時にベストであること，それは不可能だからである．

■ **これまでの復習** ■
1. なぜ生物はこれほど多様に環境に適応できるのか？ そのしくみを説明しなさい．
2. どのような時間経過で適応進化が起こるか？

図 18・5 **愛か死か** ツンガラガエルの雄が直面しているのは生態学的な取引の問題である．雌をひき寄せるのには鳴き声が最も有効な方法であるが，捕食者のコウモリはその鳴き声で雄のカエルを見つけて餌としている．

1. 自然選択，種々な性質をもつ個体が他よりも速い速度で殖え，子孫を残すので，進化は避けられない．
2. 数十年ほどわずかな進化変化もあれば，ほぼ数十万年も続くこともあると知られている．

18・3 種とは何か？

地球上の種の多様性が生じた過程を理解する前に，まず，種とは何であるかを定義しなければならない．

多くの場合，生物の種は形態的に異なる

生物の種の違いは，実際は，形態の違いによって判別することが多い．つまり，二つの生物がいて，見かけ上，大きく違っていれば，それらは異なる種に分類される（図18・6）．こういった定義が一般に使われる．

多くの種は形態の特徴によって区別されている．つまり，ある生物の形態が他と大きく異なる場合，二つは関連性の低い別の種であるとみなされることになる．確かに，化石種についていえば，形態観察は種を同定し，他と区別できる唯一の手段ではある．し かし，現存する種では，形態による定義では不十分なことがある．たとえば，別の種でよく似ているのにもかかわらず，交雑できない場合があり，逆に，異なる集団の間で，ときには劇的に表現型が異なっているのに，互いに交雑でき，同種として扱うべきものもある．では，種を一つにまとめるもの，あるいは別の種であると判別する根拠は何であろうか．

異なる種は互いに生殖隔離されている

ほとんどの場合，異なる種の間での生殖は不可能である．種の間に生殖を妨げるような障壁がある場合，それらの種は互いに**生殖隔離**されているという．生殖隔離には二つのしくみがある．一つは，配偶子（動物の精子のような雄性の配偶子と，卵などの雌性の配偶子）が，接合して一つの細胞である接合子をつくる前に作用するしくみで，接合子形成前障壁という．もう一つは，接合子が形成された後で作用するしくみで，これを接合子形成後障壁という（表18・1）．生殖の障壁の種類は多いが，種間での遺伝

(a) (b)

図 18・6 **同種の生物は似た形態をしている** アラスカにすむハゲワシ(a)は，コロラドにすむハゲワシ(b)に外観がそっくりである．これらの鳥は非常に離れた地域にすんではいるが，表現型は似ている．

子の交換を起こさないという意味で，全体的な効果としては同じである．逆に，このような生殖隔離の制約があるので，同種内の個体は，他の遺伝子を混入させることなく遺伝子を皆で共有できる．種内の個体は対立遺伝子を共有し合い，表現型は互いに似たものとなり，他種の個体とは違ったものになる．

この生殖隔離は，最も一般的に使用されている種の定義で，**生物学的種概念**といわれる．この概念では，"種"とは，互いに交雑可能だが，他の群とは生殖的に隔離されている集団であると定義する．生殖隔離は，必ずしも地理的な隔離と同じではない点に注意しなければならない．たとえば，米国アラスカ州とコロラド州にすむハゲワシは，遠く隔てられていて交雑の機会はないが，一つの種である．

この生物学的種概念には致命的な限界がある．たとえば，二つの化石種が生殖隔離されていたかどうかはわからないので，化石種の定義には役に立たない．そのため，前にも述べたように，化石種の同定には形態的な観察が使われるのである．また，この概念は，細菌やタンポポのように，もっぱら無性的に増殖を行う生物にも通用しない．

明らかに関連性がなく，見かけもまったく異なるが，交雑して繁殖可能な子孫を残すことができる動植物が知られている．この場合にも，生物学的種概念はうまく当てはまらない．このように自然界で交雑することがない別の種の間での交雑を**雑種化**といい，そのような交雑で生まれた子孫を**雑種**という．それらの種は，互いに生殖が可能ではある．非常に異なる形態をしているものが多く（図18・7），異なる環境にいたり，餌の取り方など，生態学的な差異がみられることもある．

生物学的種概念には限界があるので，種の定義について従来とは違う方法を提案している研究者もいる．しかし，どの方法も完全ではない．限界があるにもかかわらず，大部分の生物学者が生物学的種概念を最も有効な方法として採用しているのは事実で，本書でもこの考え方を採用している．種の定義を一つの単純な特質，生殖隔離で定義するのは便利であるが，自然界における実際の種は，それよりもずっと複雑なものであることは，しっかりと覚えておいてほしい．

18・4 種分化: 生物多様性を生み出すプロセス

生殖隔離された一つの種から複数の種が生じる過程を**種分化**という．種分化によって，地球の生物多様性が生まれた．種分化を知ることが，生物多様性を理解する基礎となる．

新しい種はどのようにして生まれるのだろうか．かつて交雑できた集団が分かれて生殖隔離し，交雑不可能になることが，新しい種ができる決定的なきっかけとなる．しかし，第17章で学んだように，同種の集団内では遺伝子の流動があり，各個体が互いに似たものになっている．では，メンバーが互いに交雑し，共通の遺伝子群を共有している一つの種の中で，どのようにして生殖隔離が進むのだろうか．

集団の進化と同じ機構で種分化は説明できる

種分化は，生物集団の適応進化が起こる際に偶然生じる二次的

表 18・1 同一領域内の二つの種を生殖的に隔離する障壁

障壁のタイプ	例	効　果
接合子形成前の障壁		
生態学的隔離	生殖が生息地内の別の部分，別の季節，または 1 日の別の時間に行われる．	交雑が妨げられる
行動学的隔離	他種の求愛表現にうまく応じない，または支配行動が異なる．	交雑が妨げられる
機械的隔離	構造上の違いのために物理的に支配ができない．	交雑が妨げられる
配偶子隔離	二つの種の配偶子が和合できない，または交尾後に生殖器の中で生き残れない．	受精が妨げられる
接合子形成後の障壁		
接合子の死滅	接合子がうまく発生できず，出生前に死ぬ．	子孫ができない
雑種生存率	雑種の生存率が低いか，繁殖率が低い．	雑種の繁殖成功度が低い

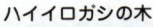

図 18・7 **交雑するが，異なる生物** ハイイロガシ（*Quercus grisera*）とガンベリオーク（*Quercus gambelii*）は交雑し，その雑種は生殖能力もある．しかし，葉の形態から明らかなように，この 2 種の表現型はまったく異なる．

な結果だと考えられる．つまり，突然変異，遺伝的浮動，または自然選択のしくみによって，時間とともに生物集団が遺伝的に異なるものに進化すると，このことが原因となり生殖隔離をもたらすという考え方である．

これは，ショウジョウバエの実験結果によって証明されている．実験では，ハエをまず小さい集団に分け，一つにはマルトース（二糖類）を与え，それ以外の集団にはデンプン（デンプンはグルコース分子で構成されるポリマー，第4章参照）を与えて，その他の条件は同じとした．すると，二つの異なる餌で飼育したハエの集団の間で，時間とともに生殖隔離が始まった（図18・8）．

生殖隔離が起こったのは，単に異なる種類の餌で生きられるようにハエが適応したからである．つまり，マルトースかデンプンのいずれかで早く成長できるようになったことに対して自然選択がはたらき，ハエの集団が進化し，遺伝的に変化した可能性が最も高い．遺伝的な変化が副次的に生殖隔離の原因となった．マルトースを常食とするように進化したハエは，同じものを常食とするハエとつがいになることを好み，同様に，デンプンを常食とするように進化したハエは，デンプンを常食とするハエとつがいになることを好んだのである．

この実験は，生殖隔離によって完全に種分化に至るまでは継続されていない．マルトース集団およびデンプン集団のハエは，まだ同じ種であって，互いの間で交配可能で，生殖を行うこともできる．しかし，他の進化的適応（マルトースとデンプンの違い）が原因となって生殖隔離が起こることを示している．自然の同一種集団（個体群，第21章参照）でも，このような進化が起こる可能性が常にある．異なる気候にすみ（アラスカとコロラドのハゲワシ），異なる餌を探し，また，異なる捕食者を避けるなど，異なる環境に適応している例が多いからである．

図18・8は，ショウジョウバエがマルトースかデンプンのどちらを餌にすると早く成長できるか，個体を二つの集団に分ける実験である．生物集団が異なる選択圧にさらされると，遺伝的に異なる集団に分岐することを示している．選択圧と同じように，突然変異や遺伝的浮動も種を分岐させる．一方で，遺伝子流動は常に集団の遺伝的分岐を妨げるような逆の作用をもつ．つまり，多様性を増やす効果が，遺伝子流動の効果に勝るときに，種分化につながる遺伝的な差異を蓄積できることになる．

地理的隔離が原因で種分化が起こる

集団が二つに分かれて隔てられたときにも種分化が起こる．これは，新しくできた河川や山脈が地理的な障壁となり，一つの種の集団が二つに分断されたときなどに相当する．これを**地理的隔離**という．生物集団の一部が通常の分布範囲よりもはるかに遠く離れた島などに移動することでも地理的隔離が起こる．海によって南アメリカ大陸から分断されているガラパゴス島のダーウィン・フィンチ（第16章参照）が，その好例である．

地理的隔離が起こる実際の距離は，移動の能力にもよるので，種によって大きく異なる．グランドキャニオンの渓谷は，そこに生息するリスにとっては恐ろしく深く，大きな障壁となったので，渓谷の両側でリスは非常に異なる集団へと分岐した．一方で，渓谷を容易に横断できる鳥には，そのような種分化は起こっていない．一般に，遺伝子流動を妨げるほど集団間の距離が遠くなったとき，地理的隔離が起こる．

原因が何であれ，地理的に隔離されると集団間に遺伝的なつながり，つまり，遺伝子の流動がほとんどなくなる．そこに，突然変異，遺伝的浮動，および自然選択がはたらくと，分断された集団間で遺伝的分岐が起こりやすくなる．これが十分に長い期間続くと，種分化が起こるのである．このように地理的隔離によって新たな種が形成されることを**異所的種分化**とよぶ（図18・9）．

地理的隔離が種分化をもたらす事例は数多く知られている．最初に紹介するのは，地理的隔離の効果によって，生物の種数が多くなるという観察例である．ニューギニア（山岳地域）の鳥類やハワイ諸島の植物などもそのような例であるが，インドネシアのフローレス島のホビットにかかわる最近の発見は，地理的隔離による種分化を示した特に興味深い事例である．ホビットは小型

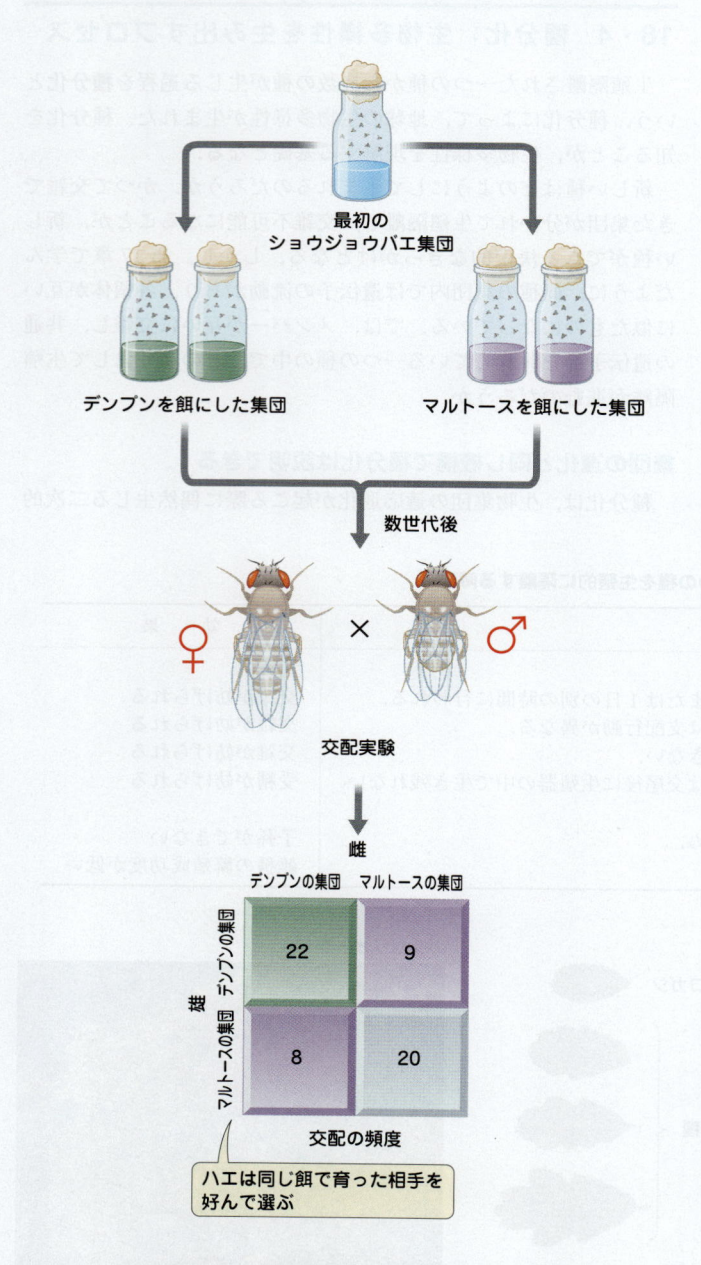

図18・8　自然選択が生殖隔離をもたらす　はじめに，ショウジョウバエを四つの集団に分け，数世代にわたって異なる2種類の餌（デンプンまたはマルトース）で育てた．その後，デンプンを常食とするように適応させたハエ（デンプンの集団）を，デンプン，または，マルトースに適応させたハエ両方と交配できる環境にした．交配頻度を調べた結果，デンプンの集団のハエは，同じデンプンに適応させた他の集団の中からつがいとなる相手を見つける傾向が高いことがわかった．同様に，マルトース集団のハエは，同じマルトースの集団のハエを好んだ．このような配偶相手の好みの違いは，最終的には種分化につながる生殖隔離となる．

の，ヒトに近い生物で，2004年にインドネシアで発見された．成人でも身長が約90 cmのホビット族は，フローレス島に12,000年ほど前まで，コモドオオトカゲや小型の象とともに暮らし，石器や火を使っていた．この発見があってから，科学者は，この小型の島民が，別種（フローレス原人，*Homo floresiensis*）であるのか，われわれと同じ種（*Homo sapiens*）で，単に小さな個体にすぎないのか議論を続けてきた（この論争についての最新情報は，p. 322，"ニュースの中の生物学"を参照）．

地理的隔離の重要性を示す二つ目の事例は，種の地理的分布と繁殖率との関係を調べた観察である．ある生存分布域の中で，片方の端にいる個体は，地理的に離れた反対側の端にいる個体と交配させると繁殖率が低くなるが，二つの中間分布領域にいる個体との交配では，高い繁殖率を示すという例が知られている．地理的障壁の周りをループ状に取囲んで分布する生物集団（**輪状種**）で，この特殊な例が観察できる．両端にいる個体は互いに接触があるにもかかわらず交雑できないのである．カリフォルニア州シエラネバダ山脈の周囲に分布するサンショウウオは，典型的な輪状種の例である．

実験的に生殖隔離をひき起こした図18・8の観察例も，異所的種分化が起こりうることを示す三つ目の事例である．

地理的隔離がなくても種分化は起こる

ほとんどの新種は異所的種分化によって生まれたと考えられる．遺伝子流動の中断が種分化をひき起こすため，地理的分布が重なる，あるいは隣接する集団に比べると，地理的に離れている方が，遺伝子流動の起こる可能性がずっと低くなるからである．そのため一時は，異所的種分化以外の方法で新しい種が生まれる可能性はきわめて低いと考えられてきた．しかし現在は，植物の場合，地理的隔離のないところでも新種が生まれるという考え方が定着しつつある．最近の研究報告によると，動物でも同様なことが起こっているという確実な証拠も得られている．地理的隔離のないところで起こる新種形成を**同所的種分化**とよぶ．

植物の場合，染色体数の急激な変化が同所的種分化をひき起こすことがある．多倍数性の個体が生まれ，1世代のうちに別種となるからである．**多倍数性**とは，減数分裂（第9章参照）の際に染色体がうまく分離できなかったために起こるもので，染色体数がふつうの2セットより多くなる現象である．自然に染色体数が倍加して多倍数性の生物が生じることもある．ヒトや動物にとっては多倍数性は致命的な悪影響でしかないが，植物種にとってはそうではないものが多い．多倍数性の個体が生き残ると，配偶子の染色体数が多いので，元の親がつくる配偶子とは接合できず，生殖隔離される．実際はこのようにして直接植物の新種ができる例は少ないが，多倍数性が地球上の植物にもたらした影響は大きい．現生する植物種の半分以上が多倍数性によって生じたからである．動物種にも少数だが多倍数性によって生じたと思われるものがある．その例として，カエル（アフリカツメガエル）やトカゲ，魚の数種や，哺乳類では唯一アルゼンチンのビスカーチャネズミが知られている．

動物では多倍数性以外の要因でも同所的種分化が起こりうる．アフリカの湖で，地理的隔離がないにもかかわらず新しいカワスズメの種分化が起こっている例が，その強い証拠である．遺伝的データの解析から，ベルミン湖とバロンビ・ムボ湖のカワスズメは，周囲から遮断された環境下で，それぞれ9種，11種の新種を生じたことが明らかになった．小さな湖の中で地理的に隔離されることはあり得ないし，魚が違う環境に分かれてすむことも考えられない．つまり，魚の種が異所的種分化（地理的隔離）によって進化するすべはなく，同所的種分化が起こった可能性が非常に高いのである．

同所的種分化の証拠は，他の動物でも知られている．リンゴミバエ（*Rhagoletis pomonella*）の北米の集団内で，地理的分布が重なり合っているにもかかわらず，新種への分岐が現在進行中であると考えられている．これまでの経緯をみると，リンゴミバエは従来は野生のサンザシの果実を食べていたが，19世紀中ごろになって，新しく移入された栽培用のリンゴに食害の記録が残っている．現在では，同じ種であるものの，リンゴを食べる集団とサンザシを食べる集団とは遺伝学的に区別できる．それぞれの集団内の交配は異なる季節に起こり，卵も餌としている果実にだけ産みつけられる．つまり，リンゴおよびサンザシを餌とする集団の間で，ほとんど遺伝子流動がないのである．さらに，一方のハエには有益だが，他方には害を及ぼすような対立遺伝子も発見され，この

リンゴミバエ

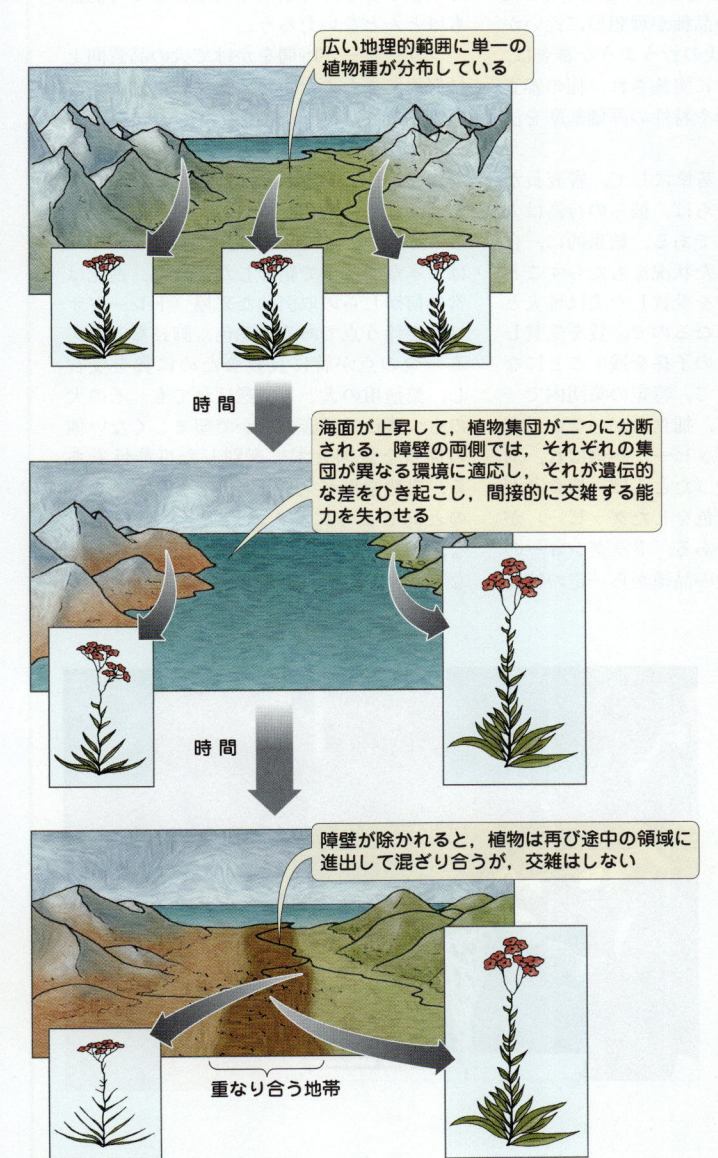

図18・9　異所的種分化　海面上昇などの地理的障壁によって集団が隔てられ，新種が生まれることがある．

生物学にかかわる仕事

ドッグショーの審査

米国では，人為選択によってつくり出されてきた150種ほどの犬が毎年15,000以上のドッグショーに参加する．地方や州開催のショーから，全国的なものまである．出場犬を審査するには，それぞれの犬種の外形や行動を判断する専門家の仕事が重要になる．Edd Bivin氏は，犬種の外形の判定に特に精通していて，他の犬審査員，調教師，ブリーダー，ケネルクラブ（イヌの純血種の登録や血統書の発行を行う協会）の人々から"伝説的審査官"と言われている．以下は，愛犬家の関心を集めているウェブサイトTheDogPlaceからBivin氏のインタビューを抜粋したものである．

■ **審査員になろうと決めたのはいつで，きっかけは何でしたか？** 私が審査員になろうと決めたのは，子どものときだったと思います．良い犬を選んで，それを他の人にも認めてほしかったのです．私はコンテストを重要だと思っていたし，もし審査員になることがあったら，犬の血統やトレーナーの年齢などは気にしないと思っていました．自分が優秀な犬だと思う犬を評価したかったのです．

■ **審査で一番楽しいと思うことは何ですか？** もちろん，犬とふれ合うことですが，人とのふれ合いもそうです．また，審査員Edd Bivinとしての個人的な競技であるとも考えています．私は競技に行くたびに自分自身と戦っています．自分が置かれている状況のなかで，その日，最善を尽くして仕事ができるかどうか勝負しています．

■ **今日のコンテストについて話しましょう．大部分の品種は10年前より優れたものになっていますか？** いいえ．品種は変化し，良くなったり悪くなったりを繰返します．大部分が良くなったとはいえません．現在，以前の品種より優れたものもありますが，多くは10年前の品種ほどは良くはないと思います．繁殖を指導している人たちや，人々の関心度によって大きく左右されます．

■ **コンテストの犬を最初に見るとき，どこに注目されますか？** バランスとプロポーション，姿勢と輪郭，外形と性格です．

■ **コンテストではショーマンとしての力量やプレゼンテーションの方法も考慮されますか？** もちろんです．すぐれた外形と性質をもった良質な動物を見落としてはいけません．私は犬に対して称賛の声をあげる方にも，ショーを批評をしながらも犬を褒めて下さる方にも関心をもつようになりました．ドッグショーは，品種を評価するための一つの形式なのです．

ここで紹介した職業

コンテストで犬を審査するとき，Bivin氏は，どれだけその品種が理想型に近いかを評価する．Bivin氏の行うような審査は，厳選された犬種だけに実施され，他の審査員もそれにより外形や特性の評価基準を決めるのである．

Bivin氏の判定を基準にして，審査員が他の犬も比較するならば，彼らの行為は人為選択の過程と同じである．結果的に，自然界の適応進化に似た状況をもたらすことになる．つまり，賞を受賞した犬は種犬として引っ張りだこになるので，賞を受賞しなかった犬より多くの子孫を残すことになる．自然選択によって，特定の集団内で一つの形質（たとえば，捕食者がいない川では派手な色をしたグッピー）が選ばれ，別の集団では他のもの（たとえば，捕食者が多い川ではくすんだ色をしたグッピー）が選ばれるのと同じである．ドッグショーの審査によって，複数の品種から一定の特質の犬を選択することになる．たとえば，巨大なチワワ種が受賞して，頻繁に繁殖される可能性は低いだろうし，ちっぽけなグレートデンがドッグショーやコンテストで好成績をおさめて繁殖の対象になる可能性もほとんどないだろう．

ブリーダーが時間をかけて犬の品質向上に努めてきたのだから，選ばれた犬はすべての面で10年前より優れたものになっていると思う人もいるかもしれない．しかしながら，Bivin氏は進化しているものもいるが，大半は退化しているという．なぜだろうか．一つの理由として考えられるのは，本章の前半で紹介したように，進化は常に何かしらの取引的な妥協（トレードオフ）を伴う点である．毛色，脚長など，ある一つの点が特に良質なために賞を受賞し，繁殖用の犬として選ばれても，その犬のもつ遺伝的要素のなかで望ましくない他の性質を意図せずに選別した可能性もある．自然選択が完璧な適応をもたらさないのと同じように，人為選択も，常に良質な，あるいは完璧な犬を生み出す結果とはならない．

ドッグショーの審査

対立遺伝子による自然選択によって，2グループ間での遺伝子流動がすべて抑制されていると考えられるようになった．リンゴミバエは，動物の同所的種分化について歴史的で重要な観察事例である．

18・5　種分化の速度

種分化が多倍数性や他の急速な染色体の変化で起こる場合，新種は1世代で生まれる可能性を述べた．アフリカのカワスズメは，他の理由により急速な種分化が起こった例と考えられる．ビクトリア湖のカワスズメは500種あるが，それらはわずか二つの祖先種から派生したことが遺伝子の解析からわかっている．500種ものカワスズメが過去約10万年の間で急速に種分化した（平均すると約1万年に1回の割合で種分化し続けた）ことになる．

通常は種分化はもっとゆっくりと進行すると考えられ，淡水魚の場合，最低3000年（メダカ科の魚）から900万年以上（コイやピラニア，多くの観賞魚などを含むカラシン科）と考えられる．また，ショウジョウバエ，テッポウエビ，鳥類を含む他の動物では，60万年から300万年と見積もられている．集団によっては，長期間にわたって地理的隔離があっても生殖隔離が起こらないこともあり，北米とヨーロッパのプラタナスは2000万年以上もの間，地理的に隔てられてきたにもかかわらず，2集団は形態学的に似ており，互いに交雑も可能である．

18・6　適応と種分化の意味

生物は適応することで新しい環境に適合できるようになり，種分化することで生物の多様性が生み出される．この二つを理解することは，すなわち進化のしくみを理解することである．

適応と種分化は，応用面でも非常に重要である．たとえば，エイズの原因ウイルスであるHIVのような，遺伝子の変化の速い病原体と闘うとき，最善の撲滅策を立てるうえで，その適応能力を理解することが重要である．また，種分化が昔から人類にとって重要な実用課題であったことは，ウシ，イヌなどの家畜やトウモロコシなどの作物をみれば明らかである．

また，種分化の速度がわかれば，現在進行中の種の絶滅を食い止めることにもつながる．種分化には，何十万年から何百万年もかかるものがあるが，人類はわずか数十年から数百年のうちに，一部の種を絶滅に追い込んでいる．もし，私たちが同じ速度で種を絶滅させ続ければ，今失いつつある種が元に戻るまでには何百万年もの時間を要するであろう．

■ **これまでの復習** ■

1. 生物学的種概念で，ある集団が独立した種であるかどうかを決める鍵は何か．
2. 地理的隔離は種分化においてどのような役割を果たすか．
3. 同所的種分化は起こらないと考えられていた理由は何か．

学習したことの応用

ビクトリア湖におけるカワスズメの急速な進化

最初に述べたように，ビクトリア湖のカワスズメ類の種分化速度は速く，脊椎動物の他のどんなグループにも類をみないほどの急速な進化である．わずか10万年の間に，どうやってあれほどたくさんの種ができたのか，その謎をもう一度考えてみよう．カワスズメには二つの重要な特性がある．

一つは，ビクトリア湖のカワスズメは配偶者の選択の基準として体の色彩を使う点である．雌は特定の色彩の雄と交配することを好む（性選択の例については§17・8を参照）．生態学的に，あるいは，他の生物学的な面でほとんど違いがないのに，ある種の雄は青色に，別の種の雄は赤か黄色になるといった具合に色彩が大きく異なり，また，どの種の雌も色彩だけで雄を選んで交配する．実際に光の波長を変えて，雌が青と赤/黄を区別できないような照明条件で実験したところ，雌の体色嗜好性はみられなかった．カワスズメ類の2集団の雄がたまたま異なる色彩をもち，雌の嗜好性が生殖隔離をもたらした．これが，ビクトリア湖でつぎつぎに新種が生み出された背景にあることを実験は示唆している．

二つ目の特徴は，カワスズメがふつうとは違った顎の構造をもち，新しい餌の種類に合わせて容易に形態を変えることができたことである．そのため，ビクトリア湖ではカワスズメの形態と食性が著しく多様化している（図18・10）．容易に顎の構造を修正できることは，どのように種分化と関係しているのだろうか．そのシナリオはおそらくつぎのようなものであったのだろう．まず，雌の雄選択指向性によって二つの集団間に生殖隔離が成立し，その結果，遺伝子の流動がなくなる．つぎに異なる食物源に対して特殊化するようになり，分岐を続けて別の新種になっていった．

しかし，カワスズメがいかに急速に種分化できたとしても，それより速い速度で起こる絶滅には追いつけない．過去30年間に，ビクトリア湖ではおよそ200種のカワスズメが絶滅した．その一因は，捕食者であるナイルパーチ（スズキの一種）の導入によるものである．

しかし，ナイルパーチにほとんど食べられることのない種も多く絶滅している．なぜだろうか．これは雌の配偶者選択の方法に関係しているらしい．前にあげた実験では，雌が色彩によって雄を選ぶことを示しているが，人間の活動による水質汚染が原因で，ビクトリア湖の水が濁ってしまったのである．濁水で雌がつがいになる雄の色を見分けられず，種間の生殖上の障壁が取払われた．その結果，かつては別々であった種が交雑するようになり，互いに似かよったものとなった．このような交雑が続くと，種分化の過程が"逆行"し，それが種の絶滅をひき起こしたと考えられる．

環境汚染によって，受精ができない，あるいは，受精卵が死滅するといった障害（接合子形成前後の障壁，表18・1参照）だけで，現在の急速な絶滅が起こるとは考えにくい．水の濁りが雌の色彩識別能力をなくし，種分化を抑えたのである．人間活動による環境汚染は，カワスズメ類の新たな種分化を止めると同時に，既存の種をも絶滅に追い込むという，二重に深刻な影響を与えて

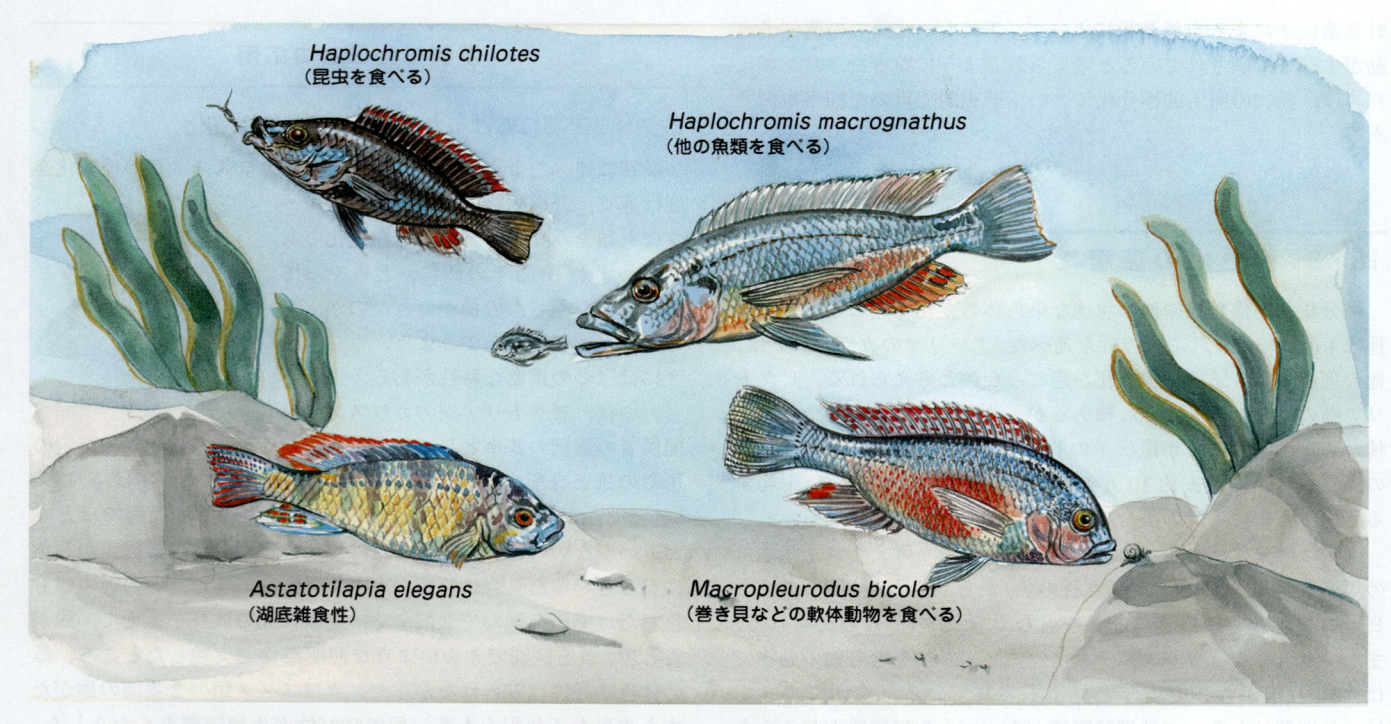

図 18・10　ビクトリア湖におけるカワスズメの多様性　ここに示した 4 例の種は，形態や食性に違いがある．

Haplochromis chilotes（昆虫を食べる）
Haplochromis macrognathus（他の魚類を食べる）
Astatotilapia elegans（湖底雑食性）
Macropleurodus bicolor（巻き貝などの軟体動物を食べる）

いる．ビクトリア湖という自然の進化の実験舞台を台無しにしないためにも，私たちは汚染を止めなければならない．

章のまとめ

18・1　適応: 環境の変化へ適合する過程
- 適応の結果，生物は生息環境にうまく適合するようになるが，これは，あらかじめ決まった意図や設計に従う過程ではない．
- 適応進化とは，生物と環境の間の適合性が時間とともに改善されるプロセスである．
- 適応は，配偶相手を誘引したり，捕食者から回避するなど，生物によって重要な機能にかかわる．
- 適応進化の期間は，非常に短期のものから，非常に長期のものまである．

18・2　適応により完璧な生物が生まれることはない
- 適応進化は遺伝学的制約を受ける．遺伝的多様性がないと，自然選択はほとんど起こらない．
- 適応進化は発生上の制約も受ける．発生遺伝子のもつ多面的な効果によって，生物の進化が制限される．
- 適応進化は生態学的トレードオフによっても制限される．生物は矛盾した要求に直面したとき，重要な機能を遂行するうえで取引的な妥協を行う．

18・3　種とは何か？
- 別種の生物は形態的に異なるものが多いが，形態は，必ずしも，種を確実に区別できる方法ではない．
- 生物学的種概念によれば，交雑が可能で，他のものとは生殖隔離されている一群の集団を種と定義する．
- この生物学的種概念には限界がある．化石種（形態でしか特定できない），無性的に増殖する生物，および自然界で広範な別種と交配して雑種をつくる生物には通用しない．

18・4　種分化: 生物多様性を生み出すプロセス
- 種分化の過程で生殖隔離が起こることが重要である．
- 種分化は，自然選択，遺伝的浮動や突然変異によって生じた生物集団の遺伝学的な分岐の副産物である．
- 生殖隔離が生じるほどの長期間にわたって集団が地理的に隔離されたときに種分化が起こる．ほとんどの新種はこの方法で生まれたと考えられ，これを異所的種分化とよぶ．
- 種分化は地理的隔離がなくても起こる．同じ場所でも，集団の一部が他から遺伝的に分岐すると新種が生まれ，これを同所的種分化とよぶ．
- 多倍数性は多くの植物でみられ，1 世代のうちに種分化をひき起こすこともできる．

18・5　種分化の速度
- 種分化は，速やかに起こることもあるし，何十万年から何百万年も要することもある．

18・6　適応と種分化の意味
- 生物は適応することで，新しい，あるいは変化する環境に適合できるようになる．
- 種分化によって生物の多様性が生まれる．
- 適応と種分化は，病原菌をどう対処するか，家畜種をどう開発するかといった実用的な問題にもかかわる．

復習問題

1. なじみのあるヒト以外の生物を一つあげよ．その生物にみられる適応の例を二つあげよ．それらがなぜ適応的と考えたか，詳しく説明せよ．
2. 適応進化とは何か．人間の虫歯や結核などをひき起こす細菌における適応進化とは何か．これまで理解したことを使って説明せよ．このような病原性の細菌を人間が殺菌することが，その進化にどのような影響を与えるか．その進化的変化は，私たちに役立つものか，あるいは害を及ぼすものか．答えを述べ，説明せよ．
3. ある希少な絶滅危惧種の生物が，他のふつうにみられる種との間で雑種をつくることができるとわかったとしよう．この二つの種は自然界で雑種をつくるのだから，単一の種とみなされるべきだろうか．2種のうち一方はふつうの種なので，もう一方も，もはや希少種や絶滅危惧種に分類するべきではないのか．これは間違いか，正しいか．
4. 図18・7のカシの木のように，見かけが違い生態学的にも違う種は，1種または2種，どちらに分類すべきか．カシの種は自然界でも雑種をつくる．この場合，一つの種，二つの種，どちらと考えられるか．
5. 熱帯の暴風雨の際に，鳥が，すんだことのない別の島へと飛ばされることがある．この島が元の集団から遠く離れた場所にあり，環境条件も異なると仮定しよう．自然選択，または遺伝的浮動（あるいはその両方）は，鳥の種が分化する過程にどのような影響を与えるか．答えを述べて，それを説明せよ．
6. アフリカのビクトリア湖で，カワスズメ類には何百という新種が誕生した．それらの種のなかには，湖における生息地が異なり，互いに遭遇しないものもある．これらの種は，地理的隔離によって，あるいは，地理的隔離なしのいずれの方法で進化したと考えられるか．
7. どのようなしくみで同所的種分化が起こるか．同所的種分化が異所的種分化よりも起こりにくいのはなぜか．

重要な用語

適　応（p. 311）　　種分化（p. 315）
適応進化（p. 311）　地理的隔離（p. 316）
生殖隔離（p. 314）　異所的種分化（p. 316）
生物学的種概念（p. 315）　輪状種（p. 317）
種（p. 315）　　　　同所的種分化（p. 317）
雑種化（p. 315）　　多倍数性（p. 317）
雑　種（p. 315）

章末問題

1. 地理的分布が重なり合っているが，自然界では交雑しない種を何とよぶか．つぎのうちから選べ．
   (a) 地理的に隔離されている．
   (b) 生殖的に隔離されている．
   (c) 遺伝的浮動にさらされている．
   (d) 雑種．
2. つぎの進化の機構のうちで，生殖隔離による進化を抑制するのはどれか．
   (a) 自然選択　　　　(c) 突然変異
   (b) 遺伝子流動　　　(d) 遺伝的浮動
3. 種分化が最も起こりやすいものを選びなさい．
   (a) 同所的種分化
   (b) 遺伝的浮動による種分化
   (c) 異所的種分化
   (d) 偶然の現象
4. 種分化するのに要する時間について正しいのはどれか．
   (a) 1世代から数百万年までの大きな幅がある．
   (b) 植物の方が動物より常に時間がかかる．
   (c) 10万年より短いことはない．
   (d) 1000年より長いことはまれである．
5. 適応について正しいのはどれか．
   (a) 生物がその生息環境に適合すること．
   (b) 複雑である．
   (c) 重要な生物機能を遂行するのに必要である．
   (d) 上記のすべて．
6. 生殖の接合子形成前障壁，および接合子形成後障壁によってひき起こされるものはどれか．
   (a) 集団間の遺伝的差異の減少．
   (b) 交雑の機会の増加．
   (c) 種分化の抑制．
   (d) 種間の遺伝子流動の減少または阻止．
7. 以下は同所的種分化が起こっていると考えられる例である．正しくないものはどれか．
   (a) リンゴミバエ．
   (b) グランドキャニオンの渓谷をはさんで反対側にすむリス．
   (c) カワスズメの魚．
   (d) 多倍数性の植物（またはその祖先）．
8. 植物種Aの二倍体の染色体数は8で，植物種Bの二倍体では16である．AとBの雑種に染色体数の倍化が起こり，植物種Cが生まれた場合，Cの二倍体の染色体数として最も可能性が高いのはつぎのうちどれか．
   (a) 8　　(b) 12　　(c) 24　　(d) 48

ニュースの中の生物学

Study Says Bones Found in Far East Are of a Distinct Species

BY JOHN NOBLE WILFORD

極東で発見されたヒトの骨は別種であると発表された

［この記事は，最近発見された，インドネシアのフローレス島で絶滅したホビットといわれる種族の化石の研究結果について書かれたものである．発表した研究者は新種のヒトであると主張している］

インドネシアの絶滅した"小人族"の起源をめぐる論争で，ある科学者チームが3本の手首の骨から，身体疾患のある小型の現代人ではなく，別種（ヒト属の新種）の個体であるという証拠を発見したと報じた．

フローレス原人（*Homo floresiensis*）として別個の種とするには，明らかな証拠とはなっていないと反論する人もいる．

3年前，非常に小さな頭をもつ小人の骨格がフローレス島の洞窟で発見されたときは衝撃的であった．頭と脳のサイズが平均よりかなり小さくなる発達障害を患った現代人である可能性が高いと主張する研究者もいた．

スミソニアン研究所の人類学者のMatthew W. Tocheri博士が率いる研究チームは，手根骨が現代人とは異なった形をしていることを新しく発見した．研究チームは，骨は，不可解な病気や発育異常の現代人のものではないと報告しており，むしろ，短く見積もっても80万年前にヒトから分岐した祖先種に由来す

るものであると結論づけている．手根骨の形態から判断するに，現代人，ネアンデルタール人，およびそれらの共通祖先にみられる特徴とは異なり，その前に分岐しアフリカから移動した別種ではないかと，Tocheri博士らは語っている．

ペンシルヴァニア州立大学の発生遺伝学の教授であり，新種とみなすことに反対しているRobert B. Eckhardt博士は，さっそく新しい論文で反論している．彼は，手首の骨の形態にはばらつきがあり，一部のものは正常で，それ以外のものは外傷や発達異常などの結果であると述べている．

ヒトや近種の生物の進化に関するその他の研究報告と同様に，新種（フローレス原人）の可能性のある発見には，興奮，疑念，および論争がつきまとう．

ホモ・サピエンスは現在生き残っている唯一のヒト属の生物種である．かつては，ホモ・ハビリス（*Homo habilis*）やホモ・エレクタス（*Homo erectus*）など他の種も存在していたので，もしかしたらフローレス原人もこれに含まれるのかもしれない．ただ，フローレス原人と現代人が，同じ時期，わずか12,000年前まで同時に生存していたことに関して，つぎのような多くの問題点が未解決のままである．

現代人とフローレス原人の間には何かしらの交流がなかったのだろうか．体のサイズや手首の骨以外の違いはあるのだろうか．もし交配した場合，健康な子孫を残すことは可能だったろうか．つまり，

生物学的種概念での別種といえるのだろうか．

私たちの祖先がどのような生活をしていたのか興味は尽きない．フローレス原人のように，私たちが想像している以上にさまざまなホモ・サピエンスの近縁種がいたのかもしれない．このような発見は，現代人の祖先がどのような生活をしていたのか，それを理解する新しい手がかりになるのかもしれない．

このニュースを考える

1. 生物学的種概念に従い，手首の骨の違いから，フローレスの"小人族"が現代人とは別種であると断言できるだろうか．これらの人々と現代人について理解するには，さらにどのような情報が必要だろうか．

2. Tocheri博士の研究グループの見解が正しく，また，この種がフローレス島にだけ限定されている場合，異所的種分化または同所的種分化のいずれの方法でこの種が生まれた可能性が高いだろうか．他の島に生息する生物種で，同じような種分化の起こった例を述べよ．

3. フローレスの"小人族"は，おそらく数千年前の島の火山爆発によって絶滅した．しかし，ヒト属の別の種がもしまだ生きていたら，それはどんな意味をもつだろうか．もし，ヒト属の別の種を発見したら，私たちはどのように対処すべきだろうか．そして，実際どう対処するだろうか．彼らは，ホモ・サピエンスと同じ基本権をもつだろうか．あるいは，私たちのペット，動物園の動物，食物などと同じように扱うべきだろうか．彼らが，私たちホモ・サピエンスを故意に攻撃してきたら，犬のように殺されるのだろうか．あるいは，現代人と同じように単純に刑罰に処すだけだろうか．

出典：New York Times紙，2007年9月21日

19 生物の進化の歴史

> **Main Message**
> 地球上で繁栄する生命の種類は，長い年月とともに，大きく変貌する．

凍った荒野の不思議な化石

　南極大陸は氷に覆われた砂漠である．極寒の地で，水は凍りつくので液体の水は存在しない．この飲み水もない地で耐えられる生物はほとんどなく，せいぜい海岸にすむ小型の生物だけである．大陸全体でも，種子植物は2種だけで（ナンキョクコメススキとナンキョクミドリナデシコ），最大の陸生動物は体長5 mmのハエの一種である．

　内陸部の生物はさらに小さくなる．生きているといっても，氷の中で凍りつき仮死状態に近い．あるいは，顕微鏡でしか観察できない細菌や原生生物だけである．渓谷にはほとんど氷や雪がないので，多少とも足を踏み入れやすく思われる．しかし，非常に低温で乾燥しているために，生物らしいものはほとんどない．見つかる生物は，光合成細菌と，岩石の半透明な部分に潜入して一生を過ごす地衣類だけである．現在の南極大陸は，ほとんど生命とは無縁の凍りついた大地である．

　ところが，化石記録は大きく異なる．今では生物の痕跡すらない地も，かつては熱帯のサンゴ礁に囲まれ，その後，森林となったことを示す化石が発見されている．また，別の時代には，シダ類，淡水魚，大型両生類，水生昆虫，それに22 mを超える樹木の繁茂した土地でもあった．南極大陸には，かつて，恐竜が歩き回り，その何百万年か後には，哺乳類や爬虫類が3.5 mもあるような飛べない恐鳥に追いかけ回されていたのである．

　昔の探検家や科学者は，南極大陸でこのような化石を発見しておおいに驚いた．ほとんど生命のないところに，かつては豊かでおびただしい数の生物がいたことを化石は示しているからである．最初に発見した探検家や科学者には，いったい何が起こったのだろうかという，素朴な疑問が残っただけであった．

当時の南極大陸の景観　1.9億年以上前の南極大陸の景観．植物が繁茂し，巨大な恐竜 *Glacialisaurus hammeri*（竜脚類の仲間）などのいる豊かな地であった．

基本となる概念

- 大進化とは，種より上位の分類群に起こる大規模な変化である．
- 化石記録は地球の生命史を裏づける証拠となる．
- 初期の光合成生物は，副産物として酸素を大気中へ放出し，つぎの真核生物，さらに最初の多細胞生物の進化のための舞台をつくった．
- カンブリア大爆発（5.3億年前）で，驚異的な動物の多様化が起こった．現存する主要な動物門の大半は，この時代の化石記録に突然出現する．
- 植物，菌類，および動物の陸地への進出によって，2回目の著しい多様化が起こるきっかけとなった．
- 生物の歴史は，原生生物，植物，動物などの主要グループの興亡の歴史である．大陸移動，大量絶滅，および適応放散が生物の歴史に大きな影響を与えた．

地球は生命に満ちあふれている．記載されている種だけでも約150万種，さらに数百万種が未発見のままであると考えられる．地球上の種の総数は300万から3000万の範囲にあるともいわれている（インタールードA参照）．これは大変大きな数であるが，現存する生物の種数は，これまで地球上に存在した全種の1%にも満たないと考えられている（つまり99%は絶滅した）．

第18章では，小規模に集団を進化させ（小進化），新たな種を形成するしくみ（種分化）に焦点を絞って，生物の多様性がどのように生まれるかを紹介した．本章では別の視点で進化を考える．地球上の生物の長大な歴史を通した大規模な進化的変化，すなわち大進化を考えることにする．

大進化とは，種より上のグループの進化である．たとえば，新しい属や門など，より上位の分類群の出現に相当する．また，ある属の中の種数変化など，グループ数の増減も大進化という．さらに，新たな生物群が繁栄する進化的放散や地球上の生物多様性を大きく変えるような大量絶滅なども大進化とよぶ．大進化の着目点は，時間とともに地球の生物群がどう変わるかである．種より上位の分類群の形成や絶滅の歴史として進化を考えることになる．

本章では，まず，地球上の生物の歴史が化石記録にどのように記されているかを紹介し，生命史上いつ重要なできごとが起こったかをみることにしよう．つぎに，長期間にわたって生物多様性を大きく変化させた，大陸移動，大量絶滅，および適応放散について紹介する．それが，私たちの属する動物のグループ，哺乳類が出現したこととどのようにかかわっているのかも考察したい．

19・1 化石記録: 過去へのガイド

かつて生存していた生物の残骸，あるいは，足跡など体の形を写しとったものを化石という（図19・1）．残骸そのものではなく，

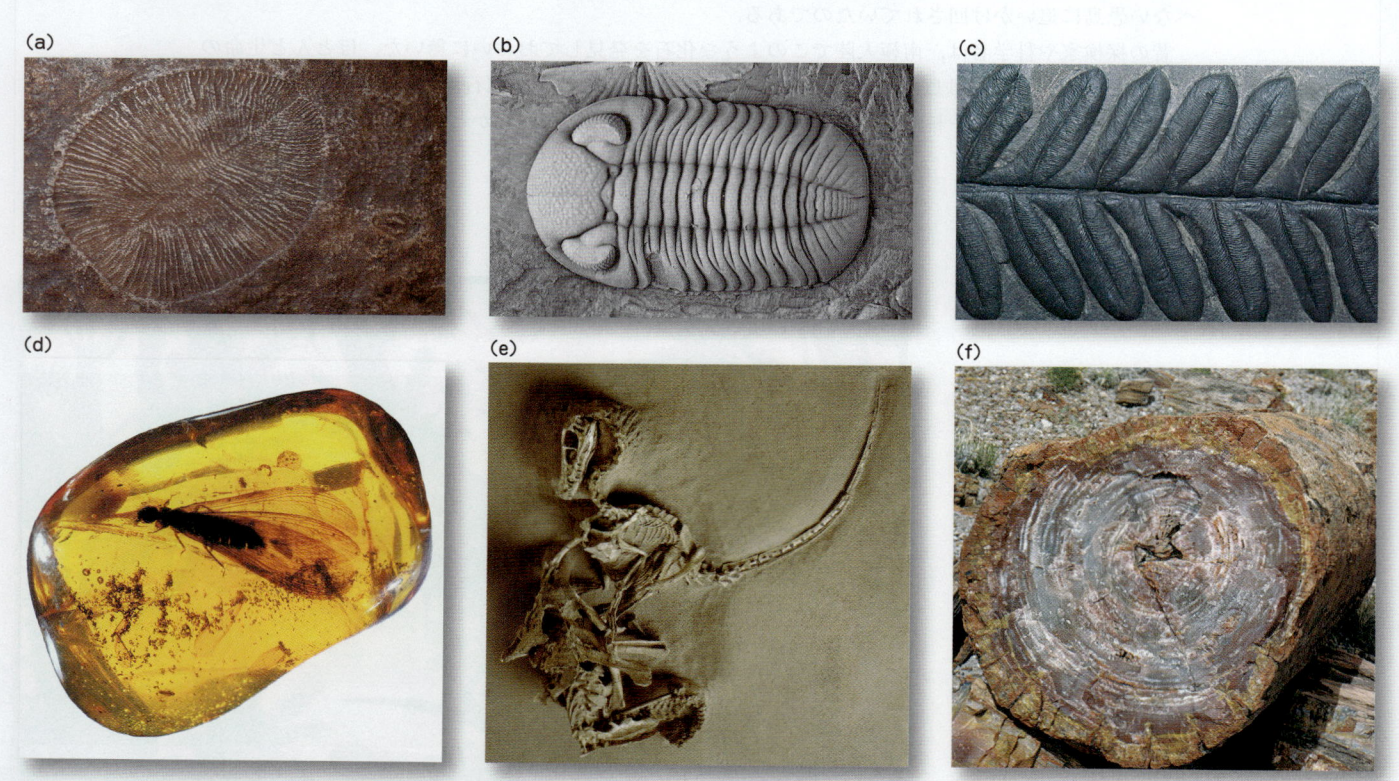

図 19・1 時代を経て残った化石の例 (a) 6億年前の動物の化石．柔らかい体をもった動物が繁栄していた時代である．(b) デボン紀（4.1～3.6億年前）に生きていた三葉虫の化石．両眼には複数のレンズが並んでいて，複眼（小さな眼の構造が集まったもの）であったことがわかる．(c) シダ種子類の葉の化石．3億年前の石炭紀（3.6～2.9億年前）のもの（米国ワシントン市付近で発見）．石炭紀にできた広大な森林は，今日，私たちがエネルギー源としている化石燃料（石油，石炭，および天然ガス）をつくるもとになった．(d) 化石となった樹脂である琥珀の中に残った2000万年前のシロアリ．(e) 捕食者のプロトケラトプス（*Protoceratops*）と絡み合い，かぎ爪に噛みついたまま一緒に化石となったヴェロキラプトル（*Velociraptor*）．(f) 珪化木（硬い木材が岩石となったもの）．

珪化木（植物の組織がケイ酸塩に置き換わったもの）のように，死んだ生物の体の一部が無機物に置換したものが多い．このような化石には元の生物の形が残されているが，異なる物質からできている．ふつう，化石が見つかるのは堆積岩（固結した堆積物の層からなる岩石）の中が多いが，それ以外にも，樹脂が化石化した琥珀（コハク）の中に昆虫が見つかることもあれば（図19・1 d 参照），マンモスや5000年前のヒト（第2章の章頭写真参照）のように，解けた氷や氷河の中から見つかることもある．

第16章で紹介したように，化石の記録は生命史を書き記したものであり，進化の研究の中心的存在である．過去の生物が現存するものとは違った形をしていること，多くの生命が地球から消滅したこと，そして，生物が時間とともに進化したことの明確な証拠が化石である．

化石が見つかった地層の深さ，つまり地表からの距離を化石記録の順序という．化石の時代は，その順序に対応し，ふつうは，古い化石ほど深い岩層で見つかる．この化石記録の順序は，別の方法で調べた結果と一致する．たとえば，現存の生物の形態やDNA塩基配列などを解析すると，硬骨魚類から両生類へ，次に両生類から爬虫類へ，さらに爬虫類から哺乳類へと進化したことがわかり，正確に化石記録の順序と一致している．爬虫類から哺乳類への進化では，新しい生物群が徐々に変化しながら新しいグループが生まれてきた過程を化石記録から追跡することもできる（図19・13参照）．

生物の出現順序や生物群の進化を化石記録から知ることはできるが，そこでわかるのは化石の相対的な年代（どちらが古いか）だけである．**放射性同位体**を使うと化石の時代をより正確に決定できる．放射性同位体は，放射能をもつ不安定な元素で，時間とともに一定の速度で崩壊し，安定した元素へと変化する．たとえば，放射性同位体の炭素14（^{14}C）の場合，その半分量が5730年の間に崩壊して安定な炭素12（^{12}C）に変化するので，化石に残っている^{14}Cの量から化石の時代を推測できる．^{14}Cは比較的新しい年代の化石を解析するのに使えるが，7万年以上前（^{14}Cは減少し0.02%以下になる）の化石の年代を決めるのには不正確である．それ以前の物質の年代を定めるときは7億年の半減期をもつウラン235を使う．また，化石に放射性同位体が含まれないことも多いが，その場合，化石のすぐ上下にある岩石の中の炭素やウランを使って測定する．

完全ではない化石記録

化石記録からわかるのは，地球上で繁栄した生物群と，その変

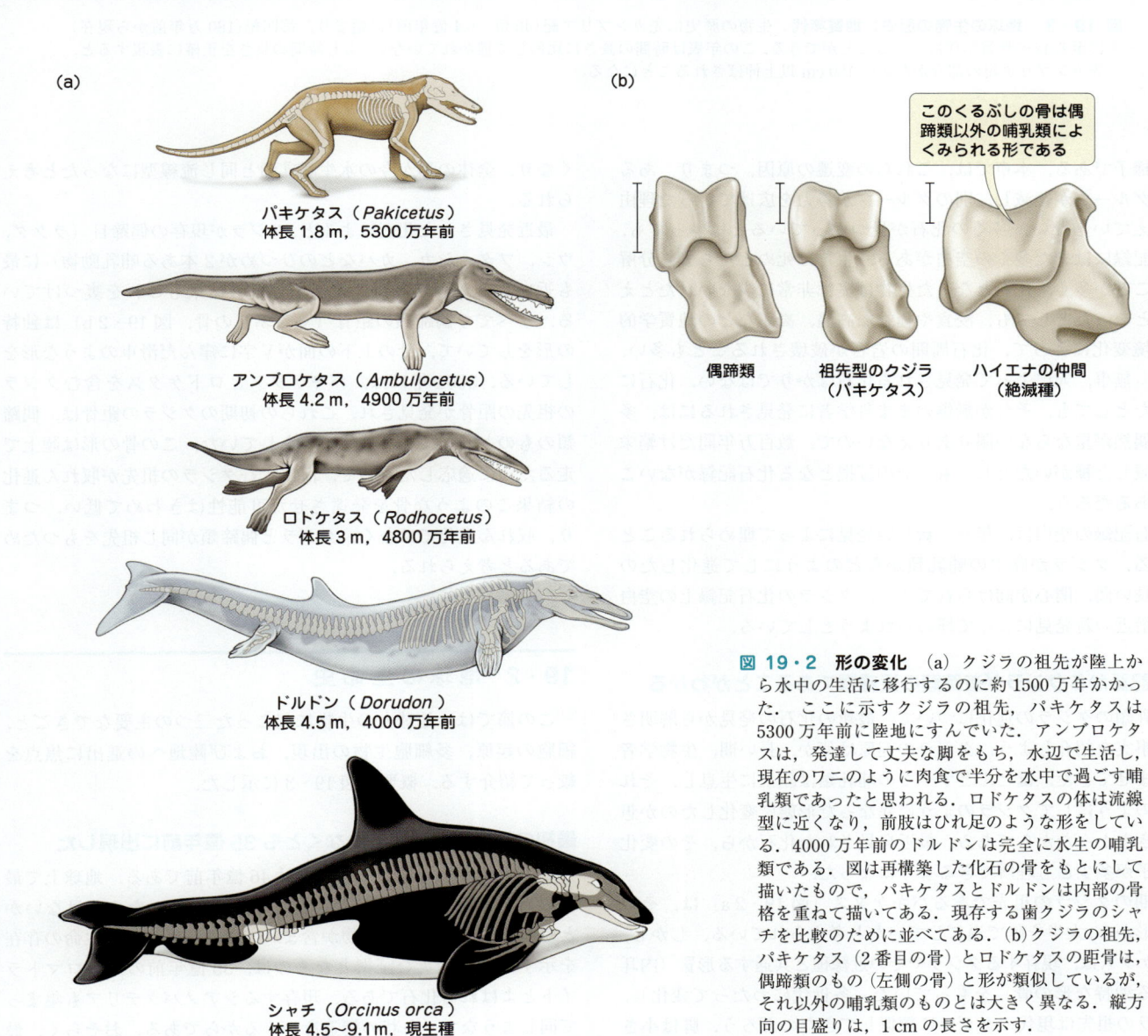

(a)

パキケタス（*Pakicetus*）
体長1.8 m，5300万年前

アンブロケタス（*Ambulocetus*）
体長4.2 m，4900万年前

ロドケタス（*Rodhocetus*）
体長3 m，4800万年前

ドルドン（*Dorudon*）
体長4.5 m，4000万年前

シャチ（*Orcinus orca*）
体長4.5〜9.1 m，現生種

(b)

このくるぶしの骨は偶蹄類以外の哺乳類によくみられる形である

偶蹄類　　祖先型のクジラ　　ハイエナの仲間
　　　　　　（パキケタス）　　　（絶滅種）

図 19・2　**形の変化**　(a) クジラの祖先が陸上から水中の生活に移行するのに約1500万年かかった．ここに示すクジラの祖先，パキケタスは5300万年前に陸地にすんでいた．アンブロケタスは，発達して丈夫な脚をもち，水辺で生活し，現在のワニのように肉食で半分を水中で過ごす哺乳類であったと思われる．ロドケタスの体は流線型に近くなり，前肢はひれ足のような形をしている．4000万年前のドルドンは完全に水生の哺乳類である．図は再構築した化石の骨をもとにして描いたもので，パキケタスとドルドンは内部の骨格を重ねて描いてある．現存する歯クジラのシャチを比較のために並べてある．(b) クジラの祖先，パキケタス（2番目の骨）とロドケタスの距骨は，偶蹄類のもの（左側の骨）と形が類似しているが，それ以外の哺乳類のものとは大きく異なる．縦方向の目盛りは，1 cmの長さを示す．

326　第IV部　進　化

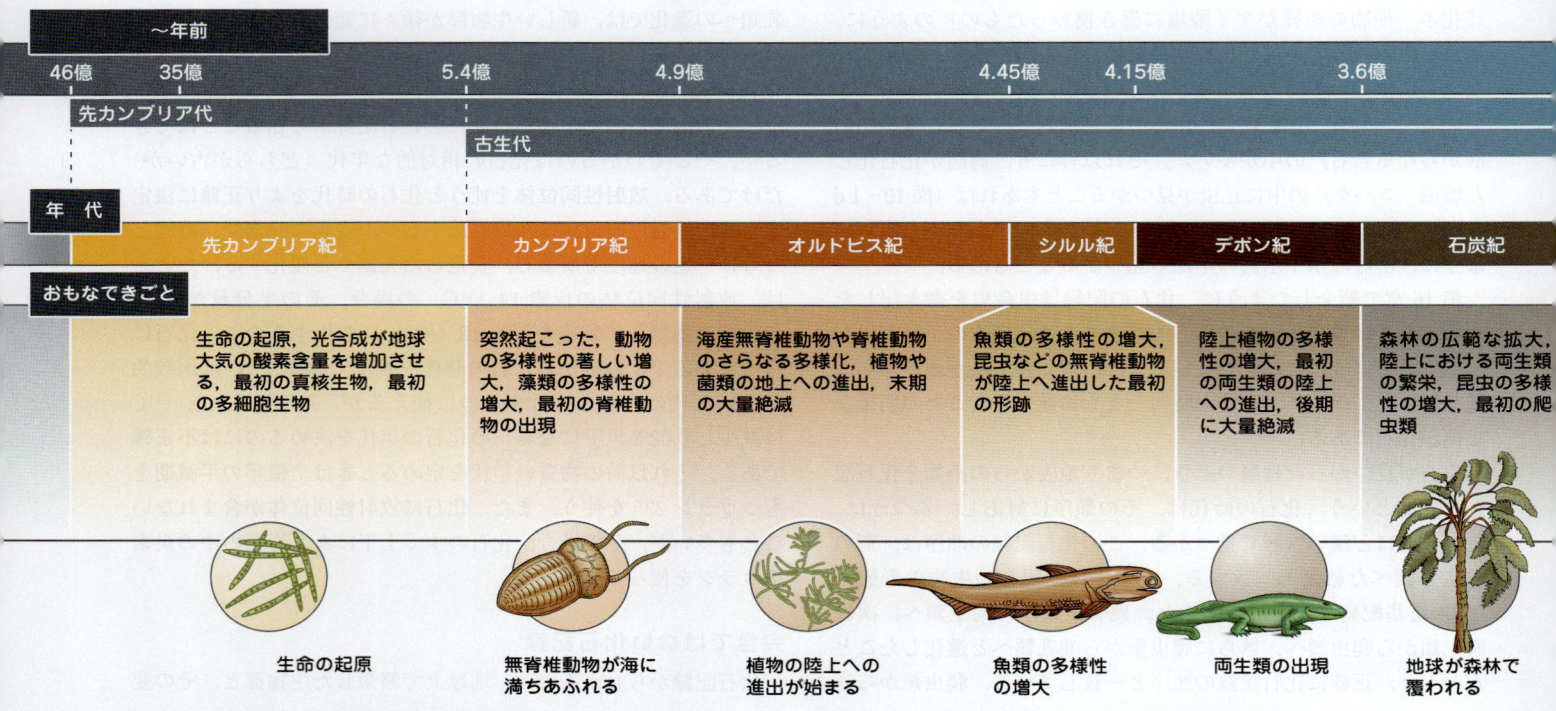

～年前							
46億	35億		5.4億	4.9億	4.45億	4.15億	3.6億
先カンブリア代			古生代				

年代	先カンブリア紀	カンブリア紀	オルドビス紀	シルル紀	デボン紀	石炭紀
おもなできごと	生命の起原，光合成が地球大気の酸素含量を増加させる，最初の真核生物，最初の多細胞生物	突然起こった，動物の多様性の著しい増大，藻類の多様性の増大，最初の脊椎動物の出現	海産無脊椎動物や脊椎動物のさらなる多様化，植物や菌類の地上への進出，末期の大量絶滅	魚類の多様性の増大，昆虫などの無脊椎動物が陸上へ進出した最初の形跡	陸上植物の多様性の増大，最初の両生類の陸上への進出，後期に大量絶滅	森林の広範な拡大，陸上における両生類の繁栄，昆虫の多様性の増大，最初の爬虫類
	生命の起原	無脊椎動物が海に満ちあふれる	植物の陸上への進出が始まる	魚類の多様性の増大	両生類の出現	地球が森林で覆われる

図 19・3　**地球の生物の歴史：地質年代**　生物の歴史は先カンブリア紀（46億〜5.4億年前）に始まり，第四紀（180万年前から現在）に至る12の地質年代に分けることができる．この年表は時間の長さに比例して描かれていない．もし時間の長さを正確に表現すると，先カンブリア紀の部分が左側へ150 cm以上伸ばされることになる．

遷の様子である．本章では，これらの変遷の原因，つまり，ある生物グループが絶滅し，別のグループが勢力を広げていった理由を考えていきたい．多くの化石が見つかっているとはいっても，化石記録にはまだ多くの空白がある．生物は死ぬとたちまち分解することが多く，化石となった生物は実は非常に少ない．たとえ化石となったとしても，浸食や極端な高温，高圧などの地質学的な環境変化によって，化石周囲の岩石が破壊されることも多い．また，無事，人によって発見される化石ばかりではない．化石になったとしても，それが無傷のまま科学者に発見されるには，多くの偶然が重ならない限りありえないので，数百万年間だけ繁栄し絶滅した種がいたとしても，その証拠となる化石記録がないこともあるだろう．

化石記録の空白は，年々，新しい発見によって埋められることもある．クジラが陸生の哺乳類からどのようにして進化したのか，長い間，関心が向けられてきた．クジラの化石記録上の空白が，最近の新発見によって埋められようとしている．

化石記録からクジラが有蹄類の近縁種であることがわかる

哺乳類のクジラの進化について，最新の化石の発見から解明された事実を紹介しよう．クジラの起原は何か，長い間，生物学者を悩ませてきた．ほとんどすべての哺乳類は陸上に生息し，それがどのようにしてクジラのように異なった形態に変化したのか想像できなかったからである．最近発見された化石から，その変化の様子が多少とも理解できるようになった．

初期のクジラの祖先であるパキケタス（図 19・2 a）は，その骨の形から，大半を陸で過ごしていたと考えられている．しかし，パキケタスは，現存するクジラやその近縁種と共通する形質（内耳にある独特な形の骨）をもっていた．多世代にわたって変化し，クジラの祖先は現代のクジラに類似してきたのだろう．脚は小さくなり，全体の形が今の水生哺乳類と同じ流線型になったと考えられる．

最近発見された化石によると，クジラが現存の偶蹄目（ラクダ，ウシ，ブタ，シカ，カバなどのひづめが2本ある哺乳動物）に最も近いことがわかった．遺伝子分析の結果もこれを裏づけている．すべての偶蹄類の距骨（くるぶしの骨，図 19・2 b）は独特の形をしていて，骨の上下の面がV字に窪んだ滑車のような形をしている．2001年には，パキケタスとロドケタスを含むクジラの祖先の距骨が発見され，これらの初期のクジラの距骨は，偶蹄類のものと同じような独特の形をしていた．この骨の形は陸上で走るために適応したもので，海にすむクジラの祖先が収れん進化の結果このような骨を発達させた可能性はきわめて低い．つまり，収れん進化ではなく，クジラと偶蹄類が同じ祖先をもつためであると考えられる．

19・2　地球の生命史

この節では，地球上の生物に起こった三つの主要なできごと，細胞の起原，多細胞生物の出現，および陸地への進出に焦点を絞って紹介する．概要を図 19・3 に示した．

最初の単細胞の生物は少なくとも35億年前に出現した

この太陽系と地球ができたのは46億年前である．地球上で最古の岩石（38億年前）には，生命が存在していたのではないかと思わせる炭素質の堆積物が含まれている．しかし，生命の存在を示す最初の確実な証拠となるのは，35億年前のストロマトライトとよばれる化石である．現存するシアノバクテリアも集まって同じようなマット状の構造をつくるからである．おそらく，最

| 3億 | 2.5億 | | 2億 | 1.45億 | | 6500万 | 2300万 | 180万 | 0 |

中生代　　　　　　　　　　　　　　　　　　　　　　　　　　新生代

| ペルム紀 | トリアス紀（三畳紀） | ジュラ紀 | 白亜紀 | 第三紀 | 第四紀 |

大陸が集まってパンゲアを形成，2.65億年前まで陸上における爬虫類の繁栄，年代の終わりに大量絶滅

初期の恐竜，最初の哺乳類，年代の終わりに大量絶滅

大陸の分断の開始，恐竜の多様化，最初の鳥類，最初の被子植物

陸上での被子植物の繁栄の開始，年代の終わりに最後の恐竜を含む大量絶滅

大陸がほぼ現在の位置に到達，被子植物，鳥類，哺乳類，および送粉昆虫類の多様性の増大

氷河の前進と後退の繰返し，ヒトの進化，大型哺乳類と大型鳥類の絶滅

爬虫類の時代が始まる　　恐竜の進化と発展　　大型植食性恐竜類の全盛期　　被子植物の増加　　哺乳類の時代始まる　　ヒトの進化

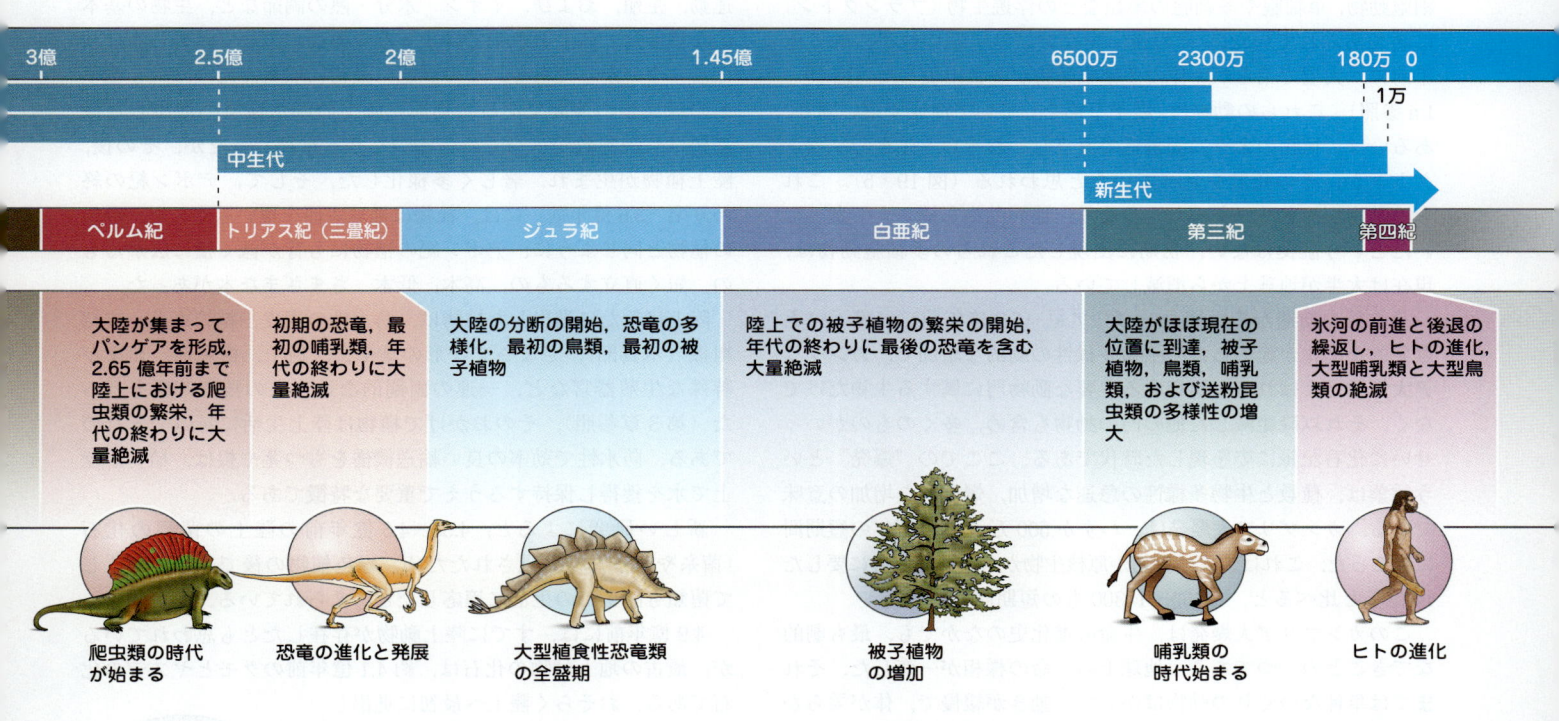

初の生命の出現は35〜40億年前と考えられるが，その時代の化石はまだ発見されていない（生命の起原については第3章でさらに詳しく紹介している）．

最古の真核生物の化石記録は約21億年前のものである．35億年前の原核生物の出現から10億年以上も経過して最初の真核生物が進化した．このように長い期間，真核生物が生まれなかったのは，おそらく大気中の酸素濃度が低かったためと考えられる．非常に古い岩石を分析すると，初期の地球大気中にはほとんど酸素がなかったことがわかる．ところが約27.5億年前から，光合成を行って酸素を老廃物として放出する細菌が出現し，その後から，地球の大気中の酸素濃度はしだいに増加していった（図19・4）．

一般に真核生物の細胞は原核生物のものよりも大型である．酸素でも他のどのような物質でも，細胞の中で広がり拡散する速度は，小さな細胞より大きい細胞の方が遅くなる．そのため，サイズの大きな真核生物の細胞にとって，大気中の酸素濃度が少なくとも現在の2〜3%程度はないと十分量の酸素を得ることができない．約21億年前，大気中の酸素濃度がこのレベルに達したときに初めて単細胞の真核生物（現存の藻類に似た生物）が出現したのであろう（図19・4参照）．その後，酸素濃度が現在のレベル（大気の20%）に達し，より複雑な多細胞の生物が出現できるようになった．

ところが，初期の生命体にとって，酸素は酸化反応を進める毒物でもあった．大気中に酸素が増えるにつれて，初期の原核生物の大半は絶滅するか，あるいは，無酸素の環境に閉じ込められることとなった．光合成をする生物によって大気の酸素濃度が上昇し，初期の生物を絶滅させる一方で，多細胞の真核生物が新しく生まれる舞台が設定されたことになる．大気酸素濃度の上昇は，生物の歴史のなかで，最も重要な大事件の一つであった．

約6.5億年前に起こった多細胞生物の進化

初期の生命はすべて水中で進化した．約6.5億年前の先カンブリア紀，化石記録のうえで生物の種数が増加し始めた．当時，地球の大半は浅い海に覆われていて，そこは，原生生物，小さい多

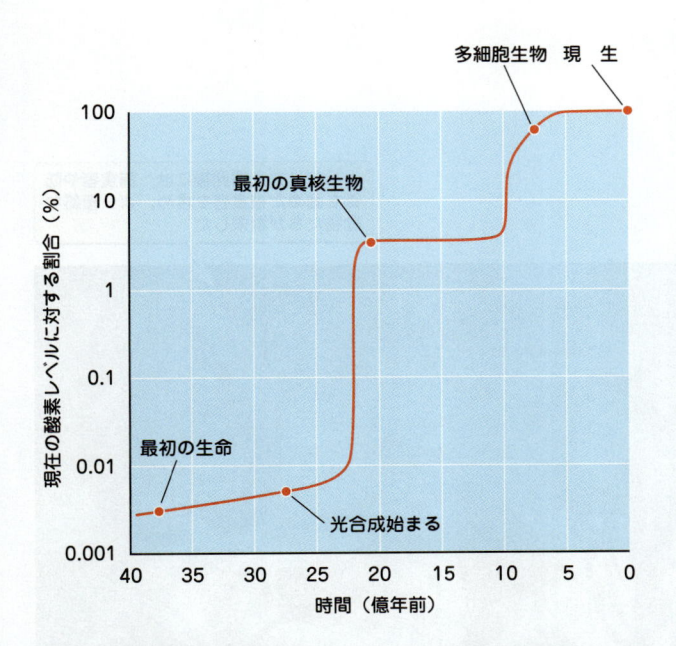

図 19・4　酸素濃度の上昇　光合成で不要な副産物として排出される酸素が原因で，地球大気中の酸素濃度は過去30〜40億年の間に大きく増加し，真核生物と多細胞生物の進化を促進させた．ここに示したものは，生命史上，重要な事件の起こった時点での酸素濃度の推定値である．時間と共に酸素がどのように上昇したのか，まだ，正確にはわかっていない．

細胞動物，単細胞や多細胞の藻類などの浮遊生物（プランクトン）に満ちあふれていた．その後，先カンブリア紀の後半，約6億年前に，大型で柔らかい体の多細胞動物が多数出現した（図19・1a参照）．これらの動物は，扁平な形をしていて海底で這い回り，あるいは，植物のように固着性で直立し，おそらく生きたプランクトンか，その死骸を食べていたと思われる（図19・5）．これらの動物が捕食性であった，つまり，他の動物を捕らえて食べていたという証拠はない．初期に出現したこれらの多細胞動物は，現在は大半が地球上から消滅している．

その後の初期から中期カンブリア紀（5.3億年前）に驚くべき爆発的な進化が起こった．生物多様性の劇的な増加で，**カンブリア大爆発**とよばれる．現存する主要な動物門に属する生物だけでなく，それ以降絶滅した他の門の動物も含め，多くのものがいっせいに化石記録に姿を現した時代である．ここでの"爆発"という言葉は，種数と生物多様性の急速な増加，爆発的な増加の意味である．カンブリア大爆発は，わずか500万～1000万年の短期間に起こった．これは，真核生物が原核生物から進化するのに要した14億年と比べると，1/150～1/300もの短期間である．

このカンブリア大爆発は，生命の進化史のなかでも，最も劇的なできごとの一つである．地球上の生命の様相が一変した．それまでは単純なつくりの動物ばかりで，動きが緩慢で，体が柔らかく，死骸や植物を食べていた生物の世界であったのが，捕食者に対して体を固い殻で覆って防衛する植食性動物と，それらを獲物とする大型で素早い動きの捕食者の世界が突如出現したのだった（図19・5）．

カンブリア大爆発に続いて起こった陸上への進出

はじめ生物は水中で進化した．陸上に進出して生活することは途方もない難題をつきつけられるようなものである．体の支持，運動，生殖，および，イオン・水分・熱の調節など，生物の基本的な機能は，陸上と水中ではまったく異なる方法で対処しなければならないからである．この課題に最初に取組んだのは約5億年前の緑藻類の仲間である．初期に陸上の淡水環境へ進出した緑藻類は，細胞数が少なく，体のつくりも単純だったが，その後，陸上植物が生まれ，著しく多様化した．そして，デボン紀の終わり頃（3.6億年前）には，植物は地球表面を覆い尽くした．今日の植物と同じように，デボン紀の植物にも背が低く横に広がるもの，短く直立するもの，高木，低木，さまざまな木があった．

陸上に新たに進出した植物は，防水性の表皮，維管束系，支持組織（木質部），さまざまな形の葉や根，種子，樹冠形，および特殊な生殖器官など，一連の画期的な進化上の技術革新を行った（第3章参照）．そのおかげで植物は陸上生活に対処できたのである．防水性で効率の良い輸送機構をもつ茎や根は，植物が陸上で水を獲得し保持するうえで重要な特徴である．

新しい研究によると，4.55～4.6億年前の陸上の菌類の化石（菌糸や胞子）も発見されたため，緑色植物の後で，ほどなくして菌類も陸上での生活に適応したと考えられている．

4.9億年前には，すでに陸上動物が存在したとも思われているが，最古の地上動物の化石は，約4.1億年前のクモとヤスデの化石である．おそらく陸上へ最初に進出した動物は，植物体やその残骸を食べていたヤスデのような動物と，それを捕食するクモであったと考えられる．現在，陸上動物として最も多様化している昆虫が最初に出現したのは約4億年前で，彼らは3.5億年前まで，陸上で重要な役割をもつ動物であった．

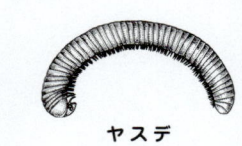

陸上に最初に進出した脊椎動物は両生類で，約3.65億年前の化石が見つかっている．当時，丸い扇形のひれをもつ魚がおり，

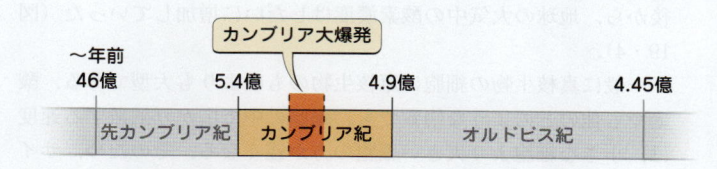

ヤスデ

```
～年前      カンブリア大爆発
46億    5.4億  ┃  4.9億           4.45億
      先カンブリア紀│カンブリア紀│ オルドビス紀
```

> カンブリア大爆発以前に繁栄していたのは，遺骸を食べる柔らかい体の動物や植食者だった

> カンブリア大爆発後には，捕食者や防御を固めた被食者を含め，より複雑な動物たちが繁栄した

図 19・5　カンブリア大爆発の前後　カンブリア大爆発は地球上の生物の歴史を大きく変えた．

19. 生物の進化の歴史

～年前								
46億	5.4億	4.9億	4.45億	4.15億		3.6億	3億	2.5億
先カンブリア紀	カンブリア紀	オルドビス紀	シルル紀	デボン紀		石炭紀	ペルム紀	トリアス紀

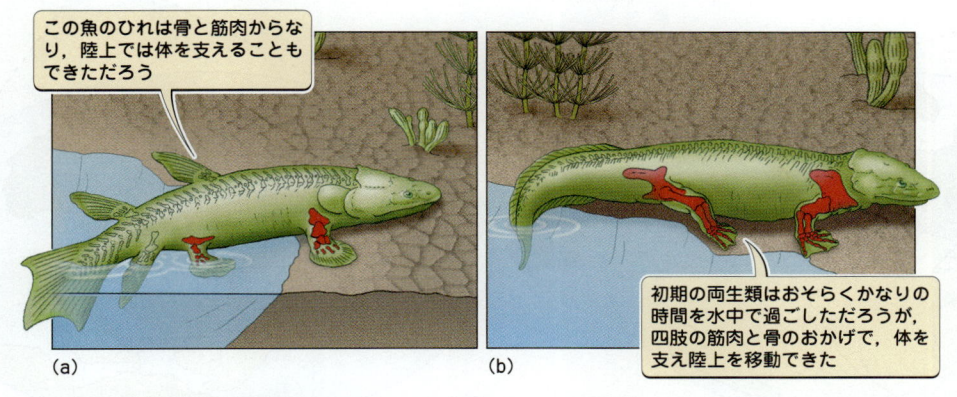

(a) この魚のひれは骨と筋肉からなり，陸上では体を支えることもできただろう

(b) 初期の両生類はおそらくかなりの時間を水中で過ごしただろうが，四肢の筋肉と骨のおかげで，体を支え陸上を移動できた

図 19・6 最初の両生類 (a) 両生類は，おそらくここに示したように丸い扇状のひれをもった魚類の祖先から長い時間を経て進化したのであろう．(b) 3.65億年前（デボン紀後期）の化石から再現された初期の両生類．

最初の両生類はおそらくその子孫であったと考えられる（図19・6）．両生類は約1億年の間，最も繁栄した大型の陸上生物だった．ペルム紀後期になり，爬虫類に似たトカゲ型の両生類（爬形類）から進化した爬虫類が出現し，脊椎動物のなかで最も多いグループとなった．両生類は産卵のために水辺に戻らなければならなかったが，水がなくても繁殖できるようになった最初の脊椎動物が爬虫類である．爬虫類は陸上生活のさまざまな利便性を十分に満喫できる最初の脊椎動物となったのである．恐竜を含む爬虫類は，その後，2億年間（2.65億～6500万年前）にわたって陸上脊椎動物の最優占群であったし，現在でもなお重要な地位を占めている．なかでも恐竜は約2.3億年前に出現し，約2億年前から6500万年前まで地球上で大繁栄した．現在，陸上の優占群である哺乳類は，約2.2億年前に爬虫類から進化した（図19・3参照）．

■ これまでの復習 ■

1. 大進化と小進化の違いを述べよ．
2. 初期の細菌が光合成を行うようになったことはなぜ重要か．
3. カンブリア大爆発によって地球上の生物はどのように変わったか．

1. 種よりも上のレベルの進化を大進化，集団内での進化を小進化という．
2. 藍藻は光合成の開始者であり，大気中の酸素を増やすことにより，好気性生物（すべての多細胞生物）を繁栄させることとなった．
3. 現存する主要な動物門が出現した．そして，多くの脊椎動物であった．

19・3 大陸移動の影響

大陸は途方もなく広大なもので，動かないと私たちは考えがちである．しかし，それは正しくない．大陸はゆっくりと動いて位置を変え，何億年もの間には相当な距離を移動する（図19・7）．これを**大陸移動**とよぶ．地球の大陸は，高温で半固体状態の岩石からなるマントル表面に浮かぶ固形の岩盤（プレート）である．

大陸のように大きなものを動かすのは，つぎの二つの力である．一つは大陸を二つに分断する力である．高温の地下のマントルが底から地表に向かって湧き上がることに由来する．その力は，たとえば，北アメリカとヨーロッパの間の距離を年間2.5 cmの速度で広げているように，海洋の部分を広げる．アイスランドと東アフリカでは，逆に，陸の塊を分断する力にもなっている．二つ目は，プレートの衝突である．衝突すると片方がもう一方の下側にもぐり込み，マントル内へと沈むことになる．沈みゆく大陸プレートがゆっくりとマントルで熔解すると，徐々に残りの部分も一緒に引き込まれたり，あるいは，残りのプレート部分が離れて漂流したりする．

最も顕著な大陸移動の例は超大陸パンゲアの分断である．この大陸移動は生物の歴史に劇的な影響を与えた．パンゲア大陸の分断はジュラ紀初期（約2億年前）に始まり，最終的に，私たちが知る大陸となって分散している（図19・7参照）．大陸が移動して分かれると，かつて陸でつながっていた生物集団が互いに隔離されることになる．

第18章で学んだように，地理的隔離は遺伝子の流動を低下させたり，消失させたりして，種分化を促進する．大陸の分断は大規模な地理的隔離であり，多くの種が分化する原因となった．たとえば哺乳類の場合，カンガルーやコアラなどオーストラリア大陸独特の有袋類の出現は，約4000万年前，オーストラリア大陸が，南極および南アメリカ大陸と分断されたときの地理的隔離が原因で起こった進化である．

大陸移動は気候にも大きな影響を与え，気候変動に伴う自然選択が生物種を変え，進化を推し進める大きな力となった．仮に，ある大陸が暑い地域にあり，その熱帯気候に適応した動物がいたとする．もしその後，大陸移動によって動物が陸地ともども寒い地域へと移動したら，どの動物が生き残り繁栄するのか，つまり，生存と繁殖のうえで有利な動物群を根本から変えてしまうことになるだろう．さらに，大陸が移動すると，海洋の流れも大きく変えてしまう．この海流の変化は，実は，地球全体の気候に大きな影響を与えた．これまで大陸移動が原因となって地球規模の気候変動が起こり，それが多くの生物種の絶滅をもたらしてきた．

330　第IV部　進　化

~年前
2億　　　ジュラ紀　　　1.45億

パンゲア

ジュラ紀初期（2億年前），超大陸パンゲアが移動によって分かれ始める直前

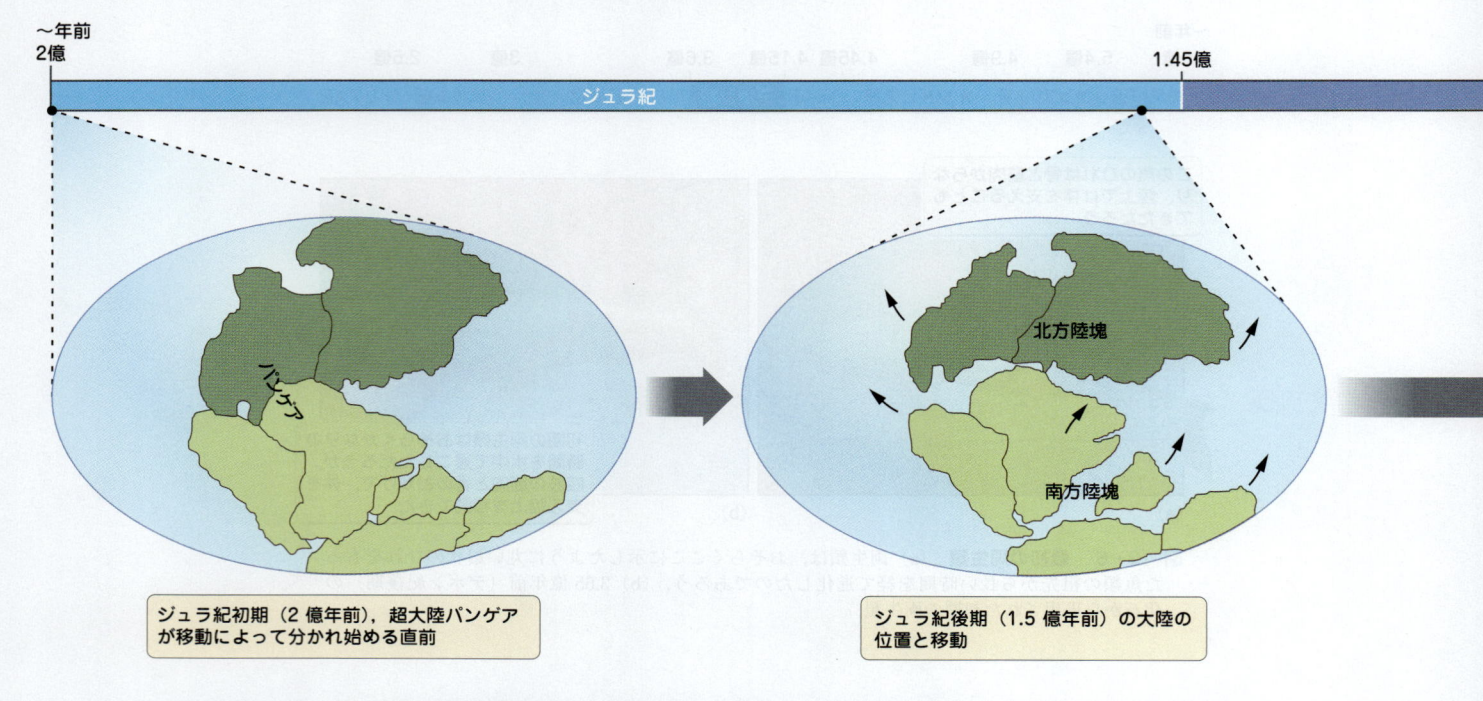

北方陸塊
南方陸塊

ジュラ紀後期（1.5億年前）の大陸の位置と移動

図 19・7　**時間に伴う大陸移動**　超大陸パンゲアの分断の様子．大陸は時間とともにゆっくりと移動する．初期の大陸移動によって，約2.5億年前までにパンゲア大陸ができあがった．

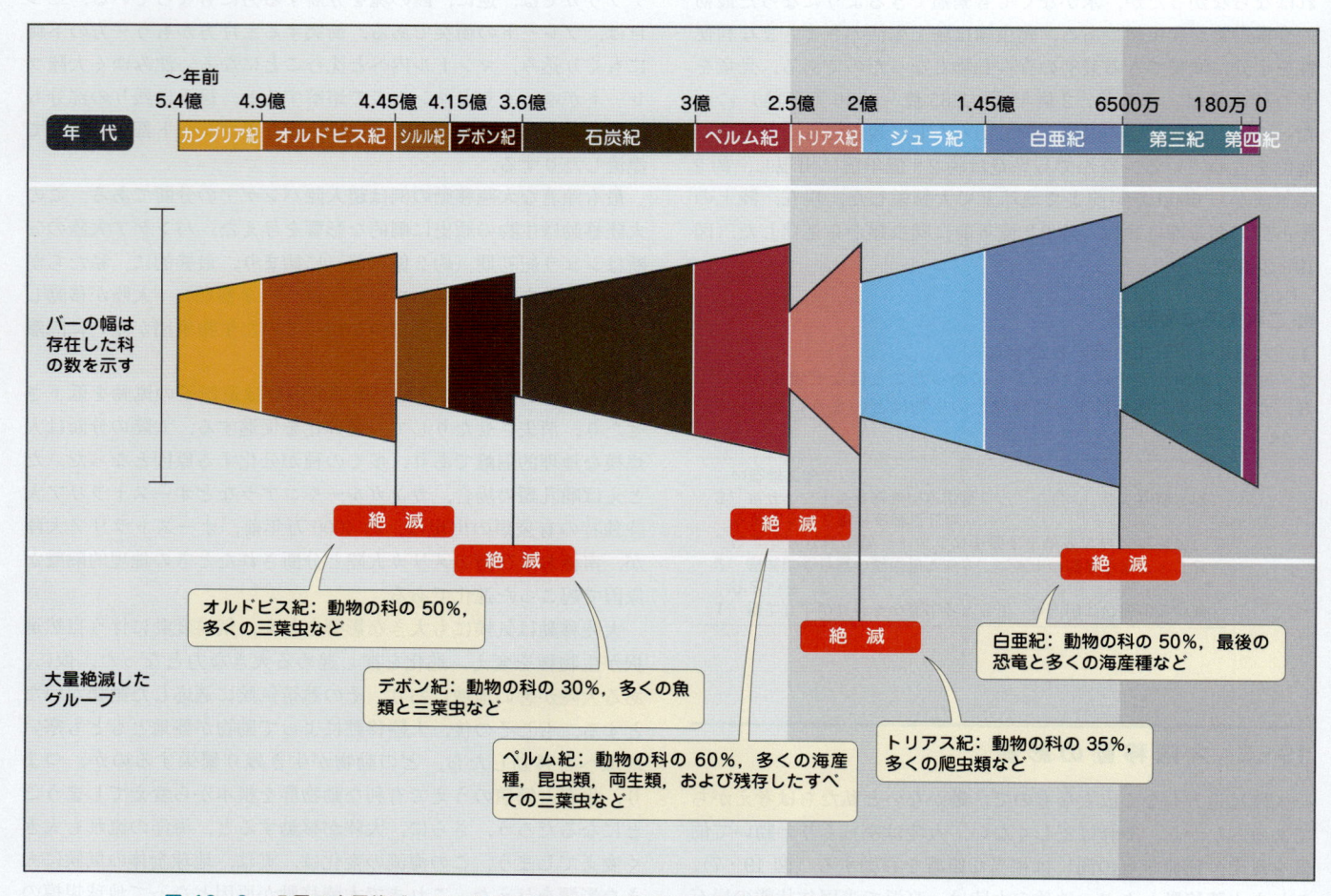

年代	~年前											
	5.4億	4.9億	4.45億	4.15億	3.6億	3億	2.5億	2億	1.45億	6500万	180万	0
	カンブリア紀	オルドビス紀	シルル紀	デボン紀	石炭紀		ペルム紀	トリアス紀	ジュラ紀	白亜紀	第三紀	第四紀

バーの幅は存在した科の数を示す

大量絶滅したグループ

絶滅　オルドビス紀: 動物の科の50％，多くの三葉虫など

絶滅　デボン紀: 動物の科の30％，多くの魚類と三葉虫など

絶滅　ペルム紀: 動物の科の60％，多くの海産種，昆虫類，両生類，および残存したすべての三葉虫など

絶滅　トリアス紀: 動物の科の35％，多くの爬虫類など

絶滅　白亜紀: 動物の科の50％，最後の恐竜と多くの海産種など

図 19・8　**5回の大量絶滅**　大量絶滅は海・陸，両方の動物の多様性を劇的に減少させた．ここに示していないが，植物も同様に大きな影響を受けた．大量絶滅の後，再び生物の多様化が始まる．

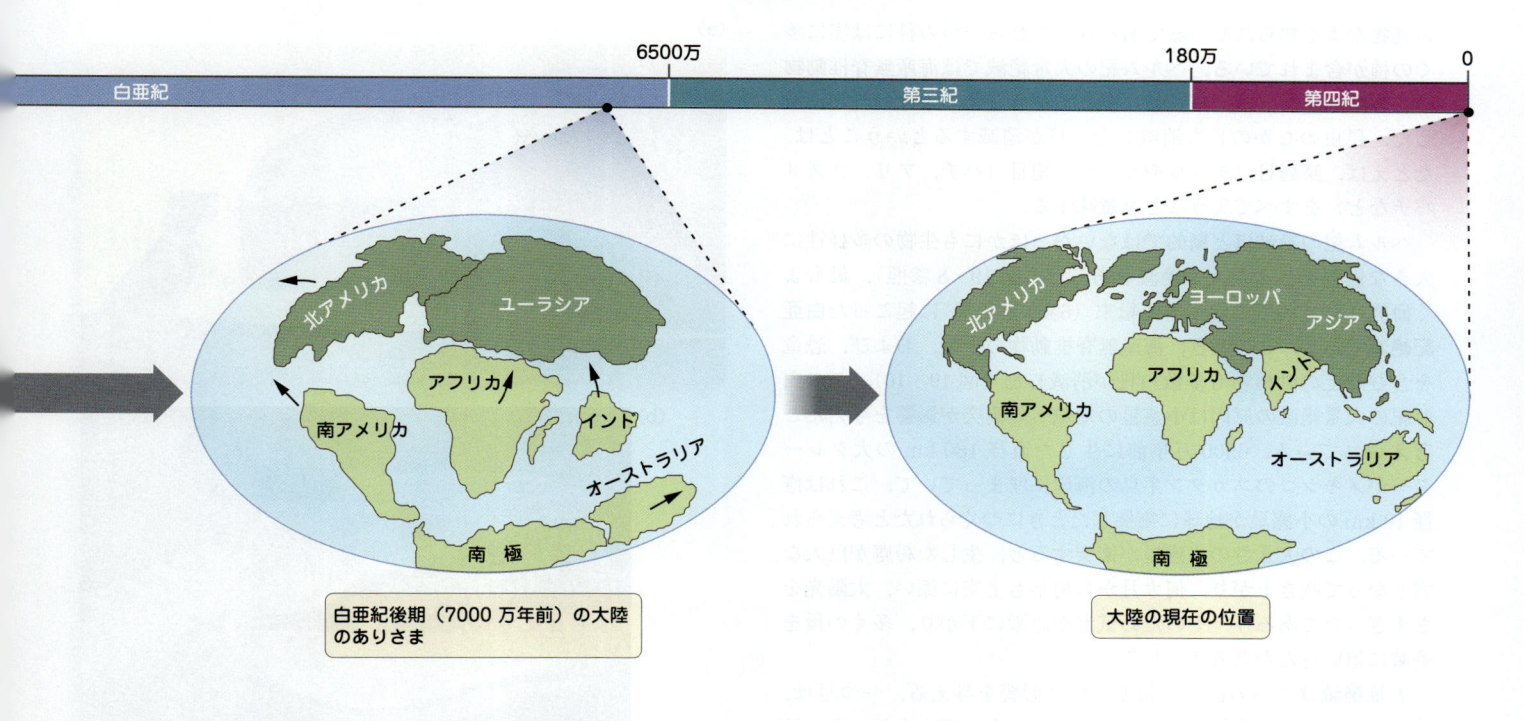

白亜紀後期（7000万年前）の大陸のありさま

大陸の現在の位置

19・4　大量絶滅：地球規模で起こる種の絶滅

化石記録から，種の絶滅は複数回起こったことがわかる．種絶滅の速度，つまり，一定期間に絶滅する種の数は時代によって大きく変動する．地球の生命史上，絶滅速度が極限の最大値に達するような**大量絶滅**が5回起こったことが化石の記録からわかっている．大量絶滅とは，地球の大半の地域で莫大な数の種が絶滅することをいう．地上の生物種の50％以上が絶滅に追い込まれ，その大変動は，生物の歴史につめ跡として永遠に残る．図19・8に，5回の大量絶滅が動物種にどのような影響を与えたかを示す．正確な原因を解明することは難しいが，5回の大量絶滅の要因として考えられるのは，気候変化，巨大な火山爆発，小惑星の衝突，海中や大気中の気体成分の変化，および海水面の変化などがある．この5回の大量絶滅に加えて，現在，人間の活動が原因で6回目の大量絶滅を迎えていると危惧されている（p.332 "生活の中の生物学"，およびインタールードA参照）．

生命史上最大の大量絶滅は，2.5億年前のペルム紀末に起こった．この**ペルム紀絶滅**によって海にすむ生物が劇的に変わった（図19・9）．海産の無脊椎動物のうち，50～63％の科，82％の属，そして95％の種が絶滅したと推測されている．ペルム紀の大量絶滅は，陸上への影響も大きかった．62％の科が消滅し，両生類の時代が終焉を迎えた．昆虫類にも，その4億年の歴史の中で唯一の大きな絶滅が起こった（昆虫類の27目中の8目が絶滅した）．

動物の科がまるごと絶滅するということは，何を意味しているのだろうか．第2章で学んだように，すべての生物は界（動物界，植物界など）に分けられ，界の下に，門，綱，目，科，属，最後に種の生物群がある．つまり，科は他の類縁の種を数多く含む大きなグループである．たとえば，今日，ネコ科の動物が絶滅するということは，すべての野生およびペットの猫（ライオン，トラ，ヒョウ，クーガー，ふつうのイエネコなど）の絶滅を意味する．他にもイヌ科（オオカミ，キツネ，タヌキ，イヌなど）やクマ科

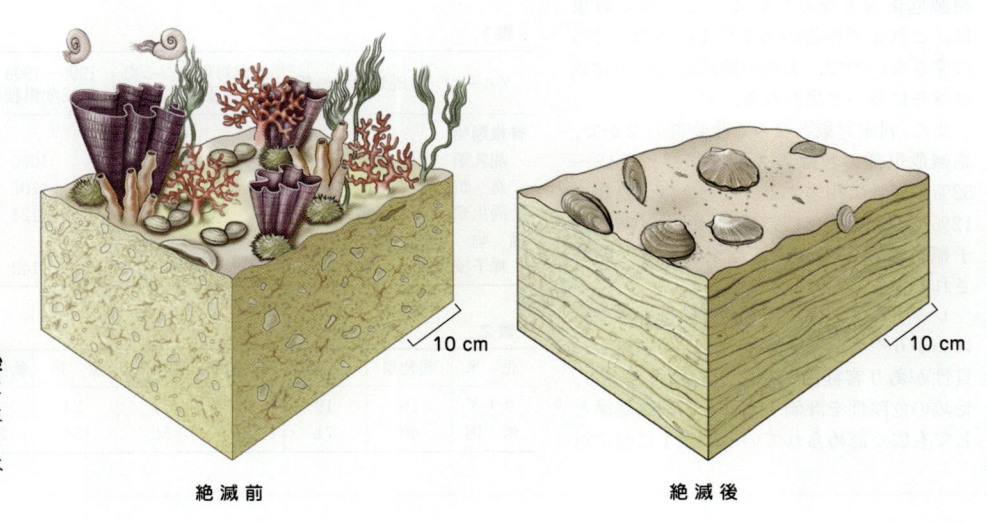

図 19・9　**ペルム紀絶滅の前後**　ペルム紀の大量絶滅は，海洋に生育していた豊富な種類の生物，穴の中や底生の生物，および遊泳性の生物のほとんどすべてを絶滅させた．

絶滅前　　絶滅後

の動物がよく知られているであろう．これら一つの科には実に多くの種が含まれている．ペルム紀の大量絶滅では海産無脊椎動物の各生物群（門，綱，目）で，少なくとも全体の半分の科が消滅した．昆虫のなかの目も消滅した．目が消滅するということは，たとえば，鱗翅目（チョウやガ）や膜翅目（ハチ，アリ，スズメバチなど）をすべて失うことを意味する．

　ペルム紀の絶滅ほど劇的ではないが，ほかにも生物の多様性に大きな影響を与えた大量絶滅もあった（図 19・8 参照）．最もよく研究されているのは，白亜紀末（6500万年前）に起こった**白亜紀絶滅**である．このとき，海産無脊椎動物の半数，および，恐竜を含む陸上の動植物も多数の科が消滅した（図 19・10）．この白亜紀の大量絶滅の原因は小惑星の地球への衝突が影響を与えたと考えられている．6500万年前に生じた直径 180 km の大クレーターがメキシコのユカタン半島の海岸に埋まっていて，これは直径 10 km の小惑星が地球に衝突したときにつくられたと考えられている．この大きさの小惑星が衝突すると，生じた粉塵が巨大な雲となって吹き上がり，何カ月から何年も上空に漂い，太陽光をさえぎったであろう．そのため気温が急激に下がり，多くの種を絶滅に追い込んだと考えられる．

　大量絶滅は二つの面で生物多様性に影響を与える．一つ目は，前述したように，生物のあるグループが完全に消え去り，その結果，生物の歴史が永遠に書き換えられてしまう点である．二つ目は，優占種が絶滅し，それまで少数派だった他の生物が，生態のなかで重要な位置を占めたり，進化のうえで大きな影響をもったりする点である．その結果，劇的に進化の道筋が変わる．

図 19・10　永遠に消え去った生物群　(a) イヌと復元されたマプサウルス恐竜の頭．マプサウルス恐竜は，地球上を闊歩していた最大の肉食動物であった．(b) このアロサウルスの骨格から，恐竜の歯の様子がわかる．鋭く尖った多くの歯をもった生き物だった．

生活の中の生物学

大量絶滅は現在進行中なのか

　国際自然保護連合（The International Union for the Conservation of Nature, IUCN）は，世界の絶滅危惧種を掲載したレッドリストを編纂している．絶滅危惧種とは，絶滅の危険性が高い，または極度に高いと判定される野生種のことをさす．2011年版のレッドリストでは，判定対象となった約 59,500 種のうち，18,351 種が絶滅危惧種となっている．この判定対象は，これまで報告のある全 190 万種の 3% にすぎないので，実際の絶滅危惧種の総数はさらに多いと思われる．

　また，判定対象となった生物群のなかで，絶滅危惧種の数は各グループごとに 12〜52% の種数に相当する．たとえば，鳥類の 12%，哺乳類の 21%，両生類の 30%，裸子植物類の 39% が絶滅危惧であると記載されている．

　レッドリストは，絶滅の危険性を示すのにわかりやすい基準を使い，その結果も一貫性があり客観的である．このことから，絶滅の危険性を評価するときの国際基準としても広く認められている．表1に判定対象となった生物群ごとに全データ数を示すが，四つの生物群すべてで，1996〜1998年より絶滅危惧種の数が増加し，特に両生類と裸子植物で急増していることがわかる．

　表1以外の生物群では，査定対象となったのは少数の種だけで，たとえば約 100 万種の昆虫種のうち 3338 種しか記載されていない．もし，この表の絶滅危惧種が絶滅し，表にない他の分類群でも同じような比率で他の種が絶滅の危機に瀕していると仮定すると，現在の生物種絶滅の速度は，これまで起こった地球の 5 回の大量絶滅に匹敵するものとなる．

　表2には，2004年版レッドリストで，北米大陸で絶滅が危惧されている種数を生物群ごとに示す．

　最新のレッドリストの詳細は www.iucnredlist.org/about/summary-statistics/（日本国内は環境省自然環境局 www.biodic.go.jp/index.html）を参照．

表1

グループ	既知の種の数	査定対象となった種の数	1996〜1998年の絶滅危惧種の数	2011年の絶滅危惧種の数と評価された全種に占める割合
脊椎動物				
哺乳類	5494	5494	1096	1134（21%）
鳥類	10027	10027	1107	1240（12%）
両生類	6771	6312	124	1911（30%）
植物				
裸子植物	1052	963	142	374（39%）

表2

北米	哺乳類	鳥類	爬虫類	両生類	魚類	軟体動物	その他	植物	総数
カナダ	16	19	2	1	24	1	10	1	74
米国	40	71	27	50	154	261	300	240	1143

19・5　適応放散: 生物多様性の増える過程

5回の大量絶滅の後，いずれの場合も，生き残った生物群が急速に多様化し，絶滅した生物に取って代わった．この急速な進化は，その後の進化の道筋を決めたという点で，大量絶滅と同じくらい重要な意味をもつ．たとえば，6500万年前，恐竜絶滅の後，哺乳類の体の大きさや生態系での役割が著しく多様化した（図19・11）．もし哺乳類が多様化しなければ，ヒトは存在していないだろうし，その後，過去6500万年間の生物の歴史は，かなり異なったものになっていたであろう．

一つの生物群が多様化し，新しい生態学的役割を担うようになり，新種が生まれ，より上位の分類群を形成していくような大きな変化を**適応放散**という．生物史のうえでは，哺乳類が恐竜に置き換わったときのように，大量絶滅ののちに大規模な適応放散が起こっている．恐竜など優占群の生物が絶滅し，生存競争から解放されたことがきっかけで適応放散がもたらされたのであろう．

他のケースとして，環境の新しい活用方法を発明した生物群が，その後，適応放散することもある．たとえば，最初に陸に上がった植物は，陸上の厳しい環境で生育できるように新しく適応した生物群であった．その子孫は，その後，急速に繁栄でき，砂漠から北極圏，熱帯地方まで，幅広く新しい環境で生育できるように，多数の新種やより上位の分類群を生み出した．

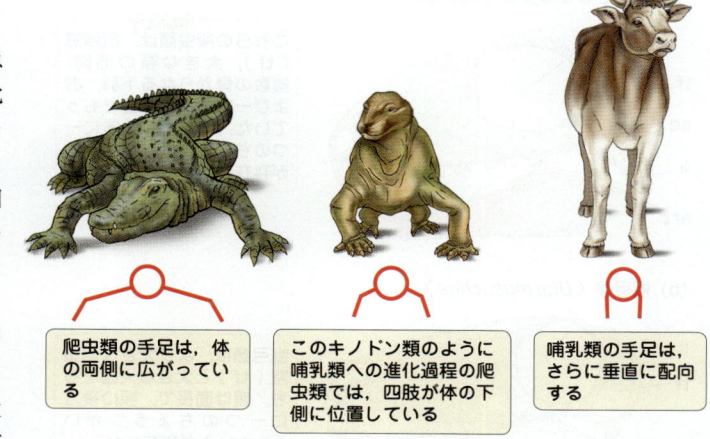

爬虫類の手足は，体の両側に広がっている

このキノドン類のように哺乳類への進化過程の爬虫類では，四肢が体の下側に位置している

哺乳類の手足は，さらに垂直に配向する

図 19・12　運動中の姿勢の変化　現存の爬虫類では，体の両側に脚が突き出していて，腹ばいになって進むような歩行姿勢をとる．哺乳類型爬虫類の脚は体の下側に徐々に変わり，現存する哺乳類の直立した姿勢へと変わった．

"適応放散" という用語は，ガラパゴス諸島のダーウィンフィンチの放散のように，比較的小規模な進化上の発展について使うこともある（図16・12参照）．また，陸に上がった脊椎動物や種子植物など，より大規模な進化上の発展についても使われる．

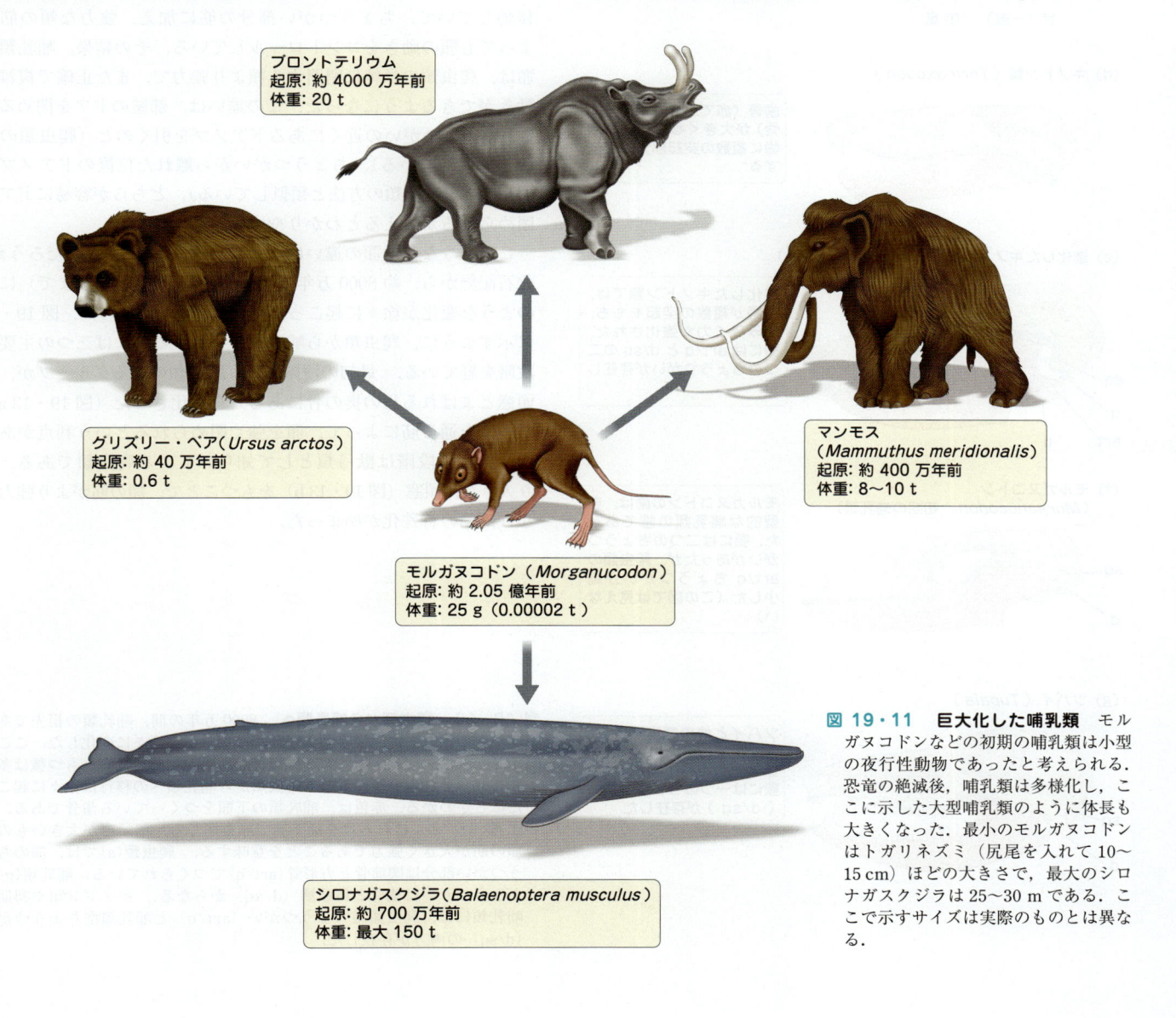

ブロントテリウム
起原: 約4000万年前
体重: 20 t

グリズリー・ベア（*Ursus arctos*）
起原: 約40万年前
体重: 0.6 t

モルガヌコドン（*Morganucodon*）
起原: 約2.05億年前
体重: 25 g（0.00002 t）

マンモス
（*Mammuthus meridionalis*）
起原: 約400万年前
体重: 8〜10 t

シロナガスクジラ（*Balaenoptera musculus*）
起原: 約700万年前
体重: 最大 150 t

図 19・11　巨大化した哺乳類　モルガヌコドンなどの初期の哺乳類は小型の夜行性動物であったと考えられる．恐竜の絶滅後，哺乳類は多様化し，ここに示した大型哺乳類のように体長も大きくなった．最小のモルガヌコドンはトガリネズミ（尻尾を入れて10〜15 cm）ほどの大きさで，最大のシロナガスクジラは25〜30 mである．ここで示すサイズは実際のものとは異なる．

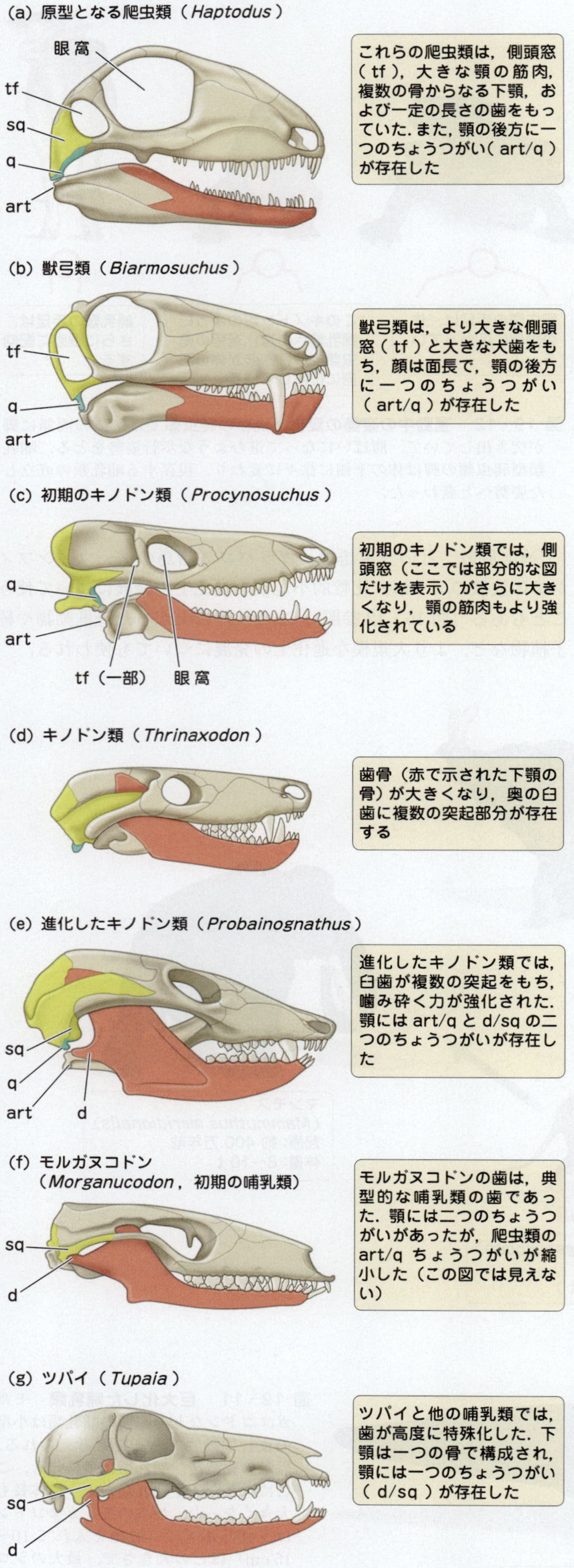

19・6 哺乳類の起原と適応放散

化石記録によると哺乳類が爬虫類から進化したことは明らかである．現存する哺乳類と爬虫類は，運動中の姿勢（図 19・12），歯の特性，顎の構造など，多くの点で異なっているが，化石記録上で，哺乳類と爬虫類との間に厳密に線を引くことは難しい．化石で見つかった種のなかには，二つのグループの中間的な特性を示すものもいて，ある生物群から別の生物群へと，徐々に変化したことが明確にわかるものもある．

哺乳類の顎と歯は3段階で爬虫類から進化した

歯や顎の構造は，化石記録からその変化を容易にたどることができる．構造の違いから，爬虫類から哺乳類への変化の経緯を詳しくみてみよう．

爬虫類と比較すると哺乳類の歯や顎はより複雑な構造をしている．哺乳類の歯の形は，顎のどこにあるかで大きく異なっている．引き裂く切歯であったり，狩りや防衛用に使う犬歯，また，すりつぶすことに特化した臼歯がある．一方，爬虫類の歯は顎に沿って形や機能がほとんど変わらない（図 19・13 a 参照）．

爬虫類の顎では，一番奥に顎が交叉するちょうつがいがあり，そのすぐ前方に付着する筋で顎を上下に動かし噛み合うようになっている．哺乳類では，ちょうつがいの場所は顎の先端へ少し移動していて，ちょうつがい部分の筋に加え，強力な頬の筋によっても顎の動きをコントロールしている．その結果，哺乳類の顎は，爬虫類の単純に開閉する顎より強力で，また正確で複雑な動きができるようになった．この違いは，部屋のドアを閉めるとき，ちょうつがいの近くにあるドアノブを引くのと（爬虫類の方法と類似している），ちょうつがいから離れた位置のドアノブを引くのと（哺乳類の方法と類似している），どちらが容易にドアを閉められるか考えるとわかりやすい．

このような歯や顎の違いは，どのようにして生じたのだろうか．化石記録から，約 8000 万年の間（約 3 億～2.2 億年前まで）にこのような変化が徐々に起こったことがわかる．この間，図 19・13 に示すように，爬虫類から哺乳類に移行するのには三つの主要な段階を経ている．最初の段階では，爬虫類のあるグループが，側頭窓とよばれる目の奥の骨にある穴を進化させた（図 19・13 a）．この穴を通る筋によって，顎を強く閉められるという利点があった．第 2 の段階は獣弓類として知られている爬虫類である．より大きな側頭窓（図 19・13 b）をもつことで，顎の筋がより強力になり，歯の特殊化が始まった．

図 19・13 爬虫類から哺乳類へ 8000 万年の間，哺乳類の祖先である爬虫類の歯と顎は，現存する哺乳類のものへと徐々に変化した．ここに示した例は一部で，他にも爬虫類と哺乳類の中間の性質をもつ種は多数知られ，それらを並べると，爬虫類から哺乳類への移行は徐々に起こったことがわかる．赤色は，哺乳類の下顎をつくっている歯骨である．側頭窓（tf）とよばれる穴を通る筋で顎を閉じる．側頭窓が大きいものは顎の筋が大きく強力であることを意味する．爬虫類(a)では，顎のちょうつがい部分は関節骨と方形骨（art/q）でつくられている．哺乳類(g)のちょうつがいは歯骨と側頭鱗（d/sq）からなる．キノドン類や初期の哺乳類には，爬虫類型ちょうつがい（art/q）と哺乳類型ちょうつがい（d/sq）の両方が存在した．

(a) 原型となる爬虫類（*Haptodus*）
これらの爬虫類は，側頭窓（tf），大きな顎の筋肉，複数の骨からなる下顎，および一定の長さの歯をもっていた．また，顎の後方に一つのちょうつがい（art/q）が存在した

(b) 獣弓類（*Biarmosuchus*）
獣弓類は，より大きな側頭窓（tf）と大きな犬歯をもち，顔は面長で，顎の後方に一つのちょうつがい（art/q）が存在した

(c) 初期のキノドン類（*Procynosuchus*）
初期のキノドン類では，側頭窓（ここでは部分的な図だけを表示）がさらに大きくなり，顎の筋肉もより強化されている

(d) キノドン類（*Thrinaxodon*）
歯骨（赤で示された下顎の骨）が大きくなり，奥の臼歯に複数の突起部分が存在する

(e) 進化したキノドン類（*Probainognathus*）
進化したキノドン類では，臼歯が複数の突起をもち，噛み砕く力が強化された．顎には art/q と d/sq の二つのちょうつがいが存在した

(f) モルガヌコドン（*Morganucodon*, 初期の哺乳類）
モルガヌコドンの歯は，典型的な哺乳類の歯であった．顎には二つのちょうつがいがあったが，爬虫類の art/q ちょうつがいが縮小した（この図では見えない）

(g) ツパイ（*Tupaia*）
ツパイと他の哺乳類では，歯が高度に特殊化した．下顎は一つの骨で構成され，顎には一つのちょうつがい（d/sq）が存在した

哺乳類型爬虫類の進化の歴史で最終となる第3の段階は，獣弓類のグループ（初期の**キノドン類**）で，哺乳類型の顎が出現したときである．この動物では歯の特殊化が進み，顎のちょうつがいは爬虫類とは異なる骨を使用し，より前方に移動している（図19・13 c〜e）．この変化は，退化した爬虫類型ちょうつがいと，哺乳類型ちょうつがいの両者を兼ねもつキノドン類の種でより明らかである（図19・13 e参照）．爬虫類型のちょうつがいは，時間とともに退化し，やがて哺乳類の内耳の骨へと変わった（図19・13 g）．

■ **役立つ知識** ■ "キノドン類"の語源は，"犬歯"の意味のギリシャ語である．キノドン類の犬歯（解剖学ではラテン語の犬やオオカミを意味するカニスが使われる）は突き出して，祖先型の動物のものほど大型ではなかった．

生物学にかかわる仕事

Geerat Vermeij: 目を使わずに看破する

Geerat Vermeij 博士は世界的な生物学者であるが，目が見えない．現在，カリフォルニア大学デービス校において地質学の特別教授として勤務し，生物の歴史について研究している．彼は100報以上の学術論文のほかに，著書 "Evolution and Escalation: An Ecological History of Life（進化と派生：生命の生態史）" や自叙伝 "Privileged Hands: A Scientific Life（邦訳 盲目の科学者：指先でとらえた進化の謎）" など5冊の本を書いている．Vermeij 博士は，3歳のときの病気で，神経障害を防ぐための両眼の除去手術を受けた．

■ **あなたは手で触れ，鼻で嗅ぎ，耳で聴くことで，生態と生命史について研究されています．信じられない能力をおもちですね．ほとんどの研究者は眼に頼った観察をしますが，新しい発見を行うのに，視覚以外の感覚をどのように駆使するのですか？**

私は，野外で研究するとき，自分が使うことのできるすべての感覚を使い，周りのものを探り，何かしらの証拠集めを行います．探していた試料なのか，危険な動物なのか，即座に察知するのに私の手はとても大切です．近づいてくるのか，何か予期せぬことが起こったのか，波の音にも耳を澄ませます．手のひら，指，指の爪，ピンなどの先の尖った道具は，貝殻などの物体を詳細に観察するのに欠かせません．私の研究は動物を比較することです．訪れたある場所と，ずっと以前に行った場所とを比較し検討できるような記憶力も大切です．記憶したものと今観察しているものとを関連づけて考えること，観察と比較が私の研究手法の中心となるものです．

■ **生命史の研究に興味をもつようになったきっかけは何ですか？**

科学や博物学に興味をもち始めたのは，幼い頃です．10歳のときには真剣に貝殻を収集するようになりました．その頃から，自分が何をしたいのか，決めていたのだと思います．

■ **研究では，野外など遠方にも行かれますね．今までどのような場所に行かれましたか？**

私は幸運で，南極大陸以外すべての大陸に行きました．アイスランド，アリューシャン列島，カリブ海の島々，ハワイ島，ソシエテ諸島，グアム島，パラオ諸島などの数々の島にも行きました．そこで大規模な現地調査を実施し，パナマから，フロリダ，アリューシャン列島に至る地域での化石収集も行いました．

■ **野外研究で遭遇された変わった経験，怖い体験がありましたら，お教えください．**

インドネシアとフィリピンへ海洋研究所の実験船で行ったとき，軍のパトロール隊に3回止められましたね．うち1回では妻と私が台湾の密猟者と間違えられ，逮捕されるところでした．北マリアナ諸島では，小型船から，波が打ち寄せる滑りやすい岩に飛び乗ったので，体中傷だらけになりました．また，パナマでアカエイに刺されたり，ソシエテ諸島のモーレアでウツボに噛まれたりしました．

■ **一般の人にとっても生命史は重要ですか？ そう思われる理由も教えて下さい．**

Geerat Vermeij 博士の収集した貝殻

生物の歴史は，一般の人でも十分興味をもてると思います．生物の歴史は，進化の直接の証拠です．35億年の間，生物がどのように環境に適応し，あるいは環境をどう変えてきたか示しているのですから．生命史は単に絶滅と多様化の記録なのですが，そこから長期的に生物種がどのように他を侵略するか調べることができます．さらに，私たちの研究から，ごく初期の生命史を推測することだってできるのです．生命の歴史を想像することは，見知らぬ昔の時代にタイムスリップするようなものですが，昔のどのような時代でも，今日の生命を支配しているすべての原理が同じように働いていたのは事実なのです．

ここで紹介した職業

Vermeij 博士は自分の手を使い，捕食者と被食者との絶え間ない闘いが海洋生物の歴史にどのように影響してきたかを，化石の貝殻を使って30年間調べてきた．生き物は，長い年月を経ると，よりたくましく，よりずる賢く，より競争的になることを，彼は発見した．Vermeij 博士の観察によると，カニや，他の貝殻に穴を開けて食べる肉食性巻貝などの捕食者は，餌とする貝殻を粉砕する，こじ開ける，あるいは，貝殻にどう穴を開けるかについて，つぎつぎにずる賢い方法を進化させてきたという．同時に，被食者の貝も，より固く，より防衛しやすい貝殻を進化させた．海産動物の歴史は，このような何億年にもわたる "軍拡競争" の歴史であると，Vermeij 博士は気づいたのである．彼は手を使った観察で，視力のある他の生物学者が誰一人として明らかにできなかった原理，海洋における生命史の基本原理を明らかにした．

恐竜の絶滅後, 哺乳類が大きくなった

哺乳類型の爬虫類は, 約2.45億年前, 三畳紀初期に多くの種が出現した. しかし, 2億年前までには, 他の爬虫類と同じように減少し, 主として恐竜が地球を支配するようになった. 哺乳類型爬虫類は絶滅し, その子孫として哺乳類を残した. 約2.2億年前に生まれた初期の哺乳類は小型で, ネズミなどの齧歯類程度の大きさであった. 2.3億年前に最初の恐竜が出現し, その後間もなくしてからのことである.

恐竜が君臨している間, ほとんどの哺乳類は小さいサイズのまま, また大きな眼窩をもっていた. これは現存する夜行性の動物と同じで, 夜間に活動していたと考えられる. 夜行性でありサイズが小さい点で, 恐竜と初期の哺乳類の関係は, 現在のライオンとネズミのような関係だったであろう. 見つけるのが難しいうえに, 食べるには小さすぎるのである.

化石記録と遺伝学的な研究から, 哺乳類が多様化し分類上の一部の目が誕生したのは恐竜の絶滅する以前の, 1億〜8500万年前であると考えられている. しかし, 哺乳類の本格的な放散は, 恐竜が絶滅するまで起こらなかった. 6500万年前に恐竜が絶滅し, その後で哺乳類の種類は急激に増加し, 体のサイズも大きくなり, 日中に活動するものも多数現れた (図19・11参照). なかには途方もない大きさまで巨大化した陸上哺乳類もいて, 絶滅したバルチスタン野獣はゾウの3倍以上も大きかった. 他にもクジラのように水中の生活に特化したもの (図19・2参照), コウモリのように夜間に飛行し狩猟するものも現われた. 哺乳類の一つのグループである霊長類は, 森林の生活に特化し, 大きな脳を進化させた. 私たちヒトが属するこのグループの進化については, インタールードDで詳しく紹介する.

19・7 生物の進化史

これまでみてきたように, 地球の生命史は, 原生生物, 植物, および動物の大きなグループの興亡の歴史である (図19・3参照). あるグループが衰退し絶滅すると, 代わりのグループが出現し展開する. それが生命史の姿である. また, 大進化の原因となったものは大量絶滅と適応放散であり, 大陸の移動などの環境変化がその両者をひき起こすうえで重要な役割をもっていた.

これに関連して, 二つの重要な考え方をここでは理解しておいてほしい. 一つは, どのようにして大きなグループが誕生するのかという点, もう一つは, 小進化 (個体群の中の小規模な遺伝的変化) と大進化 (門や科などの種より上位の分類群の出現や, 生命史における大量絶滅のような大規模な変化) は違うということである.

新しい大きなグループは既存のものから進化する

ノーベル賞受賞の遺伝学者 François Jacob は, 進化は"修繕屋"に似ていて, 何かをゼロから創造することはなく, 仕事の現場で修繕を加えるやり方と同じであると語っている. 生物の行う修繕は, 既存の形態 (つまり, すでに存在していて使えそうな形態) を使用し, それに少し改良と調整を加えるものである. この考え方は, 大きな新しいグループが出現するケースをうまく説明できる. 新しいグループは, ゼロの状態からいきなり生まれるのではなく, むしろ既存の生物を修正・変更して生まれるからである.

哺乳類が爬虫類をもとにして進化した過程は, そのよい例である. 哺乳類は, 特殊化した歯や頑丈な顎などの新しい特長を獲得したが, 化石記録から, この変化は, 爬虫類の歯や顎から徐々に変化してできたものであることがわかる (図19・13参照). この変化に, 計画性や設計図があったわけではない. むしろ, 爬虫類で一つの役割を担っていた骨と歯が, 時間とともに徐々に変化し, 哺乳類によって新たな使い道が生まれたのである.

大進化と小進化の違い

小進化は, 小規模な進化であり, おもに自然選択が大きな促進要因となる. 第18章で解説したように, 自然選択によって生物は絶妙といえる環境適応をもたらすことがある. では, 大進化も自然選択によって説明できるのだろうか. 種より上位の分類群の興亡も説明できるだろうか. その答えは"No"である.

大進化の原因となるのは, 別の巨大な力である. たとえば, 小惑星の衝突が, 生物のあるグループ全体を消滅させ大量絶滅という形で大進化をもたらしたように, 自然選択の圧力とは関係なく, あるグループが消滅することがある. この絶滅は, 不規則に起こり, 非常に有利で独特の環境適応をしている生物群であっても全滅させることもある. たとえば, 捕食性の腹足類 (巻貝の仲間) のあるグループは, 別の巻き貝の貝殻に穴を開ける能力を進化させたが, その直後, トリアス紀の大量絶滅で絶滅した. 貝殻に穴を開ける能力は, 画期的な進化上の発明で, その後の新展開を保証するものであった (p.335, "生物学にかかわる仕事"参照).

カキナカセガイ

もし, 大量絶滅でこの腹足類が絶滅しなかったならば, 彼らは繁栄し, その1億2千万年後に同じように進化した別の貝殻穿孔性の腹足類と同じように, 同じ能力をもった新種をたくさん生み出したことだろう. つまり, 自然選択によって進化した非常に有益な形質をもつ種でさえも, 大量絶滅では常に勝者になるとは限らないのである.

一般に, 生物の歴史の大きな流れは, 小規模な進化, または集団がどのように進化してきたか (小進化) を理解するだけでは予測できない. 地球上の生命史を完全に理解しようと思ったら, 大量絶滅, 適応放散, および大陸移動などの大規模の環境変動要因も理解しなければならない. これらはいずれも, 種より上のレベルの進化 (大進化) に大きな影響を与えてきたからである.

■ **これまでの復習** ■

1. 大量絶滅は地球の生物の歴史に二つの点で大きな影響を与えた. その二つは何か, 述べなさい.
2. François Jacob 氏の説明, 進化は修繕屋であるとは何を意味するのだろうか.

学習したことの応用

緑あふれる南極大陸だったとき

南極大陸に何が起きたのだろうか．なぜ，氷で覆われた不毛の地で，青々と生い茂った熱帯地方の生物の化石が見つかるのだろうか．

南極で恐竜，森林，およびサンゴなどの化石が見つかるのは，私たちのすむ地球が常に変化する世界であることを示している．カンブリア紀の海産生物から初期の陸上植物，そして鳥類や哺乳類まで，時とともに大きな変化が起こったことの証拠である．異なる時代に非常に違った種類の生物がすんでいたことになり，これは，カンブリア大爆発，植物の陸上進出，両生類，爬虫類，そして哺乳類が支配した時代など，本章で解説した生物の歴史すべてを物語っている．

また，南極の化石から，かつて南極にすんでいた多様な生命と，現在のものとの間には顕著な違いがあることもわかる．今日，南極にごく少数の生物しかいないのは大陸移動が原因である．パンゲアが分裂することで，海流の流れが変わり，地球の気候は寒冷化し，酷寒の地域ができた．南極大陸での変化はさらに顕著である．現在の南極点に移動するにつれて気候はますます寒冷化し，約4000万年前に南極大陸がオーストラリアおよび南アメリカから分離すると，南極大陸の生物たちはそこに取り残され，気候の寒冷化に伴い，大部分の種は滅んでしまった．

大陸の移動は南極大陸を破滅させたが，別の場所では，進化多様性の種をまいていた．海流の変化で南極は極端な寒冷地になったが，極地と熱帯地域の間にかつてなかった大きな温度差をつくった．この温度差によって，生物の生息環境は非常に幅広いものとなり，地球はヒトを含む多くの生物の適応放散のよき舞台となったのである．

現在の南極大陸の風景 種子植物は2種類しかない．右下はナンキョクコメススキ．

章のまとめ

19・1 化石記録：過去へのガイド

■ 化石記録は，地球の生物の歴史を書き記したものである．
■ 化石から，過去の生物は現存のものと大きく異なり，多くの生物種が絶滅し，また，繁栄する生物群が時とともに大きく変化したことがわかる．
■ 生物が化石記録に現れる年代は，形態やDNA解析など，他の進化の証拠から得られた結果と一致する．放射性同位体の分析から，およその化石の年代を判別できる．
■ 化石記録は完璧ではないが，主要な生物群が新しく進化したことを示す明確な証拠となる．
■ 最近発見された化石から，クジラが偶蹄類（有蹄の哺乳動物）に近いことがわかり，遺伝子解析の結果と一致している．

19・2 地球の生命史

■ 最初の単細胞生物は細菌と似たもので，少なくとも35億年前には出現していた．
■ 約27.5億年前，光合成を行い酸素を老廃物として放出する能力をもった光合成細菌が進化した．
■ 光合成細菌による大量の酸素放出の結果，大気中の酸素濃度が上昇した．酸素濃度が上昇したことで，約21億年前，単細胞の真核生物の進化が可能となった．その後，約6.5億年前に多細胞の真核生物が出現した．
■ 5.3億年前のカンブリア大爆発で地球上の生物は劇的に変わり，化石記録上，大型の捕食者と，それに対して防御を固めた植食性の動物が出現した．
■ 最初に陸上に進出した生物は植物（約5億年前）で，その後，菌類（約4.6億年前），無脊椎動物（約4.1億年前），脊椎動物（約3.65億年前）が進出した．

19・3 大陸移動の影響

■ 大陸移動は地球の生命史に大きな影響を与えた．
■ 過去2億年に及ぶ大陸の分断が，大規模な地理的隔離をもたらし，多くの新種の進化を促進した．
■ 大陸移動が原因で起こった気候の変化が，多くの種の絶滅をもたらした．

19・4 大量絶滅：地球規模で起こる種の絶滅

■ 地球の生命史上，5回の大量絶滅が起こった．
■ 大量絶滅で多くのグループが絶えるなか，逆に生き残るグループがいて，その後の生物進化の道筋を大きく変えた．
■ 優占群の生物が絶滅すると，他の生物群には新たなチャンスが生まれる．

19・5 適応放散：生物多様性の増える過程

■ ある生物群が著しく多様化し，新しい生態学的役割を担う過程を適応放散という．適応放散は，生物の歴史に強い影響を与えた．
■ 大量絶滅の後，競争から解放されることが原因で，適応放散

19・6 哺乳類の起原と適応放散

■ 哺乳類は，3億～2.2億年前（約8000万年間）に爬虫類から進化した．この間に，爬虫類のあるグループで，垂直に立った脚，特殊化した歯，頑丈な顎など，哺乳類の特徴が進化した．

■ 最初の哺乳類は，哺乳類型の爬虫類であるキノドン類から進化した．哺乳類は恐竜とほぼ同時代に出現した（恐竜は2.3億年前，哺乳類は2.2億年前）が，約2億年前には，恐竜が陸上で支配的な地位の脊椎動物となった．

■ 恐竜が君臨している間（2億～6500万年前），ほとんどの哺乳類は小さいサイズで夜行性のままであった．恐竜の絶滅の後，哺乳類は適応放散し，日中でも活動する多くの種が生まれた．

19・7 生物の進化史

■ 生物の新しいグループはゼロの状態から生まれて進化するのではなく，既存の生物群が変更・修正を受けることで生まれる．
■ 小進化を起こすしくみからは，大進化は説明できない．

復習問題

1. 化石記録から，新しい生物群は従来型の生物から進化することがわかる．例を一つあげて，説明せよ．
2. 光合成が進化することは，地球の生物の歴史にどのような影響を与えたか．述べよ．
3. カンブリア大爆発とは何か．なぜ重要か，説明せよ．
4. 生命は水の中で誕生した．陸上への進出が，生物の進化に重要なステップとなった理由を述べよ．初期に陸上へ上がった生物にとって，どのような困難や好機があったか，述べよ．
5. 大量絶滅は，無作為・不規則に起こるが，非常にうまく適応している生物群にどのように作用するか．
6. 化石記録から，大量絶滅で失われた種が適応放散によって回復し，元のように埋め合わされるまで，ふつう1000万年かかることがわかる．種分化に関するこれまでの知識をもとに，この化石記録の示す結果について考察せよ（第18章参照）．その結果は，現在起こっている生物種の絶滅に関して，何を意味するだろうか．
7. 大進化と小進化とは根本的に異なるものだろうか．小進化で大進化を説明することは可能だろうか．これまで学んだ進化の機構で，大進化と小進化の間を結びつけるものはあるか．

重要な用語

大進化（p.324）　　　　　ペルム紀絶滅（p.331）
放射性同位体（p.325）　　白亜紀絶滅（p.332）
カンブリア大爆発（p.328）適応放散（p.333）
大陸移動（p.329）　　　　キノドン類（p.335）
大量絶滅（p.331）

章末問題

1. 大陸移動について，正しいものはどれか．
   (a) 液状の岩石が地表に向かってせり上がり，大陸を押し分ける．
   (b) 今日では，もはや起こっていない．
   (c) 多くの生物集団に地理的隔離をもたらし，種分化を促進した．
   (d) aとcの両方．
2. 化石記録について，正しいものはどれか．
   (a) 生物の歴史が書き記されている．
   (b) 大きな新生物群の出現がわかる．
   (c) 完璧なものではない．
   (d) a～cのすべて．
3. 大量絶滅について，正しいものはどれか．
   (a) いずれも小惑星の衝突が原因で起こった．
   (b) 地球全体で多くの種が絶滅した．
   (c) 生命史には大きな影響は与えない．
   (d) 陸上生物のみに影響する．
4. カンブリア大爆発について，正しいものはどれか．
   (a) 動物の体の大きさと複雑さを劇的に増大させた．
   (b) 大量絶滅の原因となった．
   (c) 現存する動物のすべての門が突如出現した．
   (d) その後の生物の進化への影響は少ない．
5. 生物の歴史が示しているものはどれか．
   (a) 生物多様性は過去約4億年の間ほぼ一定であった．
   (b) 絶滅は生物多様性にほとんど影響を与えていない．
   (c) 大量絶滅と適応放散が大進化に大きな影響を与えた．
   (d) 大進化は，生物集団の進化という観点で説明可能である．
6. ____ は，放射線を出しながら崩壊し，より安定した元素へと変化する．
   (a) X　線　　　　　　　(c) 放射性同位体
   (b) 炭素12や炭素14　　(d) 適応放散
7. 生物群が絶滅・出現する大規模な進化を何とよぶか．
   (a) 大進化　　　　　　(c) 大量絶滅
   (b) 小進化　　　　　　(d) 適応放散
8. 一部の生物群が新しい生態学的役割を担い，その過程で新種や，より上位の分類群を形成しながら多様化することを何というか．
   (a) 種分化　　　　　　(c) 大量絶滅
   (b) 進　化　　　　　　(d) 適応放散
9. 初期の細菌のなかから光合成を行うものが進化し，大気中の酸素濃度が変わった．これは生命の進化史のなかでも大変重要なことである．なぜだろうか．
   (a) 大気中の酸素が減少し，真核生物が進化できる準備ができた．
   (b) 大気中の酸素が増加し，真核生物が進化できる準備ができた．
   (c) 大気中の酸素が増加し，生命の最初の大量絶滅をまねいた．
   (d) 大気中の酸素が減少し，生命の最初の大量絶滅をまねいた．
10. 陸上に最初に出現したと考えられる生物はどれか．
    (a) 植　物　　　　　　(c) 哺乳類
    (b) 動　物　　　　　　(d) 菌　類

ニュースの中の生物学

Fossil Called Missing Link from Sea to Land Animals

BY JOHN NOBLE WILFORD

海から陸へ移行した動物のミッシングリンクを解き明かす化石

　3.75億年前の魚の化石が発見された．これまで未発見だったこの大型魚は，水中の魚が陸上で四肢歩行する動物へと進化した途中のもので，長らく探し求めていたミッシングリンクである，と発見した研究者は語っている．

　化石にはひれ，うろこなど魚としての特徴があり，体長1.2〜2.7 mの大きさである．詳しく調べると，陸へ上がる過渡期の生物としての特徴もあった．この魚は間違いなく魚ではあるが，陸上動物の出現を予感させる変化が生じているので，両生類，爬虫類や恐竜，哺乳類，そして最終的にヒトの祖先となる動物である．

　魚の前方のひれには，指，原始的であるが手首，ひじや肩などの原型となる進化中の前肢の構造がある．また，ワニの首に似て平坦な形の頭蓋骨をもち，肋骨などの箇所が四肢動物のものと似ていた．

　この化石は，進化の上のミッシングリンクを埋める重要な発見というだけではない．陸上生活への過渡期の動物が発見できないのは，進化論の大きな弱点であると創造論の支持者は主張してきたが，それへの強い反証となる．

　進化生物学者のShubin博士は，"これには本当にびっくりしました．異例の中間型化石です．本当にすごい発見です" という率直なコメントをインタビューで伝えている．

　北極点から1000 km離れた地域（カナダ国内）で発見されたこの化石の魚は，シカゴ大学の生物学者Neil Shubinの研究チームによって*Science*誌（米国で最も権威のある雑誌）に発表された．彼らはミッシングリンクとなる魚類骨格を発掘収集し，カナダ原住民の長老の意見を参考に，ティクタアリク（*Tiktaalik*）と命名した．"大きな浅い海の魚" を意味していて，化石を正確に言い表す命名である．化石は，図19・6に示した二つの動物の形態の中間的なものであった．

　この化石の重要な点は，明らかに魚の骨格であるのに，首や原始的な手首など，水中生活に適応した動物には絶対にみられない特徴があるところである．ティクタアリクは，ほとんど発見されることのない移行型の中間形態を示す貴重な化石である．生物が化石として保存される機会はめったにない．魚が死ぬと，ほとんどは食べられたり，さもなければ，腐敗したり，分解されたりする．また，化石になったとしても，それがうまく保存される保証はない．熱の影響，大陸移動，岩石の風化などの原因で，せっかくできた化石が破壊されることも多い．

　そのうえ，世界中，ほとんどの岩石は目につかないところにあり，地表から離れたところに埋まっているか，泥や樹木の下に隠されている．新しい化石を発見することは容易なことではないし，さらに，特定の中間移行型のものを見つけたことは，実に特別な偉業である．このような発掘作業には費用がかかり，建物，農場，森林などの下にあって実際の発掘が不可能なことも多く，多くの化石はまだ未発見のままである．この章の初めに紹介した菌類の化石も，菌糸や胞子をもつ大変貴重なものであるが，道路造成のために切り取った路肩の岩石から偶然に発見されたものである．

　ティクタアリクの発見は，Shubin博士らがある条件を求めて世界中を探索したことによる．その条件とは，岩石がちょうどよい年代のもの（約3.75億年前の脊椎動物が陸上に出現した頃）であることと，水中から陸上への移行が起こりそうな穏やかな浅水域があったことである．

このニュースを考える

1. 生命史のうえで（図19・13），ティクタアリクの時代がどこに相当するか探してみよう．ほかにも生命史のうえで，生物の移行型を見つけられる可能性のある時期はあるか．

2. ティクタアリクは，陸生の脊椎動物の特徴をもつ魚という点で移行型の動物である．前問の答えとして選択した生命史上の変化を考えた場合，どのような移行型の生物が予想されるだろうか．どのような外観で，どのような特徴をもっていただろうか．

3. 進化論を否定する人は，化石記録で探し出せないミッシングリンクがあることを理由にしている．このような議論で，間違っている点は何だろうか．（ヒント：化石で残っている生物はほとんどいないだろうと考える根拠は？）

出典：New York Times紙，2006年4月6日

インタールード D　第IV部で学んだことの応用
人類と進化

> **Main Message**
> 私たちは，古代人類に起原をもち，解剖学的に区別できる現代人類である．人類は地球上の他の生物の進化に大きな影響を与えている．

私たちは何者で，どこから来たのか

　もしネアンデルタール人の一団が街をぶらぶら歩いていたら，どんな騒ぎになるだろうか．ネアンデルタール人の眉の上はアーチ状に大きくせり出していて，額は低く傾斜し，顎が小さく，また，顔は私たちに比べると前方にやや引き伸ばしたような形である．衣類を脱ぐとさらに目立ちそうである．ネアンデルタール人の背丈は現在のヒトよりいくぶん低いが，首は太く，骨太で，筋肉のつき方で見る限り非常に力が強かったと考えられる（図D・1）．

　ネアンデルタール人の名前はドイツ東部にあるネアンデール渓谷に由来する．そこで1856年に発見された化石がネアンデルタール人のものとして知られるようになった．発見当時には，この骨について大論争があった．クマのものだと言う人，古代人の骨だと主張する人もいた．最終的には，同じような骨が他の場所でも見つかり，その骨が人類の親戚のものだということが確定的となったのである．

　ネアンデルタール人の化石は，かつて異なる形態の人類がいたことを示す衝撃的なものであった．私たちヒトと近縁の祖先種の化石はよく似てはいる．しかし，明らかに私たちとは違うので多少不気味な感じでもある．このような化石から，私たちが何者でどこから来たのか，どうやって理解できるのだろうか．化石記録の調査は，ヒトゲノムの解析と一致するだろうか．この章では，私たち自身の進化の歴史を探り，今後の進化する未来の姿について考える．また，人間の活動が，私たち自身，および他の生物種に，どのように影響するかについて考えてみよう．

図D・1　ネアンデルタール人の姿（想像図）

D. 人類と進化

私たちは類人猿である

あらゆる生物を分類したリンネ式階層分類体系では，私たちヒト（*Homo sapiens*）は動物界に属する．動物界に多くある門の中では，背骨をもつ動物，脊索動物門に属し，その中では，哺乳綱に入る．私たちは，体毛（多くの哺乳類で断熱の役目をする）をもつこと，乳腺から乳を分泌することなど，他の哺乳類と共通する特性をもつ．哺乳類の中では霊長目に属する．他のすべての**霊長類**と同じように，肩とひじの関節が屈伸自在であること，5本の機能性に富んだ指と足指をもち，**母指対向性**（親指が他の指と向き合うような配置をとれること）で，鉤爪ではない平らな爪，そして体の大きさに比べて大きな脳などが特徴である．霊長類の中ではヒト科に属し，ヒト科の中ではヒト属（*Homo* 属）に入る．ヒト属には，私たちの種である *Homo sapiens* のほかにも絶滅した多数の人類種が含まれる．その詳細は本章の後半で紹介する．

まず，私たちがどのような動物なのか紹介し，それから，最初に提起した疑問，私たちは何者で，どこから来たのかに答えていこう．数百年の間，文化や宗教の違いはあるが，私たちは自分たちが他の動物とは大きく異なっていると考えてきた．霊長類としてみずからを分類しているものの，ヒト科という一つの科に属し，ヒトに最も似ている種（チンパンジー，ゴリラ，オランウータン）は別の科，類人猿科に含まれると考えていた．他の現存種をヒト科に置かない理由は，私たちが他の動物とは大きく異なるという考えを反映し，それを強調したいがためである．

ダーウィンの『種の起原』出版の後，人々は，人間が昔は動物で，そこから進化したものであると考えるようになった．とはいえ，私たちが他の動物とは非常に異なっているという基本的な考えは変わらない．たとえば1960年代はじめになって霊長類の進化を遺伝子から調べる研究を開始する以前は，ヒトの祖先がチンパンジーと分かれたのは3000万年前であると広く信じられていた．つまり，ヒトがチンパンジーなどの他の類人猿と共通の祖先をもつとは理解していたが，数千万年も前に，類人猿から分かれて別個に進化したものととらえていた．

これまでの45年間の遺伝子解析と化石の新発見によって，こ

図 D・3 最も近い親戚 最も近い親戚であるチンパンジーは，行動のうえでもヒトと多くの共通点がある．

の考え方がどう変わったかを次節から詳しく紹介しよう．現在は，約500〜700万年前になってからヒトとチンパンジーの分岐が始まり，ゴリラとの共通祖先からは約700〜800万年前に，オランウータンからは約1200〜1600万年前に分岐したと考えられている（図D・2）．

特にこの数年間に発表された遺伝子解析の結果から，ヒトと類人猿の関係は非常に近いことがわかってきた．ヒトのDNAは，

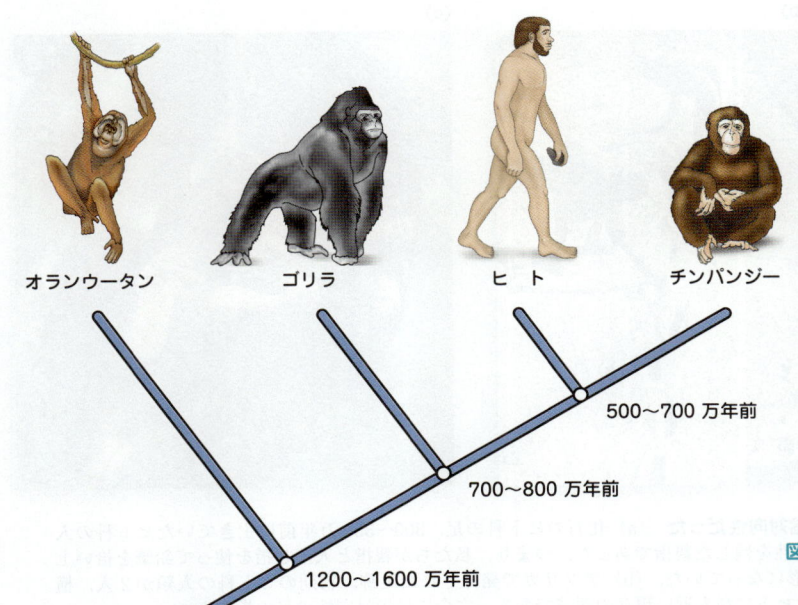

図 D・2 大型類人猿の進化系統樹 最近の遺伝子解析と化石の発見に基づいた系統樹．ヒトはチンパンジーと非常に近い関係にある．

類人猿（特にチンパンジー）のDNAとよく似ていて，DNAの塩基配列の違いは約1%にすぎない．さらに，私たちの染色体の中には，類人猿DNAを混ぜ合わせたものも見つかっている．私たちのDNAの多くの部分が，他の類人猿よりチンパンジーの配列に近い．しかし，一部の領域ではチンパンジーではなくゴリラのDNAの方に似ている箇所もある．別の染色体領域では，チンパンジーとゴリラの関係の方が近い部分もある．

この40年に発表された研究論文で，ほぼ共通する研究者の結論は，ヒトと類人猿は近縁の動物ではなく，ヒトは類人猿そのものであるとしている．もし，宇宙人が存在していて，地球上の生命を観察分析したら，ヒトを"第4のチンパンジー（チンパンジーには3種の現存種が存在するのでその4番目の意味）"として分類するだろうという人もいる．いずれにせよ，ヒトは類人猿（特にチンパンジー）と，道具の使用，記号言語を使う能力，故意に行う欺瞞行動など，多くの共通する特性をもつのは事実である（図D・3）．これらの類似点・相違点を考えると，ヒト進化の物語は非常に興味深いものになる．では，最初のヒト科の起原や絶滅したヒトに近い祖先グループの話から始めることにしよう．

ヒト科の進化：木登りから直立歩行へ

霊長類の祖先は，6500～8000万年前に，樹上で生活し，昆虫を食べていたツパイ（キネズミ）に似た小さい夜行性哺乳類だったと考えられている．霊長類の起原を示す化石証拠はまだ不完全で，明らかに霊長類の化石と思えるものは5600万年前のものである．これら初期の霊長類は現存のキツネザルに似ていた（図2・11）．その後，霊長類は著しく多様化が進み，最終的に約500～700万年前に最初のヒト科の人類が生じた．

人類の進化では，後になって出てきた種ほど，体の大きさに比べて大きな脳をもつようになり，直立歩行し，複雑な道具を作るようになった．知能，道具作りの能力，それと関連した文明などは，ヒトをヒトたらしめるおもな特徴である．しかし進化の歴史としては，このような能力の変化が起こったのは比較的後になってからであり，二次的なものである．霊長類で脳のサイズが増加するという傾向は，その前にすでに始まっていた．

ヒトの進化における最初の大きな一歩は，四肢での移動から**直立二足歩行**（2本の後肢での直立歩行）への切替えである．これはヒト科が大きな脳を進化させるよりずっと前に起こった．直立二足歩行への切替えによって，多くの骨格が変化した．その一つは，足指の母指対向性がなくなった点である（足の親指はヒト以外のすべての霊長類で母指対向性である）．あなたも，足の小指と親指が接触できるか試すとよくわかるだろう．

木にすんでいる動物が直立歩行する必要はなく，また，それでよいことがあるわけでもない．さらに，樹上生活する生物にとって，木登りの際に枝葉をしっかり握ることができた足指の対向性を失うことは，不利な形質でもある．しかし地上では，直立歩行によって手が自由になり，物を運んだり，道具作りに使ったりと，利点が多い．また，直立歩行で頭が高い位置にくるので，視界が広がり，歩きながら多くのものを見ることもできる．この直立姿勢への進化は，樹上生活から地上生活への切替えと同時に起こったもので，おそらく500～800万年前と考えられる．

地上生活への転換は突然のものではなく，最初は不完全な形であったのだろう．ヒト科の最古の化石（440万年前の）によると，彼らが直立歩行したことがわかる．しかし，300～350万年前の足の骨や化石で残った足跡からは，この時代のヒト科のメンバーの足は，まだ部分的に母指対向性を残していることがわかる（図D・4）．これは，ときどき樹上も利用していたためと考えられる．

これまで知られている最古のヒト科の生物種はサヘラントロプス（*Sahelanthropus tchadensis*）である．600～700万年前の頭蓋骨が，Michel Brunet博士によって2002年に発見された（図D・

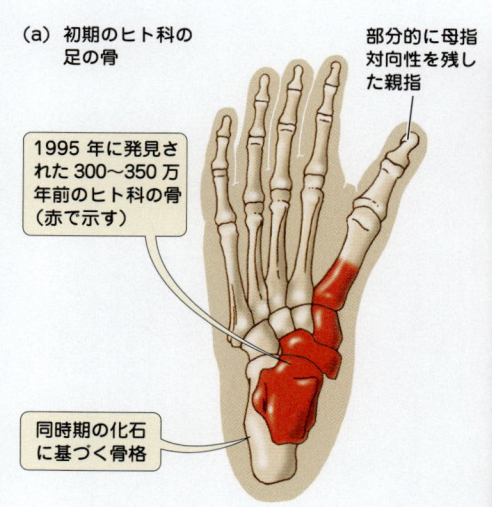

図D・4 初期のヒト科の足の親指は部分的に母指対向性だった　(a) 化石のヒト科の足．300～350万年前に生きていたヒト科の人類は直立歩行していたが，まだ部分的に母指対向性を残した親指であった．つまり，私たちが親指と人差し指を使って鉛筆を拾い上げるように，足の親指が一部の指と向き合える形になっていた．(b) アフリカで発見された足跡．初期のヒト科の人類が2人，横に並んで直立歩行していた．(c) チンパンジーはヒトに最も近い現存の親戚である．完全に母指対向性の足の指をもつ．

D．人類と進化

5a）．アフリカ，チャド のサヘル領域で発見され（この地名から属の名前がつけられた），この種から，ヒト科の初期進化についてさまざまなことがわかってきた．*S. tchadensis* は，ヒト科でありながら，あらゆる点で類人猿と似ている．図 D・5(b) が示すように眉の部分のでっぱり（眉弓）が大きく（現代のゴリラより大きい），350 cm^3 の脳容積はヒト科のなかで最小である（平均的な現代のゴリラの脳，約 500 cm^3 より小さい）．図 D・5(a) の化石は，典型的な現代人の脳容積が約 1400 cm^3 であることを考えると，ヒト科の脳がいかに急速的に大きくなったかわかる．この初期のヒト科人類は二足歩行であったと考えられている．

初期のヒト科には，ほかにアルディピテクス（*Ardipithecus ramidus*，440 万年前）や 300〜420 万年前のアウストラロピテクス属（*Australopithecus*）のものが数種知られている．*Ardipithecus* や *Australopithecus* も直立歩行していたと考えられている．脳のサイズは比較的小さいが，頭蓋骨と歯は現生のヒトのものより類人猿に近い．*Australopithecus afarensis*（初期のアウストラロピテクスの種）の頭蓋骨を図 D・6 の *Homo sapiens sapiens* の頭蓋骨と比較してほしい．

図 D・5　100万ドルの頭蓋骨　(a) 世紀の発見とよばれる頭蓋骨を手にする古生物学者 Michel Brunet 博士．これまで知られている最古のヒト科動物，サヘラントロプス（*Sahelanthropus tchadensis*）のほぼ完全な頭蓋骨である．この発見により，Brunet 博士は賞金約1億円のダン・デービッド賞（毎年，世界の主要な科学，技術，文化，または社会上の功績に対して授与される賞）を受賞した．(b) 初期のヒト科人類の復元図．類人猿に似た特徴をもっているが，私たち *Homo sapiens* と同じように，*S. tchadensis* は二足歩行していた．ワニや水陸両生の哺乳類（カバなど），森林や草原に通常みられる齧歯類動物の化石も一緒に発見された．*S. tchadensis* が湖の近くにある森林に住んでいたと考えられる．

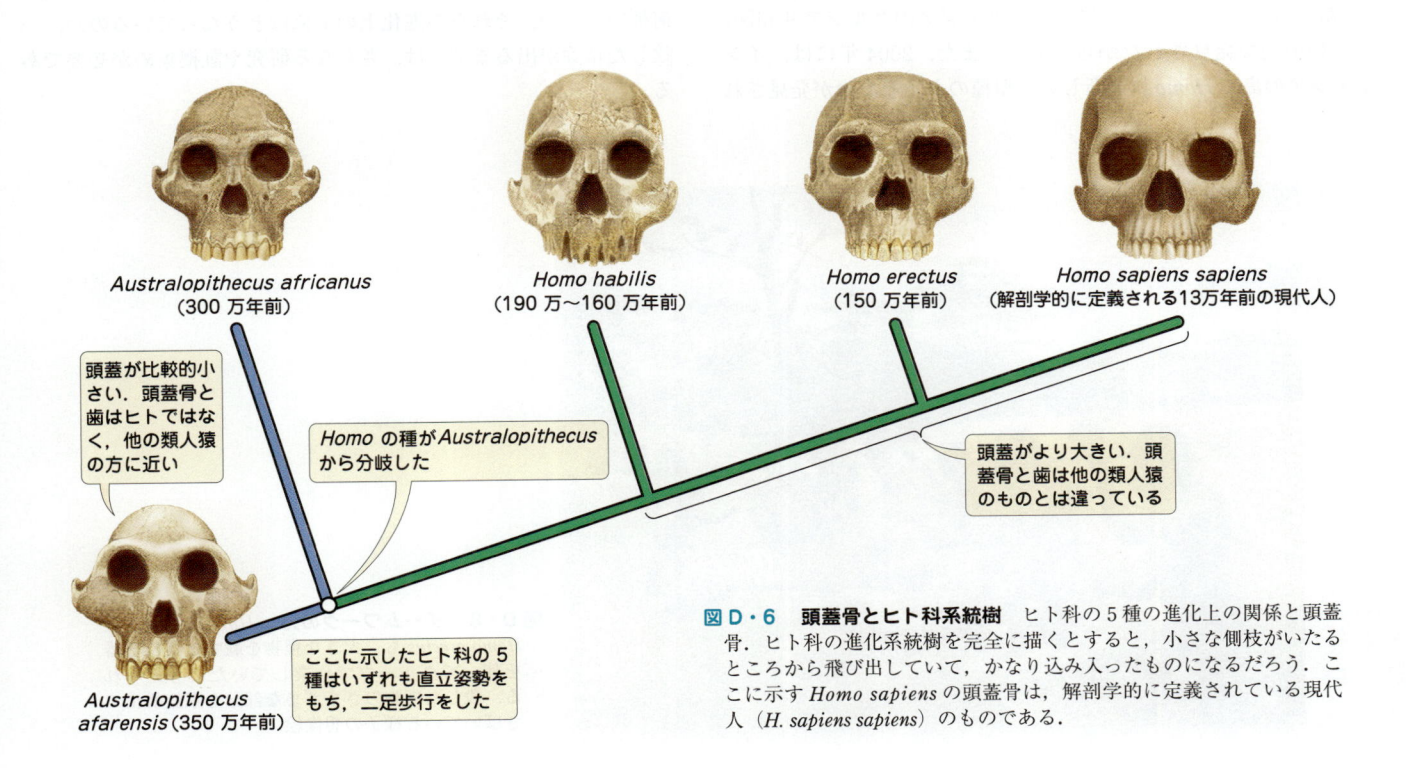

図 D・6　頭蓋骨とヒト科系統樹　ヒト科の5種の進化上の関係と頭蓋骨．ヒト科の進化系統樹を完全に描くとすると，小さな側枝がいたるところから飛び出していて，かなり込み入ったものになるだろう．ここに示す *Homo sapiens* の頭蓋骨は，解剖学的に定義されている現代人（*H. sapiens sapiens*）のものである．

Homo 属の進化

240万年前の最古の Homo 属の化石の断片がアフリカで発見されて、Homo 属が200〜300万年前のアフリカに出現したと考えられるようになった。より完全な形の Homo 属の化石は160〜190万年前のもので、Homo habilis という種名が与えられている。最古の H. habilis の化石は、Australopithecus afarensis よりやや新しいヒト科の A. africanus の化石に似ている（図D・6参照）。新しい方の H. habilis の化石では、顔面がそれほど前に突き出さず、頭蓋骨も丸い。H. habilis の化石標本は、新しいものほど A. africanus や Homo erectus（H. habilis の後で進化した種、北京原人とよばれる）の中間的な特徴を示すものに変わっている。このように、古い Australopithecus からより新しい H. erectus へとヒト科の動物がどのように進化したのか、H. habilis の化石記録からよく理解できる。

H. erectus は H. habilis よりも背が高く、頑丈な体型をしており、現在の人類により近い、大きな脳と丸い頭蓋骨をもっていた（図D・7）。また、自分で火を起こせたかどうかはわからないが、50万年前には、H. erectus は火を使っていたらしい。さらに大型動物の狩りも行っていたと考えられる（図D・8）。その証拠の一つとして注目されているのは、ドイツで発見された40万年前の槍である。3本見つかっているが、それぞれ約2mの長さで、現代の槍投げ競技の槍のように、重心を前方にして、投げる目的でデザインされている。

H. erectus は H. habilis から派生し、およそ100万年前にアフリカから各地に分散し、やがて Homo sapiens に進化したと、長いこと考えられていた。しかし、この単純な構図は、その後の化石の発見によって複雑に変わった。かつては H. habilis と考えられていた化石が、今では二つの異なる種に由来するという証拠が見つかり、そのため、この2種のどちらから H. erectus が派生したのかが論争となった。さらに、H. erectus、あるいはそれより古い Homo 属の種がアフリカから外の大陸へ出たのは、想像よりもずっと早い時期と考えられるようになった。170〜190万年前の Homo 属の化石が、ジャワ島、中央アジアのグルジア共和国、および中国で発見されたからである。また、2004年には、インドネシアの島で Homo 属の新しい小型種のようなものが発見された（第18章の"ニュースの中の生物学"を参照）。H. floresiensis として報告されたこれらの小型種は、その島に12万年前から9万5千年前まで暮らしていたと考えられている。その他の化石証

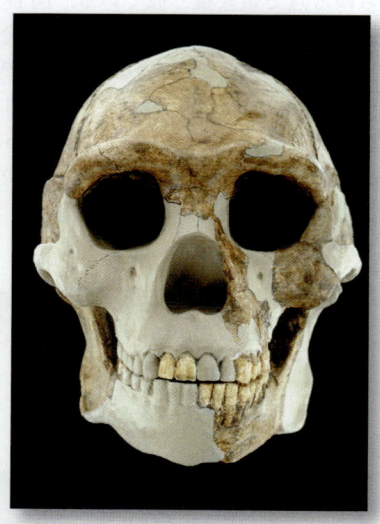

図D・7　北京原人　北京原人として知られている Homo erectus の化石の写真。H. erectus と現代人が似ている点がよくわかる。この化石は、中国の鍾乳洞で発見された。第二次世界大戦中、この化石は米国へ搬送されたが、その途中に紛失し、その後見つかっていない。

拠から、H. erectus も100万年前から2万5千年前まで近くの島に生息していたこと、さらに、H. sapiens も同じ地域に6万年前から生活していることも明らかになった。

要するに、つぎのように解釈できる。H. habilis, H. erectus, ならびに他の Homo 属初期種の研究から、Homo 属にはかつて考えられた以上に多数の種が存在したこと、そして、それらの種が同じ場所、同じ時代に存在していたことである。これを完全に人類の進化系統樹の上に描こうとすると、図D・6の簡素な図は、細かく複雑に枝分かれしたものとなるだろう。初期の Homo 属に何種いたのか、それらの進化上の関係はどうなっているのか、一致した結論が出るまでには、さらなる研究や証拠集めが必要である。

図D・8　チームワークの力　Homo habilis も Homo erectus も、大きな獲物を殺すときに石器を使ってグループで作業していたと考えられる。殺した獲物のさまざまな部分を家族総出でさばいている様子の想像絵。

現代人の起原と拡大

現在の人類はすべて Homo sapiens である．正確にいうと，私たちは約 13 万年前に分岐した解剖学的に区別できる現代の人類(**解剖学的現代人類**，Homo sapiens sapiens)として知られているグループである(図 D・6 の頭蓋骨を参照)．この現代人類が出現する前は，古代の Homo sapiens として知られている初期のヒトが存在していた．この初期のヒトはどのような存在だったのだろうか．

化石記録では，これらの古代 H. sapiens は H. erectus と現代人類の中間の特徴をもっていたことがわかっている．最初の古代 H. sapiens は 30〜40 万年前に出現し，その一部の種は 3 万年前の最近まで生きていたと考えられる．アフリカ，中国，ジャワ島，およびヨーロッパでその化石が発見されている．この祖先は，新しい道具を開発して使い，新しい食物を利用し，複雑な隠れ家を建て，そして火の使い方を心得ていた．道具作りや他の技術も含め，集団間で長距離の物品交換方法とともに発展を続け，約 13 万年前に現代人類が生まれた(図 D・9)．

どのようにして古代 H. sapiens から現代人類が生まれたのだろうか．古代 H. sapiens の初期集団からは，徐々にネアンデルタール人(23 万年前から 3 万年前まで生きていた，古代 H. sapiens からより進化したタイプ．Homo sapiens neanderthalensis または Homo neanderthalensis)と，解剖学的に区別できる現代人(Homo sapiens sapiens)が派生した．現代人の最古の化石は 13 万年前にアフリカで発見されているが(図 D・10)，それより新しいものはイスラエル(11 万 5 千年前)，中国(6 万年前)，オーストラリア(5 万 6 千年前)，および米国(1 万 3 千年〜1 万 8 千年前)などの場所で見つかっている．

現代人が古代 H. sapiens からどのように派生し，地球上のいたる所でみられるようになったかについては，大きな論争があり，アフリカ起原説と多地域進化説という二つの対立する仮説が提唱されていた．**アフリカ起原説**(図 D・11 a)によれば，現代人はまずアフリカで古代 H. sapiens のある未知の集団から進化したとしている(古代 H. sapiens もまたアフリカで H. erectus から進化した)．彼らは，やがてアフリカから世界の他の地域へと広がり，H. erectus，ネアンデルタール人，および H. floresiensis など

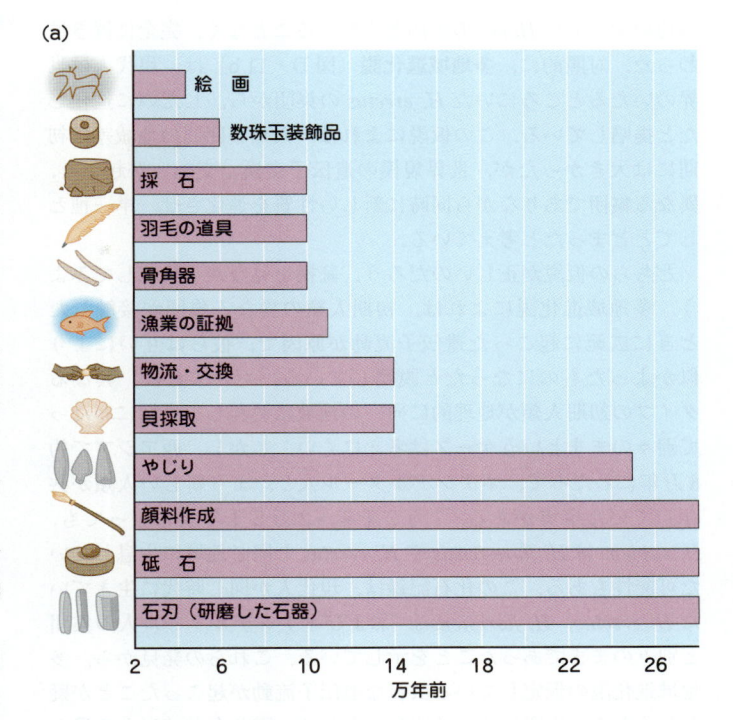

図 D・9　より発達した石器時代の道具と美術品　(a) 過去 30 万年の間に，まず古代の Homo sapiens が，そしてつぎに新しい解剖学的現代人類(H. sapiens sapiens)が，新しい優れた道具と技術を開発した．考古学の記録によると，これらの道具や技術は突然に出現したのではなく，長い年月をかけて発達し，地理的にも広い範囲に広まっていったものである．まず，アフリカで始まり，世界の他の大陸へと広がった．(b) この槍先と野牛の立像は 1〜4 万年前にさかのぼる．

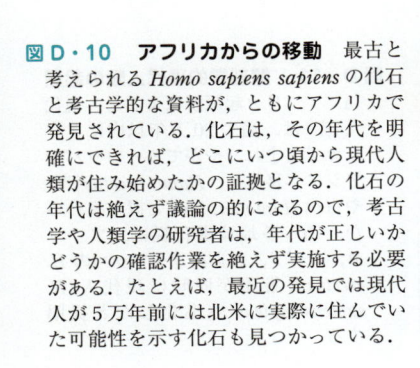

図 D・10　アフリカからの移動　最古と考えられる Homo sapiens sapiens の化石と考古学的な資料が，ともにアフリカで発見されている．化石は，その年代を明確にできれば，どこにいつ頃から現代人類が住み始めたかの証拠となる．化石の年代は絶えず議論の的になるので，考古学や人類学の研究者は，年代が正しいかどうかの確認作業を絶えず実施する必要がある．たとえば，最近の発見では現代人が 5 万年前には北米に実際に住んでいた可能性を示す化石も見つかっている．

の他のすべての *Homo* の集団と交配することなく，完全に置き換わった．対照的に，**多地域進化説**（図 D・11 b）は，現代人は世界のいたるところにいた *H. erectus* の集団から，しだいに進化したと提唱している．この仮説によれば，人類集団間の地域差は初期には大きかったが，世界規模の遺伝子交換（交配）が起こり，異なる集団でありながら同時に新しい性質を進化させ，単一種としてとどまったと考えている．

　どちらの仮説が正しいのだろう．証拠を見ながら吟味してみよう．多地域進化説によれば，初期人類の異なる集団が接触したときに広範に起こった遺伝子流動が原因で，彼らは互いにより似かよったものになったと説明している．だとすれば，異なるタイプの初期人類が地理的に同一の地域に共存し，長期にわたって別々のままというケースは考えにくい．しかし，西アジアで約 8 万年にわたって，ネアンデルタール人と，より新しい人類が共存していた事実がある．1 万 2 千年～2 万 5 千年前になっても，*H. sapiens* は *H. floresiensis* や *H. erectus* と同じ地域に生息していた可能性もある．この化石記録は，現代人が同じ時代に生きていた *H. erectus*，*H. floresiensis*，およびネアンデルタール人の集団と別々のままであったことを示している．これらの発見から，多地域進化説の仮定している広範な遺伝子流動が起こったことが疑わしくなる．実際に遺伝子流動があれば，隣り合わせにある異なる系統を維持できなかったはずだからである．

　H. sapiens の古いタイプから新しいタイプへの移行を示す化石がアフリカで発見されていて，これがアフリカ起原説の裏付けとなっている．最近行われたヒトの DNA 配列の解析結果でも，アフリカ起原説と矛盾しない結果が得られている．しかし，この仮説でいう"完全に置き換わった"とする部分は正しくない可能性がある．たとえば，ネアンデルタール人（古代の *H. sapiens* の一種）と現代人の性質を混ぜ合わせたと解釈できる化石も見つかっているからである．同じように，他の遺伝学的研究（進化系統樹を現代のヒトの DNA 配列に基づいて描こうとしている）によれば，アフリカの外にいた古代 *H. sapiens* の集団の遺伝子が，現代人の遺伝子構成に寄与した可能性のあることを示している．つまり，現代人がネアンデルタール人などの古代 *H. sapiens* と共存し，交配していた可能性があることが考えられている．

　多くの科学者が，現代人はアフリカで生まれ，そこから世界の他の地域へ広がったのだと信じている．しかし，現代人の起原の詳細についてはまだ議論が絶えない．特に大きな論議になっているのは初期の *Homo sapiens* がより古い *Homo* の集団と，完全に置き換わったのではなく，どの程度の交配があったのかという点である．

ヒトの未来の進化

　人類の進化の歴史は，私たちの進化の未来について何を語っているだろうか．私たちは SF 作家が描くように巨大な脳をもつ生き物へと進化するのだろうか．いや，その方向ではなさそうである．この 7 万 5 千年間，ヒトの脳のサイズは増加ではなく，むしろ減少してきたようにみえる．ネアンデルタール人の化石（3 万 5 千年～7 万 5 千年前）と現代人の化石（1 万年～3 万 5 千年前）から推定される平均的な脳容積は約 1500 cm^3 であるのに対して，現在の平均的な人間の脳は約 1350 cm^3 である．この違いのおもな理由は，体の大きさによるものである．ネアンデルタール人や初期の現代人は，現在のヒトより体格が大きく，通常，大型の生物は小型のものより大きな脳をもつ傾向があるからである．私たちの脳容積は，体のサイズに比べてあまり縮んではいないが，特に大型化している証拠もない．では，ヒトの遺伝的浮動，遺伝子流動，そして自然選択（第 17 章参照）の結果として，私たちには将来どのような変化が起こりそうだろうか．

　この質問に答えるためには，人間社会の最近の様相を考慮する必要がありそうだ．およそ 1 万年前，農耕が発達する以前は，ヒトの集団は小さく，地域に広く分散していた．地理的障壁によっ

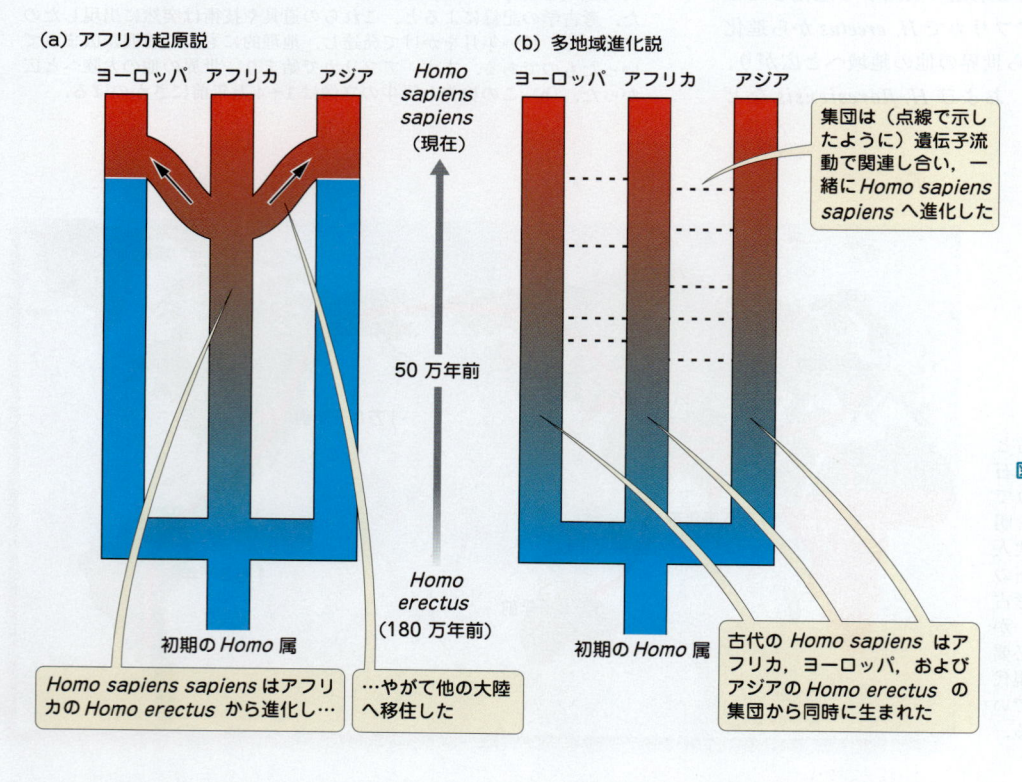

図 D・11　解剖学的現代人類の起原
(a) アフリカ起原説によると，現代人（赤）は，過去 20 万年以内にアフリカで生まれ，やがてヨーロッパやアジアへ移住し，*Homo erectus*（青）や古代 *Homo sapiens* と置き換わった．(b) 多地域進化説は，アフリカ，アジア，およびヨーロッパの *H. erectus* の集団が同時に現代人（*H. sapiens sapiens*）へ進化したと提唱する．

D. 人類と進化

ても互いに隔離されていた．たとえば，3万年前には，アフリカ人がオーストラリア人と出会う機会は事実上ゼロだったであろう．19世紀までは，ニューギニアでは，起伏に富んだ山脈によって隔たれた近隣の谷間に住む人々が違う言語を話し，互いにほとんど接触がなかったという事実からもわかるように，おそらく初期のヒトの集団はずっと小さく地理的にも隔離されていたと考えられる（今日でも，823の異なる現地語がニューギニアで話されている）．

これを遺伝学の言葉に置き換えて表現するならば，初期のヒトの集団では，遺伝的浮動が最も重要な意味をもつ状況にあったと考えられる．集団のサイズが小さく，集団間の遺伝子流動がほとんどなく，ヒトの集団間で生じる遺伝的差異のおもな原因は，遺伝的浮動であったと考えられる．

これを支持する証拠がある．現代人の頭蓋骨と歯の進化速度を解析したところ，自然選択よりも遺伝的浮動がより重要な進化の要因であることがわかった．ところが，今では，ヒトの集団は非常に大きく，そして流動性があるので，未来のヒトの進化においては，遺伝的浮動が重要な役割を果たす可能性は低い．むしろ，ヒト集団間で高頻度の遺伝子流動が生じ，時間とともに，互いの違いを小さくさせる可能性が高い（図D・12）．遺伝的浮動ではなく，自然選択によって生じたと思われる皮膚色のような形質についても同じであろう．

子解析から，マラリアの危険性の高い集団ではマラリアに耐性となる対立遺伝子の頻度が急増していることがわかっている．この変化は遺伝的浮動・遺伝子流動・突然変異などではなく，自然選択で一番説明しやすい．

さらに，近年では，人間はさまざまな場面で，独自の進化を左右する重要な問題に直面していることも忘れてはならない．この話題については，この章の最後でもう一度振り返ろう．

人間が進化に及ぼす影響

ニュース番組や新聞で，人が環境に大きな影響を与えていることが頻繁に報道されるが，私たちがどのように生物の進化に影響を与えるかは，あまり話題にのぼらない．しかし，環境に対して大きな影響力をもつのと同じ理由で，進化に対しても大きな影響力をもっているのは事実である．

生物種の小進化に影響する人間の活動

人間の活動が，他の生物種へ強い自然選択圧を与え，対立遺伝子の遺伝子頻度に大きく影響し，遺伝的に変化させることがある．たとえば，病原菌や作物の害虫を殺すために薬剤を使えば，昆虫側はそれに対して抵抗性を急速に進化させる（図D・13）．疾患をひき起こす細菌やウイルスは，急速に新しい薬物治療に対する耐性を進化させている．この耐性の進化は，人の病気や食糧減産など大きな社会的コストの原因となっていて，米国だけでも，毎年最低330億～500億ドルになると推計されている（p.350参照）．

人間の活動による急速な進化は，病気や有害生物の耐性を進化させるだけではない．たとえば，漁獲高の増加により，捕獲網をすり抜けられる個体が有利となり，魚の成長速度は遅く，また体サイズは小さく進化した．同じように，ふ化場のサケの場合も，小型の雄の方が生き残りやすいので，自然選択によって小さい雄が生まれ，野生のサケより早い時期に海から戻ってくるように

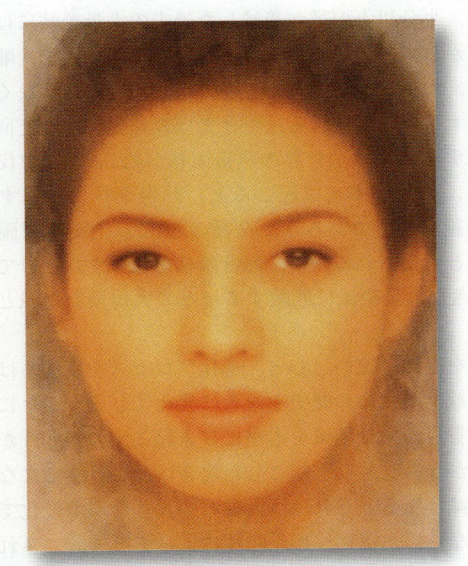

図 D・12　私たちの未来における遺伝子流動　ヒトの集団間の遺伝子流動が起こると，グループ間を区別していた特徴がなくなる可能性がある．未来のヒトは，このコンピューターの合成像のような外見になるかもしれない．これは8人のアフリカ系カリブ人モデル，8人の白人モデル，および8人の日本人モデルの写真から合成した顔である．

自然選択の役割についてはどうだろうか．今の私たちは道具や技術に大きく依存していて，私たちの進化史のうえで，かつては非常に不利であったと思われる多くの形質（弱視など）に対する選択圧が，相対的に低くなっている．しかし，未来において自然選択がまったく影響しないということではない．感染症の発病者・死亡者は毎年恐るべき数にのぼっている．したがって，病気への抵抗性の増大がヒトの集団における進化的に強い正の選択圧としてはたらくことは変わらないだろう．たとえば，最近の遺伝

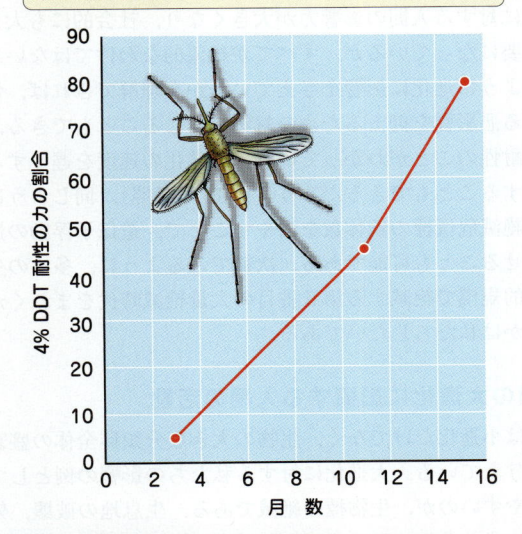

図 D・13　農薬耐性に対する方向性選択　2年間にわたって，カを採集し，殺虫剤DDTの耐性試験を実施した．カを採集した地域ではDDTが定期的に使われている．カの耐性が急速に進化し，殺虫剤の効果がなくなっていることがわかる．1時間で標準量のDDT（4%DDT）を使用してもカが死なない状態を耐性があるとみなす．

図D・14　景観に対する人類の影響　野草地や湿地などの生息地が農場に変わるとき、自然集団に深刻な影響を与えることがある。たとえば、ミシガン州立公園内の保護地区の湿地帯(a)にみられる生物種数は、ミシガン州の農場(b)と比べると、はるかに多様である。

なった。

　選択圧だけではなく、人間の活動は遺伝的浮動や遺伝子流動にも変化を与え、小進化に影響する。たとえば、ある特定の生物種がすむ生息地を開墾したり、破壊したりすることで、個体数を大きく低下させる場合がある。個体群が減少すると、遺伝的浮動によって遺伝的多様性が減少する。たとえばソウゲンライチョウのように、残った個体群の中で不利な対立遺伝子が増える原因となることもある（図17・5参照）。同じように、私たちが草原を農場に変えると（図D・14）、かつては連続した広範な生息地にいた個体群が隔離されて、自然の集団間の遺伝子流動を変える結果にもなる。

　一般に、人間の活動が地球規模で影響を与えているのは事実である。私たちは森林を伐採し、草原を耕し、空中、水中、土壌に化学物質を散布し、新しい環境に種を運び込み、大型捕食者を殺し、食物やペットや衣服のために特定種を捕獲する。これらの活動が、生物種が本来すんでいる環境に重大な変化をひき起こす。生物は、その環境の変化に応じて必ず進化する。私たちが環境に加える変化は、すなわち、多くの種の進化プロセスに手を加えることにほかならない。

　進化に対する人間の影響力が大きくなり、社会的にも大きな経費が必要になっているが、すべてが絶望的なわけではない。人間がどのように進化に影響を与えているかを理解できれば、他の種に与える悪影響を抑えるための対策を講じることもできる。たとえば、耐性のことがわかっていれば、進化の速度を遅くする戦略を採用することもできるだろう（第17章参照）。同じように、希少種や絶滅危惧種の個体数を増やすことで、遺伝子浮動の影響を軽減させることも可能である。次節でみるように、多くの生物種が世界的規模で絶滅する第6番目の大量絶滅時代をまねくか食い止めるかは私たちしだいである。

生物種の大進化に影響する人間の活動

　人間は小進化だけでなく、生物の大きな分類群全体の盛衰にも影響を与えている。大進化に対する私たちの影響の例として一番わかりやすいのが、生物種の絶滅である。生息地の破壊、外来種の侵入、また乱獲の結果として、多くの種が絶滅の危機に瀕している。このような脅威が、生物種の絶滅速度を加速させる原因となっている。たとえば、この400年の間に起こった鳥類と哺乳類の絶滅と、化石記録にみられる過去の通常の絶滅速度とを比べると、人間の活動によって絶滅速度が100～1000倍に増えたと示唆する研究結果もある。

　現在、私たちは新しい大量絶滅の真っただ中にいるのだろうか。あるいは、近い将来、大量絶滅をひき起こす危険性があるだろうか。過去の大量絶滅と現在の絶滅の速度とを比較すると、まだ、第6の大量絶滅には突入していないと思われる。私たちが現在絶滅に追いやっているのは、地球上の既知の種の50%よりはるかに少なく、半分以上の種が絶滅した過去の大量絶滅にはまだ及ばない。しかし、今の傾向が続けば、今後100年間で、哺乳類、鳥類、植物、および他の多くの生物の絶滅速度が、少なくとも1万倍に加速すると予測される。たとえば森林伐採が今と同じ速さで進むと、実質的には全世界の熱帯雨林が約50年間で伐採されて消失する。それが本当に起こると、熱帯雨林に生息する多くの生物種が絶滅するであろう。全種の50%以上が熱帯雨林に生息していると考えられるので、熱帯雨林を伐採するだけで、過去の5回の大きな大量絶滅に匹敵するほどの大規模な絶滅と同じになる。

　生物種を絶滅に追い込むと、進化プロセスを変えるばかりではなく、地球上の生命の歴史を永久に変えてしまうことになる。人間が第6番目の大量絶滅を本当にひき起こすのかどうか、まだわからないが、もし、ひき起こした場合は、これまでにない特異的な大量絶滅となる。それは巨大隕石や大きな環境変化で起こったものではない。ある一つの生物種によってひき起こされたものだからである。その原因となっている *Homo sapiens* は、その行動の結果を予測して、大量絶滅の発生を未然に防ぐことができる立場にもいる。第19章で紹介したように、大量絶滅からの回復には数百万年の期間が必要となる。私たちが大量絶滅をひき起こせば、（もしヒトがその大量絶滅を生き延びられたとしても）私たちの子孫はこれからの永い期間、これまでヒトが進化してきた年月よりもはるかに永い年月、生物学的に貧弱な地球上で生き抜かなければならないだろう。

人による人の進化のコントロール

　他の生物種に影響を与えるのに加えて、人間は人類の進化をも制御しようとしてきた。たとえば米国では、20世紀初頭に**優生運動**（"優秀な遺伝子"をもつ人が子孫を残すことを促進し、"劣悪な遺伝子"をもつ人々が子孫を残すことを抑え、優良な人間を残そうとする運動）が展開された（図D・15）。優生運動は、断

種法，婚姻法，および移民法といった法律を制定することを目標にしていた．ここでは，断種法についてのみ紹介する．

1907年，インディアナ州で米国で最初の断種法が制定された．これは，次世代に伝えるべきでないと考える人々を断種する許可を州当局に与えたものである．2年後，カリフォルニア州はより厳しい法律を制定した．州当局に対して，"知能障害"と思われる男性の去勢や女性の卵巣の摘出などを法的に許可したのである．当時，一般的に使用されていたこのあいまいな"知能障害"という表現は，おもに知的障害をもつ人々に対して使われていたが，ほかにも大酒飲みや乱交などといった通常の社会通念から逸脱した行動をする人に対しても使われた．性的または道徳的に異常とみなされる囚人，または刑事上の有罪判決が三つ以上ある人も同じような扱いをされた．1940年には米国の33の州が断種法（カリフォルニア州のように厳しい州はわずか）を強制的に制定し，1960年には6万人以上の人に対して同意なしの断種が実施された．

断種法は徐々に好まれなくなった．一つにはドイツのナチスが同じように，あるいは，もっと極端な形で優性運動を実践したために国民的な嫌悪感をひき起こしたからである．また，"知能障害"の立証が難しいとわかってきたからでもある．たとえばバージニア州で強制的に断種が実施された最初の女性，Carrie Buckの場合，彼女と娘が"知能障害"のために子どもをもつことを禁止する必要があると国は主張していたが，後で学校成績を調べたところ，実は，彼女の娘が一年生のとき優等生のリストに入っていたことがわかったのである．

仮に私たちの社会が優生学を受入れたとして，優生運動はより良い人間の子孫を残すという目標に対して有効だろうか．答えはおそらく"No"である．優生法は，いわゆる知的障害などが発生する条件を減らすことを目的としている．優生運動は，知的障害が遺伝するものであると仮定し，そのうえで，そういった"好ましくない形質"をもつ人が子どもをもつことを禁止すれば，その形質が発生する頻度がしだいに減少するはずであるという想定で実施された．しかし，ある個体群から対立遺伝子を選択的に取除くには非常に長い年月が必要で，断種法の効果があるとは考えられない．たとえば，ある知的障害を支配する対立遺伝子が劣性であると仮定すると，ヒトの個体群内での発生率を1%から0.25%に減らすのには，断種法を約250年間強制的に施行しなければならないことになる（優生運動に反対する一派が1920年代に行った計算結果）．断種法が最初の意図通りの効果を出すには，社会が何百年もの間，断種の強制を容認しなければならないのである．

さらに，現在では，優生運動の対象になった多くの形質が，単に遺伝的に制御されたものでなく，環境の影響を強く受けたり，複数の遺伝子によって制御されていることもわかってきた．複雑な遺伝子のコントロール下にある形質の場合には，その遺伝子頻度を下げるのには，さらに長い年月を要する．したがって，ヒトの集団を効率良く早急に変えようとするならば，たとえ保因者に"望ましくない形質"の症状がなくても，"不適切な対立遺伝子"をもつという理由ですべての保因者に子どもの出産をやめさせるという極端な対策をとらなければならない．さらに，新しく起こるであろう突然変異によっても"不適切な対立遺伝子"が生まれ

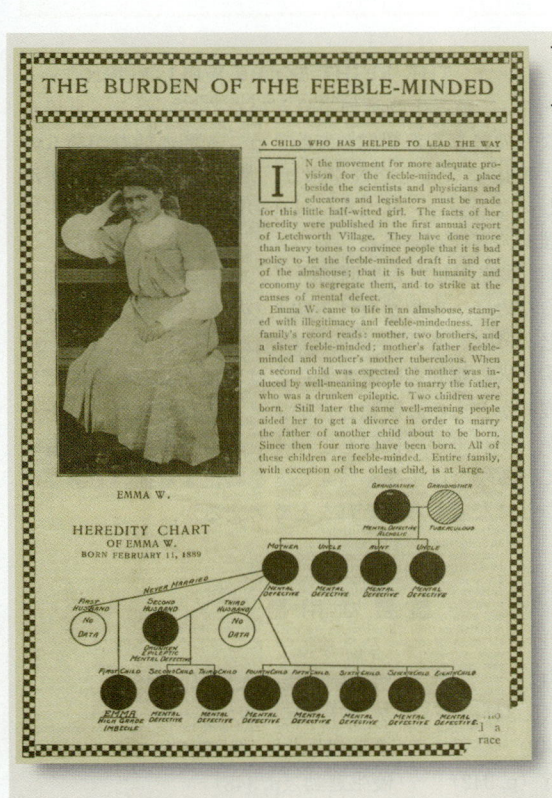

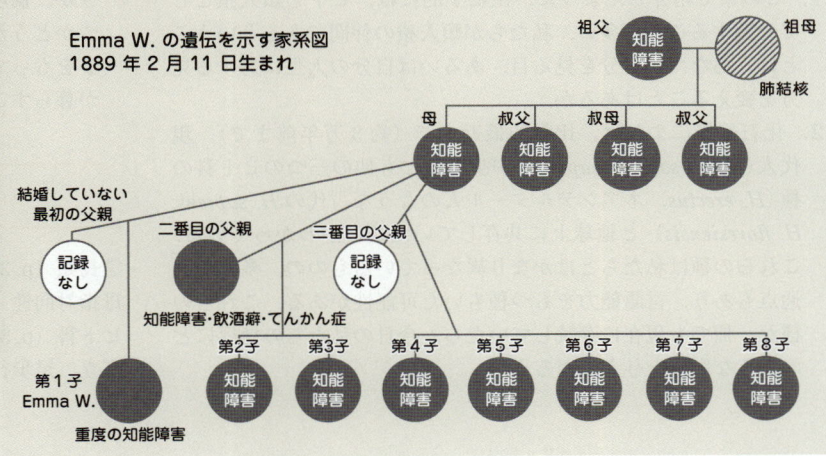

図D・15　優生学を推進する1913年のニュース記事　"人を隔離することは人道的かつ経済的である"と説くパンフレット．優生運動にかかわる研究者や政府当局は，"劣悪な遺伝子"の拡散を防止し，"知能障害者による経済的な負担"を取除くことで人類全体の利益になると信じていた．記事の下にある家系図は，"知能障害"がどのように世代から世代へ遺伝するかを示したものである．

生活の中の生物学

人類：進化に最も大きな影響力をもつもの

2001年の学術誌 Science で発表された研究では，世界の生態系での人間の影響力は非常に大きくなり，今や人間が"世界の支配的な進化の原動力"となるところまできていると論じている．人間がさまざまな生物を殺し，あるいは，個体数を制御しようとしたために，生物は逆に耐性を進化させてきた．そして，この進化に対して多額の経費が必要になってきている．たとえばHIV（致死性の高いAIDSの原因となるウイルス）が進化し，治療に使用していた比較的安価な薬剤であるAZTが徐々に効果がなくなっている．より新しく強力な薬剤で患者を治療するため，新薬を開発する費用が増大している．製薬会社は一つの新薬を開発するためには約1.5億ドルが必要になると推定している．

人間がひき起こした生物進化によって，米国内で年間どの程度の費用が必要になるかの推計値を表に示す．昆虫，および病原性のHIVと黄色ブドウ球菌（Staphylococcus aureus，食中毒，毒素性ショック症候群，皮膚や他の軟組織の感染症の原因となる細菌）の薬剤耐性のデータも含めている．MRSA（メチシリン耐性黄色ブドウ球菌の略）とよばれる，抗生物質耐性の黄色ブドウ球菌の拡大によって，その年間死亡者が，AIDSで亡くなる人より増える危険性があると2007年に専門家の報告もあった．2007年にバージニア州のMRSA被害者数（健康なはずの高校生なども含む）が公表されて以来，抗生物質耐性菌の増加に対する全国的な関心が高まっている．この表にあげられていない項目も含めると，新しく進化した生物種に対する問題解決にかかる費用は年間1000億ドルを超える可能性がある．

現在，人間がひき起こすであろう進化の速度を遅らせる方法が考案されている．たとえば，医薬品に対する微生物の耐性を阻止するための薬剤の併用療法がある．組合わせの異なる複数の薬剤を服用することで，すべての微生物を効果的に殺し，微生物が繁殖して進化するのを防ぐ方法である．また，医師が患者の薬の服用を，できるだけ頻繁に，十分な期間管理する，直接監視下化学療法などもある．このような方法は，より多くの労力を必要とするが，長期的に見ると社会の支出するコストはかなり低くなる可能性がある．

耐性菌によって増えた経費の種別	年間費用（億ドル単位）
耐性をもつ昆虫に対する農薬の追加使用 作物の損失	12 20〜70
耐性 *S. aureus* 菌に感染した患者の治療： 　病院外で感染した患者 　院内感染：ペニシリン耐性の *S. aureus* 　院内感染：メチシリン耐性の *S. aureus*	 140〜210 20〜70 80
HIV 薬剤耐性	63
総経費	335〜505

出典：S.R.Palumbi, 'Humans As the World's Greatest Evolutionary Force', Science **293**, 1786〜1790(2001).

るので，私たちは全員が，望ましくない対立遺伝子をもつかどうか検査して，そのような対立遺伝子が一つでも引き継がれないように繁殖をコントロールする必要がある．このような社会システムの中で生活していくことは，どんな感じがするだろうか．

復習問題

1. この章で紹介したように，生物学的には，ヒトを類人猿として分類することが多い．私たちが類人猿の仲間であるということは，あなたが自分を見る目，あるいは自分の人生に対する見方を変えることはあるか．

2. 化石記録によれば，比較的最近まで（約3万年前まで），現代人（*Homo sapiens sapiens*）が少なくとも他の三つのヒト科の種（*H. erectus*，ネアンデルタール人のような古代の *H. sapiens*，*H. floresiensis*）と地球上に共存していたことがわかっている．これらの種は私たちとはかなり異なっているものの，多くの共通点もあり，言語能力をもつ種もいた可能性がある．これらの種が一種でも現在に存続していたら，今日の私たちの世界にどのような影響を与えるだろう．

3. 私たちが知っている生物種の半分がいなくなったら，世界がどのようなものになるか想像してみよう．人間の活動が第6の大量絶滅の原因になる可能性があり，地球上の50％の種が消滅することになる場合，私たちにはその絶滅が起こるのを未然に防ぐ倫理上の責任があるか．

4. たとえば，罪を犯した人を刑務所に入れるなど，社会的利益を確保するために，人類社会は各個人の権利を制限する場合がある．同じように，悪影響を及ぼす遺伝子をもつ人に対して，子孫を残す個人の権利を制限することは倫理上にありうるだろうか．倫理的かどうかの問題とは別に，有害な対立遺伝子をもつかどうか，すべての人に対して検査し，もし有害な対立遺伝子をもっている場合は子孫を残すことを禁止する社会であなたが暮らすことになったら，それをどう考えるか．

重要な用語

霊長類（p.341）　　　解剖学的現代人類（p.345）
母指対向性（p.341）　アフリカ起原説（p.345）
ヒト科（p.342）　　　多地域進化説（p.346）
直立二足歩行（p.342）優生運動（p.348）

20 生物圏

> **Main Message**
> 気候の影響を受けながら，生物は互いに，また，まわりの物理的環境との間で，複雑な相互作用のネットワークをつくっている．

生命の絵模様

　外に出て歩いてみよう．周囲を見渡して植物の育つ場所を見つけてみよう．寒冷地の冬ならば，一見したところでは何もないかもしれない．しかし，注意深く観察すれば，どこにでも隠れた生命の形跡が見つけられる．木々の樹皮の裏側，雪上に残された足跡，石の下，春の芽生えを待つ植物の種子やつぼみの中にそれは潜んでいるだろう．春から秋にかけて外を歩けば，あふれんばかりの野生の息吹を目の当たりにするだろう．君のまわりを飛び回りブンブンとうるさかったり，足下を這い回っていたり，頭上で葉を広げていたり，あるいは，近くを跳ね回るものもいたりする．

　この生命の豊かさは，生物圏の中の一部，つまり地球上のすべての生物と環境（第1章参照）のごく一部でしかない．生物圏にはさまざまなものがある．一部，名前をあげても，草原，砂漠，熱帯林，河川，湖沼など，多種多様である．私たちの足の裏と，そこで繁殖する細菌も含まれるし，外洋海底の熱水噴出孔とそこで繁殖する細菌も生物圏の一部である．

　生物圏は非常に複雑でもある．細胞がDNAの何十億もの遺伝情報をどうやって保存し，複製するのかを探究する場合と比べてみよう（第12章参照）．もちろんDNAがどのようにコピーされるかを理解することは複雑な課題であるが，生物圏を理解することの難しさに比べると見劣りする．生物は数十億個のDNA塩基をもっているが，地球上の生物は，何兆もの数が存在し，それらが膨大な数の組合わせで，互いに，そして環境との間で相互作用しているからである．

　生物圏は複雑なだけではなく，私たちにとってきわめて重要な意味をもつ．私たちの生活が生物圏に大きく依存しているからである．生物と環境との相互作用は，私たちが吸う空気，飲む水，食べ物の質に影響を与える．逆に，人間の活動が生物圏に大きく影響し，ときには驚くような副作用をひき起こすこともある．たとえば，航行中の大型船舶を安定化するために船底に水を積み（バラスト水という）別の場所で放出するという，一見まったく無害な作業を例に考えてみよう．バラスト水の移動のたびに，数百単位の水生生物が別の場所へと移動される．これが，カワホトトギスガイを東欧から北米五大湖地方に移入し大繁殖させる原因となった．現在では，水路を詰まらせ，排水管や船体に付着し，在来種を追い出して，数十億ドルもの経済的損失をもたらしている．

　バラスト水を汲み上げて別の場所で放出することを始めたとき，それが在来種にどう影響して，どのような経済的損害となるのか，誰も気づいてはいなかった．カワホトトギスガイはユーラシア大陸では特に大きな問題とはなっていない種である．では，なぜ北米で多くの問題をひき起こすのだろうか．また，どうしたら将来のこういった問題を防げるのだろうか．この問いに答えるためにはまず，生物がどのように，他の生物との間で，そして環境との間で，相互作用しているかを理解する必要がある．

厄介な侵入者　いろいろな問題をひき起こしているカワホトトギスガイは，船舶のバラスト水と一緒にユーラシア大陸から北米へ侵入したと考えられる．写真は，高圧ホースを使って巨大なパイプ内壁の貝を取除く作業をしている様子．

基本となる概念

- 生態学は，生物と環境の間の相互作用を研究する分野である．生物圏は，生態学的な相互作用の起こる全領域をさし，地球上の全生物と，それを取巻く環境とから構成される．
- 気候は生物圏に大きな影響を与える．太陽光，大気と水の地球規模の動き，地表の地形によって気候が決まる．
- 生物圏は，気候と生態学的特徴から，水界と陸上の2種類のバイオームに大別できる．
- 陸上バイオームは，生息している植物優占種の種類で分類することが多い．陸上バイオームの分布は，気候，および，人間の活動で決まる．
- 水界バイオームは，塩分があるかどうかなど，生息地の物理的な特徴で分類する．水界バイオームは，周囲の陸上バイオーム，気候，および，人間の活動によって大きな影響を受ける．
- 生物圏の構成員の間では複雑な相互作用がある．そのため，人間の活動が予想外の副作用を生物圏に及ぼすことがある．

宇宙から地球を眺めると，その**生物圏**（バイオスフィア）の美しさと繊細さはきわだっている．生物圏とは，地球上のすべての生物と，生物が生息する環境からなる．私たちの人間社会は，食料や資源を提供してくれるものとして，すべての面で生物圏に大きく依存している．第Ⅴ部では，生物圏の作用を理解することを目標とする科学，生態学について紹介しよう．

生物と環境の間の相互作用を科学的に研究する分野を**生態学**という．ここでいう環境には，生物的（他の生物種を意味する），および非生物的（無機的な環境因子を意味する）の両方の要素が含まれる．特に，生物が周囲の無生物的な環境とどのように相互作用しているかを調べる分野が生態学である．第Ⅴ部の各章では，生態学の研究対象となる各階層，個体，生物集団，群集，生態系，および生物圏について紹介する（図1・11参照）．

あらゆる生態学的相互作用は，どの階層レベルでみても，本章で紹介する生物圏の中で起こっているという点で共通している．生態学がどうして重要であるか，そして，生物圏のしくみを理解するのに，どのような情報が必要かについて，まず解説しよう．つづいて，私たちは生物圏を形成する気候などの構成要素について紹介し，その後，陸上と水界の多様なバイオームがどのようなものから構成されるか紹介する．

■ **役立つ知識** ■　生態学と経済は，英語でエコロジー（ecology）とエコノミー（economy）といい，関係のある言葉である．eco- はラテン語で"家族"の意味である．つまり，エコロジーは"家族の学問"，エコノミーは"家族の管理"を意味する．地球という大きな家族（＝生物圏）のことを理解していなければ，それを構成する国，地域社会などの小さな家族レベルの問題に対処することは難しいのかもしれない．

20・1　生態学の重要性

生態学は，私たちが住む自然界を理解するための学問である．私たちの生活を，知的で豊かなものにする以前に，自然界を理解すること自体が，ますます重要になってきている．なぜならば，元の状態に戻すのが困難なほどに，あるいは不可能なほどに，私たちが生物圏を変貌させているからである．カワホトトギスガイのように，故意または偶然に新しい地域に運ばれた生物種について考えてみよう．米国内にはこれまで人の手で何千種もの外来種が導入されてきて，なかには対処のための費用が全体で年間1200億ドルの経済的損失を与えるような有害種（**侵入種**）となったものもいる．この金額は莫大で，喫煙（年間1500億ドル）や肥満（年間900億ドル）の対策費用とほぼ同程度である．侵入種の生態を研究することによって，どのようにして外来種が新しい地域で広まったのか，個体数を劇的に増加できたのはなぜか，自然の生物群集へどう影響するのか，そして，どのような経済的問題を

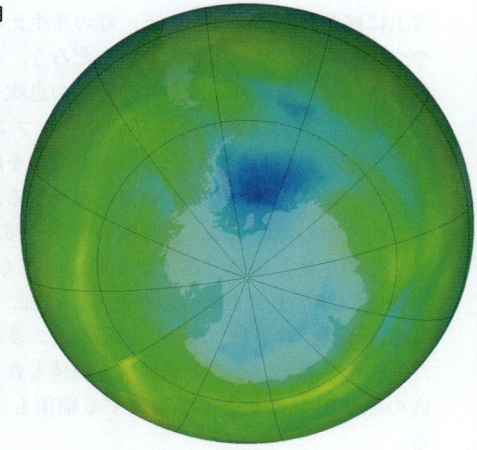

(a) 1979年9月

(b) 2006年9月

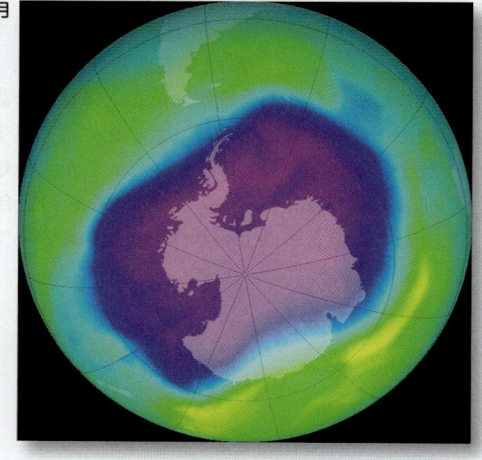

オゾン量（ドブソン単位）
110　220　330　440　550

図 20・1　**南極のオゾンホール**　南極上空の全オゾン濃度分布を示した地図．(a) 1979年9月　(b) 2006年9月．NASAの衛星Auraに搭載されたオゾン測定装置を使って測定された（数値はドブソン単位とよばれる単位で表記）．南極のオゾンの穴（オゾンホール）は，150ドブソン単位（深紫色で表示）以下の値で，非常に薄くなっていることを示している．1979年9月の画像に比べて，2006年の南極上空のオゾンホールの面積は，7400万km^2で大幅に増えていた．極地上のCFCの濃度が気象条件によって複雑に変化し，オゾンホールは年ごとに増減する．

ひき起こすのかを理解し，侵入種による損失を小さくできると期待されている．

生物圏に人間が大きな影響を与えた別の例として，保冷剤やエアゾルスプレー缶，発泡製品に含まれるクロロフルオロカーボン（CFC）についても考えてみよう．CFCは地球の大気圏の上層部にまで上昇し，そこで，塩素原子の作用でオゾン（O_3）を分解する．地球大気のオゾン層は，紫外線のなかでも最も強力な紫外線B波（UV-B，波長 315～280 nm の光）の90%以上を吸収し，生物のDNAに損傷を与えるのを防いでいる．大気圏の紫外線保護層ともいえるオゾン層をCFCから放出された塩素原子が破壊するのである．

紫外線，CFC，オゾン分子の関係はつぎのようになっている．まず，紫外線がCFC分子を直撃し，塩素原子を遊離させる．つぎに遊離した塩素原子がオゾン分子と反応して，一酸化塩素（ClO）をつくる．

$$Cl + O_3 \longrightarrow ClO + O_2$$
（遊離塩素原子）（オゾン分子）（一酸化塩素）（酸素分子）

大気上空では紫外線の作用で，酸素分子がばらばらになり，遊離した酸素原子もわずかであるがつくられている．オゾンとの反応で生じた一酸化塩素は，この遊離酸素原子と化学反応し，再び，オゾンを破壊する遊離塩素原子を再生産する．

$$ClO + O \longrightarrow Cl + O_2$$
（一酸化塩素）（遊離酸素）（遊離塩素原子）（酸素分子）

この二つ目の反応で放出された遊離塩素原子は，再び，最初の反応式にあるオゾン破壊の反応を開始させる．この連鎖反応のために，1個のCFC分子であっても，約10万個のオゾン分子を破壊する可能性がある．大気上空のオゾンがこの反応によって減少するに従い，紫外線の保護層は薄くなる．上層大気の複雑な気流パターンのために，特に地球の極域にCFCや他の大気汚染物質が流れ込む傾向が強い．結果として，極地上空のオゾン層が先に破壊され，そこで，オゾン層の穴，オゾンホールをつくる（図20・1）．上層大気が低温であるのも，反応性の高い遊離塩素原子の生成を促進する作用がある．地球の北半球と南半球では気流パターンに違いがあり，CFCの蓄積とオゾン層破壊は，南極の方がより深刻である．

オゾン層の減少は，皮膚がんの増加，農作物収穫の減少，他の水生生物が食料とする植物プランクトンの減少など，多方面に影響を及ぼす可能性がある．植物プランクトンの減少で魚が減少し，漁獲高が減少して経済的損失を被る可能性もある．

第25章の"科学のツール"で，CFC汚染とオゾン層破壊との関係が発見され，それがどのように国際条約（モントリオール議定書）でCFCの生産・使用中止に至ったかの解説をするが，1987年の条約締結以来，オゾン層破壊の速度は減少しているように見えるものの，オゾン層そのものの復元には，ほど遠いのが実情である．2007年の条約締結20周年の際，先進国は2020年までに完全にCFCを廃止すること，2030年までには発展途上国もこれに追従する約束をし，国連加盟国がより明確な公約を結んだ．

侵入種やオゾンホールの例が示すように，人間の活動は，自然のシステムに影響を与え，その結果として，逆に私たち自身にさまざまな影響を与えている．自然のシステムがどのように成り立っているのか，また地球上の生命に人間の活動がどのような影響を与え，その結果，何が起こるのかを分析するのが生態学の研究である．私たちを取巻く自然を深く理解し，現在の環境問題を解決して，将来の問題を防ぐことを目指している．生態学はそういった重要な生物学の分野である．

20・2 環境との相互作用

すべての生物と環境との間に相互作用がある．ビーバーが川をせき止めてダムを作ると湖沼ができるのと同じように，生物は環境を変える．また，干ばつが長引くとビーバーが食料としている植物の成長が抑えられるように，環境は生物に何らかの影響を及ぼしている．生物圏の生物と周囲の物理環境との間の関係は，互いに複雑につながったネットワーク（網目）のようなものである．

このように相互につながった網として生物圏を考えることは，人間の活動がどのような結果を生むかを理解するうえでも役立

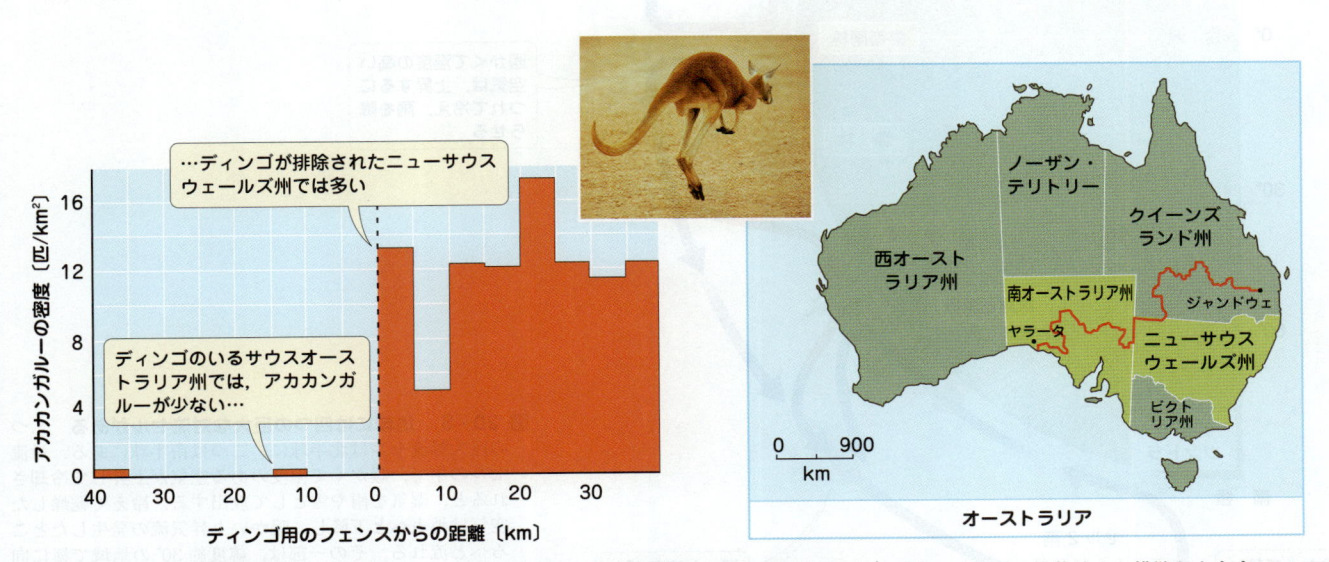

図 20・2　**爆発的な増加**　捕食者のディンゴを世界で最も長いフェンス（赤線で示す）で囲んで，南側の放牧地から排除したとき，アカカンガルーの数が166倍に増加した．

つ．例として，オーストラリアの広い放牧地から野生のイヌ，ディンゴを排除するために囲いを設置し，毒物を使用し，狩猟で駆除した結果，何が起こったかを紹介しよう．もとは，ヒツジがディンゴに食べられる被害を抑えるための対策であったが，図20・2が示すように，ディンゴの駆除された地域で，彼らが好んで餌としていたアカカンガルーが劇的に（166倍）増加した．カンガルーはヒツジと同じ植物を餌としているので，期待に反してヒツジの餌が減少する結果になった．さらに干ばつ時期には，カンガルーは植物の地下茎を掘り出して食べるというヒツジにはない行動もするため，放牧地に生息する植物種の数やタイプが変化し，ヒツジ放牧にとってさらに大きな影響を及ぼす結果となった．

ディンゴの駆除が裏目に出て，アカカンガルーがヒツジの食料を奪ったことになるが，この失敗から学べる教訓は，ディンゴの排除など生物圏の一部に与えた変化は，アカカンガルーの増加やヒツジの食糧の減少など，他の部分へも広く波及する可能性があるということである．今後はこのマイナス面を予測できるであろう．

ここで紹介した例は，自然のシステムがいかに複雑につながったネットワークであるかを示している．このネットワークをさらに深く理解するには，生物圏に影響する物理的要因について詳しく学ぶ必要がある．

■ これまでの復習 ■

1．生態学の研究に経済的な意味があるか，例を示して説明せよ．
2．大気のオゾンホール形成と人間の活動はどのような関係があるか．オゾンホールが大きくなると，人や自然にどのような影響をもたらす可能性があるだろうか．

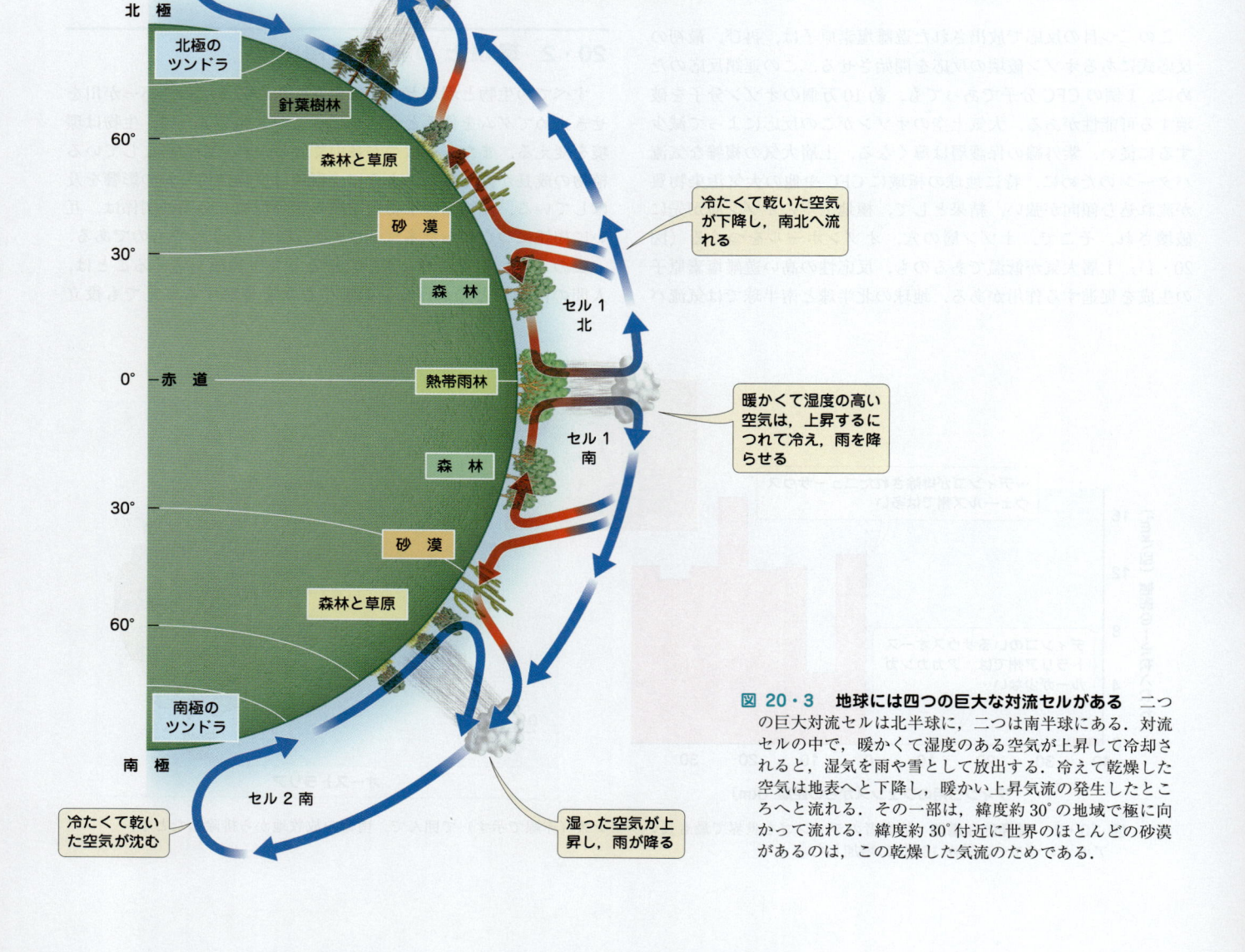

ディンゴ

図20・3 **地球には四つの巨大な対流セルがある** 二つの巨大対流セルは北半球に，二つは南半球にある．対流セルの中で，暖かくて湿度のある空気が上昇して冷却されると，湿気を雨や雪として放出する．冷えて乾燥した空気は地表へと下降し，暖かい上昇気流の発生したところへと流れる．その一部は，緯度約30°の地域で極に向かって流れる．緯度約30°付近に世界のほとんどの砂漠があるのは，この乾燥した気流のためである．

20・3 気候が生物圏に与える影響

ある場所の温度，降水（降雨，降雪）量，風速と風向，湿度，雲量と日射量など，短期間の変化で，大気の低層部の物理的条件によって左右されるものを**気象**という．対して，より広い領域で，比較的長い期間（30年以上）にわたってみたときに，影響を与えているおもな気象環境を**気候**とよぶ．気象は，変化が激しく，天気予報でもわかるように，正確な予測は難しい．一方，気候は予測できる種類のものである．

生物を取巻く環境のうち，気候から受ける影響が一番大きい．気候は，生態学的相互作用に大きく影響し，たとえば陸上では，砂漠になるか，草原になるか，あるいは熱帯雨林になるかは，降水量や温度などの気候の特徴で決まる．以下に，気候を決定する要因を紹介しよう．

太陽光の照射量と気候

赤道付近では太陽光の入射する最大角が垂直に近いのに対して，北極や南極付近では低い角度となる．この違いにより，赤道やその近辺の熱帯地域では，極地より多くの太陽エネルギー（約 2.5 倍）が地上に到達し，極地よりも暖かい気候となる．気温の季節変化が小さく，生物は 1 年を通じて暖かく比較的安定した気候で生息できる．太陽光と高い気温は光合成を促進し，植物などの光合成生物の生産性，つまり，生産者が生体物質（バイオマス）の形で保存できるエネルギーの量が増える．その高い生産性に依存する動物や分解者などの消費者も多い．

風と水の流れと気候

赤道付近では，強力な太陽光は湿った空気を暖め，熱で膨張して密度の薄くなった大気は上昇気流となる．暖かく湿度の高い空気は上昇し，気圧が低くなる上空で冷却される．その結果，水を保持できなくなるので，含まれる湿気の大半が，冷えた空気の中から絞り出されて，雨として降り注ぐ（図 20・3）．

一般に冷たい空気は下降気流となるが，赤道付近では温かい上昇気流に押し上げられているので，南北に移動して緯度 30°の付近で地表へ下降し，一部が赤道へと戻る．その途中で地表の湿気を吸収して湿り，赤道に到達しながら再び暖まって上昇し，次のサイクルを繰返す．

地球上には，このように暖かく湿気のある空気が上昇し，冷たくて乾いた空気が下降する巨大な大気の循環が 4 カ所でみられ，これを**対流セル**とよぶ（図 20・3 参照）．四つの対流セルのうちの二つは熱帯域に位置し，他の二つは極地にあり，ともに比較的安定した風のパターンをつくっている．緯度 30〜60°の温帯域では，風は変化しやすく，安定した対流セルは存在しない．極地からの冷たく乾いた空気が，北へ向かって動く暖かく湿った空気とぶつかるときに雨を降らせるので，ほとんどの温帯域は湿気の高い気候となる．

4 大対流セルによって生み出される風は，地球の自転の影響があるため，真北や真南へ流れるわけではない．大気の流れは，地球の自転軸から離れる方向に流れるとき（上昇気流や高緯度から赤道へ向かう流れの場合）には自転とは逆の西向きに，地球の自転軸に近づく方向に流れるとき（下降気流や赤道から高緯度へ向かう流れの場合）には自転と同じ東向きに力（コリオリの力）を受ける（図 20・4）．そのため赤道へ向かう大気循環の風は西に流れる．これは地上の人にとっては，風が東から吹くようにみえるため偏東風とよばれる．逆に，温帯域で高緯度の極方向へ向かう風は，東向きの力を受けて，地上では風は西から東へ吹いてい

図 20・4 地球規模の大気循環で決まる卓越風
四つの巨大対流セルによって地球の大気循環の基本的パターンが決まる．地球の自転によって気流は力を受けて東西いずれかに流れる．この方向は緯度で決まるので，地球のどの地域でも決まった方向へと風が吹く．写真は，西風でも吹きぬける米国ノースダコタ州の小麦畑の風景．

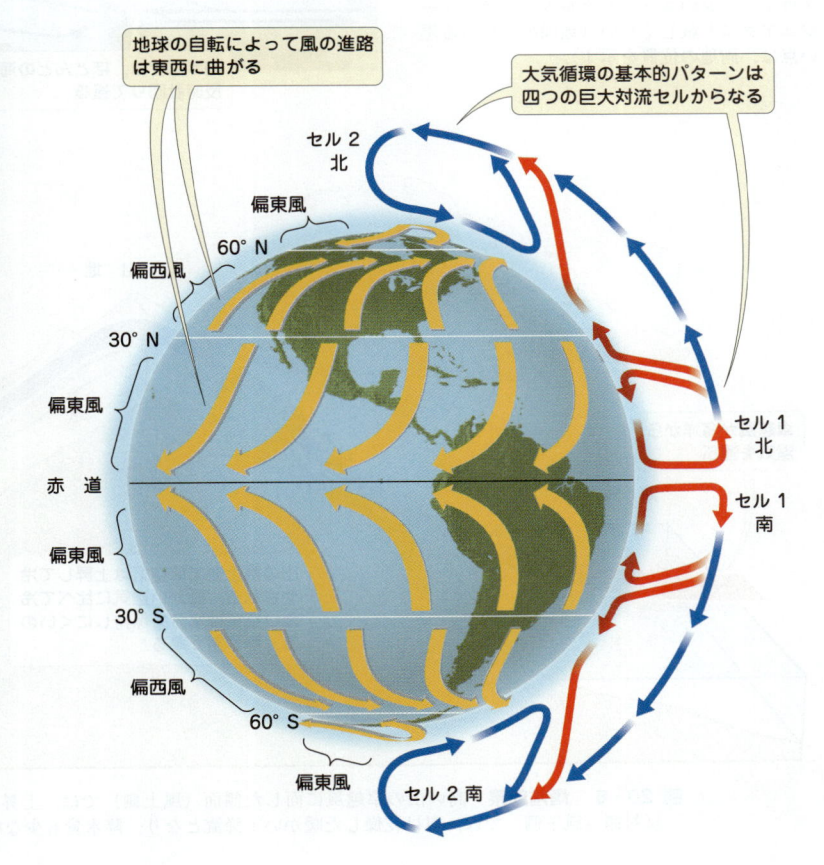

るようにみえるので，偏西風とよばれる．このような一定の方向への空気の流れを**卓越風**という．たとえば，カナダの南部や米国，東アジア太平洋岸の中国や日本では，風は西から吹いてくることが多く，そのために，この地域の台風やハリケーンは通常，西から東に向かって移動する．

　海流も気候に大きな影響を与える．地球の自転，極地と熱帯の間の水温の違い，卓越風の方向，そうしたものすべてが海流の形成に関与している．北半球では，海流は大陸と大陸の間を時計回りに流れる傾向があり，南半球では反時計回りに流れる傾向がある（図 20・5）．

　海流は膨大な量の水を運んで，各地の気候に大きな影響をもたらす．たとえばメキシコ湾から北大西洋を北上し北欧へと流れるメキシコ湾流は，全世界の河川全水量の約 25 倍もの水を運ぶが，この海流によって運ばれる温かい水の効果がなければ，英国やノルウェーのような国々の気候は，温帯ではなく，亜寒帯となっているだろう．北米と欧州の間で同緯度にある都市や地域，たとえばローマとボストン，パリとモントリオール，ストックホルムとカナダのケベック州を比較すると，メキシコ湾流のおかげで欧州各地の方がはるかに暖かい（図 20・5）．

気候に及ぼす地形の影響

　気候は，大きな湖水，海洋，および山脈の存在にも影響される．熱は水や地面によって吸収され，ゆっくりと放出される．大きな湖水や海は熱を保持する効果が大きいので，その周囲では気温変

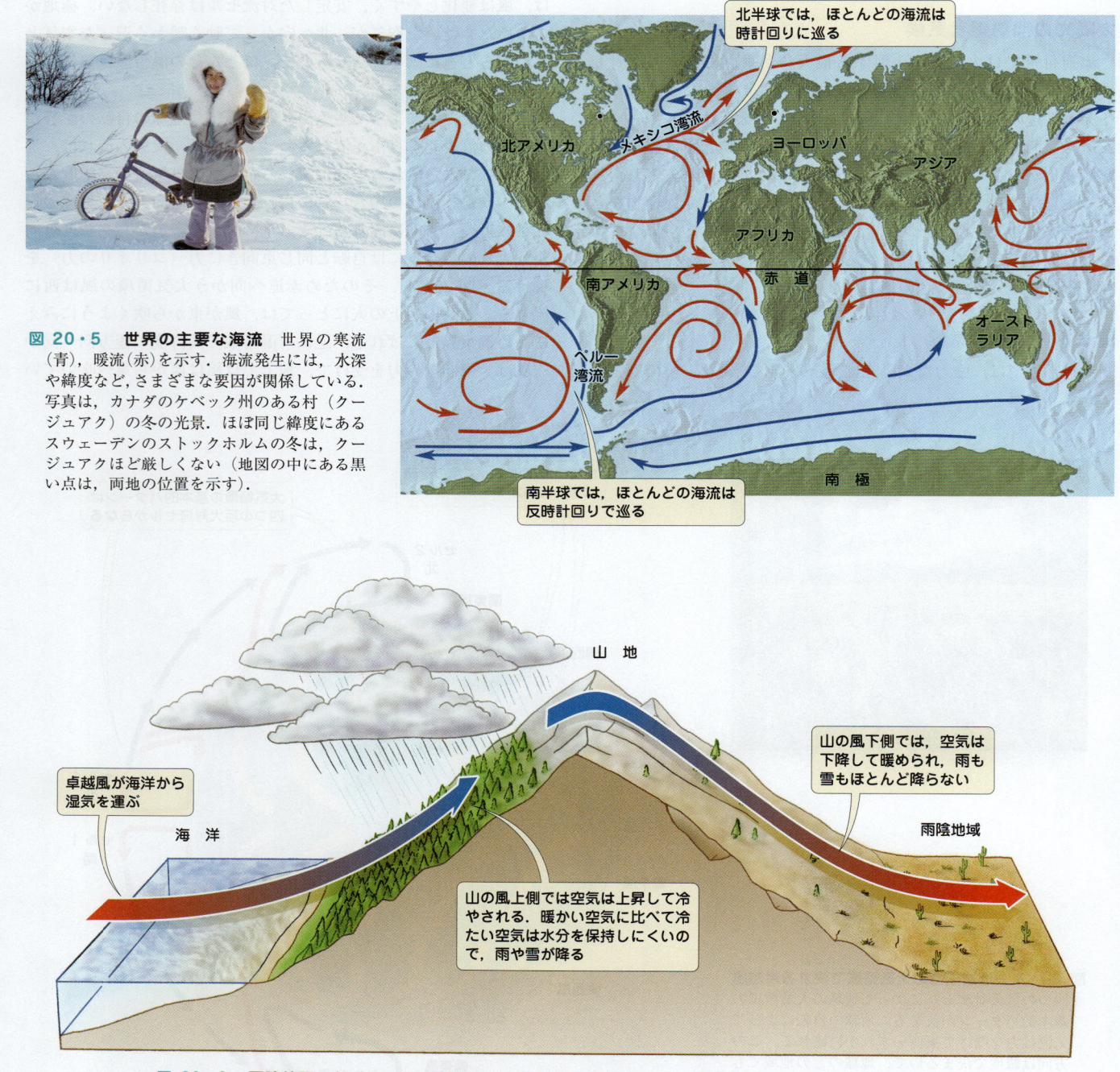

図 20・5　世界の主要な海流　世界の寒流（青），暖流（赤）を示す．海流発生には，水深や緯度など，さまざまな要因が関係している．写真は，カナダのケベック州のある村（クージュアク）の冬の光景．ほぼ同じ緯度にあるスウェーデンのストックホルムの冬は，クージュアクほど厳しくない（地図の中にある黒い点は，両地の位置を示す）．

図 20・6　雨陰効果　高い山の卓越風に面した側面（風上側）では，上昇気流の冷却効果で降水量が多くなる．反対側（風下側）では，風は乾燥した暖かい下降流となり，降水量も少ない．このために風下側を雨陰という．

動が緩和され，穏やかな気候となる．高い山脈もまた気候に大きな影響をもたらす．たとえば卓越風が吹きつける山脈の反対側の地域では降水がほとんどなくなり，**雨陰**となる（図20・6）．北米のシエラネバダ山脈の西側は外洋から吹きつける風に面していて，反対側の東側に比べると5倍の降水量がある．東側は降水量が少なく砂漠となっている．北メキシコ，南米，アジア，ヨーロッパの高い山岳地帯にも雨陰がみられる．

20・4 陸上のバイオーム

ここまで気候に影響するさまざまな要因について紹介してきた．ここで生物圏における気候の影響を詳しく探ってみよう．

生物圏はバイオームに分けられる

気候および生態学的な特徴によって，生物圏を**バイオーム**とよばれる異なる領域に分類することができる．バイオームは複数の生態系から構成されるもので，図20・7で示すように地球の広い領域を占める．気候は生息する生物種に強く影響するので，バイオームごとに，そこに生息する植物種や動物種に特徴がみられる．

陸上バイオームは，優占種となる植物の種類で分類されることが多い．対して，水中のバイオームは，塩分濃度などの物理的および化学的性質をもとに分類することが多い．陸上バイオームには，**ツンドラ**，**北方林**，**温帯落葉樹林**，**草原**，**チャパラル**，**砂漠**，および**熱帯林**などが含まれる（図20・7）．この節では，これらの陸上バイオームを個々に詳しく紹介しよう．§20・5では，水界バイオームを詳しく紹介する．

陸上バイオームの分布は，気候と人間の活動で決まる

陸上バイオームの種類や場所を左右する最大の要因は気候である．なかでも最も重要な要因は気温，降水量，降水時期である．気候によって，繁殖可能，生息可能な生物種は異なる．一般に，一定の気候条件がそろえば，その領域の温度と湿度が決まり，その生物種への影響の違いからバイオームの特性が決まる（図

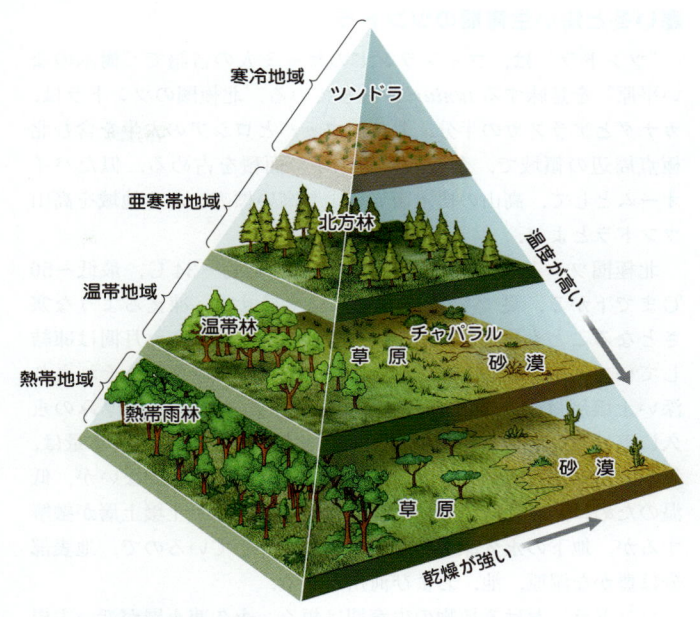

図20・8 温度，降水量，標高で決まるバイオーム

20・8）．陸上バイオームは，赤道から極地方向へ，山のふもとから頂上へと移動すると，それに応じて変化する．

気候と生物種の関係は，直接的なもの，間接的なもの，二つに分けて考えることができる．ある生物種が生息域の気候に耐えられない場合，その地域から締め出されるが，これが直接的な効果である．その地域の気候には耐えられるが，よりうまく適応している他種の生物がいるために締め出されることがある．これが間接的な効果である．

バイオームの種類は気候によって大きく左右されるが，現実には，どんなバイオームがどのくらい分布するかは，人間の活動に非常に強く影響されることが多い．本章の後半や第25章で地球規模の変動について議論するので，自然のバイオームに与える人の影響については，そこでもう一度立ち戻って考えよう．ここでは，地球の七つの陸上バイオームの特徴を紹介する．

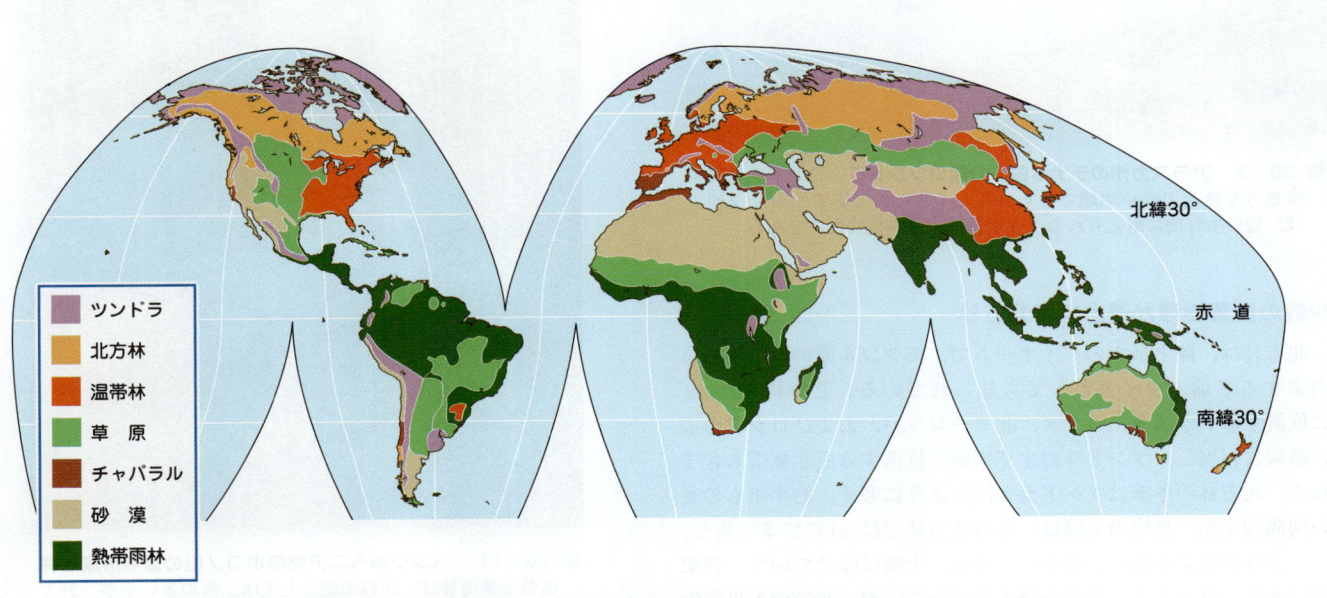

図20・7 おもな陸上バイオーム この地図は地球上のおもな陸上バイオームの分布を示す．バイオームの実際の分布は，人間活動によって大きく影響される．

寒い冬と短い生育期のツンドラ

"ツンドラ"は, フィンランドのサーミ人の言語で"樹木のない平原"を意味する tunturi からきている. 北極圏のツンドラは, カナダとアラスカの半分, 北ヨーロッパとロシアの大半を含む北極点周辺の領域で, 全陸地の約 1/4 の面積を占める. 似たバイオームとして, 高山の樹木限界線より高い標高にある地域を高山ツンドラとよぶ.

北極圏ツンドラでは, 気温が冬季に平均約 -34 ℃, 最低 -50 ℃まで下がる. 夏でも 12 ℃以上には上昇せず, 凍えるような寒さとなることも珍しくない. 土地は 1 年のうち 10 カ月間は凍結していて, 短い夏季に地下 1 m までしか融解しない. それより深い土壌層は**永久凍土**層となっている. 約 400 m もの厚みの永久に溶けることのない地層である. 北極圏ツンドラの降水量は, 毎年 150〜250 mm 程度で, 一般の砂漠地帯よりも少ないが, 低温のために蒸発量も少ない. 夏季には氷が解け, 土壌上層が融解するが, 地下の永久凍土層が水はけを悪くしているので, 地表部分は豊かな湿原, 池, および河川となる.

ツンドラにおける植物の生育期は短く, 永久凍土層が深い主根形成の障害となるため, 大木となる樹木がほとんどない (図 20・9). 植生はスゲやヒースなどの草や低木の顕花植物が多い. 岩石の多い場所はコケや地衣類で覆われているところが多い. 地衣類は, トナカイなどの植食者の重要な食料源となる. タビネズミ, ハタネズミ, および北極ウサギのような齧歯類が生息し, 北極ギツネやオオカミのような肉食動物の食糧となっている. 少数のクマやジャコウウシなどを除いて, 大型の哺乳類はほとんどいない. 夏季のみ, 昆虫が繁殖し, その昆虫を食べる渡り鳥がやってくる. 両生類や爬虫類はほとんどいない.

蒸発する速度が遅いので, 北半球の北方林では, 針葉樹の生育時期に十分な水分が供給される地域もある.

北方林の植生を代表するのは, 針状の葉をもった球果植物 (松ぼっくりなどをつける植物, 針葉樹) である (図 20・10). トウヒやモミは北米北方林の最も一般的な種で, マツやカラマツは北欧やロシアで多くみられる. カバノキ, ハンノキ, ヤナギ, ポプラなどの広葉樹も, このバイオームの南方で一般にみられる. 気候が穏やかで土壌が豊かな太平洋沿岸の雨林を除いて, 植物の多様性は低い. 北方林の大型植食者にはヘラジカやムースがいる. イタチ, クズリ, テンなどの小型の肉食動物も多く, 大型の肉食動物にはヤマネコやオオカミがいる. 雑食動物であるクマは, 世界各地の北方林でみられる.

図 20・10 北方林 (アルバータ州のバンフ国立公園) 北方林は冬季には乾燥するが, 夏季には温暖な気候のバイオームである. 北方や高標高地域で育つ針葉樹がおもな植生となる.

図 20・9 アラスカ州のデナリ国立公園のツンドラ ツンドラは高緯度地方や標高の高い地域でみられるバイオームである. おもな植生は, 短い生育期に耐えられるような低木や草本植物だけである.

少数の針葉樹種が優占する北方林

北方林は, 陸上最大のバイオームで, モンゴル語の針葉樹林に由来する名前, **タイガ**としても知られている. 北緯約 50〜60° に位置するアラスカ, カナダ, 北ヨーロッパ, およびロシアの広い領域に相当し, ツンドラのすぐ南側に位置する亜北極帯も含まれる. 北方林の冬季はツンドラと同じように寒く, 約半年もの長い期間続くが, 夏場の気温は一部の北方林では 30 ℃にまで達し, ツンドラの夏より長く, 暖かい. 通常, 土壌は痩せていて, 貧栄養である. ほとんどの地域の降水量は少ないが, 北米の太平洋沿岸では降水量の多い雨林となっているところもある. 低温で水の

図 20・11 ペンシルベニア州のポコノ山の温帯落葉樹林 温帯落葉樹林は, 比較的肥えた土壌, 雪の多い冬季, および湿度の高い暖かい夏季の気候に適応した樹木と低灌木が優占種になっている.

肥沃な土壌と，穏やかな気候の落葉広葉樹林

温帯落葉広葉樹林は，北米に住む多くの人にとって最も身近なタイプの森林である．ヨーロッパ，ロシア，中国，日本の広い地域のおもなバイオームとなっていて，4～5カ月続く氷点下の冬季がある．ただし，北極や亜寒帯のバイオームほど過酷な冬季ではなく，夏季は温暖である．気温は，$-30\,°\mathrm{C}$（冬季）～$30\,°\mathrm{C}$（夏季）の広い範囲に及ぶ．年間降水量は，600～1500 mm の範囲で地域差があるが，年の大半を通じてほぼ均等に雨が降る．

このバイオームでは，寒い季節に葉を落とす落葉樹が支配的な植物である（図 20・11）．ツンドラや北方林のバイオームよりも生物種は多様で，ナラ，カシ，カエデ，ヒッコリー，ブナ，ニレなどの木が，森林地帯で一般にみられ，陰樹低灌木や草本植物が低木層となり，地表を覆っている．マツやアメリカツガなどの針葉樹もみられるが，支配的な樹木として繁茂することはない．動物にはリス，ウサギ，シカ，アライグマ，ビーバー，ヤマネコ，ピューマやクマなどがいる．魚類，両生類，爬虫類も多い．

比較的雨が少なく肥沃な土壌の草原

草原バイオームの特徴は，約 250～1000 mm という年間降水量である．この降水量は樹木の成長には不十分であるが，砂漠ほどは少なくない中程度の量である．温帯と熱帯の両方にみられ，北米の大草原，ロシアと中央アジアの大草原地帯，および南米の大草原は，温帯草原の例である．一方，サバンナが，熱帯・亜熱帯草原の例である．アフリカのサバンナのように，低木や灌木が点在する場所もあるが，草本植物が草原バイオームの主たる植生となる（図 20・12 a）．草原の土壌は，北米のプレーリーやアルゼンチンのパンパスのように，非常に深く肥沃な場所もある．その結果，現在，草原の大半は農地として利用され，世界有数の穀物産地となっているところもある．

開拓される前は，北米中部の大草原は，世界最大の面積をもった草原バイオームであった．その北部から中部の大草原は，年間 1000 mm ほどの適度な雨量があり，高さが 2 m 弱の大型のウシクサなどが繁茂していた．プレーリーとよばれたこの草原は，カナダのマニトバ州から，ダコタ州およびネブラスカ州を経て，南はカンザス州やオクラホマ州まで，東は，インディアナ州の西端まで達していた．

現在のプレーリーは，約 1% の地域が保護区として残っているのみである．コーンフラワーやアメリカサクラソウのような草本類が優位な植物である．これは，草原で自然の火災がときどき起こり，低灌木や樹木は焼失するが，草原植物の根や茎が生きたまま残るためである．ハタネズミやプレーリードッグなど，穴居性の齧歯類が土壌を掘り返してときどき空気にさらすことも，草原植物の良い生育状態を保つのに役立っている．多くのチョウ類などの昆虫，さらに北米の多様な哺乳類がみられる．

草原の西部にいくと降水量はしだいに減少し，大草原は混合草原（図 20・12 b）から，モンタナ州，ワイオミング州，およびコロラド州のロッキー山脈の東部の丘陵地帯に沿って南のニューメキシコ州までの低草型の草原に変わる．ヤギュウシバなどの乾燥に強い草が支配的な植物となり（図 20・12 c），バイソンやプロングホーン（北米のレイヨウ）などが大型の植食者となる．

(a) ケニアのサバンナ

(b) 北米の混合草原

(c) 西部の低草型草原

図 20・12 草原　草原は世界中で広くみられる．草本性の植物が最も多いが，サバンナとして知られる熱帯草原には樹木の点在する地域もある．(a) ケニアのサバンナ保護区にあるアカシアの木．(b) ノースダコタ州のセオドア・ルーズベルト国立公園の混合草原に咲く紫色のムラサキバレンギク（エキナケア，*Echinacea purpurea*）．(c) 低草型草原のバッファローグラス（*Buchloe dactyloides*）．

湿度の高い冬と暑く乾燥した夏のチャパラル

チャパラル（温帯低木林）は，小型の常緑灌木や耐乾性の強い植物（図20・13）が高い密度で繁茂していて，冷えて湿気のある冬季と暑く乾燥した夏季が特徴である．地中海性気候の地域でみられる．年間降水量は250～1000 mmである．チャパラルは地中海に面する欧州南部と北アフリカの地域，カリフォルニア州西海岸，南西オーストラリア，チリと南アフリカ共和国の西海岸にみられるバイオームである．

土壌はあまり肥沃ではなく，植物は暑く乾燥した気候に適応し，水の蒸散を防ぐために分厚い，皮革のように表面の硬い葉をもつ植物が多い．夏季に乾燥するために，山火事を非常に起こしやすい．カリフォルニア州のチャパラルには，低木ナラ，マツ，マウンテン・マホガニー，マンサニータ（ツツジ科），シュミーズブッシュ（バラ科低木）が含まれる．カンムリウズラは，チャパラルを代表する鳥である．ウサギやジリスなどの齧歯類がみられ，トカゲやヘビの種類も多い．シカ，ヘソイノシシ，オオヤマネコ，ピューマ（クーガー）などの大型哺乳類もみられる．

図20・13 カリフォルニア州，サンフランシスコの北側にあるチャパラル　チャパラルは冬季の雨と暑く乾燥した夏季が特徴の地域で，低灌木と草本植物がおもな植生である．

水分の欠乏する砂漠

砂漠バイオームは，年間降水量250 mm未満の地域で，地球の全陸地の1/3を占める．砂漠が生物の生息を制約する最も決定的な要因は，高い気温よりも，この水分の欠乏である．南極大陸の年間降水量は20 mm以下で，世界最大の寒冷砂漠である．対して，北アフリカのサハラ砂漠は，世界最大の高温砂漠である．乾燥した空気は熱の変動を受けやすく，毎日の温度の変動を緩和することができない．その結果，日中の気温が45℃を超えるのに，夜は氷点下近くまで低下し，寒暖の差が大きくなる．

砂漠の植物の特徴は，水分の損失を防ぐための表面積を小さくした葉である．また，サボテンのような多肉植物は，多肉質の茎や葉の中に水を蓄えることができる（図20・14）．地下水に到達するほどの非常に長い主根を伸ばす植物もいる．砂漠に生息するほとんどの動物は夜行性で，日中の暑いときは巣穴に隠れ，夜間に食べ物を探しに出てくる．ジャックウサギの大きな耳は，熱を発散するラジエーターのはたらきもしている．砂漠キツネのように，太陽光からの熱を防げるように明るい色の体毛をもつ哺乳類もいる．カンガルーネズミの腎臓は水分を再吸収する効率が高く，水分を尿でほとんど失わないようになっている．また，このネズミやラクダは，呼吸することで水分を失わないように，呼気を冷却して水分を回収するしくみももっている．

高い生物多様性の熱帯林

温暖な気候と四季を通じての約12時間の日照時間が熱帯林バイオームの特徴である．年間を通していつも降水量が多い地域と，雨季の時期だけに限られる地域がある．なかでも熱帯雨林は年間2000 mmを越える降水量があり，年間を通して常時高湿度

図20・14 アリゾナ州のフェニックスの近くの砂漠　降水量の少ない地域（年間250 mm未満）は砂漠となる．写真は，ソノラ砂漠のサボテン（背の高い柱状のハシラサボテン）などの植物．

図20・15 プエルトリコのエル・ユンケ国有林の熱帯林　温暖な地域で高い降水量のある地域に熱帯林がみられる．年間を通じて豊富な水量を供給されている熱帯林は，地球上で最も生産性の高い生態系である．樹木，つる植物，低灌木の種類も多様である．

の地域である．暖かい気温では，生物の死骸などの有機物が急速に分解されるので，熱帯林ではほとんど腐葉土が存在しない．このバイオームの土壌は，二つの理由であまり栄養がないことが多い．一つは，栄養素の大部分が植物，特に大きな樹木の生物組織（バイオマス）として取込まれていること，二つ目は，多雨のために土壌から無機栄養源が洗い流される傾向が高いことである．

豊富な太陽光と水分のおかげで，熱帯雨林は地上で最も生産的なバイオームとなっている．また，生物多様性という点でもホットスポットとなっていて，現在，全地球の陸地面積の約6%を占めている熱帯雨林に，種数でいえば約50%もの動植物がみられる（図20・15）．南米，特に，ブラジル，ペルー，ボリビアには，広い熱帯雨林がある．東南アジアや赤道アフリカの広い領域にも熱帯雨林がみられるが，これらの森林は，現在，家畜の放牧場や農地のために伐採され更地にされるなど，深刻な環境問題を抱えている．もともと地上にあった熱帯雨林の半分以上がすでに失われていて，さらに，毎秒約0.8 haの熱帯雨林が消え去っている．熱帯雨林はCO_2の濃度を下げる重要な役割を果たしているので，森林の損失は地球温暖化をさらに加速している可能性が高い（第25章参照）．

20・5 水界のバイオーム

生物は約30億年前に水中で進化し，水中の生態系は地球表面の面積の約75%を覆っている．水界バイオームは，塩分濃度，水温，水深，水流の速度のような物理的環境の特徴で分類され，それぞれの水界バイオーム内は，海岸からの距離，水深，日照条件の違いで，さまざまな生息域にゾーン分けできる（例: 水塊の底の部分の**底生帯**，沿岸の大陸棚など）．

水界バイオームは塩分濃度の違いで，淡水と海水の二つの主要なタイプに分けられ，淡水バイオームの例として，湖水，河川，湿地などがある．海水バイオームとしては，河口域，サンゴ礁，干潟，沿岸域，大陸棚，外洋などがあげられる．

水界バイオームは陸上バイオームと気候の影響を受ける

淡水バイオームのうち，湖沼，河川，湿地が，そして海水バイオームのうち沿岸部分が，それらと接する陸上バイオームの影響を強く受けている．たとえば，土地の高低差によっては，湖水の位置，河川水の流れる方向やその速度が決まる．さらに，陸上バイオームから水界バイオームへ水が排出されるときに，陸上バイオーム側から栄養素（窒素，リン，塩分など）がもち込まれることになる．河川水が陸上から外洋に運ぶ栄養分によって，外洋での植物プランクトンの増殖が促される．

水界バイオームは気候の影響も強く受けている．気候は，海流，温度，深さ，塩分濃度を大きく左右し，そこに生息する生物に劇的な影響をもたらすからである．例として，ニュースでしばしば報道されているエルニーニョ現象を考えてみよう．エルニーニョ現象は，西から移動した暖かい海水域が，南アメリカの太平洋岸に沿った冷たいペルー海流の流れを変えることで発生する（図20・16）．この影響は非常に大きく，魚の個体数が劇的に減少し，海鳥が大量死する．海面下で長く成長するケルプとよばれる褐藻の森が破壊され，アフリカとオーストラリアでは農作物の収量が減少する．また，西部太平洋の海水面が低下して，サンゴ礁の大量の動物が死に追いやられるなど，広範囲でさまざまな現象をひき起こす．

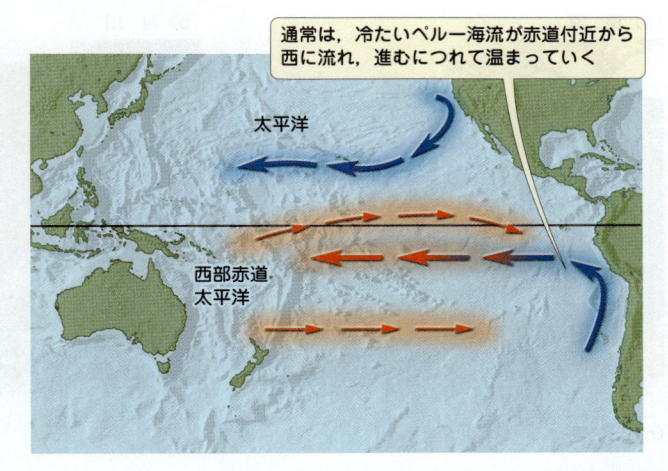

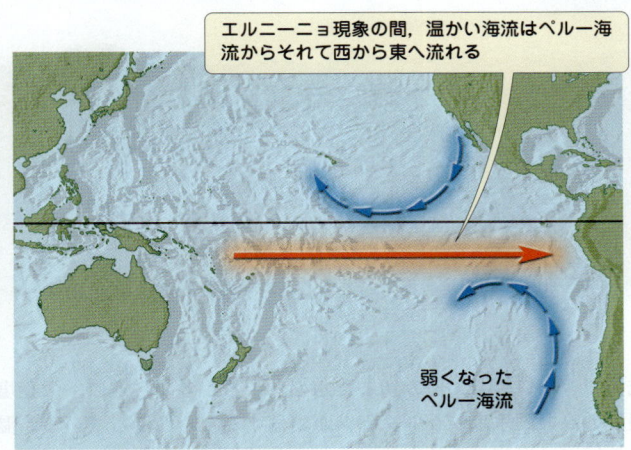

図20・16　エルニーニョ現象　西からの風が強いと，暖かい表層水を西太平洋から東太平洋へ押しやる．その結果として生じる海面温度の上昇をエルニーニョ現象という（ここでは寒流を青，暖流を赤で示す）．エルニーニョ現象は，世界中の風の流れ，海面水準，降水パターンなど，さまざま変化をひき起こす．

水界バイオームへの人間活動の影響

陸上バイオームと同じように，水界バイオームも人間の活動の影響を強く受ける．特に湿原や河口域は，種々の開発事業で破壊されて，元の状態とはかなり違うものになっているところが多い．また，河川，湿地，湖沼，沿岸域のバイオームが，世界中のほとんどの場所で汚染物質の影響を受けているのは事実であろう．陸上バイオームを壊したり改変したりすることでも間接的な影響を受ける．たとえば，森林が伐採され開墾されると，その地の土壌を覆っていた木々が失われるために，土壌浸食が早まる．その結果，流出した土砂で河川が埋まり，その悪影響は，魚類や無脊椎動物などに現れ，死滅させることもある．

つぎに，淡水または海水バイオームでよくみられる**湖沼，河川，湿地，河口域，沿岸域，および外洋域**の六つのバイオームを個々に詳しく紹介する．

淡水バイオームとしての湖水，河川，湿地

湖水は，流れのない淡水の止水域である．面積は数千m^2〜数千km^2のさまざまなものがある（図20・17a）．湖水の生産性と生物種の分布や個体数は，栄養素の濃度，水深，および流入する河川水の影響を強く受ける．寒冷地の湖水は，通常は栄養塩濃度が低く，光合成を行うプランクトン（浮遊性の単細胞生産者）が

(a) 湖沼

(b) 河川

(c) 湿原

図20・17 湖沼，河川，および湿地
(a) 淡水の止水域である湖沼には，数m^2から数千km^2まで，さまざまな面積のものがある．(b) 河川．一方向に絶え間なく動き続ける淡水域．(c) 湿原や沼沢地は，河川，湖水，海水の近くにみられるバイオームである．遅い水流と浅い水深が特徴である．

成長できないので，澄み切った水のところが多い．逆に，栄養塩濃度の高い湖水はプランクトンが繁殖するために濁っている．温帯地域では温度の季節変化があるのが特徴で，秋や春には対流によって酸素を豊富に含んだ湖水表面の水が沈降して湖底にまで送り込まれる．熱帯地域では，温度の季節変化が少なく，湖水を混ぜ合わせるような作用は少ない．その結果，熱帯の湖底水は酸素濃度が低く，生息する生物種も少ない．

河川は一方向に絶え間なく流れる淡水域である（図20・17b）．物理的な特性は，流れに従って徐々に変化する．氷河，湖沼，または湧水が水源となり，水源域では，流速は速く，水温も低い所が多い．一般的に気体分子は低温の方が水への溶解度が高い．また，急流や浅瀬の起こす乱流のために空気と水がよく混合されるので，上流部河川水のO_2濃度は高くなっている．河口に近づくと，川幅は広くなり，流れは遅く，水温は上昇し，溶存酸素が少なくなる．

植物が水面下で根を張り，茎葉が水面上に現れるくらい浅い水深となっているのが湿地や湿原の特徴である．排水の悪い泥炭地などの場合，水流がよどんでいるために溶存酸素が少なく，酸性のpHとなっている所が多い．そのような湿地は，栄養源も少なく，生産性や種の多様性も乏しい．対照的に，図20・18のように草の豊富な場所，樹木や低木が多くみられる湿原もある．そのような湿原・沼沢地は，植生が豊富で生産性も高い．

河口や沿岸は海水バイオームのなかでも生産性の高い地域

海水バイオームは，地球表面の約3/4を占める地球上で最も広いバイオームであり，人にとって，他のすべてのバイオームにとって，そして地球にとって非常に重要な場所である．その膨大な広さのため，陸上の生産者すべてを合わせたより，外洋の光合成プランクトンの方がより多くのO_2を放出し，より多くのCO_2を吸収する．また，陸上バイオームに降る雨のほとんどは，世界の外洋表面から蒸発した水である．

河口域は，海水バイオームのなかで最も水深の浅い領域である．河口は，河川が海に流れ込む領域で，一定の干満周期で淡水と塩水の混ざり合った流れが起こるのが特徴である．毎日の，あるいは季節的な塩濃度変化に耐えられる生物だけが，河口の恩恵を受けて繁栄できる．水深は潮流と河川の洪水などにもよって変動するが，通常は，太陽光が底面に達するくらい浅い．その豊かな太陽光と河川で運ばれる栄養源，さらに，水流によって栄養豊富な堆積物が定期的に撹拌されるので，多様で豊富な光合成生物群集が繁殖できる環境にある．一般に，スゲ類などの草本が河口域では最も多い優占種となる植物である（図20・18）．生産者は，甲殻類，貝類，魚類などの多種多様な無脊椎動物・脊椎動物に食料と隠れ場所を提供し，河口は地球上で最も生産性の高い生態系の一つとなっている．

図20・18 河口 河川が海に流れ込む場所．潮の干満の影響を受け，海水バイオームの一つに分類される．写真は，米国メイン州のレイチェルカーソン野生生物保護区の塩沼．

図 20・19　沿岸から深海域までの海水バイオーム

海岸線から外洋域（海洋域）までを示す模式図．沿岸域は，大陸の延長上，海岸線から大陸棚までをさす．水深が深くなると，生産者が必要とする太陽光が届かなくなり，生産性や生物の多様性が低下する．太陽光の到達する層（有光層）は，水深約200 m までである．太陽光は微弱な光となって水深1000 m まで到達するが，さらに深い海域は完全な暗黒の世界，無光層となる．通常，沿岸から離れると，栄養素の量も少なくなるため，生産性も減少する．外洋は太陽光が豊富であるが，沿岸域に比べると生産性は低い．外洋の最深層（深海域）は，最も生産性の低い場所である．

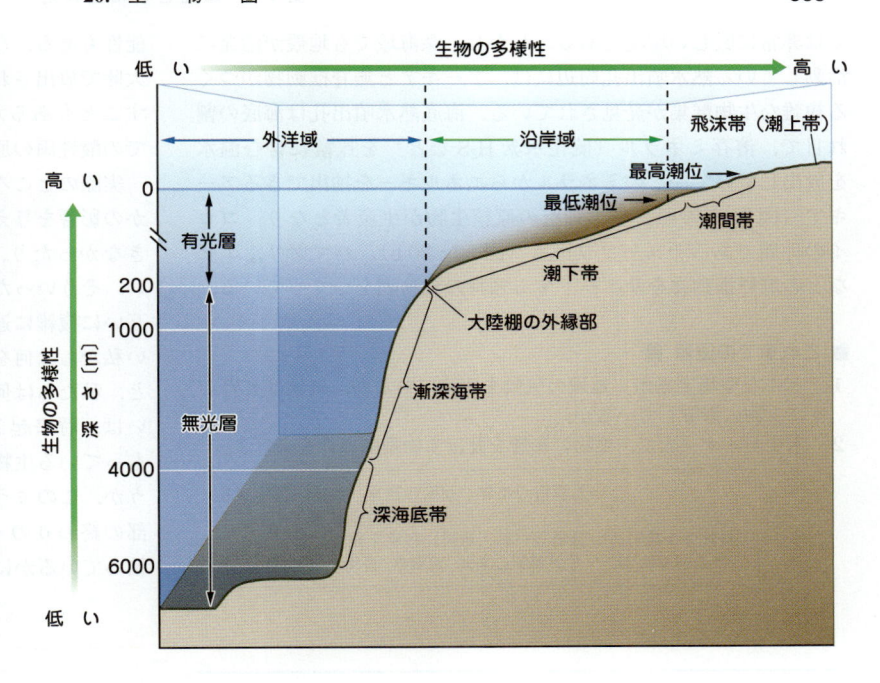

大陸の縁に相当し，陸が海中に向かう延長線上，海岸線から大陸棚の縁までの領域を沿岸域という（図20・19）．沿岸域は，栄養素と酸素が豊富で，生産性の高い海水バイオームの一つである．河川水によって運ばれた，あるいは周辺の陸から洗い落とされた栄養素は，沿岸地域に沈んで蓄積されている．この栄養素は，波の運動や，潮の干満，および嵐などによって発生する乱流で撹拌されて，水深約80 m までの沿岸域上層に繁殖する光合成生物（生産者）へと供給される．風と波によって海水が空気とよく混ざり合い，酸素濃度も豊富である．地球の海洋生物の大半が沿岸域に生息し，当然のことながら，世界で生産性の高い漁業のほとんどは海岸沿いに位置している．

潮間帯は，沿岸域に最も近い海岸の一部，海と陸地が接触する場所で，最も高い満潮の到達点と，干潮の最低点の間の領域である．

潮間帯は，生息する動植物にとっては厳しい環境である．なぜなら，毎日2回，定期的に海水に没し，その後，乾いた空気にさらされるという大きな環境変化に対処しなければならないからである．そのうえ，荒波や砂礫が打ち寄せる破壊力にも耐えなければならない（図20・20 a）．潮間帯の上層に生息する生物は引き潮のときに表に現れるので，海岸に生息する鳥や他の動物の捕食の対象となる．このような難題があるにもかかわらず，海藻類，ゴカイ類，カニ・エビなどの甲殻類，ヒトデ，イソギンチャク，イガイなど，多様な群集が適応して生活している．

沿岸域のうち底生帯（海底域）は，水深約200 m で，生物の死骸，腐敗物などの有機物（**デトリタス**という）が豊富に堆積し，比較的安定した環境となっている．この海域のデトリタスは，海綿，ゴカイ類，ヒトデ，イソバナ類（サンゴの仲間），ナマコ，および多くの魚類を含む多種多様な消費者を支える食物網のもととなっている（図20・20 b）．

海水バイオームの生産性と栄養素の制約

外洋または外洋域は，約60 km の沖合の大陸棚の端，沿岸域が終わる場所から始まる．外洋域は，まだ詳しく知られていない広大で複雑な生態系である．外洋の表層部は，太陽光が豊富で酸素が十分に供給されているものの，栄養素が乏しいので，河口域や沿岸域より生産性が低い．デトリタスがいったん海底に沈降すると，海水面部分と混ざり合うことがなく，深海だけに蓄積するためである．

大陸棚が終わる場所では，海底が約6000 m もの深さまで急激に下がり，冷たく，太陽光の届かない暗い水域，**深海**域となっている．深海域は，高い水圧と低温（約3℃）のために，生物にとっ

図 20・20　海水バイオーム
(a) 潮間帯．毎日，潮の干満で，定期的に水面下に沈む沿岸域を潮間帯という．(b) 底生帯．湖水，河川，湿地，河口，沿岸地域，および外洋域の底面に位置する底生帯は，多様な消費者の生息地となっている．上層の水域から沈降してくる生物の死骸を食べる消費者が多い．

(b) 深海底生帯にある熱水噴出孔にいるジャイアントチューブワーム (*Riftia pachyptila*)

ては非常に厳しい環境である．しかし，深海域でも地殻が活発に活動している熱水噴出孔周辺には，アーキアと無脊椎動物がつくる複雑な生物群集が発見されている．海底熱水噴出孔は海底の割れ目で，溶存ミネラル（硫化水素H_2Sなど）を豊富に含む温水を放出していて，このミネラルからエネルギーを抽出できるアーキア（図3・5参照）や単細胞の原核生物が生産者となり，ゴカイの仲間であるチューブワーム（図20・20b），ハマグリ，エビなどの無脊椎動物をサポートする独特の食物網をつくっている．

■ **これまでの復習** ■

1. どんな環境要素が，地域の気候を決めているか．気候はどのように生物に影響しているか．
2. 水中バイオームで，生物に影響を及ぼす物理的条件をあげよ．

2. 水温，光，水流，水深，および溶存酸素．
気候，特に気温と水分（湿度）は，生物種や個体数の多様性に〈強く影響を与える．
1. 太陽光の入射量，気団，海流，および偏西風によって気候が決まる．

能性もある．たとえば，汚染物質が地球規模で広がり，ある国や大陸で放出された汚染物質が隣国や別の大陸でも問題をひき起こすこともあるだろう（英国で排出されたSO_2がスカンジナビアでの酸性雨の原因となった．第24章参照）．

実際のところ，私たち人間は生活を守るために，自然界に何らかの影響を与えざるをえない．起こりうる結果を正確には理解できなかったり，有害な副作用を起こす可能性があるかもしれない．そういった活動を私たちが行う場合，生物圏を生物と環境が互いに複雑に連結したネットワークとして考えるならば，いったい私たちは何をすべきだろうか．危険性や知識不足の点を考えると，私たちは何もすべきではないのか．現在起こっている，あるいは，将来起こるかもしれない問題を防ぐために，私たちが今もっている生物圏に関する知識を，どのように活用できるのだろうか．このような課題に容易には答えることはできないが，第V部の終わりのインタールードEで，私たちがどのように対処し始めているかについて，再び紹介しよう．

学習したことの応用

生物圏に対する人間の影響

船舶のバラスト水を排水したことが，淡水性の貝，カワホトトギスガイが北米各地の水路で繁殖するきっかけになった．カワホトトギスガイは，猛烈な勢いで大繁殖し，在来種の生息地や餌を奪い，また，工場冷却水の吸入孔をふさいだために，ミシガン市の発電所が停止し，フォード社の車工場を閉鎖させるような深刻な経済問題までひき起こした．

カワホトトギスガイのように新しい環境で害を及ぼすような種を，侵入種とよぶ．そのような外来種はもともとすんでいた環境ではあまり大きな問題をひき起こすことはない．たとえばカワホトトギスガイは，もといたユーラシア大陸では，さまざまな捕食者や寄生虫によって繁殖が抑えられているからである．しかし，北米では，捕食者や寄生虫が少ないため，到着した直後から，爆発的に繁殖できる状態にあった．

同じことが，他の侵入種にとってもいえる．人の手で外来種が新しい環境に導入されると，通常の捕食者，寄生虫，また競争者が存在しないことが多く，急激に増殖する可能性が高い．その場合新しい環境で，大量の餌や生息地を奪い，在来種に害を及ぼすことがある．第Ⅰ部のインタールードAでは，ビクトリア湖のナイルパーチ（スズキ科淡水魚）やグアムのミナミオオガシラヘビなどの侵入種によって在来種がいかに傷つけられてきたかを紹介した．侵入種が環境に大きな破壊的影響を及ぼし，カワホトトギスガイの例のように，大きな経済的損失を与えることもある．

生物圏への人間の影響は，外来種の導入だけに限らない．河川の流れを制御したり，ディンゴのように（p.354参照）捕食者を排除したりすると，思いがけない影響，あるいは望まなかった結果をひき起こす可能性もある．生物圏が，互いに複雑に連繋したネットワークであることを考えれば，生物圏の一つの要素を人工的に変えるときに，他の部分では，意図しない，あるいは，望んでいない悪影響を与える可能性があるのは当然かもしれない．さらに，ある狭い地域で発生したことが遠くにまで影響を及ぼす可

章のまとめ

20・1 生態学の重要性

■ 生態学は生物と環境の間の相互作用を研究する分野である．私たちとまわりの自然との関係を理解するのに役立つ．

■ 自然の作用を理解することは，現在の環境問題に対処し，将来の人の活動が生物圏へどのような影響を及ぼすか予測するのに役立つ．この点で，生態学は生物学のなかでも重要な分野である．

20・2 環境との相互作用

■ 生物は環境に影響を与え，また環境から影響を受けている．周囲の物理的な環境だけではなく，他の生物にも影響し，その結果，他の生物と環境との関係にも影響を及ぼす．

■ 生物と環境との間には，相互に複雑につながった網目のような関係がある．

■ 生物圏を構成するものの間には，複雑な相互依存の関係があり，生物圏に影響する人の活動が予測できない副作用をひき起こすこともある．

20・3 気候が生物圏に与える影響

■ 短期間の局所的な大気下層の物理条件を気象という．気候とは，その地域の長期的にみたときの気象条件をさす．

■ 気候は入射する太陽光放射量に影響される．熱帯地域が極地よりもずっと暖かいのは，赤道付近では太陽光が地表に垂直に照射されるのに対して，極地付近では斜めの浅い角度となるためである．

■ 地球上には方向の安定した空気の流れである四つの巨大対流セルがあり，この気流の流れが気候に大きな影響を与える．

■ 海流は大量の水を運び，各地の気候に大きな影響を及ぼすことがある．

■ 山のつくる雨陰のように，気候は地表の地形に大きく影響される．

20・4 陸上のバイオーム

■ 気候は，陸上バイオームの分布を左右する最も重要な要因である．気候に耐えられるかどうかで直接的に，あるいは，間接

的に他の適合した生物種との競争によって，その気候に生息できる生物種が決まる．
■ 人間の活動は，陸上バイオームの分布や場所に大きく影響する．
■ 主要な陸上バイオームとして，ツンドラ，北方林，温帯落葉樹林，草原，チャパラル，砂漠，および熱帯林がある．

20・5 水界のバイオーム

■ 水界バイオームは，温度，塩分濃度，水流などの物理的環境条件によって分類されている．
■ 水界バイオームは周囲の陸上バイオームや気候，そして人間の活動に強く影響される．
■ 水界バイオームは塩分濃度の違いで，大きく，淡水と海水のバイオームに分けられる．淡水バイオームには，湖水，河川，湿地などが含まれる．海水バイオームには，河口，沿岸域，外洋が含まれる．

復習問題

1. 本章では，生物圏の生物と物理的環境との関係は，"互いにつながったネットワークを形成する"と表現した．生態学者が，このように考える理由は何か．生物と環境の間の相互作用を示す例をあげよ．
2. 全地球的な大気や水の流れがあるために，ある地域で発生したことが遠くにまで影響を及ぼすことを，自分の言葉で説明せよ．ある地域で起こった生態学的相互作用が，遠く離れた場所に影響する例をあげよ．
3. 主要な陸上バイオームを七つあげよ．あなたが住む地域の100 km以内に位置するバイオームはいくつあるだろうか．そのうちの一つを取上げ，気候および生態学的な特徴は何か，またその特徴が，そこに生息する生物にどのように影響しているか説明せよ．
4. つぎの記述について，例を示し説明せよ．"砂漠の生き物にとって問題となるのは，高い温度でなく，乾燥である．"
5. 河口域や沿岸域が生産性の高いバイオームとなるのはなぜか．外洋が，これらの二つの海水バイオームより生産性が低い理由を述べよ．

重要な用語

生物圏（バイオスフィア）(p. 352)	砂漠 (p. 357)
生態学 (p. 352)	熱帯林 (p. 357)
侵入種 (p. 352)	永久凍土 (p. 358)
気象 (p. 355)	タイガ (p. 358)
気候 (p. 355)	底生帯 (p. 361)
対流セル (p. 355)	湖沼 (p. 361)
卓越風 (p. 356)	河川 (p. 361)
雨陰 (p. 357)	湿地 (p. 361)
バイオーム (p. 357)	河口域 (p. 361)
ツンドラ (p. 357)	沿岸域 (p. 361)
北方林 (p. 357)	外洋域 (p. 361)
温帯落葉樹林 (p. 357)	潮間帯 (p. 363)
草原 (p. 357)	深海 (p. 363)
チャパラル (p. 357)	

章末問題

1. 通常，生態学の研究対象とはしない生物学的階層レベルは，つぎのどれか．
   (a) 生態系　(b) 個体　(c) 細胞小器官　(d) 個体群
2. 地球大気は，暖かく湿気を帯びた上昇気流と冷たくて乾いた下降流からなる四つの安定した区域に分割できる．その区域はどれか．
   (a) 温帯セル　　　　(c) 雨陰セル
   (b) 緯度のセル　　　(d) 巨大対流セル
3. 生物圏を構成しているのは，
   (a) 地球上の全生物である．
   (b) 生物が生息する環境である．
   (c) 地球上の全生物とそれが生息する環境である．
   (d) 上記のいずれでもない．
4. 気候のうち，陸上バイオームの分布域に強く影響する要因は何か．
   (a) 雨陰　(b) 温度と降雨　(c) 温度だけ　(d) 降雨だけ
5. 太平洋の温かい海水面上を経てアメリカ大陸に来る西風は，暖かく湿っている．この気流が，冷たいペルー海流の上に来たときに，何が起こるか．雨陰に起こる現象を参考にして答えよ（図20・5参照）．
   (a) エルニーニョ現象が発生する．
   (b) 海流からの水分をさらに獲得する．
   (c) 暖かくて湿度の高い空気が冷えて，雨が降る．
   (d) 暖かくて湿度の高い空気は冷えるが，雨は降らない．
6. 地球上の広い地域を占め，独自の気候と生態学的特徴をもつものはどれか．
   (a) 集団　(b) 群集　(c) 生物圏　(d) バイオーム
7. 大気圏上層のオゾン層は，
   (a) 塩素原子と反応して減少する．
   (b) 人工的な汚染物質が蓄積してつくられる．
   (c) 1960年代から厚みが増している．
   (d) 現在，南極で最も厚く，赤道近くでは薄い．
8. 北極圏ツンドラのバイオームでは，夏季には，湿地，湖水，および河川が増える．その理由はどれか．
   (a) 永久凍土層が完全に溶け，大量の水が放出されるため．
   (b) 雪と氷が溶けて水となるが，下層にある永久凍土層によって水の逃げ場がないため．
   (c) 北極圏の降水量が多く，毎年2000 mm以上あるため．
   (d) ツンドラの樹木が，湿った沼地で最もよく成長するため．
9. 温帯落葉樹林を示しているのはどれか．
   (a) 冷えて湿気のある冬季と暑く乾燥した夏季をもつ．
   (b) 頻発する火事によって維持される．
   (c) 針葉樹が支配的な植生ではない．
   (d) ヨーロッパ人が定住する以前のネブラスカ州などの大平原の大半を占めていた．
10. 河口の生産性が高い理由は，つぎのどれか．
    (a) 大きなバイオマスである樹木や低灌木が中心になっているため．
    (b) 河川で運ばれた栄養素があり，また，潮の活動によって沈殿物が撹拌されやすいため．
    (c) 沿岸地域で，最満潮点と最干潮点の間に位置しているため．
    (d) ミネラルからエネルギーを取出すアーキアが特に豊富にいるため．

ニュースの中の生物学

Invasion of the Cuban Treefrogs

BY RALPH MITCHELL

キューバアマガエルの侵入

雨季がやってくると，湿気を好み，湖沼や水たまりで繁殖するさまざまな両生類が現れる．

そのような両生類が，フロリダ半島の大生態系の一部をつくり，夜間にはにぎやかな大合唱を聞かせ，…また，昆虫を餌とするので，無料の害虫駆除活動サービスもやってくれる．

ただし，やっかいなカエルもいる．在来種のカエル，トカゲ，およびその他の小型生物を餌とする侵入種，キューバアマガエルである．

他の外来種と同じように，キューバアマガエルは，外部から，キューバのケイマン諸島やバハマからやって来た．

1920年代に，フロリダキーズ列島でキューバアマガエルがはじめて見つかった．植物，車両，および船舶など何にでも便乗して移動できる密航者で，その後，シーダー・キーやゲーンズビル，ジャクソンビルにも広がった．

…キューバアマガエルは，リスアマガエルやアマガエルなどの在来種も餌にする．オタマジャクシでさえ，在来種のカエルのオタマジャクシを打ち負かして駆逐する．日中は樹木の陰，部屋の隅，壁の亀裂などに隠れていて人目につかない．土中にもぐって隠れているカエルが発見されることもある．

自宅の庭でキューバアマガエルを発見したら，どうしたらよいだろうか．

卵を取除き，できるだけ繁殖しないようにするのがよい．また，池やプールなどを繁殖できないように清潔に維持することも大切である．さらに，バケツや古い容器など，雨水の溜まる場所も極力なくすのがよい．アオダイショウ，ナミヘビ，フクロウ，カラス，サギやコウノトリなど，カエルを餌とする在来の野生動物を増やすことも重要だ．

キューバアマガエルは，キューバからフロリダキーズにおそらく野菜の木箱などに入って持ち込まれ，約80年前に米国で発見された．その後，北に移動し，各地で在来種に打撃を与えている．このカエルは，口に入る動くものは何でも食べようとする．在来種のカエルも食べ，生息域を奪うようになった．また，人が触れると痛みを感じるような毒性の物質を皮膚から分泌する．

キューバアマガエルの雌は最多15,000個の卵を産み，オタマジャクシも食欲旺盛で，在来種のオタマジャクシは行き場を失っている．野原，水路，湿地，および沼地で生息し，人を避けることがなく郊外からあまり離れない地域にもいる．昼間は寝ていて，夜間に餌をとるために現れ，玄関灯や窓に来る昆虫をねらって食べる．ドアや配管，排出口などから人家に平気で侵入する．トイレなどは好みの屋内生息地らしい．また，変圧器や電化製品の中にも侵入することがあり，漏電や停電をひき起こし，年間何十万ドルもの被害を電気会社に与えている．

2004年までは，キューバアマガエルはフロリダ州のジャクソンビルより北ではみられなかったが，その後，ジョージア州やサウスカロライナ州で発見され，米国南東部全域で警戒を強めている．耐寒性についてはよくわからないが，フロリダ州の北部でも生息する可能性を心配している研究者もいる．

このニュースを考える

1. なぜ，キューバアマガエルはフロリダ州では厄介な侵入者なのに，キューバなどの本拠地では厄介者ではないのだろうか．すべての外来種，または，ほとんどの外来種が害をもたらすだろうか．理由とともに述べよ．

2. つぎのような仮定で考えてみよう．美しい外来種の観賞植物が，家の中の鉢から逃れて，野生で成長するようになったとする．在来種を徐々に駆逐する点では有害ではあるが，経済的損失はほとんどないものとしよう．そのような場合，私たちは，経費を使って外来種の駆除活動を推進する必要があるだろうか．あるいは，そういった経費は，人に経済的な損失を与える外来種制圧のためだけに使うべきだろうか．

3. 多くの外来種が問題をひき起こし，人間社会に大きな経済的な負担を与える場合もある．役所の担当部局は，徹底的に輸入物品や野菜の木箱を調査するなど，経費を使って外来種の侵入をなくすための努力をする必要があるだろうか．その場合，責任をとるべき部局は，市や県の地方の組織か，あるいは国の責任とすべきだろうか．地方自治体や国レベルで，侵入種を制御するため資金を集めなければならない取組みに対して，あなたは納税して協力できるだろうか．

出典：Charlotte Sun-Herald紙，フロリダ州ポートシャーロット，2007年5月27日

21 個体群の成長

> **Main Message**
> 永遠に成長を続ける個体群はない．

イースター島の悲劇

　南太平洋の片隅にあるイースター島の崖のふちに立ち，長いこと見捨てられてきた石切場，ラノ・ララクを眺めている場面を想像しよう．草の生い茂った斜面のあちらこちらに，何世紀も前に作られた何百もの巨大な石像が点在している．その光景は美しくもあるが，それでいて薄気味悪く，われわれを不安にもさせる．これらはモアイとして知られる石像で，直立しているものもあるが，未完成品である．まるで彫刻家が途中でのみの手を止めてしまったようだ．完成した像もおかしな角度で傾いている．イースター島の海岸には，さらに何百もの像が散らばっている．これらの像を作ったのは誰だろうか．なぜ，多くの像が未完成のままなのだろうか．この島の人々に何が起こったのだろうか．

　イースター島がどこにあるのか，また，今日その島がどんな状態にあるのか考えると，その謎はさらに深まる．この島はほかから非常に孤立していて，面積が166 km²ほどの狭い島である．水もほとんどなく農業も難しい不毛の草原が広がっている．このように隔絶された地で，巨大な石像を刻み，移動させ，そして維持できる文明が，どうやって栄えることができたのだろうか．

　これらの疑問への答えは，私たちを酔いからさますような強烈な教訓となる．イースター島は不毛の草原ではなかった．大部分が森林に覆われていた時期もある．考古学者の研究によると，西暦400年頃，それまで無人だったこの島に，約50人のポリネシア人が，生活の糧となる農作物や動物と共に大きなカヌーで到着した．彼らの社会はよく組織され，15〜20tもの石像を車輪なしで長距離移動させる（おそらく像を丸太に乗せて転がした）など，手の込んだ技術ももっていた．

　1500年頃までに，人口は増加して約7000人になった．ところが，その頃までに，実質的に島のすべての森の木々は，農地の開墾のため，また，おそらく石像を転がして移動させる丸太を得るために，ほとんど切り倒されてしまった．樹木の伐採や環境破壊が原因となり，土壌の浸食が進み，作物生産量が低下し，それが多くの人々の餓死をもたらした．

　島には大きな樹木が残っていなかったために，ますます悪化する環境から逃れようとしても，もはやカヌーを作ることさえできなかった．社会は崩壊し，戦いが起こり，カニバリズム（食人）が行われ，そして自己防衛のための洞窟生活を始めた．人口も激減し，400年後（1900年）には1/3以下のわずか2000人になった．

　何がイースター島をそのようにしたのだろうか．イースター島は，人類全体にやがて起こる運命を示す予告編のようなものだろうか．本章では，個体群生態学の核心的な課題，個体群サイズが，どのように，そして，なぜ増加したり減少したりするのかについて紹介しよう．そして，章の終わりに，もう一度イースター島の物語に戻ろう．この地球が支えられる以上の資源を，人類が使っているのではないかという問いについて考えてみる．

イースター島　チリの西方3700 km，ポリネシアの中心（タヒチ）の東方4200 kmに位置する．イースター島は小さく，非常に隔絶された島である．

基本となる概念

- 個体群とは，特定の地域内にすみ，相互作用し合う，単一生物種の個体の集まりをさす．
- 個体群サイズ（個体群のなかの同種個体の数）は，出生数と転入数が死亡数と転出数よりも多い場合に増加し，その逆の場合に減少する．
- ある世代から次の世代への増加の割合が一定のとき，個体群サイズは指数関数的に増加する．
- 個体群成長は無制限ではなく，最終的には，空間と食物の不足，捕食者の存在，病気，環境劣化などの要因によって制限される．
- 個体群サイズの変動パターンには，J字型カーブ（指数関数的増殖に起因），S字型カーブ，周期的な変動，および不規則変動などがある．
- 世界の人口は指数関数的に増加しつつある．急速な人口増加は無制限には続けられない．増加の歯止めをかけるのは，私たちがみずからか，あるいは環境要因のいずれかである．

第20章で，生態学が，生物と環境の間の相互作用を研究する分野であることを紹介した．**個体群生態学**は，それぞれの環境に，どの程度の生物が生息できるのか，そして，なぜそれが制約されるのかという問いに取組む分野である．これらの問いに答えることは，自然界をよく理解するのに役立つばかりでなく，希少種の保護や有害種の駆除のような現実問題を解決するためにも大切である．個体群を構成する個体の数を左右する因子を考えるうえで，まず初めに，個体群とは何かを定義することから始める．そして，時間とともに個体数がどのように変動するのかについて解説した後，人口問題を含め，あらゆる生物の個体群が直面する個体数増加の限界について考えよう．

21・1 個体群とは何か

個体群とは，ある特定の領域に生息し，相互作用し合う，単一生物種の個体の集まりをさす．たとえばイースター島の場合，ヒトの個体群とは，その島の全住民である．

個体群中の同種個体の数を示す言葉として，**個体群サイズ**（全個体数），または，**個体群密度**（単位面積当たりの個体数）という言葉が使われる．個体群密度は，個体群サイズを総面積で割り算したものである．イースター島の例で考えてみよう．1500年の住民は7000人であった．島の面積は166 km^{2}なので，個体群密度は42人/km^{2}となる（7000 ÷ 166 = 42）．つまり，1500年にイースター島に住んでいた人の密度は，2008年の米国の密度（31人/km^2）より高い密度，日本のものと比べると，北海道（約70人/km^2）の半分程度であった．

イースター島の場合，一つの島であるために境界線が明確で，また，ヒトの数は明確に数えやすいので，個体群の例としてわかりやすい．しかし，一般には，個体群のサイズや密度を決めるのは難しいことが多い．たとえば，農作物に被害を与えるアブラムシの個体群が増えつつあるのか，減りつつあるのか，農家が調べようとするときのことを考えてみよう（図21・1）．アブラムシは小さい昆虫で，何匹いるのか数えるのが大変である．さらに重要な点として，アブラムシの個体群をどう定義すればよいかよくわからない．また，"ある特定の領域"は，この場合どのような範囲だろうか．アブラムシは長距離を飛んで移動する有翅型(ゆうし)の個体も産出するので，どのアブラムシを数えればよいのだろうか．その農家の畑にいるアブラムシだけを数えればよいだろうか．隣の畑のアブラムシは数えなくてよいのだろうか．

このように，どれが一つの個体群となっているのかは，一般にイースター島の例ほど単純ではない．個体群を定義すべき地域は，問われている疑問が何であるのか，そして，その生物がどの範囲で，どれだけ速く移動するかなど，問題となる生物の特性によっても変わってくるのである．

21・2 個体群サイズの変動

あらゆる個体群サイズは変動する．増大することもあれば，減少することもある．たとえば，ある年，降水量が多く植物がよく生育し，ネズミの個体数の増加をひき起こすかもしれない．しかし，翌年には，干ばつと食物不足が原因で，ネズミの個体数が激減するかもしれない．このような生物の個体群サイズの変動は，人間に対しても重大な影響を与えることがある．たとえば，米国南西部で1993年に大

シロアシネズミ

図21・1 **農作物に大きな被害を与えかねないアブラムシ** アブラムシは植物の葉・茎の液を吸う口器をもった小さな昆虫である．さまざまな植物に多数で群がる害虫で，個体群サイズを決めるのは難しい．

- アブラムシはその口器を植物に挿入し，栄養分を吸うことで植物に被害を与える
- このバラには多数のアブラムシが群がっている

図 21・2 激変の前 オオカバマダラは，膨大な数の個体がメキシコシティの西側の山中に集合し越冬した後，北米東側に移動する．2002年，70〜80％の越冬中のチョウが異例の大雪によって死滅した（このメキシコの個体群より小さく，ロッキー山脈の西側に生息し，カリフォルニア州の太平洋岸で越冬するグループは地図上では示していない）．

越冬中のオオカバマダラ

発生した致死性の肺や腎臓の病気はハンタウイルスによるものであるが，原因は，そのウイルスを媒介するシロアシネズミの個体数の増加であったとみられている．

個体群サイズが増加するのか，減少するのか，それは個体群中の出生数と死亡数，および，外部のグループとの間で転出入する個体数によって決まる．個体数の増加分（出生数と転入数）が，減少分（死亡数と転出数）よりも多ければ，個体群サイズは常に増加する．この関係を次の式で表すことができる．

$$\text{出生数} + \text{転入数} > \text{死亡数} + \text{転出数}$$

出生，死亡，転出入の数は環境によって変わる．つまり，個体群の変動は環境要因に大きく依存することになる．その例として，タテハチョウ科のオオカバマダラの個体数が2002年にどのように大きく変動したかを紹介しよう．毎春，オオカバマダラは越冬したメキシコシティ西側の山地から，北米東側へと長距離を移動する（図21・2）．2002年1月13日，オオカバマダラの越冬地は通常は起こらない嵐に見舞われた．チョウは雨でぬれ，その後に凍えるほどの寒さにさらされた．この雨と寒さはチョウにとって致命的で，約5億のうち70〜80％の個体が一夜にして死滅した．これは過去25年で最も急激な個体数の減少であった．

チョウにとって幸運だったのは，同じ2002年の夏が，主食の植物であるトウワタの生育に適した気候となり，出生率を急速に回復できたことである．これにより，厳冬に生き残ったチョウが2002年の夏に膨大な数の子孫を残し，オオカバマダラの個体群サイズは，ほぼ従来の値に戻った．

■ **これまでの復習** ■
1. 個体群密度とは何か．個体群密度を決めるのが困難な場合があるのはなぜか，説明せよ．
2. 個体群サイズの増減を決める要因は何か．

21・3 指数関数的増加

生物は，オオカバマダラのように莫大な数の子を産むものが多い．そのような生物は，ごく一部でも繁殖できるものが生き残れば，急速に個体を増やし，元の個体群まで回復することができる．

指数関数的増加によって個体群サイズが急速に増える

指数関数的増加は急速な個体群成長の一つの典型的な例である．たとえば，一定時間（ここでは1年）の間に，個体群サイズが一定の割合（r）で増加する場合（図21・3），次式で増加の様子を表現できる．

$$N_{次年} = r \times N_{今年}$$

ここで N は個体群サイズで，r は個体群サイズの年ごとの増加比率を決める一定の値，相対増加率である．$r = 1.5$ で現在の個体群サイズが40の場合（$N_{今年} = 40$），次年の個体群サイズは60（$N_{次年} = 40 \times 1.5 = 60$）となり，それ以降の年は $60 \times 1.5 = 90$，$90 \times 1.5 = 135$ と続く．

指数関数的増加では，相対増加率（r）は一定でも，個体群に追加される個体の増加数は世代ごとに大きくなる．図21・3の簡単な例では，個体群は世代ごとに倍加している（つまり $r = 2$）．増加数は一定ではなく，世代ごとに変化し，世代1と世代2の間の増加数は1個体だけなのに対し，世代を追うごとに，2個体，4個体と増え，世代5と世代6の間の増加数は16個体となる．この変化をグラフに描くと，図21・3の下に示すように急速に傾きが大きくなる曲線，**J字型カーブ**になる．

個体群が成長する速さを表現する目安として，増加率 r の代わりに，個体群サイズがちょうど倍になるのに要する時間，**倍加時間**を使うことができる．自分の銀行預金額が急速に倍加するのはうれしいが，自然界で個体群が指数関数的に成長するとき，結局，次節で紹介するような問題が起こる．

生物は新しい生息領域に移動すると，指数関数的成長を示す

個体群が新しい地域に移動した場合，あるいは，移植・導入さ

れた場合，初期に指数関数的に個体数が増加することが多い．つぎのような悲しい物語を例に考えてみよう．1839年に，あるオーストラリアの牧場主がオプンチア（*Opuntia*，ウチワサボテンの一種）というサボテンを南アメリカから輸入し，それを生け垣用の植物として使った．このサボテンは，ヒトでも動物でも，横切ることがほとんどできないほどの分厚い壁をつくるからである．ところが，ふつうの垣根とは違い，オプンチアは一カ所にとどまることなく，急速に周辺一面に広がってしまった．最後は，牧場全体が生け垣と化して，牛が締め出され，広大な牧場が台なしになった．

約90年間で，オプンチアは東部オーストラリア全体に広がって24万 km² 以上を覆い尽くし，大きな経済的損害をもたらした．これを制圧しようとした1925年までの試みはすべて失敗したが，この年，*Cactoblastis cactorum* というガ（メイガの仲間）を導入したところ，このガの幼虫が成長中のサボテンの芽を食べ，ほとんどすべてのサボテンを駆除できた．その後，オプンチアの個体群をコントロールできるようになった（図21・4）．一般的には，新しく導入した種（この場合は，サボテン退治用のガ）の個体数も指数関数的に増加し，それ自体が問題になる可能性がある．もともといない外来種を導入することは，他の侵入者（ここではオプンチア）を制御するという生物学的防除目的があったとしても，危険に満ちている．このアメリカ原産のガは，オーストラリア原産のどの植物よりも，サボテンを好んで食べる食性だったのが幸いした．ガの成功によってオプンチアの個体群が縮小したことは同時にガの消滅にもつながった．食物不足によりガの数も急速に低下したのである．現在，サボテンとガの両方ともオーストラリアの東部に少数生き残っている程度である．

オーストラリアのオプンチアの個体数ははじめ指数関数的に増加したが，ガの導入後には，むしろそれよりもずっと急速に減少したことがわかっている．指数関数的増加は，人の手で導入されたオプンチアのような例だけではなく，自然に新しい地域に広がった生物種にもみられる現象である．

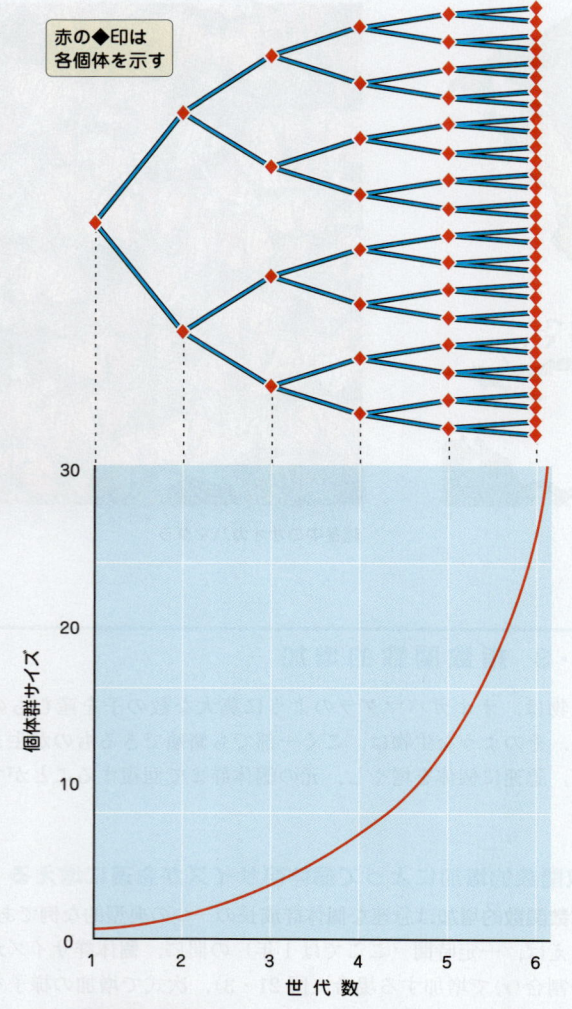

図 21・3　指数関数的成長　ここで示すのはある仮想的な個体群の場合である．各個体が子どもを2匹ずつ産出し，個体群サイズは世代ごとに一定の割合で増加する．つまり，$r = 2$ で，個体群が世代ごとに倍になる．世代ごとに新しく追加される個体数が徐々に増加するので，カーブはJ字型になる．これが，指数関数的成長の特徴である．r の値の大小は，曲線の立ち上がりが急か緩やかかを決める．

図 21・4　サボテンの撲滅　オーストラリアで移植後に指数関数的に増加したサボテン，オプンチアを減らすために，1925年 *Cactoblastis cactorum* というガが導入された．(a) ガの導入2カ月前，密に群生するオプンチア．(b) ガが導入されてから3年後，群生地が完全に消えた．

21・4 個体群成長の限界

ホコリタケという名の巨大キノコ（*Calvatia gigantea*）は，7兆個もの子（胞子）を残すことが可能である（図21・5）．もし，その子がすべて生き残り，最大限の比率で繁殖したとすれば，わずか2世代のうちに，ホコリタケの子孫の重量は地球の重さを超える計算になる．ホコリタケに比べれば倍加時間はずっと長いものの，時間さえ十分あれば，人類やオプンチアも膨大な数の子孫を生産することが可能である．しかし，言うまでもなく，地球が，ホコリタケによっても，オプンチアによっても，また，人類によってさえも，覆い尽くされることはない．これは，どのようなケースでも一般に成立する重要なポイントである．無限にサイズを増大させるような個体群は存在しない．限界があるのである．

個体群サイズの増加は資源量や他の環境的要因によって制限される

個体群が無限に成長を続けられない理由は明白で，食物やその他の資源が不足するからである．たとえば，数個の細菌が栄養液を入れたビンの中に入っているものとしよう．細菌は栄養分を吸収し分裂増殖するが，その子孫も同じことを行う．細菌の個体数は指数関数的に増加して，短時間のうちにそのビンの中で膨大な数に達するであろう．しかし，結局は栄養分が尽きるので，代謝の老廃物がしだいに蓄積し，すべて死んでしまうであろう．

これは閉鎖されたビンの中の話で，極端な例と思えるかもしれない．新しい栄養分の補給はなく，細菌も代謝老廃物も逃げ場がないからである．それでも，多くの点で，現実の個体群の世界もこの閉鎖系のものに似ていて，空間や栄養分も限られた量しかないことが多い．前節のオプンチアの例では，ガの *Cactoblastis* を導入しなかったとしても，サボテン個体群の指数関数的増加は無限には続かなかったであろう．最終的には，サボテンの個体数の増加，**生息地**の不足などの環境要因によって制限を受けたと考えられる．

個体群サイズの増加のパターンが，J字型カーブではなく，**S字型カーブ**で表現されるものがある．これらの個体群は，最初は，指数関数的に増大するが，ある最大の個体群サイズ，つまり，その生息環境によって維持可能な最大数になって安定するケースである．この最大個体群サイズを**環境収容力**という（図21・6）．一般に，個体群サイズが環境収容力に近づくと，食物や水といった供給資源が不足しはじめ，その個体群サイズ増加率は低下する．最終的に個体群サイズが環境収容力に到達すると増大率はゼロとなる．

1930年代に，ロシアの生態学者G.F.Gauseは，一般的な原生生物，ゾウリムシ（*Paramecium caudatum*）を使った実験を行い，個体群サイズは，ある限界値に達したのち，そのままにとどまるということを発見した（図21・6参照）．この実験で，Gauseはゾウリムシを培養している液体に常に一定の割合で新しい栄養分を加え，同時に，一定の割合で古い溶液を取除く操作を行った．初めは個体群サイズは急速に増加したが，個体群サイズの増加につれて栄養分の消費速度も増え，やがて，食物不足が始まり，個体群サイズの増加速度は鈍くなった．最終的にはゾウリムシの出生率と死亡率が等しくなり，個体群サイズは一定になった．

図21・5　**彼らは増え地上を占領するのだろうか**　1個体がつくる胞子の数を考えると，巨大キノコ，ホコリタケには，1世代で7兆個の子どもをつくる能力がある．実際は，成長に適した環境に定着できる胞子は比較的少ない．ホコリタケは大きなものでは重さが40〜50 kgになるものもある（ここに示したのは中くらいの大きさ）．

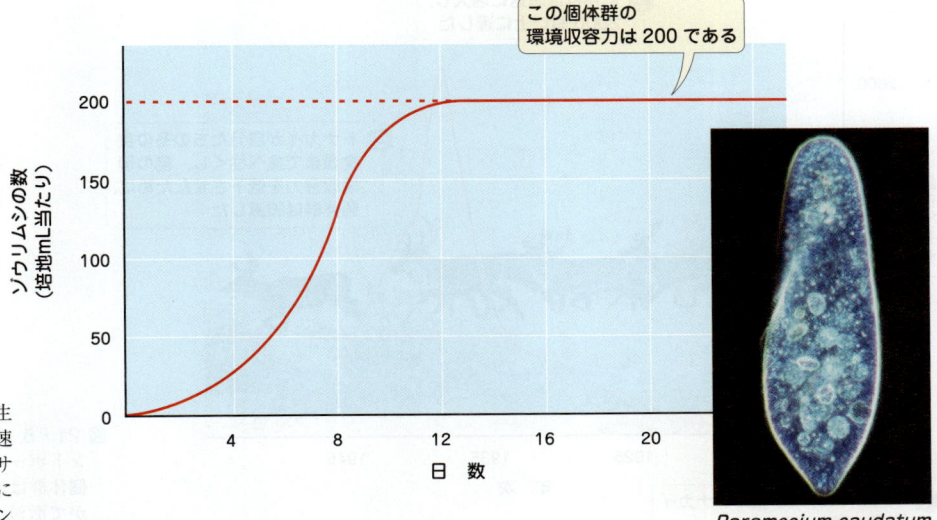

図21・6　**環境の収容力**　単細胞の原生生物，ゾウリムシの個体数は最初は急速に増大し，やがて，ある最大の個体群サイズ，すなわち環境収容力の最大数になって安定する．個体群成長のパターンはS字型カーブになる．

Paramecium caudatum

自然の系とは違い，このGauseの実験系では転入も転出もないが，ふつうの自然の系で，

$$出生数 + 転入数 = 死亡数 + 転出数$$

の場合に，個体群サイズは一定になり，それが長期間にわたって保たれる．

細菌やゾウリムシの実験と同じように，自然の個体群にも限界がある（図21・7）．個体群の成長は，一般に，食物や空間の不足，病気の蔓延，捕食者の増加，生息地の環境劣化，気候，および偶然起こる自然の撹乱作用など，多くの環境的要因によって抑制される．多くの個体がいる場合，出生率が低下し，死亡率が上昇するであろう．その片方だけでも個体群の成長を抑える方向にはたらくし，その両方が同時に作用することもあるだろう．

どのような場所でも，そこにある食物や他の資源量には限りがある．したがって，個体群が成長し，個体数が増えるにつれて，一個体当たりに割り当てられる資源量は減っていくであろう．資源量が少なくなると，資源が豊富なときに比べて各個体が平均的に産出する子の数も少なくなり，個体群の出生率の減少をひき起こす．

さらに，個体数が多くなると，個体が互いに出会う機会が増えるので，病気はより早く蔓延するし，捕食者のもたらす危険性もより大きくなるかもしれない（捕食者はより豊富にある食物源を先に消費する傾向がある）．病気と捕食者によって死亡率が明らかに増加するであろう．

大きな個体群の場合，資源に悪影響を及ぼし，枯渇させる可能性もある．個体群がその環境の収容力を超えてしまうと環境を悪くして，収容力を長期的に低下させることもある．環境収容力の低下は，生息地がかつてほどの個体を支えられなくなることを意味し，個体数を急速に減少させる要因となる（図21・8）．

個体群の成長を制限する要因：個体群密度

食物不足，空間不足，病気，捕食者，および生息地の劣化などの環境要因は，個体群の成長，つまり，個体群の密度の上昇とともに，より強く影響が出てくる．高い密度になると，出生率が減少し，死亡率が上昇する．個体群密度の変化に伴い，出生率と死亡率が変化する場合，このような変化を**密度依存的**であるという．

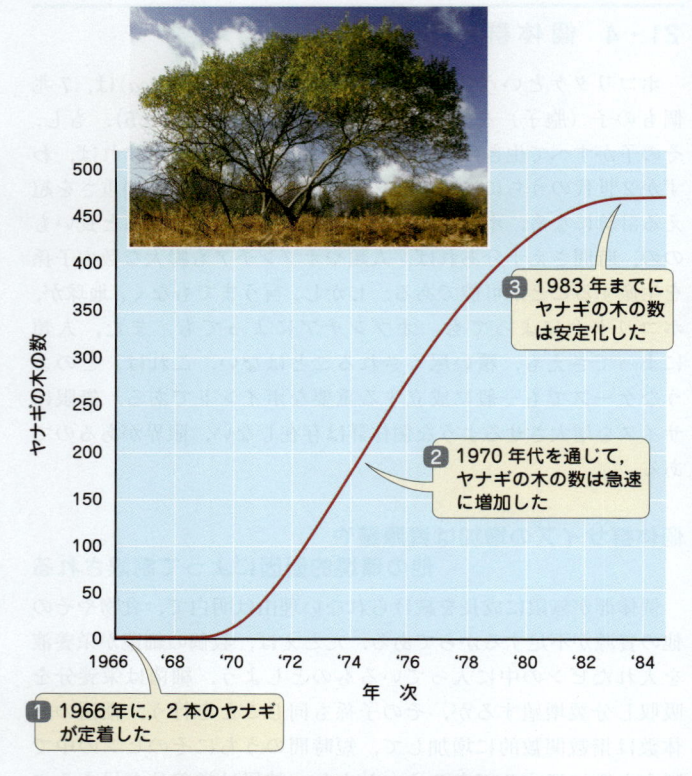

図21・7 自然の個体群におけるS字型の成長曲線 オーストラリアのある地域では，ウサギがヤナギの若木を食べるので，ヤナギはほとんど生育できなかった．1954年にウサギが駆除された後，1966年には，種子が風によって飛ばされたか，動物によって運ばれたことにより，2本のヤナギがその地域に定着した．その後，ヤナギは急速に数を増やしたが，やがて個体群は約475本で頭打ちとなった．

① 1966年に，2本のヤナギが定着した
② 1970年代を通じて，ヤナギの木の数は急速に増加した
③ 1983年までにヤナギの木の数は安定化した

自然の個体群では，新しく産出される子孫や種子の数（図21・9）が密度依存的に変化するものが多い．

逆に，個体群密度に依存しない形で，個体群成長を抑制する要因もあり，これを**密度非依存的**であるという．密度非依存的要因が作用する結果，個体群が高密度に達するのが抑えられることがある．たとえば，年ごとの気候変動は，偶然に個体群の急速な成長に適した条件をつくることもあるが，それは毎年のことではな

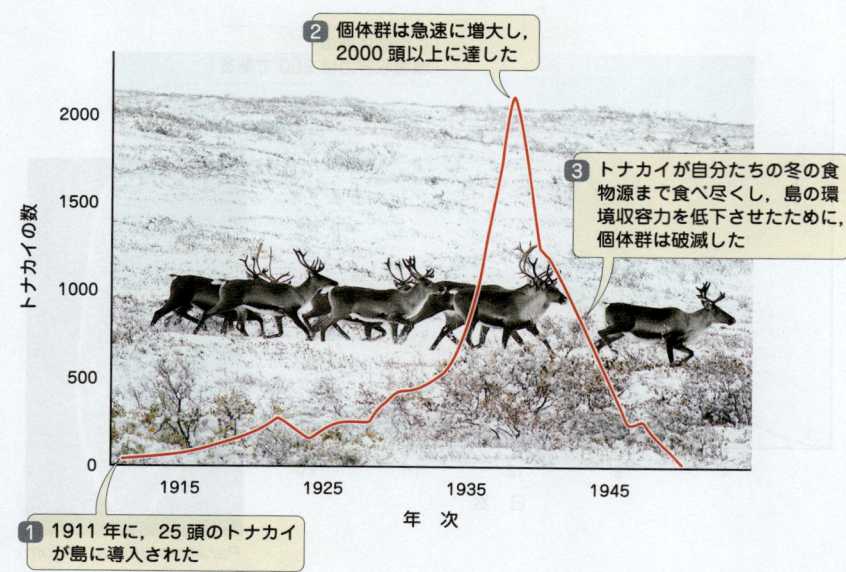

① 1911年に，25頭のトナカイが島に導入された
② 個体群は急速に増大し，2000頭以上に達した
③ トナカイが自分たちの冬の食物源まで食べ尽くし，島の環境収容力を低下させたために，個体群は破滅した

図21・8 急成長と破綻 1911年にアラスカ沖のセントポール島にトナカイが導入された．トナカイの個体群は最初は急速に成長し個体数が増えたが，やがて激減した．1950年までに生き残ったトナカイはわずか8頭である．

のような環境汚染物質の影響も密度非依存的に現れる。これらの汚染物質は自然の個体群を絶滅させる危険性もある。

21・5　個体群数変動のパターン

個体群が違えば，示す成長パターンも異なる。ここで，J字型カーブ，S字型カーブ，周期的変動，および不規則変動の四つのパターンについて比べてみよう。

好ましい環境条件があれば，どの種でも個体数が急速に増加し，その初期には，J字型（図21・3参照）またはS字型（図21・6，図21・7参照）の増加パターンとなる。J字型カーブの場合，資源が枯渇し個体群サイズがどこかで大きく低下するまでは，急速な個体群の成長が続く（図21・8参照）。対照的に，S字型カーブの成長パターンでは，個体群サイズが環境の収容力限界に近づくにつれて，個体群の増加率が徐々に遅くなり，最終的には，捕食者，病気，その他の環境要因によって，環境収容力近くの個体群サイズとなる。

これまで，個体群サイズが増えるケース，減るケース，さまざまな例をみてきたが，S字型の成長パターンを示す場合でも，永遠に一定の個体群サイズに安定してとどまることはなく，時間とともに変動するのがふつうである。変動にもいくつかのパターンがある。

たとえば，二つの別種の個体群サイズが，互いに関連し合いながら同じ周期で変動することがある。これを個体群サイズの**周期的変動**という。捕獲者と餌の関係のように，二つの種のうち少なくとも一方の種が他方の種に非常に強く依存する場合に，周期的変動が顕著に現れることがある。カナダヤマネコの場合，カンジキウサギをおもな餌としているため，ウサギの個体数の増減に伴って，ヤマネコの個体数も同じ周期で非常に規則的に増減することが知られている（図21・10）。

このような規則性の高い変動は自然界ではまれで，先のオオカ

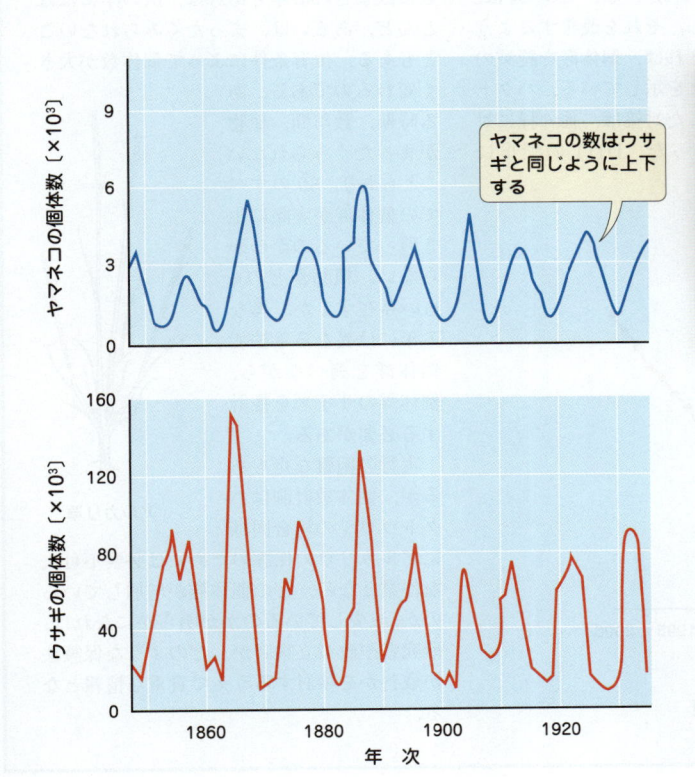

セイヨウオオバコ（*Plantago major*）

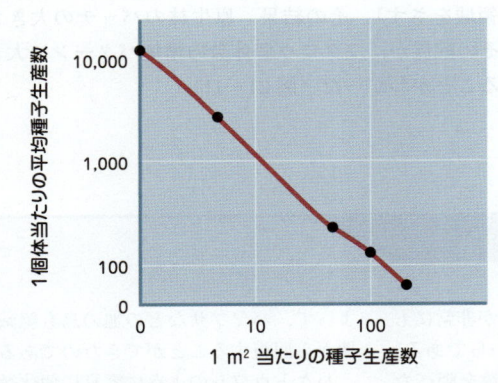

図 21・9　**混雑した状態**　セイヨウオオバコ（小型の草本の一種）は混み合ってくると，一個体がつくる種子数を劇的に減少する。

い。悪い気候条件は，たとえば昆虫の卵が凍結するような直接的影響，あるいは，食物となる植物の数を減らすなどの間接的な影響を与え，個体群サイズの増加が抑えられることがある。自然の火災や洪水のような自然の環境撹乱も，密度非依存的に個体群成長を制限する。最後に，人為的な作用も忘れてはならない。DDT

図 21・10　**周期的に変わる個体数**　二つの異なる生物種の個体群サイズが同時に増減する場合がある。カナダヤマネコの餌はカンジキウサギである。そのため，ヤマネコの個体数はウサギの個体数に強く影響される。20世紀初頭に行われた実験から，ウサギの個体数は，餌となる食物の供給量と捕食者であるヤマネコの個体数で上限値が決まることがわかった。その観察結果と，ヤマネコとウサギの毛皮の取引量（カナダのハドソンベイ社）をもとに補足したデータをここに示す。

（ヤマネコの数はウサギと同じように上下する）

バマダラの例のように，個体群サイズが，時間と共に一過的に増えたり，減ったりの変動をするケースが多い．また，図21・6や図21・7のように，ある個体群サイズまで緩やかに上昇し，そこで安定してとどまるケースもまれである．**不規則な変動をする場合の方がはるかに多い．**

最後になるが，同一種でも個体群が変わると，異なる成長パターンを示す可能性も考慮しておく必要がある．その違いが生じるしくみを理解できれば，絶滅危惧種や経済的に重要な意味をもつ生物種をどのように取扱うべきかについて，重要な情報になるであろう．そのために私たちが最初に行うべきステップは，個体群サイズを決め（下記"科学のツール"参照），個体群ごとに，どのように異なる成長パターンがあるか判別していくことである．そして，次にやるべきことは，その違いがなぜ生まれるのか，解明することである．

1980年代，森林の管理者は，希少種のマダラフクロウに害を与えずに原生林を伐採するためには，どの場所をどの程度伐採すればよいか決める必要があった．そこで，研究者はフクロウの個体群ごとに，出生率と，各個体がどの程度の広さの生息地を使うかというデータを集めた．そのデータをもとにマダラフクロウの個体群成長が，この鳥が好む原生林パッチの数，広さ，および配置によって，どのように影響されるかを調べた（ここでいうパッチとは生息域の広がりを示したもので，他の生息域に取囲まれた領域をさす）．その結果，原生林のパッチの大きさ（総面積）とその配置が，フクロウ個体数の増加パターンに大きな影響を与えることがわかった（図21・11）．

マダラフクロウ

科学のツール

個体数計測で絶滅危惧種を救う

多くの種の生存が人間の活動のために脅かされている．なかには絶滅の危機にまで追い込まれている種もある．私たちがそのような絶滅危惧種を救おうとするとき，個体数計測が，一つの重要なツールとなる．ヒトの個体群の調査を行うときは人口調査を行うだろう．それと同じように，個体数計測を行うことで，特定の個体群のサイズを決定することができる．このような個体数計測のデータを根拠に，ハクトウワシの場合，保護団体や国の議会が保護対策をとり始めている．

ハクトウワシは大きな目立つ巣を作り，毎年同じ巣に戻ってくるので，個体数計測は比較的容易な種である．ハクトウワシは他の鳥と同様に，DDTの毒性による深刻な影響を受けた．体内にDDTが高濃度で蓄積されると，産卵した卵の殻が非常にもろくなり，繁殖できなくなるからである．1960年代の初頭までに，個体数を調べた結果，アラスカを除く米国48州に残った繁殖可能なハクトウワシのつがいはわずか417組になったことが示された．1800年には100,000組のつがいがいたと推定されることから，これは0.5％以下という大きな落ち込みである．

鳥に対するDDTの影響が明らかになり，1972年には米国内での使用が禁止された．この禁止措置によってハクトウワシは絶滅から回復することができた．今日，48州で6400組のつがいがいる．この例は，人々が問題を認識し，それを改善するよう断固とした処置をとれば，個体群を絶滅の危機から救えることを示している．ハクトウワシに対してとった対策は，他の種に対してもプラスとなった．DDTの禁止によって，ハヤブサなどの他の鳥も絶滅の危機から回復することができたのである．

ハクトウワシのように容易に個体数を調べられる種ばかりではない．アルカリ草（*Puccinellia parishii*，イネ科の植物）は，アリゾナ州，ニューメキシコ州，およびナバホ・ネーションの州令や部族法令によって絶滅危惧植物種に指定されている．この小さく目立たない草は冬に発芽し，通常は晩春または初夏に枯れる．現在，30の個体群しかなく，この種が絶滅する可能性は非常に高い．発芽する種子の数は大きく変動し，個体数計測は非常に難しい．無数に観察される年もあれば，次の年にはほとんど，あるいは，まったくみられないこともある．生育条件によって個体数が大きく変わるのである．ある時期，数年間，植物がまったくみられないこともあり，30のすべての個体群が実際に生き残っているのかわからない．植物がどのくらい存在するか，異なる年には異なる手法で個体群を調べながら，個体群のサイズを推計する必要がある．

実行の困難な点もあるが，個体数計測はハクトウワシの場合同様にアルカリ草の保護のためには必要不可欠な作業となる．どの個体群が増加しているのか，減少しているのかが明らかになれば，研究者や政策立案者が，どのような保護法が最善かを検討するうえで貴重な情報となる．

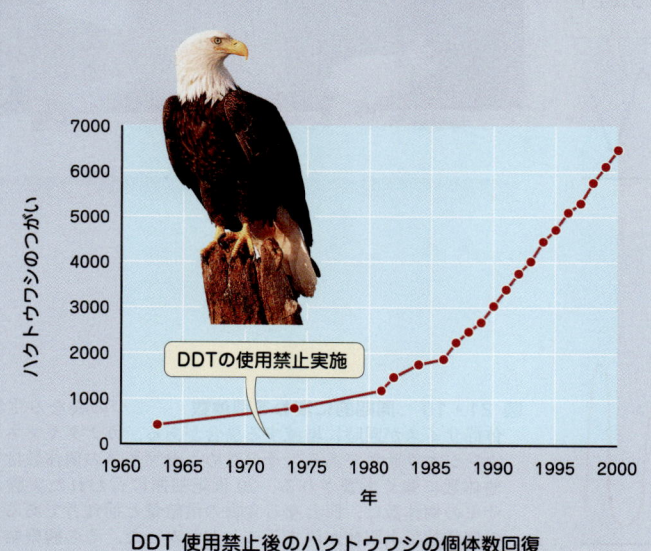

DDT使用禁止後のハクトウワシの個体数回復

アルカリ草

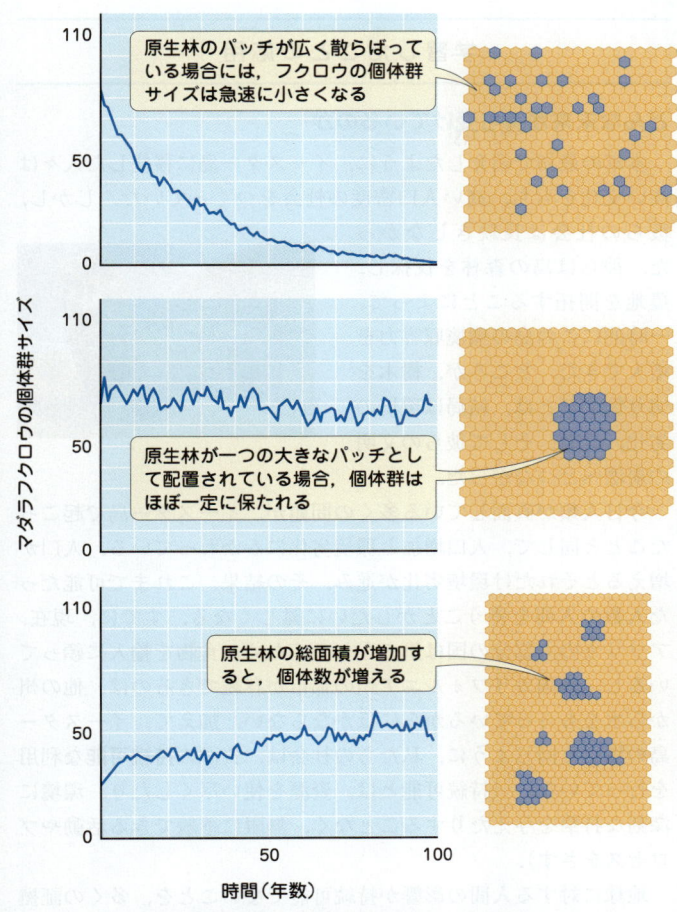

図 21・11 同じ種でも違う結果 絶滅危惧種のマダラフクロウは、原生林パッチの配置によって、個体群成長パターンが異なると予測されている。原生林パッチの部分は、水色で示している。

21・6 人口増加は限度を超えるか

　ヒトの個体群は今日劇的な速度で成長を続けている（図21・12）。私たちの人口は、はじめの10億人に達するのに10万年以上かかったが、今では、13年ごとに10億人の割合で増加している。それよりさらに速い速度で増加しているものは、資源の使用量、そして人類全体がこの惑星に与える強い影響力である。たとえば、1860年から1991年の間に人口は4倍に増えたが、エネルギー消費量は93倍にもなった。

　地球上の人口が67億人を超えたのは2008年の初めで、現在、指数関数的に増加しつつある。毎年およそ7900万人、つまり1時間に9100人以上増加していることになる。これらの数字と、下にあげる事実を突き合わせて考えると、さらに愕然とする。

・13億以上の人々が絶対的貧困の状態（定義：1日1米ドル以下の生活費収入）である。
・基本的健康管理、あるいは安全な飲み水が欠けている人が20億以上いる。
・20億以上の人々が下水道設備のないところで生活している。
・毎年1400万の人、おもに児童が、飢餓、あるいは、それに関連した問題で死亡している。

　2025年までに、地球上の人口は80億人以上に増えると予想されている。現在の出生率は女性一人当たり2.8人であるが、今すぐに人口増加させないレベル（女性一人当たり約2.1人）にまで低下させたとしても、ヒトの個体群は少なくとも今後60年間は成長を続けるだろう。出生率が落ちてからもなお人口が増え続けるのは、現在の莫大な人数の児童がまだ自分自身の子どもをもつ

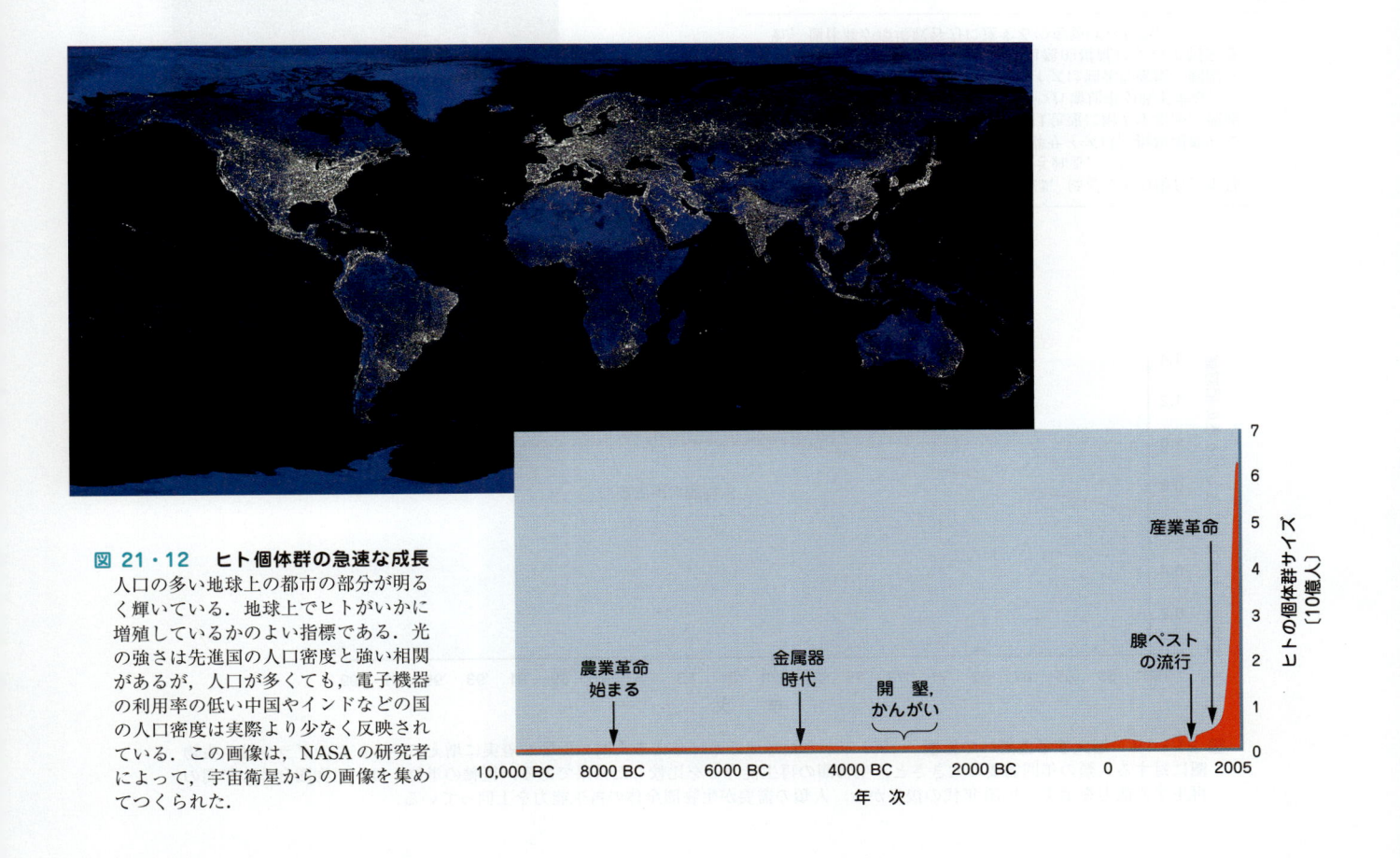

図 21・12 ヒト個体群の急速な成長
人口の多い地球上の都市の部分が明るく輝いている。地球上でヒトがいかに増殖しているかのよい指標である。光の強さは先進国の人口密度と強い相関があるが、人口が多くても、電子機器の利用率の低い中国やインドなどの国の人口密度は実際より少なく反映されている。この画像は、NASAの研究者によって、宇宙衛星からの画像を集めてつくられた。

年齢に達していないからである．

ヒトの個体群はなぜこれほど急速に成長したのだろうか．明らかに，ヒトはこの章で前に述べた個体群サイズの制約から逃れているようでもある．それにはいくつかの理由がある．第一に，私たちの祖先はアフリカから転出した後（図D・10参照），新しい，さまざまな種類の生息地に出会い，そこで成功してきた．草原，海岸，熱帯雨林，砂漠，そして北極圏など，大きく異なる環境でも繁栄できる種は，ヒトのほかにはほとんどいない．第二に，ヒトはみずからの生息領域の環境収容力を増大できる．たとえば農業を発達させることで，単位面積当たり，より多くの人が食べられるようになった．さらに20世紀に入り，化石燃料と窒素肥料を多量に使うことで作物収量は大幅に増加した．加えて，過去300年の間に，医学，衛生設備，食物貯蔵法，および運送手段が改善され，死亡率が低下した．しかし，出生率は低下しなかった．こうして，人口は増加し続けたのである．

創意工夫と技術のおかげで，私たちは個体群成長の制約をしばしの間だけ回避できたといえる．しかし，他のあらゆる個体群と同じで，私たちの個体群も無制限に成長を続けることはできない．人類の個体群も，やがては，環境要因によって制約を受ける対象となる．

■ これまでの復習 ■

1. 個体群サイズは指数関数的に無限に増加することは可能か．答えとその理由を述べよ．
2. 成長カーブがS字型を示す個体群は，J字型を示す個体群とどのように異なるか．
3. 空き地に，数個体のオオバコの種子が導入され，次の三季で指数関数的に増加を始めた．四季目の遅霜によって，個体群の多くの個体が消滅した．この個体群サイズは，密度依存的，または密度非依存的，どちらの制約を受けたことになるか．答えとその理由を述べよ．

学習したことの応用

どんな未来が待ち受けているのか

本章の最初で紹介したように，イースター島に移住した人々は高い文化をもち，高い人口密度の社会をつくっていた．しかし，彼らの社会は長続きしなかった．彼らは島の森林を伐採し，農地を開拓することによって，一時的にこの島の環境収容力を増大できた．ところが，樹木を切り倒すことは，結局は環境の劣化，飢餓，そして彼らの文明の崩壊へとつながった．

今日人類が直面している多くの問題が，イースター島で起こったことと同じで，人口増加と環境劣化にかかわっている．人口が増えるとそれだけ環境劣化が進み，その結果，これまで可能だった人数の人間を養うことがしだいに難しくなる．すでに，現在，アフリカの大部分の国は飢えをしのぐために食物を輸入に頼っているし，米国カリフォルニア州の都市が存続できるのは，他の州から水をもらっているからにほかならない．加えて，イースター島の場合と同じように，私たちの社会は，資源の**持続可能な利用**を行っていない（持続可能とは，資源を使い尽くしたり，環境に深刻な打撃を与えたりすることなく，無限に継続できる活動やプロセスをさす）．

地球に対する人間の影響が持続可能でないことを，多くの証拠が示している．たとえば，世界中で地下水面が下がっている，世

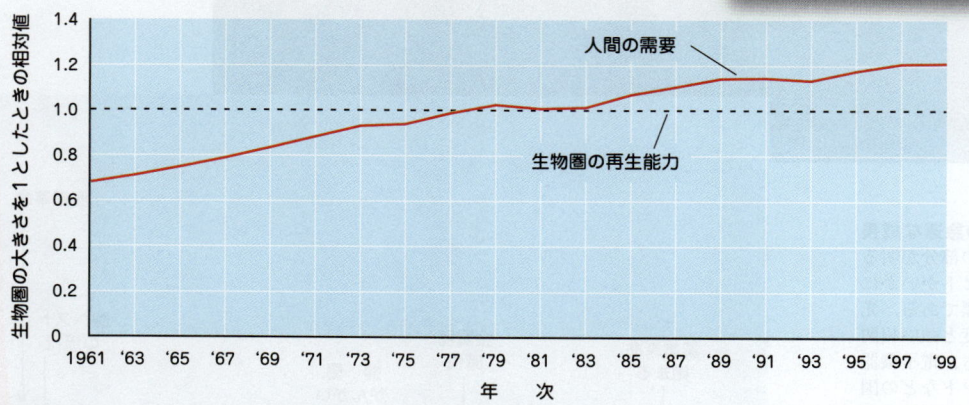

図21・13　**増大する生態への影響**　1961年から地球生態系に与える人間の影響が着実に増えている．このグラフは，生物圏に対する人類の年間需要の大きさと，生物圏の再生能力とを比較した結果である．縦軸の単位1は，生物圏全体の年間の再生する能力を示す．1970年代の後半から，人類の需要が生物圏全体の再生能力を上回っている．

界中の魚の個体数が乱獲の影響で大幅に落ち込んでいる，という具合である．現在の森林伐採率がこのまま進めば（年間1400万ha），すべての熱帯雨林が100～150年の間に消えてしまうと予測される．

持続可能かどうかを示す指標の一つは，**エコロジカル・フットプリント**である．エコロジカル・フットプリントとは，ある個体群（ここでは人の個体群をさす）の活動を支え，その残骸・排出物の処理に必要な環境容量を，生態系の面積として表現したものである．エコロジカル・フットプリントの計算結果は，最初からそう芳しいものではなかった．最近発表された推測によると，平均的な人のエコロジカル・フットプリントは一人当たり 2.7 gha（注：gha/人と表記，ghaはグローバルヘクタールという収量などの値で標準化した面積）で，地球の67億人の人口を支えている平均面積 1.8 gha より約50%高かった．米国（8.0 gha/人），英国（4.9 gha/人），日本（4.7 gha/人）といった特定の国の人々のエコロジカル・フットプリントは，持続可能な範囲の3～5倍にもなる．この推計の示唆することは明らかである．人類は1970年代の後半から，補充できる以上の資源を利用しており（図21・13），持続可能な資源利用法ではないのである．

自分たちの地球上の人口増大とその影響を，人類はみずからの手で制限しようとするだろうか，それとも，環境要因が私たちの代わりにそれを実行するのだろうか．いくつか希望を抱かせる兆しもある．近年，人口増加率が低下したこと，また，世界中の人々が環境破壊の危険性を認識していることである．しかし，私たちが行うべきことは山ほどある．人類の個体群の成長とその影響に歯止めをかけるために，人口増加率，貧困，資源の不均衡な使用，環境劣化，そして持続可能な発展という，互いに関連した問題に取組まなければならない．特に，北米，ヨーロッパ，および日本に住む人々がこれらの問題に取組むことは重要である．これらの地域に住む人々のエコロジカル・フットプリントが大きいからである．

未来への希望，つまり，私たち自身と子どもたちの未来に希望をもてるかどうかは，直面する現実の難問を見きわめ，つぎに，その問題に果敢に献身的に立ち向かえるかどうか，それにかかっている（インタールードE参照）．イースター島の悲劇を教訓にして，人類が地球規模でその悲劇を繰返さないようにする責務は，すべて私たちにある．

章のまとめ

21・1 個体群とは何か
- 個体群とは，特定の地域内にすみ，相互作用し合う，単一生物種の個体の集まりである．
- 個体群生態学は二つの数値，個体群サイズ（その個体群の全個体数）と個体群密度（単位面積当たりの個体数）に着目する．
- 個体群の領域がどの範囲かは，調べようとしている疑問や対象の生物種の特性で変わってくる．

21・2 個体群サイズの変動
- あらゆる個体群サイズは時間とともに変化する．
- 個体群サイズは，出生数＋転入数が，死亡数＋転出数よりも多いときには増加し，その逆の場合には減少する．
- 出生・死亡・転出入の数は環境要因に依存する．つまり，個体群サイズの変動には環境要因が影響する．

21・3 指数関数的増加
- 一つの世代からつぎの世代へ個体群が一定の割合で増加する場合には，指数関数的増加が起こる．指数関数的な個体群サイズの増加はJ字型のカーブとなる．
- 倍加時間は，個体群が増大する速さの目安となる．
- 生物種が新しい地域に導入・移住すると，その個体群が指数関数的に成長することがある．

21・4 個体群成長の限界
- 環境内の空間・資源量は限られており，どのような個体群も無限にサイズを増加させることはできない．
- 個体群の成長パターンにははじめ急速に成長し，つぎに環境収容力の水準で安定化するものがある．これはS字型カーブとなる．
- 密度依存的環境要因は，個体群密度が高いとき，より強く個体群成長を制約する．このような要因には，食物不足，空間不足，病気，捕食者の増加，および生息地の劣化がある．
- 気候や自然の撹乱要因などは，個体群密度とは無関係に，その成長を制約する密度非依存的要因である．

21・5 個体群数変動のパターン
- 個体群の成長のパターンは，J字型カーブ，S字型カーブ，周期変動，および不規則変動など，種々の変化パターンを示す．
- 関係し合う2種の生物種のうち，どちらか一方，または両種が互いに強く影響する場合，二つの個体群サイズは密接に関連し合った周期で変動する．
- 自然条件下では，S字型成長パターンや周期変動パターンよりも，不規則変動パターンが一般的である．
- 個体群が異なると，なぜ異なる成長パターンとなるのか，それを理解できれば，絶滅危惧種をどう扱うべきかについて最善の策を考える重要な情報となる．

21・6 人口増加は限度を超えるか
- 世界の人口は，13年ごとに10億人という指数関数的パターンで成長を続けている．
- これまでは，環境収容力を増大させることにより，人の個体群サイズ（人口）の増加についての問題を先送りしてきた．これは人類の創意と技術，特に農業技術と化石燃料の使用によって成し遂げられた．
- 人類の資源使用量は，現在，個体群成長の速度よりさらに速く増加している．私たち自身で制限する行動をとらなければ，他種の増加を制限するのと同じしくみである環境要因によって，最終的に人口増加も制限されることになる．

復習問題

1. 個体群の含まれる領域を特定することが難しい理由を述べよ．
2. 個体群サイズは，出生と転入が，死亡と転出よりも多いときに増加する．この基本原理を考慮したうえで，科学者，または政策立案者は，絶滅の危機にさらされている個体群を保護するために，どのような活動を行う必要があると思うか．
3. 毎年1.5倍という一定の割合で指数関数的に成長を続ける個

体群があるとしよう．個体群に含まれる個体数がはじめ100だとすれば，翌年にはそれは150になるだろう．個体数が150のときから出発して，つぎの5年間の個体数をグラフにせよ．

4. 個体群サイズは無限に成長はできない．
   (a) それを妨げる環境要因は何か．
   (b) 新たな地域に侵入した生物種の個体群は，一般に，しばらくの間，指数関数的成長を示す．その理由を述べよ．
5. 個体群成長を制限する密度依存的要因と密度非依存的要因の違いを述べよ．それぞれについて，二つずつ例をあげよ．
6. 同一種でも個体群によって成長パターンが異なることがある．このような成長パターンが異なる原因を理解することが，希少種を保護したり，有害種を制御したりするうえでどのように役に立つのか，説明せよ．
7. 人口増加，あるいは，それによる影響を抑えるために，あなたがとれる独自の活動を五つあげよ．

重要な用語

個体群生態学 (p.368)　　　密度依存的 (p.372)
個体群 (p.368)　　　　　　密度非依存的 (p.372)
個体群サイズ (p.368)　　　周期的変動
個体群密度 (p.368)　　　　（周期的個体数変動）(p.373)
指数関数的増加 (p.369)　　不規則な変動
J字型カーブ (p.369)　　　（不規則個体数変動）(p.374)
倍加時間 (p.369)　　　　　持続可能 (p.376)
生息地 (p.371)　　　　　　エコロジカル・
S字型カーブ (p.371)　　　フットプリント (p.377)
環境収容力 (p.371)

章末問題

1. 特定の領域内にすみ，相互作用し合う，単一生物種の群れを何とよぶか．
   (a) 生物圏　　　　　(c) 群集・群落
   (b) 生態系　　　　　(d) 個体群
2. 1 m² 当たり12個体の密度で，面積100 m²を占める植物の個体群がある．個体群サイズはいくらか．
   (a) 120　　　　　　(c) 12
   (b) 1200　　　　　 (d) 0.12
3. 指数関数的に成長を続ける個体群は，つぎのうちのどれか．
   (a) 各世代で，同じ数の個体数が増える．
   (b) 各世代で，一定の比率で個体数が増える．
   (c) 個体数の増える年と減る年がある．
   (d) a～c のどれでもない．
4. S字型の成長パターンを示す個体群では，初めの急速な成長期を過ぎると個体数はどうなるか．
   (a) 指数関数的な増加を続ける．
   (b) 速やかに減少する．
   (c) ほぼ環境収容力にとどまる．
   (d) 規則的な変動を繰返す．
5. 個体群成長を制限する要因はつぎのどれか．
   (a) 自然的撹乱　　　(c) 食物不足
   (b) 気　候　　　　　(d) a～c のすべて
6. 高密度になると，より強く個体群の増大を制限する要因は何とよばれるか．
   (a) 密度依存的　　　(c) 指数関数的
   (b) 密度非依存的　　(d) 持続可能な
7. 環境によって保持可能な最大個体数を何とよぶか．
   (a) 指数関数的サイズ
   (b) J字型カーブ
   (c) 持続可能なサイズ
   (d) 環境収容力
8. 初めに40の個体数をもっていた個体群が1.6の年間相対増加率(r)で指数関数的に増大するとする．3年後，個体群サイズはどのようになるか（注意：小数点以下を切り捨てた個体数に概算する）．
   (a) 16　　　　　　 (c) 192
   (b) 163　　　　　　(d) 102,400

ニュースの中の生物学

Mosquitoes Bring West Nile Virus

BY MARY K. REINHART

カによって媒介されるウエストナイルウイルス

インフルエンザのシーズンが徐々に終わりに近づく頃，カの季節とウエストナイルウイルスがやってくる．そして，あなたがテラスで何の不安も抱かずに夕べを過ごす間にも，厄介な吸血鬼が急速に繁殖しているのは間違いないのである．

州衛生局によれば，最初のケースとして，5月4日（金），ウエストナイルウイルスをもったカがヤババイ郡のクラークデールで確認された．比較的涼しい地方で早目のスタートである…"かなり激しく雨が降った日があり，この雨が，裏庭などでのカのよい繁殖環境となったようだ"とアリゾナ州衛生局のCraig Levy氏（人獣共通感染症部門主任）は語っている．隣の人が放置していたプールが発症源であると気づかなければ，彼自身も裏庭で被害者になるところだったと証言する．プールを清掃し，Levy氏のカの問題は解決した．"ちょっと詮索好きなことはけっして悪いことではない．問題が発生したときは，その原因を突き止める必要がありますから"と彼は話す．米国は手入れを怠ったプール所有者に罰金を課す取締まりを強化し，毎年多くの者が裁判所への出頭命令を受取っている．

昨年，ウエストナイルウイルスをもつカが最初に確認されたのは，6月下旬，ラパス郡である．10月には，ウイルス感染者は150人になり，うち11人が死亡した．そのなかにマリコパ郡の6人も含まれる．この発症によって，アリゾナ州は米国における2006年のウエストナイル熱死亡者数で第5位となった…ウイルスをもったカに刺された場合，ほとんどの人には何の症状も現れない．約20％の人にはインフルエンザに似た症状が現れ，脳炎の発症率は1％未満である．危険な状態になるのは，高齢者や免疫力の弱い人である．

砂漠とカは通常両立しないものである．しかしアリゾナ州には *Culex tarsalis*（イエカの仲間）という耐暑性のカが生息し，止水，つまり，よどんだ水があれば，幼虫は急速に成虫になり繁殖する（カは水中で産卵し，幼虫は水中で生育する）．他のカと同じように，*Culex tarsalis* は，手押し車，古タイヤ，さらにガラス瓶などの中の水溜まり中で繁殖する（全国の市町村どこでもみられるカの発生源である）．ところが，アリゾナ州の一部の地域は，近年，*Culex tarsalis* に，二重に繁殖地を提供しているようなところがある．

飛行機から見下ろすと，フェニックス地方にはプールが多く存在する．よく手入れされたプールでは，化学薬品を多く使用し，カが繁殖しないようにしている．しかし，アリゾナ州内の60万戸の住居にあるプールのうち，1万戸のプールは手入れがゆき届かず，カが繁殖できると保険局は推測している．このような放棄されたプールは裏庭にある小さな沼地のようなもので，カの幼虫にとってすみやすい環境となる．

さらに，多くの家で，緑豊かな庭を作っていて，フェニックスの乾燥した気候では，その庭を維持するのに大量の水を必要とする．灌漑用水路，スプリンクラー，芝生の噴霧器を常用しているので，人がお膳立てしたカの繁殖地はいくらでもある．カが問題になるような水溜まりがフェニックス地方には多すぎるのである．カの個体群サイズは大きく成長し，その結果，アリゾナ州でのウエストナイルウイルス熱の発症例数を急増させている．

このニュースを考える

1. イエカの仲間 *Culex tarsalis* は，20世紀に入る頃にはアリゾナ州で珍しかった．ここ数十年間で，なぜ，個体数が増えたのか理由を述べよ．アリゾナ州の砂漠で，この生物種の環境収容力を減らすために，住民はどのような手順を踏めばよいだろうか．

2. 一部の砂漠地帯では，庭や田畑に多量に散水し，過去20年で湿度が年々上がっている．その結果，乾燥気候で便利なスワンプクーラーとよばれる蒸発冷却システムがあまりうまく機能しなくなり，より高価な冷却（一般的なエアコン）に乗り換えている．地域の気候をこのように変えることは良いことだと思うか．または，悪いことだと思うか．あるいは，さほど重要なことでないか．理由とともに述べよ．

3. フェニックスなどの砂漠に存在する都市（アリゾナ州のトゥーソン，テキサス州のエルパソ，ニューメキシコ州のラスクルーセス，ネバダ州のラスベガスなど）の人々は，植物が生い茂る景観にするために，芝生や庭に多量に散水しなければならない．これらの地域ではほとんど雨が降らず，雨水だけでは植物は維持できないので，水は川から水路で引くか，地下水を汲み上げたり，他の州から取寄せたりしなければならない．補充できる以上に水を早く消費するので，砂漠での水の需要を満たすのは難しい．
   (a) 多量の水を与えなければ砂漠では生育できない芝生や庭の植物に，水を使うのは適切なことか．
   (b) 都市では人々に節水を推奨すべきだろうか．節水する場合は，どのような方法が適切だろうか．

出典：East Valley Tribune 紙（アリゾナ州地方紙），アリゾナ州フェニックス，2007年5月5日

22 生物間の相互作用

Main Message

生物間の相互作用は，生物の行動，分布，および個体数を決定する鍵となる．

自滅的カマキリと不気味な寄生虫

自滅するカマキリを観察することがある．そのカマキリは小川の水辺まで歩み寄り，そして，水に飛び込み，おぼれる．水から拾いあげても，またすぐに水に飛び込む．何がそうさせるのだろうか？

この異様な行動は，カマキリ自身のものではなく，ハリガネムシという寄生虫のせいである．カマキリが水中に落ちて1分も経過しないうちに，カマキリの肛門から一匹の虫が現れる．この虫はカマキリのような陸生の昆虫にとりついて寄生するが，一生の間のある時期は，水中の動物の中で過ごさなければならない．そこで，この寄生虫は巧妙なワナ，つまり，昆虫をあやつって水中に飛び込ませる能力を進化させた．とりつかれた昆虫は死んでしまうが，寄生虫には水中の別の動物にたどりついて寄生するチャンスが生まれる．奇妙な関係である．

つぎに，不気味な例を紹介する．写真に示す菌は，寄生したアリを殺し，成長してアリの体中に広がり，あちらこちらを溶かして栄養分とする．最後に，アリの体を内側から突き破って外に飛び出し，胞子嚢をつくる（写真aの矢印）．胞子は空中に飛散し，別のアリにとりつく．菌類は，このように他の生物に寄生する種が多く，右側の写真はトウモロコシに寄生する菌の例である．気の毒なアリやトウモロコシでは共感できないかもしれないので，三つ目の写真にヒトの例を紹介しよう．ヒトにも多くの寄生虫が知られている．数億人もの人々が毎年，1000種を越えるさまざまな寄生生物の被害を受け，苦しめられている．

カマキリにとりつくハリガネムシや，アリの体を穴だらけにする菌のような生物（寄生者）は，他の生物（宿主）の体内や表面で生活する．彼らは栄養分を宿主から得て，しばしば害を及ぼすが，宿主はすぐには死に至らない．寄生されることで，行動が変化することはありうるのだろうか？　また，宿主の行動が変わったとき，それが寄生者にとってどのような恩恵となるのだろうか？　この章では，生息環境を共有する2種間の相互作用について紹介し，その変化がどのように生物群集や生態系に影響するかについて学ぶ．生物の群集にみられる種間の相互作用は多様で非常に複雑である．ここで紹介した寄生虫の例は，そのほんの一部にしかすぎない．

寄生関係 (a) 寄生した菌によって殺されたアリ．矢印は胞子嚢（菌の生殖器官）．(b) 菌類（糸状菌の一種）の寄生で破壊されたトウモロコシの穂．黒穂病とよばれている．(c) リーシュマニア症とよばれる感染症にかかったヒト．皮膚や他の器官に寄生する原生生物に感染している．この原生生物はサシチョウバエに寄生し，ハエがヒトを刺すときに感染する．南米，中東，アフリカ，および中南アジアの一部の地域に多い．

22. 生物間の相互作用

基本となる概念

- 生物の間には，さまざまな相互作用がみられる．特に，相利共生，消費者-犠牲者の関係，および競争が重要な相互作用である．
- 2種の生物が互いに利益になるような相互作用を相利共生という．もたらされる恩恵が両種の負担よりも勝るときに実現する．
- 消費者-犠牲者の関係は，捕食者となる種が利益を得て（消費者），他方は傷つけられる（餌にされる）関係である．餌になる方の種は，捕食者から自分自身を守るため，種々の巧妙な防御方法を進化させる．
- 競争とは，資源を奪い合う2種の生物間でみられ，負の影響を与え合うような相互作用である．競争の結果，2種間の差別化が起こる．
- 相利共生，消費者-犠牲者の関係，および競争によって，生物の分布や個体数が決まる．
- 生物間の相互作用の変化で，生息する生物群集およびその生態系が大きく変わることがある．

これまでの二つの章でも紹介してきたが，生態学が着目する点は，生物と環境の間の相互作用である．生物にとっての"環境"にはもちろん，そこにすむ他の生物も含まれる．生物群集の中には，さまざまな形の種間の相互作用がみられる．この章で扱う種間の相互作用は，生態学のまさに中心となる重要なテーマである．

第21章では，オプンチアというサボテンを食べるガがどのようにしてオーストラリアの全域に広がって，サボテンを駆逐したかを紹介した．生物間の相互作用が，生物群集にどのような大きな影響を与えるかを示す典型的な例である．このような生物種間の相互作用は生態学で扱うあらゆる生物階層で，さまざまな影響を及ぼす．

地球上にいる数百万種類もの生物の間には，それぞれ異なる多くの種類の相互作用がある．本章では生物間の相互作用を，関係する双方の種にとって利益（＋）になるか，害（－）になるかという基準で，大きく三つに分類する．生物の相互作用は，この3種類のいずれかに分類できる．

1. ＋/＋の相互作用：両方の種が利益を得る関係（相利共生）．
2. ＋/－の相互作用：片方の種が利益を得て，他方は害を受ける（消費者-犠牲者の関係）．
3. －/－の相互作用：両方の種が害を受ける（競争）．

これらの相互作用は，生物がどこに生息するか（分布域），またどれだけの数（個体数）で存在できるかを決定する重要な鍵となる．また，生物間の相互作用が変化することで，どのように生物群集や生態系が変化するかも紹介しよう．

22・1 相利共生

相利共生（＋/＋の相互作用）とは，二つの種の両方が利益を受ける関係で，最も一般的で，地球上の生命にとって重要な相互作用といえる．多くの生物が，他の種から恩恵を受け，また，逆に利益を与えている．この相互の利益関係が，両種の生存率や繁殖率を増加させる．

相利共生は異なる種が一緒に生活している場合にみられる．**共生**（細胞内，あるいは体内の共生）がその典型的な例である．アブラムシやコナカイガラムシは，栄養分の少ない植物の汁を吸って生きている昆虫で，体の細胞内にすむ細菌と相利共生の関係にある．細菌は昆虫から食物とすむ場所を与えられ，昆虫は，細菌が植物の汁の中の糖を使って合成する栄養素（昆虫は自分では合成できない）を受取る．最近の研究では，もっと複雑な共生関係も明らかになった．ミカンにつくコナカイガラムシの細胞内にすむ細菌のそのまた細胞の中に，第二の細菌が寄生していることがわかったのである．この第二の細菌が宿主細菌にとって（＋）なのか（－）なのかは，まだ解明されていない．

この未解決の問題は，ある重要な点を浮き彫りにしている．共生関係は，明らかに当事者の2種が利益を受ける（＋/＋）の相利共生であることもあるが，相手の生物種にとって（－）の作用，つまり，害を及ぼす場合も多い．このような（＋/－）相互作用は寄生者-宿主の間でみられる．寄生者は一生の生活環の大半を宿主の中で過ごし，宿主から利益を得るが，宿主にとっては利益とならずむしろ害を及ぼす．計算方法にもよるが，地球上の全生物種のほぼ半数は，他の生物種にとって，そのような関係をもつ寄生者であるといえるかもしれない．

多種多様な相利共生

自然界には多様な相利共生の関係がみられる．ここでは，最も一般的なタイプだけ紹介しよう．消化管内相利共生では，動物の消化管の中にすむ生物（細菌など）が宿主から食物を得て，宿主が自分では利用できない木やセルロースのような食物を代わりに消化して宿主に利益を与えている．コナカイガラムシと消化器の細胞内にすむ細菌との相互作用は，このタイプの相利共生である．シロアリと消化管内の細菌との相互作用も同じで，この相互作用のおかげでシロアリが木を食べて消化吸収できる．ヒトでも，腸内にすむ一部の細菌との相互作用によって栄養素を消化吸収できるようになる．

種子分散相利共生では，鳥や哺乳類のような動物が植物の種子を含む果実を好んで食べ，実の部分（果肉）を消化した後，元の植物の場所から遠く離れた場所に糞をして種子を分散させる．動物を使った種子の分散は，みずから移動できない植物が，生育に適した新しい環境に到達する大切な方法で，多くの植物種が利用している．たとえば，大陸から1000 km以上も離れた孤島にみられる植物種のほとんどは，鳥による種子の分散によって到達したと考えられている．

2種がそれぞれの行動パターンを変化させ，相手種に利益を与えるようになったものを，行動上の相利共生とよぶ．エビと魚の行動相利共生の例が知られている（図22・1）．テッポウエビ属のエビは，餌は豊富にあるが隠れ場所の少ない環境にすんでいる．このエビは隠れるための巣穴を掘るが，視覚があまり発達していないので，餌を取りに巣穴から出るときに捕食者に襲われやすい．そこで，イトヒキハゼ属やヤッシハゼ属の魚とおもしろい関係を

コナカイガラムシ

図22・1 行動上の相利共生 テッポウエビ属のエビは隠れるための巣穴をつくり，これをハゼと共有する．餌を取りに巣穴から外に出るとき，目のほとんど見えないエビにとって，ハゼが警戒信号を出す役割を担う．

巣の外ではエビは触角の一つをハゼの上に置いている．魚が急に動けばそれが危険の警報としてエビに伝わる

形成している．エビが巣穴から外に出ようとするときに，まず，近くにいるハゼに触角を接触させておく．エビを食べる捕食者がいたり，何か邪魔者がいると，ハゼは急な動きを見せる．その動きを目印にしてエビは急いで巣の中に戻る．ハゼはエビの"視覚"の代わりをして，危険を知らせるのである．その見返りとして，エビは，巣穴をハゼに共有させて安全なすみかを提供する．

送粉者相利共生では，ミツバチのような昆虫が花粉（植物の精子としてのはたらきをする）を運び，同種の花の雌の生殖細胞（めしべ）へ授粉する．これらの動物は**送粉者**（花粉媒介者）とよばれる．送粉者なしでは植物は繁殖できない．送粉者が花に確実に来るように，植物は送粉者に食物としての花粉や蜜を与える．こうして双方が相互作用の恩恵に浴する．送粉者相利共生は，自然の生態系だけではなく，農業にとっても重要である．ミツバチが花に受粉させ，果物を実らせるから，八百屋やスーパーマーケットにリンゴなどの果実があり，私たちはそれを食用にできる（第3章，"ニュースの中の生物学"参照）．

ミツバチ

■ **役立つ知識** ■ 共生には，相利的な関係や寄生の関係も含まれる．生活環の中のある一時期，他種の生物に依存する，あるいは密接にかかわる生活をする場合，これを共生関係にあるという．

相利共生は双方の利益のためのもの

相利共生では双方の種が恩恵を受ける．しかし，片方の種にとっての恩恵がもう一方の種の犠牲で成り立つこともある．たとえば，ある生物が，その共生相手に恩恵を与えるとき，より多くのエネルギーを消費したり，捕食者に見つかりやすくなったりする例がある．相利共生の関係は，双方の種の犠牲を上まわる恩恵があるときに進化すると考えられる．なかには，相利共生であっても双方の利益が相反することもある．

イトラン（リュウゼツランの仲間．ユッカ属）とユッカガ（別名イトランガ）の間の送粉者相利共生を例にとって考えてみよう．ユッカガの雌はイトランの花から花粉を集め，他の個体の花に飛び，新しく開いた花の心皮（めしべを構成する基本構造）の根元に卵を産みつける．雌のガは卵を産み終わると心皮をよじ登り，集めておいた花粉を植物の柱頭の上に慎重に置いてゆく．この行動によってイトランは花粉を受取る（図22・2）．ふ化したユッカガの幼虫はイトランの種子を食べて育つ．

この相利共生関係では，イトランは授粉されるのでガによって繁殖上の恩恵を受ける．また，ガの幼虫は種子の一部を食べて育つので食物を得る恩恵を受ける．イトランがユッカガの唯一の食物であり，また，このガがイトランを授粉させる唯一の昆虫種となっているので，この関係は寄生ではなく，相利共生である．双方が互いに完全に依存し合っている．しかし，この関係は両方の生物種に犠牲を強いている．

ガに花粉を運ばせて授粉させるが，できた種子は一つも食べられないことが，植物にとっての犠牲のない最善の関係となる．対して，ガにとっては，できるだけ多くの幼虫を産み，植物の種子をたくさん消費できれば，それが犠牲の少ない最善の関係となる．しかし，実際には，双方ともその最善の条件が満たされることはなく，進化上の妥協がなされている．ガは一つの花に少しだけ産卵し，植物の方は少数の種子が失われることを許容している．イ

図22・2 送粉者相利共生 相互に依存する関係のイトランとユッカガ．

図 22・3　菌　根　菌糸体は植物の根を取囲み，一部が細胞内部に侵入している．菌は植物の根が土壌から無機栄養素と水を吸収するのを助け，逆に，植物体から栄養源の炭水化物をもらう．

図 22・4　相利共生が築いたすみか　熱帯のサンゴ礁は高い生物多様性をもつ．その生態系は，藻類との相利共生によって繁栄するサンゴによって維持されている．

トランには，この微妙なバランスを維持するうまいしくみがある．もし，ガが卵を産みつけすぎると，イトランはその花の成長を停止させ，それによってガの卵や幼虫は死んでしまうのである．

普遍的な相利共生

相利共生はごく一般的に広くみられる．森林，砂漠，草原などのバイオームでの優占植物種の多くが相利共生生物である．たとえば，ほとんどの植物種がもつ**菌根**は，菌類（§3・5参照，**菌根菌**）との相利共生の結果できたものである．菌類は植物の根が土壌から栄養分や水を吸収するのを助け，植物は光合成によって生産した炭水化物を菌類へ提供する（図22・3）．

多くの動物種が植物と送粉者相利共生の関係にあるのは前に紹介した通りである．動物が関係する他の相利共生の例として，熱帯海域のサンゴ礁がある（図22・4）．サンゴ礁はサンゴ虫（柔らかい体をしたイソギンチャクの近縁種）の分泌する石灰質からつくられるが，サンゴ虫の体内には光合成を行う藻類（相利共生の相手）がすんでいる．サンゴ虫は藻類にすみかと，リンなどの必須栄養素を供給する．藻類は光合成により生産した炭水化物をサンゴ虫に供給している．

生態系の生物種の分布と多様性に影響する相利共生

生物種の**分布**（生息領域），および，**存在数**（生息環境における個体数・個体群密度）の両方が相利共生によって大きな影響を受けている．その影響は以下の二つの点に分けて考えることができる．一つは，相利共生関係をもつ双方種の分布と個体数への影響である．相利共生相手の種がいると生存や繁殖に有利なので，相手がいるかどうかは，双方の種の分布や個体数に大きく影響する．たとえば，前述したイトランとユッカガは，完全に互いに依存し合う相利共生であり，双方の種がいる場所だけが生息域となる．片方の種だけでは生存できない．

二つ目は，その相利共生関係に直接関与しない他の生物種の分布と豊富さに与える影響である．相利共生は，生態系の中での生物群集の構成，つまり，その群集にどのような種が，どの程度の数で，どのような場所にみられるかといった点にも大きく影響する．たとえばサンゴ礁がよい例である．サンゴ礁は，魚類，軟体動物，甲殻類，ヒトデなどの棘皮動物などの多様な生物のすみかとなっている．もともとは，サンゴ虫が藻類との間につくった相利共生によってサンゴ礁がつくられるが，そこに生息する他の生物種も，間接的にこのサンゴ虫の相利共生に大きく依存して生活しているのである．

■ これまでの復習 ■

1. ユッカガはイトランを受粉させ，食物を植物に依存している．ガとイトランの関係は，相利共生の関係か，消費者−犠牲者の関係か．これはガとイトラン両方にとって犠牲のない関係か．解答した理由も説明せよ．
2. 二つの種の間の相利共生関係が，この共生に直接関係しない他種にどのように影響するか，例をあげて説明せよ．

---

1. 相利共生である．犠牲をともなうが，子孫を残すためのガの卵のいくつかは破棄されており，イトランはガの幼虫によって子孫の一部を失う．
2. 相利共生生物の繁殖や個体数，種の分布が多様性に影響するサンゴ虫と藻類の間の相利共生によってつくられるサンゴ礁には，ほかに数えきれないような多様な種が生息できる環境が整えられている．

22・2　消費者−犠牲者の関係

消費者−犠牲者の関係（＋／−の相互作用）は，一方の種（消費者）が恩恵に浴し，他方（食物にされる種）が犠牲となる関係である．消費者は，以下の三つに分けられる．

1. **植食者**: 植物またはその一部を食べる消費者．
2. **捕食者**: 餌にするために他の動物を殺す動物（または，まれに植物）．食物にされる動物は単に餌，あるいは，**被食者**とよばれる．
3. **寄生者**: 食物にする他の生物（**宿主**とよぶ）の内部，あるいは表面に生息する消費者．**病原体**や**病原菌**は，ヒトにとって，病気をひき起こす寄生者である．

この三つの＋／−相互関係は非常に異なる．たとえば，肉食動物（オオカミやヤマネコなど）は，その餌となる生物（ヒツジやウサギなど）を直ちに殺して餌とするが，植食者（ウマやウシなどの草食動物）あるいは寄生者（ノミやハリガネムシなど）は通常そうはしない．このように，消費者−犠牲者相互作用には大きな違いがあるが，まず，三つのすべてに当てはまる一般的な原理について紹介する．

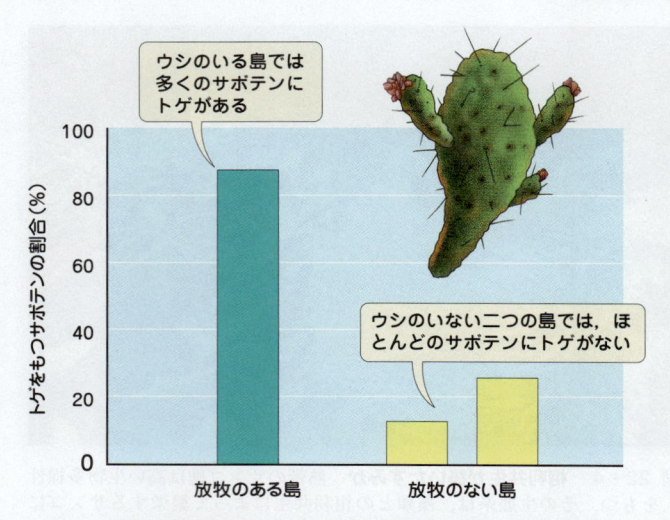

図22・5 防御のためにトゲ形成が誘導されるサボテン オーストラリアの三つの島でサボテンのトゲの数を比較した結果．トゲをもつサボテンは，ウシが放牧されている島の方が，放牧のない他の二つの島よりも多い．野外や実験室内で行った実験結果でも，トゲの多いものが食べられずに残ったのではなく，ウシにかじられることでサボテンのトゲの形成が誘導されることがわかった．

消費者と犠牲者は相互に強力な選択圧を与える

　生息環境に消費者がいる場合，犠牲者となる方の種は消費されることを防ぐ手の込んだ方法を進化させる．たとえば，植物はトゲや有毒な化合物をつくり，植食者の消費を防ぐ．植物には，植食者による攻撃によってひき起こされる応答もあり，これを**誘導防御反応**という．サボテンのなかには攻撃されることでトゲをつくるようになるものがいる．図22・5はその例で，ウシにかじられる機会が多い放牧地のサボテンは，そうでない場所に比べてはるかにトゲが多くなっている．

　派手な色彩や目立つ形をすることで，自分たちが化学物質で強力に守られていることを捕食者に警告する生物も多い（図22・6a）．このような警告色は非常に効果的で，たとえばアオカケスは，派手な色彩をしているマダラチョウを食べてはいけないことを速やかに学習する．このチョウは体内に強心性配糖体を含んでいて，鳥やヒトが口に入れると吐き気をひき起こす（図22・6b）．食べた量が多い場合には，心不全を起こして突然死することもある．逆に，捕食者から逃げるために，見つかりにくくするか，あるいは捕まりにくくなるように進化するケースもある．さらに，

図22・6 効果的な警告色 (a) ヤドクガエルの鮮やかな色は，組織内に猛毒をもっていることを警告している．(b) 経験のないアオカケスは鮮やかな色をしたマダラチョウを食べたあとで吐き出す．

寄生者の宿主は，微生物感染や寄生虫を防ぐために分子的な防御システム，免疫系を進化させた．

　生物種間の相互作用によって，相互作用する双方の種が共に進化することがある．これを**共進化**という．たとえば，植食者による消費は，その餌となる植物にとって強力な選択圧となることが明らかで，その結果，消費者から自分自身を守るためにさまざまな防衛策を進化させる．選択圧は消費者へも同様に働き，植物の強力な防御策に対して，それを打ち破らなければ生き残れないという点で，植食者にも強力な選択圧となる．植物の防衛策は，その打開策を開発できた一部の動物以外の消費者に効果的な防御機構としてはたらく．たとえばサメハダイモリは，25,000匹ものネズミを殺せるほど多量の神経毒（テトロドトキシン）を皮膚に含んでいるので，この毒に耐えられるガータースネークだけが，

図22・7 さあ，かかって来なさい ジャコウウシは一匹ではオオカミなどの捕食者からの攻撃を受けやすいが，輪の陣形をとって守っていると，これを攻略することは難しい．

唯一の捕食者である（図16・2参照）．

消費者が変える犠牲者の行動

この章のはじめに，水に飛び込んで死ぬカマキリの異様な行動を紹介したが，これは，消費者がその餌となる昆虫の行動を変える典型的な例である．他の例も多く知られている．

たとえば，捕食者の選択圧があると，餌となる動物は群れで生活したり食事をする方が都合がよい．協同して防御姿勢をとることで捕食者の攻撃を防ぐことができるからである（図22・7）．また，大きな群れをつくると，捕食者の攻撃に対して互いに警戒でき，危機をより早く確実に伝えることもできる．集団でいるジュズカケバトはたくさんの目で捕食者を監視できるので，一羽でいるときよりも捕食者のオオタカの接近を早く発見できる．オオタカの攻撃の成功率は，一羽のジュズカケバトを攻撃する場合では80％もの高い率であるが，50羽以上の集団を攻撃する場合には10％よりも低くなる（図22・8）．

犠牲者の分布と数を決める消費者

クリはかつて北米東部の広い地域で優占種であった．クリが樹木の1/4〜1/2をも占める地域があり，それがさらに増加する傾向にもあった．植民地時代の記録には，幹の直径が3mにも達する巨大なクリもあったと記されている．しかし，1900年に胴枯病とよばれるクリの病気をひき起こす菌類がニューヨーク市内から広がり始め，北米東部のクリの木をほとんど全滅させてしまった．今日では，クリはほんの限られた場所で，しかも枯れ木の根元にある若芽として生き残っているにすぎない．その新芽が新しい種子をつくれるほど大きく成長する前に，菌類に再感染して枯れてしまう．

これはいかに消費者（菌類）がその餌となる生物（クリ）の分布と個体数を強く制限するかを示す例である．以前は優占種であった木が，その分布のほとんどすべての領域から実質的に排除されてしまったのである．新しい種が導入された場合だけではなく，餌となる生物が消費者から分離・隔離されたときにも，分布

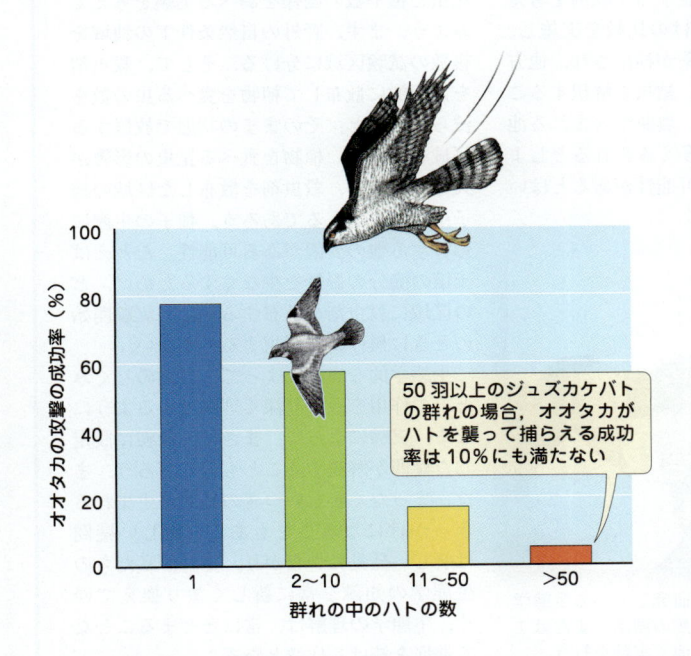

図22・8 **数は安全の証** オオタカが，ジュズカケバトを襲撃して成功する率は，群れの個体数が多いと減少する．

や個体数は大きく影響される．第20章でみたように，人の手で新しく導入された外来種が新しい地域の生物群集を破壊することもある．最近の研究によると，新しい土地に導入された種は，菌類などの寄生者が元の土地より少ないので，新しい地域で急速に数を増やせる可能性が示されている（図22・9）．

犠牲者を絶滅に追い込む消費者

原生生物とダニを使った研究室内での実験によると，捕食者によって被食者が完全に絶滅する場合も示されている（生態学の分野での室内実験については次ページを参照）．自然界においても同じで，消費者‒犠牲者相互作用はその餌となる生物を絶滅に追い込むことがある．米国でのクリの胴枯病による劇的な個体数の減少はその典型的な例といえる．地域によっては完全にクリが絶滅した場所もある．同じように図21・4で示した例では，メイガがサボテンのオプンチアの群落を消滅させている．消費者がただ1種の生物だけを餌としている場合，もし消費者がその種をすべて食べ尽くし絶滅させたならば，新しい餌を探し出さない限り，自身も絶滅の憂き目をみる．これがまさに東部オーストラリアのメイガとオプンチアの関係で起こったことである．ガがその餌であるサボテンの大部分を絶滅に追い込んだ結果，相方とも今やごくわずかしか残っていない．

22・3 競　争

競争（−/−相互作用）とは，相互作用をする二つの種で互いに負の影響を及ぼす関係である．最も多くみられるケースは，二つの種が少ない食物や空間などの同じ環境資源を必要とする場合である．競争相手と餌などの資源を取り合うために，負の影響を及ぼし合う．片方の種が著しく優位で，競争相手の使うはずの資源を奪い，その種を最終的には絶滅させてしまうような極端な例もある．

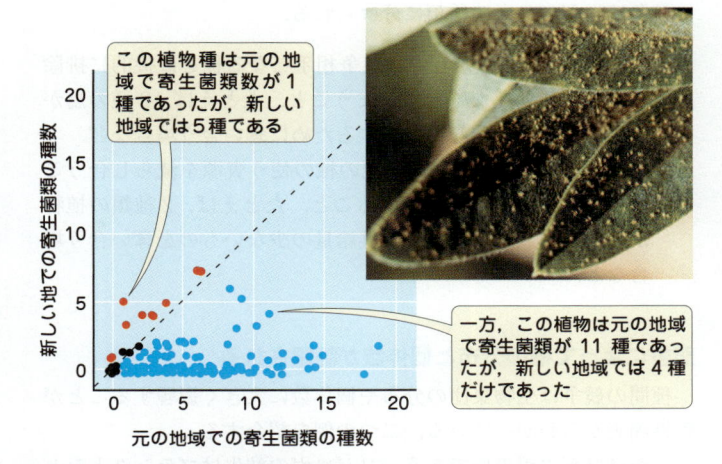

図22・9 **寄生者から免れる導入種** 導入された植物種にとって，新しい土地は，元の生息地よりはるかに菌類寄生体が少ない．グラフ中の点一つ一つが，導入された植物種を示す．斜めの対角線の下にある点（青色）は，新しい環境よりも，元の環境の方に菌類寄生種が多く見つかったケースである．対角線上の点は，新しい地域と元の地域とで菌類寄生体の種数が変わらないことを示す．写真は病原性のサビ菌（*Uromyces lespedezae-procumbentis*）に感染した多年生植物のハギ（*Lespedeza capitata*）．葉の表面のでっぱり部分は，感染した菌類がつくる胞子体である．

競争はつぎの二つの種類に分けられる．

1. **干渉型競争**：2種が互いに競争相手となる種を直接的に排除して資源を使えなくしてしまうこと．たとえば，2種の鳥が木の空洞を巣穴として使用するために奪い合う場合など．
2. **消費型競争**：2種が互いに他の種の使う資源を減らし合うことによって間接的に競争すること．たとえば，2種類の植物が，土中の窒素源のような供給量の少ないものを奪い合う場合など．

競争によって種の分布と個体数が制限される

種間の競争は生物集団の分布や個体数に大きく影響することが野外調査からわかっている．二つの例を紹介する．

一つはフジツボの例である．フジツボの幼生はプランクトンとして浮遊生活をした後，やがて岩場に定着してそこで成体となる．スコットランドの海岸には，*Semibalanus balanoides*（チシマフジツボの近縁の大型種，ここではセミバラヌスとよぶ）とイワフジツボ（*Chthamalus stellatus*）の2種がみられ，幼生はいずれも潮間帯（海岸線の満潮と干潮の間の領域）の岩場の高い位置にも低い位置にも関係なく定着する．ところが，セミバラヌスの成体は，海水に浸りやすい潮間帯の中の低い岩場にのみ見られ，イワフジツボの成体は空中にさらされることの多い高い岩場にのみ見られる（図22・10）．

どうやってこの分布が決まるのだろうか．原理的には，競争と環境条件の違いの二つの可能性があるが，岩場からセミバラヌスの成体を取除く実験をしたところ，イワフジツボも海岸線の低い岩場で生息できることがわかった．つまり，イワフジツボは，セミバラヌスとの競争の結果，低い岩場では生息できなくなったと考えられる．セミバラヌスは小さくて弱々しいイワフジツボの個体を壊すこともある．このような相互作用は，干渉的競争の例である．一方，セミバラヌスの分布は主として環境的要因に依存している．潮間帯の高い位置の岩場は暑く乾燥が激しいためにセミバラヌスは生存できないのである．

二つ目の例は，*Aphytis*属のジガバチである．ジガバチは柑橘類に深刻な損害を与える昆虫，カイガラムシを餌とする．ジガバチの雌はカイガラムシの上に産卵し，ふ化したジガバチの幼虫は，カイガラムシの外側の殻を食い破ってカイガラムシの体を食べて成長する．

科学のツール

生態学の疑問に実験で答える

他の科学の分野と同じように，生態学の分野でも，自然の観察からさまざまな疑問が生まれるだろう．生態学者は，実験，さらなる自然の観察，およびモデリング，という三つの方法でこれらの疑問を解決する．広範囲の地域にかかわる事例，あるいは，長期間にわたって起こる現象の場合，それに直接答える実験は難しいので，自然の観察が一番役立つ．地球環境の変動予測など，実験的に観測するのが難しい疑問に対しては，コンピュータを使ったモデル計算が使われる．それでもなお，実験は，現代の生態学者の科学ツールとして最も重要な部分である．

生態学的実験では，環境要因を人工的に変化させて，その影響を観察する．研究の場は，室内の実験室から，屋外の人工的な環境（人工池など），自然環境のままで行われる野外実験など，広範である．こういった生態学の実験では，自然条件下でのさまざまな処理の影響（たとえば大量の農薬，少量の農薬，無農薬）を比較する研究が行われる．

農薬の影響を調べる実験では，"無農薬処理"を**対照群**として用いる．対照群というのは，生態学の実験ばかりではなく，他の科学的な実験でも必ず用いられる比較のために行う実験で，調べる要因（ここでは農薬）を省くこと以外，あとは実験群とまったく同じ条件で観察を行う．実験に対照群を加えることは不可欠である．対照群では観察されず実験群で観察されたものは，すなわち，今調べようとしている要因（農薬）によって生じたと結論する根拠となる．

生態学者は実験群・対照群ともに2回以上実験観察を行う．これは観察結果が**再現**されるかを調べるためである．再現される回数が増えることによって，実験結果が，測定データが少ない，あるいは，実験条件が不安定なためではなかったといえるようになる．"池に農薬があると奇形のカエルが生まれる"ことを検証する実験例を考えてみよう．二つの池だけの比較を実施し，一方の池にわずかな農薬が検出され，他方の池がそうでないとき，結果を解釈することはそう容易ではない．農薬が含まれる池に奇形のカエルがより多くみられるとしよう．農薬が原因である可能性があるとはいえる．しかし，他の多くの点でも二つの池は必ず異なり，その違いが本当の原因だったのかもしれない．もし，もっと多くの池で比較のための同じ実験を行い同じ結果となったならば，つまり，観察が再現されたならば，奇形のカエルが農薬のほかにあったとは考えにくくなるであろう．

処理条件を意図的ではなく無作為にする，つまり，ランダムな条件設定にすることで，予測できない変動の影響も抑える工夫も必要である．たとえば，植物を食べる昆虫と種子数の関係を調べる実験を考えてみよう．まず，野外の自然条件下の地域を複数の試験区域に分ける．そして，殺虫剤を定期的に散布して植物を食べる虫の数を減らす区域と，そのままの状態で放置する区域を決める．植物を食べる昆虫の影響が大きいならば，殺虫剤を散布した区域の種子生産量が増えるであろう．種子の生産に影響する他の要因がある可能性，たとえば土壌の養分の影響を少なくするために，どの区域に殺虫剤を散布するかは，実験開始のときに無作為に選択するのがよい．

生態学的な実験によって，自然のしくみとその作用を，より深く理解できるようになる．実験によって，まさに，最初に設定した疑問が解決することもあるだろう．また，まったく新しいつぎの疑問が生まれるきっかけになることもある．新しい疑問は新しい発見につながり，それが私たちの生態学の知識を常に新しく塗り換えてゆく．生態学の理解は，常にとどまることなく進展を続ける作業となる．

魚の野外実験　湖の魚を研究している生態学者は，研究室の水槽，自然の湖沼，またはこの写真のような人工的な池で実験を行う．

図 22・10　何が彼らを別れさせたか？　スコットランドの岩場の海岸で，2種のフジツボ，セミバラヌスとイワフジツボの幼生は潮間帯の高い所と低い所に同じように定着する．しかし，成体のセミバラヌスは高い岩場にはみられず，逆に，成体のイワフジツボは低い岩場にはいない．

❷ セミバラヌスは潮間帯の高い岩場から高温と乾燥のために排除される

❶ イワフジツボはセミバラヌスとの競争で潮間帯の低い岩場から排除される

1948年，柑橘類へのカイガラムシによる食害を防ぐために，南カリフォルニアに中国からヤノネキイロコバチ（*Aphytis lingnanensis*）というジガバチが導入された．同じ場所には，すでに近縁の在来種のジガバチ（*A. chrysomphali*）がいたが，ヤノネキイロコバチの方がより強力にカイガラムシを駆除できるという期待で放たれたのである．ヤノネキイロコバチは確かに強く（図22・11），期待通り，カイガラムシを駆除することに成功したが，大部分の場所で在来種を絶滅に追いやった．

生物種間の競争は一般に多くみられる現象であるが，2種間で資源や空間を共有するとき，いつも競争が起こるわけではない．豊富な資源がある場合は，競争の起こらないこともある．たとえば，植物の葉を食べる昆虫の間で競争が起こるという例はあまりない．餌として莫大な量の葉があるのがふつうなので，足りなくて困るという昆虫がほとんどいないからである．餌が豊富にあれば，競争は起こらない．

競争は種間の違いを増大させる

二つの種の形態が似ていると競争はいっそう激しくなる．これはCharles Darwinが進化論を創案したときに，すでに気づいていた点である．たとえば，くちばしのサイズが同じような鳥は同じようなサイズの種子を食べるので激しい競争となるが，くちばしのサイズが異なる場合には，サイズの異なる種子を餌とし，それほど強く競争しない．似た種の間で強い競争があると，双方の形態が時間をかけて異なる方向へ変化することがある．これを**形質置換**という．形質置換によって種間の形態が異なってくると，競争の強さが和らぐ．第17章ですでに議論したように，形質置換が起こるのは，くちばしのサイズのようにもともと遺伝的な特徴に差があって，そこに自然選択の作用がはたらくような場合に限られる．

Aphytis 属のジガバチは，カイガラムシに卵を産む．卵がふ化すると，未成熟のジガバチはカイガラムシの中にもぐり込んでこれを食べる．

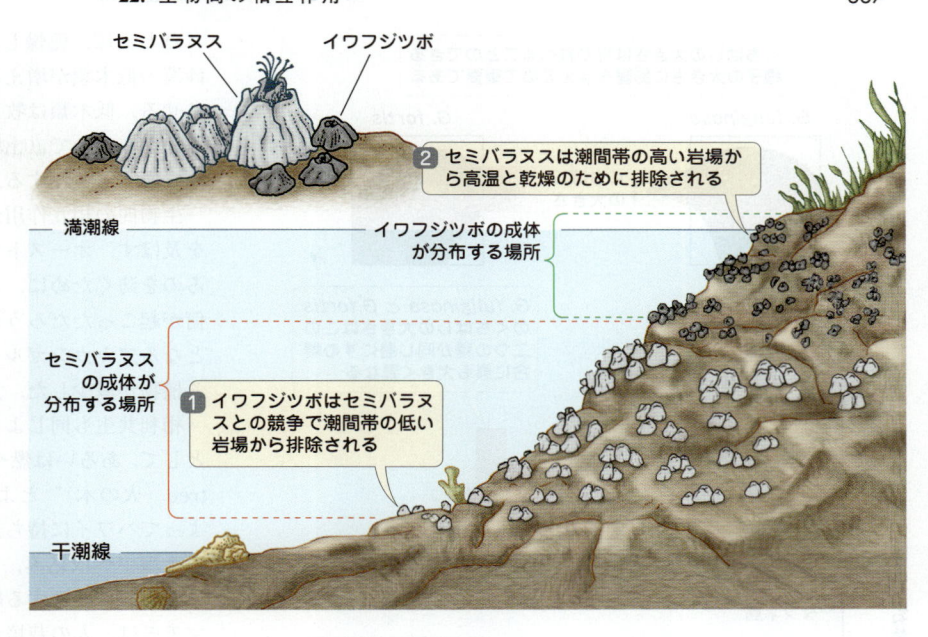

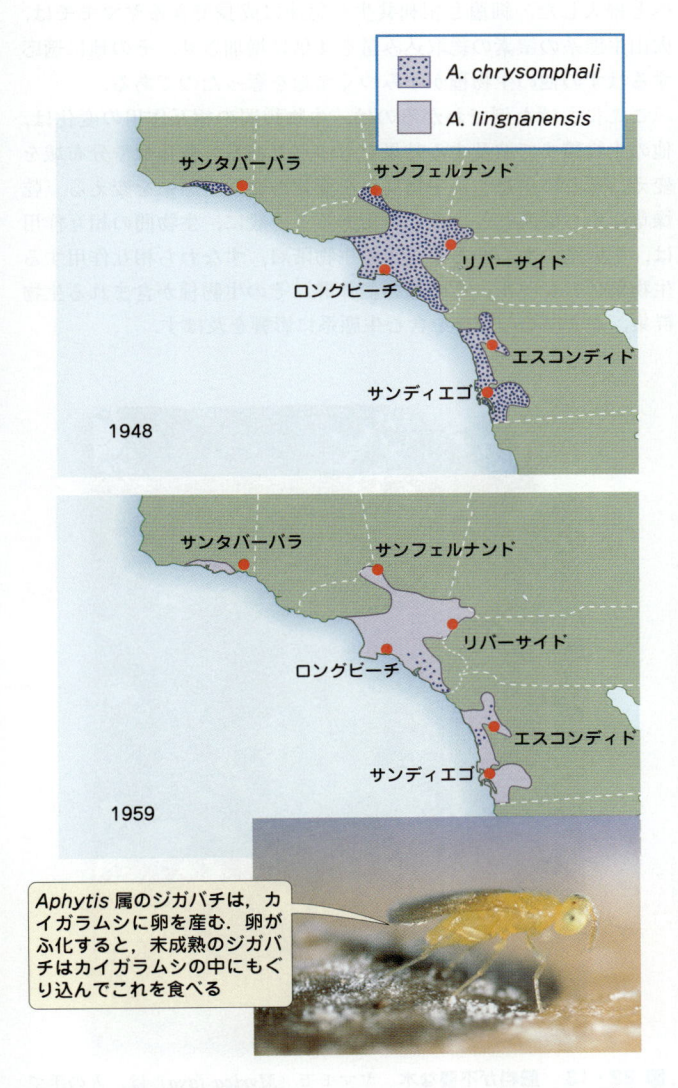

図 22・11　強敵がやって来た　1948年に南カリフォルニアに導入されて以来，ヤノネキイロコバチ（*Aphytis lingnanensis*）というジガバチは速やかに競争相手のジガバチ（*A. chrysomphali*）を追い払い，ほとんどの場所で絶滅させてしまった．両種とも，レモンやオレンジのような柑橘類に損害を与えるカイガラムシを幼虫の餌とする．

■ **役立つ知識** ■　"形質"や"特性"は，身長，くちばしのサイズ，またはタンパク質の化学構造など，生物のもつ遺伝的な特徴をさす用語である．くちばしのサイズなど，ある遺伝的な特性が，2種の生物集団で，同じ資源を求めて競争する結果，互いに異なる方向へと変化することを形質置換という．

たとえば，乾燥した草原で過度な放牧をすると，牧草は減り，砂漠の低木類が増える．この変化は，草原の物理的な環境を変化させる．低木類は牧草のようには土をしっかりとらえて安定させる力がないので，土壌の侵食が進み，最後には，生態系は草原から砂漠へと変化する．

生物間の相互作用が変わると，自然の生物群集にも複雑な影響を及ぼす．オーストラリアの放牧地で，ディンゴがヒツジを食べるのを防ぐために，これを排除した（図20・2参照）．そのとき，何が起こっただろうか．ディンゴを排除したことで，その被食者となるアカカンガルーが増加した．そして，ヒツジが好んで食べる植物が減少した．意図しない変化が起こったのである．

相利共生も同じように大きな影響力をもつ．たとえば，観賞用として，あるいは燃やす薪用に，ヤマモモの一種（英語名で"fire tree（火の木）"とよばれる，図22・13）がポルトガルの移民によってハワイに持ち込まれた．ヤマモモは空気中の窒素ガス（N_2）を土壌中へ取込み，アンモニウム（NH_4^+，植物が使用できる窒素の形）に変換する細菌と相利共生の関係をもっている．このヤマモモは，人の栽培地から離れ，噴出溶岩上の新しい生物群集内へと侵入した．細菌と相利共生し急速に成長できるヤマモモは，火山生態系の窒素の総取込み量を4倍に増加させ，その地に適応するはずの他の生物種がすみつく余地を奪ったのである．

ここにあげた例でわかるのは，生物種間の相互作用の変化は，他の生物種まで波及する効果をもつ点である．個体数や分布域を変え，そこに生息する生物群集を変化させ，生態系を変える（乾燥草原から砂漠へと）ことさえある．一般に，生物間の相互作用は，生態系のあらゆるレベルの生物階層，すなわち相互作用する生物個体のレベル，その種の個体群，その生物種が含まれる生物群集，およびその全体を含む生態系に影響を及ぼす．

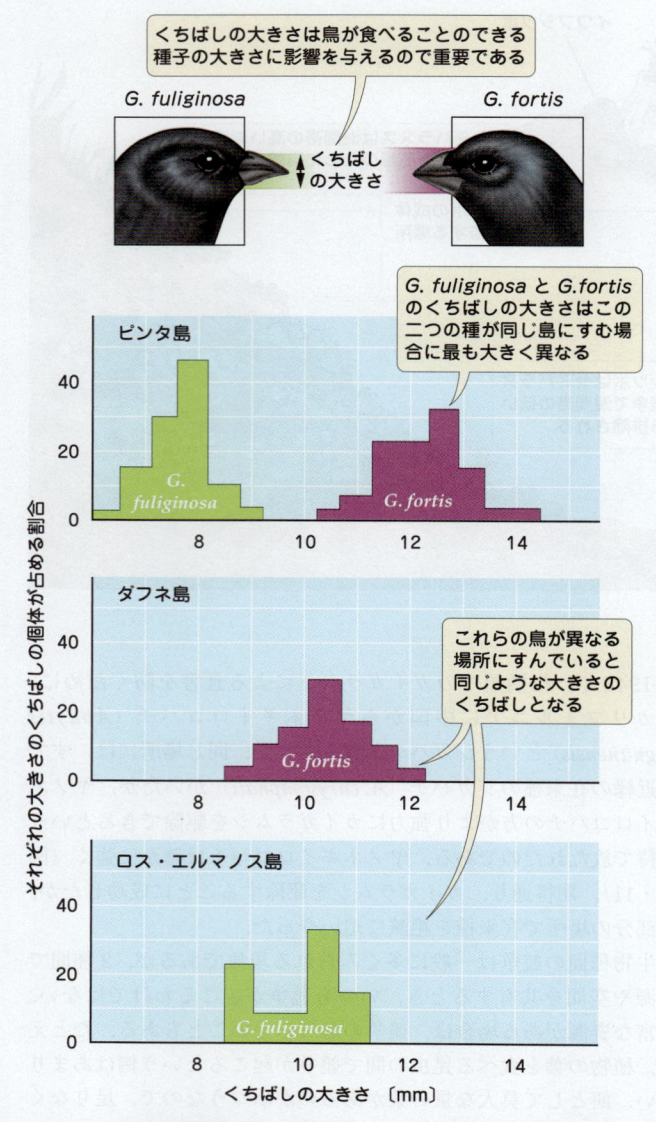

図22・12　形質置換　同じ資源をめぐって競争する結果，2種の形態がより異なる方向へと進化することがある．2種のガラパゴスフィンチ，小型のガラパゴスフィンチ（*Geospiza fuliginosa*）と中型のガラパゴスフィンチ（*G. fortis*）が競争した結果，これらの鳥のくちばしは，離れて生息するダフネ島やロス・エルマノス島のものよりも，同じ島（ピンタ島）にすんでいるときの方が，サイズの差が大きい．

競争している2種で，地理的に離れている方が，同じ場所に生息しているものより形態が大きく異なるという実例があれば，それが形質置換が起こったことの証明となる．例を紹介する．ガラパゴス諸島では，ガラパゴスフィンチのくちばしの大きさの違いは，それぞれが好んで食べる種子のサイズの差を意味する．くちばしサイズの差は別々の島にすむ種間より，同じ島にすむ種間の方が大きい（図22・12）．魚やトカゲなどの他の生物種で調べた最近の研究からも形質置換の例が知られている．形質置換は自然界の進化に重要な意味をもつと考えられている．

22・4　生物間の相互作用がつくる生物群集と生態系

これまで，生物種間の相互作用が，どのように生物の分布や数に影響するかみてきたが，生物種間の相互作用は，生物群集やその生物の生息する生態系に対しても強い影響を及ぼす．

図22・13　肥料が不要な木　ヤマモモ（*Myrica faya*）は，人の手でハワイに持ち込まれた種で，ハワイの自然環境へと広まった．ヤマモモは，窒素源を供給する細菌と相利共生しているので，他の種より火山性堆積物のある荒れた土地に優先して侵入できる．写真の手前，明るい緑色の葉をしているものが侵入種のヤマモモ．灰緑色の葉をしている大型の木は，在来種のオヒアの木（ハワイフトモモ，*Metrosideros polymorpha*）である．

■ これまでの復習 ■

1. 自然の条件下で，植物が，それを食べる植食者によって絶滅させられることがない理由を説明せよ．
2. 餌となる動物種の多くが群れをつくって生活しているのに対して，群れをつくる捕食者が少ないのはなぜか．
3. イワフジツボ（潮間帯の高い位置にすむフジツボ）とセミバラヌス（低い岩場にすむ大型のフジツボ）は干渉型の競争をする．(a) イワフジツボをセミバラヌスがいない低い岩場へ移したとき，あるいは，(b) セミバラヌスと混在させたとき，イワフジツボの生存率や増殖率はどのように変わるだろうか．

1. 土壌微生物などの種類は，有機化合物がたまるなどの原因で乾燥地域で繁栄する．
2. 群れを作っていると，捕食者が行動する標的になりやすい原因もあり，捕食者が維持している個体数は最終的に少ない．
3. (a) セミバラヌスがいなければ，イワフジツボは低い岩場の沿岸帯も利用する．(b) 混在させられると増殖率は低くなることが示され比較的早く滅亡する．

学習したことの応用

宿主の行動を変える寄生者

寄生者は宿主にどのような影響を及ぼすのだろうか．ノミのように単に刺して宿主をイライラさせるだけのものもいれば，アリに寄生する菌類のように直接死に致らしめるものまである．加えて，場合によっては奇怪で宿主に害となる行動をひき起こすこともある．この章の初めに紹介した，カマキリを水中へ身投げさせおぼれさせる寄生虫がそのような例である．同じような例に，原生生物のトキソプラズマ（*Toxoplasma gondii*）と宿主のネズミの関係がある．トキソプラズマに寄生されたネズミは，好奇心が強く，こわがらない性質に変わる．その結果，ネズミは，トキソプラズマのもう一つの宿主であるネコに食べられやすくなる．これらの例が示すように，宿主の注意深い行動をなくす，別の生息場所へと移動させるなど，宿主の行動に大きな変化をひき起こすものが多く知られている．

さらに特異的な行動変化をひき起こす寄生者の例を紹介しよう．クモヒメバチ（*Hymenoepimecis*）とよばれる寄生バチの雌はクモ（*Plesiometa argyra*）を刺し，一時的に麻痺させ，体表に卵を産みつける．その後，クモは麻酔から回復し，1〜2週間はふつうにクモの巣（網）を張る（図 22・14 a）．この間に，ハチの卵がふ化し，幼虫はクモの体液を吸って生育する．そしてある夕方，幼虫はある化学物質をクモの体に注入し，"繭の巣（cocoon web）"とよばれる独特の形の巣を作らせる（図 22・14 b）．この化学物質は，クモの通常の巣作り行動のうちある特定の作業を何度も何度も繰返させ，他の巣作り行動を抑制する．寄生バチが進化し，クモの巣作り行動に特別な変化をひき起こす能力を獲得したのである．

これにはどのような適応的意義があるのだろうか．クモが巣を作り終えるとすぐにハチの幼虫はクモを殺し餌とする．その後，幼虫は自分の繭をクモのつくった特殊な繭の下に新しく紡ぎ，その中で発生を完了させる．クモのつくった変形型の巣にぶら下がっているので，強い風雨にも飛ばされることなく安全に生育できる．この寄生バチはクモを餌にするばかりではなく，安全な避難所をつくるために利用したのである．

章のまとめ

22・1 相利共生

■ 相利共生は，二つの種の両方が利益を受ける関係である（＋/＋の相互作用）．

■ 共生とは二つの種が共に生息することをいう．共生には，相利共生であるもの，そうでないもの両方がある．

■ 消化管内相利共生，種子分散相利共生，行動的相利共生，および送粉者相利共生など，相利共生にはさまざまなタイプがある．

■ 相利共生の関係は，その相互作用の恩恵が両方の種にとっての負担を上まわるときに発展する．

■ 相利共生は，自然界でふつうにみられる．植物の根と菌類とが結びついて，双方の種が利益を受ける相利共生の関係である菌根をもつ植物が多い．

■ 相利共生関係は，双方の種だけでなく，それに直接的，間接的に関係している他の生物種の分布や個体数にも影響する．

22・2 消費者-犠牲者の関係

■ 消費者-犠牲者の相互作用（＋/−の相互作用）では，一方の種が利益を得て（消費者），他方は傷つけられる（餌になる種）関係にある．

■ 消費者には，植食者，捕食者，および寄生者が含まれる．

■ 消費者の影響は強い選択圧となり，その餌となる生物種は捕食を逃れるための種々の方法を進化させる．トゲ形成などの誘導防御反応を進化させた植物もいる．この防御反応は植食者による攻撃が直接的な引き金になる．

■ 餌となる生物種は，種々の防衛策を進化させ，それが消費者への強力な選択圧となる．

■ 消費者は餌となる生物種の分布や個体数を制限する．ときには，絶滅にまで追い込むこともある．

図 22・14 寄生虫が私をそうさせた　(a) クモ（*Plesiometa argyra*）が作る典型的な形の巣．(b) 寄生バチに感染し，巣作り行動を変化させたクモが作った巣"cocoon web"．寄生バチの繭は中央部にぶら下がっている．

22・3 競争

- 競争（－／－の相互作用）においては，相互作用をする双方種は互いに負の影響を及ぼす．
- ある生物種がその競争相手となる種を直接的に排除して資源を使えなくしてしまうことを干渉型競争という．
- 2種が，互いに他の種の使う資源を減らし合うことによって，間接的に競争することを消費型競争という．
- 競争は，種の分布や個体数に対し強い影響を及ぼす．
- 似た種の間で競争する結果，形質置換が起こることがある．これは，競争している種の形態が時間をかけてより異なる方向へ変化することである．

22・4 生物間の相互作用がつくる生物群集と生態系

- 生物種間の相互作用は個体，個体群，生物群集，および生態系に影響を与える．

復習問題

1. 相利共生は双方の種に何らかのコスト，つまり負担を強いるものが多い．では，なぜ相利共生がこれほど一般に広くみられるのだろうか．
2. 消費者は餌となる生物種の進化に影響する．逆の場合も同じである．この相互作用がどのように，また，なぜ起こるのか，本章で述べられている例を使って説明せよ．
3. 競争関係で，力の弱い方の種がもう一方の強い競争相手の種にも負の影響を与える理由を述べよ．
4. 生態学的な相互作用は，生物の分布や個体数にどう影響するか．
5. ウサギは複数種の植物を食べるが，そのなかでも好みがある．多くの種類の植物が育つ草原があり，その草原の競争関係のなかでもより上位にある植物を好んで食べていると仮定しよう．もし，ウサギがその草原からいなくなったら，最も起こりやすいことはつぎのどれか．その理由も述べよ．
   (a) 植物群集の種数が減少する．
   (b) 植物群集の種数が増加する．
   (c) 植物群集の種数はあまり大きく変わらない．

重要な用語

相利共生（p.381）	宿　主（p.383）
共　生（p.381）	病原体（p.383）
送粉者（p.382）	誘導防御反応（p.384）
菌　根（p.383）	共進化（p.384）
分　布（p.383）	競　争（p.385）
存在数（p.383）	干渉型競争（p.386）
消費者-犠牲者の関係（p.383）	消費型競争（p.386）
植食者（p.383）	生態学的実験（p.386）
捕食者（p.383）	対照群（p.386）
被食者（p.383）	再　現（p.386）
寄生者（p.383）	形質置換（p.387）

章末問題

1. 消費者について正しいものはどれか．
   (a) 餌となる種を絶滅させることはない．
   (b) 自然の生物群集で重要な位置にはない．
   (c) 餌となる生物種に強力な選択圧をかける．
   (d) 餌となる生物の行動を変化させることはない．
2. 共通の資源を利用できないように，生物種が互いに直接対決する関係の相互作用はどれか．
   (a) 干渉型競争
   (b) 消費型競争
   (c) 消費者-犠牲者の関係
   (d) 分布競争
3. 種間の相互作用は，
   (a) 生物の分布や個体数には影響を与えない．
   (b) 両方の種に対し，恩恵を与えることはまれである．
   (c) 生物群集と生態系に強い影響力をもつ．
   (d) 生物種を絶滅へ追いやることはない．
4. 相利共生において，相手種から受ける恩恵は，
   (a) 食　物
   (b) 防　御
   (c) 繁殖率の増加
   (d) a～cのすべて
5. 魚の顎の形は，その魚が何を食べるかに影響する．別々の湖に生息するある2種の魚の顎の形が，同じ湖に生息する場合より似ているということがわかった．この現象を何とよぶか．
   (a) 警告形態
   (b) 形質置換
   (c) 相利共生
   (d) 消費者-犠牲者の関係
6. 共生について正しくないのはどれか．
   (a) 共生は，共に生息する二つ以上の異なる種の生物間でみられる関係である．
   (b) 共生では，双方の種は互いに恩恵を受けている．
   (c) 相利共生は，共生関係のある生物種間で発生する．
   (d) 共生関係にある片方の種が，他方の種に損失を与える可能性もある．
7. セミバラヌスの実験によって判明したことはどれか．
   (a) この種が見つかる場所は，物理的な要因では決まらない．
   (b) イワフジツボとの競争によって，セミバラヌスの居場所が岩場の高い位置に制限されている．
   (c) イワフジツボとの競争によって，セミバラヌスの居場所が岩場の低い位置に制限されている．
   (d) この種は，イワフジツボの居場所を岩場の高い位置に制限している．
8. クリは北米東部の広い地域で優占種であったが，現在，ほとんどの地域で消失した．この種が減った理由はどれか．
   (a) 消費者（導入された菌類）がほぼ絶滅に追い込んだ．
   (b) 他の樹種との競争で打ち負かされた．
   (c) この樹木が防御できなくなるほど植食昆虫が進化した．
   (d) 酸性雨によって菌根の中の菌類がいなくなった．

ニュースの中の生物学

River Parasite Eats at Children:Neglected Scourge in Africa Is Cheap and Easy to Treat, but the "Pennies Cannot Be Found"

By Colleen Mastony

川の寄生虫が子どもを蝕む：アフリカの元凶は放置されたままである．
治療は簡単で安価で済むのに，わずかな資金さえ集まっていない

ホコリにまみれたスラム地区とイモ畑の間を流れるウケ川は，光を浴びて小さな白いダイヤモンドが踊っているかのようだ．幻想的な風景である．気温は体温近くまで上がり，やせ細った子どもたちが走って来て，水に飛び込んでいる．

ナサラワ州の人に聞くと，この川は彼らの生活の中心だという．しかし，この川の水には，身体を衰弱させる災いの元凶が潜んでいる．それは川にすむ微小な寄生虫で，皮膚を突き破って体内に侵入し，しだいに臓器を浸食し，子どもの成長を阻み，ときに死に至らしめる住血吸虫である．

専門家によると，解決策はプラジカンテルという名の白い吸虫駆除剤を3錠，年に一回服用するだけだという．これまでの研究によると，一回わずか20セントほどの費用で治療しさえすれば，住血吸虫症の健康被害を，半年で90％減らせることがわかっている．

ナイジェリアは石油産業で莫大な利益を出していて，もっと人目を引くような病の治療には，大きな製薬会社が毎年何億円もの寄付を行っている．それなのに，プラジカンテル（一錠7セント程度の製造費用）の大量生産と配給を申し出る者はいないのである．

アトランタを拠点とするカーター・センターでこの病気の研究プロジェクトの責任者をしている医師 Frank Richards は"少額の資金さえ集まっていない"と訴える．

ヒトへの寄生虫は1000種以上が知られている．この記事で紹介された地区の子どもたちは，発作や麻痺，また，肝臓，腸，肺などの臓器障害をひき起こす寄生性の扁形動物（住血吸虫）の危険にさらされている．世界中で2億人以上が，この住血吸虫症に感染している．

感染者が排尿・排便したものが水中に入り，住血吸虫の卵を川に流すことで感染のサイクルが始まる．卵はふ化し，淡水産の巻き貝の中で成長するが，やがて，幼生の寄生虫は巻き貝を離れ水中に出て，そこで48時間まで生き延びることができる．その間に水中にいるヒトの皮膚に接触すると，血管を突き破って侵入し，血管内で成虫となる．数週間以内に，成虫の住血吸虫は産卵し，次の悪循環を始める準備が整うこととなる．

ナイジェリアのほとんどの村で，子どもの1/3が住血吸虫に感染していて，血尿の症状を示す．住血吸虫に感染している子どもは，成長が抑えられ，学校の成績もふるわず，いろいろな健康問題に苦しめられている．

住血吸虫症は，体内の成虫を駆除する薬で治療できる．非営利団体が現在その薬を購入して感染した子どもたちに無料配布している．錠剤は比較的安価であるが，製造しているのはわずか3社だけである．毎年8900万人分の錠剤を製造しているが，残念ながら，2億人の住血吸虫症患者を治療するのには約5倍の錠剤が必要である．

このニュースを考える

1. 最近，中国で住血吸虫症が急減した．貝類駆除剤（巻き貝を駆除するための殺虫剤），および生物的防除法（貝の捕食者の導入）によって，巻き貝数を減少させることができたからである．巻き貝の個体数を減らすことがどうして，ヒトの住血吸虫症の発生率を減らせるのか，その理由を説明せよ．

2. 発展途上国でヒトに感染する寄生虫に効く安価な薬を製造している製薬会社に，国は助成金を出す必要があると思うか．あるいは，この病気に対する取組みも，単に市場原理に従えばよいと考えるか．

3. コスタリカの元大統領であり，また，1987年のノーベル平和賞受賞者である Oscar Arias Sánchez は，世界の発展途上国のすべての人の健康管理に必要な年間経費は，こうした国々の年間軍事予算総額の12％に当たると最近発表した．発展途上国では，栄養失調や予防可能な病気によって人命が失われる率が，戦争で命を落とすよりも33倍高いのに，医師に対して兵士の数は20倍多いとも彼は伝えている．世界的な健康や環境の問題への解決策より軍事費にお金を費やしているのは，発展途上国だけに限らない．どうしてこのような行動を人間はとるのだろうか．もっと違うことをすべきだろうか．また，することが可能だろうか．

出典：New York Times 紙，2004年11月2日

23 生物群集

Main Message

生物群集は，種間の相互作用によって，または，生物種と環境との相互作用の結果，変化する．また，撹乱のタイプに応じて異なる速度で回復する．

新しい生物群集の形成

新しい島が誕生したり新しい湖がつくられると，それは生物にとって新しい生息環境となり，壮大な自然の実験が始まるきっかけとなる．新しい生息地には，まず，どのような生物がすみつくのだろうか．また，それらの生物はどのように相互作用し，時間とともにどのように変化するだろうか．ふつうにはみられない変わった生物群集がすむようになるだろうか．あるいは，近くにある生物群集と同じようなものになるのだろうか．

新しい生息域が既存のものから遠く離れている場合は特に，驚くほど大きな変化を遂げることもある．ここでは，ハワイ諸島の例を紹介しよう．ハワイ諸島は，火山島が連なった列島で，最も新しい島は約 60 万年前に誕生した．

大陸から 4000 km も離れたハワイ諸島に渡ってきた生物種は多くはなかった．しかし，時とともに，その少数の種から進化して多くの新種が生まれ，ハワイの生物群集は，地球上のほかの場所にはない非常に特殊なものとなった．このような変化はハワイ諸島だけに限られない．既存の生物群集から離れた所にある場合，独特の生物群集となることが多い．

今，このハワイ独特の生物群集が，環境破壊や外来種の進入など，さまざまな人的活動によって脅かされている．たとえば，ウシの飼料としてハワイに持ち込まれたヒゲクサが，1960 年後半にハワイの火山国立公園の乾燥林内に侵入した．それまで平均して 5.3 年に 1 回，毎回 0.25 ha ほどが焼けるだけだった山火事が，ヒゲクサ侵入後，1 年に 1 回以上の頻度で起こり，焼失面積の平均は 240 ha 以上にもなった．現在では，山火事の頻度はもっと高くなり，規模も大きくなって，国立公園内の季節性乾燥林（Hawaiian dry forest と一般によばれる）は消失してしまった．

ヒゲクサの導入が，山火事を頻発させ，被害を大きくしたのはなぜだろうか．ハワイなどの孤島の生物群集には，人為的な影響に特に弱い何か特別の理由があるのだろうか．こういった問いかけは，ハワイ諸島に限らず，すべてのタイプの生物群集にもかかわることである．この章では，生物群集が時間とともに，どのように，また，なぜ変化するのか．人間がひき起こしたものも含めて，撹乱するような大きな変化に対して，どのように回復するのか，紹介しよう．

自然の大実験 火山性のハワイ諸島は 7000 万年前に隆起して生まれ，そこで自然の大実験が始まった．新しくつくられた島に，大陸から移動した生物がすみ始め，新しい生物種が進化して，現在のような独特の新しい生物群集となった．

23. 生物群集

基本となる概念

- 同じ領域に生息する異なる種類の生物の全集団を生物群集という．
- 生物群集内部における食う食われるの関係を示したものを食物網という．
- 生物群集には，種のタイプや豊富さに大きく影響する鍵となる生物種（キーストーン種）がいる．
- 生物群集は時間とともに変貌する．生物種が新しい生息地，あるいは何らかの撹乱された生息地にすみ始めると，ある一方向への予測可能な種の入れ替えが起こることが多い．これを遷移とよぶ．また，生物群集は，気候の変化に応じた変動も示す．
- 自然に起こった撹乱，あるいは人為的な撹乱から，生物群集は速やかに回復することがある一方，人為的な撹乱から回復に数千年の長い時間を要することもある．

同じ地域に生息する異なる生物種の集まりを**生物群集**（群集または群落ともいう）という．草原や森林にすむ生物群集から，ウシやシカなどの動物の消化管内に生息する生物群集まで，さまざまなものがある（図23・1）．生物群集には多くの生物種が含まれ，第22章ですでに学んだように，生物種間には複雑な相互作用がある．生態学の目的の一つは，生物種間の相互作用がどのように生物群集に影響するかを明らかにすることである．

人間の行為が生物群集にどのように影響するかを理解すること，それも生態学の目的の一つである．現在，私たち人類はさまざまな生物群集に対して大きな影響を及ぼしつつある．私たちは熱帯の森を切り倒すとき，そこの生物群集全体を破壊するであろう．ウシに抗生物質を与えれば，その消化管の中に生きている微生物の群集を変化させるであろう．私たちの行為が，望んでいなかった効果，思いがけない効果を及ぼすことのないように，生物群集がどのようなしくみで機能しているのかを理解することが必要であろう．この章では，生物群集中の種の構成に影響する要因について紹介したい．また，生物群集が時間とともに変化する様子，生物群集が人為的なものも含めて，撹乱に対してどのように応答するのかについても特に詳しくみていこう．

23・1 種間相互作用が生物群集へ及ぼす影響

生物群集には，一時的にできた小さな水たまりにすむ微生物の群集から，一つの森にある植物の群落，さらには数百 km も伸びる広大な森の群落まで，大きさも複雑性も著しく異なるものがある．また，図23・1に示すように，単独で存在することはなく，互いに折り重なって存在する．大きさやタイプがどのようなものであれ，生物群集を特徴づけるのは，それを構成する生物種，および，その多様性である．生物群集の**多様性**というときには二つの

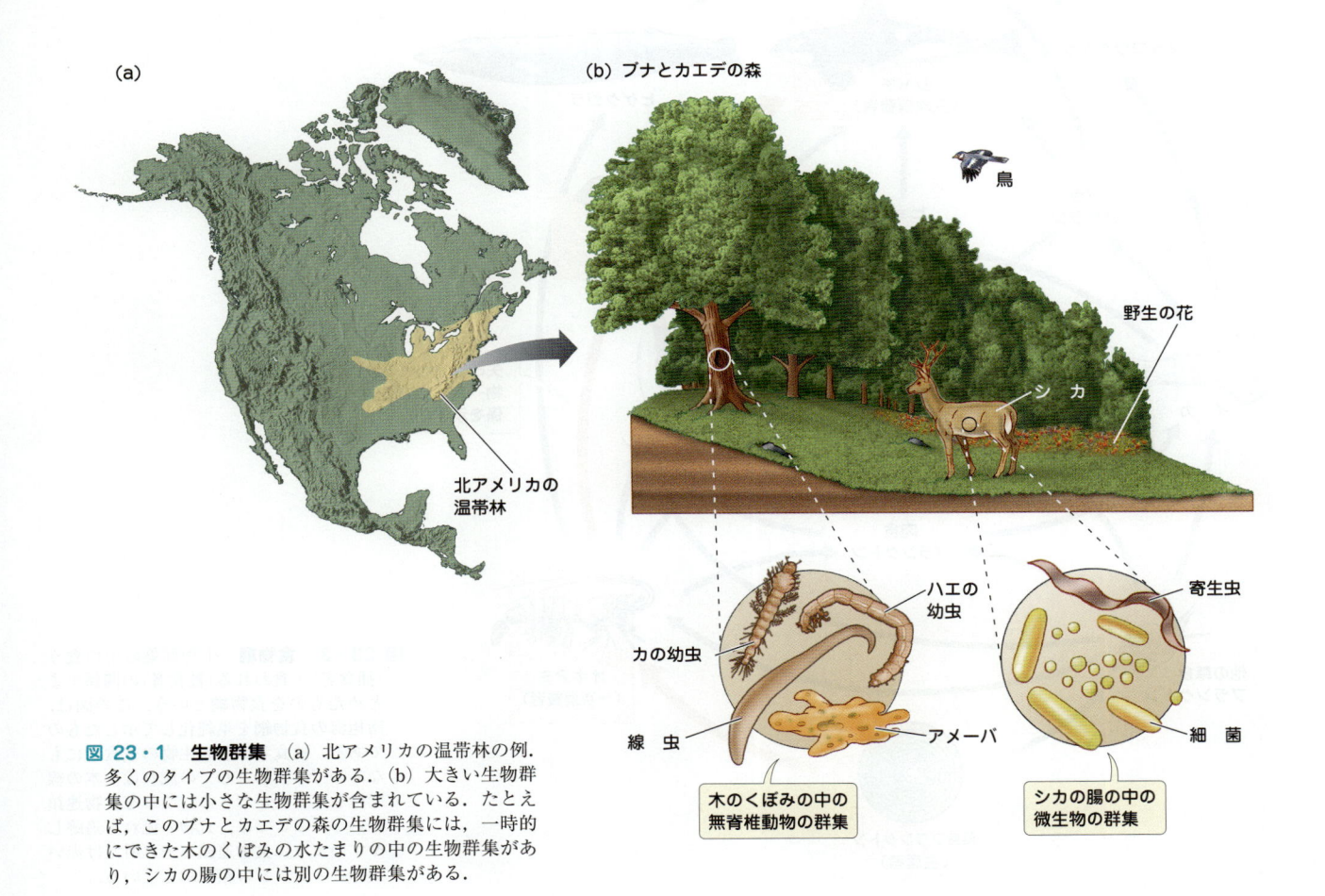

図 23・1 **生物群集** (a) 北アメリカの温帯林の例．多くのタイプの生物群集がある．(b) 大きい生物群集の中には小さな生物群集が含まれている．たとえば，このブナとカエデの森の生物群集には，一時的にできた木のくぼみの水たまりの中の生物群集があり，シカの腸の中には別の生物群集がある．

要素，群集内にいる生物種の数（種類の豊かさ）と，これらの種の相対的な頻度（ある特定種が他種と比較してどれだけ多いかという指標）がある．図23・2に，同じ種数をもつ二つの生物群集の多様性を比較する例を示す．生物群集Aは，ある一つの種が多数派を占めているのに対して，生物群集Bでは，すべての種が同程度の頻度でみられる．このような場合，生物群集Aは，生物群集Bより多様性が小さいという．

生息する個々の種によって，それぞれの種間の相互作用によって，また，それらの種と環境との相互作用によって，生物群集のタイプが決まる．

複雑な食物連鎖によって食物網が構成される

誰が誰を食べるかの関係は，生物群集の特性を決める重要な点である．群集の中でどの種が他のどれを食べるかという関係を一本の線で示したものを**食物連鎖**という．また，生物群集の中でのエネルギーおよび栄養素の流れの全容を示すために，個々の食物連鎖の関係を重ねて表記したものを**食物網**という（図23・3）．

第1章で紹介したように，食物網とその中に登場する生物群集は，基盤となる生産者の種類によって決まってくる．**生産者**とは，太陽のような無機的なエネルギー源を用いてみずからの食物をつくる生物である．陸地では，太陽からエネルギーを取入れる光合成植物がおもな生産者である．水中のバイオームでは，海洋の植

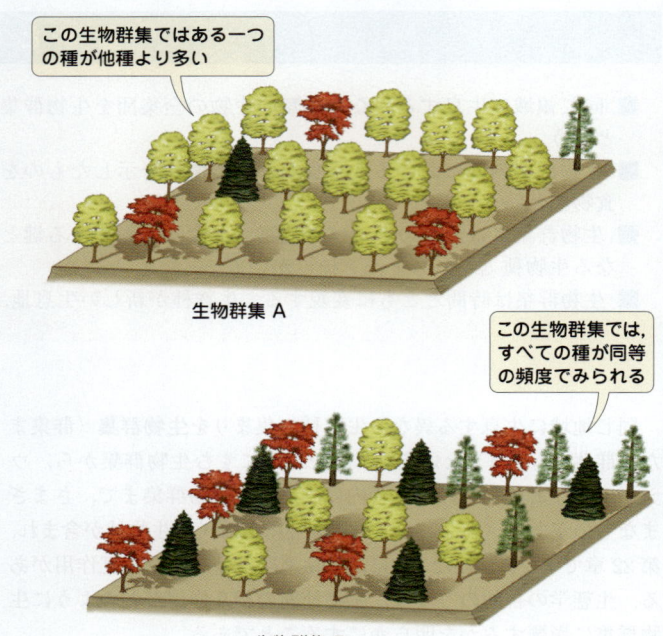

図23・2 どちらの生物群集の多様性が大きいだろうか 生物群集AとBには，同じ4種の木がある．生物群集Aは一つの種が多数派を占めているのに対して，生物群集Bでは4種の木がすべて同程度の頻度でみられる．そのため，生物群集Aは生物群集Bより多様性が小さいとみなされる．

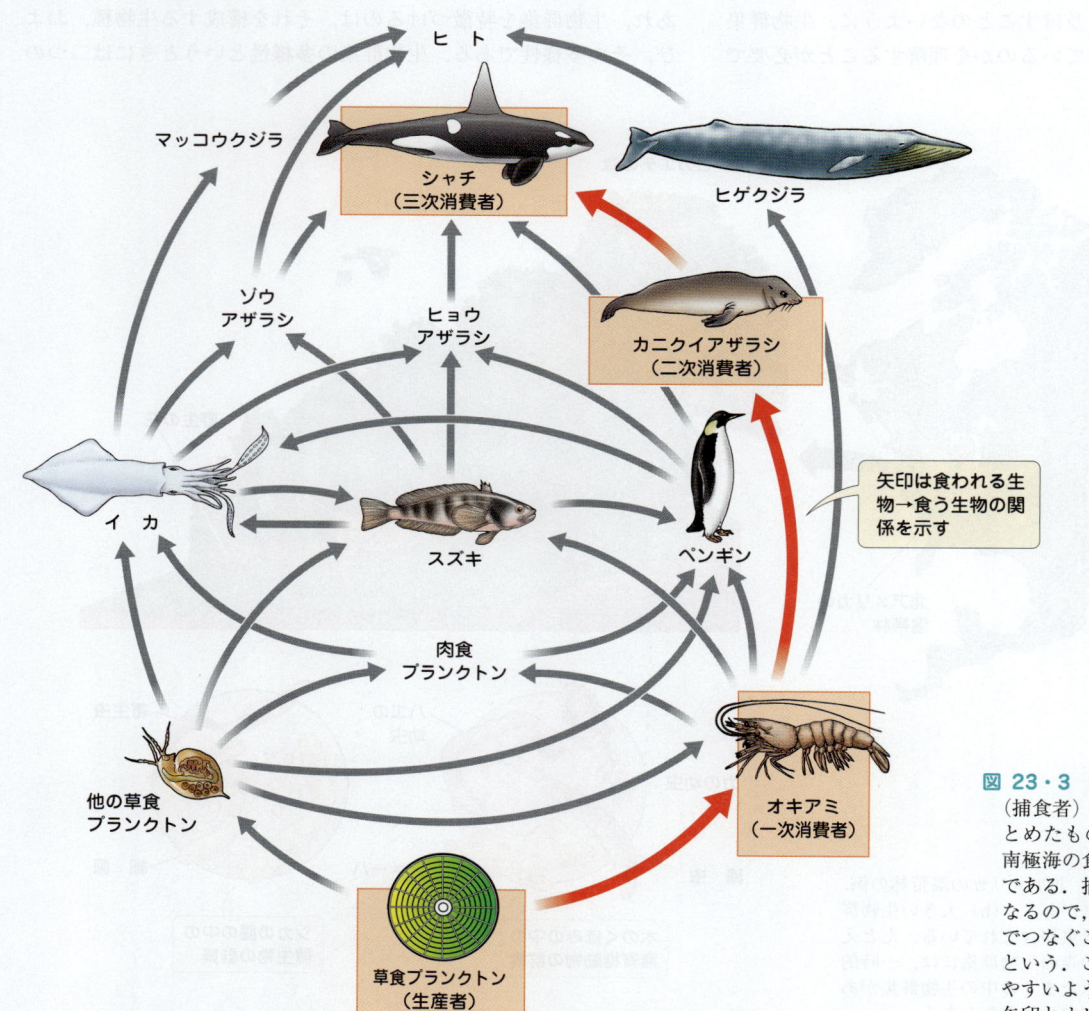

図23・3 食物網 生物群集の中の食う（捕食者）・食われる（被食者）の関係をまとめたものを食物網という．この図は，南極海の食物網を単純化して示したものである．捕食者は別の生物の被食者にもなるので，食物としての流れは一本の線でつなぐことができる．これを食物連鎖という．ここでは，食物の流れを追跡しやすいように食物連鎖を一カ所だけ赤い矢印とオレンジの箱で示している．

物プランクトン，潮間帯や湖の藻類や植物，さらに，深海の熱水噴出孔の硫黄細菌など，多様な生産者がいる．

消費者は他の生物，あるいは，その残骸を餌として食べてエネルギーを獲得する生物である．消費者には，分解者（第24章で詳しく紹介する），あるいは第22章で紹介した共生者，植食者，および寄生者（病原体を含む）も含まれる．ウシやバッタのように生産者を直接食べる生物を**一次消費者**，ヒトや鳥のように一次消費者を（一部でも）餌とする生物を**二次消費者**という．このようにして，他の生物を食べた生物を，また別の生物が食べるという食物網のつながりは連続していて，たとえば，植物を食べたコガネムシをクモが食べ，そのクモを食べる鳥は**三次消費者**となる．図23・3の食物連鎖で，最終的な消費者として示してあるシャチは三次消費者である．

キーストーン種：生物群集に大きな影響を及ぼす生物種

相利共生，消費者-犠牲者の関係，および競争など，生物種間にみられる相互作用は，これまで紹介したサンゴ礁，ディンゴ，およびフジツボの例（第20，22章参照）のように，生物群集中の種の数を大きく左右することがある．さらに，個体数が少ない場合でも，群集中の他の生物のタイプや種数に大きな効果を及ぼすような生物種もみられる．このような影響力の大きな種を**キーストーン種（中枢種）**という．

生態学者 Robert Paine は，ワシントン州の太平洋岸岩場で行った観察実験において，*Pisaster ochraceus* というヒトデ（大型のマヒトデ科の仲間）がその潮間帯の生物群集のキーストーン種であることを示した．彼は岩場に二つの並んだ実験区域を決め，ヒトデをその一方から除き，その隣の区域を対照群としてそのままにしておいた．実験区域内にははじめ18種類の生物がいたが，ヒトデを除いた区域では，ムラサキイガイだけを残して他のすべての種がいなくなってしまった（図23・4）．対照群の区域では，ヒトデがムラサキイガイを食べるので，個体数が低く維持され，ムラサキイガイが他の種を追い出すほど増えることがなかった．

Pisaster は捕食者であるが，捕食者以外の生物種もキーストーン種になりうる．イチジクなどの木，ハクガンやゾウのような植食性動物，ライオンを殺すジステンパーウイルスのような病原体がキーストーン種である例も報告されている．人間もしばしばキーストーン種となり，人間よりはるかに豊富にいる他種の間の相互作用，たとえば昆虫とその食草との関係などに，人が大きな影響を及ぼすこともある．

一般に，生産者であれ，消費者であれ，その個体数が少ないにもかかわらず生物群集に大きな影響を及ぼすものをキーストーン種とよぶ．生物群集の中で最も豊富に存在する生物（たとえばサンゴ礁のサンゴ，あるいは Paine が観察した潮間帯のムラサキイガイなど）もその生物群集に対して大きな影響を与えているが，これらは豊富に存在するという理由によってキーストーン種とはみなさない．

どの種がキーストーン種であるかは予測できないことが多い．群集からある生物種を取除いた結果大きな変化をひき起こし，その生物がキーストーン種であったと後で知ることもしばしばである．たとえば，英国のある地域でウサギを除去したところ，まったく意図していたわけではなかったのに，植物種の豊富な草原が，ほんの数種だけの貧弱な草原に変わってしまったこともある．この変化は，その草原で草の種類を制御していたキーストーン種がウサギであったことを意味している．ウサギがいなくなったことで一部の草だけが増えて，他の植物種を閉め出したのである．

■ **役立つ知識** ■ 石造りアーチ建築で，一番高い位置に入れた，アーチを支える石をキーストーン（keystone）とよぶ．キーストーン種とは，生物群集を構造物に見立てて，同様の重要な役割を果たす種を示す言葉である．中枢種ともいう．キーストーン種を失うと食物網全体の構成が劇的に変化する．

23・2 生物群集は時間とともに変化する

すべての生物群集は時間とともに変化していく．種の個体数が季節ごとに変動することもある．たとえば，米国ノースダコタ州の場合，夏にはチョウが豊富にいても，冬場にチョウが飛ぶことはない．また，年ごとに生物の多様性が変動することもある（第21章参照）．そのような季節ごと，あるいは年ごとの変動に加えて，時とともに，ある一つの方向へと生物群集がゆっくり変化することがある．

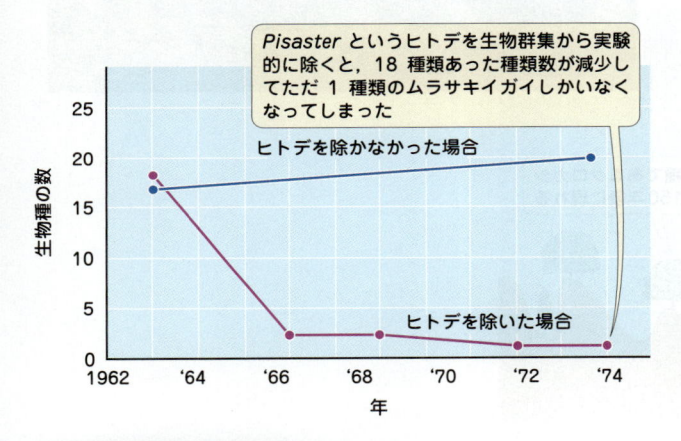

図23・4 **キーストーン種** *Pisaster ochraceus* というヒトデは，ムラサキイガイを食べる捕食者で，他の生き物が岩場の生物群集から排除されるほど，ムラサキイガイが圧倒的に増えるのを妨ぐ．

遷移と撹乱による生物群集の変化

ハワイで火山島が海から隆起したときのように，新しい環境が生まれると，そこで新しい生物群集がつくられる．火事や暴風雨などで撹乱された地域でも，新しい種が現れ，新しい生物群集が生まれる．最初の種は，やがて，後でやって来る別の種に置き換わり，その種もまた，順番に別の種に置き換わることが多い．早く出現した生物種が遅れて来たものに置き換えられるのは，後者が新しくなった環境でよりよく育ち，繁殖しやすいからである．

このように生物群集中の種が時間とともに入れ替わることを**遷移**とよぶ．遷移でどのような種が置き替わるかはある程度予測可能である．(図23・5)．最終的には，生物種がもはや入れ替わらないようになった**極相群落**となる．極相群落は，その土地の気候や土壌条件でほぼ決まる生物群集である．しかし，ほとんどの場合，火事や暴風雨などの**撹乱**が少なからず起こるので，そのたびに生物群集は変化し，極相群落とならない場合が多い．

海底が隆起して島が生まれたとき，氷河が後退して岩や土砂の層が現れたときなど，まったく生物がいない状況から起こる遷移を**一次遷移**という．こういった新しい生息地に移りすむ最初の種は，より速やかに広がり新しい生息地に最初に到着できる，また，新しい生息地での条件下でよりよく成長し繁殖できるなどの，他と比べて有利な特性をもっている．

入植した最初の種によって生息環境が変化すると，それが次の新しい種の繁殖に有利となることも，逆に，初期の移住種がその後の種の侵入を妨げることもある．カリフォルニア州サンタバーバラの岩場の海岸で行われた一次遷移の実験例を紹介しよう．海岸に沿ってコンクリート壁を設置したところ，最初に入って来た

図 23・5 遷移の例 ミシガン湖の南部地域で強風のために砂丘が形成されると，その後，クロカシに覆われた生物群集に向かって遷移する．この遷移は三つの段階を経て起こるが，いったんできたクロカシの群集は12000年もの間維持される．同じミシガンの砂丘でも，局所的な環境条件の違いで，草原，沼地，サトウカエデの森（写真）のように異なる安定な生物群集にも遷移する．

第一段階: 裸の砂地に最初は砂浜に生える雑草のような草が入ってくる．これは速やかに広がり砂丘の動く砂を安定化する

第二段階: 砂丘が草で安定化されたのち，50〜100年後にマツが侵入してくる

第三段階: 優占種であるクロカシがふつう100〜150年後に現れる

ミシガン湖　新しい砂丘　→　古い砂丘

図 23・6 二次遷移 森林の伐採，暴風雨による倒壊，山火事の後でも，森は再び元のように戻る．写真は同じ地点の写真ではないが，1988年にイエローストーン国立公園で起こった大きな山火事の後の再生の様子を示す．(a) 火災の直後．(b) 4年後．マツの若木が成長を始めている．(c) 山火事の起こっていない場所（マツの森林）．

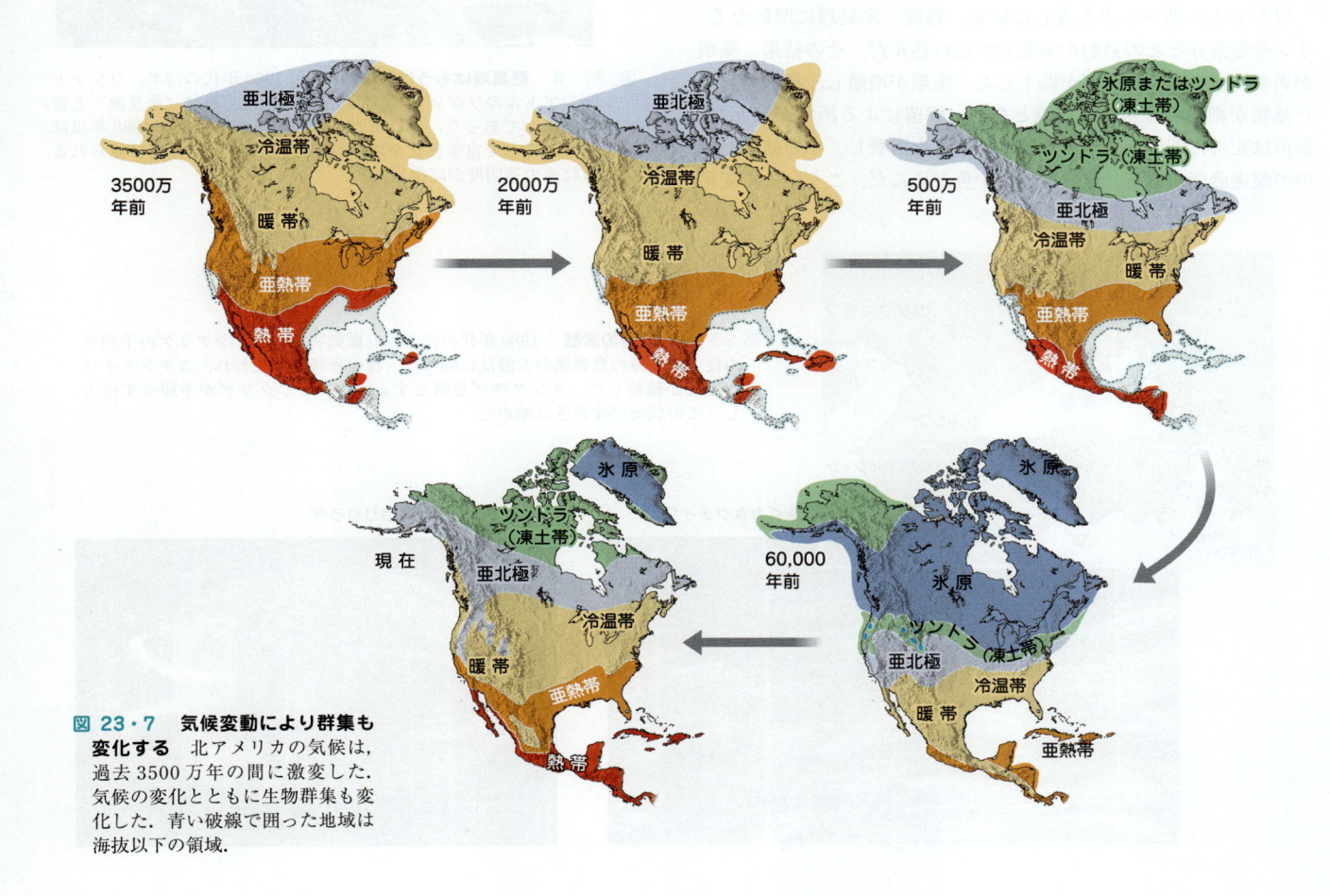

藻類によって，はじめは別種の侵入が妨害されていた．しかし初期の藻類は特殊な環境条件（高温，風，波，植食性動物）の影響を受けやすく，最終的には別の種に取って代わられることとなった．

撹乱から生物群集が回復していく過程を**二次遷移**という．農業をやめた休耕地で自然の植生が回復するとき，山火事の後で森が成長して元に戻るときに相当する（図23・6）．二次遷移の過程は一次遷移とは異なる．なぜなら，よく発達して植物の生育しやすい土壌がすでにあり，また，遷移が進むにつれて登場するはずの植物の種子がすでに土壌中に含まれていて，あまり時間をかけずに，遷移が次の段階へと進行するからである．

気候が変われば生物群集も変わる

異なる生物種でありながら長い期間，同じ生物群集の中で共存するグループがある．たとえば，かつてアジア北部，ヨーロッパ，および北アメリカにまで広がる植物群落があった．過去6000万年の間に地球の気候が寒冷化し，これらの群集中の植物は南方へと移動し，東南アジアおよび北アメリカの東南部において同じような群集をつくったが，その中の生物種の構成は，移動する前のものとよく似ている．

これは，何百万年もの間，生物群集の構成は場所を変えても一定であることを示している．一方で，ある特定の地域に限ってみると，気候の変動のためにそこの生物群集は大きく変化することを意味する．気候の変化は，地球規模の気候変動や大陸移動によってひき起こされる．

まず地球規模の気候という点では，現在の平常気温は，40万年前より暖かくなっている．さらに長い時間でみると，北アメリカ大陸の気候は大幅に変化しており（図23・7），そこに生息する動植物にも大きな変化が起こった．たとえば化石の研究から，現在砂漠となっている北アメリカ南西部は，3500万年前は熱帯雨林だったことがわかっている．このように，地球の歴史では，氷河の前進や後退のように，比較的ゆっくりとしたペースで地球規模の気候変動が起こっている．人間の活動によって，急速な変化をひき起こしつつある今の地球の気候変動とは対照的である（第25章参照）．

大陸移動によっても（図19・7参照）気候が変わる．オーストラリアのクイーンズランドは大陸移動の結果，大きな気候変動の起こった場所である．クイーンズランドは今は南緯12度にあるが，10億年前は北極点近くにあり，約4000万年前には赤道にあった．赤道と北極では，繁殖する生物種は大きく異なり，大陸移動により，クイーンズランドの生物群集は大きく変化した．

■ これまでの復習 ■
1．キーストーン種とは何か．
2．新しい環境に最初に入り込み繁殖する生物種の特徴を述べよ．
3．一次遷移と二次遷移の違いを述べよ．

図23・7 **気候変動により群集も変化する** 北アメリカの気候は，過去3500万年の間に激変した．気候の変化とともに生物群集も変化した．青い破線で囲った地域は海抜以下の領域．

23・3 撹乱からの回復

生物群集は山火事，洪水，暴風雨のような多くの自然の撹乱に見舞われることがある．撹乱ののち，二次遷移により以前の群集へと回復するが，回復に要する時間は，数年から数十年，場合によっては数百年と，生物群集によって大きく異なる．

生物群集は，自然の撹乱に絶えずさらされてきたが，人間の与える撹乱には，たとえば高温の排水を河川に流すなど，これまでとは異なるまったく新しいタイプのものがある．また，人間の活動の結果，山火事や洪水の頻度など，自然に起こる撹乱の頻度を大きく増加，あるいは，減少させることもある．

生物群集は人間がひき起こした撹乱からも回復する

生物群集は人間がひき起こす撹乱から回復できるだろうか．もちろん，答えは"Yes"である．たとえば，米国東部には，森が伐採され農地として利用されたのち，何年かして休耕地となった地域が多くある．農業が行われなくなって40～60年すると，これらの地域には二次成長林とよばれる森が生まれる．二次成長林はもともとあった森と同じではなく，木の大きさも種類の豊富さも異なり，一度も伐採されたことのない原生林に比べると植物の種類も少ない．しかし，米国東部の二次成長林では一部，元の森林が回復しつつある兆しがあり，この傾向が続けば，数百年後には，おおもとの原生林の森に似たものになると考えられている．

公害から回復した生物群集の例も知られている．シアトルのワシントン湖の例を紹介しよう．シアトル市の人口が増えたとき，多量の未処理の汚水がこの湖に注ぎ込まれた．この排汚水は1926年以降減少し1936年には止まったものの，1941年には新たに建造された下水処理場から下水がワシントン湖に捨てられ始めた．

ワシントン湖へ下水を流した結果，処理・未処理に関係なく，リンや窒素分などの過剰な栄養分が流れ込んだ．その結果，藻類が異常繁殖し水の透明度が低下した．藻類が増殖し，そして死んだ藻類が細菌の豊富な栄養源となり，細菌による汚染が進んだ．細菌は死んだ藻類を分解するときに酸素を消費し，その結果，水中の酸素濃度が低下，無脊椎動物や魚が死んだ．こういった変化

図 23・8 **悪臭湖はもういらない** (a) 1960年代の前半，ワシントン州シアトルのワシントン湖は汚染され，地方紙に"悪臭湖"と書かれるほどであった．(b) 下水からの栄養素の流入を1986年以降なくしたことで富栄養化が解消し，この2004年の写真に見られるように水の透明度が回復した．

図 23・9 **黒海の変貌** 1980年代の後半，有櫛動物であるクシクラゲの予期せぬ侵入で黒海の食物網が大混乱に陥った．種の多様性が失われ，カタクチイワシ漁業が破綻した．クシクラゲを餌とする肉食のウリクラゲが予期せず侵入し，この状況が改善され始めた．

泳ぐカタクチイワシ　　　　クシクラゲを食べるウリクラゲ

図 23・10　過度の放牧で草原が砂漠化する　(a) 200 年以上昔は，米国南西部の広い地域が乾性草原であった．(b) その草原は，過度のウシ放牧で低木のみの砂漠地帯に変わった．

は，水が**富栄養化**によってどのように壊滅的な影響を受けるかを示す典型的な例である．富栄養化は，農地からの肥料の流出や下水排水によって起こることが多い．

1960 年代初頭のワシントン湖はひどい状況で，地方紙に"悪臭湖"と書かれるほどであった（図 23・8）．1963 年から 1968 年にかけて，少しずつ湖への下水排水の量が減らされ，1968 年には完全になくなった．その結果，藻類の繁殖が減り，酸素濃度は上昇，ワシントン湖は以前の透明な湖に戻った．

他の例も紹介しよう．北アメリカのエリー湖やユーラシアの黒海も，人間の活動による撹乱から回復の兆しを示している．1980 年代，黒海の富栄養化が進んだ．黒海の状態は，北アメリカのクシクラゲ（有櫛動物の一種，貨物船の空荷代わりに入れるバラスト水に混ざって移入された可能性が高い）が侵入したことによって，さらに悪い状況だった．クシクラゲは，食欲旺盛な捕食者で，カタクチイワシやその他の魚の餌となるはずのプランクトンを盛んに食べた（図 23・9）．黒海にはクシクラゲの餌が豊富にあり，捕食者も少ない環境であったために，激増し，代わりにカタクチイワシの個体数が落ち込んで，トルコの漁業は破綻した．

この状態は，わずか 10 年で改善された．黒海への栄養分の流入を減らしたことで海の富栄養化の進行が止まり，また，たまたまクシクラゲを食べる捕食者（ウリクラゲ）が侵入した（これもバラスト水が原因と考えられる）ことでクシクラゲの数は激減した．そして，カタクチイワシの個体数が回復した．

人間の活動は生物群集に対して長期にわたる損傷を与えることがある

ワシントン湖や黒海の複雑な生物群集が，人為的な撹乱から速やかに回復できたことは嬉しい例である．しかし，そういった早い回復がいつもみられるわけではない．

ミシガン州北部のシロマツとアカマツの広大な森林の例を紹介する．1875 年から 1900 年にかけて，ほとんどの木が伐採され，元の形の森はわずかに散らばって島状に残っただけである．しかも伐採後に残された大量の林地残材（未回収の小枝や木材）のために，大きな山火事を起こしやすくなった．ミシガン州のマツ林のなかには，伐採と火事のために二度と元に戻らない地域もある．

熱帯雨林の多い南アメリカと東南アジアでも，同じように，伐採と山火事のために全体が草原へと変化した地域がある．生態学者の試算によれば，元の熱帯林に戻るのに数百年から数千年の年月が必要だろうと推定されている．

最後の例として，米国南西部のウシの放牧地を紹介する．過度の放牧で乾性草原が灌木しかない砂漠地帯に変わっている（図 23・10）．ウシがどうしてそんな大きな変化をひき起こすのだろうか．放牧されたウシは草を食べ，地面を踏み固めることで，生物群集の中の草の量を減らす．地面を覆い，土壌をそこへ保持する草が減ると，土は乾燥して，侵食されやすくなる．砂漠の灌木は，このような条件でも繁殖できるが，草は生えなくなる．土壌が変わってしまうと，放牧をやめても再度草原に戻すのは非常に難しい．

過度な放牧は乾性草原へ大きな影響を与えるが，では，原子爆弾の爆発と比べてみた場合どうだろうか．1945 年 7 月 16 日，ニューメキシコ州で世界初の原子爆弾の爆発実験（トリニティ実験）が行われた（図 23・11）．50 年後，この爆発で破壊された（ただし，一度も放牧されたことのない）草原は回復している．対して，実験場から遠くない草原で，過度の放牧を受けた場所

図 23・11　トリニティ実験場　1945 年 7 月，ニューメキシコ州のトリニティ実験場で世界初の地上の原子爆弾の爆発実験が行われた．50 年後，爆発で破壊された草原は，ウシの放牧が行われた草原より早く回復した．

（ただし，原子爆弾の爆発の影響はない）の草原は回復していない．植物群集は，放牧よりも原子爆弾の影響からの方が速やかに回復できるのである．生物間の相互作用が自然の生物群集にいかに強く影響するかを示す印象的な例である．

生物群集の変化と人にとっての価値

人間の活動は，広い範囲で急速な生物群集の変化をひき起こすことがある．もちろん，自然の撹乱も同じように広い範囲で起こり，たとえば6500万年前に起こった小惑星の衝突は，最後の恐竜を含む多くの生物の急激な絶滅の原因になった（第19章参照）．しかし，ある意味で，人がひき起こす生物群集の変化は，自然のものとは大きく異なる．私たち人類は，私たちの行動の結果について検討を加えることができるし，その検討結果をもとに，本当に行うべきか否かを判断できるからである．自分の行動を制御できるという人類特有の能力は，生物群集に大きな変化をまねくほどのみずからの力を賢く用いる責任を伴っている．

生物群集を衰退・破壊するような人間の行為の是非についての議論を紹介しよう．生物群集を破壊すると，生物を殺し，これまで数千年も続いてきた群集を変え，種を絶滅させるほどの脅威となるかもしれない．欧米でのアンケート調査によると，生物の個体・群集・種に対するそのような人間活動は多数の人が受入れ難いと考えている．

人間がひき起こす変化によって，生物群集の美しさが奪われるという考え方もある．たとえば，熱帯雨林の動植物が独特の美しさをもっていることは，多くの人が認めるところであろう．私たちの活動で熱帯雨林が破壊され，導入された草が取って換わったとき，私たちは，現在，および将来の人々から，その森の美しさを鑑賞する権利を奪うことになるだろう．

最後に，生物群集を人為的に変えることで失われる経済的損失について考えてみよう．草原が砂漠に変わると，経済的な価値は

生物学にかかわる仕事

自然を考えたデザイン

庭園，人工池，道路を作ったり，長期的な街造り計画を練るとき，私たちは自然の環境をどのように変えるか考慮するだろう．こういった人間の活動によって，既存の生物群集が変化し，あるいは，新しく再構築されることになるからである．この課題について，ニューヨーク市のブロンクス動物園で働く造園設計デザイナーのCarlyn Worstell氏にたずねた．

■ **造園設計とは何ですか？** 屋外空間を設計することです．私は自然と環境に興味があったので，この造園設計デザインの仕事に惹かれました．

■ **動物園の景観を設計するうえで何に一番気を使いますか？** 動物にとっての生活環境と安全性です．そして，動物の最も自然な行動を引き出せるような環境を作ることです．景観の美しさ，道路設計や来訪者の園内での流れなども考慮します．また，教育上の効果も考えて，子供や来園者にアピールできるものでなければいけません．

■ **再現するのに難しい生物群集がありますか？その理由もお聞かせください．**
ここニューヨーク市では，砂漠や熱帯の群集を再現するのが難しいです．リアルに見える環境をつくるためには，ニューヨーク州原産の類似した植物を使います．似せるために植物を剪定することもあります．屋内展示の場合，人工的に温度や湿度を調節しなければなりませんが，エネルギー効率の問題があり，簡単ではありません．動物園は，野生生物を守りながら，また，地球の資源を守ることも必要なので．

■ **今まで最も大変だった仕事，または印象に残っている仕事は何ですか？** 私は現在，1911年頃の歴史的建造物を使っての室内規模のLEED設計（環境対応評価システム）にかかわっています．歴史的な建造物は外観は変えられないのですが，屋内で大規模なマダガスカル島の動物展示を行おうとしています．エネルギー節約のためには照明を低くしますが，植物の生息のためには高い照度が必要です．これが一番大変です．

ここで紹介した職業

Carlyn Worstell氏は，仕事上，動物とその生息する群集を理解する必要がある．展示物の建設では，自然の生物群集に似せてそれをゼロから再現する．その作業は，地上の環境と動植物を運び込むために機械が使われ，群集の遷移の多くのステップを飛び越えることになる．ただし，その後の遷移や生態学的な変化を完全に回避することはできない．動物が地面を掘ったり，植物を引っかいたり食べたりもするので，展示される植物は，動物が運び込まれる以前に導入して定着させておかなければならない．不必要な種，展示したい植物より優勢となる他の植物種の侵入を防がなければならないし，水質を検査したり，あまり状態の良くない動植物の世話をしたり，交換する必要もある．他の生物群集と同じで，動物園の展示も動的な変化をするので，そこに生息する動物に必要となるものを確実に提供し続ける作業は，大変だが，やりがいのある仕事でもある．

ブロンクス動物園のユキヒョウ
中央アジアの高山に生息し，モンゴルからネパールの地域におよそ5000匹だけが生存している絶滅危惧種である．約600匹のユキヒョウが世界中の動物園で飼育され，繁殖にも成功している．

失われる．砂漠よりも草原の方が，放牧を可能にする植物資源が豊富にあるからである．私たちの行動が生物群集に長期的な損害を与えるとき，一般に，それが長期的な経済的損失につながる危険性があることも考えなければならない．

生物群集は，常に自然と人間の活動による撹乱の両方にさらされている．人間社会は，生物群集のもつ美的価値，経済的価値を維持しながら，地球の変動する生物群集をうまく制御できるのだろうか．環境への影響を小さくして，屋内外の領域を利用する方法を開発すること（前ページ"生物学にかかわる仕事"参照）は，その目的の達成につながるであろう．人類が環境に与える影響を軽減させる取組みについては，再び，インタールードEで紹介する．持続可能な社会をどう構築するか，それを再度検討しよう．

学習したことの応用

導入種：島の生物群集を気づかれる前に破壊する

ハワイ諸島は地球上で最も隔離された列島の一つである．大陸から遠く離れているので，他の生物群集の生物種がそっくりそのままハワイにたどり着いてすみ始めることはない．たとえば，元から生息するアリやヘビはいない．哺乳類も，飛んで来ることができたコウモリ1種だけである．

ハワイ諸島にたどり着いたわずかな種の生き物にとって，新環境には以前の群集にいた大半の生物がいないことになる．生息地が十分に広いこと，競争種がいないことから，新しい多くの種の進化が起こった．たとえば，今日のハワイ島のシルバーソードとよばれる植物種には，多様な形に進化したものがあって，さまざまな場所に適応して生息しているが（図23・12），遺伝子解析からすべて単一の祖先から進化したものであることがわかっている．現在，ハワイ諸島では，他の動植物も多くの新種を生み出し，特有の生物群集をつくり上げた．

約1500年から2000年昔に人間がハワイ諸島にやって来たときから，ハワイ独特の生物群集は，生息地の破壊，狩猟，および導入種（移入種ともいう）などによって存在を脅かされ続けている．これらの脅威のうち，導入種の影響は最も見すごされやすい．というのは，導入種は，見えない所で，静かにその破壊的な影響を及ぼすからである．たとえば，新しくアルゼンチンから導入されたアリは，元からいた昆虫を絶滅に追い込んだが，経験を積んだ生物学者でもそのアリが絶滅の原因であったと気づくのには何年もかかった．

島の生物群集の場合，導入種によってひき起こされる影響は特に大きい．比較的少数種の生物が生息し，ほかから隔離されて進化してきたために，大陸から人々によってもたらされる新しい捕食者や新しい競争種に対抗するための手だてがほとんどないからである．さらに，導入種にとっては，前の大陸の群集にいたはずの捕食者や競争種がいないので，新しい環境で劇的にその個体数を増加させ，広く侵略する可能性が高い．

導入種は生物群集の全体を破壊することすらある．たとえば，ハワイ土着の植物で山火事に適応しているものが少ない場合，山火事の頻度やその大きさを変えるような導入種は破壊的な影響を与えるであろう．本章の冒頭にあげた例，ヒゲクサがハワイ火山国立公園に侵入した後の影響を思い出していただきたい．山火事の頻度が5倍以上に増え，平均焼失面積は960倍以上に増えた．

ヒゲクサの侵入によってなぜこのような変化が生じたのだろうか．ヒゲクサが成長して繁茂すると，それが枯れた後に大量の乾いた草が残る．容易に火がつき，いったん燃え出すと，ヒゲクサのない場合よりも高い温度で燃焼する．また，ヒゲクサは大規模な高温の山火事から回復しやすいが，もともと乾燥林にあった木や灌木類はそう容易には回復できない．その結果，以前の森林地帯が，ヒゲクサなどの火災を起こしやすい導入種で覆われた草地に変わってしまっている．

ハワイの乾燥林の生物群集は破壊され，永久に元には戻らないであろう．現在，生態学の専門家は，ハワイ原産の木や灌木を含む，火災に強い新しい生物群集をつくろうと努力している．この挑戦は難しく，成功するかどうかはわからない．失敗すれば，かつての森林は，永遠に導入種だけの草地となってしまうだろう．

図 23・12 一つの祖先から生まれた多様な植物
ハワイのシルバーソードはハワイ諸島でだけみられる特有種である．遺伝子の解析から多様なハワイのシルバーソードは単一種の祖先から進化したことがわかった．写真に示した3種類のシルバーソードは，緊密な類縁関係にあるものの，非常に異なる環境に生息し，形態上も大きく異なる．

章のまとめ

23・1 種間相互作用が生物群集へ及ぼす影響
- 食物網とは，生物群集の中でどれがどれを食べるかという食物連鎖の関係を組合わせまとめて表現したものである．
- 生産者は，太陽のような外部の源からエネルギーを獲得する．消費者は，他の生物を食べることによってエネルギーを獲得する．生産者を食べるものを一次消費者，一次消費者を食べるものを二次消費者という．
- 個体数は少なくても，生物群集の種構成に大きな影響を与える生物種をキーストーン種という．
- キーストーン種は，生物群集内の個体間相互作用を変化させることで，群集のタイプや種多様性を変える．

23・2 生物群集は時間とともに変化する
- すべての生物群集は時間とともに変化する．
- ある方向への比較的ゆっくりとした群集の変化には二つの原因，遷移と気候変動がある．
- 新しく生まれた生息環境で起こるものを一次遷移，撹乱から回復する生物群集において起こるものを二次遷移という．
- どのような地域の気候も，地球規模の気候変化や大陸移動によって大きく変化しうる．それが生物群集の変動の原因となる．

23・3 撹乱からの回復
- 生物群集は，自然の，あるいは，人為的に起きた撹乱から回復できる．回復に要する時間は，数年から数十年あるいは数百年と大きく異なることがある．
- 富栄養化による水質の悪化は，原因の富栄養化問題の解決で好転する．
- 人間がひき起こした撹乱から生物群集が回復するのに，何百年・何千年もの長い期間を要することがある．
- 私たちは人間活動の影響を検討し，その結果によって何をすべきか決定できる．この点で，人間がひき起こす生物群集の撹乱は，自然との撹乱とは異なる．生物群集の美しさ，また，その経済的価値を減少させないように，私たちのとるべき道を選択できる．

復習問題

1. 以下の事柄が生物群集にどのような影響を及ぼすかを述べよ．
   - (a) 種間相互作用　　(c) 気候の変化
   - (b) 撹　乱　　　　　(d) 大陸の移動
2. 一次遷移と二次遷移の違いを述べよ．
3. ある生物種の存在が環境にどのように影響するか，たとえば山火事の発生頻度をどのように変えるか，例をあげて説明せよ．
4. 森林に対して人間がひき起こす撹乱について，以下の二つの例で考察せよ．
   - (a) すべての木が伐採されたが，土壌や低灌木類はそのままの残ったとき．
   - (b) 木は伐採していないが，降雨によってもたらされた汚染物質が土壌の化学的性質を大きく変えて森林が消失したとき．健全な生物群集への回復により長い時間が必要なのはどちらか．解答に至った推論，達した結論の根拠も述べよ．
5. 人々が自然の生物群集を大きく変化させ，その群集が回復するのに数千年もかかるとしたら，あなたはその行為をどう判断するか．受入れることができるか．理由とともに述べよ．
6. キーストーン種と，生物群集中で最も豊富に存在する種，あるいは最優占種との違いについて説明せよ．

重要な用語

生物群集（p.393）　　　　三次消費者（p.395）
多様性（p.393）　　　　　キーストーン種（中枢種）（p.395）
食物連鎖（p.394）　　　　遷　移（p.396）
食物網（p.394）　　　　　極相群落（p.396）
生産者（p.394）　　　　　撹　乱（p.396）
消費者（p.395）　　　　　一次遷移（p.396）
一次消費者（p.395）　　　二次遷移（p.397）
二次消費者（p.395）　　　富栄養化（p.399）

章の復習

1. 個体数が少なくても生物群集の構成に大きな影響を与える種を何とよぶか．
   - (a) 捕食者　　　　(c) キーストーン種
   - (b) 植食者　　　　(d) 優占種
2. 他の生物を食べることなく，無機的な外部エネルギーから自分自身の食物をつくることのできる生物を何とよぶか．
   - (a) 供給者　　　　(c) 生産者
   - (b) 消費者　　　　(d) キーストーン種
3. 生物群集は，
   - (a) 撹乱から回復することができない．
   - (b) 自然の撹乱からは回復できるが，人的な撹乱からは回復しない．
   - (c) すべてのタイプの撹乱から回復できる．
   - (d) すべてではないが，自然や人的な撹乱から回復することがある．
4. ヒゲクサがハワイへ導入された結果何が起こったか．
   - (a) 森林・灌木類の増加
   - (b) 火災の頻度が増え，その規模も大きくなった．
   - (c) 森林・灌木類の減少
   - (d) 乾燥林から草原への転換
5. 群集内の種がしだいに入れ替わり，一定の方向へ変化することを何とよぶか．
   - (a) 地球規模の気候変化　(c) 競　争
   - (b) 遷　移　　　　　　　(d) 生物群集の変化
6. 他種への置換が起こらなくなった生物群集を何とよぶか．
   - (a) 一次遷移群落　　(c) 競争群落
   - (b) 極相群落　　　　(d) 撹乱群落
7. 群集の中で，誰が誰を食べるかという種間の関係を何とよぶか．
   - (a) 生活史　　　　　(c) 食物網
   - (b) キーストーン関係　(d) 食物連鎖
8. 水中の栄養分が増加して，細菌が増え，酸素濃度が低下することを何とよぶか．
   - (a) 富栄養化　(b) 撹　乱　(c) 肥沃化　(d) 栄養過剰

ニュースの中の生物学

Shrinking Number of Fish Is Bad Sign
BY RAY GRASS

魚数の減少は悪い前兆

いったん手を加えてしまったものを元に戻すことは容易ではない．魚を例にあげてみよう．外来魚が在来魚を駆逐した場所があるが，その場合，在来魚を導入種と競合できる水準まで増やさなければならないが，それは容易ではない…

ユタ州内の湖で見つかる魚の大半は1800年後半から1900年前半にかけて放流された導入種（スズキ，コイ，ナマズに至るまですべて）で，結局，コイ科の在来種ジューンサッカーはほとんど消えてしまった．現在，野生生物局のローガン漁業実験所がユタ州の湖に魚を戻す活動をしている．かつて多くいた見た目の変てこなこの魚が絶滅寸前の危機に瀕している．

…どうして，ほとんど見かけることがなく，釣りの対象にもならない魚が災難に見舞われたのだろうか．ユタ州に特有のこの在来魚は，"炭鉱のカナリア"といわれることがある．これまで何世紀にもわたって生き残ってきた在来種が災難に見舞われているならば，それは水環境に何か問題が起こったことを示し，人間にとっても危険な兆候と考えられるからである．魚はこの生息環境に何か問題が起こったことを伝えている．私たちはそのことに注意を払う必要があろう．

米国地質調査所（USGS）の調査によれば，米国西部12州の魚のうち1/5の魚が外来種で，半数以上の河川でその外来種が確認されていることが明らかになった．調査した全長650 kmの河川の約11％で完全に在来種はいなくなり外来種ばかりになっていた．USGSの研究者Scott Bonar氏によれば，外来種はすべての河川域で発見されているという．この外来種は，必ずしも遠方から持ち込まれたものではなく，北米大陸の種である．その多くは，趣味の釣りの対象となる大型種の魚の餌として，または，西ナイル熱（第21章の"ニュースの中の生物学"を参照）対策でカの駆除のために導入されたものである．人為的に生物群集の種組成を変えると，何が起こるのだろうか．生物群集は，それまでとあまり大きくは変わらないまま残ることが多いが，絶滅の瀬戸際に立たされたり，一方では，新しく優位に立つものもいる．しかし，多くの種の個体数が減り，生物群集内の種数が減少するといった極端なケースもある．

逆に，人間の活動によって種数が増加する場合もある．Scott A. Smith氏は，パナマ運河建設直前に実施された詳細な生物学的調査があったので，その後どのように変化したかを分析してみた．その結果，リオチャグレス川（大西洋側）とリオグランデ川（太平洋側）の魚に関しては，パナマ運河ができたことによる影響は良いものだった．両方とも種が絶滅することはなく，リオチャグレス川の一部の魚はリオグランデ川にうまく定着し，リオグランデ川の魚もリオチャグレス川に定着した．

この調査結果は，生物群集は常に飽和した状態であると考えていた生態学者を驚かせた．もし生物群集が飽和状態にあれば，環境内の食料源や空間は，すでにいる群集内の種によってすべて使われていることになる．この考えからすると，新規参入者が在来種に置き換わらないと，つまり在来種が絶滅しない限り，導入種は定着できないことになるからである．しかしSmith氏の調査結果によれば，パナマの二つの川の種数は実際には減らず，逆に，増えたことになる．Smith氏は，中立的なグループで構成される群集があると結論づけた．その群集を構成する種は，導入種が在来種を絶滅させるほど，厳密には環境に適応しておらず，食物網が完全には固定されていなかったと考えている．

このニュースを考える

1．Smith氏の研究結果を考慮すると，ユタ州の住民はジューンサッカーやその他の在来種の魚が減少した点を憂慮すべきだろうか．あなたの考えを述べて説明せよ．

2．あなたが，地球温暖化問題や海の漁獲量減少など，複雑な地球環境問題について政策を決定する立場にあったとしたら，人間活動が将来悪影響を与える可能性を避けるために，現在，何かしら断固たる行動をとるべきと考えるか．問題となっていることが，将来，心配されたほど深刻でないことが判明することもある．その場合，断固たる行動をとることによって，必要以上に資金を無駄にする危険もある．その可能性も考慮して検討せよ．あるいは，まずは少ない資金でより詳細で正確な情報を得られるまで待機して，その情報を待ってから断固たる行動をとる方がよいだろうか．この場合，その間に問題が深刻化する危険性があり，断固たる行動を早くとっていたときに比べて，修復により大きな犠牲が生じることもある．

出典：Deseret Morning News紙，ユタ州ソルトレークシティー，2007年10月4日

24 生態系

Main Message
物質は生態系の中で循環し，エネルギーは生態系の中を一方向に流れる．人間，および他の生物は，生態系サービスなしでは生きられない．

無料の昼食があるだろうか

今度一杯の水を飲むときに，その水がどこから来ているか，考えてみるとよいかもしれない．河川水，湖水，または貯水池などの地上の水源地から来るのだろうか．それとも地下深くから来るのだろうか．また，安全な飲料水はどうやって供給されているのだろうか．その事実を知らない人が多い．

ニューヨーク市を例に考えてみよう．ニューヨーク市の住民800万人が使う水のうち，90％はキャッツキル水系，10％はクロトン水系から供給されている．この二つの水系を合わせて，19個の貯水池，3個の湖水があり，合計22億tの水を蓄えている．そこから毎日500万t以上の水が，バスも通れるほどの巨大な上水道管を使って運ばれている．

長い間，ニューヨーク市民は無料で高品質の水を飲んでいた．土壌の微生物や植物の根などのはたらきで，つまり，水源地にある自然の森の浄化作用によってきれいな水がつくられていたからである．しかし，1980年代後半から，下水からの汚物排水，農地の肥料，殺虫剤，また，石油の使用で排出される公害物質の影響で，自然の浄水能力が低下し，水の品質が悪くなってきた．この問題を解決するのには莫大な費用が必要であった．

水の汚染に対処する標準的な方法は，浄水施設を作ることである．ニューヨーク市が米国環境保護庁の制定した水質基準に反していたこともあったので，クロトン水系に浄水施設をつくることはすぐ決定された（推定費用は3億ドル）．しかし，キャッツキル水系に施設を設置する費用の捻出についてはニューヨーク市はためらっていた．処理施設の建設経費が，はじめに60〜80億ドル必要で，さらに毎年3億ドルの必要経費が見込まれたからである．費用のかからない方法はないものだろうか．

解決策があった．1990年代初め，ニューヨーク市は15億ドルの費用で単純で簡単で野心的な計画を実践した．まずキャッツキル水系の河川沿いの土地を購入して，その土地が不必要に開発されないようにした．また，水中への肥料，殺虫剤，他の公害物質などの流入を最小限に抑える工夫をした．水源地の環境を保護することで，再びきれいな水が供給されるようにしたのである．さらに，市は新しい雨水排水設備や汚水処理場をつくり，既存の施設の改善，環境に優しい開発計画を推進するようにした．

この問題はニューヨーク市だけに限られたことではない．土地開発が進み，自然の水の浄化作用が低下する問題は，世界中で起こっている．もう一つの似た事例，民間企業が行っている取組みを紹介しよう．ペットボトル飲料水の販売で知られるペリエ・ヴィッテル社は，1980年代後半から，公害物質による水質低下を心配していた．それが数年後に現実のものとなり，ベンゼン（ガソリンに混入している発がん物質）の汚染のために，保管していた水をすべて廃棄することになったのである．こういった場合，別の新しい水源地から水を採取するのがふつうの方法である．しかし，ペリエ・ヴィッテル社は，環境保全のために900万ドルの資金を投資し，水を守るために土地を購入し，肥料と殺虫剤の使用を減

ニューヨーク市の給水システム ウッドストック近くのキャッツキル保安林に位置するアショカン貯水池は，ニューヨーク市に水を供給する貯水池の一つである．

らす合意を農民と得ることにした．
　ニューヨーク市やペリエ・ヴィッテル社の例にあるように，きれいで新鮮な水を入手できるという点で，"無料の昼食"があるのは事実である．では，生態系が新鮮な水を供給できるのは，どのようなしくみだろうか．人だけではなく，他の生物も，生態系から恩恵を受けているのだろうか．人間の活動が，自然のサービス機能を危機にさらすとすれば，どのような場合だろうか．この質問に答える前に，健全な生態系とは何か，それがどのような作用をもつのかを理解する必要がある．特に，エネルギーと物質が，どのように生態系の中で，つまり，生物とそれ以外の非生物的なものとの間で交換されるのか，また，生物の食物連鎖を介してどのように移動するのか，理解することが大切である．周囲の生物的・非生物的環境，および，その複雑なネットワークが，私たち個々人の生活にどのように影響を与えているのか見ていこう．

基本となる概念

■ 生態系とは，生物群集と，それを取巻く物理的・化学的環境を合わせたものをさす．エネルギー，物質，生物は，生態系の間を移動する．
■ 生産者によって，太陽から生態系へとエネルギーが取込まれる．エネルギーは，食物連鎖の過程で代謝熱として失われ，生態系内でリサイクルされて使われることはない．
■ 地球上の栄養源となる元素（栄養素）の量は一定で上限がある．生物と物理的環境の間で栄養素が循環することによって生命が維持される．人間の活動は生態系での栄養素の循環に影響を及ぼしている．
■ 栄養循環など，生態系から人間社会に提供されるものは，代価ゼロのサービスといえる．人の文明は，このような生態系のサービスに依存している．

　生物が生きるためには，代謝を行うためのエネルギーと，体を構成する物質が必要である．生物が直接・間接的に使うエネルギーの大半は，毎日豊富に地球に届く太陽エネルギーに由来する．一方，私たちの体をつくっている元素である炭素，水素，酸素などは，他の宇宙空間から隕石としてやってきたものはわずかで，もともと地球上にあった．つまり，生物が利用できる物質は地球上には一定の量しかなく，生命を維持するためには，物質を循環させる必要がある．この章では，生命の重要な二つの側面，エネルギーと物質について紹介しよう．エネルギーと物質が生態系でどのように使われているのか，生態系生態学の分野について学ぼう．

24・1　生態系の作用

　生態系は，生物群集と，その生物が生息している周囲の化学的・物理的環境を合わせたもので，大きく，生物的環境と非生物的環境の二つに分けられる．**生物的環境**とは，互いに何らかの関係をもった生物の集団（原核生物，原生生物，動物，菌類，植物）をいう．そのまわりの物理的環境（大気，水，地殻など）が**非生物的環境**である．生態系の範囲や境界線は明瞭でないこともあるが，生態学的には，機能的な境界線，つまり，生物群集によってエネルギーがやりとりされる範囲を目安にして生態系の領域を区別する．

　生態系には小さなものも非常に大きなものもある．たとえば，原生生物がたくさんいる水たまりも，太平洋も生態系である．また，小さい生態系は，それより大きく複雑な生態系の一部となっている．たとえば，地球規模で循環する空気や水を考えるとき（第20章参照），世界中の生物は，一つの巨大な生態系，すなわち生物圏（バイオスフィア）の一員と考えることができる．生物，エネルギー，および物質は，生態系から生態系へと移動するものなので，規模の大小にかかわらず，生態系の研究は単純ではない．

　図24・1に生態系の概要を示す．橙と赤の矢印がエネルギーの流れを示す．食物連鎖（図23・3参照）の過程で，生産者によって獲得されたエネルギーの一部は代謝熱，つまり，細胞内で起こるさまざまな化学反応の副産物として失われる（赤矢印）．生産者も消費者もすべての生物が，細胞呼吸（第7章参照）を行い，食物分子を分解することでエネルギーを得るが，このときに代謝熱が放出される．生き物が放出する代謝熱はけっして少なくない．小部屋で人が混雑していると，すぐに暑くなることはあなたも知っていると思う．これが放出された代謝熱である．生物のエネルギーは熱として着実に失われ，そのエネルギーは生態系の中を循環することなく，生物から非生物環境へと決まった方向に流れる．太陽の光として地球の生態系に入り，代謝熱として消え去る．

　エネルギーとは対照的に，生物にとって必要不可欠の化学元素，つまり，栄養源となる元素（**栄養素**）の大部分は，生物と物理的環境との間で循環する．地球全体の生物圏で考えると，太陽から光のエネルギーが絶え間なく流れ込んでいる一方で，化学元素はある決まった量が，陸地，水，および空気を通して生態系へと供給されている．栄養素は，岩石や鉱物の中から土壌や水中に溶け出し，生産者，消費者，分解者へと渡され，最後に再び非生物の世界へと戻される．太陽光エネルギーのように日常的に地球外から受取るしくみはないので，生態系内で，あるいは生態系と生態系の間でやりとりされている量は限られている．図24・1の青い矢印が示すように，栄養素は，生産者によって環境から吸収され，消費者の間をさまざまな速度と時間で循環し，最後に，生物の死体を分解する最終消費者（分解者）の手によって非生物環境へと戻される．このような生物，非生物の世界の間での化学元素の循環を，生態学や地球科学の分野では，"栄養循環"また

■ **役立つ知識** ■　ヒトや他の動物で，"栄養源"や"栄養素"とは，ビタミン，無機塩類，必須アミノ酸，および必須脂肪酸などをさす．この章では，生態系にある"栄養元素"あるいは"栄養素"を，生物にとって必須とされる元素種という意味で用いる．

は"生物地球化学循環"という．

　生態系の中で，生物と非生物環境をつなぐ，物理的，化学的，生物的プロセスを生態系プロセスとよぶ．たとえば，光合成によるエネルギーの獲得，代謝熱としてのエネルギー放出，分解者による生物体の腐食，生物から非生物環境への栄養素の移動，これらは，すべて生態系プロセスである．生産者は生態系プロセスに特に大きな影響を及ぼす存在で，どのような生産者がどのような活動を行うかで，その生態系の特徴が決まる（図24・2）．そのため，一般に，生産者のタイプや生産者がサポートする消費者の種類を使って生態系を分類することが多い．藻池，塩性湿地，草原，落葉広葉樹林などは，エネルギーを獲得し消費者へと供給する生産者のタイプで分けた生態系の名称である．

　エネルギーの流れと栄養素の循環，この二つの生態系プロセスに焦点を絞ることで，生態系のしくみが理解できる．生物が，どのようにして環境からエネルギーと栄養素を獲得するのか，エネルギーと栄養素をどのようにやりとりするのか，そして，最終的にどのように物質が非生物環境に戻るかを研究する分野が生態学である．それではまず，最初の第一歩，エネルギーの獲得について詳しく紹介しよう．

24・2　生態系へのエネルギーの獲得

　生命はエネルギーなしには存在できない．地球上の多くの生命が，生産者が獲得した太陽エネルギーに，直接的，あるいは，間接的に依存して生きている．例外的に，温泉や深海の熱水噴水孔では，鉄や硫黄などの無機物質から化学エネルギーを抽出できる原核生物が生産者となる生態系があるが，この章でのエネルギー獲得の話は，水中・陸上，両方で最も多くみられる生態系，太陽エネルギーに依存している生態系に焦点を合わせることにする．

　植物や他の光合成生物によってとらえられた太陽のエネルギーは，炭水化物などの化合物として生物の体内に蓄積される．植食動物（植食者），あるいは，生産者を食べる一次消費者，植食動物や他の消費者を食べる肉食動物（二次消費者），また，死んだ

図24・1　生態系のしくみ　生産者が獲得したエネルギーは，食物連鎖の各段階で代謝熱として失われる（赤の矢印，細胞呼吸の異化作用の分解過程で失われる熱）．そのため，エネルギーは生態系の中を一方向に流れ，再利用されることはない（橙の矢印）．対して炭素や窒素のような栄養素は生物と非生物環境の間を循環する（青の矢印）．

図24・2　生態系のエネルギー源となる生産者　(a) 熱帯雨林の豊富な生産者（植物）によって多量の化学エネルギーがつくられ，消費者へと供給される．(b) 植物の密度が低い砂漠では，消費者が利用できる化学エネルギーは少ない．

生物の残骸を消費する分解者，これらは，すべて間接的に生産者（植物，光合成細菌，藻類など）が最初に獲得した太陽エネルギーに依存している．

陸上の生態系からすべての植物が突然姿を消した状況を想像するとわかりやすいかもしれない．植食動物や肉食動物は，太陽があって，光を浴びたとしても，そのエネルギーを使って食糧をつくれないので，やがて餓死するだろう．同じ考え方で，環境が変わると，その生態系がサポートできる動物の数が変わることも理解できる．たとえば熱帯林では，植物の密度が高く，太陽からエネルギーを十分に集めることができる（図24・2a参照）．その結果，動物が餌として利用できる化学物質が多量に蓄積されている．これに対し，寒帯や砂漠など，植物がほとんどいない環境（図24・2b）では，獲得される太陽エネルギーが少ないので，食糧が乏しく，生存する動物も少ない．

陸上生態系のしくみを理解するには，まず，植物が獲得する全体のエネルギー量を推定することが重要な第一歩となる．植物の獲得するエネルギーが，植物の成長量，また，他の生物が入手できる食糧の量に直接影響し，陸上生態系のタイプやしくみにも大きく影響するからである．

エネルギーの獲得量は地球上で均等ではない

光合成生物によって獲得されるエネルギー量から代謝熱として失われる分を差し引いたものを，**純一次生産力**（net primary productivity，**NPP**）とよぶ．純一次生産力はエネルギー量として示すべきものであるが，重量として測定するのが簡単である．ある領域で，一定期間に光合成生物が生産する生物の重量，**バイオマス**（生物量）を測定し，その量で純一次生産力を示すのが一般的である．たとえば草原の生態系では，1年間に1 m²の土地で成長する植物体の平均重量が純一次生産力となる．バイオマスで表現した純一次生産力をエネルギーの単位に換算することもできる．

純一次生産力は地球上で均等ではない．陸地では赤道から緯度の高い極点に向かうにつれて減少する傾向にある（図24・3a）．植物の利用できる太陽光が赤道から極点へ向かうにつれて少なくなるからである（第20章参照）．これにはもちろん多くの例外がある．たとえば，北アフリカ，中央アジア，中央オーストラリア，および北アメリカ南西部など，世界で主要な砂漠の広がる地域では，非常に生産性が低い．

砂漠の純一次生産力が低いのは，太陽光の強さだけでは不十分であることを意味している．つまり，水も重要なのである．加えて，陸上では気温と土壌中の栄養分も純一次生産力を左右する．陸上で最も生産性の高い生態系は，熱帯雨林と農地である．逆に最も生産性の低い生態系は，砂漠とツンドラ，一部の山頂の生物群集などである．

地球規模でみたときの海洋の純一次生産力は陸とは大きく異なる（図24・3b）．赤道から極点にかけて減少するという傾向がほとんどなく，代わりに，岸からの距離が生産力を大きく左右する．陸地に近い沿岸域の純一次生産力は高い．広い海洋は逆に低

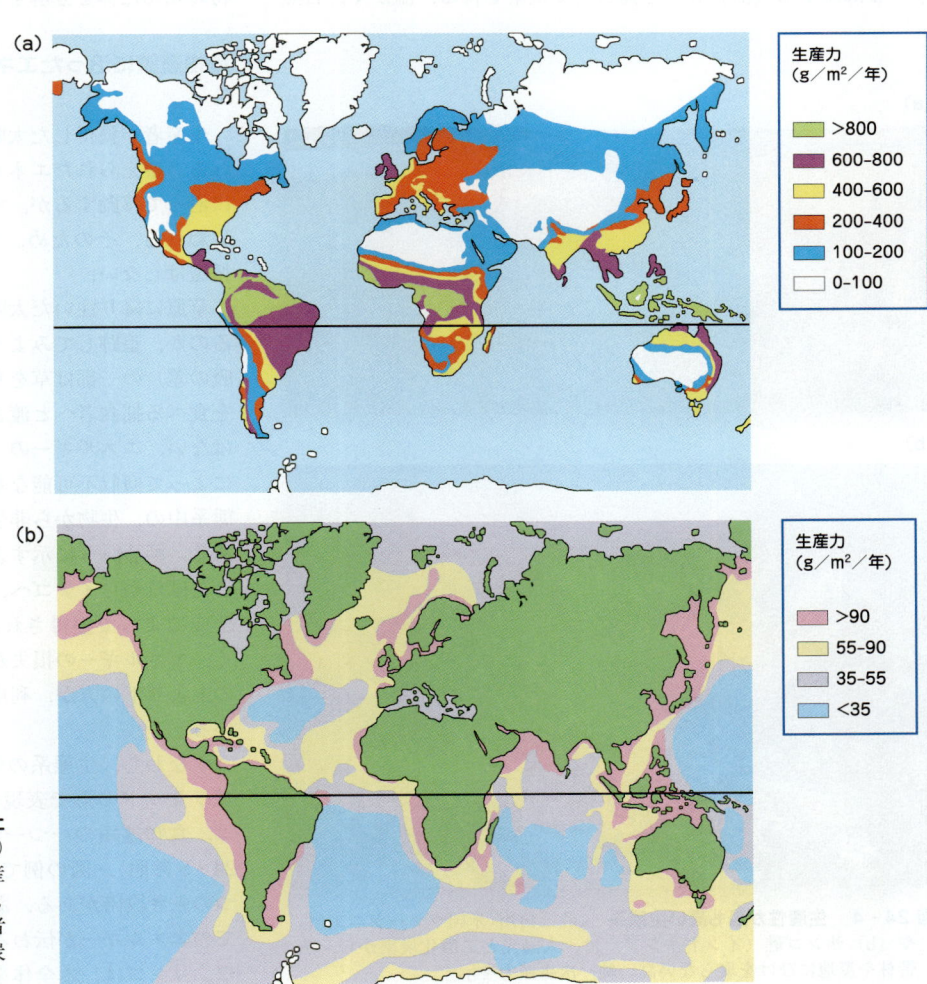

図24・3 **純一次生産力（NPP）は地球上で均等ではない**　(a) 陸地の生態系，(b) 海の生態系，いずれの場合も，純一次生産力は地域によって著しく異なる．ここでは，単位面積1 m²当たり，植物や他の生産者が年間に生産するバイオマス（単位：炭素重量[g]）として表している．

く，大洋は，いわば海の砂漠である．大洋の生産力が砂漠のように低いのは光合成生物に必要な栄養素が少ないためである．生物が死ぬことで栄養素が放出されるが，大洋では，腐敗した死骸が海面付近にとどまることはなく，深海底に堆積することが多い．太陽光を使う生産者は海面付近にいるが，そこには利用できる栄養素が乏しい．海底に沈んだものが気流や水流によって上昇する**湧昇**の起こっている海域では，海底の栄養素が海面へと運ばれるので，他の大洋部分に比べると生産力が高い．

沿岸部で生産性が高いのは，河川によって栄養素が多く運ばれてくるためである．土壌を浸透してきた水は栄養素を豊富に含み，海洋での食物網の初段にあたる生産者，すなわち植物プランクトンの成長と繁殖を促進する．特に河川が海に流れ込む河口にある三角州では，豊富な栄養源が生産者のエネルギー獲得を促し，それが消費者の大集団を支えている．そのような場所は，地球上でも最も生産性の高い生態系の一つである（図24・4 a）．沼地や湿地も，熱帯林や農場と同程度に生産性が高い．湿った土地には栄養源や有機物質が豊富で，植物や植物プランクトンの成長を促進し，複雑で多様な消費者群集を支えている．

陸上と同じように，水中の生態系でも太陽光と温度が生産力に大きく影響する．温かく，日照量の豊富な浅海のサンゴ礁は，熱帯林や農地にも匹敵する地球上で最も生産力の高い生態系である（図24・4 b）．サンゴ礁の栄養素は実は少ないが，光合成する原生生物（藻類）とその宿主（動物のサンゴ虫）の間にある恵み豊かな相利共生関係によってその欠点は帳消しになっている．藻類は光合成によって炭素を獲得し，サンゴ虫は動物プランクトンなどの小さな海洋生物（消費者）を捕らえて窒素を得る．温かく，日照量が多く，透明な海域で，この相利共生関係は最もよく発展する．

■ **これまでの復習** ■

1. 生態系でのエネルギーと栄養素の流れの違いは何か．
2. 純一次生産力とは何か．陸地の生態系の純一次生産力を制限する要因は何か．
3. 広い海洋では沿岸に近い方が純一次生産力が高くなるのはなぜか．

1. エネルギーは生態系の中で一方向に（太陽光，生産者，消費者，非消費者へ）流れるが，栄養素は，生物と非生物との間を循環する．
2. 純一次生産力（NPP）とは，ある一定期間に生産者が蓄積する有機物の量を示す．陸地の生態系の純一次生産力は，降水量，気温，日照量，および栄養素によって制限される．
3. 広い海洋では，陸からの排水や河川によって運ばれる栄養素が多く，海底の栄養素が海面まで上昇しない限り，栄養素が少ない．光合成生物による生産が低く，生産力が少ない．

24・3 生態系におけるエネルギーの流れ

第23章で紹介したように，生産者であるか消費者であるかによってエネルギーの獲得方法が異なる．植物，藻類，光合成細菌のような食物網の底辺にいる生産者は，太陽光などの非生物的な環境からエネルギーを獲得する．一方，消費者は他の生物，あるいは，その残骸を食べることによってエネルギーを獲得する．ここでいう消費者には，第22章で紹介した植食者，捕食者（肉食者），および寄生者も含まれる．また，細菌や菌類のように，生物の死んだ体を分解する分解者も含まれる．

食物連鎖に沿ったエネルギー量の変化：エネルギーのピラミッド

生産者が獲得した太陽のエネルギーは有機化合物として蓄積される．蓄えられたエネルギーが生物から生物へと食物連鎖の流れに沿って移動するが，すべてのエネルギーは最終的には熱として失われる．そのため，エネルギーは生態系の中で一方向へ流れ，循環はしない．

草原に降り注いだ太陽光のエネルギーがどのような運命をたどるのか，追跡してみよう．草がとらえたエネルギー（光合成と呼吸の差）の一部は草を食べる植食動物に渡され，つぎに，植食者を食べる捕食者へと渡される．しかし，この流れだけがすべてではない．エネルギーの一部は生物の代謝のために使われ，生態系によって回収不可能な熱として失われることになる．これが，生態系中の，生物から非生物環境への一方向のエネルギーの流れである．図24・5に示すように，食物連鎖に沿って見ていくと，たとえば草からイナゴへ，イナゴから鳥へと進む間に，はじめに光合成によって獲得されたエネルギーの一部は確実に失われていく．エネルギーの損失が一定して起こるということは，食物連鎖の上より下の方が，利用可能なエネルギーが多いことを意味している．

すなわち，生態系の中で生物が利用できるエネルギーの量は，ピラミッドの形で表現できる．エネルギーピラミッドの各段階は，食物連鎖の一つ一つに相当し，これを**栄養段階**とよぶ（図24・5参照）．図の例では，草→イナゴ→小鳥→フクロウと，四つの栄養段階がある．ある栄養段階から次の栄養段階へと，すべてのエネルギーが伝わることはない．消費されない部分（たとえば，リンゴは，木全体を食べるのではなくて，その一部となる実

図24・4　生産性が最も高い生態系　(a) 三角州（米国ヴァージニア州）や (b) サンゴ礁（インドネシア）は，太陽光と二酸化炭素から，熱帯林や農地にひけを取らない高い純一次生産力を示す．

だけを食べるように），食べても体に吸収されない部分（リンゴの実に含まれる消化できないセルロースなど），また，単純に代謝熱として失われる部分があるからである．平均すると，次の栄養段階に引き継がれるエネルギーは10％程度である．

二次生産力は，純一次生産力の高い地域で高い

消費者によるバイオマスの生産を**二次生産力**という．これまでみてきたように，消費者はエネルギーと物質の両方ともに生産者に依存しているので，高い純一次生産力を示す生態系では二次生産力も高い．たとえば，熱帯林はツンドラより純一次生産力が高いので，単位面積当たりの植食動物や消費者の数はツンドラより熱帯林で多く，二次生産力もツンドラより熱帯林で高くなる．

自然の生態系では，植物などによって生産されたバイオマスは植食者や分解者により消費される．80％のバイオマスが分解者に直接利用される生態系もある．すべての生物は死ぬので，生産者，植食者，捕食者および寄生者によってつくられるバイオマスはすべて，最終的には分解者によって消費される（図24・6）．人の手がかかわった生態系では，穀物やその残渣（農業廃棄物）を燃料として使用する場合，分解者としての人の役割が無視できない場合がある（p.413，"生物学にかかわる仕事"参照）．

図 24・5　エネルギーのピラミッド
エネルギーのピラミッドの一例を示す．生産者が獲得した太陽エネルギー10,000 kcalのうち，約10％が一次消費者に取込まれる．より上位の栄養段階へも，約10％のエネルギーのみが伝えられる．

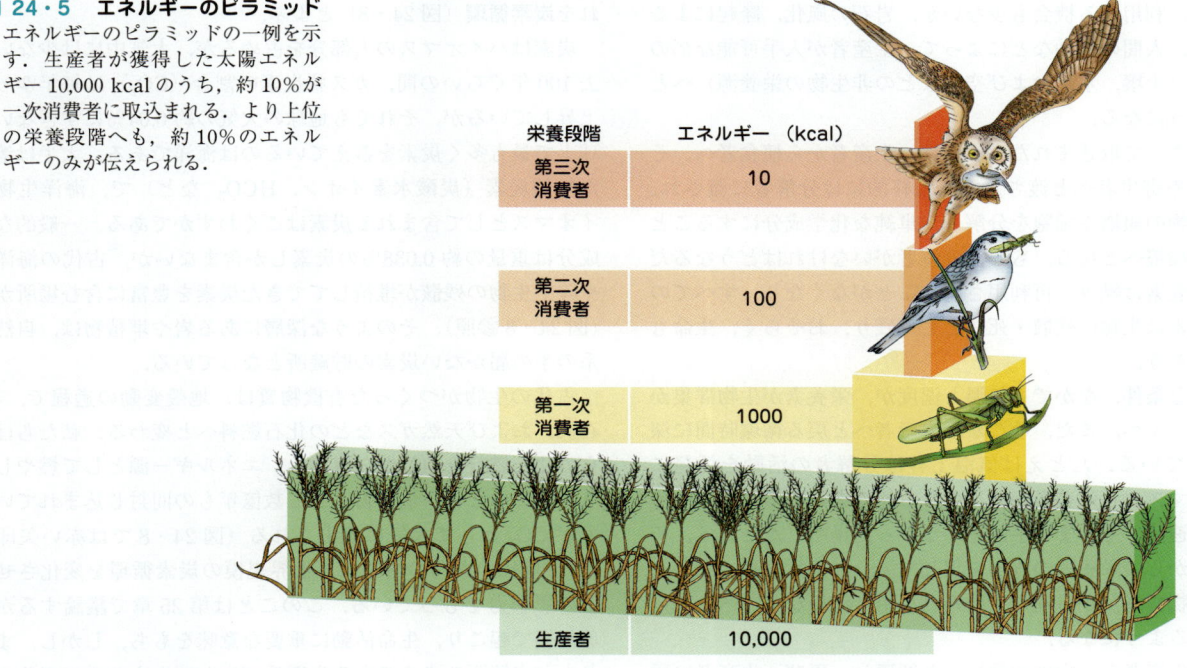

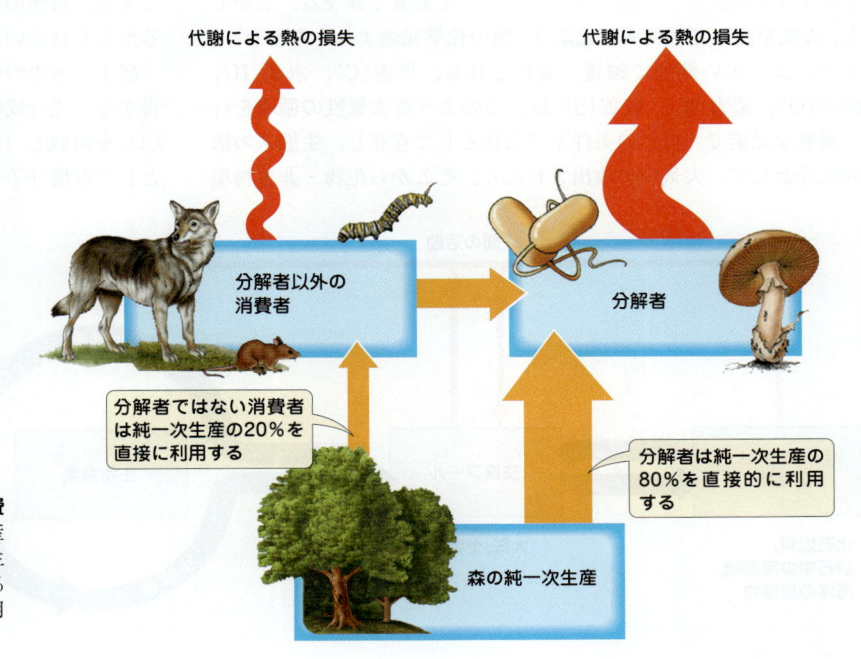

栄養段階	エネルギー（kcal）
第三次消費者	10
第二次消費者	100
第一次消費者	1000
生産者	10,000

図 24・6　分解者が純一次生産のほとんどを消費する　細菌や菌類のような分解者が，純一次生産の50％以上を利用する．この森では，純一次生産の80％を分解者が直接利用する．残りの20％を他の消費者（たとえば植食者と捕食者）が利用する．

24・4 栄養素循環

炭素(C), 水素(H), 酸素(O), 窒素(N) のような化学元素が, 生物の体をつくるための栄養素として使われる. 生産者は, これらの必須の化学元素を, 土壌, 水, および空気中から, 無機物質の硝酸イオン(NO_3^-)や二酸化炭素(CO_2)の形で得る. 消費者は, 生産者, あるいは他の消費者を食べることによってこれらの元素を得る. このような栄養素は, 生命を維持するうえで必要不可欠なもので, 生態系の中でどのように移動し, どのように入手できるかは, 生態系の多くの面に深く影響を与える.

栄養素は, 生物体(生物群集)と非生物環境(物理的環境)の間を循環する. これを**栄養循環**(または生物地球化学循環)という. 図24・7に栄養循環の概要を示す. 栄養素は, 岩石, 海洋堆積物, または化石化した生物残骸などの形で長期間保存されることもある. このような貯蔵された栄養素には, 生産者は容易には近づけず, 利用する機会も少ないが, 岩石の風化, 隆起による地形の変化, 人間の活動などによって, 生産者が入手可能な形の**交換プール**(土壌, 水, および空気などの非生物の栄養源)へと移動するようになる.

生産者によって取込まれた栄養素は, 生産者から植食者へ, そして捕食者や寄生者へと渡される. 最終的には分解者に渡され, 分解者が生物の組織や細胞を分解し, 単純な化学成分にすることで, 非生物環境へと戻る. もし, 分解者がいなければどうなるだろうか. 栄養素は繰返し再利用されることがなくなり, すべての必須の栄養素は生物の残骸・死体として残り, おそらく, 生命も絶滅するだろう.

非生物的な条件, なかでも気温と湿度が, 栄養素が生物群集から交換なプールへ, また, そこから生産者へと戻る循環時間に深くかかわっている. たとえば気温上昇は分解者の活動を活発にし, バイオマスから栄養素が放出される速度を速める. 風化や流出の速度を速め, それまで手の届かなかった場所(たとえば, 朽木や枯葉)からの栄養素の放出を促して, 一つの生態系(たとえば, 森の生物群集)から別の生態系(小川・河川など)へと大量に移動できるようになる.

栄養素が生産者から物理的環境へと循環し, 再び, 生産者に戻るサイクル時間は, 元素のタイプによって大きく異なる. なかでも, 大気を介して循環する元素は, 他の化学元素よりすみやかに, また, より広い範囲で輸送・交換される. 炭素(C), 水素(H), 酸素(O), 窒素(N), 硫黄(S)は, このような**大気性の循環**を行う重要な元素で, 自然の条件下で気体として存在し, 生態系の構成成分として, 大気中に放出されたり, そこから生物・非生物環境へ吸収されたりする. 大気に放出された場合は, 風によって地球上のあらゆる地域へと移動できる. 長距離を移動することで, 離れた生態系の栄養循環にも影響を及ぼすことがある.

自然の条件下で気体として存在せず, 水や土壌の移動を通じて移動することを**沈積性の循環**という. リン(P)は, 大気性の循環を行わず, 沈積性の循環のみを行う少数の主要栄養源の一つである. 沈積性の循環を行う栄養素の移動は遅く, 大気性の循環のように広くは分散できない.

生物と非生物の間の炭素循環: 光合成と呼吸

生物の体は, 大半が, 水素と結合した炭素からなる有機分子でつくられている. 炭素は, 酸素の次に細胞内で最も豊富な元素であり, また, 主要な巨大分子の骨格として重要な構成要素である(第4章参照). 生物群集内での炭素の移動, 生物と非生物環境の間の移動, および, 非生物環境の中で起こる地球規模の炭素の流れを**炭素循環**(図24・8)とよぶ.

炭素はバイオマスの大部分を占めるが, 大気中には少ない. 過去100年ぐらいの間, ガス状炭素の割合(CO_2)は毎年ゆっくり上昇しているが, それでも地球の大気の約0.04%にすぎない. 地球上で最も多く炭素を蓄えているのは海洋である. 大半は溶解した無機炭素(炭酸水素イオン, HCO_3^-など)で, 海洋生物のバイオマスとして含まれる炭素はごくわずかである. 一般的な地殻成分は重量の約0.038%の炭素しか含まないが, 古代の海洋生物や陸上生物の残骸が堆積してできた炭素を豊富に含む場所があり(図24・8参照), そのような深層にある岩や堆積物は, 自然生態系の手の届かない炭素の貯蔵所となっている.

古代の生物がつくった有機物質は, 地殻変動の過程で, 石油, 石炭, および天然ガスなどの化石燃料へと変わる. 私たちはこれらの化石燃料を地殻から取出し, エネルギー源として燃やしているが, このとき, 堆積物として数億年もの間封じ込められていた炭素がCO_2として大気に放出される(図24・8では赤い矢印で表示). 現代の人間の活動は, 世界規模の炭素循環を変化させるほどの影響力をもっている. このことは第25章で議論するが, 地球規模で起こり, 生命活動に重要な意味をもち, しかし, まだほとんど未解明のままである生態系プロセスを人の手で変化させることは, 自然の生態系と人間社会の両方にとって高いリスクとなるかもしれない.

陸上・水中の生態系の大半の生物は, 光合成によって炭素を取得する. 光合成細菌や藻類などの水中生産者は, 水中に溶解したCO_2を吸収し(HCO_3^-やCO_3^{2-}として), 太陽光をエネルギー源として有機分子を合成する. 緑色植物は, 陸上の生態系で最も重

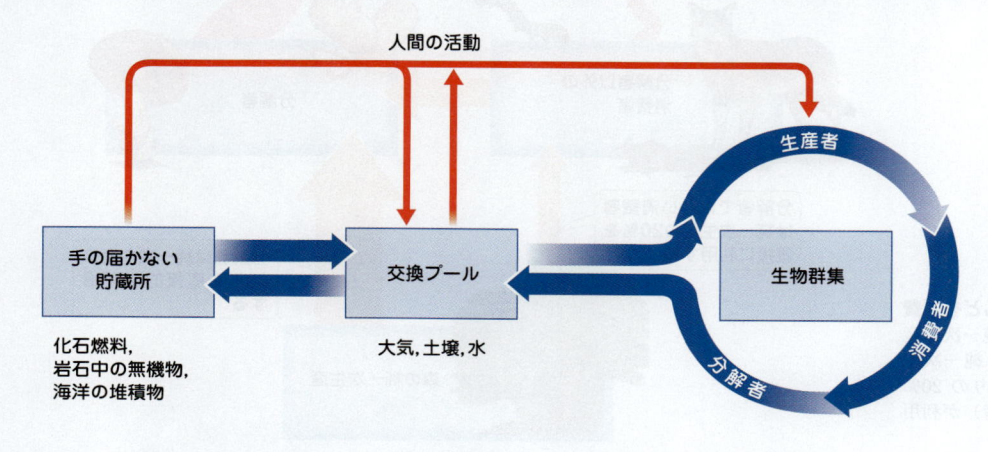

図 24・7 栄養素の循環 生産者の手の届かない貯蔵所, 交換プール, および生物の間で栄養素が循環する. 石炭や石油などの化石燃料の使用, 肥料の人工的な合成などにより, もともとは手の届かない場所にあった栄養素が交換プールへと移され, 生産者が使えるようになる. その結果, 栄養循環の様子が変わる.

要な生産者で，大気から CO_2 を吸収し，水と太陽光を利用して食物をつくる．生産者・消費者ともに，呼吸（食物分子を異化作用）によって CO_2 を放出し，非生物の環境に炭素を戻す．分解者のなかには酸素分子（O_2）を使わない経路をもつものがいるが，大半の生物は O_2 を使って有機分子からエネルギーを抽出する細胞呼吸を行う．

分解者は，生物の残骸・死骸を分解し大量の炭素を放出するが，一部は，部分的に腐食した有機物質として生態系にとどまる．落ち葉，腐食土，および泥炭は，部分的に腐食した有機物質で，土壌中の炭素貯蔵所として重要な役割をもつ．北方の針葉樹林では，寒冷で湿度が高いために分解が遅く，土壌の上層部に豊富な有機物質を含む場所が多い．北極圏のツンドラや北方針葉樹林にはそのような堆積物が膨大な量の泥炭となって残り，生物圏の中での大きな炭素貯蔵所となっている．気温が高くなると有機物の分解速度は速くなるので，熱帯林など温暖な気候の陸地生態系では，土壌中の炭素濃度は低く，また，炭素循環の速度も速い．

生物による窒素固定は，最も重要な窒素源である

窒素（N）はアミノ酸，タンパク質，および DNA などの重要な構成要素で，すべての生物にとって重要な元素である．現実の生態系では，人の手が加わらない限り，窒素源は土壌や水中では乏しく，ほとんどの生態系で生産者の成長を制約している第一の要因となっている．

N_2 ガス（窒素分子）は，私たちが呼吸している大気の 78% を構成し，大気は生物圏の中で最も大量の窒素を蓄えている場所である．落雷・稲妻などの電気的なエネルギーによって，大気性の N_2 の一部が窒素酸化物に変わり，これが雨水に溶けて硝酸イオン（NO_3^-）となる（図 24・9）．少量のアンモニウムイオン（NH_4^+）も天然には存在するが，土壌や水中で最も多い窒素は硝酸イオンである．硝酸塩は水に大変溶けやすく，水で流され，生態系から失われやすい．

落雷・稲妻の寄与する部分は実は少なく，土壌中・水中の窒素のほとんどが生物窒素固定として知られる代謝過程（一部の原核生物のみがこの能力をもつ）によってつくられる．動物の排泄物，生物の死骸や腐食によって NH_4^+ がつくられるが（図 24・9 参照），ほとんどの生態系では細菌が NH_4^+ を N_2 に変えるため，土壌に NH_4^+ が高濃度で蓄積されることはほとんどない．酸素の乏しい環境にいる嫌気性細菌による脱窒活性によって，硝酸イオンが，窒素分子（N_2）や亜酸化窒素（N_2O）に変換されて，窒素は再び広大な大気の貯蔵プールへと戻される．

細菌による窒素分子（N_2）からアンモニウムイオン（NH_4^+）への変換を生物窒素固定という．窒素固定細菌には，土壌中に自由に生活しているもの，マメ科植物，ハンノキ，アゾラとよばれる水生シダなど，特定の植物と相利共生関係をもつものがいる．共生する植物は，窒素固定細菌からアンモニアを得て，光合成でつくられた食物を細菌に提供する．宿主の植物が死んで分解されると，細菌によって固定された窒素が土壌や水中へと供給される．消費者は植物を食べることで，植物が土壌や窒素固定細菌から得た窒素源を獲得している．最終的には，分解者によって，生物環境から生態系の非生物環境へと窒素が戻される．

炭素と同様に，窒素は気体となって大気性の循環をする．大気性の循環を行う他の栄養素と同様，窒

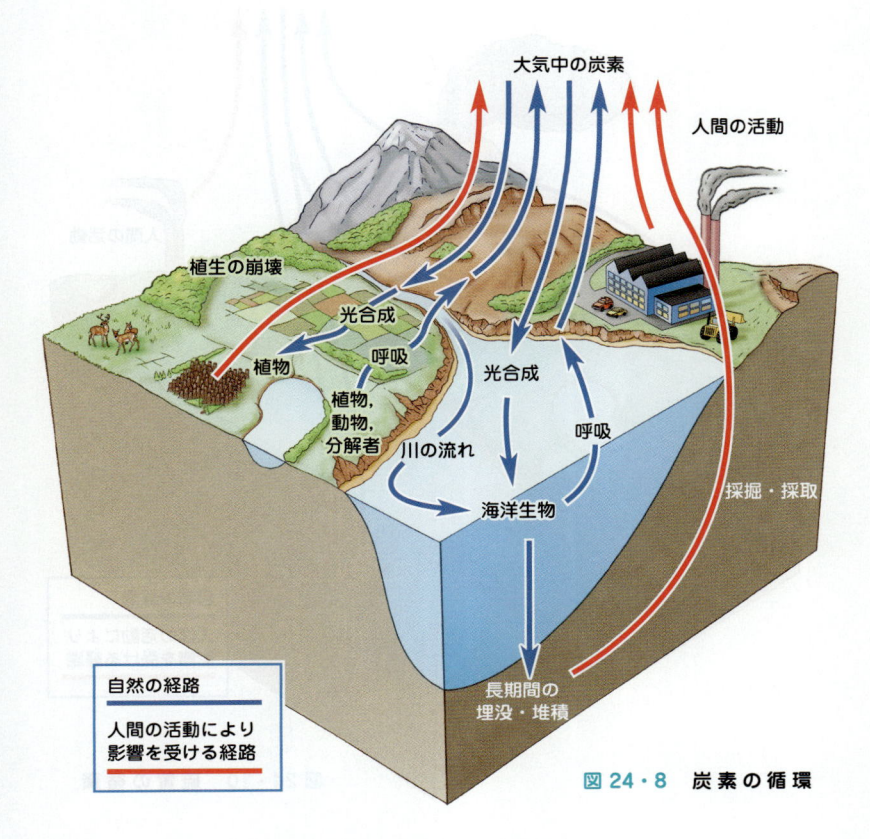

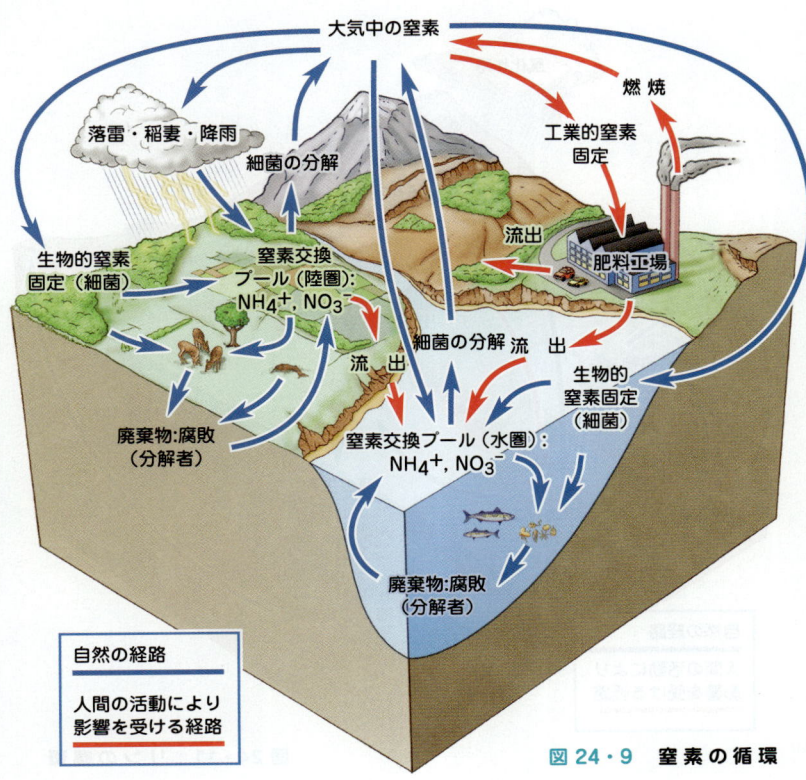

図 24・8　炭素の循環

図 24・9　窒素の循環

素は遠方に運ばれ，生物圏の全領域にほぼ均等に供給される．生物的な窒素固定とは別に，工業的窒素固定（N_2 を水素ガス H_2 と結合させ，アンモニウム化合物をつくる方法）によって，人間は合成肥料を製造している．この製造過程にはエネルギーが必要で，化石燃料を燃焼させてつくる高温と高圧を利用する．農作物に窒素肥料を施すと，生産力を高める効果は顕著であるが，流出する窒素化合物が水中の純一次生産力を上昇させ，生物群集に害を及ぼすことも多い．過剰な窒素源肥料の使用は，陸上の生物群集にも影響する．与えた窒素肥料を吸収し，繁殖しやすい一部の植物によって，他の種が駆逐され，草地の群集の多様性（種の数と豊富さ）を減少させる顕著な実例も報告されている．

硫黄は大気性の循環を行う栄養素である

硫黄は一部のアミノ酸，タンパク質，多糖類や脂質の構成成分となる．また，代謝反応に必要な有機化合物を構成する元素でもある．硫黄は，陸地・水中の生態系間，および大気の間でも移動しやすく，大気性の循環を行う．硫黄は，三つの経路で陸上や水中の生態系から大気へと移動する（図24・10）．一つ目は海の波しぶきによる硫黄化合物の飛散，二つ目は細菌の放出する代謝副産物（硫化水素ガス，H_2S）である．三つ目は火山活動であるが，これは全体的量としては最も小さい．

世界中の海洋でつくられ大気に入る硫黄の約95％は硫化ジメチルなどの匂いの強い硫黄化合物で，植物性プランクトンのつくる有機化合物が分解されて生じる．この臭気物質は，海の波しぶきとともに舞い上がる．私たちが"海の匂いがする"と表現する香り成分である．同様に悪臭を放つ気体，H_2S は，沼地や下水汚物などの酸素の乏しい環境に生息する細菌の代謝反応によって生成される．

硫黄は，岩石の風化によって，また，大気中の硫酸（SO_4^{2-}）が雨水に混ざることで陸上の生態系へ入る．海の生態系へは，陸地から流れ込む河川水，また，雨水中の SO_4^{2-} として入る．海中に入った硫黄は，海の生態系の中を循環し，やがて，波のしぶきや海底への堆積物として失われる．大気性の循環を行う炭素や窒素などの栄養素と同じように，硫黄は陸上と水中の生態系を比較的速やかに循環する．後で紹介するように，人間の活動によって，大気中の硫黄が増え，生物群集や人の経済活動に悪い影響を及ぼすこともある．

リンは沈積性の循環を行う栄養素である

リンはDNAなどの成分となる生体元素である．生物には必要不可欠な栄養素で，生態系，特に水圏の生態系では，純一次生産力を決定づける重要な要因となる．たとえば，湖水などのリンが増えると，その分，純一次生産力は高くなる．しかし，次節で紹介するように，そのような生産力の増加は，水中の藻類，植物，魚類，および無脊椎動物を死に至らしめる富栄養化などの原因となり，あまり好ましく

ない結果となる（図23・8および図24・12参照）．

生態系内で循環する主要な栄養素のなかで，リンだけが沈積性の循環を行う元素である（図24・11）．リンは気体となるにはホスフィン（PH_3）にならなければならないが，土壌中の細菌でこれを合成するものがいないからである．リンのような沈積性の栄

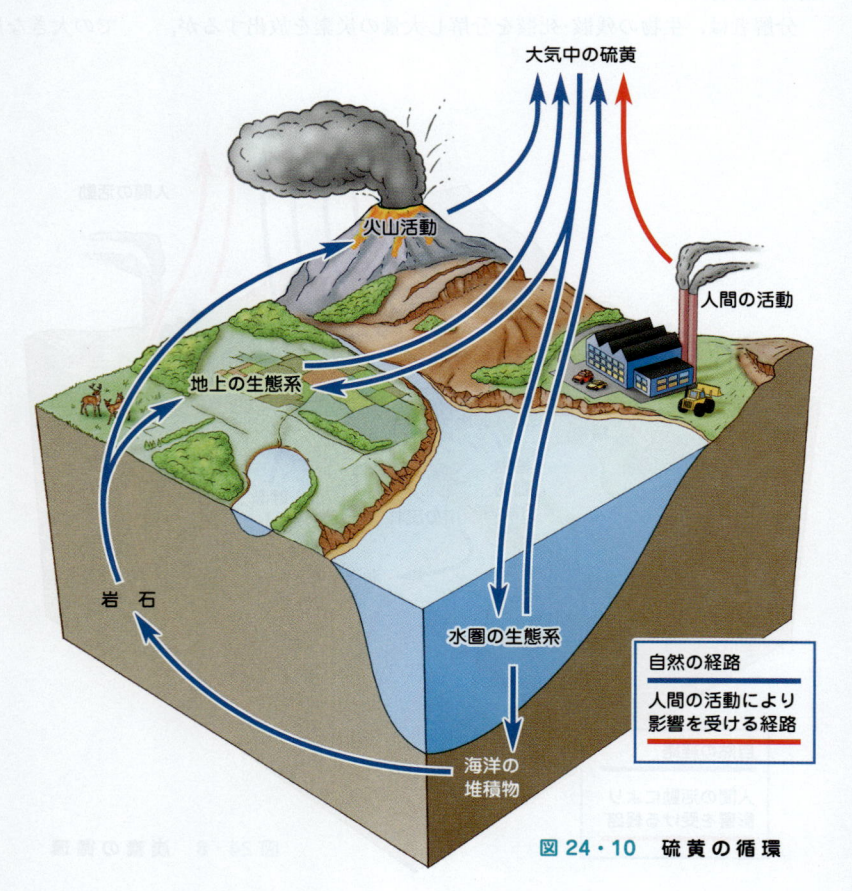

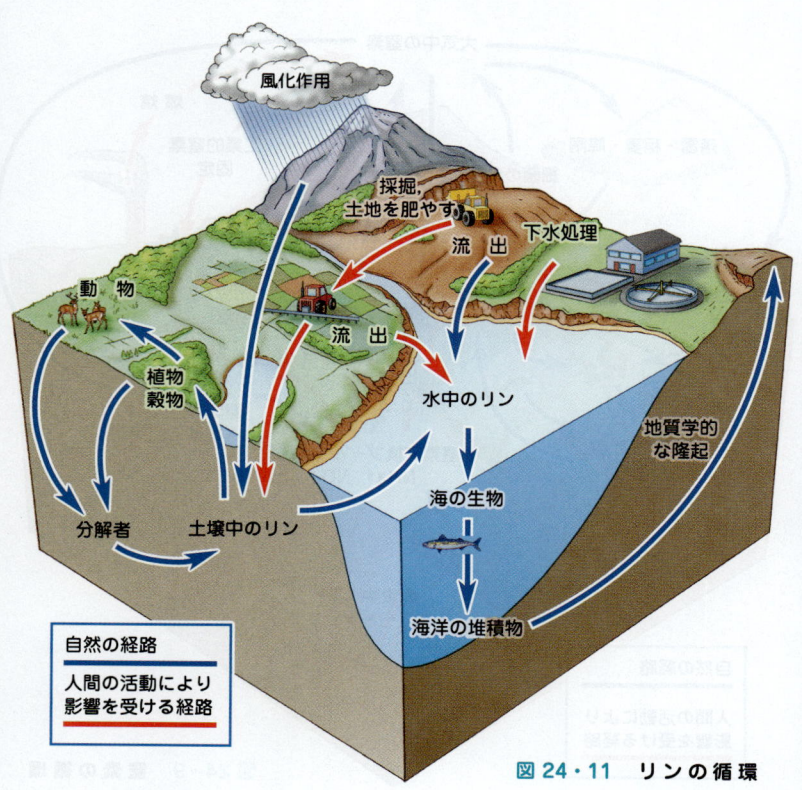

図24・10 硫黄の循環

図24・11 リンの循環

養素は，陸上および水中の生態系を数年から数千年にわたって循環し，その後，堆積物として海底に沈積する．沈積してしまうと，数億年もの間，ほとんどの生物に利用できない状態でとどまることになる．地殻の変動によって海底が押し上げられ，乾いた陸地となると，再び，生物が利用できる栄養素となって循環し始める．このように，沈積性の栄養素は，非常にゆっくりとした速度で循環するのがふつうで，一度，生態系から失われると容易には戻らない．

生物学にかかわる仕事

トウモロコシから燃料へ

ガソリン価格が高騰する傾向にある．また現在，石油を輸入に大きく頼っている現状もあり，自動車燃料の代わりとなるものを多くの国が探し求めている．有機物から作るアルコール（エタノール）に目を向けた国もある．たとえばブラジルは，1970年代初頭にエタノールを燃料化することに大きな投資を行い，現在，自動車燃料の約40％がエタノールである（米国では3％，日本では0.5％以下）．Ben P. Sever氏は，エタノール自動車燃料を製造する米国企業の弁護士である．

■ 毎日，どのようなお仕事をされてますか？どのような内容の業務でしょうか．
契約書を作成したり修正したり，また，契約交渉でのアドバイスなどです．運送会社，トウモロコシ生産者，酵素製造元，エタノール購入者との契約につながる交渉を行うこともあります．私の会社の販売するエタノールが，自動車用の燃料としてガソリンにブレンドされますので．

■ 科学分野の経験や知識はおもちですか？ いいえ，まったくありません．政治学を専攻して大学を卒業し，証券取引や会社法などにかかわる仕事から始めました．あとで勉強するのは難しいでしょうから，科学の知識をもっているとこの仕事の役に立つと思います．でも，私は教室で学ぶより，仕事で学ぶ方が早いのです．学業ではなくても，人生から学べれば，専門分野が何であろうと，何をしようとも，大丈夫です．

■ お仕事で一番好きなことは何ですか？
私たちが生産する製品の重要性を信じています．環境に優しい製品です．エタノールは原料を生産する農業にとっても良いし，また，石油の輸入依存度を下げる効果もあります．さまざまな法的な問題があって，毎日が新しいことの連続です．

■ エタノールなどの代替燃料の将来性をどのようにご覧になっていますか？従来型のものは，ガソリンにエタノールを10～15％をブレンドしたものですが，E-85燃料（85％エタノール）が出つつあります．標準的な自動車を，E-85燃料で動かせるようにできます．まだ，多くのガソリンスタンドで販売しているわけではないですが，これから増えます．エタノール製造工場から出る廃棄物や排ガスに関しては，環境への影響は少なく，特に心配する必要はありません．トウモロコシからエタノールが作られ，残った廃棄物は飼料会社に販売されるからです．エタノール製造で二酸化炭素が出ますが，これは二酸化炭素を回収する企業に販売できます．

ここで紹介した職業

完全に燃焼された場合，エタノールはCO_2（二酸化炭素）と水となるクリーンな燃料である．CO_2は地球温暖化の一因となっているが（§25・4），エタノール燃料の使用で，他の公害物質の放出も軽減でき，大都市でのスモッグも減る．

しかし，このようなメリットにもかかわらず，自動車燃料としてエタノール利用を拡大する点は批判されている．エタノール製造を目的にした転用のために，近年，トウモロコシの価格が急騰し，世界の貧困層の多くに栄養不良や飢餓をもたらしたからである．さらに，現在の農場経営上では，このようなバイオ燃料から得られるよりも多くのエネルギーをエタノール燃料の生産のために消費しているとの研究報告もある．これには，農業機械を運転し，肥料と殺虫剤を製造するためのエネルギー，トウモロコシを育てるエネルギー，トウモロコシを輸送し，エタノールを生産する微生物を培養し，製造したエタノールを輸送するエネルギーなども含まれている．

過去20余年の間に，トウモロコシを原料にしてエタノールを製造するときのエネルギー消費をおさえる技術上の進展があった．また，原料として，食品以外のものも候補にあがっている．セルロースを原料にしたものに特に期待が集まっている．細菌や菌類のような分解者を使えば，植物細胞壁の主成分であるセルロースをグルコースに変えることができ，これを低酸素条件でのアルコール発酵に利用できるからである（第8章参照）．トウモロコシの茎，廃木材，もみ殻，スイッチグラス（*Panicum virgatum*）というイネの仲間の草が，トウモロコシより効率の良いエタノール原料の候補として研究されている．

有望視されているバイオ燃料の原料，スイッチグラス 新しいエタノール燃料は重要なエネルギー源になるかもしれない．北米の大草原に生息し乾燥に強いスイッチグラスは，セルロース系エタノール原料の一つとして有望視されている．多年生のこの牧草は，肥料をほとんど必要とせずに非農耕地でも生育する．根は地上部と同程度に深く，土壌をしっかりと固定し，土壌浸食を防ぐ効果も非常に優れている．

24・5 人間活動が生態系を変える

人は，数百年または数千年にわたって，生物群集を破壊し混乱させてきた．イースター島のモアイをつくったポリネシア人入植者の歴史（第21章参照）は，このような破壊が人間社会に悲劇的な結果をもたらした例であろう．しかしそれでも，産業革命以前に起こった破壊は，その後の200年の間に人間がもたらした変化に比べるとずっと小さく思える．次章で生物圏に対する人間の影響について幅広い議論をするが，その前に，人間の活動によってどのように生態系プロセスが変わるのか，探ってみよう．

人間の活動が純一次生産力を増減させる

人間の活動によって，非常に狭い領域で，あるいは地域ごと，または地球規模でも，生態系が獲得するエネルギー量が大きく変わることがある．たとえば，雨水によって肥料が農地から河川へと洗い流され，湖へと流れ込むと，第23章でみたように，湖水，河川，または沿岸水に過剰な栄養分を供給することになり，**富栄養化**が進行する．富栄養化した湖では，光合成を行う藻類が増殖し純一次生産力が増えるので，太陽からより多くのエネルギーを吸収するようになる．

人間の活動で純一次生産力が増えることは，必ずしも良いことではない．巨大な水域で，ほとんど動物がいなくなるほどの富栄養化が起こっている例がある．毎夏，大量の窒素とリンが，北米のミシシッピ川などからメキシコ湾に流入し（図24・12），富栄養化した水中には藻類が（したがって純一次生産力が）増加する．増えた藻類は，冷たく塩分の多いメキシコ湾の水面近くに浮遊するが，その後死滅すると深水域へと沈降し，細菌に分解される．このとき細菌が酸素を使うため，深水域では酸素濃度が急落し，非常に大きな無酸素領域が生じて，ほぼすべての動物が死滅する領域となる（図24・12c参照）．この領域は，"死の領域（デッドゾーン）"といわれ，メキシコ湾内の魚介類を減少させ，年間5億ドルの漁獲量をもつ漁業を減退させるのではないかと心配されている．2002年の夏，デッドゾーンは史上最大規模に達し，約22,000 km^2（関東地方の面積に匹敵）にまで広がった．

人間の活動は，陸上の純一次生産力を変えることもある．たとえば，伐採や火事によって熱帯林を草原に変えると純一次生産力が減少する．土地の転換利用などの人為的な活動で，世界的には一部の領域の純一次生産力を増加させ，他の領域では反対に減少させている．正味の影響としては，世界全体の純一次生産力を5％減少させていると推計されている．

人間の活動が栄養循環を変える

人間の活動が，栄養循環に大きな影響を与えることもある．生態学の調査によると，森の伐採の後，下草が再び成長してくるのを防ぐために行う除草剤の散布により植物の重要な窒素源である硝酸塩が大量に失われることがわかっている（図24・13）．

もっと広い領域でみてみよう．農作物収量を増やすために用いる窒素やリンなどの肥料が河川に流れ込み，数百kmも離れた湖や海へと運ばれ，純一次生産力を増やし，富栄養化の原因となる．さらに，遠く離れた国へ作物や木材を運ぶことによって，人は地球規模で栄養素を移動させている．また，人間の活動によって空中に化学物質が放出され，風に乗って遠くへ運ばれる．

大気性の栄養循環を変えると，その影響は国境を越えて現れる．石油や石炭などの化石燃料を燃やしたときに大気中へ放出される二酸化硫黄（SO_2）の例で考えてみよう．化石燃料を使うことで，

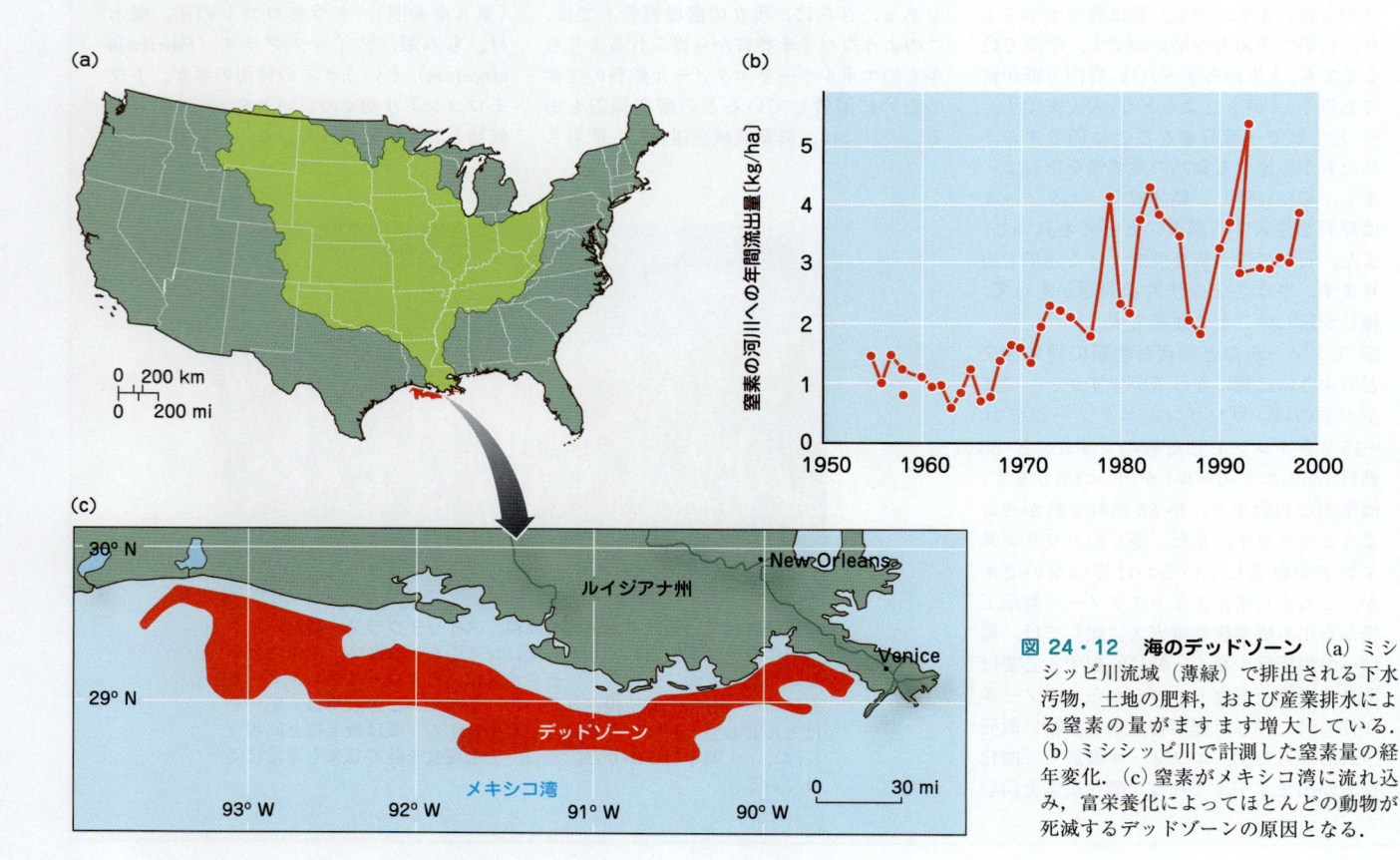

図24・12　海のデッドゾーン　(a) ミシシッピ川流域（薄緑）で排出される下水汚物，土地の肥料，および産業排水による窒素の量がますます増大している．(b) ミシシッピ川で計測した窒素量の経年変化．(c) 窒素がメキシコ湾に流れ込み，富栄養化によってほとんどの動物が死滅するデッドゾーンの原因となる．

24. 生態系

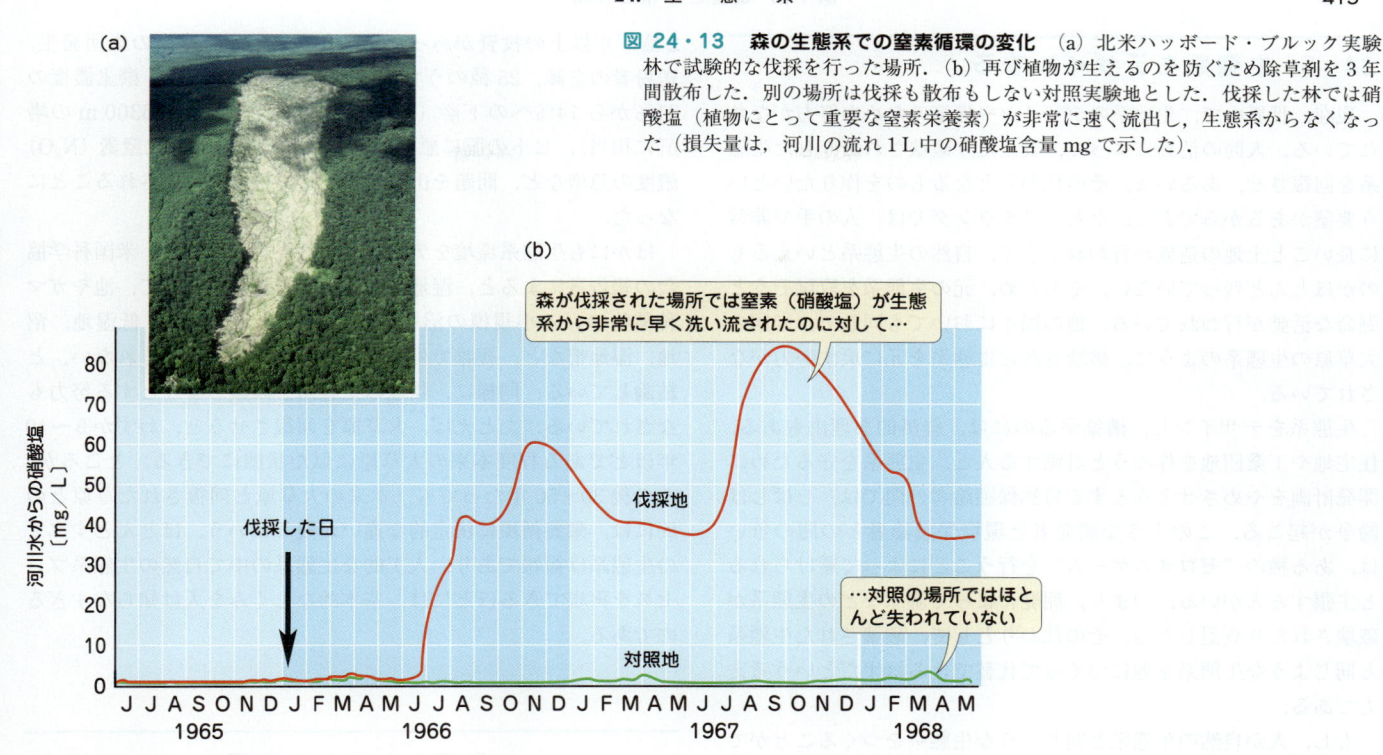

図 24・13　森の生態系での窒素循環の変化　(a) 北米ハッバード・ブルック実験林で試験的な伐採を行った場所．(b) 再び植物が生えるのを防ぐため除草剤を3年間散布した．別の場所は伐採も散布もしない対照実験地とした．伐採した林では硝酸塩（植物にとって重要な窒素栄養素）が非常に速く流出し，生態系からなくなった（損失量は，河川の流れ1L中の硝酸塩含量 mg で示した）．

人間は硫黄の栄養循環を大きく変貌させ，自然の循環量の1.5倍以上の量を放出するようになった．

この変化は，北欧，北米東部のような，高度に産業化された地域で集中的に起こった．大気中の SO_2 は酸素と反応し，水に溶けて硫酸（SO_4^{2-} や H_2SO_4）に変わり，雨となって地上へ降る．

雨水の pH は通常 5.6 程度であるが，硫酸や，窒素酸化物に由来する硝酸（HNO_3）のために，米国やカナダ，英国，北欧の国々の雨は pH 2～3 と非常に低くなっている（pH については第4章を参照）．このような低い pH の雨を**酸性雨**とよぶ．

酸性雨は，人工的な構造物（建造物や彫像など）や自然の生態系に，破壊的な影響を及ぼす．スカンジナビアやカナダでは，何千という湖で魚類が大きく減少したが，それらの湖に降る酸性雨の大半は，英国，ドイツ，および米国など，他の国で放出された SO_2 公害によってひき起こされたものである．酸性雨は，北米やヨーロッパの森林へも多大な損害を与えている（図24・14）．酸性雨は，国際的な問題となり，各国は硫黄の排出量を削減するという点で合意し，米国では年間硫黄の排出量を，1980年から2001年の間に約40％削減した（図24・14参照）．このような削減対策は非常に前向きな取組みの第一歩であるが，酸性雨の影響は，もっと長い期間続くと考えられる．酸性雨によって土壌の化学的性質が変わり，それが生態系へ影響を与えるからである．影響は雨水の pH が正常値に戻ってからも数十年間続くと考えられている．

■ これまでの復習 ■

1. エネルギーの量は，食物連鎖に沿ってみていくと，どのように変化するか．増加する，変わらない，あるいは，減少するか．その理由も説明せよ．
2. 農地や下水処理施設からの物質流出は，メキシコ湾のデッドゾーンにどのような影響を及ぼすだろうか．

図 24・14　酸性雨　酸性雨は生態系に多くの害を及ぼす．写真は，酸性雨で枯死したエゾマツの林（旧チェコスロバキアのジゼルスク山）．右上のグラフに示すように，米国が毎年大気に放出する SO_2（酸性雨の主原因）は，1980年から650万トン減少している．

24・6 生態系をデザインする

現在，世界中で，生態系のデザインや構築のための努力がなされている．人間の活動によって，衰えたり破壊されたりした生態系を回復させ，あるいは，その代わりとなるものを作りたいという要望があるからである．たとえばオランダでは，人の手で非常に長いこと土地の造成が行われてきて，自然の生態系といえるものがほとんど残っていない．そのため，元の生態系を取戻そうと懸命な活動が行われている．他の国々においても同じで，米国の大草原の生態系のように，破壊された生態系を元に戻す努力がなされている．

生態系をデザインし，構築するのには，経済的な理由もある．住宅地や工業団地を作ろうと計画する人と，生態系を守るために開発計画をやめさせようとする自然保護論者の間では，しばしば論争が起こる．このような開発者と環境保護論者との間の争いは，ある種の"ゼロサムゲーム"を行うことによって避けられると主張する人がいる．つまり，開発によって湿原などの生態系が破壊されたり衰退したら，その代わりとして，破壊された生態系と同じような生態系を他につくって代替できるはずだという考え方である．

もし，人が自然の生態系と同じような生態系をつくることができるならば，このような対策は原理的にうまくいくはずである．これは可能だろうか？ 今日までのところ，それを実現するには，私たちはまだまだ学ぶべきことが多くあるという点だけは明らかなようである．生態系を人の手で何もないゼロから創造できるかという試みで，人工生態系をデザインした面積 $12,000\ m^2$ の実験地，バイオスフィア II で起こったことを紹介しよう（図 24・15）．これは，地球を第一の生物圏（バイオスフィア I）と見立てて，第二の生物圏として命名されたもので，8人の実験者が2年間自活できるように設計されていた．このプロジェクトには2億ドル以上の投資があったにもかかわらず，害虫の集団発生，送粉者の全滅，25種のうち19種の脊椎動物の絶滅，酸素濃度の21％から14％への下落（高山病になるような標高 5300 m の場所に相当），ヒトの脳に悪影響を及ぼすほどの亜酸化窒素（N_2O）濃度の急増など，問題を山積したままで早々に閉鎖されることになった．

ほかにも生態系環境をデザインする取組みがある．米国科学協会の報告書によると，湿地帯を回復する試みについて，池やガマ科植物のいる小規模の沼をつくることはできるが，低湿地，沼地，湿地帯など，複雑で生物種の豊富な生態系はつくれない，と結論している．同様に，陸地の生態系を回復しようとする努力もなされている．たとえば，大草原を回復させると，わずか 5〜10 年ほどである程度本来の大草原に似た状態にできる．ところが，その後 30〜50 年たっても，本来の大草原と回復された草原との間には，栄養循環に決定的な違いが残るという．ほとんどすべての生態系は複雑であり，人工的な生態系の中で自然の生態系プロセスを再現できるほどには，基本的なしくみを人は知らなすぎるのである．

学習したことの応用

生態系サービスとその経済的価値

ニューヨーク市は，きれいな水道水を供給するために，森の生態系を回復させなければならない切実な経済的理由があった．浄水処理施設を作るのに 60〜80 億ドルの支出が予想されたためである．市は代わりに約 15 億ドルを使い，水源地の土地を購入し，下水道と汚水処理法を更新し，環境に優しい開発を推進することにした．

図 24・15　バイオスフィア II：謙虚に学ぶべきもの　2億ドル以上を投資して，1991年に開始し2年間の継続を目的としたバイオスフィア II の実験は早々に閉鎖しなければならなくなった．下の写真はバイオスフィア II で再現しようとした海洋ゾーンを示す．自然の生物群集にみられるような自活的な活動は再現できなかった．

最近行われた費用推計では，生態系の浄水作用を回復させるためには20億ドル以上が必要であり，処理場建設費用は約40億ドルとなっている．その差は縮まっているが，ニューヨーク市の例は，環境にとって良いことが経済的にも良い政策となりうることを示している．これはニューヨーク市だけの例外的なことなのだろうか．あるいは，他にも生態系サービス（エコロジカルサービス）の恩恵が経済的価値をもつ事例があるだろうか．

1996年と1997年に米国の西部を襲った洪水のケースで考えてみよう．被害は4州に渡り，合計数十億ドルにもなった（図24・16）．洪水と，それが原因で起こった土砂崩れは，異常な量の降水量，および積雪が原因であると報じられている．しかしこの大洪水は，たまたま起こっただけの不可抗力な災害なのだろうか．人間の活動が，生態系の大雨に対して作用する能力を損ね，それが洪水の原因となったのかもしれない．

人間の活動で洪水が起こりやすくなるのは，どのようなしくみだろうか．通常，私たちは堤防を整備し，河川の流れを変えて，氾濫しやすい場所にある家屋や工場地帯を守ろうとする．しかし実際は，河川水が氾濫原に流入するのを妨ぐことで，生態系が大雨にうまく対処する能力を奪っているのである．氾濫原は巨大なスポンジのような役割を担っていて，河川が洪水を起こしたときに，氾濫原で余分の水が吸収され，下流でさらに大きな洪水となることを防ぐ．氾濫原に建物をつくり，河川の流れを人工的に制御しようとするあまり，意図に反して，洪水が起こりやすくなり，また，規模もより大きくなる傾向にある．

ニューヨーク市への水源地で森林が公害物質を濾過し取除くように，氾濫原は私たちに無償のサービスを提供している．氾濫原

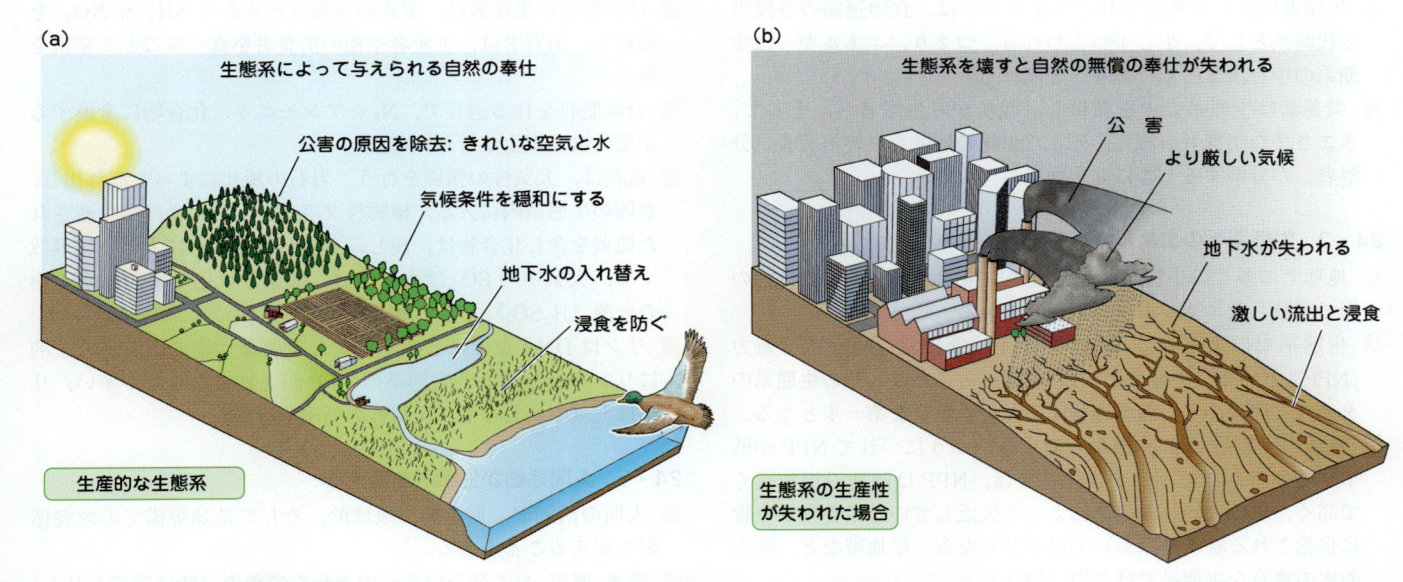

図 24・16　**太平洋側北西部で起こった洪水**　(a) 1990年代のオレゴン市の大洪水の後．住民はボートや浮き輪を使って移動している．(b) 土砂崩れでの被害．死亡や家屋の崩壊，また，河川の生態系が汚染され，衛生状態も悪い．

図 24・17　**生態系サービス**　(a) 生態系のもたらす恩恵は，自然が人に与える無償の奉仕作用といえるだろう．この作用は，生物群集の生産性を維持するうえでも大切である．ここでは，そのほんの一部が，模式的に示されているだけである．(b) 人間の活動によって生態系が損傷を受けると，これらの作用が失われ，生物群集に限らず人の生活に深刻な影響をもたらす可能性がある．

は大洪水に対する安全弁として作用し，さらに大きな洪水となることを防いでいる．このような**生態系サービス**を支えているのは，そこにいる生物群集である（図24・17a）．植物による大気中の公害物質の除去，昆虫による植物の媒介（穀物収穫に重要），植物による土壌の浸食防止，大気中のオゾン層による危険な紫外線の遮断，海の生態系では魚介類の繁殖場所の提供，海洋による気候の温暖化，そして，この章で詳しくみてきた栄養源の循環などがある．このような生態系サービスは，健全な生物群集を維持するうえで必要不可欠であり，それが，人類にも多大な経済的利益をもたらす．

では，生態系サービスのもつ経済的な価値はどれくらいであろうか．私たちはきれいな空気や水なしでは生きられないので，その意味では，価値は無限大といえるかもしれない．しかし狭い意味で考えても，自然の水の浄化の代わりに何十億ドルも費やさなければならなかったニューヨーク市の例が示すように，その価値は莫大である．湖水や河川だけに限って考えても，世界中の生態系サービスの経済価値は，何と毎年1兆7000億ドルであると推定している研究者もいる．ほかにも，世界中の漁獲量（500〜1000億ドル），昆虫の授粉によって生産する農作物（数十億ドル）など，その価値は限りない．

私たちの文明は，生態系サービス，生態系による多くの奉仕作用により成り立っている．私たちの技術では，自然の生態系を一部組込んだ景観をデザインすることはできても，生態系サービスの恩恵を完全に復元することはできない．私たちは生態系サービスの経済的価値の一部を見積もる程度のことしかできていないが，生態系を破壊したり減退させると（図24・17b参照），私たち自身も経済状態も危機に陥ることは十分に理解しているはずである．

章のまとめ

24・1　生態系の作用
- エネルギーと物質は生態系から別の生態系へと移動できる．
- 生産者によって獲得されたエネルギーは，食物連鎖の各段階で代謝熱として，少しずつ失われる．つまり，エネルギーは生態系の中を決まった一方向へと流れる．
- 栄養素は生態系の中を循環し，環境から生産者へ，そして，さまざまな消費者へ渡り，死んだ生物の残骸を最終消費者（分解者）が分解するときに非生物環境へ戻る．

24・2　生態系へのエネルギーの獲得
- 地球上の多くの生物が，生産者が太陽光から獲得し化合物の形で蓄積したエネルギーに依存している．
- 生態系での生産者によるエネルギー獲得量を純一次生産力（NPP）という．生態系のNPPを調べることは，その生態系のタイプと作用のしくみを理解するための重要な第一歩となる．
- 陸地の生態系では赤道から極点へ向かうにつれてNPPが低下する傾向がある．海の生態系では，NPPは陸地沿岸部近くで高く，広い大洋（湧昇流によって欠乏している栄養素が生物に供給される場所を除く）では小さくなる．湿地帯など，陸上の水の豊富な生態系ではNPPは高い．
- 人間の活動が，局所的，地域的，あるいは，地球規模でNPPを増減させることがある．

24・3　生態系におけるエネルギーの流れ
- 生産者によって獲得されたエネルギーは，食物連鎖の形で生物から生物へと移されていく．
- 生物がエネルギーを使って代謝反応を進める過程で，熱として生態系からエネルギーは失われる．
- 生態系の中の異なる栄養段階で，生物が利用するエネルギー量は，ピラミッド状の形になる．各段階では，下のレベルのエネルギーの約10％しか利用できない．
- 純一次生産力の高い生態系では，二次生産力も高い．

24・4　栄養素循環
- 栄養素は生物と非生物の物理的環境の間を循環する．
- 分解者が生物の死骸を分解することで，栄養素が生物から物理的環境へ戻される．
- 容易にガスになって大気中に入る栄養素は大気性の循環を行う．大気性の循環によって，世界の遠く離れた場所へ栄養素が速やかに運ばれる．
- ガスになりにくい栄養素（リンなど）は，沈積性の循環を行う．沈積性の物質は，長い時間をかけてゆっくりと循環する．
- 水（酸素と水素）以外では，生物体に最も豊富にみられる栄養素が炭素である．細菌，植物，および藻類のような生産者が光合成が行い，非生物の環境から生物群集へと炭素を循環させる．
- 光合成する生産者が大気性のCO_2を生物の利用できる炭水化物に変換する．消費者は，生産者や他の消費者を食べることによって炭素を得る．生産者・消費者ともに，細胞呼吸によって炭水化物からエネルギーを抽出し，同時に，大気にCO_2を放出する．
- 分解者は生物の死骸・残骸を消費して，その中の炭素をCO_2として放出する．落ち葉や泥炭など，部分的に腐食した有機物質は，寒冷地では土壌中に炭素を蓄える重要なはたらきをする．
- 窒素は，タンパク質やDNAなど重要な高分子に含まれる重要な元素である．大気（78％がN_2）は生物圏の中で最も多い窒素の貯蔵所であるが，生産者の手には容易には届かない．
- 細菌による生物窒素固定で大気中のN_2がNH_4^+に変換される．マメ科植物は窒素固定細菌と相利共生の関係にある．
- 植物などの生産者は，窒素の交換プールからNH_4^+やNO_3^-を吸収し，消費者は，生産者や他の消費者を食べることで窒素を得る．
- 合成肥料を作る過程で，N_2をアンモニウム化合物に変換する工業的窒素固定が行われる．
- 硫黄は，大気性の循環を行う．岩石の風化によって流れ出し，水陸の生態系内に入る．植物性プランクトンによって生産された硫黄を含む化合物は，波しぶきの発生とともに大気中に飛散する．大気中のSO_2は水に溶け，酸素と反応して，雨水の中の硫酸（H_2SO_4）として地上に降る．
- リンはDNAなどに必要不可欠な重要な元素である．人工的にリンを投与すると生態系のNPPが上昇することが多い．リンは大気中に入らず，沈積性の循環を行う．

24・5　人間活動が生態系を変える
- 人間の活動が，局所的，地域的，そして地球規模での栄養循環を変えることがある．
- 湖水，河川，および沿岸水への過剰な栄養素（特に窒素とリン）の流入が富栄養化の原因となる．富栄養化で藻類が爆発的に増加し，藻類の死骸は深海中に沈降すると，酸素を使用する分解

者が爆発的に増え，その結果，酸素が奪われて，魚介類が死滅する．

■ 人間の活動ではき出される硫黄は，自然の硫黄循環量よりも多く，酸性雨のような国境を越えた環境破壊問題もひき起こしている．

24・6 生態系をデザインする

■ 景観保護上の問題，あるいは，経済上の理由で，生態系を計画して回復させる努力が行われている．

■ まったくのゼロから自立的な生態系を構築すること，または，損傷を受けた生態系を元に戻すことには，まだ誰も完全には成功していない．自然の生態系のように機能するものを人の手でつくれるほど，私たちはまだ，生態系の基本的で複雑なしくみを理解していない．

復習問題

1. 現行の米国絶滅危惧種保存法を，種の保全ではなく，生態系の保護を目的とした法律に書き換えるべきだと考える人がいる．つまり，保全の努力を，自然の生態系全体に向けるべきであるという主旨である．このような法律が成立した場合，生態系の定義を考慮すると，保護するべきものとそうでないものの境界線を決めるのは，容易か，難しいか．理由とともに答えよ．
2. 生態系におけるエネルギー循環を妨げているものは何か．
3. 生態系の分解者の本質的な役割は何か．
4. 人間の活動によって栄養循環が変わると，なぜ国際的に影響が現れるか説明せよ．
5. 生態系サービスの例をあげ，人の経済活動がそれにどのように依存しているのか記述せよ．

重要な用語

生態系 (p. 405)
生物的環境 (p. 405)
非生物的環境 (p. 405)
栄養素 (p. 405)
純一次生産力 (NPP) (p. 407)
バイオマス (p. 407)
湧 昇 (p. 408)
栄養段階 (p. 408)
二次生産力 (p. 409)

栄養循環 (p. 410)
交換プール (p. 410)
大気性の循環 (p. 410)
沈積性の循環 (p. 410)
炭素循環 (p. 410)
窒素固定 (p. 411)
富栄養化 (p. 414)
酸性雨 (p. 415)
生態系サービス (p. 418)

章末問題

1. 光合成によって獲得したエネルギーから代謝熱として失われるエネルギーを差し引いたものを何とよぶか．
   (a) 二次生産力
   (b) 消費効率
   (c) 純一次生産力
   (d) 光合成効率
2. 生物と物理的環境の間の栄養素の動きを何とよぶか．
   (a) 栄養循環
   (b) 生態系の奉仕
   (c) 純一次生産力
   (d) 栄養素のピラミッド
3. 生態系が人間に対して提供する恩恵の例を選べ．
   (a) 激しい洪水の防止
   (b) 土壌の浸食の防止
   (c) 水や空気からの公害物質の沪過除去
   (d) 上記のすべて
4. 食物連鎖の各段階を何とよぶか．
   (a) 栄養段階
   (b) 交換プール
   (c) 食物網
   (d) 生産者
5. すべての生態系で共通して，純一次生産力（NPP）の50％以上を消費する生物はどれか．
   (a) 植食者   (c) 生産者
   (b) 分解者   (d) 捕食者
6. 土壌，水，または空気などのように，生産者が利用可能な栄養素を何とよぶか．
   (a) 重要な栄養素
   (b) 交換プール
   (c) 富栄養
   (d) 限定された栄養素
7. 他の生物，あるいはその死骸や残骸を食べることによって，エネルギーを獲得する生物を何とよぶか．
   (a) 菌 類   (c) 消費者
   (b) 捕食者   (d) 生産者
8. 陸上の生態系から水中の生態系へと循環し，海底に堆積する性質の栄養素は，
   (a) 循環の期間が短い．
   (b) 大気性の循環を行う．
   (c) ガス性の栄養素に比べると多い．
   (d) 沈積性の循環を行う．

ニュースの中の生物学

Hitting the Squids: Deep-Sea Squid and Octopi Full of Human-Made Chemicals

イカを直撃：化学物質が深海のイカやタコを汚染している

化学合成物質が，深海まで沈降し，深海性の頭足動物の組織中からも検出されたという研究報告があった．*Marine Pollution Bulletin* 誌に発表された学術論文は，PCB や DDT などさまざまな残留性有機汚染物質が，タコ，イカ，コウイカ，オウムガイの9種から見つかったと報じている．著者の Michael Vecchione 氏は"5000 m 以上の深海で採取した試料に公害物質が検出されたことは，人が作った化学物質が遠い広大な大洋にも広がり，餌となる生物種の中に蓄積され，より上位の消費者となる海洋生物が食べている証拠である．深海の食物網の汚染が実際に起こっている証拠で，大変気がかりである"と語る．

米国の都市部と農村部の 80％以上の河川水・湖水に，合成化学物質が検出されている．イブプロフェンなどの市販の鎮痛剤，経口避妊薬のホルモン，トリクロサン（多くの抗菌せっけんの活性成分）と DEET（最も広く使用されている防虫剤成分），そして，POP として知られているさまざまな炭素系有機化学物質（残留性の強い有機汚染物質）である．ほとんどの場合，このような化学物質は比較的低濃度（1 ppb 以下．ppb は 10 億分の1の意味で，0.0000001％に相当）であるが，低濃度でも，水生生物に害を及ぼすことが明らかになっている．また，公害物質の組合わせによっては，単一の公害物質より毒性が強くなる可能性についても研究が進んでいる．

米国で使われる約3万種の市販の合成化学物質のうち，約 400 種が POP に分類されている．POP は例外的に安定な化学物質で，放出されると環境中に長期間とどまることが多い．1972 年以降，殺虫剤の DDT は米国内で使用禁止されているが，いまだに，その分解産物が大部分の米国人の体内から検出される．また，密封用樹脂，塗料，および他の工業製品で多用されたポリ塩化ビフェニル（PCB）は，1970 年代に禁止されたが，環境に今でも幅広く分布している POP である．

このニュース記事が示すように，多くの汚染物質が世界中に広がっている．汚染とは直接関係ないはずの生息域にいる動物からも検出されている．研究では，タコ，イカ，コウイカ，およびオウムガイを含む無脊椎動物グループである9種の頭足類を調べ，多種多様な POP が見つかったと報告している．なかには，かなり高い濃度のものもある．頭足類は，さまざまな一次消費者（オキアミなどの小型甲殻類，ハマグリなどの軟体動物），および二次消費者（セグロイワシなどの魚）を餌にしている．POP は餌のオキアミにも検出されている．オキアミは，植物プランクトンや有機物粒子を沪過しながら食べるフィルター・フィーダーで，一次消費者に相当する生物である．

二次消費者として頭足動物は，オキアミや他の一次消費者バイオマスを大量に消費し，餌の中の汚染物質を体内に蓄積する．頭足類自体も，イルカ，シャチ，マッコウクジラなどの海洋哺乳類の食糧となっていて，約 80 ppm という非常に高濃度の POP（ppm は 100 万分の1の意味で 0.0001％に相当）がクジラとアザラシの皮下脂肪で見つかっている．クジラやアザラシを狩猟して利用する北極圏の人々は，四次消費者である．カナダの研究によると，イヌイット族は，その伝統的な狩猟習慣のために，他のカナダ人より5倍の濃度の汚染物質（DDT や PCB）を体内に蓄積させていることがわかった．

このニュースを考える

1. 人や他の生物に POP が検出されることは，環境に化学薬品を放出してはならないこと，また，放出したものが消えてなくなると期待してはいけないことを意味する．生態系の栄養素の流れに関して学んだことから，汚染物質が消えない理由について説明せよ．殺虫剤を散布した庭の芝生から流れ出した化学薬品が，回り回って私たちの夕食にまでたどり着くまでを説明せよ．

2. 多種多様な POP が使われ，それが数千億円規模の産業基盤ともなっている．ほとんどの POP について，その健康や環境へ与える危険性はまだよくわかっていない．このような化学薬品が安全と証明されるまで，使用は禁止すべきだろうか．あるいは，これらの化学薬品が本当に脅威であるかを判別できる多くの情報が得られてから決定すべきだろうか．

3. 経口避妊薬に使われるホルモンが，一部の魚の生殖活動を妨害することが明らかになっているが，このホルモンの汚染が人に害を及ぼすかはわかっていない．汚水処理施設で廃水からこのホルモンを沪過除去することは技術的には可能であるが，経費がかかる．多くの観点から検討し，その経費に見合わないと結論されている．あなたはどう考えるか．もし，下水処理を実施する場合，その経費を誰が負担すべきだろうか．経口避妊薬に課税することが妥当であろうか．POP が混入している多くの製品を，ほとんどの人が日常的に使用しているが，その場合はどうだろうか．

出典：Grist Magazine, ワシントン州シアトル，2008 年 6 月 13 日

25 地球規模の変化

> **Main Message**
> 人間の活動によって地球規模の変化が急速に進みつつある．

荒海の中の惨状

地球の表面の約75％は海である．海洋は，十分に深く，また，広大なために，海の生物をヒトが絶滅に追いやることなどはないと研究者は考えていた．ヒトが海の生物をどれだけ捕獲しようと，その生息場所が公害でどれだけ汚染されようと，その生物が増殖できる余地が常にどこかにあると考えていたからである．しかし，この予想は間違っていたようである．

シロアワビの例を紹介する．シロアワビは大型の貝で，かつては米国西海岸1900 kmにわたってふつうにみられる貝であった．25～65 m以上の比較的深い岩礁地帯にすんでいて，この深さが身を守るのには都合が良かった．美味の貝ではあるが，漁師は，浅い海にすむ捕獲しやすい別種のアワビを捕っていたからである．やがて浅海のアワビの個体数が減少し，シロアワビを捕るようになったが，わずか9年間の水揚げがあっただけで漁場は壊滅した．かつては海底1 haに1万個体もいたのに，今では絶滅に瀕している．

人間が新しい場所で漁業を始めると，捕獲できる魚の数が激減——一般的に，はじめの15年で80％低下——する傾向がある．たとえば，1958年，西太平洋の漁場に魚がいなくなったが，日本の漁船はまだインド洋や南太平洋，大西洋の海域で，マグロなどの大型魚を捕獲できた．しかし6年後，多くの地域で漁獲量が減り，約20年後には漁場として使えなくなった地域も出てきた．

人間の活動は魚の群集に対して大きなマイナスの影響を及ぼしてきた．最近の研究によると，世界の漁業の66％が乱獲による問題をかかえているという．また，この45年間で大型魚が獲れなくなり，逆に，プランクトンを食べる無脊椎動物や小型魚が増えていることもわかっている．これは，大型魚の方が漁獲の対象として優先され，生態系で二次・三次消費者となる捕食者が激減しているためである．漁業は，魚そのものの個体数を減少させるだけでなく，生態系の最上位の捕食者を選択的に排除することで海洋の食物網にも変化を与えている．

絶滅の危機に瀕する生物種，また海の生態系へ及ぼす人間の影響は，私たちが生物圏に与えている変化の一例にすぎない．地球規模における硫黄循環の変化（第24章参照），バイオームの分布に与えている影響（第20章参照），および世界規模の生物種の大量絶滅と個体数の減少（インタールードA参照）など，ほかにも多くの例をあげることができる．このような変化は，私たちを含めた地球上の生命にどのような影響を与えているのだろうか．地球の海，空，陸地は，数億年にもわたって，数えあげることができないほどさまざまな形で変化した．では，現在私たち人類が生物圏を変えていることに，なぜ注意を払う必要があるのだろうか．本章では，この重大な問題点を検討し，生態学からのメッセージ，すなわちこの地球での正しい責務を果たすことが私たちの利益にもつながることを学ぶ．

シロアワビとその生息地であるカリフォルニアの海岸

基本となる概念

- 人間の活動が世界中の陸・水圏の生態系に大きな影響を与え，それが急速な種の絶滅をひき起こしていると考えられる．
- 人間が環境に多量に放出する天然物質や合成化合物が，生態系の物質循環を変える．
- 人間による窒素循環の量は，すでに自然の窒素循環の量を越えている．もし，このまま何もしなければ，窒素循環の変化が生態系にさまざまな弊害をひき起こすだろう．
- 大気中の二酸化炭素（CO_2）濃度の急激な増加は，おもに化石燃料である石油の燃焼による．CO_2濃度の増加は生態系に未知の大きな影響をもたらすだろう．
- CO_2などの温室効果ガスが地球の気温を上昇させる．実際に地球温暖化が起こっているが，その程度や結末は不明である．
- 人間がひき起こす地球規模の変化が，私たち自身，また他の多くの生物に大きなマイナスの作用をひき起こすであろう．地球の生態系を持続可能な方法で利用する方法を私たちは学ばなければならない．

政治家や討論番組の司会者が，世界規模での環境変化，すなわち**地球規模の環境変化**は，なかなか結論の出ない難しいテーマであるとコメントすることがある．そのような発言によって，地球規模の環境変化は本当は起こってはいないのではないか，そのために何かをすべきだというのは事実だろうか，などと懐疑的に思う人がいるかもしれない．

"難しい議論である"と言うことで，"議論の余地がある"という印象を与えるのは大変不幸なことである．地球が変わりつつあることは確実だからである．外来種の侵入は世界中で起こっているし（第 21, 23 章参照），生物多様性が大幅に失われ（インタールード A 参照），公害が世界中で生態系を変えている（第 24 章参照）．これらの重大な地球規模での環境変化が現在進行中で起こっているのは事実である．

これらの変化は人間によってひき起こされたものだが，生物圏は，もともと長い時を経て変化を続けてきた．第 23 章でみたように，大陸は移動し，気候は変動する．遷移や自然に起こる撹乱は，絶えず生物群集を変化させてきた．人間の作用がなくても，生物群集は地球規模の変動に直面してきたし，今でも直面している．本章では，人間がいかに地球規模の変動に影響を与えているかを紹介しよう．

はじめに，人間が起こした二つの地球規模の変化，陸圏と水圏の利用方法の変化，および生態系での栄養循環の変化について紹介する．最後に，地球温暖化によって起こる気候変動とその将来への影響についてみていこう．

25・1 陸圏・水圏の変容

人間の活動は，地球の陸地に，さまざまな物理的および生物的な変化，**陸圏の変容**をもたらす．これには，資源の利用，農業，または都市の成長のために自然の生物の生息地を破壊すること（たとえば木材生産のために森を伐採すること）も含まれる．また，草原にウシを放牧するなど，自然の生息地を小規模に変えることも陸圏の変容の一つである．

同じように，**水圏の変容**は，海洋や河川の物理的，生物的な変化をいう．たとえば私たちは，生態系中の水の循環経路を劇的に変えてきた．今や地球上の半分以上の淡水をヒトが使っていて，世界の 70% もの河川が流れを変えられている．水はすべての生命にとって重要なもので，世界中の水を人間が多量に使用することは生態系に大きな影響を与える．世界中で，水のある所ならどこでも，生息する生物種に大きな変化が起こっている．森の伐採や河川水を汚染した影響は，地球の陸・水圏の中では規模としては部分的なものにすぎないが，積もり積もって地球規模の影響を与えている．

陸圏・水圏の変容が起こっている証拠

航空写真や衛星写真を見ると，都市周辺部だけではなく，自然に恵まれた環境であっても破壊が進み，地球の表情がいかに変わりつつあるかが理解できる（図 25・1）．これらは，陸・水圏の変容が実際に起こっている証拠である．それが人間の行為によるものであり，また，地球規模のスケールで起こっていることの証拠でもある．

人間が与えた影響の全容を明らかにするには，個々の活動が及ぼした影響を全地域で一つ一つ明確にし，合算していかなければならない．それは大変な作業で不可能にみえるかもしれないが，衛星やその他の新技術を駆使すれば可能であろう．地球全体に対する人間の影響を正確に調査・記載するのは大切な事業である．この作業は研究レベルで始まったばかりであるが，ある推計によると，人間は地球の陸地表面の 1/3 から 1/2 を実質的に変えてしまったという．正確な面積は未確定であるが，陸地の大半が変わったのは明らかである．深海について私たちはほとんど何も知らないので，水圏に対する人間の影響の大きさを推測することは大変難しいが，地球規模の水質汚染，水生の生物集団の減少などの問題からして，地球の水圏も人間が変えているのは明らかである．

陸圏・水圏両方を変容させたことで，生態系にも多くの劇的な作用を及ぼしてきた．現在まさに進行している熱帯雨林の破壊（図 25・2）や，米国中西部における広大な草原の穀倉地化も，人間が生態系に与える影響の大きさを示す例である．世界中の湿原の半分，マングローブのある低湿地から，寒冷地域の泥炭湿原まで，多くがこの 100 年間に消失した．1780 年代からの 200 年間で，米国のすべての州で湿原が減少した．湿原の保護や復元を奨励する保護法，土地所有者や公の団体の保護活動推奨の取組みのおかげで，湿原の損失は 20 世紀の最後の 10 年間は大幅に抑えられている．

河口域，塩水湿地帯，マングローブ低湿地，大陸棚は，地球上でも最も生産性の高い生態系となっている．しかし，世界の人口の約 50% が沿岸から 5 km 以内に生活しているため，この沿岸域の生態系は，人間の影響を最も受けやすい環境にある（図 25・3）．現在，世界のほとんどの海岸線が，都市開発，下水排水，農地からの過剰養分の流出，化学物質による汚染，魚介類の過剰捕獲などの厳しい状況にある．

図 25・1 **変容する陸の表情** (a) 米国ワシントン州で切り開かれた森. (b) アリゾナ州の銅鉱山. (c, d) メリーランド州ボルチモアとワシントン D.C. 付近の都市部(赤)の拡大. 1850 年と 1992 年の比較.

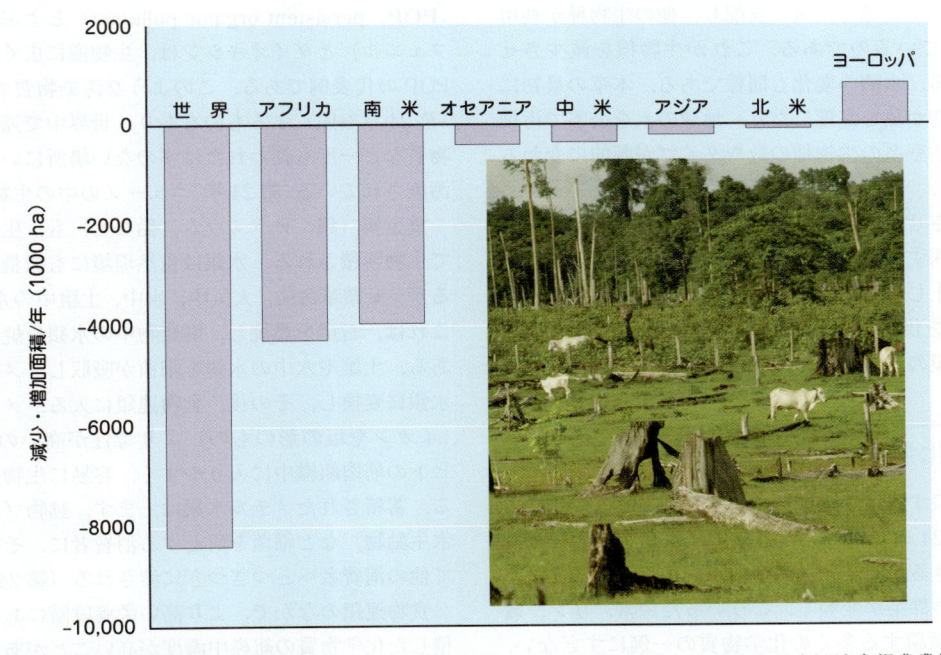

図 25・2 **消え去る森林** 森林がヨーロッパ以外のほとんどの地域で縮小したことを示す国連食糧農業機構(FAO, Food and Agriculture Organization)のデータ. アジアの比較的良い状況は, ここ数年の中国の大規模な森林再生事業によるものである. 写真は, ウシ放牧地に変えられたアマゾンの熱帯雨林(ブラジルのパラ).

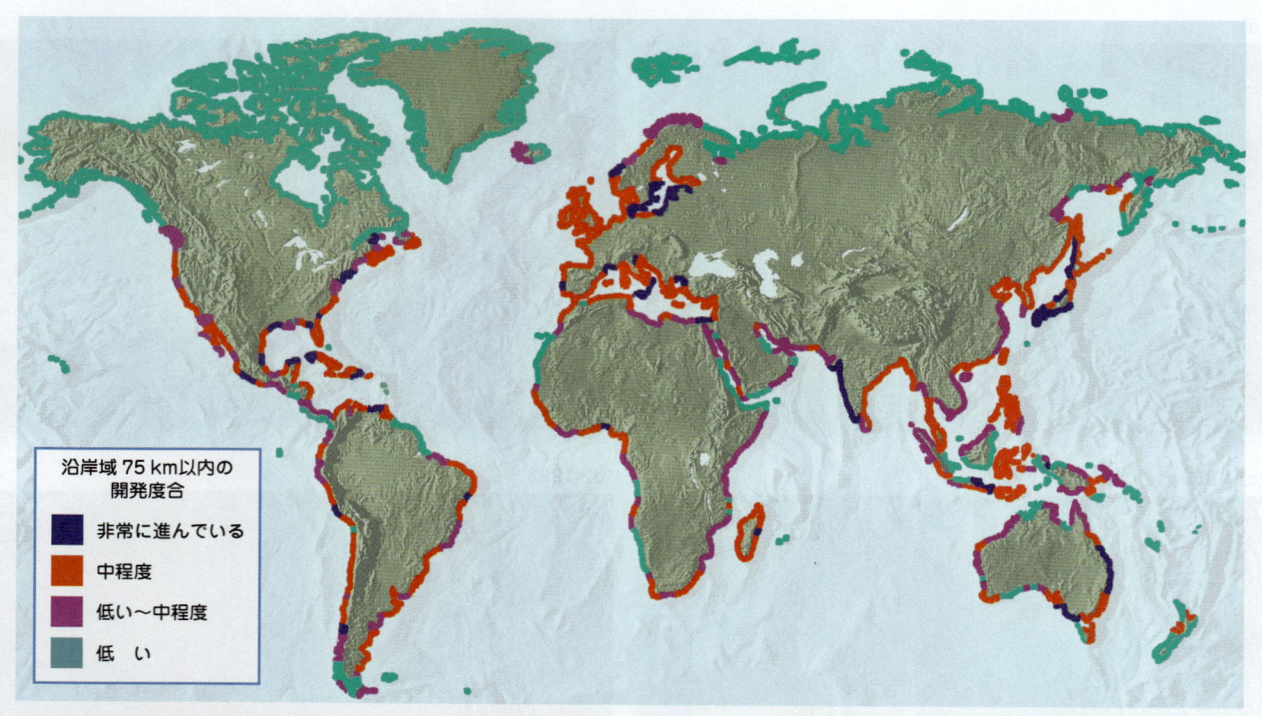

図 25・3　人口増加が沿岸生態系に大きな変化をひき起こす　沿岸域への人間の影響を示す．沿岸域は，地球上でも最も生産性が高い生態系である．米国や中国の東海岸側，東南アジアのほとんど，およびヨーロッパの一部など，開発が進んでいる沿岸域ほど大きな影響を受けている．

凡例：沿岸域 75 km 以内の開発度合
- 非常に進んでいる
- 中程度
- 低い〜中程度
- 低い

陸圏と水圏の変容の影響は大きい

　現在の陸圏・水圏の変容はまだ続くであろうが，これは地球規模の環境変化に最も強く影響を与えていると，多くの生態学の専門家は考えている．これにはつぎのような理由があげられる．

　第一に，増加を続ける人口に製品やサービスを提供するため，私たちは，陸・水圏を持続的に活用するのではなく，変容させることで，その膨大な資源を利用している．今や世界中の陸地の全純一次生産力（NPP）の約 30〜35% 以上が，直接間接に人間の管理下にあるとの推計がある（NPP の定義については第 24 章参照）．世界の陸地で産出される資源を大量に支配し，他の生物種が利用可能なものを減らしているのである．これが生物種を減少させる原因にもなっている．水圏の変化も同様である．本章の最初に紹介したように，人間が魚を乱獲したり，地球の水を公害で汚染すれば，世界の水圏生態系の生物種の数やタイプが劇的に変わる（第 23，24 章も参照）．

　陸圏・水圏を変容させることは，局所的な気候変化もひき起こす．たとえば森を伐採すると，その地域の気温は上昇し，湿度は低下する．伐採を中止しても，この気候変化によって森の再生が遅れる．加えて，森を伐採し焼くことで空気中の CO_2 量を増加させ，これが地球規模の気候変化の原因となる．

25・2　地球の化学的変容

　生命は生態系を循環する栄養素に依存しており，その変化に大きく影響される．第 24 章で紹介したように，生産者がどれだけ窒素とリンを利用できるかで純一次生産力が決まるし，酸性雨が含む硫酸によって生物群集が変わる．こういった窒素，リン，硫黄は，生態系の中を循環する多くの化学物質の一例にすぎない．空中，水中，土壌に放出される合成化学薬品（人工的な化学物質）も生態系中を循環する．食物や環境から生物が直接栄養素を吸収するように，人間のつくる化学物質も生物に吸収される．場合によっては，周りの非生物的な環境よりも高い濃度で生物体内に蓄積されることもある．これを**生物蓄積**という．安定性が高く分解・排除されるより早く細胞や組織内に蓄積される化学物質が，生物蓄積される．

　多くの合成化学物質，なかでも殺虫剤，プラスチック，有機溶剤，工業製品で使われる有機分子などに，細胞や組織内に蓄積されるものが多い．生物に蓄積されてから，分解されて消えるまでの寿命が長く，悪い影響を及ぼすものを，**残留性有機汚染物質**（POP，persistent organic pollutant）とよぶ．PCB（ポリ塩化ビフェニル）とダイオキシンは，生物圏に広く分布し，最も有害な POP の代表例である．このような汚染物質のなかには，大気循環（第 24 章参照）するものもあり，世界中で遠くまで運ばれ，化学物質など一度も使われたはずのない場所にいる生物の食物連鎖も汚染されている（第 24 章"ニュースの中の生物学"の記事を参照）．

　重金属（銀，カドミウム，鉛など）も，生産者と消費者の両方で生物蓄積される．水銀は自然環境にも微量にみられる物質であるが，産業革命後，大気中，水中，土壌中の水銀は 3 倍に増えた．これは，石炭を燃焼し，廃棄物中の水銀を焼却することが原因である．土壌や水中の水銀を細菌が吸収し，メチル水銀などの有機水銀に変換し，その後，食物連鎖に入る．メチル水銀が無機水銀（イオンや塩の形のもの）より毒性が高いのは，甲殻類や魚類，ヒトの筋肉組織中に入りやすく，容易に生物蓄積されるからである．蓄積されたメチル水銀は，まず，動物プランクトン（小型の水生動物）など細菌を餌とする消費者に，その後，食物網を通じて他の消費者へとつぎつぎに渡される（第 24 章参照）．

　食物連鎖のなかで，より高い栄養段階にある生物ほど，生物蓄積した化学物質の組織中濃度が高いことがある．これを**生物濃縮**という．生物蓄積と生物濃縮は似た用語だが，生物蓄積はそれぞれの生物個体での物質の蓄積をさし，生物濃縮とは，食物連鎖の

中で栄養素がより上位の段階へ渡されたときに起こる組織中の化合物の濃度の上昇をさす．

生物濃縮する化合物は，タンパク質や脂肪など生体の巨大分子に結合しているものが多い．そのため体内や環境中で分解されにくく，また，容易には排出されない．たとえば，PCBは脂肪と結合する疎水性分子で，脂肪組織内に蓄積される．次の栄養段階の捕食者は，被食者の脂肪組織を食べるときにPCBを取込む．捕食者は多量の被食者を消費するが，PCBは捕食者の体内から失われないので，しだいに体内に蓄積する．こうして，食物連鎖の最上位の捕食者に，最も高い濃度での生物濃縮がみられる．図25・4は，PCBが2500万倍も生物濃縮された湖の例である．生物濃縮が大きな問題となるのは，湖水などの環境に，ほんのわずかな量しか存在しない物質であっても，食物連鎖の最上位の捕食者に大きな害をもたらし，死をまねくほどの高い濃度にまで蓄積されるからである．

第21章の"科学のツール"で紹介したハゲワシへの殺虫剤DDTの影響は，このような食物連鎖を通じての生物蓄積・生物濃縮されたPOPの例である．1972年に使用が禁止されるまで，DDTは蚊を退治し，農作物を害虫から守るために広く散布されていた．そして，湖や河川に流れ込み，藻類などのプランクトンによって吸収され，さらに動物プランクトンに摂取された．動物プランクトンから甲殻類，そしてミサゴやハゲワシなどの猛禽類の食物連鎖の上位へと渡るにつれて，組織中の濃度は数十万倍も増加した．DDTはさまざまな動物の繁殖力を低下させる．卵のカルシウム沈着を妨げ，結果として割れやすい薄くてもろい卵の殻が形成されるため，猛禽類に特に大きな打撃を与えた．

DDTは，**内分泌撹乱化学物質**，すなわちホルモン作用を妨げる化学物質の一例でもある．受精率の低下，発生の異常，免疫系の機能不全，発がん性など，生物にさまざまな悪影響を及ぼす．ビスフェノールA（プラスチック製容器に含まれる）やフタル酸エステル（柔軟性のプラスチック製品や化粧品まであらゆるものに含まれる）は，大部分の米国人の組織から簡単に検出できる内分泌撹乱化学物質である．動物実験では，ビスフェノールは糖尿病，肥満，生殖能力の問題をひき起こし，発がん性があることもわかっている．フタル酸は，精子数の減少や雄の生殖器の発達を抑える．自然界の動物（特に両生類や爬虫類）の受精率を下げ，異常発生の原因となる内分泌撹乱化学物質に関しては，このほかにも多くの報告がある．内分泌撹乱化学物質がヒトの健康にどれだけ害を及ぼしているのかは，現在，まだ明らかではない．私たちは長期にわたって複数の内分泌撹乱化学物質に接しているが，それがどんなに少量であっても安全であるという保証はないのである．

環境に放出されるPOPには，生物に毒性をもつものだけでなく，広範囲で生態系を破壊し，人間社会ばかりではなく，生産者から最上位の捕食者までの多くの生物に悪影響を及ぼすものもある．人間が大気中へ放出した**クロロフルオロカーボン（CFC）**も，地球規模で環境変化をひき起こした物質の例である．CFCの化学的特性のために地球の紫外線を吸収するオゾン層が薄くなり，南極の上空にオゾンのない部分，**オゾンホール**ができた（第20章参照）．オゾン層はDNAに突然変異をひき起こす有害な紫外線から地球を守っていて，オゾン層の破壊は生命に深刻な脅威となる．幸い，国際的な決議によって，オゾンホール問題に素早く対応できたので，近年，オゾン層に回復の兆しが見え始めている（p.429，"科学のツール"参照）．化学汚染や栄養循環の変化を遅らせ，被害を抑えるのに成功した例もあるが（第21章で紹介した酸性雨軽減の例），地球規模の窒素循環や炭素循環など，まだまだ解決しなければならない大きな課題が私たちを待ち受けている．

■ **これまでの復習** ■

1．沿岸生態系の破壊の原因は何か，また，その結果何が起こったか．
2．生物蓄積と生物濃縮の違いは何か，説明せよ．生物蓄積されやすい化学物質の特徴を述べよ．

1．原因としては，都市開発，下水の排出，過度の栄養素の放出，化学物質汚染，および漁業の乱獲があげられる．結果として，サンゴ礁や魚類などの生息環境の損失や種多様性の減少，種数を含む生物種の減少がみられる．
2．生物蓄積とは，周りの無機環境が拡散されること，各栄養段階の細胞組織内に化学物質が蓄積されること，各栄養段階で捕食される上位の栄養段階への食物連鎖を通して起こる化学物質の摂取などである．生物濃縮は，一つの栄養段階から上位の栄養段階へと渡されたときに組織中の濃度の増加をいう．生物蓄積されやすい化学物質は，タンパク質や脂肪に結合するものが多く，体内には排出されない．

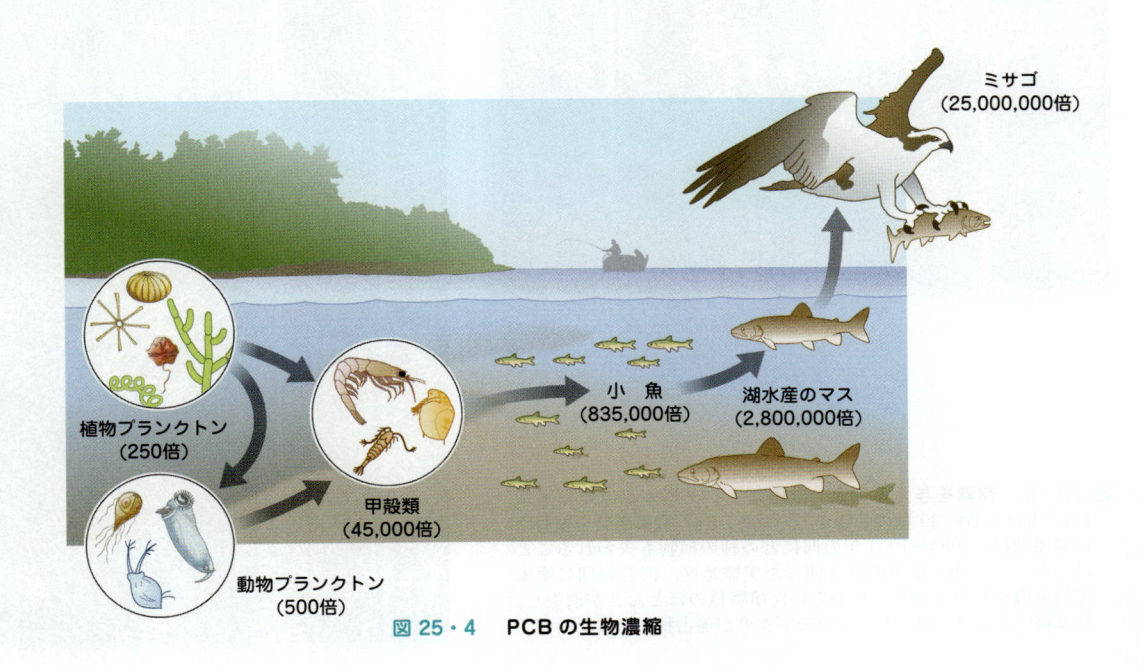

図25・4 PCBの生物濃縮

ミサゴ（25,000,000倍）
湖水産のマス（2,800,000倍）
小魚（835,000倍）
甲殻類（45,000倍）
動物プランクトン（500倍）
植物プランクトン（250倍）

25・3 地球規模の栄養循環の変化

大気中には多量の窒素があり，私たちが呼吸する空気の78％を窒素ガス(N_2)が占める．しかし，生物はN_2を直接利用して，生物学的に重要なタンパク質や核酸などの分子をつくることができない．窒素ガスは別の形，たとえばアンモニウムイオン(NH_4^+)あるいは硝酸イオン(NO_3^-)になってはじめて，真核生物（植物，動物，原生生物，または菌類）にとって利用可能な形に変わる．N_2からNH_4^+への変換は**窒素固定**とよばれる．これは窒素固定細菌および量的には少ないが雷の放電でつくられる（第24章参照）．大気中にガスとして存在する窒素に比べると，生物の間で循環する窒素はずっと少量である．

人工的な窒素固定も行われており，その量は，最近では窒素固定細菌や雷で固定される量を追い越している（図25・5）．この人工的な窒素固定の大半は肥料製造によるもので，肥料が農地に散布されると，その大部分は細菌によって分解され，再び，大気中へと放出される．ほかにも，自動車のエンジンでは，高温の燃焼で空中のN_2が一酸化窒素（NO）と二酸化窒素（NO_2）に変化する．これも人工的な窒素固定である．NOやNO_2はエンジンの排気ガスに混ざって空中に放出され，大気中の酸素・水と反応し，雨水に溶ける硝酸イオン（NO_3^-）として地面に落ちる．マメ科の植物と相利共生の関係にある細菌が自然の生物学的窒素固定を行い，本来は，これが自然の生態系で生産者が利用できる窒素の大部分であった．ところが現在，人間が生態系に持ち込む窒素の量は自然の量よりも多い．人間の営みが地球規模の窒素循環を変化させていることになる．

窒素循環の変化がもたらしている影響は非常に広範にわたる．窒素肥料を陸上の生物群集に与えると，純一次生産力は通常上昇するが生物の種類は減少する（図25・6）．多様性がなくなるのは，余分に与えられた窒素を最も有効利用できる種が他の種を追い出

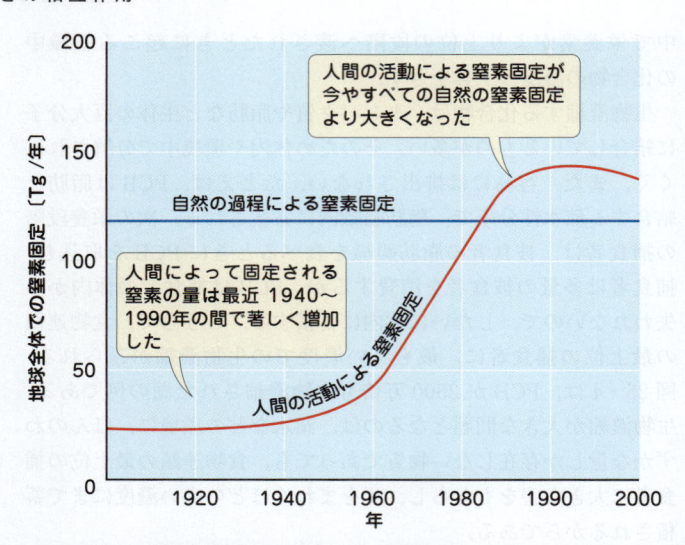

図 25・5 地球規模の窒素循環への人間の影響 窒素は自然界では雷の放電，あるいは細菌による窒素固定の作用により，大気中から年間約 130 Tg（$130×10^{12}$ g ＝ 1300万 t）が固定される．しかし，人工肥料の合成などで，今や自然が固定する全窒素よりさらに多くの量の窒素を人間が固定している．

すからである．たとえば，もともと窒素源が乏しいオランダの平地に多量の窒素肥料が使われた結果，50％の生物種が生物群集から消失した．同じように，窒素の乏しい水圏の生態系も，窒素を与えると生産力は増加するが，生物種は失われる方向に変化する（第23章参照）．一般に，窒素添加により生産力は向上するが，それは生態系にとっては必ずしも良い方向の変化ではない．

生物圏には莫大な量の炭素があり，炭素は生物体，土壌，大気，および海の間を容易に循環する（図24・8参照）．ここでは，地球規模の炭素循環のうち，人間の活動によって変化した大気中の二酸化炭素（CO_2）濃度の問題に焦点を合わせて紹介しよう．

図 25・6 窒素を与える実験 米国ミネソタ州の草原では通常 1 m² 当たり 20～30 種の植物がみられる．(a) 窒素肥料を使わない対照地区．1984～1994 年の間にどの種の植物も失われることはなかった．(b) 窒素肥料を使った実験地区．同じ期間に窒素肥料を散布したところ，元からいた植物種のほとんどが消失し，外来種であるヨーロッパヒメカモジグサが優占種となった．

大気中の二酸化炭素濃度は劇的に上昇している

地球の大気に含まれる CO_2 は 0.04% 以下（400 ppm）の濃度であるが，その低い濃度からは想像できないほど，重要な成分である．これまで紹介してきたように，CO_2 は光合成に必須の原材料で，光合成でつくられる物質にほとんどすべての生物が依存している．CO_2 は地球温暖化の一因となる大気成分としても重要な意味をもつ．そのため，1960 年代はじめ，大気中の CO_2 濃度が急速に上昇しているという結果が発表されてから，多くの研究者が注目するようになった．

大気中の CO_2 濃度は，1958 年以降，直接測定したデータがある．また，数百年から数十万年もの間，氷の中に閉じ込められていた泡の中の CO_2 濃度を測定することで，過去の濃度を間接的に知ることができる．この測定方法は，現在新しく作られる氷の泡でも，空気中の CO_2 量と一致することがわかっているので，過去の正確な大気中濃度を示すと考えられている．この両者を合わせた結果，CO_2 濃度はこの 200 年間で著しく上昇したことが明らかとなった（図 25・7）．CO_2 濃度増加の約 75% は石油の燃焼が原因であり，残りの 25% の大部分は森林の伐採と焼却が原因であると考えられている．

この上昇の様子には，二つの特徴がある．一つは，その増加速度が急速になっていることである．CO_2 濃度はこの約 200 年の間に 280 ppm から 380 ppm へと増加した．氷に閉じ込められた泡の測定結果と比べると，この増加速度は，過去 42 万年の間で自然に起こった最も急激な増加よりもさらに速い．二つ目に，大気中の CO_2 濃度は，過去 42 万年の間に約 200〜300 ppm の範囲で変動しているが，現在の CO_2 濃度はこの期間のいずれの時期よりも高い値を示す．地球規模の CO_2 濃度は非常に速く変化し，過去 42 万年間で類のない高い値となっている．

増加した CO_2 がもつ生物学的作用

空気中の CO_2 濃度増加は，植物に大きな影響を及ぼす（図 25・8）．CO_2 の量が多いと，植物の光合成速度が上がり，水を効率的に使い，速く育つようになるからである．CO_2 濃度が高いままになっていると，速い速度で成長を続ける植物もある一方で，時間とともに成長速度を低下させる植物もある．大気中の CO_2 濃度が上昇すると，前者の植物が生物群集の中で優位になるので，他の種を追い出すこともあるし，新しい他の生物群集の中に侵入することもあるだろう．

植物種間のこのような CO_2 濃度に対する反応の違いによって，全生物群集に変化が現れると考えられるが，その正確な予測は難しい．つぎの項で紹介するように，CO_2 濃度の上昇は，地球の気温が上昇する原因ともなっている．気温と CO_2 濃度の両方が変化すれば，当然，さまざまな競争の相互作用も変化するであろう．その変化を前もって知ることはまず不可能である．第 22 章で学んだように，種間の相互作用が変化すると生物群集全体が劇的に変わり，予測が大変難しくなるからである．

25・4 気候の変化

二酸化炭素（CO_2），水蒸気（H_2O），メタン（CH_4），および亜酸化窒素（N_2O）のようなガスは，大気中にあると，地球の表面から宇宙へと放射される熱を吸収する性質をもつ．これらの気体は温室や自動車のガラス窓のようにはたらくので，**温室効果ガス**とよばれる．温室効果ガスは，太陽の光は通過させるが，熱を吸収する性質のガスである．図 25・9 は**温室効果**について説明している．地球が太陽から受取る光の約 1/3 は大気の上層で反射される．残りの部分が地上に到達し，陸や海に吸収され，それほど多くはないが大気にも吸収される．光を吸収した陸・海・大気は温められ，波長の長い遠赤外線として熱エネルギーを放出する．これを赤外線放射という．赤外線放射は一部地球の外へと逃れるものの，大半は温室効果ガスに吸収される．温室効果ガスによって吸収された熱は，大気を通過して宇宙空間に流出するための十分なエネルギーがなく，地球上に留まったままとなる．すなわち，大気中の温室効果ガスの濃度が高くなると，より多くの熱が捕らえられて地球の気温を上昇させることになる．

地球の気温が上昇している

CO_2 は大気に多量にあり，温室効果ガスとしては最も影響が大きい．すでに 1960 年代には，大気中の CO_2 濃度が上昇すると

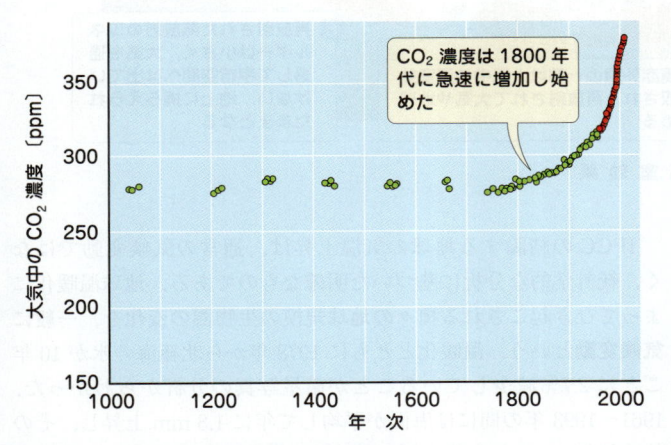

図 25・7 **大気中の CO_2 濃度は急速に上昇している** 大気中の CO_2 濃度はこの 200 年間に著しく増加した．赤の数値は大気中の CO_2 濃度を直接測定したもので，緑は，氷に閉じ込められた空気の泡を使って調べた結果である．

図 25・8 **高い CO_2 濃度が植物を大きくする** まったく同じ遺伝子型をもつシロイヌナズナを，異なる CO_2 濃度で育てた．(a) 200 ppm の CO_2（約 2 万年前と同じ）．(b) 350 ppm（1988 年の値）．(c) 700 ppm（将来の予想値）．CO_2 濃度が高いと，植物が大きく育つ．

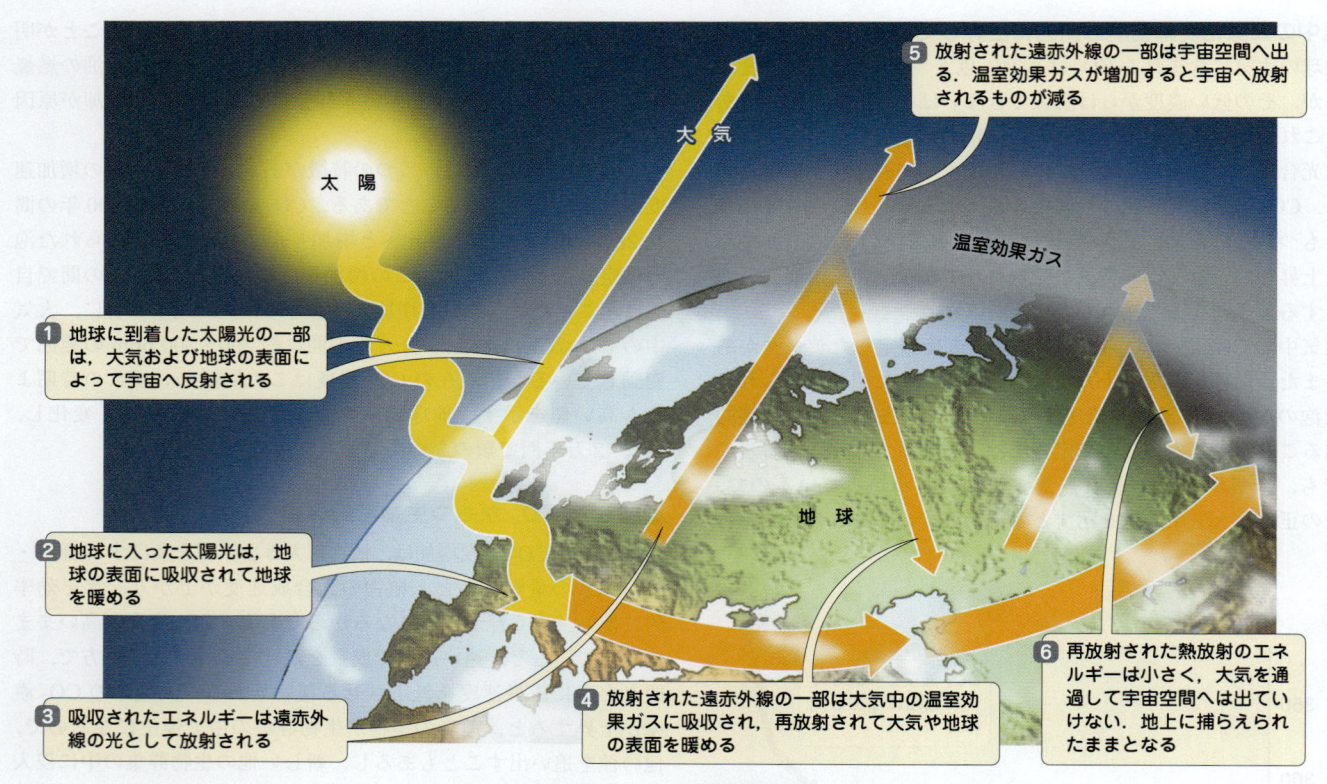

1 地球に到着した太陽光の一部は，大気および地球の表面によって宇宙へ反射される

2 地球に入った太陽光は，地球の表面に吸収されて地球を暖める

3 吸収されたエネルギーは遠赤外線の光として放射される

4 放射された遠赤外線の一部は大気中の温室効果ガスに吸収され，再放射されて大気や地球の表面を暖める

5 放射された遠赤外線の一部は宇宙空間へ出る．温室効果ガスが増加すると宇宙へ放射されるものが減る

6 再放射された熱放射のエネルギーは小さく，大気を通過して宇宙空間へは出ていけない．地上に捕らえられたままとなる

図 25・9 温室効果

地球の気温が上昇するだろうと研究者は予測していた．**地球温暖化**として知られるもので，マスコミや政界でも議論の的となっている．年ごとの気候の上下変動があるので，実際に気温が上昇しているのはわかりにくいが，種々の観測記録を統合すると，温暖化は確かに起こっているというのが，現在の世界中の気候学者・地球科学者の共通する理解である（図 25・10）．国連がサポートし，2007 年に気候変動に関する政府間パネル（IPCC; Intergovernmental Panel on Climate Change）が出した報告書によると，1906～2005 年の間に，世界の海面温度が平均 0.74 ℃上昇し，海洋より陸地がより暖かく，熱帯域や赤道域より緯度の高い地域で気温の上昇率が高いという．また，20 世紀半ばからの地球の気温上昇は，人間の活動による大気中の CO_2 やその他の温室効果ガスの放出が原因となっている可能性が最も高いと結論づけた．

IPCC の結論する地球の気温上昇は，通常の気候変動ではなく，統計学的な分析に基づいた明確なものである．地球温暖化によってひき起こされる種々の地球規模の生物圏の変化を，一般に**気候変動**という．温暖化とともに 1978 年から北極海の氷が 10 年ごとに 2.7 ％減少していることが衛星写真の分析からわかった．1961～1993 年の間には海面が平均して年に 1.8 mm 上昇し，その後は毎年 3.1 mm 上昇を続けている．これは，海水温が上昇すると体積が増加する熱膨張の効果と，氷河や極氷の融解した分が加わったものである．降雨パターンが世界の各地で変化し，米国東部と北欧州で降水量が増え，地中海，アフリカの北東部と南部，および南アジアで降水量が減った．気温の上昇によって生態系の生物群集の様相も変わったことを示す研究結果もある．たとえば，20 世紀の間に欧州各地で気温が上昇し，多くの鳥やチョウが分布域を北に移動させた．同じように，1980 年以来の気温上昇で，北方の高緯度に分布する植物の成長期間が長くなった．

1995 年以降発表された研究はすべて，1950 年以降に起こった温暖化は人間の活動がおもな原因であることを示している．たとえば，20 世紀後半のデータをもとに計算したコンピュータ・シミュレーションでは，温室効果ガスの排出などの人間の活動を計算に含めると，世界の海洋の水深 2000 m より上層の領域で，水温が明らかに 0.1 ℃上昇すると予測している．こういったすべての科学的なデータが，地球規模での温暖化がすでに始まっていること，それが生物群集に影響を及ぼしつつあること，その大半は人間の活動が原因であることを示している．

地球の未来の姿

CO_2 濃度の上昇傾向は終わる様子がない．現在の地球規模での気温上昇の傾向はまだまだ続くであろう．温暖化の程度や速度によっても違うであろうが，気温の上昇は，生命にどのように影響を及ぼすだろうか？

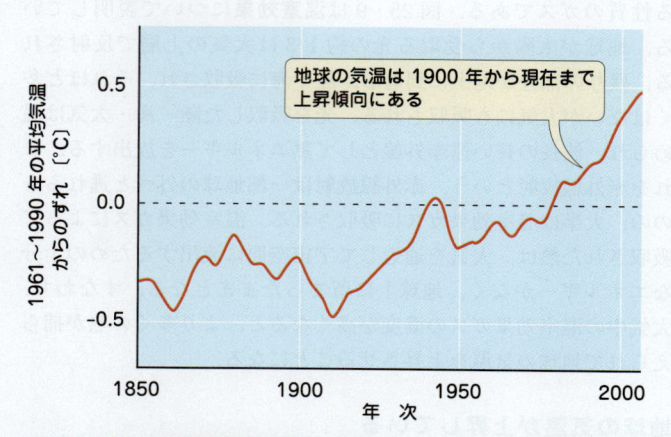

図 25・10 地球の気温は上昇している 1961～1990 年の地球の平均気温（点線）に対する相対温度を示す（赤線）．点線より下は平均より低い温度，上は平均より高い温度である．

地球の気温は 1900 年から現在まで上昇傾向にある

コンピュータ・シミュレーションによると，21世紀末には，1980～1990年の間の地球の平均気温より1.1～6.4℃上昇すると予測されている．この予測は，これまでの実績をもとに計算したもので，温室効果ガス排出量規制などの今後の動向については考慮していない．推測値に幅があるのは，気候変動について科学的にまだ解明できていない推測値が含まれることを意味している．最も楽観的な値では，今世紀末に最低1.1℃の上昇と予測している．最も悲観的な計算では，4℃ほどの温度上昇，最悪の場合6.4℃の上昇と予測している．

このような気温上昇は，生態系と人の生活にどのように影響するだろうか．少なめの地表面温度上昇1.8℃の場合，海面は平均38 cm上昇し，海のpH値が0.14下がると考えられる．夏期にみられる海氷は今世紀末にはほぼ完全になくなると考えられる．そして，嵐や洪水，強い干ばつなど，異常気象がますます増え，多くの生物種が絶滅するだろう．農業生産性は気温の上がった北方の高緯度地域で増加するが，他の多くの地域では減少すると予測されている．

地球の平均気温が4℃も上昇すると，影響はさらに大きくなる．たとえば海面は59 cm上昇するとみられる．この数字はさほど大きくはないように思えるかもしれないが，高潮が起こると，水没する島国が出てきたり，また，世界中の沿岸地域が壊滅的な被害を受けたりもする．世界の農業システムが緊迫し，世界人口が今世紀末にかけて40～50億人増えるという予測も考えると全人口を養うのに十分な食料を供給できない可能性がある．

図25・11には，世界の地表面温度が4℃上昇したときのバイオームの変化を示す．影響は大きく，一部の生物種は移動したり，適応したりするだろうが，おそらく大多数の種が絶滅するであろう．

科学のツール

オゾン層の回復：科学と政策との連係

人間社会では科学の問題，たとえば，遺伝子工学，遺伝子治療，動物のクローニング，発がん性，住民の健康と汚染物質問題，および人間活動と環境保護などに関して，難しい選択をしなければならないことがある．こういった問題の科学的背景は複雑なことが多いので，科学者は情報を正しく提供する責務がある．それによって，政策を決定する立場の人が，正しい行動を選択し，その結果を評価できるようになる．また，政治家はあらゆるケースにおいて，科学を制約なく推進してよいのか，新技術が予期せぬ望ましくない結果にならないようにするにはどうすべきか，さらに，現在の技術上，政策上の問題を解決するのに，誰がその代価を払うべきか，といった点を考慮する必要がある．

科学から政治的な判断へ，逆に，公共政策が科学にどのように影響しているかの好例として，また，環境破壊問題を解決できた成功例として，破壊されたオゾン層修復への取組みをあげることができる．1974年，Mario MolinaとF. Sherwood Rowlandは，エアスプレー缶の中のクロロフルオロカーボン（CFC）がオゾン層を破壊する原因であるという科学論文を発表した．この功績により二人は，同様の研究を行っていたPaul Crutzenとともに1995年にノーベル化学賞を受賞している．論文が発表されてから，さまざまな科学者がCFCがもたらす脅威を一般の人たちにも伝え，オゾン層喪失が皮膚がんや他の健康問題をひき起こす原因になるという考えが広がり，エアスプレー製品の売上が下落した．このとき，多くの政治家や財界人は，行動を起こすことに尻込みしていた．費用が高くつくと予想し，科学技術の未熟さを理由に，オゾン層再生のための法的規制を設けることに難色を示した．しかし1978年に，CFCを含むエアスプレーが米国で禁止されると，他の国々も直ちにこれに続いた．

2年にも及んだ交渉の結果，オゾン層に害を及ぼすCFCおよび他の化学物質の生産と使用を中止するための国際協定，モントリオール議定書が1987年に署名された．この協定の成功は科学的に証明されつつある．地上で測定されるCFC放出量が減少し，衛星写真観測では1979～1996年よりオゾン層の破壊される速度が落ちていることがわかった．オゾン層はまだ回復してはいないもののその兆しは見え始めている．このままの傾向が続けば，約50年ほどでオゾン層が完全に回復すると研究者は予測している．

北極の空（スウェーデンのキルナの風景）

回復の兆しのあるオゾン層 この北極上空で，また世界の各地で，オゾン層破壊の速度が低下していることがわかった．オゾン層破壊の速度が変わらなければ，1979～1996年の間の観測時に比べてオゾン指数（オゾン層の厚み変化を示す指数）はおそらくゼロの値の近くでとどまっていただろう．1999年以降の赤い線で示されているように，指数はゼロよりはるかに大きくなり，オゾン破壊の速度が落ちていることを示している．このオゾン指数は，北緯30～50度，高度35～45 kmで集めた大気サンプルから求めたものである．

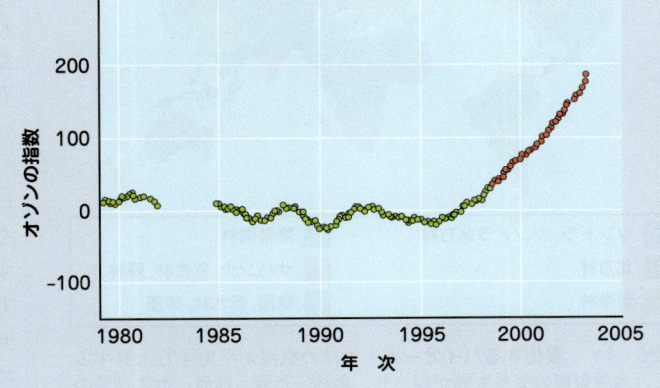

気候変動はすでに始まっているが，今の科学技術で，最悪の事態は回避できると専門家は考えている．気候変動の問題を解決するには，化石燃料の使用を控えること，エネルギー効率を上げること，セルロースを使ったエタノール燃料や太陽エネルギーなどの再生可能エネルギーを活用できるようにすることが必要である．大気中の CO_2 濃度を減らすための革新的な炭素固定技術も開発されつつある．たとえば，工場や発電所から出る CO_2 を光合成する藻類を使って油脂に変え，その油脂をバイオディーゼルに変える技術なども試みられている．ほかにも，ゴミ廃棄場の温室効果ガスの放出を縮小するなど，廃棄物管理システムの改善も必要であろう．農業技術の改善も必要である．たとえば，メタンガスの放出を最小限に抑えるための肥料管理法の改良，N_2O（合成肥料が分解されるときに放出される温室効果ガス）の排出を抑えるために施肥方法も工夫し，さらに持続型農業に重きを置いた技術転換を進める必要がある．熱帯の諸国で森林破壊をやめ，森林を世界中に広げることもきわめて重要である．

再生可能なエネルギーを使う技術には，従来型のエネルギー源を使った技術と競合できるようにするために，税制上での優遇処置などの政府のサポートも必要な場合がある．より高いレベルの車の省エネ基準，電子機器類のエネルギー効率規定など，新しい法律改正が必要になるし，それには，政治的な決断とそれを支持する世論も必要である．地球温暖化を食い止める努力は，社会的・経済的な負担なしでは実現しない．しかし，今，対応が遅れれば将来さらに大きな負担となるだろう．

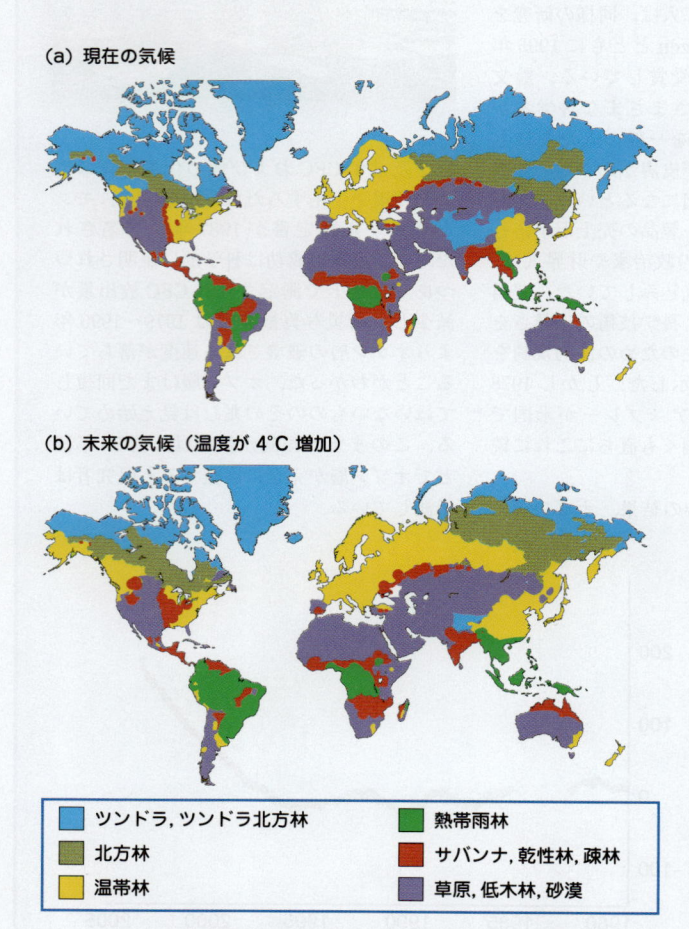

(a) 現在の気候

(b) 未来の気候（温度が 4°C 増加）

- ツンドラ，ツンドラ北方林
- 北方林
- 温帯林
- 熱帯雨林
- サバンナ，乾性林，疎林
- 草原，低木林，砂漠

図 25・11　変化するバイオーム　地球の気温が平均 4°C 上昇すると，地球規模の気候変動が起こり，森林，草原，砂漠，および他のバイオームの分布域が変化する．

■ これまでの復習 ■

1. 地球環境での窒素循環に，人間の活動がどのように影響を及ぼしているか．自然の窒素循環と人工的に導入された窒素循環とを比較せよ．
2. 増加した CO_2 濃度がどのように地球の温暖化と関係しているか説明せよ．
3. 予測されている地球の温暖化の影響のなかで，すでに現実のものとなっているのは何か．

---

1. 人間は肥料散布などにより窒素を集中的に供給する．各産業は大気中の N_2 を NH_4^+，NO_3^- に変えることにより人工的に配分する．また，燃焼によりさらに N_2 から NO_x や N_2O などの窒素の害を発生的に起こす．人間が農業地域に施しているそのすべてが原因となる．
2. CO_2 は温室効果をもたらす．大気中の CO_2 濃度が増加すると熱効果が増大して地球の気温が上昇する．それは，海水温の上昇，海水の膨張により海水の増加，海氷や氷河の融解，海面の上昇，気象モデルによる気候の極端化をひき起こす．
3. 極地の氷河や氷床の融解，海水面の上昇，暖かい海域に生息する多くの生物種の温帯域への移出，北方の植物の開花時期の早期化などがみられる．

学習したことの応用

生態学からのメッセージ

私たちは生態学の研究から，正しく，タイミングよく学びとるべきであろう．たとえば第 21 章で学んだように，いかなる生物集団も無制限に増加を続けることはできないというのもその一つである．この章で学んだものはもっと複雑な課題である．"私たちは自覚しているよりずっと速い速度で世界を変えている" と，ある生態学者が述べている．その通りである．世界は私たちの手の内にある．私たちが何をするかで，私たちの未来が決まり，そればかりではなく，地球上の他のすべての生物種の未来も決まる．

この章で紹介したように，人間は地球上の生命に対して深刻で大きな影響を与えている．自然の変化にそぐわない激しい速度で，人類は地球規模の変化をひき起こしていると，多くの科学者が考えている．地球規模の変容によって将来どのような影響を受けるか，それは，今の私たちの行動で決まるのである．

生態学者が示すように，人類がこの惑星をどのように変化させてきたかを理解すれば，地球の生態系を変容させる速度を抑えなければならないと学ぶはずである．私たちのそのような行動は，他の生物種にとっての利益となるばかりでなく，私たち自身の利益でもある．私たちの文化はすべて，無償の生態系サービスに依存していて，自然のしくみに対する私たちの影響を無視するならば，最後に傷つくのは私たち自身なのである．

自然に対する人間の影響を少なくするには，まず，私たちは人口の増加を制限しなければならないだろう．そして，地球の資源をもっと効果的に使う工夫をしなければならない．別の言い方をすれば，地球への負荷を小さくし，持続可能な範囲にとどめる努力である．環境への影響は，破壊ではなく，資源が自然の力で補充され枯渇することなく永久に利用できる，そういったものでなければならない．たとえば，世界の海洋から得られる自然の恵みが続くようにするには，再生されるよりも早い速度での漁獲行為

生活の中の生物学

あなたのフットプリントサイズはどのくらいだろうか

地球のすべての人間についてエコロジカル・フットプリントを計算することができる．エコロジカル・フットプリントとは，私たちの使用する資源を供給し，私たちが排出する廃棄物を処分するのに必要な陸・水圏を面積で表示したものである（第21章参照）．2007年現在，地球上の1人当たりの平均は 2.7 gha（訳注：gha/人と表記，gha はグローバルヘクタールという収量などの値で標準化した面積，第21章参照）である．これは，持続的な利用を可能とする面積，1.8 gha/人よりも大きい．また，この 2.7 gha/人という値はあくまで平均値であって，一部の国のエコロジカル・フットプリントは，これよりはるかに高い．米国は 8.0 gha/人，カナダは 7.0 gha/人であるが，ずっと低い国，たとえば，バングラデシュは 0.6 gha/人である．世界の人口が増加すると，1人当たり使用できる土地が減り，地球の資源消費の速度が加速する．

裕福な国は平均的に高いエコロジカル・フットプリントをもつ傾向にあるものの，そのなかでもかなり大きな差がある．たとえば，ヨーロッパ（英 4.9，独 5.1，仏 5.0）や日本（4.7 gha）の平均フットプリントは米国やカナダよりだいぶ低い．中国やインドなどの国がますます発展すれば，平均エコロジカル・フットプリントも増加するだろう．現在，個々人のエコロジカル・フットプリントのサイズは，その人の居住空間のサイズと移動量（特に車や飛行機を使っての）に密接に関係している．

あなたのエコロジカル・フットプリントはどれほどだろうか．一般の大学生であれば，おそらくエコロジカル・フットプリントは，その国の平均値に近いだろう．もし，地球上のすべての人間が，米国と同じような生活水準を満喫したいのであれば，ヒトの個体群全体をサポートするのに地球5個分の惑星が必要となる．

をやめなければならない．さもなければ，漁業資源が激減することになるだろう（図25・12）．自然の利用を持続可能な範囲に抑えるには，短期的には利益があったとしても長期的には害を及ぼすような行為，そして速い速度で自然を変えることをやめることである．

地球への負担を持続可能な範囲にとどめること，この目標を達成するには，破壊的な結果となる前に，私たちの行動がひき起こす影響を予測しなければならないだろう．先のことを考慮できる能力は人類だけのものである．私たちは，その予知する能力を正しく使えるだろうか．私たちが地球に与えている影響力について，責任ある行動をとれるほどに，私たちは，勇敢で，創造的で，そして知的でありうるだろうか．第Ⅴ部を通して紹介してきた種々の例をみると，これらの質問に対しての答えは "Yes" であるという希望が生まれる．たとえば，CFC によるオゾン層破壊の脅威への対策は，人間が現実を直視し，環境の困難な問題を解決できたことを証明している．持続型社会への転換はさらに大きな難題であるが，インタールード E で紹介するように，そうした課題に立ち向かうための第一歩を私たちはすでに踏み出している．

章のまとめ

25・1 陸圏・水圏の変容

■ 人間の活動によって世界中の陸・水圏が変容している例が多数知られている．

■ 陸圏と水圏が変容し，これが，種を絶滅させ，局所的，および地球規模の気候を変える要因となっている．

25・2 地球の化学的変容

■ 天然の物質，合成化合物ともに，生態系の化学物質循環が人間の活動によって変わりつつある．

■ 生物蓄積は，周りの環境より高い濃度で生物の組織内に蓄積される化学物質をいう．メチル水銀や PCB は，生物蓄積しやすい残留性有機汚染物質（POP）の例である．

■ バイオマスが一つの栄養段階から次の栄養段階に渡されるとき，汚染物質の組織中濃度が増加することを生物濃縮という．食物連鎖の最も高い栄養段階にある捕食者の魚類，鳥類，および哺乳類は，最も高い濃度で化合物を生物濃縮しやすい．

■ 大気へのクロロフルオロカーボン（CFC）の放出は地球のオゾン層を破壊し，生命を脅かす紫外線を増やす．

25・3 地球規模の栄養循環の変化

■ 大気中の窒素は固定されて（N_2 から NH_4^+ に変換されて）はじめて，生産者に利用できるようになる．自然の窒素固定はほ

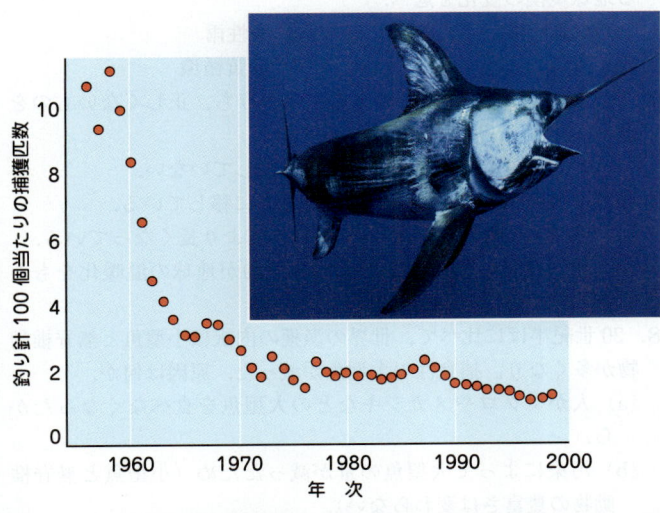

図 25・12 **魚の個体群の減少** 集中的な漁獲を行った地域では，決まって大型の捕食魚（メカジキやマグロ）の捕獲数が急速に下落する．グラフは大西洋熱帯域の大型魚の捕獲数減少を示す．他の14の海洋地域でも同じような傾向がみられる．

とんどが窒素固定細菌による．
- 人間の活動（合成肥料の製造と排出ガス）により，自然が固定するよりも多量の窒素が固定されている．
- 人工的に固定した窒素が地球規模の窒素循環を変えた．植物の生産力を上昇させるが，そのことが生態系における生物多様性の減少をまねく．
- 大気中の CO_2 濃度はこの 200 年間に著しく増加し，現在，過去 42 万年の間で最も高い濃度である．この CO_2 増加の原因は，化石燃料である石油の燃焼と森林破壊である．
- 増加した CO_2 濃度が植物の成長を変え，それがおそらく多くの生物群集の変化をひき起こすことになる．

25・4 気候の変化

- 大気中の CO_2 や他の温室効果ガスは，地表から宇宙へ放出される熱放射を抑える．温室効果ガスの濃度が上昇すると，地球の平均気温は上昇すると予測される．
- 人間の活動によって，この 100 年の間に地球温暖化が起こった．
- 極地域の氷床の融解，海面上昇，降雨パターンの変動，および一部の生物種の北方への移動など，すでに地球温暖化の影響が現れつつある．
- 21 世紀に起こると思われる地球温暖化の程度は不明瞭である．もし高い方の予測値が正しければ，社会的，経済的，および環境的な損失は甚大なものとなるだろう．

重要な用語

地球規模の環境変化（p.422）　クロロフルオロカーボン
陸圏の変容（p.422）　　　　　　（CFC, p.425）
水圏の変容（p.422）　　　　　　オゾンホール（p.425）
生物蓄積（p.424）　　　　　　　窒素固定（p.426）
残留性有機汚染物質　　　　　　温室効果ガス（p.427）
　　（POP, p.424）　　　　　　温室効果（p.427）
生物濃縮（p.424）　　　　　　　地球温暖化（p.428）
内分泌撹乱化学物質（p.425）　　気候変動（p.428）

復習問題

1. 人間の活動がひき起こす地球規模の変化とは何か．おもなタイプを列挙せよ．そのような地球規模の変化は，ヒト以外の生物種にどのような影響を与えるか．
2. 人間のひき起こした地球規模の変化と，自然に起こった地球規模の変化とを比較せよ．人間がひき起こす変化は，どこが異なるか．どの点が特別か．
3. 藻類や植物などの生産者が育つには窒素が必要であり，窒素は水圏および陸上の生態系の両方で供給量が限られている．人間は多量の窒素を生態系に放出しているが，これは良いことだろうか，悪いことだろうか．答えの理由も述べよ．
4. 現在の大気中の CO_2 濃度は，過去 42 万年前の濃度と比べてどうだろうか．数十万年前の地球の CO_2 濃度はどのようにして調べられているか．
5. 将来の地球温暖化の程度と，その影響はまだ不明のままである．このようにまだ不明な状態で地球温暖化に対処する行動を何か起こすべきだろうか．または，地球温暖化の最終的な影響が明確になるまで待つべきだろうか．地球温暖化に関してすでに知っている事実にもとづいて答えよ．
6. 人間が地球に対して与える影響の大きさを，地球環境が持続可能な範囲に抑えるためには，人間社会がどのように変わらなければならないか．
7. 平均的な米国人またはカナダ人に比べて，あなたのエコロジカル・フットプリントはどうだろうか．現在，インターネット上で入手できるエコロジカル・フットプリントの計算方法の一つを使って推計せよ．計算したエコロジカル・フットプリントから，地球へ与えるあなたの影響は，地球環境の持続可能な範囲であるか．そうでない場合，環境への影響を持続可能な範囲内に抑えるためには，どのような点を変えられるだろうか．

章末問題

1. 地球温暖化の最も直接的な原因はつぎのうちのどれか．
    (a) 大気中の CO_2 濃度の上昇
    (b) 海氷融解
    (c) 残留性有機汚染物質
    (d) 種の多様性の損失
2. CO_2 は，地球の表面から宇宙へと放射される＿＿＿＿の一部を吸収する．下線部を埋めよ．
    (a) オゾン　　　　　　　(c) 紫外線
    (b) 赤外線エネルギー　　(d) スモッグ
3. 細菌による N_2 ガスからアンモニアへの変換を何というか．
    (a) 生物学的窒素固定　　(c) 窒素循環
    (b) 肥料の生産　　　　　(d) 脱窒
4. 大気中の CO_2 の濃度は現在約 380 ppm で，200 年前の濃度と比べておよそ＿＿＿＿である．
    (a) 同じ　　　　　　　　(c) 30％以上の増加
    (b) 300％以上の増加　　 (d) 30％以上の減少
5. 炭素の自然循環を変える人間の活動は，つぎのどれか．
    (a) メチル水銀の生物蓄積
    (b) 酸性雨を減少させるための汚染物質抑制
    (c) 農地からの栄養素流出の抑制
    (d) 自動車エンジンでの化石燃料の燃焼
6. 大気へのクロロフルオロカーボンの放出が原因で起こっている地球規模の変化を選べ．
    (a) 炭素循環　　　　　(c) 酸性雨
    (b) 大気のオゾン層　　(d) 硫黄循環
7. 地球温暖化に関連するつぎの主張のうち，正しくないものを選べ．
    (a) 大気の温室効果ガスの濃度は増加していない．
    (b) 多数の生物種が地理的分布を北方に移している．
    (c) 現在，植物の生育期間が 1980 年前より長くなっている．
    (d) 化石燃料の燃焼などの人間の活動が地球の温暖化をもたらしている．
8. 20 世紀半ばに比べて，世界の漁獲の内訳は小型魚と無脊椎動物が多くなり，捕食性の大型魚が減った．原因は何か．
    (a) 人がマグロやメカジキなどの大型魚を食べなくなったから．
    (b) 汚染によって大型魚の量が減ったため（小型魚と無脊椎動物の豊富さは変わらない）．
    (c) 海洋の純一次生産力が下落し，海の生態系が大型の捕食者を支えることができないから．
    (d) 生息する大型魚の総数が乱獲によって減少したから．

ニュースの中の生物学

Water Managers Told: Plan Now for Crisis

By David Perlman

緊急事態への対策が今こそ必要

　現在，米国カリフォルニア州およびサンフランシスコ湾岸都市は，地球温暖化の結果頻発するであろう都市型豪雨の排水処理，春季の河川増水，海水面上昇による低地への海水流入などに備えて，費用はかかるが，新しい治水対策を講じなければならないと，気象学者と河川水管理専門家が警告している．彼らは，気候変動によって，シエラ山脈および他の西部山系の冬の積雪量が減少すると予測している．その結果，雪解け時期が早まり，春季に河川が増水して洪水の危険性が増すと考えられる．海面は，わずかに上昇するだけでも低地にある都市や農地にとって脅威であり，…

　…"これはなかなか手ごわい問題だ．何が起こるか，複雑で，不確実なことばかりである．学問的な基盤さえ急速に変わるだろう"と米国地質調査部門のPaul C. Milly氏は話す．Tim P. Barnett氏が率いる研究グループの別の報告では，やがてくる米国西部の水供給の危機問題の主因は，研究者の言う"人為的な気候変動"と同じであると警告している．…Barnett氏のチームの分析によると，気候変動によって，50年間にわたる西部の河川流量，水温，および雪原の大きさが変化したという．カリフォルニア州でシエラ山脈から雪解け水の流出の時期が早まっている一方で，アリゾナ州はすでに干ばつの脅威にさらされているという．Barnett氏は，"将来の地球温暖化は，米国西部への給水不足問題の到来を意味する"と断言している．

　化石燃料の石油を燃やすことによって大気中のCO_2が増加し，熱エネルギーを逃がさなくなり，地球の気温が上昇する．この地球温暖化の問題に対して，これまで通りに，何も策を講じなければ（つまり，気候変動を和らげるまじめな取組みをせず，代替燃料や省エネ対策に重点的に投資しなければ），カリフォルニア州の気温は今世紀末には7～10℃上昇し，州経済が大きな打撃を受けるだろう．石油使用量が減らなければ，ロサンゼルスに酷暑をもたらす熱波が6～8回以上と頻繁に起こり，暑さが原因の死者が5～7倍に増える可能性がある．高い気温では，大気汚染物質の影響が強くなり，2008年のスタンフォード大学の研究調査によると，1℃の気温上昇で，喘息などの呼吸器系疾患による死亡者が1000人増えると予測されている．

　7～10℃の気温上昇では，シエラネヴァダ山脈の積雪が2050年までに89%減少し，ほとんどの降水は雪ではなく雨になると推測される．この山岳地帯の降雪量の減少は，春の融雪量が減り，農業，水力電気，および都市への水供給が不足することを意味している．気候の計算モデルでは，融雪の流出時期が年々早まり，5月でなく，おそらく2月にピークに達すると推測している．冬場の強い暴風雨と，融雪の急激な流出とが相まって，春先または晩冬に大きな洪水をひき起こす可能性がある．また，年間積雪量が減ることで，融雪流出量が21世紀半ばまでに急激に落ち込み，カリフォルニア州に深刻な渇水の危機がやってくる．また，2030年までには，サンフランシスコ湾の海水が16 cmほど上昇すると予測されている．沿岸の洪水と高潮は，マリブ海岸のような生産性の高い入り江の生物群集に打撃を与えるであろう．

　カリフォルニア州は地球温暖化対策の世界的リーダーとなり，2020年までに温室効果ガスの放出を1990年代の濃度まで削減することを目標として地球温暖化対策法などの法律を策定している．しかし，地球温暖化を食い止める積極的な行動をすぐに実施したところで，カリフォルニア州の気温は4～6℃は上昇するものとみられる．カリフォルニア州の320億ドルの農産業は，カリフォルニアの住人10%の生活の糧になっており，特に大きな影響を受けやすい．大きな心配の種は，ナパとソノマワインのためのブドウ収穫であろう．ワイン専門家は，気温がわずかに上昇するだけで大きな打撃を受けると話している．このように気温に敏感なものは，ほかにも，トマト，タマネギ，フルーツ類がある．州のほとんどの作物が人工的な灌漑に頼っているので，渇水問題は，カリフォルニア州の農業に大きな打撃となるであろう．この灌漑用水を，飲料水を求める約3700万人の州住民と奪い合うことになるからである．温暖化の程度が最も楽観的な予測の通りであったとしても，洪水・火災の増加，渇水問題，作物減産，健康問題などの諸問題が出てくると考えられる．それに対処する計画案を州機関や民間グループが現在作成している最中である．

このニュースを考える

1. カリフォルニア州における7～10℃の年間気温の上昇と水不足の関係について説明せよ．

2. 地球温暖化防止に積極的な基金を支援するために，ガソリン税を払うことに賛成するか．賛成の場合，1 L当たりどのくらいの税金なら払えるか．50円，100円，あるいは200円だろうか（訳注：日本の現在の税率は53.8円で，この税金の大半は道路整備のために使われている）．払いたくない場合は，その理由を述べよ．

出典：San Francisco Chronicle紙，2008年2月1日

インタールード E　第Ⅴ部で学んだことの応用

持続可能な社会をつくる

> **Main Message**
> 人間が現在の地球に与える影響は大きい．しかし，持続可能な社会に向けて，個人・企業・国家レベルでの，さまざまな取組みが今始まりつつある．

今，世界は

国や会社の代表は，一年間にどのような成果があったかを年度末に報告し，次の一年にどのような活動を行う予定かの年間計画を発表する．もし地球についてそのような報告をする者がいれば，地球の大気は，水資源は，土壌は，生命は，前の年に比べてどれほど変わったかを書くことになるだろう．といっても，誰もそのような完全な報告書は書けない．何種類の生物が地球上にいるのかさえ，はっきりしていないからである．各生物がどのような状態で，どういった生息環境にあるのか，それは，なおさらのこと，よくわかっていない．

"地球の状況"を正確には報告できないが，地球の抱えている難問が，どう変わりつつあるのかはわかっている．良い話はある．たとえば，第Ⅴ部で紹介したハクトウワシのように個体数が増えた絶滅危惧種もいる．米国では酸性雨の原因となる硫黄排出量は，今では1974年のピーク時の40%減少し，大気オゾン層が回復する前兆もある．しかし，悪い話もある．窒素化合物の排出が地球規模で生態系に悪い影響を与え，多くの生物種の個体数が大きく減少し，大気のCO_2レベルは上昇を続けている．

こういった個々の話のほかに，私たちは人間がこの惑星に与えている影響の全容を評価することはできる（図E・1）．それによれば，残念ながら人間が現在生態系に及ぼしている影響は，持続可能なものではない．この章で紹介するように，人間は地球のもつ資源を，再生できる以上の速度で破壊しているのが現実である．

それでも，未来に希望を持てる面も多々ある．教育，個人的活動，研究，政治，企業活動の五つの面から，持続可能な社会を構築するための努力が始まっているからである．この章ではまず，人間が生物圏に与えている影響が持続可能なものではないという根拠をいくつか紹介する．そのうえで，この章の中心となるテーマ，将来への希望，持続可能な社会をどのように構築するのか，その手がかりとなる事例を紹介する．

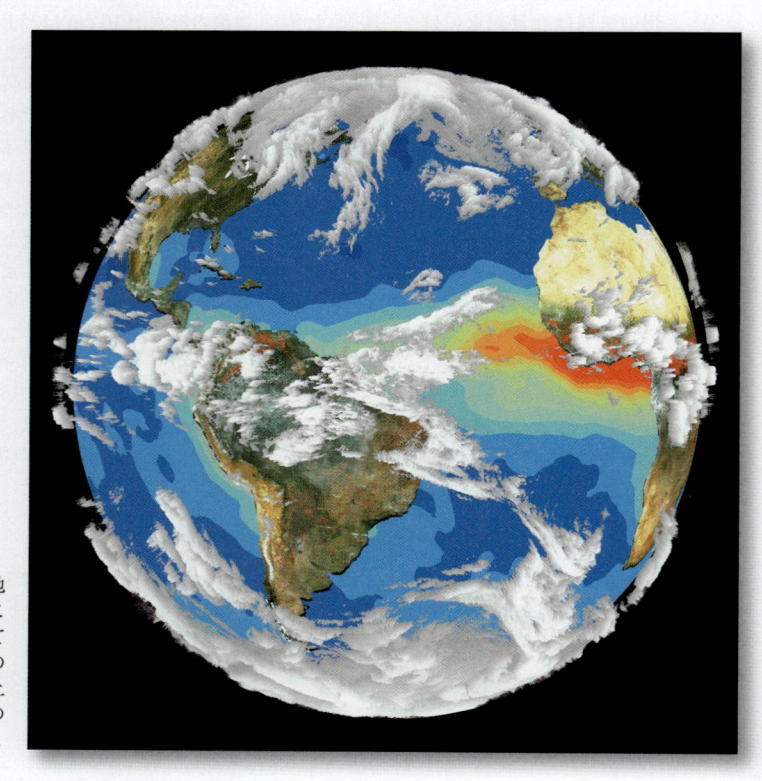

図E・1　今の地球の状態　かつてない高い精度で，地球生物圏の状態を監視できる技術が生まれている．ここに4種類の人工衛星画像をコンピュータ上で重ねて表示したものを示す．陸地の中の赤い斑点は，火災の起こっている場所を示す．アフリカ大陸から大西洋上にかけて見える煙のような流れ（赤・橙・黄・緑色の流れ）は，植物の焼却と舞い上がった砂塵によるもの．

E. 持続可能な社会をつくる

人間の影響は"持続可能"なものではない

人間が生物圏に与えている影響は**持続可能**ではない．そのことを示す多くの証拠がある．では"持続可能"とはなんだろうか？それは，資源を枯渇させることなく，あるいは，環境へ深刻なダメージを与えることなく，永遠に継続できる状態を意味する．まず，わかりやすい例として，車の運転，家庭での熱源あるいは電気のエネルギー源として，石油や天然ガスなどの化石燃料に頼っている現代社会のことを考えてみよう．化石燃料は非常に大きなエネルギー源となるが，持続可能なものではない．使った分を補給できないので，いずれ資源は底をつくことになる（図E・2）．1960〜1965年には，新たに発見された原油埋蔵量は2000億バレル（32兆リットルに相当．バレルは石油量の単位で，1バレルは約160リットル，約0.14トン）以上あった．しかしその後減少を続け，1995〜2000年に発見されたのは300億バレルである．2007年の年間消費量は310億バレルで，その年新しく見つかった埋蔵量は50億バレルにすぎない．

私たちの社会や経済は，清浄な空気，飲料水や土壌に大きく依存しているので，環境にダメージを与えるような人間の活動も持続可能とはいえない．環境への深刻なダメージとは生態系の機能を破綻させることで，本書でも紹介してきたように，人間の活動がそういった影響を及ぼしているのは事実である．たとえば，窒素や硫黄などの栄養素の循環で，人間が生物圏に流入させる量は自然の量をすでに上回っている（第24, 25章参照）．地球規模の栄養循環を変えると，酸性雨（§24・5），オゾンホール拡大（図20・1），CO_2濃度上昇（§25・3），湖水や海洋の溶存酸素濃度の減少（図23・8や図24・12）など，生態系が大きく破壊されることもある．

水と森，二つの重要な資源の利用を例に，ここでは考えてみよう．

水資源不足の深刻な問題

世界の淡水の約半分を人間が使っていて，その需要はますます増える傾向にある．すでに世界の各地で，水供給量や水質の深刻な問題が起こっている（図E・3）．この問題がさらに悪化するかもしれないと予測する専門家もいる．

ここでは，**地下水**の問題を例に考えてみよう．地下水は，飲料水，農地灌漑，工業用水として使われている．使用量と降雨による補給量との関係は，持続可能な状況ではなく，地下の**帯水層**（岩盤の不透過層に囲まれた水源）から，供給速度以上の速さで汲み上げているのが実体である．

たとえば，1995年一年間に，74億tもの水が，テキサス州の巨大なオガララ帯水層（米国中南西部8州にまたがる巨大な帯水層で，氷河期からの水が貯蔵されている）から採水された．これはサッカー競技場の面積を1600 kmの深さで覆うほどの膨大な量で，年間に補給される量，3.7億tの20倍である．補給に100

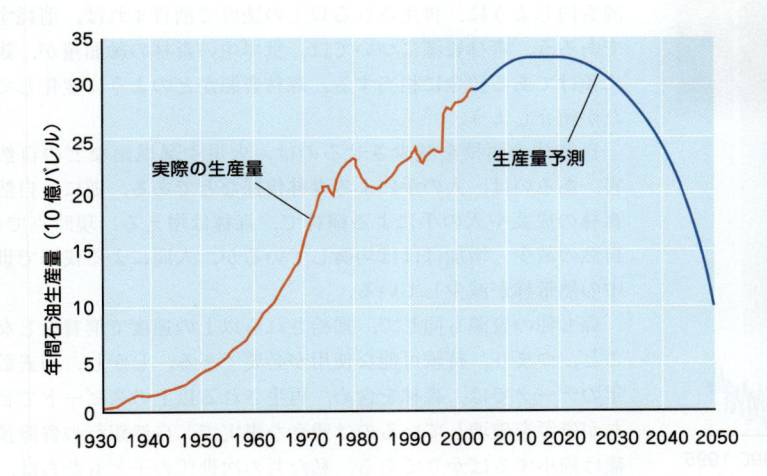

図E・2　石油の枯渇　2020年までに石油の年間生産量はピークを迎え，その後，減少すると予測する専門家が多い．

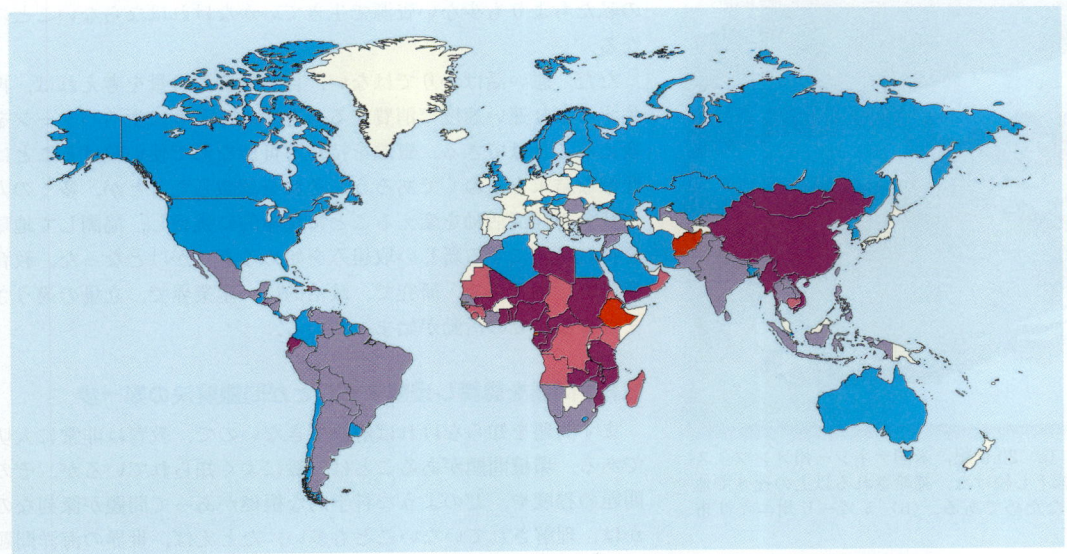

図E・3　地球の水質は？　北半球の各国では，南半球の地域（とりわけアフリカの各地）に比べ，安全で清浄な水の供給が可能である．

年かかるほどの水量がすでに汲み上げられていて，テキサス州の場合，埋蔵水の半分がなくなった．この調子で汲み上げると，あと100年で水は枯渇し，それまでにこの地下水に依存する農工業が破綻するであろう．

テキサスだけの問題ではない．地下水汲み上げが原因とみられる年間0.3〜1mもの地下水位の低下は世界各地で起こっている（図E・4a）．中国では年間1m以上の地下水位の低下が起こり，農産物や商業に深刻な影響を与えている．インドでは，現在のまま水資源を利用し続けると，5〜10年で広範囲の農地で水が枯渇するという予測もある．加えて，地下から地面を支える地下水がなくなると，**地盤沈下**をひき起こし，地面の陥落・陥没が起こることもある（図E・4b）．このような場合には，水資源が枯渇するより前に，汲み上げをやめざるをえない．メキシコシティの場合，1900年以降の地下水の汲み上げで平均7.5m地盤沈下した．

(a)

(b)

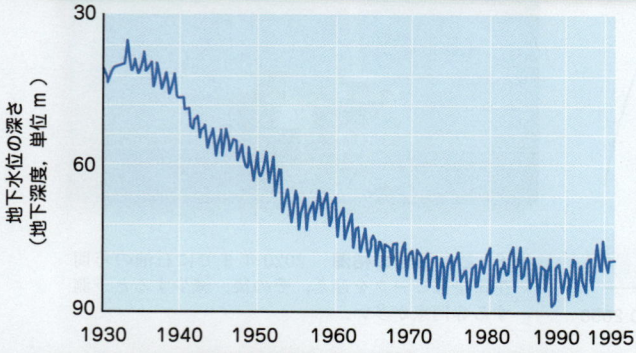

図E・4　減少する地下水　(a) 20世紀，米国テネシー州メンフィス市では，地下水の水位が低下し続けた．補給される以上の速さで地下水が汲み上げられてきたためである．(b) ミズーリ州ニキサ市で起こった地面の陥落．

建物が傷み，下水道が壊れ，洪水が起こりやすくなっている．

警戒すべき地球規模での森林破壊

何世紀もの間，人間は森林を伐採し続けてきた．たとえば，欧州では900〜1500年の頃から森林伐採が続いている．ケニアやブラジルのサンパウロ市のように，地域によっては，すでに森を100％なくなった地域もある．現在，私たちが森林を破壊する速度は持続可能なレベルではない．開発途上国の地域の森林は，1980〜1995年の間に9％減少し，そのなかには世界有数の熱帯林も含まれ，伐採面積は年間14万km^{2}にもなる．このままで伐採が続くと，100〜150年の間に，熱帯林は消滅することになる．

しかし，悪いニュースばかりではない．欧州，米国，カナダ，日本などの工業国では，過去30年の間に，森林面積が増えている．ただし，これは新しい植林によるものなので，固有種を育むような古く深い老齢林ではない．先進国工業地帯では，そのような古い森林が残っている場所はほとんどなく（図E・5），その再生には何百年も必要となるだろう．今すぐ老齢林の伐採をいっさいやめたとしても，その地域が再び深い森に覆われるようになるのには，数百年の年月が必要である．

未来への希望

銀行に預金を預け，それが収入で増える以上に支出すれば預金は目減りする．これは誰でもわかっていることである．自然の資源も同じように，再生される以上の速度で消費すれば，消耗するであろう．森林資源については，世界中の森林の総面積が，銀行に預けてある預金に相当する．森林資源がどのように変化してきたか紹介しよう．

自然林の面積を減少させるのは，火災や暴風雨などの自然災害，あるいは，人の手による森林伐採などである．逆に，自然の森林の成長や人の手による植林で，森林は増える．現時点では，自然の減少・増加はほぼ均衡しているが，人間による伐採で世界中の熱帯林が減少している．

森も他の資源も同じで，補給される以上の速度で消費をしないこと，つまり，持続可能な使用が必要である．しかし，過去数十年のデータでは，森林を含め，再生される以上のスピードで私たちが資源を破壊しているのは残念な事実で，自然銀行の資源預金額は縮小するばかりである．私たちの次世代の子どもたちは，今の私たちよりも少ない資源で生きていかなければならないことになる．

ただ，悪い話ばかりではない．自然の資源の量を考えれば，再生するより速い速度で消費するのをやめるように生活パターンを変えることはできる．資源を持続不可能な形で使い続けることは悲惨な結末をまねくであろう．それを認識したことが，多くの人が社会や経済活動を変えることに積極的に挑戦し，協調して地球を持続可能にする新しい取組みを始めるきっかけとなった．教育現場で，個々人で，研究で，政治的に，産業界で，立場の違うさまざまな面での活動が始まっている．

教育：問題を認識し理解することが問題解決の第一歩

まず問題を知らなければ解決できないので，教育は非常に大切である．環境問題があることは一般によく知られているが，その問題の程度や，どのような科学的な根拠があって問題が深刻なのかは，理解されていないことも多い．たとえば，世界の海洋問題

についての講演を聞いた後で，ある米国の裁判官が，"環境について すでに多く学んだつもりであったが，何も知らなかったことに愕然とした"と語ったという．教育は，環境問題について正しい情報を提供する重要な役割があるが，ほかにも，経済と環境とのかかわりについて考えるよい機会にもなる．たとえば，企業の収益と環境の保護は，いつも二者択一の関係となるわけではない．そういった事例（この章の後半で議論する）を教育現場で教わることは大切である．

教育は，自然に対する考え方を明確にするうえでも重要である．私たちは，好きなことしか大切にしないし，また，よく知っていることしか好きにならない傾向がある．多くの人は，種や生物群集は，人間にとって利益となるならば保護する意味があると考えているかもしれない．しかし教育によっては，生物群集は，人間とは関係なく，存在自体に保護する価値があるという非常に異なる考え方も生まれるかもしれない．たとえば，砂漠に囲まれた地域の住民の場合，街のまわりの不毛の地は，何も価値のない場所と考えている人が多いだろう．しかし，砂漠にしばらく滞在し，砂漠についてより多くを学ぶ機会があれば，砂漠の美しさとその価値を認めるようになるだろう（図E・6）．

どのような視点で世界を眺めるか，また，どのように問題をとらえるかが根本にあるので，教育は，持続可能な社会をつくるうえで中心となる努力課題となる．すでに教育の効果は現れている．今，人々は30～40年前とは比べものにならないほど，環境問題をよく理解しているし，それを解決することが大切であると

図 E・5　**森林の破壊**　1620～1920年の間，米国では広大な面積の森林が破壊されてきた．材木を得る目的，農地・住宅地・工業用地を確保する目的である．

図 E・6　**砂漠は価値のない場所か？**　米国アリゾナ州のソノラ砂漠．砂漠といえど，生命に満ち満ちた生態系である．ジャックウサギ，サボテン，ミソサザイ，タカ，プレーリードッグ，ドクトカゲ，ガラガラヘビ，コヨーテなど，それぞれの種が価値のある生き物と思える．

気づいている．たとえば，米国のある世論調査で，"環境保護は重要なので，生活水準を高められなくても，環境改善に関しては経費の程度にかかわらず実施すべきであるか"という設問に対して，1981年の45％から，1990年には74％に賛成が増えている．米国以外の国で実施した調査でも同じで，世界中で環境問題に対する関心が高まっている．

個人の活動の波及効果

日々，私たちが何を選択するかでも環境への影響が変わる．たとえばエネルギー効率の良い車や家電製品を購入するかどうか，また，使い捨てカメラなどの使い捨て製品を購入するかどうかなどは個々人の選択である．多くの人が環境を考えて製品選択をするようになり，環境影響の小さな品物，いわゆる"環境に優しい"品物が増えてきた．たとえば米国では，有機農業食品の売り上げが，1986年の1.8億ドルから，2007年には170億ドルまで急上昇した．同じように，費用は高いが再生可能なエネルギーによって発電した電気（風力発電や太陽電池など）を選択できる先進国が多くなってきた．

経費負担に加えて，持続可能な社会にするためにさらなる支援や活動をする人も出てきている．たとえば，欧州・北米・日本などでは，個人，会社，国レベルで，建物の**屋上緑化**の運動を始めているところもある．これは屋上に防水保護層を作り，その上に5〜10 cmの厚みに植物が生育できるような土壌などを敷いたものである（図E・7）．屋上緑化技術が確立したドイツでは，2002年の時点で13 km^{2}の面積の緑化が達成されている．

屋上緑化のメリットは多い．激しい雨を吸水するし，屋根の断熱性が高まり，温度変化を緩和する効果もある．ホコリや環境汚染物質を植物が吸収して減らす効果もある．米国フォード社は，面積2.4 km^2，20億ドルの車両組立て場に，40,000 m^{2}の屋上緑化を導入することにした．屋根はベンケイソウで覆われ，降雨量25 mmまでは吸収する能力がある．空調費用の軽減による省エネや植物によるCO_2吸収のメリットもある．テネシー州ナッシュビルのある夫婦による屋上緑化プロジェクトでは，さらに，希少種を保護する場所としての利用も行われている（図E・8）．

こういった個人レベルでの持続可能な社会を構築しようという試みは最初は小さく，家庭の裏庭などから始まるものかもしれないが，大きく展開される可能性もあるだろう．たとえば，オレゴン州ポートランド市では，1997年にある個人の車庫の屋根から緑化運動が始まったが，加速度的に大きく広がって，今では，市の補助によって複数のプロジェクトが開始されるまでになっている．個人的な活動が，国家的運動へと発展したケースもある．たとえば，1977年 Wangari Maathai（2004年ノーベル平和賞を受賞）は，ケニアでグリーンベルト運動（Green Belt Movement, GBM）を始めた（図E・9）．最初は職員や資金もない小さな組織で，ナイロビの小さな公園に7本の木を植えることから始めた．しかし，2003年までにグリーンベルト運動が植林した樹木は2000万本に達した．今では3000カ所以上の苗木場があり，何千人もの人がそこで働いている．

科学技術で人間の影響を探る

人間は地球にどのような影響を与えているのだろうか．それを調べることは大変大きな課題である．地球上のあらゆる場所で，

シカゴ市庁舎　　東京の住居屋上 　　ドイツ，ウンタージンゲンの学校．太陽電池パネルと組合わせている

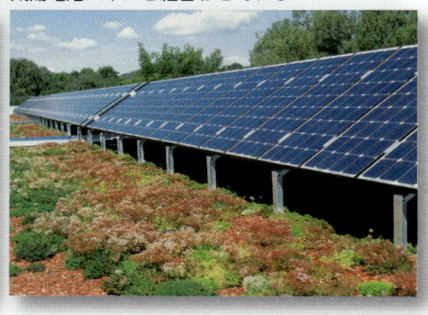

フォード社ルージュセンターの屋根のデザイン

植栽層 — ホコリを取除き，CO_2を吸収し，生息場所を提供する

土壌層 — 頁岩，砂，泥炭，堆肥を混ぜたもの．植物の根の成長のための層

吸水層 — フェルト地のような保水力がある層

排水層

保護シート — 下の屋根を保護するためのもの

図E・7　世界中の屋上緑化計画　ドイツ，米国，日本などの屋上緑化計画は，国ごとの特徴がある．しかし，基本構造は同じで，植栽の層，土壌あるいは擬似土壌の層，吸水層，排水層，保護シートの層からなる（図は，ミシガン州ディアボーン市近郊のフォード社ルージュセンターの屋根の構造）．

図E・8 絶滅寸前の種を屋根に テネシー州ナッシュビルで，精肉工場の建て直しにあたり，夫婦は建物の屋上を緑化し，テネシー州のヒマラヤスギ林の中にあるような草地を作った（写真）．ヒマラヤスギ林間の草地は，エキナケア（バレンギクの仲間．米国の絶滅危惧種保護のための法律に初めてリストアップされた）などの希少な生息地である．

図E・9 1本の樹から 1977年，Wangari Maathai 氏は，グリーンベルト運動（GBM）を始めた．最初はスタッフも資金もない小さな団体だった GBM は，ケニア全土に何万本もの木を植林する活動へと大きく成長した．写真の Maathai 氏は，持続可能社会の発展，民主主義運動，平和への活動を評価され，2004年にノーベル平和賞を受賞した．

とてつもない面積を調べて回らなければならない．今私たちは歴史上初めて，この不可能と思われたことを実現する研究手段を手に入れている．たとえば人工衛星画像の技術で，これまでにない高い精度で地球の姿を監視できるようになった（図E・10）．監視画像は，私たちが地球の生物圏に大きなダメージを与えつつある様子をはっきりと映し出した．しかし，私たちはこれらの情報を，持続可能な社会を構築するためツールとして応用できるに違いない．

2003年4月に NASA から発表された人工衛星画像解析システムを紹介しよう．このシステムを使うと，地球規模の純一次生産力（図24・3参照）の変化を連続して調べられる（図E・11）．この画像から，世界中のどこで新しく植物が成長しているか調べられ，いわば地球の"代謝反応"が一目でわかる．この発表された画像は，たとえば植物の生産速度が気象変化に応じてどのように変わるかを示した画期的な画像であった（一次生産量は一日のうちでも大きく増減する）．画像から植物の成長が気象条件でどのように変わるか，地球規模で砂漠がどのように拡大しているか，干ばつがどのように生態系に影響を及ぼすかなども調べることができる．さらに，植物の成長記録から，農産物の生産量を正確に予測したり，また，大規模牧場主は家畜をどの牧草地へと移動するとよいかなどの判断に活用したりできる．

最後に，自然科学以外の分野で，持続可能な社会構築に貢献できる例を紹介する．従来使われてきた **GDP**（gross domestic product，**国内総生産**）など，国別の経済活動指標は，社会的負担や環境上の負担を無視した形の生産量である．実際には，汚染した水や土壌の清浄経費，大気汚染が原因で起こる肺の疾患対策に費やす支出，また，短期的に GDP を上げるのには貢献したが持続不可能な活動による長期的な問題解決のための負担など，数十億ドルの税金がかかっている．このような経費を考慮した指標として，**ISEW**（index of sustainable economic welfare，**持続可能な経済福祉指標**）を経済学者が提案している．これは従来の GDP よりも，広く経済活動にかかわる利益や経費も含めた指標となっている．この指標は，より現実的で長期的な視点での経済

図E・10 水玉模様の風景 人工衛星写真で調べることで，地球の様子をさまざまな側面で可視化できる．写真は，米国カンザス州の田園都市近くの灌漑用地を示している．格子状に並んだ赤〜白色の丸い点は，円形に散水する灌漑設備をもった農地を示す．赤色は健全な植生のある場所（灌漑が行き渡っている）を示す．

活動の健全さを示すものと考えられ，地球環境が危機的な状態になる前に，問題点を把握して，対処するのに役立つと期待されている．

政治の重要な役割

国としての活動も持続可能な社会を構築するのに必須である．オゾン層破壊の原因となるCFC（第25章参照）の生産量を抑制する国際的な協定の例のように，国家間の条約で，国境を越えて拡大する汚染物質の放出は減少しつつある．持続可能な社会構築を促進するには，まだまだ多くの政治的な可能性が残されている．たとえば，新しいエネルギー源開発に着手したり，あるいは，汚染物質の放出に罰則を盛り込んだり，環境に優しい活動を奨励する法律の改正もできるだろう．たとえばドイツでは，アスファルト系の屋根剤の代わりに，植物由来のワラなどでできた屋根を使用した家屋は減税対象になっている．

また，資源の使用に関して制限を設けることも，政治の重要な役割であろう．第25章で紹介したように，多くの漁業関係者が現在問題を抱えているが，米国東海岸メーン州のロブスター漁業は例外である．何年もの間，安定した漁獲量があり，最近は逆に増える傾向にある（図E・12）．これは法規制が厳しく，1) 産卵期の雌，2) 繁殖期前の小さな個体，3) 子孫を多く残す大型の個体などは捕獲禁止されているためである．ロブスターの個体数が増える以上の速度で獲らないように規制した結果，1950〜1990年の間，安定した漁獲量が得られた．1990〜2000年には漁獲量は急激に増えている．ロブスターの卵や幼生を餌とするヒラメやタラなどの魚が減少したのが，このロブスター増加の原因と考えられている．

最後にSO_2減少の例を紹介する．米国では工場からのSO_2排出を規制し40%減少できた（図24・14参照）．SO_2制限は酸性雨防止に必須のため，1990年に通った法案によって規制されるようになった．SO_2排出規制で酸性雨の被害は減ったが，さらなる法規制を行えば，健康被害も抑えられるだろう．2010年まで

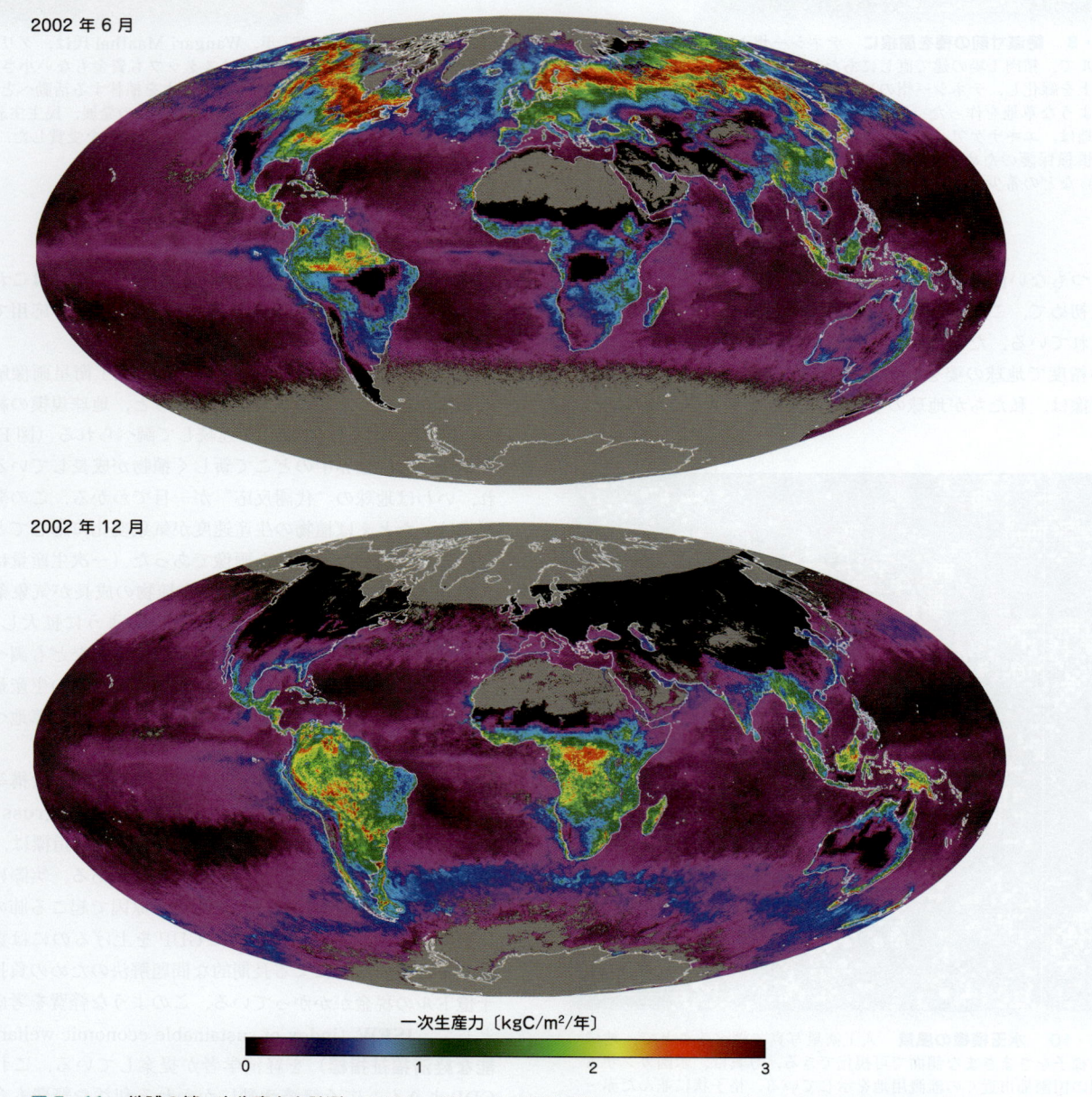

図E・11　**地球の純一次生産力を計測**　NASAの新しい人工衛星画像システム，MODIS（Moderate resolution Imaging Spectroradiometer）による地球の映像．純一次生産力は，年間に$1 m^2$の面積で生産される生産量である．

図E・12　持続可能な漁業とは　米国メーン州のロブスター漁獲量は1950〜1990年の間は安定していた．持続可能な漁業が達成できている証拠である．1990年初頭に，急激に増え始めた．ロブスターの卵や幼生を餌にする魚が減少したのが原因の一つであろう．

には500億ドルの医療費削減になると期待されている．新しい制度，"排出量取引制度"によっても，画期的な成果があがっている．

この**排出量取引制度**について紹介しよう（図E・13）．この制度では，まず国全体で，大気に排出できる汚染物質の上限量を決める．SO_2の場合，2010年に米国では年間895万t（1980年の50％）としている．つぎに，排出する企業や工場別に，年間排出許容量となる"排出枠"を決定する．毎年，各企業は一年間の排出量を見積もり，その"年間排出量"を申告する．もし，"年間排出量"が"排出枠"以下の場合，その余り分を他社に売ったり，あるいは，将来のために貯蓄することができるが，排出枠を超過すると，その分の罰金を払うか，将来の排出枠を先取りして使用することになる．これは，将来の収入を見込んで借金をするようなものである．

排出量取引制度は，少ない費用でSO_2を減らすのに大きな効果をあげている．1980年にこの制度が提案されたとき，2010年の目標値を達成するのに，120億ドルの経費が必要であると予測されていたが，1998年に再度見積った結果では，8.7億ドルと当初よりも減額している．

うまく機能したのはなぜだろうか．まず，排出量全体が制限されているので，工業規模が拡大しても，総排出量が減り，健康被害や環境破壊も少なくなる．また，政府は量規制を実施するだけで，具体的な方法は特に指定はしないので，企業は，自由に独自の採算に合う方法で規制値をクリアするように努力する．加えて，全体量が制限されているので，不足する排出枠は，それだけで経済的な価値をもつことになる．単純な経済原理がはたらき，排出枠の売買が可能となる．すなわち，利潤を得られるので，排出基準を満たす企業努力が加速されるようになる．同じような市場原理がCO_2排出量を減らすためにも使われるようになるだろう．EU（欧州共同体）は，2005年に世界に先駆けてCO_2排出量取引制度を始めている．

企業参入の必要性

持続可能な経済への転換は，進行中であるが，複雑なプロセスである．スムーズな移行のためには，二つの理由で企業が中心的な役割を果たす必要がある．一つ目は，企業は大量の資源を使用

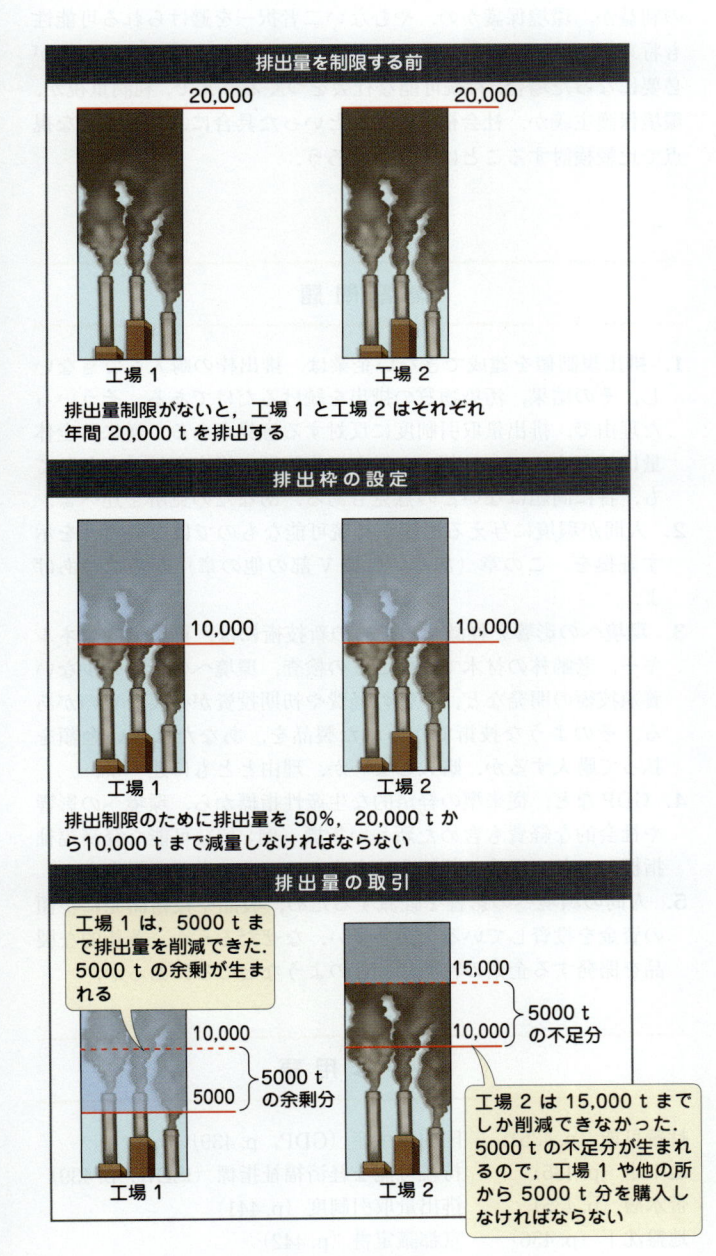

図E・13　排出量取引制度

し，汚染物質も大量に排出するため，環境への影響を大きく減らす余地も多いと考えられるためである．二つ目は，SO_2の排出量取引の例で紹介したように，企業の利潤につながれば，環境への影響を減らす画期的な技術開発が加速する可能性があることである．

現在の投資傾向が続くならば，持続可能な社会への転換に寄与できる多くの企業は，莫大な利潤が見込めると期待している．たとえば，巨大エネルギー関連企業であるBP社は，現在，燃料電池や太陽光パネル，風力発電などの代替エネルギー源の利用技術開発に10億ドルを投資している．同様に，スイスで年間収益が240億ドルもある巨大エンジニアリング企業ABB社は，小口の再生可能エネルギー提供のリーダー企業へと転換するために，1999年に大きな発電所を売却した（ここでいう小口とは，大型のビルや居住地域を対象にしたエネルギー供給をさす）．

企業は持続可能な社会構築のために，ほかに何ができるだろうか．地球温暖化に対してはどうであろうか．**地球温暖化は事実で**，化石燃料の使用によるCO_2増加がその原因の一つになっていると考えている研究者が多い．この考えに反対する意見をもつ政治家や一般の人もいるが，気候変動がやがて社会や企業活動にとって脅威となると見ている企業も多い．そういった企業には，経済的に大きな影響力をもつ会社，エネルギー関連企業のシェルやBP，大手の化学会社デュポン，アルミニウム製品企業のアルコアなどが含まれる．

地球温暖化の影響を考えて，これらの大企業は，京都議定書以上の野心的な目標を置いてる．**京都議定書**はCO_2排出減少によって温暖化を抑えようとする国際的な声明で，1997年141の国で批准されたもので（しかし世界で最もCO_2排出の多い米国は含まれていない），工業先進国に1990年のCO_2排出量の7%減をよびかけている．BP社は，わずか4年間の改善で，2001年，大きな経費を使わず1990年の排出レベルから10%減の目標値を達成した．図E・14が示すように，CO_2や他の温室効果ガスの排出を大きく下げた企業も多い．

ザ・ホーム・デポ（米国の建材会社），マクドナルド，アルコアなどの企業も製品製造から廃棄までの全過程について，製品ごとに環境への影響を詳細に調べて記載する作業を始めた．こういった取組みは，**ライフサイクルエンジニアリング**とよばれるもので，企業が，環境へのダメージを少なくし，同時に経費も節減する新しい経営方針を進めようとするときに，貴重な情報提供源となる．

ライフサイクルエンジニアリング，BP社のCO_2削減目標の達成，排出量取引制度，屋上緑化などの例は，環境にとって優しいことが同時に経済的でもあることを示している．経済的に大きな打撃や雇用削減なしに，環境保護の目標は十分達成できると考えている経済学者もいる．この見方が完全に正しくなくても，企業の利益か，環境保護かの，やむない二者択一を避けられる可能性も将来出てくるかもしれない．あるいは，もしそのような選択が必要になった場合，持続可能な社会をつくるうえで，利潤重視か，環境保護主義か，社会福祉優先かといった具合に，さまざまな視点で比較検討することはできるだろう．

復習問題

1. 排出規制値を達成できない企業は，排出枠の購入もできないし，その結果，汚染物質の排出を続けるだけである．そういった理由で，排出量取引制度に反対する意見がある．逆に，全体量は減らすので，一部の企業が汚染物質の排出を続けたとしても，特に問題はないとの意見もある．あなたの見解を述べよ．
2. 人間が環境に与える影響が持続可能なものではないことを示す証拠を，この章（あるいは第V部の他の章）から二つあげよ．
3. 環境への影響を軽減するための新技術には，再生可能エネルギー，老齢林の材木でないことの検査，環境への影響の少ない養殖技術の開発など，多額の経費や初期投資が必要なものがある．そのような技術で作られた製品を，あなたは高い金額を払って購入するか，購入しないか．理由とともに述べよ．
4. GDPなど，従来型の経済的な生産性指標から，環境への影響や社会的な経費も含めた新しい指標（例：持続可能な経済福祉指標）へと，経済の評価方法を変えるべきであると思うか．
5. 人間の環境への影響を軽減するため，製品や技術開発に多額の資金を投資している企業も多い．なぜだろうか．革新的な製品を開発する企業の特徴は，どのようなところにあるか．

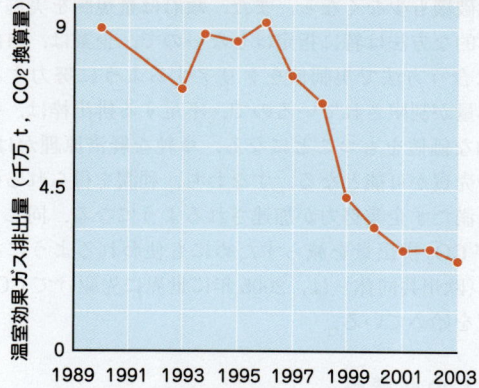

図E・14 温室効果ガス排出量の低下 化学工業企業のデュポン社の温室効果ガス排出量は，1990年から2003年の間に，72%減少した．このグラフには，CO_2，酸化窒素，各種のCFCの排出量をCO_2の温室効果の値に換算して示してある．

重要な用語

持続可能（p.435）	国内総生産（GDP，p.439）
地下水（p.435）	持続可能な経済福祉指標（ISEW，p.439）
帯水層（p.435）	排出量取引制度（p.441）
地盤沈下（p.436）	京都議定書（p.442）
屋上緑化（p.438）	ライフサイクルエンジニアリング（p.442）

付　録

ハーディー・ワインベルグの式

ここでは進化が起こらない個体群で，遺伝子頻度をどのように表現できるかを紹介する．ここで説明する式は，第17章（p. 298 "科学のツール"参照）で紹介した進化の起こっているケースを調べるもとの基準となるハーディー・ワインベルグの式である．

個体群が進化する原因となるのは，突然変異，遺伝子流動，遺伝的浮動，および自然選択であるが，進化の起こらない条件はその逆で，つぎの四つとなる．

1. 突然変異で，対立遺伝子の遺伝子頻度に変化が起こらない．
2. 遺伝子流動が起こらない．つまり，個体，種子，配偶子の流入で，対立遺伝子の流入が起こらない．
3. 遺伝的浮動によって遺伝子頻度が変わらない．個体群が非常に大きな場合，この条件が成り立つ．
4. 自然選択が起こらない．

この四つの条件が成立した場合にハーディー・ワインベルグの式が成り立つ．自然の環境で，この4条件が厳密に満たされることはほとんどないが，多くの場合ハーディー・ワインベルグの式が，ほぼ成立する．

題材として，1000匹のガの集団を考えることにしよう．翅の色で優性となる橙色の対立遺伝子（W）の頻度を0.4，劣性の白色の翅の対立遺伝子（w）の遺伝子頻度を0.6とする．進化がない条件では，次の世代のWW，Ww，wwの遺伝子型の個体はどのような比率になるだろうか．

もし，交配がまったく不規則に起こるならば（つまり，すべての形質の個体が，別の個体と同じ確率で交配する），また，上の四つの条件が満たされるならば，右図に示した方法で，次世代の遺伝子頻度を予測できる．これは，すべての卵・精子を集めてよく混合して袋に入れ，そこから卵・精子を一つずつ引き抜いて交配させて，次の世代を決めるのと同じである．この操作をする限り，図で示すように次の世代になっても，ガの遺伝子頻度は変化しない．

ここでは，WW，Ww，wwの3種類の遺伝子型しかできないので，その出現頻度の合計はいつも一定の1.0になる．図からもわかるように，三つの遺伝子型の頻度を合計すると，

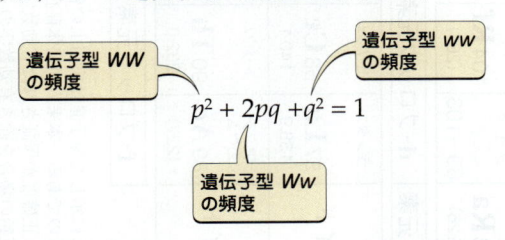

$$p^2 + 2pq + q^2 = 1$$

（遺伝子型WWの頻度／遺伝子型Wwの頻度／遺伝子型wwの頻度）

となる．これが，ハーディー・ワインベルグの式である．式では，対立遺伝子Wの遺伝子頻度をp，対立遺伝子wの遺伝子頻度をqと置いている．

一般に，前述の四つの条件が成り立っていれば，この遺伝子型の頻度p^2，$2pq$，q^2はいつでも一定となる．個体群の遺伝子型の頻度がこの式で表現できるとき，これをハーディー・ワインベルグ**平衡状態**にあるという．

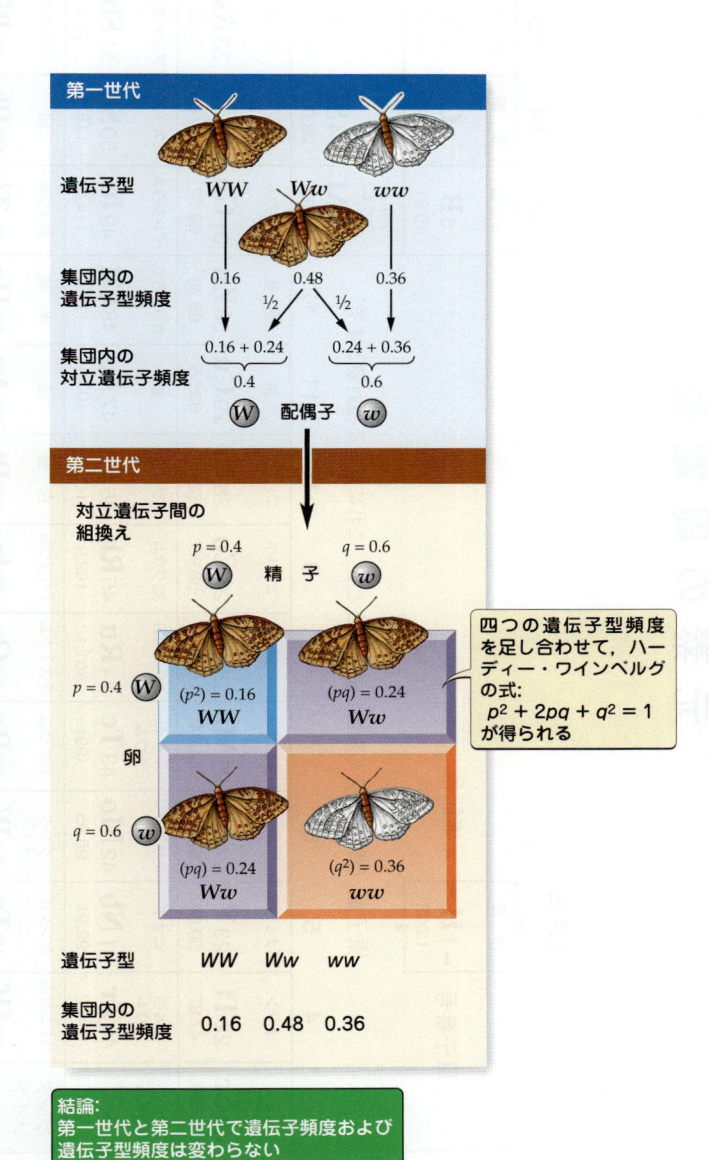

ハーディー・ワインベルグの式　交配が不規則に起こり，進化の起こらない条件下では，Wの頻度p，wの頻度qが一定のままである．

元素の周期表

族→	1	2		3	4	5	6	7	8	9	10	11	12	13	14	15	16	17	18
周期↓																			ヘリウム 2**He** 4.003
1	水素 1**H** 1.008							原子番号 → 1**H** ← 元素記号 水素 ← 元素名 1.008 ← 原子量(質量数12の炭素($_{12}$C)を12とし,これに対する相対値とする)						ホウ素	炭素	窒素	酸素	フッ素	ネオン 10**Ne** 20.18
2	リチウム 3**Li** 6.941†	ベリリウム 4**Be** 9.012												5**B** 10.81	6**C** 12.01	7**N** 14.01	8**O** 16.00	9**F** 19.00	
3	ナトリウム 11**Na** 22.99	マグネシウム 12**Mg** 24.31												アルミニウム 13**Al** 26.98	ケイ素 14**Si** 28.09	リン 15**P** 30.97	硫黄 16**S** 32.07	塩素 17**Cl** 35.45	アルゴン 18**Ar** 39.95
4	カリウム 19**K** 39.10	カルシウム 20**Ca** 40.08		スカンジウム 21**Sc** 44.96	チタン 22**Ti** 47.87	バナジウム 23**V** 50.94	クロム 24**Cr** 52.00	マンガン 25**Mn** 54.94	鉄 26**Fe** 55.85	コバルト 27**Co** 58.93	ニッケル 28**Ni** 58.69	銅 29**Cu** 63.55	亜鉛 30**Zn** 65.38*	ガリウム 31**Ga** 69.72	ゲルマニウム 32**Ge** 72.63	ヒ素 33**As** 74.92	セレン 34**Se** 78.97	臭素 35**Br** 79.90	クリプトン 36**Kr** 83.80
5	ルビジウム 37**Rb** 85.47	ストロンチウム 38**Sr** 87.62		イットリウム 39**Y** 88.91	ジルコニウム 40**Zr** 91.22	ニオブ 41**Nb** 92.91	モリブデン 42**Mo** 95.95	テクネチウム 43**Tc** (99)	ルテニウム 44**Ru** 101.1	ロジウム 45**Rh** 102.9	パラジウム 46**Pd** 106.4	銀 47**Ag** 107.9	カドミウム 48**Cd** 112.4	インジウム 49**In** 114.8	スズ 50**Sn** 118.7	アンチモン 51**Sb** 121.8	テルル 52**Te** 127.6	ヨウ素 53**I** 126.9	キセノン 54**Xe** 131.3
6	セシウム 55**Cs** 132.9	バリウム 56**Ba** 137.3		ランタノイド 57〜71	ハフニウム 72**Hf** 178.5	タンタル 73**Ta** 180.9	タングステン 74**W** 183.8	レニウム 75**Re** 186.2	オスミウム 76**Os** 190.2	イリジウム 77**Ir** 192.2	白金 78**Pt** 195.1	金 79**Au** 197.0	水銀 80**Hg** 200.6	タリウム 81**Tl** 204.4	鉛 82**Pb** 207.2	ビスマス 83**Bi** 209.0	ポロニウム 84**Po** (210)	アスタチン 85**At** (210)	ラドン 86**Rn** (222)
7	フランシウム 87**Fr** (223)	ラジウム 88**Ra** (226)		アクチノイド 89〜103	ラザホージウム 104**Rf** (267)	ドブニウム 105**Db** (268)	シーボーギウム 106**Sg** (271)	ボーリウム 107**Bh** (272)	ハッシウム 108**Hs** (277)	マイトネリウム 109**Mt** (276)	ダームスタチウム 110**Ds** (281)	レントゲニウム 111**Rg** (280)	コペルニシウム 112**Cn** (285)	ニホニウム 113**Nh** (278)	フレロビウム 114**Fl** (289)	モスコビウム 115**Mc** (289)	リバモリウム 116**Lv** (293)	テネシン 117**Ts** (293)	オガネソン 118**Og** (294)

s-ブロック元素　d-ブロック元素　p-ブロック元素

ランタノイド	ランタン 57**La** 138.9	セリウム 58**Ce** 140.1	プラセオジム 59**Pr** 140.9	ネオジム 60**Nd** 144.2	プロメチウム 61**Pm** (145)	サマリウム 62**Sm** 150.4	ユウロピウム 63**Eu** 152.0	ガドリニウム 64**Gd** 157.3	テルビウム 65**Tb** 158.9	ジスプロシウム 66**Dy** 162.5	ホルミウム 67**Ho** 164.9	エルビウム 68**Er** 167.3	ツリウム 69**Tm** 168.9	イッテルビウム 70**Yb** 173.0	ルテチウム 71**Lu** 175.0
アクチノイド	アクチニウム 89**Ac** (227)	トリウム 90**Th** 232.0	プロトアクチニウム 91**Pa** 231.0	ウラン 92**U** 238.0	ネプツニウム 93**Np** (237)	プルトニウム 94**Pu** (239)	アメリシウム 95**Am** (243)	キュリウム 96**Cm** (247)	バークリウム 97**Bk** (247)	カリホルニウム 98**Cf** (252)	アインスタイニウム 99**Es** (252)	フェルミウム 100**Fm** (257)	メンデレビウム 101**Md** (258)	ノーベリウム 102**No** (259)	ローレンシウム 103**Lr** (262)

f-ブロック元素

ここに示した原子量は実用上の便宜を考えて,国際純正・応用化学連合(IUPAC)で承認された最新の原子量に基づき,日本化学会原子量専門委員会が作成した表によるものである.本来,同位体存在度の不確定さは,自然に,あるいは人為的に起こりうる変動や実験誤差のために,元素ごとに異なる.したがって,個々の原子量の値は,正確度が保証された有効数字の4桁目で1以内である.また,その値を原子量として扱うことはできない.安定同位体がなく,天然で特定の同位体組成を示さない元素については,その元素の放射性同位体の質量数の一例を( )内に示した.したがって,その値を原子量として扱うことはできない. *亜鉛に関しては原子量の信頼性は有効数字4桁目で±2である.
†市販品中のリチウム化合物のリチウムの原子量は6.938から6.997の幅をもつ.　©2018 日本化学会 原子量専門委員会

本書で扱う単位

長さの単位

ナノメートル（nm）	= 0.000000001（10^{-9}）m
マイクロメートル（μm）	= 0.000001（10^{-6}）m
ミリメートル（mm）	= 0.001（10^{-3}）m
センチメートル（cm）	= 0.01（10^{-2}）m
メートル（m）	
キロメートル（km）	= 1000（10^{3}）m

重さの単位

ナノグラム（ng）	= 0.000000001（10^{-9}）m
マイクログラム（μg）	= 0.000001（10^{-6}）m
ミリグラム（mm）	= 0.001（10^{-3}）m
グラム（g）	
キログラム（kg）	= 1000（10^{3}）g
トン（t）	= 1,000,000（10^{6}）g = 10^{3} kg

容積の単位

マイクロリットル（μL）	= 0.000001（10^{-6}）L
ミリリットル（mL）	= 0.001（10^{-3}）L
リットル（L）	
キロリットル（kL）	= 1000（10^{3}）L

温度の単位

セルシウス温度（摂氏温度）（℃）

復習問題の解答

第1章

1. 観察：ノースカロライナ州の河口付近で何百万もの魚が，体表の傷から出血し，死んでいるのが見つかった．**仮説**：研究室の水槽の魚が，ノースカロライナ州河口の水を与えた後で突然死滅した経験から，死んだ魚のいる水槽に多量にいた原生生物フィステリアが，河口での魚の大量死の原因であるという仮説を立てた．**実験**：フィステリアを採集し，健康な魚のいる水槽に移したところ，魚は急速に死滅した．これはBurkholder博士の仮説から予測された通りである．これで，仮説が支持されたことになる．

2. 生命体としての特徴を考え，もし，ナノーブが生物であれば，細胞の構造をもっていると予測できる．

3. 生物にはつぎのような共通の特性がある．(1) 細胞を構成単位として，(2) DNAを使って繁殖し，(3) 発生・成長し，(4) 周囲からエネルギーを獲得し，(5) 環境の変化を感知して反応する．また，(6) 高度で複雑な構成をしていて，(7) 進化する．プリオンにはこのような特徴がなく，生命体とは考えられない．細胞で構成されたものではなく，タンパク質の分子である．また，DNAを使って繁殖するのではなく，他の分子を似た構造の分子へと変化させることで増える．こういった生命としての基本的な特性を欠いているために，生きているものとは考えられない．

4. 生物の階層性は，小さい方から大きい方へ（括弧の中は例），分子(DNA)，細胞(細菌)，組織(筋組織)，器官(心臓)，器官系(肝臓，小腸，胃などの消化器系)，個体(ヒト)，個体群(草地のネズミ群)，生物群集・群落(森の中に生息する昆虫の仲間)，生態系(河川生態系)，バイオーム(ツンドラ，サンゴ礁)，生物圏(地球)．

5. エネルギーは，太陽から光合成生物(生産者)としての草に流れる．草は，太陽光のエネルギーを使って糖やデンプンなどの化学物質を合成する．シマウマ(消費者)は，草を食べ，エネルギーを獲得する．ライオン(消費者)は，シマウマを餌にしてエネルギーを獲得する．ダニ(消費者)は，シマウマやライオンの体液を吸ってエネルギーを獲得する．

6. (a) 草は生産者で，太陽エネルギーを化合物のエネルギーに変える．シマウマ，ライオン，ダニは，生産者(または生産者を消費した生物)からエネルギーを受取る消費者である．

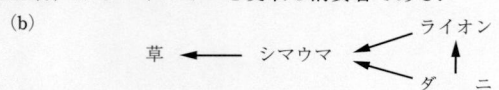

(b)

草 ← シマウマ → ライオン
　　　　　　　 → ダ　ニ

第2章

1. 未知の新しい生物を，すでに系統樹の上で配置のわかっている生物と比較し，形態や行動の類似点・相違点を調べ，どの程度，近い種か，遠い種かを決める．その結果をもとに，系統樹の上での配置が決められる．このような比較を行うときには，共有派生形質が重要な鍵となる．

2. 家系図も系統樹も，含まれるメンバーの間の遺伝的，生物学的な関連性を示したものである．家系図・系統樹を根元に向かって遡ることで直近の祖先がわかる．しかし，系統樹は学問的な仮説であるのに対して，家系図は血縁関係の事実をもとにつくるものである．

3. 二つの生物グループに最も近い共通祖先で進化した形質で，二つのグループ間で共通してみられるものを共有派生形質という．パンダの親指とヒトの親指は共有派生形質ではない．この2種がもつ母指対向性は，直近の祖先に由来したものではないからである．ヒトとパンダの母指対向性は，ものを把握する目的で別々に進化したもので，収れん進化とよばれる．

4. 系統樹は，現在のすべての学問的な知識をもとにして，生物種間の関係を最も正しく反映できるように構築した仮説であると，生物学者は考えている．新しい学問的な証拠が得られるたびに，系統樹は，見直しや修正が必要となることがある．

5. 図2・4のようなワニから鳥類・恐竜類までの系統樹から，絶滅した恐竜の行動がどのようなものであったのか推測できる．鳥類もワニも子育て行動を行う動物で，巣作りし，生まれた卵や仔を保護する．この行動パターンは，鳥類とワニの直近の共通祖先に由来する共有派生形質と考えられる．ワニや鳥類が恐竜と直近の共通祖先をもつことから，恐竜も同じ子育て行動をしていたと考えられる．

6. 図2・4から，鳥類，ワニ，恐竜はすべて同じ共通祖先をもっていることがわかる．鳥類がさえずり，ワニが低音でブオーと鳴くことは知られている．つまり，系統樹の関係から，この行動も，二つの共通祖先から受け継いだ共有派生形質と考えられる．恐竜と鳥類の直近の共通祖先と，ワニ類との関係から，鳥のようにさえずる，あるいは，ワニのようにブオーと鳴いたりする恐竜がいたと結論できるかもしれない．

7. 最も小さいグループから大きなグループまで，種，属，科，目，綱，門，界となる．

8. DNA解析によって，形態や行動ではわからない2種間の関係を調べることができる．その結果，系統樹の上での配置や，他の生物種との関係を見直す必要が生じることがある．たとえば，形質は非常に似ているが遺伝的にはかなり遠い関係にあると考えられるケース，逆に，外見が大きく異なっていても，似たDNAをもつこともある．最近のDNA研究の結果から，系統樹の一番根元になる部分は，分岐した樹ではなく，互いに絡まった網目で表現すべきものであるという仮説が提唱されるようになった．それは細菌のDNA塩基配列と同じものが，アーキアや真核生物のDNAで見つかったからである．しかし，まったく異なるドメイン(細菌，アーキア，真核生物)の間で共通するDNAがどのように生じたのかという新しい疑問も生まれた．Ford Doolittle博士は，生命史の初期には三つのドメインの生物は互いに遺伝子を交換していた可能性があると考えている．遺伝子を世代を経て垂直に伝えるのと同時に，グループを越えて水平に伝えていたという仮説である．DNAの解析をもとに，このような新しい系統樹の考え方が生まれている．

第3章

1. 生物の分類を行うときの基準は，進化の系統樹，リンネ式階層分類体系，および，三つのドメインである．

2. 原核生物は，細菌(バクテリア)とアーキア(古細菌)の二つの界に相当する．効率の良い単純な体の構成，簡単な増殖様式，急速な分裂増殖，利用できる栄養源の多様性，極端に悪い環境での生存能力などが，原核生物が繁栄できた理由である．

3. 細胞性粘菌は，単細胞生物から多細胞生物へと進化したしくみを調べる手がかりになると考えられる．細胞性粘菌が，独立した一つの細胞からなる時期と，多細胞の中に組込まれる時期と二つの異なる相の生活環をもつためである．この生物を研究することで，単細胞から多細胞へとどのように進化したのかが解明できると期待する研究者もいる．

4. 多細胞化した動物の細胞では，細胞が協調してはたらくようになり，それに適合するように細胞の特殊化が起こった．最も簡単な体制をもつ海綿動物は，細胞が集まってゆるく結合しただけのものであった．協調的な機能を担う細胞，つまり，真の組織を最初に進化させたのは刺胞動物である．獲物を麻痺させる刺胞，神経細胞，筋に似た組織(中胚葉性の筋とは異なる)，消化管などをもつ動物である．つぎに，動物は器官を進化させた．器官は，異なる組織が集まって一つ

の専門の機能を担うようになったものである．最初に器官を進化させた動物が扁形動物である．

5. ウイルスは系統樹の中のどの界にも，どのドメインにも分類されていない．生物と非生物の間のいわばグレーゾーンにあるものと考えられている．ウイルスには生命体としての重要な特徴が欠落しているからである．寄生する細胞の外では繁殖できない．また，一つの系統上のつながりをもったグループとしてまとめることはできない．

6. 植物が陸上に進出するには，まわりに水がない，水の浮力での体の支持が得られない，といった新しい環境に適応する必要があった．水を獲得し蒸発を防ぐために植物が進化させたものが，根系（土から水分や栄養分を吸収するしくみ），および茎や葉を覆うクチクラ層（太陽や空気にさらされても組織からの水分の蒸発を抑える役割のワックス層）である．また，水中でははたらいていた浮力がないので，陸上の植物は重力に打ち勝たなければならない．そのため，セルロースでできた硬い細胞壁を進化させ，陸上でも立ち上がって成長できるようになった．さらに，液体を運ぶ組織である維管束系が進化し，根から他の部分へと栄養や水分を供給できるようになった．適度な水分があれば，維管束系は水で膨らんで風船のような圧力（膨圧）を生み出し，その圧力を使って植物は直立して上に向かって成長する．

7. 植物界の生物には葉緑体があり，これは動物の細胞にはない特徴である．葉緑体をもつおかげで，光合成によってCO_2と太陽光から必要な食物（グルコースやデンプンなど）をつくることができる．光合成生物は，食物連鎖の中では最初の生産者として重要な機能を担い，陸上のほとんどすべての生物の食料の供給源となっている．

8. 繁殖や種子を散布するために，移動能力のある動物をいろいろな方法で引き寄せて利用するしくみを進化させた植物が多い．たとえば，被子植物は生殖器官の花を進化させ，昆虫が餌として利用できる花蜜をつくるようになった．花蜜を求めてやってくる昆虫は，離れた場所にある花の間で花粉を運搬する役割を果たすことになる．被子植物は，ほかにも果実を進化させた．果実は，被子植物の胚を取囲む子房からできたもので，動物は果実を食べて，中の種子を糞とともに散布する．遠く離れた場所へ子孫を分散するので，親の植物と太陽光や水分，栄養を奪い合うようなことにはならない．また動物の糞が新しく発芽した植物への栄養にもなる．

インタールード A

1. Terry Erwin は，まず熱帯林の一本の樹木に殺虫剤を散布して，樹冠部の昆虫を調べ，甲虫類が 1100 種いることを見いだした．その甲虫のうち 160 種が，その樹木種だけに生息するスペシャリストであると見積もった．熱帯林には，約 50,000 種の樹木があるという見積もりから，Erwin の採集した樹木が熱帯林の標準的な樹木と仮定すると，50,000×160 ＝ 8,000,000 種の甲虫が熱帯林にいると推測できる．甲虫の種類は，全節足動物の種の約 40% を占めると考えられていることから，熱帯林の全節足動物は，8,000,000/0.40 ＝ 20,000,000 種（2000 万種）となる．熱帯林の他の場所には，樹冠部の半分ほどの種類の節足動物がいると一般に考えられることから，その数は 1000 万種と見積もることができる．合計して，熱帯林の節足動物は 3000 万種となる．このような計算は，多くの仮定の上に成り立っている．仮定のどれかが間違っている可能性もあって，正しく推計するのは大変難しい．地上に現存する生物の種数を推計する方法はたくさんある．Erwin は，一本の樹木に殺虫剤を噴霧することで推計したが，たとえば，研究者のプロジェクトチームをつくって，ある限られた狭い地域（森林内のある一辺 20〜30 m の区域など）にいるすべての植物，動物，菌類，原核生物，原生生物の全種を数え上げる方法もある．Erwin が行ったように，そこで見つかった種数をもとに全地球にいる種類を推測することもできるかもしれない．

2. 地球上で生物が絶滅しているという警告は真剣に考えるべき問題である．生物の種数や絶滅速度がわかっていなくても，これまでの推計から，非常に多数の種が地上にいて，また，かなりの速い速度で絶滅しているのはわかっているからである．数字が正確でないということが，実際の生物絶滅危惧の問題が小さいと考える根拠にはならない．

3. 地上で生命が誕生して以来，生物多様性は変動していて，ときには大量絶滅で急減する．約 4.4, 3.5, 2.5, 2.06, 0.65 億年前に起こった合計 5 回の大量絶滅は，気候変動，火山の爆発，海水面の変化，小惑星の衝突による大気中の粉塵など，自然の環境変動が原因である．これらの大量絶滅後，数百万年をかけてゆっくりと生物多様性は回復した．現在の急激な人口増加が原因となって，つぎの大量絶滅が起こると考えている研究者もいる．

4. 人口が増加すると，市街地，郊外，商業地域が拡大し，自然の生息環境の悪化や破壊によって，他の生物種の生息地が奪われる．同時に，人口増加は環境汚染をひき起こし，それが生物多様性への脅威となる．また，人口増加で，他の場所から生物種が人為的に持ち込まれる頻度も増え，侵入種が生物多様性の脅威となることもある．

5. ヒトも他の生物種と同じように生息する場所が必要である．もし，私たちが存在する権利をもっているとするならば，他の生物種も同じであろう．どこまで人間の権利が及び，どこから他の生物の権利が生じるかは，私たちの社会が，どのように生き，また，他の生物の生命や生息地をどこまで侵害し，あるいは，どこまで保護すると決めたかによる．

6. 強固な保護団体と意志の堅い開発業者との間の勝敗を決するために論争を長引かせるよりは，開発と絶滅危惧種の生息地保護の妥協点を見つけ出す方がよい．その方が，人間や他の生物種に利益となり，また，より現実的な解決策を，早く少ない負担で見つけられるからである．

第 4 章

1. モノマーが繰返して連結し巨大な分子ができる．モノマーを構成単位とする巨大分子をポリマーという．トリアシルグリセロールやステロイドのような脂質は，巨大な生体分子ではあるが，明確な構造単位が繰返してできたものではなく，ポリマーとはよばない．

2. 純水の pH は 7 である．pH は，水中の水素イオン（H^+）の濃度を示すもので，塩基が含まれる水溶液では pH は 7 よりも大きくなる．つまり，水素イオンよりも水酸化物イオン（OH^-）が多く，塩基性となる．酸が含まれる水溶液では pH は 7 よりも小さくなる．つまり，水素イオンが水酸化物イオンよりも多く，酸性となる．塩基も酸も含まない純粋な水は，H^+ と OH^- の濃度が等しくなり，中性，つまり pH 7 となる．

3. プラスの電荷を帯びた水素原子とマイナスの電荷を帯びた他の原子とが引き合うことで生じる非共有結合を水素結合という．結合の強さは，水素結合＜イオン結合＜共有結合の順番である．水分子は極性をもっていて，酸素原子の部分がマイナスの電荷を帯びている．また，二つの水素原子の部分は逆にプラスの電荷を帯びている．このような電気的な極性があるために，水溶液の中では，水分子の水素原子は，隣の水分子の酸素など，マイナスの電荷をもったものと水素結合をつくりやすい．

4. 炭素原子の特徴は，他の原子 4 個と強い共有結合をつくる点である．数百〜数千個の炭素原子とも連結して，生物にとって重要なさまざまな巨大分子をつくるのにも使われている．

5. 炭水化物：細胞のエネルギー源となる．植物の細胞壁のセルロースは，炭水化物を細胞の支持構造成分として使っている．DNA や RNA などの核酸は，ヌクレオチドが連結したポリマーで，遺伝情報を伝える分子としての役割をもつ．エネルギー担体としての役割をもったヌクレオチド（ATP など）もある．**タンパク質**：生物を物理的に支える構造，および生体の化学反応を触媒する酵素となる．**脂質**：トリアシルグリセロールは，生物が長期的にエネルギーを蓄える方法として一般に使われる．リン脂質は，細胞膜の重要な成分である．

第 5 章

1. 細胞膜は原核生物と真核生物のすべての生物に共通するもので，

細胞とその外界との境界となる．細胞膜には選択透過性があり，細胞内外の物質の出入りを制御している．DNA，細胞質，リボソームも共通してもつ．DNAには，細胞が使うタンパク質を合成するための情報が含まれる．細胞質は，さまざま物質の溶け込んだ水溶液で，生化学的な反応が起こる場となる．リボソームは，タンパク質の合成を行う場である．

2. 細胞膜は，リン脂質でできた脂質二重層と，それに埋もれるように分布する膜タンパク質から構成されている．リン脂質分子は，親水性の頭部が，まわりの溶液（細胞の外側や内側）と接するように配置している．疎水性の尾部は，逆に，膜の内側を向き，まわりの水とは接していない．膜タンパクには，脂質二重層を貫通するものがあって，細胞内外でイオンや他の分子を選択的に透過させるトンネルのような機能をもったものがある．細胞内外の変化や信号物質を受容する役目の膜タンパク質もある．細胞の内部に固定されていない膜タンパク質は，細胞膜の中を横へ自由に動き回るが，この性質は，細胞膜が自由に流動するリン脂質とタンパク質からできているという流動モザイクモデルで説明できる．この細胞膜の流動性は，細胞の変形や移動，また，細胞外の信号を受容するしくみとも密接に関係する．

3. 葉緑体：藻類や植物など光合成を行う生物の細胞にある．外を二重の膜が取囲み，内部に網目状の膜（チラコイド膜）がある．チラコイド膜に光を吸収する色素（クロロフィル）がある．太陽光のエネルギーを使って二酸化炭素（CO_2）から糖をつくり，その過程で水分子（H_2O）を分解して酸素（O_2）を放出する．ミトコンドリア：生産者・消費者の区別なく，すべての真核生物の細胞にある．内膜と外膜の二重の膜をもつ．内膜は，内側にひだ状に飛び出した構造（クリステ）になっている．クリステには，酸素を使った細胞呼吸によりATP（エネルギー担体）を合成するための酵素などが豊富に含まれている．細胞呼吸では，有機物分子（糖など）を分解して得たエネルギーがATPとして蓄えられる．その過程で，O_2を消費して，CO_2とH_2Oを放出する．

4. 核：細胞のDNAを格納している場所．細胞の活性を支配する場所で，細胞内外の信号に従って，どのタンパク質をつくるかを決める．小胞体：タンパク質や脂質を合成する場所．ゴルジ体：小胞体でつくったタンパク質や脂質を最終目的地へ転送するためのタグを付ける．リソソーム：動物の細胞にみられるもので巨大な生体分子を分解する酵素を含む．液胞：植物や菌類の細胞にみられるもので，中で物質を分解したり，栄養素を貯蔵したりする．ミトコンドリア：化学反応を使い，種々の化合物の化学エネルギーを，ATPのエネルギーに変換する．ATPはあらゆる細胞でエネルギー担体として使われている．葉緑体：植物の細胞にある．太陽エネルギーを獲得して，細胞が使う化学エネルギーに変換する．

5. 繊維芽細胞は，アクチン繊維（アクチン分子がらせん状により合わさってできた細い繊維）が急速に長さを変える性質を使ってアメーバ運動を行う．移動する先端部にある仮足内では，進行する方向にアクチン繊維が並んでいて，この繊維が長く伸びて細胞膜を押し出す．その力で仮足が前方へと拡張するようにして伸長する．細胞の後端部では，そのような整然とした制御はない．アクチン繊維が短縮し，細胞の前進に伴って，後端の仮足は内側に引き込まれる．鞭毛をもった細菌の運動はまったく異なる機構である．鞭毛はタンパク質でできた渦巻き状の繊維で，モーターボートのスクリューのようなはたらきをする．このスクリューが回転することで，水流を起こし，細胞を前進させる．

6. ミトコンドリア，葉緑体は，ともに原核生物に由来すると考えられている．二つとも内部に独自のDNA（原核生物のDNAに似ている）をもち，自前のタンパク質を合成し，そのとき使うリボソームは原核生物型のものである．また，細胞の分裂の機構とは異なり，原核生物のように分裂して増えることもできる．

第6章

1. 大きな分子や親水性のものは，リン脂質でできた細胞膜を自由に透過できない．細胞膜には，チャネルタンパク質や受動輸送タンパク質があって，そのはたらきで，イオンや分子が濃度勾配に従って受動的に通過できる．濃度勾配に逆らったイオンや分子の輸送を行う能動輸送機構もある．

2. 細胞膜を通した水分子の受動的な拡散を浸透作用という．細胞は，正常な代謝反応を進めるために，サイトソルの水分と塩濃度を維持するしくみをもつ．赤血球などの動物の細胞は，高張な液の中では浸透作用によって，細胞がシワシワになって縮む．これは，細胞内から高張な細胞外への水の流れが多くなり，細胞内の水分が失われるためである．

3. 細胞の内側で輸送小胞が細胞膜と融合し，その内容物が細胞の外に向かって放出されることを，エキソサイトーシスという．エンドサイトーシスは，逆の方向の取込み作用で，細胞膜が内側に向かって陥入して膜小胞を形成し，その内部に細胞外の物質が取込まれ，細胞内へと運ばれるしくみである．受容体依存性エンドサイトーシスとは，細胞膜の外側にある受容体タンパク質が，特定の分子を認識して結合し，その後，エンドサイトーシスを行うもので，特定の分子だけを選択的に細胞内に取込むしくみである．

4. 密着結合：細胞間を密着させ，隙間を他の物質が通らないほどの強い結合にする構造．細胞の内側に線状に並んだタンパク質分子があるのが特徴である．固着結合：二つの細胞を機械的につなぎ止める役割をもつ．細胞内の繊維構造に連結している．ギャップ結合：動物の細胞に多くみられる結合で，タンパク質でできたトンネルである．隣接する二つの細胞間で，隙間を飛び越して細胞質を直結する．原形質連絡：植物にみられる細胞間の細胞質の連絡構造．

5. 動物の血流や植物の樹液などに含まれるシグナル分子は，遠く離れた標的細胞へと輸送され，ゆっくりと信号を伝えることができる．隣接する細胞の間でもシグナル分子をやり取りするしくみもあり，この場合，素早い信号伝達が行われる．動物は，神経細胞を使い，遠く離れた特定の標的細胞だけに，信号を素早く伝えることができる．

第7章

1. あらゆる系は，不規則で無秩序な方向へと向かう傾向にある．これを熱力学第二法則という．生物の細胞では，化学反応を使って細胞内の秩序を能動的に維持するが，その代わりに，熱エネルギーを細胞の外に放出し，細胞や生物体の外の世界を，より無秩序な状態へと変えている．

2. 光のエネルギーを使って，水と大気中のCO_2から糖をつくる反応を光合成という．すべての生物は，エネルギーを獲得するために，最終的にはこの光合成でつくられた糖を利用している．その過程で，CO_2を放出して大気に戻す．それ以外に，人間が化石燃料を使用すると，CO_2を大気に余計に増やすことになる．それが，この数十年間の地表温度上昇（地球温暖化）の原因となっている．

3. 小さな分子から大きな分子をつくることを同化作用という．同化作用を進めるにはエネルギーが必要である．大きな分子を分解して，小さな分子をつくることを異化作用という．光合成は，CO_2やH_2Oなどの簡単な分子から糖などの大きな分子をつくるので，同化作用の一つである．そのエネルギーの源は，光エネルギーである．

4. 細胞内を小さく区切り，そこに酵素や化学反応の基質を高い濃度で集めると，分子間の衝突の機会が増えるので，酵素反応を進めるうえで都合がよい．ミトコンドリア内部で，クエン酸回路の酵素と基質の濃度が高いのは，この点で理にかなっている．一連の酵素分子を化学反応の順番に近接して配置することでも酵素反応の効率が上がる．ミトコンドリア内膜の細胞呼吸とATP合成のための酵素は，そのような配置をとって効率化をはかっている．

5. 誘導適合モデルとは，酵素の活性部位に基質が結合することが引き金になって，その結合部位の構造が変形し，酵素と基質の間の結合が安定化するという考え方である．野球のグローブの中に手を入れるだけではなく，グローブと手の形をうまく変えてフィットさせるのと似ている．

第8章

1. 光合成：光エネルギーを使って，CO_2 と H_2O から糖を合成し，O_2 を放出する反応．葉緑体の中で進行する反応である．**細胞呼吸**：糖などの有機分子などからエネルギーを取出す過程．O_2 を消費して CO_2 と H_2O を副産物として産生する．ミトコンドリア内で進行する反応である．光合成は同化作用の一つで，藻類や植物などの生産者だけが行う．細胞呼吸は異化作用で，生産者・消費者の両者とも行う．

2. 電子伝達系を使い水素イオンの濃度勾配をつくるしくみが，葉緑体とミトコンドリアの両方でみられる．水素イオンは濃度勾配に沿って，濃度の高い方から低い方へ，ATP 合成酵素のチャネル部分を通過する．水素イオンが移動するときにエネルギーが放出され，そのエネルギーを使って ADP をリン酸化して ATP がつくられる．

3. 光合成の明反応では，まず葉緑体チラコイド膜のクロロフィルによって吸収された光のエネルギーが，電子を活性化する．この電子は電子伝達系へと運ばれ，水素イオン濃度勾配を生み出すのに使われる．この水素イオン濃度勾配を使って ATP が合成される．クロロフィルからの電子は，同時に $NADP^+$ に渡されて NADPH をつくる（還元する）のに使われる．水を分解（光分解）して得られる電子が，クロロフィルの失われた電子を穴埋めし，この反応で酸素がつくられる．こうやって明反応でつくられた ATP や NADPH を使って，CO_2 から糖をつくるカルビン回路の化学反応が推進される（炭酸同化反応）．

4. 水素イオンが ATP 合成酵素のチャネル内を通過するときに ATP が合成される．このチャネルを経ずに水素イオンを膜（ミトコンドリア内膜）を素通りさせる薬剤は，ATP の合成をできなくさせるので，強い致死性の毒物となる．

5. 光化学系Ⅱでは，水分子から電子が奪われて，チラコイド膜の中にある色素に渡される．この電子は，電子伝達系を経由して光化学系Ⅰへと移動し，$NADP^+$ から NADPH をつくる酸化還元反応に使われる．

第9章

1. 細胞周期の間期は，G_1 期，S 期，G_2 期の三つの期からなる．G_1 や G_2 期では，細胞が成長したり，つぎのステップで必要となるタンパク質がつくられる．二つの G 期（ギャップ期）の間に，DNA の複製の行われる S 期がある．分裂期（M 期）では，複製された DNA（娘 DNA）が，元の母細胞の中で分裂装置の両極に分離される．その後，細胞質分裂が起こって，母細胞が二つに分離して娘細胞ができる．分化してさまざまな機能を発現するようになった細胞は G_0 期の細胞とよばれる．細胞分裂はしない．

2. 細胞分裂前の G_2 期には，128 個（32 種類のペアが 2 組）の DNA 分子がある．第一減数分裂が終わったときの娘細胞では，64 個（32 種類のペアが 1 組）の DNA 分子となる．

3.

	体細胞分裂	減数分裂
1. ヒトでは，この分裂を行う細胞は二倍体である．	正	正
2. 娘細胞は母細胞の半数の染色体をもつ．	誤	正
3. 1 個の母細胞から全部で 4 個の娘細胞ができる．	誤	正
4. 動物の雄では精子がつくられる．	誤	正
5. 幹細胞が自己再生するときの細胞分裂である．	正	誤
6. 娘細胞は母細胞とまったく同じ遺伝情報をもつ．	正	誤
7. 核分裂を 2 回行う．	誤	正
8. 細胞質分裂を 2 回行う．	誤	正
9. 母方・父方の相同染色体は分裂の途中でペアを組み二価染色体となる．	誤	正
10. 姉妹染色分体が細胞分裂の途中で互いに分離する．	正	正

4. ヒトの男性には 44 本の常染色体（22 組の相同染色体）がある（第 10 章参照）．加えて，二つの性染色体，X 染色体と Y 染色体がある．女性には，44 本の常染色体と 2 本の X 染色体がある．その結果，女性のつくる配偶子（卵）には，22 本の常染色体と 1 本の X 染色体，男性のつくる配偶子（精子）には，22 本の常染色体と，X または Y 染色体のいずれかがある．

5. もし，体細胞分裂で配偶子をつくったら，配偶子どうしが合体した子孫は，親の世代の 2 倍の数の染色体をもつことになる（世代を経ると染色体が増えてゆく）．

インタールード B

1. がん原遺伝子が変異してがん遺伝子となると，細胞の増殖にかかわる制御が一部はたらかなくなり，がんになる危険性が増す．

2. 細胞内シグナルによって活性化して，細胞増殖を促進するものががん原遺伝子である．逆に，がん抑制遺伝子は，活性化することで，細胞増殖を抑制するはたらきをもつ．

3. 結腸がんは，ポリープとよばれる良性腫瘍から始まる．このポリープは，二つのがん抑制遺伝子の不活性化，または，がん原遺伝子が突然変異してがん遺伝子となることによる．その後，第 18 染色体の一部が欠落し，そこのがん抑制遺伝子がはたらかなくなると，急速な細胞分裂を始めて，悪性腫瘍となることが多い．また，p53 というがん抑制遺伝子のはたらきが失われると，細胞分裂の制御がすべて効かなくなり，がん細胞は転移性の悪性腫瘍となり，体の他の部分へと広がるようになる．

4. タバコだけではなく，他の製品にも発がん性の物質が含まれている可能性があることを消費者は知り，どのように品物を選ぶべきか，どのようなライフスタイルにするべきか，選択できるようにするのがよいであろう．そのような未知の発がん物質を見つけ出し，どの量まで無害なのか，明らかにする研究も大切である．

5. この問題に関して読者は独自の考え方をもっていてよいが，米国 50 州では販売や宣伝活動に何らかの制限が設けられている．たとえば，未成年者へのタバコ販売は禁止されているし，若年層の気を引くマンガのキャラクターをタバコの宣伝に使うことはできない．公の場所での喫煙が禁止されており，タバコのラベルには有害であるとの記載も必要である．公衆衛生の専門家は，ほかの制限方法も提案している．たとえば，甘い香りのタバコは子どもをひきつけるし，"ライト"や"マイルド"などの商標はより安全であると誤解されやすいので禁止すべきである．また，タールやニコチンの含有量を制限し，もっと大きな目につく警告ラベルにすべきであるといった提案である．

6. 発がん性の危険性について十分に記載されていることは大切である．それをもとに消費者は製品を購入するかどうかを決定できるからである．食品の警告ラベルは，もっと単純で簡潔なものにもできるだろうし，公共機関は食品などに含まれる発がん性物質について，人々の注意をもっと喚起できるだろう．

第 10 章

1. 遺伝子は，遺伝する形質を支配する基本単位である．遺伝子の情報は，それぞれ特定の表現型の情報を伝える．また，物質としては DNA で構成されていて，染色体上の決まった場所に配置されている．遺伝子情報の発現は，タンパク質の合成に影響する形で現れるものが多い．メンデルの遺伝法則を現代的な用語で表現すると以下のようになるであろう．(1) 遺伝子には異なるタイプのもの（対立遺伝子）があり，これが遺伝形質の多様性のもととなる．(2) 子は，双方の親から遺伝子のコピーを 1 組ずつ受け継ぐ．(3) 異なる対立遺伝子と対になったときにも表現型を支配する対立遺伝子がある．これを優性であるという．(4) 2 組の遺伝子セットは，減数分裂のときに分離されて，別々の配偶子の細胞に分配される．(5) 配偶子が受精するときには，

もっている対立遺伝子の種類に関係なく，同じ確率で融合する．(6) 配偶子ができるときに対立遺伝子は，別々に振り分けられる（異なる染色体上にある遺伝子の場合は特にそうであるが，近接する遺伝子の場合は例外となる）．

2. 有性生殖する生物は，合計二つのコピーをもつ．両方の親から遺伝子セットを一つずつ引き継いでいるからである．もし，ある個体がある遺伝子に関してホモ接合体（例：gg）の場合，その親はいずれも対立遺伝子 g を最低一つはもっていたことになる．つまり，母親や父親の遺伝子型は，Gg または gg のいずれかとなる．

3. 新しい対立遺伝子は突然変異によって生まれる．突然変異とは，DNA 分子の中で遺伝子となる箇所に何らかの変化が起こることである．突然変異で生まれた新しい対立遺伝子は，元の対立遺伝子とは異なるタイプのタンパク質をつくる指令に変わることもある．異なるタンパク質をつくることで，突然変異の起こった対立遺伝子は，生物個体間の遺伝的な違いを生じさせる．

4.

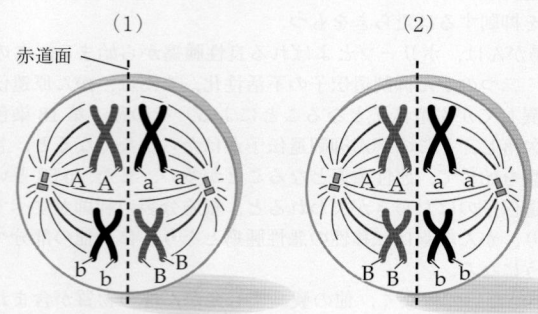

(1) (2) 赤道面

ここで示す模式図は，遺伝子型 $AaBb$ の生物の第一減数分裂中期の様子である．DNA はすでに複製が終わっていて，各染色体には，同じ DNA 分子が 2 個ずつセットで含まれる．母親由来の染色体を黒色で，父親由来の染色体をグレーで示してある．図(1)では，母親由来の 2 本の染色体のうち 1 本は，分裂中期の赤道面の右側に，もう一つは左側にきている．この場合，減数分裂が進むと Ab と aB の 2 種類の配偶子ができる（詳細は，図 9・10 を参照）．対して，図(2)のように，母親由来の染色体が両方とも右側にくる場合，AB と ab の配偶子ができる．分裂装置ができるときに，この 2 種類の染色体の配置は同じ確率で起こるので，（この例では AB, Ab, aB, ab の配偶子がつくられる）染色体上の遺伝子は互いに独立に遺伝されることになる．

5. 紫色の花をもつ植物の遺伝型（PP または Pp）を調べるには，白色の花の個体（pp）と交配させるとよい．PP, Pp いずれの遺伝子型でも，劣性ホモ接合体の個体と交配することで遺伝型がわかる．たとえば，調べたい個体が Pp の場合，劣性ホモ個体（pp）と交配すると，次世代は 50% が白色の花，残りの 50% は紫色の花の個体（表1）が生まれる．PP ならば，劣性ホモ個体（pp）と交配すると，すべて紫色の花の個体（表1参照）となり（表2），花の色の比率から元の親の遺伝子型を推測できる．

表1

	P	p
p	Pp	pp
p	Pp	pp

表2

	P	P
p	Pp	Pp
p	Pp	Pp

6. 遺伝学的に同じ双生児（一卵性）でも表現型が異なる場合がある．それは環境要因が影響するためと考えられる．たとえば，子どものときに栄養状態が良いと身長が伸びるだろうし，逆に栄養状態が悪いと成長は抑えられるだろう．また，照射された太陽光の量の差に応じて肌の色も異なるだろう．もし，遺伝病になる可能性をもつ双生児の一方だけが，その病気をひき起こす環境要因にさらされた場合，表現型は大きく変わるだろう．（訳注：環境がまったく同じでも発現される遺伝子の種類が不規則に偶然決まり，表現型の違いが生まれる可能性

がある）．

7. 優性で致死的な対立遺伝子の遺伝子頻度は非常に低い．そのような対立遺伝子をもっているヒトは，大人になって子どもをつくる前に発病し死亡することが多いからである．逆に，劣性の致死的な遺伝病の対立遺伝子をもつヒトは，その遺伝子の影響を受けずに成長し，大人になり，子孫へその対立遺伝子を渡す保因者となる．生まれた子どもは，親の遺伝子型によっては発病する．あるいは，親と同じように，保因者となって，次世代へと遺伝子を伝えるかもしれない．

遺伝学演習問題

1. (a) A と a (b) BC, Bc, bC, bc (c) Ac
(d) ABC, ABc, AbC, Abc, aBC, aBc, abC, abc
(e) aBC と aBc

2.

(a) 遺伝子型 1:1, 表現型 1:1

	A	a
a	Aa	aa

(b) 遺伝子型 1:0, 表現型 1:0

	B
b	Bb

(c) 遺伝子型 1:1, 表現型 1:1

	AB	Ab
ab	$AaBb$	$Aabb$

(d) 遺伝子型 $1BBCC$: $1BBCc$: $2BbCC$: $2BbCc$: $1bbCC$: $1bbCc$
表現型 6:2 (3:1)

	BC	Bc	bC	bc
BC	$BBCC$	$BBCc$	$BbCC$	$BbCc$
bC	$BbCC$	$BbCc$	$bbCC$	$bbCc$

(e) 遺伝子型 $1AABbCC$: $2AABbCc$: $1AABbcc$: $1AAbbCC$: $2AAbbCc$: $1AAbbcc$: $1AaBbCC$: $2AaBbCc$: $1AaBbcc$: $1AabbCC$: $2AabbCc$: $1Aabbcc$
表現型 6:2:6:2 (3:1:3:1)

	ABC	ABc	AbC	Abc	aBC	aBc	abC	abc
AbC	$AABbCC$	$AABbCc$	$AAbbCC$	$AAbbCc$	$AaBbCC$	$AaBbCc$	$AabbCC$	$AabbCc$
Abc	$AABbCc$	$AABbcc$	$AAbbCc$	$AAbbcc$	$AaBbCc$	$AaBbcc$	$AabbCc$	$Aabbcc$

3.

	S	s
S	SS	Ss
s	Ss	ss

遺伝型 $1SS$: $2Ss$: $1ss$
表現型 3 健常：1 鎌状赤血球貧血症

4. 子犬は 100% チョコレート色となる．

5. (a) NN と Nn はともに健常者．nn は遺伝病を発症する（発病）．

(b)

	N	n
N	NN	Nn
n	Nn	nn

遺伝型 $1NN$: $2Nn$: $1nn$
表現型 3 健常：1 発病

(c)

	N	n
N	NN	Nn

遺伝型 1:1
遺伝型 2 健常：0 発病

6. (a) DD, Dd ともに発病する．

(b)

	D	d
D	DD	Dd
d	Dd	dd

遺伝子型 1DD：2Dd：1dd，表現型 3発病：1健常

(c)

	D	d
D	DD	Dd

遺伝子型 1DD：1Dd，表現型 2発病：0健常

7. 親の遺伝子型は BB と bb である．白色の花は bb で，青色の花は BB または Bb であるが，もし親が Bb の場合，子の 50% は白色の花の個体となるであろう．交配でできた子の花の色がすべて青色ならば，親の遺伝子型は BB であったはずである．

8. 緑色の種子となる対立遺伝子が優性である．親がともにホモ接合体ならば，それらを交配して得られた子は，すべて優性の表現型となっているはずである．F_1 世代がすべて緑色の種子をもっていたので，緑色の種子とする対立遺伝子が優性である．

第 11 章

1. 染色体の中に DNA 分子があり，遺伝子は，その DNA 分子の中の小領域に相当する．それぞれの遺伝子は，染色体上の決まった位置にある．

2. ヒトの女性には二つの X 染色体があり，男性には X，Y 染色体が一つずつある．つまり男性は，X，Y 染色体にある遺伝子に関して，1 個ずつしかもたない点で，他の遺伝子とは異なっている．その結果，X 染色体にある遺伝子に関しては，女性と男性では発現の様子が異なる．女性の場合，X 染色体上の遺伝子（X 染色体に連鎖した遺伝病の原因の対立遺伝子の場合でも）を，生まれた子どもへ，男児，女児関係なく同じ頻度で伝える．男性の場合，X 染色体上の遺伝子は女児にしか遺伝しない（男児は必ず父親の Y 染色体を引き継いでいるため）．

3. 異なる染色体の上にある遺伝子は，互いに関係せず，独立して配偶子に分配される．つまり，連鎖していない．図 11・4 に示すように，独立して遺伝する遺伝子の場合，四つの遺伝子型のハエは，ほぼ同数生まれるはずである．ところが，二つの親の遺伝子型のものが他のものより明らかに多く，Morgan はこの観察から，遺伝子は同じ染色体の上にあると結論した．もし，二つの遺伝子が物理的に近い場所にあれば，一緒に遺伝する（連鎖している）だろうと考えたからである．

4. 交差は，減数分裂時にみられるもので，相同染色体の間で遺伝子の交換が起こった場所に相当する．そこでは，片方の親由来の染色体が，別の親由来のものへとつなぎ換えられている．染色体の上で，遠く離れている二つの遺伝子は，近いものに比べて，その間での染色体の交差を起こす頻度が高い．そのため，遺伝子 A と B に比べると，離れた距離にある遺伝子 A と C は，交差が起こりやすく，別々の配偶子に分離される可能性がより高い．

5. 染色体の交差が起こると，親にはみられなかった遺伝子型が生まれる．交差によって，双方の親にはなかった異なる対立遺伝子の組合わせをもつ配偶子ができる（図 9・10 参照）．

6. 染色体の異常が原因の遺伝病は比較的少ない．染色体の大きな変化は，胚の発生や胎児の成長に大きな障害となり，致死的となりやすいからである．遺伝子 1 個の突然変異の場合，胎児が生き残る確率が高いので，遺伝子突然変異が原因の遺伝病の方が頻度は高い．

遺伝学演習問題

1. (a) ヒトの男性は，X 染色体を母親から，Y 染色体を父親から受け継いでいる．男性となるためには Y 染色体が必要であるが，母親は Y 染色体をもっていない．

(b) 発病しないと考えられる．X 染色体上の劣性の対立遺伝子を 1 個だけもつ場合，女性のもう一方の X 染色体には健常な優性の対立遺伝子があるので，保因者とはなるが，発病はしない．ただし，劣性の対立遺伝子を 2 個もったホモ接合体となる場合には発病する．

(c) 発病する．X 染色体にある対立遺伝子の場合，劣性であっても男性で発病する．男性は X 染色体を 1 本しかもっておらず，表現型に寄与する優性の対立遺伝子が Y 染色体上にはないからである．

(d) X 染色体上に遺伝病の原因となる劣性対立遺伝子がある場合，遺伝子型で表現すると $X^D X^d$ となる（X^D は健常な優性対立遺伝子，X^d は病気の原因となる劣性対立遺伝子）．したがって X^D と X^d の 2 種類の配偶子（卵）ができるが，X^d の配偶子だけが遺伝病の原因となる対立遺伝子を伝える．

(e) 発病する子はいない．必ず母親の健常な（発病しない）優性の対立遺伝子を引き継いでいるからである．しかし，生まれた女児は，病気の原因となる X 染色体を父親から必ず引き継ぐので，保因者となる．

2. (a) 50% が aa の遺伝子型をもち囊胞性繊維症を発症する．

	A	a
a	Aa	aa
a	Aa	aa

(b) 0%．aa の遺伝子型をもつ子はいない．

	A	A
A	AA	AA
a	Aa	Aa

(c) 25% が aa の遺伝子型をもち囊胞性繊維症を発症する．

	A	a
A	AA	Aa
a	Aa	aa

(d) 0%．aa の遺伝子型をもつ子はいない．

	A	A
a	Aa	Aa
a	Aa	Aa

3. (a) 50% が Aa の遺伝子型をもちハンチントン病を発症する．

	A	a
a	Aa	aa
a	Aa	aa

(b) 100%（AA または Aa の遺伝子型をもちハンチントン病を発症する）．

	A	A
A	AA	AA
a	Aa	Aa

(c) 75% が AA または Aa の遺伝子型をもちハンチントン病を発症する．

	A	a
A	AA	Aa
a	Aa	aa

(d) 100%（Aa の遺伝子型をもちハンチントン病を発症する）．

	A	A
a	Aa	Aa
a	Aa	Aa

4. (a) 0%．

	X^a	Y
X^A	$X^A X^a$	$X^A Y$
X^A	$X^A X^a$	$X^A Y$

(b) 50%が X^AX^a または X^aY の遺伝子型をもち，血友病を発症する．

	X^a	Y
X^A	X^AX^a	X^AY
X^a	X^aX^a	X^aY

(c) 25%が X^aY の遺伝子型をもち血友病を発症する．

	X^A	Y
X^A	X^AX^A	X^AY
X^a	X^AX^a	X^aY

(d) 50%が X^aY の遺伝子型をもち血友病を発症する．

	X^A	Y
X^a	X^AX^a	X^aY
X^a	X^AX^a	X^aY

(e) 発症率は男女で異なる．男児は血友病を発症する確率が高い．X^a の劣性対立遺伝子の影響を抑える優性の対立遺伝子を同時に引き継ぐことがないからである．

5. 2個の対立遺伝子を組でもつ場合だけ，ホモ接合体，ヘテロ接合体の用語が用いられる．男性にはX染色体が1本しかなく，X染色体上の遺伝子は1個だけなので，ヘテロ接合体やホモ接合体といった名称は使わない．

6. 父親，母親には病気はなく，子どもに病気がみられるので，原因となる遺伝子は劣性対立遺伝子(d)である．親は保因者である．また，原因となる対立遺伝子は常染色体上にある．もし，X染色体上の遺伝子(X^d)ならば，劣性であり，また，発病している女児(X^dX^d)がいることから，その父親はX^dをもっていなければならず，発病していることになる（実際はそうではない）．つまり，1, 2（親）の遺伝子型は，ともにDdとなる．

7. 遺伝病の原因となるX染色体上の優性対立遺伝子をX^D，健常な劣性対立遺伝子をX^dと表記する．下のパンネットスクエア（a）と（b）によれば，遺伝病の原因となる優性の遺伝子を引き継ぐ確率は，男性だからといって高くなるわけではない．

(a) 発症している母親の遺伝子型はX^DX^dかX^DX^Dの2通りとなる．

	X^d	Y
X^D	X^DX^d	X^DY
X^d	X^dX^d	X^dY

または

	X^d	Y
X^D	X^DX^d	X^DY

(b) X^dX^d と X^DY の間のパンネットスクエアとなる．

	X^D	Y
X^d	X^DX^d	X^dY
X^d	X^DX^d	X^dY

8. この病気は，X染色体上の劣性対立遺伝子によるものである．第Ⅱ世代の個体2は健常者であるが，その子どもが発病しているので劣性とわかる．もし，この遺伝子が常染色体上にあるならば，第Ⅰ世代の父親はAA（保因者ではない），母親はaaとなる．この場合，第Ⅱ世代で病気を発症する子どもはいないはずである．また，Y染色体上にある対立遺伝子ならば，男性だけに病気がみられることになるが，家系図はそうなっていない．つまり，X染色体上にある遺伝子であると結論できる．

9. (a) 二つの遺伝子が連鎖している場合．

	AB	ab
aB	$AaBB$	$aaBb$

(b) 二つの遺伝子が異なる染色体上にある場合．

	AB	Ab	aB	ab
aB	$AaBB$	$AaBb$	$aaBB$	$aaBb$

第12章

1. Frederick Griffith による2種類の細菌を使ったマウスの実験から，無害なR型菌を，熱で殺したS型菌にさらすと，致死的なS型菌に変わることがわかった．つまり，熱処理したS型菌の遺伝物質が，何らかの方法でR型菌をS型菌に変化させたことを示している．Oswald Avery, Colin MacLeod, Maclyn McCarty は，Griffith の実験で使った細菌からさまざまな物質を抽出して比較し，熱処理したS型菌由来のDNAだけが，無害のR型菌を致死性のS型菌に変化させることを見つけた．このことから，タンパク質ではなく，DNAが遺伝物質であるとわかった．Alfred Hershey と Martha Chase は，DNAとそれを取囲むタンパク質だけでできたウイルスを実験に用いた．DNAまたはタンパク質の片方だけを標識する放射性同位体を使い，次世代のウイルスを産出するときには，DNAが細菌内に取込まれることを示した．

2. DNAをつくるヌクレオチドの主成分は，糖のデオキシリボース，リン酸，塩基である．デオキシリボースとリン酸は，全DNAヌクレオチドに共通する．塩基には，アデニン（A），シトシン（C），グアニン（G），チミン（T）の4種類があり，ヌクレオチドは塩基の異なる四つのタイプに分類できる．共有結合によって，デオキシリボースとリン酸が交互に連結したものがDNA鎖である．DNA鎖が2本より合わさって二重らせん構造となる．

3. ヌクレオチドの塩基の間でつくられる水素結合によって，2本のDNA鎖が合わさって二重らせんになる．

4. 染色体DNAの中の小断片（遺伝子座）が，A_1やA_2などの対立遺伝子に対応する．断片内のアデニン（A），シトシン（C），グアニン（G），チミン（T）の4種類の塩基の配列（それぞれの塩基をもったヌクレオチドの配列）が，遺伝情報となる．対立遺伝子とは，同じ遺伝子座で，塩基の配列が異なるものをいう．つまり，A_1やA_2の対立遺伝子は，その遺伝子座の塩基配列が異なっていることを意味する．

5. Watson と Crick が予測したDNAの二重らせん構造から，塩基対のできるしくみ，遺伝情報が複製されるしくみを類推できる．塩基のなかで，AはTと，CはGとのみ対をつくる．つまり，二重らせんの片方のDNA鎖が決まれば，もう一方の相補的な配列情報も決まることになる．二重らせんを二つのDNA鎖に分け，それぞれを鋳型にして，相補的な配列のDNAをつくれば，もとのDNA鎖とまったく同じ塩基配列をもったDNA二重らせんが2本合成できる．

6. 遺伝学的な多様性は，DNAの塩基配列の違いによる．塩基配列の違いは，複製時のエラーや化学物質などが原因の突然変異によって生じる．塩基配列が変化すると新しい対立遺伝子ができ，その対立遺伝子がコードするタンパク質も変化する．新しい対立遺伝子によって機能の低下した（または，まったく機能しない）タンパク質がつくられると，細胞の機能に大きな影響を与え，個体にも障害となるような遺伝病の原因になることもある．

7. DNAの修復は酵素を含むタンパク質複合体で行われる．DNAが複製されるときには，酵素が塩基対の形成をチェックして，その場で修復する．このチェック機構で発見できなかったもの（ミスマッチエラー）は，別の修復酵素で修正される．DNAは，化学物質（汚染物質や発がん性物質），物理的な作用（紫外線や放射線）や生物的な作用（複製やウイルス感染など）で，絶えずダメージを受ける可能性があるので，修復するしくみは，細胞の正常な機能を維持するうえで重要である．もし，重要なタンパク質をコードする遺伝子で，こういった修復が行われないと，タンパク質の機能が失われ，細胞，さらに個体に致死的な障害になる．

第13章

1. 遺伝子とは，DNAの中で，RNAに転写されタンパク質の合成に使われる情報を含む部分をさす．その情報は塩基配列として保存されている．

2. 遺伝子の情報をもとに，メッセンジャーRNA（mRNA），リボソームRNA（rRNA），転移RNA（tRNA）が合成される．mRNAはアミノ酸の配列情報をコードしている．rRNAはリボソーム（タンパク質を合成する場所）の重要な構成要素となり，tRNAは，タンパク質合成のときにアミノ酸をリボソームに運ぶ役割を担う．つまり，遺伝子から転写されるRNAはすべてタンパク質の合成にかかわっていることになる．タンパク質は生物のさまざま機能，たとえば，生物の支持構造，体の内外の物質輸送，病原菌に対する防御などを直接担っている．酵素もタンパク質で，化学反応をスピードアップさせるはたらきがある．

3. 遺伝子とは，染色体上のDNA分子の中で，一般にタンパク質の合成にかかわる部分をいう．アデニン（A），シトシン（C），グアニン（G），チミン（T）の4種類の塩基の配列が遺伝情報となり，その配列で遺伝子産物となるタンパク質のアミノ酸配列を決める．遺伝子に蓄えられた情報から，転写と翻訳の過程を経てタンパク質が合成される．転写では，核内にあるDNAらせんの片方の塩基配列を使って，直接RNAが合成される．翻訳は細胞質内で行われ，mRNAの塩基配列が，対応するタンパク質のアミノ酸配列へと変換される．タンパク質には，さまざまな機能をもった分子があり，遺伝情報の発現（表現型）を支配している．

4. 真核生物のタンパク質合成では，遺伝情報は，核内に存在する遺伝子から，タンパク質合成の場である細胞質のリボソームまで運ばれる必要がある．DNAは核から細胞質内に出ることはないので，DNAの遺伝情報は，別の分子（mRNA）を使って細胞質へと伝えられる．核内で新しく合成されたmRNAは，タンパク質の合成に使われる前に加工される必要がある．これは一般に真核生物の遺伝子が，タンパク質のアミノ酸配列を直接コードしないイントロンを多数含むためである．DNAの遺伝情報を直接写しとったmRNAから，イントロンに相当する箇所が取除かれてはじめて翻訳に使用できるmRNAとなる．

5. RNAスプライシングとは，DNAから新しく転写してつくられたmRNAから，イントロン部分を取除き，残ったエキソン部分を連結する過程である．スプライシングによって，細胞質に輸送して翻訳に使うmRNA分子が完成する．真核生物の遺伝子ではRNAスプライシングは一般にみられる（訳注：原核生物にもあることがわかっているが一般的ではない）．タンパク質をコードするmRNAの大半は，スプライシングされてはじめて細胞質へと運ばれるようになる．

6. mRNAは，転写の産物となる分子で，DNAの遺伝情報を写しとったものである．核内でつくられたmRNAは細胞質に移送され，そこでリボソームに結合し，タンパク質の合成に使われる．rRNAは，リボソームの主要な構成要素となる分子である．リボソームは翻訳を行う装置で，アミノ酸を共有結合で連結してタンパク質を合成する．tRNAは，特定のアミノ酸をリボソームに運ぶはたらきをする．リボソーム上で，tRNAの中の3個の塩基配列（アンチコドン）がmRNAの相補的な配列の部分に結合する．つまり，tRNAはmRNAのコドンとの特異的結合をつくることで，mRNAが指定するアミノ酸を正確にリボソームに運び入れる．

7. tRNAが突然変異してうまく機能しないと，そのtRNAが合成に関係するすべてのタンパク質に何かしらの影響が出るだろう．mRNAのコドンと正しく結合できないと，さまざまなタンパク質の一次構造に影響するので，その機能が失われることもあるだろう．なかでも酵素は，種々の代謝反応を進めるうえで重要なはたらきをしているので，tRNAの突然変異で多くの酵素の機能が変わると，代謝異常をひき起こす可能性が高い．

8. 私たち個々人のDNAの情報が変わることを突然変異という．この変化は，親から子へと遺伝する性質（表現型）を変化させることもある．しかし，まったく表に影響の現れない突然変異もあり，有益でも有害でもない中立的な突然変異が多い．なかには有害な突然変異もあって，弊害をひき起こす．ごくまれにではあるが，突然変異によって，生存や繁殖に有利となる場合もあるだろう．遺伝子の情報は，タンパク質をつくるうえで大切である．その情報は，DNA中の塩基の配列として記録されていて，その配列をもとに順番にアミノ酸が連結されてタンパク質がつくられる（タンパク質はアミノ酸が連結してつくられ，タンパク質の種類ごとに異なる独特のアミノ酸の連結順序がある）．つまり，突然変異でDNAの塩基配列が変わると，タンパク質のアミノ酸の配列も変わる．タンパク質は，生き物にとって大切な化学的，生物学的な機能を支えているが，その機能は，正確なアミノ酸配列をもつことではじめて実現するものである．突然変異でDNAが変わり，その遺伝情報が指定されるタンパク質のアミノ酸配列が変わると，タンパク質の機能も変わることになるだろう．

第14章

1. 細長い構造のDNA分子を，複雑であるが整然とパッキングすることで，膨大な量のDNAを核の中に収納できる．個々の染色体の中には，ループ状に圧縮されたDNA分子が1個ずつある．このループは，ヒストン（タンパク質）でできたヌクレオソームが数珠状に連結してできている．各ヌクレオソームには，DNAの二重らせんが糸巻きのように巻きついている．

2. 原核生物のDNAの量は，一般に真核生物のものより少なく，1個のDNA分子しかもたない．対して，真核生物は，複数のDNA分子（染色体）をもつものが多い．真核生物は，原核生物に比べると，遺伝子の数が多く，また，全ゲノム中で遺伝子が占める領域は小さい．原核生物の場合，DNAの大半がタンパク質をコードする領域となっていて，トランスポゾンや非コード領域はほとんどない．また，機能のうえで関係する遺伝子がグループごとに集まってDNA上に分布する．対して，真核生物の関連遺伝子は，互いに近くに存在しないことの方が多い．

3. 生物は，環境の変化や，餌となる食べ物の種類に応じて，遺伝子をオン・オフする．つまり，細菌は，アラビノースを分解する酵素をコードする遺伝子を発現するようになるだろう．

4. 多細胞生物は，細胞ごとに転写の活性を変えるなどの方法で遺伝子の発現を制御している．個々の細胞はまったく同じ遺伝子（同じ対立遺伝子セット）をもつにもかかわらず，遺伝子の活性のオン・オフを調節することで，構造を変えたり，多様な代謝機能を担ったりできる．

5. ホメオティック遺伝子は，動物の体制を決め，器官や組織の分化に中心的な役割を担うマスタースイッチである．多細胞動物のホメオティック遺伝子は，数億年前に生まれた．それ以来，体制を決める重要な遺伝子として，ショウジョウバエからヒトまで共通して使われてきた．大きく異なる生物グループ間でも，同じような塩基配列があり，同じような機能を担っている点で，ホメオティック遺伝子は，保存性の高い遺伝子の典型的な例として知られている．頭部や尾部の分化，体節構造の形成など，進化上でも共通する部分の多い初期発生過程は，ホメオティック遺伝子によってコントロールされているものが多い．

6. 遺伝子からタンパク質までの間，以下のようなさまざまな過程で発現が制御されている．（1）DNAを凝縮したままにしておくと，転写に必要な酵素が接近できないので，その場所の遺伝子発現をオフにできる．（2）調節タンパク質がDNA内の調節遺伝子に結合することで，遺伝子発現をオン・オフできる．（3）mRNA分子が転写でつくられた後，その分解速度を調節することで，時間〜週の単位で遺伝子発現をコントロールできる．（4）調節タンパク質がmRNAに結合して翻訳を抑制するしくみもある．（5）翻訳の後，できたタンパク質を修飾して機能を変える，輸送して別の場所に運ぶ，あるいは，他の抑制分子を使って活性を抑えるなどして，発現をコントロールすることもある．（6）最終的にタンパク質は分解されるが，その分解速度

やタイミングを制御する．

7．トリプトファンオペレーター遺伝子は，DNA上の調節配列を使って遺伝子をオン・オフする例として知られている．このオペレーターは，トリプトファン（Trp）の合成酵素の転写を制御している場所で，細胞のまわりにTrpがあると，このアミノ酸とリプレッサータンパク質の複合体が，オペレーター遺伝子に結合して，Trp合成酵素の転写を抑える．このしくみによって，Trpがあるときは，無駄な酵素をつくることなくエネルギーを節約できる．Trpがないときは，リプレッサータンパク質は結合できないので，酵素が転写・翻訳されて，必要なTrpが合成できるようになる．

8．DNAチップとは，小さなガラス基盤の表面に，決まった順序で何千種というDNA分子を貼り付けたものである．別々の遺伝子に相当するDNA分子を貼り付けたものが多い．遺伝子が発現すると，その遺伝子の情報を担うmRNAのコピーがつくられる．どの遺伝子が発現するかを調べるときは，生物や細胞からmRNAを抽出して，標識を付け（赤色や緑色の蛍光色素など），DNAチップに結合させる．もし，標識したmRNAのなかに，元の生物のDNAと相補的なものがあれば，DNAチップ上の特定の箇所に結合する．DNAチップ上の遺伝子の位置はあらかじめわかっているので，生物のどの遺伝子がmRNAを生産したか，つまりどの遺伝子が発現したかがわかる．

第15章

1．望ましい形質をもつ生物を選んで繁殖させることで，長い期間を経て，家畜がつくられてきた．そういった人為的な操作はDNAを変化させる（選択した形質を遺伝する対立遺伝子の頻度が増える）点では同じであるが，遺伝子工学の技術を使うと，短時間でより大きな遺伝的な変化を誘導できる．また，遺伝子工学の手法を使うと，生物のDNAを直接操作したり，他の生物の遺伝子を導入することもできる．たとえば，ヒトのインスリン遺伝子を細菌へと導入するなど，自然には起こらないような，あるいは，従来の農作物や家畜の品種改良技術では達成できなかったような形の遺伝子導入が可能となった．特定の遺伝子を選んで変化させることもできる．このDNA操作技術は，イヌ，トウモロコシ，ウシなどを使って，家畜や農作物をつくってきた旧来の品種改良技術よりも，ずっと強力で正確である．

2．制限酵素とゲル電気泳動法を使ってDNA配列の違いを調べることができる．ジュディとデイビッドが鎌状赤血球貧血症かどうか調べたいときは，制限酵素 *Dde* I（健常者のヘモグロビン遺伝子は二つに切断するが，鎌状赤血球貧血症の遺伝子は分断しない）を利用する．DNAプローブを用いて，この二人に鎌状赤血球貧血の対立遺伝子があるかどうかを調べることも可能である．DNAプローブとは，既知の配列をもつ数十～数百塩基の短い一本鎖DNAの断片で，もし，被験者のDNAに相補的な塩基配列の部分があれば，そこにプローブが結合し，鎌状赤血球貧血症の対立遺伝子があるかどうかを確認できる．

3．DNAクローニングとは，DNA断片を宿主細胞に導入し，目的のDNAを複製させることをいう．組換え遺伝子など，特定のDNA断片を多数複製させる目的で用いる手法である．大量に複製したDNAを，詳しい解析や組換え操作などに利用できる．DNAライブラリーをつくるときは，最も一般的な宿主細胞として，大腸菌などの細菌が使われる．プラスミドのようなベクターを使って，ドナーとなる生物から取出したDNA断片を，大腸菌に導入しDNAライブラリーを作成する．DNAを人工的に複製する方法として，PCR法もある．PCR法は，合成したプライマーを使って，標的遺伝子の数十億個のコピーを数時間で合成する方法である．

4．DNAクローニングは，遺伝子の配列や機能を詳しく調べるのに便利である．また，多量に複製できれば，実用的な応用に向けて，遺伝子操作も実施しやすい．クローニングした遺伝子から，塩基配列を決め，他の生物に導入し，さまざまな実験へも応用できる．今では，ヒトのインスリン，成長ホルモン，血液凝固タンパク質や抗がん剤など，多くの薬が遺伝子操作した細菌や細胞を使って製造されている．

5．DNAライブラリーの宿主細菌を，DNAプローブを使いスクリーニングすることで，目的のDNAをもっているかどうかを調べる．DNAプローブと結合するDNAをもつ細菌のコロニーがあれば，そこに探している遺伝子，あるいは，その一部のDNAクローンがあることになる．そのような細菌コロニーが見つかるまで，多くの培養シャーレを使って一つ一つくまなく調べる作業が必要である．

6．遺伝子工学とは，細胞，組織，生物へ遺伝子を導入して，その遺伝情報を永久に変える技術である．それによって導入された細胞などの遺伝形質を変えることを目的にしている．DNAを導入された生物を遺伝子組換え生物という．遺伝子組換え生物を作成するときは，一般に，生物のDNA（または遺伝子）を取出し，加工し，同じ生物種や別種に導入する．遺伝子工学で新しい遺伝形質をもった生物をつくり，生産性の高い農作物や肉質のよい家畜をつくったりできる利点がある．しかし，その遺伝子が自然界に広がった場合の影響を完全には予測できず，環境を破壊する危険性もある．また，生物を人工的に変えることへの倫理的な問題があると唱える人もいる．

7，8．この設問の答えは，読者の立場で大きく変わるだろう．しかし，科学的に得られた事実に基づいた答えを出してほしい．

インタールードC

1．ヒトとトマトには，DNA複製，遺伝子の転写と翻訳，細胞分裂，解糖と細胞呼吸，膜の構造や機能（リン脂質の合成など）のうえで共通した遺伝子があるだろう．しかし，視覚，感覚器，神経機能に関係するような遺伝子は，トマトにはなく，ヒトだけにあると考えられる．

2．親戚関係でもない人の間でも共通して見つかる遺伝子の一塩基置換をSNPという．SNPは，病気になりやすい体質と関連している可能性があるので，病気になる危険性があるかどうかの遺伝子診断に利用できる．

3．マラリアを媒介するカのゲノムがわかれば，そのカの生物学的機能を効率良く破壊するような殺虫剤を開発して，駆逐することができるかもしれない．

4．患者の遺伝子検査ができれば，医師が病気を診断し，適した治療法を選んだり，予防処置をとるのにも役立つだろう．一方で，遺伝子診断の結果，治療に大きな費用が必要となる重い病気にかかる可能性が高ければ，保険会社のなかには，保障を拒否するところも出てくるかもしれない．また，遺伝子検査は，プライバシー侵害や，出産前の遺伝子検査で"好ましくない"と判断された子どもが中絶される可能性など，新しい問題を生じる可能性もある．

5．いくつか考慮すべき点がある．まず，プライバシー保護の観点から，患者は遺伝子検査を受けるかどうか，選択できるべきである．しかし，患者にとっても，どのような予防処置ができるかを知っておくことはプラスになるだろう．遺伝的な素質は医学的な発症の傾向にすぎず，必ずしも病気につながるものではないことを，医者は患者に説明すべきでもある．

第16章

1．進化とは，ある生物集団で時間とともに，突然変異や自然選択などのしくみによって，遺伝的な形質が変わることをいう．個体の遺伝形質は生まれてから変わることはないので，進化するのは個体ではなく，生物の集団（種や個体群）である．

2．新しい生息地では大型のトカゲの方が小型のものより有利になるだろう．その結果，大型のトカゲは，その遺伝形質を子孫に残すチャンスが増え，その自然選択の作用の結果，トカゲ集団のサイズは大型化する方向に向かう．

3．地球上の生命のこの三つの特徴はいずれも進化で説明できる．（a）適応：与えられた環境下で生存する性能が向上することであるが，自然選択の結果である．（b）生物多様性：一つの種が複数に分かれる種分化という進化の結果である．（c）共有派生形質：同じ祖先から分岐し，進化して生じた生物である証拠となる．たとえば，鳥の翼，ク

ジラのヒレ，ヒトの手を考えると，これらの前肢の用途は，現存種では大きく異なっているので，構造上の類似性があるとは考えにくい．しかし実際は，同じ種類の骨から構成されている．その理由は，鳥，クジラ，ヒトと同じ骨構成をもった，共通の祖先がいたためである．生物には，収れん進化の結果，同じような形質になることもある．これは特に不思議な現象ではなく，似た自然選択圧を受けた結果である．

4. 進化が起こったこと，起こっていることを示す数多くの証拠がある．特につぎの五つの証拠をあげることができるだろう．(a) 化石記録は，生物種が時間とともに変化してきたことの明らかな証拠である．祖先型の生物からどのように他の生物群が進化してきたのかを化石から理解できる．(b) 生物の中にも進化の証拠がある．たとえば，DNAやタンパク質を調べると，形態から調べた進化のデータと一致することもわかった．つまり，タンパク質やDNAは，共通祖先をもつ生物種間では，そうでないものに比べると類似性が高い．タンパク質やDNAの解析結果は，進化上の関係を決める他のどの方法よりも，研究者が考えている進化の見解とよく一致する．(c) 進化が起こったのがパンゲア大陸が分離した前か後かの違いで，分布の異なる化石がある．これは，進化と大陸移動を考えるとうまく説明できる．(d) 現在も個体群の遺伝子が時間とともに変化し，小さな進化が起こっていることを示す多くの証拠が見つかっている．(e) 新しい種が，既存種から進化して生まれる現場を観察した例も報告されている．

5. 常に新しい発見があり，それによって私たちの知識が増えていくのは，どのような科学の分野でも同じことである．"最も重要な進化のしくみは何か"という議論は，進化のしくみが完全には理解できていないという意味であって，進化が起こっていないということではない．

6. 遺伝的な浮動は，小さな集団ほどその影響が大きくなる．たとえば，植物の個体群が十分大きければ，嵐などで，ある遺伝形質の個体（対立遺伝子Aまたはaをもつ個体）だけがたまたま死んでしまうという可能性は少なくなるだろうし，片方の対立遺伝子の頻度だけが劇的に増えるという変化も起こりにくい．

第17章

1. **突然変異**：致死的な対立遺伝子でなければ，子孫に引き継がれて，その結果，しだいに遺伝子頻度が増える可能性がある．**遺伝子流動**：生物集団間の遺伝子の交換によって，新しい対立遺伝子が入ってくることで遺伝子頻度が変わる．遺伝子流動によって，生物集団間の遺伝的な差が少なくなる．**遺伝的浮動**：個体が生き残り，繁殖する機会が不規則に決まる場合，偶然に対立遺伝子の頻度が変化することがある．特に，小さな生物集団での影響が大きく，ある特定の対立遺伝子が偶然に集団内で定着することもある．もし，その遺伝子が有害な場合，個体数が減り，絶滅する危険性も出てくるだろう．**自然選択**：集団内で有利に作用する遺伝形質をもった個体がいると，より多くの子孫を残し，次の世代でその対立遺伝子の頻度が増える．逆に，不利となる遺伝形質の個体は，より少ない子孫しか残せず，その対立遺伝子の頻度が減る．

2. 集団の中の遺伝的な多様性があってはじめて自然選択がはたらく．遺伝的な多様性がないと自然選択が機能しない．自然選択は，たとえば，ある遺伝形質の個体はより多くの子孫を残し，他の遺伝形質のものは少ない子孫しか残せないといった具合に，遺伝形質を選り分けるしくみである．もし，個体間で遺伝的な差がなければ，この選別は起こらない．

3. 組換え（受精過程，染色体の交差，配偶子をつくるときの染色体の再配分など）によって，生まれた子は互いに異なり，また，親とも異なる組合わせの対立遺伝子のセットをもつようになる．すなわち，組換えによって遺伝的な多様性が生じる．そこに自然選択が作用する．

4. 個体群の間で対立遺伝子が交換されることを**遺伝子流動**という．

遺伝子流動が起こると，個体群の間の遺伝的な差が小さくなり，より似たものとなる．対立遺伝子が不規則に選別される過程を**遺伝的浮動**という．遺伝的浮動が起こる要因は多様だが，ある個体が繁殖のチャンスを得て，他のものが逆に繁殖できないといったことが偶然に起こるケースである．ある特定の遺伝形質を備えた個体が，他のものより生き残り繁殖する場合，これを**自然選択**が起こったという．自然選択のなかでも，配偶相手を得やすい形質で，結果的に同じ遺伝子をより多くの子孫に伝える場合，**性選択**という．

5. 個体群を大きくすることは，遺伝的浮動の影響を受けにくくさせ，また，新しい対立遺伝子を入れて自然選択を受ける遺伝的多様性を増やせる利点がある．しかし，小さい個体群の環境に，必ずしも適合していない遺伝形質の個体を導入する欠点がある．生物種の絶滅は自然にも起こっている．局所的に，あるいは全地球上から消滅することもある．しかし，人間が原因で，劇的に絶滅の速度が速まり，絶滅種数も増加しているのは事実である．もし，ほかに大きな個体群がある場合，小集団に新しい個体を導入することは無意味かもしれない．しかし，小集団だけが残った場合，その一つに新しい個体を導入し，個体数を回復させ，絶滅から救う試みは意義のあることだろう．

6. 実際の個体群の遺伝子型頻度：

AA: $\dfrac{280}{280 + 80 + 60} = 0.67$

Aa: $\dfrac{80}{280 + 80 + 60} = 0.19$

aa: $\dfrac{60}{280 + 80 + 60} = 0.14$

この集団の遺伝子頻度：対立遺伝子Aの遺伝子頻度をp，
対立遺伝子aの遺伝子頻度をqとすると

$p = \dfrac{2(280) + 80}{2(280 + 80 + 60)} = 0.76$

$q = \dfrac{2(60) + 80}{2(280 + 80 + 60)} = 0.24$

ハーディー・ワインベルグの式にあてはめると，

AAの遺伝子型頻度は，$p^2 = 0.76 \times 0.76 = 0.58$
Aaの遺伝子型頻度は，$2pq = 2 \times 0.76 \times 0.24 = 0.36$
aaの遺伝子型頻度は，$q^2 = 0.24 \times 0.24 = 0.06$

となる．実際の遺伝子型頻度はハーディー・ワインベルグの平衡状態になく，突然変異，交配時の性選択，遺伝子流動，小集団のための遺伝的浮動，自然選択などが起こった可能性がある．

7. 抗生物質を使い多量の細菌を殺すと，そこで生き残った耐性菌が繁殖上大変有利となる可能性がある．細菌の繁殖速度は非常に速いので，すぐに細菌全体が耐性菌となるだろう．耐性菌が人に接する機会を減らせば，他の細菌に比べて増殖能力のうえで非常に有利な点を生かせなくなる．同じように，細菌の成長速度を抑えることでも，繁殖上の自然選択がはたらきにくくなるので，耐性菌が他の細菌に比べて優位にはならない．

第18章

1. 例：都市部に生息するハシブトガラス．都市部のゴミを利用することで，食べ物を得ることができる．また，巣作りの素材も得ることができるようになった．このような適応は，都市環境やゴミ収集システムができる前はなかったと考えられ，人間社会の発展や拡大に伴って進化したと考えられる．人間社会にすむことで，タカや卵をねらうイタチなどの捕獲者から離れて安全な巣作りも可能になったと考えられる．

2. より高い確率で生き残り子孫を残せる遺伝形質の個体は繁殖して，そうでない他の個体に置き換わっていく．このように自然選択によって生物がより環境に適合できるようになることを適応進化という．抗生物質を使って感性の細菌を殺したり制圧しようとしたりすると，その薬に耐えられない細菌だけを殺す人工的な環境をつくることになる．すると，抗生物質に耐えられる細菌だけが繁殖し，個体数

を増やすことになる．ますます治療できない病原菌が増えるので，このような細菌の適応進化は，人にとっては危険である．

3．遺伝的な差が交配できないほどは大きくなく，また，交配可能な生物種であっても，外形が異なる，あるいは生態学的な違いがある場合には別種と考えるべきであろう．この理由で，希少種は他の一般種から隔離して，絶滅危惧種・希少種として分類すべきであると主張する人も多い．

4．交配可能かどうかで同種・別種と判断する方法は簡単である．しかし，遺伝的な違いがあっても交配できるケースもある．明らかに異なる二つのカシの木は，たとえ雑種がつくられたとしても別種と分類するべきであろう．

5．嵐によって飛ばされたグループは，元の個体群から地理的に隔離されたことになる．その結果，二つのグループ間で，遺伝的な流動がほとんどなくなり，突然変異，遺伝的浮動，自然選択の影響が長い時間をかけて蓄積するだろう．移動した先は元の環境とは異なっているので，自然選択によって，個体群の遺伝的な変化が起こる．はじめに島に渡った個体群の羽数が少ないので，遺伝的浮動も大きな影響力をもつ．自然選択，遺伝的浮動，突然変異の副産物として，島に移りすんだ個体群は，元のグループからの生殖上の隔離が進み，長い時間を経て，蓄積される遺伝的な違いのために，別の種として進化するであろう．

6．ビクトリア湖のカワスズメ類は，同じ湖の中ではあるが，生息地が異なり，互いに遭遇する機会が少なく，地理的隔離が原因で別種になったと考えられるものがいる．しかし，地理的な隔離なしで種分化が起こった可能性もある．

7．植物では，地理的な隔離がなくても，多倍数性の個体，つまり，染色体数が2セットより多い個体の出現によって新しい種が生まれることがある．また，ベルミン湖とバロンビ・ムボ湖のカワスズメには，同所的種分化が起こったであろうという証拠が見つかっている．リンゴミバエも北米で地理的分布が重なり合っているにもかかわらず，リンゴとサンザシをおもに食べる別の集団に分かれつつある．このような動物の同所的種分化は，生態学的な要因（異なる食べ物に特化するなど）や性選択によって起こる．しかし，地理的な分布が重なっていると，そうでないケースに比べて格段に集団間での遺伝子流動が起こりやすい．その結果，個体群間の差がなくなり，同じような集団になってしまうだろう．したがって，地理的な隔離がないと遺伝的な違いが蓄積しないので，互いに交配できなくなるほどの生殖隔離が進むことは難しい．同所的種分化は異所的種分化に比べると起こりにくい．

第19章

1．あるグループから別のグループが進化したことを示すよい例として，哺乳類の出現があげられる．その進化過程で，哺乳類の顎や歯の変化は段階的に起こったことが，化石の証拠からわかる．最初は，ちょうつがい部分が目の後ろ側にあるような大きな顎であったが，獣弓類では，顎の強い筋肉ができ，歯が特殊な形に変わり始めた．最終的には，爬虫類の仲間のキンドン類では，より特殊化した歯が現れ，頭部の前方へとちょうつがいが移動し，哺乳類型の顎が完成した．

2．原始の地球で，光合成生物が出現したために，大気の酸素 O_2 が増えた．その結果，酸素の毒性に耐えられない多くの生物が滅んだ．しかし，光合成でつくられた酸素のおかげで，真核生物，さらに，多細胞生物が進化できるようになった．

3．カンブリア大爆発は約5.3億年前に起こった．500〜1000万年の短い期間に，生命の著しい多様化が起こり，大型のおもな門の生物がこの時期に出現した．陸上進出の準備が整った時期でもある．

4．陸上生活が始まると，生物はさらに多様になった．陸上では，移動と生殖のための新しい手段，水を獲得して保存すること，空気中での呼吸などが必要となる．初期に陸上に上がった生物は，陸上の厳しい環境で生き延びることさえできれば，十分な資源を利用でき，他の生物のほとんどいない広大な生息地で発展できる機会に恵まれた．

5．大量絶滅は急激な環境変化が原因で起こるもので，個々の生物種がどのように環境に適応しているかには関係しない．環境に非常にうまく適応した生物群であっても，大量絶滅のときに滅ぶ可能性があるし，実際に絶滅している．

6．種分化が一年で起こることもあれば，数十万〜数百万年も要することもある．そのため，大量絶滅のあと多数の生物種が回復するのに，一般に数千万年かかるというのは不思議ではない．このように大量絶滅後の回復に長い期間が必要なことを考えると，人類がひき起こしている現在の種絶滅を食い止めるべきであると考えられる．さもなければ，現在の生物多様性が回復するのに数百万年もかかるだろうから．

7．個体群中の対立遺伝子の遺伝子頻度や遺伝子型頻度の変化を，小進化という．小進化と大進化は異なる概念である．大進化は生物群全体の盛衰で，大量絶滅のときや，その後の放散のときにみられる．大進化は，個体群の進化を理解するだけでは予測できない．第IV部で扱った進化現象のなかでは，種分化が小進化と大進化のちょうど中間的なものに相当する．

インタールードD

2．もし，現在，他のヒト科の種がいたら，間違いなく社会面でも，文化面でも現代人との間で摩擦を生じるであろう．それはたとえば，現在の，異なる道徳観念をもったグループ間の緊張関係に似たものだろう．平和的に共存するには，私たちの社会が異なるヒトの種の人間性を認め，居住空間や資源を共同で分かち合うすべを模索しなければならないだろう．

3．一般には，私たちの周囲の生物に配慮する倫理的な責務が人にはあると考えられている．多くの生物種が失われると，環境だけではなく，最終的には，人にも悪影響を及ぼすだろう．そのため，大量絶滅をひき起こすような危険性のある人間活動は慎重に調査し，制限する必要がある．

4．有害となる遺伝子を保有する人が子どもをもてないようにすることは，倫理的に考えて非常に難しい．まず，どの有害な対立遺伝子が社会利益に反するのか，客観的に決めることはできない．また，強制的に遺伝子検査を行うのは，人権やプライバシーを侵害する問題にもなるだろう．そういった社会システムでは，個人の自由が大きく制限されることになるだろう．

第20章

1．さまざまな食物網や共生関係などの例にみられるように，生物圏に含まれる全生物が何らかの相互作用をしている以上，"生物圏は互いにつながった関係の網目"と表現するのは適切である．世界のあちこちで侵入種が元の生態系に害を及ぼしていること，たとえばディンゴを防ぐフェンスを作ったことでアカカンガルーの個体数が変わった例などを本書で紹介してきたが，すべて，生物圏のあらゆる生物間に相互関係があることを明確に示している．

2．大気の大きな対流セルや海流のために，地域的なできごと（火山の噴火や石油流出）が，地球の離れた場所の生態系に影響することがある．たとえば，ある大陸の海岸で流出した石油が，海流に乗って移動し，他の大陸の海岸を覆うこともあるだろう．その結果，海岸の海鳥が油まみれになり死滅すれば，餌となる生物の個体数を制限する役割を果たせなくなるし，また，海鳥を餌とする捕食者の食料もなくなるだろう．

3．陸上には，熱帯林，温帯落葉樹林，草地，チャパラル，砂漠，北方林，ツンドラ（凍土帯）などのバイオームがある．あなたの住む場所の近くにあるバイオームを見つけてみよう．§20・5を参照すると，それぞれのバイオームの気候や生態学的な特徴がわかるので，それをヒントにするとよい．

4．砂漠の特徴は，高温ではなく，低い湿度である（年間降水量 250 mm 以下）．たとえば，南極大陸は年間 20 mm しか降水がなく，世界で最大の寒冷地の砂漠である．対して，北アフリカのサハラ砂漠

は，熱帯地方で最大の砂漠である．砂漠の大気は乾燥しているので，熱を保持できず，日々の気温変化を緩和する作用も低い．その結果，日中は45℃以上になり，夜間は氷温近くに急降下したりする．その大きな温度差に耐えることと，水分をいかに獲得して体内に保持するかが，砂漠に生息する生物には大きな障壁となる．たとえば，砂漠のカンガルーネズミの場合，腎臓で水分を再吸収する効率が高く，水分の少ない尿をし，呼吸するときにも水分を失わないように呼気から水分を回収するしくみをもっている．

5. 河川水が海に流れ込む河口域は，浅瀬の海域となっていて，太陽光が豊富である．また，河川水から栄養素が豊富に供給される．そのうえ，水流によって栄養分の多い海底の堆積物が定期的に撹拌されるので，非常に豊富な光合成生物の群集・群落がいる．海岸線から大陸棚に至る沿岸域は，栄養素と酸素が豊富で，最も生産性の高い海水バイオームである．河川や陸地からの流出物もあり栄養素も豊富である．海底に沈降した栄養素は，波や潮流，嵐などの撹乱で容易に巻き上げられ，この栄養素が，太陽光の豊富な海面付近から水深80mほどの領域までに生息する生産者の成長を支えている．風や波による撹拌で酸素も十分に供給されている．外洋はこの逆で，太陽光が豊富でも，栄養素がいったん深海に沈むと海面には供給されず，海面は貧栄養となり生産性は非常に低い．

第21章

1. 外部との境界がはっきりしない，個体が頻繁に移動する，個体が小さくて数え上げるのが難しいといった場合，個体群を定義することが難しい．

2. 絶滅危惧種の保全対策には，つぎのような選択肢がある．人の撹乱の影響を抑える，病気を治療する，捕獲者を減らす，餌の豊富な別の場所に個体群を移動させる（死亡と転出を抑える），他の同種個体群から個体を移入する（転入を増やす），捕獲して繁殖させる手段を考える（死亡を減らす）．

3. グラフは，(x, y) 座標で示すと，$(1, 150)$，$(2, 225)$，$(3, 337.5)$，$(4, 506.3)$，$(5, 759.4)$ を通る曲線となる．

4. (a) 居住空間，餌量，水，病気の蔓延，気候，自然の撹乱，捕食者などが，個体群が無限に大きくなるのを妨げている．(b) 新しい生息地に侵入した種は，決まった捕食者がいないことが多く，また，その生息地の許容範囲まで個体群密度が達していないので，しばらくの間は指数関数的に成長する．

5. 密度依存的な因子とは，個体群の密度とともに増えるものをいう．たとえば，感染による病気がある．密度の高い個体群ほど早く病気が蔓延するからである．密度非依存的な因子とは，個体群の密度に影響されないものをいう．たとえば，温度条件がある．ある植物の耐寒温度よりも気温が下がると，密度に関係なく死滅する．

6. もし，個体群の増殖パターンがわかれば，成長速度に直接影響する原因を人工的に操作できるだろう．たとえば，ある個体群の繁殖に水が必要であることがわかれば，農地灌漑のために河川からすべての水を引いて奪うことは避けるようにできる．

7. 家族の子どもの数を一人に抑える，不必要な品物の消費を控える，資源の持続的な利用を促進するためにリサイクルを行う，環境に優しい政策や活動を進め，それに従うように心がける（たとえば，省エネ型の車や電球を使う），有機栽培植物でできた衣類や食品など，環境に影響の少ない製品を購入するといった取組みがあるだろう．

第22章

1. 利益がコストより勝るからである．たとえば，イトランはユッカガによる授粉と引き換えに少量の子孫（種子）を失うが，そもそもは，ユッカガのおかげで多くの種子を授粉することができる．

2. 消費者の餌となる生物は，消費者に対して防衛しなければ子孫を残せない．消費者は，その被食者の防衛に打ち勝たなければならないという自然選択を受ける．いずれの場合も，生き残れるように適応できた個体の遺伝形質は個体群中に広まりやすいだろう．たとえば，サメハダイモリは捕食者を殺す猛毒をもつように適応し，捕食者のガータースネークだけは，その毒を食べても耐えられる能力を進化させた．

3. 力の弱い方の種が，強い競争相手と同じ資源を使う結果，その分布や個体数を制約することになるため．

4. 競争関係があると，強い方の種によって，同じ生息地内の弱い方の個体数が制限される．また，分布が制限されたり，排除されたりする．消費者（捕食者）も，餌（被食者）となる生物に対して同じような影響を与える．対照的に，他の生物と共生関係にある種は，相手の種がいる場所にだけ分布するようになる．

5. (a) 植物群集の種数が減少する．ウサギがいなくなり，ウサギが好んで餌としていた植物を消費するものがいなくなる．それが優占種となり，競争相手となる他の植物を駆逐したり，絶滅させたりするだろう．結果として，植物群集の種数が減る可能性がある．

第23章

1. (a) 食物網によって，生物群集中のエネルギーや栄養素の動きが決まる．キーストーン種は，その個体数が少ない割に，他の種との種間相互作用の結果，群集内の他種の多様性や個体数に多大な影響を与える生物種である．(b) 多くの生態系では，火災などの撹乱が頻繁に起こっている．その場合，群集は絶えず変動し，極相群落（生態系の遷移の結果できる比較的安定した群集）にはならない．撹乱の程度によっては，群集が元の状態を回復できないこともある．(c) 気候によって生息できる生物種が決まる．気候が変われば，群集も変化する．(d) 大陸が異なる緯度の場所に移動すると，気候が変わり，その結果，生物群集も変わる．

2. 一次遷移とは，他の生物のいない新しい生息地でみられる生物群集の変化をいう．二次遷移とは，撹乱によって変化した生息地からの生物群集の回復をさす．後者は，よく発達して植物の生育しやすい土壌があり，遷移が進むにつれて登場する植物の種子がすでに土壌中に含まれているので，あまり時間をかけずに次の段階へと遷移しやすい．

3. たとえば，ハワイ諸島にヒゲクサが導入された結果，火災の頻度が増え，規模も大きくなった．これは，ヒゲクサが大量の枯草を残すためで，在来種の草に比べると容易に火がつき，燃えるとより高温になる．このように，生物群集中のある一種が，撹乱のパターンを変え，それが大きな影響を及ぼすことがある．

4. 二つの撹乱のうち，火事などのほかの撹乱要因がない場合，(b)の方が，回復に時間がかかると考えられる．(a)では，土壌や表層の植物はそのままの状態なので，木々は新芽を出して成長し，自然の遷移が起こり，最終的には，火事で失われた森を回復させる．しかし(b)では，汚染物質によって土壌がダメージを受けている可能性があり，それが樹木や草の成長を妨げる可能性がある．森の植物が育ち繁茂するには，土壌の化学成分が元の正常な状態に戻る必要がある．

5. 生態系は変化するものであるが，人間が与える変化は，私たちがどのような影響を与えるか配慮可能であること，また，そのような行動をとるべきかどうか私たちがみずから決断できる点で，自然に起こる生態系の変化とは異なる．与える変化が倫理的に考えて受入れられるものかどうかは，その変化の種類，変化させる理由，また，変化についての個々人の考え方にもよるだろう．たとえば，長い目で見たときの経済的損失や生態学的被害を考えず目先の経済的利益のために環境を変えることは容認できないが，人口増加に対処できるように長期的な食料確保の目的で環境を変えることは倫理的に容認できる，と思う人もいるだろう．

6. 個体数が少ない割に，集団の他の種に大きな影響を与えるものをキーストーン種という．キーストーン種は，他の種，たとえば，生物群集内で優勢で最も多い他種の個体数にも影響したりする．

第24章

1. 生態系は，生物の群集と，その生物の生息する物理環境からなる．

その中で生物はさまざまな形で相互作用し，また，異なる生態系の間で移動することもある．そのため，特定の生態系を保護しようとしても，その境界を決めることは非常に難しい．そのような法律を策定するためには，生物が，生態系内でどのような役割を担うのかを理解しないと難しいだろう．

2. 生産者は，太陽などの生態系の外部からエネルギーを獲得し，それを炭水化物のような化学物質の形で体内に蓄える．この生産者の獲得したエネルギーは，食物連鎖の各段階で，代謝熱として少しずつ生態系から失われる運命にある．この一方向のエネルギー消失が起こるために，生態系内でエネルギーが循環することはない．

3. 分解者は，生物の死体を簡単な化合物へと変える．これにより物理環境へと栄養素を戻し，他の生物が使えるようにする役割を担う．

4. 地球的な栄養素の循環があるためである．たとえば，ある場所で大気中に放出した硫黄酸化物が，地球の他の場所に移動し，他の国の生態系に影響を及ぼすこともある．

5. 人間の経済活動は，生態系と複雑な関係にある．たとえば昆虫の授粉は，商業的に価値のある穀物の生産にも，裏庭の植物にとっても重要な意味をもっている．河川の氾濫原は，そのまま開発せずに河川の一部として残しておけば，大きな洪水を防ぐ弁のようなはたらきをする．森林は，水の沪過装置のはたらきをする．私たちは自然の栄養循環の恩恵で生きている．このような無償の生態系サービスが損傷すると，経済的な利益も損なわれる．

第25章

1. 人間の活動がひき起こした地球規模の変化として，地球温暖化，陸上や水圏の変貌，地球の化学的な変化（栄養素の循環など）があげられる．こういった地球規模の変化は，生物の生息環境を変えるので，限られた優勢な種だけを増やし，他の多様な生物種を絶滅させる可能性がある．

2. 人間のひき起こした地球規模の変化は，自然の変化よりも速いのが特徴である．たとえば大陸移動やそれによる自然の気候変化は，人間による大気中のCO_2や窒素固定量の増加に比べると，ずっと遅い．また，これまでにない大きな特徴は，人間がその変化を起こすかどうかを選択できる立場にあることである．

3. 人間が環境の窒素を大きく増やすことは，必ずしもよいことではないだろう．自然の窒素循環量が増えることで，余った窒素を獲得しやすい一部の種が優勢となり，他の種が生物群集から駆逐される可能性もある．

4. 現在の大気中のCO_2濃度は，過去42万年間で最も高い．特に20世紀の中頃から，CO_2濃度は年間2 ppm程度上昇し，2008年の終わりには385 ppmになっている．このデータは，大気中のCO_2を直接測定したり，古代の氷の中に閉じ込められたCO_2濃度を測り，そこから，数十万年前の大気のCO_2濃度を推計するという方法で得られた値である．

5. 地球温暖化に対しては，その程度に不明瞭なところがあっても，すぐにでも行動を起こすのが賢明であろう．明らかに，地球温暖化が原因と思われる気候変動が起こっているからである．また，CO_2濃度上昇と地球温暖化との相関を調べると，今，CO_2放出を抑えない限り地球の温度上昇は続くと考えられる．行動を起こすのが遅すぎると，地球温暖化がさまざまな形で影響を与え，取返しのつかない状態になる可能性がある．

6. 地球への影響を持続可能な範囲にとどめるには，人口増加を抑え，一人当たりの資源利用量を減らさなければならない．その目的を達成するには，さまざまな面で人間社会を変える必要がある．たとえば，自然の資源や材料は無尽蔵にあり，短期的な経済収益のために利用するという考え方を改め，資源は有限であることを認め，自然の長期的に持続可能な利用を追求する必要があるだろう．考え方を変えることで，行動も変わるだろう．たとえば，リサイクル品の増加，再生可能なエネルギー源の開発と利用，都市近郊の無計画な拡張の抑制，環境に優しい技術の利用促進（有機農業など），生物種の絶滅傾向を抑えるための協力などがある．

7. 地球に対する影響を小さくし，持続可能な利用を行うには，つぎのような行動を起こすことができるだろう．食料以外の購入物品の量を減らす，品物は再利用し，また最後まで使う，新品ではなく再利用品を購入する，再生された紙・プラスチック・ガラス・金属を使う，買い物のときには買い物袋を持参する，紙コップ・紙皿・紙タオルの使用を控える，生物の餌となるような現地種の樹木や草花を植える，歯磨きのときに水道を流しっぱなしにしない，洗濯機の水量を洗濯物の量に合わせる，節水型の機器を使う，燃費のよい車を使い化石燃料の消費を抑える，家庭の暖房器具や空調は必要なときにだけ使用する，照明にはLEDや小型の蛍光管を使用し，不要な電灯は消す，有機栽培の農作物を購入し有機農業農家を応援する，など．

インタールードE

1. 排出量取引制度には，まだ論争がある．この問題について詳細を調べたいときは，環境保護庁（米国EPA）や環境省（日本）のウェブサイトを参照するとよい．www.epa.gov/airmarkt/cap-trade/index.html, www.env.go.jp/earth/ondanka/det/capandtrade.html

2. **森林破壊**：森林を破壊する影響は，人間と環境の両方に多くの悪い影響を及ぼす．現在のスピードで森林破壊が続けば，熱帯雨林はあと100〜150年で地球上から消え去るだろう．新しい森の再生は，森林破壊に追いつくほどのスピードはない．さらに，伐採によって切り倒された森林が回復し，二次成長林が古くからある天然林のような多くの固有種を生息させるようになるまでには何世紀もの時間が必要である．すでに，元の自然の森林が消失した地域が各地でみられる．
水資源の利用：人間は地上の淡水の約半分を使用している．人口が増えるとさらに需要が増えるだろう．世界の各地で地下水が利用されているが，そういった水資源は自然に補給される以上の量が汲み上げられている．中国やインドの農業地帯では，水の汲み上げ速度は持続可能な範囲ではなく，数年で水不足問題が生じ，経済的な打撃となるだろう．

3. 北米や英国でのアンケート調査では，環境に優しい製品や事業を好む傾向にある．しかし，より環境に優しいものに，多くの支出をしてもよいと考える人は少ない．食料品に関する調査では，持続可能な方法でつくられた食品に，より多くの支出をしてもよいと答えた人は10％しかなく，金額，質，健康面の問題が，どの食品を選択するか決断するうえで大きな比重を占めている．この質問で，多くの金額を支払ってもよいと回答した人は，年配者，女性，高等教育を受けた人，経済的な余裕のある人に偏っていた．40％の回答者が"持続可能"が何を意味するのか説明できなかったことから，環境問題を一般の人にもわかりやすく伝える必要があることを，このアンケート調査は示している．

4. GDPに比べると，持続可能な経済福祉指標などの数値は，製品や事業に関して環境上のコストも考慮しているので，より現実的に，経済的な生産性や価値を反映する．

5. 企業の目的は収益を得ることである．環境問題によって製品や活動が制約を受けるならば，革新的でめざましい効果をあげるような新技術開発へと転向する契機になるであろう．市場経済のルールに従って，競争原理と資金投入によって，企業は新しい製品を急速に開発するようになるだろう．

章末問題の解答

第1章
1. (b)
2. (a)
3. (c)
4. (d)
5. (c)
6. (b)
7. (a)
8. (d)

第2章
1. (c)
2. (c)
3. (a)
4. (d)
5. (c)
6. (c)
7. (d)
8. (d)
9. (c)
10. (c)

第3章
1. (d)
2. (c)
3. (b)
4. (a)
5. (b)
6. (a)
7. (a)
8. (c)
9. (b)
10. (a)

第4章
1. (a)
2. (c)
3. (d)
4. (a)
5. (c)
6. (b)
7. (c)
8. (b)
9. (d)
10. (c)

第5章
1. (b)
2. (a)
3. (c)
4. (d)
5. (b)
6. (d)
7. (b)
8. (a)
9. (b)
10. (c)

第6章
1. (d)
2. (b)
3. (c)
4. (d)
5. (b)
6. (a)
7. (d)
8. (d)
9. (b)
10. (c)

第7章
1. (c)
2. (a)
3. (b)
4. (c)
5. (d)
6. (a)
7. (c)
8. (d)
9. (d)
10. (c)

第8章
1. (d)
2. (d)
3. (d)
4. (a)
5. (b)
6. (b)
7. (c)
8. (a)
9. (b)
10. (c)

第9章
1. (b)
2. (a)
3. (a)
4. (b)
5. (d)
6. (c)
7. (c)
8. (c)
9. (d)
10. (a)

第10章
1. (a)
2. (c)
3. (b)
4. (d)
5. (d)
6. (a)
7. (d)
8. (d)

第11章
1. (c)
2. (b)
3. (c)
4. (c)
5. (a)
6. (c)
7. (a)
8. (d)

第12章
1. (c)
2. (c)
3. (b)
4. (d)
5. (a)
6. (c)
7. (d)
8. (d)

第13章
1. (b)
2. (c)
3. (b)
4. (d)
5. (a)
6. (d)
7. (b)
8. (c)

第14章
1. (b)
2. (c)
3. (b)
4. (a)
5. (c)
6. (d)
7. (b)
8. (b)
9. (d)

第15章
1. (c)
2. (a)
3. (b)
4. (d)
5. (a)
6. (c)
7. (a)
8. (d)

第16章
1. (d)
2. (d)
3. (c)
4. (a)
5. (b)
6. (c)
7. (d)
8. (a)
9. (b)
10. (c)

第17章
1. (b)
2. (a)
3. (b)
4. (d)
5. (c)
6. (a)
7. (c)
8. (d)

第18章
1. (b)
2. (b)
3. (c)
4. (a)
5. (d)
6. (d)
7. (b)
8. (c)

第19章
1. (d)
2. (d)
3. (b)
4. (a)
5. (c)
6. (c)
7. (a)
8. (d)
9. (b)
10. (a)

第20章
1. (c)
2. (d)
3. (c)
4. (b)
5. (c)
6. (d)
7. (a)
8. (b)
9. (c)
10. (b)

第21章
1. (d)
2. (b)
3. (b)
4. (c)
5. (d)
6. (a)
7. (d)
8. (b)

第22章
1. (c)
2. (a)
3. (c)
4. (d)
5. (b)
6. (b)
7. (d)
8. (a)

第23章
1. (c)
2. (c)
3. (d)
4. (b)
5. (d)
6. (b)
7. (d)
8. (a)

第24章
1. (c)
2. (a)
3. (d)
4. (a)
5. (b)
6. (b)
7. (c)
8. (d)

第25章
1. (a)
2. (b)
3. (a)
4. (c)
5. (d)
6. (b)
7. (a)
8. (d)

用語解説

アーキア［Archaea］ 全生物を三つのドメインに分けたうちの一つ．細菌ドメイン（真正細菌）から派生した原核生物で，単細胞の微生物．アーキアドメインは，アーキア界と同じである．（⇔細菌，真核生物ドメイン）

悪性腫瘍［malignant tumor］ はじめは良性腫瘍であったものが，体の他の組織の中に広がり，結果として生命を脅かすように成長するようになったがん細胞．（⇔良性腫瘍）

アクチン［actin］ 細胞骨格のアクチン繊維（微小繊維）の構成要素となるタンパク質．アクチン繊維は筋収縮にもかかわる．

アクチン繊維［actin filament］ ⇔微小繊維

アデノシン三リン酸［adenosine triphosphate］ ⇔ATP

アフリカ起原説［out-of-Africa hypothesis］ 解剖学的に定義されている現代人（解剖学的定義の現代人）は，20万年前にアフリカに現れ，他の大陸に広がったと考える説．この説では，アフリカから出たヒトが，他の地域の古いヒト科ヒト属の種に完全に置き換わったと考える．

アポトーシス［apoptosis］ プログラムされた細胞死．DNA，核，細胞を断片化し，細胞を消失させ，生物体にプラスとなる作用である．

アミノ酸［amino acid］ 窒素を含む低分子量の有機物で，アミノ基，カルボキシ基，種々の残基（R）が，すべて1個の炭素原子に共有結合した構造をもつもの．アミノ酸が連結してポリマーになったものがタンパク質である．

RNA［ribonucleic acid］ リボ核酸．ヌクレオチドが連結してつくられるポリマーで，生物のタンパク質合成に必須の分子．

RNAスプライシング［RNA splicing］ mRNAのイントロン部分を切取り，残ったエキソン部分をつなぎ合わせる作業．

RNAポリメラーゼ［RNA polymerase］ DNAの転写で使われる酵素．遺伝子の塩基配列に対応する相補的なRNA分子をつくる．

アンチコドン［anticodon］ tRNAの中の3塩基配列で，mRNAの特定の塩基三つ組（コドン）と相補的に結合する部分．（⇔コドン）

安定化選択［stabilizing selection］ ある中間的な遺伝形質をもつ個体が，集団の他の個体より有利となることでひき起こされる自然選択．たとえば，中型の個体が，小型・大型の個体よりも，多くの子孫を残す場合にみられる．（⇔方向性選択，分断選択）

アンテナ複合体［antenna complex］ 植物の葉緑体のチラコイド膜にある色素の円盤状複合体で，クロロフィルを含み，太陽光のエネルギーを集める機能をもつもの．

イオン［ion］ 電子を得る，あるいは失うことで，マイナスやプラスの電荷をもつようになった原子や原子群．

イオン結合［ionic bond］ プラスとマイナスの電荷の間の静電的な引力による原子間の結合．（⇔共有結合，水素結合）

異化作用［catabolism］ 生物の代謝反応経路のうち，大きな分子を小さく分解すること．（⇔同化作用）

鋳型鎖［template strand］ DNA二本鎖のうち，遺伝子の転写時にRNAを合成するときに使う鎖．すなわち，新しく合成されたRNAと相補的な塩基配列となる．

異化反応［catabolic reaction］ 生物が，複雑な分子を分解して，細胞に必要なエネルギーを獲得する代謝反応．（⇔生合成反応）

維管束系［vascular bundle system］ 植物体内で水や物質の輸送にかかわる組織系．

異所的種分化［allopatric speciation］ 地理的な隔離が原因で，元の生物集団から分かれて新しい種となること．（⇔同所的種分化）

一塩基多型（SNP）［single nucleotide polymorphism］ 個体間でみられる遺伝子の違い．一塩基だけが異なるもの．

一次構造（タンパク質の）［primary structure］ タンパク質分子のアミノ酸の配列．（⇔二次構造，三次構造，四次構造）

一次消費者［primary consumer］ 生産者を消費する生物．（⇔二次消費者，三次消費者）

一次遷移［primary succession］ 海底の隆起や氷河の後退などで，それまで生物がいなかった新しい更地ができたときに起こる生態学的な遷移．（⇔二次遷移）

遺伝暗号［genetic code］ mRNAの中に書かれた情報をアミノ酸配列へと翻訳する約束を決めた暗号．遺伝子コードは，RNA内の4種類の塩基から3塩基を使ったすべての組合わせ（64種類のコドン）と対応している．64種類のコドンのうち60個は特定のアミノ酸に対応し，3個は"翻訳を停止させる"信号，AUGの1個だけ"翻訳を開始する"信号としてはたらく．

遺伝学［genetics］ DNA上に記された特性がどのように遺伝するかを研究する分野．

遺伝形質［genetic trait］ 親から子孫へと引き継がれる生物の特徴．体の大きさ，体色，行動など．

遺伝子［gene］ タンパク質やRNAの合成に必要な情報を含み，遺伝的特性を決めるDNAの最小単位．遺伝子は染色体上の決まった位置に存在する．

遺伝子カスケード［gene cascade］ 異なる遺伝子由来のタンパク質の間で，あるいは，外部のシグナル分子との間で起こる相互作用が引き金となって，一群の遺伝子発現が開始すること．生物は発生の過程で，遺伝子カスケードを使って，遺伝子発現を制御している．

遺伝子型［genotype］ 個体で発現する表現型を支配する対立遺伝子の構成．

遺伝子型頻度［genotype frequency］ 個体群の中で，着目する対立遺伝子が占める比率（％）．

遺伝子組換え［genetic recombination］ DNAのつなぎ換えによって，対立遺伝子の組合わせが変化すること．たとえば，第一減数分裂中期に，組になった相同染色体の間でみられる交差は，自然に遺伝子組換えの起こる場所である．

遺伝子組換え生物（GMO）［genetically modified organism］ 人工的に配列を変えたDNAや他の生物由来の遺伝子を導入した個体．一般に，導入する生物の特性を改善する目的で実施する操作である．

遺伝子工学［genetic engineering］ 単離精製したDNA（多くの場合，遺伝子）に手を加えて変化させ，同じ個体，あるいは，別種の個体に戻すこと．遺伝子工学の技術は，たとえば穀物の害虫への抵抗性を高めるなど，一般に遺伝子組換え生物の性質を変える目的で使われる．

遺伝子座［locus (*pl.* loci)］ 染色体上の実際の遺伝子の物理的な配置場所．

遺伝子スクリーニング［genetic screening］ 現在の，あるいは，将来の疾患の可能性や健康状態を知るために実施する個人の遺伝子の検査．

遺伝子発現［gene expression］ 遺伝子にコードされた情報を使い，タンパク質やRNAなどの機能分子をつくること．遺伝子が発現することではじめて，細胞や個体レベルで，遺伝子の影響が表に現れる．

遺伝子頻度［gene frequency］ 個体群の中で，ある対立遺伝子が占める割合（％）．

遺伝子流動［gene flow］ 異なる集団の間での対立遺伝子の交換．

遺伝子療法［gene therapy］ 疾患の原因となる遺伝子を修復することで，遺伝病を直すことを目指す治療法．

遺伝的交雑［genetic cross］ 形質の遺伝の様子を調べる目的で，計画・実施する交配実験．

遺伝的浮動［genetic drift］ 個体群の中で，ある対立遺伝子の頻度が偶然に増えたり減ったりするような自然の変動．遺伝的浮動が起こると，生物集団の遺伝子構成は，自然選択による必然的な方向ではなく，むしろ，予測できない方向へと変化する．

遺伝的変異［genetic variation］ 個体群の中にみられる対立遺伝子の違い．

飲作用［pinocytosis］ 非特異的なエンドサイトーシスの一つ．小胞を形成して，外部の液体を細胞内に取込むこと．（⇔エンドサイトーシス，食作用）

イントロン［intron］ 遺伝子の塩基配列の中で，最終的に生成されるタンパク質やRNAなどの産物の構造に直接寄与していない部分．核内の酵素反応により，イントロンの部分が切り出され，mRNA，tRNA， rRNA は正しく機能するようになる．(⇔エキソン)

ウイルス [virus] タンパク質などでできた殻の中に核酸 (DNA や RNA) をもち，細胞内に侵入して増殖する特性をもった粒子．それ自身では増殖できず，宿主の複製機構を使って増殖する．

雨 陰 [rain shadow] 山岳地帯の湿気を含んだ卓越風が当たらない側．降水の少ない地域となる．

運動エネルギー [kinetic energy] 物体が，静止している状態に比べて，運動していることにより余分にもつエネルギー．

永久凍土 [permafrost] 表土層から，場合によっては数百 m の深い層まで，凍結したままになっている場所．

栄養循環 [nutrient cycle] 生物と物理環境との間で栄養素が循環すること．2種類の大きな循環，大気性の循環と沈積性の循環がある．

栄養素 [nutrient] 生態系において，生産者が有機物をつくるときに必要とする元素．

栄養段階 [trophic level] 食物連鎖のつくる階層構造の一つの段階をいう．食物連鎖は生産者で始まり，他のものの被食者とならない最後の捕食者まで，ピラミッドのような階層構造をしている．

エキソサイトーシス [exocytosis] 細胞内の小胞が，細胞膜と融合し，小胞の内容物が外側へ放出されること．(⇔エンドサイトーシス)

エキソン [exon] 遺伝子の DNA 配列の中で，タンパク質のアミノ酸配列に対応している箇所．(⇔イントロン)

液 胞 [vacuole] 植物細胞の中で，水溶液で満たされた大きな膜胞．細胞の形を内側から支えたり，不要となった物質，栄養源，植食動物に対する防御物質を貯蔵したりする．

エコロジカル・フットプリント [ecological footprint] ある人口の活動を支え，その残骸・排出物の処理に要する環境容量を，生態系の面積で表現したもの．エコロジカル・フットプリントは，生態系の許容能力を表現するときの相対的な指標で，持続的に資源と生態系サービスを提供できるかどうかを示すものとなる．

SRY 遺伝子 [*SRY* gene] 哺乳類の Y 染色体上にあり，胚が成長して雄になるようにはたらくマスタースイッチ遺伝子．SRY は，"Sex-determining region of Y (Y 染色体上の性を決定する領域)" の略．

S 期 [S phase] 細胞周期のなかで，DNA の複製を行う期間．

S 字型カーブ [S-shaped curve] 個体群成長のパターンの一つで，個体数が，最初は指数関数的に増大するが，個体数が増えると，しだいに増加速度が遅くなり，生息環境によって維持可能な最大数になって安定するケースである．(⇔J 字型カーブ)

ATP [adenosine triphosphate] アデノシン三リン酸．エネルギーを蓄える，また，種々の酵素反応の間でエネルギーをやりとりするために，真核生物が使う分子．

NADH ニコチンアミドアデニンジヌクレオチド (nicotinamide adenine dinucleotide) の還元型．糖を水と二酸化炭素へ分解しATPを産生する異化反応 (細胞呼吸) において，還元剤としてはたらくエネルギー担体分子．

NADPH ニコチンアミドアデニンジヌクレオチドリン酸 (nicotinamide adenine dinucleotide phosphate) の還元型．光合成反応において，還元剤としてはたらくエネルギー担体分子．

エネルギー担体 [energy carrier] エネルギーを蓄えたり，あるいは，他の分子や化学反応へとエネルギーを引き渡すことのできる分子．ATP は最も多く使われているエネルギー担体である．

エピスタシス [epistasis] 遺伝子の間の相互作用の一つ．ある遺伝子の表現型が，別の遺伝子の存在で決まること．

F_1 世代 [F_1 generation] 遺伝学の交配実験で生まれた最初の世代の子．(⇔P 世代, F_2 世代)

F_2 世代 [F_2 generation] 遺伝学の交配実験で生まれた2番目の世代の子．(⇔P 世代, F_1 世代)

塩 [salt] マイナスとプラスに荷電したイオンが，互いに引き合ってできる化合物．

沿岸域 [coastal region] 水中のバイオームの一つ．海岸線から大陸棚までの地域．海中へ延長した大陸棚の端に相当する．

塩 基 [base] (1) 水素イオンと結合する性質をもった化合物．(⇔酸, 緩衝溶液) (2) ヌクレオチドの構成要素で，窒素を含む分子．(⇔核酸塩基)

塩基対 [base pair] 核酸の中で，二つの塩基が水素結合を使ってつくるペア．塩基対は，DNA 二重らせんの梯子状の構造の中では，縦方向の鎖を横に連結する横木となっている．DNA では，アデニンとチミン (A-T)，シトシンとグアニン (C-G) が塩基対をつくる．RNA では，ウラシル (U) がチミン (T) の代わりとなっている．

エンドサイトーシス [endocytosis] 細胞膜が，外の物質を取込みながら，内側にくぼんで袋状の構造をつくること．最後に細胞質内で輸送小胞がつくられる．(⇔エキソサイトーシス)

屋上緑化 [green roof] 植生のために，建物の屋上に 5～10 cm の厚みで土壌などを置いたもの．下層には，水を吸収するような層を置き，植物の根や水が下の屋根を傷めないようにしてある．

オペレーター [operator] 原核生物では遺伝子の発現を調節する DNA 配列．

オルガネラ [organelle] ⇔細胞小器官

温室効果 [greenhouse effect] 温室効果ガスによって吸収され再放出された地上の熱が，宇宙空間に放射されるほどの高いエネルギーをもたず地球に留まるために起こる平均気温の上昇．

温室効果ガス [greenhouse gas] 地球の大気に含まれる気体成分のうち，太陽光は透過させるが，熱線を吸収したり遮断したりする効果をもつもの．

温帯落葉樹林 [temperate deciduous forest] 寒い冬季，湿度の高い暖かい夏季の気候に適応した樹木と低灌木が優占種となっているバイオーム．

科 [family] 生物の分類で使用されるグループ名で，リンネ式階層分類体系では，"属"の上，"目"の下に位置する．

界 [kingdom] 生物の分類で使用されるグループ名で，リンネ式階層分類体系では，"綱"の上，最も上位に位置する．細菌，アーキア，原生生物，植物，菌類，動物の六つの界がある．

外骨格 [exoskeleton] 節足動物などの内部の柔らかい組織を取囲む，堅くて丈夫な外枠構造．

開始コドン [start codon] mRNA 上の3塩基からなる配列 (一般に AUG) で，翻訳が開始される信号となるもの．(⇔終止コドン)

解 糖 [glycolysis] グルコースからピルビン酸ができるまでの一連の代謝反応経路．生成したピルビン酸は，酸化的リン酸化 (呼吸) や発酵で利用する．解糖系でグルコース1分子が分解すると，エネルギー担体である ATP が2分子生成する．

外洋域 [oceanic region] 水界バイオームの一つ．約 60 km の沖合の大陸棚の端，沿岸域が終わる場所から始まる海洋の領域．

外来種 [introduced species] 自然状態では在来種としてはいないが，偶発的に，あるいは人為的に外部から持ち込まれた生物種．

科 学 [science] 論理的な手法を用い，自然現象の真実を明らかにする研究法．

化学結合 [chemical bond] 原子が互いに引き合う力を発生し連結すること．

化学従属栄養生物 [chemoheterotroph] 化学物質からエネルギーを獲得し，おもに，他の生物由来の化合物から必要とする有機物をつくる生物．原生生物や原核生物の多く，菌類，動物が化学従属栄養生物である．(⇔光従属栄養生物，光独立栄養生物，化学独立栄養生物)

科学的手法 [scientific method] 研究者が仮説を立て，その仮説で予測されることを実験で確かめる作業．もし，実験結果が予測と食い違ったら，仮説を棄却したり，修正したりする．

化学独立栄養生物 [chemoautotroph] 化学物質からエネルギーを獲得し，空気中の二酸化炭素から必要とする有機物をつくることのできる生物．化学独立栄養生物は，すべて原核生物である．(⇔光従属栄養生物，化学従属栄養生物，光独立栄養生物)

化学反応 [chemical reaction] 原子間で化学結合を新しくつくったり，再形成したりする過程．

核 [nucleus (*pl*. nuclei)] 真核生物の細胞小器官で，DNA の形で遺伝情報を格納する場所．

核 型 [karyotype] 染色体の数や形態を表示した図．一般に，個体や種の細胞の核の

タイプを表示するのに使われる.

拡　散 [diffusion]　物質が濃度の高いところから低いところへと,受動的に移動すること.

核　酸 [nucleic acid]　ヌクレオチドが連結してつくられるポリマー.DNAとRNAの二つの種類がある.

核酸塩基 [nucleic acid base]　核酸に含まれる窒素を含む塩基.DNAは,アデニン(A),シトシン(C),グアニン(G),チミン(T)の4種類の塩基を含む.RNAは,チミンの代わりにウラシル(U)を含む.

核小体 [nucleolus (*pl.* nucleoli)]　核の中で,リボソームRNA(rRNA)のつくられている場所.

核　膜 [nuclear envelope]　核を取囲む二重の膜構造.真核生物の細胞にだけみられる.

核膜孔 [nuclear pore]　核と細胞質との間の物質輸送を行う核膜にある小孔.特定のタンパク質やRNAだけを選別して通す.

学　名 [scientific name]　生物種名を表記する方法.ラテン語の属名と種名の二つを並べて表記する.

撹　乱 [disturbance]　火災や暴風雨などによって,生態系の一部の生物集団が死滅,あるいは被害を受けること.結果的に,他の生物種が新しく群落を形成する機会となる.

家系図 [pedigree]　家族を構成する個々人の遺伝的な関係を2世代以上にわたって書き記したもの.

河口域 [estuary]　海水域バイオームの一つ.河川が海に流れ込む領域.

化合物 [chemical compound]　イオン結合や共有結合によって,種類の異なる原子が互いに連結したもの.

化　石 [fossil]　かつて生存していた生物の残骸,あるいは,足跡や押型などの痕跡.化石記録は地球の生命の歴史である.かつて生きていた生物の多くが現存種とは異なること,つまり多くのものは絶滅したこと,また,生物は時間と共に進化してきた事実を化石は示す.

仮　説 [hypothesis]　自然の現象が起こるしくみに関して,可能性として考えられる説明.仮説には,正しいか,間違っているかを検証できるように,論理的な結論が明示されていなければならない.

河　川 [river]　一方向に絶え間なく流れる淡水域のバイオーム.

仮　足 [pseudopodium (*pl.*pseudopodia)]　活発に動く細胞質の突起部分で,細胞の移動に使われる箇所.細胞内のアクチン繊維のはたらきによって仮足は伸張する.

活性化エネルギー [activation energy]　化学反応を進めるために必要となる最低限のエネルギー.

活性部位 [active site]　酵素(タンパク質分子)の中で基質分子が特異的に結合する場所.

滑面小胞体 [smooth endoplasmic reticulum]　小胞体の中で,リボソームと結合しておらず,脂質合成をもっぱら行う部分.リボソームが付着していないので電子顕微鏡で表面が滑らかに見える.(⇆粗面小胞体)

花粉媒介者 [pollinator]　⇆送粉者

可溶性 [soluble]　物質が水に溶けやすい(混ざりやすい)こと.易溶性ともいう.

カルビン回路 [Calvin cycle]　光合成反応のなかで,糖を合成する過程.葉緑体のストロマの中で起こる酵素反応で,二酸化炭素と水から,糖が合成される.(⇆明反応)

がん [cancer]　制御を逸した急速な細胞増殖が原因の疾患.

がん遺伝子 [oncogene]　過剰な細胞分裂をひき起こし,やがてがんの引き金となるような突然変異した遺伝子.

間　期 [interphase]　細胞の分裂と次の分裂の間の期間.細胞は間期で大きく成長し,次の細胞分裂のための準備を整える.

環境収容力 [carrying capacity]　永続的に収容できる生息環境の個体群の最大サイズ.

還　元 [reduction]　原子や分子が,他の原子や分子から,電子を獲得すること.(⇆酸化)

がん原遺伝子 [proto-oncogene]　通常の細胞で,細胞分裂を促進する機能をもつ遺伝子.

幹細胞 [stem cell]　ほぼ無限に分裂を繰返して増殖できる未分化の細胞.分裂で生まれた娘細胞のなかから特殊な機能を担う細胞が分化する.

観　察 [observation]　科学的手法のうち,自然現象を,よく見る,計測する,記録する,分析すること.観察で得られた知見を使って,仮説を立てる.

干渉型競争 [interference competition]　二種が互いに競争相手となる種を直接的に排除して資源を使えなくしてしまうこと.(⇆消費型競争)

緩衝剤 [buffer]　水素イオンを放出したり受取ったりできる化合物,あるいは,そのような化合物を溶かした水溶液.溶液のpH変化をある決まった範囲内で維持するのに使う.(⇆酸,塩基)

官能基 [functional group]　共有結合で結びついた原子のグループ.大きな分子の中でも小グループとしてふるまい,特徴的な化学特性を示す.

カンブリア大爆発 [Cambrian explosion]　代表的な生物多様性の爆発的増加の一つ.約5億3000万年前のカンブリア紀に起こり,約500万～1000万年もの間継続した.この間の化石に,それまではいなかった大型で複雑な体制をもち,現存する大半の門に相当する動物が出現している.

がん抑制遺伝子 [tumor suppressor gene]　通常の細胞で,細胞分裂を抑制する役割をもつ遺伝子.

器　官 [organ]　動物の体の中で,異なる種類の組織が集合してできたもので,一般に特徴的なサイズと形状をもち,特定の機能を担う単位となっている.

器官系 [organ system]　特定の機能を果たすために,協調してはたらく異なる器官の集まり.

気　候 [climate]　比較的長期間(通常は30年以上)継続してみられる,地域を代表するような気象条件.(⇆気象)

気候変動 [climate change]　地球温暖化のように,生物圏で起こる気候の長期的な変動.

基　質 [substrate]　酵素と結合して,化学反応を起こす物質.基質は,酵素の中の決まった場所(活性部位)に結合する.

気　象 [weather]　気温,降水,風力,湿度,雲量など,短時間で変化する地域的な大気下層部の物理環境.(⇆気候)

キーストーン種 [keystone species]　生物群集の中で占める個体数の効果以上に,他種の存続や個体数に対し,大きな影響を及ぼしている種.

寄生者 [parasite]　他の生物種(宿主)の体内や体表面に生息し,栄養素を宿主から得ている生物.宿主に害を及ぼす.宿主にすぐには致死的な影響は与えないが,最後には宿主を殺すものもいる.

キノドン類 [cynodont]　哺乳類に類似の爬虫類のグループ.約2億2000万年前に,初期の哺乳類が,キノドン類から派生した.

逆　位 [inversion]　染色体異常による突然変異の一つ.一部が離脱して,遺伝子座の並びが逆方向になり,再結合したもの.

ギャップ結合 [gap junction]　動物で,二つの細胞質間を直接つなぐ円筒構造のタンパク質.細胞間でイオンや小さな分子の移動が可能な細胞質間のチャネル構造となる.

旧口動物 [protostome]　節足動物,環形動物,軟体動物門などを含む動物群で,発生初期の胚の原口が,成体の口となるグループ.(⇆新口動物)

共進化 [coevolution]　種間の相互作用が,それらの種の進化的な変化をひき起こすこと.

共　生 [symbiosis]　複数種の生物が同じ場所で生息し,互いに深くかかわり合っている状態.(⇆競争,相利共生)

競　争 [competition]　二つの種の間で,互いにマイナスの作用を及ぼし合うような関係.(⇆共生,相利共生)

京都議定書 [Kyoto Protocol]　二酸化炭素の放出を抑えることで,地球の温暖化を防ぐことを掲げた国際的な合意.

共役反応 [coupled reaction]　同時に起こる二つの化学反応で,片方がもう一方の反応をひき起こすエネルギー供給源となるもの.

共有結合 [covalent bond]　電子を互いに共有し合うことで発生する原子間の強力な化学結合.(⇆水素結合,イオン結合)

共優性 [codominance]　対立遺伝子がヘテロの組合わせをもつ個体で,二つの異なる遺伝形質が同等に表現型として現れること.それぞれの共優性遺伝子の影響は,対立遺伝子によって消失したり薄まったりすることなく,十分に発現される.(⇆不完全優性)

共有派生形質 [shared derived feature]　共通祖先に始まり,その後,すべての子孫に

受け継がれる形質.

極限環境微生物［extremophile］ 間欠泉や塩湖のような極限の悪環境に生息する生物.アーキアが多く知られている.

極性分子［polar molecule］ 分子内の電荷分布が一様でなく,偏りのある分子.水分子と相互作用しやすいので,水に溶けやすい性質(可溶性)をもつ.(⇔非極性分子)

極相群落［climax community］ その地域の気候条件と土壌タイプで決まるその地域特有の最終段階の生物群集.他種に置き換わることのない最終的な段階と考えられるもの.しかし,火災や暴風などによって継続的に攪乱されるために,安定した極相群落となることは少ない.

巨大分子［macromolecule］ 小さな有機化合物が連結してできる大きな分子.

菌 根［mycorrhiza (*pl.* mycorrhizae)］ 菌類と植物の間の相利共生関係.菌類から植物体へは無機物が,植物体から菌類へは有機物が,栄養素として供給されている.

菌 糸［hypha (*pl.* hyphae)］ 菌類の構造で,餌の周囲を取囲み栄養を吸収する糸状のもの.菌体が集合したものが菌類の本体である.

菌糸体［mycelium (*pl.* mycelia)］ 菌類の体の主要な部分を占める細長い糸状の構造.

菌 類［Fungi］ 真核生物の中の一つの界.従属栄養生物で,体外で分解したものを食物として吸収し栄養源とする消費者である.キノコ類,酵母,カビ類(糸状菌)などが含まれる.生態系で分解者としての役割のものが多い.

クエン酸回路［citric acid cycle］ クレブス回路ともいう.細胞呼吸の過程で,解糖系に続いて起こる重要な代謝経路.ミトコンドリア内膜内のマトリックスで起こる.一連の酸化反応を触媒する酵素のはたらきで,ATP,$FADH_2$,さらに多数の NADH 分子を生成する.

クチクラ［cuticle］ 陸上植物の表面を覆うワックス層.水分の蒸発,菌類などの外敵の侵入を防ぐはたらきがある.

組換え［recombination］ 染色体において,遺伝子や対立遺伝子の新しい組合わせが生じること.交差などが組換えをひき起こす.

組換え DNA［recombinant DNA］ 酵素を利用して,DNA 断片をつなぎ直して人工的につくった遺伝物質.

グラナ［granum (*pl.* grana)］ 葉緑体の内部にある膜構造.チラコイドとよばれる袋状の膜構造が連結し,積層されたもの.

グリコーゲン［glycogen］ 動物が細胞内に蓄える炭水化物の一つ.ヒトでは,肝臓や骨格筋の細胞内に多い.グリコーゲンは多糖の一種で,デンプン(植物が貯蔵する炭水化物)と似た構造をしている.

クリステ［crista (*pl.* cristae)］ ミトコンドリア内膜にみられる折り込まれたひだ構造.

グルコース［glucose］ 多くの生物で最も重要な代謝反応の材料となっている単糖.

クレブス回路［Krebs cycle］ ⇔クエン酸回路

クローニング［cloning］ 遺伝子,細胞,または,個体の遺伝学的に同一なコピーをつくること.

クロマチン［chromatin］ DNA と,それを凝縮させるタンパク質とからなる複合体.クロマチンが凝縮して染色体となる.

クロロフィル［chlorophyll］ 光合成に必要となる光エネルギーを吸収する緑色の色素.

クロロフルオロカーボン（CFC）［chlorofluorocarbon］ 塩素,フッ素,炭素を含む合成化合物で,大気中に放出されると成層圏オゾン層を破壊する物質.

形質置換［character displacement］ 種間の激しい競争のために,競合する種の形態がしだいに大きく異なったものに変化すること.

形質転換［transformation］ 外から細胞内にDNA を導入し,細胞の遺伝子型を変化させること.

形 態［morph］ 生物の形や構造.個体から,それを構成する器官・組織・細胞・細胞小器官,さらに,分子の形や構造も含む.

系統分類学［phylogenetic systematics］ 進化系統図を構築するために,異なる生物グループ間の進化上の類縁関係を解明する研究分野.

欠 失［deletion］ 遺伝子 DNA から塩基配列の一部が欠損すること.あるいは,染色体の一部が抜け落ち,失われることが原因で起こる突然変異.(挿入,置換)

ゲノミクス［genomics］ 生物の全ゲノムが,どのような構造をしていて,どのように発現をしているのか,また,進化の過程でそれがどのように変わってきたかを調べる研究.

ゲノム［genome］ 生物の全遺伝子を含むすべての DNA.真核生物の場合,精子や卵などの半数体の細胞がもつ一セットの染色体の DNA に相当する.

ゲル電気泳動［gel electrophoresis］ 寒天でできたゲルの中に DNA 断片を入れ,電圧をかけることで,ゲル内部で DNA 断片を移動させる実験法.小さな DNA 断片は,大きなものに比べると速い速度でゲル内を移動するので,大きさ(分子量)の違いで DNA を分離できる.

原核生物［prokaryote］ 単細胞の生物で,核をもたないもの.細菌ドメイン,アーキアドメインのいずれかに含まれる.(⇔真核生物)

嫌気性生物［anaerobe］ 酸素がなくても生存できる生物.多くが,酸素があると生存できない生物でもある.(⇔嫌気性生物)

嫌気的［anaerobic］ 代謝反応経路に酸素を必要としないこと,あるいは,酸素を必要とせずに生存できること.(⇔好気的)

原形質連絡［plasmodesma (*pl.* plasmodesmata)］ 二つの植物細胞の細胞質を連絡するトンネルのような構造.小さな分子や水を通す.

原 子［atom］ 化学元素としての特性を示す物質の最小単位.

原子番号［atomic number］ 化学元素の原子核内に含む陽子の総数.

減数分裂［meiosis］ 二倍体の細胞から,染色体数の半減した半数体細胞をつくるために特殊化した細胞分裂.真核生物の細胞でみられる.2 回の細胞分裂過程からなり,動物では,配偶子をつくるように分化した生殖細胞でのみ観察される.(⇔体細胞分裂)

原生生物界［Protista］ 真核生物のうち,最も古い界.非常に多様な単細胞生物のグループを含む.一部,多細胞生物のグループもある.

元 素［element］ 決まった数の陽子をもち,同じ化学的な性質をもった原子を示す名称,あるいは,そのような原子だけで構成される物質.92 種の天然元素があり,さまざまな物質をつくっている.

綱［class］ 生物の分類で使用されるグループ名で,リンネ式階層分類体系で,"目"の上,"門"の下に位置する.

光化学系［photosystem］ タンパク質とクロロフィルからなる光エネルギーを捕捉する機能を担う複合体.葉緑体のチラコイド膜内にあり,光化学系 I と II の二つの機構からなる.

光化学系 I［photosystem I］ 光化学系のうち,おもに NADPH の生産にかかわる部分.

光化学系 II［photosystem II］ 光化学系のうち,電子伝達系の始まりとなる部分.電子伝達系の中を電子が移動し,つくられる水素イオン濃度勾配のエネルギーから ATP が合成される.また,副産物として水分子から酸素がつくられる.

交換プール［exchange pool］ 土壌,水,空気のように,生産者に対して栄養素の供給源となる場所.

後 期［anaphase］ 体細胞分裂や減数分裂の段階の一つで,分裂面にあった染色分体が分かれて,互いに反対側の極に向かって移動を開始する時期.

好気性生物［aerobe］ 生存に酸素を必要とする生物.(⇔嫌気性生物)

好気的［aerobic］ 代謝反応経路に酸素を必要とすること,あるいは,生存するうえで酸素を必要とすること.(⇔嫌気的)

光合成［photosynthesis］ 獲得した太陽光のエネルギーを使い,二酸化炭素と水から糖を合成すること.

交 差［crossing-over］ 組換えともいう.第一減数分裂の前期のときに,ペアとなった父方・母方由来の二つの相同染色体の間で起こる染色体の部分的な交換.

酵 素［enzyme］ 化学反応を促進する触媒としてはたらく生体分子で,多くはタンパク質でできている.生物体の中で起こる化学反応のほとんどすべてが,酵素によって触媒されている.

高張液［hypertonic solution］ 細胞質に比べて高い塩濃度をもつ溶液.細胞内へ侵入する水よりも多くの水が細胞外へと出ていく.(⇔低張液,等張液)

呼 吸［respiration］ ⇔細胞呼吸

国内総生産（GDP）[gross domestic product] 各国家の経済的な生産性を示すのに使われる指標で,生産される物品の総価格を示す.その製品を生産するのに費やされる社会的な,また,環境面での損失は考慮されていない.（⇔持続可能な経済福祉指標）

古細菌 [Archaea] ⇔アーキア

個 体 [individual] 一つの生命体としての単位.他の個体と,物理的に,また遺伝学的に区別することができるもの.

個体群 [population] ある領域にすみ,相互作用し合う,同一種の個体の集まり.

個体群サイズ [population size] 個体群を構成する個体の数.

個体群生態学 [population ecology] 一定の環境にどれだけの生物が生息可能か,どのようなしくみによりそれが決まるのかという点に着目して研究する分野.

個体群密度 [population density] 個体群の数を,分布する区域の単位面積当たりの数として表現したもの.

固着結合 [desmosome, anchoring junction] 動物の細胞間,あるいは,細胞と周囲の細胞外マトリックスとの間で,留め金のように,互いを連結させる構造.

固 定（対立遺伝子の）[fixation] 個体群の中で,特定の対立遺伝子だけが残り,他のものがすべて失われること.残ったものは100%の遺伝子頻度となる.

コドン [codon] mRNA内の三つの塩基で指定される配列.コドンは,タンパク質翻訳時のアミノ酸を指定する,あるいは,翻訳開始や停止の信号となる.（⇔アンチコドン）

ゴルジ体 [Golgi body] 円盤状の膜構造が数枚並んだ構造の細胞小器官.真核生物の細胞にみられる.細胞内の種々の場所へタンパク質や脂質を運ぶときの通り道となっている.

根 系 [root system] 植物体の中で,地中にある細かく枝分かれした部分.土中の水分と無機栄養素の吸収を行い,植物体を支える支持構造にもなる.

痕跡器官 [vestigial organ] 祖先の生物では役割をもっていたが,現存種では機能がほとんどわからなくなるくらい,小さくなったり,退化している器官や構造.

昆 虫 [insect] バッタ,甲虫,アリ,チョウなど,6脚をもつ節足動物のグループ.動物のなかでは,昆虫類に含まれる種が最も多種多様である.

細 菌 [bacterium (pl. bacteria)] 全生物を三つのドメインに分けたときの一つ.地球上に最初に出現した原核生物で,単細胞の微生物.細菌ドメインは,細菌界と同じである.（⇔アーキア,真核生物ドメイン）

細菌の鞭毛 [bacterial flagellum] フラジェリンとよばれるタンパク質からつくられるらせん型構造の繊維で,回転運動して水流を起こし,細菌が水中を移動する推進力を発生する.（⇔真核生物の鞭毛）

再 現 [replicate] 自然科学の研究で,別の反復実験を実行すること.

サイトソル [cytosol] 細胞質の中で,流動性の高い部分.真核生物では,原形質膜で囲まれた細胞内容物のうち,細胞小器官を除いた部分.（⇔細胞質）

細 胞 [cell] 生命の必要最小単位となるもの.1枚の膜で囲まれた空間.

細胞外マトリックス [extracellular matrix] 多細胞生物の細胞から外に分泌され,細胞の外側を覆う物質.細胞間をつなぐ役割もある.（⇔固着結合）

細胞間結合 [cell junction] 細胞と基質間の固定,隣接する細胞の間の連結,2細胞間で情報交換するための通路形成などに使われる構造.

細胞間シグナル伝達 [intercellular signal transduction] 細胞の間で行われる信号のやりとり.通常は,拡散するシグナル分子が仲介する.

細胞呼吸 [cellular respiration] 糖などの有機化合物からエネルギーを取出し,普遍的なエネルギー担体となるATPをつくる代謝経路.酸素を消費し,水と二酸化炭素を放出する.細胞呼吸は,解糖,クエン酸回路,酸化的リン酸化の三つの段階に分けられる.呼吸でつくられるATPは,地上のあらゆる細胞の活動のエネルギー源となる分子である.

細胞骨格 [cytoskeleton] 真核生物の細胞質にみられるタンパク質繊維でつくられる構造.細胞の形を維持する役割をもつほか,細胞分裂や細胞運動にも必須である.

細胞質 [cytoplasm] 細胞の内容物,原形質膜で囲まれた部分を示す.真核生物の場合,核の内側（核質）は含めない.（⇔サイトソル）

細胞質分裂 [cytokinesis] 体細胞の核分裂に続く次の段階で,細胞質が二つに分割し,二つの娘細胞を生じること.

細胞周期 [cell cycle] 分裂増殖する細胞で観察される一連の段階的変化.細胞分裂が最終段階となる.

細胞小器官 [organelle] 細胞質で機能を分担する単位となる構造.リボソームなどの細胞質内の構造は除いて,膜に囲まれた構造のものだけを細胞小器官とよぶこともある.

細胞板 [cell plate] 細胞膜と細胞壁成分からなる構造で,植物細胞が二つに細胞質分裂するときに現れる隔壁構造.細胞板は,両側面を二つの娘細胞の細胞膜で挟まれ,多糖類を主成分とする細胞壁へと変化する.

細胞分化 [cell differentiation] 娘細胞が,分裂する前の母細胞とは異なったものになり,特殊な機能を発揮するようになること.

細胞分裂 [cell division] 細胞周期の最後の段階.母細胞が体細胞分裂や減数分裂によって,2個または4個の娘細胞に分かれること.

細胞壁 [cell wall] 原核生物,菌類,原生生物,および,すべての植物細胞の細胞膜の外側にある多糖類の支持構造.

細胞膜 [cell membrane] リン脂質二重層で構成され,細胞と外界との間の境界となる膜.

雑 種 [hybrid] 二つの異なる種の個体,または,異なる形質や遺伝子型をもつ個体を交配させて生まれた子.

雑種化 [hybridize] 雑種を作成すること.

砂 漠 [desert] 陸上のバイオームの一つ.年間降雨量が250 mm以下の乾燥した環境でも育つ植物が優勢となっている.

酸 [acid] 水素イオンを生成する化合物.（⇔塩基（1）,緩衝液）

酸 化 [oxidation] 原子や分子が,電子を失って,他の原子や分子に引き渡すこと.（⇔還元）

酸化還元反応 [redox reaction] 原子や分子から,別の原子や分子への電子の移動を伴う化学反応.

酸化的リン酸化 [oxidative phosphorylation] ミトコンドリアの電子伝達系を使って電子を転送し,そこで生まれたエネルギー（プロトン勾配）を使い,ADPからATPを合成する（リン酸化する）こと.

三次構造（タンパク質の）[tertiary structure] タンパク質の三次元的な折りたたみ構造.ポリペプチド鎖の中で遠く離れた部域間の化学的な相互作用によって安定化される構造.（⇔一次構造,二次構造,四次構造）

三次消費者 [tertiary consumer] 二次消費者を消費する生物.（⇔一次消費者,二次消費者）

酸性雨 [acid rain] 汚染されていない通常の雨に比べて,異常に低いpHをもつ降雨（約pH 5.2）.大気に放出された二酸化硫黄や他の汚染物質が酸に変わり,地上に雨や雪となって降る結果,酸性雨となる.

三染色体性 [trisomy] ⇔トリソミー

残留性有機汚染物質 [persistent organic pollutant, POP] 人工的に合成した有機物に由来し,分解されにくいために,体内に取込まれると長く残留し,生物蓄積して害を及ぼす物質.非常に有害で世界中に広がった例として,PCB（ポリ塩化ビフェニル）やダイオキシンなどがある.

J字型カーブ [J-shaped curve] 自然状態の個体群成長パターンの一つで,個体数が,指数関数増殖のカーブのように,時間とともに急速に増加すること.（⇔S字型カーブ,指数関数的増殖）

G_0期 [G_0 phase] S期の始まる前に,通常の細胞分裂の周期からはずれた静止した期間.細胞分裂周期を再開させ,S期へと進ませる信号を受取らない限り,G_0期の細胞は分裂しない.

G_1期 [G_1 phase] 細胞周期のなかで,細胞分裂周期の終了後（娘細胞になった直後）からS期までの期間.細胞はG_1期の間に成長し大きくなり,細胞分裂のシグナルを受取るとS期に入る.

G_2期 [G_2 phase] 細胞周期のなかで,S期後,分裂期までの期間.栄養不良状態,DNA損傷,DNA複製の未完などの不都合な条件下では,分裂を引き止めるような

チェックポイントとしての機能をもつ.

シグナルカスケード反応［signal cascade］細胞内で起こる酵素タンパク質の段階的な活性化反応．タンパク質の活性化は一般に複数段階で起こるので，小さな信号も増幅でき，大きな応答をひき起こす．

シグナル伝達経路［signal transduction pathway］複数段階の化学反応経路からなるもので，細胞膜にある受容タンパク質で受取ったシグナルを細胞内へ伝えるしくみ．

シグナル伝達分子［signaling molecule］細胞で産生・放出される分子で，他の細胞（標的細胞）の活性に影響を及ぼすもの．多細胞の生物の細胞間で情報を交換し，協調して活動させる役割をもつ．

脂　質［lipid］疎水性の生体分子．細胞膜を形成する重要な成分となる．（⇔リン脂質二重層）

指数関数的増加［exponential growth］世代を経るたびに，ある一定の比率で増殖するような急速な個体群数の増加．

自然選択［natural selection］ある遺伝的特性をもつ個体が，その遺伝子の表現型のおかげで，個体群の中で，より高い確率で生き残り，より多くの子孫を残す結果起こる進化機構．自然環境下で，生物の生存率や繁殖率を高めるようにはたらく唯一のしくみである．

持続可能［sustainable］資源を枯渇したり，生態系に大きな被害を与えることなく，永続的に継続できること，あるいは，そのような活動や行為をさす．

持続可能な経済福祉指標（ISEW）［index of sustainable economic welfare］従来の国内総生産（GDP）ではなく，幅広く生態学的な活動にかかわる利潤や費用も考慮して算出する，経済的な生産性を示す指標．

実　験［experiment］仮説を検証するために，自然の事象に対して計画的に実施する操作．

湿　地［wetland］淡水のバイオームの一つ．底の植物が成長して水面上に顔を出す程度の浅い水深の流れのない水塊．泥炭地（溶存酸素が少なく，酸性のよどんだ淡水），草本植物や樹木が豊富な湿原，沼沢地も湿地に含まれる．

質量数［mass number］化学元素の原子核内に含む陽子と中性子の総数．

地盤沈下［subsidence］地面の沈降現象．地下水の汲み上げが原因で，土地を支える水が失われて起こることがある．

脂　肪［fat］動物性の脂質．通常の室温では固体となっているような飽和脂肪酸を含む脂質を一般的に脂肪という．グリセリンと3個の脂肪酸からなるトリアシルグリセロール（中性脂肪）が主成分で，多くの生物が余剰のエネルギーを保存する手段として使う物質．

脂肪酸［fatty acid］長い疎水的な炭素鎖と親水的な部分（カルボキシ基）をもつ有機物．脂肪酸は，リン脂質，トリアシルグリセロール，ワックスなどの成分となっている．

姉妹染色分体［sister chromatid］細胞周期のS期，DNA複製によってつくられ，同一DNA配列をもつ一組の染色体．

ジャンピング遺伝子［jumping gene］⇔トランスポゾン

種［species］自然環境で互いに交配している個体の集まりで，他のグループとは隔離されているもの．

終　期［telophase］体細胞分裂や減数分裂段階の一つで，移動した染色分体が二つの極に到達し，その周囲に新しい核膜がつくられる時期．

周期的変動（個体群サイズの）［population cycle］二つの生物種の個体数が同調して増減すること．2種のうち，片方がもう一方に強い影響を受けるときにこのような変動パターンがみられる．

終止コドン［stop codon］mRNA上の3塩基からなる配列で，翻訳を終了する信号となるもの．（⇔開始コドン）

収束進化⇔収れん進化

重　複［duplication］遺伝子やDNA断片が余分に複製され，元の場所の近辺に重複してみられる突然変異．染色体は長くなっている．

絨毛検査［chorionic villus sampling］膣から子宮内へ柔らかい細管を通して，新生児の遺伝病検査のために，絨毛から細胞を吸引採取すること．

収れん形質［convergent feature］二つのグループ間で共通する特性であるが，共通の祖先から引き継いだのではなく，別個に進化した結果獲得された相同の機能や形態．

収れん進化［convergent evolution］二つの直接関係のない生物の間で，似た環境下での自然選択が起こった結果，よく似た形質へと変化すること．収束進化ともいう．

宿　主［host］寄生虫や病原体が生息する個体や生物．

種　子［seed］植物のつくる胚で，乾燥や腐敗から保護するための外皮（種皮）で覆われたもの．

受　精［fertilization］二つの異なる種類の半数体配偶子（卵や精子）が合体して，2倍体の接合体（受精卵）となること．

受動輸送［passive transport］濃度の高い所から低い所へと，エネルギーを使うことなく，物質が輸送されること．（⇔能動輸送）

受動輸送タンパク質［passive carrier protein］細胞膜を通して，特定のイオンや分子を，濃度の高い方から低い方へと，エネルギーを使うことなく，輸送する機能をもつ膜タンパク質．（⇔能動輸送タンパク質）

種分化［speciation］一種の生物が，互いに生殖隔離された，複数種に分かれること．

腫　瘍［tumor］過剰に増殖してできた細胞の塊．

受容体［receptor］⇔受容体タンパク質

受容体依存性エンドサイトーシス［receptor-mediated endocytosis］エンドサイトーシスの一つで，細胞膜にある受容体タンパク質が，細胞外の物質を認識して結合し，エンドサイトーシスによって細胞内に取込むこと．

受容体タンパク質［receptor protein］単に，受容体ともよばれる．標的細胞の膜上や内部にあるタンパク質分子で，信号伝達分子と結合し，間接的に受容した信号を細胞内へ伝達する役割をもつもの．

純一次生産力（NPP）［net primary productivity］生産者が，光合成によって獲得したエネルギーから，代謝反応による消費分を差し引いたもの．生態系において，単位時間・単位面積当たりの光合成生物によるバイオマス生産量を示す指標となる．（⇔二次生産力）

小進化［microevolution］対立遺伝子または遺伝子型の頻度が，時間とともに変化すること．最も小さな規模で起こる進化過程に相当する．（⇔大進化）

常染色体［autosome］性染色体以外の染色体．（⇔性染色体）

消費型競争［exploitative competition］共通の資源に依存するために起こる2種間の間接的な競争．供給される資源の量を減らし合うことによる競争となる．（⇔干渉型競争）

消費者［consumer］餌として食べた他種の生き物やその死骸からエネルギーを獲得する生物．植食者，肉食性の生物，分解者が消費者となる．（⇔生産者）

消費者-犠牲者の関係［exploitation］2種の生物間の相互作用の一つで，一方だけが利益を受け（例：消費者），もう片方が害を受ける関係（例：食物となる種）．捕食者による獲物の捕獲，植食性動物による植物の摂食，寄生者や病原体による宿主の障害や殺傷も含まれる．

小　胞［vesicle］真核生物の細胞の中にみられる，膜で囲まれた小さな袋状の構造．

小胞体（ER）［endoplasmic reticulum］複雑につながった袋状や管状の膜構造をつくる細胞小器官．真核生物において，脂質やタンパク質の重要な合成場所となる．

食作用［phagocytosis］エンドサイトーシスの一つで，細胞が，他の細胞などの大きな物体を飲み込むこと．（⇔飲作用，エンドサイトーシス）

植食者［herbivore］栄養源を植物に依存している消費者．

触　媒［catalyst］みずからは変化することなく，他の物質の化学反応の速度を速める作用をもつ物質．たとえば，タンパク質でできた酵素は，生物のつくる触媒である．

植物界［Plantae］全植物を含む界．

食物網［food web］生物群集全体のエネルギーの流れを示したもの．生物群集の中のすべての食物連鎖をつなぐと食物網となる．

食物連鎖［food chain］生物群集の中で，どの種が，他のどの種を食べるかの関係を示す線．（⇔食物網）

人為選択［artificial selection］特定の形質をもった個体だけを人為的に選んで繁殖させること．人に有益となる穀物や家畜の品種をつくる目的で実施する．

進化 [evolution] 遺伝的特長が時間とともに変化すること．あるいは個体群の遺伝子頻度が変化すること．(⊿大進化，小進化)

深海域 [abyssal zone] 陸棚よりもさらに外側にある水深の深い海域（深さ6000 m以上）．

真核生物 [eukaryote] 細胞質と明確に仕切られた核の構造をもつ単細胞，あるいは多細胞の生物．細菌，アーキア以外の生物は，すべて真核生物である．(⊿原核生物)

真核生物ドメイン [Eukarya] 全生物を三つのドメインに分けたときの一つ．真核生物を含むドメイン．動物界，植物界，菌界，原生生物界の四つの界からなる．(⊿アーキア，細菌)

真核生物の鞭毛 [eukaryotic flagellum] 真核生物の細胞がもつ突起構造．細胞についている部分から先端に向けて，波が伝わるような鞭打ち運動をして，水中で細胞が移動する推進力を起こす細胞小器官．(⊿細菌の鞭毛，繊毛)

進化系統樹 [evolutionary tree] 生物群が，どのような順序で分岐・派生してきたかを示す，樹状に枝分かれした模式図．一番根元の部分には，最初に出現したグループが示されている．

進化上の発明 [evolutionary innovation] 生物の生存・繁殖の可能性を向上させるような，新しく重要な意味をもつ適応的進化．

新口動物 [deuterostome] ヒトデ，ホヤ，脊椎動物などを含む動物群で，発生初期の胚の原口ではなく，その後に形成される開口部が口となるグループ．(⊿旧口動物)

親水性 [hydrophilic] 塩や分子などの性質で，水分子と相互に自由に混ざり合いやすいこと．親水性の分子は水に溶けやすいが，脂質や油には溶けにくい．(⊿疎水性)

浸透圧調節 [osmoregulation] 生命活動を維持するために，内部環境の水分（水量）を一定に保つこと．

浸透作用 [osmosis] 選択透過性のある膜を介した，水分子の受動的な移動．

侵入種 [invasive species] 外部から持ち込まれた種で，急速に繁殖し，導入された新環境に悪影響を与えるもの．

水圏の変容 [water transformation] 人間の影響で水圏の物理的，生物的な特性が変化すること．(⊿陸圏の変容)

水素結合 [hydrogen bond] 弱い正の電荷をもつ水素原子と，弱い負の電荷をもつ他の原子の間に生じる静電気的な弱い結合．(⊿共有結合，イオン結合)

水平伝達（遺伝子の）[horizontal transmission] 遺伝子が，生殖活動を通じて親から子孫へと縦方向に引き継がれるのではなく，生殖以外の何らかの方法で，血縁関係をもたない他の個体やグループへ水平に移動すること．

ステロイドホルモン [steroid hormone] 標的とする細胞の細胞膜を通過して，細胞内に情報を伝える疎水性のシグナル伝達分子．

ステロール [sterol] 融合し連結した四つの環状炭化水素の基本構造をもつ脂質分子．

ストロマ [stroma] 葉緑体の内膜で囲まれた空間で，内部にはチラコイド膜でできた膜構造が多数ある．

スペーサーDNA [spacer DNA] 二つの遺伝子の間に介在する非コード領域のDNA．スペーサーDNAは，真核生物では一般に多く，原核生物では少ない．

スペシャリスト（生態学）[specialist] 生息できる条件が限られる生物．たとえば，さまざまな種類の植物を餌として利用できる昆虫に対して，一種類の植物だけを餌にする昆虫をスペシャリストという．

制限酵素 [restriction enzyme] 決まった塩基配列を認識してDNAを切断する活性をもつ酵素．遺伝子工学の重要なツールである．

制限酵素断片長多型分析（RFLP分析）[RFLP analysis] DNA分析で用いる技術．まず，生物試料のDNAを制限酵素で寸断し，その後，ゲル電気泳動でDNA断片を大きさの違いで分ける．つぎに，DNAプローブに結合するDNA断片の数や大きさを調べる．RFLPは，restriction（制限酵素），fragment length（断片長）polymorphism（多型）の略．

生合成反応 [biosynthetic reaction] 同化反応ともよばれる．生体の複雑な分子をつくる化学反応．(⊿異化反応)

生産（生態系の）[productivity] 生態系内で，太陽光と栄養素を使って，生産者が生産する生物体の重量（バイオマス）．

生産者 [producer] 他の生物や残骸を食べることなく，物理・化学的なエネルギー（太陽光と栄養素）だけを使って食べ物をつくることのできる生物．(⊿消費者)

生殖隔離 [reproductive isolation] 個体群の間で，交配を妨げ制限するような障壁が生じること．さまざまな障壁の例が知られているが，遺伝子の交換が行われなくなる点で，ひき起こされる効果はすべて同じである．(⊿地理的隔離)

生成物（化学反応の）[product] 化学反応でつくられる物質．(⊿反応物)

性染色体 [sex chromosome] 性決定にかかわる染色体．染色体ペアのいずれか一方が，生物個体の性を決めるはたらきをする．(⊿常染色体)

性選択 [sexual selection] 個体間に遺伝形質の違いがあり，その違いが交配相手を獲得する能力の違いとなる場合に起こる自然選択．

生息地 [habitat] それぞれの生物種が生息する特有の地域や環境条件．

生態学 [ecology] 生物と環境とのかかわりを研究する学問の分野．

成体幹細胞 [adult stem cell] 体性幹細胞ともいう．増殖する能力を維持したまま残っている成体の細胞．(⊿胚性幹細胞)

生態系 [ecosystem] 生物集団，および，それを取囲む物理的な環境をすべて含めたもの．空気や水の地球規模での大きな循環のために，地球のすべての生物は，一つの巨大な生態系，つまり生物圏の中に含まれる．

生態系サービス [ecosystem service] 人間社会に利益を与えるような生態系の作用や機能．たとえば，昆虫による作物への授粉や湿地帯による水の沪過作用など．

正の増殖因子 [positive growth regulator] 成長促進因子，ホルモン，調節タンパク質など，細胞分裂を促進する性質をもつ細胞内シグナル．(⊿負の増殖因子)

生物学 [biology] 生命について研究する学問分野．

生物学的階層性 [biological hierarchy] 最も小さな分子のレベルから，最も大きな生物圏まで，段階的に分けられた階層構造．生命体，生命体の構成成分，周辺の生物的・無生物的な環境も含めたもので，下位のものは，より上位のものの構成単位となっている．

生物学的種概念 [biological species concept] 互いに交配できる個体がいるグループを同種とみなす考え方．交配が起こらない程度に隔離されていても，同種とみなす．

生物群集 [community] 同じ地域に生息する異なる種の個体群の集まり．

生物圏 [biosphere] 地球のすべての生物，および，それを取囲む環境．(⊿生態系)

生物多様性 [biodiversity] 地球上，あるいは，ある特定地域にさまざまな生物がみられること．遺伝的な多様性，個体の行動パターンの多様性，生物種の多様性，さらに，生態系の多様性なども含む．

生物蓄積 [bioaccumulation] 周囲の非生物環境と比べて，より高い濃度で生物の体内に物質が蓄積されること．(⊿生物濃縮)

生物的 [biotic] 生態系の中で相互作用する関係にある生命体（原核生物，原生生物，動物，菌類，植物）の集まり，あるいは，それにかかわるものや現象をさす．(⊿非生物的)

生物濃縮 [biomagnification] 組織内に蓄積された化学物質の濃度が，食物連鎖のより上位の生物ほど高くなること．(⊿生物蓄積)

生物量 [biomass] ⊿バイオマス

脊椎動物 [vertebrate] 動物界の中の一つの門．背骨（脊椎骨）を特徴とするもの．魚類，両生類，哺乳類，鳥類，爬虫類などが含まれる．

接合子 [zygote] 二つの半数体（n）の細胞（配偶子）が融合してできた二倍体（$2n$）の細胞．動物では受精卵とよぶ．接合体ともいう．

節足動物 [arthropod] 動物界の中の一つの門．外骨格を特徴とするもの．ムカデやヤスデなどの多足類，エビやカニの甲殻類，および，昆虫・クモなどを含む．

絶滅危惧 [endangered] 種が絶滅する危険性のあること．

セルロース [cellulose] 植物細胞がつくる多糖類で，細胞壁を力学的に強化する役割をもつ．

遷移 [succession] 生物群集を構成する生物種が時間とともに置き換わっていくこと．気候条件が一定ならば，その地域でどのように遷移が起こるか，正確に予測でき

る．

前　期［prophase］　体細胞分裂や減数分裂段階の一つで，DNA が凝縮し，光学顕微鏡下で染色体が見えるようになる時期．

染色体［chromosome］　一つの DNA 分子が，タンパク質（ヒストン）と複合体をつくり凝縮してできる構造．体細胞分裂や減数分裂の前期に，染色体は最も凝縮された状態となる．

染色体説［chromosome theory of inheritance］　遺伝子が，染色体の上にあるという理論．すでに多くの実験的な裏付けがある．

染色体の独立分配［independent assortment of chromosomes］　減数分裂時に，父方と母方由来の染色体が，規則性のないランダムな組合わせとなり，配偶子に分配されること．

染色分体［chromatid］　細胞分裂期前期から中期にみられる染色体で，遺伝的に同じで，互いにセントロメアで結合している二つの染色体．

選択透過性膜［selectively permeable membrane］　細胞膜のように，どの物質を透過させるか，選別・制御する性質をもつ膜．

セントロメア［centromere］　細胞分裂期の中期以降にみられる染色体の狭くなった箇所．姉妹染色分体はこの部分で互いに付着している．

全能性［totipotency］　細胞が分化できる能力，あるいは，その能力をもっていること．あらゆる種類の細胞へと分化できる場合をさす．（⊿多能性，多分化能）

繊　毛［cilium（*pl.* cilia）］　オールのように水をかく運動をして，水を移動させる，あるいは，細胞の移動の役割をもつ毛のような突起構造．多くの真核生物細胞にみられる．（⊿真核生物の鞭毛）

草　原［grassland］　陸上のバイオームの一つ．草本性の植物がおもにみられる．冬季に寒く，夏季に暑い，比較的乾燥した地域にみられる．

相　似［analogy］　異種の生物間で似た形質を示す言葉．共通祖先の形質に由来するのではなく，収れん進化の結果似たものとなった場合．（⊿相同）

創始者効果［founder effect］　大きな集団から少ない個体数のグループが抜け出し，遺伝的瓶首効果の結果，元の集団とは大きくかけ離れたものに変化すること．

桑実胚［morula］　動物の初期発生過程でみられるボール状の細胞塊．卵割によって数の増えた細胞が集まってつくられる．クワの実に形が似ている．

増殖因子［growth factor］　多細胞の動物で，細胞の増殖を開始し，維持する重要な機能を担うシグナル伝達物質．

相　同［homology］　異種の生物間で似た形質を示す言葉．共通祖先の形質に由来する場合の名称．（⊿相似）

相同染色体［homologous chromosome］　相同染色体ペアのうち，母方，あるいは父方のいずれか一方の染色体．

相同染色体ペア［homologous chromosome pair］　二倍体の細胞における 2 本一組の染色体．同等の遺伝子セットを含み，同じ機能を担う．一つは母方から，他方は父方から引き継いでいる．

挿　入［insertion］　遺伝子 DNA の塩基配列の中に，一つ，または，複数の塩基配列が追加して組込まれることが原因で起こる突然変異．（⊿欠失，置換）

送粉者［pollinator］　おしべの花粉を，他の同種の花のめしべ柱頭に運ぶ動物．

相補鎖［complementary strand］　着目している DNA 鎖の配列に対して，AT/GC の対応する塩基対を形成するような配列をもった DNA 鎖．

相利共生［mutualism］　二つの種の間の相互作用で，互いにプラスの作用を及ぼし合う関係．（⊿共生，競争）

相利共生者［mutualist］　他種との間で互いに有利となる相互作用の関係をもつ生物．

属［genus（*pl.* genera）］　生物の分類で使用されるグループ名で，リンネ式階層分類体系では，"種"の上，"科"の下に位置する．

組　織［tissue］　多細胞の生物の体の中で，同種の特殊化した細胞の集まりで，共通の役割を分担するもの．

疎水性［hydrophobic］　塩や分子などの性質で，水分子と相互に混ざりにくいこと．疎水性の分子は，脂質や油には溶けやすいが，水には溶けにくい．（⊿親水性の）

粗面小胞体［rough endoplasmic reticulum］　小胞体の中で，リボソームと結合していて，タンパク質の合成を行う部分．（⊿滑面小胞体）

存在数［abundance］　生息域内にいる特定種の総個体数．

第一減数分裂［meiosis I］　減数分裂の最初の細胞分裂．相同染色体ペアは互いに分かれて異なる娘細胞に分離する．第一減数分裂では，父母方の染色体のうち片方の一組だけをもった半数体の娘細胞がつくられる．

タイガ［taiga］　⊿北方林

大気性の循環［atmospheric cycle］　大気中への放出・拡散過程を含んだ栄養素の循環．（⊿沈積性の循環）

体細胞［somatic cell］　多細胞生物で，配偶子あるいは配偶子となる細胞を除いた他のすべての細胞．

体細胞分裂［mitosis, somatic division］　真核生物の細胞の分裂方法の一つ．母細胞と同じ数の染色体をもつ娘細胞が二つつくられる．有糸分裂と同義．（⊿減数分裂）

代　謝［metabolism］　細胞内で起こる酵素による化学反応．物質の取込みや蓄積，エネルギーの消費なども含む．

代謝経路［metabolic pathway］　細胞内で起こる酵素による一連の化学反応経路．それぞれの化学反応の生成物が，次の反応の基質となる．

対照群［control group］　科学的な実験で，他の条件はまったく同じで，調査対象となる試薬や実験条件などの要素だけを取除いて用いる実験群．

大進化［macroevolution］　一部のグループが突出して増える適応放散，あるいは大きなグループがいなくなる大量絶滅などが起こり，分類学上で主要な位置を占めるグループが出現したり，失われたりすること．地球の歴史上，大きな進化上の変動が，何度か起こっている．（⊿小進化）

帯水層［aquifer］　岩盤中の水の不透過層内に取囲まれている地下水．

体性幹細胞［somatic stem cell］　⊿成体幹細胞

多遺伝子性［polygenic］　複数の遺伝子の作用によって表現型が決まること，あるいはその表現型．

タイトジャンクション［tight junction］　⊿密着結合

第二減数分裂［meiosis II］　減数分裂で二番目に起こる細胞分裂．姉妹染色分体が異なる娘細胞に分けられる．第二減数分裂は，半数体の細胞で起こる点以外は，本質的に通常の体細胞分裂と同じである．

大陸移動［continental drift］　長い年月をかけて地球の大陸が移動すること．

対立遺伝子［allele］　同じ遺伝子座にある遺伝子で，野生型から派生したものの総称．対立遺伝子は，それぞれ他のものとは異なった DNA 配列をもつ．

対立遺伝子頻度　⊿遺伝子頻度

対流セル［convection cell］　大きな規模で発生する大気の循環．温かい湿った空気が上昇し，冷たく乾燥した空気が下降することでひき起こされる．地球上には，熱帯域に二つ，極地域に二つ，合計四つの大規模な安定した対流セルが存在する．温暖域には，小規模で不安定な二つの対流セルがある．

大量絶滅［mass extinction］　地球上の多くの場所で，多数の生物種がいっせいに絶滅すること．

多雨林［rain forest］　降水量の多い森林．

タクソン［taxon（*pl.* taxa）］　リンネ式階層分類体系で，生物を分類する単位となるグループ．生物群．

多細胞生物［multicellular organism］　個体が複数の細胞で構成される生物．

多地域進化説［multiregional hypothesis］　ホモ・エレクトスが，世界中に広がり，そこから解剖学的に定義される現代人が生まれたと考える仮説．この仮説では，全世界規模で，異なるヒトの集団間での遺伝子のやりとりが行われ，単一の種のまま，現代人の特徴が，ほぼ同時にできあがったと考える．（⊿アフリカ起原説）

多　糖［polysaccharide］　単糖が共有結合で連結してできたポリマー．デンプンやセルロースなど．（⊿単糖，二糖）

多能性［multipotency］　細胞の分化できる能力，あるいは，その能力をもっていること．比較的限られた種類の細胞へと分化できる場合をいう．（⊿多分化能，全能性）

多倍数性［polyploidy］　3 組以上の相同染色体のセット（通常は 2n の 2 セット）を

もっていること，あるいは，それをもつ細胞や個体．多倍数性の個体群ができると，地理的な隔離なしで，急速に新種へと進化できる．（⇔半数体，二倍体）

多分化能［pluripotency］ 細胞の分化できる能力，あるいは，その能力をもっていること．さまざまな種類の成人の体細胞へと分化できる場合をいう．（⇔多能性，全能性）

ターミネーター［terminator］ 原核生物の転写終了点となる DNA 塩基配列．この位置に RNA ポリメラーゼが到達すると，転写を終え，合成した mRNA が DNA 相補鎖から切り離される．

多面発現性［pleiotropy］ 一つの遺伝子が，他のさまざまな遺伝子の発現型に影響を及ぼすこと．

多様性［diversity］ 生態系の生物群集の生物種構成を示す指標．生物群集中の種数，および，それらの種の存在比率の二つの指標が重要である．

炭酸固定［carbon dioxide fixation］ 二酸化炭素を有機分子の中へと取込む過程．植物の葉緑体内で起こる炭酸固定の結果，糖類が産生する．

炭水化物［carbohydrate］ 糖類やそれがポリマーになった多糖類などの総称．分子内では，-CHOH- のように各炭素原子が，2個の水素，1個の酸素原子と共有結合をつくる．（⇔糖）

炭素循環［carbon cycle］ 生物群集内，生物間，生物と周囲の物理環境との間，無生物的な環境内のすべての炭素元素の移動．

単糖［monosaccharide］ 単一の糖分子で，他の糖分子と結合して，二糖類や多糖類などの大きな分子をつくるのに使われる．グルコースが，生物のなかで最も多く使われている単糖である．（⇔多糖，二糖）

タンパク質［protein］ アミノ酸が決まった配列で連結したもの．複雑な三次元の構造をつくって機能するタンパク質が多い．

地衣類［lichen］ 原生生物の藻類（原生生物界）と菌類（菌界）との共生体．

地下水［groundwater］ 帯水層や地下の伏流河川などの，地下の水資源から得られる水．

置換突然変異［substitution mutaion］ 遺伝子の DNA 塩基配列中の一塩基が他の塩基に置き換わることで生じる突然変異．（⇔欠失，挿入）

地球温暖化［global warming］ 全地球規模の気温の上昇．二酸化炭素などの温室効果ガスが大気圏へ大量に放出されるなど，人間活動によって，現在，地球は世界的な気温上昇の時期にあるとみられている．

地球規模の変容［global change］ 環境が全地球規模で変化すること．大陸の移動や，人による陸圏・水圏の変容など，地球規模の変化の原因にはさまざまなものがある．

父方相同染色体［paternal homologue］ 相同染色体ペアの片方で，父方の配偶子（精子など）に由来するもの．（⇔母方相同染色体）

窒素固定［nitrogen fixation］ 大気中の窒素分子を，植物が栄養素として利用できるアンモニウムイオン（NH_4^+）などに変えること．自然環境下では窒素固定菌や雷の放電によって，人工的には肥料製造工程で，窒素固定が行われる．

着床前遺伝子診断［preimplantation genetic diagnosis］ 体外受精時に行われる診断で，発生を開始した胚から細胞を取出し，遺伝病の有無を検査すること．遺伝病がないと診断された胚を母親の子宮内へ移植する．

チャネルタンパク質［channel protein］ 膜タンパク質の一つで，細胞膜に小さな穴をつくり，イオンや分子を通す役割をもつもの．

チャパラル［chaparral］ 陸上のバイオームの一つ．雨の多い冬季，乾燥した暑い夏季の気候に合う低灌木や草本類の植物類が特徴である．チャパレルともいう．

中間径フィラメント［intermediate filament］ 細胞骨格となる繊維状構造のうち，アクチン繊維と微小管の中間的な太さをもつもの．細胞の機械的な支持構造となる．

中期［metaphase］ 体細胞分裂や減数分裂段階の一つ．核膜が消失してから，染色体が分裂面（赤道面）に並ぶまでの時期．

中心体［centrosome］ 細胞骨格の構造の一つで，微小管のネットワーク構造，細胞分裂時の紡錘体や二つの極構造（星状体）をつくるときの中心部分に相当する．

中性子［neutron］ 原子の核内に含まれる粒子で，電荷をもたないもの．

チューブリン［tubulin］ 微小管の構成単位となるタンパク質．

潮間帯［intertidal zone］ 海と陸との間，二つが接する海岸領域で，潮の最高位（満潮線）と最低位（干潮線）の間の地帯．

調節タンパク質［regulatory protein］ 遺伝子の発現のオン・オフにかかわるタンパク質．調節タンパク質が，調節 DNA 配列に結合することで，発現がコントロールされる．

調節 DNA［regulatory DNA］ 遺伝子の発現量を増減させる，あるいは，発現のスイッチをオン・オフするようなはたらきをする DNA 配列．調節 DNA 配列に，調節タンパク質が結合することで，発現がコントロールされる．

重複 ⇔重複（じゅうふく）

チラコイド［thylakoid］ 葉緑体内では，互いにつながった平坦な袋状構造が積み重なってグラナとよばれる構造をつくっている．この袋状構造の部分をチラコイドという．

チラコイド内腔［thylakoid space］ 葉緑体のもっとも内側，チラコイド膜で囲まれた内腔部分．

チラコイド膜［thylakoid membrane］ 葉緑体内にあるチラコイドを取囲んでいる膜．光合成と電子伝達系にかかわる色素や酵素群を密に含んでいる．

地理的隔離［geographic isolation］ 山や河川などの障害物によって，二つの生物集団が物理的に隔てられること．生物種が物理的に二つに隔離され，互いに交配できないほど遺伝的な差異が蓄積すると，新種が生まれることが多い．（⇔生殖隔離）

治療目的のクローニング［therapeutic cloning］ 目的の遺伝子型をもった胚性幹細胞（病気患者のゲノムをもった細胞など）をつくる技術．まず，半数体の細胞である未受精卵の核を抜き取り，生殖細胞以外の倍数体細胞（皮膚の細胞など）の核を移植する．つぎに，化学処理することで細胞分裂を誘導し，胚として発生を開始させる．その後，成長中の胚盤胞から幹細胞を取出し，化学処理で，他のさまざまなタイプの細胞への分化を誘導する．この技術は実験動物（マウスなど）で完成してはいるが，ヒトの細胞では行われていない．（⇔繁殖目的のクローニング）

沈積性の循環［sedimentary cycle］ 大気中への放出・拡散過程を含まない栄養素の循環．（⇔大気性の循環）

ツンドラ［tundra］ 陸上のバイオームの一つ．厳しい冬季に耐えられるスゲやヒースなどの草や低木の顕花植物，コケや地衣類がみられる．大木となる樹木がほとんどない．

tRNA ⇔転移 RNA

DNA［deoxyribonucleic acid］ デオキシリボ核酸．生命体のタンパク質を合成するのに必要な情報を伝えるもので，ヌクレオチドが連結してつくられる．

DNA 塩基配列決定［DNA sequencing］ DNA 分子の塩基配列を決めること．通常は短い DNA 断片にして，自動化された装置を用いて配列を決定する．

DNA クローニング［DNA cloning］ 一つの細胞（一般に細菌が使われる）に，組換え DNA を導入して複製を多数作成すること．

DNA 修復［DNA repair］ DNA の損傷を修復するしくみ．三つの過程に分けることができる．まず損傷部分を検出し，つぎに，その箇所を取除き，最後に DNA を新しく合成して修復する．

DNA チップ［DNA chip］ 数 cm のサイズの小さな基板表面に，数千種類もの DNA 試料が，ある決まった配置で整然と塗布されたもの．

DNA テクノロジー［DNA technology］ DNA 分子を操作するときに用いる種々の科学技術や手法．

DNA ハイブリダイゼーション［DNA hybridization］ 2 種類の DNA の間で，相補的な塩基配列の結合（ハイブリッド形成）を作成させる実験操作．

DNA 配列［DNA sequence］ 遺伝子，DNA 分子，あるいはゲノムの中での，アデニン（A），チミン（T），グアニン（G），シトシン（C）の塩基配列．

DNA フィンガープリント法［DNA fingerprinting］ 個体の同定や個体間の関係を調べるのに使われる DNA 分析方法．

DNA 複製［DNA replication］ 同じ配列の DNA 分子をコピーして作成すること．まずはじめに 2 本の DNA 鎖の間の水素結合を引き離し，それぞれの DNA 鎖が巻き戻

されながら，二つに分かれる．つぎに，それぞれのDNA鎖を鋳型にして，新しいDNA分子を合成する．

DNAプライマー［DNA primer］　PCRでDNAの増幅・複製の目的で使う短い配列のDNA．増幅・複製する遺伝子の一端と相補的に結合する配列のものが使われる．

DNAプローブ［DNA probe］　放射性同位体や蛍光色素で標識したDNA分子．数十～数百塩基の短いものが一般に使われ，検査対象のDNA試料とハイブリッドを形成させて，結合の強さから，類似の塩基配列をもつかどうかを調べることができる．

DNA分離［DNA segregation］　複製されたDNAが，細胞分裂によって二つの娘細胞に均等に分配されること．

DNAポリメラーゼ［DNA polymerase］　細胞がDNAを複製するときに使う酵素．遺伝子工学では，PCRによって遺伝子や他のDNA分子の複製を多数つくるときに使用する．

DNAライブラリー［DNA library］　ある生物から抽出したDNA断片の一式を，複製や保存のために，細菌などの他の細胞に導入したもの．

底生帯［benthic zone］　淡水域や海水域の中で，湖底・海底などの底面部分．

低張液［hypotonic solution］　細胞質に比べて低い塩濃度をもつ溶液．細胞外へ出ていく水よりも，多くの水が細胞内へと侵入する．（⇔高張液，等張液）

デオキシリボ核酸［deoxyribonucleic acid］　⇔DNA

適　応［adaptation］　自然選択の結果，生息環境の中で，より高い確率で生き残り，繁殖できるようになること．あるいは，そのような遺伝的な特性を獲得すること．

適応進化［adaptive evolution］　自然選択によって，生物がより環境に適合するように変化すること．

適応放散［adaptive radiation］　生物集団が，新しい生態学的な役割を獲得した結果，新種群やさらに大きな分類群を生み出すような進化を遂げること．

転移RNA（tRNA）［transfer RNA］　タンパク質の合成の過程で，mRNAの塩基配列で決まるアミノ酸をリボソームに運ぶ役割のRNA分子．

転　座［translocation］　染色体異常による突然変異の一つ．染色体の一部が切り離されて，相同染色体ではない別の染色体に結合すること．

電　子［electron］　原子の中に存在する負の電荷をもった粒子．原子は，それぞれの元素種で決まる数の電子をもつ．（⇔陽子）

電子伝達系［electron transport system］　電子の受け渡しを行う一群の膜タンパク質や酸化還元分子．ミトコンドリアや葉緑体では，電子の受け渡しのときに放出されるエネルギーを使って水素イオンが輸送され，膜内外の濃度勾配が生まれる．最終的には，このプロトン勾配を利用して，ATPが合成される．

転　写［transcription］　遺伝子のDNAを鋳型にしてRNA分子がつくられること．転写は遺伝子の情報からタンパク質がつくられる過程のうち，最初の重要なステップで，タンパク質合成に必須なmRNA，rRNA，tRNAがつくられる．（⇔翻訳）

点突然変異［point mutation］　1個の塩基が変化することによって生じた突然変異．

糖［sugar］　単純な炭水化物で，一般に$(CH_2O)_n$の形の分子式で表記できる単糖類や二糖類を糖という．nは単糖類では3～7，多くの二糖類で12となる．

同位体［isotope］　陽子の数が同じで，中性子の数，すなわち，質量数が通常のものと異なっている元素．

同化作用［anabolism］　生物の代謝反応のうち，原子や小さな分子から，大きく複雑な分子を合成すること．（⇔異化作用）

同化反応［anabolic reaction］　⇔生合成反応

動原体［kinetochore］　体細胞分裂や減数分裂のときに，染色体のセントロメア領域にみられるタンパク質複合体．紡錘体微小管が付着する場所．

同所的種分化［sympatric speciation］　地理的な隔離なしで，元の生物集団から分かれて新しい種が生まれること．（⇔異所的種分化）

等張液［isotonic solution］　細胞内の原形質と同じ塩濃度をもつ溶液．細胞外へ出ていく水と，細胞内へと侵入する水は同量で均衡している．（⇔高張液，低張液）

動物界［Animalia］　動物を含む界．多細胞の従属栄養の真核生物で，特殊化した組織，器官，器官系，体制，行動パターンをもつ．

独立の法則［law of independent］　メンデル遺伝学の二つ目の法則で，配偶子ができるとき，対立遺伝子の分配が，他の対立遺伝子の分配とは関係なく，別々に起こること．連鎖している遺伝子の間では，独立の法則は成り立たない．

突然変異［mutation］　生物のもつDNAの塩基配列が変化すること．突然変異によって新しい対立遺伝子ができ，その結果，遺伝的な多様性が生まれる．

突然変異原［mutagen］　化学物質や放射線などのエネルギーなど，DNAの配列を変化させるもの．

ドメイン（超界）［domain］　分類学上の"界"の上のグループ分け．細菌，アーキア，真核生物の三つのドメインがある．

トランスポゾン［transposon］　染色体内で，あるいは，染色体間で移動する性質をもつ遺伝子．"ジャンピング遺伝子"とよばれることもある．

トリアシルグリセロール［triacylglycerol］　グリセリン内の三つのすべてのヒドロキシ基が脂肪酸と結合したもの．余ったエネルギーをグリコーゲンではなく，トリアシルグリセロールとして蓄える動物が多い．

トリソミー［trisomy］　二倍体の生物で，通常の2本の相同染色体（二つのコピー）ではなく3本の染色体をもつこと．

内　腔［lumen］　細胞小器官の内側で膜に囲まれた空間，あるいは器官の内側にある空洞部分．

内部細胞塊［inner cell mass］　哺乳類の初期の胚（胚盤胞）の中にある細胞の集まり．発生が進むと，胚（胎児）およびそれを取囲む膜組織の一部となる．

内分泌撹乱化学物質［endocrine disrupter］　ホルモンの機能を妨げ，悪影響を及ぼす作用をもつ物質．繁殖力の低下，発生異常，免疫力の低下，発がん性のものなどがある．

二価染色体［bivalent chromosome］　父方，母方由来の二つの相同染色体が並列したもの．第一減数分裂中期でみられる．

二次構造（タンパク質の）［secondary structure］　タンパク質の部分的で三次元的な折りたたみ構造．アミノ酸の配列でほぼ形が決まる．αヘリックス（らせん）構造とβシート構造が，最も一般的な二次構造である．（⇔一次構造，三次構造，四次構造）

二次消費者［secondary consumer］　一次消費者を食べる生物．（⇔一次消費者，三次消費者）

二次生産力［secondary productivity］　生態系において，消費者による，単位時間・単位面積当たりのバイオマス生産量．（⇔純一次生産力）

二次遷移［secondary succession］　撹乱の後，生物群集が回復するときに起こる生態学的な遷移．農耕地として使われなくなった土地が森林になるときなどに起こる．（⇔一次遷移）

二重らせん［double helix］　DNA分子の代表的な構造で，共有結合によって連結したポリヌクレオチド鎖2本が，塩基間の水素結合で接着し，互いに巻きついて，らせん状になったもの．

二足歩行［bipedal］　2本の後脚で直立して歩くこと．

二　糖［disaccharide］　二つの単糖からつくられている分子．スクロース（ショ糖），ラクトース，マルトースなどがある．（⇔多糖，単糖）

二倍体［diploid］　2組の完全な相同染色体のセット（$2n$）をもっている細胞，または個体．（⇔半数体，多倍数性）

二分裂［binary fission］　単細胞の微生物における無性生殖の一つで，元の母細胞が二つに分裂して，遺伝的に同じ二つの娘細胞になること．単に分裂ともいう．

ヌクレオチド［nucleotide］　エネルギー担体や核酸（DNAやRNA）を構成する単位となっている有機分子．リン酸，五炭糖，塩基（⇔核酸塩基）からなる．ヌクレオチドが連結してDNAやRNAがつくられる．

熱帯林［tropical forest］　陸上のバイオームの一つ．温暖な気候，豊富な降水量と十分な日照時間が特徴で，樹木，つる植物，灌木類の種類も多様である．

熱力学第一法則［first law of thermodynamics］　エネルギーは，形を変えたり，分子間で転送されたりはするが，生まれたり失われたりすることはなく，総量は一定であるという法則．

熱力学第二法則［second law of thermodynamics］細胞から全宇宙まで，すべての系はより無秩序になる傾向にあること，また，系の秩序を得る，あるいは，秩序を維持するには，周囲の環境をより無秩序にする必要があるという物理法則．

能動輸送［active transport］細胞膜を通した物質輸送のうちエネルギーを必要とするもの．(⇌受動輸送)

能動輸送タンパク質［active carrier protein］ATP加水分解などのエネルギーを使い，イオンや分子などの物質を細胞膜を通して輸送する膜タンパク質．(⇌受動輸送タンパク質)

濃度勾配［concentration gradient］2点間での物質濃度の差．

バイオマス［biomass］単位面積当たりの生物の重量．

バイオーム［biome］生物圏の中の比較的大きな領域を占め，気象条件と生態学的な特徴をもつ地域．陸上のバイオームは植生で，水圏のバイオームは物理的，化学的な特色で分類される．

倍加時間［doubling time］繁殖によって個体数が倍になるのに要する時間．個体群の成長速度を示す指標となる．

配偶子［gamete］受精のときに，もう片方の性細胞と融合する半数体の生殖細胞．卵や精子などの細胞．

排出量取引制度［cap-and-trade system］環境をコントロールする方法として，国策レベルで行われる対策の一つ．国内で年間に放出される環境汚染物質量の上限値を決め，汚染物質を放出する各企業に，ある一定量の放出許容量が与える．

胚性幹細胞［embryonic stem cell］動物の胚に由来する全能性の幹細胞．哺乳類では，胞胚期の内部細胞塊の細胞，あるいは，それに由来する培養細胞．(⇌成体幹細胞)

胚盤胞［blastocyst］内部に空洞のある球状の細胞の集まり．哺乳類の発生過程で，桑実胚になった後でつくられる形態．

ハウスキーピング遺伝子［housekeeping gene］体のほとんどすべての細胞で共通して発現していて，細胞の活動を維持する上で重要で基本的な役割を果たす遺伝子．

白亜紀絶滅［Cretaceous extinction］6500万年前に起こった大量絶滅．多くの海産無脊椎動物，陸上植物，恐竜を含む陸生動物が一掃された．

発がん物質［carcinogen］がん発生の原因となるような物理的な作用，化学試薬，および生体由来の物質．

発酵［fermentation］解糖系を使ってATPを生成する一連の代謝反応．酸素は必要としない．解糖系でグルコースから生成されるピルビン酸が，他の有機化合物，たとえば，エタノールと二酸化炭素，または，乳酸などに変えられる．

発生［development］一つの細胞から，一個体まで，生物が成長する過程．

ハーディー・ワインベルグの式［Hardy-Weinberg equation］進化の起こっていない生物集団内の遺伝子型の頻度を示す数式 ($p^2 + 2pq + q^2 = 1$).

花［flower］被子植物，あるいは，花成植物として知られる植物グループの特徴となる，特殊化した生殖器構造．

母方相同染色体［maternal homologue］相同染色体ペアの片方で，母方の配偶子（卵母細胞，卵など）に由来するもの．(⇌父方相同染色体)

パンゲア［Pangaea］2億5000万年前にあった，現在の大陸をすべて合わせた大きさの超大陸．約2億年前からゆっくりと分断され始め，現在の大陸ができあがった．

繁殖目的のクローニング［reproductive cloning］核移植によって，他の個体と遺伝的にまったく同じ，動物の仔を人工的につくること．はじめに用いる技術は，ヒトの不妊治療で用いるクローニング技術と同じであるが，幹細胞を胚から抜き取る操作はしない．代わりに，胚を代理母となる雌親の子宮内に移植する．順調に発生が進めば，健康な仔が生まれ，その仔は，細胞の核を提供した動物個体と遺伝的にまったく同じとなる．(⇌治療目的のクローニング)

半数体［haploid］相同染色体の片方の一組だけをもつ細胞や生物．それぞれの相同染色体のうち，母方，あるいは父方由来の片方だけのセットをもつ．(⇌二倍体，多倍数性)

伴性遺伝［sex-linked inheritance］性染色体上の遺伝子のはたらきで起こる遺伝現象．

パンネットスクエア［Punnett square］雄・雌のすべての可能な配偶子（卵と精子）を，縦横の端に並べて，交配して生まれる子孫の遺伝子型を予測するのに使う表．

反応中心［reaction center］アンテナ複合体の中の色素（クロロフィル）の集まった部分．光のエネルギーを吸収すると，内部の電子が活性化して，電子伝達系に移動する．

反応物［reactant］化学反応で使われる物質．(⇌生成物)

pH 溶液中の水素イオンの濃度を示すパラメーター．1〜14の間の数字で，pH 7は中性，pH 7未満は酸性，pH 7を越える値はアルカリ性（塩基性）を意味する．

比較ゲノミクス［comparative genomics］種々の生物のゲノムを，比較し，解析する学問分野．

光従属栄養生物［photoheterotroph］太陽光のエネルギーを獲得し，他の生物に由来する炭素化合物を栄養素にする生物．知られている光従属栄養生物は，すべて原核生物である．(⇌光独立栄養生物，化学従属栄養生物，化学独立栄養生物)

光独立栄養生物［photoautotroph］太陽光のエネルギーを獲得し，空気中の二酸化炭素を栄養素にする生物．たとえば，シアノバクテリア，緑藻，植物など．(⇌光従属栄養生物，化学従属栄養生物，化学独立栄養生物)

非共有結合［noncovalent bond］水素結合，イオン結合など，共有結合以外のすべての原子間結合．電子の共有以外の別のしくみによって結合力を発生する．

非極性分子［nonpolar molecule］構成原子の間で電荷がほぼ均等に分布する分子．非極性分子は，水素結合はつくらず，水には溶けにくい．(⇌極性分子)

非コードDNA［noncoding DNA］イントロンやスペーサーDNAなど，タンパク質やRNAの配列に直接対応していない領域にあるDNA．

PCR ⇌ポリメラーゼ連鎖反応

被子植物類［angiosperms］花成（花を咲かせる）植物に相当する．植物の四つの大きなグループの一つ．維管束系，種子，花，果実をもつ．現存する植物の大半を含む．(⇌裸子植物類)

微小管［microtubule］チューブリン分子が集まってつくるタンパク質でできた管状の構造．微小管は細胞内骨格の一つである．

微小繊維［microfilament］アクチン分子が集まってつくるタンパク質の繊維状構造．微小繊維は細胞内骨格の一つで，細胞が運動するうえで，重要なはたらきをもつ．

被食者［prey］捕食者が殺して餌とする生き物．

ヒストンタンパク質［histone protein］DNA二重らせんを巻き付けて数珠状の構造をつくる芯の部分に相当するタンパク質．クロマチンを高密度に凝縮させるはたらきがある．

非生物的［abiotic］生態系の中で，生物群集を取囲む生物以外の環境要素，あるいは，それにかかわるものや現象をさす．大気，水，地殻など．(⇌生物的)

P世代［P generation］遺伝的交雑を行うときの親の世代，つまり，F_1世代の親．(⇌F_1世代，F_2世代)

ヒト科［hominid］ヒトやヒトの絶滅した祖先種を含む霊長類のグループ．

ヒトゲノムプロジェクト［Human Genome Project, HGP］ヒトの全遺伝子配列を決めるために，米国のNIH（国立衛生研究所）やエネルギー省が発案して始まった，公的な資金援助による国際的な共同研究組織．

表現型［phenotype］遺伝形質が，特定の形質として個体に現れたもの．たとえば，黒色，茶色，赤色，金色などの髪の毛の色は，ヒトの髪の毛の色を支配する遺伝形質の表現型である．(⇌遺伝子型)

病原体［pathogen］感染した宿主に発病させ，ときには致死的な害をひき起こす生物やウイルス．

標的細胞［target cell］シグナル分子を受容し応答する細胞．

ピルビン酸［pyruvic acid］解糖で生成する3炭素からなる分子．ミトコンドリアで処理されて，ATP合成のために使われる．

瓶首効果（ボトルネック効果）［bottleneck effect］急激に個体群数が減ったために，遺伝的な多様性が減少し，危険性の高い対立遺伝子の頻度が集団内で100%に達すること．

ファゴサイトーシス［phagocytosis］⇌食

作用

富栄養化 [eutrophication] 水中の栄養分が多いために，細菌の密度が上昇し，溶存酸素濃度が減少すること．農地肥料を含む排水が原因で起こることがある．

不完全優性 [incomplete dominance] ヘテロ接合体（遺伝子型が Aa）の個体が，対立遺伝子の2種類のホモ接合体である AA と aa の個体の中間的な表現型を示すこと．（⇔共優性）

不規則個体数変動 [irregular fluctuations of population] 自然状態でみられる個体群成長パターンの一つで，個体数が時間とともに不規則な変動をすること．

負の増殖因子 [negative growth regulator] 細胞内外の種々のシグナルや制御タンパク質のうち，分裂を止めることによって細胞増殖を制御するもの．（⇔正の増殖因子）

不飽和脂肪酸 [unsaturated fatty acid] 炭化水素鎖の中に二重結合（不飽和結合）をもつ脂肪酸．（⇔飽和脂肪酸）

プラスミド [plasmid] 細菌の小型の環状DNA断片．細菌の間の遺伝子のやりとりにかかわる．遺伝子工学では細菌に遺伝子を送り込むベクターとして利用する．

フレームシフト [frameshift] 遺伝子配列の中に，3（コドンに相当）の整数倍ではない数の塩基対が，挿入あるいは欠落したために，遺伝情報の意味が大きく変化すること．そのような遺伝情報から翻訳されるタンパク質のアミノ酸配列は大きく変化するので，タンパク質として機能しないことが多い．

プロトン勾配 [proton gradient] 脂質膜を介して生じた水素イオン（H^+）の濃度差．

プロモーター [promoter] 遺伝子の発現のときに，転写のためのRNAポリメラーゼが結合するDNA上の配列．転写段階での遺伝子発現の制御が行われる場所．

分解者 [decomposer] 死骸を消費して，分子量の小さな化合物まで分解する生物．栄養素を無機的な物理環境へと戻して循環させる役割を担う．

分子 [molecule] 二つ以上の原子が共有結合によって結合したもの．

分断選択 [disruptive selection] ある両極端な遺伝形質をもつ2種類の個体が，集団の中間的な特性をもつ個体よりも有利となることでひき起こされる自然選択．たとえば，大型と小型の個体が，中型の個体よりも，多くの子孫を残す場合にみられる．（⇔方向性選択，安定化選択）

分離の法則 [law of segregation] メンデル遺伝学の一つ目の法則で，減数分裂のときに対立遺伝子のペアが分離し，別々の配偶子に分配されること．

ベクター [vector] DNAを他の細胞（大腸菌など）に導入する目的で用いる環状のDNA分子．"DNAの運び手"となるもので，DNA断片をクローニングしたり，組換えDNAを他の細胞へと移したりするときに便利である．

ヘテロ接合体 [heterozygote] 異なる対立遺伝子を二つもつ個体．たとえば，Aa の遺伝子型の個体．（⇔ホモ接合体）

ペプチド結合 [peptide bond] アミノ酸のアミノ基と他のアミノ酸のカルボキシ基との間でつくられる共有結合．アミノ酸がペプチド結合で連結してタンパク質がつくられる．

ペルム紀絶滅 [Permian extinction] 約2.5億年前に起こった地球歴史上最大の大量絶滅．95％の種が絶滅したグループもある．

変性（タンパク質の）[denaturation] タンパク質の立体構造，特に活性部位にかかわる部分の構造が壊れて，機能が失われること．

鞭毛 [flagellum (pl. flagella)] 細胞の外に長く飛び出した構造で，くねり運動や回転運動をして，細胞を移動させる．（⇔細菌の鞭毛，真核生物の鞭毛）

保因者（遺伝子の）[carrier] 遺伝病の原因となる対立遺伝子をもっているが，発症していない個体．

方向性選択 [directional selection] ある極端な遺伝形質をもつ個体が，集団の他の個体より有利となることでひき起こされる自然選択．たとえば大型の個体が，小型・中型の個体よりも，多くの子孫を残す場合にみられる．（⇔分断選択，安定化選択）

胞子 [spore] 減数分裂で直接つくられる菌類の生殖細胞で，乾燥や腐敗から守るための外皮で覆われている．

放射性同位体 [radioisotope] 不安定な元素で，しだいに分解し，安定な元素になるときに放射線を出す性質をもつもの．

紡錘体 [mitotic spindle] ラグビーボールのような形（紡錘形）をした微小管でつくられる構造で，細胞分裂のときに染色体を分けて移動させるはたらきをする．

飽和脂肪酸 [saturated fatty acid] 炭化水素鎖の中に二重結合（不飽和結合）のない脂肪酸．（⇔不飽和脂肪酸）

母指対向性 [thumb opposability] 霊長類にみられる手足の特徴で，親指が自由に動き，他の指と向き合うような位置にある状態．

捕食者 [predator] 他の生物を殺して餌にする生物．（⇔被食者）

保存性の高い遺伝子 [conserved gene] 複数の生物分類群の間で，遺伝子の塩基配列や基本的な機能が同じであるような遺伝子．

北方林 [boreal forest] タイガともよばれる．陸上のバイオームの一つ．乾燥し寒い冬期と穏やかな夏期の気候が特徴である．北方，あるいは，高地で成長する針葉樹がおもな植生となる．

ボトルネック効果 [bottleneck effect] ⇔瓶首効果

ホメオスタシス（恒常性） [homeostasis] 体内，あるいは，細胞内で一定の適した状態を維持すること，および，その調節機構．

ホメオティック遺伝子 [homeotic gene] 個体の発生時の形態形成や分化の過程で，遺伝子発現を制御する重要なスイッチとしてはたらくマスター遺伝子．個体発生に直接使われる他のタンパク質群の遺伝子発現をいっせいにコントロールしている．

ホモ接合体 [homozygote] 同じ対立遺伝子をもつ個体．たとえば，AA や aa の遺伝子型の個体．（⇔ヘテロ接合体）

ポリジーン性 [polygenic] ⇔多遺伝子性

ポリペプチド [polypeptide] アミノ酸が共有結合で直鎖状に連結してできるポリマー．

ポリマー [polymer] 小さなモノマー分子が連結してできる大きな分子．

ポリメラーゼ連鎖反応（PCR） [polymerase chain reaction] DNAポリメラーゼを使って，目標とする塩基配列のDNA分子を大量につくる方法．

ホルモン [hormone] 動物の血液や植物の組織中に，ごく少量放出されるシグナル伝達分子で，標的の細胞や組織の機能に影響を与えるもの．

翻訳 [translation] mRNAの塩基配列をタンパク質のアミノ酸配列に変換すること．翻訳は，遺伝子の情報からタンパク質がつくられる過程のうち，二番目の重要なステップで，リボソーム上で進行する．（⇔転写）

膜間腔 [intermembrane space] 葉緑体やミトコンドリアにみられる，内膜と外膜との間の空間．

湖 [lake] 淡水の生態系の一つ．河川のように移動することがない，ひとまとまりの水塊．さまざまな面積のものがあり，数千 km^2 に及ぶものもある．

ミスマッチエラー [mismatch error] DNA複製時の間違いとして検出・修復されず，塩基対の相補性のミスマッチとして配列の中に残ったもの．

密着結合 [tight junction] 細胞の内側に線状に並び，隣接する細胞との間をつなぐ構造．隣接する細胞の膜タンパク質との間で架橋し，細胞間を密着させ，隙間を他の物質が通らないほどの強い結合となる．

密度依存性 [density-dependent] 生物の密度増加に伴い，個体群の増加を強く抑えるようにはたらく性質，あるいは，そのような作用をもつ因子．たとえば，食料の欠乏など．（⇔密度非依存性）

密度非依存性 [density-independent] 生物の密度には関係なく，個体群の増加を抑えるようにはたらく性質，あるいはそのような作用をもつ因子．たとえば気象条件など．（⇔密度依存性）

ミトコンドリア [mitochondrion (pl. mitochondria)] 真核生物の細胞呼吸を担う細胞小器官．二重の膜で囲まれている．有機酸類を分解し，酸素と電子伝達系を使った好気的な酸化反応，およびATP合成を行う．

無性生殖 [asexual reproduction] 繁殖方法の一つで，体細胞から別の新しい個体を生み出すこと．染色体や遺伝子の交換は行われないので，遺伝的に同じ子孫が生まれる．（⇔有性生殖）

明反応 [light reaction] 光合成の反応の中で，光のエネルギーを取込み，ATPやNADPHなどの高エネルギー化合物を生成

する過程．葉緑体の中のチラコイド膜で起こり，副産物として酸素を生成する．（⇨カルビン回路）

メッセンジャーRNA（mRNA）［messenger RNA］　翻訳されるタンパク質のアミノ酸配列を決めるRNA．

メンデルの法則　⇨分離の法則，独立の法則

目［order］　生物の分類で使用されるグループ名で，リンネ式階層分類体系では，"科"の上，"綱"の下に位置する．

モータータンパク質［motor protein］　ATPの化学的なエネルギーを使って力学的な仕事を行う酵素．微小管や微小繊維に沿った細胞小器官の運動で使われる．

モノマー（単量体）［monomer］　連結されて，より大きな分子複合体であるポリマーをつくるのに使われる単位分子．

門［phylum（*pl.* phyla）］　生物の分類に使用されるグループ名で，リンネ式階層分類体系では，"綱"の上，"界"の下に位置する．

有機化合物［organic molecule, organic compound］　水素と共有結合する炭素原子を分子内に少なくとも1個もつ化合物．この現代的な定義の前は，生物由来のものだけを有機物分子とよんでいた．現在，人工的にさまざまな有機化合物が合成できるようになった．

有糸分裂　⇨体細胞分裂

湧昇［upwelling］　海底・湖底・川底の水が，風，波，潮流，水流，あるいは，水温変化に伴う対流によってかき混ぜられ，水深の浅い領域へと上昇すること．

優性遺伝子［dominant allele］　ヘテロ接合体の個体で，劣性の対立遺伝子と組合わさったときに，発現形質（優性形質）を決める遺伝子．

優生運動［eugenics movement］　特定の遺伝学的特性をもつ人の出産を推進し，それ以外の出産を抑制することで，遺伝学的に"より良い"と考えられる人類を増やそうとする試み．

有性生殖［sexual reproduction］　二つの個体，または，配偶子に由来する遺伝子セットが組合わさって，新しい個体（子孫）が生まれること．（⇨無性生殖）

誘導適合モデル［induced-fit model］　基質と酵素との間の相互作用を説明するモデル．酵素反応の基質が酵素に結合するとき，酵素に小さな構造変化が起こり，活性部位の形が基質に合うように変化するという考え方．

誘導防御反応［induced defense］　植食性の動物の攻撃によって誘発される植物の防御反応．

輸送小胞［transport vesicle］　細胞内の異なる区域や細胞小器官の間で，また，細胞の内側と外側の間で，物質を搬送するのに使われる，膜で囲まれた小胞．

溶液［solution］　溶媒と溶質が混ざった状態のもの．

陽子［proton］　原子核の中にある正の電荷をもつ粒子．すべての原子に，元素種によって決まる数の陽子が含まれる．（⇨電子，中性子）

溶質［solute］　溶液で，溶媒に溶け込んだ物質．

羊水穿刺［amniocentesis］　妊婦の腹部から子宮内に注射針を挿入し，胎児を取囲む羊膜腔から羊膜液を取出す操作．取出した液中には胎児の細胞が含まれるので，出産前遺伝子検査に使用する．

溶媒［solvent］　溶液において，溶質を溶かしている液体（一般に，生物の場合，水が溶媒となる）．

葉緑体［chloroplast］　光合成反応を行う細胞小器官．高等植物や藻類の細胞にみられる．

四次構造（タンパク質の）［quaternary structure］　異なるポリペプチド鎖が組合わさってつくる立体的な複合体．四次構造がつくられてはじめて機能できるタンパク質も多い．（⇨一次構造，二次構造，三次構造）

予測［prediction］　科学的な方法のうち，もし仮説が正しければ観察されるべき，論理的な結論を記したもの．

ライフサイクルエンジニアリング［life cycle engineering］　工業的な生産から廃棄処分まで，すべての過程で環境へ与える影響を調べ，必要に応じてその影響を削減する作業．

裸子植物類［gymnosperms］　植物の四つの大きなグループの一つ．マツやエゾマツなどの針葉樹類が代表的な例である．裸子植物類は，維管束系組織や種子をもつが，果実や花がない．（⇨被子植物類）

リガーゼ［ligase］　DNA断片の間をつなぐ酵素．遺伝子工学では，遺伝子を他種のDNA分子内へ挿入するときに，リガーゼを用いる．

陸圏の変容［land transformation］　人間の影響で陸上地形が変えられ，その地域の物理的，生物的な特性が変化すること．（⇨水圏の変容）

リソソーム［lysosome］　内腔が酸性で，取込んだ高分子類を分解する酵素を含む細胞小器官．

リプレッサータンパク質［repressor protein］　遺伝子の発現を抑えるはたらきのタンパク質．

リボ核酸［ribonucleic acid］　⇨RNA

リボソーム［ribosome］　タンパク質とリボソームRNAからなる複合体．タンパク質の合成が行われる場となる．細胞質内に分散していたり，小胞体（粗面小胞体）に付着していたりする．

リボソームRNA（rRNA）［ribosomal RNA］　リボソームの重要な構成要素となるRNA分子．

流動モザイクモデル［fluid mosaic model］　細胞膜は，脂質分子とタンパク質分子を含んだ流動性の高いリン脂質二重層で構成されているという考え方．脂質やタンパク質は，膜の面内を横方向へ移動できる．

良性腫瘍［benign tumor］　局所的な腫瘍細胞の増殖でできる細胞塊．体の他の組織に広がることがないために，比較的弊害は少ない．（⇨悪性腫瘍）

林冠［canopy］　森林の中の生物の生息域で，高所の枝や葉の部分．

リン酸化［phosphorylation］　有機物分子にリン酸基が追加される化学反応．

リン酸基［phosphate］　リンと4個の酸素からなる官能基．

リン脂質［phospholipid］　グリセリンとリン酸からなる親水的な頭部と，2個の脂肪酸からなる疎水的な尾部をもつ脂質分子．リン脂質は，すべての生物の細胞膜の主要な構成要素となっている．

リン脂質二重層［phospholipid bilayer］　リン脂質が集まってつくられる2層構造で，疎水的な尾部を内部に，両側を親水的な頭部がサンドイッチのように挟んでいる．脂質二重層は，すべての生物の細胞膜に共通する基本構造である．

輪状種［ring species］　山岳など地理的隔離となる領域のまわりを取囲むように輪状に分布する生物種．輪の端となる箇所では，個体群は互いに接触する機会はあるものの，交配はできない．

リンネ式階層分類体系［Linnaean hierarchy］　生物の系統別に分けたり，種名を決めたりするときに，生物学者が用いる分類方法．大きなものから，最も小さな分類群まで，界，門，綱，目，科，属，種の7段階に分けられている．

ルビスコ［RuBisCo］　光合成の炭酸固定で，最初の二酸化炭素との反応に使われる酵素．

霊長目［primate］　哺乳類綱の中の目．現存種には，キツネザル，メガネザル，サル，ヒトや類人猿などがいる．柔軟な肩や肘の関節，母指対向性，両眼視できる眼，体のサイズに比べて大きな脳が，共通する特徴である．

劣性対立遺伝子［recessive allele］　優性の対立遺伝子と組合わさってヘテロ接合体になると，表現型として影響が現れなくなる対立遺伝子．

連鎖（遺伝子の）［linkage］　異なる遺伝子が，同じ染色体上で近くにあるために，メンデルの独立の法則に従わないこと．

出　典

写真出典

第 1 章　p. 1, 13: Dr. Philippa Uwins, University of Queensland の好意による; 1.1: Strauss/Curtis; p. 3（右下）: Dr. JoAnn Burkholder; 1.3(a): Photo by the NC Division of Marine Fisheries; 1.3(b): Juvenile Atlantic Menhaden, Pamlico Estuary, NC; photo by H. Glasgow; 1.4(a): Yorgos Nikas/Stone/Getty Images; 1.4(b): Visuals Unlimited/Corbis/amanaimages; 1.4(c): Prof S. Cinti; 1.4（中央）: Patrik Giardino/Corbis/amanaimages; 1.4(d): Purestock/Getty Images; 1.4(e): Dr. John D.Cunningham/Visuals Unlimited; 1.4(f): Dr. John D. Cunningham/Visuals Unlimited; 1.7: F. Stuart Westmorland; 1.8: Momatiuk-Eastcott/Corbis/amanaimages; 1.9: David Vintiner/zefa/Corbis/amanaimages; p. 8（Charles Darwin）: the Library Dept., American Museum of Natural History の好意による; p. 10: Bettmann/Corbis/amanaimages; 1.12: Jeffrey L. Rotman/Corbis/amanaimages; p. 11（コラム）Getty Images.

第 2 章　p. 16, 26: Vienna Report Agency/Sygma/Corbis/amanaimages: 2.1(a): Tim Graham/Corbis; 2.3(a): Keren Su/Corbis/amanaimages; 2.3(b): Jane Sanders Miller/Wellstar Enterprises, LLC; 2.3(c): Goran Tomasevic/Reuters/AFLO; 2.6: Bettmann/Corbis/amanaimages; 2.10: Getty Images; p. 26: AP Photo.

第 3 章　p. 29, 49: AP Photo/Tsunemi Kubodera of the National ScienceMuseum of Japan, HO; p. 31（コラム上）: Niles Eldredge の好意による; p. 31（コラム下）: the Library, American Museum of Natural History の好意による; 3.2 (*Methanospirillum hungatei*): Photo Researchers, Inc/amanaimages; 3.2（大腸菌）: Biology Media/Science Source/Photo Researchers, Inc/amanaimages; 3.2 (*Chlamydia trachomatis*):Dr. Kari Lounatamaa/SPL/Science Source/Photo Researchers, Inc/amanaimages; 3.2（スピロヘータ）: David M. Phillips/Science Source/Photo Researchers, Inc/amanaimages; 3.2 (*Streptomyces*): Dr. Jeremy Burgess/SPL/Science Source/Photo Researchers, Inc/amanaimages; 3.4: Jerome Wexler/Photo Researchers, Inc/amanaimages; 3.5: Krafft/Hoa-qui/Photo Researchers, Inc; 3.6（左）: James Marshall/Corbis/amanaimages; 3.6（右）: Dr. Dennis Kunkel/Visuals Unlimited; 3.7（アオサ）: Science VU/Visuals Unlimited; 3.7（ゾウリムシ）: Dennis Kunkel Microscopy, Inc; 3.7（ケイ藻類）: Biophoto Associates/Science Source/Photo Researchers, Inc/amanaimages; 3.7（渦鞭毛藻類）: Dennis Kunkel Microscopy, Inc; 3.7（赤血球とマラリア原虫）: Eye of Science/Photo Researchers, Inc/amanaimages; 3.8（アマウマウシダ）: Greg Vaughn/Tom Stack & Associates; 3.8（セコイア）: Tom Stack/Tom Stack & Associates; 3.8（コケ類）: Michael P. Gadomski/National Audubon Society Collection/Photo Researchers, Inc/amanaimages; 3.8（ラフレシア）: Compost/Visage/Peter Arnold, Inc/Getty Images; 3.8（ラン）: Rod Planck/Photo Researchers, Inc/amanaimages; 3.12(a): Inga Spence; 3.12(b): Ron Goulet/Dembinsky Photo Associates; 3.13（スッポンタケ）: Sharon Cummings/Dembinsky Photo Associates; 3.13 (*Penicillium roqueforti*): Dennis Kunkel Microscopy, Inc; 3.13（ミズタマカビ）: Carolina Biological Supply Co./Visuals Unlimited; 3.15: Michael & Patricia Fogden/Minden Pictures; 3.16: Ed Ross; 3.17: Stephen Sharnoff; 3.21 (p. 46, ヒラムシ): Newman & Flowers/National Audubon Society Collection/Photo Researchers, Inc/amanaimages; 3.21 (p. 46, 海綿動物): Thomas Zuraw/Animals Animals; 3.21 (p. 46, クラゲ): BrianParker/Tom Stack & Associates; 3.21 (p. 46, サンゴ礁): Tom Stack/Tom Stack & Associates; 3.21 (p. 47, ウミケムシ): Susan Blanchet/Dembinsky Photo Associates; 3.21 (p. 47, ヒトデ): F. Stuart Westmorland/National Audubon Society/Photo Researchers, Inc/amanaimages; 3.21 (p. 47, モルフォチョウ): Gladden William Willis/Animals Animals; 3.21 (p. 47, ヤドクガエル): Michael Fogden/Oxford Scientific Films; 3.21 (p. 47, 魚): Andrew J. Martinez/National Audubon Society Collection/Photo Researchers, Inc/amanaimages; 3.21 (p. 47, カンガルー): John W. Banagan/Getty Images; 3.21 (p. 47, 霊長類): Zigmund Leszczynski/Animals Animals; 3.23(a): Dorling Kindersley/Getty Images; 3.23(b): Michael Neveux.

インタールード A　A.1: Michael & Patricia Fogden/Corbis/amanaimages; A.2: © Mark Moffet/Minden Pictures; A.5: Greg Vaughn/Tom Stack & Associates; A.6: E.S Ross; A.7(a): David McIntyre; A.7(b): Jim Hemenway; A.8(a): Michael & Patricia Fogden/Corbis/amanaimages; A.8(b): Corbis/amanaimages; A.9: Harald Pauli; p. 59（コラム）: Hal Lott; A.10: Denis Scott/Corbis/amanaimages; A.11: Getty Images; A.12(a): Dr. Till Eggers/Ecotron, NERC Centre for Population Biology; A.12(b): David Tilman, University of Minnesota の好意による; A.13(a): Eric and David Hosking/Corbis/amanaimages; A.13(b): Dr. E. F. Anderson/Visuals Unlimited; A.13(c): Kennan Ward/Corbis/amanaimages; A.13(d): Hal Horwitz/Corbis/amanaimages.

第 4 章　p. 63, 81: ESO, European Southern Observatory; 4.2: CNRI/Science Photo Library; 4.4: Joseph Sohm/Photo Researchers, Inc/amanaimages; 4.5: Charles Falco/Photo Researchers, Inc/amanaimages; 4.8(b): Biophoto Associates/Photo Researchers, Inc/amanaimages; 4.8(c): Gary Gaugler/Visuals Unlimited.

第 5 章　p. 85, 99: Justin Skoble and Daniel A. Portnoy の好意による; p. 87（コラム左）: CNRI; p. 87（コラム右）: Biological Photo Services; 5.3: Dennis Kunkel Microscopy; 5.4（上）: Omikron/Photo Researchers, Inc/amanaimages; 5.4（下）: Don W. Fawcett/Photo Researchers, Inc/amanaimages; 5.6: Dennis Kunkel Microscopy; 5.7: David M. Philips/Visual Unlimited; 5.8: Biophoto Associates/Science Source/Photo Researchers, Inc/amanaimages; 5.9: Bill Longcore/Science Source/Photo Researchers, Inc/amanaimages; 5.10: Dr. Karl Lounatmaa/SPL/Science Source/PhotoResearchers, Inc/amanaimages; 5.11(a): Dr. Gopal Murti/Visuals Unlimited; 5.11(b): Dr. Mark McNiven; 5.11(d): Dr. Gopal Murti/Visuals Unlimited; 5.11(e): Dr. Gopal Murti/Visuals Unlimited; 5.12: Louise Cramer; 5.13(a): Aaron Bell/Visuals Unlimited; 5.13(b): Eye of Science/Photo Researchers, Inc/amanaimages; 5.13(c): Science VU/VisualsUnlimited; 5.14(a): Dr. Gopal Murti/Photo Researchers, Inc/SPL/amanaimages.

第 6 章　p. 103, 113: Tom Grill/Iconica/Getty Images; 6.6（等張液）: Susumu Nishinaga/Photo Researchers, Inc/amanaimages; 6.6（高張液, 低張液）: David M. Phillips/Photo Researchers, Inc/amanaimages; 6.7(e): SPL/Photo Researchers, Inc/amanaimages; 6.7(f): Biology Media/Photo Researchers, Inc/amanaimages.

第 7 章　p. 117（ヤナギ）: DK Limited/Corbis/amanaimages; p. 117, 127（アスピリン）: Bridgeman Art Library; 7.6(b): Prof. K. Seddon & Dr. T. Evans, QUB; 7.8: Richard Nowitz/Corbis/amanaimages.

第 8 章　p. 131, 144: Pete Saloutos/Corbis/amanaimages; 8.3: Dr. Jeremy Burgess/; 8.7(a)（左上）: Eye of Science/Photo Researchers,Inc/amanaimages; 8.7(a):（左下）: Getty Images; 8.7(b)（右上）: Dr. Gary Gaugler/Photo

Researchers, Inc/amanaimages; 8.7(b)（右下）: Steven Mark Needham/Envision/Corbis/amanaimages; p. 139（コラム）: K. Hackenberg/zefa/Corbis/amanaimages.

第9章 p. 147: Ron Sachs/CNP/Corbis/amanaimages; 9.1: Peter Skinner/PhotoResearchers, Inc/amanaimages; 9.5(a): Leonard Lessin; 9.5(b): BiophotoAssociates/Photo Researchers, Inc/amanaimages; 9.7(a): Andrew S. Bajer, University of Oregon.

インタールード B B.1: NCI/Photo Researchers/amanaimages; p. 169（コラム）: Science VU/Dr. O. Auerbach/Visuals Unlimited; B.4: K.G. Murti/Visuals Unlimited; B.5: Rich Larocco.

第10章 p. 175(a), 189: Rykoff Collection/Corbis/amanaimages; p. 175(b): Hulton Archive/Getty Images; 10.1: The Mendelianum; p. 179（コラム）: © David Young-Wolff/Photo Edit—All rights reserved. 10.4: Chris Mattison; Frank Lane Picture Agency/Corbis/amanaimages; 10.9（栗毛）: Corbis/amanaimages; 10.9（パロミノ）: © Norvia Behling; 10.9（クリーム色）: Jennifer Weske-Monroe の好意による; p. 184: Mark Smith/Photo Researchers, Inc/amanaimages 10.10: T. Maehl; 10.11: Imagebroker/Alamy; 10.12: Ronald C.Modra/Sports Illustrated/Getty Images; 10.13: NCI/Photo Researchers, Inc/amanaimages; 10.14: © Walter Chandoha.

第11章 p. 193, 204: Misty Oto の好意による; 11.1: Bettmann/Corbis/amanaimages; 11.3: Biophoto Associates/Photo Researchers, Inc/amanaimages; 11.7: Geoff Tompkinson/Photo Researchers, Inc/amanaimages; 11.12: Dr. Pragna Patel の好意による; 11.14(a): Dr. George Herman Valentine の好意による; 11.14(b): Biophoto Associates/Photo Researchers, Inc/amanaimages.

第12章 p. 209, 218: Digital Art/Corbis/amanaimages; 12.3: A. Barrington Brown/PhotoResearchers, Inc/amanaimages; p. 215: Peter Arnold, Inc; p. 217（*Deinococcous radiodurans*）: Dr. John R.Battista, Louisiana State University の好意による; 12.8: Kenneth Greer/Visuals Unlimited.

第13章 p. 222, 232: © 2006 Abcam plc; p. 226（タマゴテングタケ）: George McCarthy/Corbis/amanaimages; 13.10:（左）: Dr. Tony Brain/SPL/Science Source/Photo Researchers, Inc/amanaimages; 13.10（右）: Meckes Ottawa/Science Source/Photo Researchers, Inc/amanaimages; 13.11: Protein Data Bank Id: 1uzc; Allen, M. D., Friedler, A. Schon, O. Bycroft, M: *The Structure of an Ff Domain from Human Hypa/Fbp11* で公開されている; p. 234（コラム）: CBR Systems の好意による.

第14章 p. 237 (a): Erich Lessing/Art Resource; p. 237 (b), 247: Lynn James, USDA Poisonous Plant Research Laboratory; 14.2: Stephen Frink/Corbis/amanaimages; 14.7: Dr. F.R. Turner, Indiana University の好意による.

第15章 p. 250, 262: Eduardo Kac, 2000. Photo © Chrystelle Fontaine; 15.1(a): Yann Arthus Bertrand/Corbis/amanaimages; 15.1(b): Reuters/AFLO; 15.7: Simon Fraser/Photo Researchers, Inc; 15.8: Huntington Potter, University of Southern Florida と David Dressler, University of Oxford の好意による; 15.11: Cellmark Diagnostics, Germantown, Maryland; p. 259: Roslin Institute, University of Edinburgh; 15.12: Aqua Bounty Technologies, Inc の好意による; 15.13: Ted Thai/Time.

インタールード C C.1: Paul Almasy/Corbis/amanaimages; C.2 (p. 269, Aristotle): National Institutes of Health; C.2 (p. 269, Avery): National Institutes of Health; C.2 (p. 269, Sanger): National Institutes of Health; C.2 (p. 269, 右上): James King-Holmes/SPL/PhotoResearchers, Inc; C.2 (p. 269, Mendel): National Institutes of Health; C.2 (p. 269, Watson & Crick): A. Barrington Brown/Photo Researchers, Inc/amanaimages; C.2 (p. 270, HGP ロゴ): Human Genome Project; C.2 (p. 270, インフルエンザ菌): NIBSC/SPL/Photo Researchers, Inc/amanaimages; C.2 (p. 270, 酵母): Andrew Syred/SPL/Photo Researchers, Inc/amanaimages; C.2 (p. 270, 線虫): Paola Dal Santo and M. Jorgensen, University of Utah の好意による; C.2 (p. 270, Venter): Volker Staeger/SPL/Photo Researchers, Inc/amanaimages; C.2 (p. 270, 染色体): Oxford Scientific Films; C.2 (p. 271, Venter & Collins): Reuters/AFLO; C.2 (p. 271, 研究室): Lester Lefkowitz; C.2 (p. 271, *Nature*): *Nature*, Vol. 409, No. 6822. © 2001 Macmillan Magazines Ltd; 許可を得て転載 C.2 (p. 271, *Science*): *Science* Vol. 291, No. 5507. © 2001, American Association for the Advancement of Science, 許可を得て転載, C.2 (p. 271, マウス): Nigel Cattlin/Photo Researchers, Inc/amanaimages; C.2 (p. 271, 線虫): Nathalie Pujol/Visuals Unlimited; C.2 (p. 271, 植物): Dr. Jeremy Burgess; C.4: Professor Harland, University of California, Berkeley; C.5(a): Victor Fraile; C.5(b): Columbia University, New York の好意による; C.5(c): Dr. Dennis Kunkel/Visuals Unlimited; C.5(d): George Wilder/Visuals Unlimited: C.6（上）: Affymetrix の好意による; C.6 (DNA チップ): Dr. Blanche C. Haning/The Lamplighter; C.7: ISM/Phototake—All rights reserved. C.8(a): Richard Hutchings/SS/PhotoResearchers, Inc/amanaimages; C.8(b): Biophoto Assoc./SS/Photo Researchers, Inc/amanaimages.

第16章 p. 279: © Heidi Snell/Visual Escapes; p. 280（Charles Darwin）: Getty Images/The Bridgeman Art Library; 16.1: Richard R. Hansen/Photo Researchers, Inc/amanaimages; 16.2: Edmund D. Brodie III, Indiana University の好意による; 16.3: Dr. Blanche C. Haning; 16.5(a): Chris Hellier/Corbis/amanaimages; 16.5(b): Doug Sokell/Visuals Unlimited; 16.5(c): Doug Sokell/Visuals Unlimited; 16.5(d): George Grall/National Geographic Image Collection; 16.5(e): Flip Nicklin/Minden Pictures/National Geographic Images; p. 285: Louie Psihoyos/Corbis/amanaimages; p. 286（胚）: Omikron/Photo Researchers/amanaimages; p. 286（コラム）: Food Collection/SuperStock; 16.8: Dr. John D. Cunningham/Visuals Unlimited; 16.10（上）: Peter Boag; 16.10（下）: Peter Boag; p. 290（コラム上）: Steve Mirski; p. 290（コラム下）: Tom Stewart/Corbis/amanaimages; 16.11: Miguel Castro/Photo Researchers, Inc/amanaimages.

第17章 p. 295（HIV ウイルス）: Nibsc/Photo Researchers, Inc/amanaimages; p. 295（コロラドハムシ）: John Mitchell/Photo Researchers, Inc/amanaimages; p. 295（結核菌）, p. 304: Eye of Science/Photo Researchers, Inc/amanaimages; 17.1: Photos by Chip Taylor, Monarch Watch, University of Kansas; 17.4(a): Wayne Bennett; 17.4(b): Jo Gayle Howard, Department of Reproductive Sciences, Smithsonian's National Zoological Park の好意による; 17.4(c): Jo Gayle Howard, Smithsonian Institution; 17.5: Dominique Braud/Tom Stack & Associates; 17.7: Breck P. Kent/Animals Animals-Earth Scenes; 17.8: James H. Karales/Peter Arnold, Inc/Getty Images; 17.9: Thomas Smith の好意による; 17.10(a): F. J. Hiersche/Photo Researchers, Inc/amanaimages; 17.10(b): John Gerlach/Visuals Unlimited; p. 306: John Wilkes Studio/Corbis/amanaimages.

第18章 p. 310, 319: Mark Smith/Photo Researchers, Inc/amanaimages; 18.1(a), (b): Erick Greene, University of Montana; 18.1(c): John Alcock/Visuals Unlimited; 18.2(a): David Denning, BioMedia Associates; 18.4(a): Bill Beatty/Visuals Unlimited; 18.4(b): Robert Lubeck/Animals Animals; 18.5: Merlin D. Tuttle/Bat Conservation/Photo Researchers, Inc/amanaimages; 18.6(a): Rod Planck/Photo Researchers, Inc/amanaimages; 18.6(b): Jeff Lepore/Photo Researchers/amanaimages; 18.7（ハイイロガシ）: Robert Sivinski; 18.7（ガンベリオーク）: Doug Sokell/Visuals Unlimited; p. 318: Stan Honda/AFP.

第19章 p. 323, 337: © William Stott; 19.1(a): Ken Lucas/Visuals Unlimited; 19.1(b): Niles Eldridge; 19.1(c): B. Miller/Biological Photo Services; 19.1(d): Louie Psihoyos/Corbis/amanaimages; 19.1(e): David Grimaldi, American Museum of Natural History; 19.1(f): Charlie Ott/Photo Researchers, Inc/amanaimages; 19.10(a): Rodolfo Coria; 19.10(b): Jason Edwards/National Geographic Image Collection; p. 335（上）: DK Limited/Corbis/amanaimages; p. 335（下）: Martin Harvey/Corbis/amanaimages; p. 337（南極大陸）: Adam Jones/Dembinsky Photo Associates; p. 337（ナンキョクコメススキ）: Gerald & Buff Corsi/Visuals Unlimited.

出 典

インタールード D　D.1: Publiphoto/Photo Researchers, Inc/amanaimages; D.3（上）: Leah Warkentin/Design Pics; D.3（下）: Cyril Ruoso; p. 342（ツパイ）: Ken Lucas/Visuals Unlimited; D.4(b): John Reader/SPL/Photo Researchers, Inc/amanaimages; D.4(c): Dembinsky Photo Associates; D.5(a): AFP/Getty Images; D.5(b): Publiphoto/Photo Researchers, Inc/ amanaimages; D.7: Copyright 1996, DavidL. Brill, from American Museum of Natural History; D.8: © Jay Matternes; D.9(b)（右）: Tom McHugh/Science Source/Photo Researchers, Inc/amanaimages; D.12:David Perrett and Duncan Rowland, University of St. Andrews/Photo Researchers, Inc/SPL/ amanaimages; D.14(a): Ed Wargin/Corbis/ amanaimages; D.14(b): James L. Amos; D.15: American Philosophical Society.

第20章　p. 351（上）: Peter Yates/Photo Researchers, Inc/amanaimages; p. 351, 364（カワホトトギスガイ）: Ted Kinsman/Photo Researchers, Inc/amanaimages; 20.1(a): NASA; 20.1(b): NASA/Corbis/amanaimages; 20.2（アカカンガルー）: Frans Lanting; p. 354（ディンゴ）: Martin Harvey/Corbis/amanaimages; 20.4: Medford Taylor/National Geographic/Getty Images; 20.5: Alamy; 20.9: Alamy; 20.10: Alamy; 20.11: Michael P. Gadomski/Earth Sciences/ Animals Animals; 20.12(a): ionsofAmerica.com/ Joe Sohm/The Image Bank/Getty Images; 20.12(b): Willard Clay/Dembinsky Photo Associates; 20.12(c): Mark DeFraeye/SPL/ Photo Researchers, Inc/amanaimages; 20.13: Ken Lucas/Visuals Unlimited; 20.14: Willard Clay/Dembinsky Photo Associates; 20.15: Gerry Ellis/Mindon Pictures; 20.17(a): Carr Clifton/ Mindon Pictures; 20.17(b): Terry Donnelly/ Tom Stack & Associates; 20.17(c): Scott T. Smith/Dembinsky Photo Associates; 20.18: Alamy; 20.20(a): Jim Zipp/National Audubon Society Collection/PhotoResearchers, Inc/ amanaimages; 20.20(b): C. Van Dover/OAR/ NURP/College of Williamand Mary/NOAA/ Photo Researchers, Inc/amanaimages.

第21章　p. 367, 376: Art Wolfe/Stone/Getty Images; 21.1（上）: Jeremy Burgess/National Audubon Society Collection/Photo Researchers, Inc/amanaimages; 21.1（下）: Volker Staeger/ SPL/Science Source/Photo Researchers, Inc /amanaimages; 21.2: Frans Lanting/Minden Pictures; 21.4(a), (b): the Department of Natural Resources, Queensland, Australia の許可を得て転載; 21.4(b)（オプンチア）: Susan Ellis, USDA APHIS PPQ, Bugwood.org; 21.5: Scott Camazine/National Audubon Society Collection/Photo Researchers, Inc/amanaimages; 21.6: Laguna Design/Science Picture Library/ PhotoResearchers, Inc/amanaimages; 21.7: Ecoscene/Corbis/amanaimages; 21.8: Mark Newman/Tom Stack &Associates; 21.9: G. A. Matthews/SPL/Photo Researchers, Inc/ amanaimages; 21.10: Alan G. Nelson/ Dembinsky Photo Associates; p. 374（コラム）: Frans Lanting/Minden Pictures; 21.12: Craig Mayhew and Robert Simmon, NASA GSFC; 21.13: NASA/Corbis/amanaimages.

第22章　p. 380 (a), 389: Gregory Dimijian/ National Audubon Society Collection/Photo Researchers, Inc/amanaimages; p. 380.(b): Inga Spence; p. 380(c): Science VU/Visuals Unlimited; 22.2（イトラン）: Willard Clay/Dembinsky Photo Associates; 22.2（ユッカガ）: Ken Wagner/ Visuals Unlimited; 22.3: Mycorrhizal Applications Inc の好意による. www.mycorrhizae.com; 22.4: F. Bravendam/Peter Arnold. Inc; 22.6(a): Mike Bacon; 22.6(b):Dr. Lincoln Brewer; 22.7: Fred Breummer/Peter Arnold, Inc/Getty Images; 22.9: Dr. Charles Mitchell, University of North Carolina at Chapel Hill の好意による; p. 386: Mauro Fermariello/Photo Researchers, Inc/amanaimages; 22.11: J.K. Clark/University of California, Davis; 22.13: Forest & Kim Starr (USGS); 22.14(a), (b): Nature vol. 406, p. 255-256.© MacMillan Magazines, Ltd, 許可を得て転載.

第23章　p. 392, 401: Greg Vaughn/Tom Stack & Associates; 23.4: Dr. Robert T. Paine の好意による; 23.5: Dennis MacDonald /Photolibrary; 23.6(a): Stan Osolinski/Dembinsky Photo Associates; 23.6(b): Howard Garrett/Dembinsky Photo Associates; 23.6(c): Walt Anderson/ Visuals Unlimited; 23.8(a): Charles E. Rotkin/ Corbis/amanaimages; 23.8(b): B. Anthony Stewart/National Geographic/Getty Images; 23.9（カタクチイワシ）: Ken Lucas/Visuals Unlimited/Getty Images; 23.9（ウリクラゲ）: David Wrobel/Visuals Unlimited; 23.10: Robert Gibbens, Jornada Experimental Range, USDA の好意による; 23.11: Corbis/amanaimages; p. 400（コラム）: John W. Bova/Photo Researchers, Inc/amanaimages; 23.12（左）: © Douglas Peebles/Corbis/amanaimages; 23.12（中, 右）: Dr. Gerald D. Carr.

第24章　p. 404: Joseph Sohm; ChromoSohm Inc./Corbis/amanaimages; 24.2(a): Martin Harvey/Corbis/amanaimages; 24.2(b): Simon Fraser/Photo Researchers, Inc/amanaimages; 24.4(a): Kevin Magee/Tom Stack & Associates; 24.4(b): Darryl Leniuk/Digital Vision/Getty Images; p. 413（コラム）: Science Photo Library/ amanaimages; 24.13(a): the Hubbard Brook Archives の好意による; 24.14: Richard Packwood/Oxford Scientific Films; 24.15（上）: Adam Hart-Davis/Photo Researchers, Inc/ amanaimages; 24.15（右下）: Mauro Fermariello/ Photo Researchers, Inc/amanaimages; 24.16(a): AP Photo; 24.16(b): Bruce Ely/ Landov.

第25章　p. 421, 430: Carr Clifton/Minden Pictures; p. 421（シロアワビ）: Alamy; 25.1(a): James P. Blair/National Geographic/Getty Images; 25.1(b): Doug Sokell/Tom Stack & Associates; 25.1(c), (d): USGS; 25.2: Jacques Jangoux/Photo Researchers, Inc/amanaimages; 25.6: David Tilman, University of Minnesota の好意による; 25.8: Joy Ward と Anne Hastley の好意による; p. 429（コラム）: Ralph Lee Hopkins/Photo Researchers, Inc/amanaimages; p. 431（コラム）: Brownie Harris/Corbis/ amanaimages; 25.12: Jeffrey L. Rotman.

インタールード E　E.1: Rudolf B. Husar, Washington University at St.Louis の好意による; E.2: Corbis/amanaimages; E.4(a): Raymond Gehman/Corbis/amanaimages; E.4(b): Photo by Doug Gouzie, 2006 USGS; E.5（樹林）: Gerry Ellis/Minden Pictures; E.6: Jeffrey Lepore/Photo Researchers, Inc/amanaimages; E.7（シカゴ）: Courtesy of Mark Farina/City of Chicago; E.7（東京）: Reuters/AFLO; E.7（ドイツ）: Image copyright ZinCo, www.ZinCo.de; E.8: Eric Shriner の好意による; E.9（右）: William Campbell/Corbis/amanaimages; E.9（左）: Radu Sigheti/Reuters/AFLO; E.10: NASA Landsat Project Science Office と USGS National Center for EROS の好意による; E.11: NASA; E.12: Owaki-Kulla/Corbis/ amanaimages; E.14: DuPont の好意による.

"ニュースの中の生物学" 出典

第2章　"Sasquatch sighting reported in Yukon," Canadian Broadcasting Corporation News, July 13, 2005. 許可を得て転載.

第4章　"Trans Fat Banned in N.Y. Eateries; City Health Board Cites Heart Risks" by Annys Shin. From The Washington Post, Financial Section, 12/6/2006, p. D1, © 2006 The Washington Post. All rights reserved. 許可を得て使用．米国著作権法により保護されており，文書による許可なく複写・転載することは禁じられています．www.washingtonpost.com

第5章　"Science File; Without Gene, Mice Don't Know Meaning of Fear" by Alex Raksin, Los Angeles Times, Nov. 19, 2005, p. A12. Copyright 2005, LosAngeles Times. 許可を得て転載.

第7章　"Doctors Warned About Common Drugs For Pain" by Shankar Vedantam. From The Washington Post, 2/27/2007, p. A8, © 2007 TheWashington Post. All rights reserved. 許可を得て使用．米国著作権法により保護されており，文書による許可なく複写・転載することは禁じられています．www.washingtonpost.com

第8章　"Biofuels powering town's vehicles: Vegetable oils reduce emissions," The Worcester Telegram & Gazette, July 13, 2007, p. B1. Copyright © 2007 The Worcester Telegram & Gazette. 許可を得て転載.

第9章　"New Type of Stem Cells May Help Regenerate Heart Tissues" by Adrienne Law, DAILY BRUIN, May 5, 2008.

第12章　"Chernobyl wildlife baffles biologists; Animals are returning to area near meltdown, but scientist are split on their long-term fates"

出 典

by Douglas Birch, Toronto Star, June 8, 2007. The Associated Press Copyright © 2008 (All rights reserved.) の許可を得て使用.

第13章 "Researchers delve into 'gene for speed'," Agence France-Presse, September 10, 2007. Copyright 2007 by Agence France-Presse. Copyright Clearance Center, Inc. を通して Agence France-Presse の許可を得て転載.

第14章 "Nobel Winners' Duel Draws Merck, Novartis in Genetic Drug Race" by John Lauerman, originally published June 7, 2007. © 2007 Bloomberg L.P. All rights reserved. 許可を得て転載.

第15章 "Mutants or saviors? Rabbit genes create trees that eat poisons; UW scientists create transgenic poplars that neutralize toxins quickly" by Lisa Stiffler, Seattle Post-Intelligencer, Oct. 16, 2007. 許可を得て転載.

第16章 "The 6th Annual Year in Ideas; Empty-Stomach Intelligence" by Christopher Shea, New York Times Magazine, December 10, 2006. © 2006,Christopher Shea. 許可を得て転載.

第17章 "Antibiotic Runoff," The New York Times, Editorial Section, 9/18/2007,p. A26. © 2007 The New York Times. All rights reserved. 許可を得て使用. 米国著作権法により保護されており, 文書による許可なく複写・転載することは禁じられています. www.nytimes.com

第18章 "Study Says Bones Found in Far East Are of a Distinct Species" by John Noble Wilford, The New York Times, 9/21/07. © 2007 The New York Times. All rights reserved. 許可を得て使用. 米国著作権法により保護されており, 文書による許可なく複写・転載することは禁じられています. www.nytimes.com

第20章 Ralph Mitchell, "Invasion of the Cuban treefrogs," Herald Sun, May 27, 2007, [Steve A. Johnson, "The Cuban Treefrog (Osteopilus septentrionalis) in Florida," WEC-218, University of Florida Institute of Food and Agricultural Sciences, www.edis. ifas.ufl.edu/UW259 (3738語) より抜粋.] 許可を得て転載.

第21章 "Mosquitoes bring West Nile virus" by Mary K. Reinhart, East Valley/Scottsdale Tribune, May 5, 2007. Copyright © 2007 Freedom Communications/Arizona. 許可を得て転載.

第22章 "River Parasite Eats At Children: Neglected Scourge in Africa is Cheap and Easy to Treat, But the 'Pennies' Cannot Be Found" by Colleen Mastony, Chicago Tribune, March 19, 2007. Chicago Tribune の許可を得て転載. © Chicago Tribune. All rights reserved.

著作権処理には万全を期しましたが, 万一不備がありましたらご連絡下さい.

索　引

あ

ISEW（持続可能な経済福祉指標）　439
アイスマン　16, 25
iPS 細胞　164
IPCC（気候変動に関する政府間パネル）　428
IUCN（国際自然保護連合）　332
アウストラロピテクス　144, 343
青カビ　41
アオサ　36
赤潮　37
アーキア　32, 33
アーキア界　23
アーキアドメイン　22
悪性黒色腫　167, 199, 218
悪性腫瘍　165, 166
悪性メラノーマ → 悪性黒色腫
アクチン　97
アクチン繊維　95, 96, 154
アシルグリセロール　77
アスパラギン（Asn）　75
アスパラギン酸（Asp）　75
アスピリン　117, 127
アセチル CoA　142
アデニン　73, 212
アデノシン三リン酸 → ATP
アデノシンデアミナーゼ欠損症　199, 262
アデノシン二リン酸 → ADP
アナログ　284
アピコンプレクサ類　36
アブラムシ　368
アフリカ起源説　345, 346
Avery, Oswald　211
アポトーシス　217
アポリポタンパク質 E 遺伝子　274
アマウマウシダ　38
α-アマニチン　226
アミガサタケ　41, 43
アミノ基　70, 76
アミノ酸　75
アミノ酸配列　225
アメフラシ　272
アメリカサクラソウ　61
アラニン（Ala）　75
rRNA（リボソーム RNA）　91, 224
RNA（リボ核酸）　8, 73
RNAi → RNA 干渉
RNA 干渉　249, 263
RNA スプライシング　227
RNA プロセシング　227
RNA ポリメラーゼ　225
RFLP（制限酵素断片長多型）解析　259
R 型菌　210

アルカプトン尿症　223
アルカリ性　70
アルカリ草　374
アルギニン（Arg）　75
アルコール　140
アルコール発酵　141
アルツハイマー病　199, 274
アルディピテクス　343
アルバ　250
Rb 遺伝子　171
Rb タンパク質　172
アルビノ　186
α ヘリックス　76, 77
アンチコドン　229
安定化選択　301, 303
アンテナ複合体　135
アンテナペディア　242
アンテナペディア突然変異　243
アンドロゲン無反応症候群　195

い

ER（小胞体）　91
ES 細胞 → 胚性幹細胞
硫黄の循環　412
イオン　65, 68
イオン結合　65, 69
異化作用　122, 133
鋳型鎖　225
胃がん　167
維管束系　39
異所的種分化　316
イースター島　367, 376
イソロイシン（Ile）　75
一塩基多型　273
一次構造　76, 77
一次消費者　394, 395
一次遷移　396
一倍体　155, 177
遺伝　176
　──の基本様式　180
　──の染色体説　194
遺伝暗号　228
遺伝カウンセリング　215
遺伝学　177
　──の基本用語　178
遺伝形質　176, 177
遺伝子　176, 178, 222, 223
遺伝子型　178, 180
遺伝子型頻度　296
遺伝子組換え　158
　──食品　261
　──植物　252
　──生物　253, 260
遺伝子クローニング　253
遺伝子検査
　──の倫理問題　275
　胎児の──　200

遺伝子工学　252, 253
遺伝子座　194
遺伝子診断　208
遺伝子スクリーニング　273
遺伝子治療　252, 253
遺伝子ドーピング　249
遺伝子発現　238
　──の制御　243, 245
　──のパターン　241
遺伝子頻度　296
遺伝子流動　298, 347
遺伝子連鎖反応　243
遺伝性舞踏病 → ハンチントン病
遺伝的アルゴリズム　289
遺伝的交雑　178
遺伝的多様性　156, 297
遺伝的瓶首効果　300
遺伝的浮動　282, 299
遺伝的変異　197
遺伝病　198, 203
　──の原因となる遺伝子　199
遺伝物質　210
イトラン　382
イワフジツボ　386
飲作用　109
インスリン　260
インテリジェント・デザイン説　290
イントロン　227, 240
インフルエンザ　8

う

Vermeij, Geerat　335
Wilkins, Maurice　212
ウイルス　8, 48
雨陰　356, 357
ウエストナイルウイルス　379
渦鞭毛藻類　36, 37
ウミケムシ　47
ウラシル　73, 223
ウリクラゲ　398
運動エネルギー　118

え

永久凍土　358
エイズ（AIDS）　25
栄養源　405
栄養素　74, 405
　──の循環　410
栄養段階　408
栄養表示　74
エキソサイトーシス　109
エキソン　227, 240
液胞　89, 93
エクトロン　61
エコロジー → 生態学

エコロジカルサービス → 生態系サービス
エコロジカル・フットプリント　377, 431
Escherichia coli → 大腸菌
ACTN3 遺伝子　236
siRNA　249
Src がん遺伝子　170
SRY 遺伝子　195
SNP（一塩基多型）　273
S 型菌　210
S 期　150
S 字型カーブ　371
エストロゲン　80
壊疽性筋膜炎　35
エタノール燃料　413
X 染色体　195
　──連鎖　202
HIV（ヒト免疫不全ウイルス）　25
HD 遺伝子 → ハンチントン病遺伝子
ATP（アデノシン三リン酸）　73, 74, 122, 133
ADP（アデノシン二リン酸）　73
ATP 合成酵素　136
ATP 合成酵素複合体　142
NIH（米国国立衛生研究所）　268
NADH　133
NADPH　133
NPP（純一次生産力）　407
エネルギー　7, 121
　──の獲得　406
　──のピラミッド　409
エネルギー担体　132
ABO 式血液型　178, 179, 185
エピスタシス　186
F_1 世代　178, 180
F_2 世代　178, 180
mRNA（メッセンジャーRNA）　224
MAPs（微小管結合タンパク質）　102
えら　108
エラスチン　67
えり鞭毛細胞　44
エルニーニョ現象　361
塩　69
沿岸域　361, 363
塩基　69, 72, 73, 212
塩基対　212
塩基配列　213
エンドウヒゲナガアブラムシ　272
エンドサイトーシス　109

お

オヴィラプトル　20, 21
黄色ブドウ球菌　268

黄斑変性 263
オオカバマダラ 369
オオシモフリエダシャク 302
オオナマケモノ 56
屋上緑化 438
オゾン層 429
オゾンホール 352, 425
オーダーメイド医療 275
オプンチア 370
オペレーター 244
オランウータン 24, 341
オルガネラ → 細胞小器官
オルドビス紀 326, 330
オレンジヒキガエル 53
温室効果 427, 428
温室効果ガス 427
　　──排出量規制 429
温帯草原 359
温帯低木林 360
温帯落葉樹林 358
温帯林 357

か

科 22
界 22
カイガラムシ 387
外骨格 45
開始コドン 228, 230
海水バイオーム 362, 363
階層 9
解糖 134, 139
解糖系 139, 140
外胚葉 45
解剖学的現代人類 345
海綿動物 44, 46
外洋域 361, 363
外来種 57
海流 356
Gause, G.F. 371
Caenorhabditis elegans
　　　　　　　→ センチュウ
化学結合 65
化学式 65
科学実験の計画 184
化学従属栄養生物 34
科学的手法 2, 3
化学独立栄養生物 34
化学反応 69
核 86, 89, 91
　　──の構造 90
核型 151
拡散 105
核酸 73
核小体 89, 90, 91
核分裂 149, 152
核膜 90, 91
核膜孔 90, 91
学名 22
攪乱 396
　　──からの回復 398
家系図 17, 199
河口域 361, 362
化合物 65
果実 40
化石 285, 324
　　──記録の順序 325
化石燃料 120, 146, 410, 435
仮説 3
河川 362
仮足 97

家族性高コレステロール血症
　　　　　　　　103, 199
花柱 40
活性化エネルギー 123, 124
活性部位 123, 125
滑面小胞体 89, 91
果肉 40
カピバラ 61
カプサイシン 116
花粉媒介者 40, 382
カーボン・ニュートラル 146
カマキリ 380
鎌状赤血球貧血症 199, 208, 232
可溶性 68
ガラパゴス諸島 279, 289
ガラパゴスフィンチ
　　　　　　291, 292, 388
カリニ肺炎菌 43
カルビン回路 134, 138
カルボキシ基 70, 76
カルボニックアンヒドラーゼ
　　　　　　　　　　124
カワスズメ 310, 319, 320
カワホトトギスガイ 351, 364
がん 165, 166, 167
　　──の環境要因 168
がん遺伝子 167
間期 149, 150, 152
環境汚染 319
環境収容力 371
環形動物 45, 46, 48
還元 121, 133
がん原遺伝子 167, 172
還元分裂 156
幹細胞 149, 159, 160
がん細胞 165
観察 3
干渉型競争 386
緩衝剤 70
肝臓がん 167
官能基 70, 71
がん発生率 168
カンブリア紀 326
カンブリア大爆発 328
がん抑制遺伝子 167, 172
がん抑制遺伝子ファミリー 171
寒冷砂漠 360

き

キイロショウジョウバエ 268
器官 9, 11, 45
器官系 9, 11, 45
奇形
　　カエルの── 184
気候 355
気候変動 58, 397, 428
基質 123, 125
基質特異性 123
気象 355
キーストーン種 395
寄生 41
寄生者 383
寄生虫 391
基礎代謝率 127
喫煙 169
キツネザル 24
キネトコア 153
キノドン類 334, 335
欺瞞行動 342
逆位 202

ギャップ結合 110
Garrod, Archibald 223
球果植物 39, 358
旧口動物 45, 46
急性放射線障害 217
キューバアマガエル 366
共進化 384
共生 381, 382
競争 385
共通祖先 19
京都議定書 442
莢膜 89
共役反応 122
共有結合 65, 66
共優性 185
共優性対立遺伝子 189
共有派生形質 18, 20
恐竜の進化 327
極 153
極限環境 34
極限環境微生物 33
極性分子 67
極相群落 396
棘皮動物 45, 46
巨大対流セル 354, 355
巨大分子 70
キョン 55
筋萎縮性側索硬化症 23, 199
菌界 23, 41, 42
菌根 383
菌根菌 43
筋細胞 86
菌糸 41
菌糸体 41
筋肉増強作用 80

く

グアニン 73, 212
空腹 294
クエン酸回路 142
クシクラゲ 399
クチクラ 37
グッピー 312
組換え 297
組換え DNA 253
組換えプラスミド 252
組換えベクター 256
クモザル 24
クモヒメバチ 389
クモ類 45
クラインフェルター症候群 204
クラゲ 45
グラナ 94, 95
クラミジア 32
グリコーゲン 72
グリシン（Gly） 75
クリスタリン 86
クリステ 94, 95
グリセルアルデヒド 3-リン酸
　　　　　　　　　　138
グリセロール 79
Crick, Francis 212, 269
Griffith, Frederick 210
グリーンベルト運動 438
グルコース 71, 72, 138, 139
グルコース輸送体 106
グルタミン（Gln） 75
グルタミン酸（Glu） 75
クレブス回路 142
グレリン 294

Clostridium botulinum
　　　　　→ ボツリヌス菌
クローニング 256
　　動物の── 259
グローバルヘクタール 377, 431
黒穂病 43
クロマチン 151
クロロフィル 95, 133, 135
クロロフルオロカーボン（CFC）
　　　　　　　425, 429
クローン動物 259
群集 10, 393
群落 10, 11, 393

け

蛍光タンパク質 113
警告色 384
形質 387
形質置換 387, 388
形質転換 211
ケイ藻類 23, 36
形態 281
系統 19
系統樹 17
系統分類学者 17
血液型 178, 179, 185
欠失 202
欠失突然変異 230
結腸がん 167
　　家族性── 199
血友病 202
ゲノミクス 267
ゲノム 239, 251
　　──解読の終了した生物 268
ゲノムプロジェクト 267
ケラチン 75
ゲル電気泳動法 254
原核生物 32, 33, 88
　　──の細胞 89
　　──の鞭毛 97, 98
嫌気性 140
嫌気性細菌 140
嫌気性生物 34
原形質連絡 110
献血 179
原子 64
原子核 64
原子質量数 65
原始のスープ 10
原子番号 64
原子力発電所 221
減数分裂 149, 154, 155, 157
原生生物界 23, 35, 36
元素 64
現代人類 345

こ

綱 22
高エネルギーリン酸結合 123
好塩性アーキア 35
好塩性細菌 35
高温砂漠 360
光化学系 135
光化学系Ⅰ 136
光化学系Ⅱ 136
光学顕微鏡 87
甲殻類 45
交換プール 410

索引

後期 153
好気性 141
好気性生物 34
抗菌性製品 286
光合成 95, 133, 134
交差 156, 158, 197
交雑 178
高山ツンドラ 358
恒常性 7
抗生物質 295, 306, 309
抗生物質耐性 304
酵素 75, 123, 125, 225
構造式 66
構造DNA 240, 241
高張 108
後天性免疫不全症候群 25
好熱性細菌 34
交配型 41
酵母 41, 239, 268, 272
呼吸 120
呼吸毒 143
国際自然保護連合 332
国内総生産 439
コケ類 38, 39
湖沼 361
古生代 326
個体 9, 11
個体群 8, 10, 11
　——の成長 367
個体群サイズ 368
個体群生態学 368
個体群密度 368, 372
個体数計測 374
五炭糖 71
固着結合 110
骨格筋 86
固定
　対立遺伝子の—— 299
コドン 228
コラーゲン 75
ゴリラ 24, 341
ゴルジ体 89, 92
ゴルディロックス惑星 63
コレステロール 80
婚姻コール 303
根系 37
コンゴーレッド 232
痕跡器官 283
昆虫 45

さ

細菌 32, 33, 89
　——の鞭毛 98
細菌界 23
細菌ドメイン 22
再現 386
サイトソル 86, 89
鰓嚢 286
細胞 5, 9, 11, 86
　——の構造 89
細胞外マトリックス 110
細胞間結合 110
細胞呼吸 120, 133, 139
細胞骨格 89, 95, 96
細胞死 217
細胞質 86
細胞質ゾル 86
細胞質分裂 149, 152, 154
細胞周期 149, 150
細胞周期調節タンパク質 150

細胞小器官 33, 86
細胞内共生説 99
細胞板 154
細胞分化 149
細胞分裂 149
細胞壁 37, 88, 89
細胞膜 86, 88, 89, 104
サイレンシングエフェクター
　複合体 249
サイレント変異 231
サスクワッチ 28
Saccharomyces cerevisiae → 酵母
雑種 315
雑種化 315
砂漠 357, 360, 437
サバンナ 359
さび病 43
サヘラントロプス 342, 343
サボテン 360
サラセミア 276
酸 69
酸化 121, 133
酸化還元反応 121
三角州 408
酸化的リン酸化 134, 143
サンゴ礁 408
三次構造 76, 77
三次消費者 394, 395
三畳紀 327
酸性 70
酸性雨 415
酸素濃度
　——の上昇 327
三葉虫 324
残留性有機汚染物質（POP）
　420, 424

し

シアノバクテリア 34, 99
シアン化水素 143
GE生物 → 遺伝子組換え生物
J字型カーブ 369
CFC（クロロフルオロカーボン）
　425, 429
GM生物 → 遺伝子組換え生物
GLUT（グルコース輸送体）106
COX-1 127
COX-2 127
CO_2濃度 427
CO_2排出量取引制度 441
自家受粉 180
ジガバチ 386, 387
G_0期 150
G_1期 150
G_2期 150
色素性乾皮症 217, 218
シグナルカスケード反応 171
シグナル伝達 111
シグナル伝達分子 111
脂質 77
事実 4
脂質二重層 79, 80
指数関数的増加 369
システイン（Cys）75
シス不飽和脂肪酸 84
ジスルフィド結合 76
雌性配偶子 40
自然科学 1
自然史博物館 31
自然選択 281, 301

持続型農業 430
持続可能 376, 435
　——な経済福祉指標（ISEW）
　439
　——な社会 434
シダ類 38
湿原 362
実験 3
湿地 362
質量数 65
GDP（国内総生産）439
シトクロムc遺伝子 287
シトシン 73, 212
子嚢菌類 42
地盤沈下 436
子房 40
脂肪 77
脂肪酸 77
死亡数 372
刺胞動物 45, 46
姉妹染色分体 152
ジャガイモ胴枯れ病 37
ジャコウウシ 384
シャコガイ 46
シャムネコ 187
ジャンクDNA 239
種 7, 10, 21, 314
終期 153
周期的変動 373
獣弓類 334
重金属 424
住血吸虫症 391
重合体 70
終止コドン 228, 230
収縮ец 154
修復 217
重複 203
修復タンパク質 216
絨毛検査 200
収れん形質 19, 20
収れん進化 284
樹冠部 54
宿主 383
種子 39
種子植物 327
種分散相利共生 381
種数 54
受精 155
出芽 6
出芽酵母 268
出生時体重 302
出生数 372
受動輸送 104, 105
受動輸送タンパク質 105
種の起原 8, 284
受粉 40
種分化 283, 315
　——の速度 319
腫瘍 166
受容体 110
受容体依存性エンドサイトーシス
　110
受容体タンパク質 111
ジュラ紀 327
純一次生産力 407
ジューンサッカー 403
消化管内相利共生 381
娘細胞 148
小進化 281, 296, 336
常染色体 152, 195
消費型競争 386

消費者 12, 130, 395
消費者-犠牲者の関係 383
小胞 89, 92, 109
小胞体 91
小惑星衝突説 60
食作用 110
植食者 383
触媒 123
植物
　——の基本構造 39
　——の細胞分裂 154
植物界 23, 37, 38
植物細胞 89
食物網 12, 394
食物連鎖 394
除草剤耐性作物 261
ショ糖 71, 72
シルバーソード 401
シルル紀 326
シロイヌナズナ 268
白子個体 186
人為選択 288, 318
進化 7, 280, 281
　——上の発明 33
　——の系統樹 31
　——のしくみ 281
　——の証拠 284
　——の歴史 323
　クジラの—— 326
　集団の—— 295
　人類と—— 340
　ヒト科の—— 342
深海域 363
深海底帯 363
真核生物 33, 88
　——の細胞 89
　——の鞭毛 97, 98
真核生物ドメイン 22
進化系統樹 17
　類人猿の—— 341
進化・創造説論争 290
進化論 290
人工衛星画像解析システム 439
人口増加 59, 375
新口動物 45, 46
真実 4
親水性 69
新生代 327
浸透圧調節 108
浸透作用 107
侵入種 352, 364
森林の破壊 437

す

水界バイオーム 361
水圏の変容 422
水質汚染 319
水素イオン濃度 69
膵臓がん 167
水素結合 67
スイッチグラス 413
水平伝達 25
スクロース 72
スタスミン 102
スッポンタケ 42
ステロイドホルモン 80, 112
ステロール 79
Streptococcus pneumoniae
　→ 肺炎双球菌
*Streptomyces*属 32

ストロマ 134
ストロマトライト 326
SNP（一塩基多型） 273
SNPプロファイル 274
スーパーアスピリン 128
スピロヘータ 32
スペーサーDNA 240
スペシャリスト 54
滑り運動 97

せ

性決定 195
制限酵素 252, 254
制限酵素断片長多型 259
生合成反応 122
生産者 12, 120, 394
生産性 60
精子 155
星状体 153
生殖隔離 314, 316
生殖細胞 155
生成物 69, 122, 125
性染色体 151, 152, 195
性選択 303
生息地 57, 371
生態学 352
生態学的実験 386
成体幹細胞 160, 161
生態系 10, 12, 388, 405
　　——のしくみ 406
　　——のデザイン 416
生態系サービス 61, 416, 417, 430
生態系プロセス 406
生体分子 70
正の増殖因子 166
生物
　　——間の相互作用 380
　　——の進化 280
　　——の進化史 336
　　——の特徴 5
　　——の分類基準 31
　　——の分類群 29
生物学 2
生物学の階層性 9
生物学的種概念 315
生物群集 10, 388, 393
生物圏 10, 12, 352
生物工学 253
生物多様性 30, 53
生物地球化学循環 410
生物蓄積 424
生物窒素固定 411
生物的環境 405
生物濃縮 424
生物量 407
性ホルモン 80
生命 1
　　——の樹 24
　　——の起原 326
生命体
　　——の化学構成単位 70
赤外線放射 427
赤色矮星グリーゼ581 63
石炭紀 326
脊椎動物 46, 48
　　——の出現 326
赤道面 152, 153
セコイア 38
説 4
石器時代 345

接合菌類 42
接合子 149, 155
　　——形成後の障壁 315
　　——形成前の障壁 315
接触阻止 166
節足動物 45, 46
Z染色体 195
絶滅危惧種 57, 332, 374
セリン（Ser） 75
セルロース 37, 72
Calera社 271
遷移 396
先カンブリア紀 326
前期 153
染色質 151
染色体 91, 151, 152
　　——の脱凝縮 153
　　——の独立分配 198
染色体異常 202
染色体数異常 204
染色体説 194
漸深海帯 363
選択透過性 104
センチュウ 239, 268
前中期 153
先天性多毛症 202
セントロメア 151, 153
繊毛 97, 98
繊毛虫類 23, 36
前立腺がん 167

そ

造園設計 400
草原 357, 359
草原バイオーム 359
相似 284
創始者効果 300
桑実胚 160
増殖因子 171
創造説 290
相対増加率 369
相同 284
相同染色体 151, 152, 177, 194
挿入突然変異 230
送粉者 → 花粉媒介者
送粉者相利共生 382
相補鎖 213
相利共生 41
　　行動上の—— 381
ゾウリムシ 36, 371
属 21
組織 9, 11
疎水性 69
速筋繊維 236
粗面小胞体 89, 91
存在数 383

た

第一減数分裂 156
ダイエット法 11
ダイオウイカ 29
ダイオキシン 424
タイガ 358
体外受精 161
大気性の循環 410
体腔 45
Dicer（ダイサー） 249
体細胞 151

体細胞分裂 149, 152, 157
第三紀 327
胎児 160
　　——の遺伝子検査 200
代謝 118, 122
代謝経路 125
代謝速度 126
代謝熱 119
対照群 386
大進化 281, 324, 336
帯水層 435
体制 45, 243
耐性 295
体性幹細胞 → 成体幹細胞
体節 45
　　——構造 48
大腸がん 168
大腸菌 32, 268
多遺伝子性遺伝 187
体内時計 272
第二減数分裂 156
ダイニン 97, 98
第四紀 327
大陸移動 287, 329, 330, 397
対立遺伝子 156, 177, 178
　　——の固定 299
対立遺伝子頻度 296
対流セル 354, 355
大量絶滅 56, 59, 330, 331
Darwin, Charles 8, 279, 280
ダーウィンフィンチ 292
ダウン症候群 204, 276
多環式芳香族炭化水素 169
卓越風 355, 356
タクソン 21
多細胞生物 5
　　——の進化 327
多地域進化説 345, 346
脱凝縮
　　染色体の—— 153
多糖 71
ターナー症候群 204
多倍数性 317
タバコ 169
W染色体 195
多分化能 160
タマゴテングタケ 226
ターミネーター 227
ターミネーター遺伝子 262
多面発現性 185
多様性 393
単眼症 237
単細胞生物 5
炭酸固定 138
炭酸脱水酵素 124
担子菌類 42
断種法 349
炭水化物 71, 72
淡水バイオーム 361
炭疽菌 268
炭素循環 120, 410
単糖類 71
タンパク質 75, 222
　　——の構造 77
　　——の三次元構造 212
タンパク質リン酸化酵素 170
単量体 70

ち，つ

地衣酸 44

地衣類 43
Chase, Martha 211
チェックポイント 150
チェルノブイリ原子力発電所 221
地下水 435
置換突然変異 230
地球
　　——規模の変化 421
　　——の純一次生産力 440
　　——の生命史 326
地球温暖化 428, 433
地球外生命体 63
遅筋繊維 236
地質年代 326
父方相同染色体 177
窒素の循環 411
窒素固定 411, 426
窒素肥料 412
チミン 73, 212
チミン二量体 217
着床 160
着床前遺伝子診断 200
チャネルタンパク質 105
チャパラル 357, 360
中間径フィラメント 95, 96
中期 153
中心体 153
中枢種 395
中性 70
中性子 64
中性脂肪 77
中生代 327
柱頭 40
中立の突然変異 179
チューブリン 95, 96
超界 22
潮下帯 363
潮間帯 363
潮上帯 363
調節DNA 240
鳥盤類 19
重複 203
直接監視下化学療法 350
直立二足歩行 342
チョコレート 139
チラコイド 94, 95, 134
チラコイド内腔 134
チラコイド膜 94, 134
地理的隔離 283, 316
チロシナーゼ 186
チロシン（Tyr） 75
沈積性の循環 410
チンパンジー 24, 341

ツパイ 334, 342
ツンガラガエル 314
ツンドラ 357, 358

て

tRNA（転移RNA） 224, 229
Taqポリメラーゼ 81
DNA（デオキシリボ核酸）
　　　5, 6, 73, 89, 209
　　——の凝縮 240
　　——の構成 240
　　——の構成要素 213
　　——の構造 239
　　——の修復 217
　　——の半保存的複製 214

索引

DNA塩基配列決定法　256
DNAクローニング　252, 253
DNAクローン　256
DNA合成期　150
DNAシークエンサー　256
DNA修復　217
DNA診断　273
DNAチップ　246, 247, 273
DNAテクノロジー　250, 251, 261
DNAハイブリダイゼーション　255
DNA配列　287
DNAフィンガープリント法　258
DNA複製　214
DNAプローブ　255
DNAプロファイル　258, 267
DNA分離　151
DNAポリメラーゼ　215
DNAマイクロアレイ
　　　　→DNAチップ
DNAライブラリー　256, 257
DNAリガーゼ　254
DNA量　239
ティクタアリク　339
テイ・サックス病　93, 199
底生帯　361, 363
低張　108
DDT　374
ディプロモナス　23, 36
ディンゴ　354
デオキシリボ核酸　→DNA
デオキシリボース　73
適応　8, 30, 282, 311
適応進化　311
適応放散　333
テストステロン　80
デッドゾーン　414
デトリタス　363
テナガザル　24
デボン紀　326, 329, 330
デュシェンヌ型筋ジストロフィー　202
転移RNA　224, 229
転座　202
電子　64
電子殻　66
電子顕微鏡　87
電子伝達系　135
転写　224, 225
転出数　372
点突然変異　230
転入数　372
デンプン　72

と

糖　71, 73
同位体　65
同化作用　122, 133
道具の使用　342
動原体　152, 153
同所的種分化　317
冬虫夏草　43
等張　108
導入遺伝子　253
導入種　385, 401
動物界　23, 44, 46
動物細胞　89
動物腫瘍ウイルス　169
トキソプラズマ　389
特異性　123

特性　387
独立の法則　182, 183, 269
時計遺伝子　272
ドッグショー　318
突然変異　167, 179, 216, 297
突然変異原　216
ドーパミン　147
ドメイン　22, 31
トランスジェニック生物　253, 266
トランス脂肪酸　78, 84
トランスポゾン　240
ドリー　259
トリアシルグリセロール　77, 79
トリアス紀　327, 330
Tricholoma matsutake
　　　　→マツタケ
トリソミー　204
トリニティ実験場　399
トリプトファン（Trp）　75
トレオニン（Thr）　75
トレードオフ　313

な 行

内腔　91
内胚葉　45
内部細胞塊　160
内分泌撹乱化学物質　425
Na^+–K^+ポンプ　106, 107
ナノバクテリア　15
ナノチューブ　1
南極大陸　323, 337
軟体動物　45, 46

二価染色体　156
ニコチンアミドアデニンジヌクレオチド（NAD^+）　133
ニコチンアミドアデニンジヌクレオチドリン酸（$NADP^+$）　133
二語名法　22
二酸化炭素濃度　427
二次構造　76, 77
二次消費者　394, 395
二次消費力　—
二次生産力　409
二次成長林　398
二次遷移　396, 397
二重らせん　6, 212, 269
二糖類　71
二倍体　155, 177
二分裂　99, 148
乳がん　167, 199, 208
乳酸　140
乳酸発酵　141
乳糖　71
Pneumocystis carinii
　　　　→カリニ肺炎菌
ニレ立枯病　43
人間活動　414

ヌクレオイド　89, 91
ヌクレオソーム　151
ヌクレオチド　72, 73, 212
ヌル対立遺伝子　179
ヌル突然変異　179

ネアンデルタール人　340
ネコ鳴き症候群　203, 204
熱水噴出孔　364
熱帯雨林　56, 357, 360
熱帯草原　359

熱帯林　360
熱力学第一法則　118
熱力学第二法則　118, 119
粘菌　37
脳　131
能動輸送　104, 105
能動輸送タンパク質　106
濃度勾配　105
嚢胞性繊維症　198, 199, 208, 218
脳由来神経栄養因子　233
脳容積　343
Noggin　272
ノックアウトマウス　236
乗換え　156

は

葉　135
肺炎双球菌　33, 210
バイオスフィア　→生物圏
バイオスフィアII　416
バイオディーゼル　146, 430
バイオテクノロジー　234, 253
バイオ燃料　146, 413
バイオマス　407
バイオーム　10, 12, 357
　変化する—　430
バイオレメディエーション　266
倍加時間　369
肺がん　167
肺魚　288
配偶子　149, 155
肺呼吸　134
胚珠　40
排出量取引制度　441
胚性幹細胞　160, 161
胚発生　149
胚盤　160
胚盤胞　160
ハウスキーピング遺伝子　242
パキケタス　325, 326
パーキンソン病　147
白亜紀　327, 330
白亜紀絶滅　332
麦芽糖　71
ハクトウワシ　374
Hershey, Alfred　211
バソプレッシン　192
ハタオリアリ　311
ハダカデバネズミ　142
ハタネズミ　192
爬虫類　327
発がん物質　169
白血病　167
発酵　134
発酵食品　139
発生　6
　—上の制約　313
　ヒトの—　160
HapMapプロジェクト　274
ハーディー・ワインベルグの式　298
花　40
母方相同染色体　177
バラスト水　351, 364
ハリガネムシ　380
バリン（Val）　75
*Halobacterium*属　35
パンゲア　287, 329, 330
半数体　155

伴性遺伝子　201
ハンタウイルス　369
ハンチンチン　232
ハンチントン病　193, 199, 204, 232
　　—遺伝子　204, 232
パンネットスクエア　181
反応中心　135
反応物　69, 122
半保存的複製　215

ひ

pH　69, 70
BMR（基礎代謝率）　127
POP（残留性有機汚染物質）　420, 424
比較ゲノミクス　272
光従属栄養生物　34
光独立栄養生物　34
光分解　135
非共有結合　67
非極性分子　68
ビクトリア湖　310
ビーグル号　279
ヒゲクサ　392, 401
p53　173
非コードDNA　240
PCR（ポリメラーゼ連鎖反応）　257, 258
被子植物　38, 40
PCB（ポリ塩化ビフェニル）　420, 425
微小管　95, 96, 153
微小管結合タンパク質　102
微小繊維　95
被食者　383
ヒスチジン（His）　75
非ステロイド性抗炎症薬　130
ヒストン　240, 241
ビスフェノールA　425
非生物的環境　405
P世代　178, 180
非対立遺伝子間相互作用　186
ビタミンD　80
ビッグフット　28
ヒト　24, 341
　—の進化　342
　—の発生　160
ヒト科系統樹　343
ヒトゲノム　267, 268
　—探求の歴史　269
ヒトゲノムプロジェクト　268
ヒドロキシ基　70
ピノサイトーシス　109
皮膚　148
飛沫帯　363
非メンデル遺伝　203
病気の遺伝学　203
表現型　177, 178, 180
病原体　383
標的細胞　111
ヒラムシ　46
ピルビン酸　140
瓶首効果　300

ふ

ファゴサイトーシス　110
フィステリア　3
富栄養化　399, 414

フェニルアラニン（Phe）75
フェニルケトン尿症 199, 208
不完全優性 184, 185
不規則な変動 374
フグ 268
副腎白質ジストロフィー 199, 202
複製 214
フタル酸エステル 425
Hooke, Robert 87
物質輸送 105
負の増殖因子 166
普遍的祖先 30
不飽和脂肪酸 77, 78
プライマー 257
プラスミド 252, 256
Plasmodium 属 36, 37
プラスモデスム 110
Franklin, Rosalind 212
フリーラジカル 127
フルクトース 72
プレート 329
フレームシフト 230
プレーリー 359
プロゲステロン 80, 112
プロテインキナーゼ 170
プロトン勾配 136
プローブ 255
プロモーター 225
プロリン（Pro）75
フローレス原人 317, 322
分化 149
分解者 12, 120
分化全能性 160
分子 9, 11, 65
分断選択 301, 303
分布 383
分離の法則 181, 269
分類群 22
分裂期 149
分裂酵母 268

へ，ほ

米国国立衛生研究所 268
Bateson, William 223
ベクター 256
βシート構造 76, 77
ヘテロ接合体 178, 194
Penicillium roqueforti 42
ペニシリン 41
ペプチド結合 76
ヘモグロビン 232
Haemophilus influenzae 268
ペルム紀 327, 330
ペルム紀絶滅 331
扁形動物 45, 46
変性 76
偏西風 355, 356
Venter, Craig 270
偏東風 355
鞭毛 89, 97, 98

保因者 201
方向性選択 301, 302, 347
胞子 41
放射性同位体 65, 325
放射線障害 221
紡錘体 152, 153
飽和脂肪酸 77, 78
補酵素A 142

ホコリタケ 43, 371
母細胞 148
母指対向性 20, 341, 342
捕食者 383
保存性の高い遺伝子 243, 271
北方林 357, 358
ボツリヌス菌 33
ボディープラン 45, 242
ボトルネック効果 300
哺乳類 333
ホビット 316, 322
ホメオスタシス 7
ホメオティック遺伝子 243
Homo erectus 22, 344
Homo sapience 22, 341, 345
ホモ接合体 178, 194
Homo habilis 22
Homo floresiensis 344
ホモログ 284
ポリ塩化ビフェニル（PCB）420
ポリジーン遺伝 187
ホーリバー症候群 232
ポリープ 168
ポリペプチド 76
ポリマー 70, 71
ポリメラーゼ連鎖反応（PCR） 257, 258
Pauling, Linus 212
ホルモン 80, 112
Borrelia burgdorferi 32
ボンベ熱量計 121
翻訳 224, 229, 230

ま 行

マーガリン 77
Margulis, Lynn 99
膜間腔 94, 95, 134
膜タンパク質 88
膜の選択透過性 104
MacLeod, Colin 211
マクロ分子 70, 71
マシャド・ジョセフ病 232
マスタースイッチ遺伝子 237, 243
Maathai, Wangari 438, 439
マダラフクロウ 374
マツ 39
McCarty, Maclyn 211
マツタケ 43
マトリックス 94, 95
マプサウルス 332
マーモセット 272
マラリア原虫 36, 37
マルトース 71
マルファン症候群 186
慢性病 203
マントル 329

ミズカビ類 36
ミズタマカビ 42
水の華 37
ミスマッチエラー 216
ミッシングリンク 339
密着結合 110
密度依存的 372
密度非依存的 372
ミツバチ 52, 382
ミトコンドリア 89, 93, 94, 134
——の構造 94
ミナミオオガシラヘビ 58

未分化細胞 159
Miller, Stanley L. 10

ムカデ類 45
無酸素乳酸発酵 141
無性生殖 6, 37, 148
無脊椎動物 326

明反応 134, 135, 136
Methanospirillum hungatei 32
メタン細菌 35
メチオニン（Met）75, 228
メチシリン耐性 350
メッセンジャーRNA（mRNA） 224
Mendel, Gregor 176, 269
メンデルの法則 181

網膜芽細胞腫 171, 199
Morgan, Thomas H. 196
目 22
モータータンパク質 96, 97
モノマー 70, 71
モルガヌコドン 333
モルフォチョウ 47
門 22
モントリオール議定書 353, 429

や 行

薬剤耐性 305, 350
薬用植物 62
ヤスデ 45, 328
ヤドクガエル 47

有機化合物 70
融合遺伝 180
有糸分裂 149
湧昇 408
優性 178
優性遺伝病 200, 232
優生運動 348, 349
有性生殖 37, 149
優性対立遺伝子 178
雄性配偶子 40
優占種 385
誘導適合モデル 125
誘導防御反応 384
ユキヒョウ 400
輸血 179
ユッカガ 382

溶液 68
陽子 64
溶質 68
羊水穿刺 200
ヨウ素131 65
溶媒 68
葉緑素 → クロロフィル
葉緑体 89, 94, 95, 133, 134, 135
——の構造 94, 135
四次構造 76, 77
予測 3
ヨツメウオ 312

ら～わ

ライフサイクルエンジニアリング 442
ライブラリースクリーニング 257

ライム病 32
ラウス肉腫ウイルス 169, 170
ラクトース 71
落葉広葉樹林 359
裸子植物 38, 39
ラット 268
ラフレシア（*Rafflesia arnoldii*）38
ラン 38
卵 155
乱獲 421
卵菌類 37
ラン藻 34
卵巣がん 167

リガーゼ 254
陸圏の変容 422
陸上生物 37
陸上バイオーム 357
利己的 DNA 240
リサイクル 59
リシン（Lys）75
リステリア菌 85, 99
リソソーム 89, 93
リプレッサータンパク質 244
リブロース 1, 5-ビスリン酸カルボキシラーゼ 138
リボ核酸（RNA）8, 73
リボース 73
リボソーム 86, 89, 230
リボソーム RNA（rRNA）91, 224
硫化水素ガス 412
流動モザイクモデル 88
竜盤類 19
両性雑種交雑 183
良性腫瘍 166
両生類 326, 329
緑色蛍光タンパク質 250
緑藻 35, 36
リンゴミバエ 317
リン酸化 133
リン酸基 70, 72, 73
リン脂質 79, 80
輪状種 317
Linnaeus, Carolus 21
リンネ式階層分類体系 21, 31
リンの循環 412

類人猿 341
ルー・ゲーリック病 23, 199
ルビスコ（RuBisCo）138

霊長類 341
——の系統樹 24
劣性 178
劣性遺伝病 200
劣性対立遺伝子 178
レッドリスト 332
連鎖 196

ロイシン（Leu）75
老化 126
老齢林 436
六界説 22
六炭糖 71

Weismann, August 194
Y 染色体 195
——連鎖 202
Watson, James 212, 269

上 村 慎 治
(かみ むら しん じ)
1955 年 鹿児島県に生まれる
1978 年 東京大学理学部 卒
1983 年 東京大学大学院理学系研究科博士課程 修了
現 中央大学理工学部 教授
専攻 生物物理学,細胞生理学,動物生理学
理 学 博 士

野 口 朋 子
(の ぐち とも こ)
1971 年 東京に生まれる
1994 年 フェリス女学院大学文学部 卒
翻訳家

上 村 真 理 子
(かみ むら ま り こ)
1955 年 鹿児島県に生まれる
1978 年 鹿児島大学教育学部 卒

第1版 第1刷 2012年3月21日 発行
第2刷 2018年4月2日 発行

ケイン基礎生物学(原著第4版)

© 2012

監訳者　上 村 慎 治
発行者　小 澤 美 奈 子
発　行　株式会社東京化学同人
東京都文京区千石3-36-7 (〒112-0011)
電話 03(3946)5311・FAX 03(3946)5317
URL: http://www.tkd-pbl.com/

印　刷　大日本印刷株式会社
製　本　株式会社松岳社

ISBN978-4-8079-0770-0
Printed in Japan
無断転載および複製物(コピー,電子
データなど)の配布,配信を禁じます.

村口 元
1958年 中京都府に生まれる
1979年 米谷大学卒業
1983年 東京工業大学大学院博士課程修了
現在 米谷大学理工学部教授
専門 生物有機化学、細胞生物学、分子生物学
理学博士

野口 地夫
1972年 和歌山県生まれる
2004年 フランス南パリ大学大学院修了
現在 ...

上野 真理子
1952年 東京都に生まれる
1976年 お茶の水女子大学卒業

初版第1刷 2012年3月31日 発行
第2版 2018年4月2日 発行

アトキンス基礎生物学（原書4版）

©2012

監訳者　村　口　元
発行者　小　島　大太郎
発行所　株式会社 東京化学同人
　東京都文京区千石3丁目36-7（〒112-0011）
　電話 03(3946)5311・FAX 03(3946)5317
　URL: http://www.tkd-pbl.com/

印刷 日本ハイコム株式会社
製本 株式会社松岳社

ISBN978-4-8079-0770-9
Printed in Japan
無断転載および複製行為は，
著作権法上での例外を除き禁じられています．